D0855888

HARRAP'S FRENCH AND ENGLISH SCIENCE DICTIONARY

Editorial Team:

Peter Collin
Hazel Curties
Josette Faulkner
Karen George
Ruth Hillmore
Janet Kernachan
Helen Knox
Jane Pratt
Gunhild Prowe
Amanda Rennie
Eric Smith

HARRAP'S FRENCH AND ENGLISH SCIENCE DICTIONARY

Consultant Editor
Dr D. E. Hathway

London

First published in Great Britain 1985
by Harrap Limited
19–23 Ludgate Hill, London EC4M 7PD

Reprinted 1985

ISBN 0 245–54072–5

Cover design by Brooke Calverley

Dépôt Légal: avril 1985

Typeset, printed and bound in Great Britain
by Richard Clay (The Chaucer Press) Ltd, Bungay, Suffolk

Preface

Selected subject-matter contains terms in the physical and earth sciences, including chemistry, biochemistry, physics, mineralogy, geology and meteorology, as well as in the broad sweep of the life sciences, including biology, botany and zoology, together with anatomy, cytology, embryology, genetics, nutrition, physiology and toxicology. Reference to the source of terms is excluded from a volume of moderate size, and brief meanings are given in one language only where there is no common equivalent to a well-known term in the other one, for example, **neonatal,** *a Z* se rapportant au nouveau-né, **neuromast,** *n Z* protubérance nerveuse jouant le rôle d'organe sensoriel. Specific generic, ordinal and other taxonomic names of animals, plants and bacteria are in general omitted, and both medical and pharmaceutical terms are considered to be irrelevant unless these have a scientific connotation.

The spelling of the English vocabulary is mainly that used in Great Britain, and attention to American variation is made by cross-referencing. The dictionary features English generic terms, for example **work**, which are extended to an incorporation of compound words, for example, chemical **work**, mechanical **work**, **work** process, **work** of ionisation.

As the biological sciences have proliferated extensive specialist vocabularies in both languages, whereas the physical sciences make use of relatively few scientific terms, a general dictionary is bound to reflect some imbalance. The problem is remedied to a limited extent in this volume by the integration of well-used physio-chemical compound words within the framework of the previously mentioned system of generic terms.

Finally, no claim is made in respect of a comprehensive coverage, but the editor has tried to ensure that the terms included are the ones in common, general use.

D. E. Hathway

Avant-propos

Les termes relatifs aux sciences physiques et aux sciences de la terre, dont la chimie, la biochimie, la physique, la minéralogie, la géologie et la météorologie, y compris ceux qui appartiennent au vaste domaine des sciences du vivant, dont la biologie, la botanique et la zoologie, sans négliger l'anatomie, la cytologie, l'embryologie, la génétique, la nutrition, la physiologie et la toxicologie, sont inclus dans le contenu sélectif de ce dictionnaire. L'étymologie ne peut figurer dans un volume de cette importance, de plus, les significations sont brièvement indiquées, dans une langue, uniquement quand il n'existe pas d'équivalent courant à un mot usuel, dans l'autre langue; par exemple, **neonatal**, *a Z* se rapportant au nouveau-né, **neuromast**, *n Z* protubérance nerveuse jouant le rôle d'organe sensoriel. Les termes génériques, les différences d'ordre et autres classifications d'espèces animales, végétales et bactériologiques sont en général écartés et les termes médicaux et pharmaceutiques n'ont pas à figurer ici, sauf s'ils ont une connotation scientifique.

En ce qui concerne l'orthographe du vocabulaire anglais, c'est surtout celle pratiquée en Grande-Bretagne que nous avons utilisée, sauf pour les variantes américaines que nous mentionnons grâce aux renvois. Le dictionnaire fait figurer les termes anglais génériques comme, par example, **work**, que nous avons augmentés d'une liste de mots composés tels par exemple, chemical **work**, mechanical **work**, **work** process, **work** of ionisation.

Les sciences biologiques ayant provoqué la prolifération dans les deux langues de vocabulaires spécialisés très étendus, alors que les sciences physiques n'utilisent qu'un nombre relativement restreint de termes scientifiques, un dictionnaire général ne peut que rendre compte de tels déséquilibres. Nous avons dans ce volume quelque peu résolu ce problème en intégrant à l'intérieur du système des termes génériques évoqué plus haut, des mots composés courants qui ont rapport à la physio-chimie.

En conclusion, nous ajoutons que nous n'avons pas la prétention d'être exhaustifs, mais le rédacteur a essayé de s'assurer que les termes utilisés dans ce dictionnaire soient ceux d'usage courant et universel.

D. E. Hathway

How to use the dictionary

night-birds, *npl Z* nocturnes *mpl.*
night-flowering, *a Bot* nocturne.

chemical symbol — **niobium,** *n Ch* (*symbole* Nb) niobium *m,* colombium *m.* — symbole chimique

proper name — **Nissl,** *Prn Z* **Nissl's bodies,** corps *mpl* de Nissl. — nom propre

irregular plural of nouns — **nisus,** *pl* **-us,** *n Z* **1.** (*a*) effort *m*; (*b*) contraction *f* des muscles abdominaux (pour expluser excréta ou nouveau-né). **2.** désir *m* périodique de procréer chez certains animaux. — forme plurielle irrégulière des noms

nitid(ous), *a Bot* (*of leaf*) vernissé.
nitramine, *n Ch* nitramine *f.*

cross reference — **nitraniline,** *n Ch* = **nitroaniline.** — renvoi

nitrate[1], *n Ch* nitrate *m* (d'argent, d'ammonium, de calcium, etc); **sodium nitrate,** nitrate de sodium (du Chili); **potassium nitrate,** nitrate de potassium; salpêtre *m,* nitre *m*; **basic nitrate,** sous-nitrate *m.*

transitive verb — **nitrate**[2], *vtr Ch* (*a*) traiter (une matière) avec, de, l'acide nitrique; nitrer; (*b*) traiter (une matière) avec un nitrate; nitrater. — verbe transitif

nitridation, *n Ch* nitruration *f.*

superior numbers distinguish parts of speech — **nitride**[1], *n Ch* nitrure *m,* nitruré *m.* **nitride**[2], *vtr Ch* nitrurer. — chiffres supérieurs distinguant les catégories grammaticales

nitriding *Ch* **1.** *a* nitrant. **2.** *n* nitruration *f.*
nitrification, *n Biol* nitrification *f.*

intransitive verb — **nitrify** *Ch* **1.** *vtr* nitrifier. **2.** *vi* se nitrifier. — verbe intransitif

nitrifying, *a Ch* nitrifiant.

nitrobacterium, *pl* **-ia,** *n Biol* nitrobactérie *f.*

variant spelling — **nitrobarite, nitrobaryte,** *n Miner* nitrobaryte *f.* — variante graphique

gender of French nouns — **nitrobenzene,** *n Ch* nitrobenzène *m*; essence *f* de mirbane *f.* — genre des noms communs

nitrocalcite, *n Miner* nitrocalcite *f.*
nitrocellulose, *n Ch* nitrocellulose *f.*

adjective — **nitrocellulosic,** *a Ch* nitrocellulosique. — adjectif

nitrochloroform, *n Ch* nitrochloroforme *m*; chloropicrine *f.*

nitrogen, *n Ch* (symbole N) azote *m*; **aerial nitrogen,** azote de l'air; **ammonia nitrogen,** azote ammoniacal; **nitrogen bridge,** pont *m* azote; **nitrogen cycle,** cycle *m* de l'azote; **nitrogen dioxide,** bioxyde *m* d'azote; **nitrogen fixation,** fixation *f* de l'azote; **nitrogen gas,** gaz *m* azote; **nitrogen monoxide,** (i) protoxyde *m* d'azote; oxyde nitreux, azoteux; (ii) oxyde nitrique; **nitrogen pentoxide,** pentoxyde *m* d'azote; **nitrogen peroxide,** bioxyde, dioxyde *m,* d'azote; **nitrogen sesquioxide,**

subdivision for expressions with more than one meaning — subdivision pour les expressions ayant plus d'un sens

Comment utiliser le dictionnaire

superior numbers distinguish homographs — chiffres supérieurs distinguant les homographes

vasculose, *nf Bot Ch* vasculose.
vase[1], *nm Ch* (*receptacle*) vessel; **vase clos,** retort; *Ph* **vases communicants,** communicating vessels; **vase gradué,** graduated vessel.
vase[2], *nf* mud, silt, slime, ooze, sludge; **vase diatoméenne, à diatomées,** diatom ooze.

plural of compound nouns — pluriel des noms composés

vaso-moteur, -trice, *Physiol Z* **1.** *a* vasomotor; pressor; **nerfs vaso-moteurs,** pressor nerves. **2.** *nm* vasomotor; *pl vaso-moteurs, -trices.*
vasopressine, *nf Ch* vasopressin; *BioCh* pitressin.

vectogramme, *nm Med* vector diagram.

division showing different parts of speech — division distinguant les catégories grammaticales

végétal, -aux **1.** *a* vegetable; vegetal; **le règne végétal,** the vegetable kingdom; **la vie végétale,** plant, vegetable, life; **terre végétale,** vegetable soil; **huiles végétales,** vegetable oils; **zone végétale,** floral zone. **2.** *nm Bot* plant; vegetal.

plural of compound adjectives — pluriel des adjectifs composés

végéter, *vi* (*of plant*) to vegetate.
végéto-animal, *pl* **végéto-animaux, -ales,** *a* vegeto-animal.
végéto-minéral, *pl* **végéto-minéraux, -ales,** *a* vegeto-mineral.

subdivision showing differences in meaning and use — subdivision montrant les différents usages et sens d'un mot

veine, *nf* (*a*) *Anat Z Biol* vein; vena; **veine porte,** portal vein; **veine satellite,** satellite; **à veines,** veined; *Histol* **veine vorticineuse,** vortex vein; (*b*) *Bot* vein (of leaf); (*c*) *Geol* lode.
veiné, *a* (*a*) veined; **bois veiné,** veined wood; (*b*) *Paly* venate.

veinule, *nf Anat Bot Z* venule; *Bot* **veinule récurrente,** recurrent veinlet.

feminine noun — nom féminin

veinure, *nf coll* veining.
vélaire, *a Z* velar.

masculine noun — nom masculin

vélamen, *nm Bot* velamen.
vélamenteux, -euse, *a Biol* veliform; *Bot* velaminous.
véliforme, *a Biol* veliform.
véligère, *Z* **1.** *a* veligerous. **2.** *nf* veliger.
vélocité, *nf Ch Ph* velocity.
velouté **1.** *a Biol* velveted. **2.** *nm Z* velvet.
velouteux, -euse, *a Biol* velutinous.

field labels — champs sémantiques

velu **1.** *a Biol* crinite; *Bot* villous, shaggy (leaf, etc); pubescent; *Z* hirsute; **peau velue du bois de cerf,** velvet of a stag's horns. **2.** *nm* villosity (of plant, etc).
vénéneux, -euse, *a Biol Tox* poisonous, venenous (plant, food, chemical); (*of plant*) venomous.

Abbreviations used in the dictionary
Abréviations utilisées dans le dictionnaire

a	*adjective*	adjectif
adv	*adverb*	adverbe
Agr	*agriculture*	agriculture
Algae	*algae*	algues
Amph	*Amphibia*	amphibiens
Anat	*anatomy*	anatomie
Ann	*Annelida, worms*	annelés
Anthr	*Anthropology*	anthropologie
Arach	*Arachnida*	arachnides
Arthrop	*Arthropoda*	arthropodes
Astr	*astronomy*	astronomie
AtomCh	*atomic, nuclear, chemistry*	chimie, atomique, nucléaire
AtomPh	*atomic, nuclear, physics*	physique atomique, nucléaire
Bac	*bacteriology*	bactériologie
Behav	*behavioural science*	science de l'étude du comportement
BioCh	*biochemistry*	biochimie
Biol	*biology*	biologie
Bot	*botany*	botanique
Cancer	*cancerology*	cancérologie
Ch	*chemistry*	chimie
Chrom	*chromatography*	chromatographie
Climatol	*climatology*	climatologie
Coel	*Coelenterata*	cœlentérés
coll	*collective*	collectif
Com	*commerce*	commerce
Conch	*conchology*	conchyliologie
Const	*construction, building industry*	industrie du bâtiment
Crust	*Crustacea*	crustacés
Cryst	*crystallography*	cristallographie
Cytol	*cytology*	cytologie
Dent	*dentistry*	art dentaire
Dy	*dyeing*	teinture
Echin	*Echinodermata*	échinodermes
Ecol	*ecology*	écologie
eg	*for example*	par exemple
El	*electricity; electrical engineering*	électricité; électrique; électrotechnique
Embry	*embryology*	embryologie
End	*endocrinology*	endocrinologie
Ent	*entomology*	entomologie
Envir	*environment*	environnement
esp	*especially*	surtout
etc	*et cetera*	et cætera
Evol	*evolution*	évolution
f	*feminine*	féminin
F	*colloquial*	familier
Fung	*fungi*	champignons
Genet	*genetics*	génétique
Geog	*geography*	géographie
Geol	*geology*	géologie
Geoph	*geophysics*	géophysique
Glassm	*glassmaking*	verrerie
Histol	*histology*	histologie
Ich	*ichthyology; fish*	ichtyologie; poissons
Immunol	*immunology*	immunologie
Ind	*industry; industrial*	industrie; industriel
inv	*invariable*	invariable
m	*masculine*	masculin
Magn	*magnetism*	magnétisme
Meas	*weights and measures*	poids et mesures
Mec	*mechanics*	mécanique
Med	*medicine; medical; illnesses*	médecine; médical; maladies
Metall	*metallurgy*	métallurgie
Metalw	*metal working*	travail des métaux
Meteor	*meteorology*	météorologie
Microbiol	*microbiology*	microbiologie
Min	*mining and quarrying*	exploitation des mines et carrières
Miner	*mineralogy*	minéralogie
Moll	*molluscs*	mollusques
Mth	*mathematics*	mathématiques
n	*noun*	nom commun
NAm	*North American*	de l'Amérique du Nord
Nem	*Nematoda*	nématodes
Nut	*nutrition*	nutrition
Obst	*obstetrics*	obstétrique
Oc	*oceanography*	océanographie
Opt	*optics*	optique
OrgCh	*organic chemistry*	chimie organique
Orn	*ornithology; birds*	ornithologie; oiseaux
Paleont	*paleontology*	paléontologie
Paly	*palynology*	palynologie
Parasitol	*parasitology*	parasitologie
Path	*pathology*	pathologie
Pedol	*pedology*	pédologie
Petroch	*petrochemistry*	pétrochimie
Ph	*physics*	physique
Pharm	*pharmacology*	pharmacologie
Phot	*photography*	photographie
Physiol	*physiology*	physiologie
pl	*plural*	pluriel
Plath	*Platyhelminthes*	plathelminthes
pref	*prefix*	préfixe
Prn	*proper name*	nom propre
Prot	*Protozoa*	protozoaires
Psy	*psychology*	psychologie
qch	*(something)*	quelque chose
qn	*(someone)*	quelqu'un
Rad	*radar*	radar
Rad-A	*radioactivity*	radioactivité
Radiol	*radiology*	radiologie
Rept	*reptiles*	reptiles
Rotif	*Rotifera*	rotifères
Rtm	*registered trademark*	marque déposée
Semiol	*semiology*	sémiologie
s.o.	*someone*	(quelqu'un)
Spong	*sponges*	spongiaires
Stat	*statistics*	statistique
sth	*something*	(quelque chose)
Tchn	*technical*	terme technique; terme de métier

Ter	*teratology*	tératologie
Tex	*textiles; textile industry*	industries textiles
Tox	*toxicology*	toxicologie
Vet	*veterinary science*	art vétérinaire
vi	*intransitive verb*	verbe intransitif
Virol	*virology*	virologie
vpr	*pronominal verb*	verbe pronominal
vtr	*transitive verb*	verbe transitif
Z	*zoology; mammals*	zoologie; mammifères

Part One

English–French

A

A, (*a*) *symbole chimique de l'*argon; (*b*) *symbole de l'*ampère.
abacterial, *a* abactérien.
abaxial, *a Bot* dorsal, -aux.
abdomen, *n* abdomen *m.*
abdominal, *a* abdominal, -aux; **abdominal wall,** paroi abdominale; *Z* **abdominal belt**, ceinture *f* hypogastrique.
abductor, *n Anat* abducteur *m.*
aberrant *Biol* **1.** *a* aberrant; anormal, -aux. **2.** *n* individu aberrant.
aberration, *n* **1.** *Astr Mth Opt etc* aberration *f.* **2.** *Biol* aberration (autosomique, sexuelle); déviation *f* du cours habituel; structure aberrante, anormale; développement aberrant, anormal; anomalie *f*; sport *m.*
abietate, *n Ch* abiétate *m.*
abietic, *a Ch* abiétique.
abiogenesis, *n Biol* abiogénèse *f*; génération spontanée.
abiosis, *n Biol* abiose *f.*
abiotic, *a Biol* abiotique.
abiotrophic, *a Biol* abiotrophique.
abiotrophy, *n Biol* abiotrophie *f.*
ablate, *vi Geol* subir l'ablation.
ablation, *n Geol* ablation *f* (d'un glacier); **ablation moraine,** moraine *f* d'ablation.
abnormal, *a* anormal, -aux.
abnormality, *n Biol* anomalie *f.*
abomasum, *pl* **-a,** *n Z* caillette *f*, abomasum *m.*
abort, *vi Biol* avorter.
abortion, *n Biol Med* avortement *m*; développement incomplet (d'un animal, d'une plante, d'un organe); *Bot* rachitis *m*, rachitisme *m* (de la graine); contabescence *f* (du pollen); *Z* **infectious abortion,** avortement épizootique.
abortive, *a Bot* abortif, rudimentaire; avorté.
abrachia, *n Anat Ter* abrachie *f*; absence congénitale de bras.
abrade, *vtr Geol* éroder.
abranchial, *a Biol Ich* sans branchies *fpl.*
abrasion, *n Geol* usure *f.*
abscess, *n Med* abcès *m.*
abscisic, *a Ch* (acide) abscissique.
abscis(s)in, *n Ch* abscissine *f.*
abscission, *n* excision *f*, abscission *f*; *Bot* **abscission layer,** assise génératrice.
absinth, *n Ch* absinthe *f.*
absinthole, *n Ch* thuyone *f.*
absolute, *a* absolu; **absolute alcohol,** alcool absolu, anhydre; **absolute movement,** mouvement absolu; **absolute temperature,** température absolue; **absolute scale (of temperature),** échelle absolue, échelle K(elvin); **absolute value,** valeur absolue; **absolute zero,** zéro absolu; **system of absolute units, absolute system,** système d'unités absolu.
absorb, *vtr* absorber (un liquide, la chaleur, etc).
absorbable, *a Ch* absorbable.
absorbency, *n* capacité *f* d'absorption.
absorbent, *a & n* absorptif; absorbant (*m*).
absorber, *n* absorbeur *m.*
absorption, *n* absorption *f*; intromission *f.*
absorption-meter, *n Ch* absorptiomètre *m.*
absorptive, *a* absorptif; absorbant; **absorptive power,** force *f* d'absorption, pouvoir absorbant; absorptivité *f.*
absorptivity, *n* absorptivité *f*, pouvoir absorbant.
abstract, *vtr Ch* extraire.
abstraction, *n Ch* extraction *f.*
abundant, *a* abondant.
abyss, *n Oc* abysse *m*, zone abyssale.
abyssal, *a* (*a*) *Oc* abyssal, -aux, abys-

sique; **abyssal fauna,** faune abyssale; **abyssal zone,** zone abyssale, abysse *m*; (*b*) *Geol* **abyssal rocks,** roches abyssales.

abyssalbenthic, abyssobenthic, *a Oc* abyssobenthique; **abyssalbenthic, abyssobenthic, fauna,** faune benthique profonde.

abyssalpelagic, abyssopelagic, *a Oc* abyssopélagique; **abyssalpelagic, abyssopelagic, fauna,** faune pélagique profonde.

Ac, *symbole chimique de l'*actinium.

acalcerosis, *n Physiol* déficience *f* en calcium.

acalycine, *a Bot* sans calice.

acampsia, *n Physiol* acampsie *f*.

acanaceous, acanthaceous, *a Bot* épineux.

acanthite, *n Miner* acanthite *f*.

acanthocarpous, *a Bot* acanthocarpe.

acanthocladous, *a Bot* à branches épineuses.

acanthoid, *a Bot* acanthoïde.

acanthous, *a* épineux.

acapnia, *n Physiol* acapnie *f*; diminution *f* de la teneur du sang en CO_2.

acarbia, *n Physiol* diminution *f* de la teneur du sang en carbonates.

acaricide, *n Tox* acaricide *m*.

acarid, *n Arach* mite *f*, acare *m*.

Acarina, Acari, *npl Arach* acariens *mpl*.

acarpous, *a Bot* acarpe.

acaudate, *a Z* acaudé.

acaulescent, acauline, acaulous, *a Bot* acaule.

acceleration, *n Ph* accélération *f*; **acceleration of free fall,** chute *f* libre.

accelerator, *n Physiol Ph* accélérateur *m*; *Ch* **(catalytic) accelerator,** promoteur *m*.

acceptor, *n Ch* accepteur *m*.

accessory, *a* (*a*) **accessory minerals,** minéraux *mpl* accessoires; (*b*) *Bot* **accessory bud, shoot,** prompt-bourgeon *m*; **accessory part,** annexe *f* (d'un organe).

acclimatization, *n* acclimatation *f*.

acclimatize, *vtr* acclimater (une plante, un animal); **to become acclimatized,** s'acclimater.

accommodation, *n Anat Biol* accommodation *f*.

accrescence, *n Bot* accroissement *m*; croissance *f*.

accrescent, *a Bot* increscent.

accrete, *vi* s'accroître par (i) addition, (ii) concrétion; *Geol* **accreted land,** accrue *f*.

accretion, *n* **1.** (*a*) accroissement *m* organique; (*b*) accrétion *f*; accrue *f*; accroissement par alluvion, par addition. **2.** (*a*) *Physiol* apposition *f*; (*b*) *Bot* accrétion.

accretionary, accretive, *a* qui s'accroît (i) organiquement, (ii) par addition; **accretionary, accretive, process,** procédé *m* d'addition.

accumbent, *a Bot* accombant, appliqué.

accumulator, *n Ph* accumulateur *m*.

acenaphthene, *n Ch* acénaphtène *m*.

acenaphthylene, *n Ch* acénaphtylène *m*.

acentric, *a Biol* acentrique.

acephalous, *a Ter* acéphale.

acephalus, *n Anat Ter* acéphale *m*; monstre *m* sans tête.

aceric, *a Ch* (acide) acérique.

acerose, *a Bot* acéré; (feuille de pin) en forme d'aiguille.

acerous, *a Ent* acère.

acervate, *a Bot* qui croît en grappes.

acetabulum, *n Anat* acétabule *f*, acétabulum *m*; cavité *f* cotyloïde (de l'os iliaque); cotyle *f*; *Z* ventouse postérieure (de la sangsue).

acetal, *n Ch* acétal *m*.

acetaldehyde, *n Ch* acétaldéhyde *m*.

acetamide, *n Ch* acétamide *m*.

acetanilide, *n Ch* acétanilide *m*.

acetate, *n Ch* acétate *m*; **amyl, copper, ethyl, lead, acetate,** acétate d'amyle, de cuivre, d'éthyle, de plomb; **basic acetate of lead,** sous-acétate *m* de plomb; *Tex* **cellulose acetate,** acétate de cellulose; acétocellulose *f*, acétycellulose *f*.

acetic, *a Ch* acétique; **acetic acid,** acide *m* acétique, éthanoïque *m*; **glacial acetic acid,** acide acétique concentré, cristallisable, glacial; **acetic anhydride,** anhydride *m* acétique; **acetic ester,** ester *m* acétique; **acetic fermentation,** fermentation *f* acétique.

acetification, *n Ch* acétification *f*.

acetify, *vtr Ch* acétifier.

acetin, *n Ch* acétine *f.*
acetoacetate, *n Ch* acétylacétate *m.*
acetoacetic, *a Ch* **acetoacetic acid,** acide *m* acétylacétique.
Acetobacter, *n Bac* acétobacter *m.*
acetoin, *n Ch* acétoïne *f.*
acetol, *n Ch* acétol *m,* propanolone *m,* acétylcarbinol *m.*
acetonaphthone, *n Ch* méthylnaphtylcétone *f.*
acetone, *n Ch* acétone *f*; éther *m* pyroacétique; propanone *m,* diméthylcétone *f*; **acetone chloroform,** acétone-chloroforme *m.*
acetonitrile, *n Ch* acétonitrile *m.*
acetonuria, *n Ch Path* acétonurie *f.*
acetonylacetone, *n Ch* acétonylacétone *f.*
acetophenone, *n Ch* acétophénone *f,* acétylbenzène *m.*
acetous, *a Ch* acéteux.
acetyl, *n Ch* acétyle *m*; **acetyl chloride, bromide,** chlorure *m,* bromure *m,* d'acétyle; *Tex* **acetyl cellulose,** acétylcellulose *f,* acétocellulose *f*; *BioCh* **acetyl coenzyme A,** acétylcoenzyme *f* A.
acetylacetone, *n Ch* acétylacétone *f.*
acetylate, *vtr Ch* acétyler.
acetylation, *n Ch Tex* acétylation *f.*
acetylcholine, *n Ch Biol* acétylcholine *f.*
acetylcyanide, *n Ch* cyanure *m* d'acétyle.
acetylene, *n Ch* acétylène *m.*
acetylenic, *a Ch* acétylénique.
acetylide, *n Ch* acétylure *m*; **cuprous acetylide,** acétylure cuivreux.
acetyliodide, *n Ch* iodure *m* d'acétyle.
acetylsalicylic, *a Ch* acétylsalicylique; **acetylsalicylic acid,** acide *m* acétylsalicylique; aspirine *f.*
acetylurea, *n Ch* acétylurée *f,* acétyluréide *m.*
achaenocarp, achene, achenium, *n Bot* achaine *m,* achène *m,* akène *m.*
ache, *n Physiol* mal *m,* douleur *f.*
achlamydeous, *a Bot* achlamydé.
achroite, *n Miner* achroïte *f.*
achromatic, *a* **1.** *Opt* achromatique. **2.** *Biol* **achromatic spindle,** fuseau *m* achromatique.
achromatin, *n Biol* achromatine *f.*
achromic, *a* achrome.
acicle, *n Bot* acicule *m.*
acicular, *a* aciculaire, aiguillé.
aciculate(d), *a* aciculé.
aciculiform, *a* aciculiforme, aciforme, aiguillé.
aciculum, *n Ann* acicule *m.*
acid 1. *a* acide; **acid solution,** solution *f* acide; **acid soil,** sol *m* acide; **acid rock,** roche *f* acide. **2.** *n* acide *m*; **amino acid,** aminoacide *m,* acide aminé; **fatty acid,** acide gras; **green acids,** acides verts; **dead acid,** acide mort; **strong, weak, acids,** acides forts, faibles; **acid determination,** dosage *m* de l'acidité; **acid value, number,** indice *m* d'acide; **acid heat test,** essai *m* d'échauffement sulfurique; **acid bath,** bain *m* acide.
acid-fast, *a Biol* (bacille) acido-résistant.
acid-fastness, *n Biol* acido-résistance *f.*
acidic, *a* acide; **acidic rocks,** roches *fpl* acides.
acidiferous, *a* acidifère.
acidification, *n* (*a*) acidification *f*; (*b*) *Tex* acidage *m.*
acidifier, *n* acidifiant *m.*
acidify 1. *vtr* acidifier. **2.** *vi* s'acidifier.
acidifying, *a* acidifiant.
acidimeter, acidometer, *n* acidimètre *m,* pèse-acide *m.*
acidity, *n* acidité *f.*
acidophil(e), acidophilic, *a Bot* acidophile; *Physiol* **acidophile, acidophilic, leucocytes,** leucocytes *mpl* acidophiles.
acidosis, *n Path* acidose *f.*
acid-proof, acid-resisting, *a Ch* inattaquable par les acides, aux acides.
aciform, *a* aciforme; aciculiforme.
acinaciform, *a Bot* acinaciforme.
aciniform, *a Z* aciniforme; acineux; *Arach* **aciniform glands,** glandes *fpl* aciniformes.
acinose, acinous, *a Anat Bot* acineux; *Anat* **acinose, acinous, glands,** glandes *fpl* conglomérées.
acinus, *n Anat Bot* acine *m,* acinus *m.*
acmite, *n Miner* acmite *f.*
acoelomate, *a Z* dépourvu de cœlome.
aconitase, *n Ch* aconitase *f.*
aconitate, *n Ch* aconitate *m.*

aconitic, *a Ch* aconitique.
aconitine, *n Ch* aconitine *f*.
acorn, *n Bot* gland *m* (du chêne).
acotyledon, *n Bot* acotylédone *f*, acotylédonée *f*.
acotyledonous, *a Bot* acotylédone, acotylédoné.
acoustic, *a* **acoustic nerve,** nerf *m* acoustique; **acoustic shadow,** ombre *f* acoustique.
acousticolateral, *a Ich Ann* **acousticolateral system,** ligne latérale.
acoustics, *n Biol Ph* acoustique *f*.
Acrania[1], *npl* = **Cephalochordata.**
acrania[2], *n Anat Ter* absence totale ou partielle de crâne.
acrid, *a* âcre.
acridine, *n Ch* acridine *f*; **acridine dye,** colorant *m* acridinique.
acriflavine, *n Ch* acriflavine *f*.
acrocarpous, *a Bot* acrocarpe.
acrogenous, *a Bot* acrogène.
acrolein, *n Ch* acroléine *f*, accroi *f*, aldéhyde *m* acrylique, propénal *m*.
acromion, *n Anat* acromion *m*.
acropetal, *a Bot* acropète.
acrosome, *n Biol* acrosome *m*; bouton *m*, coiffe *f*, céphalique.
acrospore, *n Fung* acrospore *f*.
acrylaldehyde, *n Ch* propénal *m*.
acrylate, *a & n Ch* **acrylate (resin),** résine *f* acrylique.
acrylic, *a Ch* acrylique; **acrylic acid,** acide *m* acrylique, propénoïque *m*; **acrylic ester,** acryl-ester *m*; **acrylic resin, plastic,** résine *f* acrylique.
acrylonitrile, *n Ch* acrylonitrile *m*, nitrile *m* acrylique.
ACTH, *abbr BioCh adrenocorticotrophic hormone,* corticotropine *f*, hormone *f* adrénocorticotrophique, ACTH.
actin, *n Physiol* actine *f*.
actinal, *a Z* actinal, -aux.
actinic, *a Ph* actinique; photogénique; **actinic spectrum,** spectre *m* chimique; **actinic rays,** rayons *mpl* actiniques, chimiques; **actinic balance,** bolomètre *m*.
actinide, *n Ch* actinide *m*; **the actinide series,** les actinides.
actiniferous, *a Ph* actinifère.
actinism, *n Ph* actinisme *m*.
actinium, *n Ch* (*symbole* Ac) actinium *m*; **the actinium series,** la série de l'actinium, les actinides *mpl*; **actinium emanation,** actinon *m*.
actinogenesis, *n Ph* formation *f* des rayons actiniques.
actinograph, *n Ph* actinographe *m*.
actinolite, *n Miner* actinolite *f*, actinote *f*.
actinology, *n* **1.** *Z* actinologie *f*. **2.** *Ph* étude *f* de l'action chimique de la lumière.
actinometric(al), *a Ph* actinométrique.
actinometry, *n Ph* actinométrie *f*.
actinomorphic, *a Bot* actinomorphe.
actinomyces, *n Bac* actinomycète *m*.
Actinopterygii, *npl Ich* actinoptérygiens *mpl*.
actino-uranium, *n Ch* actino-uranium *m*.
action, *n Biol Ph* mécanisme *m*; *Physiol* **action potential,** action potentielle.
actionless, *a Ch* (gaz) inerte, sans action.
activate, *vtr Ch Biol* activer.
activated, *a Ch* activé; **activated alumina,** alumine activée; **activated carbon,** charbon actif, activé; **activated (sewage) sludge,** boues activées.
activation, *n Ch etc* activation *f*; **activation energy,** énergie activatrice.
activator, *n Ch* activateur *m*.
active, *a Physiol* **active natural immunity,** immunité naturelle active; **active transport,** transport actif.
activity, *n Biol Ch* activité *f*, mouvement *m*.
actomyosin, *n Physiol* actomyosine *f*.
acuity, *n* **acuity of vision,** acuité visuelle.
aculeate(d), *a Bot Ent* aculé, aculéate; porte-aiguillon *inv*; *Bot* épineux.
aculeiform, *a* aculéiforme.
aculeus, *n Ent Bot* aiguillon *m* (d'une abeille, d'un rosier, etc).
acuminate(d), *a* acuminé, acumineux; pointu, aléné.
acupuncture, *n Physiol Med* acupuncture *f*, acuponcture *f*.
acutangular, *a Bot* acutangulé.
acutifoliate, *a Bot* acutifolié.
acutilobate, *a Bot* acutilobé.

acutipennate, *a Orn* acutipenne.
acyclic, *a Ch* acyclique.
acyesis, *n Physiol* stérilité féminine.
acyl, *n Ch* acyle *m.*
acylate, *vtr Ch* acyler.
acylation, *n Ch* acylation *f.*
acyloin, *n Ch* acyloïne *f.*
adactylous, *a Anat Ter* adactyle; sans doigts *mpl.*
adamantine, *a* adamantin; **adamantine spar,** diamant *m* spathique, corindon *m,* spath adamantin.
adamine, adamite, *n Miner* adamine *f.*
adaptability, *n Bot etc* **adaptability to environment,** adaptabilité *f* au milieu.
adaptation, *n Biol* adaptation *f,* finalité *f.*
adaptative, *a* adaptatif.
adaptive, *a Biol* **adaptive mechanism,** mécanisme adaptif; *BioCh* **adaptive enzyme,** enzyme adaptive; *Ph* **adaptive radiation,** rayonnement adaptif.
adaxial, *a Bot* ventral, -aux; *Biol* abdominal, -aux; *Z* sternal, -aux.
addict, *n Physiol Tox* toxicomane *mf;* **morphia addict,** morphinomane *mf.*
addition, *n Ch* **addition compound, product,** composé, produit, additif; **addition polymer,** polymère composé; **addition agent,** matière *f* d'apport; **food addition,** additif *m* alimentaire.
additive, *a & n* additif (*m*); **food additive,** additif alimentaire.
adduct, *n Ch* adduction *f.*
adductor, *n Z* (muscle) adducteur (*m*).
adelite, *n Miner* adélite *f.*
adelomorphic, adelomorphous, *a Biol* adélomorphe.
adelphophagy, *n* adelphophagie *f.*
adelphous, *a Bot* adelphe.
adenine, *n Ch* adénine *f.*
adenocarcinoma, *n Cancer* adénocarcinome *m.*
adenoma, *n Med* adénome *m.*
adenosarcoma, *n Cancer* adénosarcome *m.*
adenosine, *n Ch* adénosine *f;* **adenosine triphosphate,** triphosphate *m* d'adénosine.
adermin, *n Ch* vitamine *f* B_6.
ADH, *abbr End antidiuretic hormone,* hormone *m* antidiurétique.
adherence, *n Bot* adhérence *f.*
adherent, *a* connexe (**to,** avec); adhérent; *Bot* **adherent ovary,** ovaire adhérent.
adhesion, *n Bot* adhérence *f.*
adiabat, *n Ph Meteor* (courbe *f*) adiabatique (*f*); **condensation adiabat,** adiabatique humide; **dry adiabat,** adiabatique sèche; **pseudo-adiabat,** pseudo-adiabatique *f,* adiabatique saturée; **wet adiabat,** adiabatique humide.
adiabatic **1.** *a Ph Ch Meteor* adiabatique; **adiabatic change,** change *m* adiabatique; **adiabatic curve, line,** courbe *f,* ligne *f,* adiabatique; **adiabatic chart,** diagramme *m* adiabatique; **adiabatic coefficient,** rapport *m* des chaleurs spécifiques; **adiabatic compression,** compression *f* adiabatique; **adiabatic equation,** équation *f* adiabatique; **adiabatic lapse rate,** vitesse *f* (i) de refroidissement adiabatique, (ii) d'échauffement adiabatique; **adiabatic process,** transformation *f* adiabatique; **adiabatic expansion,** détente *f* adiabatique. **2.** *n* (courbe *f*) adiabatique (*f*).
adiabatically, *adv* adiabatiquement.
adiabatism, *n Ph* adiabatisme *m.*
adipic, *a Ch* (acide) adipique.
adipocerite, *n Miner* adipocérite *f.*
adipose **1.** *a* adipeux; **adipose tissue,** tissu adipeux. **2.** *n* graisse animale.
adjust, *vtr* étalonner (un instrument).
adjustment, *n Biol* adaptation *f.*
adnate, *a* adné, adhérent, co-adné.
adnexa, *npl Biol* annexes *fpl, esp* annexes embryonnaires; **adnexa oculi,** glandes lacrymales; **adnexa uteri,** oviductes *mpl* et ovaires *mpl.*
adolescence, *n Geol* jeunesse *f* (d'un cycle d'érosion); *Biol Psy* adolescence *f.*
adolescent, *n Biol* adolescent *m.*
adoral, *a Z* adoral, -aux.
ADP, *abbr BioCh adenine dinucleotide phosphate,* adénine *f* diphosphate.
adpressed, *a Bot* apprimé.
adrenal **1.** *a* surrénal, -aux. **2.** *n* (glande, capsule) surrénale (*f*).
adrenalin(e), *n* adrénaline *f;* **adrenalin(e) secretion,** sécrétion *f* adrénalique.
adrenergic, *a Anat* adrénergique; (*of action*) surrénal.

adrenocorticotrophic, *a BioCh* (hormone) adrénocorticotrophique.
adrenocorticotrophin, *n BioCh* hormone *f* adrénocorticotrophique.
adriamycin, *n Ch* adriamycine *f.*
adsorb, *vtr Ch Ph* adsorber.
adsorbable, *a Ch Ph* qui peut être adsorbé.
adsorbent, *a & n Ch Ph* adsorbant (*m*).
adsorption, *n Ch Ph* adsorption *f.*
adularia, *n Miner* adulaire *f.*
advance, *vi* (*of race, etc*) évoluer.
advection, *n Meteor* advection *f.*
advective, *a Meteor* d'advection.
adventitious, *a Bot* (*a*) (plante) adventice; (*b*) **adventitious organ,** organe adventif; **adventitious roots,** racines adventives.
adventive 1. *a & n* (*a*) **adventive (plant),** (plante *f*) adventice (*f*); (*b*) **adventive (root),** (racine) adventive (*f*). **2.** *a Geol* **adventive cone,** cône adventif.
adynamic, *a Biol* adynamique, asthénique.
aecidial, *NAm* **aecial,** *a Fung* de l'écidie *f.*
aecidiospore, *NAm* **aeciospore,** *n Fung* écidiospore *f.*
aecidium, *pl* **-ia,** *NAm* **aecium,** *pl* **-ia,** *n Fung* écidie *f,* æcidie *f.*
aegirine, aegirite, aegyrite, *n Miner* ægirine *f,* ægyrine *f.*
aenigmatite, *n Miner* ænigmatite *f,* cossyrite *f.*
aeolian, *a* éolien; *Geol* **aeolian drift,** dérive éolienne; **aeolian erosion,** érosion éolienne.
aeolipile, aeolipyle, *a Ph* éolipile, éolipyle.
aeolotropic, *a Ph* = **anisotropic.**
aeolotropy, *n Ph* = **anisotropy.**
aerating, *a Bot* **aerating tissue,** aérenchyme *m.*
aeration, *n Ch Biol* aération *f*; *Physiol* artérialisation *f* du sang.
aerator, *n Ph* aérateur *m.*
aerenchyma, *n Bot* aérenchyme *m.*
aerial, *a* aérien; *Bot* **aerial root,** racine aérienne; **aerial orchid,** orchidée *f* aéricole.
aerification, *n Ch* aérification *f.*
aerobe *Biol* **1.** *a* aérobie. **2.** *n* aérobie *m*; **facultative aerobe,** aérobie facultatif; **obligate aerobe,** aérobie strict.
aerobian, *a & n Biol* aérobie (*m*).
aerobic, *a Biol* aérobie.
aerobiosis, *n* aérobiose *f.*
aerodynamics, *n Ph* aérodynamique *f.*
aerogen, *n Bac* bacille *m* aérogène.
aerogenic, *a* aérogène.
aerography, *n Meteor* aérographie *f.*
aerolite, aerolith, *n Geol* (*a*) aérolithe *m*, aérolite *m*; (*b*) asidère *m.*
aerolithic, aerolitic, *a Geol* aérolithique.
aerology, *n* aérologie *f.*
aeronomy, *n Meteor* aéronomie *f.*
aerophyte, *n Bot* aérophyte *f*; plante *f* aéricole, épiphyte.
aeroplankton, *n Biol* aéroplancton *m.*
aeroscope, *n Bac Meteor* aéroscope *m.*
aerosiderolite, *n Miner* sidérolit(h)e *f.*
aerosite, *n Miner* argyrythrose *f,* pyrargyrite *f,* aérosite *f,* argent rouge antimonial.
aerosol, *n* aérosol *m.*
aerostatic, *a* aérostatique.
aerotropism, *n Biol* aérotropisme *m.*
aesculin, *n Ch* æsculine *f,* esculine *f.*
aestival, *a Bot etc* estival, -aux.
aestivation, *n Bot Z* estivation *f*; *Bot* préfleuraison *f,* préfloraison *f.*
aethogen, *n Ch* éthogène *m.*
aetites, *n Miner* aétite *f*; pierre *f* d'aigle.
afferent, *a Physiol Z* afférent.
affinitive, *a Ch* **affinitive elements,** éléments apparentés.
affinity, *n Mth Biol Ch* affinité *f*; **affinity for a body,** affinité pour un corps; **elective affinity,** affinité élective; **reaction affinity,** affinité de la réaction; **affinity determination,** la détermination de l'affinité.
affusion, *n Ch* affusion *f.*
aftershock, *n Geol* réplique *f* (d'un séisme).
Ag, *symbole chimique de l'*argent.
agalite, *n Miner* agalite *f.*
agalmatolite, *n Miner* agalmatolit(h)e *f,* bildstein *m,* koréite *f.*
agamete, *n Biol* agamète *m.*
agamic, agamous, *a Biol* agame.
agamogenesis, *n Biol* agamie *f*; reproduction asexuée.

agamogony, *n Biol* schizogonie *f.*
agar-agar, *n Ch* agar *m*, agar-agar *m*; gélose *f.*
agaric, *n Fung* agaric *m.*
agaric-mineral, *n Miner* agarice *m*, agaric minéral.
agate, *n Miner* agate *f*; **eye agate,** agate œillée; onyx œillé; **moss agate,** agate mousseuse; **ribbon agate,** agate rubanée; **tree, dendrite, agate,** agate arborisée.
age, *n* âge *m*; époque *f.*
agent, *n* **chemical agent,** agent *m* chimique; **dissolving agent,** solvant *m; Geol* **weathering agents,** agents d'intempérisme.
agglomerate, *n Geol* agglomérat *m.*
agglutination, *n Ch Immunol* agglutination *f.*
agglutinin, *n Immunol* agglutinine *f.*
agglutinogen, *n Physiol* agglutinogène *m.*
aggradation, *n Geol* alluvionnement *m.*
aggregate[1] **1.** *a Bot Geol Z* agrégé; **aggregate animals,** agrégés *mpl*; *Bot* **aggregate fruit,** étairion *m;* **aggregate species,** espèce agrégée. **2.** *n* masse *f*, assemblage *m*, agrégation *f*; *Ch Miner* agrégat *m*; Geol **soil aggregate,** grumeau *m*; **a rock is an aggregate of mineral particles,** les roches sont des agrégats composés de minéraux.
aggregate[2] *Ph* **1.** *vtr* agréger. **2.** *vi* s'agréger.
aggregation, *n Ph* agrégation *f*, agglomération *f.*
aggregative, *a Ph* agrégatif.
aglossal, aglossate, *a* aglosse.
Agnatha, *npl Z* agnathes *mpl.*
agonist, *n Pharm* agoniste *m.*
agranulocyte, *n Anat Z* leuocyte *m* non granuleux.
agranulocytosis, *n Immunol* agranulocytose *f.*
agravic, *a Ph* à gravité nulle.
agrobiology, *n* agrobiologie *f.*
agronomy, *n* agronomie *f.*
agrostology, *n Bot* agrostologie *f.*
agynous, *a Bot* agynique.
aigrette, *n Orn* aigrette *f.*
aikinite, *n Miner* aikinite *f*; patrinite *f.*
air, *n* air *m*; **air bladder,** vésicule aérienne; *Algae* flotteur *m*; **air duct,** canal aérien; **air passages,** voies aériennes; **air pressure,** pression *f* atmosphérique; *Orn* **air sac,** sac aérien.
airborne, *a* **airborne infection,** infection *f* aérogène.
air-cool, *vtr* refroidir (l'eau, etc) par l'air.
air-cooled, *a* refroidi par (l')air.
akene, *n Bot* akène *m*, achène *m*, achaine *m.*
Al, *symbole chimique de l'*aluminium.
alabandite, *n Miner* alabandite *f*, alabandine *f.*
alabaster, *n* albâtre *m*; **gypseous, modern, alabaster,** alabastrite *f.*
alanine, *n Ch* alanine *f.*
alate(d), *a* ailé.
alban, *n Ch* cristalblanc *m.*
albedo, *n Physiol* blancheur *f.*
albertite, *n Miner* albertite *f.*
albinism, *n Z Bot* albinisme *m.*
albino, *a & n Z* albinos (*m*).
albite, *n Miner* albite *f.*
albitization, *n Miner* albitisation *f.*
albumen, *n* **1.** albumen *m*, blanc *m* d'œuf. **2.** albumine *f* (du sérum du sang). **3.** *Bot* albumen (de l'embryon).
albumin, *n Biol Ch* albumine *f.*
albuminate, *n Ch* albuminate *m.*
albuminoid, *a Ch* albuminoïde.
albuminose, albuminous, *a Bot* albumineux.
albuminuria, *n Path* albuminurie *f.*
alcohol, *n* alcool *m*; **pure alcohol,** alcool absolu; **denatured alcohol,** alcool dénaturé; **ordinary alcohol,** alcool ordinaire; **wood alcohol,** méthanol *m*; **primary, secondary, tertiary, alcohol,** alcool primaire, secondaire, tertiaire; **alcohol content,** teneur *f* en alcool, pourcentage *m* d'alcool.
alcoholate, *n Ch* alcoolat *m.*
Alcyonaria, *npl Coel* alcyonaires *mpl.*
aldehyde, *n Ch* aldéhyde *m.*
aldehydic, *a Ch* aldéhydique.
aldohexose, *n Ch* aldohexose *m.*
aldol, *n Ch* aldol *m.*
aldolization, *n Ch* aldolisation *f.*
aldopentose, *n Ch* aldopentose *m.*
aldose, *n Ch* aldose *m.*

aldosterone, *n Physiol* aldostérone *f*.
aldoxim(e), *n Ch* aldoxime *f*.
alecithal, *a Biol* alécithe.
aleurone, *n Bot Ch* aleurone *f*, céréaline *f*; *Bot* **aleurone layer,** assise *f* protéique; **aleurone grains,** grains *mpl* d'aleurone.
alexandrite, *n Miner* alexandrite *f*.
alga, *pl* **-ae,** *n Bot* algue *f*; **green algae,** algues vertes; **blue-green algae,** algues bleu-vertes; **brown algae,** goémon *m* jaune.
algal, *a* **1.** des algues. **2.** *Fung* (*of cells in lichen*) gonidial, -aux; gonimique.
algin(e), *n Ch* algine *f*.
alginate, *n Ch* alginate *m*.
alginic, *a Ch* (acide) alginique.
algodonite, *n Miner* algodonite *f*.
algology, *n* algologie *f*.
alicyclic, *a Ch* alicyclique.
alien, *n Bot* plante introduite (dans une région), qui n'est pas indigène (à la région); non-indigène *f*.
aliform, *a* aliforme.
alimentary, *a Z* alimentaire; *Anat Z* **alimentary canal,** tube digestif, canal *m*, tube, alimentaire.
aliphatic, *a Ch* aliphatique, acyclique.
alite, *n Ch Const* alite *f*.
alizaric, *a Ch* (acide) phtalique.
alizarin(e), *n Ch* alizarine *f*.
alkali, *n Ch* alcali *m*; **alkali strength,** force *f* d'alcalinité (d'une solution, etc); **alkali-resisting,** inattaquable par les alcalis; **alkali metal,** métal alcalin.
alkali-cellulose, *n Ch* alcalicellulose *f*.
alkalify, *vtr Ch* = **basify.**
alkalimetric, *a Ch* alcalimétrique.
alkalimetry, *n Ch* alcalimétrie *f*; dosage *m* de l'alcalinité.
alkaline, *a Ch* alcalin; **to make a solution alkaline,** alcaliser une solution; **alkaline metals, earths,** métaux alcalins, terres alcalines; **alkaline earth metals,** métaux alcalino-terreux.
alkalinity, *n Ch* alcalinité *f*.
alkalization, *n Ch* alcal(in)isation *f*.
alkalizing, *a Ch* alcalifiant.
alkaloid, *a & n Ch* alcaloïde (*m*).
alkane, *n Ch* alcane *m*.
alkannin, *n Ch* alcannine *f*, alkannine *f*.
alkapton, *n Ch* alcaptone *f*.
alkene, *n Ch* alcène *m*.
alkyd, *n Ch* alkyd *m*.
alkyl, *n Ch* alcoyle *m*, alkyle *m*.
alkylate[1], *n Ch* alcoylat *m*, alkylat *m*.
alkylate[2], *vtr Ch* alcoyler, alkyler.
alkylated, *a Ch* alcoylé, alkylé.
alkylation, *n Ch* alcoylation *f*, alkylation *f*.
alkylene, *n Ch* alcoylène *m*.
alkylhalide, *n Ch* alcoylhalogène *m*; halogénure *m* d'alcoyle, d'alkyle.
alkylic, *a Ch* alkylique.
alkylidene, *n Ch* alcoylidène *m*.
alkyne, *n Ch* alcyne *f*.
allactite, *n Miner* allactite *f*.
allantoic, *a Embry* allantoïque.
allantoid, *a Anat* allantoïde.
allantoin, *n Ch* allantoïne *f*.
allantois, *pl* **-ides,** *n Embry* allantoïde *f*.
allel(e), allelomorph, *n Biol* allèle *m*.
allelic, allelomorphic, *a Biol* (gène) allélomorphe.
allelomorphism, *n Biol* allélomorphisme *m*.
allelotaxy, *n Biol* développement *m* d'un organe à partir de structures embryonnaires.
allelotropic, *a Ch* allélotrope.
allelotropism, allelotropy, *n Ch* allélotropie *f*.
Allen, *Prn Biol* **Allen's law,** règle *f* d'Allen.
allene, *n Ch* allène *m*.
allergen, *n Immunol* allergène *m*.
allergic, *a Immunol* allergique.
allergy, *n Immunol* allergie *f*.
alliaceous, *a Bot Ch* alliacé.
allochtone, *n Geol* allochtone *m*.
allocht(h)onous, *a Geol* allochtone.
allocinnamic, *a Ch* (acide) allocinnamique.
allogamous, *a Bot* se rapportant à l'allogamie *f*.
allogamy, *n Bot* allogamie *f*, fécondation croisée.
allogeneous, *a Geol etc* allogène.
allogenic, *a Geol etc* allogène, allothigène.
allometry, *n Ch Cryst* allométrie *f*.
allomorph, *n Ch Cryst* allomorphe *m*, forme *f* allotropique.

allomorphic, *a Ch Cryst* allomorphe.
allomorphism, *n Ch Cryst* allomorphie *f*.
allomorphite, *n Miner* allomorphite *f*.
allopatric, *a Biol* allopatrique.
allophane, *n Miner* allophane *f*.
alloplasty, *n Biol* hétérogreffe *f*.
allopolyploid, *a & n Bot* allopolyploïde (*m*).
allosteric, *a Ch* allostère.
allotetraploid, *a Biol* amphidiploïde.
allothigenic, allothigenous, allothogenous, *a Geol* allothigène, allogène.
allotriomorphic, *a Miner* allotriomorphe.
allotrope, *n Ch* variété *f*, forme *f*, allotropique.
allotropic(al), *a Ch* allotropique.
allotropism, *n Ch* allotropisme *m*.
allotropy, *n Ch* allotropie *f*.
alloy, *n Ph* alliage *m*; **iron alloys,** alliages ferreux.
alluvial 1. *a Geol* alluvial, -aux; d'alluvion; alluvien; alluvionnaire; **alluvial plain,** plaine alluviale, d'alluvions; **alluvial cone, fan,** cône *m* d'accumulation, de déjection; **alluvial deposits,** alluvions *fpl*; apport *m*; **alluvial diamonds,** diamants alluviens. **2.** *n* (*in Australia*) alluvions aurifères.
alluviation, *n* alluvionnement *m*.
alluvium, *n Geol* (*a*) alluvions *fpl*; lais *m* de rivière; terre *f* de lavage; (*b*) (*in restricted sense*) limon *m*.
allyl, *n Ch* allyle *m*; **allyl alcohol,** alcool *m* allylique.
allylen, *n Ch* allylène *m*.
allylic, *a Ch* allylique.
allylthiourea, *n Ch* allylthiourée *f*.
almandine, almandite, *n Miner* almandine *f*, almandite *f*; grenat almandin.
aloin, *n Ch* aloïne *f*.
alopecia, *n Z* alopécie *f*.
alpestrine, *a* (plante) alpestre.
alpha, *n Ph* **alpha rays,** rayons *mpl*, rayonnement *m*, alpha; **alpha particle,** particule *f* alpha; **alpha radiator, emitter,** émetteur *m* alpha; **alpha (radio)activity,** radioactivité *f* alpha.
alphamethylnaphthalene, *n Ch* alphaméthylnaphtalène *m*.
alpine, *a Bot* **alpine plant,** *n* **alpine,** plante alpine, alpicole.
alstonite, *n Miner* alstonite *f*.
altaite, *n Miner* altaïte *f*, élasmose *f*.
alternant, *a Geol* **alternant layers,** dépôts alternants, couches alternantes.
alternate-leaved, *a Bot* alternifolié.
alternately, *adv Bot* **leaves placed alternately,** feuilles *fpl* alternes.
alternation, *n Genet* **alternation of generations,** alternance *f* des générations.
alternifoliate, *a Bot* alternifolié.
alternipinnate, *a Bot* alternipenné.
alternisepalous, *a Bot* alternisépale.
altiplanation, *n Geol* altiplanation *f*.
altricial, *a Orn* nidicole.
altrose, *n Ch* altrose *m*.
alula, *n* **1.** *Orn* alule *f*; aile bâtarde. **2.** *Ent* (*also* **alulet**) cuilleron *m* (de diptère).
alum, *n* alun *m*; **chrome alum,** alun de chrome; **potash alum,** alun ordinaire; **ammonia alum,** sulfate *m* d'ammonium ferreux, sulfate double d'aluminium et d'ammonium; alun ammoniacal; **iron alum, alum feather, feather alum,** alun de fer, alun de plume; halotrichite *f*; **alum shales,** schistes *mpl* alunifères; **alum stone,** alunite *f*, aluminilite *f*; pierre *f* d'alun.
alumina, *n Miner* alumine *f*.
aluminate[1], *n Ch* aluminate *m*.
aluminate[2], *vtr* **1.** (*to mix with alum*) aluminer. **2.** *Dy etc* (*to steep in alum*) aluner.
alumination, *n Ch Dy* aluminage *m*.
aluming, *n Ch Dy* alu(mi)nage *m*.
aluminiferous, *a* aluminifère, aluminaire.
aluminite, *n Miner* aluminite *f*, aluminaire *f*.
aluminium, *n Ch* (*symbole* Al) aluminium *m*; **aluminium oxide,** alumine *f*; **aluminium sheet,** tôle *f* d'aluminium; **aluminium powder,** aluminium en poudre; **aluminium paint,** peinture *f* à l'aluminium; **aluminium bronze,** cupro-aluminium *m*; **aluminium sulfate,** sulfate *m* d'aluminium.
aluminosilicate, *n Ch* aluminosilicate *m*.

aluminum, *n NAm* = **aluminium**.
alumniferous, *a* alunifère.
alunite, *n Miner* alunite *f*, aluminilite *f*; pierre *f* d'alun.
alunogen, *n Miner* alunogène *m*.
alurgite, *n Miner* alurgite *f*.
alveolar, *a Anat* alvéolaire.
alveolate, *a Biol* alvéolé, alvéolaire.
alveolation, *n Geol* alvéolisation *f*.
alveole, *n* alvéole *m or f*; favéole *f*.
alveolus, *pl* **-i**, *n* alvéole *m or f*; **alveoli of the lungs,** alvéoles pulmonaires.
alvite, *n Miner* alvite *f*.
Am, *symbole chimique de l'*américium.
amalgam, *n* amalgame *m*; métal amalgamé; **amalgam solution,** bain *m* d'amalgamation.
amalgamate[1], *a* (métal) amalgamé.
amalgamate[2] **1.** *vtr* amalgamer (l'or, l'étain). **2.** *vi* (*of metals*) s'amalgamer.
amalgamation, *n* amalgamation *f* (des métaux).
amarantite, *n Miner* amarantite *f*.
amarine, *n Ch* amarine *f*.
amazonite, amazonstone, *n Miner* amazonite *f*, feldspath vert.
amber, *n* (*a*) ambre *m*; **yellow amber,** ambre jaune; succin *m*; (*b*) *Miner* **amber potch,** (variété jaune d')opale *f* de feu.
ambergris, *n Miner* ambre gris.
ambidextrous, *a* ambidextre.
ambiparous, *a Bot* ambipare.
amblygonite, *n Miner* amblygonite *f*.
ambrain, *n Ch* ambréine *f*.
ambrite, *n Miner* ambrite *f*.
ambulacrum, *n Echin* ambulacre *m*.
ambulatory, *a Z* ambulatoire.
amentaceous, *a Bot* (*a*) amentifère; (*b*) amental, -aux.
amental, *a Bot* amental, -aux.
amentiferous, *a Bot* amentifère.
amentiform, *a Bot* amentiforme.
amentum, *n Bot* iule *m*.
americium, *n Ch* (*symbole* Am) américium *m*.
ametabolic, ametabolous, *a Ent* amétabole.
amethyst, *n* améthyste *f*; pierre *f* d'évêque; **oriental amethyst,** saphir violet.
amiant(h)ine, *a Miner* amiantin.
amiant(h)us, *n Miner* amiante *m*, asbeste *m*.
amic, *a Ch* amique.
amide, *n Ch* amide *m*.
amidic, *a Ch* amique.
amidin(e), *n Ch* amidine *f*.
amido-, *pref Ch* amido-.
amidogen, *n Ch* amidogène *m*.
amidoxime, *n Ch* amidoxime *f*.
amination, *n Ch* amination *f*.
amine, *n Ch* amine *f*.
amino-, *pref Ch* amino-.
amino acid, *n Ch* aminoacide *m*, acide aminé; **essential amino acid,** aminoacide essentiel.
aiminoazo, *a Ch* azoamidé, azoaminé.
aminobenzoic, *a Ch* aminobenzoïque.
aminophenol, *n Ch* aminophénol *m*.
aminoplast(ic), *n Ch* aminoplaste *m*.
amitosis, *n Biol* amitose *f*.
amitotic, *a Biol* amitotique.
amixia, *n Biol* amixie *f*.
ammeter, *n Ph* ampèremètre *m*.
ammine, *n Ch* ammine *f*.
ammiolite, *n Miner* ammiolit(h)e *f*.
ammodyte, *n Bot* ammodyte *f*.
ammonia, *n Ch* ammoniaque *f*; gaz ammoniac; **ammonia hydrate, ammonia solution,** (solution aqueuse d')ammoniaque; **ammonia liquor, ammonia water,** eau ammoniacale.
ammoniacal, *a* ammoniacal, -aux.
ammoniate, *n* **rough ammoniates,** ammoniacates bruts, déchets organo-azotés industriels, déchets (organiques) amminés.
ammoniated, *a Ch* ammoniacé, ammoniaqué.
ammonium, *n Ch* ammonium *m*; **ammonium hydrate,** (solution aqueuse d')ammoniaque *f*; **ammonium carbonate,** carbonate *m* d'ammoniaque; **ammonium chloride,** chlorure *m* d'ammonium; chlorhydrate *m* d'ammoniaque; **ammonium nitrate,** nitrate *m* d'ammonium; **ammonium sulfate,** sulfate *m* d'ammoniaque; **ammonium hydroxide,** hydroxyde *m* d'ammonium.
ammonization, *n Bac Bot* ammonisation *f*.
ammonolysis, *pl* **-es**, *n Ch* ammoniolyse *f*.

ammophilous, *a* ammophile.
amniocentesis, *n Med* amniocentose *f*.
amnion, *n Z Anat* amnios *m*.
Amniota, *npl Z* amniotes *mpl*.
amniotic, *a* amniotique; **amniotic fluid,** liquide amniotique.
amoeba, *pl* **-as, -ae,** *n Biol* amibe *f*.
amoebic, *a* amibien.
amoebiform, *a* amibiforme.
amoeboid, *a* amiboïde.
amorphism, *n Biol* amorphisme *m*, amorphie *f*.
amorphous, *a Biol Ch Geol Miner* amorphe.
amorphousness, *n* état *m* amorphe; *Biol* amorphie *f*.
ampelite, *n Miner* ampélite *m*.
amperage, *n Ph* ampérage *m*, intensité *f* en ampères.
ampere 1. *n Ph* (*symbole* A) ampère *m*; **ampere hour,** ampère-heure *m*. **2.** *Prn* **Ampere's law,** loi *f* d'Ampère.
amphibian, *a & n Z* amphibie (*m*); **tailed amphibian,** urodèle *m*.
amphibiotic, *a Ent* amphibiotique.
amphibious, *a* amphibie.
amphiblastula, *n Biol* amphiblastula *f*.
amphibole, *n Miner* amphibole *f*.
amphibolic, *a Geol* amphibolique.
amphibolite, *n Miner* amphibolite *f*.
amphicarpic, *a Bot* amphicarpe.
amphicoelous, *a Z Anat* amphicœle, amphicœlien, amphicœlique.
amphidiploid, *a Biol* amphidiploïde.
amphigam, *n Bot* amphigame *m*.
amphigamous, *a Bot* amphigame.
amphigastrium, *pl* **-ia,** *n Bot* amphigastre *m*.
amphigenous, *a Bot etc* amphigène.
amphimixis, *n Biol* amphimixie *f*.
Amphipoda, *npl Z* amphipodes *mpl*.
ampholyte, *n Ch* ampholyte *m*.
amphoteric, *a Ch* amphotère; **amphoteric oxide,** oxyde amphotère.
amplexicaudate, *a Z* amplexicaude.
amplexicaul, *a Bot* amplexicaule, embrassant.
amplexifoliate, *a Bot* amplexifolié.
amplifier, *n Ph* amplificateur *m*.
amplitude, *n Ph* amplitude *f*.
ampulla, *pl* **-ae,** *n* ampoule *f*.
ampullaceous, *a Bot* ampullacé.
amygdale, *n Geol* amygdale *f*.
amygdalic, *a Ch* amygdalique.
amygdalin, *n Ch* amygdaline *f*.
amygdaline, *a Bot Ch* amygdalin.
amygdaloid, *a & n Geol* amygdaloïde (*f*).
amygdule, *n Geol* amygdale *f*.
amyl, *n Ch* amyle *m*; **amyl acetate,** acétate *m* d'amyle; **amyl alcohol,** alcool *m* amylique.
amylaceous, *a Bot* amylacé.
amylase, *n BioCh* amylase *f*.
amylene, *n Ch* amylène *m*.
amylic, *a Ch* amylique.
amylin(e), *n Ch* amyline *f*.
amyloid(al), *a Ch* amyloïde.
amylolysis, *n Ch* amylolyse *f*.
amylolytic, *a* amylasique.
amyloplast, *n Bot* amyloplaste *m*, amyloleucite *m*, leucoplaste *m*.
amylose, *n Ch* amylose *m*.
anabiosis, *n Biol* anabiose *f*.
anabolic, *a Biol* anabolique.
anabolism, *n Biol* anabolisme *m*.
anadromous, *a* (poisson) anadrome, potamotoque; **anadromous movement,** anadromie *f*.
anaemia, *n Physiol* anémie *f*.
anaemic, *a* anémique; **to become anaemic,** s'anémier.
anaerobe, *pl* **-ia,** *n Bac* anaérobie *f*.
anaerobic, *a* anaérobie.
anaerobiont, *n Bac* anaérobie *f*.
anaerobiosis, *pl* **-es,** *n* anaérobiose *f*.
anaerobiotic, *a* anaérobie.
anaesthesia, *n Pharm* anesthésie *f*.
anaesthetic, *a & n Pharm* anesthésique (*m*).
anagenesis, *n Biol* anagénèse *f*.
anal, *a Anat* anal, -aux; *Z* **anal glands,** glandes anales; *Ich* **anal fin,** nageoire anale; *Ent* **anal appendages,** cerques *mpl*.
analcime, analcite, *n Miner* analcime *f*, analcite *f*.
analyse, *vtr Ch etc* analyser; faire l'analyse de (qch).
analysis, *pl* **-es,** *n* analyse *f*; (*a*) *Ch* **qualitative analysis,** analyse qualitative; **quantitative analysis,** analyse quantitative; dosage *m*; **volumetric analysis,** analyse

volumétrique; **gravimetric analysis,** analyse gravimétrique; **proximate analysis,** analyse immédiate; **ultimate analysis,** dernière analyse; **wet, dry, analysis,** analyse par voie humide, sèche; **check analysis,** analyse contradictoire; (*b*) *Ph* **physical analysis,** analyse physique; **dimensional analysis,** analyse dimensionnelle; **harmonic analysis,** analyse harmonique (d'une forme d'onde); **spectral analysis, spectrum analysis,** analyse spectrale; **spectrographic, spectroscopic, analysis,** analyse spectrographique, spectroscopique; (*c*) *Mec* **activation analysis,** calcul *m* d'activation; **stress analysis,** calcul de résistance, analyse des efforts supportés (par une pièce mécanique, etc).

analyst, *n Ch etc* analyste *mf.*

analytic(al), *a* analytique; **analytical chemistry,** chimie *f* analytique; **analytical chemist,** chimiste *mf* analyste, expert(e).

anamesite, *n Miner* anamésite *f.*

anamorphosis, *n Bot* dégénérescence *f* morbide, anamorphose *f.*

anandrous, *a Bot* anandre, anandraire, anandrique.

anaphase, *n Genet* anaphase *f.*

anaphylactic, *a* anaphylactique.

anastomosis, *n* anastomose *f.*

anastomotic, *a* anastomotique.

anatase, *n Miner* anatase *f.*

anatomical, *a* anatomique.

anatomy, *n* anatomie *f.*

anatropous, *a Bot* (ovule) anatrope.

anauxite, *n Miner* anauxite *f.*

anchylosis, *n Anat* ankylose *f.*

ancipital, ancipitous, *a Bot* ancipité.

andesine, *n Miner* andésine *f.*

andesite, *n Miner* andésite *f.*

andesitic, *a Geol* andésitique.

andorite, *n Miner* andorite *f.*

andradite, *n Miner* andradite *f.*

androconium, *pl* **-ia,** *n Ent* androconie *f.*

androecium, *n Bot* androcée *m*, andrœcie *f.*

androgen, *n Biol Ch* androgène *m.*

androgenesis, *n Biol* androgénèse *f*, éphébogénèse *f.*

androgenic, *a Biol* androgène.

androgynary, *a Bot* androgynaire.

androgyne, *n Bot Z* androgyne *m.*

androgynous, *a* **1.** *Bot* androgyne. **2.** *Z* hermaphrodite, androgyne.

androgyny, *n Bot* androgynie *f.*

andromonoecious, *a Bot* andromonoïque.

andropetalar, andropetalous, *a Bot* andropétalaire.

androphore, *n Bot* androphore *m.*

androspore, *n Bot* androspore *f.*

anemochorous, *a Bot* anémochore.

anemophilous, *a Bot* anémophile, anémogame.

anemophily, *n Bot* anémophilie *f*, anémogamie *f.*

anemotropism, *n Biol* anémotropisme *m.*

anencephalia, *n Anat Ter* anencéphalie *f*; absence *f* d'encéphale.

aneroid, *a* **aneroid barometer,** baromètre *m* anéroïde.

anethole, *n Ch* anéthol *m.*

aneuploid, *a Biol* aneuploïde.

aneuploidy, *n Biol* aneuploïdie *f.*

aneurin, *n Ch* aneurine *f*, thiamine *f.*

angina, *n Pharm* angine *f*; **angina pectoris,** angine de poitrine.

angiocarp, *n Fung* angiocarpe *m.*

angiocarpic, angiocarpous, *a Fung* angiocarpe, angiocarpien.

angiosperm, *n Bot* angiosperme *f.*

angiospermal, angiospermous, *a Bot* angiosperme.

angiosporous, *a Bot* angiospore.

anglesite, *n Miner* anglésite *f.*

Angström, *Prn Ch Ph* **Angström unit,** unité *f* Angström, 1×10^{-10} mètre *m.*

anguiform, anguine, *a* anguiforme.

angular, *a* angulaire; **angular acceleration,** accélération *f* angulaire; **angular velocity,** vitesse *f* angulaire.

angulate, *a Bot* angulé.

angustifoliate, *a Bot* angustifolié.

angustirostrate, *a Orn* angustirostre.

angustiseptal, angustiseptate, *a Bot* angustisepté.

anhistous, *a Biol* anhiste.

anhydration, *n Ch* anhydrisation *f.*

anhydride, *n Ch* anhydride *m.*

anhydrite, *n Miner* anhydrite *f*, karsténite *f.*

anhydrous, *a Ch* anhydre.
anil, *n (a) Dy* indigo *m*; *(b) Ch* anil *m*.
anilide, *n Ch* anilide *f*.
aniline, *n Ch* aniline *f*, phénilamine *f*; **aniline dyes,** colorants *mpl* azoïques; **aniline purple,** aniléine *f*.
animal 1. *n* animal *m*, -aux; **land animal,** animal terrestre. **2.** *a* **the animal kingdom,** le règne animal; **animal life,** faune *f* (d'une région); **animal pole,** pôle animal (d'un œuf); **animal starch,** glycogène *f*; **animal glue,** colle animale.
animalcular, *a* animalculaire.
animalcule, *pl* **-cula, -cules,** *n* animalcule *m*.
animation, *n Z* **(state of) suspended animation,** diapause *f*.
anion, *n Ch Ph* anion *m*.
anionic, *a Ch Ph* anionique.
anionotropy, *n Ch* anionotropie *f*.
anisaldehyde, *n Ch* aldéhyde *m* anisique.
anisic, *a Ch* (acide, série) anisique.
anisidine, *n Ch* anisidine *f*.
anisodactyl(ous), *a* anisodactyle.
anisogamy, *n Biol* anisogamie *f*.
anisol(e), *n Ch* anisol(e) *m*.
anisomeric, *a Ch* anisomère.
anisomerous, *a Bot* anisomère.
anisopetalous, *a Bot* anisopétale.
anisophyllous, *a Bot* anisophylle.
anisostemonous, *a Bot* anisostémone.
anisotropic, *a Biol Ph* anisotropique; anisotrope.
anisotropy, *n Biol Ph* anisotropie *f*.
ankerite, *n Miner* ankérite *m*; spath brunissant.
ankylosis, *n Anat* ankylose *f*.
anlage, *n Biol* ébauche *f* (d'un organe).
annabergite, *n Miner* annabergite *f*; nickélocre *m*.
annectent, *a Biol* connectif.
annelid, *n Z* annélide *f*, annelé *m*.
annual 1. *a Bot* annuel; *(of tree)* **annual ring, zone,** couche annuelle. **2.** *n* plante annuelle.
annulate(d), *a Bot Z* annelé.
annulation, *n* formation *f* d'anneaux.
annulus, *n Bot* anneau *m* (de capsule de fougère, etc); bague *f* (d'un champignon); collerette *f* (de chapeau de champignon).
anodal, anodic, *a El* anodique.
anode, *n Ch El* anode *f*; **anode compartment,** compartiment *m* anodique; **anode current,** courant *m* anodique.
anodize, *vtr* anodiser.
anodontia, *n Z* anodontie *f*.
anomaly, *n (a) Ph etc* anomalie *f*; **anomaly of temperature, temperature anomaly,** anomalie thermique; **Bouguer anomaly,** anomalie de Bouguer; *(b) Biol* anomalie, irrégularité *f*, aberration *f*.
anomocarpous, *a Bot* anomocarpe.
anomophyllous, *a Bot* anomophylle.
anonaceous, *a Bot* anonacé.
anophthalmia, *n Anat Ter* anophtalmie *f*.
anopia, *n Anat Ter* absence *f* de vision.
anorexia, *n Physiol* anorexie *f*.
anorthite, *n Miner* anorthite *f*.
anorthose, *n Miner* anorthose *f*.
anosmatic, *a Z* anosmatique.
anourous, *a Z* = **anurous.**
anoxemia, *n Physiol Tox* anox(h)émie *f*.
anoxia, *n Physiol* anox(h)émie *f*, anoxie *f*.
ant, *n Z* fourmi *f*; **white ant,** termite *m*.
antacid, *a & n Ch* antiacide *(m)*.
antagonism, *n Pharm* antagonisme *m*.
antagonist, *n Pharm* antagoniste *m*.
antagonistic, *a Physiol* antagoniste; **antagonistic muscles,** muscles *mpl* antagonistes.
antarctic, *a* (faune, etc) antarctique.
antenna, *pl* **-ae,** *n Ent Crust* antenne *f*; *Moll* tentacule *m*; corne *f* (de limaçon).
antennal, *a* d'antenne.
antennary, *a* antennaire.
antennate, *a* antenné, pourvu d'antennes.
antenniferous, *a* antennifère.
antenniform, *a* antenniforme.
antennule, *n Crust* antennule *f*.
antepodal, *a Bot* **antepodal cells,** antipodes *mpl*.
anther, *n Bot* anthère *f*.
antheridium, *pl* **-ia,** *n Bot* anthéridium *m*.
antheriferous, *a Bot* anthérifère.
anthesis, *pl* **-es,** *n Bot* anthèse *f*, floraison *f*.

anthocyanidin, *n Bot Ch* anthocyanidine *f.*
anthocyanin, *n Bot Ch* anthocyanine *f.*
anthodium, *pl* **-ia,** *n Bot* anthode *m*; capitule *m.*
anthogenesis, *n Biol* anthogénèse *f.*
anthophagous, *a* anthophage.
anthophilian, anthophilous, *a Ent* anthophile.
anthophore, *n Bot* anthophore *m.*
anthophyllite, *n Miner* anthophyllite *f.*
Anthozoa, *npl* anthozoaires *mpl.*
anthracene, *n Ch* anthracène *m*, anthracine *f*; **anthracene dyes,** colorants *mpl* anthracéniques; **anthracene oil,** huile *f* anthracénique.
anthracnose, anthracnosis, *n Bot* anthracnose *f.*
anthraconite, *n Miner* anthraconite *f or m*; stinkal *m.*
anthragallol, *n Ch* anthragallol *m.*
anthranilate, *n Ch* anthranilate *m.*
anthranilic, *a Ch* anthranilique.
anthranol, *n Ch* anthranol *m.*
anthraquinone, *n Ch* anthraquinone *f.*
anthrax, *n Bac* charbon bactérien; **anthrax bacillus,** bactéridie charbonneuse.
anthrone, *n Ch* anthrone *f.*
anthropogeography, *n* géographie humaine.
anthropoid, *a & n* anthropoïde (*m*).
anthropology, *n* anthropologie *f.*
antiacid, *a & n Ch* antiacide (*m*).
antibiosis, *n* antibiose *f.*
antibiotic, *a & n* antibiotique (*m*).
antibody, *n Ch Immunol* anticorps *m.*
anticathode, *n Ph* anticathode *f.*
antichlor, *n Ch etc* antichlore *m.*
anticlinal, *a Geol* anticlinal, -aux; **anticlinal fold,** pli anticlinal; **anticlinal ridge,** crête anticlinale.
anticline, *n Geol* anticlinal *m*, -aux; fond *m* de bateau renversé.
anticlinorium, *n Geol* anticlinorium *m.*
antidiuretic, *a End* **antidiuretic hormone, ADH,** hormone *m* antidiurétique.
antidote, *n Pharm Physiol* antidote *m*, contrepoison *m.*
antidromous, *a Bot* antidrome.
antiferment, *n Ch* antiferment *m.*
antigen, *n Ch Immunol* antigène *m.*
antigenic, *a* antigénique.
antigeny, *n Biol* antigénie *f.*
antigorite, *n Miner* antigorite *f.*
antimonial, *a & n Ch* antimonial (*m*), -aux.
antimoniate, *n Ch* antimoniate *m.*
antimoniated, *a Ch* antimonié.
antimonic, *a Ch* antimonique, stibique.
antimonide, *n Ch* antimoniure *m.*
antimonious, *a Ch* antimonieux, stibieux.
antimonite, *n Ch* antimonite *m.*
antimoniuretted, *a Ch* **antimoniuretted hydrogen,** hydrogène antimonié.
antimony, *n Ch* (*symbole* Sb) antimoine *m*; **antimony sulfide, black antimony,** antimoine cru, sulfuré; sulfure noir d'antimoine; **grey antimony,** stibine *f*, stibnite *f*; **red antimony,** kermès minéral; kermésite *f*; **antimony sexquioxide,** blanc *m* d'antimoine; **antimony trioxide,** neige *f* d'antimoine; **antimony pentoxide,** anhydride *m* antimonique; **antimony salt,** sel *m* d'antimoine.
antimonyl, *n Ch* antimonyle *m.*
anting, *n Orn* formicage *m.*
antinodal, *a Ph* antinodal, -aux.
antinode, *n Ph* antinœud *m.*
antioxidant, *a & n Ch* antioxydant (*m*).
antioxygen, *n Ch* antioxygène *m.*
antipodal, *a & n Bot* **antipodal (cell),** antipode *f.*
antisepsis, *n Med* antisepsie *f.*
antiseptic, *a & n Med* antiseptique (*m*).
antiserum, *n Immunol Med* antisérum *m.*
antithetic, *a Genet* antithétique.
antitoxic, *a Tox* antitoxique.
antitoxin, *n Physiol* antitoxine *f.*
antitropic, *a* antitrope.
antizymic, *a Biol* antizymique.
antlerite, *n Miner* antlérite *f.*
antlers, *npl* bois *mpl* (de cerf).
anucleate, *a Biol* anucléé.
anurous, *a Z* anoure.
anus, *n Anat Z* anus *m.*
aorta, *n Anat Z Physiol* aorte *f.*
aortic, aortal, *a Anat Z* aortique; **aortic arch,** crosse *f* de l'aorte.
apatelite, *n Miner* apatélite *f.*
apatite, *n Miner* apatite *f.*

aperiodic, *a Ph* apériodique.
aperispermic, *a Bot* apérispermé.
aperistalsis, *n Physiol* apéristaltisme *m*.
aperture, *n Ph* aperture *f*; ouverture *f*, orifice *m*.
apetalous, *a Bot* apétale.
apex, *pl* **apexes, apices,** *n* pointe *f*, extrémité *f*; sommet *m* (d'un organe, etc).
aphanite, *n Miner* aphanite *f*.
apheliotropic, *a Bot* (feuille, etc) à héliotropisme négatif.
aphidophagous, *a Z* aphidiphage.
aphotic, *a Oc* aphotique; **aphotic region,** région *f* aphotique.
aphrosiderite, *n Miner* aphrosidérite *f*.
aphyllous, *a Bot* aphylle.
apical, *a Bot etc* apical, -aux; **apical growth,** pousse terminale; **apical meristem,** méristème apical.
apicifixed, *a* apicifixe.
apiculate, *a* (*a*) *Bot* apiculé; (*b*) *Cryst etc* apiciforme.
apiculus, *pl* **-li,** *n Bot* apicule *m*.
apigenin, *n Ch* apigénine *f*.
apiin, *n Ch* apiine *f*.
apiol(e), *n Ch* apiol *m*.
apionol, *n Ch* apionol *m*.
apivorous, *a Z* apivore.
aplanospore, *n Bot* aplanospore *f*.
aplite, *n Miner* aplite *f*.
apnoea, *n Physiol Tox* apnée *f*; arrêt prolongé de la respiration.
apoatropine, *n Ch* apoatropine *f*.
apocarpous, *a Bot* apocarpé, apocarpe, dialycarpellé.
apocarpy, *n Bot* apocarpie *f*.
apocrine, *a Anat End Z* apocrine.
apodal, apodous, *a* apode.
apodeme, *n Ent Crust* apodème *m*.
apoenzyme, *n BioCh* apoenzyme *f*.
apogamous, *a Bot* apogamique.
apogamy, *n Bot* apogamie *f*.
apolar, *a Biol* apolaire.
apomictic, *a Biol* apomictique.
apomixis, *n Biol* apomixie *f*.
apomorphia, apomorphine, *n Ch* apomorphine *f*.
apophyllite, *n Miner* apophyllite *f*.
apophysate, *a Bot* muni d'une apophyse.
apophysis, *n Bot etc* apophyse *f*.
apoplectic, *a* apoplectique.
apoplexy, *n* apoplexie *f*.
aposematic, *a* (*of colour, etc*) aposématique, avertissant, prémonitoire.
apospory, *n Bot* aposporie *f*.
apothecium, *n Fung* apothèce *f*, apothécie *f*.
apparatus, *n* appareil *m*; *Anat* **vocal apparatus,** appareil vocal; *Ch* **dialysing apparatus,** dialyseur *m*; **purifying apparatus,** épurateur *m*.
appendage, *n Anat* appendice *m*; annexe *f* (d'un organe); **caudal appendage**, appendice caudal.
appendicle, *n Bot* appendicule *m*.
appendicular, *a* appendiculaire, qui se rapporte aux organes latéraux.
appendiculate, *a Bot etc* appendiculé.
appendix, *n Anat Bot* appendice *m*; **vermiform appendix,** appendice vermiforme.
appetite, *n Z* appétit *m*; **loss of appetite,** anorexie *f*.
applied, *a* **applied sciences,** sciences appliquées, expérimentales.
appressed, *a Bot* appressé, apprimé.
aprotic, *a Ch* **aprotic solvent,** dissolvant *m* aprotéique.
apteral, *a Ent Orn etc* aptère, sans ailes.
apterous, *a Ent Orn Bot* aptère.
apterygial, *a Z* aptère.
apyrene, *a Biol* apyrène.
apyrous, *a Ch Miner* apyre.
aqua, *n* (*used to form compounds in*) *Ch Pharm* **aqua fortis,** eau-forte *f*; **aqua regia,** eau régale; **aqua vitae,** eau-de-vie *f*.
aquafer, *n Geol* couche *f* aquifère.
aquamarine, *n Miner* aigue-marine *f*; béryl *m* noble.
aquatic, *a* (plante, etc) aquatique.
aqueous, *a* aqueux; *Physiol* **aqueous humour,** humeur aqueuse; *Geol* **aqueous rock,** roche *f* sédimentaire; *Pharm* **aqueous solution,** soluté *m*.
aquifer, *n Geol* couche *f* aquifère.
aquiferous, *a Geol* aquifère.
arabinose, *n Ch* arabinose *f*.
arabitol, *n Ch* arabite *f*, arabitol *m*.
arachic, arachidic, *a Ch* (acide) arachique, arachidique.
arachnean, *a Bot etc* arachnéen.

Arachnida, *npl Z* arachnides *mpl.*
arachnoid 1. *a & n Anat* **arachnoid (membrane),** arachnoïde (*f*). **2.** *a Bot* arachnoïde, arachnoïdien, arachnéen.
arachnoidal, *a Anat* arachnoïdien.
aragonite, *n Miner* aragonite *f*; **twin aragonite,** aragonite confluente.
Araneida, *npl Z* aranéidés *mpl.*
arbor, *n Ch* **arbor Dianae,** arbre *m* de Diane; **arbor Saturni,** arbre de Saturne.
arboreal, *a* (animal) arboricole.
arborescence, *n Bot* arborescence *f.*
arborescent, *a* **1.** arborescent; **arborescent shrub,** arbuste *m.* **2.** *Miner* (*of agate, etc*) herborisé, arborisé; **arborescent growth,** arborisation *f*; *Ch* **arborescent silver,** arbre *m* de Diane.
arboricole, arboricolous, *a* arboricole.
arborization, *n Miner Ch etc* arborisation *f.*
arbuscle, arbuscula, *n Bot* arbuscule *f.*
arbuscule, *n Bot Fung* arbuscule *f.*
arcanite, *n Miner* arcanite *m.*
archegonial, *a Bot* archégoniate.
archegoniate, *a & n Bot* archégoniate (*f*).
archegoniophore, *n Bot* archégoniophore *m.*
archegonium, *pl* **-ia,** *n Bot* archégone *m.*
archenteron, *pl* **-a,** *n Embry* archentéron *m.*
archetype, *n Biol* archétype *m.*
Archimedes, *Prn* **Archimedes' principle,** principe *m* d'Archimède.
arctic, *a* (faune, etc) arctique.
area, *n Anat* **germinal area,** aire germinative, embryonnaire.
areal, *a Geol* **areal erosion,** érosion *f* aréolaire.
arecaine, *n Ch* arécaïne *f.*
arecoline, *n Ch* arécoline *f.*
arenaceous, *a* (*a*) *Geol* arénacé, arénifère; (*b*) *Bot Z* arénicole, arénaire.
arenicolous, *a Bot Z* arénaire, arénicole.
arenite, *n Geol* arénite *f*, arényte *f.*
areola, *pl* **-ae,** *n Biol etc* aréole *f.*
areolar, *a Biol* aréolaire.
areolate(d), *a Biol* aréolé.
areolation, *n Biol* aréolation *f.*
areometer, *n Ph* aréomètre *m.*
areometric(al), *a Ph* aréométrique.
areometry, *n Ph* aréométrie *f.*
arfvedsonite, *n Miner* arfvedsonite *f.*
argental, *a* **argental mercury,** mercure argental.
argentic, *a Ch* argentique.
argentiferous, *a* argentifère.
argentine, *n Miner* spath schisteux; feldspath nacré; argentine *f.*
argentite, *n Miner* argentite *f*, argyrose *f*, argyrite *f.*
argillaceous, *a Geol* argileux, argilacé.
argilliferous, *a* argilifère.
arginase, *n Ch* (enzyme *f*) arginase (*f*).
arginine, *n Ch* arginine *f*; acide aminé.
argol, *n Ch* tartre brut.
argon, *n Ch* (*symbole* A) argon *m.*
argyranthous, *a Bot* argyranthème.
argyric, *a Ch* argyrique.
argyrite, *n Miner* argyrite *f.*
argyrodite, *n Miner* argyrodite *f.*
argyrophyllous, *a Bot* argyrophylle.
argyrose, *n Miner* argyrose *f*, argyrite *f.*
argyrythrose, *n Miner* argyrythrose *f*, pyrargyrite *f.*
arhinia, *n Anat Ter* absence *f* de nez.
arid, *a Geol* aride.
aridity, *n* **aridity index,** index *m* de l'aridité.
aril, *n*, **arillus,** *pl* **-li,** *n Bot* arille *m* (d'une graine).
arillate, *a Bot* (*of seed*) arillé.
arista, *pl* **-ae,** *n Bot* arête *f.*
aristate, *a Bot* aristé, barbu.
aristogenesis, *n Biol* aristogénèse *f.*
arite, *n Miner* arite *f.*
arizonite, *n Miner* arizonite *f.*
arkansite, *n Miner* arkansite *f.*
arkose, *n Miner* arkose *f.*
arm, *n Anat Z* bras *m.*
armangite, *n Miner* armangite *f.*
armature, *n Biol etc* armure *f.*
armillate, *a Bot* armillaire.
armour, *n Biol* armure *f*, cuirasse *f.*
aromatic *Ch* **1.** *a* **aromatic series,** série *f* aromatique; **aromatic compounds,** composés *mpl* aromatiques; **aromatic ring,** noyau *m* aromatique, benzénique. **2.** *npl* **aromatics,** carbures *mpl* aromatiques, à noyau.

aromaticity, *n Ch* aromaticité *f.*
aromatization, *n Ch* aromatisation *f.*
aromatize, *vtr Ch* aromatiser.
arquerite, *n Miner* arquérite *f.*
arrhenotokous, *a Biol* arrhénotoque.
arrhenotoky, *n Biol* arrhénotoquie *f.*
arrhizal, arrhizous, *a Bot* arrhize.
arrhythmia, *n Physiol Z* arythmie *f.*
arrow-headed, *a Bot etc* cunéiforme.
arsenate, *n Ch* arséniate *m*; **acid lead arsenate,** arséniate diplombique, arséniate acide de plomb; **basic lead arsenate,** arséniate triplombique, arséniate basique de plomb; **iron arsenate,** arséniate de fer; **sodium arsenate,** arséniate de soude.
arsenated, *a Ch* arsénié, arsénifère, arsénique.
arseniate, *n Ch* arséniate *m.*
arsenic *Ch* **1.** *n* (*symbole* As) arsenic *m*; **white arsenic, flaky arsenic, flowers of arsenic,** arsenic blanc, acide arsénieux; anhydride arsénieux; **red arsenic, ruby arsenic,** arsenic sulfuré rouge, rubis *m* d'arsenic, réalgar *m*; **yellow arsenic, sulfide of arsenic,** sulfure *m* jaune d'arsenic; orpiment *m*, orpin *m.* **2.** *a* (acide) arsénique.
arsenical, *a* arsenical; **arsenical compound,** substance arsenicale; **arsenical pyrite,** pyrite arsenicale.
arsenide, *n Ch* arséniure *m.*
arseniferous, *a* arsénifère.
arsenious, *a* arsénieux; **arsenious oxide,** acide arsénieux.
arsenite, *n* **1.** *Ch* arsénite *m.* **2.** *Miner* arsénite, arsénolit(h)e *m.*
arseniuretted, *a Ch* (hydrogène, etc) arsénié.
arsenobismite, *n Miner* arsenbismuth *m.*
arsenolite, *n Miner* arsénolit(h)e *m*, arsénite *m.*
arsenopyrite, *n Miner* arsénopyrite *f*; pyrite arsenicale; fer arsenical; mispickel *m.*
arsine, *n Ch* arsine *f*, arsénamine *f.*
artefact, *n* artefact *m.*
arterial, *a Anat* artériel; **arterial system,** système artériel.
arteriole, *n Anat* artériole *f.*
artery, *n Anat Z* artère *f.*
artesian, *a Geol* **artesian layer,** nappe jaillissante.
arthropod, *n Z* arthropode *m.*
arthropodal, arthropodous, *a Z* arthropode.
arthrospore, *n Bot* arthrospore *f.*
articular, *a Anat* articulaire.
articulated, *a* articulé.
articulation, *n Biol* articulation *f*; *Bot* empattement *m* (de la tige).
articulatory, *a Anat* articulaire.
artinite, *n Miner* artinite *f.*
artiodactyl, *a & n Z* (ongulé *m*) artiodactyle (*m*).
artiodactylous, *a Z* artiodactyle, paridigit(id)é.
arvicoline, *a Z* arvicole.
aryl, *n Ch* aryle *f.*
arylamine, *n Ch* arylamine *f.*
As, *symbole chimique de l'*arsenic.
asbestiform, *a Miner* asbestiforme.
asbestine, *a Miner* amiantin.
asbestos, *n Ch Miner* amiante *m*; asbeste *m*; **fibrous, flaked, asbestos,** amiante.
asbestosis, *n Path* asbestose *f.*
asbolan, asbolite, *n Miner* asbolane *f*, wad *m.*
ascaricide, *n Ch Z* ascaricide *m.*
ascending, *a Anat Bot* ascendant; **ascending aorta,** aorte ascendante.
ascidiform, *a Bot etc* ascidiforme, urcéolé.
ascidium, *pl* **-ia,** *n Bot* ascidie *f.*
ascogenous, *a Fung* ascogène.
ascogone, *n*, **ascogonium,** *pl* **-ia,** *n Microbiol* ascogone *m.*
ascorbic, *a Ch* ascorbique; **ascorbic acid,** acide *m* ascorbique; vitamine *f* C.
ascospore, ascosporium, *n Microbiol* ascospore *m.*
ascus, *pl* **-i,** *n Fung* asque *m or f*; thèque *f*, endothèque *f.*
asexual, *a Biol* asexué, asexuel; *Bot* **asexual flower,** fleur *f* neutre; **asexual reproduction,** reproduction asexuée, monogénie *f.*
ash, *n* **1.** cendre(s) *f(pl)*; **ash content of a fuel,** résidu *m* en cendres d'un combustible; **ash constituents,** principes minéraux (d'une plante, etc); **volcanic ash,** cendres volcaniques. **2.** *Ch Ind* **blue ashes,**

ash blue, cendre bleue; **lead ash(es),** cendre de plomb; cendrée *f.*
asiderite, *n Miner* asidère *f,* asidérite *f.*
askeletal, *a Z* sans squelette.
asmanite, *n Miner* asmanite *f.*
asparagine, *n Ch* asparagine *f.*
aspartic, *a Ch* (acide) aspartique.
aspergilliform, *a Bot* aspergilliforme.
aspergillus, *n Bac* aspergillus *m.*
asperifoliate, asperifolious, *a Bot* aspérifolié.
aspermatism, *n Bot* aspermie *f.*
aspermous, *a Bot* asperme.
asphalt, *n Miner* asphalte *m,* bitume *m.*
asphaltic, *a* bitumineux.
asphaltite, *n Miner* asphaltite *m.*
asphyxia, *n Med Tox* asphyxie *f.*
asporogenic, asporogenous, *a Bot* asporogène.
assimilate, *vtr Bot etc* assimiler.
assimilation, *n Physiol* assimilation *f.*
association, *n* association *f.*
assurgent, *a Bot* assurgent.
astacene, astacin, *n Ch* astacine *f.*
astatic, *a* astatique.
astatine, *n Ch* (*symbole* At) astatine *m.*
aster, *n Biol* aster *m.*
asteria, *n Cryst* astérie *f.*
asteriated, *a Miner* (pierre) astérique; **asteriated opal,** astérie *f.*
asterism, *n Cryst* astérisme *m*; astérie *f.*
astigmatism, *n Opt* astigmatisme *m.*
astomatal, astomous, *a Bot* sans stomates.
astragalus, *pl* **-i,** *n Anat Z* astragale *m.*
astroblast, *n Biol* astroblaste *f.*
astrocyte, *n Biol* astrocyte *f.*
astroite, *n Miner* astroïte *f.*
astronomic(al), *a* astronomique.
astronomy, *n* astronomie *f.*
astrophyllite, *n Miner* astrophyllite *f.*
astrophysical, *a* astrophysique.
astrophysics, *n* astrophysique *f.*
asymmetric(al), *a* asymétrique; **asymmetric atom,** atome *m* asymétrique, dissymétrique; **asymmetric centre,** centre *m* asymétrique; **asymmetric leaf,** feuille *f* asymétrique; *Geol* **asymmetric fold,** pli déjeté.
asymmetrically, *adv* asymétriquement.
asymmetry, *n Ch* asymétrie *f.*
asynchronism, *n Ph* asynchronisme *m.*
asynchronous, *a Ph* asynchrone.
asystole, *n Physiol* asystolie *f.*
At, *symbole chimique de l'*astatine.
atacamite, *n Miner* atacamite *f.*
atavism, *n Genet* atavisme *m.*
atavistic, *a Biol* atavique.
ataxia, *n Tox* ataxie *f.*
ataxic, *a Tox* ataxique.
ataxite, *n Miner* ataxite *f.*
atelia, *n Biol* atélite *f.*
atelomitic, *a Biol* atélomitique.
athenium, *n Ch* athénium *m.*
athermal, *a Ch* athermal, -aux.
athermancy, *n Ph* athermanéité *f.*
athermanous, *a Ph* athermane.
atmidometer, *n Ph* atm(id)omètre *m.*
atmolysis, *n Ch* atmolyse *f.*
atmometry, *n* évaporométrie *f.*
atmospheric(al), *a* atmosphérique; **atmospheric pressure,** pression *f* atmosphérique.
atom, *n Ph* atome *m*; **mesonic atom,** atome mésique; **parent atom,** atome père; **tagged atom,** atome marqué.
atomic, *a* atomique; *Ch* **atomic mass unit,** masse *f,* poids *m,* d'un atome-gramme; **atomic number,** nombre *m,* numéro *m,* atomique; **atomic structure,** structure *f* atomique; **atomic weight,** masse *f,* poids *m,* atomique.
atomicity, *n Ch* **1.** atomicité *f.* **2.** valence *f.*
atomics, *n* sciences *fpl* atomiques.
atopite, *n Miner* atopite *f.*
atoxic, *a Biol* atoxique.
atoxyl, *n Ch* atoxyl(e) *m.*
ATP, *abbr BioCh adenine trinucleotide phosphate* adénine *f* triphosphate, triphosphate *m* d'adénosine, ATP.
atrium, *pl* **-a, -ums,** *n Anat* oreillette *f.*
atrophy[1], *n Biol* atrophie *f*; *Bot* contabescence *f.*
atrophy[2], *vtr* atrophier.
atropic, *a Ch* atropique.
atropine, *n Ch* atropine *f.*
attacolite, *n Miner* attacolite *f.*
attapulgite, *n Miner* attapulgite *f.*
attenuate, *a Bot* (*of leaf*) atténué.
attraction, *n Ph* **molecular, adhesive, attraction,** attraction *f* moléculaire.

attractive, *a Ph etc* attractif; **attractive power**, attractivité *f*.
attractivity, *n Ph* attractivité *f*.
attribute, *n* propre *m*.
Au, *symbole chimique de l'*or.
auditory, *a Anat Z* auditif; **auditory organ**, organe *m* de l'ouïe; **auditory capsule**, conduit auditif; **auditory nerve**, nerf auditif.
augelite, *n Miner* augélite *f*.
augite, *n Miner* augite *f*.
auramin(e), *n Ch* auramine *f*.
aurantia, *n Ch Dy Phot* aurantia *f*.
aurate, *n Ch* aurate *m*.
aurelia, *n Ent* chrysalide *f*.
aureomycin, *n Ch* auréomycine *f*.
auric, *a Ch* (sel, etc) aurique.
aurichalcite, *n Miner* aurichalcite *f*, auricalcite *f*.
auricle, *n* **1.** *Bot* auricule *f* (d'un pétale). **2.** *Echin* auricule.
auricled, *a* = **auriculate**.
auricula, *n Echin* auricule *f*.
auricular, *a Anat Z* auriculaire.
auriculate, *a Bot Conch* auriculé.
auride, *n Miner* auride *m*.
auriferous, *a* aurifère.
aurin, *n Ch* aurine *f*.
aurocyanide, *n Ch* aurocyanure *m*.
aurous, *a Ch* aureux.
australite, *n Miner* tectite *f*.
autecology, *n Biol* autécologie *f*.
authigenic, authigenous, *a Geol* authigène.
auto-agglutination, *n Immunol* auto-agglutination *f*.
autocatalysis, *n Ch* autocatalyse *f*.
autoclave, *n Ch* autoclave *m*.
autofecundation, *n Z* autofécondation *f*.
autogamy, *n Bot* autogamie *f*, autofécondation *f*.
autogenesis, *n Biol* autogénèse *f*.
autogeny, *n Biol* autogénie *f*.
auto-immunisation, *n Immunol* auto-immunisation *f*.
auto-infection, *n Immunol* auto-infection *f*.
autolysis, *n Ch* autolyse *f*.
autolytic, *a Physiol* autolytique.
automolite, *n Miner* automolite *f*.
automorphic, *a Miner* automorphe.
autonomic, *a* autonome.
autophagia, *n Biol* autophagie *f*.
autophagous, *a Biol* autophagique.
autophagy, *n Biol* autophagie *f*.
autopsy, *n* autopsie *f*.
autosomal, *a Biol* autosomique.
autosome, *n Biol* autosome *m*.
autotomize, *vtr* (*of lizard, etc*) s'autotomiser de (sa queue, etc).
autotomy, *n* autotomie *f*, auto-amputation *f* (des lézards, crabes, etc); **caudal autotomy**, autotomie caudale.
autotroph, *n Bot* autotrophe *m*.
autotrophic, *a Bot* autotrophe.
autoxidation, *n Ch* autoxydation *f*.
autoxidizable, *a Ch* autoxydable.
autunite, *n Miner* autunite *f*.
auxanometer, *n Bot* auxanomètre *m*.
auxesis, *n Biol* auxèse *f*, auxesis *f*.
auxin, *n Bot* auxine *f*, phytohormone *f*.
auxochrome, *n Ch* auxochrome *m*.
auxocyte, *n Biol* auxocyte *m*.
auxospore, *n Algae* auxospore *f*.
auxotroph, *n Biol* souche *f* auxotrophe.
avalent, *a Ch* avalent.
aven, *n Geol* aven *m*.
avenaceous, *a Bot* avénacé.
avenin(e), *n Ch* avénine *f*, avénéine *f*.
aventurin(e), *n* **1.** *Glassm* **artificial aventurine, aventurine glass**, aventurine *f*. **2.** *Miner* aventurine.
average 1. *n* moyenne *f*. **2.** *a* moyen; **average density**, densité moyenne.
avicolous, *a* avicole, aviculaire.
avifauna, *n* faune avienne.
avitaminosis, *n Path* avitaminose *f*.
Avogadro, *Prn Ch* **Avogadro number, constant**, nombre *m* d'Avogadro; **Avogadro's principle**, principe *m* d'Avogadro.
awl-shaped, *a Biol* subulé.
awn[1], *n Bot* barbe *f*, barbelure *f* (de l'orge, etc); arête *f*; soie *f*.
awn[2], *vtr* ébarber (l'orge, etc).
awned, *a Bot* à barbes; muni de barbes; barbu; aristé.
axil, *n Bot* aisselle *f* (d'une feuille).
axile, *a Bot* axile.
axilla, *n* **1.** *Orn* axille *f*. **2.** *Bot* aisselle *f* (d'une feuille).
axillary, *a* axillaire.

axinite, *n Miner* axinite *f*.
axiolite, *n Miner* axiolite *m*.
axipetal, *a* axipète.
axis, *pl* **axes,** *n* **1.** *Geol* axe *m*, charnière *f* (d'un plissement); **anticlinal axis,** axe anticlinal; *Opt* **axis of vision,** axe visuel; **axis of a lens,** axe d'une lentille. **2.** *Bot* axe (d'une plante).
axon, *n Anat Z* axone *m*.
axoneurone, *n* neurone *m* du système nerveux.
axopod, axopodium, *n Z* axopode *m*.
azelaic, *a Ch* azélaïque.
azeotrope, *n Ch* mélange *m* azéotrope.
azeotropic, *a Ch* (mélange) azéotrope.
azide, *n Ch* azide *m*, azoture *m*.
azimino, *a Ch* azimidé; **azimino compound,** azimide *m*.
azine, *n Ch* azine *f*.
azo, *a Ch* **azo compounds,** composés *mpl* azoïques; **azo dyes,** colorants *mpl* azoïques.
azobenzene, *n Ch* azobenzène *m*.
azobenzoic, *a Ch* azobenzoïque.
azoic, *a Geol Ch* azoïque.
azol(e), *n Ch* azol(e) *m*.
azophenolic, *a* azophénolique.
azotobacter, *n Bac* azotobacter *m*.
azotometer, *n Ch* azotimètre *m*.
azoxy-, *pref Ch* azoxy-; **azoxy compound,** azoxyque *m*, azoxique *m*.
azoxybenzene, *n Ch* azoxybenzène *m*.
azulene, *n Ch* azulène *m*.
azulin, *n Ch* azuline *f*.
azulmin, *n Ch* azulmine *f*.
azurestone, *n Miner* pierre *f* d'azur.
azurite, *n Miner* azurite *f*; **native azurite,** cendre bleue.
azygospore, *n Fung* azygospore *f*.
azygous, *a* impair.
azymic, azymous, *a* azyme.

B

B, *symbole chimique du* bore.
Ba, *symbole chimique du* baryum.
babingtonite, *n Miner* babingtonite *f*.
baccate, *a Bot* **1.** baccifère. **2.** bacciforme.
bacciferous, *a Bot* baccifère.
bacciform, *a Bot* bacciforme.
baccivorous, *a Z* baccivore.
bacillary, *a Biol* bacillaire.
bacilliform, *a* bacilliforme.
bacillogenous, *a* bacillogène.
bacillus, *pl* **-i**, *n Biol* bacille *m*; **cholera bacillus,** bacille virgule.
backbone, *n Anat Z* épine dorsale, colonne vertébrale; échine *f*; grande arête (de poisson).
backboned, *a Z* vertébré.
backboneless, *a Z* invertébré.
backcross, *n Biol* rétrocroisement *m*.
backfolding, *n Geol* plissement *m* en retour.
background, *n Ph* mouvement *m* propre.
backscattering, *n AtomPh* diffusion *f* rétrograde.
bacterial, *a Biol* bactérien; **bacterial contamination,** infection bactérienne.
bactericidal, *a* bactéricide.
bactericide, *n* bactéricide *m*.
bacterio-agglutinin, *n* bactério-agglutinine *f*.
bacteriological, *a* bactériologique.
bacteriologist, *n* bactériologiste *mf*, bactériologue *mf*.
bacteriology, *n* bactériologie *f*.
bacteriophage, *n* (bactério)phage *m*.
bacteriophagic, bacteriophagous, *a* bactériophagique.
bacteriophagy, *n* bactériophagie *f*.
bacteriosis, *n Z* bactériose *f*.
bacteriostasis, *n* bactériostase *m*.
bacteriostatic, *a* bactériostatique.
bacteriotoxin, *n Ch* bactériotoxine *f*.
bacterium, *pl* **-ia**, *n* bactérie *f*; **rod bacterium,** bâtonnet *m*.
baculiform, *a Bot Fung* baculiforme, en forme de bâtonnet.
baddeleyite, *n Miner* baddeleyite *f*.
bag, *n* (*a*) sac *m*, poche *f*; **tear bag,** sac lacrymal; **poison bag,** glande *f*, vésicule *f*, à venin; (*b*) *Geol* **bag of ore,** sac de minerai.
baikalite, *n Miner* baïkalite *f*.
baikerite, *n Miner* baïkérite *f*.
Bajocian, *a & n Geol* bajocien (*m*).
balance, *n* **1.** balance *f*; **short-beam balance,** balance à court fléau; **spring balance,** balance à ressort; **torsion balance,** balance de torsion. **2.** équilibre *m*; *Ph* **calorific balance,** équilibre thermique.
balanced, *a Biol* stabilisé.
balancers, *npl Ent* balanciers *mpl*, haltères *mpl* (des diptères).
balancing, *n Biol* stabilisation *f*.
balaniferous, *a Bot* balanophore.
balas, *n* **balas (ruby),** rubis *m* balais.
balloon, *n Ch* **balloon (flask),** ballon *m*.
ball-vein, *n Geol* filon *m* nodulaire.
balsam, *n Biol* baume *m*; **Canada balsam,** baume de Canada.
balsamiferous, *a Bot* balsamifère.
band, *n Biol* bande *f*, raie *f*; **coloured band,** fascie *f*; *Miner* **bands of onyx,** zones *fpl* de l'onyx.
banded, *a* (*a*) à bandes; rayé; fascié; (*b*) *Geol* rubané; zoné; **banded structure, banded texture,** structure, texture, rubanée; texture protogneissique; texture litée; *Miner* **banded agate,** agate rubanée.
banding, *n Geol* zonation *f*; zonalité *f*; (*in glacier*) structure rubanée; bandure *f* lamellaire; **crustified, crustification, banding,** rubanement concrétionné; **zonary banding,** zonation, structure, zonée.
banket, *n Min* conglomérat *m* aurifère.

banner, *n Bot* étendard *m*, pavillon *m* (d'une papilionacée).
bar, *n* **1.** *Ph etc* barre *f*; bande *f*. **2.** *Z pl* barres *fpl* (de la bouche d'un cheval). **3.** *Meteor* bar *m*, unité de la pression atmosphérique.
barb, *n* (*a*) *Ich* barbillon *m*; *Bot* arête *f*; (*b*) *pl* barbes *fpl* (d'une plume).
barbate, *a* **1.** *Bot* barbé, aristé, barbifère. **2.** *Z* barbu.
barbed, *a Bot* aristé; hameçonné.
barbel, *n* barbillon *m*, cirre *m*, palpe *f*, barbe *f* (d'un poisson).
barbellate, *a* (poisson) cirreux.
barbel(l)ed, *a* (poisson) à barbillons.
barbicel, *n Z* crochet *m*.
barbiferous, *a* barbifère.
barbiturate, *n Ch* barbiturique *m*, barbiturate *m*.
barbituric, *a Ch* barbital, -aux; **barbituric acid**, acide *m* barbiturique, malonylurée *f*.
barbiturism, *n Pharm Tox* barbiturisme *m*; intoxication *f* par les dérivés de l'acide barbiturique.
barbule, *n* **1.** barbule *f* (d'une plume). **2.** = **barbel**.
baric, *a Ch* barytique.
barite, *n Miner* spath pesant.
barium, *n Ch* (*symbole* Ba) baryum *m*; **barium hydrate**, baryte hydratée; **barium carbonate**, carbonate *m* de baryte; **barium oxide**, oxyde *m* de baryum; **barium sulfate**, sulfate *m* de baryte, blanc *m* de baryum, blanc fixe.
bark, *n* écorce *f* (d'arbre); **inner bark**, liber *m*.
barometer, *n Ch Ph* baromètre *m*; **mercury barometer**, baromètre à mercure; **siphon barometer**, baromètre à siphon; **recording barometer**, baromètre enregistreur.
barometric, *a* barométrique.
barometrically, *adv* barométriquement.
barometrograph, *n* barométrographe *m*.
barospirator, *n* respirateur artificiel.
barotaxis, barotaxy, *n Biol* barotaxie *f*.
barren, *a Z* infécond.
barrenness, *n Z* infécondité *f*.
barthite, *n Miner* barthite *f*.
barycentre, *n Ph* barycentre *m*.
barycentric, *a Ph* barycentrique.
barye, *n PhMeas* barye *f*.
barylite, *n Miner* barilite *f*, barylite *f*.
baryon, *n Ph* baryon *m*.
barysphere, *n Geol* barysphère *f*.
baryta, *n Ch* baryte *f*; oxyde *m* de barium; **baryta water**, eau *f* de baryte; **baryta paper**, papier baryté.
barytes, *n Miner* barytine *f*.
barytic, *a Geol* barytifère; *Miner* barytique.
barytine, *n Miner* barytine *f*.
barytocalcite, *n Miner* barytocalcite *f*.
basal, *a Bot* (style) basilaire; *Cryst* (clivage) basique; *Anat* basial, -aux; *Biol* **basal gemmation**, gemmation basale; *Biol Physiol* **basal ganglion**, ganglion basal, basilaire; **basal metabolism**, métabolisme basal; **basal metabolic rate**, taux métabolique basal; *Physiol* **basal nuclei**, noyaux *mpl* basilaires; *Geol* **basal conglomerate**, conglomérat basal; **basal lamina**, feuillet *m* basilaire, de base.
basalt, *n Geol Miner* basalte *m*; **columnar basalt**, orgue *m* basaltique; **basalt columns**, orgues de basalte; **basalt glass**, basalte vitreux; tachylite *f*.
basaltic, *a* basaltique; **basaltic columns**, colonnes *fpl* de basalte; orgues *fpl*.
basaltiform, *a Geol* basaltiforme.
basanite, *n Miner* basanite *f*.
base, *n* **1.** *Ch* base *f* (d'un sel). **2.** (*a*) *Geog* **base level (of erosion)**, niveau *m* de base (d'érosion); (*b*) *Geol* socle *m*; (*c*) *Anat* **base of the heart**, base du cœur.
basement, *n Geol* socle *m*; soubassement *m*; **impervious basement**, soubassement imperméable; **basement complex**, soubassement de roches ignées (qui se trouve au-dessous des couches sédimentaires).
basic, *a* (*a*) *Ch Geol* basique; *Geol* (*used loosely*) **basic rock**, roche ignée; **basic lava**, lave *f* basique; *Metall* **basic lining**, garnissage *m* basique; **basic slag**, scories *fpl* basiques, scories de déphosphoration; (*b*) *Ch* sous-; **basic salt**, sous-sel *m*; **basic nitrate**, sous-nitrate *m*.
basicity, *n Ch Metall* basicité *f*.

basidiospore, *n Fung* basidiospore *f.*
basidiosporous, *a Fung* basidiosporé.
basidium, *pl* **-ia,** *n Fung* baside *m.*
basification, *n Ch* basification *f.*
basifixed, *a Bot* basifixe.
basifugal, *a Bot* basifuge.
basification, *n Ch* désacidification *f,* déacidification *f.*
basify, *vtr Ch* rendre basique; désacidifier, déacidifier.
basigamous, *a Bot* basigame.
basilar, *a Anat Bot* basilaire.
basilateral, *a* basilatéral, -aux.
basin, *n Geol Geog* bassin *m;* cuvette *f;* **basin of deposition,** bassin sédimentaire; **fault basin,** bassin de faille; **river basin,** bassin hydrographique; **coal basin,** bassin houiller.
basinerved, *a Bot* basinerve.
basipetal, *a Bot* basipète.
baso-erythrocyte, *n Biol* érythrocyte *m* à granulations basophiles.
basophil, *n Biol* basophile *f.*
basophile, basophilic, *a Biol Physiol* basophile.
bassetite, *n Miner* bassetite *f.*
bast, *n Bot* liber *m;* **bast cell,** cellule libérienne.
bastite, *n Miner* bastite *f.*
bastnasite, *n Miner* bastnaésite *f.*
basyl(e), *n Ch* base oxygénée.
bath, *n* bain *m;* **cold bath,** bain froid; **developing bath,** bain de développement; **dye bath,** bain de teinture; **electrolytic bath,** bain d'électrolyse; **eye bath,** œillère *f;* **fixing bath,** bain de fixage; **oil bath,** bain d'huile; *Physiol* **organ bath,** bain de l'organe; **sand bath,** bain de sable; **water bath,** bain-marie *m.*
bathmotropic, *a* bathmotrope.
bathochrome, *n & a Ph Ch* bathochrome (*m*).
bathochromic, *a* bathochromique; **bathochromic shift,** changement *m* de position bathochromique.
batholith, *n* batholit(h)e *m.*
Bathonian, *n & a Geol* bathonien (*m*).
bathyal, *a Oc* bathyal, -aux.
bathybial, bathybic, *a* bathydrique.
bathycardia, *n Physiol Z* bathycardie *f.*
bathylith, *n Geol* = **batholith.**
bathypelagic, *a Oc* bathypélagique.
bathyplankton, *n* bathyplancton *m.*
bathysmal, *a Oc* abyssal, -aux.
batology, *n Bot* l'étude *f* des ronces.
batrachian, *a & n Z* batracien (*m*).
battery, *n Ch Ph* batterie *f;* **electric battery,** batterie électrique.
baumhauerite, *n Miner* baumhauérite *f.*
bauxite, *n Miner* bauxite *f.*
bauxitic, *a Geol* bauxitique.
Be, *symbole chimique du* béryllium.
beaker, *n Ch* becher *m;* vase *m* à filtration chaude.
beard, *n Bot* arête *f* (d'épi); barbe *f,* barbelure *f* (de l'orge, etc).
bearded, *a Bot* barbu.
Becquerel, *Prn Rad-A* **Becquerel ray,** rayon *m* de Becquerel.
becquerelite, *n Miner* becquerélite *f.*
bed, *n Geol* couche *f,* gisement *m,* gîte *m.*
bedded, *a Geol* stratifié en couche.
bedding, *n Geol* stratification *f;* **concordant bedding,** concordance *f* de stratification; **cross bedding,** stratification entrecroisée.
bedrock, *n Geol* roche *f* de fond; tuf *m;* soubassement *m.*
bed-vein, *n Geol* filon-couche *m.*
bee, *n Ent* abeille *f;* **worker, working, neuter, bee,** abeille travailleuse, neutre.
beehive, *n Ch* **beehive shelf,** têt *m* à gaz.
beeswax, *n* cire *f* d'abeilles.
beetle, *n* coléoptère *m.*
behave, *vi* se comporter.
behaviour, *n Biol Ch Ph Z* comportement *m.*
behavioural, *a* behavioriste.
behaviourism, *n* behaviorisme *m.*
behenic, *a Ch* (acide) béhénique.
behenolic, *a Ch* (acide) béhénolique.
bell, *n Biol* cloche *f; Coel* **swimming bell,** cloche natatoire.
bell-jar, *n Ch* cloche *f;* **vacuum bell-jar,** cloche à vide.
bell-shaped, *a Bot etc* en forme de cloche.
belonite, *n Miner* bélonite *f.*
bementite, *n Miner* bémentite *f.*
benign, *a Med* bénin.
benthal, benthic, benthonic, *a Biol* (faune) benth(on)ique.

benthos, *n Oc Biol* benthos *m.*
bentonite, *n Miner* bentonite *f.*
benzal, *n Ch* benzylidène *m.*
benzaldehyde, *n Ch* benzaldéhyde *m.*
benzaldoxime, *n Ch* benzaldoxime *m.*
benzamide, *n Ch* benzamide *m.*
benzanilide, *n Ch* benzanilide *f.*
benzanthrone, *n Ch* benzanthrone *f.*
benzazide, *n Ch* benzazide *f.*
benzazimide, *n Ch* benzazimide *m.*
benzene, *n Ch* benzène *m*; **benzene ring, nucleus,** noyau *m* benzénique, hexagone *m* de Kekule; **benzene hydrocarbons,** hydrocarbones *mpl* benzéniques; **methyl benzene,** toluène *m.*
benzenoid, *a Ch* benzénoïde.
benzidine, *n Ch* benzidine *f*; **benzidine transformation,** transformation *f* benzidinique.
benzil, *n Ch* benzile *m.*
benzoate, *n Ch* benzoate *m*; **benzoate of soda,** benzoate de sodium.
benzohydrol, *n Ch* benzhydrol *m.*
benzoic, *a Ch* benzoïque.
benzoin, *n Ch* benzoïne *f.*
benzol, *n Ch* benzol *m*; **benzol scrubber,** épurateur *m* de benzol (à frottement).
benzonaphthol, *n Ch* benzonaphtol *m.*
benzonitrile, *n Ch* benzonitrile *m.*
benzophenone, *n Ch* benzophénone *f.*
benzopyrene, *n Ch* benzopyrène *m.*
benzoquinone, *n Ch* benzoquinone *f.*
benzoyl, *n Ch* benzoyle *m.*
benzyl, *n Ch* benzyle *m*; **benzyl alcohol, cellulose,** alcool *m*, cellulose *f*, benzylique.
benzylamine, *n Ch* benzylamine *f.*
benzylic, *a Ch* benzylique.
benzylidene, *n Ch* benzylidène *m.*
berberin(e), *n Ch Physiol* berbérine *f.*
berkelium, *n Ch* (*symbole* Bk) berkélium *m.*
berlinite, *n Miner* berlinite *f.*
Bernoulli, *Prn Ch* **Bernoulli's theorem,** théorème *m*, principe *m*, de Bernoulli.
berried, *a* **1.** *Bot* à baies; couvert de baies. **2.** (crustacé) œuvé.
berry, *n* **1.** *Bot* baie *f*; fruit baccien. **2.** (*a*) frai *m* (de poisson); (*b*) œufs *mpl* (de crustacé); **lobster in berry,** homard œuvé.
beryl, *n Miner* béryl *m*, béril *m.*
beryllia, *n Ch* glucine *f.*
beryllium, *n Ch* (*symbole* Be) béryllium *m*, glucinium *m*; **beryllium oxide,** glucine *f.*
berzelianite, *n Miner* berzélianite *f.*
berzelite, *n Miner* berzélite *f.*
beta, *n Ph* **beta rays, emission,** rayons *mpl* bêta; **beta particle,** particule *f* bêta.
betafite, *n Miner* bétafite *f.*
betain(e), *n Ch* bétaïne *f.*
betatron, *n Ph* bêtatron *m.*
betulin(ol), *n Ch* bétuline *f.*
beudantine, beudantite, *n Miner* beudantine *f*, beudantite *f.*
Bi, *symbole chimique du* bismuth.
biacetyl, *n Ch* biacétyl *m.*
biacid, *n Ch* biacide *m.*
biacuminate, *a Bot* biacuminé.
biaxal, biaxial, biaxiate, *a Ch Ph* (polarisation) biaxe; **biaxal, biaxial, crystal,** cristal *m* biaxe, à deux axes.
bibasic, *a Ch* bibasique, dibasique.
bibenzyl, *n Ch* dibenzyle *m.*
bicapsular, *a Bot* bicapsulaire.
bicarbonate, *n* bicarbonate *m* (de soude, etc).
biceps, *n Anat Z* biceps *m.*
bichloride, *n Ch* bichlorure *m.*
bichromate, *n Ch* bichromate *m*; **potassium bichromate,** (bi)chromate *m* de potasse.
bicipital, *a Anat* **bicipital groove,** gouttière *f*, coulisse *f*, bicipitale.
biconcave, *a* biconcave.
biconjugate, *a Bot* biconjugué.
biconvex, *a* biconvexe.
bicornate, bicornuate, bicornute, *a* bicorne.
bicuspid(ate), *a* bicuspide; bicuspidé.
bicyclic, *a Ch* bicyclique.
bidentate, *a* bidenté.
bieberite, *n Miner* biebérite *f.*
biennial, *a & n Bot* **biennial (plant),** plante bisannuelle.
bifacial, *a Bot* (*of leaf*) bifacial, -aux.
bifarious, *a Bot* (*of leaves*) distique.
bifer, *n Bot* plante *f* bifère.
biferous, *a Bot* bifère.
bifid, *a* bifide.
biflagellate, *a* (zoospore) à deux flagelles.

biflorate, biflorous, *a Bot* biflore.
bifoliate, *a Bot* bifolié.
bifoliolate, *a Bot* bifoliolé.
bifurcate, *a Bot etc* bifurqué.
bigeminal, *a* bigéminé.
bigeminate, *a Bot* bigéminé.
bigeneric, *a* bigénérique.
biguanide, *n Ch* biguanide *f.*
bijugate, *a Bot* bijugué.
bilabiate, *a Bot* (*of flower*) bilabié.
bile, *n Physiol Z* bile *f*; **bile acids,** acides *mpl* biliaires; **bile cyst,** vésicule *f* du fiel; **bile duct,** canal *m*, voie *f*, biliaire; **bile pigments,** pigments *mpl* biliaires; **bile salts,** sels *mpl* biliaires; **bile calculus,** calcul *m* biliaire; **ox bile,** bile de bœuf.
bilharzia, *n Biol* bilharzia *f* haematobia.
bilharziasis, *pl* **-ases,** *n* bilharziose *f.*
biliary, *a* biliaire.
bilinite, *n Miner* bilinite *f.*
biliproteins, *npl Physiol* protéines *fpl* biliaires.
bilirubin, *n Ch Physiol* bilirubine *f.*
biliverdin, *n Ch* biliverdine *f.*
bilobate, bilobed, *a Biol* bilobé, dilobé.
bilocular, *a Bot* biloculaire.
bimanous, *a Z* bimane.
bimarginate, *a* bimarginé.
bimastic, *a Z* à deux mamelles.
bimolecular, *a Ch* bimoléculaire.
binary 1. *a Mth Ch Ph etc* binaire; **binary fission,** fission *f* binaire; **binary reaction,** réaction *f* bimoléculaire. **2.** *n & a Astr* **binary (star),** binaire (*f*).
binate, *a Bot* (*of leaf*) biné.
binervate, *a* binervé.
binocular, *a* binoculaire; **binocular vision,** vision *f* binoculaire.
binodal, *a Bot* (cyme, etc) à deux nœuds.
binomial, *a* binominal, -aux; **binomial nomenclature,** nomenclature binominale.
binovular, *a* biovulé.
binuclear, binucleate, *a Ph* binucléaire.
binucleolate, *a Bot* (*of ascospore*) binucléolé.
bio-assay, *n Biol* essai *m*, titrage *m*, biologique.
bioblast, *n Bot* bioblaste *m.*
biocatalyst, *n Biol* biocatalyseur *m.*
biocenose, biocenosis, *pl* **-oses,** *n* biocénose *f*, biocœnose *f.*
biochemical, *a* biochimique.
biochemistry, *n* biochimie *f*; chimie *f* biologique.
bioclimatics, bioclimatology, *n* bioclimatologie *f.*
biodegradable, *a* biodégradable.
biodynamics, *n* biodynamique *f.*
bioecology, *n* synécologie *f.*
bioelectrical, *a* bioélectrique.
bioelectricity, *n Biol* bioélectricité *f.*
bioenergetics, *n Biol* bioénergétique *f.*
biofeedback, *n* rétroaction *f* biologique.
biogen, *n Biol* biogène *m.*
biogenesis, *n Biol* biogénèse *f.*
biogenetic, *a* biogénétique; **biogenetic law,** loi *f* biogénétique, de récapitulation.
biogenous, *a Biol* parasite.
biokinetics, *n* étude *f* de la cinétique des organismes vivants.
biolite, biolith, *n Miner* biolite *m*, biolithe *f.*
biologic(al), *a* biologique; **biological clock,** montre *f* biologique; **biological spectrum,** spectre *m* biologique; **biological prospecting,** prospection *f* biologique.
biologically, *adv* biologiquement.
biologist, *n* biologiste *mf.*
biology, *n* biologie *f*; **plant biology,** phytobiologie *f.*
bioluminescence, *n* bioluminescence *f.*
bioluminescent, *a* bioluminescent.
biomass, *n Biol* biomasse *f.*
biome, *n Biol* biome *m.*
biometric(al), *a* biométrique.
biometrics, biometry, *n* biométrie *f.*
bion, *n Biol* organisme *m.*
bionics, *n* bionique *f.*
bionomic(al), *a Biol* bionomique; **bionomic levels,** niveaux *mpl* bionomiques.
bionomics, bionomy, *n* bionomie *f.*
biont, *n Biol* organisme *m.*
biophore, *n Biol* biophore *m.*
biophysicist, *n* biophysicien, -ienne.
biophysics, *n* biophysique *f.*
bioplasm, *n Biol* bioplasme *m.*
bioplasmic, *a Biol* bioplasmique.
bioplast, *n Biol* bioplasme *m.*
bios, *n BioCh* bios *m.*

biose, *n Ch* biose *m.*
biosphere, *n* biosphère *f.*
biostatics, *n* biostatique *f*; biologie *f* statique.
biosynthesis, *n* biosynthèse *f.*
biosynthetic, *a Biol* biosynthétique.
biota, *n* flore *f* et faune *f* (d'une région).
biotic, *a Biol* biotique.
biotin, *n BioCh* biotine *f.*
biotite, *n Miner* biotite *f.*
biotope, *n* biotope *m*, habitat *m.*
biotropism, *n Bot* biotropisme *m.*
biotype, *n* biotype *m.*
biotypology, *n* biotypologie *f.*
biovulate, *a* biovulé.
bioxide, *n Ch* bioxyde *m.*
biparous, *a Z* bipare.
bipartite, *a* biparti; bipartite.
bipartition, *n* bipartition *f.*
biped, *a & n* bipède (*m*).
bipedal, *a* bipède.
bipedalism, *n* bipédie *f.*
bipennate, *a* bipenne, bipenné.
bipetalous, *a Bot* bipétalé.
biphenyl, *n Ch* diphényle *m.*
bipinnate, *a Bot* bipinné.
bipinnatifid, *a Bot* bipennatifide, bipinnatifide.
bipyramid, *n Cryst* cristal bipyramidal.
bipyramidal, *a Cryst* bipyramidal, -aux.
biramose, biramous, *a Ent Crust* biramé.
bird, *n Z* oiseau *m*; **bird of passage,** oiseau passager; **bird of prey,** oiseau prédateur, oiseau de proie.
birefractive, *a Ph* biréfringent.
birefringence, *n Ph* biréfringence *f.*
birefringent, *a Ph* biréfringent.
bis-azo, *a Ch* **bis-azo dye,** (colorant *m*) diazoïque (*m*).
biserial, biseriate, *a Biol* biserié.
biserrate, *a Bot* doublement dentelé.
bisexual 1. *a Bot* bis(s)exué, bis(s)exuel; stamino-pistillé. **2.** *n Z* hermaphrodite *m.*
bisexualism, bisexuality, *n* (*a*) *Bot* bis(s)exualité *f*; (*b*) *Z* hermaphroditisme *m.*
bisilicate, *n Ch* silicate *m* double.
bismite, *n Miner* bismite *f.*
bismuth, *n Miner* (*symbole* Bi) bismuth *m*; **bismuth glance,** bismuthine *f*; **bismuth ochre,** bismite *f*, bismuthocre *m*; *Ch* **bismuth oxychloride,** oxychlorure *m* de bismuth; **bismuth hydride,** bismuthine *f*; **bismuth subnitrate, basic bismuth nitrate,** sous-nitrate *m* de bismuth; oxynitrate *m*, nitrate *m*, de bismuthyle.
bismuthine, *n Miner* **1.** bismuthine *f.* **2.** hydrure *m* de bismuth.
bismuthinite, *n Miner* bismuthine *f.*
bismuthite, *n Miner* nitrate *m* de bismuth.
bismutite, *n Miner* bismuthite *f.*
bisulcate, *a* bisulce, bisulque.
bisulfate, *n Ch* bisulfate *m.*
bisulfide, *n Ch* bisulfure *m.*
bisulfite, *n Ch* bisulfite *m*; **sodium bisulfite,** sulfite *m* acide de sodium, de soude.
bitartrate, *n Ch* bitartrate *m.*
biternate, *a Bot* biterné.
bitumen, *n Ch Miner* bitume *m*; goudron minéral; asphalte minéral; *Miner* **elastic bitumen,** élatérite *f*; caoutchouc minéral; **compact bitumen,** spalt *m.*
bituminiferous, *a Miner* bituminifère.
bituminous, *a* bitumineux; **bituminous coal,** houille grasse, collante.
biuret, *n Ch* biuret *m*; **biuret reaction,** réaction *f* du biuret.
bivalence, bivalency, *n Ch* bivalence *f.*
bivalent, *a Ch* bivalent, divalent; *Biol* **bivalent chromosome,** *n* **bivalent,** bivalent *m.*
bivalve, *a & n Moll* bivalve (*m*).
bivalved, bivalvular, *a* bivalvulaire; bivalve.
bivoltin(e), *a Ent* bivoltin.
bivoltinism, *n Ent* bivoltinisme *m.*
bixbyite, *n Miner* bixbyite *f.*
Bk, *symbole chimique du* berkélium.
bladder, *n* (*a*) *Anat Z* vessie *f*; **bladder cancer,** cancer vésical; (*b*) *Anat Bot* vésicule *f*; vessie; **gall bladder,** vésicule biliaire; *Ich* **air bladder, swim(ming) bladder,** vessie natatoire; (*c*) *Ann* **bladder worm,** cysticerque *m.*
blade, *n Bot* lame *f* (d'une feuille).
blakeite, *n Miner* blakéite *f.*
blastema, *n Biol* blastème *m.*

blastemal, blastematic, *a Biol* blastématique.
blastocarpous, *a Bot* blastocarpe.
blastocoele, *n Biol* blastocœle *m.*
blastocolla, *n Bot* blastocolle *f.*
blastocyst, *n Biol Embry* blastocyste *m,* blastokyste *m;* vésicule germinative.
blastoderm, *n Biol* blastoderme *m.*
blastodermic, *a Biol* blastodermique.
blastodisc, *n Biol* blastodisque *m.*
blastogenesis, *n* blastogénèse *f.*
blastoma, *n* tumeur *f* d'origine embryonnaire.
blastomere, *n Biol* blastomère *m.*
Blastomycetes, *npl Bac Bot* blastomycètes *mpl.*
blastopore, *n Biol* blastopore *m.*
blastosphere *n Biol* blastosphère *m.*
blastospore, *n Bot* blastospore *f.*
blastozoite, blastozooid, *n Biol* blastozoïde *m.*
blastula, *pl* **-ae,** *n,* **blastule,** *n Biol* blastula *f,* blastule *f.*
blastus, *n Bot* blaste *m.*
bleaching, *n Ch* décoloration *f;* **bleaching powder,** chlorure *m* de chaux commercial.
blende, *n Min* blende *f,* sphalérite *f.*
blind, *a & n* aveugle (*m*); *Z* **blind gut,** cæcum *m.*
blister, *n Bot* pustule *f.*
block, *n* arrêt *m,* blocage *m.*
blo(e)dite, *n Miner* blœdite *f.*
blood, *n* sang *m;* **blood vessel,** vaisseau sanguin; **blood heat,** température *f* du sang; **blood group,** groupe sanguin; **O blood group,** groupe zéro; **blood count,** dénombrement *m* des hématies; **blood flow,** débit sanguin; **blood pressure,** pression sanguine; **blood smear,** frottis *m* de sang; **blood stream,** courant sanguin; *Physiol* **blood sugar,** sucre, glucose, sanguin.
blood-red, *a Biol* sanguinolent.
bloodstone, *n Miner* (*a*) jaspe sanguin; héliotrope *m;* (*b*) hématite *f,* sanguine *f.*
blood-sucking, *a Ent* hématophage.
bloom, *n* **1.** *Bot* fleur *f;* **in bloom,** fleurissant. **2.** (*a*) *Bot* **covered with bloom,** pruiné, pruineux; (*b*) efflorescence *f,* fleur (du soufre sur le caoutchouc, etc). **3.** *Ch* **cobalt, zinc, bloom,** fleur de cobalt, de zinc.
blossom[1], *n Bot* fleur *f;* **in blossom,** fleurissant.
blossom[2], *vi Bot* être en fleur; fleuronner.
blossoming, *n Bot* floraison *f.*
blue, *a* bleu; *Miner* **blue asbestos,** crocidolite *f;* **blue earth, blue ground,** kimberlite *f,* blue-ground *m;* **blue spar,** lazulite *m,* faux lapis, pierre *f* d'azur; *Ch* **blue vitriol,** vitriol bleu, sulfate *m* de cuivre; **Alcian blue,** bleu d'alcian; **alizarine blue,** bleu d'alizarine; **aniline blue,** bleu d'aniline; **azo blue,** azoïque *m;* **azure blue,** bleu azuré; **Berlin blue,** bleu de Berlin; **Bremen blue,** bleu de Brême; **Chinese blue,** bleu de Chine; **cobalt blue,** bleu de cobalt; **ceruleum blue,** bleu céruléum, bleu céleste; **Coupier's blue,** bleu Coupier; indoline *f;* **diphenylamine blue,** bleu de diphénylamine; **gallamine blue,** bleu de gallamine; **Meldola's blue,** bleu de Meldola; **methylene blue,** bleu de méthylène; **mineral blue,** bleu de montagne; **Monastral blue,** bleu de Monastral; **naphthol blue,** bleu de naphtol; **Nile blue,** bleu de Nil; **Paris blue,** bleu de Paris; **Prussian blue,** bleu de Prusse; **Sèvres blue,** bleu de Sèvres; **steel blue,** bleu d'acier; **Victoria blue,** bleu Victoria.
bluestone, *n Ch* sulfate *m* de cuivre; vitriol bleu.
BMR, *abbr basal metabolic rate,* taux métabolique basal.
body, *n* (*a*) *Biol Ch Ph* corps *m;* **the human body,** le corps humain; (*b*) *Bot* tronc *m* (d'arbre).
bog, *n* marais *m.*
bog-plant, *n* plante limoneuse.
Bohr, *Prn Ph* **Bohr('s) theory,** théorème *m* de Bohr.
boil, *vtr & i* bouillir.
boiling, *n Ch* ébullition *f,* bouillonnement *m;* **boiling point,** point *m* d'ébullition.
bolar, *a Miner* bolaire.
bole, *n* **1.** *Bot* fût *m,* tronc *m,* tige *f* (d'arbre). **2.** *Miner* terre *f* bolaire.
boleite, *n Miner* boléite *f.*
bolometer, *n Ph* bolomètre *m.*

boltonite, *n Miner* boltonite *f*.
bolus, *n Physiol* bol *m*.
bomb, *n Geol* bombe *f* (volcanique); **spindle bomb**, bombe spiralée, fusiforme, en fuseau; **cracked bomb**, bombe craquelée; **bread-crust bomb**, bombe en croûte de pain.
bombard, *vtr Ph* bombarder (de neutrons).
bombardment, *n Ph* bombardement *m*.
bond, *n* (*a*) *Geol* agglutinant *m*, liant *m* (de conglomérats); (*b*) *Ch* liaison *f*; **simple, multiple, bond**, liaison simple, multiple; **coordinate, semi-polar, bond**, liaison de coordination, liaison semi-polaire; **hydrogen bond**, liaison d'hydrogène; **dative bond**, liaison dative; **covalent bond**, liaison de covalence; **metallic bond**, liaison métallique; **ionic bond**, liaison électrovalente.
bone, *n* os *m*; (*of fish*) arête *f*; **hip bone**, os coxal; **bone structure**, système osseux.
bone-ash, *n Ch* claire *f* de coupelle.
bonnet, *n Z* bonnet *m* (de la baleine de Biscaye).
bony, *a Biol Z* osseux.
boracic, *a Ch* (acide) borique; *Miner* **native boracic acid**, sassoline *f*.
boracite, *n Miner* boracite *f*.
borane, *n Ch* borane *m*.
borate, *n Ch* borate *m*; **sodium borate**, borate de soude.
borated, *a Ch* boraté.
borax, *n Ch etc* (*a*) borax *m*; (*b*) (*unrefined*) tincal *m*, tinkal *m*; **borax honey**, mellite *m* de borax; *Metalw* **borax box**, rochoir *m*.
borazon, *n Ch* borazon *m*.
bore, *vtr Z* térébrer.
boric, *a Ch* borique; **boric oxide, anhydride**, oxyde *m*, anhydride *m*, borique.
boride, *n Ch* borure *m*.
boring, *a Z* (insecte) térébrant.
borneol, *n Ch* bornéol *m*, camphol *m*.
bornite, *n Miner* bornite *f*, érubescite *f*, philippsite *f*.
bornyl, *n Ch* bornyle *m*; **bornyl acetate**, acétate *m* de bornyle; **bornyl alcohol**, bornéol *m*; **bornyl amine**, bornylamine *f*; bornylène *m*.
borofluoride, *n Ch* borofluorure *m*.
boron, *n Ch* (*symbole* B) bore *m*; **boron nitride**, nitrure *m* de bore; *Metall* **boron steel**, acier *m* au bore.
borosilicate, *n Ch* borosilicate *m*.
borotungstate, *n* boro-tungstate *m*.
botanic(al), *a* botanique.
botanically, *adv* botaniquement.
botany, *n* botanique *f*; phytologie *f*; **descriptive botany**, phytographie *f*.
botryogen, *n Miner* botryogène *m*.
botryoidal, *a Miner* botryoïde.
bottle, *n Ch* flacon *m*; **dropping bottle**, flacon doseur; **washing bottle**, flacon laveur; **weighing bottle**, flacon à tare.
bottom, *n* fond *m*; **valley bottom**, fond de vallée.
bottom-dwelling, *a Ich* (poisson) démersal, -aux.
botulin, *n Ch* botuline *f*; toxine *f* botulique.
botulism, *n* botulisme *m*.
boulangerite, *n Miner* boulangérite *f*.
boulder, *n Geol* caillou *m*; **drift boulders**, cailloux roulés; **boulder clay**, argile *f* à blocaux.
boussingaultite, *n Miner* boussingaultite *f*.
bowel, *n Anat Z* intestin *m*.
Bowman, *Prn Physiol* **Bowman's capsule**, capsule *f* de Bowman.
Boyle, *Prn Ph* **Boyle's law**, loi *f* de Mariotte.
Br, *symbole chimique du* brome.
brachial, *a Anat* brachial, -aux; **brachial artery**, artère brachiale.
brachiate[1], *a* brachié.
brachiate[2], *vi Z* pratiquer la brachiation.
brachiation, *n Z* brachiation *f*.
brachyblast, *n Bot* brachyblaste *m*.
brachycephalous, *a* brachycéphale.
brachycerous, *a Ent* brachycère.
brachydactylous, *a Z* brachydactyle.
brachygnathia, *n Z* brachygnathie *f*.
brachypterous, *a Ent Orn* brachyptère.
bract, *n Bot* bractée *f*.
bracteal, *a Bot* bractéal, -aux; bractéaire.
bracteate, bracted, *a Bot* bractété.

bracteiferous, *a Bot* bractéifère.
bracteiform, *a Bot* bractéiforme.
bracteolate, *a Bot* bractéolé.
bracteole, bractlet, *n Bot* bractéole *f*, préfeuille *f*.
bradycardia, *n Physiol* bradycardie *f*.
bradykinin, *n Physiol BioCh* bradykinine *f*.
brain, *n* cerveau *m*; **brain stem,** queue *f* du cerveau, tronc cérébral; **brain waves,** ondes cérébrales.
branched, *a Ch* ramifié, à chaîne ramifiée.
branchia, *npl*, **branchiae,** *npl Biol Ich* branchies *fpl*; ouïes *fpl*.
branchial, *a Biol Ich* branchial, -aux.
branchiate, *a Biol* branchié.
branchiform, *a Biol* branchiforme.
branching, *a Bot* dendroïde.
branchiopod, *pl* **-s,** *n Crust* branchiopode *m*.
branchiostegal, *a Ich* branchiostège.
brandisite, *n Miner* brandisite *f*.
brandtite, *n Miner* brandtite *f*.
brasilein, *n Ch* brésiléine *f*; produit *m* d'oxydation de la brésiline.
brasilin, *n Ch* brésiline *f*; matière colorante de *Caesalpinia brasiliensis*.
braunite, *n Miner* braunite *f*.
braze, *vtr Metalw* braser.
brazing, *n* brasage *m*, brasure *f*.
break[1], *n Geol* faille *f* (dans un filon).
break[2] **1.** *vtr Ph Ch* **to break down,** décomposer. **2.** *vi Ch* **to break down,** se décomposer.
breakdown, *n Ph Ch* **breakdown into component parts,** décomposition *f*.
breast, *n Anat Z* mamelle *f*.
breath, *n Physiol* respiration *f*.
breathe, *vtr & i Physiol* respirer.
breccia, *n Geol* (*rock*) brèche *f*; **breccia marble,** marbre *m* brèche.
brecciated, *a Geol* bréchiforme.
brecciation, *n Geol* structure anguleuse (du roc).
brecciola, *n Geol* brecciole *f*.
bredbergite, *n Miner* bredbergite *f*.
breed, *n Z* race *f*.
breeding, *n* élevage *m*.
breithauptite, *n Miner* breithauptite *f*.
breunnerite, *n Miner* breunérite *f*.
brevicaudate, *a Z* brévicaude.
brevicite, *n Miner* brévicite *f*.
brevifoliate, *a Bot* brévifolié.
breviped, *a Z* brévipède.
brevipennate, *a Orn* brévipenne.
brevirostrate, *a Orn* brévirostre.
brewsterite, *n Miner* brewstérite *f*, diagonite *f*.
brick, *n Metall Ch* brique *f*.
bristle, *n Z* soie *f* (de sanglier, de chenille).
bristled, *a Z* couvert de soies.
bristly, *a Z* sétifère, sétigère; couvert de soies.
broad-leaved, *a Bot* latifolié; **broad-leaved forest,** forêt feuillue.
brocatello, *n Miner* brocatelle *f*.
brochantite, *n Miner* brochantite *f*.
bröggerite, *n Miner* bröggerite *f*.
bromacetic, *n Ch* = **bromoacetic.**
bromacetone, *n Ch* = **bromoacetone.**
bromal, *n Ch* bromal *m*.
bromargyrite, *n Miner* bromargyrite *f*, bromargyre *f*, bromyrite *f*, bromite *f*.
bromate, *n Ch* bromate *m*.
bromic, *a Ch* bromique; **bromic acid,** acide *m* bromique.
bromide, *n Ch* bromure *m*; *Phot* **bromide paper,** papier *m* au gélatinobromure; papier au bromure (d'argent).
brominate, *vtr Ch* bromer.
brominated, *a Ch* bromé.
bromination, *n Ch* bromation *f*.
bromine, *n Ch* (*symbole* Br) brome *m*; **bromine water,** eau bromée.
bromlite, *n Miner* bromlite *f*.
bromoacetic, *a Ch* bromacétique.
bromoacetone, *n Ch* bromacétone *f*.
bromobenzene, *n Ch* bromobenzène *m*.
bromoform, *n Ch* bromoforme *m*.
bromophenol, *n Ch* bromophénol *m*.
bromyrite, *n Miner* bromyrite *f*, bromargyrite *f*, bromargyre *f*, bromite *f*.
bronchia, *npl Anat Z* bronches *fpl*.
bronchial, *a Anat Z* bronchique; des bronches.
bronchiole, *n Anat Z* bronchiole *f*; bronche *f* intralobulaire.
bronchospasm, *n* bronchospasme *m*.

bronchus, *pl* **-i,** *n Anat Z* bronche *f*.
brontolite, brontolith, *n Miner* brontolithe *m*.
bronzite, *n Miner* bronzite *f*.
brood, *n Orn* couvée *f*; *Z* portée *f*.
brooding, *n Orn* **brooding time,** couvaison *f*.
brookite, *n Miner* brookite *f*.
broth, *n Bac Bot* bouillon *m*; **broth culture,** culture *f* en bouillon.
Brownian, *a Ch Ph* **Brownian motion, movement,** mouvement brownien, diffusion *f* des colloïdes.
Brucella, *n Bac* brucella *f*.
brucine, *n Ch* brucine *f*.
brucite, *n Miner* brucite *f*.
brunsvigite, *n Miner* brunsvigite *f*.
bryology, *n Bot* bryologie *f*, muscologie *f*.
bryophyte, *n Bot* bryophyte *f*.
bryozoan, bryozoon, *n Biol* bryozoaire *m*.
bubble, *n* bulle *f* (d'air, d'eau, etc).
buccal, *a Anat* buccal, -aux; oral, -aux.
bucholzite, *n Miner* bucholzite *f*.
bucklandite, *n Miner* bucklandite *f*.
bud[1], *n* (*a*) *Bot* bourgeon *m*; œil *m* (d'une plante); maille *f* (de vigne); (*b*) *Bot* bouton *m* (de fleur); (*c*) *Z* bourgeon, gemme *f*; *Bot* **brood bud,** sorédie *f*.
bud[2], *vi Bot* bourgeonner, boutonner; (*of trees*) gemmer.
budding, *n* **1.** (*a*) bourgeonnement *m* (des plantes); débourrement *m* (d'un arbre); (*b*) poussée *f* des boutons. **2.** *Biol* gemmation *f*.
budlet, *n Bot Z* petit bourgeon.
bud-shaped, *a Bot* gemmiforme.
buffer[1], *n Ch* tampon *m*; substance *f ou* solution *f* qui maintient la constance du pH, *e.g.* le mélange acide carbonique-carbonate dans le sang; **buffer action,** action *f* de tampon; **buffer capacity,** capacité *f* d'un tampon.
buffer[2], *vtr Ch* tamponner, ajuster à un pH donné.
buffy, *a Z* **buffy coat,** caillot blanc; centrifugation *f* du sang.
bufotoxin, *n Ch* bufotoxine *f*; toxine de la peau du crapaud.
buhrstone, *n Geol* (pierre) meulière (*f*).
bulb, *n* **1.** *Bot* bulbe *m*, oignon *m* (de tulipe, etc); **offset bulb,** gemme *f*. **2.** *Anat* bulbe; **bulb of the aorta,** bulbe aortique.
bulbaceous, *a* bulbeux; **bulbaceous plant,** plante bulbeuse.
bulbed, *a Anat* bulbeux.
bulbiferous, *a* bulbifère.
bulbiform, *a* bulbiforme.
bulbil, bulblet, *n Bot* bulbille *f*.
bulbous, *a* bulbeux; *Bot* **bulbous root,** racine bulbeuse.
bulimia, *n Physiol* boulimie *f*.
bullate, *a Bot etc* bullaire; (*of leaf*) bullé.
bulliform, *a Bot* bullé.
bunch, *n Bot* fascicule *m* (de poils).
Bunsen, *Prn Ch* **Bunsen burner,** bec *m* Bunsen.
bunsenite, *n Miner* bunsénite *f*.
Bunter, *a & n Geol* **Bunter (sandstone),** grès bigarré.
burette, *n Ch* éprouvette graduée, burette *f*.
burmite, *n Miner* burmite *f*, résine *f* fossile.
burn, *vtr & i* brûler.
burr, *n Bot* capsule épineuse (du fruit de certaines plantes).
burrowing, *a* (animal, insecte) fouisseur, fossoyeur, mineur.
bur(r)stone, *n Geol* (pierre) meulière (*f*).
bursa, *pl* **-ae,** *n Anat Z* bourse *f*.
butadiene, *n Ch* butadiène *m*.
butane, *n Ch* butane *m*.
butanol, *n Ch* butanol *m*.
butene, *n Ch* butène *m*, butylène *m*.
butterfly, *n Z* papillon *m*; **leaf butterfly,** papillon feuille.
button, *n Ch* culot *m* (au fond du creuset); bouton *m* (de fin, d'essai); grain *m* (d'essai); **lead button,** culot de plomb.
butyl, *n Ch* butyle *m*; **butyl alcohol,** alcool *m* butylique; **butyl amine,** butylamine *f*; **butyl rubber,** caoutchouc *m* butyle, butylcaoutchouc *m*.
butylene, *n Ch* butylène *m*, butène *m*.
butyraldehyde, *n Ch* aldéhyde *m* butyrique.

butyrate, *n Ch* butyrate *m*.
butyric, *a Ch* butyrique.
butyrin(e), *n Ch* butyrine *f*; tributyrine *f*.
by-product, *n Ch Ph* sous-produit *m*; dérivé *m*.
byssus, *n Moll* byssus *m*; soie marine.
bytownite, *n Miner* bytownite *f*.

C

C, (*a*) *symbole chimique du* carbone; (*b*) *symbole du* coulomb.
Ca, *symbole chimique du* calcium.
cacholong, *n Miner* cacholong *m*.
cacodyl, *n Ch* cacodyle *m*; **cacodyl oxide,** oxyde *m* de cacodyle.
cacodylate, *n Ch* cacodylate *m*; **sodium cacodylate,** cacodylate de soude.
cacodylic, *a Ch* cacodylique; **cacodylic acid,** acide *m* cacodylique.
cacogenesis, *n Z* production monstrueuse, morbide.
cacotheline, *n Ch* cacothéline *f*.
cacoxene, cacoxenite, *n Miner* cacoxène *m*.
cactaceous, cactiform, *a* cactiforme, cactoïde.
cadaver, *n Z* cadavre *m*.
cadaverous, *a Z* cadavéreux.
cadmic, *a Ch* cadmique.
cadmiferous, *a Miner* cadmifère.
cadmium, *n Miner* (*symbole* Cd) cadmium *m*; **cadmium blende, sulfide,** cadmium sulfuré, sulfure (naturel) de cadmium; greenockite *f*; **cadmium sulfate,** sulfate *m* de cadmium; **cadmium yellow,** jaune *m* de cadmium; **to coat, plate, with cadmium,** cadmier; **cadmium coating, plating,** cadmiage *m*.
caducity, *n Bot* caducité *f*; *Z* sénilité *f*.
caducous, *a Bot* caduc, *f* caduque.
caecal, *a Anat Z* cæcal, -aux; **caecal appendix,** appendice cæcal.
caecum, *n Anat Z* cæcum *m*.
caenogenesis, *n Biol* cænogénèse *f*, cénogénèse *f*.
caenogenetic, *a Biol* cænogénétique.
caesarean, *a & n Obst* **caesarean (section),** laparo-hystéromie *f*; césarienne *f*.
caesium, *NAm* **cesium,** *n Ch* (*symbole* Cs) césium *m*, cæsium *m*.
caespitose, *a Bot* cespiteux, gazonnant.
caffeic, *a Ch* caféique, cafique.
caffeine, *n Ch* caféine *f*.
caffeol, caffeone, *n Ch* caféone *f*.
caffetannic, *a Ch* cafétannique.
caffetannin, *n Ch* tannin *m* du café.
Cainozoic, *a & n Geol* cænozoïque (*m*), cénozoïque (*m*).
cairngorm, *n Miner* pierre *f* de cairngorm; **smoky cairngorm,** quartz enfumé.
caisson, *n Z* caisson *m*.
cal, *symbole de la* calorie.
calamine, *n Miner* calamine *f*.
calamite, *n Miner* calamite *f*.
calaverite, *n Miner* calavérite *f*.
calcaneum, calcaneus, *n Anat Z* calcanéum *m*.
calcar, *n Bot* éperon *m*; *Ent* calcar *m*.
calcarate(d), *a* calcarifère, éperonné.
calcareo-argillaceous, *a Miner* calcaréo-argileux.
calcareous, *a Geol etc* calcaire; **calcareous sinter,** travertin *m*; **calcareous spar,** calcite *f*, spath *m* calcaire.
calcariform, *a Bot* calcariforme; en forme d'éperon.
calceiform, calceolate, *a Bot* calcéiforme, calcéoliforme.
calcic, *a Ch* calcique.
calcicole, calcicolous, *a Bot* calcicole.
calciferol, *n Ch* calciférol *m*.
calciferous, *a Geol etc* calcifère, calcarifère.
calcific, *a* calcifié.
calcification, *n Z* calcification *f* des tissus.
calcified, *a* calcifié.
calcifuge, calcifugous, *a Bot* calcifuge.
calcify *Ch etc* **1.** *vtr* calcifier; (*a*) convertir en carbonate de chaux; (*b*) pétrifier (le

bois, etc). **2.** *vi* se calcifier; (*of wood*) se pétrifier.
calcination, *n Ch* calcination *f*; frittage *m*; cuisson *f*; grillage *m*.
calcine *Ch* **1.** *vtr* calciner; fritter (des carbonates, etc); cuire (le gypse, etc). **2.** *vi* se calciner.
calciner, *n* four *m* de, à, calcination; four à calciner.
calcining, *n Ch* calcination *f*; frittage *m*, fritte *f*.
calcioferrite, *n Miner* calcioferrite *f*, calcoferrite *f*.
calciphile, calciphilous, *a Bot* calciphile, calcicole.
calciphobe, calciphobic, calciphobous, *a Bot* calciphobe.
calcite, *n Miner* calcite *f*; spath *m* calcaire.
calcitonin, *n Ch Physiol* calcitonine *f*.
calcium, *n Ch* (*symbole* Ca) calcium *m*; **calcium carbide, chloride,** carbure *m*, chlorure *m*, de calcium; **calcium carbonate,** carbonate *m* de calcium; **calcium oxide,** oxyde *m* de calcium; **calcium fluoride,** fluorine *f*, fluorure *m* de calcium; spath *m* fluor, spath fusible; **calcium cyanamide,** cyanamide *f* calcique; **calcium nitrate,** nitrate *m* de calcium; **calcium phosphate,** phosphate *m* de chaux.
calcivorous, *a Bot* calcivore.
calcosph(a)erite, *n Biol* calcosphérite *f*.
calco-uranite, *n Miner* calco-uranite *f*.
calc-schist, *n Miner* calcschiste *m*.
calc-sinter, *n Miner* travertin *m* calcaire.
calcspar, *n Miner* calcite *f*, spath *m* calcaire.
calc-tufa, calc-tuff, *n Miner* tuffeau *m*, tuf *m* calcaire.
calculus, *pl* **-i,** *n Physiol* calcul *m*; **urinary calculus,** calcul urinaire.
caldera, *n Geol* caldeira *f*, caldère *f*.
caledonite, *n Miner* calédonite *f*.
calibrate, *vtr* étalonner (un compteur, etc); calibrer (un tube); graduer (un thermomètre); tarer (un ressort).
calibrating, *n* = **calibration**; **calibrating device,** appareil *m* d'étalonnage; **calibrating electrometer,** électromètre *m* étalon.
calibration, *n* étalonnage *m*; calibrage *m* (d'un tube); tarage *m* (d'un ressort); *El* **calibration condenser,** condensateur étalonné, (à) étalon.
calibrator, *n* appareil *m* d'étalonnage, étalon, à étalonner; calibrateur *m*.
calibre, *n* calibre *m*, alésage *m* (d'un tube).
calice, *n Bot* calice *m*.
caliceal, *a Bot* calicinal, -aux; calicinaire, calicinien; calicin.
caliche, *n* (*a*) *Miner* caliche *m*; (*b*) *Geol* caliche, croûte *f* calcaire.
caliciform, *a* caliciforme.
calicle, *n Bot* calicule *m*.
calicular, *a Bot* (*of leaf*) caliculaire.
caliculate, *a Bot* caliculé.
caliculus, *n Bot* calicule *m*.
californium, *n Ch* (*symbole* Cf) californium *m*.
callose, *n Bot* callose *f*.
Callovian, *a & n Geol* callovien (*m*).
callus, *n Bot* cal *m*; calus *m*.
calomel, *n Ch* calomel *m*; mercure doux.
calorescence, *n Ph* calorescence *f*.
caloric, *a* **caloric energy,** énergie *f* thermique.
caloricity, *n* caloricité *f*.
calorie, *n Ph* (*symbole* cal) calorie *f*; **large calorie, kilogram(me) calorie,** kilocalorie *f*, millithermie *f*; **small calorie, gram(me) calorie,** microthermie *f*.
calorifacient, *a Ph* calorifiant.
calorific, *a Ph* calorifique, calorifiant; **calorific power,** puissance *f* calorifique; **calorific value,** valeur *f* calorifique.
calorification, *n Ph* calorification *f*.
calorimeter, *n Ch Ph* calorimètre *m*; **bomb calorimeter,** (*the Berthelot bomb*) bombe *f* calorimétrique.
calorimetric(al), *a Ch Ph* calorimétrique.
calorimetry, *n Ch* calorimétrie *f*.
calory, *n* = **calorie.**
calotte, *n* **1.** *Geol* calotte *f* glaciaire. **2.** *Z* calotte crânienne.
calp, *n Geol* calp *m*.
calvarium, *n Z* sinciput *m*.
calyceal, *a Bot* calicinal, -aux; calicinaire, calicinien; calicin.

calycifloral, calyciflorate, calyciflorous, *a Bot* caliciflore.
calyciform, *a* caliciforme.
calycinal, calycine, *a Bot* calicinal, -aux; calicin; calicinaire.
calycle, *n Bot* calicule *m.*
calycled, *a Bot* caliculé.
calycular, *a Bot* caliculaire.
calyculate, *a Bot* caliculé.
calyculus, *n Bot* calicule *m.*
calypter, *n* = **calyptra.**
calyptoblastic, *a Coel* calyptoblastique.
calyptra, *n Bot* calyptre *f,* coiffe *f.*
calyptrate, *a Bot* calyptré; **not calyptrate,** écalyptré.
calyptriform, *a Bot* calyptriforme.
calyptrogen, *a & n Bot* calyptrogène (*f*).
calyx, *pl* **-yxes, -yces,** *n Bot Z* calice *m*; godet *m* (de fleur).
cambial, *a Bot* cambial, -aux.
cambium, *n Bot* cambium *m.*
Cambrian, *a & n Geol* cambrien (*m*).
camera, *n Ch Ph* chambre noire.
campaniform, *a Bot* campaniflore.
campanulaceous, *a Bot* campanulacé.
campanular, campanulate, *a Bot* campanulé; campanuliforme; campanuliflore.
camphane, *n Ch* camphane *m.*
camphene, *n Ch* camphène *m.*
camphol, *n Ch* camphol *m*; bornéol *m.*
campholic, *a Ch* (acide) campholique.
campholide, *n Ch* campholide *f.*
camphor, *n Ch* (*also* **d-camphor**) camphre *m*; **camphor oil,** huile camphrée, de camphre; **peppermint camphor,** camphre à la menthe, menthe camphrée; menthol *m*; **(l-)camphor,** camphre *m* de matricaire.
camphorate, *n Ch* camphorate *m.*
camphorated, *a Ch* camphré; **camphorated oil,** huile camphrée.
camphoric, *a Ch* camphorique, camphrique; **camphoric acid,** acide *m* camphorique.
campodeiform, *a Ent* campodéiforme.
camptonite, *n Miner* camptonite *f.*
campylotropal, campylotropous, *a Bot* campylotrope.
canadite, *n Miner* canadite *f.*
canal, *n Biol Z* canal *m*, -aux, vaisseau *m*, -aux; voie *f*; **alimentary canal,** canal alimentaire; **cystic canal,** canal cystique; **Fallopian canal,** aqueduc *m* de Fallope.
canaliculate(d), *a Biol* canaliculé, strié.
canaliculus, *n Anat Bot* canalicule *m.*
cancellate, cancellous, *a Bot Physiol* réticulé, cancellé.
cancer, *n Med Tox* cancer *m.*
cancerous, *a* cancéreux.
cancrinite, *n Miner* cancrinite *f.*
cancroid 1. *a Z* cancériforme. **2.** *n Crust* cancroïde *m.*
candela, *n PhMeas* (*symbole* cd) candéla *f,* bougie nouvelle.
candescence, *n* blancheur éblouissante, chauffe *f* à blanc.
candescent, *a* d'une blancheur éblouissante; chauffé à blanc.
candle, *n Meas* **standard, decimal, candle,** bougie anglaise (= 1,02 bougie décimale); **international candle,** bougie internationale; **Hefner candle,** bougie standard; **new candle,** candéla *f,* bougie nouvelle.
candle-hour, *n Meas* bougie-heure *f.*
candle-metre, *n Meas* bougie-mètre *f.*
candlepower, *n PhMeas* **1.** (puissance lumineuse d'une) bougie. **2.** puissance lumineuse, intensité *f,* en bougies; **60 candlepower lamp,** lampe *f* de soixante bougies.
cane, *n Ch* **cane sugar,** sucre *m* de canne.
canescent, *a Bot* incanescent.
canfieldite, *n Miner* canfieldite *f.*
canine 1. *a Z* canin. **2.** *a & n Anat Z* **canine (tooth),** (dent) canine (*f*); crochet *m* (du cerf).
canker[1], *n Bot* chancre *m*; gangrène *f*; (*in wood*) nécrose *f.*
canker[2], *vtr* ronger (un arbre, une fleur, etc); nécroser (le bois).
cankered, *a* (arbre, etc) atteint par le chancre; (bois) pouilleux; **to become cankered,** se nécroser.
cankerous, *a Bot* chancreux, gangreneux.
cantharadin(e), *n Ch* cantharadine *f.*
caoutchouc, *n* **1.** caoutchouc *m.* **2. mineral caoutchouc,** caoutchouc minéral.

cap, *n Fung Orn* chapeau *m*, -aux; *Orn* capuchon *m*; *Z* pileum *m*.
capacitance, *n Ph* capacitance *f*.
capacitor, *n Ph* capacimètre *m*.
capacity, *n Ph Physiol* capacité *f*; **pulmonary capacity**, capacité vitale.
cape, *n Orn* camail *m*.
capel, *n Miner* silex corné.
capillaceous, *a Bot etc* capillacé.
capillarimeter, *n Ph* capillarimètre *m*.
capillarity, *n Ch* capillarité *f*; **chemical theory of capillarity**, théorie *f* chimique de capillarité.
capillary, *a* (*a*) *Ph* capillaire; **capillary attraction**, attraction *f* capillaire; **capillary condensation**, condensation *f* capillaire; **capillary phase**, phase *f* capillaire; **capillary rise**, ascension *f* capillaire; **capillary tube**, tube *m* capillaire; **capillary pressure**, pression *f* capillaire; (*b*) *Anat* **the capillary vessels**, *npl* **the capillaries**, les vaisseaux *mpl* capillaires; les capillaires *mpl*.
capilliform, *a Bot* capilliforme; criniforme.
capillitium, *n Bot* capillitium *m*.
capitate(d), *a* (*a*) *Bot* en capitule; capité; (*b*) *Ent* **capitated antennae**, antennes *fpl* en massue.
capitellate, *a Bot* capitellé.
capitellum, *pl* **-a**, *n Z* capitule *m*.
capitular, *a* capitulé.
capitulate, *a Bot* capitellé.
capituliform, *a Bot* capituliforme.
capitulum, *pl* **-a**, *n Z* capitule *m*.
capped, *a Bot etc* capuchonné.
cappelenite, *n Miner* cappelénite *f*.
capreolate, *a Bot* capréolé.
capric, *a Ch* caprique.
caproic, *a Ch* caproïque.
caproin, *n Ch* caproïne *f*.
caprolactam, *n Ch* caprolactame *m*.
caproyl, *n Ch* caproyle *m*.
capryl, *n Ch* capryle *m*.
caprylic, *a Ch* caprylique.
capsaicin, *n Ch* capsaïcine *f*.
capsicin, *n Ch* capsicine *f*.
capsiol, *n Virol* manteau *m*.
capsomere, *n Biol* capsomère *m*.
capsular, *a Bot* (fruit) capsulaire.
capsule, *n* (*a*) *Bot* capsule *f*; (*b*) *Ent Moll* **egg capsule**, oothèque *f*.
capsuliferous, *a Bot* capsulifère.
caracolite, *n Miner* caracolite *f*.
carapace, *n Z* carapace *f*; bouclier *m*.
carbamate, *n Ch* carbamate *m*.
carbamic, *a Ch* carbamique.
carbamide, *n Ch* = **urea**.
carbamyl(e), *n Ch* carbamyle *m*.
carbanil, *n Ch* carbanile *m*, phénylisocyanate *m*.
carbanilide, *n Ch* diphénylurée *f*.
carbanion, *n Ch* carbanion *m*.
carbazide, *n Ch* carbazide *f*.
carbazol(e), *n Ch* carbazol(e) *m*.
carbene, *n Ch* carbène *m*.
carbide, *n Ch* carbure *m*; **calcium carbide**, carbure de calcium.
carbinol, *n Ch* carbinol *m*; méthanol *m*.
carbocyclic, *a Ch* carbocyclique.
carbodiimide, *n Ch* carbodiimide *m*, cyanamide *f*.
carboh(a)emoglobin, *n BioCh* carbohémoglobine *f*; hémoglobine oxycarbonée.
carbohydrase, *n Ch* carbohydrase *f*.
carbohydrate, *n* (*a*) *Ch* hydrate *m* de carbone; (*b*) **carbohydrates**, aliments *mpl* glucidiques.
carbolated, *a Ch* phéniqué.
carbolic, *a Ch* phéniqué; carbolique; **carbolic acid**, acide *m* phénique, carbolique; phénol *m*, carbol *m*; **carbolic oil**, huile *f* carbolique.
carbon, *n* **1.** *Ch* (*symbole* C) carbone *m*; **carbon dioxide**, gaz *m* carbonique; anhydride *m* carbonique; **carbon disulfide**, carbosulfure *m*; **carbon monoxide**, monoxyde *m*, oxyde *m*, de carbone; **carbon monoxide poisoning**, oxycarbonisme *m*; **carbon black**, noir *m* de carbone; **carbon cycle**, cycle *m* du charbon; **carbon dating, carbon 14 (^{14}C)**, datation *f* par la méthode du carbone (^{14}C) marqué; **carbon fibre**, fibre *m* de carbone. **2.** charbon *m*.
carbonaceous, *a* **1.** *Ch* carboné. **2.** *Geol* carbonifère.
carbonado, *n Miner* carbonado *m*.
carbonatation, *n Ch* carbonatation *f*.
carbonate¹, *n Ch* carbonate *m*; **ammonium carbonate**, carbonate d'ammoniaque; **calcium carbonate**, carbonate de

chaux; **magnesium carbonate,** carbonate de magnésie; **sodium carbonate,** carbonate de soude; **potassium carbonate,** carbonate de potasse; **nickel carbonate,** carbonate niccolique.

carbonate², *vtr Ch* carbonater.

carbonation, *n Ch* carbonation *f.*

carbonic, *a Ch* carbonique; **carbonic acid,** acide *m* carbonique; **carbonic acid gas, carbonic anhydride,** gaz *m* carbonique, anhydride *m* carbonique.

carboniferous, *a & n Geol* carbonifère (*m*).

carbonite, *n Miner* cokéite *f.*

carbonium, *n Ch* carbénium *m*, carbonium *m.*

carbonization, *n* carbonisation *f* (du bois, etc); houillification *f* (de matières végétales).

carbonize 1. *vtr* (*a*) *Ch* carboniser; (*b*) *Geol* houillifier (des matières végétales). **2.** *vi Geol* se houillifier.

carbonizing, *n* = **carbonization.**

carbonyl, *n Ch* carbonyle *m*; **carbonyl chloride,** acide *m* chlorocarbonique; phosgène *m*, chlorure *m* de carbonyle.

carborundum, *n* carborundum *m*; carbure *m* de silicium.

carbostyril, *n Ch* carbostyryle *m.*

carboxyh(a)emoglobin, *n BioCh* carboxyhémoglobine *f.*

carboxyl, *n Ch* carboxyle *m.*

carboxylase, *n BioCh* carboxylase *f.*

carboxylate, *n Ch* carboxylate *m.*

carboxylic, *a OrgCh* carbonique.

carburet, *vtr Ch* carburer.

carburetted, *a Ch* **carburetted hydrogen,** hydrogène carburé; méthane *m*; gaz *m* des marais.

carbylamine, *n Ch* carbylamine *f*; isonitrile *m.*

carcerulus, *n Bot* carcérule *f.*

carcinogen, *n* substance *f* cancérogène, cancérigène.

carcinogenic, *a Tox* cancérogène, cancérigène.

carcinological, *a Crust* carcinologique.

carcinology, *n Crust* carcinologie *f.*

carcinoma, *n Med* carcinome *m.*

cardiac, *a & n Physiol* cardiaque (*m*); **cardiac cycle,** cycle *m* cardiaque; **cardiac end of stomach,** cardia *m*; **cardiac muscle,** muscle *m* cardiaque, myocarde *m.*

cardinal, *a Z* cardinal, -aux; **cardinal veins,** veines cardinales.

carene, *n Ch* carène *m.*

carina, *pl* **-as, -ae,** *n* **1.** *Ent Orn* carène *f*; *Orn* bréchet *m.* **2.** *Bot* carène; nacelle *f* (de feuille, de pétale, etc).

carinal, *a Bot* carénal, -aux; carinal, -aux.

carinate 1. *a* caréné. **2.** *n Orn* carinate *m.*

carminic, *a Ch* (acide) carminique.

carminite, *n Miner* carminite *f*; carminspath *m.*

carnallite, *n Miner* carnallite *f.*

carnassial, *a & n Z* **carnassial (tooth),** dent carnassière.

carnelian, *n Miner* cornéliane *f.*

carnitine, *n Ch* carnitine *f.*

Carnivora, *npl Z* carnivores *mpl.*

carnivore, *n* **1.** *Z* carnivore *m.* **2.** *Bot* plante *f* carnivore.

carnivorous, *a* **1.** (*of animal*) carnivore, carnassier. **2.** (*of plant*) carnivore.

carnosine, *n Ch* carnosine *f.*

carnotite, *n Miner* carnotite *f.*

carone, *n Ch* carone *f.*

carotene, *n Ch* carotène *m*; **α-, β-, γ-carotenes,** α-, β-, γ-carotènes.

carotenoid, *a & n BioCh* caroténoïde (*m*).

carotid, *a & n Anat* carotide (*f*); **carotid artery,** artère *f* carotide; **carotid body,** corps *m* carotide; **carotid sinus,** sinus *m* carotide; **external, internal, carotids,** carotides externes, internes.

carotinoid, *a & n BioCh* = **carotenoid.**

carpal, *n Z* os carpien.

carpel, *n Bot* carpelle *m*, carpophylle *m.*

carpellary, *a Bot* carpellaire.

carpholite, *n Miner* carpholite *f.*

carphosiderite, *n Miner* carphosidérite *f.*

carpogonium, *pl* **-ia,** *n Bot* carpogone *f.*

carpological, *a Bot* carpologique.

carpophagous, *a* carpophage.

carpophore, *n Bot* carpophore *m.*

carpophyl(l), *n Bot* carpophylle *m.*

carpospore, *n Bot* carpospore *f.*

carpus, *pl* **-i,** *n Anat* carpe *m.*
carrier, *n* (*a*) *Ch* support *m* de réaction; (*b*) *Bac* porteur, -euse, de germes.
cartilage, *n Anat Z* cartilage *m.*
cartilaginous, *a* cartilagineux.
caruncle, *n Bot Z etc* caroncule *f.*
carunculate(d), *a* caronculé.
carvacrol(e), *n Ch* carvacrol *m.*
carvene, *n Ch* carvène *m.*
carvestrene, *n Ch* carvestrène *m.*
carvomenthene, *n Ch* carvomenthène *m.*
carvomenthol, *n Ch* carvomenthol *m.*
carvomenthone, *n Ch* carvomenthone *f.*
carvone, *n Ch* carvone *f.*
caryinite, *n Miner* caryinite *f.*
caryophyllaceous, *a Bot* caryophyllé.
caryophyllene, *n Ch* caryophyllène *m.*
caryophylleous, *a Bot* = **caryophyllaceous.**
caryopsis, *n Bot* caryopse *m.*
cascalho, *n Miner* cascalho *m.*
casein, *n Ch* caséine *f.*
casque, *n Z* casque *m.*
cassiterite, *n Miner* cassitérite *f*, stannolite *f.*
castorin, *n Ch* castorine *f.*
castorite, *n Miner* castorite *f*, castor *m.*
castrate[1], *n Z* castrat *m.*
castrate[2], *vtr* castrer.
catabolic, *a Biol* catabolique.
catabolism, *n Biol* catabolisme *m.*
cataclastic, *a Geol* cataclastique.
cataclinal, *a Geog* cataclinal, -aux.
catacoustics, *n Ph* catacoustique *f*, cataphonique *f.*
catadromous, *a Ich* catadrome; **catadromous migration,** catadromie *f.*
catagenesis, *n Biol* catagénèse *f.*
catagenetic, *a Biol* catagénétique.
catalase, *n Ch* catalase *f.*
catalyse, *vtr Ch* catalyser.
catalyser, *n Ch* catalyseur *m.*
catalysis, *n Ch* catalyse *f.*
catalyst, *n Ch* catalyseur *m.*
catalytic, *a Ch* catalytique, catalyseur.
catamorphism, *n Geol* catamorphisme *m.*
catapetalous, *a Bot* catapétale.
cataphonics, *n Ph* cataphonique *f.*
cataphoresis, *pl* **-es,** *n Ch* cataphorèse *f.*
cataphoretic, cataphoric, *a Ch* cataphorétique.
catapleiite, *n Miner* catapléite *f.*
Catarrhina, *npl Anthr* catarrhiniens *mpl.*
catechin, *n Ch* (*also* **(+)-catechin**) catéchine *f* du catéchu et du chêne, acide *m* catéchique.
catechol, *n Ch* catéchine *f*, acide *m* catéchique.
catecholamine, *n Ch* catéchinamine *f.*
catechutannic, *a Ch* catéchutannique, cachoutannique.
catena, *pl* **-ae, -as,** *n* (*a*) *Geol* chaîne *f* de sols; (*b*) *Bot* chaîne de végétation.
catenation, *n Biol* caténation *f.*
caterpillar, *n Ent* chenille *f.*
cathartic, *a Ch* (acide) cathartique.
cathepsin, *n Ch* cathepsine *f.*
catheter, *n Physiol* cathéter *m*; **urethral catheter,** sonde urétrale.
cathode, *n El* cathode *f*; **pool cathode,** cathode à bain, à liquide; **mercury-pool cathode,** cathode à bain de mercure; **oxide(-coated) cathode,** cathode à oxydes; **directly-heated, indirectly-heated, cathode,** cathode à chauffage direct, indirect; **photo(electric) cathode,** cathode photoélectrique; **unipotential, equipotential, cathode,** cathode équipotentielle; **cathode follower,** cathode asservie, suiveuse; **cathode bias,** polarisation *f* de cathode; **cathode coating,** revêtement *m* de cathode; **cathode current,** courant *m* cathodique; **cathode ray,** rayon *m* cathodique; **cathode ray tube,** tube *m* cathodique; **cathode-loaded circuit,** montage *m* à charge cathodique; **cathode beam,** faisceau *m* cathodique.
cathodic, *a El etc* cathodique; **cathodic beam,** faisceau *m* cathodique.
cation, *n Ph etc* cation *m*; **cation exchanger,** résine *f* cationique, résine échangeuse de cations.
cationic, *a Ph etc* cationique.
catkin, *n Bot* chaton *m*, iule *m.*
caudal, *a Z* caudal, -aux; *Ich* **caudal fin,** caudale *f.*
caudate, *a Z* caudé, caudifère, caudigère.
caudex, *n Bot* caudex *m.*

caudicle, *n Bot* caudicule *f*.
caudimane, *n Z* caudimane *m*.
caudimanous, *a Z* (singe) caudimane.
caulescent, *a Bot* caulescent.
caulicle, *n Bot* caulicule *f*.
caulicolous, *a* caulicole.
caulicule, *n Bot* caulicule *f*.
cauliferous, *a Bot* caulifère, caulescent.
cauliflorous, *a Bot* cauliflore.
cauliflory, *n Bot* cauliflorie *f*.
cauliform, *a Bot* cauliforme.
caulinary, cauline, *a Bot* caulinaire.
caulis, *pl* **-es,** *n Bot* caule *f*.
caulocarpic, caulocarpous, *a Bot* caulocarpe, caulocarpien, caulocarpique.
causal, *a Physiol* causal; **causal mechanism,** mécanisme causal.
causse, *n Geog* causse *m*.
caustic 1. *a Ch* caustique; **caustic soda,** soude *f* caustique; hydrate *m* de soude; hydroxyde *m* de soude. **2.** *n Ch* caustique *m*.
causticity, *n Ch* causticité *f*.
causticize, *vtr Ch* caustifier.
cavernicole, *n Z* cavernicole *mf*.
cavernicolous, *a Z* (animal, etc) cavernicole.
cavicorn, *a Z* cavicorne.
cavity, *n* cavité *f*; creux *m*; *Anat Z* **cavity of the eye,** chambre *f* d'œil.
C-cells, *npl Z* C-cellules *fpl*.
Cd[1], *symbole chimique du* cadmium.
cd[2], *symbole de la* candéla.
Ce, *symbole chimique du* cérium.
cecidium, *n Bot* cécidie *f*.
cecidogenous, *a Biol* cécidogène.
cedrene, *n Ch* cédrène *m*.
cedrol, *n Ch* cédrol *m*.
celadonite, *n Miner* céladonite *f*.
celestine, celestite, *n Miner* célestin *m*, célestine *f*.
cell, *n* **1.** (*a*) cellule *f*, alvéole *m* (de ruche); (*b*) *Bot etc* loge *f*; (*c*) *Ent* cellule (des ailes d'un insecte). **2.** (*a*) *Biol* cellule; **mother cell,** cellule mère; **granule cell,** cellule granuleuse; **cell constant,** constant cellulaire; **cell division,** division cellulaire; **cell membrane,** membrane *f* cellulaire; **cell wall,** paroi *f* cellulaire; **cell sap,** suc *m* cellulaire; **air cell,** (i) alvéole *m or f*; *Bot* vésicule *f*; lacune *f*; (ii) vésicule aérienne (des siphonophores); **apical cell,** cellule apicale; **guard cell,** cellule défensive; (*b*) **blood cell,** globule *m*; **white blood cell,** globule blanc du sang, leucocyte *m*; **red blood cell,** globule rouge, érythrocyte *m*, hématie *f*; (*c*) *Coel* **thread cell,** nématocyste *m*, cnidoblaste *m*. **3.** *El* élément *m*; **Daniell cell,** pile *f* de Daniell.
cellated, *a Biol* cellulé, celluleux.
celled, *a Biol* cellulé, celluleux; *Biol etc* **one-celled, two-celled,** à une cellule, à deux cellules.
celliform, *a Biol* celluliforme.
cellobiase, *n Ch* cellobiase *f*.
cellobiose, *n Ch* cellobiose *f*.
cellular, *a* **1.** *Biol* cellulaire, celluleux; **cellular structure,** structure *f* cellulaire; **cellular line,** lignée *f* de cellules; *Anat* **cellular tissue,** tissu *m* laminaire. **2.** *Bot* **cellular plant,** plante *f* cellulaire.
cellulase, *n Biol* cellulase *f*.
cellulate(d), *a* cellulé, celluleux.
cellule, *n* cellule *f*; (*small*) favéole *f*.
cellulin, *n Bot* celluline *f*.
cellulite, *n Ch* cellulite *f*.
celluloid, *n Ch* celluloïd *m*.
cellulose, *n* cellulose *f*; **starch cellulose,** amyline *f*; **cellulose acetate,** cellite *f*, acétate *m* de cellulose; **cellulose nitrate,** nitrate *m* de cellulose.
cellulosic, *a Ch* cellulosique.
cellulosity, *n* cellulosité *f*.
cellulous, *a* celluleux.
celsian, *n Miner* celsiane *f*.
Celsius, *Prn Ph* **Celsius thermometer,** thermomètre *m* de Celsius.
celtium, *n Miner* celtium *m*.
cement, *n* **1.** *Ch* ciment *m*; **slow-setting cement,** ciment à prise lente; **quick-setting cement,** ciment à prise rapide; **reinforced cement,** ciment armé; **alumina cement,** ciment fondu; **hydraulic cement,** ciment hydraulique; **Portland cement,** ciment Portland. **2.** *Anat Dent* amalgame *m*.
cenogenesis, *n Biol* cænogénèse *f*, cénogénèse *f*.
Cenomanian, *a & n Geol* cénomanien (*m*).
cenosite, *n Miner* cénosite *f*.
Cenozoic, *a & n Geol* cénozoïque (*m*).
centigrade, *a Meas* centigrade; centési-

mal, -aux; **centigrade thermometer,** thermomètre *m* centigrade.
centilitre, *n Meas* centilitre *m.*
centimetre, *n Meas* centimètre *m.*
centinormal, *a Ch etc* centinormal, -aux.
centre, *n* centre *m*; *Geol* **seismic centre,** centre séismique, d'un séisme; *Ph* **centre of gravity,** centre de gravité; **centre of attraction,** centre d'attraction, de gravitation.
centrifugal, *a* centrifuge; *Ph Ch* **centrifugal force,** force *f* centrifuge.
centrifuge, *n Ph Ch* centrifugeuse *f.*
centriole, *n Biol* centriole *f.*
centripetal, *a Ph Biol Bot* centripète; **centripetal force, tendency,** force *f* centripète.
centrolecithal, *a Biol* centrolécithe.
centromere, *n Biol* centromère *m.*
centrosoma, centrosome, *n Biol* centrosome *m.*
centrum, *pl* **-a,** *n Anat* centrum *m.*
cepaceous, *a Bot* cépacé.
cephalate, *a Ent Moll* céphalé.
cephalic, *a Physiol* céphalique.
cephalin, *n BioCh* céphaline *f.*
cephalochord, *n Embry* partie *f* céphalique de la notocorde.
Cephalochordata, *npl Biol* céphalocordés *mpl.*
cephaloid, *a Biol* céphaloïde.
cephalopod, *n Moll* céphalopode *m.*
Cephalopoda, *npl Moll* céphalopodes *mpl.*
cephalosporin, *n Ch* céphalosporine *f.*
cephalothorax, *n Arach Crust* céphalothorax *m.*
cerargyrite, *n Miner* cérargyrite *m*; kérargyre *m*; lune cornée.
cerasin, *n Ch* cérasine *f.*
cerate, *a Orn* cérigère.
ceratin, *n Ch Physiol* kératine *f.*
ceratinous, *a Ch Physiol* kératinique.
ceratogenous, *a Ch Physiol* kératogène.
ceratotheca, *pl* **-ae,** *n Ent* cératothèque *f.*
cercus, *pl* **-ci,** *n Ent* cerque *m.*
cere, *n Orn* cire *f* (du bec).
cerealin, *n Ch* céréaline *f.*
cerealose, *n Ch* céréalose *f.*
cerebellum, *n Anat* cervelet *m.*
cerebral 1. *a* cérébral, -aux; *Anat* **cerebral cortex,** cortex cérébral; **cerebral fissures,** scissures cérébrales; **cerebral hemispheres,** hémisphères cérébraux; **cerebral lobe,** lobe cérébral. **2.** *n* cerveau *m.*
cerebroside, *n BioCh* cérébroside *m.*
cerebrospinal, *a Anat* cérébro-spinal, -aux; **cerebrospinal fluid,** fluide cérébrospinal; **cerebrospinal axis,** névraxe *m.*
cerebrum, *n Anat* cerveau *m.*
ceresin(e), *n Ch* cérésine *f.*
ceria, *n Ch* oxyde *m* de cérium.
ceric, *a Ch* (acide) cérique; de cérium.
ceride, *n BioCh* céride *f.*
ceriferous, *a Bot* cérifère.
cerigerous, *a Orn* cérigère.
cerin, *n Ch* cérine *f.*
cerite, *n Miner* cérite *f*; silicate hydraté de cérium.
cerium, *n Ch* (*symbole* Ce) cérium *m*; **cerium dioxide,** dioxyde *m* de cérium.
cernuous, *a Bot* (*of plant*) retombant, pendant; penché, incliné.
cerolite, *n Miner* cérolite *f.*
ceroma, *n Orn* cire *f* (du bec).
cerotic, *a Ch* cérotique.
cerous, *a Ch* céreux.
ceruleum, *n Ch* céruléum *m.*
cerumen, *n Physiol* cérumen *m.*
cerusite, *n Miner* cérusite *f*; plomb carbonaté, plomb blanc.
cervantite, *n Miner* cervantite *f.*
cervical, *a Z* cervical, -aux.
cervix, *pl* **-vices,** *n Anat Z* cou *m*, col *m*; **cervix (uteri),** col de l'utérus.
cerylic, *a Ch* cérylique.
cesarean, *a & n Obst* **cesarean (section),** laparo-hystéromie *f*; césarienne *f.*
cesarolite, *n Miner* césarolite *f.*
cesium, *n Ch* (*symbole* Cs) césium *m*, cæsium *m.*
cespitose, *a Bot* cespiteux, gazonnant.
Cestoda, *npl Z* cestodes *mpl.*
cestoid, *a & n Biol* cestoïde (*m*).
cetacean, *a & n Z* cétacé (*m*).
cetaceous, *a Z* cétacé.
cetane, *n Ch* cétane *m*, hexadécane normal; **cetane number, rating,** indice *m* de cétane.

cetene, *n Ch* cétène *m.*
cetic, *a Z* cétacé; de la baleine.
cetin, *n Ch* cétine *f.*
cetology, *n Z* cétographie *f.*
cetyl, *n Ch* cétyle *m*; **cetyl alcohol,** alcool *m* cétylique; **cetyl amine,** cétylamine *f*; **cetyl bromide,** bromure *m* de cétyle.
cevadine, *n Ch* vératrine *f.*
ceylanite, ceylonite, *n Miner* ceylanite *f*, ceylonite *f.*
ceyssatite, *n Miner* ceyssatite *f.*
Cf, *symbole chimique du* californium.
chabasie, chabasite, chabazite, *n Miner* chabasie *f*, chabacite *f.*
chaeta, *pl* **-ae,** *n Z* poil *m* raide; soie *f.*
chaetiferous, *a Z* sétifère, sétigère.
chain, *n* chaîne *f*; *Ph Ch etc* **disintegration, decay, chain,** chaîne de désintégration; **closed chain of atoms,** chaîne fermée d'atomes; **branched chain,** chaîne ramifiée; **food chain,** chaîne alimentaire; **side chain,** chaîne latérale; **chain reaction,** réaction *f* en chaîne; **chain of reactions,** réactions caténaires; *OrgCh* **straight chain,** chaîne linéaire; **open chain,** chaîne ouverte.
chalaza, *pl* **-ae, -as,** *n Biol Bot* chalaze *f*, cicatricule *f.*
chalazogamic, *a Bot* chalazogame.
chalazogamy, *n Bot* chalazogamie *f.*
chalcanthite, *n Miner* cyanose *f*, chalcanthite *f.*
chalcedony, *n Miner* calcédoine *f*, chalcédoine *f.*
chalcocite, *n Miner* chalcocite *f*, chalcosine *f*, cuivre sulfuré.
chalcolite, *n Miner* chalcolite *f*, torbernite *f.*
chalcomenite, *n Miner* chalcoménite *f.*
chalcone, *n Ch* chalcone *f.*
chalcophanite, *n Miner* chalcophanite *f.*
chalcophyllite, *n Miner* chalcophyllite *f.*
chalcopyrite, *n Miner* chalcopyrite *f*; cuivre pyriteux; pyrite cuivreuse; pyrite de cuivre.
chalcosiderite, *n Miner* chalcosidérite *f.*
chalcosine, *n Miner* chalcosine *f*, chalcosite *f.*
chalcostibite, *n Miner* chalcostibite *f*, wolfsbergite *f.*
chalcotrichite, *n Miner* chalcotrichite *f.*
chalk, *n Geol* craie *f*; calcaire crayeux; **chalk marl,** craie marneuse.
chalky, *a* crayeux, crétacé; **chalky soil,** terrain crayeux; sol *m* calcaire; **chalky subsoil,** tuf *m* calcaire; **chalky water,** eau *f* calcaire; **chalky deposit,** dépôt *m* calcique.
chalone, *n BioCh* chalone *f.*
chalonic, *a BioCh* chalonique.
chalybeate, *a Ch* **chalybeate water, spring,** eau, source, ferrugineuse.
chalybite, *n Miner* chalybite *f.*
chamaephyte, *a & n Bot* chaméphyte (*f*).
chamber, *n* **1.** *Ch Ph* chambre *f*; chambrée *f*; **Böttcher's moist chamber,** chambre de Böttcher; **bubble chamber,** chambre à bulles; **combustion chamber,** chambre de combustion; **gas chamber,** chambre à gaz; **dust chamber,** chambre à poussière; **lead chamber,** chambre de plomb; **ionization, cloud, chamber,** chambre d'ionisation; **Wilson's cloud chamber,** chambre de Wilson. **2.** *Z* cavité *f*; *Conch* loge *f*; **body chamber,** loge dernière.
chambered, *a* chambré; *Conch* **chambered shell,** coquillage *m* à loges.
chamo(i)site, *n Miner* chamo(i)site *f.*
channelled, *a Biol* canaliculé.
char, *vtr* carboniser (le bois).
character, *n Biol* **hereditary, acquired, character,** caractère *m* héréditaire, acquis.
characteristic, *a* **1.** caractéristique; *Bot* **characteristic species,** espèce *f* caractéristique; *Ph etc* **characteristic curve,** courbe *f* caractéristique. **2.** *n* caractéristique *f*; propriété *f*, propre *m*; *Biol* **acquired characteristic,** somation *f*; **sexual characteristics,** caractères sexuels.
charcoal, *n* charbon *m* de bois; **electric light charcoal,** charbon à lumière; **animal charcoal,** charbon animal; **wood charcoal,** charbon de bois; **pure charcoal,** charbon de sucre; **peat charcoal,** charbon de tourbe; **graphite charcoal,** charbon gra-

phique; **vegetable charcoal,** charbon végétal.

Charles, *Prn Ph* **Charles' law,** loi *f* de Charles.

chart, *n* diagramme *m*.

chasmogamic, chasmogamous, *a Bot* chasmogame.

chasmogamy, *n Bot* chasmogamie *f*.

chasmophyte, *n Bot* chasmophyte *f*.

chathamite, *n Miner* chathamite *f*.

chaulmoogra, *n Ch* **chaulmoogra (oil),** chaulmoogra *m*.

chaulmoogric, *a Ch* chaulmoogrique.

chaulmugra, *n Ch* = **chaulmoogra.**

chavibetol, *n Ch* chavibétol *m*.

chavicol, *n Ch* chavicol *m*.

cheek, *n Anat Z* joue *f*; **cheek muscle,** muscle génal.

cheekbone, *n* os *m* malaire.

chela, *pl* **-ae,** *n Crust* chélate *m*.

chelate[1], *n Ch* chélate *m*.

chelate[2], *vtr & i Ch* chélater, complexer.

chelating, *a Ch* (agent) chélateur.

chelation, *n Ch* chélation *f*.

chelicer, *n*, **chelicera,** *pl* **-ae,** *n Arach* chélicère *f*, forcipule *f*.

chelidonic, *a Ch* chélidonique.

chelidonine, *n Ch* chélidonine *f*.

cheliform, *a Z* chéliforme.

chemawinite, *n Miner* chémawinite *f*, cédarite *f*, ambre canadien.

chemical 1. *a* chimique; **chemical constitution,** composition *f* chimique; **chemical agent,** agent *m* chimique; **chemical engineering,** génie *m* chimique. **2.** *n* produit *m* chimique.

chemico-physical, *a* chimico-physique.

chemiluminescence, *n* chimi(o)luminescence *f*.

chemiotaxis, chemiotaxy, *n Biol* = **chemotaxis, chemotaxy.**

chemistry, *n* chimie *f*; **organic chemistry,** chimie organique; **inorganic chemistry,** chimie minérale; **applied chemistry,** chimie appliquée; **physical chemistry,** chimie physique; **metallurgical chemistry, chemistry of metals,** métallochimie *f*; **industrial, technical, chemistry,** chimie industrielle; **nuclear chemistry,** chimie nucléaire; **radiation chemistry,** radiochimie *f*; **agricultural chemistry,** chimie agricole; **plant chemistry,** chimie végétale; **theoretical chemistry,** chimie théorique.

chemosphere, *n* chimosphère *f*.

chemosynthesis, *n* chimiosynthèse *f*.

chemotactic, *a Biol* chimiotactique.

chemotactism, *n Biol* chimiotactisme *m*.

chemotaxis, chemotaxy, *n Biol* chimiotaxie *f*.

chemotherapy, *n Ch* chimiothérapie *f*.

chemotropism, *n Bot Z* chimiotropisme *m*.

chenevixite, *n Miner* chenevixite *f*.

chernozem, *n Geol* tchernoziom *m*.

chert, *n Miner* silex noir, chert *m*; pierre *f* de corne.

chessylite, *n Ch* chessylite *f*, azurite *f*, cuivre carbonaté bleu.

chest, *n Anat* thorax *m*.

chiasma, *pl* **-mata,** *n Biol* chiasma *m*.

chiastolite, *n Miner* chiastolite *f*, macle *f*.

chill, *vtr* refroidir (l'eau, l'air, etc).

chimney, *n Ch Metall* cheminée *f*.

china, *n Geol* **china stone,** pétunsé *m*, pétunzé *m*.

chine, *n Z* échine *f*.

chinidine, *n Ch* quinidine *f*.

chiolite, *n Miner* chiolite *f*.

chitin, *n Ch Z* chitine *f*.

chitinous, *a Ch Z* chitineux.

chitosamine, *n Ch* chitosamine *f*.

chladnite, *n Miner* chladnite *f*.

chlamydate, chlamydeous, *a Bot* chlamydé.

chlamydospore, *n Fung* chlamydospore *f*.

chloanthite, *n Miner* chloanthite *f*.

chloracetate, *n Ch* chloracétate *m*.

chloracetic, *a Ch* chloracétique.

chloral, *n Ch* chloral *m*; **chloral hydrate,** hydrate *m* de chloral.

chloralamide, *n Ch* chloralamide *f*.

chloralose, *n Ch* chloralose *m*.

chloranil, *n Ch* chloranile *m*.

chloranthy, *n Bot* chloranthie *f*.

chlorate, *n Ch* chlorate *m*.

chlordan(e), *n Ch* chlordane *m*.

chlorhydrin, *n Ch* chlorhydrine *f*.

chloric, *a Ch* chlorique.
chloride, *n Ch* chlorure *m*; **calcium chloride, chloride of lime,** chlorure de calcium, de chaux; **stannous chloride,** chlorure stanneux; **mercuric chloride,** chlorure mercurique; **arsenious chloride,** trichlorure *m* d'arsenic; **ferric chloride,** perchlorure *m* de fer; **carbonyl chloride,** acide *m* chlorocarbonique; phosgène *m*; **cupric chloride,** chlorure de cuivre; **gold chloride,** chlorure d'or.
chloridize, *vtr Ch* chlorurer.
chlorinate, *vtr Ch* chlorurer.
chlorinating, chlorination, *n Ch* (*a*) chloruration *f*; (*b*) chloration *f* (de l'eau); (*c*) chlorage *m* (de la laine).
chlorine, *n Ch* (*symbole* Cl) chlore *m*.
chlorinize, *vtr Ch* chlorurer.
chlorite, *n Ch* chlorite *m*.
chloroacetaldehyde, *n Ch* chloroacétaldéhyde *m*.
chloroacetic, *a Ch* chloracétique.
chlorobenzene, *n Ch* chlorobenzène *m*.
chlorobutanol, *n Ch* chlorbutol *m*.
chlorocalcite, *n Miner* chlorocalcite *f*.
chloroform, *n* chloroforme *m*.
chloroformate, *n Ch* chloroformiate *m*.
chlorohydrin, *n Ch* chlorohydrine *f*.
chloroleucite, *n Biol* chloroleucite *m*, chloroplaste *m*.
chloromelanite, *n Miner* chloromélanite *f*.
chlorometer, *n* chloromètre *m*.
chlorometric, *a* chlorométrique.
chlorometry, *n* chlorométrie *f*.
chlorophaeite, *n Miner* chlorophæite *f*, chlorophazite *f*, chlorophænérite *f*.
chlorophane, *n Miner* chlorophane *f*.
chlorophenol, *n Ch* chlorophénol *m*.
chlorophyll, *n Ch Bot* chlorophylle *f*.
chlorophyllase, *n BioCh* chlorophyllase *f*.
chlorophyllian, *a Biol* chlorophyllien.
chlorophyllite, *n Miner* chlorophyllite *f*.
chloropicrin, *n Ch* chloropicrine *f*.
chloroplast, *n Biol* chloroplaste *m*.
chloroplatinate, *n Ch* chloroplatinate *m*.
chloroprene, *n Ch* chloroprène *m*; chlorobutadiène *f*.
chlorosis, *n Bot* chlorose *f*, étiolement *m*.
chlorospinel, *n Miner* chlorospinelle *m*.
chlorotic, *a & n Bot* chlorotique (*mf*).
chlorous, *a Ch* chloreux.
chloroxiphite, *n Miner* chloroxiphite *f*.
choana, *n Physiol* choane *m*.
choanocyte, *n Spong* choanocyte *m*.
cholate, *n Ch* cholate *m*.
cholecalciferol, *n BioCh* cholé-calciférol *m*.
cholecystokinin, *n Physiol* cholécystokinine *f*.
cholein, *n BioCh* choléine *f*.
cholesterol, *n Ch* cholestérol *m*.
cholic, *a Ch* (acide) cholique.
choline, *n BioCh* choline *f*.
cholinergic, *a Ch* cholinergique.
cholinesterase, *n Ch* cholinestérase *f*.
Chondrichthyes, *npl Z* chondrichthyens *mpl*.
chondrin, *n Ch* chondrine *f*.
chondriocont, chondriokont, *n Biol* chondrioconte *m*.
chondrioma, chondriome, *n Biol* chondriome *m*.
chondriomite, *n Biol* chondriomite *m*.
chondriosome, *n Biol* élément *m* du chondriome, chondriosome *m*.
chondrite, *n Miner* chondrite *f*.
chondroblast, *n Physiol* chondroblaste *m*.
chondroclast, *n Physiol* chondroclaste *m*.
chondrocyst, *n Physiol* chondrokyste *m*.
chondrodite, *n Miner* chondrodite *f*.
chondrogenesis, *n Biol* chondrogénèse *f*.
chondromucoid, *n BioCh* chondromucoïde *m*.
chondrule, *n Miner* chondre *m*.
chorda, *n Biol* chorda *m*.
Chordata, *npl Biol* c(h)ordés *mpl*.
chordate, *a Biol* c(h)ordé.
chordotonal, *a Biol Ent* **chordotonal organ,** organe chordotonal, scolopidie *f*.
chorion, *n Biol* chorion *m*.
chorionic, *a Biol* chorionique.
choripetalous, *a Bot* choripétale.
chorisis, *n Bot* duplicature *f*.

choroid, *n Anat* choroïde *f.*
chorology, *n Biol* chorologie *f.*
chromaffine, *a Biol* chromaffine.
chromate, *n Ch* chromate *m*; **potassium chromate,** chromate de potasse; **barium chromate,** chromate de baryte.
chromatic, *a Biol* **chromatic aberration,** aberration *f* chromatique.
chromatid, *n Bot* chromatide *f.*
chromatin, *n Ch Biol* chromatine *f.*
chromatocyte, *n Biol* chromatocyte *m.*
chromatogram, *n Ch* chromatogramme *m.*
chromatographic, *a* chromatographique.
chromatography, *n Ch* chromatographie *f*; **paper chromatography,** chromatographie en papier; **gas chromatography,** chromatographie gazeuse; **liquid chromatography,** chromatographie liquide; **ion-exchange chromatography,** chromatographie en résine échangeuse des ions.
chromatolysis, *n Z* chromatolyse *f.*
chromatophile, *a & n Biol* chromophile (*mf*).
chromatophore, *n Ch* chromatophore *m.*
chromatoplasm, *n Biol* chromoplasme *m.*
chromic, *a Ch* chromique; *Miner* **chromic spinel,** picotite *f.*
chromiferous, *a Miner* chromifère.
chromite, *n Miner* chromite *f*, sidérochrome *m.*
chromium, *n Ch Metall* (*symbole* Cr) chrome *m*; **chromium garnet,** grenat *m* chromifère; **treated with chromium,** chromé; **chromium steel,** acier chromé, au chrome; **chromium tungsten,** chrome-tungstène *m*; **chromium plating,** chromage *m*; placage *m* au chrome; **chromium-plated,** chromé.
chromoblast, *n Biol* chromoblaste *m.*
chromogen, *n Ch Biol* chromogène *m.*
chromogenesis, *n Biol* chromogénèse *f.*
chromogenic, chromogenous, *a Biol etc* chromogène.
chromomere, *n Biol* chromomère *m.*
chromone, *n BioCh* chromone *f.*
chromonema, *n Biol* chromonéma *m.*
chromophile, *a & n Biol* chromophile (*mf*).
chromophilic, *a Biol* chromophile.
chromophobe, *a Biol* chromophobe.
chromophore, *n Biol* chromophore *m.*
chromophoric, chromophorous, *a Biol* chromophore.
chromoplast, *n Biol* chromoplaste *m.*
chromoprotein, *n Biol* chromoprotéide *f.*
chromosomal, *a Biol* chromosomique.
chromosome, *n Biol* chromosome *m*; **aberrant chromosomes,** chromosomes aberrants; **chromosome number,** nombre *m* du chromosome.
chromosomic, *a Biol* chromosomique; **chromosomic chart,** caryotype *m.*
chromosphere, *n Astr* chromosphère *f.*
chromotropic, *n Ch* chromotropique.
chromotropism, *n Ch* chromotropisme *m.*
chromous, *a Ch* chromeux.
chronaxia, chronaxy, *n Biol Physiol* chronaxie *f.*
chronometer, *n Ph* chronomètre *m.*
chronoscope, *n Ph* chronoscope *m.*
chrysalid *Ent* **1.** *n* chrysalide *f.* **2.** *a* (*also* **chrysalidian**) de chrysalide.
chrysalis, *pl* **chrysalides, chrysalises,** *n Ent* chrysalide *f*; nymphe *f*, pupe *f.*
chrysaniline, *n Ch* chrysaniline *f.*
chrysanthemic, *a Ch* chrysanthémique.
chrysene, *n Ch* chrysène *m.*
chrysoberyl, *n Miner* chrysobéryl *m*; **chrysoberyl cat's eye,** cymophane *f.*
chrysocolla, *n Miner* chrysocolle *f.*
chrysoidine, *n Ch* chrysoïdine *f.*
chrysolite, *n Miner* chrysolit(h)e *f*, péridot *m.*
chrysophanic, *a Ch* chrysophanique.
chrysoprase, *n Miner* chrysoprase *f.*
chrysotile, *n Miner* chrysotile *f.*
chylaceous, *a Physiol* chylaire, chyleux.
chyle, *n Physiol* chyle *m.*
chyliferous, *a Physiol* chylifère.
chylification, *n Physiol* chylification *f.*
chyliform, *a Physiol* chyliforme.
chylify, *vtr Physiol* chylifier.

chylomicron, *n Physiol* petite particule de chyle ou de graisse dans le sang.
chylosis, *n Physiol* chylification *f.*
chylous, *a Physiol* chylaire, chyleux.
chyme, *n Physiol* chyme *m.*
chymification, *n Physiol* chymification *f.*
chymify, *vtr Physiol* chymifier.
chymosin, *n Biol* chymosine *f.*
chymotrypsin, *n BioCh* chymotrypsine *f.*
chymotrypsinogen, *n BioCh* chymotrypsinogène *f.*
cicatrice, cicatrix, *pl* **-ices,** *n Bot* (*a*) cicatrice *f* foliaire; (*b*) hile *m* (de l'ovule).
cicatricial, *a Bot etc* cicatriciel.
cicatric(u)le, *n* **1.** *Biol* cicatricule *f.* **2.** *Bot* = **cicatrice** (*a*).
cicatrix, *pl* **-ices,** *n see* **cicatrice.**
ciliary, *a Bot Z* ciliaire.
ciliate(d), *a Bot Z Biol* cilié, cilifère, ciligère.
cilium, *pl* **-ia,** *n Biol* cil *m.*
ciminite, *n Miner* ciminite *f.*
cimolite, *n Miner* cimolite *f.*
cinchomeronic, *a Ch* (acide) cinchoméronique.
cinchonia, *n Ch* cinchonine *f.*
cinchonidine, *n Ch* cinchonidine *f*; stéréoisomère *m* de la cinchonine.
cinchonin, *n Ch* cinchonine *f.*
cinchoninic, *a Ch* (acide) cinchoninique.
cincinnus, *n Bot* cincinnus *m.*
cineole, *n Ch* cinéol *m.*
cineolic, *a Ch* cinéolique.
cinereous, *a* **1.** (plumage, etc) cendré. **2.** *Miner* cinéritique.
cinnabar, *n Miner* cinabre *m*; mercure sulfuré; vermillon naturel; **green cinnabar,** cinabre vert.
cinnamaldehyde, *n Ch* aldéhyde *m* cinnamique.
cinnamate, *n Ch* cinnamate *m.*
cinnamic, *a Ch* cinnamique.
cinnamon, *n Miner* **cinnamon stone,** grenat *m* jaune.
cinnamyl, *n Ch* cinnamyle *m.*
cinnoline, *n Ch* cinnoline *f.*
cipolin, *n Miner* cipolin *m.*
circadian, *a Biol* (rythme, etc) circadien.
circinal, circinate, *a* circinal, -aux; circiné.
circuit, *n Ph* circuit *m*; **main circuit,** circuit principal; **damping circuit,** circuit amortisseur; **charging circuit,** circuit de charge; **discharging circuit,** circuit de décharge; **closed circuit,** circuit fermé; **connected circuit,** circuit imprimé; **integrated circuit,** circuit intégré.
circulate, *vi Biol* circuler.
circulating, *a* (appareil, pompe) circulatoire.
circulation, *n Biol* circulation *f*; *Ch Physiol* circulation (d'eau, du sang).
circulatory, *a Anat* **circulatory system,** système *m* circulatoire, sanguin.
circumnutation, *n Bot* circumnutation *f* (de la tige).
circumscissile, *a Bot* (fruit) circoncis.
cirrate, *a Z* cirrifère; (*of antenna*) cirré; *Bot* (*of leaf*) cirreux.
cirriferous, *a Z* cirrifère; (*of antenna*) cirré.
cirriflorous, *a Bot* cirriflore.
cirrose, cirrous, *a Z* cirreux; cirré; *Bot* cirr(h)al, -aux; (*of leaf, etc*) cirreux.
cirrus, *pl* **-ri,** *n Z* cirr(h)e *m*; *Bot* vrille *f.*
cis, *a Ch* (forme) cis (d'un composé).
cisterna, *n Anat Z* grande citerne cérébrale.
cis-trans, *a Ch* (effet) cis-trans; **cis-trans isomerism,** isomérie *f* cis-trans.
cistron, *n Biol* cistron *m.*
citraconic, *a Ch* citraconique.
citral, *n Ch* citral *m.*
citrate, *n Ch* citrate *m*; **citrate of sodium,** citrate de sodium, de soude.
citrene, *n Ch* citrène *m.*
citric, *a Ch* citrique; *BioCh* **citric acid cycle,** cycle *m* de l'acide citrique; cycle de Krebs.
citrine, *n* **1.** *Miner* citrine *f.* **2.** *Ch* citrine.
citronellal, *n Ch* citronellal *m.*
citronellol, *n Ch* citronellol *m.*
citronyl, *n Ch* citronyle *f.*
citrulline, *n Ch* citrulline *f.*
civetone, *n Ch* civettone *f.*
Cl, *symbole chimique du* chlore.
cladocarpous, *a Bot* cladocarpe.
cladode, *n Bot* cladode *m*; phylloclade *m.*

Claisen, *Prn Ch* **Claisen condensation,** condensation *f* de Claisen.
clarification, *n Ch* défécation *f*.
clarify, *vtr Ch* déféquer.
clarkeite, *n Miner* clarkéite *f*.
clasmatocyte, *n Biol* histiocyte *m*.
clasper, *n Bot* vrille *f*.
claspered, *a Bot* vrillé.
class, *n Biol* **the classes of a kingdom,** les classes *fpl* d'un règne; **mathematical classes,** classes mathématiques.
classification, *n* classification *f*, distribution *f* systématique (des plantes, des animaux, des bactéries, des éléments, des substances organiques); taxonomie *f*.
classify, *vtr* classer, classifier (des plantes, etc).
clastic, *a Geol* clastique; **clastic rocks,** roches clastiques, agrégées.
clathrate, *a* **1.** *Bot* cancellé. **2.** *Ch* **clathrate compounds,** *npl* **clathrates,** composés *mpl* d'insertion.
claudetite, *n Miner* claudétite *f*.
clausthalite, *n Miner* clausthalite *f*.
clavate, *a Biol* clavé, claviforme; en forme de bâton.
clavicle, *n Anat Z* clavicule *f*.
claviculate, *a Biol* (*of shell, leaf*) claviculé.
claviform, *a Biol* claviforme; en forme de bâton.
claw, *n* **1.** *Z* griffe *f*; ongle *m*; pince *f*, croc *m* (de crabe). **2.** *Bot* onglet *m* (d'un pétale).
clawed, *a Z* unguifère.
clay, *n* argile *f*, (terre-)glaise *f*; terre *f*; **boulder clay,** argile à blocaux; till *m*; **slate clay, clay slate,** schiste argileux, ardoisier, à fougère; argile schisteuse; **tile clay,** argile téguline; **clay-with-flints,** argile à silex; **china, porcelain, clay,** terre à porcelaine, kaolin *m*; **cazettes, saggar, sagger, clay,** terre à casettes; **clay pit,** argilière *f*, glaisière *f*, carrière *f* d'argile; **clay soil,** sol argileux, glaiseux.
clay-bearing, *a* argilifère.
clayey, *a* (*of soil*) glaiseux, gras.
claystone, *n Geol* argilolit(h)e *m*.
cleavage, *n* (*a*) *Geol Miner* clivage *m*; (*in schists*) délit *m*; **fracture, flux, cleavage,** clivage de fracture, de flux; **cleavage plane,** plan *m* de clivage; (*b*) *Biol* division *f* (d'une cellule); **bilateral cleavage,** segmentation bilatérale; **cleavage cavity,** cavité *f* de segmentation; **cleavage cell, globule,** blastomère *m*.
cleft, *n Geol* fissure *f*.
cleidoic, *a Embry* cléidoïque.
cleistocarp, *n Fung* cléistocarpe *f*.
cleistocarpous, *a Bot* cléistocarpe, cléistocarpique.
cleistogamic, cleistogamous, *a Bot* cléistogame.
cleistogamy, *n Bot* cléistogamie *f*.
cleveite, *n Miner* clévéite *f*.
climacteric, *a & n Bot Z* climatérique (*f*).
climate, *n Meteor* climat *m*; **oceanic, maritime, climate,** climat océanique.
climatic, *a* climatique; **climatic influence,** influence *f* climatique; **climatic changes,** oscillations *fpl* climatiques.
climax, *n Bot* climax *m*; **edaphic climax,** climax édaphique; **climatic climax,** formation climatique finale, formation climacique.
climb, *vi Bot* grimper.
climber, *n Z* grimpeur *m*.
climbing, *a Bot Z* grimpant; *Z* grimpeur.
clinandrium, *n Bot* clinandre *m*.
cline, *n Biol* cline *f*.
clinging, *a Bot* tenace.
clinochlore, *n Miner* clinochlore *m*.
clinoclase, clinoclasite, *n Miner* clinoclase *f*, clinoclasite *f*.
clino(h)edrite, *n Miner* clinoédrite *f*.
clinohumite, *n Miner* clinohumite *f*.
clintonite, *n Miner* clintonite *f*.
clitellum, *pl* **-ella**, *n Z* clitellum *m*.
clitoris, *pl* **-ides**, *n Anat Z* clitoris *m*.
cloaca, *pl* **-ae**, *n Z* cloaque *m* (des poissons, des oiseaux et des reptiles).
cloacal, *a Z* **cloacal sac,** poche cloacale.
clone, *n Biol Bot* clone *m*.
cloned, *a Biol* en lignée; **cloned colonies,** colonies *fpl* en lignée pure.
clonus, *n Biol* clonus *m*.
clot, *vi* (*of blood, etc*) se coaguler.
clotting, *n* coagulation *f*, figement *m* (du sang).
clubbed, club-shaped, *a Biol* claviforme, clavé; en forme de massue.

clupeine, *n Ch* clupéine *f.*
cluse, *n Geol* cluse *f.*
cluster, *n Bot* fascicule *m* (de poils); trochet *m* (de fruits, de fleurs).
clypeate, *a Ent* clypéacé.
clypeiform, *a Ent* clypéiforme.
clypeus, *n Ent* chaperon *m*, épistome *m.*
clysmian, *a Geol* clysmien.
Cm, *symbole chimique du* curium.
cnidoblast, *n Biol* cnidoblaste *m*, nématocyste *m.*
cnidocil, *n Biol* cnidocil *m.*
CNS, *abbr n Physiol central nervous system*, système nerveux central.
Co, *symbole chimique du* cobalt.
coacervate, *n Ch* coacervat *m.*
coacervation, *n Ch* coacervation *f.*
coadnate, coadunate, *a Physiol Bot* coadné.
coagulant, *a & n Ch* coagulant (*m*).
coagulase, *n Biol* coagulase *f.*
coagulate 1. *vtr* coaguler, figer; cailler. **2.** *vi* se coaguler, se figer, (se) prendre en masse; se cailler.
coagulation, *n* coagulation *f*, figement *m*, concrétion *f*; **blood coagulation,** coagulation sanguine.
coagulative, coagulatory, *a Ch Ph* coagulateur.
coal, *n* charbon *m* de terre; houille *f*; **foliated, slaty, coal,** houille schisteuse.
coalesce, *vi Ch* se combiner.
coalescence, *n Ch* combinaison *f.*
coalescent, *a Biol* coalescent.
coarctate, *a Ent* **coarctate chrysalis,** chrysalide coarctée.
coastal, *a* **coastal region,** zone littorale.
coat, *n* (*a*) *Z* poil *m* (d'animaux); (*b*) *Biol Bot* enveloppe *f*, tunique *f* (d'un organe, d'un bulbe).
cobalamin, *n Ch* cobalamine *f.*
cobalt, *n Ch* (*symbole* Co) cobalt *m*; *Miner* **earthy cobalt,** asbolite *f*, asbolane *f*, wad *m*; **red cobalt, cobalt bloom,** cobalt arséniaté; érythrine *f*; cobaltocre *m*; **cobalt blue,** cobalt d'outremer; bleu *m* de cobalt; **cobalt glance,** cobalt gris; **cobalt 60,** cobalt radioactif, radiocobalt *m;* **cobalt source,** bombe *f* au cobalt, générateur *m* de rayons γ thérapeutiques, émis par une charge de radiocobalt (^{60}Co).
cobaltammine, *n Ch* cobalt(i)ammine *f*, cobaltoammine *f.*
cobaltic, *a Ch* cobaltique.
cobaltiferous, *a* cobaltifère.
cobaltine, *n Miner* cobaltine *f*; cobalt gris.
cobaltinitrite, *n Ch* cobaltinitrite *m.*
cobaltous, *a Ch* cobalteux.
cocaine, *n Ch* cocaïne *f.*
cocarboxylase, *n BioCh* cocarboxylase *f.*
coccidium, *pl* **-ia,** *n Prot* coccidie *f.*
coccinic, *a Ch* **α-coccinic acid,** acide *m* α-coccinique.
coccolite, *n Miner* coccolit(h)e *f.*
coccolith, *n Geol* coccolit(h)e *f.*
coccus, *pl* **cocci,** *n* **1.** *Ent Bac* coccus *m.* **2.** *Bot* coque *f* (d'un fruit schistocarpe).
coccygeal, *a Anat Z* coccygien.
coccyx, *pl* **coccyxes, coccyges,** *n Anat Z* coccyx *m.*
cochineal, *n Ent Ch* cochenille *f.*
cochlea, *n Anat* limaçon *m.*
cochlear, *a Bot* cochléaire.
cochleariform, *a Z* cochléiforme.
cochleate, *a Z* cochléiforme.
cockle, *n Moll* coque *f.*
cocoon, *n* cocon *m*, coque *f* (de ver à soie, etc).
codamine, *n Ch* codamine *f.*
codeine, *n Ch* codéine *f.*
coefficient, *n* coefficient *m*; *Ph etc* **coefficient of absorption,** coefficient d'absorption; **coefficient of expansion,** coefficient de dilatation; **coefficient of elasticity,** coefficient d'élasticité; **coefficient of error,** coefficient d'erreur; **coefficient of friction,** coefficient de friction; **activity coefficient,** coefficient d'activité; **diffusion coefficient,** coefficient de diffusion.
coelacanth, *n Z* cœlacanthe *m.*
Coelenterata, *npl Z* cœlentérés *mpl.*
coelestine, *n Miner* célestine *f.*
coeliac, *a Z* cœliaque.
coeloblastula, *n Biol* cœloblastula *m.*
coelom, *n Z* cœlome *m.*
coenobium, *n Biol* cœnobe *m.*
coenocyte, *n Biol* cœnocyte *m.*

coenogamete, *n Bot* cœnogamète *m*.
co-enzyme, *n Biol* coenzyme *f*.
coercibility, *n Ph* coercibilité *f* (d'un gaz, etc).
coercible, *a Ph* (gaz, etc) coercible.
coerulignone, *n Ch* cérulignone *f*.
cohenite, *n Miner* cohénite *f*.
coherent, *a* (*a*) *Bot* **coherent stamens,** étamines cohérentes; (*b*) *Ph* cohérent.
cohesion, *n* cohésion *f*; *Bot* cohérence *f* (des étamines, etc).
cohesive, *a Ph* **cohesive force,** force *f* de cohésion; attraction *f* moléculaire; **cohesive metal,** métal *m* tenace.
cohobate, *vtr Ch* cohober.
cohobation, *n Ch* cohobation *f*.
coif, *n Bot* coiffe *f* (des mousses).
coil, *n* nœud *m* (de serpent).
coke, *n Ch* coke *m*; charbon *m* de houille; **oil coke,** coke de pétrole; **coke burner,** cokeur *m*.
coking, *n* cokéfaction *f*; **coking plant,** cokerie *f*.
colchiceine, *n Ch* colchicéine *f*.
colchicine, *n Ch Genet Pharm* colchicine *f*.
colcothar, *n Ch* colcot(h)ar *m*, oxyde *m* rouge de fer.
cold-blooded, *a Z* (animal) à sang froid; poïkilotherme, hétérotherme.
coleopter, *n Ent* coléoptère *m*.
Coleoptera, *npl Ent* coléoptères *mpl*.
coleopterous, *a Z* coléoptère.
coleoptile, *n Bot* coléoptile *m*.
coleorhiza, *pl* **-ae,** *n Bot* coléorhize *f*.
collagen, *n Biol* collagène *m*.
collagenic, collagenous, *a Biol* collagène.
collar, *n Z* collier *m*; *Bot* collet *m*.
collargol, *n Ch* collargol *m*.
collenchyma, *pl* **-mata,** *n*, **collenchyme,** *n Bot* collenchyme *m*.
collenchymatous, *a Bot* collenchymateux.
colleter, *n Bot* collétère *m*.
collidin(e), *n Ch* collidine *f*.
colligative, *a Ch* colligatif.
collimator, *n Ph* collimateur *m*.
collision, *n Ph Ch* choc *m*.
colloblast, *n Biol* colloblaste *m*.
collodion, *n Ch* collodion *m*.
colloid, *a & n Ch* colloïde (*m*); gel *m*; **emulsoid colloids,** émulsoïdes colloïdaux; **suspensoid colloids,** suspensoïdes colloïdaux.
colloidal, *a Ch* colloïdal, -aux; **colloidal state,** état colloïdal; **colloidal solutions,** solutions colloïdales; **colloidal chemistry,** chimie colloïdale; **colloidal electrolytes,** electrolytes colloïdaux; **colloidal particles,** particules colloïdales.
colloxylin, *n Ch* colloxyline *f*.
colluvial, *a Geog* **colluvial deposits,** colluvion *f*; **colluvial deposition,** colluvionnement *m*.
colluvium, *n Geog* colluvion *f*.
collyrite, *n Miner* collyrite *m*.
colon, *n Anat* côlon *m*.
colony, *n Biol* colonie *f*.
colophanite, *n Miner* colophanite *f*.
colophene, *n Ch* colophène *m*.
colophony, *n Ch* colophane *f*.
colorant, *n* colorant *m*.
colorimeter, *n Ch* colorimètre *m*.
colorimetrically, *adv* colorimétriquement.
colorimetry, *n Ch* colorimétrie *f*.
colostrum, *n Physiol* colostrum *m*.
colouring, *NAm* **coloring,** *a & n* **colouring (matter),** colorant (*m*).
colubriform, *a Rept* colubriforme.
colubrine, *a Rept* colubrin, couleuvrin.
columbite, *n Miner* colombite *f*, columbite *f*, niobite *f*.
columbium, *n Ch* (*symbole* Cb) columbium *m*, niobium *m*.
columella, *n Biol* columelle *f*.
columellar, *a Biol* columellaire.
columelliaceous, *a Bot* columelliacé.
column, *n* **1.** *Bot* gynostème *m* (des orchidées). **2.** *BioCh* **column chromatography,** chromatographie *f*.
columnar, *a Bot* columnaire.
columniferous, *a Bot* colomnifère.
coma, *n Bot* chevelure *f* (d'une graine).
comagmatic, *a Geol* comagmatique.
comanic, *a Ch* (acide) comanique.
comate, *a Bot* (*of seed*) chevelu.
comb, *n* (*a*) *Orn* crête *f*; (*b*) *Z* peigne *m* (d'œil d'oiseau, de patte de scorpion, etc).
combination, *n see* **compound 2.**

combine *Ch* **1.** *vtr* combiner. **2.** *vi* (*of elements*) se combiner.
comb-shaped, *a Z* pectiné.
combustibility, *n Ch* combustibilité *f*.
combustible, *a Ch* comburable.
combustion, *n* combustion *f*; *Ch* **combustion furnace,** grille *f* à analyse; **combustion in free air,** combustion au libre; **blue flame combustion,** combustion bleue; **slow combustion,** combustion lente; **spontaneous combustion,** combustion spontanée.
combustive, *a Ch* comburant.
comenic, *a Ch* coménique.
commensal, *a & n Biol* commensal (*m*), -aux.
commensalism, *n Biol* commensalisme *m*.
commissural, *a Anat Bot* commissural, -aux.
commissure, *n Biol* commissure *f*.
commutator, *n Ph El* commutateur *m*.
comose, *a Bot* (*of seed*) chevelu.
comparative, *a* **comparative anatomy,** anatomie comparée.
complected, *a Bot* complectif.
complement, *n BioCh* complément *m*; **complement deviation, deviation of the complement,** déviation *f* du complément (d'un sérum).
complex 1. *a* complexe. **2.** *n Ch* complexe *m*.
complicate, *a Bot* (*of leaf*) complié.
composite 1. *a* (*a*) *Bot* (fleur) composée; (*b*) *Geol* **composite cone,** cône *m* mixte. **2.** *n Bot* composée *f*.
composition, *n* composition *f*, constitution *f* (de l'air, de l'eau, etc).
compound 1. *a* composé; combiné; **compound microscope,** microscope composé. **2.** *n* (corps) composé (*m*); **chemical compound,** combinaison *f*; substance *f*; produit *m*; **binary, ternary, compound,** composé binaire, ternaire.
compress 1. *vtr* comprimer (un gaz, l'air, etc). **2.** *vi* (*of gas, etc*) se comprimer.
compression, *n* compression *f* (d'un gaz, etc); **gas under high compression,** gaz surpressé; **force of compression,** effort *m* de compression.
Compton, *Prn Ph* **Compton effect,** effet *m* de Compton.
computer, *n* ordinateur *m*.
concave, *a Ph* concave.
concentrate¹, *n* minerai concentré.
concentrate², *vtr* concentrer (un liquide, etc); **concentrated sulfuric acid** acide sulfurique concentré.
concentration, *n* (*a*) concentration *f* (d'une solution, etc); **dry concentration,** concentration à sec, par voie sèche; **concentration cell,** pile *f* à concentration; (*b*) *Ch* **(degree of) concentration,** titre *m* (d'un acide, etc); **at high concentration,** concentré.
conceptacle, *n Bot* conceptacle *m*.
conchate, conchiform, *a* conchiforme.
conchiferous, *a Moll* conchifère, conchylifère.
conchological, *a* conchyliologique.
conchologist, *n* conchyliologiste *mf*.
conchology, *n* conchyliologie *f*.
concolorate, concolorous, *a* de couleur uniforme; concolore.
concrescence, *n Bot* concrescence *f*.
concrescent, concrete, *a Bot* concrescent.
concretion, *n Geol etc* concrétion *f*.
concretionary, *a Geol* concrétionné.
condensability, *n Ch* condensabilité *f* (d'un gaz, etc).
condensable, *a Ch* (gaz, etc) condensable.
condensation, *n* **1.** *Ph Ch etc* condensation *f* (de la vapeur, d'un gaz, d'un produit synthétique, etc); liquéfaction *f* (d'un gaz). **2.** liquide condensé; (*of water*) eau *f* de condensation; soudure *f* de plusieurs molécules chimiques avec élimination d'eau.
condense 1. *vtr* (*a*) condenser (un gaz, etc); (*b*) **to condense a beam of light,** concentrer un faisceau de lumière. **2.** *vi* se condenser.
condenser, *n Ch* condenseur *m*; **injection condenser,** condenseur à injecteur; **surface condenser,** condenseur par surface; **spiral condenser,** condenseur tubulaire.
condensing, *n Ph Ch* condensation *f*.
conditioned, *a Behav* **conditioned reflex,** réflexe conditionné.

conductance, *n Ch Ph* conductivité *f* spécifique; conductance *f*; **forward conductance,** conductance directe; **back conductance,** conductance inverse; **leakage conductance,** perditance *f*; **mutual conductance,** conductance mutuelle; **thermal conductance,** conductance thermique.

conductibility, *n Ph* conductibilité *f*.

conductible, *a Ph* conductible.

conductimeter, *n Ph El* conductimètre *m*.

conductimetric, *a Ch Ph etc* conductimétrique; **conductimetric titration,** titrage *m* conductimétrique.

conductimetry, *n Ch Ph* conductimétrie *f*.

conduction, *n Ch Ph Physiol* conduction *f*, transmission *f* (de la chaleur); *Ph* **conduction current,** courant *m* de conduction, courant conduit.

conductive, *a Ph* **highly conductive,** de haute conductibilité; bon conducteur.

conductivity, *n Ch Ph* conductivité *f*, conductibilité *f*, conductance *f*; **thermal conductivity,** conductibilité calorique; **electric conductivity,** conductivité électrique; **conductivity of an electrolyte,** conductance d'un électrolyte.

conductor, *n* conducteur *m* (de la chaleur, de l'électricité, etc); **earthed, grounded, conductor,** conducteur de terre; **conductor wire,** fil *m* conducteur; **bare conductor,** conducteur nu; **live conductor,** conducteur chargé, en charge; **screened conductor,** conducteur blindé; **resistor conductor,** conducteur résistant; **equalizing conductor,** fil neutre, fil d'équilibre; **neutral conductor,** conducteur neutre, conducteur d'équilibre; fil intermédiaire, médian; fil de compensation; *Ph* **non conductor,** non-conducteur *m*, mauvais conducteur; (*of heat*) calorifuge *m*; (*of electricity*) isolant *m*, inconducteur *m*.

conduplicate, *a Bot* conduplicatif, complié.

cone, *n* **1.** *Geol* cône *m*, suc *m* (d'un volcan); **cinder cone,** cône de cendres, de scories; **nested, ringed, cone,** cône emboîté; **breached cone,** cratère ébréché; **cone of eruption,** cône d'éruption. **2.** *Bot* fruit *m* des conifères; inflorescence *f* (du houblon, du pin). **3.** *Moll* cône.

cone-bearing, *a Bot* conifère, strobilifère.

cone-shaped, *a Biol* strobiliforme.

conessine, *n Ch* conessine *f*.

congeal 1. *vtr* coaguler, figer. **2.** *vi* se coaguler, se figer.

congener, *n Biol* congénère *m*.

congeneric, *a Biol* congénère.

congenital, *a Biol* congénital, -aux.

congested, *a Bot* (*of organs, etc*) congestif.

congestion, *n Tox* congestion *f*.

conglobate[1], *a Z* conglobé.

conglobate[2], conglobe 1. *vtr* conglober. **2.** *vi* se conglober.

conglomerate 1. *a Anat* (*of glands, etc*) congloméré. **2.** *n Miner* conglomérat *m*, poudingue *m*.

Congo, *Prn Ch* **Congo red,** brillant *m* Congo.

conicine, *n Ch* conicine *f*, conine *f*.

conidiospore, *n*, **conidium,** *pl* **-ia,** *n Biol* conidie *f*.

coniferin, *n Ch* coniférine *f*.

coniferous, *a Bot* conifère; **coniferous forest,** forêt *f* de conifères.

coniferyl, *a* coniférylique; **coniferyl alcohol,** alcool *m* coniférylique.

coniine, conine, *n Ch* (*also* (+)-**coniine**) conicine *f*, conine *f*; alcaloïde *m* du *Conium maculatum* (ciguë *f*).

coniroster, *n Orn* conirostre *m*.

conirostral, *a Orn* conirostre.

conjugate[1], *a* (*a*) *Bot* **conjugate leaves,** feuilles conjuguées, conjointes; (*b*) *Ch* conjugué.

conjugate[2], *vi Biol* (*of cells*) se juguer, s'unir par conjugaison.

conjugation, *n Biol* conjugaison *f*, zygose *f*.

conjunctiva, *n Anat Z Physiol* conjonctive *f*.

connate, *a Bot Z* conné, coadné; *Geol* conné, fossile.

connected, *a Bot etc* connexe.

connective 1. *a* connectif; **connective tissue,** tissu cellulaire, connectif, conjonctif. **2.** *n Bot* connectif *m*.

connivent, *a Bot Ent etc* connivent; **con-**

nivent wings, ailes conniventes (d'un insecte).

conoidal, *a Biol* conoïdal, -aux.

conservation, *n* conservation *f*; **forest conservation,** conservation forestière; *Ch Ph* **conservation of energy,** conservation de l'énergie.

constituent 1. *a* constituant, constitutif, composant; **the constituent elements of air, water,** les éléments constitutifs de l'air, de l'eau. **2.** *n* élément constitutif; composant *m*; principe *m* (d'une substance).

constitution, *n* constitution *f*.

contabescence, *n Biol* contabescence *f*.

contabescent, *a Biol* contabescent.

contamination, *n Tox* contamination *f*; **atmospheric contamination,** contamination atmosphérique.

content, *n Ph etc* teneur *f*; titre *m* (d'un minerai); **water, moisture, content,** teneur en eau, en humidité; *Miner* **sulfur content,** teneur en soufre (d'un minerai).

continental, *a Geog* **continental shelf,** plateau continental.

contorted, *a Bot* contourné, contorté.

contour, *n Z* **contour feathers,** pennes *fpl*.

contractile, *a Biol* contractile; **contractile vacuole,** vacuole *f* contractile.

contraction, *n Physiol* contraction *f*; réponse *f* mécanique d'un muscle.

convergence, *n Biol Genet* convergence *f* (d'espèces).

convex, *a Ph* convexe.

convolute 1. *a* (*a*) *Bot* convoluté, contourné, contorté; (*b*) *Conch* contourné. **2.** *n* enroulement *m*.

convolution, *n* **1.** *Anat Z* convolution (cérébrale). **2.** enroulement *m*; *Conch* spire *f*.

convolvulin, *n Ch* convolvuline *f*.

cool, *vtr* refroidir (l'air, l'eau, la température, etc); *Ph* (*of gas*) **cooled by expansion,** refroidi par détente, par dilatation.

cooling, *n* refroidissement *m* (de l'air, de l'eau, de la température, etc); **air, water, cooling,** refroidissement par air, par eau; **fluid, liquid, cooling,** refroidissement par fluide, par liquide.

cooperite, *n Miner* coopérite *f*.

co-ordination, *n Ch* **coordination number,** indice *m* de coordination; coordinence *f*.

copaline, *n Miner* copaline *f*.

copalite, *n Miner* copalite *f*.

copolymer, *n Ch* copolymère *m*.

copolymerization, *n Ch* copolymérisation *f*.

copper, *n* **1.** (*symbole* Cu) cuivre *m* (rouge); *Miner* **red copper,** cuivre vitreux rouge; cuprite *f*; **copper ore,** minerai *m* de cuivre; **blue copper ore,** azurite *f*; **grey copper ore,** cuivre gris, panabase *f*; **copper pyrites,** chalcopyrite *f*, cuivre pyriteux; **copper glance,** chalcocite *f*, chalcosine *f*, cuivre sulfuré; **copper blende,** kupferblende *f*; *Metall etc* **phosphor copper,** cuivre phosphoreux; **copper phosphate,** cuivre phosphaté; **manganese copper,** cuivre manganésé, au manganèse; **raw copper,** cuivre brut; **soft copper,** cuivre doux; **copper amine,** cuivre ammoniacal; **copper sulfate,** sulfate *m* de cuivre, couperose bleue. **2.** *a* de cuivre; en cuivre; **copper wire,** fil *m* de cuivre.

copperas, *n Miner* **(green) copperas,** couperose verte, vitriol vert, sulfate ferreux.

coprolite, *n Geol* coprolit(h)e *m*.

coprology, *n Biol* coprologie *f*.

coprophagous, *a Z* coprophage, merdivore.

coprophagy, *n Z* coprophagie *f*.

coprophilous, *a Ent etc* coprophile.

coprostanol, *n Ch* coprostérine *f*.

copulation, *n Biol* copulation *f*.

copulative, copulatory, *a Z* (organe) copulateur.

coracite, *n Miner* coracite *f*.

coracoid, *a & n Anat Z* coracoïde (*f*); *Anat* **coracoid process,** apophyse *f* coracoïde.

coral, *n* corail *m*, -aux; **coral reef,** récif corallien, de corail; **coral shoal,** banc *m* de corail; *Geol* **coral limestone,** calcaire corallien, coralligène; **coral rag,** coralrag *m*.

coralliferous, *a* corallifère, coralligère.

coralliform, *a* coralliforme.

coralligenous, *a* coralligène.

coralligerous, *a* coralligère, corallifère.
coralline[1], *n* **1.** *Miner* coralline *f.* **2.** *Biol* bryozoaire *m*; *Oc* **coralline zone,** zone *f* des bryozoaires (30 à 100 m).
coralline[2], *a* corallien; corailleux; corallaire; **coralline limestone,** calcaire corallien.
corallite, *n Geol* marbre corallin.
coralloid, *a* coralloïde, corallaire.
corbicula, *n Ent* corbeille *f* (à pollen).
cordate, *a Bot etc* cordé, cordiforme; en forme de cœur; **with cordate leaves,** cordifolié.
cordierite, *n Miner* cordiérite *f.*
cordiform, *a Biol* cordiforme.
cord-shaped, *a Miner Bot* funiforme.
core, *n* (*a*) *Geol* noyau *m*; *Miner* ferret *m*; (*b*) *Bot* trognon *m* (de pomme, etc).
coriaceous, *a Bot* coriacé.
corium, *n Anat* chorion *m.*
corky, *a Bot* (*of layer, etc*) subéreux.
corm, *n Bot* tige souterraine bulbeuse; bulbe *m or f.*
cornea, *n Anat* cornée *f.*
corneal, *a* cornéen.
cornelian, *n Miner* cornéliane *f.*
corneous, *a Z* corné.
cornet, *n Bot* cornet *m* de l'enveloppe florale.
cornicle, *n Ent* cornicule *f.*
corniculate, *a Ent* corniculé.
corniform, *a* corniforme.
cornigerous, *a* cornigère.
cornu, *n Bot* corne *f.*
cornua, *npl Anat* cornes *fpl.*
cornute, *a Bot* (*of leaf*) cornu.
cornwallite, *n Miner* cornwallite *f.*
corolla, *n Bot* corolle *f.*
corollaceous, *a Bot* corollacé.
corollate(d), *a Bot* corollé.
corolliferous, *a Bot* corollifère.
corollifloral, corolliflorous, *a Bot* corolliflore.
corolliform, *a* corolliforme.
corolline, *a Bot* corollaire, corollin.
corona, *pl* **-ae,** *n Astr Bot* couronne *f.*
coronadite, *n Miner* coronadite *f.*
coronary, *a Anat Z Med* (artère) coronaire.
coronate(d), *a Bot* couronné; à couronne.
coronene, *n Ch* coronène *m.*
corpus, *n Anat* **corpus striatum,** corps strié; *Physiol* **corpus luteum,** corps jaune, corps progestatif.
corpuscle, *n* corpuscule *m*; **blood corpuscles,** globules sanguins; **red blood corpuscles,** globules rouges, érythrocytes *mpl,* hématies *fpl*; **white blood corpuscles,** globules blancs, leucocytes *mpl.*
corrode 1. *vtr* corroder, attaquer, ronger (le métal); *Physiol* (*of acid*) brûler. **2.** *vi* se corroder.
corrodibility, corrosibility, *n Ch* corrodabilité *f.*
corrodible, corrosible, *a Ch* corrodable.
corrosion, *n* corrosion *f*; **corrosion of metals,** corrosion des métaux; **electrolytic corrosion,** corrosion électrolytique.
corrosive, *a & n* corrosif (*m*), corrodant (*m*); mordant (*m*); **corrosive power,** pouvoir corrosif.
corrosiveness, *n* corrosiveté *f*; action corrosive; mordant *m*, mordacité *f* (d'un acide).
corsite, *n Geol* corsite *f.*
cortex, *pl* **-ices,** *n* (*a*) *Bot* cortex *m*; écorce *f* (d'un arbre); enveloppe subéreuse; (*b*) *Anat Z* **adrenal cortex,** cortex surrénal; **cerebral cortex,** cortex cérébral; **renal cortex,** cortex rénal.
cortical, *a Bot* cortical, -aux.
corticate(d), *a Bot* cortiqué; couvert d'écorce.
corticiferous, *a Bot* corticifère.
corticiform, *a* corticiforme.
corticoid, *n Ch* corticoïde *m.*
corticose, *a Bot* cortiqueux.
corticosteroid, *n Ch* corticostéroïde *m.*
corticosterone, *n Ch* corticostérone *f.*
corticotrop(h)ic, *a Ch* corticotrope.
corticotropin, *n Ch* corticotrop(h)ine *f.*
corticous, *a Bot* cortiqueux.
cortin, *n Z* cortine *f.*
cortina, *n Fung Bot* cortine *f.*
cortisol, *n Ch* cortisol *m.*
cortisone, *n Ch* cortisone *f.*
corundophilite, *n Miner* corundophyllite *f.*
corundum, *n Miner* corindon *m*; spath adamantin.

corvine, *a Z* corvin.
corvusite, *n Miner* corvusite *f.*
corymb, *n Bot* corymbe *m.*
corymbose, corymbous, *a Bot* corymbé, corymbeux.
cosalite, *n Miner* cosalite *f.*
cosmic, *a* cosmique; **cosmic rays,** rayons *mpl* cosmiques; **cosmic radiation,** rayonnement *m* cosmique; **cosmic space,** espaces *mpl* cosmiques; **cosmic dust,** poussières *fpl* cosmiques.
cosmography, *n* cosmographie *f*; description *f* des systèmes astronomiques.
cosmos, *n* **the cosmos,** l'univers *m.*
costal, *a* costal, -aux.
costate, *a Anat Z* à côtes.
cotterite, *n Miner* cottérite *f.*
cotunnite, *n Miner* cotunnite *f.*
cotyledon, *n Bot* cotylédon *m.*
cotyledonary, *a Bot* cotylédonaire.
cotyledonous, *a Bot* cotylédoné.
cotyligerous, *a* cotylifère.
co-type, *n Biol* cotype *m.*
coulomb, *n Ph* (*symbole* C) coulomb *m.*
coulometer, *n Ch* coulombmètre *m*; **silver coulometer,** coulombmètre argent; **mercury coulometer,** coulombmètre mercuriel.
coumalic, *a Ch* coumalique.
coumalin(e), *n Ch* coumaline *f.*
coumaran(e), *n Ch* coumaranne *m.*
coumaric, *a Ch* coumarique.
coumarin(e), *n Ch* coumarine *f.*
coumarinic, *a Ch* coumarinique.
coumarone, *n Ch* coumarone *f.*
counter-current, *n Ch* contre-courant *m*; **counter-current partition,** partition *f* par contre-courant; **counter-current separation**, séparation *f* par contre-courant.
coupling, *n Ch* copulation *f.*
course, *n Biol* trajet *m* (d'une artère, d'un nerf, etc).
covalence, covalency, *n Ch* covalence *f.*
covalent, *a Ch* covalent.
covelline, *n Miner* covelline *f.*
covellite, *n Miner* covellite *f.*
covert, *n Orn* (plume *f*) tectrice (*f*); *pl* **coverts,** tectrices, couvertures *fpl.*
coxa, *pl* **-ae,** *n Ent* hanche *f*, coxa *f*, article coxal.
coxal, *a Anat* coxal, -aux.
cozymase, *n BioCh* cozymase *f.*
Cr, *symbole chimique du* chrome.
crack[1], *n Geol* fissure *f*; lithoclase *f.*
crack[2], *vi* (*of rock, etc*) se fissurer.
crackle, *vi Ch* fuser.
crampon, *n Bot* crampon *m.*
cranial, *a Z* crânien; *Anat* **cranial nerve,** nerf crânien.
cranium, *pl* **-iums, -ia,** *n Anat Z* crâne *m*, boîte crânienne.
crassilingual, *a Rept* crassilingue.
crataegin, *n Ch* cratégine *f.*
cream, *n Ch* **cream of tartar,** bitartrate *m* de potasse, crème *f* de tartre.
creatine, *n BioCh* créatine *f.*
creatinine, *n BioCh* créatinine *f.*
creationism, *n Biol* fixisme *m.*
creationist, *n Biol* fixiste *mf.*
crednerite, *n Miner* crednérite *f.*
creep[1], *n Ch* grimpement *m* (des liquides, etc).
creep[2], *vi* (*of plant, Ch of liquid, esp of acid*) grimper.
creepage, *n Ch* grimpement *m*, ascension *f* capillaire (des sels d'une solution, etc); *Ph* décharge superficielle (sur un isolateur).
creeping, *a Bot* grimpant; **creeping root,** racine traçante.
crenate(d), *a Bot Z* crénelé.
crenation, crenature, *n Bot Z* crénelure *f.*
crenelled, *a Bot* (*of leaf*) crénelé.
crenelling, *n Bot* crénelure *f* (d'une feuille).
crenulate, *a Bot* (*of leaf*) crénulé.
creosote, *n Ch* créosote *f*; **coal-tar creosote, creosote oil,** créosote de houille, huile lourde de houille, huile de créosote.
crepe, *n Ch* (*rubber*) crêpe *m.*
crescent-shaped, *a Biol* luné.
cresol, *n Ch* crésol *m.*
cresorcin, *n Ch* crésorcine *m.*
crest, *n* **1.** *Orn* crête *f*; huppe *f*, houppe *f* (de plumes). **2.** crête (de montagne); *Geol* charnière *f* (de faille). **3.** *Ph* sommet *m* (d'une courbe).
crested, *a Orn* à crête, à huppe; huppé, houppé; *Z* à crête, crêté; *Bot* cristé.
crestmoreite, *n Miner* crestmoréite *f.*

cretaceous 1. *a* crétacé; crayeux. **2.** *a & n* **Cretaceous** *Geol* crétacé (*m*); **Middle Cretaceous,** mésocrétacé *m*; **Upper, Lower, Cretaceous,** crétacé supérieur, inférieur.
cribellated, *a Z* cribellate, cribellaté.
cribellum, *pl* **-a,** *Z* cribellum *m*.
cribriform, *a Z* cribriforme.
cribrose, *a Z* cribreux, cribleux.
cricoid, *a Anat* cricoïde.
criniferous, *a Bot* comifère.
crinite, *a Z* velu, chevelu.
crinkle, *n Bot* frisolée *f* (des pommes de terre).
crinoid, *a Biol* crinoïde.
crispate, *a Z* crépu; aux bords crépus.
crispation, *n Ph* ondulation *f*.
crispifloral, *a Bot* crispiflore.
crispifolious, *a Bot* crispifolié.
crista, *pl* **-ae,** *n Z* crête *f*.
cristate, *a Z* crêté, cristé.
cristobalite, *n Miner* cristobalite *f*.
crith, *n Ph* poids *m* d'un litre d'hydrogène ramené aux conditions normales de température et pression.
critical, *a* critique; *Ch etc* de transition; **critical angle,** angle *m* limite; **critical constants,** constantes *fpl* critiques; **critical phenomena,** phénomènes *mpl* critiques; **critical point,** point *m* critique; **critical isotherm,** isotherme *f* critique; **critical pressure,** pression *f* critique; **critical temperature,** température *f* critique; **critical viscosity,** viscosité *f* critique.
crocein(e), *n Ch* crocéine *f*.
crocidolite, *n Miner* crocidolite *f*.
crocin, *n Ch* crocine *f*.
crocoisite, *n Miner* = **crocoite.**
crocoite, *n Miner* crocoïse *f*, crocoïte *f*; plomb chromaté, plomb rouge (de Sibérie).
croconic, *a Ch* (acide) croconique.
cromaltite, *n Miner* cromaltite *f*.
cronstedtite, *n Miner* cronstedtite *f*.
crookesite, *n Miner* crookésite *f*.
crop, *n Z* jabot *m* (d'un oiseau, etc); ventricule succenturié.
cross-esterification, *n Ch* transestérification *f*.
cross-esterify, *vtr & i Ch* transestérifier.
cross-fertilization, *n Bot* (*a*) fécondation croisée; pollinisation croisée; allogamie *f*; (*b*) hybridation *f*.
cross-fertilize, *vtr Bot* hybrider (deux espèces).
crossing-over, *n Genet* croisement *m*, crossing-over *m*.
crossite, *n Miner* crossite *f*.
cross-link, *n Ch* liaison croisée, transversale.
crossover, *n Genet* **crossover value,** valeur *f* de croisement.
cross-pollination, *n Bot* pollinisation croisée.
cross-resistance, *n Bac* résistance *f* croisée.
cross-section, *n Biol* coupe transversale *m*.
cross-stone, *n Miner* harmotome *m*, macle *f*; pierre *f* de croix.
crotonaldehyde, *n Ch* aldéhyde *m* crotonique.
crotonic, *a Ch* (acide) crotonique.
crotylic, *a Ch* crotylique.
cruciate, *a Bot Z* en forme de croix; croisé, cruciforme.
crucible, *n Ch* creuset *m*; pot *m*; **Gooch crucible,** creuset de Gooch; **platinum, silver, porcelain, crucible,** creuset en platine, en argent, en porcelaine; **roasting crucible,** têt *m* à rôtir.
crucifer, *n Bot* crucifère *f*.
cruciferous, *a Bot* crucifère.
cruciform, *a Bot Z* cruciforme, croisé.
Crustacea, *npl* crustacés *mpl*.
crustacean 1. *a* crustacéen, crustacé. **2.** *n* crustacé *m*.
crustaceology, *n* crustacéologie *f*.
crustaceous, *a* **1.** crustacéen. **2.** *Bot Z* crustacé; à carapace.
cryoconite, *n Geol* cryoconite *f*.
cryogen, *n Ph* cryogène *m*; réfrigérant *m*.
cryogenic, *a Ph* cryogénique.
cryogenics, cryogeny, *n Ph* cryogénie *f*.
cryolite, *n Miner* cryolit(h)e *f*.
cryomagnetism, *n* cryomagnétisme *m*.
cryometer, *n Ph* cryomètre *m*.
cryometry, *n Ph* cryométrie *f*.
cryophorous, *a Ph* cryophore.
cryophorus, *n Ph* cryophore *m*.

Cryophytes, *npl Bot* cryophytes *mpl.*
cryoscope, *n Ph* cryoscope *m.*
cryoscopic, *a Ph* cryoscopique.
cryoscopy, *n Ph* cryoscopie *f.*
cryostat, *n Biol Path* cryostat *m.*
crypt, *n Anat Bot* crypte *f.*
cryptobranchiate, *n Amph* cryptobranche *m.*
cryptogam, *n Bot* cryptogame *f.*
cryptogamic, cryptogamous, *a Bot* cryptogame, cryptogamique.
cryptogamy, *n Bot* cryptogamie *f.*
cryptolite, *n Miner* cryptolite *f.*
cryptophyte, *n Bot* cryptophyte *f.*
cryptopine, *n Ch* cryptopine *f.*
crystal, *n Ch Miner* cristal *m*, -aux; **right-, left-handed, crystal,** cristal droit, gauche; **(optically) positive crystal,** cristal attractif; **(optically) negative crystal,** cristal répulsif; **twin(ned) crystal,** macle *f*; **rock crystal,** cristal de roche; **crystal electricity,** piézo-électricité *f*; **crystal growth,** croissance *f* du cristallin; **crystal habit,** habitude *f* du cristallin; **crystal isomorphism,** isomorphisme *m* du cristallin; **crystal lattice,** treillage *m* du cristallin; **liquid crystal,** cristaux liquides; **mixed crystal,** cristaux mêlés; **crystal parameter,** paramètre *m* du cristallin; **crystal shape,** forme cristalline; **crystal structure,** structure *f* du cristallin; **crystal symmetry,** symétrie *f* du cristallin; **crystal thermodynamics,** thermodynamique *f* du cristallin.
crystalliferous, *a* cristallifère.
crystalline, *a* cristallin; **crystalline rocks,** roches cristallines.
crystallite, *n Miner* cristallite *f*; particule cristalline.
crystallitic, *a Miner* cristallitique.
crystallization, *n* cristallisation *f*; **water of crystallization,** eaux cristallines.
crystallize 1. *vtr* cristalliser. **2.** *vi* (se) cristalliser; **to crystallize (out),** se dissocier en cristaux; (*of salt*) se sépararer à l'état cristallin.
crystallizer, *n Ch* cristallisoir *m.*
crystalloblastic, *a* cristalloblastique.
crystallogenesis, *n* cristallogénèse *f.*
crystallogenic, *a* cristallogénique.
crystallogeny, *n* cristallogénie *f.*
crystallographic, *a* cristallographique.
crystallography, *n* cristallographie *f*; **X-ray crystallography,** cristallographie à rayons X.
crystalloid, *a & n* cristalloïde (*m*).
crystalloidal, *a* cristalloïdal, -aux.
crystallometric, *a* cristallométrique.
crystallometry, *n* cristallométrie *f.*
crystallophyllian, *a Geol* cristallophyllien.
Cs, *symbole chimique du* césium.
ctenidium, *pl* **-ia,** *n Z* cténidie *f.*
ctenoid, *a Z* cténoïde.
Ctenophora, *npl Z* cténaires *mpl*; cténophores *mpl.*
Cu, *symbole chimique du* cuivre.
cubanite, *n Miner* cubanite *f.*
cubebin, *n Ch* cubébin *m*, cubébine *f.*
cubic, *a Meas* cube; **cubic metre,** mètre *m* cube (m^3); **cubic centimetre,** centimètre *m* cube (cc); **cubic measurement,** cubage *m*; **cubic capacity,** volume *m*; **cubic measures,** mesures *fpl* de volume.
cucullate(d), *a* cucullifère, capuchonné, encapuchonné; cuculé.
cuculliform, *a Biol* cuculliforme.
cucurbitaceous, *a Bot* cucurbitacé.
culiciform, *a Ent* culiciforme.
culm, *n Bot* chaume *m*, stipe *m*, tige *f* (des graminées).
culmiferous, *a Bot* culmifère.
cultrate, *a* cultellaire, cultriforme.
cultriform, *a* cultriforme.
cultrirostral, *a Orn* cultrirostre.
culture, *n Bac* culture *f*; **culture tube,** tube *m* à culture; **droplet culture,** culture en gouttelette; **stab culture,** culture en pique; **plate culture,** culture en plaque; **streak culture,** culture en strie; *Z Genet* **tissue culture,** culture des tissus.
cumaldehyde, *n Ch* aldéhyde *m* cuminique.
cumarin, *n Ch* coumarine *f.*
cumberlandite, *n Miner* cumberlandite *f.*
cumbraite, *n Miner* cumbraïte *f.*
cumene, *n Ch* cumène *m.*
cumeng(e)ite, *n Miner* cumengéite *f.*
cumic, *a Ch* cuminique.
cumidine, *n Ch* cumidine *f.*
cuminic, *a Ch* (acide, etc) cuminique.
cuminoin, *n Ch* cuminoïne *f.*

cummingtonite, *n Miner* cummingtonite *f*.
cumyl, *n Ch* cumyle *m*.
cuneate, *a Bot etc* cunéaire; (feuille) cunéiforme.
cuneate-leaved, *a Bot* cunéifolié.
cup, *n Bot* cupule *f*, godet *m* (du gland du chêne).
cupel, *n Ch* coupelle *f*; têt *m* de coupellation.
cuprammonium, *n Ch* cuprammonium *m*; cuproammoniaque *f*.
cuprate, *n Ch* cuprate *m*.
cuprene, *n Ch* cuprène *m*.
cupreous, *a* cuivreux.
cupric, *a Ch* cuivrique; (acide) cuprique.
cupride, *n Ch* cupride *m*.
cupriferous, *a* cuprifère.
cuprite, *n Miner* cuprite *f*.
cupro-ammonia, *n Ch* cuprammonium *m*; cuproammoniaque *f*; liqueur ammoniacale de cuivre; liqueur cuproammoniacale; réactif *m* de Schweitzer.
cupro-ammoniacal, *a Ch* cuproammoniacal, -aux.
cuprodescloizite, *n Miner* cuprodescloïzite *f*.
cupromanganese, *n Ch* cupromanganèse *m*.
cupronickel, *n Metall* cupronickel *m*.
cuproscheelite, *n Miner* cuproscheelite *f*.
cuprosilicon, *n Metall* cuprosilicium *m*.
cuprotungstite, *n Miner* cupritungstite *f*.
cuprous, *a Ch* cuivreux.
cuproxide, *n Ch* cuproxyde *m*.
cupula, *n Bot* cupule *f*.
cupular, *a Bot* cupulaire.
cupulate, *a Bot* cupulé.
cupule, *n Bot Z* cupule *f*.
cupuliferous, *a Bot* cupulifère.
cupuliform, *a Bot* cupuliforme.
curare, *n Pharm* curare *m*.
curarine, *n Ch Physiol* curarine *f*.
curcumin(e), *n Ch* curcumine *f*.
curie, *n Rad-A Meas* curie *m*; **Curie point,** point *m* de Curie.
curium, *n Ph* curium *m*.
current, *n Ph Oc etc* courant *m*; **direct current,** courant continu; **alternating current,** courant alternatif; **current density,** densité *f* du courant; **current efficiency,** efficacité *f* du courant; **current-potential curves,** courbes *fpl* du courant contre potentiel; *Geol* **earth,** *NAm* **ground, currents,** courants telluriques; *Oc* **study of currents,** courantologie *f*.
cursorial, *a Orn* **cursorial birds,** (oiseaux) coureurs (*mpl*).
curvature, *n Ph* courbature *f*.
curve, *n Ph* courbe *f*.
curved, *a* courbé.
curvicaudate, *a Z* curvicaude.
curvidentate, *a Z* curvidenté.
curvifoliate, *a Bot* curvifolié.
curvinervate, *a Bot* curvinervé.
curvirostral, *a Orn* curvirostre.
cushion, *n Bot* coussinet *m*; **leaf cushion,** coussinet foliaire.
cusp, *n Biol* cuspide *f*.
cuspidate(d), *a Bot* (*of leaf, etc*) cuspidé.
cuspidate-leaved, *a Bot* cuspidifolié.
cuspidine, **custerite**, *n Miner* cuspidine *f*.
cutaneous, *a Anat* cutané.
cuticle, *n Bot Biol* cuticule *f*.
cuticular, *a Bot Biol* cuticulaire.
cutin, *n Bot* cutine *f*, cutose *f*.
cutinization, *n Bot* cutinisation *f*.
cutinized, *a Bot* **cutinized membrane,** membrane cutinisée; **to become cutinized,** se cutiniser.
cutis, *n Z* peau *f*; épiderme *m*; derme *m*.
cutting, *n* **cutting of teeth,** pousse *f* des dents.
Cuvierian, *a Echin* **Cuvierian organs,** tubes *mpl* de Cuvier (de concombre de mer).
cyamelid(e), *n Ch* cyamélide *f*.
cyanacetic, *a Ch* cyanacétique.
cyanamide, *n Ch* cyanamide *f*; **calcium cyanamide,** cyanamide calcique.
cyanate, *n Ch* cyanate *m*.
cyanhydric, *a Ch* cyanhydrique.
cyanhydrin, *n Ch* cyanhydrine *f*.
cyanic, *a Ch* cyanique.
cyanide, *n Ch* cyanure *m*; prussiate *m*; sel *m* de l'acide cyanhydrique; **hydrogen cyanide,** acide *m* cyanhydrique; **potassium cyanide,** cyanure de potassium; prussiate

m de potasse; **cyanide solution,** dissolution cyanurée.
cyanin, *n Bot Ch* cyanine *f*.
cyanine, *n Ch Dy* cyanine *f*.
cyanite, *n Miner* cyanite *m*, rétinite *f*.
cyanization, *n Ch* cyanuration *f*.
cyanize, *vtr Ch* cyaniser; cyanurer (des matières organiques).
cyano-acetic, *a Ch* cyanacétique.
cyanoacrylate, *n Ch* cyanoacrylate *m*.
cyanocobalamin, *n BioCh* cyanocobalamine *f*.
cyanogen, *n Ch* cyanogène *m*.
cyanogenesis, *n Biol* cyanogénèse *f*.
cyanogenetic, cyanogenic, *a Biol* cyanogénétique.
cyanohydrin, *n Ch* cyanhydrine *f*.
Cyanophyta, *npl Microbiol* cyanophycées *fpl*; algues bleu-vertes.
cyanose, cyanosite, *n Miner* cyanose *f*; couperose bleue.
cyanotrichite, *n Miner* cyanotrichite *f*.
cyanuric, *a Ch* cyanurique.
cybotactic, *a Ph* cybotactique.
cyclamate, *n Ch* cyclamate *m*.
cyclamin, *n Ch* cyclamine *f*.
cyclamine, *n Ch* cyclamine *f*.
cyclane, *n Ch* cyclane *m*.
cycle, *n* cycle *m*; **geological cycle,** cycle géologique; *Geog* **cycle of erosion,** cycle d'érosion; **Carnot's cycle,** le cycle de Carnot; **reversible cycle,** cycle réversible; **closed cycle,** cycle fermé; *Biol* **nitrogen cycle, carbon cycle,** cycle de l'azote, du carbone; *Bac* **bacterial life cycle,** cycle de l'évolution des bactéries; *Z* **cardiac cycle,** cycle cardiaque; **menstrual cycle,** cycle menstruel; **oestral, sexual, cycle,** cycle œstral.
cyclene, *n Ch* cyclène *m*.
cyclic, *a* (*of chemical compound, etc*) cyclique.
cyclization, *n Ch* cyclisation *f*.
cyclize, *vtr Ch* cycliser.
cyclobutane, *n Ch* cyclobutane *m*.
cycloheptane, *n Ch* cycloheptane *m*.
cyclohexane, *n Ch* cyclohexane *m*.
cyclohexanol, *n Ch* cyclohexanol *m*.
cyclohexanone, *n Ch* cyclohexanone *f*.
cyclohexene, *n Ch* cyclohexène *m*.
cyclohexyl, *n Ch* cyclohexyle *m*.
cycloid, *a Ich* **cycloid scales,** écailles *fpl* cycloïdes.
cyclonite, *n Ch* cyclonite *f*.
cyclopentadiene, *n Ch* cyclopentadiène *m*.
cyclopentane, *n Ch* cyclopentane *m*.
cyclopentanone, *n Ch* cyclopentanone *f*.
cyclopentene, *n Ch* cyclopentène *m*.
cyclopropane, *n Ch* cyclopropane *m*.
cyclosis, *n Biol* cyclose *f*.
cyclotron, *n Ph* cyclotron *m*.
cylindrite, *n Miner* cylindrite *f*.
cyma, *pl* **-mas,** *n*, **cyme,** *n Bot* cyme *f*, cime *f*.
cymbiform, *a* cymbiforme.
cymene, *n Ch* cymène *m*.
cymophane, *n Miner* cymophane *f*, chrysobéryl *m*.
cymose, *a Bot* en cyme, cymeux.
cyprosterone, *n Ch* cyprostérone *f*; **cyprosterone acetate,** acétate *m* de la cyprostérone.
cyst, *n* **1.** (*a*) *Biol Anat* sac *m*; vésicule *f*; (*b*) *Bot* kyste *m*, cyste *m*. **2.** *Med* kyste.
cystein(e), *n Ch* cystéine *f*.
cystic, *a Anat Z* cystique.
cystin(e), *n Ch* cystine *f*.
cystocarp, *n Algae* cystocarpe *m*, coccidie *f*.
cystolith, *n Bot* cystolithe *m*.
cytase, *n BioCh* cytase *f*, cellulase *f*.
cyte, *n Biol* cyte *m or f*.
cytidine, *n Ch* cytidine *f*.
cytisine, *n Ch* cytisine *f*.
cytoblast, *n Biol* cytoblaste *m*.
cytochemistry, *m* cytochimie *f*.
cytochrome, *n BioCh* cytochrome *m*.
cytode, *n Biol* cytode *m*.
cytodiaeresis, *n Biol* cytodiérèse *f*.
cytogamy, *n Biol* cytogamie *f*.
cytogenesis, *n Biol* cytogénie *f*.
cytogenetic, *a Biol* cytogénétique.
cytogenous, *a Biol* cytogène.
cytoid, *a Bot* cytoïde.
cytokinesis, *n Biol* cytodiérèse *f*.
cytology, *n Biol* cytologie *f*.
cytolysis, *n Biol* cytolyse *f*.
cytopathic *Biol* **1.** *n* cytopathe *m*. **2.** *a* cytopathique.
cytoplasm, *n Biol* cytoplasme *m*.

cytoplasmic, *a Biol* cytoplasmique; **cytoplasmic heredity, cytoplasmic inheritance,** hérédité *f* cytoplasmique.
cytosine, *n BioCh* cytosine *f.*
cytosome, *n Biol* cytosome *m.*
cytostome, *n Biol* ouverture buccale d'un organisme unicellulaire.
cytotaxis, *n Biol* cytotropisme *m.*
cytotheca, *n Ent* cytothèque *f.*
cytothesis, *n Biol* réflection *f* cellulaire.
cytotoxic, *a BioCh* cytotoxique.
cytotoxin(e), *n BioCh* cytotoxine *f.*
cytotropism, *n Biol* cytotropisme *m.*
cytozoon, *pl* **-zoa**, *n Biol* cytozoaire *m.*

D

D, *symbole chimique du* deutérium.
dacite, *n Miner* dacite *f.*
dacitic, *a Geol* dacitique.
dactyl, *n Z* doigt *m.*
dactylate, *a Z* dactylé.
dactyloid, *a Bot* dactyloïde.
dactylopterous, *a Z* dactyloptère.
dahllite, *n Miner* dahllite *f.*
Dalton 1. *Prn Ph* **Dalton's law,** loi *f* de Dalton. **2.** *n* **dalton,** *Ch* dalton *m.*
dambonite, dambonitol, dambose, *n Ch* = **inositol.**
damourite, *n Miner* damourite *f.*
danaite, *n Miner* danaïte *f.*
danalite, *n Miner* danalite *f.*
danburite, *n Miner* danburite *f.*
Daniell, *Prn Ph* **Daniell hygrometer,** hygromètre *m* de Daniell; *El* **Daniell cell,** pile *f* de Daniell.
dannemorite, *n Miner* dannemorite *f.*
daphnetin, *n Ch* daphnétine *f.*
daphnin, *n Ch* daphnine *f.*
daphnite, *n Miner* daphnite *f.*
dart, *n Biol* dard *m.*
dasyphyllous, *a Bot* dasyphylle.
data, *npl* données *fpl*; information(s) *f(pl).*
datiscin, *n Ch* datiscine *f.*
datolite, *n Miner* datolite *f.*
daturine, *n BioCh* daturine *f.*
daubre(e)ite, *n Miner* daubréite *f.*
daubreelite, *n Miner* daubréelite *f.*
daughter, *n Biol Z* fille *f*; **daughter cell,** cellule *f* fille; **daughter nucleus,** noyau filial; **daughter chromosome,** chromosome filial.
daunorubicin, *n Ch* daunorubicine *f.*
davidsonite, *n Miner* davidsonite *f.*
daviesite, *n Miner* daviésite *f.*
dawsonite, *n Miner* dawsonite *f.*
DDT, *abbr Ch dichlorodiphenyl-trichloroethane*, dichlorodiphényl-trichloréthane *m*, DDT *m.*
deacidification, *n Ch* = **basification.**
deacidize, *vtr Ch* = **basify.**
deactivate, *vtr Ch BioCh* mettre (un appareil, etc) hors tension.
deactivation, *n Ch* désactivation *f.*
deaf-mute, *n* sourd-muet *m*, *f* sourde-muette.
dealkylate, *vtr BioCh* désalkyler.
dealkylation, *n BioCh* désalkylation *f.*
deaminase, *n Ch* désaminase *f.*
deamination, *n BioCh* conversion *f* d'aminoacides en oxyacides; désamination *f.*
death, *n Biol* mort *f*; **brain death,** mortalité cérébrale; *Bac* **death point,** température *f* critique de stérilisation; *Tox* **death rate,** mortalité *f.*
Debye, *Prn Ch Ph* **Debye unit,** unité *f* de Debye; **Debye's equation,** équation *f* de Debye.
Debye-Hückel, *Prn Ch Ph* **Debye-Hückel's equation,** équation *f* de Debye-Hückel.
decacanthous, *a Bot Z* décacanthe.
decagynian, decagynous, *a Bot* décagyne.
decalcify, *vtr Ch* décalcifier.
decalin, *n Ch* (*decahydronaphthalene*) décahydronaphtalène *m.*
decalitre, *n Meas* décalitre *m.*
decalobate, *a Bot* décalobé.
decandrian, decandrous, *a Bot* décandre.
decane, *n Ch* décane *m.*
decanol, *n Ch* décanol *m.*
decant, *vtr* décanter, transvaser (un liquide); tirer (un liquide) au clair.
decantation, *n* décantation *f*, décantage *m*; transvasement *m.*
decapetalous, *a Bot* décapétale.
decapod, *n Z* décapode *m.*

decapodal, decapodous, *a Crust* décapode.
decarboxylase, *n Ch* décarboxylase *f.*
decarboxylation, *n Ch* décarboxylation *f.*
decay¹, *n Ph* désintégration *f*; **magnetic decay,** déperdition *f* magnétique.
decay², *vi Biol* pourrir.
dechenite, *n Miner* déchénite *f.*
deci- (10^{-1} ×), *pref to abbreviations for names of units,* déci-.
decibel, *n Ph* décibel *m.*
decibelmeter, *n Ph* décibelmètre *m.*
decidua, *n Embry Z* membrane caduque; caduque *f*; **decidua reflexa,** caduque ovulaire; **decidua serotina,** caduque utéro-placentaire, inter-utéroplacentaire; **decidua vera,** caduque utérine.
decidual, *a Z* caduc, *f* caduque.
deciduation, *n Z* la ponte de la caduque au cours de la menstruation.
deciduous, *a* **1.** (*a*) *Bot* décidu; caduc, *f* caduque; **deciduous leaf,** feuille caduque; **deciduous tree,** arbre feuillu, arbre à feuillage caduc, à feuilles caduques; (*b*) **deciduous forest,** forêt feuillue, forêt d'arbres feuillus. **2.** *Z* (*of antlers, etc*) caduc; *Anat* **deciduous dentition,** dentition caduque, temporaire; *Ent* **deciduous insects,** insectes *mpl* à ailes caduques.
deciduousness, *n* caducité *f.*
decigram(me), *n* décigramme *m.*
decilitre, *n* décilitre *m.*
decimetre, *n* décimètre *m*; *Ph* **decimetre waves,** ondes *fpl* décimétriques.
decinormal, *a Ch* (*of solution*) décinormal, -aux.
declinate, *a Bot* décliné.
decomposable, *a* décomposable; *Ch* (*of double salts*) dédoublable.
decompose, *vtr* décomposer, analyser (un composé, etc); *Ch* dédoubler (un sel double).
decomposing, *n Ch* = **decomposition**; **decomposing agent,** décomposant *m.*
decomposite, *a Bot* décomposé.
decomposition, *n* décomposition *f*, altération *f*; résolution *f* en parties simples; *Ch* **double decomposition,** dédoublement *m*; **decomposition potential,** décomposition potentielle.
decompound, *a Bot* décomposé.
deconjugation, *n Biol* déconjugaison *f*; séparation *f* d'une paire de chromosomes.
decorticate, *vtr Bot* décortiquer.
decumbent, *a Bot* décombant; **decumbent stem,** tige décombante.
decurrent, *a Bot* décurrent.
decursive, *a Bot* décursif; décurrent.
decussate, *a Bot* décussé.
decussation, *n Bot* décussation *f.*
decyl, *n Ch* décyle *m*; **decyl alcohol,** alcool *m* décylique; **decyl bromide,** bromure *m* de décyle.
decylene, dec-1-ene, *n Ch* décylène *m.*
dedifferentiation, *n Biol* dédifférenciation *f.*
deduplication, *n Biol* dédoublement *m*; *Psy* dédoublement de la personalité.
def(a)ecate, *vi Physiol* déféquer.
def(a)ecation, *n Z* défécation *f.*
defensive, *a Biol* défensif; **defensive mechanisms,** mécanismes défensifs; **defensive mobilisation,** mobilisation défensive.
deferent, *a Z* déférent; **deferent duct,** canal déférent.
deficiency, *n Physiol* déficience *f*, carence *f*; **physical deficiency,** déficience physique; **vitamin deficiency,** carence vitaminique; **deficiency diseases,** maladies *fpl* de carence.
definite, *a Bot* (*a*) (étamines, etc) en nombre défini; (*b*) **definite inflorescence,** inflorescence définie.
definitive, *a Biol* définitif.
deflagrate *Ch* **1.** faire déflagrer. **2.** *vi* fuser.
deflected, *a Bot Ph etc* défléchi.
deflection, *n Ph* déflection *f.*
deflocculant, *n Ch* défloculant *m.*
deflocculation, *n Ch* défloculation *f.*
defloration, *n Bot* défloration *f.*
defoliant, *n Ch* défoliant *m.*
deformed, *a Ph* **deformed wave,** onde déformée.
degauss, *vtr Ph* dégausser.
degenerate, *a Ph* **degenerate matter,** matière dégénérée.
degeneration, *n Biol* dégénérescence *f*, dégénération *f*; involution *f.*
deglaciation, *n Geol* déglaciation *f.*
deglutition, *n Physiol* déglutition *f*;

action *f* d'avaler.

degradation, *n* (*a*) *Ph* dégradation *f* (de l'énergie); (*b*) *Geol* dégradation, effritement *m*, désagrégation *f* (des roches); (*c*) *Ch* dégradation chimique pour déterminer la structure des molécules compliquées.

degrade 1. *vtr* (*a*) *Ph* dégrader (l'énergie); (*b*) *Geol* désagréger, effriter, dégrader (des roches). **2.** *vi Geol* (*of rock*) se dégrader, s'effriter.

degree, *n* (*a*) *Ph* **degree of humidity,** titre *m*, teneur *f*, d'humidité; teneur *f* en eau; (*b*) *Ph Geog etc* degré *m* (de latitude, de température, etc); **ten degrees below zero,** dix degrés au-dessous de zéro; (*c*) *Ch* **degree Fahrenheit,** degré Fahrenheit, unité *f* de température (°F); **degree centigrade,** degré centésimal (°C); **degree Celsius,** unité de température (°C) égale à l'unité kelvin (°K); **degree of alcohol,** degré alcoolométrique (°GL) de l'échelle centésimale de Gay-Lussac; **degree Baumé,** degré Baumé; unité servant à mesurer la concentration d'une solution d'après sa densité; **degree of dissociation,** degré de la dissociation électrolytique (α); **degree of freedom or variability (of a system),** degré de la liberté ou de la variabilité; (*d*) *Physiol* **degree of burn,** degré d'une brûlure; **second, third, degree burn,** brûlure au second, troisième, degré.

dehisce, *vi Bot* (*of seed vessel, etc*) s'ouvrir (le long d'une suture préexistante); s'entr'ouvrir.

dehiscence, *n Bot* déhiscence *f*.

dehiscent, *a Bot* déhiscent.

dehydracetic, *a Ch* déhydracétique.

dehydrase, *n BioCh* déshydrase *f*.

dehydrate, *vtr Ch* déshydrater; **to become dehydrated,** se déshydrater.

dehydration, *n Ch* anhydrisation *f*; déshydratation *f*; dessiccation *f*; **vacuum dehydration,** déshydratation sous vide.

dehydroandrosterone, *n Ch* déhydroandrostérone *f*.

7-dehydrocholesterol, *n Ch* 7-déhydrocholestérol *m*.

11-dehydrocorticosterone, *n Ch* 11-déhydrocorticostérone *f*.

7-dehydroepicholesterol, *n Ch* 7-déhydroépicholestérol *m*.

dehydrogenase, *n BioCh* déshydrogénase *f*; *see also* **glucose, succinic.**

dehydrogenate, *vtr Ch* déshydrogéner.

dehydrogenated, *a Ch* déshydrogéné.

dehydrogenation, *n Ch* déshydrogénation *f*.

dehydrolumisterol, *n Ch* déhydrolumistérol *m*.

7-dehydrositosterol, *n Ch* 7-déhydrositostérol *m*.

7-dehydrostigmasterol, *n Ch* 7-déhydrostigmastérol *m*.

deionization, *n Ph etc* dé(s)ionisation *f*.

deionize, *vtr Ph etc* dé(s)ioniser.

delafossite, *n Miner* delafossite *f*.

delamination, *n Biol* division *f* du blastoderme en couches.

deleterious, *a Genet* nuisible, délétère.

deletion, *n Biol* délétion *f*.

deliquesce, *vi Ch* tomber en déliquescence.

deliquescence, *n Ch* déliquescence *f*.

deliquescent, *a Ch* déliquescent.

delirium, *n Physiol* délire *m*.

delomorphic, *a Biol* avec forme définitive.

delomorphous, *a Biol* de forme étrange ou irrégulière.

delorenzite, *n Miner* delorenzite *f*.

delphinin, *n Ch* (*anthocyanin derived from larkspur*) delphinine *f*.

delphinine, *n Ch* (*alkaloid derived from stavesacre*) delphinine *f*.

delta, *n* **1.** *Geog Geol* delta *m*; **cone delta,** cône *m* de déjection; **fan delta,** cône d'éboulis. **2.** *Ph* triangle *m*, delta; **delta rays,** rayons *mpl* delta.

deltidial, *a Moll* deltidial, -aux.

deltidium, *n Moll* deltidium *m*.

deltoid, *a* (*a*) *Geog* deltaïque; (*b*) *Bot* (feuille) deltoïde, en delta.

delvauxine, *n Miner* delvauxine *f*.

demagnetize 1. *vtr* démagnétiser; désaimanter. **2.** *vi* se démagnétiser; se désaimanter.

demagnetizer, *n Ph* démagnétisateur *m*.

demagnetizing, *a Ph* démagnétisant, démagnétisateur.

demantoid, *n Miner* démantoïde *f*.

deme, *n Biol* dème *m.*
demersal, *a Ich* démersal, -aux.
demethylate, *vtr Ch* déméthyliser.
demethylation, *n Ch* deméthylation *f.*
demography, *n* démographie *f.*
denatant, *a Ich* qui suit le courant.
denaturation, *n* dénaturation *f* (de l'alcool, etc).
dendrite, *n Miner Cryst* arborisation *f*, dendrite *f*; arbre *m* fossile, dendrolithe *m*; *Physiol Anat* dendrite.
dendritic, *a Miner* dendritique; arborisé, herborisé; **dendritic markings,** arborisations *fpl* (de cristaux, etc); **dendritic agate,** agate arborisée.
dendroid, *a Bot* dendroïde.
dendron, *n Z* dendrone *m.*
denitrification, *n Bac etc* dénitrification *f*, désazotation *f.*
denitrify, *vtr Bac etc* dénitrifier, désazoter.
dense, *a Ph* (*of body, metal, etc*) dense.
densimeter, *n* densimètre *m* (à gaz, etc).
density, *n Ch Ph* densité *f*; masse *f* spécifique; **relative density,** densité relative; **absolute density,** densité absolue; **real density,** densité au mercure, réelle; **vapour density,** densité de vapeur; **current density,** densité du courant; **density meter, gauge,** densimètre *m.*
dental, *a* (pulpe, etc) dentaire, dental, -aux; **dental formula,** formule *f* dentaire.
dentate, *a* **1.** *Z* denté. **2.** *Bot* dentelé, denté.
denticle, *n Biol* denticule *m.*
denticular, denticulate(d), *a Bot etc* denticulé, découpé; garni de denticules.
dentine, *n Anat* dentine *f*; substance éburnée.
dentition, *n* dentition *f.*
denude, *vtr Geol* éroder.
deoxycorticosterone, *n BioCh* désoxycorticostérone *f.*
deoxyribonuclease, *n BioCh* désoxyribonucléase *f.*
deoxyribonucleic, *a BioCh* **deoxyribonucleic acid, DNA,** acide *m* désoxyribonucléique, ADN.
2-deoxyribose, *n Ch* 2-désoxyribose *m.*
dephlegmate, *vtr Ch* déflegmer.
dephlegmation, *n Ch* déflegmation *f.*
depilation, *n Physiol* épilation *f.*
deplasmolysis, *n Physiol* déplasmolyse *f.*
depolarization, *n Ch* dépolarisation *f*; **depolarization of metal deposition,** dépolarisation du déposage métallique.
depolarize, *vtr Ph* dépolariser.
depolarizer, *n Ch* dépolarisateur *m*, dépolarisant *m.*
depolarizing, *a Ph* dépolarisant.
depolymerization, *n Ch* dépolymérisation *f.*
deposit[1], *n* (*a*) (*sediment*) dépôt(s) *m(pl)*; précipité *m*, sédiment *m*; boue *f*; **alluvial deposits,** alluvions *fpl*; **lake deposits,** sédiments limniques; **salty deposit,** grumeaux *mpl* de sel; (*b*) *Geol* gisement *m*; gîte *m*; couche *f*; **coal deposit,** gisement houiller; **superficial deposit,** placage *m*; (*c*) (*coating layer*) apport *m*; **electrolytic metal deposit,** précipité, dépôt, de métal électrolytique; **deposit of silver,** précipité d'argent.
deposit[2], *vtr* déposer.
depressant, *n Physiol* déprimant *m*, sédatif *m.*
depression, *n* **1.** *Geol* cuvette *f*; *Oc* bassin *m.* **2.** *Ph* dépression *f.*
depressor, *n* **1.** *Physiol* (i) muscle abaisseur; (ii) nerf *m* diminuant l'activité fonctionelle d'un organe. **2.** *Ch* dépresseur *m.*
depurination, *n Ch BioCh* dépurination *f.*
derivative, *n Ch* dérivé *m*; **petroleum derivative,** dérivé du pétrole; **functional derivatives,** dérivés fonctionnels, qui caractérisent la première combinaison.
derive, *vtr Ch* **to derive one compound from another,** dériver un composé d'un autre.
derived, *a Ch* **derived product,** (produit) dérivé (*m*).
derm(a), *n Anat* derme *m.*
dermal, *a Anat* **1.** cutané. **2.** dermique.
dermatitis, *n Tox* dermatite *f.*
dermatophyte, *n Fung* dermatophyte *m.*
dermic, *a* dermique.
dermis, *n Anat* derme *m.*
descloizite, *n Miner* descloizite *f.*

desiccant, *a & n Ch* desséchant (*m*); déshydratant (*m*).
desiccate, *vtr* dessécher, sécher; déshydrater; **to become desiccated,** se déshydrater.
desiccation, *n* dessiccation *f*; dessèchement *m*.
desiccator, *n Ch Ph* dessiccateur *m*, exsiccateur *m*, séchoir *m*.
desmine, *n Miner* desmine *f*, stilbite *f*.
desmolase, *n BioCh* desmolase *f*.
desmotropy, *n Ch* desmotropie *f*; **ketocyclic desmotropy,** desmotropie cétocyclique; **keto-enolic desmotropy,** desmotropie céto-énolique.
desorb, *vtr Ch* désorber.
desorption, *n Ch* désorption *f*.
destinezite, *n Miner* destinézite *f*.
desulfonation, *n Ch* désulphonation *f*.
desulfurization, *n Ch* désulfuration *f*, désoufrage *m*.
desulfurize, *vtr Ch* désulfurer, désoufrer, dessoufrer.
desulfurizing, *a Ch* désulfurant.
detergency, *n Ch* détergence *f*.
detergent, *a & n Ch* détergent (*m*), détersif (*m*).
determinant, *n Genet Physiol* determinant *m*; **Weismann's theory of determinants,** théorie *f* des déterminants de Weismann.
determinate, *a Bot* **determinate inflorescence,** inflorescence définie.
determination, *n* **1.** *Ch* **quantity determination (of ingredients),** dosage *m*; **blank determination,** dosage témoin, expérience *f* à blanc. **2.** *Ph etc* détermination *f*, tendance *f* (**towards,** vers). **3.** *Physiol* afflux *m* du sang à la tête.
determined, *a* (*of embryonic tissue*) déterminé.
detoxication, *n Tox* détoxication *f* d'une substance exogène; **detoxication mechanisms,** mécanismes *mpl* de la détoxication.
detrital, *a Geol* (dépôt, etc) détritique.
detrition, *n Geol* détrition *f*; usure *f*; frottement *m*.
detritivorous, *a Ent* détritophage.
detritus, *n Biol Geol* détritus *m*(*pl*); *Geol* **drift detritus,** détritus charriés.
detumescence, *n Physiol* détumescence *f*.
deuteride, *n Ch* hydrure lourd.
deuterium, *n Ch* (*symbole* D) deutérium *m*, hydrogène lourd; **deuterium oxide,** oxyde *m* de deutérium; eau lourde; **deuterium nucleus,** deutéron *m*, deuton *m*.
deuterobenzene, *n Ch* deuterobenzène *m*.
deuteron, *n Ch* = **deuton**.
deuteroproteose, *n Ch* deutéroprotéose *f*.
deuton, *n Ch* deutéron *m*, deuton *m*.
deutoplasm, *n Biol* deutoplasma *m*.
development, *n Biol* développement *m*, évolution *f*; **retarded development,** infantilisme *m*.
deviation, *n Biol* déviation *f*.
devolution, *n Biol* dégénération *f* (d'une espèce); dégénérescence *f*.
Devonian, *a & n Geol* dévonien (*m*); **Middle Devonian,** mésodévonien (*m*).
devonite, *n Miner* dévonite *f*.
dew, *n Ph Ch* rosée *f*; **dew point,** point *m* de rosée, de saturation; **dew-point determination,** détermination *f* du point de rosée; **dew-point hygrometer,** hygromètre *m* à condensation.
Dewar, *Prn Ch* **Dewar flask,** vase *m* de Dewar.
dewclaw, *n Z* ergot *m* (des chiens, etc).
dewclawed, *a Z* ergoté.
deweylite, *n Miner* deweylite *f*.
dextral, *a Conch* dextrorsum *inv*.
dextran, *n Ch* dextran *m*.
dextrin(e), *n Ch* dextrine *f*.
dextro(-), *pref* dextro(-); *Ch* **dextro compound,** composé *m* dextrogyre.
dextrorotation, *n* rotation *f* dextrorsum.
dextrorotatory, *a* dextrogyre.
dextrorse, *a & adv Conch Bot etc* dextrorsum *inv*.
dextrose, *n Ch* dextrose *f*.
diabase, *n Miner* diabase *f*.
diabetes, *n Path* diabète *m*.
diabetogenic, *a* diabétogène.
diacetate, *n Ch* diacétate *m*.
diacetic, *a Ch* (acide) diacétique.
diacetyl, *n Ch* diacétyle *m*.

diacetylacetone, *n Ch* diacétylacétone *f.*
diacetylene, *n Ch* diacétylène *m.*
diaclase, *n Geol* diaclase *f*; joint *m.*
diaclastic, *a Geol* diaclasé.
diadelphian, diadelphous, *a Bot* diadelphe.
diadochite, *n Miner* diadochite *f.*
diagenesis, *n Geol* diagénèse *f.*
diagnosis, *pl* **-ses,** *n Med Tox* diagnose *f.*
diagnostic, *a* diagnostique.
diagram, *n* diagramme *m.*
diakinesis, *n Biol* diacinèse *f.*
diallage, *n Miner* diallage *m.*
diallagic, *a Miner* diallagique.
dial(l)ogite, *n Miner* dial(l)ogite *f.*
dialuric, *a Ch* **dialuric acid,** acide *m* dialurique, tartronylurée *f.*
dialypetalous, *a Bot* (corolle) dialy-pétale.
dialysate, *n Ch* dialysat *m.*
dialyse, *vtr Ch* dialyser.
dialysepalous, *a Bot* (calice) dialysépale.
dialyser, *n Ch* dialyseur *m.*
dialysis, *pl* **-ses,** *n Ch* dialyse *f.*
dialytic, *a Ch* dialytique.
dialyze, *vtr* = **dialyse.**
diamagnetic, *a Ch* diamagnétique; **diamagnetic susceptibility,** susceptibilité *f* diamagnétique.
diamagnetism, *n Ch* diamagnétisme *m.*
diameter, *n* diamètre *m*; **external diameter,** diamètre extérieur; **internal diameter,** diamètre intérieur; *Ch* **molecular diameter,** diamètre d'une molécule.
diamide, *n Ch* diamide *m.*
diamidophenol, *n Ch* diamidophénol *m.*
diamine, *n Ch* diamine *f.*
diamond, *n* **1.** diamant *m.* **2.** *Miner* **diamond spar,** corindon *m*; **Bristol, Cornish, diamond,** cristal *m* de quartz; **carbon, black, diamond,** carbonado *m.*
diandrous, *a Bot* diandrique, diandre.
dianite, *n Miner* dianite *f.*
diapause, *n Ent etc* diapause *f.*
diaphorite, *n Miner* diaphorite *f.*
diaphragm, *n Anat Ph* diaphragme *m.*
diaphysis, *n Anat Bot* diaphyse *f.*
diarch, *a Bot* diarche.
diarchy, *n Bot* structure *f* diarche.
diarrhoea, *n Med Tox* diarrhée *f.*
diaryls, *npl Ch* diaryls *mpl.*
diaspore, *n* **1.** *Miner* diaspore *m.* **2.** *Bot* diaspore *f.*
diastalsis, *n Physiol* diastalsis *m.*
diastase, *n BioCh* diastase *f*, ceréaline *f.*
diastasis, *n Physiol* diastasis *m.*
diastatic, *a Ph* diastatique.
diastem, *n Anat Biol* diastème *f.*
diastema, *n Z* diastème *f.*
diastole, *n Physiol* diastole *f.*
diathermanous, diathermic, *a Ph* diathermique, diathermane.
diathermy, *n Physiol* diathermie *f*; thermopénétration *f.*
diatom, *n Algae* diatomée *f*; *Geol* **diatom earth,** diatomite *f*; **diatom ooze,** boue *f* à diatomées, boue diatomée.
diatomaceous, *a Geol* **diatomaceous earth,** diatomite *f*, terre *f* d'infusoires, kieselguhr *m.*
diatomic, *a Ch* **1.** diatomique, biatomique. **2.** *occ* = **divalent.**
diatomite, *n Geol* diatomite *f.*
diaxon, *a Biol* diaxon.
diazo, *a & n Ch* **diazo (compound),** diazo composé, diazoïque *m*; **diazo derivative,** diazo-dérivé *m*; **diazo reaction,** diazo-réaction *f.*
diazoacetic, *a Ch* diazoacétique.
diazoaminobenzene, *n Ch* diazoaminobenzène *m.*
diazobenzene, *n Ch* diazobenzène *m.*
diazoimide, *n Ch* diazoïmide *m.*
diazole, *n Ch* diazole *m.*
diazomethane, *n Ch* diazométhane *m.*
diazomine, *n Ch* diazominé *m.*
diazonium, *n Ch* diazonium *m.*
diazotize, *vtr Ch* diazoter.
dibasic, *a Ch* bibasique; **dibasic salt,** bisel *m.*
dibenzanthracene, *n Ch* dibenzanthracène *m.*
dibenzopyrrole, *n Ch* dibenzophyrrole *m.*
dibenzoyl, *a Ch* dibenzoyle.
dibenzyl, *n Ch* dibenzyle *m.*
dibenzylamine, *n Ch* dibenzylamine *f.*
dibromobenzene, *n Ch* dibromobenzène *m.*

dibromohydrin, *n Ch* dibromohydrine *f.*

dibromosuccinic, *a Ch* dibromosuccinique.

dibutyrin, *n Ch* dibutyrine *f.*

dicalcic, *a Ch* bicalcique.

dicaryon, *n Bot* dic(h)aryon *m.*

dicaryotic, *a Bot* dicaryotique.

dichlamydeous, *a Bot* dichlamydé, à double périanthe.

dichloracetic, *a Ch* dichloracétique.

dichloride, *n Ch* bichlorure *m.*

dichloroacetone, *n Ch* dichloracétone *f.*

dichlorobenzene, *n Ch* dichlorobenzène *m.*

dichloroethane, *n Ch* dichloréthane *f.*

dichlorohydrin, *n Ch* dichlorohydrine *f.*

dichogamous, *a Bot* dichogame.

dichogamy, *n Bot* dichogamie *f.*

dichotomal, *a Biol* bifurqué.

dichotomous, *a Biol* dichotome; bifurqué.

dichotomy, *n Biol* dichotomie *f.*

dichroism, *n Ch Biol* dichroïsme *m.*

dichroite, *n Miner* dichroïte *f.*

dichromate, *n Ch* bichromate *m.*

dichromatic, *a* **1.** *Biol* dichromatique. **2.** *Cryst* dichroïque. **3.** *Bot* dichroanthe.

dickinsonite, *n Miner* dickinsonite *f.*

diclinous, *a Bot* dicline.

dicotyledon, *n Bot* dicotylédone *f*, dicotylédonée *f.*

dicotyledonous, *a Bot* dicotylédone, dicotylédoné, dicotyle, dicotylé.

dicrotic, *a Physiol* dicrote; **dicrotic pulse,** pouls *m* dicrote.

dictyopsia, *n Physiol* sensation *f* de filet devant les yeux.

dictyosome, *n Biol* dictyosome *m.*

dictyospore, *n Fung* dictyospore *f*, spore *f* mûriforme.

dicyanodiamide, *n Ch* dicyanodiamide *m.*

dicyclic, *a Bot* dicyclique.

didactyl(e), **didactylous**, *a Z* didactyle.

didymium, *n Ch* didyme *m*, didymium *m.*

didymous, *a Bot* didyme.

didynamous, *a Bot* didyname, didynamique.

diecious, *a Bot Z* = **dioecious**.

dieldrin, *n Ch* dièldrin *m.*

dielectric 1. *a* diélectrique; **dielectric capacity,** capacité *f* diélectrique; **dielectric constant,** constante *f* diélectrique; **dielectric polarisation,** polarisation *f* diélectrique. **2.** *n* dieléctrique *m*; **physical chemistry of liquid and solid dielectrics,** chimie *f* physique des diélectriques liquides et solides.

diencephalon, *n Anat Z* diencéphale *m.*

diene, *n Ch* diène *m.*

diesel, *n* **diesel oil, fuel,** gas-oil *m*, gazole *m.*

diesel-electric, *a* diesel-électrique.

diesel-hydraulic, *a* diesel-hydraulique.

diet, *n* (*a*) *Nut* alimentation *f*, nourriture *f*; (*b*) *Tox* régime *m* (alimentaire); diète *f*; **to be on a diet,** être au régime; **milk diet,** régime lacté; **short diet,** diète; **starvation diet,** diète absolue; **unrestricted diet,** alimentation sans restriction, *ad libitum.*

dietetics *n* diététique *f.*

diethanolamine, *n Ch* diéthanolamine *f.*

diethylenic, *a Ch* diéthylénique.

dietrichite, *n Miner* diétrichite *f.*

dietzeite, *n Miner* dietzéite *f.*

differentiation, *n Biol* différenciation *f* (d'espèces, etc).

difformed, *a Bot* de forme anormale.

diffraction, *n Ph* diffraction *f*; **diffraction grating,** réseau *m* de diffraction.

diffuse, *a Bot etc* diffus.

diffusion, *n Ch* diffusion *f* (d'un fluide, etc); **diffusion apparatus,** appareil *m* de diffusion; **diffusion coefficient,** coefficient *m* de diffusion; **diffusion constant,** constante *f* de diffusion; **rotational diffusion,** diffusion rotationnelle; **thermal diffusion,** diffusion thermique; **transitional diffusion,** diffusion transitionnelle.

digastric, *a Z* digastrique.

digenesis, *n Biol* digénèse *f.*

digenetic, *a Biol* digénétique.

digest, *vtr* **1.** *Physiol* digérer (les aliments). **2.** *Ch* (faire) digérer (une substance dans l'alcool, etc).

digestion, *n* **1.** *Physiol* digestion *f*;

coction *f* (des aliments). **2.** *Ch etc* digestion (d'une substance).
digestive, *a* digestif; **digestive system,** appareil digestif.
digit, *n Anat Z* (*a*) doigt *m*; (*b*) doigt de pied; orteil *m*.
digital, *a Anat etc* digital, -aux.
digitalein, *n Ch* digitaléine *f*.
digitalin, *n Ch* digitaline *f*.
digitate(d), *a Z* digité.
digitate-leaved, *a Bot* digitifolié.
digitation, *n Z* digitation *f*.
digitigrade, *a & n Z* digitigrade (*m*).
digitinervate, digitinerved, *a Bot* digitinervé, digitinerve.
digitipinnate, *a Bot* digitipenné.
diguanide, *n Ch* diguanide *f*, biguanide *f*.
digynous, *a Bot* digyne.
dihybrid, *n Biol* dihybride *m*.
dihybridism, *n Biol* dihybridisme *m*.
dihydrite, *n Miner* dihydrite *f*.
dihydroacridine, *n Ch* dihydracridine *f*.
dihydroanthracene, *n Ch* dihydranthracène *m*.
dihydrobenzene, *n Ch* dihydrobenzène *m*.
dihydrocarveol, *n Ch* dihydrocarvéol *m*.
dihydrocarvone, *n Ch* dihydrocarvone *f*.
dihydroergotamine, *n Ch* dihydroergotamine *f*.
dihydronaphthalene, *n Ch* dihydronaphtalène *m*.
dihydrostreptomycin, *n Ch* dihydrostreptomycine *f*.
dihydrotachysterol, *n Ch* dihydrotachystérol *m*.
dihydroxyacetone, *n Ch* dihydroxyacétone *m*.
dihydroxyanthracene, *n Ch* dihydroxyanthracène *m*.
dihydroxybenzoic, *a Ch* dihydroxybenzoïque.
diiodobenzene, *n Ch* diiodobenzène *m*.
dikaryon, *n Bot* dic(h)aryon *m*.
dikaryotic, *a Bot* dicaryotique.
diketone, *n Ch* dicétone *f*.
dilate, *vi Ph* se dilater.
dilation, dilatation, *n Ph* dilatation *f*.
dilatometer, *n Ph* dilatomètre *m*.
dilatometry, *n Ph* dilatométrie *f*.
dilator, *n Physiol* dilatateur *m*.
diluent, *a & n Ch Pharm* diluant (*m*).
dilute[1], diluted, *a* (*of acid, etc*) dilué, étendu.
dilute[2], *vtr* diluer, étendre (un acide).
dilution, *n* dilution *f*; réduction *f* (d'un acide); **isotopic, molecular, dilution,** dilution isotopique, moléculaire.
dimer, *n Ch* dimère *m*.
dimeric, *a Ch* dimère.
dimerous, *a Bot Ent* (feuille, tarse) dimère.
dimethyl, *n Ch* diméthyle *m*.
dimethylacetic, *a Ch* diméthylacétique.
dimethylamine, *n Ch* diméthylamine *f*.
dimethylaniline, *n Ch* diméthylaniline *f*.
dimethylarsine, *n Ch* diméthylarsine *f*.
dimethylbenzene, *n Ch* diméthylbenzène *m*.
dimetria, *n Anat Z* utérus *m* double.
dimidiate, *a Biol* dimidié.
dimorphic, *a Cryst Biol etc* dimorphe.
dimorphism, *n Cryst Biol etc* dimorphisme *m*, dimorphie *f*.
dimorphous, *a Cryst Biol etc* dimorphe.
dinaphthyl, *n Ch* dinaphtyle *m*.
dineutron, *n Ph* dineutron *m*.
dinitrobenzene, *n Ch* dinitrobenzène *m*.
dinitrocresol, *n Ch* dinitrocrésol *m*.
dinitromethane, *n Ch* dinitrométhane *m*.
dinitronaphthalene, *n Ch* dinitronaphtalène *m*.
dinitrophenol, *n Ch* dinitrophénol *m*.
dinitrotoluene, *n Ch* dinitrotoluène *m*.
dinosaur, *Z Paleont* dinosaure *m*.
dinucleotide, *n Ch BioCh* dinucléotide *m*.
diode, *n Ph* diode *f*.
dioecious, *a Bot Z* dioïque.
dioestrus, *n Anat Z* diœstrus *m*.
diopside, *n Miner* diopside *m*.
dioptase, *n Miner* dioptase *f*.
diopter, *n Opt* dioptrie *f*.
diorite, *n Geol* diorite *f*.

diosphenol, *n Ch* diosphénol *m*.
dioxane, *n Ch* dioxane *m*.
dioxide, *n Ch* **carbon dioxide**, gaz *m* carbonique.
dioxytartaric, *a Ch* dioxytartrique.
dipalmitin, *n Ch* dipalmitine *f*.
diparachlorobenzyl, *n Ch* diparachlorobenzyle *m*.
diphase, diphasic, *a Ph Ch* (circuit, etc) diphasé.
diphenic, *a Ch* diphénique.
diphenyl, *n Ch* diphényle *m*, phénylbenzène *m*; **diphenyl oxide, ether**, oxyde *m* de phénol.
diphenylacetylene, *n Ch* diphénylacétylène *f*.
diphenylamine, *n Ch* diphénylamine *f*.
diphenyline, *n Ch* diphényline *f*.
diphenylmethane, *n Ch* diphénylméthane *m*.
diphyletic, *a* diphylétique.
diphyodont, *a & n Z* diphyodonte (*m*).
diplobiont, *n Biol* diplobionte *m*.
diploblastic, *a Biol* ayant deux couches germinales.
diplocaulescent, *a Bot* avec tiges *fpl* secondaires.
diplococcus, *pl* **-cocci**, *n Bac* diplocoque *m*.
diplogenesis, *n Biol* diplogénèse *f*.
diploid, *a Biol* diploïde.
diploidy, *n Biol* diploïdie *f*.
diplont, *n Biol* organisme *m* avec noyaux diploïdes.
diplophase, *n Biol* diplophase *f*.
diplopterous, *a Ent* diploptère.
diplotene, *n Biol* diplotène *m*.
dipneumonous, *a Z* dipneumone.
dipodous, *a Biol* dipode.
dipolar, *a* **1.** (aimant) bipolaire. **2.** *Ph* dipolaire.
dipole, *n Ch* dipôle *m*; **dipole moment**, moment *m* dipolaire.
Diptera, *npl Ent* dipteres *mpl*.
dipterous, *a Ent* diptère.
dipyre, *n Miner* dipyre *m*.
dipyrenous, *a Bot* dipyréné.
dirhinic, *a Z* dirhinique.
disaccharide, *n Ch* disaccharie *f*.
disaggregate, *vtr Geol* désagréger.
disaggregation, *n Geol* désagrégation *f*.
disassimilate, *vtr Biol* désassimiler.
disazo, *a Ch* **disazo dyes**, colorants *mpl* disazoïques.
discharge[1], *vtr* **1.** *El* décharger (une pile, etc); **discharged battery**, accumulateur *m* à vide, à plat. **2.** (*of chemical reaction, etc*) dégager, émettre (un gaz); dégager (de la vapeur). **3.** (*of gland*) **to discharge hormones**, sécréter des hormones.
discharge[2], *n* **1.** décharge *f*, déversement *m*, vidange *f*, vidage *m*, évacuation *f*, dépense *f*, épanchement *m* (d'eau, etc); décharge, dégagement *m* (de gaz); échappement *m* (de vapeur). **2.** *El* décharge (d'électricité, d'une pile, d'un accumulateur).
discifloral, disciflorous, *a Bot* disciflore.
discoblastula, *n Biol* discoblastula *f*.
discodactyl(ous), *a Z* discodactyle.
discogastrula, *n Biol* discogastrule *f*.
Discomycetes, *npl Microbiol* discomycètes *mpl*.
disconnected, *a* hors circuit.
discontinuity, *n Ch Biol Geol* discontinuité *f*.
discontinuous, *a* discontinu; **discontinuous variation**, variation discontinue; mutation *f*.
disease, *n Med Agr* maladie *f*, affection *f*; *Bot* **Dutch elm disease**, thyllose *f* parasitaire de l'orme.
dish, *n Ch* **evaporating dish**, capsule *f* d'évaporation.
disilane, *n Ch* disilane *m*.
disintegrate, *vtr Geol* désagréger.
disintegration, *n Geol* désagrégation *f*.
disk, *n Anat Z* **(intervertebral) disk**, disque intervertébral.
dislocation, *n Anat Z* dislocation *f*.
disluite, *n Miner* disluite *f*, dislyite *f*.
dismutation, *n Ch* dismutation *f*.
disodic, *a Ch* disodique.
disomic, *a Biol* disomique.
dispermic, *a Biol* dispermique.
dispersal, dispersion, *n Bot Ch* dispersion *f*.
dispersant, *a & n Ch* dispersant (*m*).
dispersoid, *n Ch* système colloïdal à grande dispersion.
displacement, *n Med* déplacement *m*

(d'un organe); *Behav Psy* **displacement activity,** déplacement (libre).

display[1], *n Z* parade *f.*

display[2], *vi Z* parader.

dissecting, *n Biol* dissection *f*; **dissecting out,** excision *f.*

dissection, *n Biol* dissection *f.*

dissemination, *n Bot* dissémination *f.*

dissepiment, *n Biol* cloison *f*, septum *m*; dissépiment *m* (d'un polypier).

dissimilation, *n Biol* catabolisme *m.*

dissipate *Ph* **1.** *vtr* dégrader (l'énergie). **2.** *vi* (*of energy*) se dissiper.

dissipation, *n Ph* dégradation *f* (d'énergie).

dissociable, *a Ch* dissociable, séparable (**from,** de).

dissociate *Ch* **1.** *vtr* dissocier (un composé, etc). **2.** *vi* se dissocier.

dissociation, *n Ch* dissociation *f*; **ionic dissociation,** dissociation ionique; **dissociation of gases,** dissociation des gaz; **dissociation constant, electrolytic,** constante *f* de dissociation (*symbole* α).

dissolubility, *n Ph etc* dissolubilité *f.*

dissoluble, dissolvable, *a Ph etc* dissoluble (**in,** dans).

dissolve 1. *vtr* dissoudre, faire dissoudre, faire fondre (qch); décoaguler, déprendre (une substance coagulée); *Biol* (*of lysin*) lyser (une cellule). **2.** *vi* se dissoudre; fondre; (*of curdled substance*) se décoaguler.

dissolved, *a Ch* dissous.

dissymmetry, *n Ch* asymétrie *f.*

distal, *a Anat* distal, -aux.

disthene, *n Miner* disthène *m.*

distichous, *a Bot* distique.

distillate, *n Ch* (produit *m* de) distillation *f*; distillat *m.*

distillation, *n* **1.** distillation *f*; **distillation apparatus,** appareil *m* distillatoire; **azeotropic distillation,** distillation azéotropique; **fractional distillation,** distillation fractionnée; **dry distillation,** distillation sèche; **molecular distillation,** distillation moléculaire; **batch distillation,** distillation discontinue. **2.** (produit *m* de) distillation.

distinctive, *a* caractéristique.

distortion, *n* distorsion *f.*

distribution, *n Ch* distribution *f*; **coefficient of distribution, distribution coefficient,** coefficient *m* de distribution; **Maxwell's distribution law,** loi *f* de la distribution de Maxwell; **Boltzmann's distribution law,** loi de la distribution de Boltzmann.

distylous, *a Bot* distyle.

disubstituted, *a Ch* disubstitué.

disulfide, *n Ch* bisulfure *m*, disulfure *m*; **carbon disulfide,** carbosulfure *m*; sulfure *m* de carbone; **disulfide of tin,** or mussif.

dithiobenzoic, *a Ch* dithiobenzoïque.

dithionate, *n Ch* dithionate *m*, hyposulfate *m.*

dithionic, *a Ch* dithionique.

ditolyl, *n Ch* ditolyle *m.*

diurnal, *a Biol* (oiseau, papillon, etc) diurne.

divalent, *a & n Ch* divalent (*m*), bivalent (*m*).

divaricate[1] *a* divariqué.

divaricate[2], *vi Z* divariquer; (se) bifurquer.

divaricator, *n Z* (muscle) diducteur (*m*) (des brachiopodes, etc).

diverge, *vi* (*of rays, etc*) diverger (**from,** de).

divergence, divergency, *n* divergence *f*; écart *m*; *Biol* **divergence from type,** variation *f* des espèces; *Bot* **angle of divergence,** angle *m* de divergence.

divergent, *a* divergent.

diverging, *a Bot* **diverging branches,** rameaux divergents.

diversicoloured, *a Bot* diversicolore.

diversiflorous, *a Bot* diversiflore.

diverticulum, *pl* **-a,** *n Anat* diverticule *m.*

diving, *a* **diving bird,** (oiseau) plongeur (*m*).

divinyl, *n Ch* divinyle *m.*

division, *n* division *f*; *Biol* groupe *m*, classe *f*; *Geol* étage *m*; **the Argovian division,** l'étage argovien.

dixenite, *n Miner* dixénite *f.*

dizygotic, *a Biol* dizygote, dizygotique.

DNA, *see* **deoxyribonucleic.**

dodecane, *n Ch* dodécane *m.*

doeglic, *a Ch* (acide) doéglique.

Dogger, *n Geol* Jura brun, jurassique moyen.

dolabriform, *a Bot* (feuille) en forme de doloire.
dolerophanite, *n Miner* dolérophane *f.*
doliiform, dolioform, *a Biol* doliforme.
dolomite, *n* (*a*) *Miner* dolomite *f*; spath perlé; (*b*) *Geol* (*rock*) dolomie *f*; calcaire magnésien.
dolomitic, *a Geol* dolomitique.
dolomitization, *n Geol* dolomitisation *f.*
dolomitize, *vtr Geol* changer (un calcaire) en dolomie.
dolostone, *n Geol* dolomie *f.*
domatium, *pl* **-ia,** *n Bot* domatie *f.*
domeykite, *n Miner* domeykite *f.*
dominant, *a & n Biol* **dominant (character),** caractère dominant; **dominant species,** espèce dominante.
dominigene, *n Biol* gène dominant.
domite, *n Geol* dômite *f.*
Donnan, *Prn* **Donnan's theory of membrane equilibria,** théorie *f* de Donnan des équilibres membranés.
donor, *n Med* donneur, -euse.
dopamine, *n Ch* dopamine *f.*
Doppler, *Prn Ph* **Doppler effect,** effet *m* Doppler; **Doppler radar,** radar *m* Doppler.
dormancy, *n Biol* dormance *f*; **period of dormancy,** période *f* de dormance; **summer dormancy,** estivation *f* (des serpents, etc).
dormant, *a* (*of plant, bud*) dormant.
dorsal, *a Biol* dorsal, -aux; **dorsal fin,** nageoire dorsale (d'un poisson).
dorsibranchiate, *a & n Ann* dorsibranche (*m*).
dorsiferous, *a* **1.** *Bot* dorsifère, dorsigère. **2.** *Z* qui porte ses petits sur le dos.
dorsifixed, *a Bot* dorsifixe.
dorsiventral, *a* **1.** *Biol* dorsiventral, -aux. **2.** *Bot* dorso-ventral, -aux.
dorsiventrality, *n Biol* dorsiventralité *f.*
dorsiventrally, *adv Bot* **dorsiventrally symmetrical flower,** fleur *f* à symétrie dorso-ventrale.
dorsum, *pl* **-a,** *n Anat Z* dos *m.*
dosimeter, *n Physiol Tox etc* dispositif *m* de dosage; doseur *m*; *AtomPh* dosimètre *m.*
double, *a* double; *Ch* **double bond,** double liaison *f*; **double decomposition** dédoublement *m*; **double salt,** sel *m* double; *Ph* **double layer,** double couche *f.*
double-concave, *a* biconcave.
double-headed, *a Physiol* bicéphale.
douglasite, *n Miner* douglasite *f.*
down, *n Orn* poil *m*; **down feather,** plumule *f.*
downfold, *n Geol* pli synclinal.
downiness, *n Bot* pubescence *f.*
downy, *a Bot etc* pubescent; tomenteux; lanugineux; pappeux; pelucheux.
dravite, *n Miner* dravite *f.*
drey, *n Z* bauge *f* (d'écureuil).
drier, *n Ch* séchoir *m.*
dropping, *n Z* **dropping of young,** parturition *f.*
drupaceous, *a Bot* drupacé.
drupe, *n Bot* drupe *f*; fruit charnu.
drupel, drupelet, *n Bot* drupéole *m*, fructule *m.*
druse, *n Geol* druse *f*, craque *f*, géode *f*; poche *f* à cristaux.
dry, *vtr Ch Ph* sécher.
drying, *n Ch* séchée *f*; **drying apparatus,** séchoir *m.*
dualistic, *a Ch* dualistique.
duct, *n* **1.** *Anat* canal *m*, -aux, vaisseau *m*, -aux, voie *f*; tube *m*; **bile duct,** canal biliaire, cholédoque; **lymph duct,** canal lymphatique; **sweat duct,** canal excréteur (d'une glande sudoripare), conduit *m* sudorifère; *Ich* **air duct,** canal aérien (d'un poisson). **2.** *Bot* trachée *f*, canal; **resin duct,** canal résinifère.
ductile, *a* **1.** ductile, malléable; **ductile metals,** métaux *mpl* ductiles. **2. ductile clay,** argile *f* plastique.
ductility, *n* **1.** ductilité *f* (d'un métal); malléabilité *f.* **2.** plasticité *f* (de l'argile).
ductless, *a* **ductless gland,** (glande *f*) endocrine (*f*); glande à sécrétion interne, sans canal excrétoire.
ductus, *n Anat Z* **ductus arteriosus,** canal artériel de Botal.
dufrenite, *n Miner* dufrénite *f.*
dufrenoysite, *n Miner* dufrénoysite *f.*
dug, *n Z* mamelon *m* (d'animal).

dulcin(e), *n Ch* **1.** dulcine *f.* **2.** dulcite *f,* dulcitol *m.*
dulcite, dulcitol, *n Ch* dulcite *f,* dulcitol *m.*
Dulong-Petit, *Prn* **Dulong-Petit law,** loi *f* de Dulong et Petit.
dulosis, *n Ent* esclavagisme *m* (des fourmis).
dulotic, *a Ent* (fourmi) esclavagiste.
dumontite, *n Miner* dumontite *f.*
dumortierite, *n Miner* dumortiérite *f.*
dundasite, *n Miner* dundasite *f.*
dunite, *n Geol* dunite *f.*
duodenum, *pl* **-na, -nums,** *n Anat* duodénum *m.*
duplication, *n Biol* **duplication of chromosomes,** duplication *f* chromosomique.
duplicident, *a Z* duplicidenté.
durain, *n Miner* durain *m.*
durdenite, *n Miner* durdénite *f.*
durene, *n Ch* durène *m.*
duroquinone, *n Ch* duroquinone *f.*
Dy, *symbole chimique du* dysprosium.
dyad, *n Biol* dyade *f,* diade *f*; *Ch* radical divalent.
dye[1], *n* **1.** *Dy* teinture *f,* teint *m*; **fast dye,** bon teint, grand teint; **fading dye,** petit teint. **2.** matière colorante; teinture, colorant *m*; **basic dyes,** colorants basiques; **synthetic dyes,** matières colorantes synthétiques.
dye[2], *vtr* teindre.
dyeing, *n* (*a*) teinture *f* (d'étoffes); (*b*) teinturage *m.*
dyestuff, *n* matière colorante; matière tinctoriale.
dynamic, *a Ph etc* (pouvoir, équilibre, unité, etc) dynamique; **dynamic energy,** énergie actuelle; *Ch* **dynamic state,** état *m* dynamique; (*of force, etc*) **to become dynamic,** se dynamiser.
dynamics, *n* dynamique *f.*
dynatron, *n Ph* dynatron *m.*
dyne, *n PhMeas* dyne *f.*
dynode, *n Ph* dynode *f.*
dypnone, *n Ch* dypnone *f.*
dysanalyte, *n Miner* dysanalyte *f.*
dyscrasia, *n Physiol* dyscrasie *f.*
dyscrasite, *n Miner* dyscrase *f,* dyscrasite *f.*
dysgenesis, *n Biol* dysgénésie *f.*
dysgenic, *a Biol* contraire à l'eugénisme.
dysluite, *n Miner* dysluite *f,* dyslyite *f.*
dysprosium, *n Ch* (*symbole* Dy) dysprosium *m.*
dystetic, *a Ph* **dystetic mixture,** mélange *m* dont la température de fusion reste constante.

E

eagle-stone, *n Miner* pierre *f* d'aigle.

ear, *n Anat Z* oreille *f*; **inner ear,** oreille interne, labyrinthe *m*; **middle ear,** oreille moyenne; **outer ear,** oreille externe, pavillon *m*.

eardrum, *n Anat Z* tympan *m*.

eared, *a Bot* auriculé.

earth, *n* **1.** terre *f*; **the earth's crust,** l'écorce *f* terrestre; **rotation of the earth,** rotation terrestre; **the earth's axis,** l'axe *m* (de rotation) de la terre; **the earth's atmosphere,** l'atmosphère *f* terrestre. **2.** *Ch* **aluminous earth,** terre d'alumine; **alkaline earth,** terre alcaline; **fuller's earth,** terre savonneuse, à détacher; terre à foulon; marne *f* à foulon; glaise *f* à dégraisser; argile *f* smectique; smectite *f*; **earth oil,** huile *f* de roche; naphte minéral.

earthquake, *n Geol* séisme *m*.

ebonite, *n* ébonite *f*; caoutchouc durci; vulcanite *f*.

ebracteate, *a Bot* ébracté.

ebullioscope, *n Ph* zéoscope *m*.

ebullioscopic, *a Ph* ébullioscopique.

ebullition, *n* ébullition *f*, bouillonnement *m*.

ecad, *n Biol* écade *f*.

ecaudate, *a Z* écaudé.

ecdemic, *a* ecdémique, non endémique.

ecdemite, *n Miner* ecdémite *f*.

ecdysis, *n Z etc* ecdysis *f*, mue *f*.

ecdysone, *n Ch* ecdysone *f*.

ECG, *abbr Physiol electrocardiogram,* électrocardiogramme, ECG.

ecgonine, *n Ch* ecgonine *f*; **ecgonine alkaloids,** alcaloïdes *mpl* d'ecgonine.

echinate, *a Biol* échiné.

echinocarpous, *a Bot* échinocarpe.

echinochromes, *npl Ch* échinochromes *mpl*.

Echinodermata, *npl Z* échinodermes *mpl*.

echinodermatous, *a Z* échinoderme.

Echinoidea, *npl Z* échinoïdes *mpl*.

echinulate, *a Biol* échinulé.

echo, *n Ph* écho *m*.

echolocation, *n Z* audiodétection *f*, écholocation *f*.

eclampsia, *n Physiol* éclampsie *f*.

eclipse, *n* **1.** *Astr* éclipse *f*. **2.** *Z* **bird in eclipse,** oiseau *m* qui a mué sa robe de noces; oiseau dans son plumage d'hiver. **3.** *Bac* période *f* quand un virus bactérien se reproduit sans être vu.

ecliptic, *a & n Astr* écliptique (*f*).

eclogite, *n Miner* éclogite *f*.

eclosion, *n Z* éclosion *f*.

ecological, *a* écologique.

ecology, *n* écologie *f*; **plant ecology,** phytoécologie *f*.

ecospecies, *n Biol* écoespèce *f*.

ecosystem, *n Biol* écosystème *m*.

ecotype, *n Biol* écotype *m*.

ectoblast, *n Biol* ectoblaste *m*.

ectoderm, *n Biol* ectoderme *m*.

ectodermal, ectodermic, *a* ectodermique.

ectogenesis, *n Biol* ectogénèse *f*.

ectogenic, ectogenous, *a Biol* ectogène.

ectolecithal, *a Biol* ectolécithe.

ectoparasite, *n Biol* ectoparasite *m*.

ectoparasitic, *a Biol* ectoparasite, ectoparasitique.

ectopic, *a Z* ectopique; **ectopic gestation,** grossesse extra-utérine.

ectoplasm, *n Biol* ectoplasme *m*.

ectoplasmatic, ectoplasmic, *a Biol* ectoplasmique.

ectosome, *n Biol* ectosome *m*.

ectotrophic, *a Biol* ectotrophe.

ectotropic, *a Biol* retourné, renversé, éversé.

ectozoon, *pl* **-zoa,** *n Biol* ectozoaire *m*.

edaphic, *a Biol* édaphique; **edaphic factor,** facteur *m* édaphique.
edaphology, *n Biol* édaphologie *f.*
edaphon, *n Biol* édaphon *m.*
eddy, *n Ph* remous *m*; tourbillon *m.*
edema, *n Physiol* œdème *m.*
edenite, *n Miner* édénite *f.*
edentate, *a & n Z* édenté (*m*).
edentulous, *a* sans dents; édenté.
edestin, *n Ch* édestine *f.*
edingtonite, *n Miner* édingtonite *f.*
edriophthalmic, edriophthalmatous, edriophthalmous, *a Crust* édriophtalme.
EEG, *abbr Physiol electroencephalogram,* électro-encéphalogramme, EEG.
effect, *n* effet *m*; **toxic effect,** effet toxique.
effector, *n Z* effecteur *m* (nom donné aux terminaisons nerveuses dans les muscles).
efferent, *a Z* efférent.
effervesce, *vi* (*of liquid*) être en effervescence, faire effervescence.
effervescence, *n* effervescence *f*; ébullition *f.*
effervescent, *a* effervescent.
effloresce, *vi Ch* tomber en efflorescence, former une efflorescence.
efflorescence, *n* **1.** *Bot* effloraison *f*, floraison *f.* **2.** *Ch* efflorescence *f*, délitescence *f.*
efflorescent, *a Bot Ch* efflorescent; *Ch* délitescent.
effoliation, *n Bot* effoliation *f.*
effuse, *a Bot* diffus.
effusion, *n Biol* effusion *f.*
effusive, *a Geol* **effusive rock,** roche *f* d'épanchement.
egeran, *n Miner* égérane *f.*
egest, *vtr Physiol* évacuer.
egestion, *n Physiol* évacuation *f.*
egg, *n Biol* œuf *m* (d'oiseau, d'insecte); lente *f* (de pou); **silkworms' eggs,** graines *fpl* de vers à soie; *Ent Moll* **egg capsule, egg sac,** oothèque *f*; **egg white,** ovalbumine *f*; **egg yolk,** jaune *m* de l'œuf; vitellus *m*; **egg membrane,** membrane *f* de l'œuf; pellicule *f*; **egg shell,** coquille *f* calcaire; **embryonated egg,** œuf embryonné; **fertilized egg,** œuf fécondé; **incubated egg,** œuf couvé.
egg-laying *Z* **1.** *a* ovipare, pondeur. **2.** *n* ponte *f.*
egg-shaped, *a Biol* ovale; ovoïde; ové, oviforme.
eglestonite, *n Miner* églestonite *f.*
ego, *n Psy* moi *m*, égo *m.*
ehlite, *n Miner* ehlite *f.*
eicosane, *n Ch* eicosane *m.*
eicosyl, *n Ch* **eicosyl alcohol,** alcool *m* eicosylique.
Einstein, *Prn* **Einstein's specific heat formula,** formule *f* de la chaude spécifique d'Einstein.
einsteinium, *n Ch* (*symbole* Es) einsteinium *m.*
eisenkiesel, *n Miner* eisenkiesel *m*, quartz *m* hématoïde.
ejaculation, *n Physiol* éjaculation *f.*
eka-caesium, *n Ch* ékacæsium *m.*
eka-manganese, *n Ch* ékamanganèse *m.*
ekebergite, *n Miner* ékebergite *f.*
ektoparasite, *n,* **ektoparasitic,** *a* = **ectoparasite, ectoparasitic.**
elaborate, *vtr BioCh* élaborer.
elaeolite, *n Miner* éléolite *f.*
elaeostearic, *a Ch* (acide) élæostéarique.
elaidic, *a Ch* élaïdique.
elaidin, *n Ch* élaïdine *f.*
elasmosine, *n Miner* élasmose *f*; nagyagite *f.*
elastase, *n BioCh* élastase *f.*
elastic, *a Ph etc* élastique; (métal, etc) flexible, obéissant; **to be elastic,** faire ressort; **elastic deformation,** déformation élastique; **elastic limit, strength,** limite *f* élastique, d'élasticité; **elastic resilience,** résistance vive élastique.
elasticity, *n Ph etc* élasticité *f* (des gaz, etc); flexibilité *f*, obéissance *f* (d'un métal); **metal with the greatest coefficient of elasticity,** le plus élastique des métaux.
elastin, *n BioCh* élastine *f.*
elastomer, *n Ch etc* élastomère *m.*
elater, *n Bot* élatère *f.*
elaterite, *n Miner* élatérite *f*; caoutchouc minéral, fossile.
electric, *a* électrique; **electric battery,** batterie *f* électrique; **electric current,** courant *m* électrique; **electric charge, dis-**

charge, charge *f*, décharge *f*, électrique; **electric energy,** énergie *f* électrique; **electric field,** champ *m* électrique; **electric spark,** étincelle *f* électrique; **electric induction,** induction *f* électrique, électrostatique; **electric moment,** moment *m* électrique; **electric polarization,** polarisation *f* électrique; **electric potential,** potentiel *m* électrique; **electric power,** force *f* électrique; **electric resistance,** résistance *f* électrique; **electric wave,** onde *f* électrique, électromagnétique; onde hertzienne; **electric residuum,** électricité résiduelle; **electric susceptibility,** susceptibilité *f* électrique; **electric units of measurement,** unités *fpl* électriques de mesure.

electrical, *a* électrique; **electrical impulses,** impulsions *fpl* électriques.

electricity, *n* électricite *f*; énergie *f* électrique; **positive, vitreous, electricity,** électricité positive, vitrée; **negative, resinous, electricity,** électricité négative, résineuse; **atmospheric, dynamic, static, electricity,** électricité atmosphérique, dynamique, statique; **frictional electricity,** électricité de friction.

electroanalysis, *n Ch* électro-analyse *f*, analyse *f* électrolytique.

electrocapillarity, *n Ch* électrocapillarité *f*.

electrocapillary, *a* électrocapillaire.

electrocardiogram, *n Physiol* électrocardiogramme *m*.

electrocardiograph, *n Physiol* électrocardiographe *m*.

electrochemical, *a Ch* électrochimique; **electrochemical equivalent,** équivalent *m* électrochimique.

electrochemistry, *n Ch* électrochimie *f*.

electrode, *n Ch* électrode *f*; **calomel electrode,** électrode de calomel; **mercury dropping electrode,** électrode de mercure gouttant; **glass electrode,** électrode de verre; **hydrogen electrode,** électrode hydrogénique; **oxygen electrode,** électrode d'oxygène; **peroxide electrode,** électrode de peroxyde; **reversible electrode,** électrode réversible.

electro-dialysis, *n Ch* électrodialyse *f*.

electroencephalogram, *n Physiol* électro-encéphalogramme *m*.

electroencephalograph, *n Physiol* électro-encéphalographe *m*.

electroendosmosis, *n Ph* électroendosmose *f*, osmose *f* électrique.

electro-extraction, *n Ch* extraction *f* électro-chimique.

electrokinetic, *a Ch* électrocinétique; **electrokinetic potential,** potentiel *m* électrocinétique.

electrokinetics, *n Ph* **1.** électricité *f* galvanique. **2.** électricité appliquée à la mécanique.

electrolysis, *n Ch* électrolyse *f*; **laws of electrolysis,** règles *fpl* de l'électrolyse.

electrolyte, *n Ch* électrolyte *m*; **strong, weak, electrolytes,** électrolytes forts, faibles.

electrolytic, *a* électrolytique; **electrolytic dissociation,** dissociation *f* électrolytique; **electrolytic dissociation theory,** théorie *f* de la dissociation électrolytique; **electrolytic copper,** cuivre *m* électrolytique; **electrolytic zinc process,** électrolyse *f* du zinc; **electrolytic refining,** électroraffinage *m*; **electrolytic oxidation,** oxydation *f* électrolytique.

electrolyze, *vtr* électrolyser.

electrolyzer, *n* électrolyseur *m*.

electromagnet, *n* électro-aimant *m*.

electromagnetic, *a* électromagnétique; **electromagnetic field,** champ *m* électromagnétique; **electromagnetic interaction,** interaction *f* électromagnétique; **electomagnetic radiation,** radiation *f* électromagnétique; **electromagnetic spectrum,** spectre *m* électromagnétique; **electromagnetic unit,** unité *f* électromagnétique; **electromagnetic wave,** onde *f* électromagnétique.

electromagnetism, *n* électromagnétisme *m*.

electromeric, *a Ch* **electromeric effect,** effet *m* électromérique.

electrometer, *n Ph* électromètre *m*.

electrometric, *a* électrométrique; *Ch* **electrometric titrations,** titrages *mpl* électrométriques.

electromotive, *a Ph* **electromotive force,** *abbr* **emf,** force électromotrice, *abbr* f.é.m.; **back electromotive force,** force électromotrice en retour; *Ch* **electromotive series,** série électromotrice.

electron, *n Ph* électron *m*; **positive electron,** électron positif, positon *m*; **negative electron,** électron négatif, négaton *m*; **primary, secondary, electron,** électron primaire, secondaire; **electron pair,** paire *f* d'électrons; **atomic, atom-bound, electron,** électron atomique; **nuclear, extranuclear, electron,** électron nucléaire, extra-nucléaire; **lone electron,** électron célibataire; **free electron,** électron libre; **trapped electron,** électron captif; **bound electron,** électron lié; **planetary, orbital, electron,** électron planétaire, satellite; **inner(-shell), outer(-shell), electron,** électron interne, périphérique; **spinning electron,** électron tournant; **heavy electron,** électron lourd; **electron emission,** émission électronique, d'électrons; **electron gun,** fusil *m* électronique; **electron lens,** loupe *f* électronique; **electron microscope,** microscope *m* électronique; **electron emitter,** émetteur *m* d'électrons; **electron multiplier,** multiplicateur *m* d'électrons; **electron optics,** optique *f* électronique; **electron tube,** tube *m* électronique; *Ch* **electron affinity,** affinité *f* électronique; **electron charge,** charge *f* électronique; **electron mass, e/m,** masse *f* électronique; **electron radius,** radius *m* électronique; *BioCh* **electron transfer,** transfert *m* électronique.

electronegative, *a* électronégatif.

electronegativity, *n* électronégativité *f*.

electroneutrality, *n* électroneutralité *f*.

electronic, *a* électronique.

electronics, *n* électronique *f*; **molecular electronics,** électronique moléculaire; **quantum physics of electronics,** électronique quantique.

electron-volt, *n* électron-volt *m* (eV).

electro-osmosis, *n Ch* électro-osmose *f*.

electro-osmotic, *a Ch* électro-osmotique.

electrophilic, *a Ch* électrophile.

electrophoresis, *n* électrophorèse *f*.

electrophoretic, *a* électrophorétique.

electrophysiology, *n Physiol* électrophysiologie *f*.

electropositive, *a* électropositif.

electropositivity, *n* électropositivité *f*.

electroscope, *n Ph* électroscope *m*.

electrosmosis, *n Ch* = **electro-osmosis.**

electrostatic, *a Ph* électrostatique.

electrostatics, *n Ph* électrostatique *f*.

electrostriction, *n Ph* électrostriction *f*.

electrostrictive, *a* **electrostrictive effect,** effet *m* d'électrostriction.

electrosynthesis, *n Ch* électrosynthèse *f*.

electrotaxis, *n Biol* électrotaxis *f*.

electrotropism, *n Biol* électrotropisme *m*.

electrovalency, *n* électrovalence *f*.

electro-winning, *n Ch* extraction *f* électrolytique.

element, *n Ch* élément *m*; principe *m* (d'une substance); **allotropy of elements,** allotropie *f* des éléments; **geochemical distribution of elements,** distribution *f* géochimique des éléments; **heavy elements,** éléments lourds; **isotopic elements,** éléments isotopiques; **light elements,** éléments légers; **new elements,** éléments nouveaux; **radioactive elements,** éléments radioactifs; **rare elements,** éléments rares; **solid elements,** éléments solides; **spectra of elements,** spectres *mpl* des éléments; **stellar elements,** éléments stellaires; **trace elements,** oligo-éléments *mpl*; **transmutation of elements,** transmutation *f* des éléments; **transuranic elements,** éléments trans-uraniques.

elementary, *a Ch* **elementary analysis,** analyse *f* chimique élémentaire; **elementary body,** corps *m* simple; *AtomPh* **elementary particles,** particules *fpl* élémentaires.

elemicin, *n Ch* élémicine *f*.

eleutherodactyl, *n Z* éleuthérodactyle *m*.

eleutheropetalous, *a Bot* éleuthéropétale.

eleutherophyllous, *a Bot* éleuthérophylle.

eleutherosepalous, *a Bot* éleuthérosépale.

elevator, *n Physiol* élévateur *m*.
eliasite, *n Miner* éliasite *f*.
elimination, *n Z* élimination *f*.
ellagic, *a Ch* ellagique.
ellagitannic, *a Ch* ellagotannique.
ellagitannin, *n Ch* acide *m* ellagotannique.
elliptone, *n Ch* elliptone *m*.
(−)-elliptone, *n Ch* (−)-elliptone *m*.
elpasolite, *n Miner* elpasolite *f*.
elpidite, *n Miner* elpidite *f*.
eluate, *n Ch* éluat *m*.
eluent, *n Ch* éluant *m*.
elute, *vtr Ch* éluer.
elution, *n Ch* élution *f*.
elutriate, *vtr* séparer (un dépôt, etc) par la décantation; décanter; *Metall* départir (l'or, etc).
elutriation, *n* séparation *f* (d'un dépôt, etc) par la décantation; *Metall* départ *m*.
eluvial, *a Geol* éluvial, -aux.
eluvion, *n Geol* éluvion *f*.
elytral, *a Ent* élytral, -aux.
elytron, *pl* **-tra**, *n Ent* élytre *m*.
e/m, *abbr Ch electron mass*, masse électronique.
emarginate(d), *a Bot* émarginé.
embelin, *n Ch* embelin *m*.
embolism, *n Physiol* embolie *f*.
embolite, *n Miner* embolite *f*.
embolus, *n Physiol* thrombose *f*.
embryo, *pl* **-os**, *n Biol* embryon *m*; **embryo cell**, cellule *f* embryonnaire; **embryo sac**, sac *m* embryonnaire; **in embryo**, à l'état embryonnaire.
embryogenesis, *n Biol* embryogénie *f*, embryogénèse *f*.
embryogenetic, **embryogenic**, *a Biol* embryogénique.
embryogeny, *n Biol* embryogénie *f*, embryogénèse *f*.
embryoid, *a* embryoïde.
embryologic(al), *a* embryologique.
embryology, *n* embryologie *f*.
embryonic, *a Biol* embryonnaire; **embryonic abortion**, avortement *m* précoce; **embryonic tissue**, tissu *m* embryonnaire, non différencié; **embryonic condition**, enveloppement *m*.
embryopathy, *n Path Z* embryopathie *f*; malformation congénitale.
embryophyte, *n Bot* embryophyte *f*.
embryotega, *n Bot* embryotège *m*.
embryotomy, *n Path Z* embryotomie *f*.
embryotrophy, *n Z* nutrition *f* du fœtus.
emerald, *n Miner* émeraude *f*; **Brazilian emerald**, émeraude du Brésil; **emerald copper**, dioptase *f*.
emergence, *n Bot* émergence *f*; *Biol* novation *f*.
emergent, *a* émergent.
emetin(e), *n Ch* émétine *f*.
emf, *abbr electromotive force*, force électromotrice, f.é.m.
eminence, *n Z* éminence *f*.
emissary, *a Biol* émissaire.
emission, *n Biol* émission *f*, dégagement *m* (de gaz, de chaleur, etc); *Ph* **the emission theory**, la théorie de l'émission.
emissive, *a Ph* (pouvoir) émissif.
emissivity, *n Ph* (*a*) pouvoir émissif, rayonnant (d'une source de lumière, etc); (*b*) coefficient *m* d'émission.
emit, *vtr* dégager, émettre (de la chaleur, etc).
emitter, *n Ch Ph* émetteur *m*.
emodic, *a Ch* émodique.
emodin, *n Ch* émodine *f*.
empirical, *a* empirique; **empirical formula**, formule *f* empirique, brute; **empirical medicine**, médecine *f* empirique.
empiricism, *n* empirisme *m*.
emplectite, *n Miner* emplectite *f*.
empodium, *n Z* empodium *m*.
empyreumatic, *a Biol* empyreumatique.
emulsification, *n Ch* émulsionnement *m*, émulsification *f*.
emulsifier, *n Ch* émulsificateur *m*; (i) (*substance*) émulsifiant *m*, émulsionnant *m*; (ii) (*device*) émuls(ionn)eur *m*, émulsifieur *m*.
emulsify, *vtr* émulsionner, émulsifier.
emulsifying, *n Ch* **emulsifying agent**, émulsifiant *m*, émulsionnant *m*.
emulsin, *n Ch* émulsine *f*.
emulsion, *n Ch* émulsion *f*.
emulsoid, *n Ch* émulsoïde *m*.
enamel, *n Ch Z Anat Dent* émail *m*; **enamel cells**, cellules *fpl* qui forment de l'émail.

enanthic, *a BioCh* œnanthique.
enantiobiosis, *n Biol* commensalisme *m* où les deux organismes sont antagonistes.
enantiomer, enantiomorph, *n Ch* énantiomorphe *m.*
enantiomorphic, *a Biol Ch* énantiomorphe.
enantiomorphism, *n Ch* énantiomorphisme *m*, énantiomorphie *f.*
enantiomorphous, *a Ch etc* énantiomorphe.
enantiotropic, *a Ch* énantiotrope.
enargite, *n Miner* énargite *f.*
enarthrosis, *n Anat Z* énarthrose *f.*
enation, *n Bot* virose végétale caractérisée par les excroissances en forme de lamelles.
encephalization, *n Z* encéphalisation *f.*
encephalocoele, *n Z* (*a*) cavité crânienne; (*b*) ventricules *mpl* du cerveau.
encephalomere, *n Z* segment *m* du cerveau.
encephalon, *n Anat Z* encéphale *m*; cerveau *m.*
encephalospinal, *a Z* cérébro-spinal, -aux.
enchondral, *a Z* enchondral, -aux; endochondral, -aux.
enchylema, *n Biol* enchyléma *m*; suc *m* nucléaire.
enclave, *n Biol Bot etc* enclave *f.*
encystation, *n Biol* enkystement *m.*
encysted, *a Biol* enkysté.
encystment, *n Biol* enkystement *m.*
end, *n* bout *m*, extrémité *f*; **end artery,** artère terminale; **end body,** complément *m*; **end brain,** télencéphale *m*; **end gut,** gros intestin et rectum *m.*
endangium, *n Z* tunique *f* interne d'un vaisseau.
endemic, *a Bot etc* endémique.
endergonic, *a Biol* se rapportant à l'apsorption de l'énergie libre.
enderon, *n Z* derme *m* et partie non-épithéliale de la membrane muqueuse.
endlichite, *n Miner* endlichite *f.*
endobiotic, *a Bot* endobiotique.
endoblast, *n Biol* endoblaste *m.*
endocardium, *n Anat Z* endocarde *m.*
endocarp, *n Bot* endocarpe *m.*
endocarpous, *a Bot* endocarpé.
endochrome, *n Biol* endochrome *m.*
endocrinal, *a Physiol* endocrinien.
endocrine 1. *a & n Physiol* **endocrine (gland),** (glande *f*) endocrine (*f*); glande à sécrétion interne, sans canal excrétoire. **2.** *a* (traitement, etc) endocrinien.
endocrinology, *n Physiol* endocrinologie *f.*
endocycle, *n Bot* endocycle *m.*
endocyst, *n Z* endocyste *m.*
endoderm, endodermis, *n Biol Bot* endoderme *m.*
endo-enzyme, *n Ch* enzyme *m* intracellulaire.
endogamy, *n Biol* endogamie *f.*
endogen, *n Bot* plante *f* endogène.
endogenetic, *a Biol Geol* endogène.
endogenous, *a Biol* (plante) endogène.
endogeny, *n Biol* endogénèse *f.*
endognathion, *n Anat Z* milieu *m* du maxillaire supérieur.
endolymph, *n Z* endolymphe *f.*
endolymphatic, *a* se rapportant à l'endolymphe.
endolysis, *n Biol* endolyse *f.*
endometrium, *n Anat Z* endomètre *m.*
endomitosis, *n Biol* endomitose *f.*
endomixis, *n Biol* endomixie *f.*
endomorph, *n Miner* endomorphe *m.*
endomorphic, *a Geol* endomorphe.
endomorphism, *n Geol* endomorphisme *m.*
endomorphous, *a Geol* endomorphe.
endoparasite, *n Biol* endoparasite *m.*
endophragm, *n Z etc* endophragme *m.*
endophyte, *a & n Bot* endophyte (*m*).
endoplasm, *n Biol* endoplasme *m.*
endoplasmic, *a Biol* endoplasmique; **endoplasmic reticulum,** réticulum *m* endoplasmique.
endoplast, *n Biol* endoplaste *m.*
endopleura, *n Bot* endoplèvre *f.*
endopodite, *n Z* endopodite *m.*
endorhachis, *n Z* dure-mère *f.*
endoscope, *n Physiol* endoscope *m.*
endoscopic, *a Biol* endoscopique.
endoskeleton, *n Z* squelette intérieur (des vertébrés).
endosmometer, *n Ph* endosmomètre *m.*

endosmosis, *n Ph* endosmose *f*.
endosmotic, *a Ph* endosmotique.
endosome, *n Biol* endosome *m*.
endosperm, *n Bot* endosperme *m*.
endospermic, *a Bot* endospermé.
endospore, *n Bot* endospore *m*.
endosporium, *n Bot* endhyménine *f*.
endostome, *n Bot* endostome *m*.
endostosis, *n Physiol* ossification *f* d'un cartilage.
endostyle, *n Z* endostyle *m*.
endotheca, *pl* **-ae**, *n Biol* endothèque *f*.
endothecium, *n Bot* endothecium *m*.
endothelium, *n Physiol* endothélium *m*.
endothermic, *a Ch* (réaction) endothermique.
endotoxin, *n Bac Microbiol Tox* endotoxine *f*.
endotrophic, *a Biol* endotrophique.
energy, *n* énergie *f*, force *f*; (*a*) **kinetic energy**, énergie cinétique, force vive; **potential energy**, énergie potentielle; **radiant energy**, énergie radiante, rayonnante, de rayonnement; (*b*) **atomic energy**, énergie atomique; **activation energy**, énergie critique; **energy units**, unités *fpl* d'énergie (ergs, joules, etc); **equipartition of energy**, énergie de partition constante; **equipotential energy**, énergie de potentiel constant; **internal energy**, énergie intérieure; **intermolecular energy**, énergie intermoléculaire; **mean energy**, énergie moyenne; **energy quanta**, énergie des quanta; **thermal energy**, énergie thermique; **translational energy**, énergie de translation; **vibrational energy**, énergie des vibrations.
enervate, *a Bot* (*of leaf*) énerve, énervé.
enfolded, *a Biol* plissé.
engine, *n Ph Ch* machine *f*; engin *m*; **pumping engine**, machine d'épuisement; **steam engine**, machine à vapeur; **electric engine**, automotrice *f*; **internal combustion engine**, moteur *m* à combustion interne; **gas engine**, moteur à gaz; **radial engine**, moteur en étoile; **rotary engine**, moteur rotatif.
enneagynous, *a Bot* ennéagyne.
enneandrous, *a Bot* ennéandre.
enneapetalous, *a Bot* ennéapétale.
enol, *n Ch* énol *m*.
enolase, *n Ch* énolase *f*.
enolic, *a Ch* énolique.
enolization, *n Ch* énolisation *f*.
enphytotic, *a & n Bot* **enphytotic (disease)**, emphytie *f*.
enrichment, *n Microbiol* **enrichment culture**, culture *f* pour l'enrichissement.
ensiform, *a Biol* ensiforme; *Bot* **ensiform-leaved**, ensifolié.
enstatite, *n Miner* enstatite *f*.
ental, *a Biol* (*of surface, etc*) intérieur.
enteral, *a Z* entérique, *per os*.
enteramine, *n Ch* sérotonine *f*.
enteric, *a* entérique; *Anat* **enteric canal**, voie *f* entérique; *Bac* **enteric fever**, fièvre *f* typhoïde.
enterocoele, *n Anat Z* cavité abdominale.
enterokinase, *n Biol Ch* entérokinase *f*.
enteron, *n Anat Z* (*a*) intestin *m*; (*b*) canal *m* alimentaire.
enthalpy, *n Ch Ph* enthalpie *f*.
entire, *a Bot* **entire leaves**, feuilles entières.
entobranchiate, *a Ich* entobranche.
entocele, *n Med* hernie *f* interne.
entocondyle, *n Biol* condyle *m* interne.
entoconid, *n Z* pointe *f* interne et postérieure de la molaire inférieure.
entocyte, *n Biol* les constituants *mpl* de la cellule.
entoderm, *n Biol* entoderme *m*.
entoectad, *adv* de l'intérieur vers l'extérieur.
entomogenous, *a Z* entomogène.
entomolin, *n Ch Z* chitine *f*.
entomological, *a* entomologique.
entomology, *n* entomologie *f*.
entomophagous, *a* entomophage, insectivore.
entomophilous, *a Bot* entomophile; entomogame.
entomophily, *n Bot* entomophilie *f*, entomogamie *f*.
entoparasite, *n* entoparasite *m*, endoparasite *m*.
entophyte, *n Bot* entophyte *m*.
entoptic, *a Anat Z* entoptique.
entotrophic, *a Ent* entotrophe.
entozoon, *pl* **-oa**, *n Z* entozoaire *m*.
entropy, *n Ch Ph* entropie *f*; **changes of**

entropy, renouvellements *mpl* de l'entropie; **entropy of fusion,** entropie de la fusion; **entropy of mixed isotopes,** entropie des isotopes mixtes; **entropy of molecules,** entropie des molécules.
envelope, *n Biol* enveloppe *f*, tunique *f* (d'un organe).
environment, *n* environnement *m*.
environmental, *a* **environmental science,** science *f* de l'environnement.
enzootic, *a* entozoaire.
enzyme, *n BioCh* enzyme *f*, diastase *f*, zymase *f*; **activity of enzymes,** activité *f* enzymatique; **affinity of enzymes,** affinité *f* enzymatique; **analysis of enzymes,** analyse *f* des enzymes; **crystalline enzymes,** enzymes cristallines; **defensive enzymes,** enzymes défensives; **flavoprotein enzymes,** flavoprotéines *fpl*; **inverting enzymes,** invertases *fpl*; **oxidation by enzymes,** oxydation *f* enzymatique; **peptic enzymes,** pepsines *fpl*; **pancreatic enzymes,** enzymes pancréatiques; **proteolytic enzymes,** enzymes protéolytiques; **respiratory enzymes,** enzymes respiratoires; *F* **yellow enzyme,** protéoflavine *f*.
enzymic, *a BioCh* enzymatique.
enzymology, *n BioCh* enzymologie *f*.
Eocene, *a & n Geol* éocène (*m*); **Lower Eocene,** paléocène *m*, éocène inférieur.
eosin, *n Ch* éosine *f*.
eosinophil, *a & n Anat Z* éosinophile (*m*).
eosphorite, *n Miner* éosphorite *f*.
epactal, *a Anat Z* intercalé.
epaxial, *a* situé, s'étendant, sur un axe.
epencephalon, *n Z* arrière-cerveau *m*.
ependyma, *n Z* épendyme *m*.
ependymal, *a Z* épendymaire.
ephebic, *a Z* éphébique.
ephedrine, *n Ch* éphédrine *f*.
(−)-ephedrine, *n Ch* (−)-éphédrine *f*.
ephemeral, *a* (fleur, insecte) éphémère.
ephydrogamous, *a Bot* éphydrogame.
ephydrogamy, *n Bot* éphydrogamie *f*.
epiblast, *n Biol* épiblaste *m*.
epiblastic, *a Biol* épiblastique.
epiboly, *n Biol* épibolie *f*.
epicalyx, *n Bot* épicalice *m*.
epicanthus, *n Anat Z* épicantis *m*, épicanthus *m*.
epicardia, *n Anat Z* partie supérieure du cardia à l'extrémité inférieure de l'œsophage.
epicardium, *n Anat Z* feuillet viscéral de la séreuse péricardique.
epicarp, *n Bot* épicarpe *m*.
epicarpanthous, *a Bot* épicarpanthe.
(−)-epicatechin, *n Ch* (−)-épicatéchine *f*.
epicentral, *a Z* épicentrique.
epicerebral, *a Z* situé sur le cerveau.
epichlorhydrin, *n Ch* épichlorhydrine *f*.
epichrosis, *n Z* décoloration *f* de la peau.
epicinchonine, *n Ch* épicinchonine *f*.
epicondyle, *n Anat Z* épicondyle *m*.
epicondylar, *a* épicondylien.
epiconus, *n Anat Z* partie *f* du renflement lombaire, situé juste au-dessus du cône terminal.
epicoprostanol, *n Ch* épicoprostérine *f*.
epicormic, *a Bot* **epicormic branches,** branches gourmandes.
epicotyl, *n Bot* épicotyle *m*, axe épicotylé.
epicotyledonary, *a Bot* au-dessus des cotylédons.
epicranial, *a* épicrânien.
epicranium, *n Z* épicrâne *m*.
epicritic, *a Z* se localisant avec précision.
epicystic, *a Z* sus-pubien; situé audessus de la vessie.
epidehydroandrosterone, *n Ch* épidéhydroandrostérone *f*.
epidemic 1. *a* épidemique. **2.** *n* epidémie *f*; épizootie *f*.
epidemiology, *n* épidémiologie *f*.
epiderm, *n Anat* épiderme *m*.
epidermal, epidermic, *a* épidermique.
epidermis, *n Anat* épiderme *m*.
epididymis, *n Anat* épididyme *m*.
epididymite, *n Miner* épididymite *f*.
epidiorite, *n Miner* épidiorite *f*.
epidote, *n Miner* épidote *m*, schorl vert.
epidotite, *n Miner* épidotite *f*.
epidural, *a Anat Z* épidural, -aux.
epigamic, epigamous, *a Biol* épigamique.

epigastric, *a Anat Z* épigastrique.
epigeal, *a Bot* épigé.
epigene, *a Bot Geol* épigène.
epigenesis, *n Biol* épigénèse *f.*
epigenetic, *a* (*a*) *Biol* épigénétique; (*b*) *Geol* (*also* **epigenic**) épigénique.
epigeous, *a Bot* (cotylédon, etc) épigé.
epiglottis, *n Anat Z* épiglotte *f.*
epignathus, *n Anat Z* épignathe *m*; monstre double caractérisé par l'insertion du parasite sur le maxillaire supérieur.
epigone, epigonium, *n Bot* épigone *m.*
epigynous, *a Bot* épigyne.
epigyny, *n Bot* épigynie *f.*
epihyal, *a Anat Z* **epihyal bone,** ligament stylohyoïde ossifié.
epilemma, *n Z* périnèvre *m* des ramifications des filaments nerveux.
epilepsy, *n Med* épilepsie *f.*
epilimnion, *n Geol* couche aqueuse supérieure.
epimandibular, *a* sus-maxillaire.
epimer, *n Ch* épimère *m.*
epimere, *n Biol* épimère *m.*
epimerization, *n Ch* épimérisation *f.*
epimeron, *pl* **-a,** *n Ent* épimère *m.*
epimorphic, *a Z* épimorphe.
epimorphosis, *n Biol* épimorphose *f.*
epinasty, *n Bot* épinastie *f*, courbure *f* de croissance.
epipelagic, *a Oc* épipélagique.
epipetalous, *a Bot* épipétale.
epipharynx, *n Anat Z* naso-pharynx *m.*
epiphloem, *n Bot* épiphléon *m*; enveloppe subéreuse.
epiphyllous, *a Bot* épiphylle.
epiphysis, *n Anat* épiphyse *f.*
epiphytal, *a Bot* épiphyte.
epiphyte, *n Bot* épiphyte *m.*
epiphytic, *a Bot* épiphytique; **epiphytic disease,** maladie *f* épiphytique; épiphytie *f.*
epiphytotic, *a & n Bot* **epiphytotic (disease),** épiphytie *f.*
epipodium, *n* **1.** *Bot* épipode *m.* **2.** *Z* épipodium *m.*
epir(r)hizous, *a Bot* épirrhize.
episclera, *n Anat Z* tissu conjonctif entre la conjonctive et la sclérotique.
episkeletal, *a* au-dessus du squelette intérieur.
episome, *n Biol* épisome *m.*
episperm, *n Bot* épisperme *m*, test *m*, testa *m.*
epispore, *n Bot* (*a*) épisporange *m*; (*b*) épispore *f.*
epistasis, *n Biol* développement arrêté, arrêt *m* de développement (d'un organisme).
epistatic, *a Biol* épistatique.
episternum, *n Ent* épisterne *m*, épisternum *m.*
epistome, *n Z* épistome *m.*
epistropheus, *n Z* axis *m*; deuxième vertèbre cervicale.
epithalamus, *n Anat Z* épithalamus *m.*
epithelial, *a Anat Z* épithélial, -aux; **epithelial cancer,** épithélioma *m.*
epithelialization, *n Biol* épithélialisation *f.*
epithelium, *n Z* épithélium *m.*
epithem, *n Z* épithème *m.*
epitocous, epitokous, *a Ann* épitoque; **epitocous reproduction,** épitoquie *f.*
epitrichium, *n Z* couche superficielle de l'épiderme fœtal.
epitrochlea, *n Z* épitrochlée *f.*
epitympanum, *n Z* attique *f.*
epityphlon, *n Z* appendice *m* vermiforme.
epizoic, *a Z* épizoïque.
epizoite, *n Z* épizoïte *f.*
epizoon, *pl* **-zoa,** *n Z* épizoaire *m.*
epizootic, *a Z* épizootique.
eponychium, *n Z* kératinisation *f* de l'épiderme du deuxième au huitième mois de la vie fœtale à l'endroit de l'ongle.
epoophoron, *n Z* organe *m* de Rosenmüller.
epoxy *Ch* **1.** *a* époxyde; **epoxy resin,** résine *f* époxyde. **2.** *n* époxyde *m.*
epsomite, *n Miner* epsomite *f.*
epulosis, *n Z* cicatrisation *f.*
equation, *n Ch Ph* équation *f*; **equation of state,** équation d'état; **equations for kinetics of reaction,** équations des réactions cinétiques; **equations for coefficients of extinction,** équations des coefficients d'extinction; **equations for osmotic pres-**

sure, équations de la pression osmotique; **equations for dielectric constants (of liquids),** équations des constantes diélectriques des liquides.

equatorial, *a* équatorial, -aux; *Biol* **equatorial plate,** plaque équatoriale.

equilenin, *n Ch* équilénine *f.*

(+)-equilenin, *n Ch* (+)-équilénine *f.*

equilibrate, *vtr Ch Ph* équilibrer.

equilibration, *n Ch Ph* équilibrage *m.*

equilibrium, *n* équilibre *m*; **equilibrium of component forces,** équilibre des forces composantes; *Ph* **equilibrium potential,** potentiel *m* d'équilibre; *Ch* **equilibrium conditions,** conditions *fpl* d'équilibre; **equilibrium constants of reaction,** constantes *fpl* d'équilibre des réactions; **chemical equilibrium,** équilibre chimique; **entropy and equilibrium,** entropie *f* et équilibre; **homogenous equilibrium,** équilibre homogène; **heterogeneous equilibrium,** équilibre hétérogène; **ionic equilibrium,** équilibre ionique; **membrane equilibrium,** équilibre de la membrane; **photochemical equilibrium,** équilibre photochimique; **radioactive equilibrium,** équilibre radioactif; *Geol* **soil equilibrium,** équilibre pédologique.

equilin, *n Ch* équiline *f.*

equimolecular, *a Ch* équimoléculaire.

equipartition, *n Ph* équipartition *f*; **equipartition of energy,** équipartition de l'énergie.

equipotential, *a El* équipotentiel.

equitant, *a Bot* (*of leaves*) chevauchant, équitant; condupliqué.

equivalence, *n Ch Ph* équivalence *f*; **equivalence point,** pointe *f* d'équivalence; **equivalence ratio,** rapport *m* stœchiométrique (mélange air-carburant).

equivalent, *a & n* équivalent (*m*); *Ph* **mechanical equivalent of heat, Joule's equivalent,** équivalent mécanique de la chaleur; équivalent calorifique; *Ch* **equivalent conductance, conductivity,** conductance, conductivité, équivalente.

equivalve, *a Moll* équivalve.

Er, *symbole chimique de l'*erbium.

erbium, *n Ch* (*symbole* Er) erbium *m.*

erect, *a* droit.

erectile, *a* érectile.

erection, *n* érection *f.*

erector, *n Z* (*a*) muscle *m* érecteur; (*b*) inverseur *m* (optique).

erepsin, *n BioCh* érepsine *f.*

erg, *n PhMeas* erg *m*; dyne *f* centimètre.

ergastoplasm, *n Biol* ergastoplasme *m.*

ergmeter, *n Ph* ergmètre *m.*

ergometer, *n Physiol* ergomètre *m.*

ergon, *n PhMeas* = **erg.**

ergosterol, *n Ch* ergostérol *m.*

ergot, *n Biol* ergot *m* (de seigle, de blé); *Ch* **ergot alkaloids,** alcaloïdes *mpl* de l'ergot.

ergotamine, *n Ch Pharm* ergotamine *f.*

ergotinine, *n Ch* ergotinine *f.*

erianthous, *a Bot* érianthe.

ericaceous, *a Bot* éricacé.

ericeticolous, *a Bot* éricicole.

ericoid, *a Bot* éricoïde.

erinite, *n Miner* érinite *f.*

erode, *vtr Geol Ph* éroder.

erosion, *n Geol Ph* érosion (éolienne, glaciaire, fluviale); usure *f*; corrosion *f*; **differential erosion,** érosion différentielle; **lateral erosion,** érosion latérale.

erubescite, *n Miner* érubescite *f*, bornite *f.*

erucic, *a Ch* érucique.

eruciform, *a Z* éruciforme.

eruptive, *a Geol* éruptif.

erythrin, *n Ch* érythrine *f.*

erythrism, *n Z* érythrisme *m.*

erythrite, *n* **1.** *Miner* érythrine *f*, cobaltocre *m*; cobalt arséniaté. **2.** *Ch* érythrite *f.*

erythritol, *n Ch* érythritol *m.*

erythroblast, *n Physiol* érythroblaste *m*; hématie nucléée.

erythrocarpous, *a Bot* érythrocarpe.

erythrocyte, *n Physiol* érythrocyte *m*, hématie *f*, globule *m* rouge.

erythrocytolysis, *n Physiol* érythrolyse *f*, hémolyse *f.*

erythron, *n Z* ensemble *m* de la lignée des globules rouges et de leurs précurseurs dans les organes embryonnaires.

erythrophage, *n Z* érythrophage *m.*

erythrophilous, *a Biol* érythrophile.

erythropoiesis, *n Physiol* érythropoïèse *f.*

erythropoietin, *n Physiol* érythropoïétine *f.*

erythropsin, *n Ch* pourpre rétinien.
erythrose, *n Ch* érythrose *m*.
erythrosiderite, *n Miner* érythrosidérite *f*.
erythrosine, *n Ch* érythrosine *f*.
erythrozincite, *n Miner* érythrozincite *f*.
erythrulose, *n Ch* érythrulose *m*.
Es, *symbole chimique de* l'einsteinium.
eschynite, *n Miner* œschynite *f*.
esculetin, *n BioCh* esculétine *f*.
esculin, *n Ch* esculine *f*.
eserine, *n Ch* ésérine *f*.
(−)-eserine, *n Ch* (−)-ésérine *f*.
essential, *a* **essential oil,** huile essentielle.
essonite, *n Miner* essonite *f*.
ester, *n Ch* ester *m*.
esterase, *n BioCh* estérase *f*.
esterification, *n Ch* estérification *f*.
esterify, *vtr Ch* estérifier.
estival, *a Bot etc* estival, -aux.
estivation, *n Bot Z* estivation *f*.
estr-, *pref* = **oestr-**.
estuarine, *a Biol* estuarien.
etaerio(n), *n Bot* étairion *m*.
ethal, *n Ch* éthal *m*.
ethanal, *n Ch* éthanal *m*.
ethane, *n Ch* éthane *m*.
ethanethiol, *n Ch* éthanethiol *m*.
ethanoic, *a Ch* **ethanoic acid,** éthanoïque *m*.
ethanol, *n Ch* éthanol *m*.
ethanolamine, *n Ch* éthanolamine *f*.
ethanolysis, *n Ch* éthanolyse *f*.
ethene, *n Ch* éthène *m*, éthylène *m*.
ether, *n* éther *m*. **1.** *Ch* **cellulose ether,** éther de cellulose; **sulfuric ether,** éther sulfurique, ordinaire; **methyl ether,** éther méthylique; **petroleum, petrolic, ether,** éther de pétrole. **2.** *Ph* **waves in the ether,** ondes *fpl* de l'éther; **ether drift,** mouvement relatif de la terre et de l'éther.
ethereal, *a Ch* (*a*) (*of liquid*) éthéré, volatil; **ethereal oil,** huile essentielle; (*b*) **ethereal salt,** éther composé, ester *m*.
ethionic, *a Ch* (acide) éthionique.
ethmoid, *a & n Anat Z* (os) ethmoïde, cribleux; **the ethmoid (bone),** l'(os *m*) ethmoïde (*m*).
ethmoidal, *a* ethmoïdal, -aux, ethmoïdien.
ethnography, *n* ethnographie *f*.
ethnology, *n* ethnologie *f*.
etholide, *n Ch* étholide *m*.
ethological, *a* éthologique.
ethologist, *n* éthologue *mf*, éthologiste *mf*.
ethology, *n* éthologie *f*.
ethoxide, *n Ch* éthylate *m*; **sodium ethoxide,** éthylate de sodium.
ethoxyl, *n Ch* éthoxyle *m*.
ethyl, *n Ch* éthyle *m*; **ethyl oxide,** étheroxyde *m*, éther sulfurique, ordinaire; **ethyl alcohol,** alcool *m* éthylique; **ethyl acetate, bromide,** acétate *m*, bromure *m*, d'éthyle; **ethyl cellulose,** éthylcellulose *f*; **ethyl mercaptan,** éthylmercaptan *m*.
ethylamine, *n Ch* éthylamine *f*.
ethylaniline, *n Ch* éthylaniline *f*.
ethylate[1], *n Ch* éthylate *m*; **vanadium ethylate, sodium ethylate,** éthylate de vanadium, de sodium.
ethylate[2], *vtr Ch* éthyler.
ethylation, *n Ch* éthylation *f*.
ethylbenzene, *n Ch* éthylbenzène *m*.
ethylene, *n Ch* éthène *m*, éthylène *m*; **ethylene hydrocarbons,** carbures *mpl* éthyléniques; **ethylene oxide,** oxyde *m* d'éthylène; **ethylene glycol,** éthylène glycol; **ethylene diamine,** éthylène diamine; **ethylene dithiol,** éthylène-dithiol *m*.
ethylenic, *a Ch* éthylénique.
ethylic, *a Ch* éthylique.
ethylidene, *n Ch* éthylidène *m*; **ethylidene (di)chloride,** dichloréthane *f*.
ethylin, *n Ch* éthyline *f*.
ethylmorphine, *n Ch* éthylmorphine *f*.
ethylphenylketone, *n Ch* éthylphénylcétone *f*.
ethylsulfuric, *a Ch* éthylsulfurique.
ethylurethane, *n Ch* éthyluréthane *m*.
etiolate, *vi Bot* s'étioler.
etiolation, *n Bot* étiolement *m*, chlorose *f*.
Eu, *symbole chimique de l*'europium.
eubacteria, *npl Microbiol* eubactéries *fpl*.
eucairite, *n Miner* eucaïrite *f*, eukaïrite *f*.
eucalyptol, *n Ch* eucalyptol *m*.
eucaryotic, *a BioCh Biol* eucaryotique.
eucephalous, *a Z* eucéphale.

euchroite, *n Miner* euchroïte *f.*
euchromatin, *n BioCh* euchromatine *f.*
euchromosome, *n Biol* euchromosome *m.*
euclase, *n Miner* euclase *f.*
eucolite, *n Miner* eucolite *f.*
eucrasite, *n Miner* eucrasite *f.*
eucryptite, *n Miner* eucryptite *f.*
eudialyte, *n Miner* eudialyte *f.*
eudidymite, *n Miner* eudidymite *f.*
eudiometer, *n Ch* eudiomètre *m.*
eudiometric, *a* eudiométrique.
eudiometry, *n* eudiométrie *f.*
eugenesis, *n Biol* eugénésie *f.*
eugenic, *a* eugénésique.
eugenics, *n* eugénique *f*, eugénisme *m.*
eugenin, *n Ch* eugénine *f.*
eugenol, *n Ch* eugénol *m.*
euglobulin, *n BioCh* euglobine *f*, euglobuline *f.*
eukairite, *n Miner* eukaïrite *f*, eucaïrite *f.*
eukaryotic, *a BioCh Biol* = **eucaryotic.**
eukolite, eukolyte, *n Miner* eucolite *f.*
eulytine, eulytite, *n Miner* eulytène *f*, eulytine *f*, eulytite *f.*
eumelanin, *n BioCh* eumélanine *f.*
euosmite, *n Miner* euosmite *f.*
euplastic, *a* euplastique.
euploid, *n Biol* euploïde *m.*
eurite, *n Miner* eurite *f.*
europic, *a Ch* europique.
europium, *n Ch* (*symbole* Eu) europium *m.*
europous, *a Ch* europeux.
euryhaline, *a* euryhalin, halotolérant.
euryphagic, euryphagous, *a* euryphage.
eurythermal, eurythermic, eurythermous, *a Biol* eurytherme.
Eustachian, *a Anat Z* **Eustachian tube,** trompe *f* d'Eustache; **Eustachian valve,** valvule *f* d'Eustache.
eusynchite, *n Miner* eusynchite *f.*
eutectic, *a & n Ch* eutectique (*m*); **eutectic point,** pointe *f* eutectique; **eutectic structures,** structures *fpl* eutectiques.
eutexia, *n Ch* eutexie *f.*
euthenics, *n Biol* etude *f* de l'amélioration raciale par le milieu ambiant.
Eutheria, *npl Z* euthériens *mpl.*
eutrophic, *a Biol* eutrophique.
eutrophy, *n Biol* eutrophie *f.*
euxenite, *n Miner* euxénite *f.*
eV, *abbr electron-volt*, électron-volt, eV.
evaginate, *a Bot* évaginulé.
evagination, *n Bot* évagination *f.*
evanescent, *a Bot* évanescent.
evansite, *n Miner* évansite *f.*
evaporable, *a Ph* évaporable.
evaporate 1. *vtr* (faire) évaporer (un liquide); réduire (un liquide) par évaporation. **2.** *vi* (*of liquids, etc*) s'évaporer, se vaporiser; (*of acid*) se volatiliser.
evaporating, *n* (appareil, etc) évaporatoire.
evaporation, *n* évaporation *f*, vaporisation *f* (d'un liquide); volatilisation *f* (d'un acide, etc); **vacuum evaporation,** évaporation sous vide; *Ch* **batch evaporation,** évaporation discontinue; *Ph* **evaporation point,** point *m* de vaporisation.
evaporative, *a* (procédé) évaporatif; (pouvoir) vaporisateur (d'un combustible, etc).
evaporator, *n Ch* évaporateur *m*; **vacuum evaporator,** évaporateur à vide.
evaporimeter, evaporometer, *n Ph* évaporimètre *m*, évaporomètre *m.*
evection, *n Bot* évection *f.*
event, *n Ch Ph* phénomène *m.*
even-toed, *a Z* paradigit(id)é.
evergreen 1. *a Bot* à feuilles persistantes. **2.** *n* (*a*) arbre (toujours) vert, à feuilles persistantes; (*b*) *pl* **evergreens,** plantes vertes, à feuilles persistantes.
everted, *a Biol* éversé.
eviscerate, *vtr Z* éviscérer, éventrer.
evocation, *n Biol* évocation *f.*
evolute, *a Bot* retourné, exvoluté.
evolution, *n* **1.** *Biol* évolution *f*, développement *m* (d'une espèce, etc); **factor of evolution,** facteur *m* d'évolution. **2.** *Ch Ph* dégagement *m* (de chaleur, de lumière).
evolutionary, *a Biol* évolutionnaire, évolutif.
evolutionism, *n Biol* évolutionnisme *m.*
evolve 1. *vtr* (*a*) *Ch* dégager (de la chaleur,

un gaz, etc); développer (par évolution). **2.** *vi* (*a*) (*of gas, heat, etc*) se dégager; (*b*) (*of race, etc*) se développer, évoluer.
exalbuminous, *a Bot Biol* exalbuminé.
exarate, *a Ent* (chrysalide) libre.
exasperate, *a* irrité.
excaudate, *a Z* = **ecaudate.**
excentric, *a* excentrique.
exchange, *n Ph etc* échange *m*; **chemical exchange,** échange chimique.
exchanger, *n Ch Ph* échangeur *m*; **heat exchanger,** échangeur de chaleur, thermique, de température.
excise, *vtr Med* exciser.
excitability, *n Physiol* excitabilité *f*.
excitation, *n Physiol* excitation *f*.
excite, *vtr Anat* exciter; stimuler.
exclusion, *n Ph* **exclusion principle,** principe *m* d'exclusion *f*; **diagnosis by exclusion,** diagnostic *m* par élimination.
excrescence, *n* excroissance *f*; *Bot* (*round tree trunk*) bourrelet *m*, loupe *f*.
excrescent, *a* qui forme une excroissance.
excreta, *npl* excréta *mpl*, excrétions *fpl*.
excrete, *vtr* excréter; (*of plant*) sécréter (un suc, etc).
excretion, *n* excrétion *f*; sécrétion *f* (d'une plante).
excretive, excretory 1. *a* excréteur; excrétoire. **2.** *n* **excretory,** organe excréteur.
excurrent, *a* **1.** (canal, etc) de sortie. **2.** *Bot* (*of stem, etc*) excurrent.
excurvation, *n Biol* gibbosité *f*.
exencephalus, *n Z* exencéphale *m*.
exfoliate, *vi Bot Geol* s'exfolier, se desquamer.
exfoliation, *n* (*a*) *Bot Geol* exfoliation *f*; desquamation *f* (en écailles); (*b*) *Anat* squame *f* (d'un os).
exhalation, *n Z* exhalation *f*; expiration *f*.
exine, *n Bot* exine *f*.
exocardiac, *a* exocardiaque.
exocarp, *n Bot* épicarpe *m*.
exocrine, *a Physiol* **exocrine gland,** glande *f* exocrine, glande à sécrétion externe.
exocytosis, *n Z* prolapsus *m* de la vessie.
exoderm(is), *n Bot* exoderme *m*.
exodic, *a* efférent.
exogamic, exogamous, *a Biol* exogame.
exogamy, *n Biol* exogamie *f*.
exogen, *n Bot* plante *f* exogène; exogène *m*.
exogenous, *a Biol* exogène.
exogynous, *a Bot* exogyne.
exoplasmic, *a Biol* (substance) exoplasmique.
exopodite, *n Crust Z* exopodite *m*.
exopterygotic, *a Z* exoptérygote.
exor(r)hiza, *n Bot* plante *f* exor(r)hize.
exor(r)hizal, *a Bot* exor(r)hize.
exoskeleton, *n Z* exosquelette *m*.
exosmosis, *n Ch Ph* exosmose *f*.
exosmotic, *a Ph* exosmotique.
exospore, *n Bot* exospore *m*.
exosporous, *a Bot* exosporé.
exostome, *n Bot* exostome *m*.
exostosis, *n Bot* exostose *f*.
exothecium, *n Bot* exothèque *f*.
exothermic, *a Ch* (réaction, etc) exothermique.
exotic, *n Bot* plante *f* exotique.
exotoxin, *n Bac* exotoxine *f*.
exotype, *n Biol* exotype *m*.
expand, *vi* (*of earth, lime, etc*) foisonner.
expansibility, *n Ph* expansibilité *f* (d'un gaz, etc).
expansion, *n* **1.** (*making larger*) dilatation *f* (d'un gaz, d'un métal). **2.** (*becoming larger*) expansion *f*; dilatation (d'un gaz, d'un métal, etc); foisonnement *m* (de la chaux vive, etc); *Ph* **coefficient of expansion,** coefficient *m* de dilatation; **cubic expansion,** dilatation cubique; **linear expansion,** dilatation linéaire; **heat expansion,** dilatation thermique; **expansion ratio,** rapport *m* d'évasement (d'une tuyère, d'un diffuseur, etc).
expansive, *a* (*of gas, etc*) expansible, expansif, dilatable.
experiment, *n* expérience *f*; **chemical experiment,** expérience de chimie; **to make, carry out, an experiment,** faire, procéder à, une expérience.
experimental, *a* expérimental, -aux; d'expérience; **experimental laboratory,** laboratoire *m* d'expériences; **experimental**

physics, physique expérimentale; **experimental research,** recherche (expérimentale); **experimental determination of melting point,** détermination expérimentale du point de fusion.
expiration, *n Physiol* expiration *f*.
expiratory, *a* expirateur.
explant, *n Biol* explant *m*.
explode, *vi* faire explosion.
explosion, *n Ch* explosion *f*; **first order explosion,** explosion de premier ordre; **second order explosion,** explosion de deuxième ordre; **explosion by influence,** explosion sympathique; **gaseous explosion,** déflagration *f* (d'un gaz); **fire-damp explosion,** coup *m* de feu; **explosion chamber,** chambre *f* d'explosion.
explosive 1. *a* explosif; *Ch* **explosive mixture,** gaz tonnant, mélange tonnant. **2.** *n Ch* explosif *m*; **dynamite explosive,** explosif à la nitroglycérine; **safety explosive,** explosif de sûreté; **mixed explosive,** explosif mixte; **high explosive,** explosif puissant.
exponential, *a Ph Rad-A* **exponential decay,** désintégration exponentielle.
expressivity, *n Biol* expressivité *f*.
exsanguinate, *vtr Physiol* rendre exsangue.
exsanguination, *n Physiol* l'acte *m* de rendre exsangue.
exsection, *n Physiol* excision *f*.
exsert(ed), *a Biol* (aiguillon, etc) ex(s)ert.
exsertile, *a Biol* ex(s)ertile.
exsiccation, *n Biol* exsiccation *f*; dessiccation *f*.
exstipulate, *a Bot* sans stipules.
extensile, *a Z* extensile; **with an extensile tongue,** extensilingue.
extensor, *n Biol* extenseur.
exteroceptive, *a Physiol* extéroceptif.
exteroceptor, *n Physiol* extérocepteur *m*.
extinct, *a Biol* disparu.
extinction, *n Biol* extinction *f*; disparition *f*.
extine, *n Bot* exine *f*.
extra-axillary, *a Bot* extra-axillaire.
extracapsular, *a* extracapsulaire.
extracellular, *a Biol* extra(-)cellulaire.
extract¹, *n Ch* extrait *m*.
extract², *vtr Ch* extraire (par distillation, etc).
extraction, *n Ch* extraction *f*; **absorption, solvent, extraction,** extraction par absorption, par solvant.
extra-embryonic, *a Embry* extra-embryonnaire; **extraembryonic membranes,** membranes *fpl* extra-embryonnaires.
extrafoliaceous, *a Bot* extrafoliacé, extrafolié.
extra-hepatic, *a* extrahépatique.
extranuclear, *a* extranucléaire.
extrauterine, *a Z* extra-utérin.
extravaginal, *a* extravaginal, -aux.
extravasation, *n* extravasation *f*.
extraventricular, *a* extraventriculaire.
extremity, *n* extrémité *f*.
extrorse, *a Bot* (anthère) extrorse.
exuviable, *a Z* exuviable.
exuviae, *npl Anat Z* exuvie *f*; *Z* dépouille(s) *f(pl)* (de serpent, d'insecte, etc).
exuvial, *a Z* exuvial, -aux.
exuviate *Z* **1.** *vi* changer de peau, de carapace; se dépouiller. **2.** *vtr* dépouiller (sa peau, etc).
exuviation, *n Z* exuviation *f*; (*of insects, etc*) mue *f*.
eye, *n* **1.** œil *m*; *Z* **simple eye,** ocelle *m*, stemmate *m*; **compound eye,** œil *m* composé. **2.** *Z Orn* ocelle *m* (d'aile de papillon, de plume d'oiseau). **3.** *Bot* œil (d'une plante).
eyeball, *n* globe *m* oculaire.
eyebath, *n* œillère *f*.
eyed, *a* (*of feather*) ocellé; (*of insect's wing, etc*) ocellé, moucheté, tacheté.
eyelash, *n* cil *m*.
eyelid, *n Anat Z* paupière *f*.
eyepiece, *n Ph* verre *m* oculaire.
eyespot, *n* ocelle *m* (de mollusque, etc).
eyespotted, *a Biol* ocellé.
eyestalk, *n Z* pédoncule *m* de l'œil.
eyestrain, *n* **to suffer eyestrain,** avoir les yeux fatigués.
eyetooth, *pl* **-teeth,** *n* (dent) œillère (*f*), (dent) canine (*f*).

F

F, (*a*) *Ch Ph symbole de l'*énergie libre; (*b*) *Ph symbole du* farad; (*c*) *Ch symbole chimique du* fluor.

F_1, symbole de la première génération filiale, à cause d'une première hybridation.

F_2, F_3, *etc,* se rapportant aux générations consécutives, attribuable à F_1.

facet, *n Z* facette *f.*

facial, *a Z* facial, -aux.

facies, *n* faciès *m* (d'une plante, d'un groupe de strates).

factor, *n* facteur *m*; *Biol* déterminant *m*; **hereditary factor,** facteur d'hérédité; *Bot* **growth factor,** facteur de croissance; *Bac* **bursting factor,** facteur déchaînant.

factorial, *n Stat* factorielle *f*; **factorial analysis,** analyse *f* factorielle (des gènes).

facula, *pl* **-ae,** *n Astr* facule *f.*

facultative, *a Bac* facultatif.

faecal, *a* fécal, -aux.

faeces, *npl* **1.** *Ch* fèces *fpl.* **2.** *Physiol* fèces; matières fécales.

fahler(t)z, *n Miner* cuivre gris, panabase *f.*

Fahrenheit, *Prn Ph* **Fahrenheit scale,** échelle *f* Fahrenheit.

fairfieldite, *n Miner* fairfieldite *f.*

falcate, *a Biol* falciforme, falqué.

falciform, *a Biol* falciforme.

falculate, *a Orn* falculaire.

Fallopian, *a Anat Z* **Fallopian tube,** trompe *f* de Fallope, oviducte *m.*

fallout, *n Ph* retombées (radioactives).

famatinite, *n Miner* famatinite *f.*

family, *n Biol* famille *f* (de plantes, etc); *Ch* **collateral family,** famille collatérale.

fang, *n Z* croc *m* (du loup); **poison fang,** crochet venimeux (de vipère).

farad, *n Ph* (*symbole* F) farad *m.*

faradaic, faradic, *a El* faradique.

Faraday[1], *Prn Ch* **Faraday's law of electrolysis,** loi *f* de Faraday d'électrolyse.

faraday[2], *n Ph* faraday *m.*

farinaceous, *a Bot* farineux, farinacé.

farinose, *a Bot* farineux.

farnesol, *n Ch* farnésol *m.*

fascia, *pl* **-iae,** *n* fascie *f*, bande *f* de couleur.

fasciated, *a* (*a*) rayé; (*b*) *Bot* fascié; **fasciated stem,** tige fasciée; fascie *f*; (*c*) *Bot* (feuilles) fasciculées.

fasciation, *n Bot* fasciation *f.*

fascicle, fascicule, fasciculus, *n Bot* fascicule *m.*

fasciola, *n Anat* fasciola *f*, fasciole *f.*

fassaite, *n Miner* fassaïte *f.*

fast, *a Ch* (*of colours*) résistant.

fastigiate, *a Bot* fastigié.

fat, *n* (*a*) graisse *f*; **fats,** matières grasses; **animal, vegetable, fat,** graisse animale, végétale; (*b*) **fat metabolism,** métabolisme *m* lipidique, des lipides; **melting point of fat,** point *m* de fusion des lipides; **saponification of fat,** saponification *f* lipidique.

fat-soluble, *a* liposoluble.

fatty, *a* (*a*) (*of matter, deposit, etc*) graisseux, onctueux, oléagineux; **fatty foods,** aliments gras; (*b*) (*of soil, etc*) gras; **fatty clay,** argile grasse, plastique; **fatty oil,** huile *f* fixe; *Ch* **fatty acid,** acide gras; **fatty series,** série grasse; (*c*) (*of tissue, membrane, etc*) adipeux.

fauces, *npl Z* gosier *m*; *Anat* fosse gutturale.

faujasite, *n Miner* faujasite *f.*

fault[1], *n Geol* faille *f*; géoclase *f*; paraclase *f*; *Min* barle *f*; **step fault,** faille à gradins; **trough fault,** fosse *f* d'effondrement; **distributive fault,** faille en gradins, en escalier; **transverse fault,** décrochement *m*; **pivotal fault,** faille à charnière; **reverse(d), overlap, fault,** faille inverse; **dip fault,** faille de plongement; **upthrow fault, thrust**

fault, faille de chevauchement; pli-faille *m*; **downthrow fault,** faille d'effondrement, d'affaissement; **strike lip fault,** faille horizontale de décrochement; **lateral shearing fault,** faille à rejet horizontale; **collapsed fault,** faille serrée; **rejuvenated fault,** faille rajeunie; **fault line,** ligne *f* de faille; **fault plane,** plan *m* de faille; **fault scarp,** escarpement *m*, ressaut *m*, de faille.

fault[2] **1.** *vtr* disloquer (les couches); **faulted monocline,** flexure faillée; **faulted anticline,** pli-faille *m*. **2.** *vi* (*of strata*) se disloquer.

faulted, *a Geol* faillé.

fauna, *pl* **-as, -ae,** *n* faune *f* (d'une région, d'un pays).

faunal, *a* faunistique.

faunist, *n* zoogéographe *mf*.

faunistic, *a* faunistique.

faveolate, *a* favéolé; en nid d'abeilles.

faveolus, *pl* **-li,** *n* favéole *f*; alvéole *m or f*.

fayalite, *n Miner* fayalite *f*.

Fe, *symbole chimique du* fer.

feather, *n Orn* plume *f*; **down feather,** plumule *f*; **pen feather,** rémige *f*; **long wing feather, contour feather, pen feather,** penne *f*.

feature, *n* trait *m*, caractéristique *f*.

febrifuge, *a & n Physiol* fébrifuge (*m*).

febrifugine, *n Ch* fébrifugine *f*.

fecundation, *n Biol* fécondation *f*.

fecundity, *n Z* fécondité *f*.

feedback, *n* feedback *m inv*, rétroaction *f*; **positive feedback,** rétroaction positive; **negative feedback,** rétroaction négative.

feed-stuff, *n Biol Nut* pâtée *f*.

feeler, *n Z* corne *f* (d'escargot); palpe *f* (d'insecte, d'annélide, de crustacé).

Fehling, *Prn BioCh* **Fehling's test,** épreuve *f* de Fehling; **Fehling's solution,** liqueur *f* de Fehling.

feldspar, feldspath, *n Miner* feldspath *m*; **glassy feldspar,** sanidine *f*; **triclinic feldspar,** plagioclase *f*; **white feldspar,** albite *f*; **lime soda feldspar,** feldspath calcosodique.

feldspathic, *a* (*of rocks, etc*) feldspathique; à feldspath.

feldspathization, *n Miner* feldspathisation *f*.

feldspathoid, *n Miner* feldspathoïde *m*, feldspathide *m*.

felsite, *n Miner* felsite *f*, pétrosilex *m*.

felsitic, *a Geol* pétrosiliceux.

felsobanyite, *n Miner* felsobanyite *f*.

felspar, *etc* = **feldspar,** *etc*.

felstone, *n Miner* feldspath *m* amorphe.

female, *a & f* (*of animals, plants*) femelle; *Bot* **bearing female flowers,** féminiflore.

femoral, *a Anat Z* fémoral, -aux.

femur, *n Anat Z* fémur *m*.

fen, *n* marais *m*.

fenchene, *n Ch* fenchène *m*.

fenchone, *n Ch* fenchone *f*.

(±)-fenchone, *n Ch* (±)-fenchone *f*.

fenchyl, *n Ch* fenchyle *m*; **fenchyl alcohol,** fenchol *m*, alcool *m* fenchylique.

fenestra, *n Anat Z* fenêtre *f*; **fenestra ovalis,** fenêtre ovale.

fenestrate, *a Z* fenestré; **fenestrate membrane,** gaine *f* lamellaire.

feral, *a Z* sauvage.

ferberite, *n Miner* ferbérite *f*.

ferg(h)anite, *n Miner* ferghanite *f*.

fergusonite, *n Miner* fergusonite *f*.

ferment[1], *n* fermentation *f*, ferment *m* (des liquides).

ferment[2] **1.** *vi* (*a*) (*of liquids, etc*) fermenter; (*of wine*) travailler; (*of beer*) guiller; (*of cereals*) s'échauffer; (*b*) *Dy* venir en adoux. **2.** *vtr* (*a*) faire fermenter (un liquide, etc); **to ferment wine,** cuver le vin; (*b*) (*of the sun, damp, etc*) échauffer (les céréales).

fermentation, *n* fermentation *f* (d'un liquide, etc); guillage *m* (de la bière); travail *m* (du vin); échauffement *m* (des céréales); **alcoholic fermentation,** fermentation alcoolique; **artificial fermentation,** fermentation artificielle; **deep fermentation,** fermentation par dépôt; **top fermentation,** fermentation haute (superficielle); **fermentation of bread,** fermentation panaire; **tea fermentation,** fermentation du thé.

fermentative, *a* fermentatif.

fermi, *n AtomPh Meas* fermi *m*.

fermion, *n AtomPh* fermion *m*.

fermium, *n Ch* fermium *m*.

fermorite, *n Miner* fermorite *f*.

ferrate, *n Ch* ferrate *m*.

ferredoxin, *n Ch* ferredoxine *f.*
ferri-, *pref Ch Miner* ferri-.
ferric, *a Ch* ferrique; **ferric ammonium salt,** sel *m* ferrico-ammonique.
ferricyanhydric, ferri(hydro)cyanic, *a Ch* (acide) ferricyanhydrique.
ferricyanide, *n Ch* ferricyanure *m*; **potassium ferricyanide,** prussiate *m* rouge.
ferricyanogen, *n Ch* ferricyanogène *m.*
ferriferous, *a Miner* ferrifère, ferreux.
ferrimagnetic, *a* ferrimagnétique.
ferrimagnetism, *n* ferrimagnétisme *m.*
ferrioxalic, *a Ch* (acide) ferrioxalique.
ferrite, *n Ch* ferrite *m.*
ferritin, *n Ch Physiol* ferritine *f.*
ferro-, *pref Ch Miner* ferro-.
ferro-alloy, *n Metall* ferro-alliage *m*; alliage ferreux.
ferro-aluminium, *n* ferro-aluminium *m.*
ferroboron, *n Metall* ferrobore *m.*
ferrocalcite, *n Miner* ferrocalcite *f.*
ferrochrome, ferrochromium, *n* ferrochrome *m.*
ferrocyanate, *n Ch* cyanoferrate *m.*
ferrocyanhydric, ferrocyanic, *a Ch* (acide) ferrocyanhydrique.
ferrocyanide, *n Ch* cyanoferrate *m*; **potassium ferrocyanide,** prussiate *m* jaune.
ferrocyanogen, *n Ch* ferrocyanogène *m*, cyanofer *m.*
ferroelectricity, *n Ph* ferroélectricité *f.*
ferromagnesian, *a Miner* ferromagnésien.
ferromagnetic, *a Ph* ferromagnétique.
ferromagnetism, *n Ph* ferromagnétisme *m.*
ferromanganese, *n Miner* ferromanganèse *m.*
ferromolybdenum, *n* ferromolybdène *m.*
ferronickel, *n* ferronickel *m*; **ferronickel alloys,** alliages *mpl* fer-nickel.
ferroprussiate, *n Ch* ferroprussiate *m.*
ferrosilicon, *n Metall* ferrosilicium *m.*
ferrosoferric, *a Ch* ferrosoferrique; **ferrosoferric oxide,** ferroferrite *f.*
ferrotitanium, *n Metall* ferrotitane *m.*
ferrotungsten, *n Miner* ferrotungstène *m.*
ferrous, *a Ch* (oxyde, carbonate, etc) ferreux; **ferrous sulfide,** pyrite *f* de fer.
ferrovanadium, *n Metall* ferrovanadium *m.*
ferruginous, *a Miner etc* (quartz, etc) ferrugineux.
fertile, *a* (œuf) fécondé, coché, productif, fertile.
fertilization, *n* fertilisation *f*, fécondation *f* (d'un œuf, etc); *Bot* pollinisation *f*; **double fertilization,** double fécondation; **self fertilization,** (i) *Biol* autofécondation *f*; (ii) *Bot* pollinisation directe.
fertilize, *vtr* fertiliser, féconder (un œuf, une plante, etc); **fertilized fruit,** fruit noué.
fertilizer, *n* **1.** agent fécondant. **2.** engrais *m*, fertilisant *m*, fertiliseur *m*; **artificial fertilizers,** engrais chimiques, artificiels.
fertilizin, *n Biol* fertilisine *f.*
ferulic, *a Ch* férulique.
fervanite, *n Miner* fervanite *f.*
fetlock, *n Z* fanon *m* (du cheval).
fibre, *n* **1.** *Z* fibre *f*; filament *m*; **muscle fibre,** fibre musculaire; **fibre cell,** fibre-cellule *f.* **2.** *Bot* radicelle *f.* **3.** *Miner* **glass fibre,** laine *f*, fibre, de verre. **4.** *Tex* **staple fibre,** fibranne *f*; **vulcanized fibre,** fibre vulcanisée.
fibriform, *a* en forme de fibres; fibreux.
fibril, *n*, **fibrilla,** *pl* **-ae,** *n Bot* fibrille *f.*
fibrillar, fibrillary, fibrillate(d), *a Bot* fibrillaire.
fibrillation, *n Physiol* fibrillation *f.*
fibrin, *n Ch Physiol* fibrine *f*; **fibrin ferment,** fibrin-ferment *m.*
fibrinogen, *n BioCh* fibrinogène *m.*
fibrinolysis, *n Physiol* fibrinolyse *f.*
fibroblast, *n Biol* fibroblaste *m.*
fibrocartilage, *n Z* fibro-cartilage *m.*
fibrocyte, *n Biol* fibrocyte *m.*
fibroferrite, *n Miner* fibroferrite *f.*
fibroid *Biol* **1.** *a* fibroïde. **2.** *n* fibrome *m.*
fibroin, *n Ch* fibroïne *f.*
fibrolite, *n Miner* fibrolite *f.*
fibroma, *pl* **-mata,** *n Biol* fibrome *m.*
fibroplastin, *n Z* paraglobuline *f.*
fibrous, *a* (tissu, etc) fibreux; *Bot* **fibrous root,** racine fasciculée, fibreuse; *Miner* **fibrous iron,** fer nerveux.
fibrovascular, *a Bot* (faisceau, etc) fibro(-)vasculaire.
fibula, *pl* **-as, -ae,** *n Anat Z* péroné *m.*

ficin, *n Ch* ficine *f*.
Fick, *Prn Ch* **Fick's law of diffusion**, loi *f* de Fick de la diffusion.
fidelity, *n Genet* fidélité *f*.
field, *n* (*a*) **field survey, study**, étude *f* sur le terrain, sur les lieux; **field botany, geology**, botanique *f*, géologie *f*, sur le terrain; (*b*) *Ph* champ *m*; **field theory**, théorie *f* de champ.
filament, *n Z etc* filament *m*, filet *m*, cil *m*; *Bot* filet (de l'étamine).
filamented, *a Biol* à filaments.
filial, *a Genet* **filial generation**, génération filiale; *see also* F_1.
filicic, *a Ch* filicique.
filiform, *a Z* filiforme; *Anat* **filiform papilla**, papille *f* filiforme.
fillet, *n Z* faisceau latéral oblique de l'isthme.
fillowite, *n Miner* fillowite *f*.
film, *n* (*a*) *Ch* pellicule *f*, couche *f*; *Ch Ph* feuil *m*; **adsorbed film**, pellicule adsorbée; **colloidal film**, pellicule colloïdale; **film structure**, structure *f* des pellicules; **film surface**, surface *f* des pellicules; (*b*) *Phot* film *m*, bande *f* pelliculaire.
filose, *a* à terminaison filiforme.
filter¹, *n* **1.** *Ch* filtre *m*; **carbon filter**, filtre à charbon; **vacuum filter**, filtre à vide. **2.** *Miner* **filter stone**, pierre *f* de liais.
filter², *vtr & i* filtrer.
filtering, *n* filtrage *m*.
filtrate, *n Ch etc* filtrat *m*.
filtration, *n* filtration *f*, filtrage *m*, épuration *f*.
fimbriate(d), *a Bot* fimbrié.
fimbrillate, fimbrillose, *a Bot* à fimbrilles.
fin, *n Z* nageoire *f* (du poisson); **abdominal fin**, nageoire abdominale; **anal fin**, nageoire anale; **caudal fin**, nageoire caudale; **dorsal, pectoral, ventral, fin**, nageoire dorsale, pectorale, ventrale.
finger, *n Anat* doigt *m*.
finnemanite, *n Miner* finnemanite *f*.
fiord, *n Geog* = **fjord**.
fiorite, *n Miner* (opale *f*) fiorite (*f*).
fireblende, *n Miner* pyrostilpnite *f*.
firebrick, *n Metall* brique *f* réfractaire.
firestone, *n Miner* pierre *f* à feu.
firn, *n* névé *m*.
first-order, *a Ch* **first-order reaction**, réaction *f* de premier ordre; **reversible first-order reaction**, réaction réversible de premier ordre.
fischerite, *n Miner* fischérite *f*.
fisetin, *n Ch* fisétin *m*.
fish, *n* poisson *m*; *Ch* **fish oil**, huile *f* de poisson.
fissile, *a* **1.** *Biol* fissile, scissile. **2.** *Ph* fissile, fissible. **3.** *Geol* lamelleux, lamellé.
fissilingual, *a Rept* fissilingue.
fission, *n* **1.** *Biol* fissiparité *f*, scissiparité *f*; **binary fission**, fissiparité binaire. **2.** *AtomPh* fission *f*; **spontaneous fission**, fission spontanée; **fast(-neutron) fission**, fission rapide, par neutrons rapides; **fission product**, produit *m* de fission.
fissionable, *a AtomPh* fissile, fissible.
fissiparism, *n Biol* fissiparité *f*, scissiparité *f*.
fissiparous, *a Biol* fissipare, scissipare.
fissiped, fissipedal, fissipedate, *a Z* fissipède.
fissirostral, *a Z* fissirostre.
fissuration, *n Geol etc* fissuration *f*.
fissure¹, *n Geol Z Anat* fissure *f*, fente *f*; *Geol* crevasse *f* (dans une roche, etc); **fault fissure**, cannelure *f*.
fissure², *vi* (*of rock, etc*) se fissurer, (se) crevasser, se fendre.
fistula, *n Z* fistule *f*.
fistulous, *a* fistuleux; *Bot* **fistulous stem**, tige fistuleuse.
fixation, *n* (*a*) *Ch* fixation *f* (du mercure, de l'huile, etc); (*b*) *Biol* opération par laquelle un tissu vivant est tué par un fixateur; **fixation of nitrogen**, fixation d'azote.
fixative, *n Biol* fixateur *m*.
fixed, *a Ch* **fixed oil, salt**, huile *f*, sel *m*, fixe.
fjeld, *n Geog* fjeld *m*.
fjord, *n Geog* fjord *m*, fiord *m*.
flabellate, flabelliform, *a Z* flabellé, flabelliforme.
flabellum, *pl* **-a**, *n Z* flabellum *m*.
flaccid, *a* flasque; mou.
flag, *n Orn* rémige *f*.
flagellar, *a Biol* flagellaire.
flagellate **1.** *a Biol* (*a*) flagellé; (*b*) flagel-

laire, flagelliforme. **2.** *n Prot* flagellé *m*, flagellate *m*.

flagelliform, *a* flagelliforme, flagellaire.

flagellum, *pl* **-a,** *n* **1.** *Bot* stolon *m*. **2.** *Biol* flagellum *m*, flagelle *m*.

flajolotite, *n Miner* flajolotite *f*.

flaky, *a* laminaire; *Geol* lamellé, lamelleux.

flame, *n Ch* flamme *f*; **low temperature flame,** flamme de la température basse; **luminous flame,** flamme éclairante; **naked flame,** flamme nue; **oxidizing flame,** flamme oxydante; **reducing flame,** flamme réductrice; **flame propagation rate,** vitesse *f* de propagation de la flamme; *Physiol* **flame cell,** cellule *f* néphrétique.

flapper, *n Crust* telson *m*.

flask, *n Ch* (i) fiole *f*; (ii) ballon *m*; **flat-bottomed flask,** ballon à fond plat; **volumetric flask,** fiole jaugée; **filter flask,** fiole à vide; **distillation flask,** ballon de distillation; **Dumas's flask,** ampoule *f* de Dumas; **specific density flask,** flacon *m* à densité.

flavan, *n Ch* flavane *m*.

flavanone, *n Ch* flavanone *f*.

flavanthrene, flavanthrone, *f Ch* flavanthrène *m*.

flavin, *n Ch* flavine *f*.

flavone, *n Ch* flavone *f*.

flavonol, *n Ch* flavonol *m*.

flavoprotein, *n BioCh* protéoflavine *f*.

flavopurpurin, *n Ch* flavopurpurine *f*.

flecked, *a* moucheté.

Fleming, *Prn Ph* **Fleming's left-hand, right-hand, rule,** règle *f* de la main gauche, droite.

flesh-eating, *a* carnivore.

fleshy, *a* (*of leaf*) charnu, succulent.

flexor, *n Biol* fléchisseur *m*.

flexuous, *a Biol* flexueux.

flexure, *n Geol* pli *m* (d'un seul versant); **flexure fault,** pli-faille *m*.

flinkite, *n Miner* flinkite *f*.

flint, *n* (*a*) *Miner* silex *m*; **horn flint,** silex corné; **rock flint,** silex noir; **flint clay,** argile *f* réfractaire, apyre; (*b*) caillou silicieux; pierre *f* à feu; (*c*) **flint glass,** flint(-glass) *m*; verre *m* de plomb.

flipper, *n Z* patte-nageoire *f*; nageoire *f* (de baleine, etc).

float, *n Algae* flotteur *m*.

floating, *a Bot* (*of leaf, plant*) nageant, natant.

floccose, *a Bot* floconneux.

flocculant, *n Ph* floculant *m*.

floccular, *a Z* se rapportant au lobule du pneumogastrique.

flocculate¹, *n Ph* floculé *m*.

flocculate², *vi Ch* floconner, floculer.

flocculating, *a Ph* **flocculating agent,** floculant *m*.

flocculation, *n* floculation *f*.

floccule, *n Ch etc* flocon *m*, micelle *f* (de précipité).

flocculent, flocculose, flocculous, *a* floculeux; floconneux.

flocculus, *pl* **-li,** *n* **1.** *pl* **flocculi,** *Ch* flocons *mpl*, précipité *m*. **2.** *Astr* **(solar) flocculi,** flocculi *mpl*. **3.** *Z* flocculus *m*; lobule *m* du pneumogastrique.

floccus, *pl* **-i,** *n* **1.** *Bot* (*a*) flocon *m* (de poils); (*b*) *pl* hyphes *mpl* (d'un champignon). **2.** *Z* duvet *m* (d'un oisillon encore sans plumes).

flock, *n* **1.** flocon *m* (de laine, de coton, etc). **2.** *pl* **flocks,** *Ch* flocons, précipité *m*.

flora, *pl* **-as, -ae,** *n* flore *f* (d'une région, d'un pays).

floral, *a* **1.** floral, -aux; *Bot* **floral leaf,** feuille florale. **2. floral zone,** zone végétale.

florencite, *n Miner* florensite *f*.

florescence, *n* fleuraison *f*, floraison *f*.

floret, *n Bot* fleuron *m*; **ligulate floret,** demi-fleuron *m*; **florets of the disk,** fleurs non rayonnantes (d'une composée); **florets of the ray,** fleurs extérieures, rayonnantes (d'une composée).

floriferous, *a Bot* florifère.

floriparous, *a Bot* floripare.

florula, florule, *n Bot* florule *f*.

floscular, *a Bot* flosculeux.

floscule, *n Bot* fleuron *m*.

flosculous, *a Bot* flosculeux.

flos ferri, *n Miner* flos-ferri *m*.

flow, *vi* (*of blood, air, etc*) circuler.

flower¹, *n* **1.** *Bot* fleur *f*; **in flower,** fleurissant. **2.** *Ch etc* **flowers of antimony, of sulfur,** fleur d'antimoine, de soufre.

flower², *vi* (*of plant*) fleurir, pousser des fleurs, être en fleur.

flower-bearing, *a Bot* florifère.
flowerhead, *n Bot* capitule *m*.
flowering 1. *a* **flowering plant, shrub,** plante *f*, arbrisseau *m*, à fleurs. **2.** *n* fleuraison *f*, floraison *f* (d'une plante).
flow(-)line, *n Geol* plan *m* d'écoulement; ligne *f* de flux (d'un glacier).
flowstone, *n Geol* plancher *m* stalagmitique; (dépôt *m* de) travertin (*m*).
fluate, *n Ch* fluate *m*.
fluctuation, *n Biol* fluctuation *f*.
fluellite, *n Miner* fluellite *f*.
fluid, *a & n Ch* fluide (*m*), liquide (*m*); **fluid state,** état *m* fluide.
fluke, *n Biol Z* trématode *m*, douve *f* (du foie).
fluoaluminate, *n Ch* fluoaluminate *m*.
fluoborate, *n Ch* fluoborate *m*.
fluobaric, *a Ch* fluoborique.
fluocerine, fluocerite, *n Miner* fluocérine *f*, fluocérite *f*, flucérine *f*.
fluophosphate, *n Ch* fluophosphate *m*.
fluor, *n Miner* = **fluorspar.**
fluoranthene, *n Ch* fluoranthène *m*.
fluoranthrene, *n Ch* fluoranthrène *m*.
fluorene, *n Ch* fluorène *m*.
fluorenone, *n Ch* fluorénone *f*.
fluorescein, *n Ch* fluorescéine *f*.
fluorescence, *n Ch Bot* fluorescence *f*.
fluorescent, *a Ch* fluorescent, au néon.
fluoridation, *n Ch* fluoration *f*, fluoruration *f*.
fluoride, *n Ch* fluorure *m*.
fluorimeter, *n Ch* fluoromètre *m*.
fluorimetry, *n Ch* fluorométrie *f*.
fluorine, *n Ch* (*symbole* F) fluor *m*.
fluorite, *n Miner* = **fluorspar.**
fluorocarbon, *n Ch* fluoroalkane *m*.
fluoroform, *a Ch* fluoroforme.
fluorspar, *n Miner* spath *m* fluor, spath fusible; chaux fluatée; fluorine *f*; **blue fluorspar,** saphir *m* femelle.
fluosilicate, *n Ch* fluosilicate *m*.
fluosilicic, *a Ch* (acide *m*) fluosilicique.
fluosulfonic, *a Ch* fluosulfonique.
fluviatile, *a Z* fluviatile.
fluvioglacial, *a Geol* (cailloutis, etc) fluvio(-)glaciaire.
fluviomarine, *a Geol* (dépôt) fluviomarin.
flux, *n Ph Med* flux *m*, évacuation *f*; *Ph* **flux density,** densité *f* de flux; densité, intensité *f*, du champs magnétique; **flux linkage,** couplage inductif; **flux meter,** fluxmètre *m*.
focal, *a Ph* focal, -aux; **focal depth,** profondeur focale; **focal length,** distance focale; **focal plane,** plan focal; **focal point,** point de vue; foyer *m*.
focus[1], *pl* **foci, focuses,** *n Mth etc* foyer *m*.
focus[2], *vtr* (*a*) concentrer (des rayons, des sons, etc); (*b*) mettre au point (un microscope, etc).
foetal, *a Biol* fœtal, -aux.
foetus, *pl* **-uses,** *n Biol* fœtus *m*.
foil, *n Tchn* feuille *f*, lame *f*.
fold, *n* **1.** *Anat* pli *m*, repli *m* (de la peau). **2.** *Geol* pli *m*, plissement *m*; **drag fold,** pli étiré; **over-thrust fold,** pli de chevauchement; **recumbent fold,** pli couché, de recouvrement; **synclinal fold,** charnière inférieure; **anticlinal fold,** charnière supérieure; **fold axis,** axe *m* du pli.
folded, *a Geol* plissé; **range of folded mountains,** chaîne plissée.
folding, *n Geol* plissement *m* (du terrain, d'une couche).
foliaceous, *a* **1.** *Bot* (thalle, etc) foliacé. **2.** (*of rock*) foliacé, feuilleté, à lames.
foliage, *n* feuillage *m*, frondaison *f*; **foliage leaf,** feuille verte, normale; **foliage plant,** plante *f* à feuillage.
foliar, *a Bot* foliaire.
foliate, *a Bot* (*a*) (*of stalk, etc*) feuillé, feuillu; (*b*) **five-foliate leaf,** feuille *f* à cinq folioles.
foliated, *a Geol etc* folié, feuilleté, lamellaire, lamellé, lamelleux; **foliated coal,** houille schisteuse; **foliated crystalline rocks,** roches cristallophylliennes.
foliation, *n* **1.** foliation *f*, feuillaison *f*, frondaison *f* (d'une plante). **2.** *Geol* écaillement *m*, foliation (d'une roche, etc); schistosité *f* (d'une roche); **close foliation,** fausse schistosité.
folic, *a BioCh* (acide) folique.
foliicolous, *a Ent Bot* foliicole.
folinic, *a Ch* (acide) folinique.
foliolate, *a Bot* foliolé.
foliole, *n Bot* foliole *f*; **palmate foliole,**

foliole palmée, en palme; **pedate foliole,** foliole pédalée.
foliolose, *a Bot* foliolé.
folium, *pl* **-ia,** *n Geol* feuillet *m* de schiste.
follicle, *n* **1.** *Anat Bot etc* follicule *m*; *Physiol* **follicle-stimulating hormone,** folliculo-stimuline *f.* **2.** *Ent* cocon *m.*
follicular, *a Anat Bot* folliculeux, folliculaire.
folliculated, *a Bot Ent* pourvu de follicules; folliculeux.
folliculin, *n Physiol* folliculine *f.*
folliculose, *a* ayant les follicules.
Fontana, *Prn Z* (*of eye*) **Fontana's spaces,** espaces *mpl* de Fontana.
fontanel, fontanelle, *n Anat Z* fontanelle *f.*
fonticulus, *n Anat Z* fontanelle *f.*
food, *n Biol Nut* nourriture *f,* aliments *mpl,* vivres *mpl*; *Physiol* **complete food,** aliment complet; **food chain, web,** chaîne nutritive, alimentaire; **food control,** ravitaillement *m*; **food material,** matière nutritive; **food value,** valeur nutritive.
foot, *pl* **feet,** *n* (*a*) *Anat Z* pied *m*; patte *f* (d'oiseau); (*b*) *Moll* langue *f* (de bivalve).
foot-plates, *npl Bot* pieds-plats *mpl.*
footstalk, *n Bot* pétiole *m.*
foramen, *n Biol Anat Z* trou *m*; orifice *m*; foramen *m*; **foramen caecum,** trou borgne; **foramen magnum,** trou occipital; **foramen ovale,** trou ovale; **foramen rotundum,** trou grand rond.
foraminulous, *a* muni de très petites ouvertures.
force, *n* **1.** *Ph* force *f*; **centrifugal force,** force centrifuge; **centripetal force,** force centripète; **accelerating force,** force accélératrice, d'accélération. **2.** *Ch* **force constant,** constante *f* de force.
forceps, *n Z* (*of lobster, etc*) pince *f.*
forearm, *n Z* avant-bras *m.*
forebrain, *n Anat Z* protencéphale *m*; cerveau antérieur.
forefeet, *npl Z* pattes *fpl* de devant.
forefinger, *n Z* index *m.*
forehead, *n Z* front *m.*
forelegs, *npl Z* pattes *fpl* de devant.
fore-milk, *n Z* colostrum *m.*
forficate, forficiform, *a* en forme de pince.
form, *n* (*a*) forme *f,* conformation *f,* configuration *f*; *Cryst* **crystal form,** forme cristalline; (*b*) *Biol* forme (spéciale) (d'une variété).
formal, *n Ch* formal *m.*
formaldehyde, *n Ch* formaldéhyde *m*; aldéhyde *m* formique; formol *m.*
formalin, *n Ch* (solution aqueuse de) formol *m.*
formamide, *n Ch* form(i)amide *m.*
formate, *n Ch* formiate *m.*
formation, *n* **1.** *Geol* formation *f*; terrain *m*; **granite formation,** formation, terrain, granitique. **2.** *Bot* formation (végétale).
formative, *a Bot* **formative region,** zone *f* d'accroissement; méristème *m.*
formazyl, *n Ch* formazyle *m.*
formic, *a Ch* (acide) formique.
formol, *n Ch* = **formaldehyde.**
formula, *pl* **-ae, -as,** *n* formule *f*; *Ch* **empiric formula,** formule empirique, brute; **structural formula,** formule développée; **constitutional formula,** formule de constitution; **graphic formula,** formule graphique; **rational formula,** formule rationnelle.
formulate, *vtr* formuler; **to formulate a law,** formuler une loi.
formyl, *n Ch* formyle *m.*
fornicate, *a Z* **fornicate convolution,** circonvolution *f* du corps calleux.
fornix, *pl* **-ices,** *n Bot* fornice *f.*
forsterite, *n Miner* forstérite *f.*
fossa, *pl* **-ae,** *n Anat Z* fosse *f*; fossette *f*; **canine fossa,** fosse canine; **nasal fossae,** fosses nasales; **sub-maxillary fossa,** fossette sous-maxillaire.
fossil 1. *n* fossile *m.* **2.** *a* fossile; **fossil flora,** flore *f* fossile; **fossil fuels,** combustibles *mpl* fossiles; **fossil man,** l'homme *m* fossile; **fossil soil,** paléosol *m.*
fossiliferous, *a* fossilifère.
fossorial, *a* (animal, insecte) fouisseur, fossoyeur; (membre, etc) destiné à creuser le sol.
fossula, *n Z* petite fosse.
fourchette, *n Z* fourchette *f.*
four-horned, *a Z* tétracère.
four-legged, *a Z* quadrupède.

fourmarierite, *n Miner* fourmariérite *f*.
four-toed, *a Z* tétradactyle.
fovea, *pl* **-eae,** *n Anat Z* fovéa *f*; fossette *f*, dépression *f*; **fovea centralis,** fovéa centrale; **fovea centralis retinae,** fovéa *f* centralis, tache *f* jaune, macula *f* lutea.
foveal, *a Anat* fovéal, -aux.
foveate, *a Z* ayant des fossettes, des cupules.
foveola, *pl* **-as, -ae,** *n Biol* fovéole *f*, petite fossette.
foveolate, *a Biol Bot* fovéolé.
fowlerite, *n Miner* fowlérite *f*.
foyaite, *n Geol* foyaïte *f*.
fraction, *n Ch* fraction *f* (de distillation).
fractional, *a Geol Ch* (*of crystallization, etc*) fractionné; **fractional distillation,** distillation fractionnée; fractionnement *m*.
fractionally, *adv Ch* (distiller) par fractionnement.
fractionate, *vtr Ch* fractionner (le pétrole, etc).
fractionating, *n Ch* fractionnement *m*; **fractionating column,** fractionnateur *m*.
fracture¹, *n Miner Geol* cassure *f*, fracture *f*; **fracture plane,** plan *m* de fracture, de cassure; **rock fracture,** lithoclase *f*.
fracture², *vi Geol* se fracturer.
fraenulum, fraenum, *n Anat Z* = **frenum.**
fragmental, fragmentary, *a Geol* clastique, détritique; **fragmental, fragmentary, deposition,** fragmentation *f*.
fragmentation, *n* fragmentation *f*; *Biol* **fragmentation of chromosomes,** fragmentation chromosomique; **nuclear fragmentation,** amitose *f*.
francium, *n Ch* francium *m*.
francolite, *n Miner* francolite *f*.
frangulin, *n Ch* franguline *f*.
franklinite, *n Miner* franklinite *f*.
free, *a* **1.** *Ch etc* (*of gas, acid, etc*) (à l'état) libre, non combiné; **free energy,** énergie *f* libre. **2.** *Biol* non combiné, mobile, doué de mouvement.
freedom, *n Ch* liberté *f*; **degrees of freedom,** degrés *mpl* de la liberté.
freezing, *n* **1.** (*becoming frozen*) congélation *f*, prise *f* (d'une rivière, etc); gel *m*; *Ch* **freezing point,** point *m* de congélation; **freezing point curves,** courbes *fpl* des points de congélation; **freezing point depression,** dépression *f* des points de congélation; **the thermometer is at freezing point,** le thermomètre est à glace, (*if centigrade*) à zéro. **2.** (*making frozen*) réfrigération *f* (d'un liquide, etc); congélation, frigorification *f* (de la viande, etc); **freezing mixture,** mélange réfrigérant. **3.** *Biol* **freezing microtome,** microtome *m* à congélation.
frenulum, *n Anat Z* = **frenum.**
frenum, *pl* **-a,** *n Anat Z* frein *m*, filet *m* (de la langue, etc).
freon, *n Ch* fréon *m*.
frequency, *n Ch Ph* fréquence *f*; **frequency modulation,** modulation *f* de fréquence; **frequency response,** réponse *f* à fréquence.
freshwater, *a* (poisson, etc) d'eau douce; *Biol* (poisson, plante) dulcaquicole; (mollusque) fluviatile.
Freundlich, *Prn Ch* **Freundlich's adsorption isotherm,** adsorption *f* isotherme de Freundlich.
friction, *n* **1.** *Med* friction *f*. **2.** *Ch Ph* frottement *m*; **internal friction,** frottement interne; **kinetic friction,** frottement cinétique; **rolling friction,** frottement de roulement; **sliding friction,** frottement de glissement; **speed of friction,** vitesse *f* de frottement; **static friction,** frottement statique.
friedelite, *n Miner* friedélite *f*.
fringed, *a Bot* fimbrié.
frond, *n Bot* fronde *f* (de fougère, d'algue).
frondescent, *a Bot* frondescent.
frondiferous, *a Bot* frondifère.
frondose, frondous, *a Bot* feuillu.
frons, *n* front *m* (de tête).
front, *n Meteor* **warm front, cold front,** front chaud, froid; *Ph* **wave front, front of wave,** front d'onde.
frontal, *a Z* frontal, -aux; **frontal bone,** os frontal; **frontal lobe,** lobe frontal; **frontal sinuses,** sinus frontaux.
frost-bite, *n Bot* congélation *f*.
fructan, *n Ch* fructosane *m*.
fructiferous, *a* fructifère, frugifère.
fructification, *n* fructification *f*; (i) production *f* de fruits; (ii) *Bot* organes reproducteurs (des cryptogames).

fructiform, *a* fructiforme, carpomorphe.
fructivorous, *a* frugivore.
fructosan, *n Ch* fructosane *m.*
fructose, *n Ch* fructose *m*; lévulose *m*; sucre *m* de fruit.
fructule, *n Bot* fructule *m.*
frugiferous, *a* frugifère.
frugivorous, *a Z* frugivore.
fruit, *n* fruit *m*; **stone fruit,** fruit à noyau; **dry fruit,** fruits secs; **fruit bud,** bourgeon *m* à fruit; **fruit tree,** arbre fruitier, à fruit; *Ch* **fruit sugar,** lévulose *m*; *Bac* **fruit body,** corps *m* fructifère.
fruit-bearing 1. *a* frugifère, fructifère; (arbre) fruitier. **2.** *n* fructification *f.*
fruit-eater, *n Z* frugivore *m.*
fruit-eating, *a Z* frugivore, carpophage.
fruiting, *a* (*of tree, stem, etc*) frugifère, fructifère; *Bac* **fruiting body,** corps *m* fructifère.
frumentaceous, *a Bot* frumentacé.
frusemide, *n Ch* frusemide *f.*
frustule, *n Algae* frustule *m* (d'une diatomée).
frutescent, *a Bot* frutescent.
fruticose, fruticulose, *a Bot* fruticuleux; **fruticose, fruticulose, lichens,** lichens fruticuleux.
fuchsin, *n Ch* fuchsine *f*; rubine *f.*
fuchsite, *n Miner* fuchsite *f.*
fuchsone, *n Ch* fuchsone *f.*
fucivorous, *a* qui se nourrit d'algues.
fucose, *n Ch* fucose *m.*
fucosterol, *n Ch* fucostérol *m.*
fucoxanthin, *n Ch* fucoxanthine *f.*
fugacious, *a Bot* caduc, *f* caduque; éphémère; fugace.
fugacity, *n Ph* fugacité *f.*
fulcrum, *pl* **-cra, -crums,** *n* **1.** *Ph Mec* pivot *m*, (point *m* d')appui *m.* **2.** *Biol* fulcre *m*, fulcrum *m.*
fulgurite, *n Geol* fulgurite *f.*
fuller's earth, *n Miner* terre savonneuse; terre à détacher, à foulon; marne *f* à foulon; glaise *f* à dégraisser; argile *f* smectique; smectite *f.*
fulminate[1], *n Ch* fulminate *m.*
fulminate[2], *vi Ch* fulminer.
fulmination, *n Ch* fulmination *f.*
fulminic, *a Ch* (acide) fulminique.
fulvene, *n Ch* fulvène *m.*
fumaric, *a Ch* (acide) fumarique.
fumarole, *n Geol* fumerolle *f.*
fumaroyl, fumaryl, *n Ch* fumaryle *m.*
fume, *n* fumée *f*, vapeur *f*, exhalaison *f*, exhalation *f*, gaz *m*; **fumes of sulphur,** vapeurs de soufre; *Ch* **fume chamber, fume cupboard,** sorbonne *f* (de laboratoire); **fume hood,** hotte *f*, auvent *m*, de laboratoire.
fumigant, *n* fumigant *m.*
fumigate, *vtr* exposer (qch) à la fumée; fumiger (qch); désinfecter par fumigation; **to fumigate with sulfur,** faire des fumigations de soufre.
fumigating 1. *a* (appareil, etc) fumigatoire. **2.** *n* = **fumigation.**
fumigation, *n* fumigation *f*; désinfection *f.*
fumigator, *n* appareil *m* fumigatoire.
function, *n Biol* fonction *f.*
functional, *a* fonctionnel; **functional disease,** trouble fonctionnel; *Ch* **functional group,** groupe fonctionnel.
fundament, *n Biol* fondement *m.*
fundamental, *a* fondamental, -aux; **fundamental tissue,** parenchyme *m.*
fundiform, *a* fondiforme.
fundus, *n Biol* base *f* d'un organe; fond *m.*
fungal, *a Bot* fongique.
fungicide, *n Ch* fongicide *m.*
fungiform, *a* fongiforme.
fungivorous, *a* fongivore, mycétophage.
fungoid, *a Bot* fongoïde; cryptogamique.
fungology, *n* mycologie *f.*
fungous, *a Bot* fongueux, fongoïde; **fungous growth,** excroissance fongueuse.
fungus, *pl* **-uses, -i,** *n* mycète *m*; champignon *m*; **smut, brand, fungi,** ustilaginales *fpl.*
fungus-dwelling, *a Bac* fongicole.
funicle, *n Bot Z* funicule *m*, cordon *m.*
funiculate, *a Bot* funiculé.
funiculus, *pl* **-i,** *n Bot Ent* funicule *m*, cordon *m.*
funiform, *a Miner Bot* funiforme.
funnel, *n* **1.** *Z* infundibulum *m.* **2.** entonnoir *m*; *Ch* **separating funnel,** ballon *m* de décantage.
fur, *n* **1.** *Z* poil *m.* **2.** *Physiol* enduit *m* de la langue, aspect suburral.

furan, furane, *n Ch* furan(n)e *m*, furfurane *m*.
furcal, *a Biol* fourchu.
furcate, *a Bot* fourché.
furcula, *n Z* crête *f* en forme de fer à cheval du larynx embryonnaire.
furculum, *n Z* clavicules soudées (chez l'oiseau).
furfural, furfuraldehyde, *n Ch* furfural *m*.
furfuran, *n Ch* furan(n)e *m*, furfurane *m*.
furfurolic, *a* (alcool) furfurolique.
furfuryl, *n Ch* furfuryle *m*.
furfurylidene, *n Ch* furfurylidène *m*.
furfurylideneacetaldehyde, *n Ch* furfurylidèneacétaldéhyde *m*.
furfurylideneacetone, *n Ch* furfurylidèneacétone *f*.
furil(e), *n Ch* furile *m*.
furilic, *a Ch* (acide) furilique.
furoin, *n Ch* furoïne *f*.
furyl, *n Ch* furyle *m*.
fusain, *n Min Geol* fusain *m*, charbon *m* fossile.
fuse[1], *n Ph Metall* fusible *m*.
fuse[2], *vtr* fondre, mettre en fusion.
fusiform, *a Biol* fusiforme; en forme de fuseau.
fusion, *n* fonte *f*, fusion *f*, fusionnement *m*; *Ch* fusion; **aqueous fusion,** fusion aqueuse; **igneous fusion,** fusion ignée; **heat of fusion,** chaleur *f* de fusion; *Biol Genet* **fusion nucleus,** noyeau *m* de fusion.
fusocellular, *a Biol* fuso-cellulaire.

G

g, (*a*) *symbole de l'*accélération due à la pesanteur; (*b*) *symbole du* gramme.
G, *symbole du* gauss.
Ga, *symbole chimique du* gallium.
gabbro, *n Geol* gabbro *m.*
gadolinite, *n Miner* gadolinite *f.*
gadolinium, *n Ch* (*symbole* Gd) gadolinium *m.*
gahnite, *n Miner* gahnite *f.*
gain, *n Nut* accroissement *m*, augmentation *f*; **weight gain,** accroissement de poids.
gaize, *n Miner* gaize *f.*
gal, *n PhMeas* gal *m.*
galactan, *n BioCh* galactane *f.*
galactase, *n BioCh* galactase *f.*
galactin, *n BioCh* prolactine *f.*
galactite, *n Miner* galactite *f.*
galactogogue, *a & n Biol* galactogogue (*m*), galactogène (*m*).
galactonic, *a Ch* (acide) galactonique.
galactophagous, *a Biol* galactophage.
galactophore, *n Biol* vaisseau *m* galactophore.
galactophorous, *a Biol* galactophore.
galactopoiesis, *n Biol* galactopoïèse *f.*
galactopoietic, *a Bot* galactopoïétique.
galactosamine, *n Ch* galactosamine *f.*
galactose, *n BioCh* galactose *f.*
galactosis, *n Physiol* sécrétion *f* du lait.
galactozyme, *n BioCh* galactozyme *m.*
galaxite, *n Miner* galaxite *f.*
galaxy, *n Astr* galaxie *f.*
galea, *n Bot Orn* casque *m*; *Ent* galea *f.*
galeate(d), *n* (*a*) à casque; casqué; (*b*) en casque; galéiforme.
galeiform, *a* galéiforme.
galena, *n Miner* galène *f*; plomb sulfuré; **false galena,** blende *f*, sphalérite *f*; **silver-bearing galena,** galène argentifère.
galenic(al), *a Miner* qui contient de la galène; *Pharm* galénique.
galenobismutite, *n Miner* galénobismuthite *f.*
gall[1], *n* (*a*) fiel *m*, bile *f*; **gall duct,** conduit *m* biliaire; (*b*) **gall bladder,** vésicule *f* biliaire; poche *f* du fiel.
gall[2], *n Bot* galle *f*, cécidie *f*; **gall-producing insect,** insecte *m* cécidogène; **oak gall,** galle de chêne.
gallate, *n Ch* gallate *m.*
gallein, *n Ch* galléine *f.*
gallery, *n Z* galerie *f* (de termites, etc).
gallic, *a Ch* (acide) gallique.
gallicola, *n Ent* gallicole *m.*
gallicolous, *a Ent* gallicole.
gallium, *n Ch* (*symbole* Ga) gallium *m.*
gall-nut, *n Bot* noix *f* de galle.
gallstone, *n* calcul *m* biliaire.
galvanic, *a Ch* galvanique; **galvanic cell,** cellule *f* galvanique.
galvanometer, *n Ph* galvanomètre *m*; **galvanometer sensitivity,** sensibilité *f* d'un galvanomètre.
gambier, *n Ch* gambir *m.*
gametangium, *pl* **-ia,** *n Biol* gamétange *m.*
gamete, *n Biol* gamète *m.*
gametic, *a Biol* **gametic cell,** cellule *f* gamétique; **gametic number,** nombre *m* gamétique.
gametocyte, *n Biol* gamétocyte *m.*
gametogenesis, *n Biol* gamétogénèse *f.*
gametokinetic, *a Physiol* **gametokinetic hormone,** hormone *f* stimulant l'action des gamètes.
gametophyll, *n Bot* gamétophylle *m.*
gametophyte, *n Bot* gamétophyte *m.*
gametothallus, *n Bot* gamétothalle *m.*
gamic, *a Biol* sexuel.
gamma, *n Ph* **gamma rays,** rayons *mpl* gamma; **gamma particle,** particule *f* gamma.

gammexane, *n Ch* gammexane *m*.
gamogenesis, *n Biol* gamogénèse *f*.
gamogenetic, *a Biol* gamogénétique.
gamone, *n Biol* gamone *f*.
gamont, *n Biol* gamonte *m*.
gamopetalous, *a Bot* gamopétale.
gamophyllous, *a Bot* gamophylle.
gamosepalous, *a Bot* gamosépale.
gamotropism, *n Z* gamotropisme *m*.
gangliated, *a Anat* ganglionné.
ganglion, *pl* **-lia**, *n Anat* ganglion *m*; **ganglion cell**, ganglion nerveux.
gangue, *n Miner Geol* gangue *f*, gaine *f*; roche *f* mère.
ganil, *n Geol* ganil *m*.
gan(n)ister, *n Miner* gannister *m*.
ganoid, *a & n Ich* ganoïde (*m*).
ganoine, *n Dent* ganoïne *f*.
ganomalite, *n Miner* ganomalite *f*.
ganophyllite, *n Miner* ganophyllite *f*.
gap, *n Biol Bot Geol Moll* lacune *f*; *Geog* **river gap**, percée *f*.
garnet, *n Miner* grenat *m*; **Pyrenean black garnet**, pyrénéite *f*; **garnet rock**, grenatite *f*.
garnierite, *n Miner* garniérite *f*.
gas, *pl* **gases**, *n* **1.** *Ch Ph etc* gaz *m*; **natural gas**, gaz naturel; **degenerate, non-degenerate, gas**, gaz dégénéré, non dégénéré; **foul, poisonous, poison, gas**, gaz toxique, intoxicant; **detonating, electrolytic, gas**, gaz détonant; **occluded gases**, gaz occlus; **ideal, inert, noble, rare, gas**, gaz parfait, inerte, noble, rare; **marsh gas**, gaz des marais, méthane *m*; **producer gas**, gaz Siemens; **water gas**, gaz à l'eau, gaz d'eau; **gas carbon**, charbon *m* de cornue; **gas constant**, constante *f* de gaz; **gas electrodes**, électrodes gazeuses; **gas equilibria**, équilibres *mpl* des systèmes gazeux; **gas laws**, lois *fpl* du gaz, des gaz; **gas pressure**, pression *f* du gaz; **gas reactions**, réactions *fpl* à la phase gazeuse; **gas thermometer**, thermomètre *m* à gaz; **gas thermometer scale**, échelle *f* d'un thermomètre à gaz; **energy of ideal gas**, énergie *f* du gaz parfait; **entropy of gas**, entropie *f* du gaz; **free energy of ideal gas**, énergie libre du gaz parfait; **gas chromatography**, chromatographie *f* en phase gazeuse; **gas equation**, équation *f* d'état; **gas analysis**, analyse *f* du gaz; *Dent Med* **laughing gas**, gaz nitreux. **2.** (*a*) **gas oil**, gas-oil *m*, gazole *m*; (*b*) *NAm* essence *f*.
gaseous, *a* gazeux; **gaseous exchanges**, échanges gazeux; **gaseous conduction**, conductibilité *f* dans les gaz.
gasification, *n Ch* gazéification *f*.
gasify, *vtr Ch* gazéifier.
gasometric, *a Ch* gazométrique; **gasometric methods**, méthodes *fpl* gazométriques.
gas-producing, *a* gazogène.
gassing, *n Ch* passage *m* au gaz.
gasteropod, *a & n Z* gastéropode (*m*).
gasteropodous, *a Z* gastéropode.
gastral, *a Biol Z* gastrique; **gastral groove**, sillon *m* gastrique; **gastral layer**, couche *f* gastrique.
gastric, *a* gastrique; **gastric juice**, suc *m* gastrique; **gastric contents**, bol *m* alimentaire; **gastric ulcer**, ulcère *m* simple de l'estomac; *Z* **gastric mill**, moulinet *m* gastrique (d'un homard).
gastrin, *n Physiol* gastrine *f*.
gastrocolic, *a Z* gastro-colique.
gastroepiploic, *a Z* gastro-épiploïque.
gastrohepatic, *a Z* gastro-hépatique.
gastro-intestinal, *a Z* gastro-intestinal.
gastrological, *a* gastrologique.
gastrology, *n* gastrologie *f*.
gastropod, *a & n Z* gastéropode (*m*).
gastropodous, *a Z* gastéropode.
gastrula, *pl* **-ae**, *n Biol* gastrula *f*.
gastrulation, *n Biol* gastrulation *f*.
gauge[1], *n* jauge *f*; *Ph* **vacuum gauge**, jauge à vide, déprimomètre *m*; **beta-absorption gauge**, jauge bêta; **heat gauge**, thermomètre *m* à cadran.
gauge[2], *vtr* étalonner (un instrument).
gauging, *n* étalonnage *m*, étalonnement *m* (d'un instrument).
gault, *n Geol* gault *m*; étage albien; albien *m*; argile *f* téguline.
gauss, *n Ph* (*symbole* G) gauss *m*, unité *f* d'induction magnétique.
Gay-Lussac, *Prn Ph* **Gay-Lussac's law**, loi *f* de Gay-Lussac.
gaylussite, *n Miner* gay-lussite *f*.
Gd, *symbole chimique du* gadolinium.
Ge, *symbole chimique du* germanium.

geanticlinal, *a Geol* géanticlinal, -aux.
geanticline, *n Geol* géanticlinal *m*, -aux.
gedanite, *n Miner* gédanite *f*.
gedrite, *n Miner* gédrite *f*.
gehlenite, *n Miner* gehlénite *f*.
Geiger, *Prn Ph Rad-A* **Geiger counter,** compteur *m* Geiger.
geikielite, *n Miner* geikielite *f*.
geitonogamy, *n Bot* gitonogamie *f*.
gel[1], *n Ch* colloïde (coagulé); gel *m*; **reversible gel,** colloïde soluble; **irreversible gel,** colloïde insoluble.
gel[2], *vi* **(gelled)** (*of colloid*) se coaguler, se gélifier.
gelatin(e), *n* gélatine *f*; **gelatin sugar,** sucre *m* de gélatine; glycine *f*.
gelatiniform, *a* gélatiniforme.
gelatino-bromide, *n Ch* gélatino-bromure *m*.
gelatino-chloride, *n Ch* gélatino-chlorure *m*.
gelatinoid, *a* gélatineux, gélatiniforme.
gelatinous, *a* gélatineux.
gelation, *n Ch* gélification *f*.
gelignite, *n Ch* gélignite *f*.
gelling *Ch* **1.** *a* gélifiant. **2.** gélification *f*; **gelling power,** pouvoir gélifiant.
gelose, *n Ch* gélose *f*.
gelsemine, *n Ch* gelsémine *f*.
gem, *n Miner* gemme *f*.
gemellus, *n Z* jumeau *m* et jumelle *f*.
geminate, *a* **1.** *Bot* (*of leaves*) géminé, accouplé. **2.** *Ch* géminé.
gemination, *n Biol* gémination *f*.
gemma, *pl* **-ae,** *n* **1.** *Bot* (*a*) bourgeon *m* (à feuilles); gemme *f*; (*b*) gemme, cellule *f* (d'une mousse). **2.** *Biol* bourgeon, gemme.
gemmate[1], *a Biol Bot* **1.** couvert de bourgeons, de gemmes. **2.** qui se reproduit par gemmation, par bourgeonnement.
gemmate[2], *vi Biol* (*a*) bourgeonner, gemmer; (*b*) se reproduire par bourgeonnement, par gemmation.
gemmation, *n Biol* gemmation *f*.
gemmiferous, *a Miner Biol* gemmifère.
gemmiflorate, *a Bot* gemmiflore.
gemmiform, *a* gemmiforme.
gemmiparous, *a Biol* gemmipare; **gemmiparous reproduction,** gemmiparité *f*.
gemmule, *n Bot* gemmule *f*.
gemstone, *n* pierre *f* gemme.
genal, *a Anat* génal, -aux.
gene, *n Biol* gène *m*; facteur *m* (d'hérédité); **dominant gene,** gène, facteur, dominant; **recessive gene,** gène, facteur, récessif; **gene frequency,** fréquence *f* de(s) gènes; **gene mutation,** mutation *f* des gènes; **gene flow,** mouvement *m* de gènes; **gene exchange,** échange *m* de gènes; **gene pool,** réservoir *m* de gènes.
genecology, *n Biol* génécologie *f*.
generate, *vtr* générer, produire (de la vapeur, un courant électrique); produire, engendrer (de la chaleur, etc).
generation, *n* (*a*) *Biol* **equivocal, spontaneous, generation,** génération spontanée; **alternate generation,** génération alterne, alternante; **asexual generation,** reproduction asexuée; **sexual generation,** reproduction sexuée; (*b*) génération, production *f* (des données, des résultats, de la chaleur, etc).
generative, *a Biol* génératif.
generator, *n Ph* générateur *m*; **steam generator,** générateur à vapeur ; **electric generator,** machine génératrice d'électricité, dynamo *f*.
generic, *a* générique; *Biol* **generic name,** nom *m* générique.
genetic, *a Biol* génétique; (instinct) génésique; **genetic code,** code *m* génétique; **genetic drift,** mouvement *m* génétique; **genetic factor,** gène *m*.
genetically, *adv Biol* génétiquement.
genetics, *n* génétique *f*.
genial, *a Anat Z* mentonnier, génien; **genial process,** éminence mentonnière; **genial tubercles,** apophyses génisupérieures et inférieures.
geniculate(d), *a Biol Bot* géniculé; genouillé; *Anat* **geniculate ganglion,** ganglion géniculé; **geniculate bodies,** corps genouillés; *Bot* **geniculate stem,** tige géniculée, genouillée.
geniculation, *n Biol Bot* géniculation *f*.
genistein, *n Ch* genistéine *f*.
genital, *a Biol Z* génital, -aux; **genital tubercle,** tubercule génital.
genitalia, *npl Z* organes génitaux.
genitocrural, *a Z* génito-crural, -aux.

genitourinary, *a Z* génito-urinaire.
genius, *n* génie *m*.
genoblast, *n Z* (i) noyau *m* de l'œuf fécondé; (ii) œuf *m ou* spermatozoïde *m*.
genoid, *n Biol* génoïde *m*.
genom(e), *n Biol* génome *m*, haplome *m*.
genomere, *n Biol* génomère *m*.
genosome, *n Biol* génosome *m*.
genotype, *n Biol* génotype *m*; patrimoine *m* héréditaire.
genotypical, *a Biol* génotypique.
genthite, *n Miner* genthite *f*.
gentianin, *n Ch* gentianine *f*.
gentiobiose, *n Ch* gentiobiose *m*.
gentiopicrin, *n Ch* gentiopicrine *f*.
gentisate, *n Ch* gentisate *m*.
gentisic, *a Ch* (acide) gentisique.
gentisin, *n Ch* gentisine *f*.
genu, *n Z* genou *m*.
genus, *pl* **genera**, *n Biol* genre *m*; **the genus Homo,** le genre humain.
geobiology, *n* géobiologie *f*.
geobionts, *npl Biol* géobiontes *mpl*.
geoblast, *n Bot* géoblaste *m*.
geobotany, *n* géobotanique *f*.
geocerite, *n Miner* géocérite *f*.
geochemical, *a* géochimique.
geochemistry, *n* géochimie *f*.
geocronite, *n Miner* géocronite *f*.
geode, *n Geol* géode *f*, druse *f*, craque *f*; poche *f* à cristaux.
geodic, *a Geol* géodique.
geographic(al), *a* géographique.
geographically, *adv* géographiquement.
geography, *n* géographie *f*; **human geography**, géographie humaine.
geologic(al), *a* géologique; **geological epoch, era, period, time,** époque *f*, ère *f*, période *f*, temps *m*, géologique; **geological structure,** structure *f* géologique.
geologically, *adv* géologiquement.
geology, *n* géologie *f*.
geomagnetic, *a* géomagnétique.
geometrically, *adv* géométriquement.
geomorphic, *a* géomorphique.
geomorphologic(al), *a* géomorphologique.
geomorphology, *n* géomorphologie *f*.
geophysical, *a* géophysique.
geophysics, *n* géophysique *f*; physique *f* du globe.
geophyte, *n Bot* géophyte *f*.
geosynclinal, *a Geol* géosynclinal, -aux.
geosyncline, *n Geol* géosynclinal *m*, -aux.
geotaxis, geotaxy, *n Biol* géotaxie *f*.
geotropic, *a Bot* géotropique.
geotropism, *n Bot* géotropisme *m*.
geraniol, *n Ch* géraniol *m*.
geranyl, *n Ch* géranyle *m*.
gerhardtite, *n Miner* gerhardtite *f*.
germ, *n* **1.** *Biol* germe *m* (d'un organisme); **germ cell,** cellule *f*; (i) spermatozoïde *m*; (ii) ovule *m*; **germ plasm,** plasme germinatif; **germ area,** zone germinative; **germ cup,** gastrula *f*; **germ layer,** couche germinale, germinative. **2.** *Bac* microbe *m*, bacille *m*; **germ carrier,** porteur, -euse, de germes, de bacilles; **germ disease,** maladie microbienne; **germ killer,** microbicide *m*, antibiotique *m*. **3.** *Cancer* **germ theory**, biogénèse *f*.
germanic, *a Ch* (sel, etc) de germanium.
germanite, *n Miner* germanite *f*.
germanium, *n Ch* (*symbole* Ge) germanium *m*.
germen, *n Biol* germen *m*.
germicidal, *a Microbiol* germicide.
germicide, *n Med* antiseptique *m*.
germinal, *a Biol* (*of vesicle, etc*) germinal, -aux; germinatif; **germinal cells,** cellules germinales; **germinal vesicle,** vésicule germinative.
germinate **1.** *vi* germer. **2.** *vtr* faire germer (des graines, etc).
germination, *n Bot* germination *f*; **germination hormone,** hormone *f* de la germination; **epigeous germination,** germination épigée; **hypogeous germination,** germination hypogée (du pois).
germinative, *a Biol* germinateur; germinatif.
gerontology, *n Biol Med* gérontologie *f*; étude *f* des modifications biologiques causées par la sénilité.
gersdorffite, *n Miner* gersdorffite *f*; nickelglanz *m*.
gestalt, *n Psy* forme *f*.
gestate, *vtr Physiol* gestater; porter comme en gestation.

gestation, *n Physiol Embry* gestation *f*; **gestation period,** temps *m*, période *f*, de (la) gestation; portée *f*.

geyser, *n Geol* geyser *m*.

geyserite, *n Miner* geysérite *f*.

gibberellins, *npl Bot* gibbérellines *fpl*.

Gibbs-Helmholtz, *Prn Ph Ch* **Gibbs-Helmholtz equation,** équation *f* de Gibbs et Helmholtz.

gibbsite, *n Miner* gibbsite *f*.

gigantism, *n Physiol* gigantisme *m*.

gigantolite, *n Miner* gigantolite *f*.

gill, *n* **1.** *usu pl* ouies *fpl*, branchies *fpl* (de poisson); **gill bar,** barre branchiale; **gill cleft,** fissure branchiale; **gill pouch,** poche branchiale; **gill slit,** fente branchiale; **gill cover,** opercule (branchial). **2.** *pl* **gills,** (*a*) caroncules *fpl*, fanons *mpl* (d'un oiseau); (*b*) lames *fpl*, lamelles *fpl* (d'un champignon).

gilled, *a Biol* pourvu de branchies, de caroncules, de lames, de lamelles.

gingiva, *pl* **-ae**, *n Anat* gencive *f*.

gingival, *a* gingival, -aux.

ginglymoid, *a Anat Z* ginglymoïdal, -aux.

ginglymus, *pl* **-mi**, *n Anat Z* ginglyme *m*.

giobertite, *n Miner* giobertite *f*.

Giralde, *Prn Z* **Giralde's organ,** paradidyme *m*.

girdle, *n* ceinture *f*; *Z* **pelvic girdle,** ceinture pelvienne; **pectoral girdle,** clavicules *fpl*, omoplate *f*, et manubrium sternal.

gismondine, gismondite, *n Miner* gismondine *f*, gismondite *f*.

gizzard, *n Orn Ent* gésier *m*.

glabella, *n Z* glabelle *f*.

glabrate, *a Z* devenant glabre.

glabrous, *a Z* glabre.

glacial, *a* **1.** *Geol* glaciaire; **glacial erosion,** érosion *f* glaciaire; **glacial drift,** apport *m* des glaciers; **glacial valley,** vallée *f* glaciaire; **glacial epoch, period,** époque *f*, période *f*, glaciaire; glaciaire *m*. **2.** *Ch* cristallisé; en cristaux; **glacial acetic acid,** acide acétique cristallisable.

glaciated, *a Geol* glacié.

glacier, *n Geol* glacier *m*; **valley glacier,** glacier encaissé; **retreating of glaciers,** déglaciation *f*.

glaciology, *n Geol* glaciologie *f*.

gladiate, *a Bot* gladié; (feuille) en glaive.

gladiolus, *pl* **-luses, -li**, *n Z* mésosternum *m*.

gladite, *n Miner* gladite *f*.

glairin, *n Ch* glairine *f*, barégine *f*.

glance, *n Miner* sulfure *m* de zinc.

gland, *n* **1.** *Anat Z* glande *f*; **gland cell,** cellule *f* glandulaire; **crop gland,** épithélium *m* du jabot (chez les oiseaux); **endocrine gland,** (glande) endocrine (*f*); glande à sécrétion interne; **gastric, peptic, gland,** glande gastrique; **lachrymal gland, tear gland,** glande lacrymale; **lymph, lymphatic, glands,** ganglions *mpl*, glandes, lymphatiques; **seminal gland,** testicule *m*. **2.** *Bot* glande *f*.

glandiferous, *a Bot* glandifère.

glandiform, *a* glandiforme.

glandless, *a Biol* sans glande(s).

glandula, *pl* **-ae**, *n* **1.** *Anat Z* glande *f*; **glandula Bartholini,** glande vulvo-vaginale de Bartholin; **glandula bulbourethralis,** glande de Cowper; **glandula pinealis,** glande pinéale; **pituitary glandula,** corps *m* pituitaire, hypophyse *f* du cerveau; **glandulae sebaceae,** glandes sébacées; **glandula seminalis,** vésicule séminale; **glandula maxillaris,** glande sous-maxillaire; **glandulae sudoriferae,** glandes sudoripares; **glandula suprarenalis,** capsule surrénale. **2.** *Bot* glandule *f* de fongi.

glandular, *a Biol Physiol* glandulaire, glanduleux; adénoïde; **glandular tissue,** tissu *m* glandulaire; **glandular sarcoma,** maladie *f* de Hodgkin.

glandule, *n* = **glandula**.

glanduliferous, *a Bot Anat* glandulifère.

glandulous, *a Bot Anat* glanduleux.

glans, *pl* **glandes**, *n* **1.** *Anat Z* **glans penis,** gland *m* du pénis. **2.** *Bot* (*acorn*) gland du chêne.

glass, *n Ch* verre *m*; **reaction glass,** verre à réaction; **watch glass,** verre chevé; **cobalt glass,** verre de cobalt; **ground glass,** verre dépoli; **lead glass,** verre de plomb; **glass electrode,** électrode *f* de verre; *Ph* **object glass,** verre objectif.

glassy, *a Anat Bot Miner* hyalin.

Glauber, *Prn* **Glauber('s) salt(s),** sulfate *m* de soude.

glauberite, *n Miner* glaubérite *f*.
glaucescence, *n Bot* glaucescence *f*.
glaucescent, *a Bot* glaucescent.
glaucochroite, *n Miner* glaucochroïte *f*.
glaucodot, *n Miner* glaucodote *m*.
glauconiferous, *a Miner* glauconifère.
glauconite, *n Miner* glauconie *f*, glauconite *f*.
glauconitic, *a Miner* glauconieux.
glaucophane, *n Miner* glaucophane *f*.
glaucous, *a* **1.** glauque. **2.** *Bot* pruiné, pruineux.
glebe, *n Agr* glèbe *f*, sol *m* en culture.
glene, *n Anat* glène *f*.
glenoid(al), *a Anat* glénoïde; glénoïdal, -aux; **glenoid cavity,** glénoïde *f*; cavité glénoïdale; **glenoid fossa,** gouttière tympanale.
glia, *n Z* neuroglie *f*; **glia cells,** cellules *fpl* de Deiters.
gliadin, *n BioCh* gliadine *f*.
glial, *a Anat Z* glial; **glial tissue,** tissu glial.
Glisson, *Prn Anat Z* (*of liver*) **Glisson's capsule,** capsule *f* de Glisson.
globate, *a Biol* sphéroïde.
globigerina, *n Prot* globigérine *f*; *Geol* **globigerina ooze,** boue *f* à globigérines.
globin, *n BioCh* globine *f*.
globose, *a Bot etc* globeux.
globular, *a* (*a*) (*composed of*) globuleux; (*b*) (*in the shape of*) globulaire, sphérique, en forme de globe.
globule, *n Ch Biol* globule *m*; *Bot* globoïde *m*.
globulin, *n BioCh* globuline *f*; **gamma globulin,** gamma-globuline *f*.
globulose, *n Ch* globulose *f*.
globulus, *n Anat Z* noyau globuleux.
glochidiate, *a Bot* glochidié.
glomerate, *a Bot* glomérulé; *Anat* congloméré.
glomerule, *n Bot Anat* glomérule *m*.
glomerulus, *pl* **-a**, *n Physiol* glomérule *m*.
glossa, *pl* **-ae, -as**, *n Ent* glosse *f*.
glossal, *a Anat* glossien.
glossoepiglottic, *a Anat Z* glosso-épiglottique.
glossohyal, *a* glosso-hyoïde.
glossopalatine, *a* glosso-palatin.
glossopharyngeal, *a Anat Z* (nerf) glosso-pharyngien.
glossotheca, *n Z* glossothèque *f*.
glottis, *n Anat Z* glotte *f*.
glove, *n* gant *m*; **laboratory glove,** gant de laboratoire.
Glover, *a Ch* **Glover tower,** glover *m*.
glucagon, *n Ch* glucagon *m*.
glucamine, *n Ch* glucamine *f*.
glucase, *n BioCh* glucase *f*, diastase *f*.
glucide, *n Ch* glucide *m*.
glucin(i)um, *n Ch* béryllium *m*.
glucocorticoid, *n BioCh* glucocorticoïde *m*.
gluconic, *a Ch* (acide) gluconique.
glucoprotein, *n Ch* glucoprotéide *m*, glycoprotéide *m*.
glucopyranose, *n Ch* glucopyrannose *m*.
glucosamine, *n Ch* glucosamine *f*; glycosamine *f*.
glucosan, *n Ch* glucosan(n)e *m*.
glucose, *n Ch* (*also* **d-glucose**) glucose *m*, ose *m*; sucre *m* de raisin; *BioCh* **glucose 6-phosphate dehydrogenase,** glucose 6-phosphate déshydrogénase *f*.
glucoside, *n Ch* glucoside *m*.
glucuronic, *a Ch* (acide) glucuronique.
glue, *n Ch* glu *f*.
gluma, *pl* **-ae**, *n Bot* glume *f*; bractée membraneuse.
glumaceous, *a Bot* glumacé.
glume, *n Bot* glume *f*, balle *f*.
glumella, *n Bot* glumelle *f*.
glumose, glumous, *a Bot* (*of flower*) glumé.
glutaconic, *a Ch* (acide) glutaconique.
glutamate, *n Ch* glutamate *m*.
glutamic, *a Ch* (acide) glutamique.
glutamine, *n Ch* glutamine *f*.
glutaraldehyde, *n Ch* glutaraldéhyde *m*.
glutaric, *a Ch* glutarique.
glutathione, *n Ch* glutathion *m*.
gluten, *n* gluten *m*.
glyceraldelhyde, *n Ch* glycéraldéhyde *m*.
glyceric, *a Ch* glycérique.
glyceride, *n Ch* glycéride *f*.
glycerin(e), glycerol, *n Ch* glycérol *m*.

glycerophosphate, *n Ch* glycérophosphate *m.*
glycerophosphoric, *a Ch* (acide) glycérophosphorique.
glyceryl, *n Ch* glycéryle *m.*
glycidic, *a Ch* (acide) glycidique.
glycine, *n Ch* glycine *f,* glycocolle *m;* sucre *m* de gélatine.
glycocoll, *n Ch* = **glycine.**
glycogen, *n Ch* glycogène *m.*
glycogenesis, *n BioCh Physiol* glycogénèse *f.*
glycogenic, *a Physiol* glycogénique.
glycol, *n Ch* glycol *m.*
glycoline, *n Ch* glycoline *f.*
glycolipid, *n Ch BioCh* glycolipide *m.*
glycollamide, *n Ch* glycolamide *m.*
glycol(l)ic, *a Ch* (acide, aldéhyde) glycolique.
glycolysis, *n Physiol* glycolyse *f.*
glycolytic, *a Physiol* glycolytique.
glycoprotein, *n Physiol* glycoprotéide *f,* glucoprotéide *m.*
glycose, *n Ch* = **glucose.**
glycoside, *n Ch* glycoside *f;* oside *m;* hétéroside *m;* **flavonolic glycoside,** hétéroside flavonolique.
glycuronic, *a Ch* (acide) glycuronique.
glycylglycine, *n Ch* glycylglycine *f.*
glycyrrhizin, *n Ch* glycyrrhizine *f.*
glyoxal, *n Ch* glyoxal *m.*
glyoxalidine, *n Ch* glyoxalidine *f.*
glyoxaline, *n Ch* glyoxaline *f.*
glyoxime, *n Ch* glyoxime *f.*
glyoxylic, *a Ch* (acide) glyoxilique.
gmelinite, *n Miner* gmélinite *f.*
gnarled, *a* (tronc d'arbre) noueux.
gnathic, *a Anat Z* se rapportant à la mâchoire.
gnathion, *n* point inférieur de l'éminence mentonnière.
gnathocephalus, *n Ter* monstre *m* dont la tête est représentée par les mâchoires.
Gnathostomata, *npl Z* gnathostomes *mpl.*
gneiss, *n Geol* gneiss *m;* **injection gneiss,** migmatite *f.*
gneissic, *a Geol* gnéissique.
goblet, *a Anat Z* **goblet cell,** cellule epithéliale caliciforme.
gold, *n Ch* (*symbole* Au) or *m.*
Golgi, *Prn Anat Z BioCh* **Golgi apparatus,** appareil *m* de Golgi; **Golgi's cells,** cellules *fpl* de Golgi.
gomphosis, *n Z* gomphose *f;* mode *m* d'articulation.
gonad, *n Anat Physiol etc* gonade *f;* **gonad hormones,** hormones sexuelles, gonadales.
gonadal, gonadic, *a Anat etc* gonadique.
gonadotrop(h)ic, *a Physiol* gonadotrope.
gonadotrop(h)in, *n BioCh* gonadostimuline *f,* gonadotrophine *f.*
gonic, *a Z* se rapportant au sperme, à la fécondation.
gonidial, *a Bot* gonidial, -aux; **gonidial layer,** couche gonidiale.
gonidium, *pl* **-ia,** *n Bot* gonidie *f.*
gonimic, *a Bot* gonimique.
goniometer, *n Geol* goniomètre *m.*
gonion, *n Z* gonion *m.*
gonochorism, *n Biol* gonochorisme *m,* gonochorie *f.*
gonochorismal, gonochorismic, *a Biol* gonochorique.
gonococcus, *pl* **-cocci,** *n Bac* gonocoque *m,* microbe *m* pathogène.
gonocyte, *n Z* cellule primitive reproductive d'une glande sexuelle.
gonoduct, *n Biol* voie *f* gonadique.
gonophore, *n Bot* gonophore *m.*
gonosome, *n Z* gonosome *m.*
gonotome, *n Biol* gonotome *m.*
gonotype, *n Biol Genet* gonotype *m.*
gonozooid, *n Z* gonozoïde *m.*
Gooch, *Prn Ch* **Gooch crucible,** creuset *m* de Gooch.
gordonite, *n Miner* gordonite *f.*
goslarite, *n Miner* goslarite *f.*
gossan, *n Geol Miner* chapeau *m* de fer, ferrugineux.
gossypetin, *n Ch* gossypétine *f.*
Graafian, *a Physiol* **Graafian follicle,** follicule *m* de Graaf.
grade, *n Miner* titre *m,* teneur *f* (d'un minerai).
gradient, *n* (*a*) *Biol* gradient *m* (physiologique); (*b*) *Geol* **geothermal gradient,** gradient géothermal.

graduated, *a* (thermomètre, etc) gradué.
graduation, *n Ch Ph* graduation *f* (d'un thermomètre, etc).
graine, *n Z* graines *fpl* de vers à soie.
grallatory, *a Orn* **grallatory bird,** échassier *m.*
gram[1], *n Meas* (*symbole* g) gramme *m*; *Ph* **gram weight,** gramme-force *m*; gramme-poids *m*; *Ch* **gram atom, gram-atomic weight,** atome-gramme *m*; **gram ion, ion gram,** ion-gramme *m*; **gram molecule, gram-molecular weight,** molécule-gramme *f*; **gram calorie,** calorie-gramme *f*; **gram equivalent,** gramme-équivalent *m.*
Gram[2] *Prn Bac* **Gram's method,** méthode *f* de Gram.
gramenite, *n Miner* graménite *f.*
graminaceous, *a Bot* graminé; **graminaceous plants,** graminées *fpl.*
graminiform, *a Bot* graminiforme.
graminivorous, *a* qui mange des graminées; herbivore.
graminology, *n Bot* graminologie *f.*
grammatite, *n Miner* grammatite *f*, trémolite *f.*
gramme, *n* (*symbole* g) = **gram[1].**
gram-negative, *a Bac* gram-négatif.
gram-positive, *a Bac* gram-positif.
graniferous, *a Bot* granifère.
graniform, *a Bot Anat* graniforme.
granite, *n* granit(e) *m*; **binary granite,** granit à deux micas; **granite formation,** formation graniteuse, granitique; terrain *m* granitique.
granitic, *a* granitique, graniteux.
granivore, *n Z* granivore *m.*
granivorous, *a Z* granivore.
granodiorite, *n Miner* granodiorite *f.*
granular, *a* granulaire, granuleux.
granule, *n Biol* **granule cell,** cellule granuleuse.
granulite, *n Miner* granulite *f*, granit *m* à deux micas.
granulitic, *a Miner* granulitique.
granulocyte, *n Physiol* leucocyte granuleux; granulocyte *m.*
granulose, *n Ch Physiol* granulose *f.*
granulous, *a* granuleux.
granum, *pl* **-a,** *n Bot* granum *m.*
graph, *n Mth Ch Ph* graphe *m*; diagramme *m*; **graph method,** représentation *f* graphique (d'une fonction).
graphite, *n* graphite *m*; mine *f* de plomb; plombagine *f*; **colloidal graphite,** graphite colloïdal; **graphite flake,** écaille *f*, flocon *m*, de graphite.
gravid, *a Anat Z* (*of woman*) gravide, enceinte; (*of animal*) pleine; **gravid uterus,** utérus *m* gravide.
gravimeter, *n Ph* gravimètre *m.*
gravimetric, *a* gravimétrique; **gravimetric density,** densité *f* gravimétrique.
gravitation, *n* gravitation *f*; attraction universelle; **law of gravitation,** la loi de la pesanteur.
gravitational, *a* gravitationnel, de gravitation, gravifique; **gravitational acceleration,** accélération *f* terrestre, accélération due à la pesanteur; **gravitational field,** champ *m* de gravitation; **gravitational force,** force *f* de gravitation; **gravitational pull,** gravitation *f.*
gravity, *s Ph* gravité *f*, pesanteur *f*; **centre of gravity,** centre *m* de gravité; **force of gravity,** force *f* gravifique; *Ch* **gravity cells,** cellules *fpl* (électrolytiques) de la gravité; **specific gravity,** poids *m* spécifique, gravité spécifique; densité *f*; pesanteur spécifique.
gray, *a NAm* gris; *Anat* **gray matter,** substance grise.
graywacke, *n Miner* grauwacke *f.*
grease, *n* graisse *f.*
green 1. *a* vert; **green blindness,** achloropsie *f*; **green glands,** glandes vertes; *Miner* **green earth,** glauconie *f*, glauconite *f.* **2.** *n Ch Miner* vert *m*; **mineral green,** vert minéral.
greenockite, *n Miner* greenockite *f.*
greenovite, *n Miner* greenovite *f.*
greensand, *n Miner* sable glauconieux; sable vert; grès vert.
greenstone, *n Miner* **1.** roche verte. **2.** néphrite *f.*
gregarious, *a Z* grégaire; **gregarious instinct,** instinct *m* grégaire.
gressorial, *a Orn Z* (patte, etc) ambulatoire.
grey, *a* gris; *Anat* **grey matter,** substance *f* grise.
greywacke, *n Miner* grauwacke *f.*
Grignard, *Prn Ch* **Grignard reaction,** réaction *f* de Grignard.

grind, *vtr Ch* triturer.
grinding, *n Ch* trituration *f*.
griphite, *n Miner* griphite *f*.
grit, *n Geol* grès dur.
groin, *n Anat Z* aine *f*.
groove, *n Anat Z* sillon *m*, gouttière *f*, rainure *f* (d'un os).
grooved, *a Biol* canaliculé.
grossularite, *n Miner* grenat *m* calcifère; grossulaire *f*, grossularite *f*.
ground, *n* **ground state**, fondement *m*, base *f* (d'une théorie, etc); *Bot* **ground plant**, plante *f* terrestre; *Biol* **ground tissue**, parenchyme conjonctif; *Geol* **ground water**, nappe *f* phréatique.
group, *n* (*a*) *Ch* radical *m*; groupe *m*; groupement *m*; **hydroxy, ketone, group**, groupe hydroxyle, cétone; (*b*) *Physiol* **blood group**, groupe sanguin; **O (blood) group**, groupe zéro.
growing, *n Bot* **growing point**, pointe *f* d'accroissement.
growth, *n* **1.** pousse *f* (des feuilles, des cheveux, des plumes); *Bot* accroissement *m* (d'une plante). **2.** *Biol Z* développement *m*, croissance *f* (des corps organisés); *Physiol* **growth hormone**, hormone *f* de croissance. **3.** excroissance *f*; *Bot* **knobby growth**, loupe *f* (d'un arbre).
grub, *n Z* larve *f* (d'insecte).
grünerite, *n Miner* grünérite *f*.
guadalcazarite, *n Miner* guadalcazarite *f*.
guaiacol, *n Ch* gaïacol *m*.
guaiaconic, *a Ch* (acide) gaïaconique.
guaiaretic, *a Ch* (acide) gaïarétique.
guanidine, *n Ch* guanidine *f*.
guanine, *n Ch* guanine *f*.
guano, *n* guano *m*.
guanosine, *n Ch* guanosine *f*.
guanyl, *n Ch* guanyle *m*.
guarinite, *n Miner* guarinite *f*.
gubernaculum, *pl* **-la**, *n Z* gubernaculum *m* testis.
guinea-pig, *n Z* cobaye *m*.
gula, *pl* **-ae**, *n Z* œsophage *m*, gosier *m*.
gular, *a* gulaire; (*in amphibians, etc*) **gular pouch, sac**, poche *f*, sac *m*, gulaire.
gullet, *n Physiol Z* gorge *f*.
gulonic, *a Ch* (acide) gulonique.
gulose, *n Ch* gulose *m*.
gum[1], *n Ch* gomme *f*; **gum acacia**, gomme du Sénégal; **gum arabic**, gomme arabique; **gum tragacanth**, gomme adragante; **blue gum**, gomme d'eucalyptus; **red gum**, gomme rouge, strophulus *m*.
gum[2], *n Anat Z* gencive *f*.
gummiferous, *a Bot* gummifère.
gummite, *n Miner* gummite *f*.
Gunn, *Prn Z* **Gunn rat**, rat *m* de Gunn.
gustatory, *a Dent* gustatif; *Anat* **gustatory bud**, bourgeon gustatif.
gut, *n Anat* boyau *m*, intestin *m*; **small gut**, intestin grêle; **blind gut**, cæcum *m*.
guttapercha, *n Ch* gutta-percha *f*.
guttate, *a* **1.** guttiforme. **2.** tacheté, moucheté.
guttation, *n Bot* guttation *f*.
guttiferous, *a Bot* guttifère.
guttiform, *a Bot* guttiforme.
gymnite, *n Miner* gymnite *f*.
gymnoblastic, *a Z* gymnoblaste.
gymnocarpous, *a Bot* gymnocarpe.
gymnogynous, *a Bot* gymnogyne.
Gymnophiona, *npl Amph* gymnophiones *mpl*.
gymnoplast, *n Z* corps *m* protoplasmique sans membrane limitante.
gymnosperm, *n Bot* gymnosperme *m*.
gymnospermous, *a Bot* gymnosperme, gymnospermé.
gymnospermy, *n Bot* gymnospermie *f*.
gymnostom(at)ous, *n Bot* gymnostome.
gynandromorph, *a Biol* gynandromorphe *m*.
gynandromorphism, *n Biol* gynandromorphisme *m*.
gynandromorphous, *a Biol* gynandromorphe.
gynandrous, *a Bot* gynandre, épistaminé.
gynandry, *n Bot* gynandrie *f*.
gynobase, *n Bot* gynobase *f*.
gynobasic, *a Bot* gynobasique.
gynocardic, *a Ch* (acide) gynocardique.
gynodioecious, *a Bot* gynodioïque.
gynoecium, *pl* **-ia**, *n Bot* gynécée *m*.
gynogenesis, *n Biol* gynogénèse *f*.
gynogenetic, *a Biol* gynogénétique.
gynomonoecious, *a Bot* gynomonoïque.

gynophore, *n Bot* gynophore *m.*
gynoplastic, *a Med* se rapportant à une opération plastique sur les organes génitaux féminins.
gynostemium, *pl* **-ia,** *n Bot* gynostème *m* (des orchidées).
gypseous, *a Miner* gypseux.
gypsiferous, *a Miner* gypsifère.
gypsum, *n Miner* gypse *m*; chaux sulfatée; pierre *f* à plâtre; **burnt, unburnt, gypsum,** plâtre cuit, cru; **satin gypsum, crystalline, foliated, gypsum,** spath satiné; sélénite *f* fibreuse.
gyrate, *a Bot* circinal, -aux.
gyrolite, *n Miner* gyrolite *f.*
gyromagnetic, *a* gyromagnétique; **gyromagnetic ratio,** rapport *m* gyromagnétique.
gyroscope, *n Ph* gyroscope *m.*
gyroscopic, *a Ph* gyroscopique; **gyroscopic effect,** effet *m* de toupie; **gyroscopic torque,** couple *m* gyroscopique.
gyrostat, *n Ch Ph* gyrostat *m.*
gyrostatic, *a* gyrostatique.

H

h 1. *symbole de l'*heure. **2.** *symbole de l'*hecto.
H (*a*) *symbole chimique de l'*hydrogène; (*b*) *symbole de l'*henry.
habenula, *pl* **-ae,** *n Z* nom donné à différentes parties de la membrane basilaire.
Haber, *Prn Ch* **Haber process,** processus *m* de Haber.
habit, *n Bot* manière *f* de croître, port *m*, habitus *m* (d'un arbre, d'une plante).
habitat, *n Biol* habitat *m*; aire *f* d'habitation (d'une espèce); biotope *m*.
habituate, *vtr Biol Behav* habituer, accoutumer.
habituation, *n Physiol* accoutumance, tolérance, acquise par usage répété.
habitus, *n Biol Physiol* habitus *m*.
hackles, *npl Orn* camail *m*.
hadal, *a MarineBiol Geol* **hadal zone,** eaux profondes; abîme *m*, région abyssale.
hadrome, *n Bot* hadrome *m*.
Haeckel, *Prn Biol* **Haeckel's law,** loi *f* de la biogénèse.
haemal, *a Physiol* hémal, -aux; **haemal arch,** arc hémal.
haematein, *n Ch Physiol* hématéine *f*.
haematic, *a Ch* hématique.
haematin, *n Ch* hématine *f*.
haematite, *n Miner* hématite *f*; (fer *m*) oligiste (*m*); ferret *m* d'Espagne; **red, earthy, haematite,** sanguine *f*; **brown haematite,** hématite brune; ocre *f* jaune; terre *f* jaune; limonite *f*.
haemato-, *pref* hémato-.
haematobium, *n Biol Physiol* hématozoaïre *m*.
haematoblast, *n Anat Physiol* hématoblaste *m*, thrombocyte *m*, globulin *m*; plaquette sanguine.
haematocrit *n Physiol* hématocrite *m*.
haematocryal, *a Z* à sang froid.
haematocyte, *n Anat* globule sanguin.
haematogen, *n BioCh* hématogène *m*.
haematogenesis, *n Physiol* formation *f* du sang.
haematogenous, *a Physiol* hématogène.
haematoidin, *n BioCh* hématoïdine *f*.
haematolite, *n Miner* hématolite *f*.
haematologic(al), *a Physiol* hématologique.
haematology, *n Physiol* hématologie *f*.
haematolysis, *n Physiol* hématolyse *f*, hémolyse *f*.
haematophagia, haematophagy, *n Biol* hématophagie *f*.
haematophagous, *a Z* (insecte) hématophage.
haematophyte, *n Bot* parasite végétal du sang.
haematopoiesis, *n Physiol* hématopoïèse *f*.
haematopoietic, *a Physiol* hématopoïétique.
haematoporphyrin, *n Ch* hématoporphyrine *f*.
haematosis, *n Physiol* hématose *f*.
haematothermal, *a Biol Z* hématothermal, -aux; à sang chaud.
haematoxylin, *n Ch* hématoxyline *f*.
haematozoon, *pl* **-zoa,** *n Physiol Z* hématozoaïre *m*.
haemic, *a Z* sanguin.
haemin, *n Ch Biol* hémine *f*; chlorhydrate *m* d'hématine.
haemochromogen, *n Biol* hémochromogène *m*.
haemoclastic, *a Physiol* hémolytique.
haemocoel(e), *n Z* hemocèle *m*; tumeur sanguine.
haemocyanin, *n Ch Z* hémocyanine *f*.
haemocyte, *n Anat Physiol* globule sanguin.

haemocytoblast, *n Physiol* hémocytoblaste *m.*
haemocytolysis, *n Physiol* hémolyse *f.*
haemocytotrypsis, *n Physiol* désintégration *f* des globules sous l'influence de la pression.
haemofuscin, *n Path* hémofuchsine *f.*
haemoglobin, *n Ch Physiol* hémoglobine *f.*
haemohistioblast, *n Physiol* hémohistioblaste *m.*
haemokonia, *n Physiol* hémoconie *f,* hématoconie *f.*
haemolymph, *n Biol* (*a*) sang *m* et lymph *f*; (*b*) fluide nutritif de certains invertébrés.
haemolysin, *n Ch* hémolysine *f*; hémotoxine *f.*
haemolysis, *n Physiol* hématolyse *f,* hémolyse *f.*
haemolytic, *a* hémolytique.
haemophagocyte, *n Bot* hématophage *m.*
haemoplasmodium, *n Z* plasmodium *m* du paludisme.
haemoplastic, *a Physiol* hémoplastique.
haemopoiesis, *n Physiol* = **haematopoiesis.**
haemopophysis, *n Z* hémopophyse *m.*
haemopyrrole, *n Ch* hémopyrrol *m.*
haemorrhage, *n Med* hémorragie *f.*
haemosiderin, *n Ch* hémosidérine *f.*
haemostatic, *a Physiol* hémostatique.
haemotoxin, *n Ch* hémotoxine *f.*
haemotropic, *a Physiol* hémotrope.
hafnium, *n Ch* (*symbole* Hf) hafnium *m.*
haidingerite, *n Miner* haidingérite *f.*
hair, *n Z* (i) cheveu *m*; (ii) poil *m*; *Biol* cil *m*; **hair cell,** cellule épithéliale garnie de fins prolongements; **hair follicle,** follicule pileux; **hair matrix,** matrice *f,* racine *f,* du cheveu; *Bot* **stinging hair,** stimule *m.*
hairless, *a Z* sans poils; **hairless mouse,** souris *f* sans poils.
hairy, *a Bot* pileux; peluché.
half-cycle, *n Ph* demi-période *f.*
half-life, *n* (*a*) *Ph Rad-A* demi-vie *f*; période radioactive; (*b*) **biological half-life,** période biologique.
half-period, *n Ph* demi-période *f.*
half-wave, *n Ph* demi-onde *f.*
halide *Ch* **1.** *n* halogénure *m*; sel *m* halogène; **silver halide,** halogénure d'argent; **alkali halide,** halogénure alcalin; **vinyl halide,** halogénure vinylique. **2.** *a* haloïde.
haliplankton, *n Biol* haliplankton *m,* haliozoaïres *mpl*; holoplancton *m.*
halite, *n Miner* halite *f*; sel *m* gemme.
halitosis, *n Physiol* mauvaise haleine.
halloysite, *n Miner* halloysite *f.*
hallux, *pl* **halluces,** *n* avillon *m* (d'un oiseau de proie).
halobiont, *n Biol* halobios *m.*
halobiontic, *a Biol* halobiontique.
halobiotic, *a Biol* halobiotique.
halogen, *n Ch* halogène *m.*
halogenation, *n Ch* halogénation *f,* haloïdation *f.*
halogenide, *n Ch* halogénure *m.*
halogenous, *a Ch* (composé) halogène; (dérivé) halogéné; (résidu) halogénique.
halography, *n Ch* halographie *f.*
haloid *Ch* **1.** *a* haloïde. **2.** *n* halosel *m,* haloïde *m,* halogénure *m.*
halolimnic, *a Biol* (*of marine organism*) qui peut vivre dans l'eau fraîche.
halometer, *n Cryst* halomètre *m.*
halometry, *n Cryst* halométrie *f.*
halomorphic, *a Geol* halomorphe.
halophile, *n Bot* organisme *m* halophile.
halophilous, *a Bot* halophile.
halophobe, *n Bot* halophobe *m*; individu *m* maladivement sensible à l'action des sels.
halophyte, *n Bot* halophyte *f.*
halophytic, *a Bot* halophyte.
halotechny, *n Ch* halotechnie *f.*
halotrichite, *n Miner* halotrichite *f*; alun *m* de fer.
halteres, *npl Z* haltères *mpl.*
hamate, *a Anat Biol* crochu, uncinulé, unciforme; **hamate bone,** os *m* unciforme.
hambergite, *n Miner* hambergite *f.*
Hamiltonian, *a Mth Ch* **Hamiltonian coordinates,** coordonnées *fpl* de Hamilton.
hamlinite, *n Miner* hamlinite *f.*
hamular, hamulate, hamulose, *a Bot* hamuleux.
hamulus, *pl* **-li,** *n Biol* hamule *m.*
hapanthous, *a Bot* hapanthèse.

hapaxanthic, *a Bot* hapaxanthique.
haplite, *n Miner* aplite *f.*
haplobiont, *n Biol* haplobionte *m.*
haplobiontic, *a Biol* haplobiontique.
haplocaulescent, *a Bot* haplocaulescent.
haplochlamydeous, *a Bot* haplochlamydique.
haploid, *a Biol* haploïde.
haploidy, *n Biol* haploïdie *f.*
haplomitosis, *n Biol* haplomitose *f.*
haplont, *n Biol* haplonte *m.*
haplopetalous, *a Bot* haplopétale.
haplophase, *n Biol* haplophase *f.*
hapten, *n Immunol* haptène *m*, haptine *f.*
haptere, hapteron, *n Bot* haptère *m.*
haptoglobin, *n BioCh* haptoglobine *f.*
haptophore, *a Biol Ch* haptophore.
haptotropism, *n Bot* haptotropisme *m.*
haptotype, *n Bot* haptotype *m.*
hardpan, *n Geol* carapace *f.*
hard-roed, *a Ich* (poisson) œuvé.
hardwood, *n* **hardwood forest,** forêt *f* d'arbres feuillus.
hardy, *a Biol* vivace.
harmaline, *n Ch* harmaline *f.*
harmine, *n Ch* harmine *f.*
harmonia, *n Z* suture *f* harmonique.
harmonic, *a Ph* harmonique.
harmotome, *n Miner* harmotome *m.*
hartite, *n Miner* hartite *f.*
Hassall, *Prn Physiol* **Hassall's corpuscles,** corpuscules *mpl* d'Hassall; restes *mpl* du thymus épithélial.
hastate, *a Bot* hasté, hastifolié, hastiforme.
hatch[1], *n Biol* éclosion *f*, couvée *f.*
hatch[2] **1.** *vi* éclore. **2.** *vtr* incuber, (faire) couver (des œufs).
hatchettine, hatchettite, *n Miner* hatchettine *f*, hatchettite *f*, suif minéral; adipocérite *f.*
hatching, *n* incubation *f*; couvage *m*, couvaison *f.*
haulm, *n Bot* fane *f* (de légume).
hausmannite, *n Miner* hausmannite *f.*
haustellate, *a Z* haustellé.
haustellum, *pl* **-la,** *n Z* haustellum *m*, suçoir *m*, trompe *f* (d'insecte, de crustacé).
haustorial, *a Bot* haustellé.
haustorium, *pl* **-ia,** *n Bot* haustoire *f*, haustorium *m*, suçoir *m.*
hauyne, hauynite, *n Miner* haüyne *f.*
haverite, *n Miner* havérite *f.*
Haversian, *a Anat Z* **Haversian canals,** canaux *mpl* de Havers; **Haversian glands,** glandes mucilagineuses; **Haversian lamellae,** lamelles *fpl* concentriques de l'os, qui forment les canaux de Havers; **Haversian spaces,** espaces *fpl* de Havers; **Haversian system,** système *m* de Havers.
He, *symbole chimique de l'*hélium.
head, *n* tête *f.*
heart, *n Anat Physiol* cœur *m*; **heart attack,** crise *f* cardiaque; **heart failure,** défaillance *f* cardiaque, arrêt *m* du cœur; **heart block,** pouls permanent; **fatty heart,** cœur gras; **heart hurry,** tachycardie *f*; **heart sac,** péricarde *m*; **heart stroke,** battement *m* du cœur.
heartbeat, *n Physiol* battement *m*, pulsation *f*, du cœur.
heartwood, *n* bois *m* de cœur; cœur *m* de bois; bois parfait; duramen *m.*
heat[1], *n* (*a*) *Ph Ch etc* chaleur *f*; **heat of absorption,** chaleur d'absorption; **heat of combustion,** chaleur de combustion; **heat of condensation, of vaporization,** chaleur de condensation, d'évaporation; **heat of expansion,** chaleur d'expansion; **heat of fusion,** chaleur de fusion; **heat of neutralization,** chaleur de neutralisation; **heat of solution,** chaleur de solution; **heat of electrolytic dissociation,** chaleur de dissociation électrolytique; **heat engine,** machine *f*, moteur *m*, thermique; **mechanical equivalent of heat,** équivalent *m* mécanique de la chaleur; **Nernst's Heat Theorem,** Théorème *m* thermique de Nernst; **heat of radioactivity,** chaleur de désintégration radioactive; *Ch* **heat of reaction,** chaleur de réaction; **specific heat,** chaleur spécifique; **latent heat,** chaleur latente; **radiant heat,** chaleur radiante, rayonnante; **dark heat,** chaleur obscure; **heat generation,** production *f* de chaleur; **heat capacity,** capacité *f* calorifique; **heat constant,** constante *f* calorifique; **heat value,** valeur *f* calorique, calorifique; **heat content,** contenance *f* thermique; **heat conduction,** conduction *f*

de chaleur; **heat conductivity,** conductibilité *fpl* calorifique, thermique; thermoconductibilité *f*; **heat conduction losses,** pertes *fpl* de chaleur par conductibilité; **heat conductor,** conducteur *m* thermique, de chaleur; **heat dissipation,** dispersion *f*, dissipation *f*, de chaleur; **heat energy,** énergie *f* thermique; **heat exchange,** échange *m* de chaleur; **heat insulating,** calorifuge; **heat transfer,** transmission *f* de chaleur; échange *m* thermique; *Ph* **heat spectrum,** spectre *m* calorifique; (*b*) *Physiol* chaleur; **animal heat,** chaleur animale; *Z* **to be in, on, heat,** être en chaleur, en rut *m*; (*c*) *Med* **heat treatment,** thermothérapie *f*;

heat², *vtr* chauffer (l'eau, le métal, etc); **to heat sth to (a temperature of) 80°,** porter qch à 80°.

heat-absorbing, *a* (vapeur, etc) qui absorbe la chaleur.

heat-conducting, *a* (thermo)conductible.

heating, *n* **1.** (*making hot*) chauffage *m*; **conductive heating,** chauffage par conduction; **convective heating,** chauffage par convection; **radiant heating,** chauffage par rayonnement. **2.** (*becoming hot*) *Ph* **friction heating,** échauffement *m* par friction.

heat-resistant, -resisting, *a* anticalorique, calorifuge, résistant à la chaleur, thermorésistant.

Heaviside, *Prn Ph* **Heaviside layer,** couche *f* de Heaviside; ionosphère *f*.

heavy, *a Ph* lourd; **heavy bodies,** corps *mpl* graves; *AtomPh* **heavy atom,** atome lourd; **heavy nucleus,** noyau lourd; **heavy particle,** particule lourde; **heavy hydrogen,** hydrogène lourd; **heavy water,** eau lourde.

hedenbergite, *n Miner* hédenbergite *f*.

hederaceous, *a Bot* hédéracé, hédéré.

hederagenin, *n Ch* hédéragénine *f*.

hederiform, *a Bot* hédériforme.

hederin, *n Ch* hédérine *f*.

Heisenberg, *Prn Ch* **Heisenberg's theory,** théorie *f* de Heisenberg.

helianthin(e), *n Ch* hélianthine *f*.

heliciform, *a Z* héliciforme.

helicin, *n Ch* hélicine *f*.

helicoid, *a Z* hélicoïde; hélicoïdal, -aux.

heliodor, *n Miner* héliodore *m*.

heliolite, *n Miner* héliolite *f*.

heliophilous, *a* (*of plant, etc*) héliophile.

heliophyte, *n Bot* héliophyte *f*.

helioplankton, *n Bot Biol* hélioplancton *m*; héliozoaïres *mpl*.

heliotaxis, *n Biol* forme de phototaxie provoquée par la lumière solaire.

heliotrope, *n Miner* héliotrope *m*, jaspe sanguin.

heliotropic, *a Bot* héliotropique.

heliotropin, *n Ch* héliotropine *f*, pipéronal *m*.

heliotropism, *n Bot* héliotropisme *m*.

helium, *n Ch* (*symbole* He) hélium *m*; **helium spectrum,** spectre *m* de l'hélium; **helium nucleus,** noyau *m* d'hélium; hélion *m*.

helix, *pl* **helices,** *n Mth Z Ch* hélix *m*; *Biol etc* hélice *f*; *Anat* ourlet *m*, rebord *m* (de l'oreille externe); *Ch* **double helix,** hélix double.

hellandite, *n Miner* hellandite *f*.

helmet, *n Bot* casque *m* (de la corolle, etc).

Helmholtz, *Prn Ch* **Helmholtz's expression for emf of concentration cell,** équation *f* de Helmholtz pour la f.é.m. de la cellule de concentration.

helminth, *n Z* helminthe *m*; ver intestinal.

helminthic, *a & n Med* helminthique (*m*).

helminthoid, *a* helminthoïde, vermiforme.

helminthology, *n* helminthologie *f*.

helobious, *a Bot* hélobié.

helophyte, *n Bot* hélophyte *f*.

helotism, *n Biol* hélotisme *m*.

helvin(e), helvite, *n Miner* helvine *f*.

hem(a)-, hemato-, *pref* = **haem(a)-, haemato-.**

hemelytral, *a Z* (aile) hémélytre.

hemelytron, *pl* **-tra,** *n Z* hémélytre *f*.

hemerophyte, *n Bot* hémérophyte *f*.

hemerotemperature, *n Bot* hémérotempérature *f*.

hemi-acetal, *n Ch* hémiacétal *m*.

hemibranch, *n Z* hémibranche *f*.

hemicarp, *n Bot* hémicarpe *m.*
hemicellulase, *n BioCh* hémicellulase *f.*
hemicellulose, *n Ch* hémicellulose *f.*
hemicephalic, hemicephalous, *a Z* hémicéphalique.
hemichordate, *a Z* hémic(h)ordé.
hemicryptophyte, *n Bot* hémicryptophyte *f.*
hemicyclic, *a Bot* hémicyclique.
hemimellitic, *a Ch* hémimellique.
hemimetabolic, hemimetabolous, *a Z* hémimétabole.
hemiparasite, *n Biol* hémiparasite *m.*
hemipinic, *a Ch* hémipinique.
hemipteral, *a Z* hémiptère.
hemipteran, *a & n Z* hémiptère (*m*).
hemipterous, *a Z* hémiptère.
hemisome, *n Z* hémisome *m.*
hemisphere, *n Z* hémisphère *m.*
hemispore, *n Bot* hémispore *m.*
hemisystole, *n Physiol* hémisystolie *f*; systole limitée à un seul des deux ventricules.
hemizygous, *a Genet* hémizygote.
hemo-, *pref* = **haemo-.**
Henderson-Hasselbalch, *Prn Ch* **Henderson-Hasselbalch's equation,** équation *f* de Henderson et Hasselbalch.
Henry[1], *Prn Ch* **Henry's law,** loi *f* d'Henry.
henry[2], *pl* **henries,** *n Ph* (*symbole* H) henry *m.*
heparin, *n Ch* héparine *f.*
hepatectomy, *n Physiol Z* hépatectomie *f*; résection *f* d'une partie du foie.
hepatic, *a Anat etc* hépatique; **hepatic portal vein,** veine *f* porte hépatique.
hepatite, *n Miner* hépatite *f.*
hepatitis, *n Med* hépatite *f.*
hepatoportal, *a Z* se rapportant à la circulation porte du foie.
heptad, *n Ch* heptade *f.*
heptane, *n Ch* heptane *m.*
heptaphyllous, *a Bot* heptaphylle.
heptavalent, *a Ch* septivalent.
heptene, *n Ch* heptène *m.*
heptose, *n Ch* heptose *m.*
heptyl, *n Ch* heptyle *m.*
heptylene, *n Ch* heptylène *m.*
heptylic, *a Ch* heptylique.
heptyne, *n Ch* heptyne *m.*
herapathite, *n Miner* hérapathite *f.*
herbaceous, *a Bot* herbacé; **herbaceous plant,** plante herbacée.
herbivore, *n Z* herbivore *m.*
herbivorous, *a Z* herbivore.
hercogamy, *n Bot* hercogamie *f.*
hercynite, *n Miner* hercynite *f.*
herderite, *n Miner* herdérite *f.*
hereditability, *n Biol* héréditabilité *f.*
hereditary, *a* héréditaire.
hereditism, *n Biol* héréditarisme *m.*
heredity, *n Biol* hérédité *f.*
hermaphrodism, *n* hermaphrodisme *m.*
hermaphrodite, *a & n Z Bot* hermaphrodite (*m*); intersexué, -ée (*mf*); *a Bot* staminopistillé.
hermaphroditic, *a* (fleur) hermaphrodite.
hermaphroditism, *n* hermaphrodisme *m.*
hermetically, *adv* hermetiquement; **hermetically sealed,** scellé hermétiquement.
heroin, *n Ch* héroïne *f.*
herpetofauna, *n* faune *f* (h)erpétologique.
herpetological, *a Z* (h)erpétologique.
herpetology, *n Z* (h)erpétologie *f.*
herschelite, *n Miner* herschélite *f.*
hertz, *n Ph* (*symbole* Hz) hertz *m.*
Hertzian, *a Ph* hertzien; **Hertzian waves,** ondes hertziennes.
hesperetin, *n Ch* hespérétine *f.*
hesperidin, *n Ch* hespéridine *f.*
hesperidium, *pl* **-ia,** *n Bot* hespéridium *m.*
hesperitin, *n Ch* hespérétine *f.*
Hess, *Prn Ph Ch* **Hess's law,** loi *f* de Hess.
hessite, *n Miner* hessite *f.*
hessonite, *n Miner* essonite *f.*
heterandrous, *a Bot* hétérandre.
heteratomic, *a Ch* hétéroatomique.
heteroatom, *n Ch* hétéroatome *m.*
heteroatomic, *a Ch* hétéroatomique.
heteroauxin, *n Ch Bot Microbiol* hétéroauxine *f.*
heteroblastic, *a Biol* hétéroblastique.
heterocarpic, heterocarpous, *a Bot* hétérocarpe.
heterocaryon, *n Biol* = **heterokaryon.**

heterocephalous, *a Bot* hétérocéphale.
heterocephalus, *n Ter* monstre *m* à deux têtes de grandeur inégale.
heterocercal, *a Z* (queue) hétérocerque.
heterocercality, *n Z* hétérocercie *f*, hétérocerquie *f*.
heterochlamydeous, *a Bot* hétérochlamydique.
heterochromatic, *a Z* hétérochromatique.
heterochromatin, *n Z* hétérochromatine *f*.
heterochromatosis, *n Z* (*a*) pigmentation *f* de la peau due à des substances étrangères; (*b*) hétérochromie *f*.
heterochromosome, *n Biol* hétérochromosome *m*, hétérosome *m*.
heterochromous, *a Bot* hétérochrome.
heterochronism, *n Biol* hétérochronie *f*.
heterochronous, *a Biol* exhibant hétérochronie *f*.
heterochrony, *n Biol* hétérochronie *f*.
heterocyclic, *a Ch* hétérocyclique.
heterodactyl(ous), *a Z* hétérodactyle.
heterodont, *a & n Z* hétérodonte (*m*).
heterodynamic, *a Biol* hétérodyname.
heteroecious, *a Microbiol* (*of parasitic form*) qui se développe dans deux hôtes différents.
heterogamete, *n Biol* hétérogamète *m*.
heterogametism, **heterogamety**, *n Biol* hétérogamétie *f*.
heterogamic, *a* hétérogamique.
heterogamous, *a Biol* hétérogame.
heterogamy, *n Biol* hétérogamie *f*.
heterogeneous, *a Ch Biol etc* hétérogène; **heterogeneous catalysis,** catalyse *f* hétérogène.
heterogenesis, *n Biol* hétérogénèse *f*.
heterogenetic, *a Biol* hétérogène.
heterogenite, *n Miner* hétérogénite *f*.
heterogeny, *n Biol* hétérogénie *f*.
heterogony, *n Biol* hétérogonie *f*.
heterograft, *n Biol* hétérogreffe *f*.
heterogynous, *a Biol* hétérogyne.
heteroid, **heteroideous**, *a Biol* de forme différente.
heterokaryon, *n Biol* hétérokaryon *m*.
heterokaryote, *n Biol* hétérocaryote *f*.
heterokinesis, *n Biol* hétérocinèse *f*.
heterolateral, *a Biol* controlatéral, -aux; se rapportant au côté opposé, situé sur le côté opposé.
heterologous, *a Biol* hétérologue.
heterology, *n Biol* hétérologie *f*; anomalie *f* de forme, de nature, de structure; évolution *f* d'une structure anormale.
heterolysin(e), *n BioCh* hétérolysine *f*.
heterolysis, *n BioCh* hétérolyse *f*.
heteromerous, *a Bot* hétéromère.
heterometabolic, heterometabolous, *a Z* hétérométabole.
heteromorphic, *a Biol Ch* hétéromorphe.
heteromorphism, *n Biol Ch* hétéromorphie *f*, hétéromorphisme *m*.
heteromorphite, *n Miner* hétéromorphite *f*.
heteromorphosis, *n Biol* hétéromorphose *f*.
heteromorphous, *a* = **heteromorphic**.
heteronomous, *a Biol* hétéronome.
heteropetalous, *a Bot* hétéropétaloïde, hétéropétale.
heterophagous, *a Bot* hétérophage.
heterophyletic, *a Bot* hétérophylétique.
heterophyllous, *a Bot* hétérophylle.
heterophylly, *n Bot* hétérophyllie *f*.
heterophyte, *n Bot* plante *f* hétérophytique.
heterophytic, *a Bot* hétérophytique.
heteroplasia, *n Z* hétéroplasie *f*.
heteroplastic, *a Z* hétéroplastique.
heteroploid, *a Biol* hétéroploïde.
heteropolar, *a Ch* hétéropolaire.
heteropsychology, *n* psychologie basée sur l'objectivité.
heteropterous, *a Ent* hétéroptère.
heteropters, *npl Z* hétéroptères *mpl*.
heterosexual, *a Z* hétérosexuel.
heteroside, *n Ch* hétéroside *m*.
heterosis, *n Biol* hétérosis *f*.
heterosphere, *n Geog* hétérosphère *m*.
heterosporic, **heterosporous**, *a Bot* hétérosporé.
heterospory, *n Bot* hétérosporie *f*.

heterostylism, heterostyly, *n Bot* hétérostylie *f.*
heterotaxis, heterotaxy, *n Anat Bot etc* hétérotaxie *f.*
heterothallic, *a Bot* hétérothallique.
heterothallism, *n Bot* hétérothallisme *m.*
heterothallium, *n Bot* hétérothalle *m.*
heterotonia, *n Biol* tension *f* variable.
heterotopic, *a Biol* hétérotopique, déplacé.
heterotoxin, *n Biol* toxine *f* exogène.
heterotrichous, *a Z* hétérotriche.
heterotrophic, *a Biol* hétérotrophe.
heterotrophism, *n Biol* hétérotrophie *f.*
heterotypic(al), *a Biol* (i) hétérotypique; (ii) hétérotypien, hétérotype.
heterovalvate, *a Biol* hétérovalve.
heteroxanthine, *n Ch* hétéroxanthine *f.*
heterozygote, *n Biol* hétérozygote *m.*
heterozygotic, heterozygous, *a Biol* hétérozygote.
heulandite, *n Miner* heulandite *f.*
hexacanth, *n Z* = **oncosphere.**
hexacanthous, *a Z* hexacanthe.
hexachloride, *n Ch* hexachloride *m.*
hexachlorocyclohexane, *n Ch* hexachlorocyclohexane *m.*
hexacontane, *n Ch* hexacontane *m.*
hexacosane, *n Ch* hexacosane *m.*
hexad, *n Ch* atome, ion, radical, hexavalent.
hexadactylism, *n Z* hexadactylie *f,* sexadigitisme *m.*
hexadecane, *n Ch* hexadécane *m.*
hexadic, *a Ch* hexavalent.
hexafluoride, *n Ch* hexafluorure *m.*
hexagynian, hexagynous, *a Bot* hexagyne.
hexahydrobenzene, *n Ch* hexahydrobenzène *m.*
hexahydrobenzoic, *a Ch* (acide) hexahydrobenzoïque.
hexahydrophenol, *n Ch* hexahydrophénol *m.*
hexahydropyridine, *n Ch* hexahydropyridine *f*; pipéridine *f.*
hexamerous, *a Z* à six parties, à six divisions.
hexamethylenetetramine, *n Ch* urotropine *f*; hexaméthylène *m* tétramine.
hexandrous, *a Bot* hexandre.
hexane, *n Ch* hexane *m.*
hexapetalous, *a Bot* hexapétaloïde.
hexaploid, *a Biol Genet* hexaploïde.
hexapod, *a & n Z* hexapode (*m*); qui a six pattes.
hexasepalous, *a Bot* hexasépaloïde.
hexavalent, *a Ch* hexavalent, sexvalent.
hexene, *n Ch* hexène *m.*
hexogen, *n Ch* hexogène *m.*
hexosan, *n Ch* hexosane *m.*
hexose, *n Ch* hexose *m.*
hexyl, *n Ch* hexyle *m*; **hexyl alcohol,** alcool *m* hexylique.
hexylene, *n Ch* hexylène *m.*
hexylic, *a Ch* hexylique.
hexyne, *n Ch* hexyne *m.*
Hf, *symbole chimique de l'*hafnium.
Hg, *symbole chimique du* mercure.
hiatus, *n Biol* (i) orifice *m*; (ii) valve *f*; *Anat* lacune *f.*
hibernaculum, *n Biol* hibernacle *m.*
hibernal, *a* hibernal, -aux.
hibernant, *a & n Z* hibernant (*m*).
hibernate, *vi* hiberner, hiverner.
hibernating, *a Z* hibernant.
hibernation, *n Z* hibernation *f*; sommeil hibernal.
hiddenite, *n Miner* hiddénite *f.*
hidrosis, *n Z* hidrose *f*; sécrétion sudorale.
hiemal, *a* hiémal, -aux.
hierarchy, *n Behav* hiérarchie *f.*
high-energy, *a Ph* **high-energy physics,** physique *f* des hautes énergies.
high-gravity, *a Ph* **high-gravity liquid,** liquide *m* de poids spécifique élevé.
Highmore, *Prn Anat Z* **Highmore's antrium,** antre *m* de Highmore; **Highmore's body,** corps *m* de Highmore.
hilar, *a Bot* hilaire.
hilum, *n* **1.** *Bot* hile *m*, ombilic *m*, nombril *m*, cicatricule *f.* **2.** *Anat* hile (du rein, etc).
hindbrain, *n Anat* métencéphale *m*; cerveau postérieur.
hinge, *n* (*a*) *Anat* charnière *f*, ginglyme *m*; **hinge joint,** articulation *f* à charnière; diarthrose *f*; (*b*) *Z* charnière (d'un bivalve); **hinge line,** ligne cardinale.

hinge-jointed, *a Z* cardinifère.
hip, *n Anat Z* hanche *f*; **hip joint,** articulation coxo-fémorale; **hip bone,** os coxal; *Ent* **hip segment,** coxa *f*.
hippocamp, *n Z* grand hippocampe *m*.
hippocampal, *a* se rapportant à l'hippocampe.
hippocampus, *n Z* hippocampe *m*; **hippocampus major,** grand hippocampe; **hippocampus minor,** petit hippocampe.
hippuric, *a Physiol* (acide) hippurique.
hirsute, *a* **1.** *Bot* (feuille) âpre; (arbuste) cilié. **2.** *Z* velu.
hirudin, *n Z* hirudine *f*; sécrétion *f* de la glande buccale de la sangsue.
His, *Prn Z* **His's bundle,** faisceau *m* de His.
hispid, *a Biol* hispide.
histaminase, *n BioCh* histaminase *f*.
histamin(e), *n Ch Physiol* histamine *f*.
histaminic, *a Physiol* histaminique.
histidine, *n Ch Physiol* histidine *f*.
histioblast, *n Physiol* histioblaste *m*.
histiocyte, *n Biol* histiocyte *m*, cellule *f* histioïde; macrophage *m*.
histioid, *a Biol* histioïde.
histoblast, *n Z* histoblaste *m*.
histochemistry, *n Ch Physiol* histochimie *f*.
histogene, *n Biol* histogène *m*.
histogenesis, *n Biol* histogénèse *f*.
histogenetic, histogenic, *a Biol* histogénique.
histogeny, *n Biol* histogénèse *f*.
histoid, *a Biol* histioïde.
histological, *a Biol* histologique.
histology, *n Biol* histologie *f*.
histolysis, *n BioCh* histolyse *f*; destruction *f* des tissus.
histolytic, *a Biol* histolytique; se rapportant à l'histolyse.
histone, *n Ch* histon *m*, histone *f*.
histopathology, *n Path* histopathologie *f*.
histotome, *n Biol Path* microtome *m*.
histotoxic, *a Biol* histotoxique.
histotoxin, *n Biol* histotoxique *m*.
histotrophic, *a Z* concernant la nutrition tissulaire.
histotropic, *a Z* (parasite) ayant une affinité pour les cellules.
histozoic *Z* **1.** *a* histozoïque. **2.** *n* parasite *m* cellulaire.
histozyme, *n BioCh* histozyme *m*.
histrionic, *a* histrionique; **histrionic muscles,** muscles *mpl* de la figure; **histrionic spasm,** tic *m* des muscles de la figure.
Hittorf, *Prn Ch* **Hittorf transport numbers,** nombres *mpl* de transport de Hittorf.
Ho, *symbole chimique de l'*holmium.
hock, *n Z* jarret *m*.
hodoscope, *n Ph* hodoscope *m*.
holandric, *a Biol* holandrique.
holarctic, *a Geog Biol* holarctique.
holdfast, *n* **1.** *Bot* (*a*) crampon *m* (de plante grimpante); (*b*) bulbe *m*. **2.** *Med* actinomycose *f*.
hole, *n* trou *m*, orifice *m*.
hollandite, *n Miner* hollandite *f*.
hollow, *n Biol* creux *m*; cavité *f*; excavation *f*.
hollow-horned, *a Z* cavicorne.
holmia, *n Ch* oxyde *m* de holmium.
holmium, *n Ch* (*symbole* Ho) holmium *m*.
holoblast, *n Biol* œuf *m* holoblastique.
holoblastic, *a Biol* holoblastique.
holobranch, *n Z* holobranche *f*.
holobranchiate, *a Ich* holobranche.
holocarpic, holocarpous, *a Bot* holocarpe.
Holocene, *a & n Geol* holocène (*m*).
holocephalous, *a Ich* holocéphale.
holocrine, *a Anat* (glande) holocrine.
holocrystalline, *a Miner* holocristallin.
holoenzyme, *n Biol* holoenzyme *f*.
hologamete, *n Biol* hologamète *m*.
hologamy, *n Biol* hologamie *f*.
hologenesis, *n Biol* hologénèse *f*.
hologynic, *a Genet* hologynique.
holohedral, *a* holoèdre.
holometabolous, *a Z* holométabole.
holomorphosis, *pl* **-es,** *n Biol* holomorphose *f*.
holoparasite, *n Z* holoparasite *m*; parasite *m* obligatoire.
holoparasitic, *a* holoparasite.
holophytic, *a Bot* holophytique.
holoplankton, *n Biol* holoplancton *m*.
holopneustic, *a Z* holopneustique.

holoptic, *a Z* holophtalme.
holoside, *n BioCh* holoside *m.*
holosiderite, *n Miner* holosidère *m.*
holosteous, *a Biol* holosté.
holosystolic, *a Physiol Z* holosystolique.
holotype, *n Biol* holotype *m.*
holozoic, *a Nut Biol Z* holozoïque.
homatropine, *n Ch* homatropine *f.*
homaxial, homaxonic, *a* à axes égaux.
homeo-, *pref see* **hom(o)eo-.**
homilite, *n Miner* homilite *f.*
homoblastic, *a Biol* homoblastique.
homocaryon, *n Biol* = **homokaryon.**
homocatechol, *n Ch* homopyrocatéchine *f.*
homocercal, *a Z* (animal, queue) homocerque.
homocercy, *n Z* homocerquie *f.*
homochlamydeous, *a Bot* homochlamydique.
homocyclic, *a Ch* homocyclique.
homodont, *a Z* à dents semblables.
homodromal, homodromous, *a Bot etc* homodrome.
homodynamic, *a Ent* homodyname.
hom(o)eochronous, *a* survenant régulièrement ou à la même époque dans le développement ontogénique.
hom(o)eokinesis, *n Biol* homéocinèse *f.*
hom(o)eopathy, *n Med* homéopathie *f.*
hom(o)eostasis, *n Biol* homéostasie *f*; tendance *f* des organismes à stabiliser leurs diverses constantes physiologiques.
hom(o)eothermal, hom(o)eothermic, *a Biol* homéotherme.
hom(o)eotypical, *a Biol* homéotypique.
homogametic, *a Biol* homogamétique.
homogamous, *a Biol* homogame.
homogamy, *n Biol* homogamie *f.*
homogenate, *n Biol* homogénat *m.*
homogeneous, *a Ch etc* homogène; **homogeneous chemical equilibria,** équilibres *mpl* chimiques qui se présentent dans la phase seule.
homogenesis, *n Biol* homogénésie *f.*
homogentisic, *a Ch* (acide) homogentisique.
homogeny, *n Biol* homogénie *f.*
homograft, *n Biol* homogreffe *f.*
homoiothermal, homoiothermic, *a Biol* homéotherme.
homokaryon, *n Biol* homokaryon *m.*
homolecithal, *a Biol* homolécithique.
homological, *a Biol Ch etc* homologique.
homologous, *a Biol Ch etc* homologue.
homologue, *n Biol Ch etc* homologue *m.*
homology, *n Biol Ch etc* homologie *f.*
homomorphic, *a Biol* homomorphe.
homomorphism, *n Biol* homomorphisme *m.*
homonomy, *n Biol* homonomie *f.*
homonuclear, *a Ph etc* homonucléaire.
homopetalous, *a Bot* homopétale.
homoplasty, *n Biol* homoplastie *f.*
homopolar, *a Ph Biol* homopolaire, unipolaire.
homopterous, *a Z* homoptère.
homopyrrole, *n Ch* homopyrrol *m.*
homosporous, *a Bot* homosporé.
homostyly, *n Bot* homostylie *f.*
homoterephthalic, *a Ch* (acide) homotéréphtalique.
homothallic, *a Bot* homothallique.
homothallium, *n Bot* homothalle *m.*
homothermal, *a* **1.** *Ph* homothermal, -aux. **2.** *Biol* = **homoiothermal.**
homotonic, *a Biol* ayant une tension uniforme.
homotropal, homotropous, *a Bot* homotrope.
homotype, *n Biol* homotype *m*, homologue *m.*
homotypic(al), *a Biol* (organe) homotype, homotypique.
homozygosis, homozygosity, *n Biol* homozygotie *f.*
homozygote, *n Biol* homozygote *m.*
homozygous, *a Biol* homozygote.
honey, *n* miel *m.*
honeycomb, *n* rayon *m* de miel; **honeycomb structure,** structure alvéolée; *Z* **honeycomb stomach,** bonnet *m*, deuxième estomac *m* des ruminants.
honey-bearing, *a Ent* mellifère.
honey-cup, *n Bot* nectaire *m.*
honey-dew, *n Bot* miellée *f*, miellure *f* (exsudée par les plantes).

honey-eating, *a Z* mellivore.
hood, *n Biol* casque *m* (de fleur, d'insecte); manteau *m* (de lézard); coiffe *f*, capuchon *m* (de cobra).
hooded, *a* (*of bird, etc*) mantelé; (*of flower*) capuchonné.
hood-shaped, *a Biol* cuculliforme, capuchonné.
hoofed, *a Z* (animal) ongulé.
hook-billed, *a Z* oncirostre.
Hooke, *Prn Ph* **Hooke's law**, loi *f* de Hooke.
hooklike, *a Biol* unciforme, uncinulé.
hookworm, *n Biol Z* ankylostome *m*; ver *m* parasite de l'intestin humain.
hopcalite, *n Ch* hopcalite *f*.
hopeite, *n Miner* hopéite *f*.
hordeaceous, *a* hordéacé, hordéiforme.
hordein, *n Ch* hordéine *f*.
horizon, *n* (*a*) *Agr* horizon *m*; (*b*) *Geol* **ore horizon**, niveau minéralisé.
horizontal, *a Mth* parallèle au plan de l'horizon; perpendiculaire à la verticale.
hormesis, *n Physiol* stimulation *f* par une dose non-toxique d'une substance toxique.
hormonal, *a Physiol* hormonal, -aux.
hormone, *n Physiol* hormone *f*; **luteinizing hormone**, prolan *m* B.
hormonopoiesis, *n Z* production *f* des hormones.
horn, *n* (*a*) corne *f* (de bélier, de bouc, de girafe, etc); **horns of a stag**, bois *mpl* d'un cerf; (*b*) *Biol* antenne *f* (de cerf-volant); corne (de calao); aigrette *f* (de hibou); **horns of a snail**, cornes d'un limaçon; (*c*) *Bot* corne.
hornblende, *n Miner* hornblende *f*; **white hornblende**, calamite *f*.
hornblendite, *n Miner* hornblendite *f*.
horned, *a* (animal) cornu, à cornes.
hornfels, *n Miner* corne *f*, cornéenne *f*.
horn-silver, *n Miner* argent corné, lune cornée, cérargyrite *f*, cérargyre *m*, kérargyre *m*.
hornstone, *n Miner* pierre *f* de corne; silex noir, silex corné.
horror, *n Psy* frisson *m* symptomatique.
horsfordite, *n Miner* horsfordite *f*.
horst, *n Geol* horst *m*, butoir *m*.
horticulture, *n* horticulture *f*.
hortonolite, *n Miner* hortonolite *f*.
host, *n Biol* hôte *m* (porteur d'un parasite ou d'un commensal); **intermediate, intermediary, host**, hôte intermédiaire.
hour, *n Ph* heure *f*.
Houston, *Prn Z* **Houston's folds**, valvules rectales.
howlite, *n Miner* howlite *f*.
hübnerite, *n Miner* hubnérite *f*.
Hückel, *Prn Ch Ph* **Hückel's equation**, équation *f* de Hückel.
huebnerite, *n Miner* hubnérite *f*.
hull, *n Bot* cosse *f* (de pois, etc); écale *f* (de noix).
humeral, *a Z* huméral, -aux.
humerus, *pl* **-i**, *n Anat* humérus *m*.
humic, *a Ch* **humic acid**, acide *m* humique, ulmique; humine *f*.
humidity, *n Ph* humidité *f*; **relative humidity**, degré *m* hygrométrique.
humifuse, *a Bot* humifuse.
humite, *n Miner* humite *f*.
humour, *NAm* **humor**, *n Z* humeur *f*; **aqueous humour**, humeur aqueuse.
humoral, *a Physiol* humoral, -aux; **humoral theory**, théorie humorale (d'immunité).
humulene, *n Ch* humulène *m*.
humus, *n Ch* humus *m*; terreau *m*; terre végétale.
hunger, *n* faim *f*; **hunger pains**, tiraillements *mpl* d'estomac.
husk, *n Bot* coque *f* (de noix, de fruit); gousse *f*, cosse *f* (de pois, etc); cupule *f* (de noix, de châtaigne); écale *f* (de noix).
Huxley, *Prn Z* **Huxley's layer**, couche *f* cellulaire à l'intérieur de la gaine d'Henle.
hyacinth, *n Miner Bot* hyacinthe *f*, jacinthe *f*.
hyaline, *a Anat Biol Miner* hyalin, transparent, diaphane.
hyalite, *n Miner* hyalite *f*.
hyalogen, *n Ch* hyalogène *m*.
hyaloid *Anat* **1.** *a* (*a*) (membrane, etc) hyaloïde; (*b*) (*of artery, canal*) hyaloïdien. **2.** *n* membrane *f* hyaloïde; membrane du corps vitré.
hyalophane, *n Miner* hyalophane *f*.
hyaloplasm(a), *n Biol* hyaloplasme *m*.
hyalosiderite, *n Miner* hyalosidérite *f*.

hyalotekite, *n Miner* hyalotékite *f.*
hyaluronic, *a BioCh* **hyaluronic acid,** acide *m* hyaluronique.
hyaluronidase, *n Biol* hyaluronidase *f.*
hybrid *Biol etc* **1.** *n* hybride *m*; **single-cross hybrid,** hybride simple. **2.** *a* hybride; **hybrid plant,** plante *f* hybride, métisse; **hybrid vigour,** vitalité *f* hybride; *Ch* **hybrid orbit(al),** orbitale *f* hybride.
hybridism, *n* hybridisme *m.*
hybridity, *n Biol* hybridité *f.*
hybridization, *n Biol* hybridation *f*; *BioCh* **nuclear hybridization,** hybridation cellulaire.
hybridize **1.** *vtr* hybrider. **2.** *vi* s'hybrider.
hydantoic, *a Ch* **hydantoic acid,** acide *m* hydantoïque.
hydantoin, *n Ch* hydantoïne *f.*
hydathode, *n Bot* hydatode *m.*
hydracrylic, *a Ch* (acide) hydracrylique.
hydranth, *n Coel* hydrante *m.*
hydrargillite, *n Miner* hydrargillite *f.*
hydrastic, *a Ch* (acide) hydrastique.
hydrastine, *n Ch* hydrastine *f.*
hydrastinine, *n Ch* hydrastinine *f.*
hydrate[1], *n Ch* hydrate *m*; **double hydrate,** bihydrate *m*; **hydrate of lime, calcium hydrate,** chaux hydratée, hydrate de chaux.
hydrate[2], *vtr Ch* hydrater; **to become hydrated,** *vi* **to hydrate,** s'hydrater.
hydration, *n Ch* hydratation *f.*
hydratropic, *a Ch* (acide) hydratropique.
hydrazide, *n Ch* hydrazide *f.*
hydrazine, *n Ch* hydrazine *f.*
hydrazoate, *n Ch* azoture *m.*
hydrazoic, *a Ch* azothydrique, hydrazoïque.
hydrazone, *n Ch* hydrazone *f.*
hydric, *a Ch* hydrique; **hydric chloride,** acide *m* chlorhydrique.
hydride, *n Ch* hydrure *m.*
hydrindene, *n Ch* hydrindène *f*, indane *f.*
hydriodic, *a Ch* iodhydrique.
hydriodide, *n Ch* iodhydrate *m.*
hydroaromatic, *a Ch* hydroaromatique.
hydrobilirubin, *n Ch* hydrobilirubine *f.*
hydrobromic, *a Ch* (acide) bromhydrique.
hydrobromide, *n Ch* bromhydrate *m.*
hydrocarbide, *n Ch* carbure *m* d'hydrogène.
hydrocarbon, *n Ch* hydrocarbure *m*; carbure *m* d'hydrogène; **benzene hydrocarbons,** hydrocarbones *mpl* benzéniques; **a hydrocarbon(-containing) mixture,** un mélange carburant.
hydrocarbonate, *n Ch* hydrocarbonate *m.*
hydrocarbonic, *a Ch* hydrocarboné.
hydrocellulose, *n Ch* hydrocellulose *f.*
hydrocerus(s)ite, *n Miner* hydrocérusite *f.*
hydrochloric, *a Ch* (acide) chlorhydrique.
hydrochloride, *n Ch* chlorhydrate *m.*
hydrochoric, *a Bot* hydrochore.
hydrocinnamic, *a Ch* hydrocinnamique.
hydrocoel, *n Z* hydrocèle *m.*
hydrocortisone, *n Ch* cortisol *m*, hydrocortisone *m.*
hydrocotarnine, *n Ch* hydrocotarnine *f.*
hydrocyanic, *a Ch* (acide) cyanhydrique, hydrocyanique.
hydrodynamic, *a* hydrodynamique.
hydrofluoric, *a Ch* (acide) fluorhydrique.
hydrofluoride, *n Ch* fluorhydrate *m.*
hydrogel, *n Ch Ph* hydrogel *m.*
hydrogen, *n Ch* (*symbole* H) hydrogène *m*; **heavy hydrogen,** hydrogène lourd; deutérium *m*; **hydrogen bond,** liaison *f* à hydrogène; **hydrogen bridge,** pont *m* à hydrogène; **hydrogen electrode,** électrode *f* à hydrogène; **hydrogen ion,** ion *m* hydrogène; **hydrogen ion concentration,** concentration *f* d'ion hydrogène; **hydrogen ion activity,** activité *f* d'ion hydrogène; **hydrogen peroxide,** eau oxygénée.
hydrogenate, *vtr Ch* hydrogéner; combiner avec l'hydrogène.
hydrogenated, *a Ch* (gaz, atome) hydrogéné.
hydrogenation, *n Ch* hydrogénation *f.*
hydrogenize, *vtr Ch* = **hydrogenate.**

hydrogenized, *a Ch* = **hydrogenated.**
hydrogenous, *a Ch* hydrogénique.
hydrogeology, *n* hydrogéologie *f.*
hydrography, *n* hydrographie *f.*
hydrohydrastine, *n Ch* hydrohydrastine *f.*
hydroid, *a & n Z* hydroïde (*m*); *npl* **hydroids,** hydraires *mpl.*
hydrokinetic, *a* qui appartient, se rapporte, à la cinétique des liquides.
hydrokinetics, *n* cinétique *f* des liquides.
hydrolaccolith, *n Geol* hydrolaccolithe *m.*
hydrolase, *n BioCh* hydrolase *f.*
hydrolith, *n Ch* hydrolithe *f.*
hydrological, *a* hydrologique.
hydrology, *n* hydrologie *f*; **ground-water hydrology,** hydrogénèse *f.*
hydrolyse, *vtr Ch* hydrolyser.
hydrolysis, *n Ch* hydrolyse *f*; **hydrolysis by fermentation,** zymohydrolyse *f.*
hydrolytic, *a Ch* qui appartient, se rapporte, à l'hydrolyse; qui agit par hydrolyse.
hydromagnesite, *n Miner* hydromagnésite *f*, hydrocarbonate *m* de magnésie.
hydrometer, *n Ph* densimètre *m*; aréomètre *m*; hydromètre *m*; **Baumé hydrometer,** aéromètre de Baumé; **acid hydrometer,** pèse-acide *m*; **hydrometer syringe,** pipette *f* pèse-acide.
hydrometric(al), *a Ph* hydrométrique.
hydrometry, *n Ph* hydrométrie *f*, aréométrie *f.*
hydromorphic, *a Geol* hydromorphe.
hydronium, *n Ch* hydronium *m.*
hydrophane, *n Miner* hydrophane *f*, œil-du-monde *m.*
hydrophanous, *a Miner* hydrophane.
hydrophilic, *a Ch* hydrophile; hydrophilique.
hydrophilism, *n Biol Ch Ph* hydrophilie *f.*
hydrophilite, *n Miner* hydrophilite *f.*
hydrophilous, *a Bot* (*a*) hydrophile; (*b*) hydrogame.
hydrophily, *n* (*a*) *Bot* hydrogamie *f*, pollinisation *f* par l'eau; (*b*) *Biol Ch Ph* hydrophilie *f.*
hydrophobic, *a Ch* hydrophobe, hydrophobique; (*of molecule, etc*) **hydrophobic property,** hydrophobie *f.*
hydrophoric, *a Z* hydrophore.
hydrophyllium, *n Bot* hydrophylle *f.*
hydrophyte, *n Bot* hydrophyte *f*; plante *f* d'eau.
hydrophyton, *n Coel* hydrophyton *m.*
hydroponics, *n Bot Agr* culture *f* hydroponique.
hydrosopoline, *n Ch* hydrosopoline *f.*
hydrosilicate, *n Ch* hydrosilicate *m.*
hydrosol, *n Ch* hydrosol *m.*
hydrosome, *n Z* hydrosome *m.*
hydrosphere, *n Geog* hydrosphère *f.*
hydrostatic, *a* hydrostatique.
hydrostatics, *n Ph* hydrostatique *f.*
hydrosulfide, *n Ch* sulfhydrate *m*, hydrosulfate *m.*
hydrosulfite, *n Ch* hydrosulfite *m.*
hydrosulfurous, *a Ch* **hydrosulfurous acid,** acide hydrosulfureux.
hydrotalcite, *n Miner* hydrotalcite *f.*
hydrotaxis, *n Biol* hydrotaxie *f.*
hydrotheca, *n Z* hydrothèque *f.*
hydrotropic, *a Bot* hydrotrope.
hydrotropism, *n Bot* hydrotropisme *m.*
hydrous, *a Ch* hydrique, hydraté.
hydroxamic, *a Ch* **hydroxamic acid,** acide *m* hydroxamique.
hydroxide, *n Ch* hydroxyde *m*, hydrate *m*; **aluminium hydroxide,** hydrate d'aluminium; **barium hydroxide,** eau *f* de baryte; **sodium hydroxide,** hydrate de soude; **calcium hydroxide,** hydrate de chaux, de calcium.
hydroxy-acid, *n Ch* oxacide *m.*
m-hydroxybenzoic, *a Ch* (acide) m-hydroxybenzoïque.
17-hydroxy-11-dehydrocortisticosterone, *n Ch* 17-hydroxy-11-déhydrocorticostérone *f.*
17-hydroxydeoxycorticosterone, *n BioCh* 17-hydroxydésoxycorticostérone *f.*
hydroxyethylamine, *n Ch* hydroxyéthylénamine *f.*
hydroxyl, *n Ch* hydroxyle *m*, oxhydrile *m.*
hydroxylamine, *n Ch* hydroxylamine *f.*
hydroxylated, *a Ch* hydroxylé.

hydrozincite, *n Miner* marionite *f*.
hydrozoon, *pl* **-zoa**, *n Z* hydrozoaire *m*; hydroméduse *f*.
hygiene, *n Biol* hygiène *f*; **industrial hygiene**, hygiène industrielle.
hygienic, *a* hygiénique.
hygienics, *n* science *f* de l'hygiène.
hygienism, *n* hygiène *f*; salubrité *f* publique.
hygric, *a* humide.
hygrograph, *n Ph* hygromètre enregistreur.
hygrokinesis, *n Bot Behav* hygrocinèse *f*; mouvement *m* produit en réponse à l'humidité.
hygrology, *n Ph* hygrologie *f*.
hygrometer, *n Ph* hygromètre *m*; **hair hygrometer**, hygromètre à cheveu; **dew-point hygrometer**, hygromètre à condensation; **Daniell hygrometer**, hygromètre de Daniell.
hygrometric(al), *a Ph* hygrométrique.
hygrometry, *n Ph* hygrométrie *f*, hygroscopie *f*.
hygromorphic, *a Bot* hygromorphe.
hygronasty, *n Bot* hygronastie *f*.
hygrophilous, *a Bot Geog* hygrophile.
hygroscope, *n Ph* hygroscope *m*.
hygroscopic(al), *a Ph* hygroscopique.
hygroscopy, *n Ph* hygroscopie *f*.
hygrostat, *n Ph* hygrostat *m*.
hygrotropism, *n Z etc* hygrotropisme *m*.
hylotomous, *a Ent* hylotome.
hymen, *n Anat Z* hymen *m*.
hymenium, *pl* **-ia**, *n Bot* hyménium *m*.
hymenopterology, *n Z* hyménoptérologie *f*.
hymenopterous, *a Z* hyménoptère.
hyocholanic, *a Ch* hyocholanique.
hyoglossus, *n Z* muscle *m* hyoglosse.
hyoid, *a Anat Z* hyoïde; **hyoid bone**, os *m* hyoïde.
hyoscine, *n Ch* hyoscine *f*; scopolamine *f*.
hypabyssal, *a Geol* hypabyssal, -aux.
hypaxial, *a Z* situé sous l'axe du corps.
hyperchromatosis, *n Z* hyperchromie *f*.
hypercinesis, *n Z* hypercinèse *f*.
hyperdiastole, *n Z* hyperdiastolie *f*.
hypergenesis, *n Biol* hypergénèse *f*.
hyperglyc(a)emia, *n Physiol* hyperglycémie *f*.
hyperkinetic, *a Physiol* hypercinétique.
hypermetamorphosis, *n Z* hypermétamorphose *f*.
hyperon, *n Ph* hypéron *m*.
hyperoxide, *n Ch* hyperoxyde *m*.
hyperparasite, *n Biol* hyperparasite *m*.
hyperparasitic, *a Biol* hyperparasite.
hyperpituitarism, *n Z* hyperpituitarisme *m*; fonctionnement exagéré de l'hypophyse.
hyperplasia, *n Z* hyperplasie *f*.
hyperpnea, *n Z* hyperpnée *f*.
hypersensitive, *a Biol* hypersensible.
hypersensitivity, *n Z* hypersensibilité *f*; anaphylaxie *f*.
hypersonic, *a Ph* hypersonique.
hypertely, *n Z* hypertélie *f*.
hypertension, *n Physiol* hypertension *f*.
hyperthermia, *n Physiol* hyperthermie *f*.
hypertonic, *a Ph Ch* hypertonique; **hypertonic salt solution**, solution *f* hypertonique.
hypertonicity, **hypertonus**, *n Ch Physiol* hypertonie *f*.
hypertrophic, *a Anat* hypertrophié.
hypertrophy, *n Anat Z* hypertrophie *f*.
hypha, *pl* **-ae**, *n Bot* hyphe *m*.
hyphydrogamy, *n Bot* hyphydrogamie *f*.
hypnosis, *n Psy* hypnose *f*.
hypnospore, *n Z* hypnocyste *m*; hypnospore *f*.
hypnotic, *a Physiol* hypnotique.
hypnotism, *n Psy* hypnotisme *m*.
hypnotize, *vtr Psy* hypnotiser.
hypnotoxin, *n Biol* hypnotoxine *f*.
hypoblast, *n Biol* hypoblaste *m*.
hypoblastic, *a Biol* hypoblastique.
hypochlorate, *n Ch* hypochlorate *m*.
hypochloric, *a Ch* hypochlorique.
hypochlorite, *n Ch* hypochlorite *m*.
hypochlorous, *a Ch* **hypochlorous acid**, acide hypochloreux.
hypochondrium, *n Z* hypoc(h)ondre *m*.
hypocone, *n Z* couronne *f* d'une molaire inférieure.

hypoconule, *n Z* couronne *f* de la cinquième molaire supérieure.
hypoconulid, *n Z* couronne *f* de la cinquième molaire inférieure.
hypocotyl, *n Bot* hypocotyle *m.*
hypoderm, *n Anat Bot* = **hypodermis.**
hypoderma, *n* **1.** *Anat Bot* hypoderme *m.* **2.** *Z* hypoderme.
hypodermis, *n Anat Bot* hypoderme *m.*
hypogastric, *a Anat Z* hypogastrique; **hypogastric region,** hypogastre *m.*
hypogastrium, *n Anat Z* hypogastre *m.*
hypogeal, hypogean, *a Bot Geol* hypogé; **hypogeal, hypogean, germination,** germination hypogée.
hypogene, *a Geol* hypogène.
hypogenous, *a Z* hypogène.
hypogeous, *a Bot Geol* = **hypogeal.**
hypoglossal, *a Z* hypoglosse.
hypoglottis, *n Z* face inférieure de la langue.
hypoglyc(a)emia, *n Physiol* hypoglycémie *f.*
hypognathus, *n Physiol* hypognathe *m.*
hypogynous, *a Bot* (étamine, fleur) hypogyne.
hyponasty, *n Bot* hyponastie *f.*
hyponitric, *a Ch* hypoazotique.
hyponitrous, *a Ch* hypoazoteux, hyponitreux.
hypopharynx, *n Ent Anat* hypopharynx *m.*
hypophosphate, *n Ch* hypophosphate *m.*
hypophosphite, *n Ch* hypophosphite *m.*
hypophosphoric, *a Ch* hypophosphorique.
hypophosphorous, *a Ch* hypophosphoreux.
hypophyseal, *a Z* hypophysaire.
hypophysectomy, *n Physiol* hypophysectomie *f.*
hypophysis, *n* **1.** *Anat Z* hypophyse *f*; corps *m*, glande *f*, pituitaire. **2.** *Bot* hypophyse.
hypopituitarism, *n Physiol* hypopituitarisme *m.*
hypoplasia, *n Physiol* hypoplasie *f.*
hypostasis, *n* (*a*) hypostase *f*, hyperémie *f*, congestion *f* hypostatique; (*b*) fèces *fpl*; (*c*) sédiment *m*; (*d*) dépôt *m.*
hypostatic(al), *a Biol* hypostatique.
hyposulfite, *n Ch* hyposulfite *m*, biosulfate *m.*
hyposulfurous, *a Ch* **hyposulfurous acid,** acide hyposulphureux.
hyposystole, *n Physiol* systole *f* faible.
hypotension, *n Physiol* hypotension *f*, hypotonie *f.*
hypothalamus, *n Anat* hypothalamus *m.*
hypothermia, *n Physiol* hypothermie *f.*
hypothesis, *n Ch Ph* hypothèse *f.*
hypotonic, *a Ch* hypotonique.
hypotonicity, hypotonus, *n Ch* hypertonure *f.*
hypotrichosis, *n Z* hypotrichose *f*; arrêt *m* de développement des poils.
hypotrophy, *n Physiol* hypotrophie *f*; défaut *m* de nutrition d'un organe entraînant généralement sa déchéance.
hypoxanthine, *n Ch* sarcine *f.*
hypsiloid, *a Anat Z* hyoïde.
hypsometer, *n Ph* hypsomètre *m*; thermo-baromètre *m.*
hystarazin, *n Ch* hystarazine *f.*
hysterectomy, *n Med* hystérectomie *f.*
hysteresis, *n Ph* hystérésis *f*, hystérésie *f*, hystérèse *f*; **hysteresis cycle, hysteresis loop,** cycle *m* d'hystérésis.
hysteria, *n Physiol* hystérie *f*; pithiatisme *m.*
hysterogenic, *a Z* hystérogène.
hystolysis, *n Biol* hystolyse *f.*
hyther, *n Physiol* action *f* de la chaleur et de l'humidité atmosphérique sur l'être humain.
Hz, *symbole de l'*hertz.

I

I, *symbole chimique de l'*iode.
iberite, *n Miner* ibérite *f*.
IBP *abbr inhibitory boiling point*, point initial de distillation.
ice, *n Ch* glace *f*; **structure of ice**, structure *f* de la glace; *Geol* **ice age**, époque *f*, période *f*, glaciaire; **ice sheet**, calotte *f* glaciaire; **continental ice sheet**, glacier continental; *Ch* **ice stone**, cryolithe *f*.
iceberg, *n* montagne *f* de glace.
ice-cap, *n Geol* calotte *f* glaciaire.
Iceland, *Prn Miner* **Iceland spar**, spath *m*, cristal *m*, d'Islande.
ichthyic, *a* icht(h)yique.
ichthyoid, *a* icht(h)yoïde.
ichthyologic(al), *a* icht(h)yologique.
ichthyology, *n* icht(h)yologie *f*, icht(h)yographie *f*.
ichthyophagous, *a* icht(h)yophage.
ichthyophagy, *n* icht(h)yophagie *f*.
id, *n Psy* ça *m*.
idant, *n Biol* idante *m*.
ideal, *a* idéal, -aux; *Ch* **ideal mixtures**, mélanges idéaux; **ideal solutions**, solutions idéales; **ideal crystals**, cristaux idéaux; **ideal gas**, gaz parfait.
identical, *a* identique; **identical points**, points *mpl* identiques; **identical twins**, jumeaux univitellins.
identifiable, *a* indentifiable.
identification, *n Ch* identification *f*.
identify, *vtr Ch* identifier.
idioblast, *n Biol* idioblaste *m*.
idiochromatic, *a Cryst* idiochromatique.
idiochromatin, *n Biol* idiochromatine *f*.
idiochromosome, *n Biol* idiochromosome *m*.
idiogamous, *a Bot* idiogame.
idiogamy, *n Bot* idiogamie *f*.
idiogram, *n Biol* idiogramme *m*.
idiomorphic, *a Miner* idiomorphe, automorphe.
idiomuscular, *a Z* particulier au tissu musculaire.
idiopathic, *a Biol* idiopathique.
idioplasm, *n Biol* idioplasme *m*.
idiosome, *n Biol* idiosome *m*.
idiosyncrasy, *n Physiol* idiosyncrasie *f*.
idiosyncratic, *a* idiosyncrasique.
idiothermous, *a Z* (animal) à sang chaud.
idiotype, *n Biol* génotype *m*.
idiozome, *n Biol* idiozome *m*.
iditol, *n Ch* iditol *m*.
idocrase, *n Miner* idocrase *f*, vésuvianite *f*.
idonic, *a Ch* (acide) idonique.
idosaccharic, *a Ch* idosaccharique.
idose, *n Ch* idose *m*.
idranal, *n Ch* idranal *m*.
idrialite, *n Miner* idrialite *f*.
igneous, *a* igné; **igneous rock**, roche éruptive, ignée.
ignimbrite, *n Geol* ignimbrite *f*.
ignite, *vtr Ch* allumer.
ignition, *n Ch* inflammation *f*; **ignition point**, point *m* de feu, point d'inflammation; **ignition quality improver**, additif *m* améliorant l'indice de cétane d'un combustible; **ignition temperature**, température *f* d'ignition.
ijolite, *n Geol* ijolit(h)e *f*.
ilesite, *n Miner* ilésite *f*.
ileum, *n Z* iléon *m*.
iliac, *a Ch* **iliac crest**, crête *f* iliaque.
ilium, *n Anat* ilion *m*, ilium *m*; flanc *m*.
illite, *n Geol* illite *f*.
ill-smelling, a *Ch* puant.
illuminating, *n Ch* **illuminating oil**, kérosène *m*; pétrole lampant.
illuvial, *a Geol* illuvial, -aux.
illuviation, *n Geol* illuviation *f*.

illuvium, *n Geol* illuvion *m*, illuvium *m*.
ilmenite, *n Miner* ilménite *f*; fer titané, titane oxydé ferrifère.
ilvaite, *n Miner* ilvaïte *f*, liévrite *f*.
imaginal, *a Z* imaginal, -aux; **imaginal disks, buds,** disques imaginaux, histoblastes *mpl*.
imago, *pl* **imagos, imagines**, *n Z* imago *f*; image *f*; insecte parfait.
imbalance, *n Ph* déséquilibre *m*.
imbibition, *n Ch* imbibition *f*; **imbibition of gels,** imbibition des gels.
imbricate[1], **imbricated**, *a Biol* imbriqué; *Geol* **imbricate structure,** structure imbriquée; *Bot* **imbricate leaves, petals,** feuilles, pétales, imbriquées; **imbricate aestivation,** (préfloraison) imbriquée (*f*).
imbricate[2], *vi* (*of fish scales, etc*) s'imbriquer.
imbrication, *n* imbrication *f*.
imbricative, *a Bot* imbricatif.
imidazole, *n Ch* imidazole *m*.
imide, *n Ch* imide *m*.
imido, *a Ch* **imido compound,** imide *m*; **imido acid,** imidoacide *m*; **imido ether,** imidoéther *m*.
imidogen, *n Ch* imidogène *m*.
imin(e), *n Ch* imine *f*.
imino, *a Ch* imino-; **imino ether,** iminoéther *m*.
immaculate, *a Biol* non tacheté.
immarginate, *a Bot* émarginé.
immature, *a Biol* immature; jeune.
immatureness, immaturity, *n Biol* immaturité *f*; immaturation *f*.
immediate, *a Biol* immédiat.
immerse, *vtr Ch* immerger.
immersion, *n Ch* immersion *f*.
immiscible, *a Ch* immiscible.
immotile, *a* (organe, etc) incapable de mouvement.
immune, *a Bot* immunisé, immun; *Biol* **immune body,** anticorps *m*; sensibilisatrice *f*, ambocepteur *m*, immunisine *f*.
immunisation, *n* immunisation *f*.
immunity, *n Bot* immunité *f*; **acquired immunity,** immunité acquise; **congenital immunity,** immunité congénitale.
immunoassay, *n* immuno-analyse *f*.
immunobiology, *n* immunobiologie *f*.
immunochemistry, *n* immunochimie *f*.
immunoglobulin, *n* immuno-globulin *m*.
immunology, *n* immunologie *f*.
immunoprotein, *n* immuno-protéine *f*; anticorps *m*.
immunotoxin, *n* antitoxine *f*.
impact, *n Ph* **electron impact,** choc *m* électronique; **impact pressure,** pression *f* dynamique; **impact test,** essai *m* de résilience, essai au choc.
imparidigitate, *a Bot Z* imparidigité; imparinervé.
imparipinnate, *a Bot* imparipenné.
impatent, *a* non perméable.
impedance, *n Ph* impédance *f*.
impede, *vtr* empêcher.
impending, *a* imminent.
impennate, *a Orn* impenne, impenné.
imperfect, *a* (*a*) *Bot* **imperfect fungus,** champignon imparfait; **imperfect flower,** fleur unisexuée; (*b*) *Ch* **imperfect gases,** gaz imparfaits.
imperforate, *a Z* imperforé.
impervious, *a Z* impénétrable; *Miner* **impervious rock,** roche *f* imperméable.
impetus, *n* impulsion *f*.
impinger, *n Ch* flacon *m* de lavage; barboteur *m*.
implacental, *a Z* implacentaire.
implantation, *n Biol* nidation *f* (de l'œuf).
implosion, *n Ch* implosion *f*.
impregnant, *n Ch* agent *m* d'imprégnation.
impregnate, *vtr Biol* féconder.
impregnate(d), *a Biol* fécondé.
impregnating, *n Ch* **impregnating agent,** agent *m* d'imprégnation.
impregnation, *n Biol* fécondation *f*; *Ch* **impregnation rate,** taux *m* d'imprégnation.
imprinting, *n Z* identification *f*.
impuberal, *a Z* impubère.
impulse, *n* **1.** *Ph* impulsion *f*, force *f*, de mouvement; quantité *f* de mouvement. **2.** *Physiol* **nerve impulse,** signal nerveux.
In, *symbole chimique de l'*indium.
inactinic, *a Ph* inactinique.
inactivate, *vtr Ch Biol etc* rendre (un

produit chimique, un sérum) inactif; inactiver, neutraliser.

inactivation, *n Ch etc* inactivation *f.*

inactive, *a Ch* (gaz) inerte, inactif, sans action; *Ph* (corps) optiquement inactif.

inactivity, *n Ch Biol* inactivité *f*; inertie *f.*

inarticulate(d), *a Z* inarticulé, sans articulations.

inarticulates, *npl Z* brachiopodes *mpl.*

inbreeding, *n Z* élevage consanguin.

Inca, *Prn Z* **Inca bone,** os épactal, interpariétal.

incandescent, *a* incandescent.

incept[1], *vtr Biol* (*of cell, organism*) absorber.

incept[2], *n Bot Physiol* rudiment *m* (d'un organe).

inception, *n Biol Physiol* absorption *f.*

incinerator, *n Ch* incinérateur *m.*

incisal, *a Z* se dit du bord coupant des incisives.

incised, *a Bot Z* incisé; (bec d'oiseau) ciselé.

incision, *n Bot Biol Z* découpure *f*; incision *f.*

incisor, *n Z* (dent) incisive (*f*); pince *f* (d'un herbivore).

incisura, *n Z* échancrure *f.*

inclinometer, *n Geol* clinomètre *m.*

included, *a Bot* (*of stamens*) inclus.

inclusion, *n Ch* **inclusion compound,** composé *m* d'insertion; *Z* **inclusion bodies,** inclusion *f* cellulaire, cytoplasmique, nucléaire.

incoherence, incoherency, *n Ph* incohérence *f* (de particules).

incoherent, *a* **1.** *Ph* **incoherent molecules,** molécules incohérentes. **2.** *Opt* **incoherent vibrations,** vibrations incohérentes.

incohesion, *n Ph* incohésion *f.*

incolution, *n Biol* **incolution form,** forme régressive.

incombustible, *a* (gaz, etc) incombustible; (sel) anticombustible.

incomplete, *a* incomplet; *Biol* **incomplete metamorphosis,** métamorphose incomplète; *Bot* **incomplete flower,** fleur incomplète.

incompleteness, incompletion, *n Bot* avortement *m* (d'un organe).

incompressible, *a Ch* incompressible; **incompressible volume,** covolume *m.*

inconclusive, *a* incertain.

incondensable, *a* (gaz, vapeur) non condensable, incondensable.

incongruence, *n Z* défaut *m*; manque *m* de conformité.

incoordination, *n Z* incoordination *f.*

incorrodible, *a Ch* inattaquable par les acides, aux acides.

incrassate(d), *a Biol* épaissi, enflé; *Bot* **incrassate leaf,** feuille charnue.

increscent, *a Bot* (organe) increscent, accrescent.

incretion, *n Z* incrétion *f*, sécrétion *f* interne.

incrustation, *n Z* incrustation *f.*

incubate 1. *vtr* couver, incuber (des œufs). **2.** *vi* (*of eggs*) être soumis à l'incubation.

incubation, *n* incubation *f*; couvage *m*, couvaison *f.*

incubous, *a Bot* (feuille) incube.

incumbent, *a Bot* incombant; **incumbent cotyledons,** cotylédons incombants.

incurrent, *a Z* **incurrent pore,** pore inhalant.

incurved, *a Biol* incurvé; *Bot* **incurved ovule,** ovule *m* campylotrope.

incus, *pl* **incudes,** *n Z* enclume *f* (de l'oreille interne).

indamine, *n Ch* indamine *f.*

indan, *n Ch* indane *f*, hydrindène *f.*

indanthrene, *n Ch* (colorants *mpl* d') indanthrène (*m*).

indanthrone, *n Ch* indanthrone *m.*

indazine, *n Ch* indazine *f.*

indazole, *n Ch* indazole *m.*

indeciduate *Z* **1.** *a* (femelle) qui n'expulse pas la membrane caduque. **2.** *npl* **indeciduates,** indecidués *mpl*; adéciduates *mpl.*

indeciduous, *a Bot* (*of leaf, plant*) persistant; ne perdant pas ses feuilles annuellement.

indecomposable, *a BioCh Ch* **indecomposable body,** corps *m* indécomposable.

indefinite, *a Bot* (*of inflorescence, etc*) indéfini.

indehiscence, *n Bot* indéhiscence *f.*

indehiscent, *a Bot* indéhiscent; ne s'ouvrant pas instantanément.
indene, *n Ch* indène *m.*
indeterminacy, *n Ph* **indeterminacy principle,** loi *f* d'indétermination; indéterminisme *m.*
index, *pl* **indexes, indices,** *n* **1.** *Z* index *m*; second doigt de la main. **2.** indice *m*, index; rapport *m* numérique de mesure par rapport à un étalon.
indianaite, *n Miner* indianaïte *f.*
indianite, *n Miner* indianite *f.*
indic, *a Ch* indique.
indican, *n Ch* indican *m.*
indicator, *n* **1.** *Bot* (*a*) indicateur *m*; (*b*) *Bot* espèce *f* caractéristique du climat, du sol et de l'habitat; espèce dominante d'un biotope. **2.** *Ch* index *m*; indicateur chimique; **liquid indicator,** index liquide; **outside indicator,** index par touches; **mixed indicators,** indicateurs mélangés; **range of indicators,** assortiment *m* des indicateurs; **tautomeric forms of indicator,** formes *fpl* tautomériques d'un indicateur; **theory of indicators,** théorie *f* des indicateurs.
indice, *n Ch* indice *m.*
indicolite, *n Miner* indicolite *f*; saphir *m* du Brésil.
indifference, *n* (*a*) *Ch* indifférence *f* (d'un sel, d'un oxyde); (*b*) *Ph* inertie *f*, indifférence (d'un corps); (*c*) *Bot* indifférence d'espèces croissantes.
indifferent, *a* (*a*) *Ch Ph* (sel, etc) indifférent, neutre; (*b*) *Ph* (corps) inerte; (*c*) *Biol* indifférent, neutre; n'ayant pas d'affinité prépondérante; non différencié.
indigenous, *a* (*of plant, etc*) indigène (**to,** à); propre (**to,** à).
indigo, *n Ch* indigo *m*; indigotine *f.*
indigoid, *a Ch* (colorant) indigoïde.
indigolite, *n Miner* indicolite *f.*
indigotin, *n Ch* indigotine *f*, bleu *m* d'indigo.
indirect, *a* **1.** *Ph* **indirect wave,** onde indirecte. **2.** *Ch* **indirect substitution,** substitution indirecte. **3.** *Biol* **indirect cell-division,** karyokinèse *f*; **indirect metamorphosis,** métamorphose indirecte; **indirect vision,** vision *f* par un point de la rétine autre que la tache jaune.
indirubin(e), *n Ch* indirubine *f.*
indium, *n Ch* (*symbole* In) indium *m.*
individual *Biol* **1.** *a* individuel. **2.** *n* individu *m.*
individualism, *n* individualisme *m*; symbiose *f.*
indogen, *n Ch* indogène *m.*
indogenid(e), *n Ch* indogénide *m.*
indol(e), *n Ch* indole *m.*
indoleacetic, *a Ch* (acide) indolacétique.
indolin(e), *n Ch* indoline *f.*
indone, *n Ch* indone *f*, indénone *f.*
indophenin, *n Ch* indophénine *f.*
indophenol, *n Ch* indophénol *m.*
indoxyl, *n Ch* indoxyle *m.*
indoxylic, *a Ch* indoxylique.
indoxylsulfuric, *a Ch* (acide) indoxyle-sulfurique, indoxylsulfurique.
induced, *a Ch* induit; **induced polarity,** polarité induite; **induced dipole moment,** moment *m* dipolaire, qui résulte par l'induction.
inducible, *a Biol* inductible.
inductance, *n Ph* inductance *f.*
induction, *n* **1.** *Ch Ph* induction *f*; **induction effect,** effet *m* d'induction; **induction of ionic reactions,** induction des réactions ioniques. **2.** *Biol* **induction of embryonic cells,** induction embryonnaire.
inductive, *a Ph* (*a*) inducteur; qui induit; **inductive current,** courant inducteur, circuit inducteur; (*b*) inductif; **inductive influences of substituents,** influences inductives des substituants; **inductive load,** charge inductive; *Physiol* **inductive stimulus,** excitation *f* externe.
inductivity, *n Ph* inductivité *f.*
inductor, *n Ph* inducteur *m.*
indulin(e), *n Ch* induline *f.*
indumentum, *pl* **-tums, ta,** *n* poils *mpl*; pubescence *f*; *Orn* plumes *fpl*, plumage *m*; *Bot* indument *m.*
induplicate, *a Bot* (*of petal*) indupliqué; **induplicate aestivation,** préfloraison induplicative; **induplicate vernation,** vernation, préfoliation, indupliquée.
induration, *n* induration *f*; durcissement *m.*
indurescent, *a* s'indurant peu à peu.

indusiate(d), *a Bot* indusié.
indusium, *pl* **-ia,** *n Bot Ent* indusie *f.*
induviae, *npl Bot* induvies *fpl.*
induvial, *a Bot* induvial, -aux.
induviate, *a Bot* induvié.
inelastic, *a* inélastique.
inequivalve(d), *a* (mollusque) à valves inégales.
inerm(ous), *a Bot* inerme, sans épines.
inert, *a Ch etc* inerte; inactif, indifférent; **the inert gases,** les gaz *mpl* rares.
inertia, *n* inertie *f*; *Path* atonie complète; *Ph* force *f* d'inertie; **high, slight, inertia,** forte, faible, inertie; **mass inertia,** inertie de masse; **thermal inertia,** inertie thermique; **law of inertia,** loi *f* d'inertie; **axis of inertia,** axe *m* d'inertie; **moment of inertia,** moment *m* d'inertie; **inertia of an atom, an electron,** inertie d'un atome, d'un électron.
inertial, *a* inertiel; inertial, -aux; d'inertie; *Ph* **inertial force,** force *f* d'inertie; **inertial mass,** masse inertiale, inerte.
inertness, *n Biol Ch* inactivation *f*, indifférence *f*; **inertness of a body,** inactivité *f* d'un corps.
inesite, *n Miner* inésite *f.*
infection, *n Bac* infection *f*, contamination *f.*
infecund, *a Biol* infécond.
infecundity, *n Biol* infécondité *f*; **mutual infecundity,** interstérilité *f.*
inferior, *a Bot* (calice, ovaire) infère.
inferobranchiate *Moll* **1.** *a* inférobranchié; inférobranchial, -aux. **2.** *npl* **inferobranchiates,** inférobranchiés *mpl.*
inferolateral, *a* infralatéral, -aux.
inferoposterior, *a* inféropostérieur.
infiltrate 1. *vtr* infiltrer. **2.** *vi* s'infiltrer (**into,** dans; **through,** à travers).
inflexed, *a* courbé, infléchi, inflexe; *Bot* **inflexed stamen,** étamine infléchie; **to become inflexed,** s'infléchir.
inflorescence, *n Bot* **1.** inflorescence *f*; **centrifugal, centripetal, inflorescence,** inflorescence centrifuge, centripète. **2.** (*a*) floraison *f*; (*b*) fleurs *fpl* (d'un arbre, etc).
inflorescent, *a Bot* fleurissant; en fleurs.
influence, *n* influence *f*; *Ch* **influence of a solvent upon a solute,** influence d'un solvant sur un corps dissous.
infolded, *a Biol* replié en dedans.
infra-axillary, *a Bot* infra-axillaire.
infrabasal, *a Echin* infrabasal, -aux.
infrabranchial, *a Moll* infrabranchial, -aux.
infraclavicular, *a* sous-claviculaire.
infracortical, *a* sous-cortical.
infracostal, *a* sous-costal.
infraglenoid, *a* situé sous la cavité glénoïdale.
infrahyoid, *a* sous-hyoïdien.
inframammary, *a* sous-mammaire.
inframarginal, *a Z* inframarginal, -aux; sous-marginal.
inframaxillary, *a* sous-maxillaire.
infraorbital, *a* sous-orbital.
infrapetellar, *a* sous-rotulien.
infraproteins, *npl Ch* infraprotéines *fpl.*
infrascapular, *a* sous-scapulaire.
infraspecific, *a* inclus dans une espèce.
infraspinatous, *a* sous-épineux.
infrastapedial, *a* situé sous l'étrier.
infrasternal, *a* sous-sternal.
infratemporal, *a* situé sous l'os temporal.
infratrochlear, *a* sous-orbitaire.
infructescence, *n Bot* infrutescence *f.*
infundibular, infundibuliform, *a Path* infundibuliforme, infondibuliforme; en forme d'entonnoir; infundibulaire.
infundibulum, *pl* **-la,** *n Anat* infundibulum *m.*
infusible, *a* infusible.
infusoria, *npl Biol* infusoires *mpl.*
infusorial, *a Geol* **infusorial earth,** terre *f* à infusoires; terre de diatomées; tripoli silicieux; kieselguhr *m*; infusoires *mpl* fossiles, farine *f* fossile.
ingest, *vtr Physiol* ingérer (un aliment).
ingesta, *npl Physiol* ingesta *mpl.*
ingestion, *n Biol Physiol* ingestion *f.*
ingluvial, *a Z* ingluvial, -aux.
ingluvies, *n Z* jabot *m.*
ingredient, *n Ch* principe *m* (d'une substance).
inhalant 1. *a Biol* inhalant. **2.** *n Ch* produit *m* pour inhalation; inhalant *m.*
inhalation, *n Physiol* inhalation *f.*
inherent, *a Physiol* inhérent, naturel; **inherent defect,** vice *m* propre.
inheritance, *n Genet* héritage *m.*

inhibit, *vtr Ch* retarder; empêcher; **to inhibit a reaction,** inhiber une réaction.
inhibition, *n Ch* inhibition *f* (d'une réaction); **inhibition of a photochemical reaction,** inhibition d'une réaction photochimique.
inhibitor, *n Ch BioCh etc* inhibiteur *m*; **corrosion, oxidation, inhibitor,** inhibiteur de corrosion, d'oxydation.
inhibitory, *a* **1.** *Ch* **inhibitory boiling point (IBP),** point initial de distillation; **inhibitory phase,** colloïde protecteur. **2.** *Physiol* inhibitif; *Anat Biol* (nerf) inhibiteur.
inhomogeneous, *a* hétérogène.
initial, *a Bot* **initial cell,** cellule initiale.
initiation, *n Ch* initiation *f* (d'une réaction).
initiator, *n Ch* substance *f* qui amorce une réaction.
inject, *vtr Bot* injecter.
injected, *a Bot Z* injecté.
ink, *n Z* noir *m*, encre *f* (de seiche); sépia *f*; **ink bag, sac,** glande *f*, poche *f*, du noir.
inlet, *n* entrée *f*; introduction *f*.
innate, *a* **1.** *Biol* endogène; inné. **2.** *Bot* (anthère) attachée à l'extrémité du filet.
inner, *a* intérieur.
innervation, *n Physiol* innervation *f*.
innidation, *n Z* développement *m* et multiplication *f* de cellules greffées; métastase *f*.
innocuous, *a* inoffensif; **innocuous microbes,** microbes banaux.
innominate, *a* innominé; **innominate artery,** artère innominée; **innominate bone,** os innominé.
innovation, *n Bot* innovation *f*; nouvelle pousse indépendante; pousse basale et végétative de l'herbe.
inoculate, *vtr Bac* inoculer.
inoculation, *n Bac* inoculation *f*; vaccination *f*.
inoculum, *n Bac* matériel *m* à inoculer.
inocyte, *n Z* cellule fibreuse.
inoperculate, *a Bot* (casque) sans opercule.
inordinate, *a Bot* démesuré.
inorganic, *a* inorganique; **inorganic chemistry,** chimie minérale.
inosculate 1. *vtr* aboucher; unir par anastomose. **2.** *vi* s'aboucher, s'anastomoser.
inosine, *n Ch* inosine *f*.
inositocalcium, *n Pharm* inositocalcium *m*.
inositol, *n Ch* inositol *m*.
inoxidizable, *a Ch* inoxydable.
input, *n* entrée *f*; admission *f*.
inquiline, *Z* **1.** *a* inquilin. **2.** *n* inquilin *m*.
insect, *n* insecte *m*; **insect eater,** insectivore *m*; **insect repellent,** insectifuge *m*.
insecticide, *a & n* insecticide (*m*).
insectifuge, *a & n* insectifuge (*m*).
insectivore, *n Bot Z* insectivore *m*.
insectivorous, *a Bot Z* insectivore.
inseminate, *vtr Biol* inséminer.
insemination, *n Biol* insémination *f*; *Bot* ensemencement *m*; *Z* (i) introduction *f* du sperme; (ii) fécondation *f*.
insenescence, *n Biol* propriété *f* de ne pas vieillir.
insert, *vtr* insérer; *Anat Bot* **stamens inserted on the ovary,** étamines insérées sur l'ovaire.
insertion, *n Bot* insertion *f* (d'une feuille sur la tige); *Ch* **insertion reaction,** réaction *f* d'insertion.
insessorial, *a Orn* (*of claws*) spécialement adapté pour le perchoir.
insistent, *a Orn* **insistent hind toe,** pouce insistant.
insolation, *n Biol* insolation *f*.
insolubility, *n* insolubilité *f* (d'un sel).
insoluble, *a* (sel, etc) insoluble; **insoluble in water,** insoluble dans l'eau.
insolubleness, *n* = **insolubility.**
inspersed, *a Bot* aspergé.
inspersion, *n Biol* aspersion *f*.
inspissation, *n Ch* épaississement *m*; asphaltisation *f*.
instability, *n* (*a*) *Ch etc* instabilité *f*; (*b*) *Biol* inconstance *f* (de type).
instar, *n Ent* mue *f*; stade *m*; **second larval instar,** deuxième stade larvaire.
instinct, *n* instinct *m*.
instinctive, *a* instinctif.
instinctual, *a* instinctuel.
insulate, *vtr Ph* isoler.
insulation, *n Ph* isolation *f*.
insulator, *n Ch* isolant *m*.

insulin, *n Ch* insuline *f*.
insulinase, *n Ch Biol* insulinase *f*.
integral, *a* intégral, -aux; *Ch Ph* **integral quantities,** quantités intégrales.
integrator, *n Ch* intégrateur *m*.
integrifolious, *a Bot* intégrifolié; qui a des feuilles entières.
integripalliates, *npl Moll* intégripalliés *mpl*.
integument, *n Z* tégument *m*; enveloppe *f*; **egg integument,** coquille *f* d'œuf.
integumental, integumentary, *a Z* (enveloppe, surface, etc) tégumentaire.
integumented, *a Z* à tégument; pourvu d'un tégument, d'une enveloppe.
intensity, *n* intensité *f*; *Ch Ph* **current intensity,** intensité du courant; **intensity factors,** facteurs *mpl* d'intensité.
interact, *vi Ph etc* interagir.
interaction, *n Ph etc* interaction *f* (des éléments d'un tout, etc); **interaction component,** composante *f* d'interaction; **interaction cross-section,** section *f* efficace d'action réciproque, d'interaction; **interaction energy,** énergie *f* d'action réciproque, d'action mutuelle; énergie d'interaction.
interambulacral, *a Z* interambulacraire.
interambulacrum, *pl* **-cra,** *n Z* interambulacre *m*.
interatomic, *a Ch Ph* interatomique; **interatomic distances,** distances *fpl* interatomiques.
interbiotic, *a Bot Biol* interbiotique.
interbreed, *vtr Biol* accoupler (des animaux de races différentes ou des plantes d'espèces différentes).
intercalare, *n Z* intercentre *m*.
intercalary, *a Bot* (entre-nœud, etc) intercalaire; *Geol* **intercalary strata,** couches intercalées.
intercapillary, *a* intercapillaire.
intercellular, *a Bot* **intercellular space,** méat *m* intercellulaire.
intercentrum, *n Z* intercentre *m*.
interchange, *n Biol* interchange *m* (entre chromosomes).
intercondyloid, *a Z* intercondylien.
interconversion, *n* interconversion *f*; *Ch* **interconversion of geometrical isomers,** interconversion des isomères géometriques.
interdorsal, *a Z* interdorsal, -aux.
interface, *n Ch Ph etc* interface *f*.
interfacial, *a Ch Ph etc* interfacial, -aux; *Ph* **interfacial tension,** tension interfaciale.
interfascicular, *a Anat Bot* interfasciculaire.
interfere, *vi Ph* (*of light waves, etc*) interférer.
interference, *n Biol* intervention *f*; intrusion *f*.
interferential, *a Ph* interférentiel.
interfering *Ph* **1.** *a* interférant. **2.** *n* interférence *f*.
interferometer, *n Ph* interféromètre *m*.
interferometry, *n Ph* interférométrie *f*.
interferon, *n Biol* interféron *m*.
interfibrillar, *a Biol* interfibrillaire.
interfoliaceous, *a Bot* (organe, etc) interfoliaire, interfoliacé.
intergeneric, *a Biol* **intergeneric hybrid,** hybride *m* de genres.
interglacial, *a & n Geol* (dépôt, etc) interglaciaire; **interglacial (age, period),** interglaciaire *m*.
intergradation, *n Biol* rapprochement *m* par gradations (de deux formes).
intergrade[1], *vi Biol* se rapprocher par gradations (**with another form,** d'une autre forme).
intergrade[2], *n Biol* forme *f* de transition.
intergrowth, *n* distortion *f*.
interionic, *a Ch* **interionic distance,** distance *f* interionique; **interionic forces,** forces *fpl* entre deux ions.
interior, *a* intérieur.
interkinesis, *n Biol* intercinèse *f*; interphase *f*.
interlamellar, *a Z* interlamellaire; situé entre deux lamelles.
interlobar, *a Z* interlobaire.
intermenstrual, *a Z* intermenstruel, dans la période intercalaire des règles.
intermission, *n Bac* rémission *f* (de la fièvre); *Z* intermittence *f* (du pouls).
intermolecular, *a Ch* intermoléculaire;

intermolecular rearrangement, nouvel arrangement intermoléculaire.

internal, *a* interne; **internal combustion,** combustion *f* interne; *Ch Ph* **internal pressure,** pression *f* interne.

internodal, *a Bot* internodal, -aux.

internode, *n* **1.** *Bot* entre-nœud *m.* **2.** *Anat* phalange *f.*

internuncial, *a Biol* (nerf) qui etáblit une relation entre deux centres.

interoceptive, *a Physiol* intéroceptif.

interoceptor, *n Physiol* intérocepteur *m.*

interocular, *a Anat* (*of antennae, etc*) interoculaire.

interopercle, interoperculum, *n Ich* interoperculaire *m.*

interosculate, *vi Biol* (*of species*) avoir des caractères communs.

interphase, *n Biol* interphase *f*; intercinèse *f.*

interrupted, *a Bot Biol* interrompu; anormal, -aux; asymétrique.

interscapular, *a Z* interscapulaire.

intersection, *n Ch* intersection *f.*

intersex, *n Biol* intersexué, -ée.

intersexual, *a Biol* intersexué, hermaphrodite, bisexué.

intersexualism, intersexuality, *n Biol* intersexualité *f.*

interspecific, *a* (hybride, etc) interspécifique.

interspersed, *a Bot Biol* entremêlé.

intersterile, *a Biol* interstérile.

interstice, *n Geol* interstice *m.*

interstitial, *a Geol Histol Path* intersticiel; (espace, *Anat* tissu) interstitiel.

interstratification, *n Geol* interstratification *f*, intercalation *f.*

interstratify, *vtr Geol* interstratifier, intercaler.

intertentacular, *a Z* intertentaculaire.

intervarietal, *a Biol* **intervarietal cross,** hybride *m* de variétés; métis, -isse.

intervertebral, *a Z* intervertébral, -aux.

interzonal, *a Biol* interzonal, -aux.

intestinal, *a Anat Z* intestinal, -aux.

intestine, *n Anat Z* intestin *m*; **large intestine,** gros intestin; **small intestine,** intestin grêle.

intine, *n Bot* intine *f*, endhyménine *f.*

intorsion, *n Z etc* intorsion *f.*

intrabiontic, *a Biol* intrabionique.

intracapsular, *a Z* intracapsulaire.

intracellular, *a Biol* intracellulaire.

intracranial, *a Z* intracrânien.

intragastric, *a Z* intragastrique.

intramolecular, *a Ch* intramoléculaire; **intramolecular rearrangement,** nouvel arrangement intramoléculaire.

intramuscular, *a Z* intramusculaire.

intranuclear, *a Ph Ch* intranucléaire.

intraperitoneal, *a Z* intrapéritonéal, -aux.

intrapetiolar, *a Bot* intrapétiolé.

intraspecific, *a Biol* intraspécifique.

intrauterine, *a Z* intra-utérin.

intravascular, *a Physiol* intravasculaire.

intravenous, *a Z* intraveineux.

intricate, *a Biol* (*of fibres, etc*) intriqué.

intrication, *n Biol* intrication *f.*

intrinsic, *a* intrinsèque; *Ch* **intrinsic pressure,** pression *f* intrinsèque; **intrinsic acid strength,** titre *m* intrinsèque d'un acide; *Anat Opt Ch* **intrinsic properties,** propriétés *fpl* internes; *Petroch* **intrinsic insolubles,** résidus *mpl* insolubles; **intrinsic safety,** sécurité *f* intrinsèque.

introgressive, *a Biol* introgressif; **introgressive hybridization,** hybridation introgressive.

intromission, *n Ph Bot* intromission *f.*

introrse, *a Bot* (anthère, étamine) introrse.

intrusion, *n Geol* intrusion *f.*

intrusive, *a Geol* intrusif; **intrusive rocks,** roches *fpl* d'intrusion.

intumescent, *a* (*of flesh*) intumescent.

intussusception, *n Biol* intussusception *f*; *Path* invagination (intestinale).

inulase, *n BioCh* inulase *f.*

inulin, *n Ch* inuline *f.*

inunction, *n Physiol* inunction *f*; onction *f.*

invaccination, *n Bac* inoculation accidentale.

invaginate *Biol* **1.** *vtr* invaginer. **2.** *vi* (*of membrane, etc*) s'invaginer.

invagination, *n Biol* invagination *f.*

invariant, *a Ph Ch* (système) invariant, nullivariant.

inversion, *n* **1.** *Biol* **chromosome inversion,** inversion *f* chromosomique. **2.** *Ch* inversion, interversion *f* (du sucre, des hydrates de carbone); **inversion points (of a gas),** points *mpl* d'inversion. **3.** *Anat Path* inversion (splanchnique, utérine). **4.** *Geol* inversion, interversion (des couches).

invert¹, *a & n Ch* **invert (sugar),** sucre inverti; invertine *f*, sucrase *f*.

invert², *vtr Ch Ph* invertir (la lumière polarisée, le sucre).

invertase, *n BioCh* invertase *f*; sucrase *f*; saccharase *f*.

invertebrate *a & n Z* invertébré (*m*).

invertin, *n BioCh* invertine *f*, sucrase *f*.

inverting, *n BioCh* **inverting enzyme,** invertase *f*, invertine *f*, sucrase *f*.

investigate, *vtr* étudier, examiner, sonder.

investigation, *n* investigation *f*; recherche *f*; **scientific investigation,** enquête *f* scientifique; **analytical investigation,** recherche analytique.

investing, *a Biol* engainant; entourant.

investment, *n Biol* invêtement *m*; revêtement *m*; gaine *f*.

involucel, *n Bot* involucelle *m*.

involucellate, *a Bot* involucellé.

involucral, *a Bot* involucral, -aux.

involucrate, *a Bot* involucré.

involucre, *n* **1.** *Anat* enveloppe membraneuse (d'un organe). **2.** *Bot* involucre *m*; collerette *f* (d'ombellifère); fane *f* (de renoncule).

involuntary, *a Physiol Z* involontaire.

involute(d), *a Bot* **involute(d) leaf,** feuille involutée, involutive, compliée.

involution, *n* **1.** *Bot* involution *f* (d'une feuille, etc). **2.** *Biol* involution, dégénérescence *f*; **involution form,** forme régressive; **involution period,** diapause *f* (d'une graine). **3.** *Obst* involution (utérine). **4.** *Path* involution (sénile).

inward, *a Z* intérieur; **inward convulsions,** faux croup.

inyoite, *n Miner* inyoïte *f*.

iodargyrite, *n Miner* iodargyrite *f*, iodite *f*, iodyrite *f*, iodargyre *m*.

iodate, *n Ch* iodate *m*; **potassium iodate,** iodate de potasse.

iodation, *n Ch* iodation *f*.

iodemia, *n Biol* iodémie *f*.

iodhydrate, *n Ch* iodhydrate *m*.

iodhydric, *a Ch* iodhydrique.

iodhydrin, *n Ch* iodhydrine *f*.

iodic, *a Ch* (acide, etc) iodique.

iodide, *n Ch* iodure *m* (d'argent, etc); **mercuric iodide,** iodure de mercure.

iodine, *n Ch* (*symbole* I) iode *m*; **iodine value, number,** indice *m* d'iode.

iodite, *n Miner* iodite *f*, iodyrite *f*, iodargyrite *f*.

iodization, *n Ch* ioduration *f*.

iodize, *vtr Ch* iodurer.

iodoaurate, *n Ch* iodo-aurate *m*.

iodobenzene, *n Ch* iodobenzène *m*.

iodobromite, *n Miner* iodobromite *f*.

iodoform, *n Ch* iodoforme *m*.

iodohydrin, *n Ch* iodhydrine *f*.

iodomercurate, *n Ch* iodomercurate *m*.

iodometric, *a Ch* iodométrique.

iodometry, *n Ch* iodométrie *f*.

iodonium, *n Ch* iodonium *m*.

iodo-organic, *a Pharm* iodo-organique.

iodophile, *a Microbiol* (bactérie) iodophile.

iodophilia, *n Microbiol* iodophilie *f*.

iodopsin, *n Ch* iodopsine *f*.

iodoso-, *pref Ch* iodosé.

iodosobenzene, *n Ch* iodosobenzène *m*.

iodous, *a Ch* (acide) iodeux.

iodylobenzene, *n Ch* iodylobenzène *m*.

iodyrite, *n Miner* iodargyrite *f*, iodite *f*, iodyrite *f*.

iolite, *n Miner* iolite *f*.

ion, *n Ph Ch* ion *m*; **hydrogen ion,** ion d'hydrogène; **primary, secondary, ion,** ion primaire, secondaire; **gaseous ion,** ion gazeux; **lattice ion,** ion du réseau; **ion acceleration,** accélération *f* ionique; **ion accelerator,** accélérateur *m* d'ions; **ion beam,** faisceau ionique; **ion bombardment,** bombardement *m* ionique; **ion cloud,** nuage *m* d'ions; **ion cluster,** essaim *m*, groupe *m*, d'ions; **ion current,** courant *m* ionique; **ion density,** densité *f* ionique; nombre *m* volumique d'ions; **ion emission,**

émission *f* d'ions; **ion exchange,** échange *m* d'ions; réaction *f* protolytique; **ion exchanger,** éxchangeur *m* d'ions; **ion flow,** flux *m* ionique; **ion migration, drift,** migration *f* d'ions; **ion occlusion,** occlusion *f* d'ions; **ion pair,** paire *f* d'ions; **ion product,** produit *m* ionique; **ion source, gun,** source *f* d'ions; **ion spectrum,** spectre *m* ionique.

ionic, *a Ph Ch El* (*of gas, crystal, conductivity, mobility, propulsion, tube, etc*) ionique; **ionic bonds, bindings, links,** liens *mpl,* liaisons *fpl,* ioniques; **ionic heating,** chauffage *m* par bombardement ionique; **ionic quantimeter,** dosimètre *m* d'ions; **ionic radius,** rayon *m* ionique; **ionic velocity,** vélocité ionique.

ionium, *n Ch* ionium *m.*

ionizable, *a Ph El* ionisable.

ionization, *n Ph Ch El* ionisation *f*; **collision, impact, ionization,** ionisation par choc; **radiation ionization,** ionisation par rayonnement; **thermal ionization,** ionisation (d'origine) thermique; **columnar ionization,** ionisation colonnaire; **primary, secondary, ionization,** ionisation primaire, secondaire; **volume ionization,** ionisation volumétrique; **ionization current,** courant *m* d'ionisation; **ionization potential,** potentiel *m* d'ionisation; **ionization gauge, manometer,** jauge *f,* manomètre *m,* à ionisation; **ionization loss,** perte *f* d'énergie par ionisation.

ionize *Ph El* **1.** *vtr* ioniser (l'air, un gaz). **2.** *vi* (*of acid, etc*) s'ioniser.

ionized, *a* (atome, élément, gaz, etc) ionisé; **ionized-gas anemometer,** anémomètre *m* à ionisation; **ionized state,** état ionisé.

ionizer, *n Ph El* ionisant *m,* ionisateur *m*; *Ch* source ionisante.

ionizing *Ph El* **1.** *a* (*of particle, radiation, etc*) ionisant. **2.** *n* ionisation *f* (d'un gaz, etc); **ionizing potential,** potentiel *m* d'ionisation.

ionometer, *n Ph* ionomètre *m.*

ionometric, *a Ph* ionométrique.

ionone, *n Ch* ionone *f.*

ionophoresis, *pl* **-eses,** *n Ph* ionophorèse *f.*

ionophoretic, *a Meteor* (migration) ionophorétique.

ionosphere, *n Meteor* ionosphère *f*; **ionosphere layer,** couche *f* ionosphérique.

ionospheric, *a* (onde, perturbation, etc) ionosphérique.

ionotropy, *n Ch* ionotropie *f*; tautomérie *f* par le mouvement d'un ion (ordinairement d'une protone).

ipecacuanhic, *a Ch* ipécacuanique.

Ir, *symbole chimique de l'*iridium.

Iridaceae, *npl Bot* iridacées *fpl.*

iridaceous, *a Bot* iridacé.

iridic, *a Ch* iridique.

iridite, *n Ch* iridite *f.*

iridium, *n Ch* (*symbole* Ir) iridium *m.*

iridosmine, iridosmium, *n Miner* iridosmine *f*; osmiridium *m*; osmium *m* iridifère.

iron, *n* (*symbole* Fe) fer *m*; *Miner Ch* **chrome iron,** ferrochrome *m,* sidérochrome *m*; **meteoric iron,** sidérolithe *f*; **passive iron,** fer passivé; **iron clay,** argile ferrugineuse; **iron sand,** sable ferrugineux; **iron garnet,** grenat ferreux; **iron ore,** minerai *m* de fer; **bog iron ore,** limnite *f*; **brown iron ore,** hématite brune, limonite *f*; **red iron ore,** hématite rouge, ferret *m* d'Espagne; **iron mesh,** treillis *m*; *Geol* **iron cap,** chapeau *m* de fer, ferrugineux.

iron-bearing, *a Miner* ferrifère.

irone, *n Ch* irone *f.*

iron-producing, *a Miner* ferrifère.

ironstone, *n Geol* **(clay) ironstone,** minerai *m* de fer (argileux).

irradiation, *n Ph etc* irradiation *f.*

irresolvable, *a BioCh Ch* indécomposable.

irreversible, *a Ch* **irreversible colloids,** colloïdes *mpl* irréversibles; **irreversible reaction,** réaction *f* irréversible.

irritability, *n Biol* irritabilité *f*; incitabilité *f.*

irritable, *a* irritable; (i) réagissant aux chocs; (ii) facilement excité.

irritant, *a & n Physiol* irritant (*m*).

irritate, *vtr* (i) irriter (un organe); aviver, envenimer (une plaie); (ii) stimuler, exciter; (iii) irriter, agacer.

irritating, *a* irritant, irritatif; agaçant.

irritation, *n Physiol* irritation *f*; (i) énervement *m*; (ii) stimulation *f*; (iii)

excitation *f* nécessaire pour l'accomplissement d'une fonction.
irritative, *a* irritatif.
isadelphous, *a Bot* isadelphe.
isanomal *Geol* **1.** *a* isanomal, -aux. **2.** *npl* **isanomals,** isanomales *fpl.*
isatic, *a Ch* isatique.
isatide, *n Ch* isatyde *m.*
isatin, *n Ch* isatine *f.*
isatogenic, *a Ch* isatogénique.
isatropic, *a Ch* isatropique.
ischaemia, *NAm* **ischemia,** *n Med* ischémie *f*, anémie locale.
ischaemic, *NAm* **ischemic,** *a Med* ischémique.
ischiatic, *a Physiol* ischiatique, sciatique.
ischiocavernosus, *a & n Z* (muscle) ischiocaverneux (*m*).
ischium, *n Z* ischion *m.*
isenthalpic, *a Ph* qui est d'égale enthalpie.
isentropic, *a Ph* isentropique.
iserine, *n Miner* isérine *f.*
isethionate, *n Ch* iséthionate *m.*
isethionic, *a Ch* iséthionique.
isinglass, *n* colle *f* de poisson, icht(h)yocolle *f*, isinglass *m.*
islet, *n Anat Z* **islets of Langerhans,** ilôts *mpl* de Langerhans.
iso-agglutinin, *n Immunol* iso-agglutinine *f.*
iso-alantolactone, *n Ch* isohélénine *f.*
isoallyl, *n Ch* isoallyle *m*; propényle *m.*
isoamyl, *n Ch* isoamyle *m.*
isoamylic, *a Ch* isoamylique.
isoapiol(e), *n Ch* isoapiol *m.*
isobar, *n Meteor Ch* isobare *f.*
isobaric, *a Meteor Ch* (ligne) isobare; (carte) isobarique, isobarométrique; **isobaric curve,** (courbe *f*, ligne *f*) isobarique (*f*); **isobaric surface,** surface *f* isobare.
isobarometric, *a Meteor* (carte) isobarique, isobarométrique.
isobase, *n Geol* isobase *f.*
isobath, *n Geol* isobathe *f.*
isobilateral, *a Bot* (*of leaf*) bifacial, -aux.
isoborneol, *n Ch* isobornéol *m.*
isobutane, *n Ch* isobutane *m.*
isobutyl, *n Ch* isobutyle *m.*
isobutylene, *n Ch* isobutène *m*, isobutylène *m.*
isobutylic, *a Ch* isobutylique.
isobutyric, *a Ch* isobutyrique.
isocaloric, *a Physiol* isocalorique.
isocandle, *a Ph* (diagramme, ligne) isobougie.
isochore, *n Ch Ph* (courbe *f*) isochore (*f*); *see also* **Van't Hoff.**
isochoric, *a Ph* isochore.
isochronal, isochronic, *a* = **isochronous.**
isochron(e), *n Geol Meteor* isochrone *f.*
isochronism, *n Mec Physiol* isochronisme *m.*
isochronous, *a Mec etc* isochrone, isochronique.
isocinchomeronic, *a Ch* isocinchoméronique.
isoclasite, *n Miner* isoclase *m or f*, isoclasite *m or f.*
isoclinal, *a Geol* isoclinal, -aux.
isocline, *n Geol* isocline *f.*
isocolloid, *n Ph* isocolloïde *m.*
isocrotonic, *a Ch* isocrotonique.
isocyanate, *n Ch* isocyanate *m.*
isocyanic, *a Ch* isocyanique.
isocyanide, *n Ch* isocyanure *m*; carbylamine *f*, isonitrile *m.*
isocyclic, *a Ch* isocyclique.
isocytic, *a Z* isocytique.
isodactylism, *n Z* isodactylie *f.*
isodactylous, *a Z* isodactyle.
iso-dehydroandrosterone, *n Ch* isodéhydroandrostérone *f.*
isodiabatic, *a Ph* isodiabatique.
isodimorph, *a Cryst* isodimorphe.
isodont, isodontal, isodontous, *a Z* isodonte.
isodulcital, *n Ch* isodulcite *f.*
isodynamic, *a Nut* isodyname.
isoedric, *a Cryst* isoédrique.
isoelectric, *a Ch* (point, etc) isoélectrique.
isoenzyme, *n BioCh* iso-enzyme *m.*
isoequilenin, *n Ch* isoéquilénine *f.*
isoeugenol, *n Ch* isoeugénol *m.*
isofenchol, *n Ch* isofenchol *m.*
isoflavone, *n Ch* isoflavone *f.*
isoformate, *n Ch* isoformat *m.*

isoforming, *n Ch* procédé *m* de reformage catalytique.
isogam, *n Ph* courbe *f* isodynamique.
isogamete, *n* **1.** *Biol* isogamète *m.* **2.** *npl Bot Z* **isogametes,** isogamètes.
isogamic, isogamous, *a Bot* isogame.
isogamy, *n Bot* isogamie *f.*
isogenetic, *a Biol Z* isogénétique.
isogeotherm, *n Geog* ligne *f* isogéotherme.
isogeothermal, isogeothermic, *a* isogéotherme.
isogonic, *a Biol* (organe) isogonique, isométrique; *Ph* isogone.
isogram, *n Geol* isogramme *m.*
isohalide, *n Ch* isohalogénure *m.*
isohaline, *n Ph* isohaline *f.*
isohydric, *a Ch* isohydrique.
isoindogenide, *n Ch* isoindogénide *m.*
isoionic, *a Ch Ph* isoionique.
Iso-Kel, *Prn Ch* **Iso-Kel process,** procédé *m* d'isomérisation catalytique.
isolable, *a Ch etc* isolable.
isolate, *vtr Ch* isoler, dégager (un corps simple); *Bac* isoler (une culture); *Vet* **to isolate sick cattle,** cantonner des bestiaux malades.
isoleucine, *n Ch* isoleucine *f.*
isolog(ue), *n Ch* isologue *m.*
isologous, *a Ch* (corps) isologue.
isomate, *n Ch Ph* produit obtenu par isomérisation.
isomer, *n Ch Ph* isomère *m.*
isomeric, *a* **1.** *Ch* (corps simple) isomère, isomérique. **2.** *Bot* (fleur) isomère, isomérique.
isomeride, *n Ch Ph* isomère *m.*
isomerism, *n Ch Bot* isomérie *f*; **geometrical isomerism,** isomérie géométrique; **optical isomerism,** isomérie stéréochimique; **physical isomerism,** isomérie physique; **position isomerism,** isomérie de position.
isomerium, *n Ch* isomérie *f.*
isomerization, *n Ch etc* isomérisation *f.*
isomerous, *a* **1.** *Bot* isomère. **2.** *Ch etc* = **isomeric 1.**
isometric, *a Ph* (ligne) isométrique.
isomorph, *n Cryst etc* isomorphe *m.*
isomorphic, isomorphous, *a Bot* isomorphe.
isoniazid, *n Pharm* isoniazide *m.*
isonicotinic, *a Ch* isonicotinique.
isonitrile, *n Ch* isonitrile *m.*
isooctane, *n Ch* isooctane *m.*
isopach, *n Geol* isopaque *m.*
isoparaffins, *npl Ch* isoparaffines *fpl.*
isopelletierine, *n Ch* isopelletiérine *f.*
isopentane, *n Ch* isopentane *m.*
isopetalous, *a Bot* isopétale.
isophanal, *a Biol* isophane, isophène.
isophane, isophene, *n Biol* isophène *m*, isophane *m.*
isophthalic, *a Ch* (acide) isophtalique.
isopleth, *n Ch* isoplèthe *f.*
isopod, *n Z* isopode *m.*
isopodous, *a Z* isopode.
isopoly, *n Ch* **isopoly acid,** isopolyacide *m.*
isoprene, *n Ch* isoprène *m.*
isoprenoid, *n Ch* isoprénoïde *m.*
isopropanol, *n Ch* isopropanol *m.*
isopropenyl, *n Ch* isopropényle *m.*
isopropyl, *n Ch* isopropyle *m*; **isopropyl alcohol,** alcool *m* isopropylique.
isopropylbenzene, *n Ch* isopropylbenzène *m*; cumène *m.*
isopropylcarbinol, *n Ch* isopropylcarbinol *m*; alcool *m* isobutylique.
isopropylic, *a Ch* isopropylique.
isoquinoline, *n Ch* isoquinoléine *f.*
isosporous, *a Bot* isospore.
isostemonous, *a Bot* isostémone.
isosteric, *a Ch* isostère.
isosterism, *n Ch* isostérie *f.*
isostic, *a Bot* isostique.
isotactic, *a* isotactique.
isotherm, *n Meteor* isotherme *f.*
isothermal, isothermic, *a Ch Ph Meteor* (transformation, ligne) isotherme, isothermique; **isothermal compression,** compression *f* isothermique.
isotone, *n Ph* isotone *m*; **isotone nuclides,** nucléides *mpl* isotones.
isotonic, *a Ch Ph Physiol* isotonique; **isotonic solution,** solution *f* isotonique.
isotonicity, *n Ch Physiol* isotonie *f.*
isotope, *n Ch Ph* isotope *m*; **parent isotope,** isotope père, isotope précurseur; **tracer isotope,** isotope indicateur, traceur; **abundance ratio of isotopes,** rapport *m* isotopique; **isotope nuclides,** nucléides *mpl*

isotopes; **isotope exchange,** échange *m* isotopique; **isotope separation,** séparation *f* des isotopes, séparation isotopique.

isotopic, *a Ph Ch* (effet, courant, déplacement, nombre, masse) isotopique; **isotopic dating,** datation *f* isotopique, par les isotopes; **isotopic spin,** spin *m* isotopique, isobarique; isospin *m*; *AtomPh* **isotopic indicator, tracer,** indicateur *m*, traceur *m*, isotopique; **isotopic exchange,** échange *m* isotopique.

isotopy, *n Ch* isotopie *f*.

isotropic, *a Ph Cryst* isotrope, isotropique; *Biol* (œuf) isotrope.

isotropism, isotropy, *n Ch Ph* isotropie *f*.

isotype, *n Biol Cryst* isotype *m*; *Ch* **isotype series,** série *f* isotypique.

isotypy, *n Cryst* isotypie *f*.

isovaleric, *a Ch* isovalérique, isovalérianique.

isovalerone, *n Ch* isovalérone *m*.

isovanilline, *n Ch* isovanilline *f*.

isoxazole, *n Ch* isoxazole *m*.

isozooid, *n Z* isozoïde *m*.

itabirite, *n Miner* itabirite *f*.

itaconic, *a Ch* (anhydride, acide) itaconique.

iteration, *n Biol* (ré)itération *f*; *Ch* **iteration chromatography,** chromatographie *f* d'itération.

ivory, *n Z* ivoire *m*.

ixiolite, *n Miner* ixio(no)lite *f*.

Ixodidae, *npl Arach* ixodidés *mpl*; acariens *mpl*.

J

j, *symbole du* jour; unité *f* de temps.
J (*a*) *symbole du* joule; (*b*) *Ch* **J acid,** acide *m* J; *Anat* **J point,** point *m* J.
jaborandi, *n Bot Pharm* jaborandi *m*.
jacinth, *n Miner* jacinthe *f*, hyacinthe *f*; *Bot* jacinthe.
jactitation, *n* **1.** *Bot* jactitation *f* (des graines). **2.** *Physiol* jactitation; anxiété *f*; agitation *f*.
jacobsite, *n Miner* jacobsite *f*.
jaculiferous, *a Biol* épineux; qui porte des épines.
jade, *n Miner* jade *m*, néphrite *f* de Sibérie; roche verte.
jad(e)ite, *n Miner* jadéite *f*.
jalap, *n Bot Pharm* jalap *m*.
jalapic, *a Ch* (acide) jalapique.
jalapin, *n Ch* jalapine *f*.
jalpaite, *n Miner* jalpaïte *f*.
jamesonite, *n Miner* jamesonite *f*; **fibrous jamesonite,** plumosite *f*.
jaminian, *a Bot* **jaminian chain,** chaîne *f* de Jamin.
japanic, *a Ch* (acide) japonique.
jar[1], *n* récipient *m*; bocal *m*; pot *m*; *Biol* **candle jar culture,** culture *f* sous jarre anaérobie.
jar[2], *vtr* heurter; commotionner.
jargoon, *n Miner* hyacinthe citrine.
jarosite, *n Miner* jarosite *f*.
jasmol, *n Ch* jasmol *m*.
jasmone, *n Ch* jasmone *f*.
jasper, *n Miner* (*a*) jaspe *m*; **banded, striped, ribbon, jasper,** jaspe rubané; **agate jasper,** agate jaspée, jaspagate *f*; **Egyptian jasper,** caillou *m* d'Égypte; **porcelain jasper,** porcelanite *f*; **red-tinged jasper,** jaspe sanguin; (*b*) **jasper opal,** jaspe opale.
jaspilite, jaspilyte, *n Miner* jaspilite *f*.
javellization, *n Ch* javellisation *f*.
jaw, *n* mâchoire *f*; **upper, lower, jaw,** mâchoire supérieure, inférieure.
jawbone, *n* mâchoire *f*.
jecoral, *a Z* hépatique.
jefferisite, *n Miner* jefferisite *f*.
jeffersonite, *n Miner* jeffersonite *f*.
jejunal, *a Anat* jéjunal, -aux.
jejunum, *n Anat Z* jejunum *m*.
jellification, *n Ch* gélification *f*.
jelling, *n Anat* gélification *f*.
jelly, *n* (*a*) gelée *f*; *Bot* **vegetable jelly,** pectine *f*; (*b*) *Z* **Wharton's jelly,** gelée de Wharton; tissu conjonctif embryonnaire gélatineux du cordon ombilical; (*c*) **mineral jelly,** graisse minérale.
jervine, *n Ch* jervine *f*.
jet, *n* **1.** *Miner* jais *m*; lignite *m*; **imitation jet,** jais artificiel. **2.** *Ch* buse *f*.
jet-glass, *n* jais artificiel.
johannite, *n Miner* johannite *m*, joannite *m*.
joint, *n* **1.** *Anat* (point *m* d')articulation *f*; joint *m*, jointure *f* (du genou, etc). **2.** (*a*) *Bot* nœud *m*, articulation (de tige); (*b*) *Bot* entre-nœud *m*; (*c*) *Bot Ent* article *m*. **3.** *Geol* joint; **shear joint,** joint de cisaillement.
jointed, *a* articulé; *Bot* **jointed stalk,** tige articulée; *Z* **many-jointed,** multiarticulé.
jointless, *a Z etc* inarticulé; *Bot* (tige) sans nœuds.
jordanon, *n Bot* (*also* **Jordan's species**) jordanon *m*, petite espèce; biotype *m*.
josephinite, *n Miner* joséphinite *f*.
Joule[1], *Prn Ph* **Joule's law,** la loi de Joule; **Joule's equivalent,** équivalent *m* mécanique de la chaleur, équivalent de Joule.
joule[2], *n PhMeas* (*symbole* J) joule *m*; (i) unité *f* de mesure de travail, de l'énergie, équivalente au travail produit par une force de 1 newton; (ii) unité de mesure, de capacité thermique et d'entropie (J/K) équivalente à l'augmentation d'un sys-

tème recevant 1 joule de chaleur; **a million joules,** mégajoule *m* (MJ); **joule-second,** joule-seconde *m*.

jugal, *a Biol* jugal, -aux; malaire, zygomatique.

jugate, *a Bot* (*of leaves, etc*) conjugué.

juglone, *n Ch* juglon *m*.

jugular **1.** *a Anat Ich* jugulaire. **2.** *n* (*a*) *Anat* jugulaire *f*; (*b*) *Ich* poisson *m* jugulaire.

jugulum, *n* **1.** *Anat* clavicule *f*. **2.** *Z* gorge *f*.

jugum, *pl* **-a,** *n* **1.** *Z* joug *m*; lobe *m*. **2.** *Bot* jugum *m*; paire *f* de jeunes feuilles; arête *f*.

juice, *n* jus *m*, suc *m*; *Biol* **tissue juices,** sucs tissulaires.

julaceous, *a Bot* se rapportant aux julacées; cylindrique et uni.

julienite, *n Miner* juliénite *f*; *Bot* julienne *f*.

junction, *n* relais *m*; jonction *f*; raccordement *m*; **junction transistor,** transistor *m* à jonction; **junction coupling column,** raccord *m* colonne; *Biol* **line of junction,** commissure *f*.

junctura, *n Anat* articulation *f*.

juniperic, *a Ch* (acide) genévrique.

Jurassic *Geol* **1.** *a* jurassique. **2.** *n* jurassique *m*; **Upper Jurassic,** Jura blanc, jurassique supérieur; **Middle Jurassic,** Jura brun, jurassique moyen; **Lower Jurassic,** Jura noir, jurassique inférieur.

juvenile **1.** *a* (*a*) juvénile; *Biol* **juvenile cell,** cellule *f* jeune, cellule embryonnaire; métamyélocyte *m*; **juvenile form,** forme primordiale; **juvenile stage,** jeune étage *m*; (*b*) *Bot* **juvenile leaf,** feuille primordiale; (*c*) *Z* **juvenile hormone,** hormone *f* juvénile; **juvenile leukocyte,** leucocyte *m* juvénile; (*d*) *Geol* **juvenile water,** eau tellurique, hypogée. **2.** *npl Physiol* **juveniles,** les formes jeunes.

juxtaglomerular, *a Biol* juxtaglomérulaire; **juxtaglomerular cells,** cellules *fpl* de Goormaghtigh.

K

K, (*a*) *symbole du* kelvin; unité *f* de mesure de température thermodynamique; (*b*) *symbole chimique du* potassium.
kaempferide, *n Ch* kempféride *f.*
kaempferol, *n Ch* kempférol *m.*
Kahane, *Prn Ch* **Kahane's reagent,** réactif *m* de Kahane.
kainite, *n Miner* kaïnite *f*, caïnite *f.*
kainosite, *n Miner* kaïnosite *f.*
kali, *n Ch* kali *m.*
kaliborite, *n Miner* kaliborite *f.*
kalinite, *n Miner* kalinite *f.*
kaliophilite, *n Miner* kaliophilite *f*, phacélite *f.*
kamaline, *n Biol* kamaline *f.*
kamarezite, *n Miner* kamarézite *f.*
kanamycin, *n Biol* kanamycine *f.*
kaolin, *n Geol* kaolin *m*; terre *f* de Chine, à porcelaine.
kaolinic, *a Geol* kaolinique.
kaolinite, *n Miner* kaolinite *f.*
kaolinization, *n Geol* kaolinisation *f.*
kapok, *n Ch* **kapok oil,** huile *f* de kapok.
karaya, *n Ch* **karaya gum,** gomme *f* de karaya.
karst *Geog* **1.** *n* karst *m.* **2.** *a* karstique.
karstic, *a Geog* karstique.
karyaster, *n Biol* aster *m*; groupe *m* de chromosomes en forme d'étoile.
karyenchyma, *n Biol* suc *m* nucléaire.
karyinite, *n Miner* karyinite *f.*
karyoclasis, *n Biol* = **karyorrhexis.**
karyogamic, *a Biol* caryogamique.
karyogamy, *n Biol* caryogamie *f.*
karyokinesis, *n Biol* caryocinèse *f*, karyokinèse *f*, karyocinèse *f.*
karyokinetic, *a Biol* caryocinétique, karyokinétique, karyocinétique.
karyolymph, *n Biol* caryolymphe *f*; nucléoplasme *m.*
karyolysis, *n Biol* caryolyse *f.*
karyolytic, *a Biol* caryolytique.
karyomere, *n Biol* karyomère *m*, caryomère *m*, karyomérite *m.*
karyomicrosome, *n Biol* karyomicrosome *m.*
karyomitome, *n Biol* karyomitome *m*, caryomitome *m.*
karyon, *n Biol* noyau *m* cellulaire.
karyoplasm, *n Biol* karyoplasma *m*; protoplasme *m* nucléaire.
karyorrhexis, *n Biol* caryorexie *f*, caryorrhexie *f*; éclatement *m* du noyau de la cellule.
karyosome, *n Biol* caryosome *m.*
karyostasis, *n Biol* caryostase *f.*
karyota, *npl Biol* cellules nucléées; cellules à noyaux.
karyotheca, *n Biol* membrane *f* nucléaire; cellule *f* de noyau cellulaire.
karyotin, *n Biol* chromatine *f.*
karyotype, *n Biol* caryotype *m*, karyotype *m.*
karyotyping, *n Biol* analyse *f* des chromosomes.
karyozoic, *a Biol* caryozoaire.
kasolite, *n Miner* kasolite *f.*
katabolism, *n Biol* catabolisme *m.*
katabolite, *n BioCh* katabolite *m.*
katadromous, *a Ich* thalassotoque.
katagenesis, *n Biol Z* katagénèse *f*, catagénèse *f*; évolution régressive des espèces vivantes.
katakinetic, *a Biol* katacinétique.
katakinetomeres, *npl Biol* katakinétomères *mpl.*
katalase, *n Biol* catalase *f.*
kataphase, *n Biol* kataphase *f*; *Physiol* cataphasie *f*; trouble *m* de la parole.
kataplexy, *n Z* cataplexie *f*; (i) état *m* cataleptique chez les animaux; (ii) apoplexie foudroyante; (iii) affection caractérisée par la perte soudaine plus ou

moins complète du tonus sous l'influence d'une émotion.
katazone, *n Geol* catazone *f.*
katharometer, *n Ph* cellule *f* de conductibilité thermique; catharomètre *m.*
katoptrite, *n Miner* katoptrite *f.*
kauri-butanol, *n Ch* kauri-butanol *m*; **kauri-butanol test,** essai *m* kauri-butanol; **kauri-butanol valve,** indice *m* kauri-butanol.
keel, *n* carène *f*, nacelle *f* (de feuille, de pétale, de mandibule, etc).
keeled, *a* caréné.
keg, *n Ch* tonnelet *m.*
Kekulé, *Prn Ch* **Kekulé formula,** formule *f* de Kekule.
Kellog, *Prn Ch* **Kellog sulfuric acid alkylation process,** procédé *m* Kellog d'alcoylation.
kelp, *n* **1.** *Bot* varech *m.* **2.** *Ch* **kelp ash,** kelp *m.*
Kelvin[1], *Prn* (*a*) *El* **Kelvin effect,** effet *m* de Kelvin; (*b*) *Ph* **Kelvin scale,** échelle *f* Kelvin, échelle absolue (de température); **Kelvin degree,** degré *m* Kelvin.
kelvin[2], *n PhMeas* (*symbole* K) kelvin *m.*
kelvinometer, *n Ph* kelvinomètre *m*; photocolorimètre *m.*
kempite, *n Miner* kempite *f.*
kemsolene, *n Ch* kemsolène *m.*
kenogenesis, *n Biol* cénogénèse *f.*
kenosis, *n Z* (*a*) évacuation *f*; (*b*) inanition *f.*
kenotoxin, *n Biol* kénotoxine *f.*
kentrolite, *n Miner* kentrolite *f.*
keraphyllous, *a* composé de couches cornées.
keratic, *a Biol* corné.
keratin, *n Ch Physiol* kératine *f.*
keratinization, *n Ch Physiol* kératinisation *f.*
keratinous, *a Ch Physiol* kératinique; corné.
keratogenous, *a Ch Physiol* kératogène.
keratohyaline *Z* **1.** *n* substance *f* se trouvant sous forme de granules dans les couches profondes du derme. **2.** *a* de structure à la fois cornée et hyaline.
keratoid, *a Z* keratoïde.
keratose, *a Z* kératique.
kermes, *n Miner* **kermes mineral,** kermès minéral, kermésite *f.*
kermesite, *n Miner* kermésite *f*, kermès minéral.
kernel, *n* **1.** *Bot* amande *f* (de noisette); pignon *m* (de pomme de pin); grain *m* (de céréale); graine *f* (de légumineuse). **2.** *Ph* noyau *m.* **3.** *Miner* **hard kernel,** ferret *m.*
kernite, *n Miner* kernite *f.*
kerogen, *n Ch* kérogène *m.*
kerosene, kerosine, *n Ch* kérosène *m*, pétrole (lampant).
keryl, *n Ch* kérosène chloré.
ketazine, *n Ch* cétazine *f.*
ketene, *n Ch* cétène *m.*
ketimine, *n Ch* cétimine *f.*
keto-acids, *npl Ch* céto-acides *mpl.*
keto-enol, *n Ch* **keto-enol tautomerism,** tautomérie *f* céto-énolique.
keto-form, *n Ch* forme *f* cétonique.
ketogenesis, *n BioCh* cétogénèse *f.*
ketogenetic, *a BioCh* cétogène.
ketogenic, *a Biol* cétogène.
ketohexose, *n Ch* cétohexose *m.*
ketol, *n Ch* indol(e) *m.*
ketone, *n Ch* cétone *f*; **ketone bodies,** corps *mpl* cétoniques.
ketonic, *a Ch* (acide) cétonique.
ketopentose, *n Ch* cétopentose *m.*
ketose, *n BioCh* cétose *m.*
ketosis, *n Physiol* cétose *f.*
ketoxime, *n Ch* cétoxime *f.*
kettle, *n Ch* chaudière *f*; marmite *f*; gros ballon.
key, *n* **1.** touche *f*; clef *f*; **key component,** constituant-clef *m.* **2.** *Biol* **key gene,** oligogène *m*; *Bot* **key fruit,** akène *m.*
keyboard, *n* tableau muni de touches.
kickback, *n* retour *m* en arrière.
kidney, *n* **1.** *Anat* rein *m*; **kidney stone,** calcul rénal. **2.** *Geol* rognon *m* (de silex, etc); **kidney ore,** hématite *f* rouge en rognons; oligiste concrétionné; **kidney stone,** néphrite *f*; rognon de silex.
kieselguhr, *n Miner* kieselguhr *m*, kieselgur *m*; terre *f* de diatomées.
kieserite, *n Miner* kiesérite *f.*
kilampere, *n PhMeas* kiloampère *m.*
kilerg, *n PhMeas* kiloerg *m.*
killinite, *n Miner* killinite *f.*

kilocalorie, *n PhMeas* kilocalorie *f* (kcal), millithermie *f*; **negative kilocalorie,** frigorie *f.*
kilocurie, *n Ch* kilocurie *m* (kCi).
kilocycle, *n Ph* kilocycle *m*; kilohertz *m.*
kilo-electronvolt, *n Ch* kilo-électronvolt *m* (keV).
kiloerg, *n PhMeas* kiloerg *m.*
kilogram(me), *n Meas* kilogramme *m* (kg).
kilogrammetre, *n PhMeas* kilogrammètre *m*; mètre-kilogramme *m.*
kilohertz, *n Meas* kilohertz *m* (kHz).
kilojoule, *n Meas* kilojoule *m* (kJ).
kilolitre, *n Meas* kilolitre *m* (kl).
kilonem, *n Ch* kilonème *m* (kn).
kiloton, *n Meas* kilotonne *f.*
kilovar, *n PhMeas* kilovar *m*; **kilovar-hour,** kilovar-heure *m.*
kilovolt, *n PhMeas* kilovolt *m* (kV); **kilovolt-ampere,** kilovolt-ampère *m*; **kilovolt-ampere-hour,** kilovolt-ampère-heure *m.*
kilowatt, *n PhMeas* kilowatt *m* (kW); **kilowatt-hour,** kilowatt-heure *m.*
kim, *n Geol* **kim coal, shale,** schiste bitumineux.
kimberlite, *n Geol* kimberlite *f.*
kinase, *n Biol Ch* kinase *f.*
kinematic, *a Ph* cinématique; **kinematic viscosity,** viscosité *f* cinématique.
kinematics, *n Ph* cinématique *f.*
kinesis, *n* kinésie *f*; *Biol Z* mouvement *m* au hasard; réactions locomotrices.
kinesodic, *a* transportant les poussées motrices.
kinetic, *a Ph* **kinetic energy,** énergie *f* cinétique; force vive, force d'impulsion; **kinetic potential,** potentiel *m* cinétique.
kinetics, *n* cinétique *f*; **chemical kinetics,** cinétique chimique; **kinetics of homogeneous chemical systems,** cinétique de systèmes chimiques qui se présentent dans la phase seule; **kinetics of heterogeneous chemical systems,** cinétique de systèmes chimiques qui se présentent dans plus d'une phase.
kinetin, *n BioCh* kinétine *f*; cytokinine *f.*
kinetochore, *n Biol* cinétochore *m*; centromère *m.*
kinetogenesis, *n Biol* cinétogénèse *f.*
kinetogenic, *a* kinétogène.
kinetomeres, *npl Biol Ch Physiol* cinétomères *mpl*; molécules réactives.
kinetonucleus, *n Z* noyau secondaire; cinétoplaste *m.*
kinin, *n BioCh Bot* kinine *f.*
kinoplasm, *n Biol* kinoplasma *m.*
Kirchhoff, *Prn Ch Ph* **Kirchhoff's equation,** équation *f* de Kirchhoff; *Ch* **Kirchhoff's law for the temperature coefficient of heat,** loi *f* de Kirchhoff pour le coefficient de température de la chaleur.
klaprothin, *n Miner* klaprothine *f*; lazulite *m.*
klaprothite, klaprotholite, *n Miner* klaprothite *f.*
klinokinesis, *n Biol* changement *m* de la vélocité angulée.
klinotaxis, *n Biol* disposition *f* d'un organisme pour se déplacer.
kliscometer, *n Biol* cliscomètre *m.*
knebelite, *n Miner* knébélite *f.*
knee, *n* (*a*) *Anat Z* genou *m*; (*b*) *Ch* tube coudé.
kneed, *a Biol Bot* géniculé.
knopite, *n Miner* knopite *f.*
knopper, *n Bot* knoppern *m.*
knot, *n* **1.** *Biol* nœud *m*; **net knot,** caryosome *m.* **2.** *Bot* nœud, articulation *f*, bracelet *m* (des graminées).
knotty, *a* (bois) noueux.
knoxvillite, *n Miner* knoxvillite *f.*
knucklebone, *n* articulation *f* du doigt.
kobellite, *n Miner* kobellite *f.*
koechlinite, *n Miner* kœchlinite *f.*
koettigite, *n Miner* köttigite *f.*
Kohlrausch, *Prn Ch* **Kohlrausch's law of the independent mobility of ions,** loi *f* de Kohlrausch pour la mobilité indépendante des ions.
Kolbe, *Prn Ch* **Kolbe's electrosynthesis,** électrosynthèse *f* de Kolbe.
koninckite, *n Miner* koninckite *f.*
Konowálow, *Prn Ch* **Konowálow's rule of vapour pressures,** règle *f* de Konowálow pour les pressions de la vapeur.
koppite, *n Miner* koppite *f.*
kornelite, *n Miner* kornélite *f.*
kornerupine, *n Miner* kornérupine *f.*
köttigite, *n Miner* köttigite *f.*
Kr, *symbole chimique du* krypton.
krausite, *n Miner* krausite *f.*

Krebs, *Prn BioCh* **Krebs cycle,** cycle *m* de Krebs, de l'acide citrique.
kreittonite, *n Miner* creittonite *f.*
kremersite, *n Miner* krémersite *f.*
krennerite, *n Miner* krennérite *f.*
kröhnkite, *n Miner* kröhnkite *f.*
kryokonite, *n Geol* kryokonite *f.*
krypton, *n Ch* (*symbole* Kr) krypton *m.*
kryptoxanthin, *n Ch* cryptoxanthine *f.*
Kubel-Thiemann, *Prn Ch* **Kubel-Thiemann's solution,** tournesol *m.*
kupfernickel, *n Miner* kupfernickel *m,* nickéline *f.*
kyanite, *n Miner* cyanite *m.*
kymography, *n Biol* kymographie *f.*
kymoscope, *n Biol* kymoscope *m.*
kynurenine, *n Ch* kynurénine *f,* cynurénine *f.*
kynuric, *a Ch* (acide) kynurique.
kynurine, *n Ch* 4-hydroxychinoline *f.*

L

L, le symbole *L* est employé à représenter l'inductance *f* (électricité et magnétisme) et luminance *f* (lumière).

La, *symbole chimique du* lanthane.

labdanum, *n Bot Ch* ladanum *m*.

labellate, *a Bot* labellé.

labelled, *a Ch* marqué; **(isotopically) labelled compound,** combinaison marquée; **labelled element,** élément marqué.

labellum, *pl* **-a**, *n Bot* labelle *m* (d'une orchidée).

labenzyme, *n BioCh* labenzyme *f*, lab(ferment) *m*.

labial, *a* labial, -aux.

Labiatae, *npl Bot* labiacées *fpl*.

labiate *Bot* **1.** *a* labié. **2.** *n* labiée *f*; **labiates,** labiacées *fpl*.

labidophorous, *a Z* possédant organes préhensiles.

labile, *a Biol Ch etc* labile, instable.

lability, *n Biol Ch etc* labilité *f*, instabilité *f*.

labiodental, *a Z* labiodental, -aux.

labium, *pl* **-ia**, *n* **1.** *Bot* lèvre *f* (de corolle labiée). **2.** *Anat Z* labium *m*; **labium cerebri,** lobe *m* du corps calleux; **labium majus,** grande lèvre.

laboratory, *n* laboratoire *m*; **research laboratory,** laboratoire de recherche; **testing laboratory,** laboratoire d'essai; **laboratory-tested,** essayé, éprouvé, en laboratoire; **bacteriological laboratory,** laboratoire bactériologique.

labradorite, *n Miner* (*also* **Labrador spar, stone**) labradorite *f*, labrador *m*.

labroid, *a & n Z* labroïde (*m*).

labrum, *pl* **-a**, *n* (*a*) *Z* bourrelet *m*; (*b*) labre *m* (d'insecte).

labyrinth, *n Anat Z* labyrinthe *m*; (i) oreille *f* interne; (ii) substance corticale du rein.

lac, *n* **1.** *Z* lait *m*; **lac bearing, producing,** laccifère. **2.** *Ch* lac *m*; **Burmese lac,** lac de Birmanie; **Indo-Chinese lac,** lac d'Indo-Chine; **Japanese lac,** lac de Japon; **lac-dye,** lac-dye *m*, laque-dye *m*.

laccaic, *a Ch* (acide) laccique.

laccase, *n BioCh* laccase *f*.

laccate, *a Bot* ayant une apparition vernie; semblant laqué.

laccol, *n Ch* laccol *m*.

laccolite, laccolith, *n Geol* laccolit(h)e *f*, sill *m*.

lacerate(d), *a Bot* lacéré.

lacertiform, *a Z* lacertiforme, lacertien; qui a la forme d'un lézard.

lacertilia, *npl Rept* lacertidés *mpl*.

lacertine, *a Rept* lacertien; lacertilien; saurien.

lachrymal *a Anat Z* lacrymal, -aux; **lachrymal apparatus,** appareil lacrymal; **lachrymal bone,** unguis *m*; **lachrymal ducts,** canaux excréteurs des glandes lacrymales.

lachrymation, *n Physiol* larmes *fpl*.

lachrymator, *n Ch* gaz *m* lacrymogène, xylène.

lacinia, *pl* **-iae**, *n Biol* lacinia *f*; frange *f*; **lacinia tubae,** franges.

laciniate, laciniated, *a Biol Bot* lacinié; (feuille) déchiquetée; *Z* (lobe) lacinié.

laciniate-leaved, *a Bot* lacinifolié, lacinié.

laciniation, *n Bot* lacine *f*, laciniure *f*.

lacinula, *pl* **-ae**, *n Bot* lacinule *f*.

lacinulate, *a Bot* lacinulé.

lackmoid, lacmoid, *n Ch* lacmoïde *m*.

lacrimal *a* = **lachrymal.**

lacrimation, *n* = **lachrymation.**

lactalbumin, *n Ch* lactalbumine *f*.

lactam, *n Ch* lactame *f*.

lactamide, *n Ch* lactamide *f*.

lactase, *n BioCh* lactase *f*.

lactate, *n Ch* lactate *m*.

lactation, *n Physiol* lactation *f*; (i) allaitement *m*; (ii) sécrétion *f*.
lactational, *a* se rapportant à la lactation et excrétion du lait.
lacteal, *a* lacté; (suc) laiteux; *Anat* (conduit) lactifère; **lacteal vessels,** *npl* **lacteals,** veines lactées, vaisseaux lactés.
lactenin, *n Ch* lacténine *f*.
lacteous, *a Bot* laiteux; lacté; lactaire.
lactescent, *a Bot* laiteux; lactescent; **lactescent plant,** plante lactée.
lactic, *a Ch* lactique; caséique; **lactic fermentation,** lactofermentation *f*; **lactic acid,** acide *m* lactique, acide lacturique.
lactide, *n Ch* lactide *m*.
lactiferous, *a Bot Z* lactifère, latifère; **lactiferous gland,** glande *f* mammaire.
lactim, *n Bot* lactime *f*.
lactimide, *n Ch* lactimide *m*.
lactoflavin, *n Ch* lactoflavine *f*; riboflavine *f*; **lactoflavin deficiency,** ariboflavinose *f*.
lactogenic, *a Biol* lactigène; **lactogenic hormone,** prolactine *f*.
α- and β-lactoglobulins, *npl BioCh* α- et β-lactoglobulines *fpl*.
lactone, *n Ch* lactone *f*.
lactonic, *a Ch* lactonique.
lactonitril(e), *n Ch* lactonitrile *m*.
lactonization, *n Ch* lactonisation *f*.
lactose, *n Ch* lactose *f*; sucre *m* de lait.
lactoserum, *n BioCh* lactosérum *m*; petit lait.
lactucarium, *n Pharm* lactucarium *m*.
lacuna, *pl* **-ae,** *n Geol Bot Biol Moll* lacune *f*; espace interstitiel; *Biol* follicule *m* lymphatique.
lacunar, lacunate, lacunose, *a Biol* lacunaire.
lacunula, *pl* **-ae,** *n Biol* petite lacune.
lacus, *n Z* **lacus lacrimalis,** lac lacrymal; **lacus sanguineus,** lac sanguin.
lacustrine, *a Bot Geol* (plante, sédiment, etc) lacustre.
ladanum, *n Bot Ch* ladanum *m*.
laevo-compound, *n Ch Cryst etc* composé *m* lévogyre.
laevorotation, *n Ch etc* rotation *f* (du plan de polarisation de la lumière) à gauche.
laevorotatory, laevorotary, *a Ch etc* lévogyre, sénestrogyre.
laevulose, *n Ch* = **fructose**.
lagena, *n Z* lagène *f*.
lageniform, *a Biol* lagéniforme.
lagopodous, *a Z* se rapportant aux lagopèdes.
Lamarckism, *n Biol* lamarckisme *m*; théorie *f* qui explique l'évolution des êtres vivants, qui suppose l'hérédité des caractères acquis.
Lambert-Beer, *Prn Ch* **Lambert-Beer's law for absorption of light,** loi *f* de Lambert et Beer pour l'absorption de la lumière.
lamella, *pl* **-ae,** *n Biol* lamelle *f* (de champignon, de gastéropode, etc).
lamellar, *a Biol* (*a*) lamellaire, lamellé; (*b*) lamelliforme; (*c*) *Geol* (*of rock*) feuilleté.
Lamellariidae, *npl Moll* lamellaires *fpl*.
lamellate(d), *a* = **lamellar**.
lamellibranchiate *Z* **1.** *a* lamellibranche. **2.** *npl* **lamellibranchiates,** lamellibranches *mpl*.
lamellicorn, *a & n Z* lamellicorne (*m*).
lamelliform, *a Bot* lamelliforme.
lamellirostral, *a Z* lamellirostre.
Lamellirostres, *npl Z* lamellirostres *mpl*.
lamellose, *a Biol* lamelleux, lamellé.
lamina, *pl* **-ae,** *n Bot* lame *f*, limbe *m* (de feuille); écaille *f* (d'une fleur); **entire lamina,** limbe entier; **dentate lamina,** limbe denté; **lobed lamina,** limbe lobé; **lamina basalis,** portion membraneuse de la lame spirale; **lamina cribosa,** lame criblée; **lamina papyracea,** lame papyracée de l'ethmoïde *m*; **lamina perpendicularis,** lame perpendiculaire de l'ethmoïde.
laminar *a* laminaire; *Ph* **laminar flow,** écoulement *m* laminaire (d'un fluide).
laminaria, *n Algae* laminaire *f*.
laminaran, *n Ch* polysaccharide *m* du genre Laminaria.
Laminariales, *npl Algae* laminariales *fpl*.
laminarian, *a Oc* **laminarian zone,** zone *f* des laminaires; zone littorale, zone herbacée.
laminate, *a Biol* lamineux; à lamelles.
laminated, *a Geol etc* feuilleté.

lamination, *n Biol* formation *f* d'une structure lamellaire; *Geol* laminage *m.*
laminiform, *a Bot* laminiforme.
laminous, *a Biol* lamineux.
lamprophyre, *n Miner* lamprophyre *f.*
lanarkite, *n Miner* lanarkite *f.*
lanate, *a Z* laineux.
lanced, *a Bot* lancéiforme.
lanceolate(d), *a Bot* lancéolé, hastiforme; en fer de lance.
lanciform, *a Bot* lancéiforme, hastiforme.
langbanite, *n Miner* langbanite *f.*
langbeinite, *n Miner* langbeinite *f.*
Langerhans, *Prn* **islets of Langerhans,** *see* **islet.**
langite, *n Miner* langite *f.*
Langmuir, *Prn Ch* **Langmuir's adsorption isotherm,** isotherme *f* d'adsorption de Langmuir.
Langmuir-Adam, *Prn Ch* **Langmuir-Adam trough,** bac *m* de Langmuir et Adam.
laniary, *a & n Z* (dent *f*) laniaire (*f*).
laniferous, *a Bot* lanifère.
lanigerous, *a Biol* lanigère, lanifère.
lanolin(e), *n Ch* lanoline *f*, graisse *f* de laine; lanoléine *f.*
lanosterol, *n Ch* lanostérine *f.*
lansfordite, *n Miner* lansfordite *f.*
lanthanide, *n Ch* lanthanide *m*; lanthane *m.*
lanthanite, *n Miner* lanthanite *f.*
lanthanum, *n Ch* (*symbole* La) lanthane *m*; **lanthanum chloride,** chlorure *m* de lanthane; **lanthanum salts,** sels *mpl* de lanthane.
lanuginous, *a Bot etc* lanugineux.
lanugo, *n Biol* lanugo *m.*
lapidicolous, *a Z* lapidicole.
lapis lazuli, *n Miner* lazulite *m*; lapis (-lazuli) *m*; ultramarine *f*, outremer *m*; pierre *f* d'azur.
lappaconitine, *n Ch* lappaconitine *f.*
larnite, *n Miner* larnite *f.*
larsenite, *n Miner* larsénite *f.*
larva, *pl* **-ae,** *n Z* larve *f*; *Biol* **larva-shaped,** larviforme.
larval, *a Z* larvaire; de larve; en forme de larve.
larvicolous, *a Z* larvicole.
larviform, *a Biol* larviforme.
larviparous, *a Z* larvipare.
larvivorous, *a Z* larvivore.
larvule, *n Z* larvule *f.*
laryngeal, *a Z* laryngé; laryngien.
laryngopharynx, *n Z* partie laryngienne du pharynx.
laryngotracheal, *a Z* laryngotrachéal, -aux.
larynx, *pl* **larynges,** *n Anat Z* larynx *m.*
laser, *n Ph* laser *m.*
late-blooming, *a Bot* tardiflore.
latebricole, *a Z* habitant des troux.
late-flowering, *a Bot* tardiflore.
latence, latency, *n Biol Ph etc* (*a*) latence *f*, état latent; (*b*) temps *m* de latence.
latent, *a Biol Ph etc* latent, qui dort, qui couve; **latent period, latent time,** temps *m* de latence; **latent state, fading,** disparition *f* de l'image latente; *Ph* **latent electricity,** électricité latente; **latent heat,** chaleur latente; **latent heat of vaporization,** chaleur latente de vaporisation; *Bot* **latent bud,** œil dormant, latent.
lateral, *a* latéral, -aux; *Bot* **lateral bud,** *n* **lateral,** bourgeon latéral; *Ich* **lateral line,** ligne latérale; *Geol* **lateral cone,** cone adventif.
latericumbent, *a Z* couché sur le côté.
laterifloral, *a Bot* latériflore.
laterigrade, *a & n Z* latérigrade (*m*).
laterite, *n Geol* latérite *f*; **laterite formation,** latéritisation *f.*
lateritic, *a Geol* latéritique.
laterization, *n Geol* latérisation *f.*
lateroduction, *n Physiol* mouvement latéral de l'œil.
lateroflexion, *n Physiol* latéroflexion *f.*
lateroposition, *n Physiol* latéroposition *f.*
latescent, *a Bot* = **lactescent.**
latex, *n Bot* latex *m*; **latex-bearing,** laticifère.
laticiferous, *a Bot* laticifère; **laticiferous element,** laticifère *m.*
latiferous, *a Bot Z* = **lactiferous.**
latifoliate, *a Bot* latifolié.
latirostral, latirostrate 1. *a Z* latirostre. **2.** *npl Orn* **latirostrates,** latirostres *mpl.*

latiseptate, *a Bot* ayant un large septum dans la silicule.
lattice, *n Ch* treillis *m*; **lattice energy,** énergie *f* de treillis; **lattice space,** espace *m* de treillis; *Geol* **lattice structure,** structure fenestrée; *Bot* **lattice leaf,** feuille fenestrée.
laubanite, *n Miner* laubanite *f*.
laudanidine, *n Ch* laudanidine *f*.
laudanine, *n Ch* laudanine *f*.
laudanosine, *n Ch* laudanosine *f*.
laumon(t)ite, *n Miner* laumonite *f*, laumontite *f*.
Lauraceae, *npl Bot* lauracées *fpl*.
lauraceous, *a Bot* lauracé.
lauric, *a Ch* (acide) laurique.
laurionite, *n Miner* laurionite *f*.
laurite, *n Miner* laurite *f*.
laurvikite, *n Miner* laurvikite *f*.
lauryl, *a Ch* laurylique; **lauryl alcohol,** alcool *m* laurylique, laurique.
lava, *n Geol* lave *f*; **vitreous, basic, lava,** lave vitreuse, basique; **lava cone,** cône *m* de coulée, de lave, lavique; **lava flow, stream,** coulée *f* de lave; nappe éruptive; **lava field,** champ *m* de lave.
lavenite, *n Miner* lavenite *f*.
law, *n* loi *f* (de la nature, etc); **physical laws,** lois de la physique; **the laws of gravity,** les lois de la pesanteur.
lawrencite, *n Miner* lawrencite *f*.
lawrencium, lawrentium, *n Ch* (*symbole* Lw) lawrencium *m*, lawrentium *m*.
lawsone, *n Ch* lawsone *f*.
lawsonite, *n Miner* lawsonite *f*.
lax, *a Z* lâche, relâché; mou, *f* molle; flasque.
lay, *vtr* (*of bird, etc*) pondre (des œufs).
layer, *n Geol Ph* couche *f*; *Geol* étage *m*; strate *f*; gisement *m*; nappe *f* (de gaz naturel, etc); **oil layer,** nappe pétrolifère; **double layer,** double couche.
lazulite, *n Miner* lazulite *m*; pierre *f* d'azur.
lazurite, *n Miner* outremer *m*.
leachy, *a Miner* (sol) perméable.
lead¹, *n Ch* (*symbole* Pb) plomb *m*; **lead ore,** minerai *m* de plomb; colombin *m*; **argentiferous, silver, lead,** plomb argentifère; **corneous, horn, lead,** plomb corné; phosgénite *f*; **green lead,** plomb vert, pyromorphite *f*; **lead carbonate,** (i) (*ore*) plomb carbonaté; (ii) *Ch* carbonate *m* de plomb; **lead chromate,** (i) (*ore*) plomb chromaté, plomb rouge (de Sibérie), crocoïse *f*; (ii) *Ch* chromate *m* de plomb; **red lead,** minium *m*; **lead galena, glance, sulfide,** galène *f*, sulfure *m*, de plomb; **white lead,** (i) (*ore*) plomb blanc, cérusite *f*; (ii) *Ch* blanc *m* de plomb, céruse *f*; **yellow lead,** (i) (*ore*) plomb jaune, wulfénite *f*; (ii) *Ch* massicot *m*; **lead acetate, sugar of lead,** acétate *m* de plomb; **lead arseniate,** arséniate *m* de plomb; **lead bromide,** bromure *m* de plomb; **lead carbonate,** carbonate *m* de plomb; **lead oxide, dioxide,** oxyde *m*, bioxyde *m*, de plomb; **lead sulfate,** sulfate *m* de plomb; **lead salt,** sel *m* de plomb; **lead shot,** grenaille *f* de plomb.
lead², *n Min* filon *m*.
lead-bearing, *a* plombifère.
leader, *n* **1.** *Bot* pousse apicale; pousse terminale. **2.** *Z* tendon *m*.
leadhillite, *n Miner* leadhillite *f*.
lead-lined, *a* à revêtement de plomb.
leaf, *n* (*a*) *Bot* feuille *f* (de plante, d'arbre); **in leaf,** feuillagé; **simple, compound, leaf,** feuille simple, feuille composée; **opposite leaves,** feuilles opposées; **verticillate leaves,** feuilles verticillées; **alternate leaves,** feuilles alternes; **leaf bud,** bourgeon *m* à feuille, à bois; bourgeon foliipare; **leaf blade,** limbe *m* de feuille; **leaf cushion,** coussinet *m* foliaire; **leaf gap,** position *f* d'attachement foliaire chez les fougères; division *f* (dans la fibre d'une plante); **leaf organ,** organe *m* foliaire; **leaf scar,** phyllule *f*; **leaf sheath,** enveloppement *m* d'une feuille; base *f* de la feuille; **leaf trace,** faisceau *m* de la sève, qui servit la feuille; veine *f* fibrovasculaire; (*b*) *Z* **leaf insect, walking leaf,** phyllie *f*; **leaf-dwelling insects,** insectes *mpl* frondicoles.
leafless, *a* aphylle.
leaflet, *n Bot* petite feuille.
leaflike, *a* foliacé; phylloïde.
leafstalk, *n Bot* pétiole *m*.
leak, *vi Ph* (*of energy*) **to leak away,** se dégrader.

leak-free, *a* étanche.
leak-off, *n Ch* fuite *f* de trop plein.
-leaved, *a* (*with adj or num prefixed, e.g.*) **thick-leaved,** aux feuilles épaisses; **three-leaved,** à trois feuilles; **broad-leaved tree,** arbre feuillu, à larges feuilles; **long-leaved,** longifolié; **narrow-leaved,** à feuilles étroites, linéaires; angustifolié, sténophylle; **ivy-leaved,** à feuilles de lierre.
Le Chatelier, *Prn Ch* **Le Chatelier's principle,** principe *m* de Le Chatelier.
lecithin, *n Ch* lécithine *f*.
lecithinase, *n BioCh* lécithinase *f*.
lecitho-vitelline, *n BioCh* lécitho-vitelline *f*.
lecontite, *n Miner* lecontite *f*.
lectotype, *n Biol* spécimen *m* déterminant les espèces.
leg, *n Anat Z* jambe *f*; patte *f* (d'insecte); **hind legs,** pattes de derrière; **leg bone,** tibia *m*.
legume, legumen, *n Bot* fruit *m* d'une légumineuse.
legumin, *n Ch* légumine *f*.
leguminous, *a Bot* légumineux; **leguminous plant,** légumineuse *f*.
lemma, *n Bot* glumelle *f*.
lenitive, *a & n* émollient (*m*).
lens, *n Physiol Ph* lentille *f*; objectif *m*.
lentic, *a Biol Bot* se rapportant à l'eau stagnante; se rapportant à la vie dans le marais, étang, ou lac; stagnant.
lenticel, *n Bot* lenticelle *f*.
lenticellate, *a Bot* lenticellé.
lenticula, *pl* **-ae,** *n* **1.** *Z* noyau *m* lenticulaire; lentille *f*. **2.** tache *f* de rousseur.
lenticular, *a* (*a*) lenticulaire, lentiforme; *Geol* **lenticular body,** lentille *f* de minerai; (*b*) *Z* se rapportant au cristallin; se rapportant au noyau lenticulaire.
lenticulate, *a* lenticulé.
lentiform, *a* lentiforme.
lentiginose, *a* lentigineux; affecté de lentigo.
leonite, *n Miner* léonite *f*.
leopoldite, *n Miner* léopoldite *f*.
lepidic, *a Biol* se dit des membranes limitantes caractérisées par l'absence de stroma intercellulaire.
lepidine, *n Ch* lépidine *m*.
lepidocrocite, *n Miner* lépidocrocite *f*.
lepidoid, *a Z* squameux; écailleux.
lepidolite, *n Miner* lépidolite *m*.
lepidomelane, *n Miner* lépidomélane *m*.
lepidophyllous, *a Bot* lépidophylle.
lepidopter, *n Z* lépidoptère *m*.
Lepidoptera, *npl Z* lépidoptères *mpl*.
lepidopterology, *n* lépidoptérologie *f*.
lepidopterous, *a Z* lépidoptère.
lepidosis, *n Med* lèpre *f*; pityriasis *m*.
lepidote, *a Bot Z* écailleux; squameux.
leptite, *n Miner* leptite *f*.
leptocephalic, *a Z* leptocéphale; au crâne étroit.
leptodactyl, *a & n Z* leptodactyle (*m*).
leptodactylous, *a Z* leptodactyle.
leptome, *n Bot* leptome *m*.
leptomeninges, *npl Z* leptoméninge *f*; pie-mère *f* et arachnoïde *f*.
leptomorphic, *a Cryst* leptomorphique.
leptor(r)hine, leptorrhinian, leptorrhinic, *a Z* leptorhinien; leptorhin.
leptorrhiny, *n Z* leptorhinie *f*.
leptotene, *n Biol* leptotène *m*.
leptynolite, *n Geol* leptynolite *f*.
lesion, *n Path* lésion *f*; **local lesions,** nécroses *fpl*; **biochemical lesion,** lésion biochimique.
lesleyite, *n Miner* lesleyite *f*.
lestobiosis, *n Biol* lestobiose *f*.
lethal, *a Biol Ch Pharm Tox* lét(h)al, -aux; mortel; nocif; **lethal gene, factor,** gène, facteur, lét(h)al.
lethality, *n Pharm Tox* lét(h)alité *f*, mortalité *f*.
leucine, *n Ch* leucine *f*.
leucite, *n* **1.** *Miner* leucite *m*, amphigène *m*; schorl blanc. **2.** *Bot* leucite, leucoplaste *m*.
leucitite, *n Miner* leucitite *f*.
leuco(-), *pref* leuco-; *Ch* **leuco base,** leucobase *f*, leucodérivé *m*.
leucoblast, *n Biol* leucoblaste *m*.
leucobryum, *n Bot* leucobryum *m*.
leucochalcite, *n Miner* leucochalcite *f*.
leucocyte, *n Physiol* leucocyte *m*, globule blanc (du sang).
leucocytogenesis, *n Biol* leucogénèse *f*, leucocytogénèse *f*.
leucocytolysis, *n Physiol* leucocytolyse *f*, leucolyse *f*.

leucocytopoiesis, *n Physiol* leucopoïèse *f*.
leucocytosis, *n Path* leucocytose *f*.
leucoline, *n Ch* quinoléine *f*.
leucomaine, *n BioCh* leucomaïne *f*.
leucopenia, *n Physiol* leucopénie *f*.
leucophane, leucophanite, *n Miner* leucophane *m*.
leucoplasia, *n Path* leucoplasie *f*.
leucoplast, leucoplastid, *n Biol* leucoplaste *m*, leucite *m*.
leucopoiesis, *n Physiol* leucopoïèse *f*.
leucopyrite, *n Miner* leucopyrite *f*.
leucosphenite, *n Miner* leucosphénite *f*.
leucoxene, *n Miner* leucoxène *m*.
leukoblast, *n Biol* leucoblaste *m*.
leukonychia, *n BioCh* leuconychie *f*.
levan, *n Ch* lévane *f*.
level, *n* niveau *m*, -eaux. **1.** (*instrument*) **air, spirit, level,** niveau à bulle d'air. **2.** *Ph* **energy level,** niveau d'énergie, énergétique; **zero-energy level,** niveau d'énergie nul; **drop, rise, of level,** baisse *f*, hausse *f*, de niveau.
levulin, *n Ch* lévuline *f*.
levulinic, *a Ch* (acide, aldéhyde) lévulique.
levyne, levynite, *n Miner* lévyne *f*.
Lewis, *Prn Ch* **G. N. Lewis's free energy function (G),** fonction *f* (G) de l'énergie libre de G. N. Lewis.
lewisite, *n* **1.** *Miner* lewisite *f*. **2.** *Ch* lewisite.
Li, *symbole chimique du* lithium.
lias, *n Geol* **1.** (*rock*) liais *m*. **2.** (*stratum*) **Lias,** lias *m*; Jura noir, jurassique inférieur; **Lower Lias,** infralias *m*.
Lias(s)ic, *a Geol* lias(s)ique; **Lower Lias(s)ic,** infralias(s)ique.
liber, *n Bot* liber *m*, phloème *m* (de l'écorce); **liber cell,** cellule libérienne.
liberation, *n Ch* dégagement *m* (de chaleur, etc).
libethenite, *n Miner* libéthénite *f*.
libido, *n Psy* libido *f*.
licareol, *n Ch* licaréol *m*, linalol *m*.
lichen, *n* lichen *m*; **lichen acids,** acides *mpl* lichéniques.
lichenic, *a Bot Ch* lichénique.
lichenin, *n BioCh* lichénine *f*.
lichenology, *n* lichénologie *f*.
lichenous, *a* lichéneux.
lid, *n Bot* opercule *m*.
lidded, *a Biol* (capsule, coquille, etc) à opercule.
liebenerite, *n Miner* liebenerite *f*.
Liebig, *Prn Ch* **Liebig condenser,** réfrigérant *m* de Liebig.
liebigite, *n Miner* liebigite *f*.
Liesegang, *Prn Ph* **Liesegang's rings,** cercles *mpl* de Liesegang.
lievrite, *n Miner* liévrite *f*.
life, *n Biol* vie *f*; **animal life,** vie animale; **embryonic life,** vie embryonnaire; **change of life,** ménopause *f*; **expectation of life,** durée moyenne probable de la vie; **life cycle,** cycle vital; **life force,** force vitale.
life-giving, *a* vivifiant; animateur; fécondant.
ligament, *n Anat Z* ligament *m*.
ligand, *n Ch* liaison *f*.
ligature, *n Physiol* ligature *f*.
light, *n* lumière *f*; *Ph* **diffused, scattered, light,** lumière diffuse; **incident light,** lumière incidente; **polarized light,** lumière polarisée; **transmitted light,** lumière transmise; **infrared light,** lumière infrarouge; **ultraviolet light,** lumière ultraviolette; **monochromatic light,** lumière monochromatique; **white light,** lumière blanche; **light ray,** rayon lumineux; **light unit,** unité *f* d'intensité lumineuse; **light wave,** onde lumineuse.
light-negative, *a Ph* photorésistant.
light-positive, *a Ph* photoconducteur.
light-sensitive, *a Ph* photosensible.
light-year, *n Astr* année-lumière *f*.
lignan, *n Ch* lignane *f*.
ligneous, *a* ligneux.
lignicolous, *a Z* lignicole.
lignin, *n Bot Ch* lignine *f*.
lignite, *n Miner* lignite *m*, cendre noire.
lignitic, *a Bot* ligniteux.
lignitiferous, *a Geol* lignitifère.
lignivorous, *a Z* lignivore.
lignocellulose, *n Ch* lignocellulose *f*.
ligroin(e), *n Ch* ligroïne *f*.
ligula, *pl* **-ae**, *n* **1.** *Bot* ligule *f* (de graminée); languette *f* (de fleur). **2.** *Z* (*a*) ligule; (*b*) ligule (du labium).
ligulate, *a Bot* ligulé; **ligulate floret,** demi-fleuron *m*.

ligule, *n Bot* = **ligula 1.**
liguliflorous, *a Bot* liguliflore, demi-flosculeux.
ligurite, *n Miner* ligurite *f.*
Liliaceae, *npl Bot* liliacées *fpl.*
liliaceous, *a Bot* liliacé.
lillianite, *n Miner* lillianite *f.*
limaceous, limacine, *a Moll* limacien; limaciforme.
limb, *n* **1.** membre *m* (du corps); **the lower limbs,** les membres inférieurs. **2.** *Bot* limbe *m* (de feuille).
limbate, *a Bot* limbifère.
limbic, *a Biol* limbique; **limbic lobe,** lobe *m* limbique (du cerveau).
limburgite, *n Geol* limburgite *f.*
limbus, *n Bot* limbe *m* (de feuille).
lime, *n* **1.** *Ch* oxyde *m* de calcium; chaux *f*; **air-slaked lime,** chaux éteinte à l'air; **fat lime,** chaux grasse; **hydraulic lime,** chaux hydraulique; **quiet lime,** chaux maigre; **carbonate, sulfate, of lime,** chaux carbonatée, sulfatée. **2.** *Ch* glu *f.*
lime-spar, *n Miner* spath *m* calcaire.
limestone, *n Geol* calcaire *m*; pierre *f* à chaux, pierre calcaire; **organic limestone,** calcaire organogène; **coral limestone,** calcaire coralligène; **dolomitic limestone,** calcaire dolomitique; **magnesian limestone,** dolomie *f*, dolomite *f*; **oolitic limestone,** calcaire oolithique; **siliceous limestone,** calcaire siliceux; **freshwater limestone,** travertin *m*; **carboniferous limestone,** calcaire carbonifère; **Jurassic limestone,** calcaire jurassique; **shell limestone,** calcaire coquillier.
limewater, *n Ch* eau *f* de chaux.
limicolous, *a Biol* limicole.
liminal, *a Psy* liminaire.
limivorous, *a Z* limivore, limnivore, pélophage.
Limnaedae, *npl Moll* limnéadés *mpl.*
limnic, *a Geol* limnique.
limnite, *n Miner* limnite *f.*
limnobiology, *n* limnobiologie *f.*
limnology, *n* limnologie *f.*
limnoplankton, *n Biol* limnoplancton *m.*
limon, *n Geol* limon *m.*
limonene, *n Ch* limonène *m.*
limonite, *n Miner* limonite *f*; hématite brune; stilpnosidérite *f*; **nodular limonite,** œtite *f.*
linaceous, *a Bot* linacé.
linalool, *n Ch* linalol *m.*
linarite, *n Miner* linarite *f.*
lindackerite, *n Miner* lindackérite *f.*
lindane, *n Ch* lindane *m.*
linear, *a* linéaire. **1.** *Ph* **linear expansion,** dilatation *f* linéaire. **2.** *Bot* **linear leaf,** feuille *f* linéaire.
linearization, *n Ph Ch* linéarisation *f.*
linearize, *vtr Ch* linéariser.
lineate, *a Bot* ligné, rayé.
lined, *a Bot* rayé.
lingulate, *a Biol* lingulaire, lingulé.
linin, *n Biol* linine *f* (du noyau de la cellule).
link, *n Biol* **missing link,** chaînon manquant.
linkage, *n Ph Ch* enchaînement *m*, concomitance *f*; liaison *f* chimique.
linking, *n Ch* liaison *f*; enchaînement *m*; assemblage *m.*
Linn(a)ean, *a Bot* linnéen.
linn(a)eite, *n Miner* linnéite *f.*
linneon, *n Bot* linnéon *m.*
linoleate, *n Ch* linoléate *m.*
linoleic, *a Ch* (acide) linoléique.
linoleine, *n Ch* linoléine *f.*
linolenate, *n Ch* linolénate *m.*
linolenic, *a Ch* (acide) linolénique.
linseed, *n Ch* **linseed oil,** huile *f* de lin.
lint, *n Biol* charpie *f*; *Ch* **lint-paper,** papier *m* de cellulose.
lip, *n* (*a*) *Anat Z* lèvre *f*; babine *f* (d'un animal); *Ent Conch* labelle *f*; (*b*) *Bot* lèvre (de corolle labiée); labelle *m* (d'orchidée).
liparite, *n Miner* liparite *f*, rhyolit(h)e *f.*
lipase, *n Ch* lipase *f*, saponase *f.*
lipid, *n Ch* lipide *m*; **lipid content,** lipémie *f* (du sang).
lipochrome, *n BioCh* lipochrome *m.*
lipogenesis, *n Biol* lipogénèse *f.*
lipoid, *a & n Ch* lipoïde (*m*); *npl* **lipoids,** lipides *mpl.*
lipophile, lipophilic, *a Ch* lipophile.
lipopolysaccharide, *n Ch Bac* lipopolysaccharide *m.*
lipoprotein, *n BioCh* lipoprotéine *f.*
lipositol, *n Ch* liposite *f.*
liposoluble, *a Ch* liposoluble.

lipotropic, *a BioCh* lipotrope.
lipotropy, *n Ch* lipotropie *f.*
lipoxydase, *n Ch* lipoxydase *f.*
lipped, *a Bot* labié.
liquefacient, *n Ph* liquéfiant *m.*
liquefaction *n Ph* liquéfaction *f.*
liquefiable, *a* (gaz) liquéfiable.
liquefy 1. *vtr* liquéfier (un gaz, etc); décoaguler (une substance coagulée). **2.** *vi* (*a*) (*of gas, etc*) se liquéfier; se fluidifier; (*b*) (*of oil, etc*) se défiger; (*of curdled substance*) se décoaguler.
liquescence, *n Ch* liquescence *f.*
liquescent, *a Ch* liquescent.
liquid 1. *a* liquide; **to reduce sth to a liquid state,** liquéfier qch; *Ph* **liquid air,** air *m* liquide; **liquid oxygen,** oxygène liquide; **liquid crystals,** cristaux *mpl* liquides. **2.** *n* (*a*) liquide *m*; **liquid measure,** mesure *f* de capacité pour les liquides; **liquid-vapour relationship,** rapport *m* entre liquide et vapeur; (*b*) **liquid cooling,** refroidissement *m* par liquide; (*c*) *Ch* liqueur *f*; **mother liquids,** eaux-mères *fpl.*
liquify, *vtr & i* = **liquefy**.
liquor, *n Ch* solution *f.*
liskeardite, *n Miner* liskéardite *f.*
litharge, *n Ch* litharge *f.*
lithergol, *n Ch* lithergol *m.*
lithia, *n Ch* lithine *f*; **lithia water,** eau lithinée.
lithic, *a Ch* (acide) lithique.
lithidionite, *n Miner* néocyanite *f.*
lithiophilite, *n Miner* lithiophilite *f.*
lithium, *n Ch* (*symbole* Li) lithium *m*; **lithium borohydride,** borohydrure *m* de lithium; **lithium carbonate,** carbonate *m* de lithium; **lithium cyanoplatinate,** cyanoplatinate *m* de lithium; **lithium hydride,** hydrure *m* de lithium; **lithium deuteride,** deutérodure *m* de lithium.
lithocholic, *a Ch* (acide) lithocholique.
lithogenesis, *n Geol* lithogénèse *f.*
lithogenous, *a Z* lithogène.
lithoid(al), *a* lithoïde.
lithological, *a Geol* lithologique.
lithology, *n Geol* lithologie *f.*
lithomarge, *n Miner* kaolin compact.
Lithophaga, *npl Z* lithophages *mpl.*
lithophagous, *a* (mollusque) lithophage.
lithophilous, *a Bot* lithophile.
lithophysa, *n Miner* lithophyse *f.*
lithophyte, *n Bot etc* lithophyte *m.*
lithopone, *n Ch* lithopone *m.*
lithosere, *n Bot* succession *f* de plantes d'origine rocheuse.
lithosphere, *n Geol* lithosphère *f.*
lithoxyl(e), lithoxylite, *n Miner* lithoxyle *m.*
litmus, *n Ch* tournesol *m*; **litmus paper,** papier *m* (de) tournesol; **litmus solution,** teinture *f* de tournesol.
litre, *n Meas* litre *m.*
litter, *n Z* portée *f,* mise *f* bas (d'un animal).
littoral, *a & n Biol* littoral (*m*).
Littré, *Prn Z* **Littre's glands,** glandes *fpl* de Littré.
liver, *n* **1.** *Anat Z* foie *m*; **liver disease,** maladie *f* de foie; **liver factor,** vitamine *f* B_{12}; **liver fluke,** douve *f* du foie; **wandering liver,** foie flottant; **liver-pancreas,** foie pancréatique. **2.** *Ch* **liver of antimony, of sulfur,** foie d'antimoine, de soufre.
livid, *a Physiol* livide, blême.
living, *a* vivant; *Z* **living creatures,** êtres vivants.
livingstonite, *n Miner* livingstonite *f.*
lm, *symbole du* lumen.
loam, *n* glaise *f*; terre végétale.
loamy, *a* glaiseux.
lobar, *a Z* lobaire.
lobate, *a Biol* lobé, lobaire.
lobe, *n* (*a*) *Anat Bot* lobe *m*; **palmate lobe,** lobe palmé, en palme; **pedate lobe,** lobe pédalé; (*b*) *Anat* bronche *f* lobaire.
lobed, *a Biol* lobé.
lobelet, *n Bot Anat* lobule *m.*
lobelia, *n Ch* **lobelia alkaloids,** alcaloïdes *mpl* de lobélie.
lobeline, *n Ch* lobéline *f.*
lobinine, *n Ch* lobinine *f.*
lobopod, lobopodium, *n Biol* lobopode *m.*
lobulate, *a Biol* lobulé, lobuleux.
lobule, *n Biol* lobule *m.*
locellus, *n Bot* locelle *f.*
locular, *a Biol* loculaire.
loculate(d), *a Biol* loculé, loculeux.
locule, *n Bot* loge *f.*
loculicidal, *a Bot* (déhiscence, etc) loculicide.

loculose, *a Bot* loculé, loculeux.
loculus, *pl* **-li**, *n Bot* loge *f*.
locus, *pl* **loci**, *n Biol* locus *m* (d'un chromosome).
lode, *n Geol* filon *m*, veine *f*; **copper(-bearing) lode**, filon de cuivre, filon cuprifère; **tin lode**, filon d'étain, filon stannifère.
lodestone, *n Miner* aimant naturel; pierre *f* d'aimant; magnétite *f*.
Lodge, *Prn Ch* **Lodge's method of determining absolute velocity of ions**, méthode *f* de Lodge de mesurer la vélocité absolue des ions.
lodicule, *n Bot* lodicule *f*.
loellingite, *n Miner* lœllingite *f*.
loess, *n Geol* lœss *m*, limon fin; terre *f* jaune.
loeweite, loewigite, *n Miner* lovéite *f*, lœwéite *f*.
log, *n Miner* log *m*; diagramme *m*; coupe *f* géologique.
lomentaceous, *a Bot* lomentacé.
longevity, *n Biol* macrobie *f*.
longicaudate, *a Z* longicaude.
longicauline, *a Bot* longicaule.
longicorn, *a Z* (coléoptère) longicorne.
longifolene, *n Ch* longifolène *f*.
longimanous, *a Z* longimane.
longipedate, *a Z* longipède.
longipennate, *a Z* longipenne.
longirostral, *a Orn* longirostral, -aux.
long-lived, *a Biol* macrobien; vivace.
long-stemmed, *a Bot* longicaule.
long-styled, *a Bot* (fleur) longistyle.
long-tailed, *a* à longue queue; longicaude; (crustacé) macroure.
long-winged, *a Z* longipenne.
lophine, *n Ch* lophine *m*.
lophobranch, lophobranchiate, *a & n Ich* lophobranche (*m*).
lophophore, *n Z* lophophore *m*.
lophotrichate, *a Biol* **lophotrichate bacillus**, lophotriche *m*.
lorandite, *n Miner* lorandite *f*.
loranskite, *n Miner* loranskite *f*.
Lorentz, *Prn Mth etc* **Lorentz's transformation**, transformation *f* de Lorentz.
lorettoite, *n Miner* lorettoïte *f*.
lorica, *n Biol* lorique *f*.
loricate(d), *a Biol* loriqué.
Loschmidt, *Prn Ch* **Loschmidt's number**, nombre *m* de Loschmidt, égal au nombre d'Avogadro (*viz* $6{\cdot}023 \times 10^{23}$), est le nombre de molécules contenues dans une molécule-gramme.
loxoclase, *n Miner* loxoclase *f*.
loxodont, *a Z* loxodonte.
loxygen, *n Ch* oxygène *m* liquide.
Lu, *symbole chimique du* lutécium.
lubricant, *a & n Ch* lubrifiant (*m*).
luciferase, *n BioCh* luciférase *f*.
luciferin, *n BioCh* luciférine *f*.
lucifugous, *a Biol* (insecte, etc) lucifuge.
ludwigite, *n Miner* ludwigite *f*.
lugol, *n BioCh* (solution *f* de) lugol *m*.
lumachel, lumachelle, *n Miner* lumachelle *f*.
lumbar, *a Anat Z* lombaire; **lumbar puncture**, ponction *f* lombaire.
lumbo-costal, *a Z* lombo-costal, -aux.
lumbricus, *pl* **-ci**, *n Z* ver *m* de terre.
lumen, *n* **1.** *PhMeas* (*symbole* lm) (*pl* **lumens**) lumen *m*. **2.** *Z* (*pl* **lumina**) lumière *f*; ouverture *f*, passage *m*, d'un tube, d'un vaisseau. **3.** *Biol* (*pl* **lumina**) orifice *m*; cavité *f*.
lumen-hour, *n PhMeas* lumen-heure *m*.
luminal, *a* se rapportant à la lumière d'un tube, d'un vaisseau.
luminance, *n Ph* luminance *f*.
luminescence, *n* luminescence *f*.
luminescent, *a* luminescent.
luminiferous, *a* luminifère.
luminosity, *n Ph* luminosité *f*.
luminous, *a* lumineux; *Ph* **luminous density**, densité lumineuse; luminance *f*; **luminous efficiency**, efficacité lumineuse, rendement lumineux, coefficient *m* d'efficacité lumineuse; **luminous flux**, flux lumineux; **luminous intensity**, intensité lumineuse; **luminous sensitivity**, sensibilité lumineuse; photosensibilité *f*; *Biol* **luminous organ**, organe lumineux.
lumnite, *n Ch* ciment fondu.
lunate, *a Biol* luné, luniforme; en forme de croissant; **bearing lunate markings**, lunifère.
lung, *n Anat Z* poumon *m*; *Physiol* **lung capacity**, capacité *f* respiratoire.
luniform, *a Biol* luniforme, luné.
lunula, *pl* **-ae**, *n Z* (i) lunule *f*; (ii) structure *f* en forme de lunule.

lunular, *a* lunulaire, lunulé.
lunulate(d), *a Biol* lunulé, lunulaire.
lupetidine, *n Ch* lupétidine *f.*
lupulin, *n* **1.** *Bot* lupuline *f.* **2.** *Ch Pharm* lupuline.
lupuline, *n Ch* lupuline *f.*
lutecium, *n Ch* (*symbole* Lu) lutécium *m.*
lutein, *n Ch* lutéine *f.*
luteocobaltic, *a Ch* lutéocobaltique.
luteol, *n Ch* lutéol *m.*
luteolin(e), *n Ch* lutéoline *f.*
luteotrophic, *a Biol* lactigène; **luteotrophic hormone,** prolactine *f.*
luteotrophin, *n BioCh* prolactine *f.*
luteous, *a Biol* orangé.
lutetium, *n Ch* = **lutecium.**
lutidine, *n Ch* lutidine *f.*
lutidinic, *a Ch* lutidinique.
lutidone, *n Ch* lutidone *f.*
lux, *pl* **luces,** *n PhMeas* (*symbole* lx) lux *m* (unité *f* de lumière).
Lw, *symbole chimique du* lawrencium.
lx, *symbole du* lux.
lycopene, *n BioCh* lycopène *m.*
lycopodium, *n Ch* lycopode *m.*
lyddite, *n Miner* lyddite *f.*
Lydian, *a Miner* **Lydian stone,** lydienne *f*, lydite *f.*
lye, *n Ch* lessive *f*; **lye sludge,** dépôt alcalin; boue *f*; **lye treatment,** traitement *m* à la soude caustique.
lymph, *n Physiol* lymphe *f*; **lymph cell, corpuscle,** cellule *f*, corpuscule *m*, lymphatique; lymphocyte *m.*
lymphatic, *a & n Physiol* lymphatique (*m*); **lymphatic gland,** glande *f*, ganglion *m*, lymphatique; **lymphatic vessel,** vaisseau *m* lymphatique.
lymphoblast, *n Biol* lymphoblaste *m.*
lymphocyte, *n Physiol* lymphocyte *m.*
lymphocytogenesis, lymphocytopoiesis, *n Physiol* lymphocytogénèse *f.*
lymphogenesis, *n Physiol* lymphogénèse *f.*
lymphogenic, lymphogenous, *a Physiol* lymphogène.
lymphoid, *a* (cellule) lymphoïde.
lymphopoiesis, *n Physiol* lymphopoïèse *f.*
lyo-enzyme, *n Biol* lyocyte *m.*
lyogel, *n Ch* lyogel *m.*
lyophilic, *a Ch* (colloïde) lyophile; **lyophilic substances,** substances *fpl* lyophiles.
lyophily, *n Ch* lyophilie *f.*
lyophobic, *a Ch* insoluble; lyophobe; **lyophobic substances,** substances *fpl* insolubles.
lyosol, *n Ch* lyosol *m.*
lyrate, *a Bot* lyré; en forme de lyre.
lysate, *n Biol* lysat *m.*
lyse, *vtr Biol* (*of lysin*) lyser.
lysidine, *n Ch* lysidine *f.*
lysigenic, lysigenous, *a Biol* lysigène.
lysine, *n Ch* lysine *f.*
lysis, *n Biol* lyse *f*; lysis *m.*
lysolecithin, *n Ch* lysolécithine *f.*
lysophosphatide, *n Ch* lysophosphatide *m.*
lysosoma, lysosome, *n Biol* lysosome *m.*
lysozyme, *n Biol* lysozyme *m.*
lytic, *a Biol* (action, sérum) lytique.
lyxonic, *a Ch* lyxonique.
lyxose, *n Ch* lyxose *m.*

M

m, *symbole du* mètre.
macadam, *n* macadam *m*, bitumacadam *m*.
macerate, *vtr Ch Biol* macérer.
maceration, *n* macération *f*.
macerator, *n Ch* macérateur *m*; **top-drive macerator,** macérateur avec propulsion haute.
Mac Lagan, *Prn BioCh* **Mac Lagan reaction,** réaction *f* Mac Lagan.
macle, *n Miner* macle *f*, chiastolite *f*.
maclurin, *n Ch* maclurine *f*.
maconite, *n Miner* maconite *f*.
macramoeba, *n Biol* macramibe *f*.
macrobian, *a Biol* macrobien.
macrobiosis, *n Biol* macrobie *f*, longévité *f*.
macrobiote, *n Biol* macrobiote *m*.
macrobiotic, *a Biol* macrobiotique.
macrobiotics, *n* macrobiotique *f*.
macrobiotus, *n Biol* macrobiote *m*.
macroblast, *n Z* mégablaste *m*.
macrocephalous, *a Biol* macrocéphale.
macrochaeta, *pl* **-ae,** *n Ent* macrochète *m*.
macrochemical, *a* macrochimique.
macrochemistry, *n* macrochimie *f*.
macroclimate, *n* macroclimat *m*.
macroclimatic, *a* macroclimatique.
macrocnemum, *n Bot* macrocnemum *m*.
macrocyclic, *a Ch* macrocyclique.
macrocyst, *n Bot* macrocyste *m*.
macrocyte, *n Biol* macrocyte *m*.
macrodactyl(ous), *a Z* macrodactyle.
macrodont, *a Z* à grandes dents.
macroergate, *a Biol* macroergate.
macroevolution, *n* macroévolution *f*.
macrogamete, *n Biol* macrogamète *m*.
macrogametocyte, *n Prot* macrogamétocyte *m*, macrogamonte *m*.
macrogamont, *n Biol* macrogamonte *m*.
macrogamy, *n Biol* conjugaison *f* de deux protozoaires adultes.
macrogenitosomia, *n Path* macrogénitosomie *f*.
macroglia, *n Z* cellule *f* neuroglique.
macroglobulin, *n BioCh* macroglobuline *f*.
macroglobulin(a)emia, *n Path* macroglobulinémie *f*.
macroglossia, *n Z* macroglossie *f*; lingua *f* vituli; paraglosse *m*.
macrognathia, *n Path* macrognathie *f*.
Macrolepidoptera, *npl Z* macrolépidoptères *mpl*.
macrolymphocyte, *n Physiol* macrolymphocyte *m*.
macromere, *n Z* macromère *m*.
macromeris, *n Z* macromeris *m*.
macromolecular, *a Ch* macromoléculaire.
macromolecule, *n Ch* macromolécule *f*.
macromycete, *n Bot* macromycète *m*.
macronotal, *a Z* macronotal, -aux.
macronuclear, *a Z* macronucléaire.
macronucleate(d), *a Z* macronucléé.
macronucleus, *n Z* macronucléus *m*.
macroparticle, *n AtomPh* macroparticule *f*.
macrophage, *n Z Physiol* macrophage *m*.
macrophagous, *a Biol Physiol* macrophage.
macrophyll, *n Bot* macrophylle *m*.
macrophyllous, *a Bot* macrophylle.
macrophysics, *n* macrophysique *f*.
macroplasia, *n Path* hypertrophie *f* de certaines parties du corps.
macropod(id), *a & n Z* macropode (*m*).
macropodous, *a Z Bot* macropode.

macropolymer, *n Ch* macropolymère *m*.
Macroptera, *npl Ich Orn* macroptères *fpl*.
macropterous, *a Z* macroptère.
macroscelidous, *a Z* macroscélide.
macrosclereid, *n Z* macroscléréide *m*.
macroscopic, *a Biol Ph* macroscopique.
macroscopy, *n Ph* macroscopie *f*.
macroseism, *n Geol* macroséisme *m*.
macroseismic, *a Geol* macroséismique.
macrosomatic, *a Z* macrosomatique.
macrosomye, *n Biol* macrosomye *f*.
macrospecies, *n Bot* linnéon *m*.
macrosporangium, *n Bot* macrosporange *m*, mégasporange *m*.
macrospore, *n Bot* macrospore *f*, mégaspore *f*.
macrosporophyll, *n Bot* macrosporophylle *m*.
macrostomia, *n Z* macrostomie *f*; développement exagéré de la fente buccale.
macrostructural, *a Ch* macrostructural, -aux.
macrostructure, *n Ch* macrostructure *f*.
macrotia, *n Z* taille excessive des oreilles.
macrotype, *n Biol* macrotype *m*.
macruran, *n Z Ich* macroure *m*.
macrurous, *a Z Ich* macroure.
macula, *pl* **-ae,** *n Biol* macule *f*; tache *f*; **maculae cribosae,** taches criblées; **macula germinativa,** tache germinative; **macula lutea,** tache jaune; macula *f* lutea.
maculage, *n* maculage *m*; disposition *f* des macules.
macular, *a Biol* maculaire; maculé; pigmentaire.
maculate, *a* maculé.
maculation, *n* maculation *f*.
macule, *n Biol* macule *f*.
maculicole, *a Bot* maculicole.
maculose, *a Biol* maculé.
macusson, *n Bot* macusson *m*.
madescent, *a Biol* devenant humide.
madreporic, madreporiform, *a Z* madréporique, madréporien.
madreporite, *n Z* madréporite *f*; plaque *f* madréporique.
Maestrichtian, *a & n Geol* maestrichtien (*m*).
magdaleon, *n Pharm* magdaléon *m*.
Magendie, *Prn Z* **Magendie's foramen,** trou *m* de Magendie.
magenta, *n Ch* magenta *m*.
maggot, *n Z* larve *f* apode.
magma, *pl* **-mata, -mas,** *n Ch Geol* magma *m*; pâte *f*; **parental magma,** magma primaire.
magmatic, *a Geol* magmatique; **magmatic water,** eau *f* magmatique, juvénile.
magnatector, *n Ph* tensiomètre *m*.
magneferrite, *n Miner* magnéferrite *f*.
magnelite, *n Miner* magnélite *f*.
magnesia, *n Ch* magnésie *f*; oxyde *m* de magnésium; **magnesia usta,** magnésie calcinée.
magnesian, *a Ch* magnésien.
magnesic, *a Ch Geol* (*of rock, etc*) magnésique.
magnesiferous, *a Metall* magnésifère.
magnesiocopiapite, *n Miner* knoxvillite *f*.
magnesioferrite, *n Miner* magné(sio)-ferrite *f*, magnoferrite *f*.
magnesite, *n Miner* giobertite *f*; magnésite *f*.
magnesium, *n Ch* (*symbole* Mg) magnésium *m*; **magnesium oxide,** magnésie *f*, oxyde *m* de magnésium.
magnesol, *n Ch* magnésol *m*; silicate *m* acide de magnésium.
magnet, *n* aimant *m*.
magnetic, *a* (*a*) (barreau, etc) aimanté; **magnetic needle,** aiguille aimantée; **magnetic iron ore,** aimant naturel, pierre *f* d'aimant; **magnetic pyrites,** magnétopyrite *f*, pyrrhotite *f*; (*b*) (champ, circuit) magnétique; **magnetic deflection,** déviation *f* magnétique du compas; **magnetic field,** champ magnétique; **magnetic force, intensity,** force *f* magnétique, intensité *f* de champ magnétique; **magnetic interference,** champs magnétiques parasites; **magnetic layer, shell,** feuillet *m* magnétique; **magnetic potential,** force magnétomotrice; **magnetic pull,** traction *f* magnétique.
magnetically, *adv* magnétiquement.
magnetics, *n* magnétisme *m*.

magnetimeter, *n Ph* magnétimètre *m*, magnétomètre *m*.
magnetism, *n Ph* magnétisme *m*; aimantation *f*; **nuclear magnetism,** magnétisme nucléaire; **permanent, residual, temporary, magnetism,** magnétisme permanent, rémanent, temporaire; **terrestrial magnetism,** magnétisme terrestre.
magnetite, *n Miner* magnétite *f*; aimant naturel; pierre *f* d'aimant.
magnetite-olivinite, *n Miner* magnétite-olivinite *f*.
magnetizability, *n Ph* susceptibilité *f* magnétique.
magnetizable, *a Ph* aimantable, magnétisable.
magnetization, *n Ph* aimantation *f*, magnétisation *f*; **magnetization by electricity,** aimantation par l'électricité; **magnetization coefficient,** coefficient *m* d'aimantation; **magnetization curve,** courbe *f* de magnétisation.
magnetize, *vtr* (*a*) aimanter (une aiguille, etc); magnétiser (le fer, etc); (*b*) (*with passive force*) (*of iron, etc*) s'aimanter.
magnetizer, *n* magnétisant *m*, dispositif *m* d'aimantation.
magnetizing 1. *a* magnétisant, d'aimantation; **magnetizing coil,** bobine *f* d'aimantation, d'excitation; **magnetizing current,** courant magnétisant, de magnétisation; **magnetizing field,** champ magnétisant; **magnetizing force, power,** force magnétisante. **2.** *n* aimantation *f*, magnétisation *f*; **permeability under low magnetizing,** perméabilité *f* (magnétique) à faible aimantation.
magneto-aerodynamics, *n Ph* magnéto-aérodynamisme *m*.
magnetocaloric, *a Ph* magnétocalorique.
magnetochemical, *a* magnétochimique.
magnetochemistry, *n* magnétochimie *f*.
magnetodynamic, *a Ph* magnétodynamique.
magnetodynamics, *n* magnétodynamique *f*.
magneto-electric, *a Ph* magnéto-électrique.
magnetogenous, *a Ph* magnétogène.
magnetogram, *n* magnétogramme *m*.
magnetograph, *n* magnétographe *m*.
magnetohydrodynamic, *a* magnétohydrodynamique.
magnetohydrodynamics, *n* magnétohydrodynamique *f*, magnétodynamique *f* des fluides.
magnetometer, *n Ph* magnétomètre *m*.
magnetometric, *a* magnétométrique.
magnetometry, *n* magnétométrie *f*.
magnetomotive, *a Ph* magnétomoteur; **magnetomotive force,** force magnétomotrice.
magneton, *n Ph* magnéton *m*; **Bohr magneton,** magnéton de Bohr; **nuclear magneton,** magnéton nucléaire.
magneto-optics, *n Ph* magnéto-optique *f*.
magnetoplumbite, *n Miner* magnétoplumbite *f*.
magnetopyrite, *n Miner* magnétopyrite *f*.
magnetoscope, *n Ph* magnétoscope *m*.
magnetostatic, *a Ph* magnétostatique.
magnetostatics, *n Ph* magnétostatique *f*.
magnetostriction, *n Ph* magnétostriction *f*.
magnetostrictive, *a Ph* magnétostrictif, à magnétostriction.
magnetron, *n Ph* magnétron *m*.
magnochromite, *n Miner* magnochromite *f*.
magnoferrite, *n Miner* magnoferrite *f*, magné(sio)ferrite *f*.
magnolite, *n Miner* magnolite *f*.
magnum, *n Z* grand os du carpe.
mahogany, *n Ch* **mahogany acid,** acide *m* sulfonique, dérivé sulfoné.
make-up, *n Ch* **make-up hydrogen,** hydrogène *m* d'appoint.
makite, *n Miner* makite *f*.
mala, *n Z* (*a*) joue *f*; (*b*) os *m* malaire.
malabsorption, *n Physiol Immunol* absorption défectueuse.
malaceous, *a Bot* pomacé.
malachite, *n Miner* malachite *f*; vert *m* de cuivre, de montagne; cendre verte.
malacodermatous, *a Z* malacoderme.
Malacodermidae, *npl Z* malacoder-

mes *mpl.*
malacolite, *n Miner* malacolite *f.*
malacology, *n Z* malacologie *f.*
malacon, *n Miner* malacon *m*, malakon *m.*
malacophilous, *a Bot* malacophile.
malacophily, *n Bot* malacophilie *f.*
malacopterygian, *a & n Z* malacoptérygien (*m*).
Malacostraca, *npl Z* malacostracés *mpl.*
malacostracan, *a & n Z* malacostracé (*m*).
malacostracous, *a Z* malacostracé.
maladaptation, *n Biol* défaut *m* d'adaptation.
malakon, *n Miner* = **malacon.**
malar, *a Z* malaire.
malate, *n Ch* malate *m.*
malaxation, *n Z* malaxage *m.*
maldonite, *n Miner* maldonite *f.*
male 1. *a* mâle; **male hormone,** hormone *f* mâle; **male flower, fern,** fleur *f*, fougère *m*, mâle. **2.** *n* mâle *m.*
maleic, *a Ch* **maleic acid,** acide maléique.
maleimide, *n Ch* maléimide *m.*
malformation, *n Z* malformation *f.*
malic, *a Ch* malique.
mallardite, *n Miner* mallardite *f.*
malleability, *n* malléabilité *f*, ductilité *f.*
malleable, *a* malléable, ductile.
malleolar, *a Z* malléolaire.
malleolus, *pl* **-i,** *n Z* malléole *f.*
malleus, *pl* **-ei,** *n Z* **1.** marteau *m* (de l'oreille moyenne). **2.** morve *f.*
Malm, *n Geol* Jura blanc.
malnutrition, *n Physiol* nutrition défectueuse; sous-alimentation *f.*
malonamide, *n Ch* malonamide *m.*
malonate, *n Ch* malonate *m.*
malonic, *a Ch* malonique.
malonitrile, *n Ch* malonitrile *m.*
malonylurea, *n BioCh* malonylurée *f.*
Malpighian, *a Z* **Malpighian capsule,** capsule *f* de Bowman; **Malpighian body,** corpuscule *m* de Malpighi; **Malpighian pyramids,** pyramides *fpl* de Malpighi; **Malpighian tubules, vessels,** tubes *mpl* de Malpighi.
malposition, *n Z* position anormale ou défectueuse.
malt, *n Ch* malt *m.*
maltase, *n Ch* maltase *f.*
maltha, *n Miner* malthe *f*; bitume glutineux; pissasphalte *m*; baume *m* momie.
malthenes, *npl Ch* malthènes *mpl.*
malthite, *n Miner* malthe *f.*
maltose, *n Ch* maltose *m.*
Malvaceae, *npl Bot* malvacées *fpl.*
malvaceous, *a Bot* malvacé, de la famille des malvacées.
mamilla, *pl* **-ae,** *n Anat Z* mamelon *m.*
mamillary, *a Anat Z* mamillaire.
mamma, *pl* **-ae,** *n Anat Z* mamelle *f.*
mammal, *n* mammifère *m*; **the mammals,** les mammifères.
Mammalia *npl* mammifères *mpl.*
mammalian, *a & n* mammifère (*m*).
mammalogical, *a* mammalogique.
mammalogy, *n* mammalogie *f.*
mammary, *a Anat* mammaire; **the mammary glands,** *npl* **the mammaries,** les glandes *fpl* mammaires; les mammaires *fpl*; **mammary tissue,** tissu *m* mamellaire; **mammary alveoli,** alvéoles *mpl* mammaires.
mammate, *a* mammifère.
mammiferous, *a Z* mammifère.
mammiform, *a Z* mammiforme, mamelliforme.
mammotrophin, *n Physiol* prolactine *f.*
mandelic, *a Ch* (acide) mandélique.
mandible, *n* **1.** *Z* mandibule *f.* **2.** *Anat* mâchoire inférieure.
mandibula, *pl* **-ae,** *n Anat Z* mandibule *f.*
mandibular, *a Anat Z* mandibulaire.
mandibulate, *a* (insecte) mandibulé; (organe) mandibulaire.
manducation, *n Z* mastication *f.*
manductory, *a* masticatoire.
manganapatite, *n Miner* manganapatite *f.*
manganate, *n Ch* manganate *m.*
manganese, *n* (*symbole* Mn) **1.** *Miner* (oxyde noir de) manganèse *m*; péroxyde *m* de manganèse; **red manganese,** rhodonite *f*; **dioxide of manganese, grey oxide of manganese,** bioxyde *m*, ferroxyde *m*, de manganèse; **grey manganese ore,** manganite *f*; **bog manganese,** bog-manganèse *m*, écume *f* de manganèse; wad *m*; **manganese epidote,** manganépidote *f*; **man-**

ganese spar, manganspath *m*, rhodochrosite *f*. **2.** *Ch* manganèse; **manganese oxide,** (i) (*or* **manganese dioxide**) bioxyde de manganèse; (ii) oxyde manganeux; (iii) (*or* **manganese sesquioxide**) oxyde manganique.

manganesian, *a Ch* manganésien.

manganic, *a Ch* manganique; **manganic oxide,** oxyde *m* manganique.

manganiferous, *a* manganésifère, manganésien.

manganite, *n* **1.** *Miner* manganite *f*, acerdèse *f*. **2.** *Ch* manganite.

manganocalcite, *n Miner* manganocalcite *f*.

manganophyllite, *n Miner* manganophyllite *f*.

manganosite, *n Miner* manganosite *f*.

manganostibiite, *n Miner* manganostibite *f*.

manganotantalite, *n Miner* manganotantalite *f*.

manganous, *a Ch* manganeux; **manganous oxide,** oxyde manganeux.

manna, *n Bot* manne *f* du frêne; **manna lichen,** lichen *m* à la manne; *Ch* **manna sugar,** mannite *f*, mannitol *m*.

mannide, *n Ch* mannide *m*.

manniferous, *a Ent Bot* mannipare.

mannitan, *n Ch* mannitane *m*.

mannite, mannitol, *n Ch* mannite *f*, mannitol *m*.

mannonic, *a Ch* (acide) mannonique.

mannose, *n Ch* mannose *m*.

manometer, *n Ph etc* manomètre *m*.

manometric(al), *a Ph* manométrique.

manometry, *n Ph* manométrie *f*.

mantle, *n Z* manteau *m*; **mantle cavity,** cavité palléale.

manual, *a Z* manuel.

manubrial, *a* se rapportant à une poignée, à un manche.

manubrium, *n Z* (*a*) manche *m*; poignée *f*; (*b*) manubrium *m*; poignée-présternum *f*.

manure, *n* **chemical manure,** engrais chimique, artificiel.

manus, *pl* **-us,** *n Z* main *f*.

many-flowered, *a Bot* pluriflore.

manyplies, *n Z* feuillet *m*; troisième poche *f* de l'estomac des ruminants.

maranta, *n Bot* marante *f*.

marble, *n Geol* marbre *m*; **clouded marble,** marbre tacheté; brocatelle *f*; **onion marble,** cipolin *m*; **landscape marble,** marbre fleuri; **onyx, branded, marble,** marbre onyx.

marcasite, *n Miner* marcas(s)ite *f*; pyrite blanche, crêtée.

marcescence, *n Bot* marcescence *f*, flétrissure *f*.

marcescent, *a Bot* marcescent.

marcid, *a Biol* rétréci; ratatiné; flétri; amaigri.

marekanite, *n Miner* marékanite *f*.

margarate, *n Ch* margarate *m*.

margaric, *a Ch* (acide) margarique.

margarine, *n Ch* margarine *f*; glycéryle *m* margarate.

margarite, *n Miner* margarite *f*.

margarodite, *n Miner* margarodite *f*.

margarosanite, *n Miner* margarosanite *f*.

margin, *n Biol* marge *f* (d'une feuille, de l'aile d'un insecte, etc).

marginal, *a* marginal, -aux; *Z* **marginal hair,** filament marginal; *Bot* **marginal placentation,** placentation marginale.

marginate, *a Biol* marginé.

marialite, *n Miner* marialite *f*.

maricolous, *a Biol* marin.

marine, *a* marin; **marine fauna, flora,** faune, flore, marine; **marine life,** la vie dans les mers, dans les océans; *Geol* **marine deposits,** gisements, dépôts, sédiments, marins; **marine alluvium,** alluvions marines; **marine erosion,** érosion marine; *Ch* **marine acid,** acide *m* chlorhydrique.

Mariotte, *Prn Ph* **Mariotte's bottle, flask,** flacon *m*, vase *m*, de Mariotte.

mariposite, *n Miner* mariposite *f*.

marking, *n* **1.** repérage *m*. **2.** *npl* **markings,** (*on animal*) taches *fpl*, rayures *fpl*; **distinctive marking,** marques distinctives.

marl, *n Geol* marne *f*; **gravelly marl,** caillasse *f*.

marmatite, *n Miner* marmatite *f*.

marmolite, *n Miner* marmolite *f*.

marrow, *n Z* moelle *f*; **bone marrow,** moelle osseuse; **spinal marrow,** moelle épinière; **marrow cells,** cellules *fpl* de la moelle; **marrow transplant,** greffe *f* de la moelle.

marrowy, *a* (os) moelleux.
marsh[1], *n* marais *m*; **marsh gas,** gaz *m* des marais; **marsh plant,** plante paludéenne.
Marsh[2], *Prn Ph* **Marsh's test,** appareil *m* de Marsh.
marshite, *n Miner* marshite *f*.
marshland, *n* marais *m*.
marsupial *Z* **1.** *a* marsupial, -aux. **2.** *n* marsupial *m*; **the marsupials,** les marsupiaux; les didelphes *mpl*, les métathériens *mpl*.
marsupium, *pl* **-ia,** *n Z* marsupium *m*; poche ventrale.
martite, *n Miner* martite *f*.
mascagnine, mascagnite, *n Miner* mascagnine *f*.
mask, *n* masque *m*; (*a*) *Med* **gas mask,** masque à gaz; appareil *m* d'anesthésie que l'on applique sur le nez et la bouche pour administrer les anesthésiques gazeux et l'oxygène; (*b*) *Z* lèvre inférieure de la tête des larves d'odonates (libellules *fpl*).
masked, *a* masqué; *Bot* **masked flowers,** fleurs *fpl* en masque.
maskelynite, *n Miner* maskelynite *f*.
masonite, *n Miner* masonite *f*.
mass, *n Ch* **atomic mass,** masse *f* atomique; **critical, sub-critical, mass,** masse critique, subcritique; **mass action,** action *f* de masse; **law of mass action,** loi *f* de l'action de la masse; **mass centre,** centre *m* de gravité; **mass deficit,** perte *f* de masse; **mass disappearance,** disparition *f* de masse.
masseter, *n Z* muscle masséter.
masseteric, *a* massétérique, massétérin.
massicot, *n Ch* massicot *m*.
massive, *a Biol* massif.
mast, *n Z* **mast cells,** leucocytes *mpl* basophiles.
master-gland, *n Biol* glande *f* mère; hypophyse *f*.
masticatory, *a Z* masticatoire; **masticatory teeth,** dents mâchelières (de ruminant).
mastigophore, *n Z* protozoaire flagellé.
mastocyte, *n Biol* mastocyte *m*.
mastoid, *a Z* mastoïde.
mastoparietal, *a Z* se rapportant à l'apophyse mastoïde et à l'os pariétal.
mastosquamous, *a Z* se rapportant aux parties mastoïdienne et écailleuse du temporal.
material 1. *n* matière *f*; *Ch Ph* corps *m*; **plastic material,** matière plastique; **raw material,** matière brute; *AtomPh* **radioactive material,** matière radioactive. **2.** *a* matériel.
matildite, *n Miner* matildite *f*.
matlockite, *n Miner* matlockite *f*.
matrix, *pl* **-ixes, -ices,** *n* **1.** *Z* (*a*) matrice *f*, moule *m*; (*b*) alvéole *m* (d'une dent). **2.** *Anat* matrice, utérus *m*. **3.** *Z* substance *f* intercellulaire d'un tissu. **4.** *Geol* matrice *f*; roche *f* mère; gangue *f*, gaine *f*.
matroclinic, matroclinous, *a Biol* matrocline.
matrocliny, *n Biol* matroclinie *f*.
matter, *n* matière *f*; **colouring matter,** matière colorante; **foreign matter,** matière étrangére; *Ph Ch* **organic, inorganic, matter,** matière organique, inorganique; **suspended matter,** matière en suspension (dans l'eau, etc); *BioCh* **dry matter,** extrait sec.
maturation, *n Bot Z* maturation *f*.
matutinal, *a* **matutinal flower,** fleur matinale.
mauveine, *n Ch* mauvéine *f*.
maxilla, *pl* **-ae,** *n* **1.** *Anat* (os *m*) maxillaire (*m*); maxillaire supérieur. **2.** *Z* maxille *m*.
maxillary, *a Anat Z* maxillaire.
maxilliped(e), *n Arach Crust* maxillipède *m*.
maxillula, maxillule, *n Ent Crust* maxillule *f*.
maximum, *a Ch Ph* **maximum work,** travail maximal.
Maxwell[1], *Prn Ch Ph* **Maxwell's law of distribution of velocities,** loi *f* de Maxwell de la distribution des vélocités; **Maxwell's distribution law,** loi *f* de la distribution de Maxwell.
maxwell[2], *n PhMeas* (*symbole* Mx) maxwell *m*.
mazapilite, *n Miner* mazapilite *f*.
mazout, *n Ch Ph* mazout *m*.
mean 1. *n* moyenne *f*. **2.** *a* moyen; **mean density,** densité moyenne; **mean free path,** moyenne de chemins libres.

measurable, *a* mesurable, mensurable; *Ch etc* (constituent) dosable.

measure, *n* **1.** mesure *f*; **linear measure,** mesure linéaire; **square measure,** mesure de superficie, de surface; **cubic measure,** mesure de volume; **liquid measure,** mesure de capacité pour les liquides; **measure of length, of capacity,** mesure de longueur, de capacité. **2.** (*instrument for measuring*) mesure; *Ch* **graduated measure,** mesure graduée, éprouvette graduée, verre gradué, gobelet gradué. **3.** *Min* **coal measures,** gisements, gîtes, houillers.

measurement, *n* mesure *f*; **measurement of heat,** mesure de la chaleur; **radiation measurement,** mesure du rayonnement, des radiations.

measuring, *n Ch etc* dosage *m*; **measuring tube,** tube *m* pour dosage, tube doseur; **measuring cylinder,** (tube) mesureur (*m*); **measuring glass,** verre gradué; **measuring cell,** cellule *f* de mesure; **measuring device,** appareil *m* de mesure.

meatus, *pl* **-us, -uses,** *n Z* méat *m*; conduit *m*; canal *m*; **meatus auditorius externus alvearium,** conduit auditif externe.

mechanism, *n* mécanisme *m*; *Biol* **transport mechanism,** mécanisme du transport.

Meckel, *Prn Z* **Meckel's cartilage,** cartilage *m* de Meckel; **Meckel's ganglion,** ganglion *m* de Meckel.

meconate, *n Ch* méconate *m*.

meconic, *a Ch* (acide) méconique.

meconin, *n Ch* méconine *f*.

meconium, *n Z* méconium *m*.

medial, *a Biol* (*of line, etc*) (i) médian, (ii) interne.

median, *a* médian; *Z* **median artery,** artère médiane; **median nerve,** nerf médian.

mediastinal, *a Z* médiastinal, -aux.

mediastinum, *pl* **-a,** *n Z* médiastinite *f*.

mediator, *n Z* ambocepteur *m*.

medicinal, *a Ch* **medicinal oil,** huile *f* codex.

medifixed, *a Bot* médifixe.

medium, *n* (*a*) *Ph* milieu *m*, véhicule *m*; **gaseous medium,** milieu gazeux; **refracting medium,** milieu réfringent; **air is the medium of sound,** l'air *m* est le véhicule du son; (*b*) *Ch* **catalytic effect of medium,** effet *m* catalytique de milieu; (*c*) *Biol* **culture medium,** bouillon *m* de culture.

medulla, *n* **1.** *Bot* médulle *f*, moelle *f*. **2.** *Anat* moelle (d'un os, d'un poil).

medullary, *a Anat* médullaire; *Bot* médullaire, médulleux; **medullary sheath,** (i) *Bot* étui *m* médullaire; vaisseaux *mpl* primaires; (ii) *Anat* myéline *f* et gaine *f* de Schwann; *Bot* **medullary ray**, rayon *m*, prolongement *m*, médullaire; *Anat* **medullary canal, cavity,** canal *m*, cavité *f*, médullaire.

medullated, *a Anat* médullaire; *Bot* médullaire, médulleux; à moelle; **medullated nerve fibre,** fibre nerveuse myélinisée (à membrane de Schwann).

medullispinal, *a Anat Z* se rapportant à la moelle épinière.

medullosuprarenal, *a Anat Z* médullo-surrénal, -aux.

medusa, *pl* **-ae,** *n Z* méduse *f*.

meerschaum, *n Miner* magnésite *f*, écume *f* (de mer).

megabarye, *n PhMeas* mégabarye *f*.

megacycle, *n PhMeas* mégacycle *m*.

mega-electron-volt, *n Ph* méga-électron-volt *m*.

megagamete, *n Biol* macrogamète *m*.

megahertz, *n PhMeas* mégahertz *m*.

megajoule, *n PhMeas* mégajoule *m*.

megaloblast, *n Physiol* mégaloblaste *m*.

megaloblastic, *a Physiol* mégaloblastique.

megalocyte, *n Physiol* mégalocyte *m*.

meganucleus, *n Biol* macronucléus *m*.

megaphyll, *n Bot* mégaphylle *m*.

megaphyllous, *a* mégaphylle, macrophylle.

megasporangium, *n Bot* mégasporange *m*, macrosporange *m*.

megaspore, *n Bot* mégaspore *m*, macrospore *m*.

megasporophyll, *n Bot* macrosporophylle *m*.

megatherm, *n Biol* mégatherme *f*.

megavolt, *n PhMeas* mégavolt *m*.

megawatt, *n PhMeas* mégawatt *m*.

megistotherm, *n Bot* mésotherme *f*.

megohm, *n PhMeas* mégohm *m*.

meionite, *n Miner* méionite *f*.

meiosis, *n Biol* méiose *f*; mitose réductionnelle.
meiotherm, *n Bot* mésophyte *f*.
Meissner, *Prn Z* **Meissner's corpuscles**, corpuscules *mpl* de Meissner.
melaconite, *n Miner* mélaconite *f*.
melamine, *n Ch* mélamine *f*.
melampyrite, *n Ch* mélampyrite *f*; dulcitol *m*.
melancholy, *n Psy* mélancolie *f*; lypémanie *f*; hypocondrie *f*.
melanin, *n Ch etc* mélanine *f*.
melanistic, *a Biol* mélanique.
melanite, *n Miner* mélanite *f*.
melanoblast, *n Biol* mélanoblaste *m*.
melanocerite, *n Miner* mélanocérite *f*.
melanochroite, *n Miner* mélanochroïte *f*.
melanocrate, *n Geol* roche *f* mélanocrate.
melanocyte, *n Biol* mélanocyte *m*.
melanogen, *n Ch* corps *m* susceptible d'être transformé en mélanine.
melanophore, *n Biol* mélanophore *f*.
melanosarcoma, *n Tox* mélanosarcome *m*.
melanostibian, *n Miner* mélanostibiane *m*.
melanotekite, *n Miner* mélanotékite *f*.
melanotic, *a* mélanique.
melanovanadite, *n Miner* mélanovanadite *f*.
melanterite, *n Miner* mélantérie *f*, mélantérite *f*.
melaphyre, *n Miner* mélaphyre *m*.
melezitose, *n Ch* mélézitose *m*.
melibiose, *n Ch* mélibiose *m*.
melilite, *n Miner* mélil(l)ite *f*.
melliferous, *a Z* mellifère; mellifique.
mellific, *a Ent* mellifique.
mellification, *n Z* mellification *f*.
mellite, *n Miner* mellite *f*.
mellitic, *a Ch* mellit(h)ique.
mellitose, *n Ch* mélitose *f*; raffinose *m*.
mellivorous, *a Z* mellivore.
mellon, *n Ch* mellon *m*.
mellophanic, *a Ch* mellophanique.
melolonthoid, *a Ent* mélolonthoïde.
melonite, *n Miner* mélonite *f*.
melt, *vtr Ch* faire dissoudre (une substance).
melting, *n Ch* **melting pot**, creuset *m*; **melting point**, point *m* de fusion.
member, *n Biol* membre *m*.
membranaceous, *a* membranacé; membraneux.
membrane, *n* membrane *f*; **basement membrane**, membrane (d'un corps, du corps humain); **cell membrane**, membrane cellulaire; **mucous membrane**, (membrane) muqueuse (*f*); **investing membrane**, enveloppe *f*; tunique *f* (d'un organe); **membrane equilibria**, équilibres membranés; **nictitating membrane**, membrane nictitante, clignotante; paupière *f* interne; **semi-permeable membrane**, membrane semi-perméable; **membrane chromatography**, chromatographie *f* sur membrane.
membraniferous, *a* à projection membraneuse.
membraniform, *a* membraniforme.
membranoid, *a* d'aspect membraneux.
membranous, *a* membraneux, membrané.
menaccanite, *n Miner* ménaccanite *f*.
mendelevium, *n Ch* (*symbole* Mv) mendélévium *m*.
Mendelian, *a Biol* mendélien.
Mendelism, *n Biol* mendélisme *m*.
mendipite, *n Miner* mendipite *f*.
mendozite, *n Miner* mendozite *f*; natroalun *m*.
meneghinite, *n Miner* ménéghinite *f*.
menilite, *n Miner* ménilite *f*.
meningeal, *a Z* méningé; **meningeal involvement**, complication méningée.
meninx, *pl* **meninges**, *n Z* méninge *f*.
meniscus, *n* **1.** *Ph* ménisque (divergent ou convergent). **2.** *Z* ménisque intra-articulaire.
menisperm, *n Bot* ménisperme *m*.
Menispermaceae, *npl Bot* ménispermacées *fpl*.
menispermaceous, *a Bot* ménispermacé.
menopause, *n Physiol* ménopause *f*.
menostaxis, *n Z* prolongation *f* des règles due à une nécrose de l'endomètre.
menstrual, *a Z* menstruel.
menstruate, *vi* avoir ses règles.
menstruation, *n Z* menstruation *f*; flux menstruel; règles *fpl*.

menstruous, *a* menstrué, menstruel.
menthadiene, *n Ch* menthadiène *m.*
menthane, *n Ch* menthane *m.*
menthanediamine, *n Ch* menthanédiamine *f.*
menthanol, *n Ch* menthanol *m.*
menthanone, *n Ch* menthanone *f.*
menthene, *n Ch* menthène *m.*
menthenol, *n Ch* menthénol *m.*
menthenone, *n Ch* menthénone *f.*
menthofuran, *n Ch* menthofurane *m.*
menthol, *n Ch* menthol *m.*
menthone, *n Ch* menthone *f.*
menthyl, *n Ch* menthyle *m.*
mepacrine, *n Ch* mépacrine *f.*
meprobamate, *n Ch* méprobamate *m.*
merbromin, *n Ch* merbromine *f.*
mercaptal, *n Ch* mercaptal *m.*
mercaptan, *n Ch* mercaptan *m.*
mercaptide, *n Ch* mercaptide *m.*
mercaptoacetic, *a Ch* mercaptoacétique.
mercaptol, *n Ch* **mercaptol process,** procédé *m* de désulfuration.
mercaptomerin, *n Ch* mercaptomérine *f.*
mercerisation, *n Ch* mercerisation *f.*
mercuration, *n Ch* mercuration *f.*
mercurial, *a Ch* **mercurial ointment,** onguent *m.*
mercuric, *a Ch* (sel, etc) mercurique; **red mercuric sulfide,** cinabre *m*; mercure sulfuré; **mercuric chloride,** chlorure *m* de mercure.
mercurous, *a Ch* (sel) mercureux.
mercury, *n Ch* (*symbole* Hg) mercure *m*; (*a*) **mercury ore,** minerai *m* de mercure; cinabre *m*; **mercury bichloride,** bichlorure *m* de mercure; **mercury chloride,** chlorure *m* de mercure; **mercury cyanide,** cyanure *m* de mercure; **mercury fulminate,** fulminate *m* de mercure; **mercury oxide,** oxyde *m* de mercure; **mercury sulfide,** sulfure *m* de mercure; (*b*) **mercury barometer, thermometer,** baromètre *m*, thermomètre *m*, à mercure; **mercury column,** colonne *f* de mercure; **mercury seal,** fermeture *f* par mercure; **mercury trough,** cuvette *f* à mercure; **mercury vapour pressure,** pression *f* de la vapeur de mercure.
mercury-bearing, *a Miner* mercurifère.
merger, merging, *n Ch* fusion *f*; amalgamation *f.*
mericarp, *n Bot* méricarpe *m.*
meridian, *a & n Geog* méridien (*m*).
meridional, *a* méridional, -aux; *Biol* **meridional canal,** canal méridional.
merismatic, *a* (*a*) *Biol* (reproduction, etc) mérismatique; (*b*) *Bot* **merismatic tissue,** méristème *m.*
merispore, *n Bot* spore *f* provenant de la division d'une autre spore.
meristele, *n Bot* méristèle *f.*
meristem, *n Bot* méristème *m.*
meristematic, *a Bot* **meristematic cell,** cellule *f* initiale.
meristic, *a Biol* méristique.
merithal, *n,* **merithallus,** *pl* **-li,** *n Bot* mérithalle *m*; entre-nœud *m.*
meroblastic, *a Biol* méroblastique.
merocrine, *a Biol* mérocrine.
merocyte, *n Biol* mérocyte *m.*
merogamete, *n Biol Prot* microgamète *m.*
merogamy, *n Biol Bot Prot Z* microgamie *f*; conjugaison *f* de deux protozoaires au stade microgamète.
merogenesis, *n Biol* microgénèse *f*; reproduction *f* par segmentation.
merogony, *n Biol* mérogonie *f.*
merotomy, *n Biol* mérotomie *f.*
Merox, *n Ch* **Merox process,** procédé *m* catalytique d'adoucissement.
merozoite, *n Prot* mérozoïte *m.*
mesaconic, *a Ch* mésaconique.
mesamoeboid, *n Z* (*a*) cellule amiboïde non-épithéliale dérivant du mésoderme; (*b*) leucocyte *m.*
mesaticephalic, *a* mésaticéphale.
mesembryo, *n Z* blastula *f*; œuf *m* de métazoaire.
mesencephalic, *a Z* mésencéphalique.
mesencephalon, *n Z* mésencéphale *m.*
mesenchyma, mesenchyme, *n Biol* mésenchyme *m.*
mesenteron, *n Z* mésentéron *m.*
mesentery, *n Anat* mésentère *m*; *Z* fraise *f.*
mesh, *n Ch Ph* maille *f*; **in mesh,** en prise.

mesidine, *n Ch* mésidine *f.*
mesitine, mesitite, *n Miner* mésitine *f.*
mesitylene, *n Ch* mésitylène *m.*
mesitylenic, *a Ch* mésitylénique.
mesoblast, *n Biol* mésoblaste *m*, mésoderme *m.*
mesoblastic, *a* se rapportant au mésoblaste.
mesocardium, *n Z* mésocarde *m.*
mesocarp, *n Bot* mésocarpe *m.*
mesocephalon, *n Z* mésocéphale *m.*
mesocolon, *n Z* mésocôlon *m.*
mesocotyl, *n Bot* mésocotyle *m.*
mesoderm, *n Biol* mésoderme *m*, mésoblaste *m.*
mesodermal, mesodermic, *a Biol* mésodermique.
mesodont, *a Z* à dents de taille moyenne.
mesogaster, *n Z* mésogastre *m.*
mesogastric, *a* mésogastrique.
mesogastrium, *n Z* région ombilicale; mésogastre *m.*
mesoglia, *n Z* microglie *f.*
mesogloea, *n Z* mésoglée *f.*
mesole, *n Miner* mésole *m.*
mesolite, *n Miner* mésolite *f.*
mesologic(al), *a Biol* mésologique.
mesology, *n Biol* mésologie *f.*
mesomere, *n Ch Biol* mésomère *m.*
mesomeric, *a Ch* mésomère, mésomérique.
mesomerism, *n Ch* mésomérie *f.*
mesometrium, *n Z* mésomètre *m.*
mesomorphic, *a Biol* de taille moyenne.
meson, *n Ch* méson *m*; particule *f* mésique; **meson physics,** physique *f* des mésons; **meson theory of nuclear forces,** théorie *f* mésonique des forces nucléaires.
mesonephros, *n Z* mésonéphros *m.*
mesonic, *a AtomPh* mésonique, mésique.
mesonotum, *n Z* mésonotum *m.*
mesophile, *a Bac* mésophile.
mesophragm(a), *n Z* mésophragme *m.*
mesophragmal, *a Z* mésophragmatique.
mesophyll, mesophyllum, *n Bot* mésophylle *m.*
mesophyllic, mesophyllous, *a Bot* mésophyllien.
mesophyte, *n Bot* mésophyte *f.*
mesophytic, *a Bot* mésophyte.
mesoplankton, *n Biol* microplancton *m.*
mesopleura, *pl* **-ae, -as,** *n Z* espace intercostal.
mesorcinol, *n Ch* mésorcine *f.*
mesosoma, *n Z* mésosoma *m.*
mesosphere, *n Meteor* mésosphère *f.*
mesostate, *n Physiol* terme *m* générique pour désigner les substances intermédiaires formées dans les processus de métabolisme.
mesosternal, *a Anat Z* mésosternal, -aux.
mesosternum, *n Anat Z* mésosternum *m.*
mesotartaric, *a Ch* (acide) mésotartrique.
mesotherm, *n Bot* mésotherme *f.*
mesothermal, *a* (*a*) *Ph Geol* mésothermal, -aux; (*b*) *Bot* mésotherme.
mesothoracic, *a Anat Z* mésothoracique.
mesothorax, *n Anat Z* mésothorax *m.*
mesothorium, *n Ch* mésothorium *m.*
mesotype, *n Miner* mésotype *f.*
mesoxalic, *a Ch* mésoxalique.
mesozoic, *a Geol* mésozoïque.
mesozone, *n Geol* mésozone *f.*
mesquite, *n Ch* **mesquite gum,** gomme *f* mesquite.
messelite, *n Miner* messelite *f.*
messenger, *n Biol* **messenger RNA,** ARN messager.
mestome, *n Bot* mestome *m.*
metabiosis, *n Biol* métabiose *f.*
metabisulfite, *n Ch* métabisulfite *m.*
metabolic, *a Biol* métabolique; **metabolic waste,** métabolite *m.*
metabolism, *n Biol* métabolisme *m*; **synthetic metabolism,** anabolisme *m*; **degradative metabolism,** catabolisme *m*; **fat, protein, metabolism,** métabolisme lipidique, protidique; **basal metabolism,** métabolisme basal.
metabolite, *n Biol* métabolite *m.*
metabolize, *vtr* transformer un intermède de métabolisme ou une combinaison étrangère par (les enzymes d')un tissu.

metaborate, *n Ch* métaborate *m.*
metaboric, *a Ch* métaborique.
metabrushite, *n Miner* métabrushite *f.*
metacarpal, *a Z* métacarpien.
metacarpophalangeal, *a Z* métacarpophalangien.
metacarpus, *n Z* métacarpe *m.*
metachlorotoluene, *n Ch* métachlorotoluène *m.*
metachromasia, metachromasy, *n Biol* métachromasie *f.*
metachromatic, *a Biol* métachromatique.
metachromatin, *n Biol* métachromatine *f*, volutine *f.*
metachromatism, *n Biol* métachromatisme *m.*
metachrosis, *n Z* mimétisme *m*; caméléonisme *m.*
metacinnabar, *n Miner* métacinnabre *m.*
metacinnabarite, *n Miner* métacinnabarite *f.*
metacoele, *n Z* toit *m*; paroi postérieure du quatrième ventricule.
metacone, *n Z* cuspide postério-extérieure d'une molaire supérieure.
metaconid, *n Z* cuspide *f* antéro-interne d'une molaire inférieure.
metaconule, *n Z* cuspide intermédiaire postérieure d'une molaire supérieure.
metacresol, *n Ch* métacrésol *m.*
metacrylic, *a Ch* métacrylique.
metagaster, *n Z* métagaster *m.*
metagenesis, *n Biol* métagénèse *f.*
metagenetic, *a Biol* métagénésique.
metahemipinic, *a Ch* métahémipinique.
metakinesis, *n Biol* métakinase *f;* division *f* cellulaire.
metal, *n* (*a*) métal *m*, -aux; **base, non-precious, metal,** métal commun, non précieux; métal vil; **Muntz metal,** métal de Muntz; **precious, noble, metal,** métal précieux, noble; **ferrous, non-ferrous, metals,** métaux ferreux, non ferreux; **white metal,** métal blanc, métal d'Alger; (*b*) *Ph* **metal fog, metal mist,** métal en suspension (dans un électrolyte); (*c*) *Ch* metal carbonyl, métal-carbonyle *m*; **metal chelate,** composé *m* de chélation métallique; **metal column,** colonne *f* à métaux; **metal deactivator,** passivateur *m* de métaux.
metal-bearing, *a* métallifère.
metaldehyde, *n Ch* métaldéhyde *m.*
metaleptic, *a Biol* (*a*) se rapportant à un muscle associé pour la mobilité à un autre muscle; (*b*) se rapportant à la substitution.
metallation, *n Ch* métallation *f.*
metallic, *a* métallique, métallin; *Ch* **metallic bond,** liaison *f* métallique; **metallic element,** corps *m* simple métallique, élément *m* métallique; **metallic oxide,** oxyde *m* métallique; **metallic antimony, sodium,** antimoine *m*, sodium *m*, métallique.
metalliferous, *a* métallifère.
metalline, *a Ch* métallin.
metalloid, *n* métalloïde *m.*
metalloidal, *a Ch* métalloïdique.
metamer, *n Ch* composé *m* métamère.
metamere, *n Z* métamère *m.*
metameric, *a Ch* métamère.
metamerism, *n Ch Z* métamérie *f.*
metamerization, *n Biol* métamérisation *f.*
metamerized, *a Biol* métamérisé; (*of embryo*) métamérique.
metamery, *n Ch Z* métamérie *f.*
metamorphic, *a* **1.** *Biol* métamorphosique. **2.** *Geol* métamorphique.
metamorphism, *n Geol* métamorphisme *m.*
metamorphize, *vtr Geol* métamorphiser.
metamorphose, *vi Biol* se transformer (**into,** en); se métamorphoser.
metamorphosis, *pl* **-oses,** *n Biol* métamorphose *f.*
metamorphotic, *a Biol* métamorphosique.
metanephros, *n Z* métanéphros *m.*
metanil, *n Ch* (jaune *m* de) métanile *m.*
metanilic, *a Ch* (acide) métanilique.
metanucleus, *pl* **-ei,** *n Z* noyau *m* de l'œuf après son expulsion de la vésicule germinative.
metaphase, *n Biol* métaphase *f.*
metaphenylenediamene, *n Ch* métaphénylènediamine *f.*
metaphosphate, *n Ch* métaphosphate *m.*

metaphosphoric, *a Ch* métaphosphorique.
metaphysis, *n Biol* métaphyse *f.*
metaphyte, *n Bot* métaphyte *m.*
metaplasia, *n Physiol* métaplasie *f.*
metaplasis, *n Z* plein développement d'un organe.
metaplasm, *n Biol* deutoplasma *m*, deutoplasme *m*, métaplasme *m.*
metaplastic, *a Biol* métaplastique.
metapneumonic, *a Z* métapneumonique, post-pneumonique.
metapore, *n Z* trou *m* de Magendie.
metargon, *n Ch* métargon *m.*
metarsenious, *a Ch* (acide) métaarsénieux.
metarsenite, *n Ch* métaarsénite *m.*
metasilicate, *n Ch* métasilicate *m*, silicate *m* double.
metasilicic, *a Ch* métasilicique.
metasoma, *n Z* métasoma *m.*
metasomatic, *a Z Geol* métasomatique.
metasomatism, metasomatosis, *n Geol* métasomatose *f*, substitution *f.*
metastable, *a Ch Ph* (état) métastable.
metastannic, *a Ch* (acide) métastannique.
metastasis, *n Biol* métabolisme *m.*
metastate, *n Physiol* tout corps produit par un processus métabolique.
metastatic, *a* métastatique; **metastatic life history,** histoire *f* métastatique d'un parasite métamorphosique.
metasternal, *a Z* métasternal, -aux.
metasternum, *n Z* métasternum *m.*
metastibnite, *n Miner* métastibnite *f.*
metatarsal, *a Z* métatarsien.
metatarsophalangeal, *a Z* métatarsophalangé.
metatarsus, *pl* **-i,** *n Z* métatarse *m.*
metathalamus, *pl* **-i,** *n Z* corps genouillé externe et corps genouillé interne.
metathesis, *pl* **-eses,** *n Ch* décomposition *f* double; substitution *f.*
metathoracic, *a Z* métathoracique.
metathorax, *n Z* métathorax *m.*
metatrophic, *a Biol* métatrophique.
metatype, *n Biol* métatype *m.*
metatypic, *a Biol* métatypique.
metatypism, *n Biol* métatypie *f.*
metavoltine, *n Miner* métavoltine *f.*
metaxeny, *n Biol* métaxénie *f.*
metaxite, *n Miner* métaxite *f.*
metaxylem, *n Bot* métaxylème *m.*
metazoa, *npl Z* métazoaires *mpl.*
metazoan *Z* **1.** *a* métazoaire; des métazoaires. **2.** *n* métazoaire *m.*
metazoic, *a Z* métazoaire.
metazoon, *pl* **-zoa,** *n Z* métazoaire *m.*
metencephalon, *n Z* (*a*) métencéphale *m*; cerveau postérieur proprement dit; (*b*) protubérance *f* et cervelet *m.*
meteorological, *a* météorologique.
meteorology, *n* météorologie *f.*
meter, *n AtomPh* **dose, dosage, meter,** dosimètre *m.*
methacrylic, *a Ch* **methacrylic acid,** acide méthacrylique.
methadone, *n Ch* méthadone *m.*
methaemoglobin, *n BioCh* méthémoglobine *f.*
methaemoglobinaemia, *n Tox* méthémoglobinémie *f*; présence *f* de méthémoglobine dans le sang.
methaemoglobinuria, *n Tox* méthémoglobinurie *f.*
methanal, *n Ch* méthanal *m.*
methane, *n Ch* méthane *m*; formène *m*; **phenyl methane,** toluène *m*; **methane series,** carbures saturés; **extraction of methane,** déméthanisation *f.*
methanoic, *a Ch* (acide) formique.
methanol, *n Ch* méthanol *m*; alcool *m* méthylique.
methanolic, *a Ch* dans le méthanol.
methemalbumin, *n BioCh* méthémalbumine *f.*
methenamine, *n Ch* méthénamine *f.*
methimazol, *n Ch* méthimazole *m.*
methionic, *a Ch* méthionique.
methionine, *n BioCh* méthionine *f.*
methmix, *n Ch* mélange *m* de méthanol.
method, *n* méthode *f*; *Ch* voie *f*; *Mth* **method of least squares,** méthode des moindres carrés; **graphical method,** méthode graphique; **chemical method,** méthode de la chimie.
methol, *n Ch* méthol *m.*
methoxybenzene, *n Ch* anisol *m.*
methoxyethanol, *n Ch* méthylcellosolve *m.*

methoxyl, *n Ch* méthoxyle *m.*

methyl, *n Ch* méthyle *m*; **methyl alcohol,** alcool *m* méthylique; **methyl acetate,** acétate *m* de méthyle; **methyl bromide,** bromure *m* de méthyle; **methyl chloride,** chlorure *m* de méthyle; **methyl iodide,** iodure *m* de méthyle; **methyl orange,** méthylorange *m*, hélianthine *f*; **methyl red,** méthylrouge *m*; **methyl sulfide,** sulfure *m* de méthyle; **methyl cellulose,** méthylcellulose *f*; **methyl ethyl ketone,** méthyléthylcétone *f*; **methyl isobutyl ketone,** méthylisobutylcétone *f*; **methyl cellosolve,** méthylcellosolve *m.*

methylal, *n Ch* méthylal *m.*

methylamine, *n Ch* méthylamine *f.*

methylaniline, *n Ch* méthylaniline *f.*

methylate[1], *n Ch* méthylate *m.*

methylate[2], *vtr Ch* méthyler; dénaturer (l'alcool).

methylated, *a Ch* **methylated spirit,** alcool dénaturé, alcool à brûler; méthylcellosolve *m.*

methylation, *n Ch* méthylation *f.*

methylbenzene, *n Ch* méthylbenzène *m.*

methylene, *n Ch* méthylène *m*; **methylene blue,** bleu *m* de méthylène; **methylene chloride,** chlorure *m* de méthylène; **methylene iodide,** iodure *m* de méthylène.

methylic, *a Ch* méthylique.

methylnaphthalene, *n Ch* méthylnaphtalène *m.*

methylpentose, *n Ch* méthylpentose *m.*

methylpropane, *n Ch* méthylpropane *m.*

metol, *n Ch* métol *m.*

metopic, *a Z* métopique; se rapportant au front; situé sur le front.

metopion, *n Z* point *m* métopique.

metoxenous, *a Biol* hétéroparasite.

metra, *pl* **-ae,** *n Z* utérus *m.*

metrocyte, *n Biol* métrocyte *m.*

meyerhofferite, *n Miner* meyerhofférite *f.*

Mg, *symbole chimique du* magnésium.

miargyrite, *n Miner* miargyrite *f.*

mica, *n* **1.** *Miner* mica *m*; **rhombic mica,** phlogopite *f*; **pearl mica,** margarite *f*; **mica flakes,** écailles *fpl* de mica; **mica schist, slate,** schiste micacé, lustré; micaschiste *m*; mica schistoïde. **2.** *Ch* verre *m* de Moskovie.

micaceous, *a Miner* micacé; **micaceous chalk,** tuf(f)eau *m.*

mica-schistose, mica-schistous, *a Miner* micaschisteux.

micella, *pl* **-ae,** *n Ch Ph Biol* = **micelle.**

micellar, *a Ch Biol* micellaire; **micellar colloids,** colloïdes *mpl* micellaires.

micelle, *n Ch Ph Biol* micelle *f*; **mixed micelles,** micelles mixtes; **biliary micelles,** micelles biliaires.

Michler, *Prn Ch* **Michler's ketone,** cétone *f* de Michler.

micramoeba, *pl* **-as, -ae,** *n Biol* micramibe *f.*

microadsorption, *n Ch* **microadsorption detector,** microdétecteur *m* par adsorption.

microampere, *n Ph* microampère *m.*

microanalysis, *n Ch* microanalyse *f.*

microanalytic(al), *a Ch* microanalytique.

microbalance, *n Ch Ph* microbalance *f.*

microballoons, *npl Ch* microbilles *fpl*; microsphères *fpl.*

microbar, *n PhMeas* microbar *m.*

microbarograph, *n Ph* microbarographe *m.*

microbe, *n Bac* microbe *m.*

microbial, microbian, *a Bac* microbien; **microbial fermentation,** fermentation microbienne.

microbic, *a Bac* microbique, microbien.

microbicidal, *a Biol* microbicide.

microbiological, *a Bac* microbiologique.

microbiology, *n Bac* microbiologie *f.*

microbiota, *n Biol* flore *f* et faune *f* composées des organismes microscopiques.

microbiote, microbiotus, *n Biol* microbiote *m.*

microbiotic, *a Biol* microbiotique.

microbiotics, *n Biol* microbiotique *f.*

microblast, *n Biol* microblaste *m.*

microburette, *n Ch* microburette *f.*

microcalorimeter, *n Ph* microcalorimètre *m.*

microcalorimetric, *a Ph* microcalorimétrique.

microcalorimetry, *n Ph* microcalorimétrie *f*.
microcapsule, *n Biol* microcapsule *f*.
microcentrum, *n Biol* nucléole *m*.
microcephalic, *a & n Z* microcéphale (*mf*).
microcephalous, *a Z* microcéphale.
microcephaly, *n Z* microcéphalie *f*.
microchemical, *a* microchimique; **microchemical analysis**, analyse *f* microchimique.
microchemistry, *n* microchimie *f*.
microcline, *n Miner* microcline *f*.
micrococcus, *pl* **-cocci**, *n Bac* micrococcus *m*, microcoque *m*.
microconidium, *pl* **-ia**, *n Biol* microconidie *f*.
microcrystal, *n Cryst* microcristal *m*.
microcrystalline, *a Ch* microcristallin.
microcurie, *n PhMeas* microcurie *m*.
microcyst, *n Bac* kyste *m* de très petite taille.
microcytase, *n BioCh* microcytase *f*.
microcyte, *n Z Biol* microcyte *m*; petit globule rouge.
microdissection, *n Biol* microdissection *f*.
microdistillation, *n Ch* microdistillation *f*.
microdont, *a Z* à petites dents.
microelement, *n Ch* oligo-élément *m*; microélément *m*.
micro(-)encapsulation, *n Biol* microencapsulation *f*.
microfarad, *n PhMeas* microfarad *m*.
microfauna, *n Z* faune microbienne.
microfelsite, *n Miner* microfelsite *f*.
microfelsitic, *a Geol* pétrosiliceux.
microfibril(la), *n Ch Biol* microfibrille *f*.
microflora, *n Bot* flore microbienne.
microgamete, *n Biol* microgamète *m*.
microgametocyte, *n Biol* microgamétocyte *m*.
microgamma, *n* picogramme *m*.
microgamy, *n Z* conjugaison *f* de deux protozoaires au stade microgamète.
microgenia, *n* petitesse anormale du menton.
microglia, *n Z* microglie *f*.
microgonidium, *pl* **-ia**, *n Biol* microgonidie *f*.
microgram, *n* microgramme *m*.
microgranite, *n Miner* microgranit(e) *m*.
microgranular, *a Miner* microgrenu.
microhabitat, *n Biol* microhabitat *m*.
microhenry, *n PhMeas* microhenry *m*.
microhm, *n PhMeas* microhm *m*.
microlaterolog, *n Ph* microlatérolog *m*.
microleucoblast, **microleukoblast**, *n Z Biol* petit leucoblaste *m*; microlithe *m*; myéloblaste *m*.
microlite, *n* **1.** *Miner* microlite *f*. **2.** *Cryst* microlite *m*.
microlog, *n Ph* microlog *m*.
micromelus, *pl* **-i**, *n Biol* micromèle *m*.
micromere, *n Biol* micromère *m*.
micromerism, *n Biol* micromérisme *m*.
micromethod, *n Ph Ch* microméthode *f*.
micromillimetre, *n Meas* micromillimètre *m*, micron *m*.
micromutation, *n Biol* micromutation *f*.
micromyelolymphocyte, *n Z* myéloblaste *m*.
micron, *n Meas* micron *m*, micromillimètre *m*.
micronemous, *a Bot* muni de filaments courts.
micronize, *vtr Ch* microniser.
micronuclear, *a Z* micronucléaire.
micronucleate, *a Z* micronucléé.
micronucleus, *n Z* micronucléus *m*.
micronutrient, *n Biol Nut* oligo-élément *m*; micronutriment *m*.
micro-organic, *a* micro-organique.
micro-organism, *n* micro-organisme *m*.
microparasite, *n Bac* micro-parasite *m*; microbe *m*.
micropathology, *n Path* pathologie *f* microbiologique.
microphage, *n Biol* microphage *m*.
microphagous, *a Biol* microphage.
microphagy, *n Biol* microphagie *f*.
microphyll, *n Bot* microphylle *m*.
microphyllous, *a Bot* microphylle.
microphysical, *a* microphysique.

microphysics, *n* microphysique *f.*
microphyte, *n Bot* microphyte *m*; microbe végétal.
microplankton, *n Biol* microplancton *m.*
microplasia, *n Z* arrêt *m* du développement.
microprothallus, *pl* **-i,** *n Bot* microprothalle *m.*
micropterous, *a Orn Ent* microptère.
micropyle, *n Biol* micropyle *m*; **micropyle apparatus,** appareil *m* du micropyle.
microscope, *n* microscope *m*; **electron microscope,** microscope électronique.
microscopic, *a* (animalcule, etc) microscopique.
microscopy, *n Path* microscopie *f.*
microsoma, *pl* **-somata,** *n,* **microsome,** *n Biol* microsome *m.*
microsomia, *n Z* microsomie *f*, microsomatie *f*; pygméisme *m.*
microsommite, *n Miner* microsommite *f.*
microsporange, microsporangium, *n Bot* microsporange *m.*
microspore, *n Bot* microspore *f.*
microsporophyll, *n Bot* microsporophylle *m.*
microstome, *n Ich* microstome *m.*
microstomous, *a Ich* microstome.
microtasimeter, *n Ph* microtasimètre *m.*
microtherm, *n* **1.** *Bot* microtherme *f.* **2.** *PhMeas* microthermie *f.*
microthermal, *a Ph* microthermal, -aux.
microthermic, *a Ph* microthermique.
microthoracic, *a Z* microthoracique.
microthorax, *n Z* microthorax *m.*
microtome, *n Biol* microtome *m.*
microtomy, *n Biol* microtomie *f.*
microtrichia, *n Z* finesse *f* du cheveu; peu de longueur *f* du cheveu.
microvolt, *n PhMeas* microvolt *m.*
microwatt, *n PhMeas* microwatt *m.*
microzoa, *npl Z* microzoaires *mpl.*
microzoan, *a & n Z* microzoaire (*m*).
microzoic, *a Z* microzoaire.
microzoon, *pl* **-zoa,** *n Z* microzoaire *m.*
microzyma, microzyme, *n BioCh* microzyma *m.*
micturition, *n Physiol* miction *f*; micturition *f*; action *f* d'uriner.
midbody, *n Biol* masse granulaire située à l'équateur dans le fuseau au corps de l'anaphase dans la caryocinèse.
midbrain, *n Z* mésencéphale *m*; cerveau moyen.
midgut, *n Z* mésogastre *m.*
mid-rib, *n Bot* nervure médiane, côte *f* (d'une feuille).
midriff, *n Z* diaphragme *m.*
miersite, *n Miner* miersite *f.*
migmatite, *n Geol* migmatite *f.*
migrant, *a & n* (*of bird*) migrateur, -trice; **migrants,** oiseaux émigrants.
migrate, *vi* **1.** (*of birds*) émigrer, voyager. **2.** (*of ions*) migrer.
migration, *n* **1.** migration *f*, émigration *f* (des oiseaux, etc). **2.** (*a*) *Ch Ph* migration (des éléments, de l'énergie, etc); **ion migration,** migration d'ions; **surface migration,** migration superficielle; **migration area,** aire *f* de migration; **migration length,** longueur *f* de migration; (*b*) *Biol* migration (de cellules, de tissus, etc); **epithelial migration,** migration épithéliale; **distal migration,** migration distale, distogression *f*; **mesial migration,** migration mésiale, mésiogression *f*; (*c*) *Geol* migration (de l'humus dans le sol, du pétrole brut à travers les roches, etc).
migratory, *a* (oiseau) migrateur, émigrant, voyageur; **migratory cell,** cellule migratrice.
milarite, *n Miner* milarite *f.*
miliary, *a Biol* miliaire; (i) de la dimension d'un grain de millet, (ii) caractérisé par des lésions de la taille d'un grain de millet.
milk, *n* lait *m*; *Biol* **milk duct,** vaisseau *m* galactophore; *Physiol* **milk ejection hormone,** hormone *f* se rapportant à l'éjection du lait; **milk ejection reflex,** réflexe *m* se rapportant à l'éjection du lait; **milk fat,** crème *f*; **milk proteins,** protéines *fpl* du lait, caséine *f* et lactalbumine *f*; **milk secretion,** sécrétion *f* du lait; **milk solids,** extrait sec du lait; **milk teeth,** dents *fpl* de lait, dents lactéales; **milk yield,** produc-

tion *f* du lait; **milk sugar,** lactose *f*; sucre *m* de lait.

milk-bearing, *a Bot Z* lactifère.

milking, *n* **milking stimulus,** stimulus *m* de la traite.

milky, *a* laiteux, lacté.

millerite, *n Miner* millérite *f*; pyrite *f* capillaire.

milliampere, *n PhMeas* milliampère *m*.

millicurie, *n PhMeas* millicurie *m*.

milligal, *n PhMeas* milligal *m*.

milligram(me), *n Meas* milligramme *m*.

millihenry, *n PhMeas* millihenry *m*.

Millikan, *Prn Ch* **Millikan's oil-drop method,** méthode *f* de la goutte à l'huile de Millikan.

millilitre, *n Meas* millilitre *m*.

millimetre, *n Meas* millimètre *m*.

millimicron, *n PhMeas* millimicron *m*.

millivolt, *n PhMeas* millivolt *m*.

milliwatt, *n ElMeas* milliwatt *m*.

milt, *n Z* **1.** rate *f* (des mammifères). **2.** laitance *f* (des poissons).

mimesis, *n Biol* mimétisme *m*.

mimetene, mimetesite, *n Miner* mimétèse *f*, mimétite *f*.

mimetic, *a Biol* (papillon, etc) mimétique.

mimetism, *n Biol* mimétisme *m*.

mimetite, *n Miner* mimétèse *f*, mimétite *f*.

mimic, *n Biol* être mimant.

mimicry, *n Biol* mimétisme *m*.

minasragrite, *n Miner* minasragrite *f*.

mineral 1. *a* minéral, -aux; **the mineral kingdom,** le règne minéral; **mineral spring,** source (d'eau) minérale; **mineral waters,** eaux minérales; **mineral coal,** charbon *m* de terre, de pierre; houille *f*; **mineral charcoal,** charbon fossile; fusain *m*; **mineral oil,** pétrole *m*; huile minérale; **mineral naphtha,** naphte minéral, huile de roche; **mineral tar,** goudron, asphalte, minéral; malthe *f*; **mineral wax,** cire minérale, ozocérite *f*, cérésine *f*; **mineral acid,** acide minéral; **mineral spirit,** essence minérale. **2.** *n* minéral *m*; **original mineral,** minéral originel; **contact mineral,** minéral de contact; **related minerals,** minéraux apparentés; **mineral cleavage,** clivage *m* des minéraux; **mineral deposits,** gisements minéraux.

mineral-bearing, *a* (*of rock*) minéralisé.

mineralization, *n Ch* minéralisation *f*.

mineralizer, *m Ch etc* minéralisateur *m*.

mineralizing, *a Ch etc* (agent) minéralisateur; **mineralizing element,** minéralisateur *m*.

mineralocorticoid, *n BioCh* minéralocorticoïde *m*.

mineralogical, *a* minéralogique.

mineralogy, *n* minéralogie *f*; **descriptive, physical, mineralogy,** minéralogie descriptive, physique.

minette, *n Miner* minette *f*.

minilog, *n* microlog *m*.

minimum, **1.** *a* minimum; *Tox* **minimum lethal dose,** dose minima mortelle. **2.** *n* (*pl* **-a**) minimum *m*; *Biol* **law of the minimum,** loi *f* du minimum (de Liebig).

minium, *n Ch* minium *m*.

Miocene, *a & n Geol* miocène (*m*).

miosis, *n Biol* miose *f*, miosis *m*, myosis *m*.

miotic, *a Z* miotique.

mirabilite, *n Miner* mirabilite *f*.

mirbane, *n Ch* mirbane *f*; **essence, oil, of mirbane,** essence *f* de mirbane; nitrobenzène *m*.

miscegenation, *n Biol* métissage *m*; croisement *m* de races.

miscibility, *n Ch* miscibilité *f*.

miscible, *a Ch* miscible.

misenite, *n Miner* misénite *f*.

misogamy, *n Z* misogamie *f*.

mispickel, *n Miner* mispickel *m*; fer arsenical; pyrite arsenicale; arsénopyrite *f*.

mite, *n Arach* acarien *m*, mite *f*.

mitochondrion, *pl* **-dria**, *n Biol* mitochondrie *f*.

mitosis, *pl* **-toses**, *n Biol* mitose *f*, caryocinèse *f*, karyokinèse *f*.

mitosome, *n Z* mitosome *m*.

mitospore, *n Bac* mitospore *f*.

mitotic, *a Biol* mitotique; **mitotic index,** index *m* mitotique.

mitriform, *a* mitriforme.

mixed, *a* mixte; *Ch* **mixed acids,** acides

mpl mixtes; **mixed crystals,** cristaux *mpl* mixtes; **mixed solvents,** solvants *mpl* mixtes.

mixing, *n* mixtionnage *m*; *Geoph* mixage *m*; *Ch* **differential of mixing,** différentielle *f* de mixtionnage; **heat of mixing,** chaude *f* de mixtionnage; **integral mixing,** mixtionnage intégral; **work of mixing,** travail *m* de mixtionnage.

mixite, *n Miner* mixite *f*.

mixochromosome, *n Biol* zygosome *m*; mixochromosome *m*.

mixotrophic, *a Biol* se rapportant à la nutrition holophytique et saprophytique.

mixture, *n Ch* mélange *m*; mixtion *f*; **ideal mixture,** mixtion idéale; **liquid mixture,** mixtion liquide; **ternary mixture,** mixtion ternaire; **constant boiling mixture,** mélange à point d'ébullition constant, azéotropique.

Mn, *symbole chimique du* manganèse.

mnemic, *a Biol* mnémonique; mnésique; **mnemic hypothesis,** persistance *f* de l'effet après action prolongée et répétée d'un même stimulus.

Mo, *symbole chimique du* molybdène.

mobile, *a Ph* mobile; **mobile equilibrium,** équilibre indifférent; **principle of mobile equilibrium,** principe *m* d'équilibre indifférent.

mobility, *n Ph* mobilité *f*; **ion mobility,** mobilité d'un ion.

modality, *n Physiol* modalité *f*.

moderator, *n Z* ruban *m* de Reil.

modifier, *n Biol* modificateur *m*, gène modificateur.

modifying, *a Biol* (facteur, etc) modificateur.

modiolus, *pl* **-li,** *n Z* **1.** columelle *f*; limaçon *m* de l'oreille interne. **2.** couronne *f* d'un trépan.

mohawkite, *n Miner* mohawkite *f*.

Mohr, *Prn Ch* **Mohr burette,** burette *f* à pince; **Mohr's salt,** sel *m* de Mohr; sulfate *m* d'ammonium ferreux.

moissanite, *n Miner* moissanite *f*.

mol, *symbole de la* mole.

molal, *a Ch* molaire.

molar[1], *n* (dent *f*) molaire (*f*), grosse dent, dent du fond.

molar[2], *a Ch* **1.** qui se rapporte à la masse, à la molécule-gramme; (concrétion, etc) molaire; **molar physics,** physique *f* molaire; **molar ratio,** rapport *m* molaire; **molar concentration**, molarité *f*. **2.** moléculaire; **molar conductivity, resistivity,** conductibilité *f*, résistivité *f*, moléculaire.

molarity, *n Ch* molarité *f*.

molasse, *n Geol* molasse *f*.

molasses, *npl Ch* mélasse *f*.

moldavite, *n Miner* moldavite *f*.

mole, *n Meas* **1.** *Ch* (*symbole* mol) mole *f*. **2.** *Ph* molécule-gramme *f*; **mole fraction,** fraction *f* molaire.

molecular, *a Ch Ph* moléculaire; **molecular association,** association *f* moléculaire; **molecular attraction,** attraction *f* moléculaire; **range of molecular attraction,** champ *m* d'attraction moléculaire; **molecular concentration**, concentration *f* moléculaire; **molecular diameter,** diamètre *m* moléculaire; **molecular bond,** liaison *f* moléculaire; **molecular diffusion, scattering,** diffusion *f* moléculaire; **molecular heat,** chaleur *f* moléculaire; **molecular mass**, masse *f* molaire, moléculaire; **molecular weight,** poids *m* moléculaire; **molecular motion**, **movement,** mouvement brownien; **molecular rotation,** rotation *f* moléculaire; **molecular structure,** structure *f* moléculaire; **molecular surface energy,** énergie superficielle des molécules; **molecular velocity,** vitesse *f* moléculaire; **molecular volume,** volume *m* moléculaire; *Biol* **molecular layer,** couche corticale du cerveau; **molecular lesion,** lésion très fine.

molecularity, *n* **1.** qualité *f* moléculaire. **2.** force *f* moléculaire.

molecule, *n Ch Ph* molécule *f*; **atomic, diatomic, molecule,** molécule atomique, diatomique; **mon(o)atomic molecule,** molécule monoatomique; **constitution of molecules,** constitution *f* de molécules; **electronic transitions of molecules,** transitions *fpl* électroniques des molécules; **gas molecule,** molécule gazeuse; **homonuclear molecule,** molécule homonucléaire; **ionized molecule,** molécule ionisée; **labelled, tagged, molecule,** molécule marquée; **neutral molecule,** molécule neutre; **molecule collision**, choc *m* moléculaire;

real existence of molecules, existence *f* authentique des molécules.
mollusc, *n Z* mollusque *m*; testacé *m*.
Mollusca, *npl Z* mollusques *mpl*.
molt, *n Z* mue *f*.
molten, *a Ch* **molten metal test,** essai *m* d'inflammabilité sur métal en fusion.
molybdate, *n Ch* molybdate *m*.
molybdenite, *n Miner* molybdénite *f*.
molybdenum, *n Ch* (*symbole* Mo) molybdène *m*; **molybdenum oxide,** oxyde *m* de molybdène; **molybdenum disulfide,** molybdénite *f*; **molybdenum blue,** molybdène bleu.
molybdic, *a* molybdique; *Miner* **molybdic ochre,** molybdénocre *f*.
molybdite, *n Miner* molybdine *f*.
molybdomenite, *n Miner* molybdoménite *f*.
molybdophyllite, *n Miner* molybdophyllite *f*.
molysite, *n Miner* molysite *f*.
moment, *n Mth* moment *m*; **moment of a couple,** moment d'un couple; **moment of a force,** moment d'une force par rapport à un point; **moment of inertia,** moment d'inertie d'un corps; **moment of a vector,** moment d'un vecteur; **bending moment,** effort *m* de flexion; **dipole moment,** moment dipolaire.
momentary, *a* momentané, passager; *Ch* **momentary state,** état momentané.
momentum, *pl* **-ta,** *n Ph* force vive, force d'impulsion; quantité *f* de mouvement; *AtomPh* impulsion *f* (d'une particule); **spin momentum,** impulsion du spin; **orbital momentum,** impulsion orbitale.
monacanthid, monacanthine, *n Z* monacanthe *m*.
monacid, *n Ch* monoacide *m*.
monad, *n Biol Ch* protozoaire *m*.
monadelph, *n Bot* plante *f* monadelphe.
monadelphous, *a Bot* monadelphe.
monadic, *a Ch* univalent, monoatomique.
monander, *n Bot* plante *f* monandre.
monandrous, *a Bot* monandre.
monanthous, *a Bot* monanthe.
monaster, *n Biol* segments *mpl* engendrant les asters dans la caryocinèse.
monatomic, *a Ch* monoatomique.
monaxial, *a* **1.** *Biol* monoaxe. **2.** *Bot* monoaxifère.
monaxon(ic), *a Z* monoaxe.
monazite, *n Miner* monazite *f*.
monetite, *n Miner* monétite *f*.
monheimite, *n Miner* monheimite *f*.
monilated, *a Biol* monoliforme.
moniliform, *a Biol* moniliforme.
monimolite, *n Miner* monimolite *f*.
monoacetin, *n Ch* monoacétine *f*.
monoacid, *a & n Ch* monoacide (*m*).
monoacidic, *a Ch* monoacide.
monoalcoholic, *a Ch* monoalcoolique.
monoamide, *n Ch* monoamide *m*.
monoamine, *n Ch* monoamine *f*.
monoamino, *a* monoaminé.
monoatomic, *a Ch* monoatomique.
monobasic, *a* **1.** *Ch* (acide) monobasique. **2.** *Bot* (phanérogame) monobase.
monoblast, *n Z* monoblaste *m*.
monocardian, *a Z* ayant un cœur élémentaire.
monocarpellary, *a Bot* monocarpellaire; monocarpe.
monocarpian, monocarpic, *a Bot* monocarpien, monocarpique.
monocarpous, *a Bot* **1.** monocarpellaire; monocarpe. **2.** monocarpien, monocarpique.
monocellular, monocelled, *a Biol* unicellulaire.
monocephalous, *a Bot* monocéphale.
monochasium, *n Bot* cyme *f* avec des axes principaux portant une branche seule.
monochlamydeous, *a Bot* monochlamydique.
monochromatic, *a Biol* monochromatique.
monoclinal, *a Geol* monoclinal; **monoclinal fold,** pli monoclinal.
monoclinic, *a Cryst* monoclinique.
monoclinous, *a Bot* monocline.
monocotyledon, *n Bot* monocotylédone *f*.
monocotyledonous, *a Bot* monocotylédone, monocotylé.
monocular, *a Physiol* monoculaire.
monoculous, *a Z* s'appliquant sur un seul œil.

monocyclic, *a Ch Biol* monocyclique.
monocystic, *a Z* composé d'un seul kyste, ne renfermant qu'un seul kyste.
monocyte, *n Biol* monocyte *m.*
monodactylous, *a Z* monodactyle.
monodelph, *n Z* monodelphe *m.*
monodelphian, monodelphic, *a Z* monodelphe, monodelphien.
monodont, *a Z* à dent unique.
monoecian, *n Bot* monœcie *f.*
monoecious, *a* **1.** *Bot* monoïque, monœcique. **2.** *Z* hermaphrodite.
monoecism, *n* **1.** *Bot* monœcie *f.* **2.** *Z* hermaphrodisme *m.*
monoethylenic, *a Ch* (acide) monoéthylénique.
monogamy, *n Z* monogamie *f.*
monogastric, *a Z* monogastrique; à une seule cavité générale.
monogenesis, *n Biol* monogénèse *f,* monogénie *f.*
monogenetic, *a* **1.** *Biol* (*a*) (reproduction) monogène, monogénésique; (*b*) (espèce, trématode) monogénèse. **2.** *Geol* monogénique.
monogenic, *a* **1.** *Biol* monogéné, monogénésique. **2.** *Geol* monogénique.
monogenism, *n Biol* monogénisme *m.*
monogony, *n Biol* monogonie *f.*
monogyny, *n Bot Ent* monogynie *f.*
monohalogen, *a Ch* monohalogéné.
monohybrid, *n Biol* monohybride *m.*
monohydrate, *n Ch* monohydrate *m.*
monohydrated, *a Ch* monohydraté.
monohydric, *a Ch* (composé) monohydrique.
monokaryon, *n Bot* haplonte *m.*
monokinetic, *a Ph* monocinétique.
monolayer, *n Ch* mono-couche *f.*
monomer, *n Ch* monomère *m.*
monomeric, *a* **1.** *Ch* monomère. **2.** *Biol* monomérique.
monomerous, *a Bot* monomère.
monomolecular, *a Ch etc* monomoléculaire; **monomolecular layer,** couche *f* monomoléculaire; **monomolecular reaction,** réaction *f* monomoléculaire.
monomorphic, *a* (insecte) monomorphe, qui ne subit pas de métamorphose.
monomorphism, *n Z* monomorphisme *m.*
monomorphous, *a* = **monomorphic.**
mononuclear, mononucleated, *a Z Bot* mononucléaire.
monopetalous, *a Bot* monopétale.
monophagous, *a Z* monophage.
monophasia, *n Biol* monophasie *f.*
monophasic, *a Biol* monophasique.
monophyletic, *a Biol* monophylétique; (espèces) à souche commune.
monophylet(ic)ism, *n Biol* monophylétisme *m.*
monophyllous, *a Bot* monophylle.
monophyodont, *n Z* monophyodonte *m.*
monophytic, *a Bot* monophyte.
monoplast, *n Biol* monoplastide *m.*
monoplegic, *a Biol* monoplégique.
monopodial, *a Bot* monopode.
monopodium, *n Bot* monopode *m.*
monopodous, *a Bot* monopode.
monopropellant, *n Ch* monergol *m.*
monopteral, *a Z* monoptère.
monorefringent, *a Ph* monoréfringent, uniréfringent.
monorhinal, *a Z* n'ayant qu'une seule cavité nasale médiane.
monosaccharide, *n Ch* monosaccharide *m.*
monosaccharoses, *npl Ch* oses *mpl.*
monose, *n Biol* monosaccharide *m.*
monosepal, *n Bot* monosépale *m.*
monosepaloid, *a Bot* monosépaloïde.
monosome, *n Biol* monosomique *m.*
monosomic, *a & n Biol* monosomique (*m*).
monosomy, *n Biol* monosomie *f.*
monospermous, *a Bot* monosperme.
monosporous, *a Bot* monosporé.
monostearin, *n Ch* monostéarine *f.*
monostely, *n Bot* monostélie *f.*
monostomatous, *a Z* monostome.
monostome, *a & n Z* monostome (*m*).
monostotic, *a Biol* qui se rapporte à un seul os.
monostylous, *a Bot* monostyle.
monosubstituted, *a Ch* monosubstitué.
monothermia, *n Biol* monothermie *f.*
monotreme, *a & n Z* monotrème (*m*).
monotrichous, *a Biol* monotriche;

monotrichous bacterium, monotriche *m*.
monotropic, *a Z* monotrope.
monotypal, *a Biol* monotype, monotypique.
monotype, *n Biol* espèce *f* unique.
monotypic, monotypous, *a Biol* monotype, monotypique.
monovalence, monovalency, *n Ch* monovalence *f*, univalence *f*.
monovalent, *a Ch* monovalent, univalent.
monovular, *a Biol* univitellin, monozygote.
monoxenous, *a Biol* monoxène.
monoxide, *n Ch* **carbon monoxide**, oxyde *m* de carbone; **lead monoxide**, oxyde de plomb.
monozygotic, monozygous, *a Biol* monozygote, univitellin.
Monro, *Prn Z* **foramen of Monro**, trou *m* de Monro.
mons, *pl* **montes**, *n Z* **mons pubis**, pénil *m*.
montebrasite, *n Miner* montebrasite *f*.
Montgomery, *Prn Z* **Montgomery's glands**, tubercules *mpl* de Morgagni *ou* de Montgomery.
monticellite, *n Miner* monticellite *f*.
monticulus, *n Z* petite éminence.
montmartrite, *n Miner* montmartrite *f*.
montmorillonite, *n Geol* montmorillonite *f*.
montroydite, *n Miner* montroydite *f*.
monzonite, *n Miner* monzonite *f*.
moonstone, *n Miner* adulaire *m*; feldspath nacré; pierre *f* de lune.
moor, *n Geog* **high moor**, plateau marécageux.
morainal, morainic, *a Geol* morainique.
moraine, *n Geol* moraine *f*; **terminal, lateral, medial, moraine**, moraine frontale, latérale, médiane.
morass, *n* marais *m*.
mordant, *n Ch* mordant *m*.
mordenite, *n Miner* mordénite *f*.
morencite, *n Miner* morencite *f*.
morenosite, *n Miner* morénosite *f*.
Morgagni, *Prn Z* **Morgagni's columns**, colonnes *fpl* de Morgagni.
morin, *n Ch* morin *m*.
morindin, *n Ch* morindine *f*.
morion, *n Miner* **morion (quartz)**, morion *m*.
moron, *n* débile mental(e).
moroxite, *n Miner* moroxite *f*.
morph, *n Biol* **the various morphs of a polymorphic species**, les formes diverses d'une espèce polymorphe.
morphine, *n Ch* morphine *f*; **3,6-diacetyl morphine**, héroïne *f*; **3-methyl morphine**, codéine *f*; **morphine alkaloids**, alcaloïdes *mpl* morphiques.
morphium, *n Ch* morphine *f*.
morphogenesis, *n Biol* morphogénèse *f*.
morphogenetic, *a Biol* (hormone, etc) morphogénétique, morphogène.
morphogenic, *a Physiol* morphogène, morphogénétique.
morphogeny, *n Physiol* morphogénèse *f*.
morpholine, *n Ch* morpholine *f*.
morphological, *a* morphologique.
morphologically, *adv Biol* morphologiquement.
morphology, *n Z Bot* morphologie *f*; développement *m* de la forme des organes du corps.
morphon, *n Z* élément individuel d'un organisme, de forme définie (*e.g.* cellule, segment).
morphosis, *pl* **-oses**, *n Biol* morphose *f*.
morphotic, *a* se rapportant à la morphose.
morphotropic, *a Ch* morphotropique.
morphotropism, morphotropy, *n Ch* morphotropie *f*.
morrhuol, *n Ch* morruol *m*.
mortality, *n Physiol* mortalité *f*.
mortar, *n Ch* **mortar and pestle**, mortier *m* et pilon *m*; **agate mortar**, mortier en agate.
morula, *pl* **-ae**, *n Biol* morula *f*.
morulation, *n Biol* morulation *f*.
morvin, *n Ch* malléine *f*.
mosaic, *a & n* (*a*) *Bot* **mosaic disease, (leaf) mosaic**, mosaïque *f*, bigarrure *f*; **severe mosaic**, frisolée *f* (mosaïque); (*b*) *Biol* **mosaic (hybrid)**, hybride *m* mosaïque; (*c*) *Ch* **mosaic gold**, or mussif.
mosandrite, *n Miner* mosandrite *f*.

mosquitocide, *n Ch* culicide *m*.
moss, *n* **1.** *Bot* mousse *f*; **the mosses,** les muscinées *fpl*; **Irish moss,** carragénide *f*. **2.** *Miner* **moss agate,** agate mousseuse.
moth, *n Z* papillon *m* nocturne, de nuit; phalène *f*.
mother, *n* (*a*) *Geol etc* **mother rock,** roche *f* mère; **mother of coal,** charbon *m* fossile; **mother emerald,** mère *f* d'émeraude; **mother crystal, quartz,** quartz naturel; **mother of pearl,** nacre *f*; (*b*) *Ch* **mother liquid, liquor, lye, water,** eau *f*, solution *f*, mère; **mother of vinegar,** mère de vinaigre.
motile, *a Biol* (spore, cellule) mobile.
motility, *n Biol* mobilité *f*, motilité *f*.
motion, *n* mouvement *m*, déplacement *m*; *Ph* **in motion,** en mouvement, en marche; **body in motion,** corps *m* en mouvement; **accelerated motion,** mouvement accéléré; **uniformly accelerated motion,** mouvement uniformément accéléré; **atomic motion,** mouvement des atomes; **compound motion,** mouvement composé; **curvilinear motion, motion in a curve,** mouvement curviligne; **equable, uniform, motion,** mouvement uniforme; **perpetual, continuous, motion,** mouvement perpétuel, continu; **rectilinear, straight-line, motion,** mouvement rectiligne; **simple motion,** mouvement simple; **thermal motion,** mouvement thermique; **variable motion,** mouvement varié; **uniformly variable motion,** mouvement uniformément varié.
motional, *a Ph* de mouvement; motionnel.
motive, *a* (*of energy*) cinétique.
motivity, *n Biol* motricité *f*.
motor, *a Physiol Z* moteur; **motor area,** zone motrice; **motor nerve-organs, motor nerve-plates,** voies motrices (des nerfs); **motor oculi,** nerf moteur oculaire commun.
motorium, *n Physiol* (*a*) centre moteur; (*b*) voies nerveuses et musculaires, voies motrices (considérées comme une entité).
motorius, *n Physiol* nerf moteur.
mottled, *a Z* tacheté, moucheté, tiqueté; marbré; *Ch* tacheté; **mottled enamel,** émail tacheté.
mottlings, *npl* (*on bird's feathers, etc*) tiqueture *f*.
mottramite, *n Miner* mottramite *f*.
mould, *n* **leaf, vegetable, mould,** humus *m*, terre *f* végétale.
moult[1], *n* mue *f*; **bird in (the) moult,** oiseau *m* en mue.
moult[2] **1.** *vi* (*of bird, reptile, etc*) muer; perdre ses plumes, sa peau, sa carapace. **2.** *vtr* perdre (ses plumes, sa peau, sa carapace).
moulting **1.** *a* (oiseau, reptile) en mue **2.** *n* **moulting (season),** mue *f*; **moulting hormone,** ecdysone *f*.
mound, *n Geol* pustule *f*; **fumarole mound,** pustule fumerolle.
mountain, *n* (*a*) montagne *f*; **mountain plant,** plant *f* monticole; (*b*) *Miner* **mountain cork, mountain flax,** liège *m* fossile, de montagne; **mountain paper,** carton fossile, minéral, de montagne; **mountain leather,** cuir *m* fossile, de montagne; **mountain soap,** savon blanc, minéral, de montagne.
mouth, *n Z* **1.** bouche *f*. **2.** ouverture *f*, orifice *m*.
movement, *n* mouvement *m*; *Ph* **Brownian movement,** mouvement brownien; **movement of ions,** mouvement des ions, mouvement ionique; **nuclear movement,** mouvement du noyau (d'un atome); mouvement nucléaire.
moving, *a Ch* **moving boundary method of determining ionic velocity,** méthode *f* de la frontière changeante pour déterminer la vélocité ionique.
mucic, *a Ch* mucique.
muciferous, *a* mucipare.
muciform, *a* muciforme.
mucigen, *n BioCh* mucigène *m*.
mucilage, *n* mucilage (végétal, animal); *Pharm* **mucilage excipient,** mucol *m*.
mucilaginous, *a* mucilagineux; visqueux.
mucin, *n Ch* mucine *f*.
mucinoblast, *n Z* cellule *f* caliciforme des membranes muqueuses.
muciparous, *a Z* mucipare.
mucivorous, *a Z* (insecte) subsistant sur le jus des plantes.
muckite, *n Miner* muckite *f*.

mucoid, *a & n* mucoïde (*m*).
mucoitin-sulfuric, *a Ch* (acide) mucoïtine-sulfurique.
mucolysis, *n Biol* mucolyse *f.*
muconic, *a Ch* (acide) muconique.
mucoprotein, *n Ch* mucoprotéine *f*; mucoïde *m.*
mucosa, *n Biol Z* (membrane) muqueuse (*f*).
mucoserous, *a Z* muqueux et séreux.
mucosity, *n Physiol* mucosité *f.*
mucous, *a Biol* muqueux; **mucous membrane,** muqueuse *f.*
mucro, *pl* **-os, -ones,** *n Bot* mucron *m*, pointe *f.*
mucronate(d), *a Bot* mucroné; mucronal, -aux.
muculent, *a Z* riche en mucus.
mucus, *n* **1.** *Physiol* mucus *m*, mucosité *f*, glaire *f.* **2.** *Bot* mucosité.
mud, *n* boue *f*; (*on river bank*) limon *m*; vase *f*; **mineral muds,** boues minérales.
mud-eating, *a Z* limivore, pélophage.
mull, *n Ch* pâte *f.*
mullite, *n Miner* mullite *f.*
multi-articulate, *a Z* multiarticulé.
multibranched, multibranchiate, *a Z* multibranche.
multicapsular, multicapsulate, *a Bot* multicapsulaire.
multicauline, *a Bot* multicaule.
multicellular, *a Biol* multicellulaire, pluricellulaire.
multicomponent, *a Ch* à plusieurs constituents.
multicuspidate, *a Bot* multicuspidé.
multidentate, *a Bot etc* multidenté, pluridenté.
multidigitate, *a Z* multidigité.
multiferous, *a Bot* multifère.
multifid, multifidous, *a Biol* multifide.
multifloral, multiflorous, *a Bot* multiflore, pluriflore.
multifoliate, *a Bot* multifolié.
multigrade, *a* multigrade.
multilayer, *n Ch* multi-couche *f.*
multilobate(d), multilobular, *a Biol* multilobé.
multilocular, multiloculate(d), *a Bot* (ovaire) multiloculaire, pluriloculaire.
multinervate, multinervose, multinervous, *a Z* multinervé.
multinodular, *a* multinodulaire.
multinucleate, *a Biol* polynucléaire; multinucléé.
multiovulate, *a Bot Biol* multiovulé.
multiparasitism, *n Biol* polyparasitisme *m*; multiparasitisme *m.*
multiparity, *n Biol* multiparité *f.*
multiparous, *a Biol* multipare.
multipartite, *a* multiparti(te).
multipetalous, *a Bot* multipétale.
multiple, *a Ch* **multiple proportions,** proportions *fpl* multiples; **multiple range indicators,** champ *m* multiple des indicateurs.
multiplicity, *n* multiplicité *f*; *Astr* multiplicité *f* des étoiles.
multipolar, *a Biol* multipolaire.
multivalence, *n Ch* polyvalence *f.*
multivalent, *a Ch* polyvalent.
multivalve, *a & n Z* multivalve (*m or f*), plurivalve.
multivalvular, *a Z* multivalve.
munity, *n Biol* état *m* de susceptibilité à l'infection.
munjistin, *n Ch* munjeestine *f*, munjistine *f.*
muon, *n Ph* muon *m*, méson *m.*
mural, *a Biol* se rapportant à une paroi.
murchisonite, *n Miner* murchisonite *f.*
murexide, *n Ch* murexide *f.*
muriated, *a Ch* chlorhydraté.
muriatic, *a Ch* muriatique.
muricate, *a Biol Ch* muriqué.
muriculate, *a Bot* muriculé.
murine, *a Biol Z* murin.
muromontite, *n Miner* muromontite *f.*
muscarine, *n Ch* muscarine *f.*
muscicole, muscicolous, *a Biol* muscicole.
Muscidae, *npl Ich* muscidés *mpl.*
muscle, *n* muscle *m*; **frontalis muscle,** muscle frontal; **striated, smooth, muscle,** muscle strié, lisse; **muscle fibre,** fibre *f* musculaire.
muscoid, *a Bot* muscoïde.
muscology, *n Bot* muscologie *f*, bryologie *f.*
muscular, *a* (*a*) (*of system, tissue, action*) musculaire; (*b*) musculeux, musclé.

muscularity, *n* **1.** muscularité *f* (d'un tissu). **2.** musculosité *f* (d'un membre); vigueur *f* musculaire.
musculation, *n Anat* musculature *f.*
musculature, *n Anat* musculature *f.*
musculomembranous, *a Anat* musculo-membraneux; musculospiral, -aux; *Biol* radial, -aux.
musculotropic, *a Biol* musculotrope.
mushbite, *n Biol* empreinte *f* dentaire à la cire.
mushroom, *n* champignon *m*; mycète *m.*
mushroom-shaped, *a* fongiforme.
mustard, *n Ch* **mustard gas,** gaz *m* moutarde.
mutacism, *n Biol* mutacisme *m.*
mutagen, *n Biol* agent *m* mutagène.
mutagenicity, *n Biol* mutagénicité *f.*
mutant, *a & n Biol* mutant, -ante; *n* espèce mutante.
mutarotation, *n Ch* mutarotation *f* (des sucres).
mutase, *n Biol* mutase *f.*
mutation, *n* **1.** *Biol* mutation *f*, altération *f*; changement *m*; **controlled mutation,** mutation dirigée. **2.** *Obst* changement brusque dans le mode de présentation du fœtus. **3.** mutation; explosion *f*; *Genet* **mutation of type,** métatypie *f.*
mutationism, *n Biol* mutationnisme *m.*
mutationist, *a Biol* (théorie) mutationniste.
mute, *a & n* muet, -ette.
mutism, *n Biol* mutisme *m*; mutité *f*; symbiose *f.*
mutual, *a Ch* **mutual effect of ions,** effet mutuel des ions.
mutualism, *n Biol* mutualisme *m.*
Mv, *symbole chimique du* mendélévium.
Mx, *symbole du* maxwell; unité *f* (CGS) de flux magnétique.
mycelial, mycelian, *a Bac* mycélien.
mycelium, *n Bac* mycélium *m*, mycélion *m.*
mycetology, *n Bac* mycétologie *f.*
mycetophagous, *a Z* mycétophage.
mycetophilid, *a & n Z* mycétophile (*f*).
mycocecidium, *n Bot* mycocécidie *f.*
mycoderm, mycoderma, *n Bac* mycoderme *m.*
mycodermic, mycodermatoid, *a Bac* mycodermique.
mycoid, *a Bac* fongoïde.
mycologic(al), *a Bot* mycologique.
mycology, *n Bot* mycologie *f.*
mycopathology, *n Biol* mycologie médicale.
mycophagous, *a* mycophage.
mycor(r)hiza, *n Bac* mycor(r)hize *f.*
mycotic, *a Biol* mycosique.
mycotrophic, *a Bot* mycotrophe.
mydriasis, *n Z Biol* mydriase *f.*
mydriatic, *a Z* mydriatique.
myelencephalon, *n Z* (*a*) myélencéphale *m*; (*b*) métencéphale *m.*
myelic, *a* se rapportant à la moelle épinière.
myelin(e), *n Biol* myéline *f.*
myelination, *n Z* myélinisation *f.*
myelinic, *a Biol* myélinique.
myeloblast, *n Z* myéloblaste *m*; myélogonie *f.*
myelobranchium, *n Z* pédoncule cérébelleux inférieur.
myelocoel, *n Z* canal central de la moelle.
myelocyte, *n Z* myélocyte *m.*
myelogenic, myelogenous, *a Biol* myélogène.
myelogram, *n Biol* myélogramme *m.*
myeloid, *a Biol* myéloïde; **myeloid tissue,** tissu *m* myéloïde.
myelonic, *a Biol* médullaire; spinal, -aux.
myeloplast, *n Z* cellule *f* de la moelle osseuse appartenant à la lignée blanche.
myeloplax, *n Z* myéloplaxe *m*; mégaryocyte *m.*
myelopoiesis, *n Z* myélopoïèse *f.*
myelospongium, *pl* **-ia**, *n Z* tissu spongieux formé par l'imbrication des spongioblastes.
myenteric, *a Z* se rapportant à la paroi musculaire de l'intestin.
myenteron, *n Z* tunique *f* musculaire de l'intestin.
myiasis, *n Biol* myiase *f*; maladie *f* parasitaire.
mylonite, *n Miner* mylonite *f.*
myoblast, *n Z* myoblaste *m.*
myoblastoma, *n Biol* rhabdomyome *m* granulocellulaire.

myocardium, *pl* **-ia**, *n Z* myocarde *m.*
myocomma, *pl* **-as**, **-ata**, *n Biol* segment *m* transverse qui divise le tissu musculaire à l'état embryonnaire.
myocyte, *n Z* cellule *f* musculaire.
myodynamics, *n Z* étude *f* de l'action musculaire.
myoepithelium, *n Z* épithélium *m* musculaire.
myofibrilla, *pl* **-ae**, *n Z* fibrille *f* musculaire.
myogenesis, *n Z* myogénie *f.*
myogenic, *a Biol* myogène.
myoglobin, *n Physiol* myoglobine *f.*
myoglobuline, *n Biol* myoglobuline *f.*
myogram, *n Biol* myogramme *m.*
myohaematin, *n Z* myohématine *f.*
myohaemoglobin, *n Physiol* myoglobine *f.*
myoid, *a Z* myoïde.
myolemma, *n Z* sarcolemme *m.*
myology, *n Anat* myologie *f.*
myomere, *n Z* myomère *m.*
myometrium, *n Z* myomètre *m.*
myonema, *n Z* myonème *m.*
myoneural, *a* musculo-nerveux.
myoneure, *n Z* cellule nerveuse motrice suppléant un muscle.
myonicity, *n Z* capacité *f* de contraction et de relâchement du muscle vivant.
myoplasm, *n Z* caillot *m* rétractile du myoplasma.
myopolar, *a Z* se rapportant à la polarité musculaire.
myoseptum, *pl* **-a**, *n Anat Z* septum *m* intermusculaire.
myoserum, *pl* **-ums**, **-a**, *n Z* myosérum *m.*
myosin, *n Ch* myosine *f.*
myosis, *n Z* myose *f.*
myotasis, *n Z* tension passive d'un muscle.
myotatic, *a* myotatique.
myotonia, *n Z* myotonie *f.*
myrcene, *n Ch* myrcène *m.*
myriapod, *n Z* myriapode *m.*
myriapodous, *a Z* myriapode.
myricin, *n Biol* myricine *f.*
myriopod, *n Z* miriapode *m.*
myristic, *a Ch* (acide) myristique.
myristicin, *n Ch* myristicine *f.*
myristin, *n Ch* myristine *f.*
myristyl, *a Ch* myristyle.
myrmecological, *a Z* myrmécologique.
myrmecology, *n Z* myrmécologie *f.*
myrmecophagous, *a Z* myrmécophage.
myrmecophile, *n Biol* myrmécophile *m.*
myrmecophilous, *a Biol* myrmécophile.
myrmecophily, *n Biol* myrmécophilie *f.*
myrmecophyte, *n Bot* myrmécophyte *m.*
myronic, *a Ch* (acide) myronique.
myrosin, *n Ch* myrosine *f.*
Myrtaceae, *npl Bot* myrtacées *fpl.*
myrtaceous, *a Bot* myrtacé.
myrtenol, *n Biol* myrténol *m.*
mytilotoxine, *n Ch* mytilotoxine *f.*
myxamoeba, *n Z* myxamibe *f*, myxoamibe *f.*
myxobacterium, *pl* **-ia**, *n Bac* myxobactérie *f.*
myxoblastoma, *n Biol* myxome *m.*
myxoma, *n Biol* myxome *m.*
myxospore, *n Bot* myxospore *f*; spore produite dans la masse gélatineuse sans asque distinct.
myzesis, *n Biol* succion *f.*
myzostome, *n Z* myzostome *m.*

N

N, (*a*) le nombre d'Avogadro (6·023 × 10^{23}), le nombre de molécules contenues dans une molécule-gramme; (*b*) *symbole du* newton; unité *f* de mesure de force; (*c*) *symbole chimique de l'*azote.
Na, *symbole chimique du* sodium.
nacre, *n Z* nacre *f.*
nacreous, *a Z* (coquillage, etc) nacré.
nacrite, *n Miner* nacrite *f.*
nacrous, *a Z* = **nacreous.**
nadorite, *n Miner* nadorite *f.*
nagging, *a Biol* persistant.
nagyagite, *n Miner* nagyagite *f*, élasmose *f.*
naiad, *n Ent* naïade *f.*
naked, *a Biol* (*of stalk, tail, etc*) nu; **to the naked eye,** à l'œil nu.
nanism, *n Z* nanisme *m.*
nanocurie, *n Rad-A Meas* nanocurie *m.*
nanogram, *n* nanogramme *m.*
nanoid, *a* d'aspect nain.
nanophanerophyte, *n Bot* nanophanérophyte *f.*
nanoplankton, *n Biol* nanoplancton *m*, plancton nain.
nanous, *a* nain.
nantokite, *n Miner* nantokite *f.*
napalm, *n Ch* napalm *m.*
nape, *n Anat Z* nuque *f.*
naphtha, *n IndCh* naphta *m*; (huile *f* de) naphte *m*; essence lourde; *Ind* solvant *m*; **mineral naphtha,** naphte minéral; bitume *m* liquide; **petroleum naphtha,** naphte de pétrole; **coal-tar naphtha,** naphte de goudron, huile de houille; **crude naphtha,** naphte brut; **light naphtha,** essence solvante légère; **shale naphtha,** naphte de schiste; **virgin naphtha, straight run naphtha,** naphte de première distillation; **laboratory naphtha**, solvant de laboratoire.
naphthacene, *n Ch* naphtacène *m.*
naphthalane, *n Ch* décaline *f.*
naphthalene, *n Ch* naphtalène *m*, naphtaline *f.*
naphthalenedisulfonic, *a Ch* naphtalino-disulfoné, naphtalène-disulfonique.
naphthalenesulfonic, *a Ch* naphtalino-sulfoné, naphtalène-sulfonique.
naphthalenic, *a Ch* naphtalénique.
naphthaline, *n Ch* = **naphthalene.**
naphthane, *n Ch* décaline *f.*
naphthaquinone, *n Ch* = **naphthoquinone.**
naphthein, *n Miner* naphtéine *f.*
naphthenate, *n Ch* naphténate *m.*
naphthene, *n IndCh* naphtène *m*; **naphthene-base crude petroleum,** pétrole brut à base naphténique.
naphthenic, *a Ch* naphténique.
naphthine, *n Miner* naphtéine *f.*
naphthionic, *a Ch* naphtionique.
naphthoic, *a Ch* naphtoïque.
naphthol, *n Ch* naphtol *m.*
naphtholate, *n Ch* naphtolate *m.*
naphtholsulfonic, *a Ch* naphtol-sulfonique.
naphthoquinone, *n Ch* naphtoquinone *f.*
naphthoyl, *n Ch* naphtoyle *m.*
naphthyl, *n Ch* naphtyle *m.*
naphthylamine, *n Ch* naphtylamine *f.*
naphthylene, *n Ch* naphtylène *m.*
naphthylic, *a Ch* naphtylique.
napiform, *a Bot* (racine, etc) napiforme.
napoleonite, *n Geol* napoléonite *f*, corsite *f.*
narceine, *n Ch* narcéine *f.*
narcosis, *n Physiol* narcose provoquée par un narcotique *ou* un anesthésique.
narcotic, *a & n* narcotique (*m*), stupéfiant (*m*).
narcotine, *n Ch* narcotine *f.*

naringenin, *n Ch* naringénine *f*.
naringin, *n Ch* naringine *f*.
naris, *pl* **nares**, *n Anat Z* narine *f*.
narrow, *a Ch* **narrow-mouth flask,** ballon *m* à goulot étroit.
narsarsukite, *n Miner* narsarsukite *f*.
nasal, *a Anat Z* nasal, -aux.
nascent, *a* (*of plant, etc*) naissant; *Ch* (corps, élément) à l'état naissant; **nascent hydrogen,** hydrogène naissant; *Ph* **nascent red,** rouge *m* naissant.
nasicorn, *a Z* nasicorne.
nasion, *n Z* point nasal.
Nasmyth, *Prn Anat Z* **Nasmyth's membrane,** cuticule *f* dentaire.
nasonite, *n Miner* nasonite *f*.
nasopharyngeal, *a Z* naso-pharyngien.
nasopharynx, *n Z* rhino-pharynx *m*.
nastic, *a Bot* (*of plants*) **nastic movement,** nastie *f*.
nasus, *pl* **-i**, *n Z* nez *m*.
nasute, *a* à nez fort.
natal, *a* (*a*) natal; (*b*) fessier; qui a trait à la région fessière.
natality, *n Z* natalité *f*.
natant, *a Bot* (*of leaf, plant*) nageant, natant.
natation, *n Z* natation *f*.
natatorial, natatory, *a Z* (organe, membrane) natatoire.
nates, *npl Z* fesses *fpl*.
native 1. *n Biol* autochtone *m*; natif *m*; (*of plant, animal*) indigène *mf*; **the elephant is a native of Asia,** l'éléphant est originaire de l'Asie. **2.** *a* (*a*) (*of metals, minerals*) (à l'état) natif; **native silver,** argent natif; *Miner* **native soda,** natrite *f*, natron *m*, natrum *m*; (*b*) *Ch* **native substance,** principe immédiat; **native DNA,** ADN natif, ADN non dénaturé; (*c*) **native albumin,** albumine naturelle. **3.** *a* (*of plants, etc*) indigène (**to,** de, à); autochtone, natif, qui n'est pas dénaturé; originaire (**of,** de), aborigène (**to,** de).
natrium, *n Ch* sodium *m*, natrium *m*.
natrochalcite, *n Miner* natrocalcite *f*.
natrolite, *n Miner* natrolite *f*.
natron, *n* (*a*) *Miner* natron *m*, natrite *f*, natrum *m*; (*b*) *Ch* soude carbonatée.
natural, *a* (*a*) naturel; **natural law,** loi naturelle; loi de la nature; (*b*) *Ph Ch* **natural gas,** gaz naturel; (*c*) *Ph* **natural beat,** vibration *f* propre; **natural frequency,** fréquence *f* propre; **natural oscillation,** oscillation propre, fondamentale; **natural period,** période *f* propre; **natural wave,** onde fondamentale; **natural wavelength,** longueur *f* d'onde propre; (*d*) **the natural world,** le monde physique; **natural science,** sciences naturelles; **natural history,** histoire naturelle; **natural historian,** naturaliste *mf*; **natural allergy,** allergie familiale; *Biol* **natural death,** mort naturelle.
naturalist, *n* naturaliste *mf*.
naturalize 1. *vtr* naturaliser (une plante, un animal). **2.** *vi* (*of plant, etc*) s'acclimater.
naturalizing, *n* naturalisation *f*, acclimatation *f* (d'une plante, d'un animal).
nature, *n Biol* nature *f*; propre *m*.
naumannite, *n Miner* naumannite *f*.
naupathia, *n Biol* mal *m* de mer; naupathie *f*.
naupliiform, *a Z* naupliiforme.
nauplius, *pl* **-plii**, *n Z* nauplius *m*.
nauseant, *a* nauséabond.
nauseous, *a* nauséeux.
nautiliform, *a Z* nautile.
navel, *n Z* nombril *m*, ombilic *m*; **navel string,** cordon ombilical.
navicular 1. *a Bot* naviculaire. **2.** *n Anat* scaphoïde *m*.
Nb, *symbole chimique du* niobium.
Nd, *symbole chimique du* néodyme.
Ne, *symbole chimique du* néon.
nealogy, *n Biol* étude *f* des jeunes animaux.
neanic, *a Z* adolescent; **neanic phase,** phase *f* larvaire.
nearctic, *a* néarctique.
nebenkern, *n Biol* paranucléus *m*; noyau *m* accessoire.
nebulium, *n Ch* nébulium *m*.
nebulizer, *n Ch* nébuliseur *m*.
neck, *n* **1.** cou *m* (d'une personne, d'un animal); col *m*; *Z* **neck feathers (of a bird),** plumes *fpl* collaires, camail *m* (d'un oiseau); **neck of a bone,** col d'un os; **neck of the femur,** col du fémur; **back of neck,** nuque *f*; **Derbyshire neck,** goitre *m*. **2.** *Bot*

collet *m* (de racine, de champignon, etc). **3.** *Geol* neck *m*; cheminée *f* volcanique.
necrobiosis, *n Biol* nécrobiose *f*.
necrocytosis, *n Biol* nécrocytose *f*.
necrogenic, necrogenous, *a Bot* nécrogène.
necrologic, *a* nécrologique.
necrolysis, *n Anat* nécrolyse *f*.
necrophagous, *a Z* nécrophage.
necrophilous, *a Z* nécrophile.
necrophore, *n Z* nécrophore *m*.
necropsy, necroscopy, *n Anat* autopsie *f*.
necrosis, *n Biol* nécrose *f*; *Z* **necrosis of tissue,** nécrose osseuse; *Bot* **acropetal necrosis,** nécrose acropète, bigarrure *f* avec chute des feuilles; **tobacco necrosis,** nécrose du tabac; **top necrosis,** nécrose du sommet.
necrotomy, *n Biol* excision *f* de tissu nécrosé.
nectar, *n Bot* nectar *m*.
nectariferous, *a Bot* nectarifère.
nectarivorous, *a Orn etc* nectarivore.
nectarous, *a Bot* nectarien.
nectary, *n* **1.** *Bot* nectaire *m*. **2.** *Z* cornicule *f* (de puceron).
necton, *n Biol* necton *m*.
needle, *n Ch* **needle valve,** robinet *m* à pointeau; vanne *f* à aiguille.
negative, *a Ph etc* négatif; **negative particle,** particule négative; **negative electron,** électron négatif; négaton *m*.
negaton, *n Ph* = **negatron**.
negatron, *n Ph* négaton *m*; électron négatif.
nekton, *n Biol* = **necton**.
nemalite, *n Miner* némalite *f*.
nemathelminth, *n Z* némathelminthe *m*.
nematoblast, *n Z* nématoblaste *m*.
Nematocera, *npl Ent* nématocères *mpl*.
nematoceran, nematocerous, *a Ent* nématocère, némacère.
nematocide, *a & n Ch* nématicide (*m*).
nematocyst, *n Z* nématocyste *m*, cnidoblaste *m*.
nematode, *n Ann* nématode *m*.
nematoid, nematoidean, *a & n Ann* nématoïde (*m*).
nemertean, nemertine *Z* **1.** *a* némertien. **2.** *n* némerte *f*; némertien *m*.
nemoricole, nemoricoline, nemoricolous, *a Z* némoricole.
neoabietic, *a Ch* (acide) néoabiétique.
neoblast, *n Biol* néoblaste *m*.
neoblastic, *a Biol* néoblastique.
Neocene, *a & n Geol* néogène (*m*).
neocomian, *a Geol* néocomien.
neocyte, *n Biol* néocyte *m*; leucocyte *m* immature.
neodymium, *n Ch* (*symbole* Nd) néodyme *m*.
neoergosterol, *n Ch* néoergostérol *m*.
neoformation, *n Biol* néoformation *f*.
Neogene, *a & n Geol* néogène (*m*).
neogenesis, *n* **1.** *Biol* néogénèse *f*. **2.** *BioCh* **gluco neogenesis,** gluconéogénèse *f*.
neogenetic, *a Biol* néogénétique.
neohymen, *n Biol* néomembrane *f*.
neokinetic, *a* néocinétique.
neo-Lamarckism, *n Biol* néo-lamarckisme *m*.
neomorph, *n Biol* partie nouvellement formée; organe nouvellement formé.
neomorphism, *n Biol* néomorphisme *m*; développement *m* d'une nouvelle forme.
neomycin, *n Ch* néomycine *f*.
neon, *n Ch* (*symbole* Ne) néon *m*.
neonatal, *a Z* se rapportant au nouveau-né.
neopallium, *n Z* hémisphères cérébraux à l'exclusion des lobes olfactifs.
neopentane, *n Ch* néopentane *m*.
neoplasia, *n Z* néoplasie *f*.
neoplasm, *n* néoplasme *m*; tumeur *f*.
neoprene, *n Ch* néoprène *m*.
neotantalite, *n Miner* néotantalite *f*.
neote(i)nia, *n Biol* néoténie *f*; pédomorphose *f*.
neote(i)nic, neotenous, *a Biol* néoténique; **neote(i)nic, neotenous, species,** néotène *m*.
neoteny, *n Biol* néoténie *f*.
neothalamus, *n Z* portion corticale de la couche optique.
neotherbium, *n Ch* néotherbium *m*.
neotype, *n Biol* nouvel homotype.
Neozoic, *a & n Geol* néozoïque (*m*).
neper, *n Ph* néper *m*.
nepheline, *n Miner* néphéline *f*.
nephelinic, *a Miner* néphélinique.

nephelinite, *n Geol* néphélinite *f.*
nephelite, *n Miner* néphéline *f.*
nephelometer, *n Ph* néphélomètre *m.*
nephelometric, *a* néphélométrique.
nephelometry, *n* néphélométrie *f.*
nephology, *n* science *f* des nuages.
nephric, *a Biol Z* rénal, -aux.
nephridium, *pl* **-ia,** *n Z* néphridie *f.*
nephrite, *n Miner* néphrite *f*; jade *m*; néphrétique *f*; roche verte.
nephritic, *a* néphrétique.
nephritis, *n Med* néphrite *f.*
nephrocoel, *n Z* néphrocèle *m.*
nephrocyte, *n Biol* néphrocyte *m.*
nephrogenic, nephrogenous, *a Z* d'origine rénale.
nephrogram, *n* néphrogramme *m.*
nephroid, *a Z* réniforme.
nephrolysis, *n Z* néphrolyse *f.*
nephrolytic, *a Z* se rapportant à la néphrolyse.
nephromere, *n Z* portion *f* du mésoblaste d'où se développe le rein.
nephron, *n Z* néphron *m.*
nephros, *n Z* rein *m.*
nephrostome, nephrostoma, *n Z* néphrostome *m*, pavillon *m* vibratile.
nepionic, *a Biol* immature, larvaire.
nepouite, *n Miner* népouite *f.*
neptunic, *a Geol* neptunique.
neptunite, *n Miner* neptunite *f.*
neptunium, *n Ch* (*symbole* Np) neptunium *m.*
neritic, *a Geol Oc* (zone, faune) néritique.
Nernst, *Prn Ch Ph* **Nernst's heat theorem,** theorème *m* thermique de Nernst.
nerol, *n Ch* nérol *m.*
nerval, *a Anat Z etc* nerval, -aux; nerveux; neural, -aux.
nervate, *a Bot* nervé.
nervation, *n Bot etc* nervation *f.*
nerve, *n* **1.** *Anat* nerf *m*; **afferent nerve,** nerf afférent, centripète; **efferent nerve,** nerf centrifuge (moteur); **nerve canal,** canal osseux où passe le nerf; **nerve cell,** cellule nerveuse; neurone *m*; **nerve centre,** centre nerveux; **nerve endings,** terminaisons nerveuses; **nerve fibre,** fibre nerveuse; **nerve knot,** ganglion nerveux; **nerve impulse,** influx nerveux. **2.** *Bot Ent* nervure *f.*
nerved, *a Bot* nervé.
nerveless, *a* (*a*) *Anat Z* sans nerfs; (*b*) *Bot* (*of leaf*) sans nervures; innervé, énervé.
nervimotion, *n Physiol* mouvement produit par la stimulation d'un nerf.
nervimuscular, *a Physiol* (*a*) se rapportant à un nerf et à un muscle; (*b*) se rapportant à l'apport nerveux d'un muscle.
nervose, *a Bot* nervé; à nervures.
nervous, *a Anat Z* nerveux; des nerfs; **nervous system,** système nerveux; **central nervous system,** névraxe *m*; *Med* **nervous exhaustion,** neurasthénie.
nervousness, *n Physiol* nervosité *f*, état nerveux.
nervule, *n Z* nervule *f*, petit nerf.
nervure, *n Bot Z* nervure *f.*
nesosilicate, *n Miner* nésosilicate *m.*
nesquehonite, *n Miner* nesquehonite *f.*
nest[1], *n* **1.** *Z* nid *m* (d'oiseau, de souris, de fourmi, etc); **to build, make, its nest,** faire son nid; **nest builder,** nidificateur *m.* **2.** *Geol* **nest of ore,** poche *f* de minerai.
nest[2], *vi Z* faire son nid; nicher.
nest-building, *a Z* nidificateur; (oiseau) nicheur.
net, *a Ch* **net retention volume,** volume *m* de rétention absolue.
netted, *a Biol* réticulé.
net(ted)-veined, *a Bot* rétinerve, rétinervé.
Neumann, *Prn Z* **Neumann's sheath,** gaines *fpl* de dentine formant les parois des structures tubulaires des dents.
neurad, *adv Biol* orienté vers la moelle épinière.
neural, *a Anat* (*of cavity, etc*) neural, -aux; nerval -aux.
neuralgic, *a Anat* névralgique.
neuraminic, *a Ch BioCh* (acide) neuraminique.
neurasthenia, *n Med* neurasthénie *f.*
neuraxis, *n Anat Z* (*a*) névraxe *m*; (*b*) cylindraze *m.*
neuraxon, *n Anat Z* prolongement *m* cylindraxile; axone *m.*
neure, *n Anat Z* neurone *m.*
neurenteric, *a Anat Z* se rapportant au canal dorsal embryonnaire et à l'intestin; **neurenteric canal,** communication *f* tem-

poraire entre le canal dorsal et l'intestin de l'embryon.

neuric, *a Z* nerveux.

neuricity, *n* force nerveuse; fonction *f* des nerfs.

neurilemma, *n Z* (*a*) névrilème *m*; membrane *f* de Schwann; (*b*) périnèvre *m*.

neurility, *n Physiol* névrilité *f*.

neurine, *n* **1.** *Anat* tissu nerveux. **2.** *Ch* névrine *f*, neurine *f*.

neurite, *n Anat Z* prolongement *m* cylindraxile; axone *m*.

neurobiology, *n* neurobiologie *f*.

neurobions, *npl Biol* neurobiones *mpl*.

neurobiotaxis, *n Physiol* tendance *f* des cellules en voie de développement à s'orienter vers leur source de nutrition et d'activité.

neuroblast, *n Biol* neuroblaste *m*.

neurocentral, *a Z* se rapportant à l'arc neural et au corps de la vertèbre.

neurocoel, *n Anat Z* ensemble *m* des cavités et ventricules du névraxe.

neurocranium, *n Z* boîte crânienne.

neurocyte, *n Anat Z Biol* neurone *m*.

neurodendron, *n Anat Z* (*a*) neurone *m*; (*b*) dentrite *f*.

neurodine, *n Ch* neurodine *f*.

neuroepithelium, *n Anat Z* neuro-épithélium *m*.

neurofibril, *n Anat Z* neurofibrille *f*.

neurogenesis, *n Biol* neurogénèse *f*, névrogénèse *f*.

neurogenous, *a* neurogène.

neuroglia, *n Z* névroglie *f*.

neurogram, *n* neurogramme *m*.

neurohumour, *n BioCh* excitateur *m* chimique du neurone qui active le neurone voisin.

neurohypophysis, *n Anat Z* lobe postérieur ou cérébral de l'hypophyse.

neuroid, *a* neuroïde; ressemblant à un nerf.

neurokeratin, *n BioCh* névrokératine *f*, neurokératine *f*.

neurolemma, *pl* **-as**, **-ata**, *n Anat Z* rétine *f*.

neurolymph, *n Z* liquide céphalo-rachidien.

neuromast, *n Z* protubérance nerveuse jouant le rôle d'organe sensoriel.

neuromere, *n Z* vertèbre *f*.

neuromuscular, *a Physiol* neuro-musculaire.

neuron, **neurone**, *n Physiol* neurone *m*.

neuropile, *n Anat Z* prolongement *m* cylindraxile; axone *m*.

neuroplasm, *n Physiol* protoplasme situé dans les interstices des fibrilles des cellules nerveuses.

neuropodium, *n Anat Z* neuropodium *m*.

neuropore, *n Anat* neuropore *m*.

neuropteran, *a & n Ent* névroptère (*m*).

neuropterous, *a Ent* névroptère.

neuroskeleton, *n Z* squelette intérieur des vertébrés.

neurosomes, *npl Physiol* mitochondries *fpl*.

neurotome, *n Z* (*a*) neurotome *m*; (*b*) bistouri *m* en forme d'aiguille utilisé en neurotomie *f*.

neurotoxic, *a Physiol Tox* ayant une action toxique sur les neurones.

neurotrophic, *a Z* neurotrophique.

neurotropic, *a Physiol* neurotrope.

neurotropism, *n Physiol* neurotropisme *m*.

neurula, *n Biol* neurula *f*.

neuston, *n Biol* neuston *m*.

neuter, *Biol* **1.** *a* neutre, asexué; **neuter bee,** abeille *f* neutre; **neuter flower,** fleur neutre, asexuée. **2.** *n* abeille, fourmi, asexuée, ouvrière.

neutral, *a* (*a*) *Ch* (sel, etc) neutre, indifférent; *Ph* **neutral equilibrium,** équilibre indifférent; *Ch* **neutral solution,** solution *f* neutre; **neutral state,** neutralité *f* (d'une substance); **neutral red,** rouge *m* neutre, indicateur *m*; (*b*) *Geol* **neutral rock,** roche *f* neutre.

neutralisation, *n Ch* = **neutralization.**

neutralise, *vtr* = **neutralize.**

neutrality, *n Ch* neutralité *f*, indifférence *f* (d'un sel).

neutralization, *n Ch* neutralisation *f*; tamponnage *m*, tamponnement *m* (d'une solution); **end-point of neutralization,** limite *f* de neutralisation; **heat of neutralization,** chaleur *f* de neutralisation.

neutralize, *vtr* neutraliser; tamponner (une solution); (*of chemical agents*) **to neutralize one another,** se neutraliser.

neutralizing, *a Ch Ph* neutralisant, de neutralisation; *Ch* **neutralizing agent,** neutralisant *m*.

neutrino, *n Biol* neutrino *m*.

neutrocyte, *n Biol* leucocyte *m* polynucléaire; (leucocyte) neutrophile (*m*).

neutron, *n AtomPh El* neutron *m*; **cold neutron,** neutron froid, subthermique; **delayed neutron,** neutron différé, retardé; **fast, slow, neutron,** neutron rapide, lent; **fission neutron,** neutron de fission; **high-energy neutron,** neutron de grande énergie; **low-energy neutron,** neutron à basse énergie, de faible énergie; **prompt neutron,** neutron immédiat, instantané, prompt; **stray neutron,** neutron erratique, vagabond; **thermal neutron,** neutron thermique; **virgin, non-virgin, neutron,** neutron vierge, non vierge; **neutron beam,** faisceau *m*, pinceau *m*, de neutrons; **neutron burst, pulse,** impulsion *f* neutronique; **neutron density,** densité *f*, nombre *m* volumique, des neutrons; **neutron distribution,** distribution *f* neutronique, répartition *f* des neutrons; **neutron escape, leakage,** fuite *f* de(s) neutrons; **neutron physics,** physique *f* neutronique; **neutron radiation,** rayonnement *m* neutronique; **neutron scattering,** diffusion *f* des neutrons; **neutron thermopile,** thermopile *f* à neutrons.

neutrophil, *a & n Biol* (leucocyte *m*) neutrophile (*m*).

névé, *n Geol* névé *m*; **névé region,** région névéenne.

new, *a Ch* **new silver,** argent nouveau.

newberyite, *n Miner* newberyite *f*.

newton, *n Ph* (*symbole* N) newton *m*.

Ni, *symbole chimique du* nickel.

niacin, *n BioCh* niacine *f*.

niacinamide, *n Ch* nicotinamide *f*; acide *m* nicotinique.

nialamide, *n Ch* nialamide *m*.

niccolite, *n Miner* nickéline *f*, niccolite *f*; kupfernickel *m*.

nic(c)olo, *n Miner* niccolo *m*.

niccolum, *n Ch* nickel *m*.

niche, *n Biol* niche *f*.

nickel, *n* (*symbole* Ni) (*a*) *Metall* nickel *m*; **nickel iron,** fer *m* au nickel, fer-nickel *m*; **nickel chrome, nickel chromium, chrome nickel,** nickel-chrome *m*, chrome-nickel *m*, nichrome *m*; (*b*) *Miner* **nickel ochre, bloom,** nickélocre *m*; annabergite *f*; **nickel glance,** nickelglanz *m*, gersdorffite *f*; **nickel gymnite,** nickelgymnite *f*; (*c*) *Ch Miner* **nickel arsenide,** arséniure *m* de nickel; **nickel sulfide,** sulfure *m* de nickel; *Ch* **nickel carbonyl,** nickel-carbonyl *m*, nickel-tétracarbonyle *m*.

nickel-bearing, *a Miner* nickélifère.

nickelic, *a Ch* (hydroxyde) nickélique.

nickeliferous, *a Miner* nickélifère.

nickelled, *a* nickelé.

nickelocen, *n Ch* nickelocène *m*.

nickelous, *a Ch* (hydroxyde) nickeleux.

nickel-plated, *a* nickelé.

Nicol, *Prn Ch* **Nicol prism,** prisme *m* de Nicol.

nicotein(e), *n Ch* nicotéine *f*.

nicotinamide, *n Ch* nicotinamide *f*.

nicotine, *n Ch* nicotine *f*.

nicotinic, *a Ch* (acide, etc) nicotinique; nicotique; tabagique.

nicotyrine, *n Ch* nicotyrine *f*.

nictitate, *vi Physiol* cligner des yeux; ciller.

nictitating, *a* nictitant; *Physiol* **nictitating membrane,** membrane nictitante, clignotante; paupière *f* interne, onglet *m* (d'oiseau, etc); **nictitating spasm,** blépharospasme *m*.

nictitation, *n Physiol* nictitation *f*, nictation *f*, clignotement *m*, cillement *m*.

nidation, *n Z* nidation *f*; implantation *f* du jeune embryon dans la muqueuse utérine.

nidicolous, *a Orn* nidicole.

nidification, *n* nidification *f*.

nidifugous, *a Z* nidifuge.

nidify, *vi* (*of birds*) nidifier.

nidulus, *pl* **-li**, *n Anat Z* noyau *m* d'un nerf.

nidus, *pl* **-uses, -i**, *n* **1.** (*a*) nid *m* (d'insectes, etc); (*b*) dépôt *m* d'œufs (d'insectes, etc). **2.** *Bot* endroit *m* favorable (pour la croissance des spores, des graines). **3.** *Bac* source *f* d'infection.

nife, *n Geol* nifé *m*.

night-birds, *npl Z* nocturnes *mpl.*
night-flowering, *a Bot* nocturne.
nigrescence, *n Biol* teinte *f* noirâtre; noirceur *f* (de peau, etc).
nigrescent, *a Biol* nigrescent, noirâtre; qui tire sur le noir.
nigrine, *n Miner* nigrine *f.*
nigrite, *n Ch* nigrite *f.*
nigrosin(e), *n Ch* nigrosine *f.*
nimbospore, *n Bac* nimbospore *f.*
ninhydrin, *n Ch* ninhydrine *f*; **ninhydrin reaction,** réaction *f* à ninhydrine.
niobic, *a Ch* (acide, etc) niobique.
niobite, *n Miner* niobite *f*, colombite *f.*
niobium, *n Ch* (*symbole* Nb) niobium *m*, colombium *m.*
nipper, *n Z* (*a*) pince *f* (de crabe, etc); (*b*) dent incisive, pince (d'un herbivore).
nipple, *n Anat Z* mamelon *m*; bout *m* de sein.
Nissl, *Prn Z* **Nissl's bodies,** corps *mpl* de Nissl.
nisus, *pl* **-us,** *n Z* **1.** (*a*) effort *m*; (*b*) contraction *f* des muscles abdominaux (pour expluser excréta ou nouveau-né). **2.** désir *m* périodique de procréer chez certains animaux.
nitid(ous), *a Bot* (*of leaf*) vernissé.
nitramine, *n Ch* nitramine *f.*
nitraniline, *n Ch* = **nitroaniline.**
nitrate[1], *n Ch* nitrate *m* (d'argent, d'ammonium, de calcium, etc); **sodium nitrate,** nitrate de sodium (du Chili); **potassium nitrate,** nitrate de potassium; salpêtre *m*, nitre *m*; **basic nitrate,** sous-nitrate *m.*
nitrate[2], *vtr Ch* (*a*) traiter (une matière) avec, de, l'acide nitrique; nitrer; (*b*) traiter (une matière) avec un nitrate; nitrater.
nitrated, *a Ch* (*a*) nitré; (*b*) nitraté.
nitratine, *n Miner* nitratine *f*, matronite *f.*
nitration, *n Ch* nitration *f*, nitratage *m.*
nitrazine, *n Ch* nitrazine *f.*
nitre, *n Ch* nitre *m*, salpêtre *m*; nitrate *m* de potassium; **cubic nitre,** salpêtre du Chili; nitrate de sodium (du Chili); **to turn into nitre,** (se) nitrifier.
nitric, *a Ch* nitrique; **nitric acid,** acide *m* (trioxo)nitrique; **nitric dioxide,** bioxyde *m*, dioxyde *m*, d'azote; **nitric oxide,** oxyde *m* nitrique; *Biol* **nitric bacterium,** nitrobacter *m.*
nitridation, *n Ch* nitruration *f.*
nitride[1], *n Ch* nitrure *m*, nitruré *m.*
nitride[2], *vtr Ch* nitrurer.
nitriding *Ch* **1.** *a* nitrant. **2.** *n* nitruration *f.*
nitrification, *n Biol* nitrification *f.*
nitrify *Ch* **1.** *vtr* nitrifier. **2.** *vi* se nitrifier.
nitrifying, *a Ch* nitrifiant.
nitril(e), *n Ch* nitrile *m.*
nitrin, *n Ch* nitrine *f.*
nitrite, *n Ch* nitrite *m.*
nitritoid, *a Ch* nitritoïde.
nitroamine, *n Ch* nitramine *f.*
nitroaniline, *n Ch* nitraniline *f.*
nitrobacter, *n Biol* nitrobacter *m.*
nitrobacterium, *pl* **-ia,** *n Biol* nitrobactérie *f.*
nitrobarite, nitrobaryte, *n Miner* nitrobaryte *f.*
nitrobenzene, *n Ch* nitrobenzène *m*; essence *f* de mirbane *f.*
nitrocalcite, *n Miner* nitrocalcite *f.*
nitrocellulose, *n Ch* nitrocellulose *f.*
nitrocellulosic, *a Ch* nitrocellulosique.
nitrochloroform, *n Ch* nitrochloroforme *m*; chloropicrine *f.*
nitrocinnamaldehyde, *n Ch* nitrocinnamaldéhyde *m.*
nitrocompound, *n Ch* dérivé, composé, nitré.
nitroethane, *n Ch* nitro-éthane *m*, nitréthane *m.*
nitroform, *n Ch* nitroforme *m.*
nitrogen, *n Ch* (symbole N) azote *m*; **aerial nitrogen,** azote de l'air; **ammonia nitrogen,** azote ammoniacal; **nitrogen bridge,** pont *m* azote; **nitrogen cycle,** cycle *m* de l'azote; **nitrogen dioxide,** bioxyde *m* d'azote; **nitrogen fixation,** fixation *f* de l'azote; **nitrogen gas,** gaz *m* azote; **nitrogen monoxide,** (i) protoxyde *m* d'azote; oxyde nitreux, azoteux; (ii) oxyde nitrique; **nitrogen pentoxide,** pentoxyde *m* d'azote; **nitrogen peroxide,** bioxyde, dioxyde *m*, d'azote; **nitrogen sesquioxide,** sesquioxyde *m* d'azote; **nitrogen trioxide,** anhydride nitreux, azoteux.
nitrogenous, *a Ch* azoté.
nitroglucose, *n Ch* nitroglucose *f.*
nitroglycerin(e), *n Ch* nitroglycérine *f.*

nitroindole, *n Ch* nitroindole *m*.
nitromannite, *n Ch* nitromannitol *m*.
nitrometer, *n Ch* nitromètre *m*; azotomètre *m*.
nitromethane, *n Ch* nitrométhane *m*.
nitron, *n Ch* nitron *m*.
nitronaphthalene, *n Ch* nitronaphtalène *m*.
nitronium, *n Ch* nitronium *m*.
nitroparaffin, *n Ch* nitroparaffine *f*, nitro-alcane *m*.
nitrophenol, *n Ch* nitrophénol *m*.
nitrophilous, *a Bot* nitrophile.
nitrophyte, *n Bot* plante *f* nitrophile.
nitrophytic, *a Bot* nitrophile.
nitrosate, *n Ch* nitrosate *m*.
nitrosation, *n Ch* nitrosation *f*.
nitrosifying, *a Ch* nitrifiant.
nitrosite, *n Ch* nitrosite *f*.
nitrosobenzene, *n Ch* nitrosobenzène *m*.
nitrosochloride, *n Ch* nitrosochlorure *m*.
nitrosophenol, *n Ch* nitrosophénol *m*.
nitro-substituted, *a Ch* nitrosubstitué.
nitrosulfuric, *a Ch* (acide, etc) nitrosulfurique, sulfonitrique.
nitrosyl, *n Ch* nitrosyle *m*.
nitrotartaric, *a Ch* nitrotartarique.
nitrotoluene, *n Ch* nitrotoluène *m*.
nitrous, *a Ch* nitreux; **nitrous acid,** acide nitreux; **nitrous anhydride,** anhydride nitreux, azoteux; **nitrous oxide,** oxyde nitreux, azoteux; protoxyde *m* d'azote; **to become nitrous,** se nitrifier.
nitr(ox)yl, *n Ch* nitryle *m*.
nivation, *n Ch* nivation *f*.
No, *symbole chimique du* nobélium.
nobelium, *n Ch* (*symbole* No) nobélium *m*.
noble, *a Ch* **noble gas,** gaz *m* rare; **noble metal,** métal *m* noble.
nociceptive, *a Physiol* nociceptif; capable de recevoir ou de transmettre un choc, une douleur.
nociceptor, *n Physiol* partie *f* du système nerveux périphérique qui transmet les chocs, les douleurs, au cerveau.
noctiflorous, *a Bot* noctiflore.
noctilucent, *a Z* noctiluque.
nocturnal **1.** *a* nocturne. **2.** *npl Z* **nocturnals,** nocturnes *mpl*.
nodal, *a Ph etc* nodal, -aux; *Biol* auriculoventriculaire; ganglionnaire.
nodding **1.** *a Biol* (*of leaf, horn, etc*) penché, incliné. **2.** *n Med* **nodding spasm,** inclination *f* de la tête consécutive à un spasme du muscle sterno-mastoïdien.
node, *n* **1.** *Ph etc* nœud *m*, point nodal (d'une courbe, d'une onde, etc). **2.** (*a*) *Bot* nœud, nodosité *f* (d'un tronc d'arbre, etc); nœud, articulation *f*, bracelet *m* (des graminées); empattement *m* (d'une tige); (*b*) *Anat* ganglion *m*, nœud, nodule *m*; **lymph, lymphatic, node,** ganglion lymphatique.
nodose, *a* noueux.
nodosity, *n Bot* **1.** nodosité *f*; état noueux. **2.** nodosité, nœud *m*.
nodular, *a* nodulaire; *Bot* bulbeux; *Med* **nodular leprosy,** lèpre tuberculeuse.
nodule, *n* **1.** *Geol* nodule *m*, rognon *m*; **flint nodule,** rognon de silex; *Miner* (*in greensand*) **nodule of phosphate of lime,** coquin *m*. **2.** *Bot* nodule, petite nodosité. **3.** *Med* nodule; **lymphoid nodule,** nodule lymphoïde.
noduled, *a* nodulaire, noduleux; couvert de nœuds.
noduliferous, *a Bot* nodulaire.
nodulose, nodulous, *a* noduleux.
'no-effect', *n Tox* **'no-effect' level,** concentration *f* sans effet.
nomenclature, *n* nomenclature *f*.
nomogram, *n* nomogramme *m*.
non-absorbable, *a Ch* irrésorbable.
nonacosane, *n Ch* nonacosane *m*.
non-actinic, *a Ph Ch* inactinique.
non-activity, *n Physiol* non-activité *f*.
non-allergenic, *a Biol* anallergisant.
nonane, *n Ch* nonane *m*.
non-aqueous, *a Ch* non-aqueux; **non-aqueous solution,** solution non-aqueuse; **non-aqueous solvents,** solvants non-aqueux.
non-conductibility, *n Ph* défaut *m* de conductibilité; mauvaise conductibilité.
non-conducting, non-conductive, *a Ph* non-conducteur; mauvais conducteur; *El* inconducteur; (*of heat*) calorifuge.

non-conductor, *n Ph* non-conducteur *m*, mauvais conducteur; *El* inconducteur *m*; (*of heat*) calorifuge *m*.
non-diffusing, *a Ph* indiffusible.
non-disjunction, *n Biol* échec *m* de la séparation des chromosomes dans la méiose.
non-disposable, *a Ch* non jetable.
non-elution, *n Ch* **non-elution chromatography,** chromatographie *f* sans élution.
non-ferrous, *a Ch* non ferreux.
non-malignant, *a Biol* bénin.
non-metal, *n Ch* non-métal *m*, métalloïde *m*.
non-metallic, *a* non métallique; *Ch* métalloïdique.
non-migrant, non-migratory, *a* (oiseau) sédentaire.
non-motile, *a Z* ne pouvant se mouvoir spontanément.
nononic, *a Ch* nononique.
nonose, *n Ch* nonose *f*.
non-oxidizing, *a Ch* inoxydable.
non-parous, *a* nullipare.
non-polarizable, *a Ph* impolarisable.
non-reactive, *a Ch Physiol* sans réaction, non réactif.
non-reversible, *a Ch* irréversible.
non-saturation, *n Ch* insaturation *f*.
non-sexual, *a Biol* asexué, asexuel.
non-toxic, *a Tox* non-toxique.
nontronite, *n Miner* nontronite *f*.
non-viable, *a Biol* non viable.
nonyl, *n Ch* nonyle *m*.
nonylene, *n Ch* nonylène *m*.
nonylic, *a Ch* nonylique.
noradrenalin, *n Ch* noradrénaline *f*.
norbornadiene, *n Ch* norbornadiène *f*.
norbornane, *n Ch* norbornane *f*.
norbornylene, *n Ch* norbornylène *f*.
no-reflow, *n Ch* non réperfusion *f*.
norephedrine, *n Ch* noréphédrine *f*.
norite, *n Geol* norite *f*.
norma, *n Z* aspect *m* du crâne.
normal, *a Ch* (*of solution, etc*) normal, -aux, titré; **normal salt,** sel neutre.
normality, *n Ch* normalité *f*.
normoblast, *n Z* normoblaste *m*.
normocyte, *n Z* normocyte *m*.
normorphine, *n Ch* normorphine *f*.
nornarceine, *n Ch* nornarcéine *f*.
nornicotine, *n Ch* nornicotine *f*.
noropianic, *a Ch* (acide) noropianique.
northupite, *n Miner* northupite *f*.
norvaline, *n Ch* norvaline *f*.
nose, *n Anat Z* nez *m*.
nosean, noselite, *n Miner* nosite *f*, nosélite *f*, noséane *f*, nosiane *f*.
nosogenic, *a Path* se rapportant à la nosogénie.
nosogeny, *n Path* nosogénie *f*.
nostril, *n Anat Z* narine *f*; aile *f* du nez; *Z* naseau *m*.
notal, *a Biol* dorsal, -aux.
notobranchiate, *a Ann* dorsibranche.
notochord, *n Z* notoc(h)orde *f*.
notogenesis, *n Z* développement *m* de la notoc(h)orde.
notopterid, *a & n Z* notoptère (*m*).
novaculite, *n Geol* novaculite *f*.
novocaine, *n Ch* novocaïne *f*.
noxious, *a Tox Ch* nocif, nuisible.
Np, *symbole chimique du* neptunium.
N-phenylaniline, *n Ch* diphénylamine *f*.
N-phenyl-2-naphthylamine, *n Ch* N-2-naphtylamine *f* de phényle.
n-rays, *npl Ph* rayons *mpl n*.
nubility, *n Physiol* nubilité *f*.
nucellar, *a Bot* se rapportant à la nucelle.
nucellus, *n Bot* nucelle *f* (d'ovule).
nuciferous, *a Bot* nucifère.
nuciform, *a Bot Anat etc* nuciforme.
nucivorous, *a Z* nucivore.
nuclear, *a* (*a*) *AtomPh* nucléaire, atomique; **nuclear physics,** physique *f* nucléaire, atomique; **nuclear chemistry,** chimie *f* nucléaire; **nuclear energy, power,** énergie *f* nucléaire, atomique; **nuclear fission,** fission *f* nucléaire; **nuclear mass, matter,** masse *f*, matière *f*, nucléaire; **nuclear (chain) reaction,** réaction *f* nucléaire (en chaîne); **nuclear collision,** choc *m* des noyaux; (*b*) *Biol* **nuclear sex,** sexe chromatinien; **nuclear hybridization,** hybridation *f* cellulaire.
nuclease, *n BioCh* nucléase *f*.
nucleate(d), *a Biol* nucléé.
nucleic, *a Ch* (acide) nucléique.
nucleid, *n AtomPh* = **nuclide**.

nuclein, *n Ch* nucléine *f.*
nucleobranch, *n Moll* nucléobranche *m.*
nucleochylema, nucleochyme, *n Biol* caryoplasme *m.*
nucleohistone, *n Ch* nucléohistone *f.*
nucleohyaloplasm, *n Biol* hyalocaryoplasme *m.*
nucleoid 1. *a* nucléiforme. **2.** *n Biol* nucléoïde *m.*
nucleolar, *a Biol* nucléolaire.
nucleolate(d), *a Biol* nucléolé.
nucleole, *pl* **-li,** *n Biol* nucléole *m.*
nucleolin, *n Ch* nucléoline *f.*
nucleolus, *pl* **-li,** *n Biol* nucléole *m.*
nucleomicrosome, *n Biol* nucléomicrosome *m.*
nucleon, *n AtomPh* nucléon *m.*
nucleonic, *a AtomPh* nucléonique.
nucleonics, *n AtomPh* nucléonique *f.*
nucleophilic, *a Ch* nucléophile.
nucleophilicity, *n Ch* nucléophilie *f.*
nucleoplasm, *n Biol* nucléoplasme *m.*
nucleoprotein, *n BioCh* nucléoprotéide *f.*
nucleosidase, *n BioCh* nucléosidase *f.*
nucleoside, *n BioCh* nucléoside *m.*
nucleothermic, *a AtomPh* nucléothermique.
nucleotidase, *n BioCh* nucléotidase *f.*
nucleotide, *n Ch BioCh* nucléotide *m.*
nucleus, *pl* **-ei,** *n Ph Biol* noyau *m* (d'atome, de cellule); *Ph* **atomic nucleus,** noyau atomique; **naturally radioactive nucleus,** noyau naturellement radioactif; **artificially radioactive nucleus,** noyau artificiellement radioactif; **daughter nucleus,** noyau enfanté, engendré; **parent nucleus,** noyau original, noyau père; **even-even, even-odd, nucleus,** noyau pair-pair, pair-impair; **odd-odd, odd-even, nucleus,** noyau impair-impair, impair-pair; **compound nucleus,** noyau composé; *Ch* **benzene nucleus,** noyau benzénique; **crystal nucleus, nucleus of crystallization,** noyau, germe *m*, de cristallisation.
nuclide, *n AtomPh* nucléide *m*; nuclide *m.*
nude, *a* nu; *Z* **nude mouse,** souris nue, souris sans poils.
nudibranchiate, *a Moll* nudibranche.
Nuhn, *Prn Z* **Nuhn's gland,** glande *f* de Nuhn, de Blandy.
null, *a* nul; *Ch* **null point,** point mort; **null electrode,** électrode nulle.
nulliparous, *a* nullipare.
number, *n* (*a*) nombre *m*; *Ch* indice *m*; *Ph* **atomic number,** nombre atomique; **mass number,** nombre de masse, nombre massique; **wave number,** nombre d'onde; **quantum number,** nombre quantique; *Ch* **bromine number,** indice de brome; (*b*) *Ch* **number of parts per ten, per hundred,** taux *m* pour dix, pour cent, parties.
nummular, *a Z* nummulaire.
nummulation, *n Anat Z* agrégat *m* de globules rouges.
nummulite, *n Geol* nummulite *f*; **nummulite limestone,** calcaire *m* à nummulites; pierre *f* à liards.
nummulitic, *a Geol* **nummulitic limestone,** calcaire *m* nummulitique, à nummulites; pierre *f* à liards.
nutant, *a Bot* nutant.
nutation, *n Bot* nutation *f.*
nutlet, *n Bot* nucule *f.*
nutriant, *a Nut* (agent) modifiant les processus de la nutrition.
nutrient *Biol Nut* **1.** *n* aliment *m*; substance nutritive. **2.** *a* nutritif; nutrescible; nourricier; **nutrient apparatus,** appareil nutritif; **nutrient foramen,** canal osseux d'un vaisseau nutritif.
nutriment, *n Nut* nutriment *m*; nourriture *f.*
nutrition, *n Nut* nutrition *f.*
nutritional, nutritive, *a Nut* nutritif, nourrissant; **nutritional composition (of food),** composition nutritionnelle (de la nourriture); **nutritional value (of food),** nutrescibilité *f*; **nutritional status,** état nutritionnel.
nux vomica, *n Ch* nux vomica, noix *f* vomique.
nychthemeral, *a Biol* nycthéméral, -aux, nycthémère.
nychthemeron, *pl* **-ons, -era,** *n Biol* nycthémère *m.*
nycterohemeral, nycthemeral, *a Biol* = **nychthemeral.**
nycthemeron, *pl* **-ons, -era,** *n Biol* = **nychthemeron.**

nyctinastic, *a Bot* nyctinastique.
nyctinasty, *n Bot* nyctinastie *f.*
nyctohemeral, *a Biol* = **nychthemeral.**
nyctotemperature, *n Bot* nyctotempérature *f.*
nydrazid, *n Ch* nydrazide *m.*
nylon, *n Ch* nylon *m.*
nymph, *n Z* nymphe *f.*
nymphal, *a Z* nymphal, -aux.
nystatin, *n Ch* nystatine *f.*

O

O, *symbole chimique de l'*oxygène.

oak-apple, *n Bot* pomme *f* de chêne.

obcompressed, *a Biol Bot Ch* aplati; obcomprimé.

obconic(al), *a Biol* obconique.

obcordate, *a Bot* (feuillet) obcordiforme, obcordé.

obdiplostemonous, *a Bot* obdiplostémone.

obelion, *n Anat Z* obélion *m.*

obex, *n Anat Z* obex *m*; verrou *m.*

oblanceolate, *a Bot* oblancéolé.

obligate, *a Biol* **obligate aerobe,** aérobie essentiel; **obligate parasite,** parasite essentiel; **obligate saprophyte,** saprophyte essentiel; **obligate symbionts,** symbiotes essentiels.

obligulate, *a Bot* obligulé, obliguliforme.

oblique, *a Bot* **oblique leaf,** feuille *f* oblique, asymétrique.

obliteration, *n Bot Z* oblitération *f*; ablation *f* d'un organe.

obliterative, *a* **obliterative coloration,** homochromie *f.*

oblong, *a Bot* **oblong leaf,** feuille allongée.

oblongatal, *a Bot* bulbaire.

obovate, *a Bot* (feuille, etc) obovale.

obovoid, *a Bot* (fruit, etc) obové, obovoïde.

obpyramidal, *a Bot* (fruit, etc) obpyramidal, -aux.

obscure, *a Bot* obscur; indistinct.

observation, *n Ch Biol Ph* observation *f*; **experiment made under the observation of,** expérience conduite sous la surveillance de.

observe, *vtr* observer.

observed, *a* **observed effects,** effets trouvés.

obsidian, *n Miner* obsidienne *f*, obsidiane *f*; pierre *f*, verre *m*, des volcans; verre, silex *m*, volcanique; agate noire d'Islande.

obsidianite, *n Miner* obsidianite *f.*

obsolescence, *n* obsolescence *f*; sénescence *f*; *Biol* atrophie *f*, contabescence *f* (d'un organe, etc).

obsolescent, *a Biol* (organe, etc) atrophié, qui tend à disparaître, sénescent.

obsolete, *a Biol* obsolète; **obsolete groove, tooth,** sillon *m*, dent *f*, à peine visible, dont il reste à peine une trace.

obstruent, *a* obstructif.

obsuturalis, *a Bot* obsutural, -aux.

obtect(ed), *a Z* (*of chrysalis*) obtecté.

obtund, *vtr Biol* émousser.

obturator, *n Anat Z* **obturator canal, foramen, muscle, nerve,** canal, trou, muscle, nerf, obturateur; **obturator artery, vein, membrane,** artère, veine, membrane, obturatrice.

obtuse, *a* obtus; *Bot* **obtuse leaf,** feuille obtuse.

obtusifolious, *a Bot* obtusifolié.

obtusilingual, *a Z* (animal) à langue courte.

obtusilobous, *a Bot* obtusilobé.

obtusion, *n Physiol* atténuation *f*; affaiblissement *m* de la sensibilité.

obverse, *a Biol* (organe) plus large au sommet qu'à la base; renversé.

obvious, *a Biol* **obvious stripe,** raie distincte.

obvolute, *a Bot* obvoluté.

obvolvent, *a Z* obvolvent.

occasional, *a Biol* inconstant; peu fréquent.

occipital, *a & n Anat* (*of artery, foramen, etc*) occipital, -aux; **occipital (bone),** (os) occipital (*m*); **occipital point,** point occipital maximum.

occipitalis, *pl* **-es,** *n Anat* muscle occipital.

occiput, *n Anat Z* occiput *m*.
occludator, *n Med* occluseur *m*.
occlude, *vtr Ch* (*of a metal*) absorber, condenser (et retenir) (un gaz); occlure (un gaz).
occluded, *a Ch* (gaz, etc) occlus.
occlusion, *n Ch* occlusion *f* (d'un gaz).
occult, *a* occulte, secret; *Physiol Tox* **occult blood,** hémorragie masquée, occulte.
occupation, *n* profession *f*.
occupational, *a Tox* **occupational disease,** maladie professionnelle.
ocean, *n* océan *m*; **ocean floor, bottom,** fond sous-marin; **ocean current,** courant *m* océanique.
oceanic, *a* (faune, etc) pélagique; (climat) océanique.
oceanite, *n Geol* océanite *f*.
oceanographic(al), *a* océanographique.
oceanography, *n* océanographie *f*.
oceanology, *n* océanologie *f*.
ocellar, *a Z* ocellaire.
ocellate, *a Z* ocellé, oculé.
ocellated, *a Z* ocellé (**with,** de).
ocellation, *n Z* ocellation *f*.
ocellus, *pl* **-i**, *n Z* **1.** ocelle *m*, œil *m* simple. **2.** ocelle (d'aile de papillon, de plume d'oiseau); miroir *m* (de plume de paon).
ocher, *n Miner* = **ochre**.
ocherous, ochraceous, *a Biol* ocreux; ochracé.
ochre, *n Miner* ocre *f*; **red ochre,** ocre rouge; arcanne *f*; **yellow ochre,** jaune *m* d'ocre; ocre jaune; terre *f* de montagne; **green ochre,** ocre verte.
ochrea, *pl* **-eae**, *n Bot* ocréa *f*, gaine *f*.
ochreous, *a Biol* ocreux; ochracé.
ochrocarpous, *a* ochrocarpe.
ochrolite, *n Miner* ochrolite *f*.
ochrometer, *n Biol* ochromètre *m*.
ochrosporous, *a Bot* ochrosporé.
ochrous, *a Biol* ocreux; ochracé.
ocrea, *pl* **-eae**, *n Bot* ocréa *f*, gaine *f*.
o-cresol, *n Ch* crésol *m*.
octacosane, *n Ch* octacosane *m*.
octad, *n Ch* (i) corps octovalent; (ii) radical octovalent.
octadecane, *n Ch* octadécane *m*.
octadecyl, *n Ch* octadécylène *m*, octodécylène *m*.
octahedral, *a Ch* octaèdre; octaédrique.
octahedrite, *n Miner* octaédrite *f*.
octamer, *n Ch* octamère *m*.
octamerous, *a Bot* se rapportant à huit parties, à huit divisions; octamère.
octanal, *n Ch* octanal *m*.
octandrian, *a Bot* = **octandrous**.
octandrous, *a Bot* octandre.
octane, *n Ch* octane *m*; **high-octane petrol,** essence *f* à haut indice d'octane; **octane number,** indice *m* d'octane; **octane rating,** degré *m* en octane, d'octane.
octant, *n Biol* octant *m*.
octapeptide, *n Ch* octapeptide *m*.
octavalent, *a Ch* octovalent.
octene, *n Ch* octène *m*.
octet, *n Ch* octet *m*.
octine, *n Ch* octyne *m*.
octogynous, *a Bot* octogyne.
octopetalous, *a Bot* octopétale.
octoploid, *a & n Biol* octoploïde (*m*).
octopod, *a & n Z* octopode (*m*).
octose, *n Ch* octose *f*.
octosepalous, *a Bot* octosépale.
octospore, *n Bac* octospore *f*.
octosporous, *a Bot* octosporeux.
octovalent, *a Ch* octovalent.
octyl, *n Ch* octyle *m*.
octylene, *n Ch* octylène *m*.
octyne, *n Ch* octyne *m*.
ocular, *a* (nerf, etc) oculaire.
oculate, *a Z* oculé, ocellé.
oculi, *npl Anat see* **oculus**.
oculiferous, *a Biol* oculifère.
oculiform, *a Biol* oculiforme.
oculistics, *n Biol* ophtalmologie *f*.
oculogyric, *a Biol* oculogyre.
oculomotor, *a Anat Z* (nerf) oculogyre.
oculus, *pl* **-i**, *n Anat* œil *m*.
odd-pinnate, *a Bot* imparipenné.
odd-toed, *a Z* imparidigité.
odinite, *n Geol* odinite *f*, odite *f*.
odonate, *a & n Z* odonate (*m*).
odontoblast, *n Anat Z* odontoblaste *m*.
odontobothrium, *pl* **-thria, -thriums**, *n Z* alvéole *m* d'une dent.
odontocetous, *a Z* odontocète.
odontoclast, *n Biol Z* odontoclaste *m*.
odontogenesis, *n Biol* odontogénèse *f*, odontogénie *f*.

odontogenic, odontogenous, *a Biol* odontogénique, odontogène.
odontogeny, *n Biol* = **odontogenesis.**
odontoid, *a Anat* (*a*) (apophyse) odontoïde; (*b*) (ligament) odontoïdien.
odontolite, *n Miner* odontolit(h)e *f*; turquoise osseuse; turquoise occidentale.
odontologic(al), *a* odontologique.
odontology, *n* odontologie *f*.
odontophoral, odontophoran, *a Moll* odontophorin.
odontophore, *n Z* odontophore *m*.
odontoplast, *n Anat* odontoblaste *m*.
odontoplasty, *n Anat* orthodontie *f*.
odontoplerosis, *n Dent* plombage *m*.
odontostomatous, *a Z* odontostomateux; ayant mâchoires qui portent les dents.
odor, *n* = **odour.**
odorant 1. *a* odorant. **2.** *n* huile *f* de dépistage.
odorific, *a Ch* odorifique.
odoriphore, *n Ch* matière odorante (d'une molécule).
odorless, *a* = **odourless.**
odour, *n Biol* odeur *f*; parfum *m*; **animal odour,** odeur animalisée.
odourless, *a Ch* inodore.
Oe, *symbole de l'*œrsted.
oedema, *n Biol Med* œdème *m*.
oenanthal, *n Ch* œnanthal *m*.
oenanthic, *a Ch* (aldéhyde) œnanthique; (éther) œnanthylique.
oenanthin, *n Ch* œnanthine *f*.
oenanthol, *n Ch* œnanthol *m*.
oenanthylate, *n Ch* œnanthylate *m*.
oenanthylic, *a Ch* œnanthylique.
oenocyte, *n Z* œnocyte *m*.
oenocytoid, *n Ent Z* œnocytoïde *m*.
oenolic, *a Ch* œnolique.
oersted, *n Ph* (*symbole* Oe) œrsted *m*.
oesophageal, *a Anat* (*of membrane, etc*) œsophagien.
oesophagus, *pl* **-gi, -guses,** *n Anat* œsophage *m*.
oestradiol, *n Ch* œstradiol *m*.
oestral, *a Physiol* œstral, -aux; œstrien.
oestrin, *n Biol* œstrogène *m*.
oestriol, *n Ch* œstriol *m*.
oestrogen, *n BioCh* œstrogène *m*.
oestrogenic, *a Physiol* œstrogénique.
oestrone, *n Ch* œstrone *f*.
oestrous, *a Physiol* (*of cycle, etc*) œstral, -aux; œstrien.
oestrual, *a Biol* œstral, -aux.
oestrus, *n Physiol* œstrus *m*, œstre *m*; (*of animals*) chaleur *f*, rut *m*; **oestrus cycle,** cycle œstral, œstrien.
off-gas, *n Ch* gaz résiduel; gaz d'échappement.
offset, *n Bot* stolon *m*.
offshoot, *n Miner* caprice *m* (d'un filon).
Ohm[1] *Prn Ph* **Ohm's law,** la loi d'Ohm.
ohm[2] *n Ph* ohm *m*; **legal, Congress, ohm,** ohm légal; **British Association ohm,** ohm pratique; **acoustic ohm,** ohm acoustique.
ohmic, *a Ph* (mesure etc) ohmique; **ohmic drop,** chute *f* ohmique.
oidium, *pl* **-ia,** *n Bot* oïdium *m*, oïdie *f*.
oil, *n* **1.** huile *f*; **vegetable oil,** huile végétale; **animal oil,** huile animale; **lemon oil,** citrine *f*. **2.** *Z* **oil gland,** glande uropygienne. **3. (mineral) oil,** huile minérale; pétrole *m*; **crude oil,** pétrole brut; **heavy oil,** (i) huile épaisse, lourde; (ii) (*distilled from tar*) oléonaphte *m*; **lamp oil,** pétrole (lampant); **rock oil,** huile de pétrole; **shale oil,** huile de schiste. **4.** *Ch* **oil gas,** gaz *m* de pétrole; **oil sampler,** canette *f*; **oil shale,** schiste bitum(in)eux; **oil sink,** agent *m* de coulage.
oil-bearing, *a* **1.** *Bot* (*of plant*) oléagineux, oléifère. **2.** *Geol* (*of shale, etc*) pétrolifère; **oil-bearing sediments,** gîtes *mpl* pétrolifères.
oil-producing, *a* **1.** *Ch Bot* (*of plant*) oléifère; (*of substance, etc*) oléifiant, oléfiant. **2.** *Geol* (*of shale, etc*) pétrolifère.
oil-soluble, *a Ch* soluble dans l'huile, dans la graisse; oléosoluble, liposoluble.
oily, *a* huileux.
oil-yielding, *a* = **oil-bearing.**
ointment, *n Ch* onguent *m*.
oisanite, *n Geol* oisanite *f*.
okenite, *n Miner* okénite *f*.
oldhamite, *n Miner* oldhamite *f*.
oleaceous, *a Bot* oléacé.
oleaginous, *a* (*of liquid, plant, etc*) oléagineux, huileux.
oleandrin, *n Ch* oléandrine *f*.
oleate, *n Ch* oléate *m*.

olecranon, *n Z* olécrâne *m.*
olefiant, *a Ch* (gaz) oléfiant.
olefin, olefine, *n Ch* oléfine *f.*
olefinic, *a Ch* oléfinique; **olefinic content,** teneur *f* en oléfines.
oleic, *a Ch* (acide, éther) oléique.
oleiferous, *a* (plante) oléifère.
olein, *n Ch* oléine *f*; huile *f* de suif; huile absolue (de Braconnot).
oleomargaric, *a Ch* oléomargarique.
oleometer, *n Ph* oléomètre *m.*
oleo oil, *n Ch* huile *f* de suif.
oleophilic, *a Ch* oléophile.
oleophosphoric, *a Ch* oléophosphorique.
oleorefractometer, *n Ph* oléoréfractomètre *m.*
oleoresin, *n Ch* oléorésine *f.*
oleoresinous, *a Ch* oléorésineux.
oleosome, *n Bot* plaste *m* qui forme des globules d'huile.
oleovitamin, *n Ch* oléovitamine *f.*
oleraceous, *a Bot* oléracé.
oleum, *n Ch* oléum *m*; **oleum sulfuric acid,** acide sulfurique fumant.
olfaction, *n Physiol* olfaction *f.*
olfactive, *a* (nerf, etc) olfactif.
olfactory 1. *a* (bulbe, nerf, etc) olfactif. **2.** *n* organe olfactif.
oligist, *n Miner* **oligist (iron),** (fer *m*) oligiste (*m*); écume *f* de fer.
oligocarpous, *a Bot* oligocarpe.
Oligocene, *a & n Geol* oligocène (*m*).
oligoclase, *n Miner* oligoclase *f.*
oligodendroglia, *n Biol* oligodendroglie *f.*
oligodynamic, *a BioCh* oligodynamique.
oligomer, *n Ch* oligomère *m.*
oligomeric, *a Ch* oligomère.
oligomerous, *a Bot* oligomère.
oligomycin, *n Ch* oligomycine *f.*
oligonite, *n Miner* oligonite *f.*
oligophagous, *a Biol* oligophage.
oligophagy, *n Biol* oligophagie *f.*
oligophyllous, *a Bot* oligophylle.
oligosaccharide, *n Ch* oligosaccharide *m.*
oligosideric, *a Miner* oligosidère.
oligosiderite, *n Miner* oligosidérite *f.*
oligosporous, *a Bot* oligosporeux.
oligotrophophyte, *n Bot* oligotrophophyte *m.*
olivenite, *n Miner* olivénite *f.*
olivine, *n Miner* olivine *f*; péridot *m* (granulaire); chrysolit(h)e *f.*
olivinite, *n Miner* olivinite *f.*
omasum, *pl* **-sa,** *n Z* omasum *m*, feuillet *m*, mellier *m.*
ombrophile, *n Bot* ombrophile *m.*
ombrophilous, *a Bot* ombrophile.
ombrophobe, *n Bot* ombrophobe *m.*
ombrophobous, *a Bot* ombrophobe.
omental, *a Z* omental, -aux.
omentum, *pl* **-a,** *n Z* épiploon *m.*
ommateum, *pl* **-tea,** *n Z etc* œil composé.
ommatidium, *pl* **-ia,** *n Z* ommatidie *f.*
ommatophore, *n Z* pédoncule *m* de l'œil.
omnivore, *n Z* omnivore *m.*
omnivorous, *a Z* omnivore.
omoideum, *n Z* omoïde *m.*
omphacite, *n Miner* omphacite *f*, omphazite *f.*
oncology, *n* oncologie *f.*
oncosis, *n Biol* oncose *f.*
oncosphere, *n Z* oncosphère *f.*
oncotic, *a Biol* (pression, etc) oncotique.
onisciform, *a Z* onisciforme.
onium, *n Ch* **onium salt,** sel *m* d'onium.
Onsager, *Prn Ch Ph* **Onsager's equation,** équation *f* d'Onsager.
onset, *n Ch* départ *m* (d'une réaction).
ontogenesis, *n Biol* ontogénèse *f*, ontogénie *f.*
ontogenetic, ontogenic, *a Biol* ontogénétique, ontogénique.
ontogeny, *n Biol* = **ontogenesis.**
onyx, *n Miner* onyx *m*; **black onyx,** jais artificiel.
onyx-bearing, *a Miner* onychite.
oocyst, *n Biol* oocyste *m.*
oocyte, *n Biol* ovocyte *m.*
ooecium, *n Z* oécie *f.*
oogamy, *n Biol* oogamie *f.*
oogenesis, *n Biol* oogénèse *f*, ovogénèse *f.*
oogonium, *pl* **-ia,** *n Bot* oogone *f.*
oolite, *n Geol* **1.** jurassique supérieur; **inferior oolite,** bajocien *m.* **2.** oolithe *m.*
oolith, *n Geol* oolithe *m.*
oolitic, *a Geol* oolithique.

oologic(al), *a Z* oologique.
oology, *n Z* oologie *f*.
oophore, *n Bot* oophore *m*.
oophyte, *n Bot* oophyte *f*.
ooplasm, *n Bot* ooplasme *m*.
oosphere, *n Bot* oosphère *f*.
oospore, *n Bot* oospore *f*.
oosporic, oosporous, *a Bot* oospore.
oostegite, *n Z* oostégite *f*.
oostegitic, *a Z* oostégitique.
ootheca, *pl* **-ae,** *n Z* oothèque *f*; ovaire *m*; *Ent Moll* coque *f* ovigère.
ootid, *n Biol* ootide *f*.
ootocous, *a Z* ovipare.
ooze, *n Geol* dépôt abyssal, boue *f*; vase *f*; sediments vaseux; **diatom ooze,** vase diatoméenne, vase à diatomées.
opacifying, *a Ch* **opacifying agent,** agent opacifiant.
opacimetre, *n Ch* opacimètre *m*.
opacity, *n Ch Ph* opacité *f*.
opal, *n Miner* opale *f*; **pitch opal,** péchopal *m*; **wood opal,** opale xyloïde; **water opal,** hyalite *f*; **opal glass,** verre opalin.
opalescence, *n Ch* opalescence *f*.
open, *vi Bot* (*of buds*) débourrer.
opening, *n* **1.** *Biol* orifice *m*. **2.** *Bot* **opening of buds,** débourrement *m*.
opercle, *n Z* operculaire *m*.
opercular *a & n Z* operculaire (*m*).
operculate(d), *a Biol* operculé.
operculum, *pl* **-la,** *n Biol* opercule *m*.
operon, *n Biol* opéron *m*.
ophicalcite, *n Miner* ophicalcite *f*; vert *m* antique.
ophidian, *a & n Z* ophidien (*m*).
ophiolite, *n Miner* vert *m* antique; ophiolithe *m*.
ophiolitic, *a Miner* ophiolithique.
ophiologic(al), *a Z* ophiologique.
ophiology, *n Z* ophiologie *f*.
ophiomorphic, ophiomorphous, *a Z* ophiomorphique.
ophiophagous, *a Z* ophiophage.
ophiophobia, *n Psy* peur *f* morbide des serpents.
ophite, *n Miner* ophite *m*; marbre serpentin.
ophitic, *a Miner* ophitique.
ophthalmic, *a Z* ophtalmique.
ophthalmus, *n Z* œil *m*.
ophyron, *n Z* ophyron *m*.
opianic, *a Ch* opianique.
opianine, *n Ch* noscapine *f*, opianine *f*.
opianyl, *n Ch* opianyle *m*.
opiate, *n Ch* opiacé *m*, narcotique *m*; opium *m*.
opisthion, *n Z* opisthion *m*.
opisthobranchiate, *a Z* opist(h)obranche.
opisthocoelian, *a & n Z* opistocèle (*m*), opistocœle (*m*).
opisthocoelous, *a Z* opisthocèle, opisthocœle; opisthocœlique.
opisthoglyphic, opisthoglyphous, *a Z* opisthoglyphe.
opisthognathism, *n Z Tox* opisthognathisme *m*.
opisthotic, *a Z* se rapportant aux parties postérieures de l'appareil auditif.
opium, *n Bot Ch* opium *m*; **opium addiction,** usage habituel de l'opium; **opium poisoning,** thébaïsme *m*; intoxication *f* par l'opium.
opposite, *a Bot* **opposite leaves,** feuilles opposées; *Ch* **opposite charge,** charge opposée.
opsin, *n BioCh* opsine *f*.
opsonin, *n BioCh* opsonine *f*.
optic, *a* optique; **optic axis,** axe *m* optique; **optic disc,** papille *f* optique; **optic nerve,** nerf *m* optique; **optic lobes,** tubercules quadrijumeaux; **optic tract,** fibres *fpl* optiques.
optical, *a* optique; **optical activity, optical rotation,** activité *f* optique.
optics, *n* l'optique *f*; **electron optics,** optique électronique; **fibre optics,** optique des fibres; **neutron optics,** optique neutronique.
optimum **1.** *a* (*of conditions, etc*) optimum. **2.** *n* (*pl* **-ima**) optimum *m*.
ora, *pl* **-ae,** *n Anat Z* marge *f*, bord *m*; **ora serrata,** ora serrata (de la rétine).
orad, *adv Z* orienté vers la bouche.
oral, *a* oral, -aux; *Anat* **oral cavity,** cavité orale, buccale; **oral route,** route orale; **oral administration,** administration *f* par voie buccale, par voie orale, par la bouche.
orbicular, *a Biol* orbiculaire, sphérique.
orbiculate, *a Bot* **orbiculate leaf,** feuille orbiculaire, orbiculée.

orbit, *n* **1.** *Ph* orbite *f* (d'un électron). **2.** *Anat Z* orbite (de l'œil).
orbital, *a* **1.** *Ph* orbital, -aux; **orbital electron,** électron orbital, planétaire, satellite. **2.** *Anat* (*of nerve, cavity, etc*) orbitaire; *Z* **orbital feathers,** plumes *fpl* orbitaires.
orbitale, *n Biol* point *m* orbitaire.
orbitelous, *a Z* orbitèle, orbitélaire.
orcein, *n Ch* orcéine *f*.
orchidaceous, *a Bot* relatif, ressemblant, aux orchidées.
orcin, orcinol, *n Ch* orcine *f*, orcinol *m*.
order, *n* **1.** *Biol* ordre *m* (d'un règne). **2.** *Biol Ch Ph* arrangement *m* systématique; **order-disorder,** ordre-désordre *m*.
Ordovician, *a & n Geol* ordovicien (*m*); silurien inférieur.
ore, *n* minerai *m*; pierre *f* de mine; **ore minerals,** minerais; **copper, iron, ore,** minerai de cuivre, de fer; **metalliferous, non-metallic, ore,** minerai métallique, non métallique; **base, low-grade, ore,** minerai de, à, basse teneur, de faible teneur; minerai pauvre; **rich, high-grade, ore,** minerai de, à, haute teneur; minerai riche; **crude ore, raw ore, ore as mined,** minerai brut; **crushed ore,** minerai bocardé, broyé; schlich *m*; *Miner* **needle ore,** aciculite *f*; patrinite *f*; **ore body,** masse minérale; corps minéralisé; masse, massif *m*, corps, de minerai.
ore-bearing, *a* **1.** *Geol Min* (roche, etc) métallifère. **2.** *Ch* (*of solution*) minéralisant.
orectic, *a* stimulant l'appétit.
ore-forming, *a* minéralisateur; *Metall* **ore-forming flux,** fondant minéralisateur.
organ, *n* organe *m* (du corps humain, d'une plante, etc); **organ of hearing, hearing organ,** organe de l'ouïe; **the vocal organs,** l'appareil vocal; la voix; **sub-persistent organ,** organe marcarescent.
organelle, *n Biol* organite *m*.
organic, *a* **1.** (fonction, etc) organique. **2.** **organic chemistry,** chimie *f* organique; **organic chemist,** organicien -ienne; **organic acid, base, compound,** acide *m*, base *f*, composé *m*, organique; **organic filler,** charge *f* organique; **organic gas,** gaz *m* organique. **3.** (corps, etc) organisé; **organic beings,** êtres organisés; **the law of organic growth,** la loi de croissance organisée.
organically, *adv* organiquement.
organicism, *n Biol* organicisme *m*.
organicist, *n Ch* organicien, -ienne.
organicistic, *a Biol* organicistique.
organism, *n Biol* organisme *m;* **living organism,** organisme vivant.
organized, *a Biol* organisé, pourvu d'organes.
organizer, *n Biol* organisateur *m*.
organofaction, *n Biol* développement *m* d'un organe du corps.
organogenesis, *n Biol* organogénèse *f*, organogénie *f*.
organogenetic, organogenic, *a Biol* organogénique; *Geol* organogène.
organogeny, *n Biol* = **organogenesis.**
organographic, *a Biol* organographique.
organography, *n Biol* organographie *f*.
organoid *Biol* **1.** *a* organoïde. **2.** *n* organite *m*.
organoleptic, *a Biol Physiol* organoleptique.
organologic, *a Biol* organologique.
organology, *n Biol* organologie *f*.
organomagnesium, *n Ch* organomagnésien *m*; **organomagnesium compound,** composé, dérivé, organomagnésien.
organometallic, *a Ch* organométallique.
organomy, *n Biol* ensemble *m* des lois naturelles de la conduite et des fonctions de la vie organique.
organonymy, *n Biol* système *m* de nomenclature des organes.
organophilic, *a Biol* organophile.
organoplastic, *a Biol* organoplastique.
organoplasty, *n Biol* organoplastie *f*.
organoscopy, *n Biol* endoscopie *f*.
organosol, *n Ch* organosol *m*.
organotrope, *n Ch* substance *f* organotrope.
organotrophic, *a Z* se rapportant à la nutrition des tissus organisés.
organotropic, *a Z Tox* organotrope; ayant tendance à se fixer sur un organe.
organotypic, *a Biol* organotypique.

orgasm, *n Physiol* orgasme *m*.
orientation, *n Biol Ch etc* orientation *f*; **orientation effect,** effet *m* de l'orientation.
orientite, *n Miner* orientite *f*.
orifice, *n Biol Ch Ph* orifice *m*.
oriform, *a Biol* oriforme.
origin, *n* **1.** origine *f*; *Ph* **origin distortion,** distorsion *f* d'origine. **2.** *Anat* (point *m* d')attache *f* (d'un muscle).
original, *a Biol* primitif; primordial, -aux.
orioscope, *n Ph* orioscope *m*, polariscope *m*.
orispation, *n* ondulation *f*.
orlon, *n Ch* orlon *m*.
ornis, *n Orn* avifaune *f*, faune avienne.
ornithic, *a* ornithique.
ornithine, *n Ch* ornithine *f*.
ornithocopros, *n Z* excrément *m* des oiseaux.
ornithogamous, *a Bot* ornithogame.
ornithoid, *a Z* ornithoïde.
ornithological, *a* ornithologique.
ornithology, *n* ornithologie *f*.
ornithophilous, *a Bot* ornithogame, ornithophile.
ornithophily, *n Bot* ornithogamie *f*.
ornithuric, *a Ch* ornithurique.
ornoite, *n Geol* ornoïte *f*.
orobanchaceous, *a Bot* orobanché.
orogenesis, *n Geol* orogénèse *f*.
orogenetic, orogenic, *n Geol* orogénique.
orogeny, *n Geol* orogénie *f*.
orography, *n* orographie *f*.
orological, *a* orologique.
orology, *n* orologie *f*.
oropharynx, *n Z* pharynx *m*.
orpiment, *n Miner* orpiment *m*, orpin *m*; sulfure *m* jaune d'arsenic.
orsellic, *a Ch* orsellique.
orsellinic, *a Ch* orsellinique.
orthite, *n Miner* orthite *f*.
orthobasic, *a Ch* orthobasique.
orthocarbonic, *a Ch* (acide, ester) orthocarbonique.
orthochlorite, *n Miner* orthochlorite *f*.
orthochlorotoluene, *n Ch* orthochlorotoluène *m*.
orthochromatic, *a Biol* orthochromatique.
orthocladous, *a Bot* orthoclade.
orthoclase, *n Miner* orthoclase *f*, orthose *m*.
orthoformic, *a Ch* (acide) orthoformique; **orthoformic ester,** orthoformiate *m* d'éthyle.
orthoforming, *n Ch* procédé *m* de craquage catalytique fluide.
orthogenesis, *n Biol* orthogénèse *f*.
orthogenetic, orthogenic, *a Biol* (forme, etc) orthogénétique.
orthogeotropism, *n Bot* orthogéotropisme *m*.
orthognathous, *a Z* orthognathe.
orthogneiss, *n Geol* gneiss *m* ortho, orthogneiss *m*.
orthograde, *a Z* (animal) qui marche debout.
orthohydrogen, *n Ch* orthohydrogène *m*.
orthophosphate, *n Ch* orthophosphate *m*.
orthophosphoric, *a Ch* orthophosphorique.
orthophyre, *n Geol* orthophyre *m*.
orthoplasy, *n Biol Z* orthoplasie *f*; influence directrice ou déterminante de la sélection naturelle dans le développement.
orthopteral, *a Z* orthoptère.
orthopteran, *a & n Z* orthoptère (*m*).
orthopteroid, *a & n Z* orthoptéroïde (*m*).
orthopterological, *a Z* orthoptérologique.
orthopterology, *n Z* orthoptérologie *f*.
orthopteron, *pl* **-ra**, *n Z* orthoptère *m*.
orthopterous, *a Z* orthoptère.
orthose, *n Miner* orthose *f*, orthoclase *f*.
orthoselection, *n Biol* orthosélection *f*.
orthosilicate, *n Ch* orthosilicate *m*.
orthosilicic, *a Ch* orthosilicique.
orthostichous, *a Biol* se rapportant à l'orthostique.
orthostichy, *n Bot* orthostique *f*.
orthotrophy, *n Nut* nutrition correcte ou normale; processus normal de la nutrition.
orthotropism, *n Bot* orthotropisme *m*; développement vertical.
orthotropous, *a Bot* (ovule) orthotrope.
orthotype, *n Genet* orthotype *m*.

orthovanadic, *a Ch* orthovanadique.
Os[1], *symbole chimique de l'*osmium.
os[2], *pl* **ora,** *n Z* bouche *f*, orifice *m*, ouverture *f*.
os[3], *pl* **ossa,** *n Z* os *m*.
osazone, *n Ch* osazone *f*.
oscheal, *a Z* scrotal, -aux.
oscillate 1. *vi* osciller. **2.** *vtr* faire osciller.
oscillation, *n Mth Ch Ph* oscillation *f*.
oscillator, *n Ch Ph* oscillateur *m*; **harmonic oscillator,** oscillateur harmonique.
oscillatory, *a Ph* (mouvement, circuit) oscillatoire.
oscillograph, *n Ch* oscillographe *m*.
oscine *Z* **1.** *a* oscine. **2.** *npl* **the Oscines,** les oscines *mpl*.
oscinine, *a Z* oscine.
osculant, *a Z* (espèces, genres) qui se touchent, qui ont des caractères communs.
osculate, *vi Z* (*of genera, species*) avoir des traits communs (**with,** avec).
osculation, *n Med Physiol* anastomose *f*.
osculum, *pl* **-la,** *n Z* oscule *m* (d'éponge, etc).
osmate, *n Ch* osmiate *m*.
osmatic[1], *a Ch* = **osmic.**
osmatic[2], *a Z* qui s'oriente par l'odorat.
osmesis, *n Biol* olfaction *f*.
osmiate, *n Ch* osmiate *m*.
osmic, *a Ch* osmique; **osmic acid,** tétraoxyde *m* d'osmium.
osmics, *n Biol* science *f* des odeurs.
osmi-iridium, *n Miner* = **osmiridium.**
osmiophil, osmiophilic, *a Path Biol Ch* osmiophile.
osmious, *a Ch* osmieux.
osmiridium, *n Miner* osmiridium *m*.
osmium, *n Ch* (*symbole* Os) osmium *m*; **osmium alloy,** osmiure *m*; **iridium osmium alloy,** osmiure d'iridium.
osmodysphoria, *n Physiol* intolérance *f* vis-à-vis de certaines odeurs.
osmograph, *n Ph* osmomètre *m*.
osmolarity, *n Ch* osmolarité *f*.
osmol(e), *n Ch* osmole *f*.
osmometer, *n Ph* osmomètre *m*.
osmometric, *a Ph* osmométrique.
osmometry, *n Ph* osmométrie *f*.
osmondite, *n Miner* osmondite *f*.
osmophore, *n Ch* osmophore *m*.
osmophoric, *a Ch* osmophorique.
osmoregulation, *n Biol* régulation *f* de la pression osmotique.
osmoregulator, *n Ph* osmorégulateur *m*.
osmosis, *n Ch Physiol* osmose *f*.
osmotaxis, *n Biol* osmotactisme *m*.
osmotic, *a Ch Physiol* (pression) osmotique; **osmotic coefficient,** coefficient *m* osmotique; **osmotic work,** travail *m* osmotique.
osmundaceous, *a Bot* osmondacé.
osmyl, *n Ch* odeur *f*.
osone, *n Ch* osone *f*.
osotetrazine, *n Ch* osotétrazine *f*.
osotriazole, *n Ch* osotriazol *m*.
osphresiology, *n Physiol* osphrésiologie *f*; science *f* de l'odorat.
osphresis, *n Physiol* odorat *m*.
ossein, *n Ch* osséine *f*, ostéine *f*.
osselet, *n Anat Z* osselet *m*.
osseous, *a* **1.** (système, tissu, etc) osseux. **2.** *Geol* (terrain) osseux, à ossements (fossiles). **3.** *Z* (poisson) osseux, téléostéen.
ossicle, *n Anat Z* ossicule *m*, osselet *m*; **ear ossicle,** osselet de l'oreille.
ossicular, *a Anat* ossiculaire.
ossiculum, *pl* **-la,** *n Anat Z* osselet *m*.
ossicusp, *n Z* corne *f*, épiphyse osseuse du frontal (de la girafe, de l'okapi).
ossification, *n Anat Z* ossification *f*.
ossified, *a* ossifié.
ossifluence, *n Z* ostéolyse *f*.
ossiform, *a* ossiforme.
ossify 1. *vtr* ossifier. **2.** *vi* s'ossifier.
ossipite, *n Geol* ossipite *f*.
osteal, *a Anat* osseux.
ostein, *n Ch* ostéine *f*, osséine *f*.
osteoarticular, *a Anat* ostéo-articulaire.
osteoblast, *n Biol* ostéoblaste *m*.
osteocele, *n Biol* ostéocèle *f*.
osteochondrous, *a Path Biol* ostéochondral, -aux.
osteoclasis, *n Biol* ostéoclasie *f*.
osteoclast, *n Biol* ostéoclaste *m*.
osteocolla, *n Miner* ostéocolle *f*; calcaire tufacé.

osteocomma, *n Z* segment osseux; vertèbre *f*.
osteocranium, *n Z* crâne osseux.
osteocyte, *n Biol* cellule osseuse.
osteodentin, *n Biol Z* ostéodentine *f*.
osteodermia, *n Z* formations osseuses dans la peau (d'un crocodile, etc).
osteoepiphysis, *n Biol* épiphyse *f*.
osteogen, *n Biol Z* couche *f* ostéogène (du périoste).
osteogenesis, *n Biol* ostéogénèse *f*, ostéogénie *f*.
osteogenetic, osteogenic, *a Biol* ostéogénique, ostéogène.
osteogenous, *a Biol* ostéogène.
osteogeny, *n Biol* = **osteogenesis.**
osteoid, *n Z* ostéome *m*.
osteolite, *n Miner* ostéolite *f*.
osteologic(al), *a* ostéologique.
osteology, *n* **1.** *Anat* ostéologie *f*. **2.** *Z* structure osseuse (d'un animal, du crâne, etc).
osteolysis, *n Biol* ostéolyse *f*.
osteomere, *n Z* segment osseux; vertèbre *f*.
osteon, *n Biol* ostéone *m*.
osteopathia, osteopathology, osteopathy, *n Anat* ostéopathie *f*.
osteoperiosteal, *a Anat* ostéo-périosté.
osteophage, *n Biol* ostéoclaste *m*.
osteoplast, *n Biol* ostéoblaste *m*.
osteoplastic, *a* se rapportant à l'ostéogénèse.
osteoplasty, *n Biol* ostéoplastie *f*.
ostial, *a* se rapportant à un orifice.
ostiate, *a Biol* muni d'un ostium, d'ostiums.
ostiolate, *a Biol* ostiolé.
ostiole, *n Biol* ostiole *m*.
ostium, *n* **1.** *Anat* ostium *m* (du cœur, etc); orifice *m* (de la trompe de Fallope). **2.** *Z* pore inhalant.
Ostracea, *npl Moll* ostracés *mpl*.
ostraceous, *a Z* ostracé.
ostreiform, *a* ostréiforme.
Ostwald, *Prn Ch* **Ostwald's Dilution Law,** loi *f* d'Ostwald de la dilution.
otalgic *Biol* **1.** *a* otalgique. **2.** *n* produit *m* auriculaire antalgique.
otic, *a Anat* (nerf, ganglion) otique; **otic bone,** os pétreux; rocher *m*; **the otic bones,** les osselets *mpl* de l'oreille.
otoconium, *pl* **-ia,** *n Z* otolithe *m*.
otocyst, *n Z* otocyste *m*.
otogenic, otogenous, *a Biol* otogène.
otolith, *n Anat Biol* otolithe *f*.
otologic, *a* otologique.
otoplasty, *n Biol* otoplastie *f*.
otosalpinx, *n Z* trompe *f* d'Eustache.
otosteon, *n Z* (*a*) osselet *m*; (*b*) otolithe *m*.
ottrelite, *n Miner* ottrélite *f*.
ouabain, *n Ch* ouabaïne *f*.
outcrop, *n Geol* affleurement *m*.
outgas, *vtr Ch* dégazer.
outgrowth, *n* excroissance *f*.
out-of-phase, *a* déphasé.
output, *n Ph* production *f*.
outstanding, *a* saillant.
oval, *a Biol* ovale; *Anat* **oval foramen,** trou *m* ovalaire.
ovalbumin, *n BioCh* ovalbumine *f*.
ovarian, *a Anat Bot* ovarien, ovarique.
ovariole, *n Biol* ovariole *f*.
ovary, *n Anat Bot* ovaire *m*; *Bot* **inferior, superior, ovary,** ovaire infère, supère.
ovate, *a Biol* ové, ovale.
overdosage, *n Ch* surdosage *m*.
overflow, *n Ch* débordement *m*; excédent *m*.
overfold, *n Geol* pli déversé.
overgrowth, *n* pullulation *f*.
overindulgence, *n* excès *m*; abus *m*.
overlap[1], *n* chevauchement *m; Biol* imbrication *f*.
overlap[2], *vi* (*of fish scales, etc*) s'imbriquer.
overlapping **1.** *a Biol* imbriqué. **2.** *n* = **overlap[1].**
overlying, *a Geol* **overlying rock,** roche surjacente, sus-jacente.
overoxidize, *vtr* suroxyder.
overshoot, *n* dépassement *m*.
overstaining, *n* surcoloration *f*.
overstrain, *n* effort *m*.
overstress, *n* surménage *m*.
overt, *a* évident; *Physiol* **overt bleeding,** écoulement évident de sang.
overview, *n* aperçu *m*.
overvoltage, *n Ch* survoltage *m*.
ovibovine, *a Z* oviboviné.

ovicapsule, *n Z* ovicapsule *f*.
ovicell, *n Biol* ovicelle *f*.
Ovidae, *npl Z* ovidés *mpl*.
oviducal, *a Z* de l'oviducte.
oviduct, *n Z* oviducte *m*.
oviductal, *a Z* de l'oviducte.
oviferous, *a Z* ovifère, ovigère.
oviform, *a* oviforme, ovoïde.
ovigenetic, *a* ovogénétique.
ovigenous, *a Z* ovigène.
ovigerous, *a Z* ovigère, ovifère.
oviparity, *n Biol* oviparité *f*, oviparisme *m*.
oviparous, *a Z* ovipare.
oviparously, *adv Z* (se reproduire) par oviparité, par oviparisme.
oviposit, *vtr Z* pondre.
oviposition, *n Z* oviposition *f*; ponte *f*.
ovipositor, *n Z* ovipositeur *m*, pondoir *m*.
ovisac, *n Z* ovisac *m*.
ovism, *n Biol* ovisme *m*.
ovocentre, *n Biol* ovocentre *m*.
ovocyte, *n Biol* ovocyte *m*.
ovogenesis, *n Biol* ovogénèse *f*, ovogénie *f*, oogénèse *f*.
ovoglobulin, *n Ch* ovoglobuline *f*.
ovoid, *a Bot etc* ovoïde.
ovology, *n* ovologie *f*.
ovomucine, *n Biol* ovomucine *f*.
ovomucoid, *n BioCh* ovomucoïde *m*.
ovoplasm, *n Biol* ovoplasme *m*.
ovotestis, *n Z* ovotestis *m*.
ovoverdin, *n Biol* ovoverdine *f*.
ovoviviparity, *n Z* ovoviviparité *f*.
ovoviviparous, *a Biol* ovovivipare.
ovula, *npl Biol* ovules *mpl*.
ovular, *a Biol* ovulaire.
ovulate[1], *vi Biol* pondre des ovules.
ovulate[2], *a Biol* ovulé.
ovulation, *n Biol* ovulation *f*; ponte *f* ovarique.
ovulatory, *a Biol* de l'ovulation.
ovule, *n Biol* ovule *m*.
ovuliferous, *a Biol* ovuligère.
ovulogenous, *a Biol* ovuligène.
ovum, *pl* **ova**, *n Biol* ovule *m*, œuf *m*.
owyheeite, *n Miner* owyhéeite *f*.
oxacid, *n Ch* oxacide *m*, oxyacide *m*.
oxalacetic, *a Ch* oxalacétique.
oxalate, *n Ch* oxalate *m*; **oxalate of iron, ferrous oxalate, ferric oxalate,** oxalate de fer.
oxalated, *a Ch* oxalaté.
oxalic, *a Ch* oxalique.
Oxalidaceae, *npl Bot* oxalidées *fpl*.
oxalidaceous, *a Bot* oxalidacé.
oxaloacetic, *a Ch* oxalo-acétique.
oxalosis, *n Biol* oxalose *f*.
oxaluric, *a Ch* oxalurique.
oxalyl, *n Ch* oxalyle *m*.
oxalylurea, *n Ch* oxalylurée *f*, oxalyluréide *f*; acide *m* parabanique.
oxamic, *a Ch* oxamique.
oxamide, *n Ch* oxamide *m*.
oxammite, *n Miner* oxammite *f*.
oxanilic, *a Ch* oxanilique.
oxanilide, *n Ch* oxanilide *m*.
oxazine, *n Ch* oxazine *f*.
oxazole, *n Ch* oxazole *m*.
oxetone, *n Ch* oxétone *f*.
oxidability, *n Ch* oxydabilité *f*.
oxidable, *a Ch* oxydable.
oxidant, *n Ch* oxydant *m*.
oxidation, *n Ch* oxydation *f*; *Metall* calcination *f*; **oxidation number,** indice *m* d'oxydation; **oxidation-reduction,** oxydoréduction *f*; **oxidation-reduction electrodes,** électrodes *fpl* d'oxydo-réduction; **oxidation-reduction reactions,** réactions *fpl* d'oxydo-réduction; **oxidation-reduction potentials,** potentiels *mpl* d'oxydoréduction; **oxidation state,** état *m* d'oxydation; *Physiol* **to destroy by oxidation,** brûler.
oxidative, *a BioCh* (enzyme, etc) d'oxydation.
oxide, *n Ch* oxyde *m*; **magnesium, molybdenum, oxide,** oxyde de magnésium, de molybdène; **cupric oxide,** oxyde de cuivre, cuproxyde *m*; **ferric oxide,** oxyde ferrique; minium *m* de fer; **oxide ores,** minerais *mpl* d'oxydes.
oxidizability, *n Ch* oxydabilité *f*.
oxidizable, *a Ch* oxydable.
oxidization, *n Ch* oxydation *f*.
oxidize 1. *vtr Ch etc* oxyder; *Metall* calciner. **2.** *vi* s'oxyder.
oxidizer, *n Ch* oxydant *m*.
oxidizing *Ch* **1.** *a* oxydant; **oxidizing agent,** oxydant *m*; **oxidizing flame,** flamme oxydante. **2.** *n* oxydation *f*.

oxidoreduction, *n Ch* oxydo-réduction *f.*
oximation, *n Ch* oximation *f.*
oxime, *n Ch* oxime *f.*
oximeter, *n Ch Physiol* oxymètre *m.*
oximetric, *a Ch Physiol* oxymétrique.
oximetry, *n Ch Physiol* oxymétrie *f.*
oxo-acid, *n Ch* oxacide *m*, oxyacide *m.*
oxonium, *n Ch* oxonium *m.*
oxozone, *n Ch* oxozone *m.*
oxyacid, *n Ch* oxacide *m*, oxyacide *m.*
oxycellulose, *n Ch* oxycellulose *f.*
oxychloride, *n Ch* oxychlorure *m.*
oxycyanide, *n Ch* oxycyanure *m.*
oxydactyl, *a Z* oxydactyle.
oxydant, *n Ch* oxydant *m.*
oxydase, *n Ch BioCh* oxydase *f.*
oxyfluoride, *n Ch* oxyfluorure *m.*
oxygen, *n Ch* (*symbole* O) oxygène *m.*
oxygenase, *n Ch* oxygénase *f.*
oxygenate, *vtr Ch* oxygéner.
oxygenated, *a Ch* oxygéné.
oxygenation, *n Ch* oxygénation *f.*
oxygenic, *a Ch* oxygéné.
oxygenizable, *a Ch* oxygénable.
oxygenize, *vtr Ch* oxygéner.
oxyh(a)emoglobin, *n Physiol* oxyhémoglobine *f.*
oxyh(a)emography, *n Ch* oxyhémographie *f.*
oxyhydrogen, *a Ch* (flamme) oxyhydrique; **oxyhydrogen gas,** mélange tonnant.
o-xylene, *n Ch* orthoxylène *m.*
oxyphilic, oxyphilous, *a Ch* acidophile.
oxyphosphate, *n Ch* oxyphosphate *m.*
oxyrhynchous, *a Crust* oxyrhynque.
oxysalt, *n Ch* oxysel *m.*
oxysulfide, *n Ch* oxysulfure *m.*
oxytetracycline, *n Ch* oxytétracycline *f.*
oxytocic, *a Ch* ocytocique.
oxytocin, *n Physiol* ocytocine *f.*
oxyurid, *n Biol* oxyure *f.*
ozocerite, ozokerite, *n Miner* ozocérite *f*, ozokérite *f*, cire minérale; paraffine naturelle.
ozone, *n Ch* ozone *m*; *Meteor* **ozone layer,** ozonosphère *f.*
ozonide, *n Ch* ozonide *m.*
ozonization, *n Ch* ozonisation *f*, ozonation *f.*
ozonize, *vtr Ch* ozoniser, ozoner.
ozonized, *a Ch* ozonisé; **stream of ozonized oxygen,** jet *m* d'oxygène ozoné.
ozonizer, *n Ch* ozonateur *m*; ozoniseur *m*, ozoneur *m.*
ozonolysis, *n Ch* ozonolyse *f.*
ozonometer, *n Ph* ozonomètre *m.*
ozonometric, *a Ph* ozonométrique.
ozonometry, *n Ph* ozonométrie *f.*
ozonoscope, *n Ch* ozonoscope *m.*
ozonoscopic, *a Ch* ozonoscopique.
ozonosphere, *n Meteor* ozonosphère *f.*

P

P, (*a*) *symbole* (i) *de la* pression, (ii) *de la* poise, (iii) *du* coefficient de distribution; (*b*) *symbole chimique du* phosphore.
Pa, (*a*) *symbole chimique du* protactinium; (*b*) *symbole du* pascal.
pabular, *a* alimentaire.
pabulum, *n* aliment *m.*
pacemaker, *n* (*a*) *Physiol* nœud sinusal; (*b*) **(heart) pacemaker,** pacemaker *m.*
pachnolite, *n Miner* pachnolite *f.*
pachyderm, *n Z* pachyderme *m.*
pachydermal, pachydermatous, pachydermic, pachydermous, *a Z* pachyderme, pachydermique, à la peau épaisse.
pachymeter, *n Ph* pachomètre *m.*
pachytene, *a & n Biol* (stade) pachytène (*m*).
Pacinian, *a Z* **Pacinian bodies,** corpuscules *mpl* de Pacini.
packstone, *n Miner* packstone *m.*
pad, *n* pelote digitale (de certains animaux); pulpe *f* (du doigt, de l'orteil); pelote adhésive (d'insecte).
paedia-, paedo-, *pref* = **pedia-, pedo-.**
paedogenesis, *n Biol* paedogénèse *f,* pédogénèse *f.*
paedogenetic, *a Biol* paedogénétique, pédogénétique.
pagodite, *n Miner* (*also* **pagoda stone**) pagodite *f,* bildstein *m.*
pagoscope, *n Ph* pagoscope *m.*
paidology, *n* pédologie *f.*
paired, *a* en couples; *Z* **paired bodies,** corpuscules *mpl* en couples; **paired fins,** nageoires *fpl* (pectorales et pelviennes) en couples.
pairing, *n Biol* appariement *m* (de chromosomes).
palaeo-, *pref* paléo-.
palaeobiological, *a* paléobiologique.
palaeobiologist, *n* paléobiologiste *mf.*
palaeobiology, *n* paléobiologie *f.*
palaeobotanical, *a* paléobotanique.
palaeobotany, *n* paléobotanique *f.*
Palaeocene, *a & n Geol* paléocène (*m*).
palaeoecologic(al), *a* paléoécologique.
palaeoecology, *n* paléoécologie *f.*
palaeokinetic, *a* paléokinétique.
palaeomagnetism, *n Ph* paléomagnétisme *m.*
palaeometabolous, *a Biol* paléométabole.
palaeontological, *a Biol* paléontologique.
palaeontology, *n Biol* paléontologie *f.*
palaeopalynology, *n Paly* paléopalynologie *f.*
palaeopathology, *n* paléopathologie *f.*
palaeophytograph, *n Bot* paléophytogramme *m.*
palaeophytographical, *a Bot* paléophytographique.
palaeophytography, *n Bot* paléophytographie *f.*
palaeophytology, *n Bot* paléophytologie *f*; paléobotanique *f.*
palaeoplain, *n Geol* paléoplaine *f.*
palaeopteran, *a Ent* paléoptère.
palaeotropical, *a Geog* paléotropical.
palaeovolcanic, *a Geol* paléovolcanique.
Palaeozoic, *a & n Geol Miner* paléozoïque (*m*).
palaeozoological, *a* paléozoologique.
palaeozoologist, *n* paléozoologiste *mf.*
palaeozoology, *n* paléozoologie *f.*
palaite, *n Miner* palaïte *f.*
palatable, *a* d'un goût agréable.
palatal, *a Anat Z* palatal, -aux.
palate, *n* **1.** *Anat Z* palais *m*; **soft palate,** voile *m* du palais. **2.** *Bot* palais (de la

corolle du muflier, etc).
palatine *Anat Z* **1.** *a* palatin; palatal, -aux; **palatine bone,** (os *m*) palatin (*m*); **the palatine vault**, la voûte du palais. **2.** *n* (os *m*) palatin (*m*).
palatoglossal, *a Anat Z* pharyngo-staphylin.
pale, *n*, **palea,** *pl* **-eae,** *n Bot* paléa *f*; préfeuille *f*; glumelle supérieure (d'une graminacée); paillette *f* (d'une composacée, d'une graminacée).
paleaceous, *a Bot* paléacé.
palearctic, *a Z etc* paléarctique.
paleo-, *pref* = **palaeo-.**
palinal, *a Z* se déplaçant en arrière.
palingenesia, palingenesy, *n Biol* palingénésie *f*; reproduction *f* des mêmes traits, des mêmes évolutions; régénération *f*.
palingenesis, *n* (*a*) *Biol* = **palingenesia;** (*b*) *Geol* palingénèse *f*.
palingenetic, palingenic, *a Biol Geol* palingénésique.
palingeny, *n Biol* palingénie *f*.
palisade, *n* (*a*) *Bot* **palisade parenchyma,** palissade *f*; **palisade cell,** cellule *f* de la palissade; **palisade tissue,** tissu *m* palissadique; (*b*) *Z* **palisade worm,** strongle géant.
palladic, *a Ch* palladique.
palladium, *n Ch* (*symbole* Pd) palladium *m*.
pallaesthesia, *n Z* pallesthésie *f*.
pallasite, *n Geol* pallasite *f*.
pallial, *a Z* palléal, -aux; cortical, -aux; **pallial chamber,** cavité palléale.
pallor, *n Z* pâleur *f*.
palm, *n Ch* **palm oil,** huile *f* de palme.
palmaceous, *a Bot* de la famille, de la nature, du palmier.
palmar, *a Z* palmaire.
palmate, *a Z Bot* palmé.
palmatifid, *a Bot* palmatifide, palmifide.
palmatifoliate, *a Bot* palmatifolié, palmifolié.
palmatiflorate, *a Bot* palmatiflore, palmiflore.
palmatilobate, palmatilobed, *a Bot* palmatilobé, palmilobé.
palmatinerved, *a Bot* palmatinervé, palminervé.
palmation, *n Z* palmure *f*, palmature *f*.
palmatipartite, *a Bot* palmatiparti(te), palmiparti(te).
palmatisect, *a Bot* palmatiséqué, palmiséqué.
palmed *a Z* palmé.
palmic, *a Ch* (acide) palmique.
palmierite, *n Miner* palmiérite *f*.
palmiform, *a Bot* palmiforme.
palmilobate, *a Bot* palmilobé.
palmin, *n Ch* palmitine *f*.
palminerved, *a Bot* palminervé, palmatinervé.
palmiped, *a & n Z* palmipède (*m*).
palmitate, *n Ch* palmitate *m*.
palmitic, *a Ch* (acide) palmitique.
palmitin, *n Ch* palmitine *f*.
palmitone, *n Ch* palmitone *f*.
palm-nut, *n Ch* **palm-nut oil,** huile *f* de palmiste.
palmodic, *a* palpitant.
palography, *n* palographie *f*.
palp, *n Z* palpe *m*, barbillon *m* (d'insecte); palpe (d'annélide).
palpation, *n* palpation *f*.
palpebra, *pl* **-ae,** *n Anat Z* paupière *f*.
palpebral, *a Anat Z* palpébral, -aux.
palpicorn, *a Z* palpicorne.
palpigerous, *a Z* palpigère.
palpitation, *n Physiol* palpitation *f*.
palpus, *pl* **-i,** *n Z* = **palp.**
paludal, *a Biol* paludéen; (plante, animal) des marais.
paludicole, *a Biol* paludicole.
paludide, *a & n Biol* paludide (*m*).
paludine, *a Biol* paludéen.
paludicolous, *a Biol* paludicole.
paludous, *a* (plante, etc) palustre.
paludrine, *n Ch* paludrine *f*.
palustral, palustrian, palustrine, *a* (plante, etc) palustre.
palynogram, *n Paly* palynogramme *m*.
palynological, *a Bot* palynologique.
palynology, *n Bot* palynologie *f*, pollénographie *f*.
palynomorphic, *a Paly* palynomorphe.
pamaquine, *n Ch* = **plasmoquin(e).**
pampiniform, *a Bot* en forme de vrille; *Z* **pampiniform plexus,** plexus veineux

spermatique.
pamplegia, *n Tox* paralysie générale.
pamprodactyl *Z* **1.** *a* pamprodactyle. **2.** *n* oiseau *m* pamprodactyle.
pamprodactylous, *a Z* pamprodactyle.
pan, *n Ch* cuve *f*, cuvette *f*; bassin *m*; **crystallizing pan,** cristallisoir *m*.
panchromatic, *a Ch* panchromatique; **panchromatic plates,** plaques *fpl* panchromatiques.
pancreas, *n Anat Z* pancréas *m*.
pancreatic, *a Anat Physiol* pancréatique; **pancreatic duct, juice,** canal *m*, suc *m*, pancréatique.
pancreatin, *n Ch* pancréatine *f*.
pancreatropic, *a Physiol* pancréatotrope.
pandanaceous, *a Bot* pandacé, pandané.
Pander, *Prn Z* **Pander's islands,** plaques *fpl* jaune rougeâtre de la couche blastodermique.
pandermite, *n Miner* pandermite *f*.
panflavine, *n Ch* panflavine *f*.
pangene, *n Biol* pangène *m*.
pangenesis, *n Biol* pangénèse *f*.
panicle, *n Bot* panicule *f*.
panicled, paniculate, *a Bot* paniculé.
panmeristic, *a Biol* panméristique.
panmixia, panmixis, panmixy, *n Biol* panmixie *f*.
panning, *n Ch* lavage *m*.
panspermia, *n Biol* panspermie *f*, panspermisme *m*.
panspermic, *a Biol* panspermique.
panspermy, *n Biol* = **panspermia.**
panting, *n Biol* halètement *m*.
pantoscopic, *a* bifocal, -aux.
pantothenate, *n Ch BioCh* pantothénate *m*; vitamine *f* du B complexe.
pantothenic, *a BioCh* pantothénique.
pantotropic, pantropic, *a Biol* pantrope.
papain, *n Ch* papaïne *f*.
papaveraceous, *a Bot* papavéracé.
papaveraldine, *n Ch* papavéraldine *f*.
papaveric, *a* papavérique.
papaverine, *n Ch* papavérine *f*.
papaverous, *a Bot* papavéracé.
paper, *n Ch* **paper chromatography,** chromatographie *f* sur papier.
papery, *a Z* papyracé.
papilionaceous, *a Bot* papilionacé; **papilionaceous plant,** papilionacée *f*.
papilla, *pl* **-ae**, *n Z Anat* papille *f*; mamelon *m* (de la langue).
papillary, *a Z* papillaire.
papillate(d), *a Biol* papillé, papillaire.
papilliferous, *a Biol* papillifère.
papillose, *a Biol* papilleux, papillé.
papose, *a* duveteux.
pappiferous, *a Bot* pappifère.
pappose, *a Bot* pappeux.
pappus, *pl* **pappi**, *Bot* pappe *m*, aigrette *f*.
papula, *pl* **-ae**, *n*, **papule**, *n Bot* papule *f*.
papulose, *a Bot* papuleux.
papulospore, *n Paly* papulospore *f*.
papulous, *a Bot* papuleux.
papyraceous, *a Z* papyracé.
parabanic, *a Ch* parabanique; **parabanic acid,** oxalylurée *f*, acide *m* parabanique.
parabenzene, *n Ch* parabenzène *m*.
parabiosis, *pl* **-ses**, *n Biol* parabiose *f*.
parablast, *n Biol* parablaste *m*; feuillet *m* vasculaire.
paracarp, *n Bot* paracarpe *m*.
paracasein, *n BioCh* paracaséine *f*.
paracentesis, *n Biol* paracentèse *f*.
paracentral, *a Biol* paracentral, -aux; **paracentral lobule,** lobule paracentral.
paracetamol, *n Pharm* paracétamol *m*.
parachlorotoluene, *n Ch* parachlorotoluène *m*.
parachor, *n Ch* parachor *m*.
parachordal, *a Z* situé à côté de la notochorde.
parachromatin, *n Biol* partie *f* du caryoplasme qui forme les filaments pendant la caryokinèse.
parachrosis, *n Z* maladie cutanée pigmentaire.
parachute, *n Bot* parachute *m*.
parachymosin, *n Ch* parachymosine *f*.
paracnesis, *n Anat* péroné *m*.
paracoele, *n Anat Z* ventricule latéral (du cerveau).
paracone, *n Z* pointe *f* de molaire supérieure.
paraconid, *n Z* pointe *f* de molaire inférieure.

paracresol, *n Ch* paracrésol *m.*
paracyanogen, *n Ch* paracyanogène *m.*
paracystic, *a Z* situé près de la vessie.
paradesmose, *n Biol* paradesmose *f.*
paradiochlorobenzene, *n Ch* paradichlorobenzène *m.*
paraexosporium, *n Paly* paraexosporium *m.*
paraffin, *n Ch* paraffine *f*; huile *f* de pétrole; **the paraffin series,** les paraffènes *mpl*; **crude paraffin,** paraffine brute; graisse minérale; **paraffin hydrocarbons,** hydrocarbones saturés, carbures *mpl* paraffiniques; **paraffin distillate,** distillat paraffineux; **liquid paraffin,** huile de paraffine, paraffine liquide; **paraffin wax,** paraffine solide; **paraffin (oil),** pétrole (lampant), huile de paraffine, kérosène *m*, kérosine *f*; **paraffin residue,** reste *m* paraffinique.
paraffinic, *a Ch* paraffinique.
paraflagellum, *pl* **-a,** *n Anat Z* petit flagelle supplémentaire.
paraform, paraformaldehyde, *n Ch* paraformaldéhyde *m*, paraforme *m.*
parafunctional, *a Physiol* dénotant une anomalie de fonction.
paraganglia, *npl Z* **paraganglia cells,** cellules *fpl* chromaffines.
paragenesis, *n Biol* paragénésie *f*; *Biol Geol* paragénèse *f.*
paraglobulin, *n Z* paraglobuline *f.*
paraglossa, *pl* **-ae,** *n Ent* paraglosse *m.*
paragnathous, *a Z* paragnathe.
paragnathus, *pl* **-tha,** *n Z Ter* paragnathe *m.*
paragneiss, *n Geol* paragneiss *m.*
paragonite, *n Miner* paragonite *f.*
parahydrogen, *n Ch* parahydrogène *m.*
parahypophysis, *n Z* fragment *m* d'hypophyse se trouvant parfois dans le repli pituitaire.
paraisomer, *n Ch* paraisomère *m.*
paralaurionite, *n Miner* paralaurionite *f.*
paraldehyde, *n Ch* paraldéhyde *m.*
parallactic, *a* parallactique.
parallax, *n Ph* parallaxe *f.*
parallelepiped, *n Geol* parallelépipède *m.*
parallelinervate, parallelinerved, parallel-veined, *a Bot* parallélinervé.
parallergic, *a Biol* parallergique.
paraluminite, *n Miner* paraluminite *f.*
paramagnetic, *a Ph* paramagnétique.
paramagnetism, *n Ph* paramagnétisme *m.*
paramastoid *Z* **1.** *n* apophyse *f* jugulaire (occipitale). **2.** *a* situé près de l'apophyse mastoïdienne.
paramedical, *a Biol* paramédical, -aux.
paramelaconite, *n Miner* paramélaconite *f.*
paramere, *n Z* paramère *f.*
paramesial, *a* paramédian.
parameter, *n* paramètre *m.*
parametrium, *n Z* paramètre *m*; tissu conjonctif entourant l'utérus.
paraminophenol, *n Ch* paraminophénol *m*, paramidophénol *m.*
paramitome, *n Biol* paramitome *m.*
paramorph, *n Miner Biol* structure *f* paramorphe.
paramorphic, *a Miner* paramorphe, paramorphique.
paramorphism, paramorphosis, *n Biol* paramorphose *f*; *Miner* paramorphisme *m.*
paramorphous, *a Miner* paramorphe, paramorphique.
paranephros, *pl* **-nephroi,** *n Z* capsule surrénale.
paranoia, *n Psy* paranoïa *f*; monomanie *f* d'Esquirol.
paranoidism, *n Psy* état *m* de l'individu atteint de paranoïa.
paranucleus, *pl* **-clei,** *n Biol* paranucléus *m.*
paraphysis, *pl* **-ses,** *n Bot* paraphyse *f.*
paraplasm, *n Biol* paraplasme *m.*
parapodium, *n Ann* parapode *m*; *Moll* parapodie *f.*
parapophysis, *n Z* parapophyse *f* (d'une vertèbre).
parapsis, *n Physiol* perversion *f* du sens tactile.
pararectal, *a* situé près, à côte, du rectum.
pararosaniline, *n Ch* pararosaniline *f.*
parasellar, *a* parasellaire.
parasite, *n Biol* parasite *m*; **accidental,**

permanent, parasite, parasite accidentel, permanent; **secondary, tertiary, parasite,** hyperparasite *m*; **to be a parasite on sth,** être parasite de qch.

parasitic, *a* (insecte, plante) parasite (**on,** de); **parasitic life,** vie *f* parasitaire; **parasitic weeds,** herbes gourmandes; **parasitic disease,** maladie *f* parasitique, parasitaire; *Geol* **parasitic cone,** cône adventif.

parasitical, *a* (maladie, etc) parasitique.

parasiticidal, *a* parasiticide.

parasiticide, *n* parasiticide *m.*

parasitism, *n* parasitisme *m.*

parasitize, *vtr* vivre en parasite avec; parasiter.

parasitology, *n* parasitologie *f.*

parasitotropic, *a* parasitotrope.

paraspore, *n Bot* paraspore *f.*

parasporium, *pl* **-sporia,** *n Paly* parasporium *m.*

parasternal, *a Z* situé près, à côté, du sternum.

parasymbiosis, *n Biol* parasymbiose *f.*

parasympathetic, *a Z* **parasympathetic system,** système nerveux autonome.

parasynapsis, *n Biol* parasynapsis *f.*

paratartaric, *a Ch* paratartarique.

parathormone, *n BioCh* parathormone *f.*

parathyroid, *n Z* glande *f* parathyroïde.

paratonia, *n Z* paratonie *f*; anomalie *f* de la contraction musculaire.

paratypical, *a Biol* irrégulier; (de caractère) atypique.

paraurethral, *a Z* situé près de l'urètre.

paravertebral, *a Z* situé près de la colonne vertébrale.

paravesical, *a Z* situé près de la vessie.

paraviviparous, *a Z* paravivipare.

paraxanthine, *n Ch* paraxanthine *f.*

paraxial, *a Z* situé près de l'axe du corps.

paraxylene, *n Ch* paraxylène *m.*

parazoon, *pl* **-zoa,** *n Z* ectoparasite *m.*

parazygosis, *n Ter* monstre *m* double avec union des troncs au-dessus de l'ombilic.

parencephalon, *pl* **-a,** *n Z* cervelet *m.*

parenchyma, *n Anat Bot* parenchyme *m.*

parenchymal, *a Anat Bot* parenchymal, -aux.

parenchymatous, *a Anat Bot* parenchymateux.

parent, *n Ch* **parent acid,** acide *m* de la même famille; **parent rock,** roche *f* mère.

parenteral, *a Physiol Tox* parentéral, -aux.

pargasite, *n Miner* pargasite *f.*

paries, *pl* **parietes,** *n Z* paroi *f.*

parietal, *a Anat Bot* pariétal, -aux; **parietal bone,** pariétal *m*; **parietal section,** sillon interpariétal.

paripinnate, *a Bot* paripenné.

parity, *n Ph* parité *f.*

paroccipital, *n Z* apophyse mastoïdienne.

paronychia, *n Z* tourniole *f*; panaris *m.*

parosteosis, *n Z* ossification *f* du tissu cellulaire parostéal.

parotic, *a Anat Z* parotique.

parotid *Anat Z* **1.** *a* (glande) parotide; (canal) parotidien. **2.** *n* (glande *f*) parotide (*f*).

parotidean, *a Anat Z* parotidien.

parted, *a Bot* (*of leaf*) parté, parti.

parthenocarpic, parthenocarpous, *a Bot* parthénocarpique.

parthenocarpy, *n Bot* parthénocarpie *f.*

parthenogenesis, *n Biol* parthénogénèse *f*; **thelytokous parthenogenesis,** parthénogénèse thélytoque; **arrhenotokous parthenogenesis,** parthénogénèse arrhénotoque.

parthenogenetic, parthenogenic, parthenogenous, *a Biol Paly Z* parthénogénétique, parthénogénésique.

parthenospore, *n Bot* parthénospore *f.*

partial, *a* partiel; **partial pressure,** pression partielle; *Ph* **partial vacuum,** vide partiel, imparfait; dépression *f* (dans un tube, etc); **partial wave,** onde partielle; **partial entropy,** entropie partielle; **partial free energy,** énergie libre partielle.

particle, *n* particule *f*, parcelle *f*, infime quantité *f* (de matière); *AtomPh* particule, corpuscule *m*; **alpha, beta, particle,** particule alpha, bêta; **bombarded, struck, particle,** particule bombardée; **charged particle,** particule chargée; **colloidal**

particle, particule colloïde; **elementary, fundamental, subatomic, particle,** particule élémentaire, fondamentale, subatomique; **emitted, ejected, particle,** particule émise; **free, unbound, particle,** particule libre; **high-energy, low-energy, particle,** particule de grande, de faible, énergie; **initial particle,** particule originale, primitive; **neutral, uncharged, particle,** particule neutre, non chargée; **relativistic particle,** particule relativiste; **oil particles,** particules d'huile; **particle size analysis,** granulométrie *f*.

particulate 1. *a Ph* particulaire; *Biol* **particulate inheritance,** héritage *m* particulaire. **2.** *n AtomPh* macroparticule *f*; **particulate size distribution,** granulométrie *f*.

partimute, *a & n* sourd(e)-muet(te).

partite, *a Bot* (*of leaf*) parti.

partition, *n Ch* **partition chromatography,** chromatographie *f* par séparation; **coefficient of partition, partition coefficient,** coefficient *m* de distribution.

partitioning, *n Ch* **partitioning agent,** agent *m* de partage.

partschinite, *n Miner* partschine *f*.

parts-per-million, *npl Ch* parties *fpl* par million, ppm; **parts-per-million range,** domaine *m* de parties par million, ppm.

parturient, *a* en parturition; (*of animal*) sur le point de mettre bas.

parturition, *n* parturition *f*; (*of animal*) mise *f* bas; (*of woman*) accouchement normal; travail *m*.

parumbilical, *a Z* situé, se produisant, à côté de l'ombilic.

parvifoliate, parvifolious, *a Bot* parvifolié.

parvoline, *n Ch* parvoline *f*.

pascal, *n PhMeas* (*symbole* Pa) pascal *m*.

pascoite, *n Miner* pascoïte *f*.

passage, *n* **1.** passage *m*; trajet *m*; **passage of an electric current,** passage d'un courant électrique; **passage of a ray of light through a prism,** passage, trajet, d'un rayon (de lumière) à travers un prisme; **passage of neutrons through matter,** passage, trajet, des neutrons à travers la matière; **passage of birds,** passage d'oiseaux; **bird of passage,** oiseau *m* de passage. **2.** *Anat* voie *f*; **the air passages,** les voies aériennes, aérifères. **3.** *Ch* cheminement *m*.

passerine *Orn* **1.** *a* des passereaux. **2.** *n* passereau *m*.

passivate, *vtr Ch etc* passiver.

passivation, *n Ch etc* passivation *f*.

passivity, *n Ch* passivité *f*.

pasteurization, *n Ch* pasteurisation *f*.

patagium, *n Z* patagium *m* (d'une chauve-souris, d'un insecte, etc).

patch, *n* (*on animal*) **patches,** taches *fpl*; *Orn* **brooding patches,** plaques incubatrices.

patella, *pl* **-ae,** *n* **1.** *Z* rotule *f*. **2.** *Bot* patelle *f* (de lichen).

patellate, *a Biol* patellé; patelliforme.

patelliform, patelline, patelloid, *a Biol* patelliforme.

patent, *a Biol* ouvert; inobstrué.

paternoite, *n Miner* paternoïte *f*.

path, *n Ph* **ray path,** trajet *m* des rayons.

pathetic, *a Z* pathétique; **pathetic muscle,** muscle *m* pathétique; grand oblique de l'œil; **pathetic nerve,** nerf *m* pathétique.

pathogen, *n Biol* microbe *m*, agent *m*, pathogène.

pathogenesis, *n Path* pathogénèse *f*.

pathogenetic, pathogenic, *a* pathogène, pathogénique.

pathogenicity, *n* pathogénicité *f*.

pathology, *n Biol* pathologie *f*; **plant pathology,** pathologie végétale, phytopathologie *f*.

patina, *n Ch* patine *f*.

patroclinic, patroclinous, *a Biol* patrocline.

patronite, *n Miner* patronite *f*.

pattern, *n Ph etc* diagramme *m*; **beam pattern,** diagramme directionnel de rayonnement; **diffraction pattern,** diagramme, figures *fpl*, de diffraction; **flow pattern,** diagramme d'écoulement; *Physiol* **growth pattern,** diagramme de croissance (d'un organe, d'un os, etc); **metabolic pattern,** diagramme métabolique; *Bac* **antigenic pattern,** motif *m* antigénique.

patulin, *n Pharm* patuline *f*.

patulous, *a Bot* étalé.

paucibacillary, *a Biol* paucibacillaire.
pauciflorous, *a Bot* pauciflore.
paunch, *n Z* panse *f*, ventre *m*, abdomen *m*.
paurometabolous, *a* **paurometabolous insect,** (insecte *m*) paurométabole (*m*).
pauropodous, *a Z* pauropode.
pavement, *n Z* **pavement epithelium,** épithélium pavimenteux.
pavonazzo, *n Miner* pavonazzo *m*, œil-de-paon *m*.
paw, *n Z* patte *f* (de lion, de singe, etc).
Pb, *symbole chimique du* plomb.
p-cresol, *n Ch* paracrésol *m*.
Pd, *symbole chimique du* palladium.
peak, *n Ch Ph* pic *m*, sommet *m* (d'une courbe); crête *f* (d'une onde); **peak-to-valley ratio,** taux *m* d'amplitude (d'une onde).
peanut, *n Ch* **peanut oil,** huile *f* d'arachnide.
pearcite, *n Miner* pearcéite *f*.
pearlstone, *n Miner* perlite *f*.
peastone, *n Miner* pisolit(h)e *f*, calcaire *m* pisolit(h)ique.
peat, *n Ch* tourbe *f*; **peat bog,** marais tourbeux.
pebble, *n* caillou *m*; **Egyptian pebble,** caillou d'Egypte.
peccant, *a* insalubre.
peck, *n Meas* peck *m*.
peckhamite, *n Miner* peckhamite *f*.
pecking, *n Z* **pecking order,** hiérarchie *f* du becquetage.
pectase, *n Ch* pectase *f*.
pectate, *n Ch* pectate *m*.
pecten, *pl* **pectines,** *n Z* peigne *m* (d'œil d'oiseau, de patte de scorpion, etc).
pectenoid, *a Z* pectiné.
pectic, *a Ch* pectique.
pectin, *n Ch* pectine *f*.
pectinacean, *n Z* pectinacé *m*.
pectinaceous, *a Z* pectinacé.
pectinal, *a Z* pectiné.
pectinate(d), *a Z* pectiné; **pectinate(d) antenna,** antenne pectinée; **pectinate(d) branchiae,** branchies pectinées; *Bot* **pectinate(d) leaf,** feuille pectinée.
pectination, *n Bot* structure pectinée.
pectineal, *a Anat* pectinéal, -aux; pubien.
pectinibranch, pectinibranchian, pectinibranchiate, *a & n Z* pectinibranche (*m*).
pectiniform, *a Z* pectiné.
pectinose, *n Ch* arabinose *m*.
pectizable, *a Ch* pectisable.
pectization, *n Ch* pectisation *f*.
pectize, *vtr Ch* pectiser.
pectolite, *n Miner* pectolite *f*.
pectoral 1. *a Anat etc* pectoral, -aux; *Z* **pectoral fin,** nageoire pectorale. **2.** *n Anat* muscle pectoral.
pectose, *n Ch* pectose *m*.
pectous, *a Ch* pecteux.
pectus, *pl* **pectora,** *n Anat* thorax *m*.
peculiar, *a* propre (**to,** à).
pedal, *a* du pied; *Anat Z* pédieux; **pedal ganglion, muscle,** ganglion, muscle, pédieux.
pedaliaceous, *a Bot* pédaliacé.
pedate, *a* **1.** *Bot* (*of leaf*) palmilobé, pédalé. **2.** *Z etc* qui a des pieds, des pattes.
pedes, *npl Anat* pieds *mpl*.
pedesis, *n Ph* pédèse *f*; mouvement brownien.
pediatontia, *n Biol* pédodontie *f*.
pediatontology, *n Biol* pédodontologie *f*.
pediatrics, *n* pédiatrie *f*.
pediatrist, *n* pédiatre *mf*.
pedicel, *n* **1.** *Paly Bot* pédicelle *m*. **2.** *Z* pédicelle, pédoncule *m*, pédicule *m*.
pedicellaria, *pl* **-iae,** *n Z* pédicellaire *m* (d'oursin).
pedicellate, *a* **1.** *Bot* pédicellé. **2.** *Z* pédicellé, pédonculé, pédiculé.
pedicellina, *n Z* pédicelline *f*.
pedicle, *n* = **pedicel**.
pedicled, *a* = **pedicellate 2**.
pedicular, *a* péditulaire.
pediculate(d), *a* = **pedicellate 2**.
pedicule, *n Z* pédicule *m*.
pedicure, *n* podologie *f*.
pedimanous, *a Z* pédimane.
pediment, *n Geol* pédiment *m*.
pedipalp, pedipalpus, *n Z* pédipalpe *m*.
pedocal, *n Geol* pédocal *m*.
pedipalpous, *a Z* pédipalpe.
pedodontics, *n* pédodontie *f*.

pedogenesis, *n Biol* pédogénèse *f*, paedogénèse *f*.
pedogenetic, *a Biol* pédogénétique, paedogénétique.
pedologic(al), *a Geol* pédologique.
pedology, *n Geol* pédologie *f*.
pedophilic, *a* pédophile.
peduncle, *n* **1.** *Bot* pédoncule *m*, scape *m*; hampe florale. **2.** *Z* pédicelle *m*, pédoncule *m*, pédicule *m*.
peduncular, *a Bot Z* pédonculaire.
pedunculate, *a Bot Z* pédonculé.
peeling, *n* desquamation *f*.
peganite, *n Miner* péganite *f*.
pegmatite, *n Miner* pegmatite *f*.
pegmatoid, *a Miner* pegmatoïde.
pegology, *n* pégologie *f*.
peladic, *a* péladique.
pelagian, *a Oc* pélagien, pélagique.
pelagic, *a Oc* pélagique; **pelagic zone,** région *f* pélagique; **pelagic deposit,** dépôt *m* pélagique.
pelargonate, *n Ch* pélargonate *m*.
pelargonic, *a Ch* pélargonique.
pelasgic, *a Biol* pélasgique.
pelecypod, *a & n Moll* pélécypode (*m*).
peliom, *n Miner* péliom *m*.
pelite, *n Miner* pélite *f*.
pelitic, *a Geol* pélitique.
pella, *n Anat* peau *f*.
pellagra, *n Nut* pellagre *f*.
pellagral, *a* pellagreux.
pellet, *n* (*a*) *Z pl* **pellets,** pelotes *fpl* de réjection, boulettes *fpl* d'aliments régurgités (par les hiboux, etc); ingluvie *f* (des oiseaux de proie); (*b*) *Ch* boulette, bâtonnet *m*, anneau *m*, tube *m*; (*c*) *Pharm* pastille *f*.
pelletierine, *n Ch* pelletiérine *f*; **ψ-pelletierine,** ψ-pelletiérine.
pellicle, *n Biol* (*a*) pellicule *f*; (*b*) membrane *f*.
pellicula, *n Anat* épiderme *m*.
pellicular, pelliculate, *a* (*a*) pelliculaire; (*b*) membraneux.
pellicule, *n* = *Biol* **pellicle.**
pellitory, *n Bot* pariétaire *f*; **wall pellitory,** pariétaire officinale.
pellucid, *a* transparent, translucide.
pelmatic, *a Anat* plantaire.
pelmatozoan, *a & n Z* pelmatozoaire (*m*).
pelmatozoic, *a Z* pelmatozoaire.
peloria, *n Bot* pélorie *f*.
pelorian, peloriate, peloric, *a Bot* pélorié.
pelorism, *n Bot* pélorisme *m*.
pelory, *n Bot* pélorie *f*.
peltate, *a Bot* pelté; en forme de bouclier.
Peltier, *Prn Ph* **Peltier effect,** effet *m* calorifique du courant électrique de Peltier.
peltiform, *a Bot* pelté, peltiforme.
pelvic, *a Anat* pelvien; **pelvic cavity,** cavité pelvienne; **pelvic bone,** os *m* de bassin; **pelvic index,** indice pelvien; **pelvic limbs,** membres pelviens; *Ich* **pelvic fins,** pelviennes *fpl*.
pelvimeter, *n* pelvimètre *m*.
pelvis, *n Anat* (*a*) bassin *m*; (*b*) bassinet *m* (du rein).
pen, *n Moll* plume *f* (de calmar).
pencatite, *n Miner* pencatite *f*.
pendent, *a* (*of plants, etc*) pendant; penché.
penetrance, *n Biol* pénétrance *f*.
penetrant, *a* mouillant; imprégnant.
penetrated, *a Ph etc* pénétré, imprégné.
penetration, *n Ph* pénétration *f*.
penfieldite, *n Miner* penfieldite *f*.
penial, *a* **1.** *Anat Z* pénien. **2.** *Z* (fourreau, etc) de la verge.
penicillanate, *n* pénicillanate *m*.
penicillate, *a Biol* pénicillé.
penicilliary, *a* pénicillé.
penicilliform, *a Z* pénicilliforme.
penicillin, *n* pénicilline *f*.
penicillinase, *n Bac* pénicillinase *f*.
penicillium, *n Ch* pénicillium *m*.
penile, *a Anat Z* pénien.
penis, *pl* **penes,** *n Z* pénis *m*, verge *f*; membre viril.
pennate, *a* **1.** *Bot* penné, pinné. **2.** *Biol* penniforme.
pennatifid, *a Bot* pennatifide.
pennatilobate, *a Bot* pennatilobé.
pennatisect(ed), *a Bot* pennatiséqué.
pennatulaceous, *a Z* pennatulacé.
penniform, *a Anat Z* penniforme.
pennine, penninite, *n Miner* pennine *f*.
penology, *n* pénologie *f*.

pensile, *a Z* (oiseau) qui bâtit un nid pendant, un nid suspendu.
pentacapsular, *a Bot* pentacapsulaire.
pentacarpellary, *a Bot* pentacarpellaire.
pentachloride, *n Ch* pentachlorure *m.*
pentacoccous, *a Bot* pentacoccygien.
pentacrinoid, *a Echin* pentacrinoïde.
pentactinal, *a Z* pentactinique.
pentacyclic, *a Bot Ch* pentacyclique; **pentacyclic triterpene,** triterpène *m* pentacyclique.
pentad, *n Ch* corps pentavalent.
pentadactyl(e), *a & n Z* pentadactyle (*m*).
pentaerythritol, *n Ch* pentaérythrite *f*, pentaérythritol *m.*
pentagynia, *n Bot* pentagynie *f.*
pentagynian, pentagynous, *a Bot* pentagyne; à cinq pistils.
pentameral, *a* = **pentamerous.**
pentamerism, *n Biol* pentamérisme *m.*
pentamerous, *a Z Bot* pentamère, quinaire.
pentamethylene, *n Ch* pentaméthylène *m.*
pentamethylenediamine, *n Ch* pentaméthylènediamine *f.*
pentandria, *n Bot* pentandrie *f.*
pentandrous, *a Bot* pentandre; à cinq étamines.
pentane, *n Ch* pentane *m.*
pentanoic, *a Ch* **pentanoic acid,** pentanoïque *m*; acide valérique.
pentanol, *n Ch* pentanol *m*; alcool *m* amylique.
pentanone, *n Ch* pentanone *f.*
pentapetalous, *a Bot* pentapétale; à cinq pétales.
pentaploid(ic), *a Biol* pentaploïde.
pentaploidy, *n Biol* pentaploïdie *f.*
pentaquine, *n Ch* pentaquine *f.*
pentasepalous, *a Bot* pentasépaloïde.
pentasternum, *pl* **-a, -ums,** *n Z* pentasternum *m.*
pentasulfide, *n Ch* pentasulfure *m.*
pentathionate, *n Ch* pentathionate *m.*
pentathionic, *a Ch* pentathionique.
pentatomic, *a Ch* pentatomique.
pentavalence, *n Ch* pentavalence *f.*
pentavalent, *a Ch* pentavalent.
pentene, *n Ch* pentène *m.*
penthiophene, *n Ch* penthiophène *m*, penthiofène *m.*
pentite, pentitol, *n Ch* pentite *f*, pentitol *m*, penta(a)lcool *m.*
pentlandite, *n Miner* pentlandite *f.*
pentosan, *n Ch* pentosane *m.*
pentosazon, *n Ch* pentosazone *f.*
pentose, *n Ch* pentose *m.*
pentosid(e), *n Ch* pentoside *m.*
pentosuric, *a Ch* pentosurique.
pentothal, *n Ch* pentothal *m*, pentoxyde *m.*
pentoxide, *n Ch* **nitrogen pentoxide,** anhydride *m* azotique; **antimony pentoxide,** anhydride antimonique.
pentyl, *n Ch* pentyle *m.*
pentylenetetrazol, *n Ch* pentétrazol *m.*
peonin, *n Ch* péonine *f.*
peperine, *n Geol* péperin *m.*
pepper, *n Ch* **pepper alkaloid,** alcaloïde *m* du poivre.
pepsin, *n Ch Physiol* pepsine *f*, pepsinase *f.*
pepsinogen, *n Ch* pepsinogène *m.*
pepsinum, *n Ch* pepsine *f*, pepsinase *f.*
peptic, *a Physiol* peptique, pepsique, gastrique; **peptic glands,** glandes *fpl* gastriques, à pepsine.
peptidase, *n BioCh* peptidase *f.*
peptid(e), *n BioCh* peptide *m.*
peptizable, *a Ch* peptisable.
peptizate, *vtr Ch* peptiser.
peptization, *n Ch* peptisation *f.*
peptize, *vtr Ch* peptiser.
peptolysis, *n Ch* peptolyse *f.*
peptonate, *n BioCh* peptonate *m.*
peptone, *n BioCh* peptone *f.*
peptonizable, *a Ch* peptonisable.
peptonization, *n Physiol etc* peptonisation *f.*
peptonize, *vtr Physiol etc* peptoniser.
peracetic, *a Ch* peracétique.
peracid, *n Ch* peracide *m.*
perborate, *n Ch* perborate *m.*
perbromide, *n Ch* perbromure *m.*
percarbonate, *n Ch* percarbonate *m.*
percentage, *n Ch Ph etc* teneur *f* (**of,** en); **percentage of sulfur,** teneur en soufre.

perchlorate, *n Ch* perchlorate *m.*
perchloric, *a Ch* perchlorique.
perchloride, *n Ch* perchlorure *m.*
perchlorinated, *a Ch* perchloré.
perchromate, *n Ch* perchromate *m.*
perchromic, *a Ch* perchromique.
percoidean, *a Z* percoïde.
percolate, *vi* s'infiltrer, (se) filtrer (**into,** dans; **through,** à travers).
percolation, *n* infiltration *f,* filtration *f*; *Ch* écoulement *m.*
percomorph, *n Z* percomorphe *m.*
percurrent, *a Paly* percurrent.
percutaneous, *a* percutané.
percylite, *n Miner* percylite *f.*
pereirine, *n Ch* péreirine *f.*
perennating, *a Bot* pérennant.
perennial *Bot* **1.** *a* vivace, persistant. **2.** *n* plante *f* vivace.
perennibranch, perennibranchiate, *a & n Z* pérennibranche (*m*).
perfect, *a* parfait; (*a*) *Bot* **perfect flower,** fleur parfaite; (*b*) *Z* **perfect insect,** insecte parfait; (*c*) *Ch* **perfect gas,** gaz parfait; **perfect liquids,** liquides parfaits.
perfoliate, *a* **1.** *Bot* perfolié, perfeuillé. **2.** *Z* perfolié.
perforate, *a Biol Paly* perforé, percé.
perforation, *n Bot* **perforation plate,** lame perforée.
perforator, *n Z* tréphine *f.*
perforatorium, *n Z* (*a*) partie antérieure de la tête du spermatozoïde; (*b*) céphalotome *m.*
performance, *n Ch* **performance index,** index *m* d'efficacité.
pergameneous, *a Biol* pergamentacé.
perhydride, *n Ch* perhydrure *m.*
perhydrol, *n Ch* perhydrol *m.*
perianth, *n Bot* périanthe *m.*
periblast, *n Biol* périblaste *m.*
periblastula, *n Biol* périblastula *f.*
periblem, *n Bot* périblème *m.*
peribulbar, *a Anat Z* péribulbaire.
pericapillary, *a Biol* péricapillaire.
pericardial, *a Z* péricardique.
pericardium, *n Anat Z* péricarde *m.*
pericarp, *n Bot* péricarpe *m.*
pericarpial, pericarpic, *a Bot* péricarpique, péricarpien; péricarpial, -aux.
pericellular, *a Biol* péricellulaire.
perichondral, *a* périchondral, -aux.
perichondrium, *n Z* périchondre *m.*
perichord, *n Z* gaine *f* de la notochorde.
periclase, periclasite, *n Miner* périclase *m.*
periclinal, *a Geol* périclinal, -aux.
pericline, *n Miner Geol* péricline *f.*
pericolpate, *a Paly* péricolpé.
pericranium, *n Z* péricrâne *m.*
pericycle, *n Bot* péricycle *m.*
pericytial, *a* péricellulaire.
peridental, *a* périodontique.
periderm, *n Bot* périderme *m.*
peridermal, peridermic, *a Bot* péridermique.
peridesm, *n Bot* péridesme *m.*
peridesmic, *a Bot* péridesmique.
peridiastole, *n Physiol* intervalle *m* entre la diastole et la systole.
perididymus, *n Anat Z* périididyme *f,* tunique albuginée du testicule.
peridium, *n Bot* péridium *m.*
peridot, *n Miner* péridot *m.*
peridotite, *n Miner* péridotite *f*; chrysolit(h)e *m.*
peridural, *a* péridural, -aux.
perienteron, *pl* **-a,** *n Z* cavité viscérale primitive.
perifocal, *a* périfocal, -aux.
perifoliary, *a Bot* périfoliaire.
perigemmal, *a Bot* qui se trouve autour du bourgeon.
perigone, perigonium, *n Bot* périgone *m.*
perigynous, *a Bot* périgyne.
perikaryon, *n Biol* périkaryon *m.*
perilla, *n Ch* **perilla seed oil,** huile *f* de périlla.
perilymph, *n Z* périlymphe *f.*
perimetrium, *n Z* revêtement péritonéal de l'utérus.
perimysium, *n Z* périmysium *m*; tissu conjonctif lâche entourant les fibres musculaires.
perin, *n Paly* périne *f.*
perinatal, *a Z* périnatal, -aux.
perineal, *a Z* périnéal, -aux.
perineum, *n Anat* périnée *m.*
period, *n Geol Z* période *f*; **childbearing period,** période où une femme est fécondable; **menstrual period,** règles *fpl,* men-

strues *fpl*; *Ph* **period of a wave,** période d'une onde.
periodate, *n Ch* periodate *m*.
periodic[1], *a Ph* périodique; **periodic point,** nœud *m* de vibration; **periodic wave,** onde *f* périodique; *Ch* **periodic law,** loi *f* périodique (des éléments).
periodic[2], **per-iodic,** *a Ch* periodique.
periodide, *n Ch* periodure *m*.
periodontal, *a Z* périodontique; entourant une dent.
periomphalic, *a Biol* périombilical, -aux.
periople, *n Z* périople *m*.
perioral, *a* périoral, -aux.
periorbit, *n Z* périoste *m* orbitaire.
periosteum, *n Z* périoste *m*.
periotic, *n Z* portion *f* pétro-tympanique du temporal.
peripheral, *a* périphérique.
periplasm, periplast, *n Bot* périplasme *m*, cytoplasme *m*.
peripneustic, *a Z* péripneustique.
peripolar, *a* péripolaire.
periporous, *a Paly* périoporié.
peripylic, *a* péri-porte.
perisarc, *n Z* périsarc *m*, périsarque *m*.
perisperm, *n Bot* périsperme *m*.
perispermal, perispermic, *a Bot* périspermatique.
perisplenic, *a* périsplénique.
perispore, *n Bot* périspore *m*.
perisporiate, *a Paly* périsporié.
perissodactyl, *n Z* périssodactyle *m*.
perissodactylate, perissodactylous, *a Z* périssodactyle, imparidigité.
peristalsis, *n Physiol* péristaltisme *m*; mouvement(s) *m(pl)* péristaltique(s); péristole *f*.
peristaltic, *a Physiol* péristaltique; **peristaltic motion,** mouvement *m* péristaltique; péristole *f*.
peristaltin, *n* péristaltine *f*.
peristasis, *n Physiol* péristase *f*; environnement *m*.
peristerite, *n Miner* péristérite *f*.
peristole, *n Physiol* péristole *f*.
peristomal, *a Biol* péristomal, -aux.
peristomatic, *a Biol* péristomique.
peristome, *n Biol* péristome *m*.
peristomial, *a Biol* péristomal, -aux.
peristomium, *n Biol* péristome *m*.
perisystole, *n Physiol* périsystole *f*.
perithecium, *n Bot* périthèce *m*.
perithelial, *a Z* se rapportant au périthélium.
perithelium, *n Z* périthélium *m*; tunique *f* adventice des capillaires.
peritoneal, *a Z* péritonéal, -aux.
peritoneum, *n Z* péritoine *m*.
peritracheal, *a Z* péritrachéen.
peritrichous, *a Z Bac* péritriche.
peritrophic, *a Z* péritrophique.
perivascular, *a Z* périvasculaire.
perivisceral, *a Z* périviscéral, -aux.
perizona, *n Z* zona *m*.
perlite, *n Miner* perlite *f*.
perlitic, *a Geol* perlitique.
perlon, *n Ch* perlon *m*.
permafrost, *n Geol* pergélisol *m*.
permanent, *a* permanent; *Anat* **permanent teeth,** dentition permanente, définitive.
permanganate, *n Ch* permanganate *m*; **potassium permanganate, permanganate of potash,** permanganate de potassium.
permanganic, *a Ch* permanganique.
permeability, *n Ch* perméabilité *f*.
permeable, *a* perméable (**to,** à).
permeameter, *n Ph Geol* perméamètre *m*, perméabilimètre *m*.
permeate, *vtr & ind tr* filtrer à travers, passer à travers.
Permian, *a & n Geol* permien (*m*).
permissible, *a Ch* **permissible dose,** dose *f* admissible.
permitman, *n Geol* permitman *m*.
Permocarboniferous, *a & n Geol* permo-carbonifère (*m*).
permonosulfuric, *a Ch* permonosulfurique.
pernasal, *a* par voie nasale.
pernitrate, *n Ch* perazotate *m*.
pernitric, *a Ch* perazotique, pernitrique.
peroblate, *a Paly* périblat.
peroneal, *a Z* péronier.
peroral, *a Z* par voie buccale.
perovskite, *n Miner* perovskite *f*, perowskite *f*.
peroxidase, *n BioCh* peroxydase *f*.
peroxidation, *n Ch* peroxydation *f*, suroxidation *f*.
peroxide, *n Ch* peroxyde *m*, suroxyde *m*;

hydrogen peroxide, peroxide of hydrogen, eau oxygénée; **manganese peroxide,** peroxyde de manganèse; **red peroxide of iron,** colcotar *m.*
peroxidize, *vtr Ch* peroxyder, suroxyder.
peroxomonophosphoric, *a* peroxomonophosphorique.
peroxophosphate, *n Ch* peroxophosphate *m.*
peroxy, *a Ch* **peroxy acid,** peroxyacide *m*; **peroxy salt,** peroxysel *m*; persel *m.*
peroxydisulfuric, *a Ch* perdisulfurique.
perpetual, *a Ph* **perpetual motion,** mouvement perpétuel; transformation *f* physique d'un système qui produirait du travail sans aucune dépense d'énergie.
perradius, *pl* **-ii,** *n Z* perradius *m.*
perrhenate, *n Ch* perrhénate *m.*
perrhenic, *a Ch* perrhénique.
persalt, *n Ch* persel *m.*
perseite, perseitol, *n Ch* perséite *f,* perséitol *m.*
perseulose, *n Ch* perséulose *m.*
perseveration, *n Physiol* persévération *f.*
persistent, *a Bot* (*of leaves*) persistant.
personate, *a Bot* (*of flower*) personé, masqué.
Perspex, perspex, *n Rtm Ch* perspex *m.*
perspiration, *n Physiol* perspiration *f*; **to break into perspiration,** entrer en moiteur.
persulfate, *n Ch* persulfate *m*; **ammonium persulfate,** persulfate d'ammoniaque.
persulfide, *n Ch* persulfure *m.*
persulfuric, *a Ch* persulfurique.
perthite, *n Miner* perthite *f.*
perula, *n Bot* pérule *f.*
pervalvar, *a Z* pervalvaire.
pervious, *a* perméable (**to,** à).
perviousness, *n Ch* perméabilité *f.*
perylene, *n Ch* pérylène *m.*
pes, *pl* **pedes,** *n Z* pied *m.*
pesavioid, *a Paly* pesavioïde.
pesticide, *n Ch* pesticide *m.*
petal, *n Bot* pétale *m*; (*of flower*) **to shed its petals,** s'effeuiller.
petaliform, *a Bot* pétaliforme.
petaline, *a Bot* pétalin, pétaliforme, pétaloïde, pétalaire.
petalite, *n Miner* pétalite *f.*
petalled, *a Bot* (*a*) pétalé; (*b*) **three-petalled, six-petalled,** à trois, à six, pétales; **blue-petalled,** à pétales bleus.
petalocerous, *a Z* pétalocère.
petalodic, *a Bot* pétalodé.
petalody, *n Bot* pétalodie *f.*
petaloid, *a Biol* pétaloïde.
petalous, *a Bot* pétalé.
petiolar, *a Bot* pétiolaire.
petiolate(d), *a Bot* pétiolé.
petiole, *n Bot* pétiole *m.*
petiolular, *a Bot* pétiolulaire.
petiolulate, *a Bot* pétiolulé.
petiolule, *n Bot* pétiolule *m.*
Petit *Prn Anat Z* **Petit's canal,** canal *m* de Petit.
petrichloral, *a* pétrichloral, -aux.
petricolous, *a Moll* pétricole.
petrifaction, petrification, *n Biol* pétrifaction *f,* pétrification *f.*
petrochemical 1. *a* pétroléochimique, pétrochimique. **2.** *npl* **petrochemicals,** produits *mpl* pétroléochimiques, pétrochimiques.
petrochemistry, *n* pétroléochimie *f,* pétrochimie *f.*
petrogenesis, *n Geol* pétrogénèse *f.*
petrographic(al), *a* pétrographique.
petrography, *n Geol* pétrographie *f.*
petrol, *n* essence (minérale).
petrolatum, *n Ch* **petrolatum (jelly),** vaseline industrielle; pétroléine *f.*
petrolene, *n Ch* pétrolène *m.*
petroleum, *n* pétrole *m*; huile minérale (naturelle), huile de roche; naphte minéral, natif; **petroleum benzine,** benzine *f* de pétrole; **petroleum derivative, petroleum chemical,** dérivé *m* du pétrole; **petroleum gas,** gaz *m* de pétrole; **petroleum oil,** huile de pétrole; **petroleum jelly,** gel *m* de pétrole, vaseline *f*; pétroléine *f*; **petroleum tar,** goudron *m* de pétrole.
petrolic, *a Ch* **petrolic ether,** éther *m* de pétrole.
petroliferous, *a Geol* pétrolifère.
petrological, *a* pétrologique.
petrology, *n* pétrologie *f.*
petromastoid, *a Z* pétro-mastoïdien.

petrosal, *a Anat Z* (nerf, etc) pétreux; se rapportant à la portion pétro-tympanique; **petrosal bone,** os pétreux; rocher *m*.
petrosilex, *n Miner* pétrosilex *m*.
petrosphenoid, *a Z* sphéno-pétreux.
petrosquamosal, *a* pétro-squameux.
petrous, *a Anat Z* = **petrosal.**
petuntse, *n Geol* pétunsé *m*, pétunzé *m*.
petzite, *n Miner* petzite *f*.
Peyer *Prn Z* **Peyer's glands,** plaques *fpl* de Peyer.
pH, *n Ch symbole pour la* concentration de l'hydrogène-ion; **pH measurements,** mesures *fpl* de pH; **pH value,** valeur *f* (de) pH; **pH value range,** domaine *m* de valeur pH.
phacea, *n Z* cristallin *m*.
phacelite, *n Miner* phacélite *f*.
phacocyst, *n Z* capsule *f* du cristallin.
phacoid, *a Biol* en forme de lentille.
phacolite, *n Miner* phacolite *f*.
phaeomelanin, *n BioCh* phæomélanine *f*, phéomélanine *f*.
phaeosporous, *a Paly* phæosporé.
phage, *n Bac* (bactério)phage *m*; **phage typing,** lysotypie *f*; **enteric phage typing,** lysotypie entérique; **phage type,** lysotype *m*.
phagocyte, *n Biol* phagocyte *m*.
phagocytic, *a Biol* phagocytaire.
phagocytize, phagocytose, *vtr Biol* phagocyter.
phagocytosis, *n Biol* phagocytose *f*, phagocytisme *m*; ingestion *f* intercellulaire.
phagolysis, *n Biol* phagolyse *f*.
phalaena, *n Z* phalène *f*.
phalange, *n Anat Z* phalange *f*.
phalangeal, *a Anat Z* phalangien.
phalangette, *n Anat* phalangette *f*.
phalanx, *pl usu* **phalanges,** *n Anat Z Bot* phalange *f*; *Anat* **ungual phalanx,** phalange ungéale; phalangette *f*.
phallic, *a* phallique.
phallin, *n BioCh* phalline *f*.
phalloid, *a Biol* phalloïde.
phanerocrystalline, *a Miner* phanérocristallin.
phanerogam, *n Bot* phanérogame *f*.
phanerogamic, phanerogamous, *a Bot* phanérogame.
phanerogamy, *n Bot* phanérogamie *f*.
phanerophyte, *n Bot* phanérophyte *f*.
phanic, *a* apparent.
phaochrome, *a Biol* chromaffine.
phaosome, *n Biol* phaosome *m*.
pharmaceutical, *a* pharmaceutique.
pharmacodynamics, *n* pharmacodynamie *f*.
pharmacolite, *n Miner* pharmacolithe *f*.
pharmacology, *n* pharmacologie *f*.
pharyngeal, *a Anat Z* pharyngien, pharyngé.
pharyngobranch, *n Ich* pharyngobranche *m*.
pharyngobranchial, *a Ich* pharyngobranche.
pharyngognathous, *a Z* pharyngognate.
pharynx, *n Anat Z* pharynx *m*.
phase, *n* phase *f* (d'un système chimique); **phase diagram of the hydrogen-oxygen system,** diagramme *m* de phase du système hydrogène-oxygène; **phase equilibria,** équilibres *mpl* des phases; **phase rule,** règle *f* des phases; **phase space,** espace *m* des phases.
phased, *a Ph* **phased light,** lumière cohérente.
phaselin, *n BioCh* phaséline *f*.
phaseolin, *n Ch* phaséoline *f*.
phaseoloid, *a Paly* phaséoloïde.
phaseolunatin, *n Ch* phaséolunatine *f*.
phatne, *n Z* alvéole *m or f*.
phellandrene, *n Ch* phellandrène *m*.
phelloderm, *n Bot* phelloderme *m*.
phellogen, *n Bot* phellogène *m*.
phellogenetic, phellogenic, *a Bot* phellogène.
phenacetin, *n Ch* phénacétine *f*.
phenaceturic, *a Ch* phénacéturique.
phenacite, *n Miner* = **phenakite.**
phenacyl, *n Ch* phénacyle *m*.
phenadone, *n Ch* méthadone *f*.
phenakite, *n Miner* phénacite *f*.
phenanthraquinone *n Ch* phénanthraquinone *f*.
phenanthrazine, *n Ch* phénanthrazine *f*.
phenanthrene, *n Ch* phénanthrène *m*.
phenanthridine, *n Ch* phénanthridine *f*.

phenanthridone, *n Ch* phénanthridone *f.*
phenanthrol, *n Ch* phénanthrol *m.*
phenanthroline, *n Ch* phénanthroline *f.*
phenate, *n Ch* phénate *m.*
phenazine, *n Ch* phénazine *f.*
phenazocine, *n Ch* phénazocine *f.*
phenazone, *n Ch* phénazone *f.*
phenetidine, *n Ch* phénétidine *f.*
phenetole, *n Ch* phénétole *m.*
phengite, *n Miner* phengite *f.*
phenicochroite, *n Miner* phénicochroïte *f*, phœnicochroïte *f.*
pheniramine, *n Ch* phéniramine *f.*
phenogenetic, *a Biol* phénogénétique.
phenol, *n Ch* phénol *m*; acide phénique.
phenolate, *n Ch* phénate *m*, phénolate *m.*
phenolic, *a Ch* phénolique; **phenolic resin,** phénoplaste *m.*
phenology, *n Biol* phénologie *f*, phénoménologie *f.*
phenolphthalein, *n Ch* phénolphtaléine *f.*
phenolsulfonic, *a Ch* phénolsulfonique.
phenomenology, *n Biol* phénoménologie *f.*
phenosafranine, *n Ch* phénosafranine *f.*
phenothiazine, *n Ch* phénothiazine *f*, thiodiphénylamine *f.*
phenotype, *n Biol* phénotype *m.*
phenotypic, *a Biol* phénotypique.
phenoxazine, *n Ch* phénoxazine *f.*
phenoxide, *n Ch* phénolate *m.*
phenoxybenzene, *n Ch* oxyde *m* de phényle.
phenyl, *n Ch* phényle *m*; **phenyl alcohol,** phénol *m*; **phenyl chloride,** chlorobenzène *m*; **phenyl ether,** oxyde *m* de phényle.
phenylacetaldehyde, *n Ch* phénylacétaldéhyde *m.*
phenylacetamide, *n Ch* phénylacétamide *m.*
phenylacetic, *a Ch* phénylacétique.
phenylalanine, *n Ch* phénylalanine *f.*
phenylamine, *n Ch* phénylamine *f*; aniline *f.*
phenylated, *a Ch* phénylé.
phenylbenzene, *n Ch* phénylbenzène *m.*
phenylcarbinol, *n Ch* alcool *m* benzylique.
phenylene, *n Ch* phénylène *m.*
phenylenediamine, *n Ch* phénylènediamine *f.*
phenylethylamine, *n Ch* phényléthylamine *f.*
phenylethylene, *n Ch* phényléthylène *m.*
phenylglycine, *n Ch* phénylglycocolle *m.*
phenylglycol, *n Ch* phénylglycol *m.*
phenylglycolic, *a Ch* phénylglycolique.
phenylhydrazine, *n Ch* phénylhydrazine *f.*
phenylhydrazone, *n Ch* phénylhydrazone *f.*
phenylhydroxyacetic, *a Ch* phénylhydroxyacétique.
phenylhydroxylamine, *n Ch* phénylhydroxylamine *f.*
phenylic, *a Ch* phénylique.
phenylmethane, *n Ch* phénylméthane *m.*
phenylpropiolic, *a Ch* phénylpropiolique.
phenylpyrazole, *n Ch* phénylpyrazol *m.*
phenylurea, *n Ch* phénylurée *f.*
phial, *n Ch* fiole *f*, flacon *m.*
phialoconidiospore, *n Paly* phialoconidiospore *f.*
phialospore, *n Paly* phialospore *f.*
philipstadite, *n Miner* philipstadite *f.*
phillipsite, *n Miner* phillipsite *f.*
philtrum, *n Anat Z* enfoncement *m* de la lèvre supérieure situé immédiatement sous la cloison du nez.
phlobaphene, *n Bot Ch* phlobaphène *m.*
phloem, *n Bot* phloème *m*, liber *m.*
phlogopite, *n Miner* phlogopite *f.*
phloretic, *a Ch* phlorétique.
phloretin, *n Ch* phlorétine *f.*
phloroglucin(ol), *n Ch* phloroglucine *f*, phloroglucinol *m.*
phlorol, *n Ch* phlorol *m.*
phloridzin, phlor(r)hizin, *n Ch* phloridzine *f.*

phobotaxis, *n Physiol* phobotropisme *m.*
phoenicite, *n Miner* phœnicite *f,* phénicite *f.*
phoenicochroite, *n Miner* phœnicochroïte *f,* phénicochroïte *f.*
pholadophyte, *n Biol* pholade *f.*
phonation, *n Physiol* phonation *f.*
phonolite, *n Miner* phonolit(h)e *f.*
phonolitic, *a Geol* phonolit(h)ique; de phonolit(h)e; **phonolitic dike,** suc *m.*
phonometer, *n Ph* phonomètre *m.*
phonometric, *a Ph* phonométrique.
phonometry, *n Ph* phonométrie *f.*
phonon, *n Ph* phonon *m.*
phonoreceptor, *n Physiol* phonorécepteur *m.*
phonoscope, *n Ph* phonoscope *m.*
phoranthium, *n Bot* phoranthèse *f.*
phoresia, phoresis, phoresy, *n Biol* phorésie *f.*
phorone, *n Ch* phorone *f.*
phosgene, *n Ch* phosgène *m*; oxychlorure *m* de carbone; chlorure *m* de carbonyle; acide *m* chlorocarbonique.
phosgenite, *n Miner* phosgénite *f*; plomb corné.
phospham, *n Ch* phospham *m.*
phosphatase, *n Ch* phosphatase *f.*
phosphate, *n Ch* phosphate *m*; **phosphate of lime, calcium phosphate,** phosphate de chaux; **creatine phosphate,** phosphate de la créatine; **disodium phosphate,** phosphate disodique; **organic phosphate,** phosphate organique.
phosphated, *a Ch* phosphaté.
phosphatic, *a Ch* phosphatique; phosphaté.
phosphatide, *n BioCh* phosphatide *m*; phospholipide *m.*
phosphatidic, *a BioCh* phosphatidique.
phosphation, *n Ch* phosphation *f.*
phosphene, *n Physiol* phosphène *m.*
phosphide, *n Ch* phosphure *m.*
phosphine, *n Ch* phosphine *f*; acide *m* phosphydrique.
phosphite, *n Ch* phosphite *m.*
phosphoaminolipid(e), *n BioCh* phosphoaminolipide *m.*
phosphoglyceric, *a Ch* phosphoglycérique.
phospholipase, *n BioCh* phospholipase *f.*
phospholipid(e), *n BioCh* phospholipide *m*; phosphatide *m.*
phosphomolybdic, *a Ch* phosphomolybdique.
phosphonium, *n Ch* phosphonium *m.*
phosphor, *n Ch* phosphore *m*; **phosphor bronze,** bronze phosphoreux.
phosphorated, *a Ch* phosphoré.
phosphorescent, *a Biol* (organe) lumineux.
phosphoret(t)ed, *a Ch* phosphuré; **phosphoret(t)ed hydrogen,** hydrogène phosphoré; hydrure *m* de phosphore.
phosphoric, *a Ch* phosphorique; **phosphoric anhydride,** anhydride *m* phosphorique, hémipentaoxyde *m* de phosphore.
phosphorite, *n Miner* phosphorite *f.*
phosphoritic, *a Miner* phosphoritique.
phosphorization, *n Ch* phosphorisation *f.*
phosphorize, *vtr Ch* phosphoriser.
phosphorized, *a Ch* phosphoré.
phosphorogenic, *a Ch* phosphorogène.
phosphorous, *a Ch* phosphoreux.
phosphorus, *n Ch* (*symbole* P) phosphore *m*; **amorphous phosphorus,** phospore amorphe; **red phosphorus,** phosphore rouge; **yellow phosphorus,** phosphore blanc; **phosphorus pentachloride,** pentachlorure *m* de phosphore.
phosphoryl, *n Ch* phosphoryle *m.*
phosphorylase, *n Ch* phosphorylase *f.*
phosphorylated, *a Ch* phosphorylé.
phosphotungstate, *n Ch* phosphotungstate *m.*
phosphuranylite *n Miner* phosphuranylite *f.*
phosphuret(t)ed, *a Ch* = **phosphoret(t)ed.**
photic, *a* photique; **photic region, zone,** zone *f* photique (de la mer).
photism, *n Biol* photisme *m.*
photobiology, *n* photobiologie *f.*
photocatalysis, *n Ch* photocatalyse *f.*
photocell, *n Ch* photocellule *f.*
photoceptor, *n Physiol* terminaison nerveuse sensible à la lumière.

photochemical, *a* photochimique; **photochemical reactions**, réactions *fpl* photochimiques; **photochemical polymerization**, photopolymérisation *f*.
photochemistry, *n* photochimie *f*.
photochromatic, *a* photochromatique.
photocinesis, *n Biol* photokinésie *f*.
photocleistogamous, *a Bot* photocléistogame.
photoconductivity, *n Ph* photoconductivité *f*.
photoconductor, *n* photoconducteur *m*.
photodissociation, *n Ch* photodissociation *f*.
photodynamic, *a* photodynamique.
photodynamics, *n Bot* photodynamique *f*.
photoelectric, *a Ph* **photoelectric cell**, cellule *f* photoélectrique; **photoelectric effect**, effet *m* photoélectrique.
photogenesis, *n Biol* photogénèse *f*.
photogenetic, *a Biol Ph* photogène.
photogenic, *a Biol Ph* photogénique.
photogeology, *n* photogéologie *f*.
photographic, *a Ch* **photographic chemicals**, composés chimiques utilisés en photographie.
photo-ionization, *n Ph Ch* photoionisation *f*.
photokinesis, *n Biol* photokinésie *f*.
photology, *n* photologie *f*.
photolysis, *n Biol* photolyse *f*.
photolytic, *a Biol Ch* photolytique.
photometer, *n Ph* photomètre *m*; **automatic-scanning photometer**, photomètre à balayage, à exploration, automatique; **Bunsen, grease-spot, photometer**, photomètre (de) Bunsen, photomètre à tache d'huile; **electronic photometer**, photomètre électronique; **flicker photometer**, photomètre à éclats, à papillotement; **integrating photometer**, photomètre à intégration; **photocell photometer**, photomètre à cellule photoélectrique; **polarization photometer**, photomètre à polarisation; **recording photometer**, photomètre enregistreur; **Rumford, shadow, photometer**, photomètre (de) Rumford, photomètre à ombre.
photometric, *a Ph* photométrique; **photometric constant**, constante *f* photométrique.
photometry, *n Ph* photométrie *f*; **astronomical, heterochromatic, photometry**, photométrie astronomique, hétérochrome.
photomorphosis, *n Biol* photomorphose *f*.
photon, *n Ph* photon *m*.
photonastic, *a Bot* photonastique.
photonasty, *n Bot* photonastie *f*.
photonegative, *a Biol* photonégatif.
photonic, *a Ph* photonique.
photonosus, *pl* **-i**, *n Path* toute maladie consécutive à l'exposition continue à la lumière intense.
photoperiod, *n Biol* photopériode *f*.
photoperiodism, *n Bot* photopériodisme *m*.
photophile, photophilic, photophilous, *a Biol* photophile.
photophore, *n Z* photophore *m*.
photophoresis, *n Ph* photophorèse *f*.
photopolymerization, *n Ch* photopolymérisation *f*.
photopositive, *a Biol* photopositif.
photoptic, *a* se rapportant à la photopsie.
photoreaction, *n Ch* photoréaction *f*.
photoreceptor, *n Physiol* terminaison nerveuse sensible à la lumière.
photosensitive, *a Physiol Ph* photosensible.
photosensitivity, *n Physiol Ph* photosensibilité *f*.
photosensitization, *n Physiol* photosensibilisation *f*.
photosynthesis, *n Bot* photosynthèse *f*.
photosynthetic, *a Bot* photosynthétique.
phototactism, *n Biol* phototactisme *m*.
phototaxis, phototaxy, *n Biol* phototaxie *f*.
phototrophic, *a Biol* phototrophe.
phototropic, *a Bot* phototropique.
phototropism, *n Bot* phototropisme *m*; héliotropisme *m*; actinotropisme *m*.
phragmidioid, *a Paly* phragmidioïde.
phreatic, *a Geol* phréatique; **phreatic water**, nappe *f* phréatique.

phreatophyte, *n Bot* phréatophyte *f*.
phrenic, *a Z* phrénique.
phthalate, *n Ch* phtalate *m*.
phthalein, *n Ch* phtaléine *f*.
phthalic, *a Ch* (acide) phtalique.
phthalide, *n Ch* phtalide *m*.
phthalimide, *n Ch* phtalimide *m*.
phthalin, *n Ch* phtaline *f*.
phthalocyanine, *n Ch* phtalocyanine *f*; **platinum phthalocyanine**, phtalocyanine du platine.
phthanite, *n Miner* phtanite *f*.
phthinoid, *a Path* (atrophie) d'aspect tuberculeux.
phycoerythrin, *n Bot* phycoérythrine *f*.
phycology, *n* phycologie *f*; alcologie *f*.
phylacagogic, *a Immunol* stimulant la production des anticorps.
phylaxiology, *n Immunol* immunologie *f*.
phylaxis, *n* phylaxie *f*.
phyletic, *a Biol* phylétique.
phyllite, *n Miner* phyllite *f*.
phylloclade, *n Bot* phylloclade *m*.
phyllode, *n Bot* phyllode *f*.
phyllogenesis, *n Biol* phyllogénèse *f*.
phyllogenetic, **phyllogenous**, *a Bot* phyllogène.
phylloid, *a Bot* phylloïde, foliacé.
phyllophagous, *a Z* phyllophage.
phyllopod, *n Z* phyllopode *m*.
phyllopodous, *a Z* phyllopode.
phyllotaxis, **phyllotaxy**, *n Bot* phyllotaxie *f*; foliation *f*; vernation *f*.
phylobiology, *n* phylobiologie *f*.
phylogenesis, *n Biol* phylogénèse *f*, phylogénie *f*.
phylogenetic, **phylogenic**, *a Biol* phylogénétique, phylogénique, phylétique.
phylogeny, *n Biol* = **phylogenesis**.
phylum, *pl* **-a**, *n Biol* phylum *m*.
phymatology, *n* oncologie *f*.
physalite, *n Miner* physalite *f*.
physiatry, *n* physiothérapie *f*.
physic, *n* médecine *f*.
physical 1. *a* (*a*) physique; **physical geography**, géographie *f* physique; **physical features**, topographie *f*; *Ph* **physical body**, corps matériel; **physical point**, point matériel; (*b*) **physical sciences**, sciences *fpl* physiques; **physical chemistry**, chimie *f* physique; **physical laws**, lois *fpl* de la physique; **physical analysis**, analyse *f* physique; **physical atomic weight**, poids *m* atomique physique; **physical property, quantity**, propriété *f*, grandeur *f*, physique. **2.** *n* examen *m* physique.
physician, *n* médecin *m*; femme médecin.
physicist, *n* physicien, -ienne.
physicochemical, *a* physico-chimique.
physicochemistry, *n* chimie *f* physique, physico-chimie *f*.
physicogenic, *a* physiogène.
physics, *n* physique *f*; **applied physics**, physique appliquée; **atomic physics**, physique atomique; **electron physics**, physique électronique; **experimental physics**, physique expérimentale; **fundamental, pure, physics**, physique fondamentale, pure; **molecular physics**, physique moléculaire; **neutron physics**, physique neutronique; **nuclear physics**, physique nucléaire; **physics of fission**, physique de fission.
physiochemistry, *n* chimie *f* physiologique.
physiogenesis, *n* embryologie *f*.
physiographical, *a* physiographique.
physiography, *n* physiographie *f*.
physiological, *a* physiologique; *BioCh* **physiological salt solution**, solution *f*, sérum *m*, physiologique.
physiologically, *adv* physiologiquement.
physiology, *n* physiologie *f*; **plant physiology**, physiologie végétale.
physiomedicalism, *n* phytothérapie *f*.
physiotherapy, *n* physiothérapie *f*.
physoclist, *n Z* physocliste *m*.
physoclistous, *a Z* physocliste.
physogastry, *n Z* physogastrie *f*.
physostigmine, *n Ch* physostigmine *f*.
physostome, *n Z* physostome *m*.
physostomous, *a Z* physostome.
phytiatry, *n* phytiatrie *f*.
phytic, *a Ch* **phytic acid**, acide *m* phytique.
phytin, *n Ch* phytine *f*.
phytobezoar, *n Physiol* phytobézoard *f*.

phytobiological, *a* phytobiologique.
phytobiology, *n* phytobiologie *f.*
phytochemistry, *n* phytochimie *f.*
phytocidal, *a Ch* phytocide.
phytocoenosis, *n Bot* phytocénose *f.*
phytoecological, *a* phytoécologique.
phytoecology, *n* phytoécologie *f.*
phytoflagellate, *n Bot* phytoflagellé *m.*
phytogenesis, *n* phytogénésie *f,* phytogénèse *f.*
phytogenetic(al), *a* phytogénétique.
phytogenic, *a Geol Miner* phytogène.
phytogeographic(al), *a* phytogéographique.
phytogeography, *n* phytogéographie *f.*
phytography, *n* phytographie *f.*
phytohormone, *n Bot* phytohormone *f;* auxine *f.*
phytoid, *a* phytoïde.
phytol, *n BioCh* phytol *m.*
phytology, *n* phytologie *f;* botanique *f.*
phytoparasite, *n* phytoparasite *m.*
phytopathogen, *n Bot* phytopathogène *m.*
phytopathological, *a* phytopathologique.
phytopathology, *n* phytopathologie *f,* pathologie végétale.
phytophagous, *a Z* phytophage; herbivore.
phytopharmacy, *n* phytopharmacie *f.*
phytoplankter, *n* plante *f* planctonique.
phytoplankton, *n* phytoplancton *m;* **natural phytoplankton community,** essaim *m* de plancton.
phytoplasm, *n Biol* phytoplasme *m.*
phytosociology, *n Bot* phytosociologie *f.*
phytosterin, phytosterol, *n Ch* phytostérine *f,* phytostérol *m.*
phytotomy, *n* phytotomie *f;* anatomie *f* des plantes.
phytotoxic, *a Ch* phytotoxique.
phytozoon, *pl* **-zoa,** *n Biol* phytozoaire *m,* zoophyte *m.*
pia mater, *n Anat Z* pie-mère *f.*
picein, *n Biol* picéine *f.*
pickeringite, *n Miner* pickeringite *f.*
picnometer, *n Ph* pycnomètre *m.*
picofarad, *n Ph* picofarad *m.*
picoline, *n Ch* picoline *f.*
picotite, *n Miner* picotite *f.*
picramic, *a Ch* (acide) picramique.
picrate, *n Ch* picrate *m.*
picrated, *a Ch* picraté.
picric, *a Ch* (acide) picrique.
picrite, *n Miner* picrite *f.*
piorol, *n Ch* picrol *m.*
picrolite, *n Miner* picrolite *f.*
picromerite, *n Miner* picroméride *f,* picromérite *f.*
picrotin, *n Ch* picrotine *f.*
picrotoxin, *n Biol Ch* picrotoxine *f.*
picrotoxinin, *n Ch* picrotoxinine *f.*
picryl, *n Ch* picryle *m.*
piecemeal, *a Biol* parcellaire.
piedmontite, *n Miner* piémontite *f,* manganépidote *f.*
pieze, *n PhMeas* pièze *f.*
piezochemistry, *n* piézochimie *f.*
piezocrystallization, *n Miner* piézocrystallisation *f.*
piezodynamography, *n Ph* piézodynamographie *f.*
piezoelectricity, *n Ph* piézo-électricité *f.*
piezoid, *n Miner* quartz taillé.
piezometer, *n Ph* piézomètre *m.*
piezometrical, *a Ph* piézométrique.
piezometry, *n Ph* piézométrie *f.*
pigeonite, *n Miner* pigeonite *f.*
pigment[1], *n Physiol* pigment *m;* **pigment cell,** cellule *f* pigmentaire.
pigment[2], *vtr* pigmenter.
pigmentary, *a Physiol* pigmentaire.
pigmentation, *n* pigmentation *f.*
pigmented, *a* pigmenté.
pigmentophage, *n Anat* pigmentophage *m.*
pigmentophore, *n Anat* pigmentophore *m.*
pigmentous, *a* pigmenteux.
pilar, pilary, *a Anat* pilaire.
pileate(d), *a Bot* à pileus; à chapeau.
pileorhiza, *n Bot* pilorhize *f;* coiffe *f* de la racine.
pileous, *a Biol* pileux.
pileum, *n Z* pileum *m,* capuchon *m.*
pileus, *n Bot* pileus *m;* chapeau *m* (de champignon).

piliation, *n* formation *f* et production *f* des cheveux.
piliferous, *a Bot* pilifère.
piliform, *a Biol* piliforme, capilliforme.
pill, *n Pharm* pilule *f.*
pilocarpidine, *n Ch* pilocarpidine *f.*
pilocarpine, *n Ch* pilocarpine *f.*
pilonidal, *a* pilonidal, -aux.
pilose, *a Biol* pileux, poilu.
pilosebaceous, *a Physiol* pilo-sébacé.
pilosism, *n Bot* pilosisme *m.*
pilosity, *n Biol* pilosité *f.*
pilous, *a Biol* pileux, poilu.
pimaric, *a Ch* (acide) pimarique.
pimelic, *a Ch* (acide) pimélique.
pimelite, *n Miner* pimélite *f.*
pin, *n Physiol* **pins and needles,** fourmillements *mpl*; formication *f.*
pinacol, *n Ch* pinacol *m.*
pinacolic, *a Ch* pinacolique.
pinacolin, pinacolone, *n Ch* pinacoline *f.*
pinacone, *n Ch* pinacol *m.*
pinacone-pinacolin, *n Ch* **pinacone-pinacolin rearrangement,** transformation *f* pinacol-pinacoline.
pinakiolite, *n Miner* pinaciolite *f.*
pincers, *npl Z* pince *f* (de crustacé, d'insecte).
pinchbeck, *n Miner* pinchbeck *m.*
pinchcock, *n Ch* pince *f* d'arrêt.
pine, *n Bot* **pine cone,** pomme *f* de pin; *Ch* **pine tar,** goudron *m* de pin.
pineal, *a Anat Z* pinéal, -aux; **pineal gland, body,** glande pinéale.
pinene, *n Ch* pinène *m.*
pin-eyed, *a* (fleur) longistyle.
pinfeather, *n Z* plume naissante, couton *m.*
pinguid, *a* (*of soil*) gras.
pinguite, *n Miner* pinguite *f.*
pinic, *a Ch* pinique.
pinicolous, *a Biol* pinicole.
pinite, *n Miner Ch* pinite *f.*
pinitol, *n Ch* pinite *f.*
pink, *a Ch* **pink salt,** sel *m* rose.
pinna, *n* (*a*) *Orn* penne *f*; (*b*) *Moll* pinne *f.*
pinnal, *a Biol* qui se rapporte au pavillon de l'oreille.
pinnate, pinnated, *a Bot* penné, pinné; **doubly pinnate,** bipenne, bipenné, bipinné; **odd pinnate,** imparipenné; **bluntly pinnate,** paripenné.
pinnately, *adv Bot* **pinnately lobed,** pennatilobé, pinnatilobé; **pinnately cleft,** pennatifide, pinnatifide.
pinnatifid, *a Bot* pennatifide, pinnatifide.
pinnatilobate, pinnatilobed, *a Bot* pennatilobé, pinnatilobé.
pinnatiped, *a & n Z* pinnatipède (*m*).
pinnatisect, *a Bot* pennatiséqué, pinnatiséqué.
pinniped, *a & n Z* pinnipède (*m*).
pinnoite, *n Miner* pinnoïte *f.*
pinnule, *n* (*a*) *Z* pinnule *f*; (*b*) *Bot* pinnule, foliole *f.*
pinocytosis, *n Physiol* pinocytose *f.*
pinonic, *a Ch* pinonique.
pintadoite, *n Miner* pintadoïte *f.*
pipecoline, *n Ch* pipécoline *f.*
piperaceous, *a Bot* pipéracé.
piperazine, *n Ch* pipérazine *f.*
piperic, *a Ch* pipérique.
piperideine, *n Ch* pipéridéine *f.*
piperidine, *n Ch* pipéridine *f.*
piperine, *n Ch* pipérine *f*, pipérin *m.*
piperonal, *n Ch* pipéronal *m*, héliotropine *f.*
piperylene, *n Ch* pipérylène *m.*
pipestone, *n Miner* catlinite *f.*
pipethanate, *n Ch* pipéthanate *m.*
pipette[1], *n Ch* pipette *f*; **graduated pipette,** pipette graduée; **pipette calibration,** calibrage *m* des pipettes.
pipette[2], *vtr Ch* pipetter.
pipradol, *n Biol* pipradol *m.*
piroform, *a* piriforme.
pirssonite, *n Miner* pirssonite *f.*
piscicolous, *a Z* piscicole.
pisciculture, *n* pisciculture *f.*
pisciform, *a Biol* pisciforme.
piscivorous, *a Z* piscivore.
pisiform, *a Z* pisiforme; se dit d'un des os du carpe.
pisolite, *n Miner* pisolit(h)e *f*; calcaire *m* pisolit(h)ique.
pisolitic, *a Geol* pisolit(h)ique.
pissasphalt, *n Miner* pissasphalte *m.*
pistacite, *n Miner* pistacite *f*, pistazite *f.*
pistil, *n Bot* pistil *m*; gynécée *m*, dard *m.*
pistillar, pistillary, *a Bot* pistillaire.

pistillate, *a Bot* pistillé, pistillifère; (fleur) femelle.
pistilliferous, *a Bot* pistillifère.
pistomesite, *n Miner* pistomésite *f*.
pit, *n Bot etc* favéole *f*; **small pit,** fovéole *f*.
pitchblende, *n Miner* pechblende *f*, péchurane *m*.
pitchstone, *n Miner* pechstein *m*; rétinite *f*.
pith, *n Bot Anat* moelle *f*; *Bot* médulle *f*.
pithecoid, *a Z* pithécoïde, simiesque.
pithiatism, *n* pithiatisme *m*.
pithy, *a Bot* moelleux.
pitocin, *n BioCh* pitocine *f*, ocytocine *f*.
pitressin, *n BioCh* pitressine *f*, vasopressine *f*.
pitted, *a* favéolé; fovéolé.
pitticite, pittizite, *n Miner* pittizite *f*.
pituitary, *a Anat* pituitaire; **pituitary gland, body,** hypophyse *f*; glande *f* pituitaire.
pityroid, *a* furfuracé.
pivalic, *a Ch* pivalique.
pivot, *n* pivot *m*, axe *m*; **pivot joint,** diarthrose *f* rotatoire.
placebo, *n* placebo *m*; **placebo effect,** effet *m* placebo.
placenta, *n* (*a*) *Bot* placenta *m*, trophosperme *m*; (*b*) *Anat Z* placenta; gâteau *m* placentaire.
placental 1. *a Bot Anat Z* placentaire; *Z* **placental barrier,** barrière *f* placentaire; **placental vessels,** vaisseaux *mpl* placentaires. **2.** *n Z* placentaire *m*.
placentary 1. *a Bot Anat Z* placentaire. **2.** *n Z* placentaire *m*.
placentation, *n Anat* placentation *f*.
placentoid, *a Z* ayant l'aspect du placenta.
placoid, *a & n Z* placoïde (*m*).
plagioclase, *n Miner* plagioclase *f*.
plagionite, *n Miner* plagionite *f*.
plagiotropic, *a Bot* plagiotrope.
plagiotropism, *n Bot* plagiotropisme *m*.
plagiotropous, *a Bot* plagiotrope.
plagiotropy, *n Bot* plagiotropie *f*.
planariform, *a Z* planariforme.
planarioid, *a Z* planarioïde.
plancheite, *n Miner* planchéite *f*.
Planck, *Prn Ph* **Planck('s) constant,** constante *f* de Planck; **Planck('s) radiation law, distribution law,** loi *f* de radiation, de rayonnement, de Planck.
planetary, *a* planétaire.
planidium, *pl* **-ia,** *n Ent* planidium *m*.
planirostral, *a Orn* planirostre.
planktivorous, *a Biol* planctonophage.
planktology, *n* planctonologie *f*.
plankton, *n Biol* plancton *m*; **plankton feeder,** planctonophage *m*.
planktonic, *a Biol* planctonique.
planktonology, *n* planctonologie *f*.
planoblast, *n Biol* planoblaste *m*.
planocellular, *a Biol* à cellules plates.
planocyte, *n Biol* cellule errante.
planogamete, *n Biol* planogamète *m*.
planosome, *n Z* planosome *m*.
planospore, *n Bot* planospore *f*.
planozygote, *n Biol* planozygote *m*.
plant, *n* (*a*) plante *f*; végétal *m*; **herbaceous, flowering, plant,** plante herbacée, plante à fleurs; (*b*) **plant physiology,** physiologie végétale; **plant biology,** phytobiologie *f*; **plant life,** (i) vie végétale; (ii) flore *f* (d'une région); **plant wax,** cire végétale.
planta, *pl* **-ae,** *n Z* plante *f* du pied.
plantaginaceous, *a Bot* plantaginacé, plantaginé.
plantar, *a Anat* plantaire; **plantar arch,** voûte *f* plantaire.
plantaris, *pl* **-ares,** *n Anat* plantaire *m*.
plant-eating, *a Z* phytophage.
plantigrade, *a & n Z* plantigrade (*m*).
plantlet, *n Bot* plantule *f*.
plantlike, *a Bot* **plantlike flagellate,** flagellé végétal, phytoflagellé *m*.
planula, *pl* **-ae,** *n Coel* planula *f*, planule *f*.
planum, *pl* **-a,** *n Z* plan *m*, surface *f*.
plasm, *n* = **plasma 1.** (*b*).
plasma, *n* **1.** *Z* (*a*) plasma *m* (sanguin, etc); **plasma cell,** plasmocyte *m*; **dried plasma,** plasma sec; **germ plasma,** plasma germinatif; (*b*) protoplasme *m*, protoplasma *m*. **2.** *Ph* (*ionized gas*) plasma; **electron plasma,** plasma électronique; **plasma diode,** diode *f* à plasma. **3.** *Miner* plasma; calcédoine *f* vert foncé.
plasmablast, *n Biol Z* plasmablaste *m*; myéloblaste *m*.
plasmacyte, *n Biol* plasmacyte *m*, plasmocyte *m*.

plasmasome, *n Z* corpuscule *m* du protoplasme.
plasmatic, *a Biol* plasmatique; protoplasmique.
plasmid, *n Biol* plasmide *m.*
plasmin, *n BioCh* plasmine *f.*
plasmocyte, *n Biol* plasmocyte *m.*
plasmodi(a)eresis, *n Biol* plasmodiérèse *f.*
plasmodial, *a* plasmodial, -aux.
plasmodium, *pl* **-ia,** *n Biol Bot* plasmodie *f,* plasmodium *m.*
plasmogamic, *a Biol* plasmogamique, plastogamique.
plasmogamy, *n Biol* plasmogamie *f,* plastogamie *f.*
plasmogony, *n Biol* **1.** abiogénèse *f.* **2.** plasmogamie *f.*
plasmology, *n Biol* plasmologie *f.*
plasmolysis, *n Biol* plasmolyse *f.*
plasmolytic, *a Biol* plasmolytique.
plasmophagous, *a Z* plasmophage.
plasmophagy, *n Z* plasmophagie *f.*
plasmoquin(e), *n Ch* plasmoquine *f*; pamaquine *f.*
plasmosoma, plasmosome, *n Biol* **1.** plasmosome *m.* **2.** microsome *m.*
plaster, *n Ch* plâtre *m.*
plasterstone, *n Miner* pierre *f* à plâtre; gypse *m.*
plastic 1. *a* plastique; (*a*) **plastic material, plastic substance,** matière *f* plastique; **plastic compound,** composé *m* plastique; **plastic sulfur,** soufre mou; (*b*) **plastic deformation, flow,** déformation *f* plastique; **plastic stability,** stabilité *f* plastique; (*c*) *Biol* **plastic lymph, tissue,** lymphe *f,* tissu *m,* plastique. **2.** *n* plastique *m,* matière plastique.
plasticiser, *a & n Ch* plastifiant (*m*).
plastid, *n Biol* plaste *m,* plastide *m.*
plastidular, *a Biol* plastidulaire.
plastidule, *n Biol* plastidule *f.*
plastin, *n Ch* plastine *f.*
plastodynamia, *n Biol* pouvoir plastique nutritif.
plastogamic, *a Bot* plastogamique, plasmogamique.
plastogamy, *n Bot* plastogamie *f,* plasmogamie *f.*
plastomer, *n Ch* plastomère *m.*
plastron, *n Z* plastron *m* (de tortue, etc).
plate, *n* **1.** *Anat Z* plaque (osseuse, etc); *Geoph* plaque; **cribriform plate,** plaque criblée. **2.** *Ch* plateau *m* (de colonne de distillation); *AtomPh* **bubble plate,** plateau à barbotage, à coupelles; **plate column, tower,** colonne *f* à plateaux. **3.** plaque (de métal).
plateau, *n Geog* plateau *m*; **tectonic plateau,** plateau structural; **residual plateau,** plateau d'érosion.
platelet, *n Physiol* **blood platelets,** plaquettes sanguines, hématoblastes *mpl,* globulins *mpl.*
platforming, *n Ch* procédé *m* de reformage catalytique.
platinate, *n Ch* platinate *m.*
plating, *n* placage *m* (d'un métal).
platinic, *a Ch* platinique.
platiniridium, *n* = **platino-iridium.**
platinite, *n Miner* platinite *f.*
platinized, *a* platiné.
platinochloride, *n Ch* platinochlorure *m.*
platinocyanide, *n Ch* plat(in)ocyanure *m*; **barium platinocyanide,** platinocyanure de barium.
platino-iridium, *n Miner* platiniridium *m*; platine iridié; iridium platiné.
platinous, *a Ch* platineux.
platinum, *n Ch* (*symbole* Pt) platine *m*; **native platinum,** platine natif; **platinum metals,** métaux *mpl* de la mine de platine; **platinum sponge,** mousse *f* de platine.
platydactylous, *a Z* (*of lizard, etc*) platydactyle.
platyhieric, *a Z* à sacrum large.
platymeric, *a* platymère.
platypetalous, *a Bot* platypétale.
platyrrhine, *a Z* platyr(r)hinien.
platyrrhiny, *n Z* platyr(r)hinie *f.*
P.L.C., *abbr Ch preparative layer chromatography,* chromatographie préparative sur couches.
plecopteran, plecopterous, *a Z* plécoptère.
plectognath, *n Z* plectognathe *m.*
plectognathous, *a Z* plectognathe.
pleiomerous, *a Bot* pléiomère.
pleiomery, *n Bot* pléiomérie *f.*
pleiotropic, *a Biol* pléiotropique.

pleiotropism, *n Biol* pléiotropisme *m*.
pleiotropy, *n Biol* pléiotropie *f*.
Pleistocene, *a & n Geol* pléistocène (*m*).
pleochroism, *n Biol* pléochroïsme *m*.
pleomorphic, *a Biol Ch* pléomorphe, polymorphe.
pleomorphism, *n Biol Ch* pléomorphisme *m*, polymorphisme *m*, polymorphie *f*.
pleomorphous, *a Biol Ch* = **pleomorphic**.
pleomorphy, *n Biol Ch* = **pleomorphism**.
pleonasm, *n Z* pléonasme *m*.
pleonaste, *n Miner* pléonaste *m*.
pleonosteosis, *n* pléoptique *f*.
plerome, *n Bot* plérome *m*.
plerosis, *n Z* restauration *f* de tissu détruit.
plessite, *n Miner* plessite *f*.
plethoric, *a* pléthorique.
pleura, *pl* **-ae**, *n Anat Z* plèvre *f*; **pulmonary pleura**, feuillet viscéral de la plèvre; **costal, parietal, pleura**, feuillet pariétal de la plèvre.
pleural, *a Anat* pleural, -aux.
pleuritic, *a* pleuritique.
pleurocarpous, *a Bot* pleurocarpe.
pleurocentrum, *n Z* épapophyse *f* (d'une vertèbre).
pleurodont, *a & n Z* pleurodonte (*m*).
pleurogenous, *a Z* provenant de, naissant dans, la plèvre.
pleuromorph, *n Miner* pleuromorphe *m*.
pleuromorphosis, *n Ph* pleuromorphose *f*.
pleuroperitoneal, *a Z* pleuro-péritonéal, -aux.
pleurospore, *n Paly* pleurospore *f*.
plexiform, *a Anat* plexiforme.
plexiglass, *n Rtm Ch* plexiglas *m*.
plexus, *n Anat Z* plexus *m*; **solar plexus**, plexus solaire; **cardiac plexus**, plexus cardiaque; **mesenteric plexus**, plexus mésentérique; **nerve plexus**, plexus nerveux; **hypogastric plexus**, plexus nerveux hypogastrique; **renal plexus**, plexus rénal.
plica, *pl* **-ae**, *n Anat* pli *m*, repli *m* (de la peau, etc); *Bot* repli longitudinal (d'une feuille de muscinée, d'un sporange).
plicate(d), *a Bot* (*of leaf, etc*) plicatif; *Geol* (*of stratum*) plissé, replié.
plicatile, *a* plicatile.
Pliocene, *a & n Geol* pliocène (*m*).
pliofilm, *n Ch* pliofilm *m*.
pliolit, *n Ch* pliolite *f*.
plug, *n Geol* culot *m* (d'un volcan).
plugging, *n Ch* **plugging agent**, agent colmatant.
plumage, *n Orn* plumage *m*; **summer, winter, plumage**, plumage d'été, d'hiver; **courting plumage**, robe *f* de noces.
plumaged, *a Orn* à plumes; à plumage.
plumbaginous, *a* graphiteux, graphitique.
plumbago, *n* graphite *m*; plombagine *f*; **plumbago crucible**, creuset *m* en graphite.
plumbate, *n Ch* plombate *m*.
plumbeous, *a Ch* plombeux, plumbeux.
plumbic, *a Ch* plombique; **plumbic poisoning**, intoxication saturnine; saturnisme *m*.
plumbiferous, *a* plombifère.
plumbite, *n Ch* plombite *m*.
plumboferrite, *n Miner* plumboferrite *f*.
plumbojarosite, *n Miner* plumbojarosite *f*.
plumbous, *a Ch* plombeux, plumbeux.
plume(let), *n Bot* plumule *f*.
plumicorn, *n* aigrette *f* (du hibou).
plumose, *a Z Miner* plumeux.
plumosite, *n Miner* plumosite *f*, federerz *m*, hétéromorphite *f*.
plumula, *pl* **-ae**, *n Bot* = **plumule** (*a*).
plumulaceous, *a Bot* plumulacé.
plumular, *a Z* plumulaire.
plumule, *n* (*a*) *Bot* plumule *f*, gémule *f*, blaste *m*; (*b*) *Z* plumule.
plumulose, *a Z* plumuleux.
pluricellular, *a Biol* pluricellulaire.
pluridentate, *a Bot etc* pluridenté.
pluriglandular, *a Z* pluriglandulaire.
plurilocular, *a Biol* (pistil) pluriloculaire.
pluripara, *pl* **-ae**, *n Z* (femelle) multipare (*f*).
pluriparity, *n Z* multiparité *f*.
pluripolar, *a Biol* pluripolaire.
plurivalence, *n Ch* plurivalence *f*.
plurivalent, *a Ch* plurivalent.

plurivalve, *a Z* plurivalve, multivalve.
plurivorous, *a Z* plurivore.
pluteus, *n Echin* plutéus *m* (d'oursin).
plutonian, plutonic, *a Geol* plutonien, plutonique.
plutonism, *n Geol* plutonisme *m.*
plutonium, *n Ch AtomPh* (*symbole* Pu) plutonium *m*; **enriched plutonium,** plutonium enrichi.
plywood, *n* bois lamifié.
pneumal, *a* pulmonaire.
pneumatic, *a* pneumatique.
pneumaticity, *n Orn* pneumaticité *f.*
pneumatics, *n Ph* pneumatique *f.*
pneumatocyst, *n* (*a*) *Z* poche *f* pneumatique (d'oiseau, etc); pneumatophore *m* (de siphonophore); (*b*) *Bot* pneumatophore; pneumatocyste *m.*
pneumatolysis, *n Geol* pneumatolyse *f.*
pneumatolytic, *a Geol* pneumatolytique.
pneumatophore, *n Bot Z* pneumatophore *m.*
pneumatophorous, *a Bot Z* pneumatophore.
pneumococcic, *a* pneumococcique.
Po, *symbole chimique du* polonium.
pod, *n* **1.** *Bot* cosse *f*, gousse *f* (de fèves, de pois, etc); écale *f* (de pois); silique *f* (des crucifères). **2.** *Biol* cocon *m* (de ver à soie); coque *f* (d'œufs de sauterelle). **3.** *Geol Miner* lentille allongée de minerai.
podded, *a Bot* (*of seeds, etc*) à cosses; en cosses.
podobranch, *n*, **podobranchia,** *pl* **-ae,** *n Z* podobranchie *f.*
podobranchial, podobranchiate, *a Z* podobranche.
podocarpic, *a Ch* podocarpique.
podolite, *n Miner* podolite *f.*
podophthalmate, podophthalmic, podophthalmous, *a Z* podophthalme; podophtalmaire; aux yeux pédonculés.
podophyllin, *n Ch* podophylline *f*, podophyllin *m.*
podostem(on)aceous, *a Bot* podostémon(ac)é.
podzol, *n Geol* podzol *m.*
poecilotherm, *n* = **poikilotherm.**
poecilothermal, -thermic, *a* = **poikilothermal, -thermic.**
pogonion, *n* point antérieur de la symphyse mentonnière.
poikilocyte, *n Z* poïkilocyte *m.*
poikilotherm, *n Z* poïkilotherme *m*, pœcilotherme *m.*
poikilothermal, poikilothermic, *a Z* poïkilotherme, pœcilotherme, hétérotherme; (animal) à sang froid.
point, *n* **1.** point *m*; (*a*) **fixed point,** (i) point fixe; (ii) point de repère; (*b*) *Mth* **floating point,** point libre; (*c*) *Ph* **boiling point,** point d'ébullition; **critical point,** point critique; **point of convergence,** point de concours; **freezing point,** point de congélation; **point of inflexion,** point d'inflexion; **melting point,** point de fusion; **eutectic point,** point d'eutectique; **triple point,** triple point; **vaporization point,** point de vaporisation. **2.** *Bot* **terminal point,** pointe *f.*
pointer, *n Ch Ph* flèche *f* (d'une balance).
pointkiloblast, *n Biol* pointkiloblaste *m.*
pointkilocyte, *n Biol* pointkilocyte *m.*
pointolite, *n Ch* lampe *f* à pointe de tungstène.
poise, *n PhMeas* (*symbole* P) poise *f.*
poisers, *npl Ent* balanciers *mpl*, haltères *mpl* (des diptères).
poison, *n* (*a*) *Tox* poison *m*, toxique *m*; *Z* venin *m* (d'une vipère, etc); **poison gland,** glande venimeuse, à venin; **poison-bearing gland,** glande vénénifère; (*b*) *Ch* **(catalyst) poison,** poison.
poisoning, *n Tox* empoisonnement *m*; intoxication *f*; **mercurial poisoning,** mercurialisme *m*; **occupational poisoning,** intoxication professionnelle.
poisonous, *a Tox* (*of animal*) venimeux; (*of plant*) vénéneux, vireux; **poisonous effect,** effet *m* d'empoisonnement, effet toxique.
polar, *a Biol Paly* polaire; *Biol* **polar bodies, cells, globules,** corps *mpl*, cellules *fpl*, globules *mpl*, polaires; **polar curve,** courbe *f* en coordonnées polaires; **polar rays,** filaments *mpl* achromatiques de l'aster; **polar star,** aster *m*, caryocinèse *f*, karyokinèse *f.*
polarimeter, *n Ch* polarimètre *m.*

polarimetric, *a Ch* polarimétrique.
polarimetry, *n Ch* polarimétrie *f.*
polarity, *n Ch Ph* polarité *f* (optique ou magnétique); *Biol* **polarity of the ovum,** polarité de l'œuf.
polarizability, *n Ch Ph* polarisabilité *f.*
polarizable, *a Ch Ph* polarisable; **non polarizable,** impolarisable.
polarization, *n Ch Ph* polarisation *f*; **induced polarization,** polarisation induite; **polarization of light, of a medium,** polarisation de la lumière, d'un milieu; **anodic, cathodic, polarization,** polarisation anodique, cathodique; **circular, rotary, elliptic, polarization,** polarisation circulaire, rotatoire, elliptique; **horizontal, vertical, electrostatic, erratic, polarization,** polarisation horizontale, verticale, électrostatique, irrégulière; **polarization current, energy,** courant *m*, énergie *f*, de polarisation.
polarize, *vtr Ph* polariser.
polarized, *a Ph* polarisé; **elliptically, horizontally, vertically, polarized,** polarisé elliptiquement, horizontalement, verticalement; **polarized radiation,** radiation polarisée; **polarized wave,** onde polarisée.
polarizer, *n Ph* polarisateur *m.*
polarizing *Ph* **1.** *a* (prism, courant) polarisateur. **2.** *n* polarisation *f.*
polarogram, *n Ch* polarogramme *m.*
polarographic, *a Ch* polarographique.
polarography, *n Ch* polarographie *f.*
polemoniaceous, *a Bot* polémoniacé.
polianite, *n Miner* polianite *f*, pyrolusite *f.*
pollen, *n Bot* pollen *m*; **pollen grain,** grain *m* de pollen; **pollen sac,** sac *m* pollinique; **pollen tube,** tube *m* pollinique; **pollen chamber,** chambre *f* pollinique; **pollen mass,** pollinide *m or f*, pollinie *f*; *Z* **pollen basket, plate,** corbeille *f* (à pollen) (d'abeille).
pollenosis, *n Immunol* rhume *m* des foins.
pollex, *n Anat Z* pollex *m.*
pollicial, *a Anat Orn* pollicial, -aux.
pollicization, *n* pollicisation *f.*
pollinate, *vtr Bot* transporter, émettre, du pollen sur (les stigmates); polliniser.
pollinated, *a Bot* **wind-pollinated,** pollinisé par le vent; anémophile; **water-pollinated,** hydrogame; **animal-pollinated,** zoïdophile; **bat-pollinated,** pollinisé par les chauve-souris; **bird-pollinated,** pollinisé par les oiseaux; ornithophile; **insect-pollinated,** pollinisé par les insectes; entomophile.
pollinating, *a Bot* pollinisateur; **(flower-) pollinating birds,** oiseaux polliniseurs.
pollination, *n Bot* pollinisation *f*, fécondation *f*; **self-pollination,** pollinisation directe; **cross-pollination,** pollinisation croisée, indirecte; **below-the-water pollination,** pollinisation hyphydrogame; **pollination by wind, water, animals,** pollinisation anémophile, hydrophile, zoïdophile; **pollination by birds,** ornithogamie *f*; **pollination by insects,** entomogamie *f.*
pollinator, *n Bot* pollinisateur *m.*
pollinic, *a Bot* pollinique.
polliniferous, *a* pollinifère.
pollinium, *pl* **-ia**, *n Paly Bot* pollinide *f*, pollinie *f.*
pollinization, *n Bot* pollinisation *f.*
pollucite, *n Miner* pollucite *f.*
pollutant, *a Ch* polluant.
polocyte, *n Biol* globule *m* polaire.
polonium, *n Ch* (*symbole* Po) polonium *m.*
polyacrylate, *n Ch* polyacrylate *m.*
polyacrylic, *a Ch* polyacrylique.
polyacrylonitrile, *n Ch* polyacrylonitrile *m.*
polyad, *n Paly* polyade *m.*
polyadelphous, *a Bot* polyadelphe.
polyalcohol, *n Ch* polyalcool *m*, polyol *m.*
polyamide, *n Ch* polyamide *m.*
polyandrous, *a Bot* polyandre.
polyandry, *n Bot* polyandrie *f.*
polyanthous, *a Bot* polyanthe.
polyargyrite, *n Miner* polyargyrite *f.*
polyatomic, *a Ch* polyatomique, pluriatomique.
polyaxon, *n* **1.** *Z* neurone *m* à plusieurs axones. **2.** *Biol* corps *m* à axes de développement multiples.
polybasic, *a Ch* polybasique.
polybasite, *n Miner* polybasite *f.*
polyblast, *n Biol Z* polyblaste *m.*

polycarpellary, polycarpellate, *a Bot* polycarpellé.
polycarpic, polycarpous, *a Bot* polycarpique, polycarpien.
polycellular, *a Biol* polycellulaire.
polycentric, *a Biol* polycentrique; **polycentric molecular orbital,** orbitale *f* moléculaire polycentrique.
polychromatic, *a* polychrome.
polychromatophil, *n Z* érythrocyte *m* polychromatophile.
polycinyl, *n Ch* chlorofibre *f.*
polycondensation, *n Ch* polycondensation *f.*
polycotyledonous, *a Bot* polycotylédone.
polycrase, *n Miner* polycrase *f.*
polycrotism, *n Biol* polycrotisme *m.*
polycrystal, *n Miner* polycristal *m.*
polycrystalline, *a Miner* polycristallin.
polycyclic, *a Ch* polycyclique; **polycyclic aromatic hydrocarbons,** hydrocarbures *mpl* polycycliques et aromatiques.
polycystic, *a Z* polykystique.
polycyte, *n Biol* polycyte *m.*
polydactyl, *a & n Z* polydactyle (*mf*).
polydactylism, polydactyly, *n Z* polydactylie *f*, polydactylisme *m.*
polydactylous, *a Z* polydactyle.
polydentate, *a Ch* polydenté.
polydimethylsiloxane, *n Ch* polydiméthylsiloxane *m.*
polydymite, *n Miner* polydymite *f.*
polyelectrolyte, *n Ch* polyélectrolyte *m.*
polyembryony, *n Biol* polyembryonie *f.*
polyene, *n Ch* polyène *m.*
polyenergetic, *a Ph* polyénergétique.
polyenic, *a Ch* polyénique.
polyester, *n Ch* polyester *m*; **polyester resin,** résine *f* de polyester.
polyesterification, *n Ch* polyestérification *f.*
polyethylene, *n Ch* polyéthylène *m*, polythène *m.*
polyfunctional, *a Ch* polyfonctionnel.
polygalaceous, *a Bot* polygalé.
polygamous, *a Bot Z* polygame.
polygamy, *n Bot Z* polygamie *f.*
polygenetic, *a Biol* polygénétique; *Geol* polygénique.
polygenic, *a Genet* polygénique.
polygeny, *n Biol* polygénie *f.*
Polygonaceae, *npl Bot* polygonacées *fpl.*
polygonaceous, *a Bot* polygoné.
polygonal, *a* polygonal, -aux.
polyhalite, *n Miner* polyhalite *f.*
polyhybrid, *n Biol* polyhybride *m.*
polyhybridism, *n Biol* polyhybridisme *m.*
polyhydric, *a* polyhydrique.
polyisoprene, *n Ch* polyisoprène *m.*
polyleptic, *a Biol* caractérisé par de multiples rémissions et exacerbations.
polymastigote, *n Biol* organisme pluriflagellé.
polymer, *n Ch* polymère *m;* **acryloid polymer,** polymère acryloïde; **ethylene polymer,** polymère éthylénique; **condensation polymer,** polycondensat *m.*
polymeria, *n Ch* polymérie *f.*
polymeric, *a Ch* polymère.
polymerism, *n Ch Biol* polymérisme *m*; *Ch* polymérie *f.*
polymerization, *n Ch* polymérisation *f*; **condensation polymerization,** polycondensation *f.*
polymerize, *vtr Ch* polymériser.
polymerous, *a Biol* polymère.
polymery, *n Biol* polymérie *f.*
polymethyl, *n Ch* **polymethyl methacrylate** (*abbr* **poly**), polymétacrylate *m* de méthyle (*abbr* poly).
polymethylene, *n Ch* polyméthylène *m.*
polymignite, *n Miner* polymignite *f.*
polymolecular, *a Ph* polymoléculaire.
polymorphic, *a Biol Ch* polymorphe, polymorphique, pléomorphe.
polymorphism, *n Biol Ch* polymorphisme *m*, polymorphie *f*, pléomorphisme *m.*
polymorphonuclear, *a Biol* polynucléaire.
polymorphous, *a Biol Ch* = **polymorphic.**
polynoid, *a & n Z* polynoé (*f*).
polynuclear, *a Biol* polynucléaire, polynucléé; **polynuclear leucocyte,** leucocyte polynucléaire.
polynucleate, *a Biol* polynucléé, polynucléaire.

polynucleotide, *n Ch* polynucléotide *m*.
polyol, *n Ch* polyol *m*.
polyose, *n BioCh* polyloside *m*, polyholoside *m*, polyose *m*.
polyoxyethylene, *n Ch* polyoxyéthylène *m*.
polyoxymethylene, *n Ch* polyoxyméthylène *m*.
polyp, *n Z* polype *m*.
polypary, *n Z* polypier *m*.
polypeptide, *n Ch* polypeptide *m*; **polypeptide chain,** chaîne *f* polypeptidique.
polypetalous, *a Bot* polypétale.
polyphagia, *n Biol* polyphagie *f*.
polyphagous, *a Z* polyphage.
polypharyngeal, *a Z* polypharyngé.
polyphenol, *n Ch* polyphénol *m*.
polyphylogeny, *n Biol* polyphylogénèse *f*.
polyphyly, *n Biol* polyphylétisme *m*.
polyphyodont, *a & n Z* polyphyodonte (*m*).
polypide, *n Z* polypide *m*.
polyplastic, *a Biol* subissant de multiples modifications au cours de développement.
polyploid, *a & n Biol* polyploïde (*m*); **polyploid cell, complex, series,** cellule *f*, complexe *m*, série *f*, polyploïde.
polyploidic, *a Biol* polyploïdique.
polyploidization, *n Biol* polyploïdisation *f*.
polyploidy, *n Biol* polyploïdie *f*.
polypod, *a & n Z* polypode (*m*).
polypoid, *a Z* polypoïde.
polyposis, *n Biol* polypose *f*.
polypous, *a Z* polypeux.
polyprene, *n Ch* polyprène *m*.
polypropylene, *n Ch* polypropylène *m*.
polysaccharide, polysaccharose, *n Ch* polysaccharide *m*.
polysepalous, *a Bot* polysépale.
polysilicate, *n Miner* polysilicate *m*.
polysilicic, *a Miner* polysilicique.
polysomic, *a & n Biol* polysomique (*m*).
polysomy, *n Biol* polysomie *f*.
polyspermia, polyspermy, *n Biol* polyspermie *f*.
polyspored, polysporic, *a Bot* polyspore.
polystat, *n* polystat *m*.
polystelic, *a Bot* polystélique.
polystely, *n Bot* polystélie *f*.
polystemonous, *a Bot* polystémone.
polystichoid, *a Bot* polystichoïde.
polystichous, *a Biol* polystique.
polystomatous, polystome, *a Z* polystome.
polystyrene, *n Ch* polystyrène *m*.
polysulfide, *n Ch* polysulfure *m*.
polytene, *a Ch* polytène.
polyterpene, *n Ch* polyterpène *m*.
polytetrafluoroethylene, *n* (*abbr* **PTFE**) *Ch* polytétrafluoroéthylène *m*.
polythelia, *n Z* polythélie *f*.
polythene, *n Ch* polyéthylène *m*, polythène *m*.
polytocous, *a* multipare.
polytric, *n Z* polytrique *m*.
polytrichia, *n Z* polytrichie *f*.
polytrophy, *n Z* polytrophie *f*.
polyunsaturated, *a Ch* polyinsaturé; **polyunsaturated fatty acids,** acides gras polyinsaturés.
polyurethan(e), *n Ch* polyuréthane *m*.
polyvalence, *n Ch* polyvalence *f*, plurivalence *f*.
polyvalent, *a Ch* polyvalent, plurivalent.
polyvinyl, *n Ch* polyvinyle *m*; **polyvinyl acetal,** acétal *m* polyvinylique; **polyvinyl acetate,** acétate *m* de polyvinyle; **polyvinyl alcohol,** alcool *m* polyvinylique; **polyvinyl chloride** (*abbr* **PVC**), chlorure *m* de polyvinyle; **polyvinyl resin,** resine *f* polyvinylique.
polyvinylbenzene, *n Ch* polystyrène *m*.
polyvoltine, *a* (ver à soie) polyvoltin.
Polyzoa, *npl Z* bryozoaires *mpl*.
polyzoic, *a Z* polyzoïque.
pomaceous, *a Bot* pomacé, piré.
pome, *n Bot* fruit *m* à pépins; pomme *f*.
pomiferous, *a Bot* pomifère.
pomiform, *a Bot* pomiforme.
ponderable, *a Ph* (gaz, etc) pesant.
ponderal, *a* pondéral, -aux; *Ch* **ponderal analysis,** analyse pondérale; *Ph* **ponderal index,** indice pondéral.
ponogen, *n Biol* ponogène *m*.
pons, *pl* **pontes**, *n Z* pont *m*; apophyse *f*; **pons Varolii,** pont de Varole.

pontederiaceous, *a Bot* pontédériacé.
ponticulus, *pl* **-i,** *n Z* sillon bulbo-protubérantiel.
pontile, pontine, *a Z* protubérantiel.
popliteal, *a Z* poplité; **popliteal space,** creux poplité.
poppy, *n Bot* pavot *m.*
populin, *n Ch* populine *f.*
porcellanite, *n Miner* porcelanite *f.*
porcellanous, *a Z* porcelanique.
pore, *n Anat Bot etc* pore *m.*
poricidal, *a Bot* poricide.
porocyte, *n Z* porocyte *m.*
porogamic, *a Bot* porogamique.
porogamy, *n Bot* porogamie *f.*
poroid, *a Paly* poroïde.
porosity, *n Ch* porosité *f.*
porosporous, *a Paly* porosporé.
porous, *a* poreux; **porous plug,** tampon poreux.
porphin(e), *n Ch* porphine *f.*
porphyrin, *n Ch* porphyrine *f.*
porphyrite, *n Miner* porphyrite *f.*
porphyritic, *a Miner* porphyrique, porphyritique.
porphyroblast, *n Miner* porphyroblaste *m.*
porphyropsin, *n Ch* porphyropsine *f.*
porphyry, *n Miner* porphyre *m*; **hornstone porphyry,** porphyre kératique; **red porphyry,** porphyre rouge.
porpoise, *n Ch* **porpoise oil,** huile *f* de marsouin.
porta, *pl* **-ae,** *n Z* hile *m*; **porta hepatis,** hile du foie.
portal, *a Anat* portal; **(hepatic) portal vein,** veine *f* porte.
portio, *pl* **portiones,** *n Z* portion *f,* partie *f.*
positive, *a* positif; *Ph* **positive rays,** rayons positifs; **positive particle,** particule positive; **positive ion,** ion positif; **positive electron,** électron positif; positon *m*; **positive valency,** valence positive.
positon, *n Ph* = **positron.**
positron, *n Ph* positon *m*; électron positif.
postabdomen, *n Z* postabdomen *m.*
postabdominal, *a Z* postabdominal, -aux.
postcibal, *a* après les repas.
postembryonal, postembryonic, *a Biol* postembryonnaire.
posterior, *a* postérieur.
postformation, *n Biol* postformation *f.*
posticous, *a Bot* (*of anther, etc*) postérieur, extrorse.
post partum, *n Z* post partum *m inv.*
post-Pliocene, *a & n Geol* postpliocène (*m*).
potamodromous, *a Z* potamotoque.
potamology, *n Geog* potamologie *f.*
potamoplankton, *n Biol* potamoplancton *m.*
potash, *n* potasse *f,* kali *m*; **potash alum,** alun *m* de potasse; **potash salts,** sels *mpl* potassiques; **carbonate of potash,** carbonate *m* de potasse; **potash lye,** sel *m* de potasse caustique; **caustic potash,** potasse caustique; hydroxyde *m* de potassium; hydrate *m* de potasse; **sulfate of potash,** sulfate *m* de potasse; potasse sulfatée; *Ch* **potash bulb,** tube *m* à potasse.
potassic, *a Ch* potassique.
potassium, *n Ch* (*symbole* K) potassium *m*; **potassium bromide,** bromure *m* de potassium; **potassium carbonate, chlorate,** carbonate *m,* chlorate *m,* de potasse; **potassium chloride, cyanide, hydroxide, sulfate,** chlorure *m,* cyanure *m,* hydroxyde *m,* sulfate *m,* de potassium; **potassium salt,** sel *m* potassique, sel de potasse.
potential 1. *a* (*a*) *Ph* potentiel; **potential attractive force,** force d'attraction potentielle; potentiel *m* d'attraction; **potential energy,** énergie potentielle; **potential flow,** courant, écoulement, potentiel; (*b*) *Biol* latent; **potential characteristics,** traits latents. **2.** *n* potentiel *m*; *Ph* **magnetic, electric, potential,** potentiel magnétique, électrique; **equilibrium potential,** potentiel d'équilibre; **ionization potential,** potentiel d'ionisation; **potential barrier,** barrière *f* de potentiel; **chemical potential,** potentiel chimique; **electrochemical potential,** potentiel électrochimique.
pothole, *n Geol* marmite *f* de géants, marmite torrentielle; poche *f*; (*in glacier*) moulin *m.*
potstone, *n Miner* pierre *f* ollaire, chloritoschiste *m,* potstone *m.*

pouch, *n Z etc* bourse *f*, sac *m*, marsupium *m*, poche ventrale (des marsupiaux); marsupium (de certains insectes); poche, sac (du pélican); sac (de plante); **cheek pouch,** abajoue *f*, salle *f* (d'un singe, etc).

pouched, *a Z* à sac, à poche; (singe) à abajoues.

pour¹, *n Ch* **pour point,** point *m* d'écoulement; **pour point depressant,** additif *m* abaissant la température d'écoulement.

pour², *vtr* verser; **to pour off,** décanter.

powder, *n Ch* poudre *f*; **wettable powder,** poudre mouillable.

powellite, *n Miner* powellite *f*, molybdoscheelite *f*.

power, *n Ch Ph* pouvoir *m*; **absorptive power,** pouvoir absorbant.

Pr, *symbole chimique du* praséodyme.

prase, *n Miner* prase *m*.

praseodymium, *n Ch* (*symbole* Pr) praséodyme *m*.

praseolite, *n Miner* praséolite *f*.

prasopal, *n Miner* prasopale *f*.

pratincolous, *a Z* pratincole; **pratincolous ants,** fourmis *fpl* pratincoles.

preadaptation, *n Biol* préadaptation *f*.

Precambrian, *a & n Geol* précambrien (*m*), infracambrien (*m*).

precipitability, *n Ch Ph* précipitabilité *f*.

precipitable, *a Ch Ph* précipitable.

precipitant, *n Ch Ph* précipitant *m*.

precipitate¹, *n Ch* précipité *m*; **electrolytic precipitate,** précipité électrolytique; **to form a precipitate,** (se) précipiter.

precipitate² **1.** *vtr Ch* précipiter (une substance solide). **2.** *vi Ch Ph* (se) précipiter; (*of salt, etc*) **to precipitate out,** se séparer par précipitation.

precipitated, *a Ch* précipité.

precipitating, *a Ch* **precipitating agent,** précipitant *m*.

precipitation, *n Ch Ph* précipitation *f*; **precipitation by means of acids, with barium chloride,** précipitation au moyen d'acides, par le chlorure de barium; **electric, electrostatic, precipitation,** précipitation électrique, électrostatique; **anodic precipitation,** précipitation à l'anode.

precipitator, *n Ch* **1.** (*a*) précipitateur *m*; (*b*) précipitant *m*. **2.** bac *m*, cuve *f*, de précipitation.

precipitin, *n BioCh* précipitine *f*; **precipitin test,** précipito-diagnostic *m*.

precision balance, *n* balance-trébuchet *f*.

precocial, *a Z* nidifuge.

precocity, *n Z* précocité *f*.

precordial, *a Z* précordial, -aux.

predator, *n* prédateur *m*, bête *f* de proie.

predatory, *a* (insecte, etc) prédateur; **predatory animal,** bête *f* de proie; prédateur *m*.

predentin, *n Anat* prédentine *f*.

predistillation, *n Ch* prédistillation *f*; **predistillation column,** colonne *f* de prédistillation.

preen, *vtr* (*of bird*) lisser, nettoyer, (ses plumes) avec le bec; **preen gland,** glande uropygienne.

preflashing, *n Ch* prévaporisation *f*.

preflоration, *n Bot* préfloraison *f*, préfleuraison *f*; estivation *f*.

prefoliation, *n Bot* préfoliation *f*, préfoliaison *f*; vernation *f*.

preformationism, *n Biol* préformationnisme *m*.

preglacial, *a & n Geol* (période *f*) préglaciaire (*m*).

pregnancy, *n Z* grossesse *f*.

pregnane, *n Ch* pregnane *m*.

pregnant, *a* (*a*) *Z* pleine, grosse, gravide; prégnant; (*b*) *Ch* **pregnant liquor,** liqueur féconde; **pregnant solution,** solution-mère *f*.

preheater, *n Ph Ch* préchauffeur *m*.

prehensile, *a* préhensile; préhenseur; **prehensile-tailed, with a prehensile tail,** caudimane; à queue prenante.

prehnite, *n Miner* préhnite *f*.

prehnitene, *n Ch* préhnitène *m*.

prehnitic, *a Ch* préhnitique.

precital, *a* précitique.

preliminary, *a Ch* **preliminary test,** essai *m* préliminaire.

premandibular, *a Anat Z* prémandibulaire.

premature, *a Biol* prématuré; **premature labour,** accouchement prématuré.

premaxillary, *a Z* intermaxillaire.

premolar, *n Z* petite molaire, avant-molaire *f*.
premorse, *a Bot Ent* tronqué.
prenatal, *a Z* prénatal, -als, -aux.
preopercle, *n Z* préopercule *m*.
preopercular, *n Z* préoperculaire *m*.
preoperculum, *n Z* préopercule *m*.
preoral, *a Z* préoral, -aux.
prepatellar, *a Z* situé devant la rotule.
prepotency, *n Biol* prépotence *f*.
prepotent, *a Biol* (caractère) dominant.
preservative, *a Ch* **preservative agent,** préservateur *m*.
prespore, *n Paly* préspore *f*.
pressirostral, *a Z* pressirostral, -aux.
pressor *Physiol* **1.** *n* corps vaso-moteur sécrété par la tige pituitaire. **2.** *a* vaso-moteur; **pressor nerves,** nerfs vaso-moteurs.
pressure, *n* **1.** *Ph* pression *f*; poussée *f* (d'un fluide, d'un corps pesant); **absolute pressure,** pression absolue; **active, actual, effective, pressure,** pression effective; **back pressure, negative pressure,** pression inverse; contre-pression *f*; **zero-point pressure,** pression au zéro absolu; **dissociation pressure,** pression de la dissociation; **dynamic, impact, pressure,** pression dynamique; **equalized pressure,** pression équilibrée; **equalizing pressure,** pression de compensation; **differential pressure,** différence *f* de pression; **critical pressure,** pression critique; **internal pressure,** pression interne; **specific, unit, pressure,** pression spécifique, unitaire; **static pressure,** pression statique; **partial pressure,** pression partielle; **vapour pressure,** pression de la vapeur; **suction pressure,** pression d'aspiration; **surface pressure,** pression de surface; **pressure at a point,** pression en un point; **pressure centre,** centre *m* de pression; **pressure coefficient,** coefficient *m* de pression; **pressure gauge,** manomètre *m*; mesureur *m* de pression; **elastic pressure of gases,** force *f* élastique des gaz; **hydrostatic pressure,** pression hydrostatique; *Bot Ch* **osmotic pressure,** pression osmotique. **2.** *Physiol* **(arterial) blood pressure,** pression artérielle, sanguine; tension artérielle (du sang); **venous blood pressure,** pression veineuse; **low blood pressure,** hypotension *f*; **high blood pressure,** hypertension *f*.
pressurestat, *n Ch* pressostat *m*.
pretreating, *n Ch* prétraitement *m*.
prey, *n* proie *f*; **beast of prey,** bête *f* de proie; prédateur *m*.
priceite, *n Miner* pricéite *f*.
prickle, *n Bot* épine *f*, piquant *m*; **prickles,** défenses *fpl*.
prickly, *a Bot Z* épineux; piquant; hérissé, échinulé.
prilling, *n Ch* granulation *f*.
primary 1. *a* (*a*) *Geol* **primary era,** ère *f* primaire; **primary rocks,** roches *fpl* primaires; (*b*) *Orn* **primary feathers, quills,** rémiges *fpl*. **2.** *n* (*a*) *Geol* (ère *f*) primaire (*m*); (*b*) *Orn* rémige *f*; **primaries,** cerceaux *mpl* (d'un oiseau de proie); (*c*) *Z* aile antérieure (d'un insecte); élytre *m* (d'un orthoptère).
primate, *n Z* primate *m*.
primer, *n Ch* allumeur *m*.
primexin, *n Paly* primexine *f*.
primine, *n Bot* primine *f* (de l'ovule).
primitive, *a* (*a*) *Biol* originel, primitif; **primitive groove,** ébauche *f* de la gouttière neurale; **primitive streak,** sillon primitif; (*b*) *Geol* **primitive rocks,** roches *fpl* primitives.
primordial, *a Biol* primordial, -aux; primitif; **primordial cell,** cellule primordiale.
primordium, *pl* **-ia,** *n Biol* organe *m*, structure *f*, à son stade primitif; ébauche *f* (d'un organe).
primospore, *n Paly* primospore *f*.
primuline, *n Ch* primuline *f*.
principle, *n* **1.** principe *m*; *Ch* **fatty, bitter, active, principle,** principe gras, amer, actif. **2.** *Biol* **principle of acceleration,** loi *f*, principe, d'accélération.
priorite, *n Miner* priorite *f*.
prismoid, *a Paly* prismoïde.
proamnion, *n Biol* proamnios *m*.
probe, *n* (*a*) sonde *f*; (*b*) *Z* trompe *f* (d'insecte).
probenecid, *n* probénécide *m*.
proboscidate, *a Z* (*a*) lécheur; (*b*) proboscidé.
proboscidian, *a & n Z* proboscidien (*m*).
proboscis, *pl* **proboscises, -ides,** *n*

Z proboscide *f*; trompe *f*; **without proboscis,** élingué.
procaine, *n Ch* procaïne *f*.
procambial, *a Bot* procambial, -aux.
procambium, *n Bot* procambium *m*.
procedure, *n Ch* mode *m* opératoire.
procephalic, *a Z* procéphalique.
process, *n* **1.** *Ch* voie *f*; **chemical process,** procédé *m* chimique; **dry, wet, process,** voie sèche, humide; **process oil,** huile *f* de procédé. **2.** (*a*) *Anat Z* excroissance *f*, processus *m*, procès *m*; (*of bone*) apophyse *f*; **ciliary processes,** procès ciliaires; **jugal, zygomatic, process,** apophyse zygomatique; **odontoid process,** apophyse odontoïde; (*b*) *Bot* proéminence *f*.
prochlorite, *n Miner* prochlorite *f*.
prochromosome, *n Biol* prochromosome *m*.
procoelous, *a Anat* procœlique.
procrypsis, *n Biol* homochromie *f*.
procryptic, *a Biol* homochrome, mimétique.
proctodaeum, *n Z* anus primitif; invagination *f* de l'ectoderme de l'embryon vers le cloaque jusqu'à fusion de l'ectoderme et de l'endoderme et ouverture extérieure de l'intestin.
procumbent, *a Bot* (*of plant*) procombant, rampant.
prodigiosin, *n Ch* prodigiosus *m*.
prodrome, *n Biol* prodrome *m*.
producer, *n* **producer gas,** gaz *m* de gazogène.
proembryo, *n Bot Biol* proembryon *m*, préembryon *m*.
proembryonic, *a Bot Biol* proembryonnaire, préembryonnaire.
proenzyme, *n BioCh* proenzyme *f*, prodiastase *f*, proferment *m*, prozymase *f*.
proerythroblast, *n Z* hématoblaste *m*.
proerythrocyte, *n Z* proérythrocyte *m*.
proferment, *n BioCh* proferment *m*.
profile, *n Paly* profil *m*.
proflavine, *n* proflavine *f*.
profoot-layer, *n Paly* protosole *f*.
profundus, *a* situé profondément.
progamous, *a Biol* progamique.
progenerate, *n Z* individu supérieurement doué; génie *m*.
progeny, *n Z* progéniture *f*; postérité *f*.
progesterone, *n Ch* progestérone *f*.
progestogen, *n BioCh* progestatif *m*.
proglottid, proglottis, *n Z* proglottis *m*.
prognathous, *a Z* prognathe.
projectile, *a Biol* projectile.
projection, *n Biol* projection *f*.
prokaryocyte, *n Biol* cellules *fpl* intermédiaires entre le karyoblaste et le karyocyte.
prolabium, *n Z* partie extérieure des lèvres.
prolactin, *n BioCh* prolactine *f*.
prolamin, *n BioCh* prolamine *f*.
prolan, *n BioCh* prolan *m*.
proleg, *n Z* patte membraneuse; fausse patte.
proliferate, *vi & tr Biol* proliférer.
proliferation, *n Biol* prolifération *f*, proligération *f*.
proliferative, *a Biol* prolifératif.
proliferoid, *a Paly* proliféroïde.
proliferous, *a Biol* prolifère.
prolification, *n* (*a*) *Biol* prolifération *f*; (*b*) *Bot* prolification *f*.
proligerous, *a* **1.** *Biol* proligère. **2.** *Bot* (*of plant, etc*) prolifère.
proline, *n Ch* proline *f*.
prolymphocyte, *n Z* monocyte *m*.
promegaloblast, *n Z* promégaloblaste *m*.
promethium, *n Ch* prométhium *m*, prométhéum *m*.
promonocyte, *n Z* monocyte *m* jeune intermédiaire entre le monoblaste et le monocyte évolué.
promontory, *n Z* promontoire *m*.
promote, *vtr Ch* **to promote a reaction,** amorcer, provoquer, une réaction.
promoter, *n Ch* promoteur *m*; activateur *m*.
promoting, *n Ch* amorçage *m* (d'une réaction).
promycelium, *n Bot* promycélium *m*.
promyelocyte, *n Z* promyélocyte *m*.
pronate, *vtr* mettre en pronation.
pronation, *n Z* pronation *f*.
pronephros, *n Z* pronéphros *m*.
pronograde, *a Z* pronograde.
pronotum, *n Z* pronotum *m*.

prontosil, *n Ch* prontosil *m.*
pronucleus, *n Biol* pronucléus *m.*
prootic, *a Z* situé devant l'oreille.
propadiene, *n Ch* propadiène *m.*
propagation, *n* **1.** *Biol* propagation *f* (d'une espèce, etc); reproduction *f*, multiplication *f* (des animaux, etc). **2.** *Ph* propagation (de la lumière, du son, etc); **free space propagation,** propagation en espace libre; **ground propagation,** propagation par le sol; **ionospheric propagation,** propagation dans l'atmosphère; **propagation coefficient, constant,** constante *f* de propagation; **propagation factor, ratio,** facteur *m* de propagation; **propagation path,** parcours *m* de l'onde, des ondes.
propagula, *n Paly* propagule *f.*
propane, *n Ch* propane *m.*
propanoic, *a Ch* propanoïque.
propanol, *n Ch* propanol *m*, alcool *m* propylique.
propanone, *n Ch* propanone *f.*
propargyl, *n Ch* propargyle *m.*
propedeutics, *n* propédeutique *f.*
propellant, *n Ch* propulsant *m*; ergol *m*, propergol *m.*
propeller, *n Ch* **propeller mixer,** mélangeur *m* à hélices.
propene, *n Ch* propène *m.*
propenoic, *n Ch* propénoïque *m.*
propenyl, *n Ch* propényle *m.*
propenylic, *a Ch* propénylique.
property, *n* propriété *f*, propre *m*; **the properties of matter,** les propriétés de la matière.
prophage, *n Bac* prophage *m.*
prophase, *n Biol* prophase *f.*
prophyll, *n*, **prophyllum,** *pl* **-a,** *n Bot* bractéole *f*; préfeuille *f.*
propine, *n Ch* propyne *m.*
propiolic, *a Ch* propiolique.
propionate, *n Ch* propionate *m.*
propione, *n Ch* propione *f.*
propionic, *a Ch* propionique.
propionitrile, *n Ch* propionitrile *m.*
propionyl, *n Ch* propionyle *m.*
propodite, *n Z* propodite *m.*
proportion[1], *n* proportion *f*; rapport *m*; *Ch* dose *f* (d'un ingrédient dans un composé); **law of constant, definitive, proportions,** lois *fpl* des proportions définies.
proportion[2], *vtr Ch etc* doser (des ingrédients).
proportioning, *n Ch etc* dosage *m* (des ingrédients).
proprioceptive, *a Z* **proprioceptive impulse,** influx nerveux centripète dont le stimulus prend naissance dans les tissus mêmes.
proprioceptor, *n Z* récepteur *m* agissant sous des influences centripètes issues de l'organisme.
propriospinal, *a Z* se rapportant (i) à la colonne vertébrale, (ii) à la moelle épinière.
propulsion, *n Ch* propulsion *f.*
propyl, *n Ch* propyle *m*; **propyl alcohol,** alcool *m* propylique.
propylamine, *n Ch* propylamine *f.*
propylene, *n Ch* propylène *m*, propène *m.*
propylic, *a Ch* propylique.
propylite, *n Miner* propylite *f.*
propylitization, *n Geol* propylitisation *f.*
propyne, *n Ch* propyne *m.*
propynoic, *a Ch* propynoïque.
prosencephalon, *n Z* prosencéphale *m.*
prosenchyma, *n Bot* prosenchyme *m.*
prosiphon, *n Z* prosiphon *m.*
prosocoel, *n Z* cavité *f* du prosencéphale.
prosoma, *n Arach* prosoma *m.*
prosomastigiate, *a Paly* prosomastique.
prosopite, *n Miner* prosopite *f.*
prostaglandin, *n BioCh* prostaglandine *f.*
prostate, *a & n Anat Z* **prostate (gland),** prostate *f.*
prosternum, *n Z* prosternum *m.*
prosthetic, *a* prosthétique.
prosthion, *n Z* pointe *f* alvéolaire.
prostrate, *a Bot* (*of stem*) procombant.
protactinium, *n Ch* (*symbole* Pa) protactinium *m.*
protagon, *n Ch Physiol* protagon *m.*
protamin(e), *n BioCh* protamine *f.*
protandric, *a Z* protandrique.
protandrous, *a Bot Z* protandre, protérandre.

protandry, *n Bot Z* protandrie *f*, protérandrie *f*.
protarsus, *n Z* protarse *m*.
protean, *a* protéiforme.
protease, *n Ch* protéase *f*.
protective, *a Biol etc* **protective colouring, coloration,** mimétisme *m* des couleurs; **protective resemblance,** mimétisme des formes; **protective colloid,** colloïde protecteur; **protective coating,** revêtement protecteur; **protective sheath,** enveloppe protectrice; *Bot* **protective layer,** tissus *mpl* de protection; *BioCh* **protective agent,** inhibiteur *m*.
protein, *n* protéine *f*; **crude protein,** protéine brute; **protein substance,** substance *f* protéique; *Path* **Bence-Jones protein,** Bence-Jones albumose *f*.
proteinase, *n Biol* protéinase *f*.
proteinic, *a Ch* (substance) protéique.
proteolysis, *n BioCh* protéolyse *f*.
proteolytic, *a BioCh* protéolytique.
proteopectic, *a* protéopexique.
proteose, *n BioCh* protéose *f*.
proterandrous, *a Bot Z* = **protandrous.**
proterandry, *n Bot Z* = **protandry.**
proteroglyph, *n Z* protéroglyphe *m*.
proteroglyphic, *a Z* protéroglyphe.
proterogynous, *a Biol* = **protogynous.**
proterogyny, *n Biol* = **protogyny.**
Proterozoic, *a & n Geol* protérozoïque (*m*).
prothallium, prothallus, *n Bot* prothallium *m*, prothalle *m*.
prothoracic, *a Z* prothoracique.
prothorax, *n Z* prothorax *m*.
protist, *pl* **-tista,** *n Biol* protiste *m*.
protistology, *n Bac* microbiologie *f*.
protoactinium, *n Ch* (*symbole* Pa) = **protactinium.**
protoblast, *n Biol* protoblaste *m*.
protochlorophyll, *n Bot* protochlorophylle *f*.
protocol, *n Ch* protocole *m*.
protoconch, *n Z* protoconque *f*; loge initiale.
protocone, *n Z* pointe médiane de prémolaire supérieure.
protoconid, *n Z* pointe médiane de prémolaire inférieure.
protogenic, *a Ch* protogène.
protogynous, *a Bot* protogyne; *Z* protérogyne.
protogyny, *n Bot* protogynie *f*; *Z* protérogynie *f*.
protolysis, *n Ch* protolyse *f*.
proton, *n AtomPh* proton *m*; **proton wave, spectrum,** onde *f*, spectre *m*, protonique; **proton acceptor,** accepteur *m* de proton; **proton donator,** donneur *m* de proton.
protonema, *pl* **-nemata,** *n Bot* protonéma *m*.
protonephron, *n Z* rein primordial; corps *m* de Wolff.
protoneurone, *n Z* forme particulière de neurone bipolaire.
protonic, *a AtomPh* protonique.
protopathic, *a Physiol* se rapportant aux nerfs dont la sensibilité est minime.
protopathy, *n Physiol* protopathie *f*.
protophosphide, *n Ch* protophosphure *m*.
protophyte, *n Bot* protophyte *m*.
protoplasm, *n Biol* protoplasme *m*, protoplasma *m*.
protoplasmic, *a Biol* protoplasmique.
protoplast, *n Bot* protoplaste *m*.
protospore, *n Bac Bot* protospore *f*.
prototype, *n Biol* protérotype *m*; prototype *m*.
protovertebra, *pl* **-ae,** *n Z* protovertèbre *f*, provertèbre *f*; métamère *m*; somite *m*.
protoxide, *n Ch* protoxyde *m*.
Protozoa, *npl Z* protozoaires *mpl*.
protozoal, *a Z* protozoaire.
protozoan, *a & n Z* protozoaire (*m*).
protozoic, *a Z* protozoaire.
protozoology, *n* protozoologie *f*.
protozoon, *n Z* protozoaire *m*.
protractile, *a* protractile.
protractor *Z* **1.** *n* muscle protracteur. **2.** *a* protracteur.
protruding, *a* en saillie; saillant; **protruding forehead,** front bombé; **protruding lips,** lèvres lippues.
protrusion, *n Z* protubérance *f*; protrusion *f*.
protuberance, *n Z* protubérance *f*; **annular protuberance,** protubérance an-

nulaire; **mental protuberance,** éminence mentonnière.
proustite, *n Miner* proustite *f.*
prover, *n* appareil *m* d'essai.
provertebra, *pl* **-ae,** *n Z* provertèbre *f.*
provirus, *n Bac* provirus *m.*
provitamin, *n Biol Ch* provitamine *f.*
proximad, *adv Biol* orienté vers l'extrémité la plus proche.
proximal, *a Anat Z* proximal, -aux.
proximate, *a* proximal, -aux; *Biol Ch* **proximate analysis,** analyse immédiate.
pruinescence, *n Bot* (*a*) pruinescence *f*; pulvérulance *f*; (*b*) pruinosité *f*, pruine *f.*
pruinose, *a Bot* pruineux, pruiné; pulvérulent.
prulaurasin, *n Ch* prulaurasine *f.*
Prussian, *a Ch* prussien; **Prussian blue,** bleu *m* de Prusse.
prussiate, *n Ch* prussiate *m*; **prussiate of potash,** prussiate de potasse; cyanure *m* de potassium; ferricyanure *m* de potassium.
prussic, *a Ch* (acide) prussique, cyanhydrique.
psalterium, *n Z* feuillet *m*, mellier *m*, omasum *m.*
psammite, *n Miner* psammite *m.*
psammitic, *a Miner* psammitique.
psammophile, *n Biol* organisme *m* psammophile.
psammophilous, *a Biol* psammophile.
psammophyte, *n Bot* psammophyte *m.*
psammophytic, *a Bot* psammophyte.
pseudo-acid, *n Ch* pseudacide *m.*
pseudoadiabatic, *a Meteor* pseudo-adiabatique.
pseudo-anodont, *a Z* pseudo-anodonte.
pseudo-anodontia, *n Z* pseudo-anodontie *f.*
pseudoblepsis, *n* métamorphose *f.*
pseudobrookite, *n Miner* pseudo-brookite *f.*
pseudobulb, *n Bot* pseudo-bulbe *m.*
pseudocarp, *n Bot* pseudocarpe *m.*
pseudocarpous, *a Bot* pseudocarpien.
pseudochrysalis, *n Z* pseudo-chrysalide *f*, pseudo-nymphe *f.*
pseudocoel, *n Z* cinquième ventricule *m* (du cerveau).
pseudocumene, *n Ch* pseudo-cumène *m.*
pseudocyesis, *n Z* grossesse *f.*
pseudocyst, *n Bot* organe *m* de la reproduction asexuée.
pseudodont, *a Z* pseudodonte.
pseudodontia, *n Z* pseudodontie *f.*
pseudogalena, *n Miner* fausse galène.
pseudogamy, *n Bot* pseudogamie *f.*
pseudogyne, *n Z* pseudogyne *f.*
pseudohermaphrod(it)ism, *n Biol* pseudohermaphrodisme *m*; androgynie *f.*
pseudoionone, *n Ch* pseudoionone *f.*
pseudomalachite, *n Miner* pseudo-malachite *f*, lunnite *f.*
pseudomembrane, *n Biol* pseudo-membrane *f.*
pseudomer, *n Ch* pseudomère *m.*
pseudomeric, *a Ch* pseudomérique.
pseudomerism, *n Ch* pseudomérie *f.*
pseudomorph, *n Biol Miner* pseudo-morphe *m.*
pseudomorphic, *a Miner* (cristal, etc) pseudomorphe, pseudomorphique.
pseudomorphosis, *n Miner* pseudo-morphose *f*, pseudomorphisme *m.*
pseudomorphous, *a Miner* = **pseudomorphic.**
pseudonitrole, *n Ch* pseudonitrol *m.*
pseudo-nymph, *n Z* pseudo-nymphe *f.*
pseudoparasite, *n Z* pseudo-parasite *m*; parasite *m* temporaire.
pseudoparasitism, *n Z* pseudo-parasitisme *m.*
pseudo-paste, *n Ch* pseudo-pâte *f.*
pseudo-plastic, *n Ch* pseudoplastique *m.*
pseudopod, pseudopodium, *n Bot Z* pseudopode *m.*
pseudopregnancy, *n Z* grossesse nerveuse.
pseudospore, *n Bot* pseudo-spore *f.*
psilomelane, *n Miner* psilomélane *f.*
psittacinite, *n Miner* psittacinite *f.*
psoas, *pl* **psoai, psoae** *n Z* psoas *m.*
psoriasis, *n Biol* psoriasis *m.*
psoriatic, *a Biol* psoriasique.
psychogenesis, *n Physiol* psychogénèse *f*; développement *m* des facultés mentales.
psychogenetic, *a* psychogène.

psychophysics, *n Psy* psychophysique *f*; psychophysiologie *f*.
psychophysiology, *n Psy* psychophysiologie *f*.
psychosomatic, *a Psy* psychosomatique.
psychotic, *a Psy* se rapportant à la psychose.
psychotrine, *n Ch* psychotrine *f*.
psychotropic, *a Biol* psychotrope.
psychrophile, psychrophilic, psychrophilous, *a Biol* psychrophile.
psychrophobic, *a Psy* (*a*) peur morbide du froid; (*b*) sensibilité maladive au froid.
Pt, *symbole chimique du* platine.
pteridine, *n Ch* ptérine *f*, ptéridine *f*.
pteridology, *n Bot* étude *f* des fougères.
pterin, *n Ch* ptérine *f*, ptéridine *f*.
pterocarpous, *a Bot* ptérocarpe.
pteroid, *a Paly* ptéroïde.
pterygode, pterygodum, *n Z* ptérygode *m*.
pterygoid, *a & n Z* ptérygoïde (*f*).
pteryla, *n Z* ptérylie *f*.
pterylography, *n Z* ptérylographie *f*.
pterylosis, *n Z* ptérylose *f*.
ptilinum, *n Z* ptiline *f*.
ptomaine, *n Ch* ptomaïne *f*.
ptyalin, *n BioCh* ptyaline *f*.
Pu, *symbole chimique du* plutonium.
puberty, *n Z* puberté *f*.
pubescence, *n Bot* pubescence *f*; poils *mpl*.
pubescent, *a Bot* pubescent; pubérulent; velu.
pubic, *a Z* pubien.
pubis, *n Z* os pubien; pubis *m*.
pucherite, *n Miner* puchérite *f*.
puddingstone, *n Miner* poudingue *m*; conglomérat *m*.
pudendal, *a* se rapportant aux organes génitaux externes.
pudendum, *pl* **-a,** *n Z* vulve *f*.
pulegone, *n Ch* pulégone *f*.
pullulation, *n Z* pullulation *f*; germination *f*.
pulmobranchiate, *a Z* pulmobranche; pulmoné.
pulmonary, *a Z* pulmonaire; **pulmonary artery,** artère *f* pulmonaire; **pulmonary circulation,** circulation *f* pulmonaire; **pulmonary excretion,** excrétion *f* pulmonaire.
pulmonate, *a Z* poumané; pulmoné.
pulp, *n* pulpe *f*, chair *f* (des fruits).
pulsation, *n Ph* pulsation *f*.
pulse, *n Physiol Z* pouls *m*.
pulsellum, *n Z* forme *f* de flagelle *m*.
pulsoid, *a Paly* pulsoïde.
pulverising, *n Ch* mise *f* en poudre.
pulverulent, *a* pulvérulent.
pulvillus, *pl* **-i,** *n* (*a*) *Ent* pulvillus *m*; (*b*) Z tampon *m* de charpie ovale pour tamponner les plaies profondes.
pulvinar, *n Z* pulvinar *m*.
pulvinate, *a Bot Z etc* pulviné.
pulvinoid, *a Paly* pulvinoïde.
pulvinus, *pl* **-i,** *n Bot* coussinet *m*.
pumice, *n* **pumice (stone),** (pierre *f*) ponce (*f*); pumicite *f*, pumite *f*.
pumiceous, pumicose, *a* ponceux, pumiqueux.
pump, *n Ph* pompe *f*; **Hg pump,** pompe à mercure; **vacuum pump,** pompe à vide; **rotary pump,** pompe rotaire; *Ch* **filter pump,** trompe *f* à vide.
punchbowl, *n Geol* cuvette *f*.
punctate, *a Paly* ponctué.
punctiform, *a Biol* ponctulé.
punctuate, punctulate, punctulated, *a Biol* pointillé, ponctulé.
punctum, *pl* **-a,** *n Biol* point *m*.
puncture, *n* ponction *f*.
pungent, *a* piquant; cuisant; aigu.
pupa, *pl* **-ae,** *n Ent* nymphe *f*, chrysalide *f*, pupe *f*; tonnelet *m*; **burrowing pupa,** nymphe souterraine; **pupa case,** chrysalide, pupe.
pupal, *a Z* de nymphe, de chrysalide, de pupe; nymphal, -aux.
pupate, *vi Z* se métamorphoser en nymphe, en chrysalide; se chrysalider.
pupation, *n Z* nymphose *f*, pupation *f*, pupaison *f*.
pupil, *n Anat Z* pupille *f*; **cat's eye pupil,** élongation *f* de la pupille; **pinhole pupil,** myosis *m*.
pupillary, *a* pupillaire.
pupiparous, *a Z* pupipare.
purifier, *n Ch* purificateur *m*, épurateur *m*.
purify, *vtr Ch* déféquer.

purine, *n Ch* purine *f*; **purine base,** base *f* purique.
purpuric, *a Ch* **purpuric acid,** acide *m* purpurique.
purpurin, *n Ch* purpurine *f*.
purpurite, *n Miner* purpurite *f*.
purpurogenous, *a Biol* purpurigène, purpurifère.
purpuroxanthin, *n Ch* purpuroxanthine *f*.
purulent, *a* suppuré.
pus, *n Biol* pus *m*.
push-button, *n Ch* **push-button oiler,** burette *f* à pression.
pustular, *a Bot* pustuleux, pustulé.
pustulate[1], *vi Bot* se former en pustules; se couvrir de pustules.
pustulate[2], pustulated, *a Bot* pustulé.
pustulation, *n Bot* formation *f* de pustules.
pustule, *n Bot* pustule *f*.
pustuliform, *a* d'aspect pustuleux.
pustulous, *a Paly* pustuleux.
pusule, *n Bot* vacuole *f* protophytique.
putrefying, *n* **putrefying agent,** agent *m* de putréfaction.
putrescine, *n BioCh* putrescine *f*.
p-xylene, *n Ch* paraxylène *m*.
pycnid, *pl* **-ia,** *n Bot* pycnide *f*.
pycnidiospore, *n Bot* pycnidiospore *f*.
pycnidium, *pl* **-ia,** *n Bot* pycnide *f*.
pycniospore, *n Bot* pycnospore *f*.
pycnite, *n Miner* pycnite *f*.
pycnometer, *n Ph* pycnomètre *m*, flacon *m* à densité.
pycnometry, *n Ph* pycnométrie *f*.
pycnospore, *n Bot* pycnospore *f*.
pycnosporic, *a Bot* pycnosporé.
pycnotic, *a Bot* pycnotique; propre à épaissir les humeurs.
pygostyle, *n Z* pygostyle *m*.
pyknometer, *n Ch* pyknomètre *m*.
pyloric, *a Z* pylorique; **pyloric orifice,** pylore *m*; orifice duodénal, orifice pylorique; **pyloric valve,** valvule *f* pylorique.
pylorus, *n Z* (*a*) pylore *m*; orifice duodénal, orifice pylorique; (*b*) valvule *f* pylorique; **antrum of pylorus,** antre *m* pylorique.
pyoculture, *n* pyoculture *f*.
pyocyanin, *n BioCh* pyocyanine *f*.
pyogenesis, *n Bac* pyogénie *f*, pyogénèse *f*.
pyogenic, *a Bac* (*a*) pyogène; (*b*) pyogénique.
pyopoietic, *a* pyogène.
pyramid, *n Anat Z* pyramide *f*.
pyramidal, *a* pyramidal, -aux; **pyramidal bone,** cunéiforme *m* du carpe.
pyran, *n Ch* pyran(ne) *m*.
pyranometer, *n Ph* pyranomètre *m*.
pyranose, *n Ch* pyrannose *m*.
pyrargyrite, *n Miner* pyrargyrite *f*, argent rouge antimonial.
pyrazine, *n Ch* pyrazine *f*.
pyrazol, *n Ch* pyrazol(e) *m*.
pyrazoline, *n Ch* pyrazoline *f*.
pyrazolone, *n Ch* pyrazolone *f*.
pyrene[1], *n Ch* pyrène *m*.
pyrene[2], *n Bot* pyrène *f*, nucule *f*.
pyrenin, *n Biol* pyrénine *f*.
pyrenoid, *a Bot* pyrénoïde.
pyrenolichen, *n Bot* pyrénolichen *m*.
pyretic, *a Physiol* pyrétique, fébrile.
pyrexial, *a* fébrile.
pyrgeometer, *n Ph* pyrgéomètre *m*.
pyrheliometer, *n Ph* pyrhéliomètre *m*.
pyrheliometric, *a Ph* pyrhéliométrique.
pyridazin(e), *n Ch* pyridazine *f*.
pyridin(e), *n Ch* pyridine *f*; **pyridine nucleus,** noyau *m* pyridine.
pyridone, *n Ch* pyridone *f*.
pyridoxine, *n BioCh* pyridoxine *f*.
pyriform, *a Bot* pyriforme.
pyrimidine, *n Ch* pyrimidine *f*.
pyrimidinetrione, *n Ch* acide *m* barbiturique.
pyrites, *n inv in pl Miner* pyrite *f*; **arsenical pyrites,** mispickel *m*; **copper pyrites,** chalcopyrite *f*; pyrite de cuivre, pyrite cuivreuse; cuivre pyriteux; **magnetic pyrites,** pyrrhotine *f*; magnétopyrite *f*; **iron pyrites,** sulfure *m* de fer; fer sulfuré; **white iron pyrites,** marcassite *f*.
pyritic, *a Miner* pyriteux.
pyritiferous, *a Miner* pyritifère; **pyritiferous ores,** pyrites *fpl* aurifères.
pyritous, *a Miner* pyriteux.
pyroacetic, *a Ch* pyroacétique.
pyroarsenate, *n Ch* pyroarséniate *m*.
pyroboric, *a Ch* pyroborique.

pyrocatechin, *n Ch* pyrocatéchine *f.*
pyrocatech(in)ol, *n Ch* pyrocatéchol *m.*
pyrochlore, *n Miner* pyrochlore *m.*
pyroclastic, *a Geol* pyroclastique.
pyrogallate, *n Ch* pyrogallate *m.*
pyrogallic, *a Ch* **pyrogallic acid**, acide pyrogallique; pyrogallol *m.*
pyrogallol, *n Ch* pyrogallol *m.*
pyrogenesis, *n Ph* pyrogénèse *f.*
pyrogenetic, *a* pyrogénésique, pyrogénétique.
pyrogram, *n* spectre *m* pyrolytique.
pyroligneous, *a Ch* pyroxylique.
pyrolusite, *n Miner* pyrolusite *f.*
pyrolysis, *n Ch* pyrolyse *f.*
pyrolytic, *a Ch* pyrolytique.
pyrolyzate, *n Ch* produit *m* pyrolytique.
pyromeconic, *a Ch* (acide) pyroméconique.
pyromellitic, *a Ch* pyromellique.
pyrometallurgical, *a* pyrométallurgique.
pyromorphite, *n Miner* pyromorphite *f.*
pyromucic, *a Ch* (acide) pyromucique.
pyrone, *n Ch* pyrone *f.*
pyrope, *n Miner* pyrope *m*; grenat magnésien.
pyrophanite, *n Miner* pyrophanite *f.*
pyrophosphate, *n Ch* pyrophosphate *m.*
pyrophosphoric, *a Ch* pyrophosphorique.
pyrophosphorous, *a Ch* pyrophosphoreux.
pyrophyllite, *n Miner* pyrophyllite *f.*
pyrophysalite, *n Miner* pyrophysalite *f.*
pyrophyte, *n Bot* pyrophyte *m.*
pyrosmalite, *n Miner* pyrosmalite *f.*
pyrosol, *n* pyrosol *m.*
pyrostat, *n Ph* pyrostat *m.*
pyrostibite, *n Miner* kermésite *f.*
pyrostilpnite, *n Miner* pyrostilpnite *f.*
pyrosulfate, *n Ch* pyrosulfate *m.*
pyrosulfite, *n Ch* pyrosulfite *m.*
pyrosulfuric, *a Ch* psyrosulfurique.
pyrosulfuryl, *n Ch* pyrosulfuryle *m.*
pyrotechnic, *a* pyrotechnique.
pyrotoxin, *n Tox* agent toxique engendré au cours de l'évolution d'un processus fébrile.
pyroxene, *n Miner* pyroxène *m.*
pyroxenic, *a Miner* pyroxéneux.
pyroxenite, *n Miner* pyroxénite *f.*
pyroxyle, pyroxylin, *n Ch* pyroxyle *m*, pyroxyline *f.*
pyrrhotine, pyrrhotite, *n Miner* pyrrhotine *f*, pyrrhotite *f*, magnétopyrite *f.*
pyrrol(e), *n Ch* pyrrol(e) *m.*
pyrrolidin(e), *n Ch* pyrrolidine *f.*
pyrrolin(e), *n Ch* pyrroline *f.*
pyruvate, *n Ch* pyruvate *m.*
pyruvic, *a Ch* pyruvique.
pyxidium, *pl* **-ia**, *n*, **pyxis**, *pl* **-ides**, *n Bot* pyxide *f.*

Q

quadrangular, *a* quadrangulaire.
quadrant, *n* quadrant *m*.
quadrate, *a & n Anat Z* **quadrate (bone),** (os) carré (*m*) (de la tête).
quadratic, *a* quadratique.
quadratus, *pl* **-ti,** *n Anat Z* carré *m*.
quadribasic, *a Ch* quadribasique.
quadriceps, *n Anat* quadriceps *m*.
quadricycle, *n Ch* quadricycle *m*.
quadridentate, *a Bot* quadridenté.
quadridigitate, *a Z* quadridigité.
quadrifid, *a Bot* (feuille, calice) quadrifide.
quadrifoliate, *a Bot* quadrifolié.
quadrifoliolate, *a Bot* quadrifoliolé.
quadrigeminal, *a Z* quadrijumeau; **quadrigeminal bodies,** tubercules quadrijumeaux.
quadrilateral 1. *a* quadrilatère, quadrilatéral. **2.** *n* quadrilatère *m*.
quadrilobate, *a Bot* quadrilobé.
quadripartite, *a Biol* quadriparti, quadripartite.
quadripartition, *n Biol* quadripartition *f*.
quadrivalence, *n Ch* tétravalence *f*.
quadrivalent, *a Ch* tétravalent.
quadrivalve, quadrivalvular, *a Bot etc* quadrivalve.
quadroxide, *n Ch* quadroxyde *m*.
quadrumane, *pl* **-mana,** *n Z* quadrumane *m*.
quadrumanous, *a Z* quadrumane.
quadruped, *a & n Z* quadrupède (*m*).
quadruple, *a & n* quadruple (*m*).
quadruplet, *n Z* quadruplet *m*.
quadrupolar, *n* quadrupolaire.
qualitative, *a Ch* qualitatif; **qualitative analysis,** analyse qualitative.
quantitative, *a Ch* quantitatif; **quantitative analysis,** analyse quantitative; dosage *m*.
quantity, *n Ph* **quantity of light,** quantité *f* de lumière.
quantization, *n Ph* quantisation *f*; quantification *f*.
quantum, *pl* **quanta,** *n* quantum *m*; *Ph* **quantum physics,** physique *f* quantique; **quantum theory,** théorie *f* des quanta, théorie quantique; **quantum efficiency,** efficacité *f* quantique; **quantum mechanics, optics, electrodynamics,** mécanique *f*, optique *f*, électrodynamique *f*, quantique; **virtual quantum,** quantum virtuel; **quantum number,** nombre *m* quantique; **first quantum number,** nombre quantique principal; **quantum energy,** énergie *f* quantique; **quantum state,** état *m* quantique; **quantum statistics,** statistique *f* quantique.
quantum-mechanical, *a* **quantum-mechanical theory of nuclear motion,** théorie *f* quantique du mouvement nucléaire; **quantum-mechanical wavelength,** longueur *f* d'onde quantique.
quartet, *n Biol* quartette *f*.
quartz, *n Miner* quartz *m*; cristal *m* de roche; **smoky quartz,** quartz enfumé; **rutilated quartz,** flèches *fpl* d'amour; **blue quartz,** pseudo-saphir *m*; **rose quartz,** quartz rose; pseudo-rubis *m*; rubis *m* de Bohême; **mother quartz,** quartz naturel; **flamboyant quartz,** quartz aventuriné; **quartz crystal,** cristal de quartz; **quartz rock,** quartzite *f*; **quartz sand,** sable coulant quartzeux; sable de quartz; **quartz diorite,** diorite *f* quartzifère; **quartz fibre,** quartz en fil.
quartzic, *a Miner* quartzique.
quartziferous, *a Miner* quartzifère.
quartzine, *n Miner* quartzine *f*.
quartzite, *n Miner* quartzite *f*.
quartzose, quartzous, quartzy, *a Miner* quartzeux.

quassin, *n Ch* quassine *f*.
quaternary 1. *a Ch* quaternaire. **2.** *a & n Geol* **the Quaternary (era),** la quaternaire; **quaternary formation,** formation *f* quaternaire.
quaternate, *a Bot* quaterné; **with quaternate leaves,** aux feuilles quaternées; quaternifolié.
quebrachitol, *n Ch* québrachite *f*.
quebracho, *n Biol* quebracho *m*.
queen, *n Z* reine *f* (des fourmis, etc); **queen substance,** ectohormone *f*, phérormone *f*; **queen bee,** abeille *f* mère, reine des abeilles.
quench, *vtr Ch* éteindre; refroidir rapidement.
quenselite, *n Miner* quensélite *f*.
quenstedtite, *n Miner* quenstedtite *f*.
quercetin, *n Ch* quercétine *f*.
quercitannic, *a Ch* quercitannique.
quercite, *n Ch Bot* quercite *f*, quercitol *m*.
quercitin, *n Ch* quercétine *f*.
quercitol, *n Ch Bot* = **quercite**.
quercitrin, *n Ch Bot* quercitrin *m*, quercitrine *f*.
quicklime, *n Ch* chaux vive.
quiescence, *n Z* diapause *f*.
qiescent, *a Ch* quiescent.
quill, *n Z* (*a*) **quill (feather),** penne *f*; (*b*) piquant *m* (de porc-épic).
quinacrine, *n Ch* mépacrine *f*.
quinaldic, *a Ch* (acide) quinaldinique.
quinaldine, *n Ch* quinaldine *f*, quinophtalone *f*.
quinaldinic, *a Ch* (acide) quinaldinique.
quinalizarin, *n Ch* quinalizarine *f*.
quinamine, *n Ch* quinamine *f*.
quinate, *a Bot* **1.** quiné; **quinate leaflets,** folioles quinées. **2.** (feuille) à cinq folioles.
quinhydrone, *n Ch* quinhydrone *f*; **quinhydrone electrode,** électrode *f* de quinhydrone.
quinic, *a Ch* (acide) cinchonique; quinique.
quinicine, *n Ch* quinicine *f*.
quinidine, *n Ch* quinidine *f*.
quinine, *n Ch* quinine *f*.
quininic, *a Ch* quinique.
quinite, quinitol, *n Ch* quinite *f*.
quinizarin[*e*], *n Ch* quinizarine *f*.
quinoa, *n Ch* quinoa *m*.
quinoid, *a Ch* quinoïde.
quinol, *n Ch* hydroquinone *f*.
quinoline, *n Ch* quinoléine *f*.
quinolinic, *a Ch* quinoléique.
8-quinolinol, *n Ch* hydroxy-8-quinoléine *f*.
quinone, *n Ch* quinone *f*, chinone *f*.
quinonoid, *a Ch* quinoïde.
quinovin, *n Ch* quinovine *f*.
quinoxalin(e), *n Ch* quinoxaline *f*.
quinoyl, *n Ch* quinoyle *m*.
quinquedentate, *a Bot* quinquédenté.
quinquefarious, *a Bot* quinquéfarié.
quinquefid, *a Ch* quinquéfide.
quinquefoliate, *a Bot* quinquéfolié.
quinquefoliolate, *a Bot* quinquéfoliolé.
quinquelobate, *a Bot* quinquélobé.
quinquepartite, *a Biol* quinquéparti, quinquépartite.
quinquevalence, *n Ch* pentavalence *f*.
quinquevalent, *a Ch* pentavalent.
quintessence, *n Biol* quintessence *f*.
quintuplet, *n* quintuplet *m*.
quintuplinerved, *a Bot* quintuplinervé.
quinuclidine, *n Ch* quinuclidine *f*.
quiver, *n Physiol* tremblement *m*; frisson *m*; frémissement *m*; palpitation *f*; **quiver of the eyelid,** battement *m* de paupière.
quotient, *n* quotient *m*; **blood quotient,** valeur *f* globulaire; **respiratory quotient,** quotient respiratoire.

R

R, *symbole* (i) *de la* constante de Rydberg, (ii) *de la* constante gazeuse, (iii) *de* résistance électrique.

Ra, *symbole chimique du* radium.

rabid, *a Biol* enragé.

race, *n Biol* race *f*; **the human race,** le genre humain.

racemate, *n Ch* racémate *m*.

raceme, *n Bot* racème *m*, grappe *f*.

racemic, *a Ch* (acide, etc) racémique; **racemic compounds,** racémiques *mpl*.

racemization, *n Ch* racémisation *f*.

racemize, *vtr Ch* racémiser.

racemizing, *a Ch* racémisant.

racemose, *a Bot* racémeux; *Anat Z* **racemose glands,** glandes *fpl* acineuses, en grappes.

rachial, rachidal, rachidian, *a Biol* rachidien.

Rachiglossa, *npl Moll* rachiglosses *mpl*.

rachis, *pl* **-ides,** *n Biol* rachis *m*.

rachitis, *n Bot* rachitisme *m*, rachitis *m* (de la graine).

racial, *a Biol* racial, -aux.

radiability, *n* pénétrabilité *f*.

radial, *a* **1.** *Biol* rayonnant; divergent; radial, -aux; *Coel Spong* **radial canal,** canal *m* radiaire. **2.** *Anat Z* radial. **3.** *Ch* du radium; radique.

radiale, *pl* **-lia,** *n* **1.** *Anat Z* scaphoïde *m* (du carpe); os radial. **2.** *pl Ich* radiaux *mpl*.

radially, *adv Biol* **radially symmetrical,** radialement symétrique.

radiance, *n Ph* rayonnement *m*, radiation *f*, radiance *f*; luminescence *f*.

radiant 1. *a* (*a*) *Ph* radiant, rayonnant; **radiant heat,** chaleur radiante, chaleur rayonnante; **radiant density,** densité *f* de rayonnement; **radiant point,** point radiant; **radiant flux,** flux *m* énergétique; (*b*) *Bot* (stigmate, etc) rayonnant. **2.** *n Ph* point radiant; foyer lumineux; foyer de rayonnement.

radiary, *a Z* radiaire.

radiate[1], radiated, *a Biol* radié, rayonné; *Z* radiaire; *Bot* (composée) à fleurs rayonnantes; **radiate-veined,** à veines rayonnantes; *Anat* **radiate substance of kidney,** substance *f* médullaire du rein.

radiate[2] 1. *vi* rayonner, irradier; jeter, émettre, des rayons; **the heat that radiates from the sun,** la chaleur qui irradie du soleil. **2.** *vtr* émettre, radier, dégager (de la chaleur, de la lumière).

radiating 1. *a Bot* **radiating umbel,** ombelle rayonnante; *Z* **radiating substance of kidney,** substance *f* médullaire du rein. **2.** *n* radiation *f*, rayonnement *m*; **radiating capacity,** pouvoir rayonnant, radiant (d'une source de lumière, etc).

radiation, *n Ch Ph* radiation *f*, rayonnement *m*; émission *f* (de chaleur); **caloric, heat, thermal, radiation,** radiation, rayonnement, thermique; **black-body radiation, Planckian radiation,** rayonnement d'un corps noir; **high-level, low-level, radiation,** rayonnement de grande, faible, énergie; **scattered radiation,** rayonnement diffusé; **perturbing, spurious, stray, radiation,** rayonnement parasite; **cosmic radiation,** rayonnement, radiation, cosmique; **radiation source,** source *f* de la radiation; *Ch* **ionizing, non-ionizing, radiation,** radiation ionisante, non ionisante; rayonnement ionisant, non ionisant; **radiation pressure,** pression *f* de radiation; *AtomPh* **alpha, beta, gamma, radiation,** radiation, rayonnement, alpha, bêta, gamma; **nuclear radiation,** rayonnement nucléaire, atomique; **neutron radiation,** radiation, rayonnement, neutronique; **radiation equilibrium with matter,** équilibre *m* entre radiation et

matière; **radiation chemistry,** chimie *f* sous radiations.
radiative, *a Ph* (pouvoir) rayonnant.
radiator, *n Ph* radiateur *m.*
radical 1. *a* radicalaire; radical, -aux; *Bot* **radical leaf,** feuille radicale; **radical difree,** biradical *m* libre. **2.** *n Ch* radical *m*; **free radical,** radical libre; **radical polymerization,** polymérisation *f* des radicaux; **radical recombination,** recombinaison *f* des radicaux.
radicant, radicating, *a Bot* radicant.
radication, *n Bot* radication *f.*
radicel, *n Bot* radicelle *f.*
radicicolous, *a Bot* radicicole.
radicivorous, *a Z* radicivore.
radicle, *n Bot* (*a*) radicule *f* (de l'embryon, d'une bryophyte); (*b*) radicelle *f*; petite racine.
radicular, *a Bot* radiculaire.
radiculose, *a Bot* (*of bryophyte*) radiculeux.
radiferous, *a Miner* radifère.
radioactinium, *n Ch* radioactinium *m.*
radioactive, *a* radioactif; **radioactive body,** corps radioactif; radiocorps *m*; **radioactive change,** change radioactif; **radioactive constant,** constante radioactive, de désintégration; **radioactive disintegration,** désintégration radioactive; **radioactive equilibrium,** équilibre radioactif; **radioactive isotope,** isotope radioactif; radio-isotope *m*; **radioactive series,** famille, série, radioactive.
radioactivity, *n* radioactivité *f*; **airborne radioactivity,** radioactivité dans l'air; **environmental radioactivity,** radioactivité ambiante.
radioassay, *n Biol* dosage *m* par la méthode radioisotopique.
radioautograph, *n Biol* autoradiogramme *m.*
radiobiological, *a* radiobiologique.
radiobiology, *n* radiobiologie *f.*
radiocarbon, *n* radiocarbone *m*; **radiocarbon dating,** datation *f* par radiocarbone.
radiochemical, *a* radiochimique.
radiochemistry, *n* chimie radioactive; radiochimie *f.*
radiocobalt, *n* radiocobalt *m*, cobalt radioactif.
radiodensity, *n Ph* radio-opacité *f.*
radioecology, *n Biol* radioécologie *f.*
radiography, *n Biol* radiographie *f.*
radio-iodine, *n Ch* radio-iode *m*, iode radioactif.
radioisomer, *n Ch* radioisomère *m.*
radioisotope, *n* radio-isotope *m*; isotope radioactif.
Radiolaria, *npl Prot* radiolaires *mpl.*
radiolarian, *a & n Z* radiolaire (*m*).
radiolarite, *n Geol* radiolarite *f.*
radiole, *n Z* radiole *f*, piquant *m* (d'oursin).
radiolite[1], *n Z* radiolite *m.*
radiolite[2], *n Miner* radiolite *f.*
radiolucency, *n Ph* radiotransparence *f.*
radiolucent, *a Ph* radioclair, radiotransparent.
radioluminescence, *n Ph* radioluminescence *f.*
radioluminescent, *a Ph* radioluminescent.
radiolysis, *n Ch* radiolyse *f.*
radiometer, *n Ph* radiomètre *m.*
radiometric, *a Ph* radiométrique.
radiometry, *n Ph* radiométrie *f.*
radiomimetic, *a Ch Physiol* radiomimétique.
radionuclide, *n* **1.** *Ph* radionuclide *m.* **2.** *Biol Ecol* radionucléide *m.*
radiopasteurization, *n Bac* radiopasteurisation *f*; radappertisation *f.*
radioreceptor, *n Physiol* radiorécepteur *m.*
radioresistance, *n Ph* résistance *f* à la radiation, aux radiations.
radioresistant, *a Ph* résistant à la radiation, aux radiations.
radiosclerometer, *n Biol* pénétromètre *m.*
radiosensitive, *a Biol* radiosensible.
radiosensitivity, *n Biol* radiosensibilité *f.*
radiostrontium, *n Ch* strontium radioactif.
radiosymmetrical, *a Bot* symétrique par rapport à un axe actinomorphe.
radio-tracking, *n Z* pistage *m* radioélectrique.
radiotranslucency, *n Ph* radiotranslucence *f.*
radiotropism, *n Ph* radiotropisme *m.*

radio-ulna, *n Z* radio-ulna *m*.
radioulnar, *a Anat Z* radiocubital, -aux.
radium, *n Ch* (*symbole* Ra) radium *m*; *Ph* **radium emanation,** émanation *f* du radium.
radius, *pl* **-ii,** *n* **1.** rayon *m*; *Ch Ph* **radius of gyration,** rayon de giration; **radius of atom, molecule, colloid particle,** rayon d'atome, de molécule, de particule colloïdale. **2.** *Anat* radius *m* (de l'avant-bras); *Ent* radius (de l'aile). **3.** *Bot* rayon (de fleur composée, etc).
radix, *pl* **-ices,** *n Anat Z* racine *f*.
radon, *n Ch* (*symbole* Rn) radon *m*; émanation *f* du radium.
radula, *pl* **-ae,** *n Z* radula *f*, radule *f*.
radular, *a Z* radulaire.
radulaspore, *n Paly* radulaspore *f*.
raffia-palm, *n Bot* **raffia-palm grove,** raphiale *f*.
raffinase, *n BioCh* raffinase *f*.
raffinose, *n Ch* raffinose *m*.
raglanite, *n Miner* raglanite *f*.
ragstone, *n Geol* calcaire *m* oolithique.
ragweed, *n Bot* plante *f* du genre ambrosia.
rain, *n Ecol* **tropical rain forest,** forêt *f* vierge ombrophile.
rainfall, *n Ecol* précipitation *f*.
ralline, *a Z* des rallidés; semblable aux rallidés.
ralstonite, *n Miner* ralstonite *f*.
ramal, *a Bot* raméal, -aux.
Raman, *Prn Ph* **Raman effect,** effet *m* Raman.
ramentaceous, *a Bot* ramentacé.
ramentum, *pl* **-ta,** *n Bot* ramentum *m*.
rameous, *a Bot* rameux.
ramet, *n Biol* individu *m* faisant partie d'un clone.
ramicole, *a Bot* qui vit sur des ramilles.
ramicorn, *a Z* ramicorne.
ramie, *n Tex* ramie *f*.
ramified, *a* ramifié.
ramiflorous, *a Bot* ramiflore.
rammelsbergite, *n Miner* rammelsbergite *f*.
ramose, *a Biol* rameux, branchu.
ramospore, *n Paly* ramospore *f*.
ramous, *a Biol* rameux, branchu.
Ramsay and Young, *Prn Ch* **Ramsay and Young equation of state,** équation *f* de l'état de Ramsay et Young.
ramulus, *pl* **-li,** *n Bot* ramule *m*; ramuscule *m*.
ramus, *pl* **-i,** *n* **1.** *Anat Z* branche *f*, rameau *m*; **mandibular ramus,** branche montante du maxillaire inférieur; **ramus communicans,** rameau communiquant. **2.** *Z* barbe *f* (d'une plume); ramus *m*.
randanite, *n Miner* randanite *f*.
Raneynickel, *n Ch* nickel *m* de Raney.
range[1], *n* **1.** *Biol Z* aire *f* de répartition (d'une espèce, etc); **range of vision,** étendue *f*, portée *f*, de la vue; **range of audibility,** champ *m* d'audibilité. **2.** *Ch* marge *f*; gamme *f*; intervalle *m*; *Ph* **range of temperature,** amplitude *f* thermique.
range[2], *vi* **latitudes between which a plant ranges,** latitudes entre lesquelles on trouve une plante; latitudes limites de la répartition d'une plante.
raniform, *a* raniforme, ranin.
ranine, *a Z* ranin.
ranivorous, *a Z* ranivore.
ransomite, *n Miner* ransomite *f*.
ranunculaceous, *a Bot* se rapportant aux renonculacées.
Ranvier, *Prn Z* **Ranvier's nodes,** nodules *mpl* de Ranvier.
Raoult, *Prn Ch* **Raoult's law,** loi *f* de Raoult.
rape, *n Ch* **rape(seed) oil,** huile *f* de colza.
raphe, *n Anat Bot* raphé *m*.
raphide, raphis, *n Bot* raphide *f*.
raptor, *n Z* oizeau *m* rapace.
raptorial, *a* (*a*) (oiseau) de proie; (*b*) (griffes, etc) d'animal, d'oiseau, rapace.
rare, *a Ch* **rare gas,** gaz *m* rare; **rare earths,** terres *fpl* rares; **rare-earth metals, elements,** métaux *mpl* des terres rares.
rarefaction, *n Ph* raréfaction *f*.
rarefactive, *a Ph* raréfiant.
rarefiable, *a Ph* raréfiable.
rarefied, *a Ph* (gaz) raréfié.
rarefy 1. *vtr* raréfier (l'air, un gaz). **2.** *vi* (*of the air, of a gas*) se raréfier.
raspite, *n Miner* raspite *f*.
rate, *n* **1.** *Physiol* **rate of elimination, growth, hearth-beat, metabolism,** taux *m* d'élimination, de croissance, de pulsation du cœur, de métabolisme. **2.** *Ch* vitesse *f*; rythme *m*; **reaction rate,** taux de réaction. **3.** *Biol* taux; proportion *f*.

rathite, *n Miner* rathite *f*.
ratile, *n Ch* titane oxydé.
rating, *n Ph Ch etc* indice *m*.
ratio, *n* **1.** *Ch Ph* ratio *m*; rapport *m*; **mixture ratio,** taux *m* de mélange; **ratio of specific heats,** ratio entre les chaleurs spécifiques; **amplitude ratio,** rapport d'amplitude (des mouvements ondulatoires); *El* **voltage ratio,** rapport de transformation; *Oc* **ratio of tidal range,** rapport des amplitudes (des marées). **2.** *Biol* ratio; support *m*.
ratite, *a & n Z* **ratite (bird),** ratite *m*.
rausch, *n Biol* anesthésie légère à l'éther.
rauvite, *n Miner* rauvite *f*.
ravenous, *a Z* rapace; vorace.
raw, *a* brut, non traité.
ray, *n* **1.** rayon *m*; **cosmic rays,** rayons cosmiques, rayonnement *m* cosmique; **α-, β-, γ-, X-rays,** rayons α, β, γ, X. **2.** *Biol* rayon (d'une ombelle, d'une nageoire, etc); **starfish with five rays,** étoile *f* de mer à cinq branches; *Bot* **medullary rays,** rayons, prolongements *mpl*, médullaires; **ray flower,** fleur radiée, ligulée; **ray florets,** fleurs extérieures, rayonnantes (d'une composée). **3.** *Ich* raie *f*.
rayed, *a Biol* radié.
rayless, *a Bot* (composée) sans fleurs rayonnantes.
Rb, *symbole chimique du* rubidium.
Re, *symbole chimique du* rhénium.
reactant, *n Ch* réactant *m*.
reaction, *n* **1.** *Ch* (*a*) réaction *f*; **chemical, nuclear, reaction,** réaction chimique, nucléaire; **heat of reaction,** chaleur *f* de réaction; **back reaction,** réaction inverse, de recombinaison; **balanced, reversible, reaction,** réaction réversible, équilibrée; **coupling reaction,** réaction de soudure; **endothermal, exothermal, reaction,** réaction endothermique, exothermique; **exchange reaction,** réaction d'échange; **homogeneous, heterogeneous, reaction,** réaction homogène, hétérogène; **gaseous reaction,** réaction gazeuse; **ionic reaction,** réaction ionique; **free radical reaction,** réaction par radicaux libres; **reaction order,** ordre *m* de réaction; **reaction mixture,** mélange réactionnel; **fission, fusion, reaction,** réaction de fission, de fusion; **nuclear chain reaction,** réaction nucléaire en chaîne; **self-maintaining, self-sustaining, (chain) reaction,** réaction (en chaîne) auto-entretenue; **thermonuclear, photonuclear, reaction,** réaction thermonucléaire, photonucléaire; **reaction cycle,** cycle *m* de réaction; **reaction kinetics,** cinétique *f* chimique; **reaction rate,** taux *m* de réaction; **reaction rate and equilibrium,** taux de réaction et équilibre; **reaction rate and free energy,** taux de réaction et énergie libre; **reaction rate and temperature,** taux de réaction et température; **reaction box of Van't Hoff,** boîte *f* de réaction de Van't Hoff; (*b*) **reaction-giving,** efficace. **2.** *Physiol* réaction (d'un organe, du tissu, etc); **auditory, tactile, visual, reaction,** réaction auditive, tactile, visuelle; **defence reaction,** réaction de défense; **reaction of the human organism to bacterial infection,** réaction de l'organisme humain à l'infection microbienne; **reaction time,** temps *m* de réaction.
reactivate, *vtr Ch* réactiver (un catalyseur, etc).
reactivation, *n Ch* réactivation *f* (d'un catalyseur, etc).
reactivator, *n Ch* réactivateur *m*.
reactive, *a* (*a*) *Ph Ch AtomPh* réactif; (*b*) *Physiol* **reactive movements,** mouvements réactionnels.
reactivity, *n Ch AtomPh* réactivité *f*.
reactor, *n* (*a*) *Ch* réacteur *m* (tubulaire, etc); (*b*) *AtomPh* **nuclear reactor,** réacteur nucléaire; pile *f* atomique; **breeder reactor,** réacteur (auto)générateur, sur(ré)générateur; réacteur producteur de matière fissile; pile couveuse; **fast (neutron) reactor,** réacteur rapide, à neutrons rapides.
reading, *n Ch* lecture *f*; relevé *m*; indication *f*; valeur *f*.
read-out, *n Ch* lecture *f*.
reagency, *n Ch* **1.** pouvoir réactif. **2.** réaction *f*.
reagent, *n Ch* réactif *m*; **mercury reagent,** réactif à base de mercure; **organic reagent,** réactif organique; **reagent paper,** papier réactif.
realgar, *n Ch Miner* réalgar *m*.
rearrangement, *n* transposition *f*; *Ch*

molecular rearrangement, réarrangement *m* moléculaire.

Réaumur, *Prn Ph* **Réaumur scale,** échelle *f* Réaumur.

rebound, *n Biol* rebond *m*, rebondissement *m*.

recapitulation, *n* récapitulation *f*; *Biol* **recapitulation theory,** théorie *f* de récapitulation.

Recent, *a & n Geol* holocène (*m*).

receptacle, *n Bot* réceptacle *m* (d'une fleur, d'un champignon).

receptaculum, *pl* **-la,** *n* **1.** *Biol* sac *m*. **2.** *Bot* réceptacle *m*. **3.** *Z* **receptaculum chyli,** citerne *f* de Pecquet; **receptaculum lacti,** sinus *m*, ampoule *f*, galactophore.

receptor, *n* **1.** *Physiol* **receptor (organ),** récepteur *m*; **free receptor,** anticorps *m*. **2.** *Ent* **receptor (organ),** sensille *f*.

recessive, *a & n Biol* **recessive (gene),** gène récessif; **recessive (character),** caractère récessif, dominé; **recessive (organism),** sujet récessif.

recessiveness, *n Biol* récessivité *f*.

recipient, *n* (*a*) *Ch* récipient *m*; **recipient molecule,** molécule *f* qui fixe; (*b*) *Biol* receveur *m*.

reciprocal, *a Ch* **reciprocal proportions,** proportions *fpl* réciproques; **law of reciprocal proportions,** loi *f* de proportions réciproques.

reclinate, *a Bot* (organe) récliné.

reclination, *n Physiol* réclinaison *f* (de la cataracte).

recolonization, *n Biol* établissement *m* d'une nouvelle colonie (**of a habitat,** dans un habitat).

recolonize, *vtr Biol* établir une nouvelle colonie, rétablir une colonie, dans (une région, etc).

recombinant, *a Biol* (descendance, etc) qui résulte de la recombinaison.

recombination, *n Biol Ch* recombinaison *f*; *Ch* **recombination coefficient,** coefficient *m* de recombinaison.

reconstitution, *n Z* reconstitution *f*.

record, *n Ch* donnée *f*.

recrudescence, *n Biol* recrudescence *f*.

recruitment, *n Physiol* recrutement *m*.

recrystallization, *n Ch* recristallisation *f*.

recrystallize, *vtr & i* recristalliser.

rectal, *a Anat Z* rectal, -aux; *Physiol* **rectal injection,** lavement *m*.

rectification, *n Ch* rectification *f* (de l'alcool, etc).

rectified, *a Ch* rectifié; redressé.

rectirostral, *a Z* rectirostre.

rectrix, *pl* **-ices,** *n Z* (penne *f*) rectrice (*f*).

rectum, *pl* **-ums, -a,** *n Anat Z* rectum *m*.

rectus, *n Z* droit *m*; **rectus abdominis,** grand droit de l'abdomen; **rectus femoris,** droit interne.

recumbent, *a Biol* couché.

recurrence, *n Ph* **recurrence frequency,** périodicité *f*.

recurrent, *a* **1.** *Bot* **recurrent veinlet,** veinule récurrente. **2.** *Ph etc* (*a*) **recurrent pulses,** impulsions *fpl* périodiques; (*b*) **recurrent state,** état récurrent. **3.** *Physiol* **recurrent sensibility,** sensibilité récurrente.

recurvate, *a Biol* récurvé, recourbé.

recurvature, *n Biol* recourbure *f*.

recurved, *a Z* recourbé, récurvé, retroussé.

recurvirostral, *a Z* recurvirostre.

recycling, *n Ch* recyclage *m* (des acides).

red, *a* **1.** *Miner* **red lead ore,** plomb *m* rouge; **red lead,** minium *m*, mine anglaise. **2.** *Anat Z* **red blood cell,** globule *m* rouge. **3.** *Ich Echin* **red gland,** glande *f* rouge.

reddingite, *n Miner* reddingite *f*.

redescribe, *vtr Biol* donner une nouvelle description à.

redescription, *n Biol* nouvelle description (d'une espèce, etc).

redia, *pl* **-ae,** *n Z* rédie *f*.

redingtonite, *n Miner* rédingtonite *f*.

redintegration, *n Z* réintégration *f*; rétablissement intégral.

redistil, *vtr Ch* cohober.

redistillation, *n Ch* cohobation *f*.

redox, *a & n Ch* redox (*m*); **redox reaction,** réaction *f* redox, d'oxydo-réduction; système *m* redox; **redox electrode,** électrode *f* redox; **redox indicator,** indicateur *m* redox.

redruthite, *n Miner* chalcosite *f*, chalcosine *f*.

reduce, *vtr Ch* réduire (un oxyde); diminuer.

reducer, *n Ch* (corps) réducteur (*m*).

reducing, *n Ch* **reducing agent,** (agent) réducteur; **reducing flame,** flamme réductrice; **reducing gas,** gaz réducteur.

reductant, *n Ch* (corps) réducteur (*m*).

reductase, *n BioCh* réductase *f*.

reduction, *n* **1.** *Biol* **reduction division,** mitose réductionnelle. **2.** *Ch* réduction *f* (d'un oxyde); **reduction potentials,** potentiels *mpl* de la réduction.

reductive, *a Ch* réductif; par réduction.

redundant, *a* superflu.

reduplicate, reduplicative, *a Bot* (*of leaves*) redupliqué; (*of aestivation*) réduplicatif.

reefy, *a Oc Geol* récifal, -aux.

reflectance, *n Ph* coefficient *m*, facteur *m*, de réflexion.

reflected, *a Ph* **reflected light, wave,** lumière, onde, réfléchie.

reflection, *n Ph* réflexion *f*, réfléchissement *m* (de la lumière, d'un son); réverbération *f* (de la lumière).

reflectivity, *n Ph* (i) réflectivité *f*; (ii) réflectance *f*.

reflex 1. *n* (*a*) *Physiol* réflexe *m*; (*b*) *Z* **bleeding reflexes,** auto-hémorrhée *f*. **2.** *a* (*a*) *Physiol* (mouvement, etc) réflexe; **reflex action,** action *f* réflexe; **reflex arc,** arc *m* réflexe; (*b*) *Bot* réfléchi.

reflexed, *a Bot* réfléchi, recourbé.

reflexibility, *n Ph* réflexibilité *f*.

reflexible, *a Ph* (rayon) réflexible.

reflexion, *n Ph* = **reflection.**

reflexogenic, *a Biol* réflexogène.

reflux, *n* reflux *m*; *Ch* **reflux condenser,** condenseur *m* à reflux.

refract, *vtr Ph* réfracter, briser, faire dévier (un rayon lumineux); **to be refracted,** se réfracter, se briser.

refracting, *a Ph* réfringent, réfractif, réfractant, réfracteur; **double-refracting,** à double réfraction, biréfringent; **refracting angle,** angle réfringent (d'un prisme); **refracting system,** dispositif *m* à réfraction.

refraction, *n Ch Ph* réfraction *f*; **double refraction,** double réfraction, biréfringence *f*; **angle of refraction,** angle *m* de réfraction.

refractionation, *n Ph* réfractionnement *m*; mesure *f* de l'indice de réfraction.

refractive, *a Ph* réfractif, réfringent; **refractive index,** indice *m* de réfraction; **refractive power,** pouvoir réfractif, pouvoir réfringent; réfringence *f*; **refractive system,** dispositif *m* à réfraction; **doubly refractive,** biréfringent.

refractivity, *n Ch Ph* réfringence *f*; **molecular refractivity,** réfringence moléculaire; **specific refractivity,** réfringence spécifique.

refractometer, *n Ph* réfractomètre *m*; **immersion, dipping, refractometer,** réfractomètre à immersion; **parallax refractometer,** réfractomètre à parallaxe.

refractometry, *n* réfractométrie *f*.

refractoriness, *n Ch Miner etc* nature *f* réfractaire, réfractérité *f*.

refractory, *a* **1.** *Ch Miner* réfractaire, apyre; **refractory ores,** minerais *mpl* rebelles. **2.** *Physiol* opiniâtre.

refrangibility, *n Ph* réfrangibilité *f*.

refrangible, *a Ph* réfrangible.

refrigerant *Ch* **1.** *a* réfrigérant. **2.** *n* produit *m* de réfrigération.

refrigerating, *n Ph* **refrigerating machine,** réfrigérant *m*; appareil *m* pour refroidir.

refrigerator, *n Ph* réfrigérateur *m*; chambre froide.

refringency, *n Ph* réfringence *f* (d'un cristal, etc).

refringent, *a Ph* réfringent.

regelation, *n Ch Ph* regélation *f*.

regenerate[1], *n Bot* régénérat *m*.

regenerate[2] 1. *vtr Ch* régénérer (une substance, etc); restituer (à une substance, etc) ses qualités premières; **regenerated liquor,** solvant régénéré. **2.** *vi* (*of lobster's claw, etc*) se régénérer; (*of tail, etc*) repousser.

regeneration, *n* **1.** *Ch* régénération *f* (d'une substance, etc); épuration *f* (des huiles de graissage, etc). **2.** *Physiol* reconstitution (naturelle); régénération (d'un organe détruit, etc); palingénésie *f*.

regenerative, *a Biol* régénératif.

region, *n Biol* **region of elongation,** zone *f* d'élongation.

regolith, *n Geol* régolite *f*.

regression, *n Biol* régression *f.*
regressive, *a Biol* régressif.
regressiveness, *n Biol* caractère régressif.
regulation, *n Ch* réglage *m*; *Biol BioCh Physiol* régulation *f*; **thermal regulation,** régulation thermique; **enzyme regulation,** régulation des enzymes; **glycemic regulation,** régulation glycémique.
reguline, *n Petroch* régule *m*; alliage régulin.
Reil, *Prn Z* **Reil's island,** lobe *m* de l'insula (du cerveau).
Reissner, *Prn Z* **Reissner's membrane,** membrane *f* de Reissner; canal *m* cochléaire.
rejuvenesce *Biol* **1.** *vi* (*of cells*) rajeunir; se revivifier. **2.** *vtr* rajeunir (des cellules).
rejuvenescence, *n Biol* rajeunissement *m*, revivification *f*, réjuvénescence *f.*
relate, *vtr Biol* rapporter, rattacher (une espèce à une famille, etc); apparenter (deux espèces).
related, *a Ch* **related elements,** éléments apparentés; *Biol* **closely related species,** espèces voisines.
relative, *a* relatif; *Ph* **relative humidity, pressure,** humidité, pression, relative.
relativistic, *a Ph* relativiste.
relativity, *n Ph* relativité *f*; **theory of relativity,** théorie *f* de la relativité; **special (theory of) relativity, restricted (theory of) relativity,** (théorie de la) relativité restreinte; **laws of relativity,** mécanique *f* relativiste.
relaxation, *n* relaxation *f*; *Physiol* **muscular relaxation,** relaxation des muscles; *Ch Ph Physiol* **relaxation time,** période *f* de relaxation.
relay, *n Ph* relais *m.*
release¹, *n* (*a*) *Ch* mise *f* en liberté, libération *f*, dégagement *m* (d'un gaz, etc); émission *f* (de gaz asphyxiant, etc); (*b*) *Ph* **release of energy,** libération de l'énergie.
release², *vtr Ch* dégager, laisser échapper (un gaz).
relic, *n Bot Z* relique *f*; fossile vivant.
relief, *n Geog* relief *m* (terrestre); **relief map,** carte *f* en relief.
rem, *n Meas* rem *m.*
remex, *pl* **-iges,** *n Orn* rémige *f*; **the remiges,** les (plumes *fpl*) rémiges.
remigial, *a Orn* (plume) rémige.
renal, *a Anat Z* rénal, -aux; des reins; **renal arteries, veins,** artères, veines, rénales.
renardite, *n Miner* renardite *f.*
reniform, *a Z* réniforme.
renin, *n BioCh* rénine *f.*
rennet, rennin, *n Ch BioCh* rennine *f*; présure *f*; *Z* **rennet stomach,** caillette *f.*
rensselaerite, *n Miner* rensselaerite *f.*
repellent, *n Ent* répulsif *m.*
repent, *a Bot Z* (*of stalk, shoot, insect, etc*) rampant.
repetospore, *n Paly* répétospore *f.*
repletion, *n Z* réplétion *f*; plénitude *f* d'estomac.
replicate, *a Bot* replicatif, replié.
replicatile, *a* plicatile.
replication, *n Biol* réplication *f.*
replicative, *a Bot* replicatif.
replum, *pl* **-la,** *n Bot* replum *m*; cloison *f* interne (des siliques).
repressor, *n Biol* répresseur *m.*
reproduce 1. *vtr* (*a*) multiplier (par génération); (*b*) reproduire, régénérer (une queue, une pince, etc). **2.** *vi* se reproduire, se multiplier; proliférer.
reproduction, *n Biol* reproduction *f*; **sexual, asexual, reproduction,** reproduction sexuée, asexuée.
reproductive, *a* reproducteur; **the reproductive organs,** les organes *mpl* de la reproduction; les organes reproducteurs.
reptant, *a Biol* rampant; reptatoire, reptile.
reptatorial, reptatory, *a Biol* reptatoire.
Reptilia, *npl* reptiles *mpl.*
reptilian 1. *a* reptilien, reptile. **2.** *n* reptile *m.*
repugnatorial, *a Z* répugnatoire.
repulsive, *a* répulsif; *Ch Ph* **repulsive forces,** forces répulsives.
rerun, *n Ch* redistillation *f*; recyclage *m.*
resazurin, *n Ch* résazurine *f.*
research, *n Biol* recherche *f*; **field research,** prospection *f* sur le terrain.
reserpine, *n Ch* réserpine *f.*
residual 1. *a Ph* résiduel, résiduaire; **residual magnetism,** magnétisme rémanent, résiduel; rémanence *f.* **2.** *n Ch* résidu *m.*

residuary, *a Ch* résiduaire, résiduel.
residue, *n Ch* résidu *m*; reliquat *m*.
residuum, *pl* **-ua,** *n Ch* résidu *m*; reste *m*.
resin, *n* résine *f*; *Bot* **resin duct, canal,** résinocyste *m*; *Ch* **natural resin,** résine végétale; **polyvinyl resin,** résine polyvinylique; **photosensitive resin,** résine photosensible; **thermosetting resin,** résine thermodurcissable; **resin acid,** acide *m* résinique; **ion exchange resin,** résine échangeuse d'ions.
resiniferous, *a Bot* résinifère.
resinite, *n Miner* résinite *m*.
resinous, *a* résineux.
resistance, *n Ph* (*symbole R*) résistance *f*; **air resistance,** résistance à l'air; **water resistance,** résistance hydrodynamique; **frictional resistance,** résistance de frottement; **starting resistance,** résistance de mise en marche; **insulation resistance,** résistance d'isolement; **specific resistance,** résistance spécifique; **resistance box,** boîte *f* de résistances.
resistant, *a Bot* tolérant; tenace.
resolution, *n Biol Ch* résolution *f* d'un composé avec activité optique.
re-solution, *n Biol Ch* redissolution *f*.
resolve, *vtr Ph Ch* décomposer.
resonance, *n Ch Ph* résonance *f*; **resonance energy,** énergie *f* de résonance; *AtomPh* **nuclear resonance,** résonance atomique; **resonance neutron,** neutron *m* de résonance; **resonance potentials,** potentiels *mpl* de résonance.
resorcin, resorcinol, resorcinum, *n Ch* résorcine *f*, résorcinol *m*.
resorcylic, *a Ch* résorcylique.
resorufine, *n Ch* résorufine *f*.
respiration, *n Physiol* respiration *f*.
respirator, *n* respirateur *m*.
respiratory, *a* (organe, etc) respiratoire; **respiratory system,** appareil *m*, système *m*, respiratoire; **respiratory quotient,** quotient *m* respiratoire; **respiratory enzymes,** enzymes *mpl* respiratoires; **respiratory pigments,** matières colorantes de la respiration.
response, *n Physiol* réponse *f*, réaction *f*; **biological response,** réaction biologique; **defensive response,** réaction de défense; **motor response,** réponse, réaction, motrice; **native response,** réponse instinctive, naturelle; **reflex response,** réponse réflexe.
rest, *n Ph* **rest mass,** masse *f* au repos.
restitution, *n Biol* restitution *f*; *Ph* **restitution of an elastic body,** retour *m* d'un corps élastique à sa forme primitive.
restored, *a Ch* **restored acid,** acide sulfurique re-concentré.
restoring, *a Ph* **restoring force,** force *f* de rétablissement.
resultant, *a & n Ch Ph* **resultant (force),** (force) résultante (*f*); **to find the resultant of three forces,** composer trois forces.
resupinate, *a Bot* résupiné.
resupination, *n Bot* résupination *f*.
retard, *vtr Ch* inhiber (une réaction).
retardation, *n Ph* retardation *f*; accélération négative, retardatrice, vitesse retardée.
rete cutaneum, *n Histol* réseau cutané.
retene, *n Ch* rétène *m*.
retention, *n Ch* fixation *f*; rétention *f*; **net retention volume,** volume *m* de rétention absolue.
retentive, *a Ch* **to be retentive in nature,** conserver (sa forme stérique).
reticle, *n Anat* réticule *m*.
reticular, *a Biol* réticulaire.
reticulate, *a Biol Anat Z* réticulé; rétiforme; *Bot* cancellé.
reticulin, *n Physiol* réticuline *f*; *Histol* fibre *f* de réticuline.
reticulocyte, *n Biol* réticulocyte *m*.
reticulopituicyte, *n Histol* réticulo-pituicyte *m*.
reticulum, *pl* **-la,** *n* **1.** *Z* réticulum *m*, réseau *m*, bonnet *m* (d'un ruminant). **2.** *Anat Biol* réticulum, réseau; tissu réticulé.
retina, *pl* **-as, -ae,** *n Anat Z* rétine *f* (de l'œil).
retinaculum, *pl* **-la,** *n Bot Z* rétinacle *m*.
retinal, *a Anat* rétinien.
retinalite, *n Miner* rétinalite *f*.
retinasphalt(um), *n Miner* rétinasphalte *m*.
retinene, *n BioCh* rétinal *m*, rétinène *m*.
retinerved, *a* rétinerve, rétinervé.

retinite, *n Miner* rétinite *f.*
retinula, *pl* **-ae,** *n Z etc* rétinule *f*; **retinula cells,** retinulæ *fpl*, cellules rétiniennes.
retort, *n Ch* cornue *f*; vase clos; **gas retort,** cornue à gaz.
retorted, *a Z* recourbé, tordu; retourné.
retractable, retractile, *a Z* (organe, etc) rétractile.
retractility, *n Z* rétractilité *f* (d'un organe, etc).
retroflex(ed), *a Z* rétrofléchi.
retrogradation, *n Biol* régression *f.*
retrograde, *a* rétrograde; *Ch* **retrograde solubility,** solubilité *f* rétrograde.
retrogression, *n Biol* régression *f*, dégénérescence *f.*
retrogressive, *a Biol* régressif, dégénérescent.
retrorse, *a Biol* recourbé, retourné.
retrorsine, *n Ch* rétrorsine *f.*
retuse, *a Bot* (*of leaf*) rétus.
retzian, *n Miner* retziane *f.*
reussinite, *n Miner* réussinite *f.*
revellent, *a* révulsif.
reversal, *n* renversement *m*; *Ph* **reversal of polarity,** renversement de polarité.
reverse, *a* de retour.
reversibility, *n Ch Ph* réversibilité *f.*
reversible, *a Ch* **reversible reaction,** réaction *f* réversible; **reversible change,** changement *m* réversible; **reversible cycle,** cycle *m* réversible; **reversible electrode cell,** cellule *f* électrique réversible; **reversible engines,** machines *fpl* réversibles.
reversion, *n Biol* **reversion to type,** réversion *f* (au type primitif).
revert, *vi Biol* **to revert to type,** revenir au type primitif.
revolute, *a Bot* révoluté.
Rh, *symbole chimique du* rhodium.
rhabdite, *n Z* rhabdite *m.*
rhabditoid, *a Z* rhabditoïde.
Rhabdocoelida, *npl Z* rhabdocèles *mpl.*
rhabdoid, *a Biol* en forme de tige.
rhabdolith, *n Z* rhabdolite *m.*
rhabdome, *n Z* rhabdome *m.*
rhabdomere, *n Ent* rhabdomère *m.*
rhabdophane, rhabdophanite, *n Miner* rhabdophane *f.*
rhagite, *n Miner* rhagite *f.*
rhamnaceous, *a Bot* rhamnacé.
rhamnetin, *n Ch* rhamnétine *f.*
rhamnitol, *n Ch* rhamnite *m*, rhamnitol *m.*
rhamnose, *n Ch* rhamnose *f.*
rhamnoside, *n Ch* rhamnoside *m.*
rhamnoxanthine, *n Ch* rhamnoxanthine *f*; franguloside *m.*
rhamphoid, *a Z* becqué; à bec.
rhamphotheca, *n Z* rhamphothèque *f.*
rhe, *n Ph* rhé *m.*
rhenic, *a Ch* rhénique.
rhenium, *n Ch* (*symbole* Re) rhénium *m.*
rheobase, *n Physiol* rhéobase *f.*
rheology, *n Ph* rhéologie *f.*
rheophil(e), rheophilous, *a Z* rhéophile.
rheostat, *n Ch Ph* rhéostat *m.*
rheotactic, *a Biol* rhéotaxique.
rheotaxis, *n Biol* rhéotaxie *f.*
rheotropism, *n Biol* rhéotropisme *m.*
rhesus, *n Physiol* **rhesus factor,** facteur *m* rhésus.
rhinal, *a Anat Z* nasal, -aux; du nez.
rhinarium, *pl* **-ia,** *n Z* rhinarium *m.*
rhinencephalon, *pl* **-a,** *n Anat Z* lobe olfactif (du cerveau).
rhinocaul, *n Z* pédoncule olfactif.
rhinocoel, *n Anat Z* prolongement *m* du ventricule latéral dans le lobe olfactif.
rhinion, *n Anat Z* rhinion *m*; pointe inférieure de la suture des os du nez.
rhinopharynx, *n Anat Z* naso-pharynx *m.*
rhinophore, *n Z* rhinophore *m.*
rhinotheca, *pl* **-ae,** *n Z* rhinothèque *f.*
rhipidium, *n Bot* cyme *f* en éventail.
Rhipidoglossa, *npl Moll* rhipidoglosses *mpl.*
rhizanthous, *a Bot* produisant apparemment une fleur d'une racine.
rhizocarp, *n Bot* rhizocarpée *f.*
rhizocarpian, rhizocarpic, rhizocarpous, *a Bot* rhizocarpe, rhizocarpique; rhizocarpien.
Rhizocephala, *npl Z* rhizocéphales *mpl.*
rhizocephalous, *a Z* rhizocéphale.
rhizoflagellate, *a & n Z* rhizoflagellé (*m*).
rhizogenetic, rhizogenic, rhizogenous, *a Bot* rhizogène.

rhizoid, *n Bot* rhizoïde *f.*
rhizomatic, rhizomatous, *a Bot* rhizomateux.
rhizome, *n Bot* rhizome *m.*
rhizomorph, *n Bot* rhizomorphe *m.*
rhizomorphous, *a Bot* rhizomorphe.
rhizophagous, *a Z* rhizophage, radicivore.
rhizoplane, *n Ecol* rhizoplan *m.*
rhizoplast, *n Bot* rhizoplaste *m.*
rhizopod, *n Z* rhizopode *m.*
Rhizopoda, *npl Z* rhizopodes *mpl.*
Rhizopodia, *npl Z* pseudopodes réticulés.
rhizopodous, *a Z* rhizopode.
rhizosphere, *n Bot* rhizosphère *f.*
rhizotaxis, *n Bot* rhizotaxie *f.*
rhodamine, *n Ch* rhodamine *f.*
rhodanate, *n Ch* thiocyanate *m*; rhodanate *m.*
rhodeose, *n Ch* rhodéose *m.*
rhodic, *a Ch* rhodique.
rhodinol, *n Ch* rhodinol *m.*
rhodite, *n Miner* rhodite *f.*
rhodium, *n Ch* (*symbole* Rh) rhodium *m*; **rhodium oil,** essence *f* de bois de rose.
rhodizionic, *a Ch* (acide) rhodizionique.
rhodizite, *n Miner* rhodizite *f.*
rhodizonic, *a Ch* (acide) rhodizonique.
rhodochrosite, *n Miner* rhodochrosite *f*, manganspath *m.*
rhodogenesis, *n Z* régénérescence *f* du pourpre rétinien décoloré par la lumière.
rhodolite, *n Miner* rhodolite *f.*
rhodonite, *n Miner* rhodonite *f*; rubinspath *m.*
rhodophane, *n Z* pigment *m* rouge des cônes de la rétine.
Rhodophyceae, *npl Algae* rhodophycées *fpl.*
rhodopsin, *n BioCh* rhodopsine *f.*
rhodospermous, *a Bot* rhodosperme.
rhombencephalon, *pl* **-a**, *n Anat* rhombencéphale *m.*
rhombic, *a Ch* rhombique.
rhombohedral, *a Ch* rhomboédrique.
rhombohedron, *pl* **-drons, -dra**, *n* rhomboèdre *m.*
rhomboid, *a* rhomboïde; *Z* **rhomboid body, fossa, sinus,** quatrième ventricule *m* (du cerveau).
rhopaloceral, rhopalocerous, *a Z* rhopalocère.
rhynchocoel, *n Z* rhynchocœle *f.*
rhyolite, *n Miner* rhyolit(h)e *f*, liparite *f.*
rhythm, *n Biol Physiol* rythme *m.*
rhytidome, *n Bot* rhytidome *m.*
rib, *n* **1.** *Anat* côte *f*; **rib cage,** cage *f* thoracique. **2.** *Biol* nervure *f* (d'une feuille, d'une aile d'insecte); projecture *f* (d'une feuille); strie *f* (d'une coquille).
ribbed, *a Bot* (*of leaf*) à nervures, nervuré, nervifolié.
ribbing, *n Bot* nervures *fpl* (d'une feuille).
ribboned, *a Biol* rubané.
riboflavin, *n Ch* riboflavine *f*, rivoflavine *f*, lactoflavine *f*; vitamine *f* B_2.
ribonic, *a Ch* (acide) ribonique.
ribonuclease, *n Ch* ribonucléase *f.*
ribonucleic, *a BioCh* **ribonucleic acid, RNA,** acide *m* ribonucléique, ARN.
ribonucleoprotein, *n Ch* ribonucléoprotéide *m.*
ribonucleotide, *n Ch* ribonucléotide *m.*
ribose, *n Ch* ribose *m.*
ribose-nucleic, *a Ch* ribonucléique.
ribosomal, *a Ch* ribosomique.
ribosome, *n BioCh* ribosome *m.*
ribosomic, *a Ch* ribosomique.
ribulose, *n Ch* ribulose *m.*
rich, *a* (*of limestone*) gras.
richellite, *n Miner* richellite *f.*
ricin, *n Ch* ricine *f.*
ricinine, *n Ch* ricinine *f.*
ricinoleate, *n Ch* ricinoléate *m.*
ricinoleic, *a Ch* (acide) ricinoléique.
ricinolein, *n Ch* ricinoléine *f.*
rickardite, *n Miner* rickardite *f.*
rictal, *a Z* **rictal bristle,** vibrisse *f*; soie rictale.
ridge, *n Anat Geol* crête *f.*
riebeckite, *n Miner* riebeckite *f.*
riframpin, *n Ch* riframpicine *f.*
rift, *n Geol* (*in schists*) délit *m*; **rift valley,** fossé *m*, fosse *f*, d'effondrement.
rigor, *n Physiol* rigor *m*; frisson *m*; **rigor mortis,** rigidité *f* cadavérique.
rim, *n* (*a*) *Bot* aréole *f*; (*b*) *Anat* ourlet *m*, rebord *m* (de l'oreille externe).
rima, *pl* **-ae**, *n Z* scissure *f*; fente *f.*

rimifon, *n Ch* rimifon *m.*
rimose, *a Biol* rimeux.
rimstone, *n Geol* **rimstone bar,** barre *f* de travertin.
rimula, *pl* **-ae,** *n Z* petite fissure; petite scissure.
ring, *n* **1.** *Ch* chaîne fermée; noyau *m*; **benzene ring,** noyau benzénique; **ring compound,** composé *m* cyclique. **2.** (*of tree*) anneau annuel, cercle annuel, couche annuelle. **3.** *Anat* **ring canal,** anneau *m* aquifère; **ring cartilage,** cartilage *m* cricoïde; **ring vertebra,** vertèbre *f* cyclospondyle. **4.** *Orn etc* collier *m.*
ringent, *a Bot* (corolle) ringente.
Ringer, *Prn* **Ringer's solution,** solution *f* physiologique de Ringer.
riparian, *a Geog Geol* ripicole.
ripening, *n* maturation *f* (des fruits).
ripidolite, *n Miner* prochlorite *f.*
ripple, *n Ph* série *f* d'ondes.
risorius, *pl* **-ii,** *n Z* risorius *m.*
rittingerite, *n Miner* rittingérite *f.*
Rivinian, *a Anat Z* **Rivinian canal,** canal *m* de Rivinus, de Bartholin; canal excréteur de la glande sublinguale.
riziform, *a Z* riziforme.
Rn, *symbole chimique du* radon.
RNA, *abbr BioCh see* **ribonucleic.**
roast, *vtr Ch* calciner; fritter (des carbonates, etc).
roasting, *n Ch* calcination *f*; frittage *m*, fritte *f.*
robust, *a Biol* vivace.
roccellic, *a Ch* (acide) roccellique.
roccelline, *n Ch* roccelline *f.*
rock, *n* (*a*) *Geol* roche *f*; **basic rocks,** roches basiques; **igneous, sedimentary, metamorphic, rocks,** roches ignées, sédimentaires, métamorphiques; **endogenous, exogenous, rocks,** roches endogènes, exogènes; **volcanic, basaltic, rocks,** roches volcaniques, basaltiques; **crystalline rocks,** roches cristallines; **fissile rock,** roche fissile; **honeycomb rock,** roche (à structure) alvéolaire; **mother, parent, rock,** roche mère; (*b*) *Miner* **rock crystal,** cristal *m* de roche; quartz hyalin; **rock alum,** alun *m* de roche; **rock salt,** sel *m* gemme; halite *f.*
rodent, *a & n Z* rongeur (*m*).
Rodentia, *npl Z* rongeurs *mpl.*
rodenticide, *n* rodenticide *m.*
rodlike, *a Biol* bacilliforme, baculiforme; *Anat* **rodlike cell,** bâtonnet *m*; **rodlike layer,** pourpre rétinien.
rods, *npl Anat Biol* bâtonnets visuels, rétiniens, olfactifs.
rod-shaped, *a Biol* = **rodlike.**
roe, *n Ich* **(hard) roe,** œufs *mpl* (de poisson).
roeblingite, *n Miner* rœblingite *f.*
roemerite, *n Miner* rœmérite *f*, römérite *f.*
roestone, *n Geol* oolithe ferrugineux.
rognon, *n Geol* rognon *m.*
romeite, *n Miner* roméine *f*, roméite *f.*
roof, *n Anat* **roof of the mouth,** voûte *f* du palais.
root, *n* **1.** *Bot* racine *f*; **clinging root,** crampon *m*; **aerial root,** racine aérienne, racine-asperge *f*; **adventitious root,** racine adventive; **prop root,** branche fulcrée; **tap root,** racine pivotante; **root cap,** coiffe *f* de racine, pilorhize *f*; **root hair,** poil absorbant, radiculaire; **the root hairs,** le chevelu; **root nodule,** nodosité *f*; **root pressure,** pression *f* racinaire. **2.** *Anat* racine (d'une dent, d'un ongle); **root of the lung,** hilum *m*; **hair root, root of a hair,** bulbe pileux.
rootlet, *n Bot* petite racine; radicelle *f*; radicule *f.*
rootstalk, *n Bot* rhizome *m.*
rootstock, *n Bot* rhizome *m*, souche *f* (d'iris, etc).
rosaceous, *a Bot* rosacé; **rosaceous flower,** fleur rosacée.
rosaniline, *n Ch* rosaniline *f.*
roscoelite, *n Miner* roscoélite *f.*
rose, *n Ch* **rose oil,** essence *f* de rose.
roselite, *n Miner* rosélite *f.*
rosenbuschite, *n Miner* rosenbuschite *m.*
roseocobaltic, *a Ch* roséocobaltique.
rosette, *n Bot* rosette *f* (de feuilles); *Echin* **rosette ossicle,** pièce basale de la rosette.
rosin, *n Ch* colophane *f.*
rosinate, *n Ch* résinate *m.*
rosolic, *a Ch* rosolique.
rossite, *n Miner* rossite *f.*

rostellar, *a Biol* (*a*) en forme de rostelle; (*b*) rostellé.
rostellate, *a Bot* rostellé.
rostellum, *n Biol* rostelle *f*; *Bot* rostellum *m* (d'une orchidée).
rostral, *a Z* rostral, -aux.
rostrate, rostrated, *a Z* rostré.
rostriform, *a Biol* rostriforme.
rostrum, *pl* **-tra**, *n Biol* rostre *m*, bec *m*.
rosular, *a Bot* rosulaire.
rosulate, *a Bot* en forme de rosette.
rotary, *a* rotatif, rotatoire; *Ph* **rotary polarization**, polarisation *f* rotatoire.
rotate, *a Bot* (*of corolla*) rotacé.
rotation, *n Ch Ph* rotation *f*; **rotations in quantum theory**, rotations dans la théorie quantique; **specific rotation**, rotation spécifique.
rotational, *a* rotationnel; **rotational energy**, énergie rotationnelle; **rotational spectra**, spectres *mpl* de rotation; **rotational specific heat**, chaleur *f* spécifique de rotation.
rotatory, *a* rotatoire, de rotation; *Ph* **rotatory power**, pouvoir *m* rotatoire (d'un cristal, etc).
rotenone, *n Ch* roténone *f*.
rothoffite, *n Miner* rothoffite *f*.
rotifer, *n Z* rotifère *m*.
Rotifera, *npl Z* rotifères *mpl*.
rotiform, *a Biol* rotiforme.
rottenstone, *n Geol* tripoli anglais.
rotundate, *a Bot* arrondi.
roundleaved, *a Bot* rotundifolié.
roundworm, *n Ann* nématode *m*.
rowlandite, *n Miner* rowlandite *f*.
RQ, *abbr respiratory quotient*, quotient *m* respiratoire.
Ru, *symbole chimique du* ruthénium.
rub, *vtr Ch* **to rub down**, triturer.
rubber, *n Ch* caoutchouc *m*; gomme *f* élastique; **hard rubber**, caoutchouc durci; **rubber stopper**, bouchon *m* en caoutchouc.
rubbery, *a Ch* élastique.
ruberythric, *a Ch* **ruberythric acid**, acide *m* rubérythrique.
rubescent, *a Bot* érubescent.
rubiaceous, *a Bot* rubiacé.
rubicelle, *n Miner* rubasse *f*, rubace *f*, rubicelle *f*, rubacelle *f*.
rubidium, *n Ch* (*symbole* Rb) rubidium *m*.
rubiginous, *a Biol* rubigineux; couleur de rouille.
rubijervine, *n Ch* rubijervine *f*.
rubin, *n Ch* fuchsine *f*; rubine *f*.
rubriblast, *n Biol* proérythroblaste *m*.
ruby, *n Miner* (*a*) rubis *m*; **Bohemian ruby**, pseudo-rubis *m*, rubis de Bohême; (*b*) **ruby copper (ore)**, cuprite *f*; **ruby silver (ore)**, (i) pyrargyrite *f*, argyrythrose *f*; (ii) proustite *f*; (*c*) *Ph* **ruby laser**, laser *m* à rubis.
ruderal, *a Bot* rudéral, -aux.
rudiment, *n Biol* rudiment *m* (de pouce, de queue, etc).
rudimental, rudimentary, *a Biol* (organe, etc) rudimentaire.
ruff, *n Orn etc* collier *m*, cravate *f*.
ruficaudate, *a Z* ruficaude.
ruficornate, *a Z* ruficorne.
rufous, *a Biol* roux; rougeâtre.
rugae, *npl Anat* rugosités *fpl*.
rugose, *a Biol* rugueux.
rugosity, *n Biol* rugosité *f*.
rugous, *a Biol* rugueux.
rugulose, *a Paly* ruguleux.
rumen, *pl* **-mens, -mina**, *n Z* rumen *m*, panse *f* (d'un ruminant).
ruminant, *a & n Z* ruminant (*m*).
Ruminantia, *npl Z* ruminants *mpl*.
ruminate[1], *vi* (*of animal*) ruminer.
ruminate[2], *a Bot* ruminé.
ruminating 1. *a* (*of animal*) ruminant. **2.** *n* = **rumination**.
rumination, *n Z* rumination *f*.
rump, *n Anat Z* croupe *f* (d'un quadrupède); croupion *m* (d'un oiseau).
run, *n Z* galerie *f* (de la taupe).
runcinate, *a Bot* ronciné.
runner, *n Bot* stolon *m*, coulant *m*, traînasse *f*.
running, *a Bot* **running root**, racine traçante.
rupicolous, *a Z* rupicole.
rust, *n Bot Ch Path* rouille *f*; nielle *f*.
rusting, *n* **rusting of iron**, rouillage *m* du fer.
rut[1], *n Z* rut *m*; **in rut**, en chaleur.
rut[2], *vi Z* (*of male*) être en rut.
rutaceous, *a Bot* rutacé.

ruthenic, *a Ch* ruthénique.

ruthenium, *n Ch* (*symbole* Ru) ruthénium *m*.

rutherfordine, rutherfordite, *n Miner* rutherfordite *f*.

rutilated, *a Miner* **rutilated quartz,** flèches *fpl* d'amour.

rutile, *n Miner* rutile *m*; schorl *m* rouge; flèches *fpl* d'amour.

rutin, *n BioCh* rutine *f*, rutinoside *m*.

rutinose, *n BioCh* rubinose *m*.

rutoside, *n BioCh* rutoside *m*.

rutting, *n Z* rut *m*; **rutting season,** saison *f* du rut.

Rydberg, *Prn Ch Ph* **Rydberg's constant,** (*symbole R*) constante *f* de Rydberg.

S

S, (*a*) *symbole chimique du* soufre; (*b*) *symbole du* siemens.
S, *symbole physico-chimique du* vecteur de Poynting.
sabulous, *a Bot* graveleux.
sac, *n Z* sac *m*; poche *f*; vésicule *f*; **embryo sac**, sac embryonnaire; **yolk sac**, membrane vitelline; **ink sac**, poche du noir; **air sac**, sac aérien; *Anat Z* **lachrymal, tear, sac**, sac lacrymal.
saccade, *n Physiol* réflexe *m* de la déglutition.
saccadic, *a Physiol* saccadé; **saccadic movement**, mouvement *m* brusque des yeux.
saccate, *a Biol* en forme de poche, de sac; sacciforme.
saccharase, *n BioCh* saccharase *f*; sucrase *f*, invertase *f*.
saccharate, *n Ch* saccharate *m*.
saccharic, *a Ch* (acide) saccharique.
saccharide, *n Ch* saccharide *m*.
sacchariferous, *a Bot* (plante, etc) saccharifère.
saccharimeter, *n Ch* saccharimètre *m*.
saccharimetry, *n Ch* saccharimétrie *f*.
saccharin, *n Ch* saccharine *f*.
Saccharomyces, *npl Fung* saccharomyces *mpl*.
saccharomycete, *n Fung* saccharomycète *m*.
sacciform, *a Bot etc* sacciforme; en forme de poche, de sac.
saccoblast, *n Ch* saccoblaste *m*.
saccular, *a* sacciforme.
sacculated, *a Biol* divisé en saccules.
sacculation, *n* formation *f* de saccules.
saccule, *n Anat Z* saccule *m*.
sacculina, *n Crust* sacculine *f*.
sacculus, *pl* **-li**, *n Z* saccule *m*.
saccus, *pl* **-ci**, *n Z* sac *m*.
sacral, *a Anat Z* sacral, -als; sacré, du sacrum; **sacral index**, indice sacral; **sacral ribs**, côtes sacrales; **sacral vein**, veine sacrée.
sacrocaudal, *a Z* sacrocaudal, -aux.
sacrococcygeal, *a Anat* sacro-coccygien.
sacrococcygeus, *n Anat* sacro-coccygienne *f*.
sacroiliac, *a & n* sacro-iliaque (*f*).
sacrolumbar, *a* sacro-lombaire.
sacrospinal, *a* sacro-spinal, -aux.
sacrovertebral, *a* sacro-vertébral, -aux.
sacrum, *pl* **-ra**, *n Anat Z* sacrum *m*.
safflorite, *n Miner* safflorite *f*.
safflower, *n Ch* **safflower oil**, huile *f* de carthame.
safranin(e), *n Ch* safranine *f*.
safrol(e), *n Ch* safrol(e) *m*.
sagenite, *n Miner* sagénite *f*.
saggar, sagger, *n Ch* casette *f*.
sagittal, *a Biol Z* sagittal, -aux; **sagittal plane**, plan médian du corps.
sagittate, *a Bot etc* sagitté; **sagittate-leaved**, sagittifolié.
salacetol, *n Ch* salacétol *m*.
salammoniac, *n Ch* sel *m* ammoniac.
salicin, *n Ch* salicine *f*.
salicyl, *n Ch* salicyle *m*; **salicyl alcohol**, alcool *m* salicylique, saligénine *f*.
salicylaldehyde, *n Ch* aldéhyde *m* salicylique.
salicylate, *n Ch* salicylate *m*; **sodium salicylate**, salicylate de sodium; **methyl salicylate**, salicylate de méthyle; **phenyl salicylate**, salicylate de phényle; salol *m*; **naphthol salicylate**, bétol *m*.
salicylated, *a Ch* salicylé.
salicylic, *a Ch* (acide) salicylique; **salicylic aldehyde**, aldéhyde *m* salicylique.
salient, *a* frappant.
salifiable, *a Ch* salifiable.

saligenin, *n Ch* saligénine *f*, alcool *m* salicylique.
salimeter, *n Geol* = **salinometer**.
saline, *a BioCh* **normal saline solution,** solution *f* physiologique; *Pedol* **saline residue,** évaporite *f*.
salinometer, *n Geol* salinomètre *m*.
salite, *n Miner* salite *f*.
saliva, *n Physiol* salive *f*.
salival, *a Bot Physiol* (*of glands*) salivaire; **salival duct,** conduit *m* salivaire.
salivarium, *n Ent* cavité préorale (pour aliments) avec entrance au canal salivaire.
salivary, *a Bot Physiol* = **salival**.
salivation, *n Physiol* salivation *f*.
salmin(e), *n BioCh* salmine *f*.
salol, *n Ch* salol *m*, salicylate *m* de phényle.
salpingian, *a Anat Z* salpingique.
salpingopalatine, *a Z* salpingo-staphylin.
salpinx, *pl* **-pinges**, *n Anat Z* (*a*) trompe *f* de Fallope; (*b*) trompe d'Eustache.
salt, *n Ch* sel *m*; **acid salt,** sursel *m*; **basic salt,** sous-sel *m*; **dibasic salt,** bisel *m*; **metal(lic) salt,** sel métallique; **double salt,** sel double; **microcosmic salt,** phospate *m* acide double d'ammoniaque et de soude; **dissociation of salt,** dissociation *f* électrolytique des sels; **salt effects,** effets *mpl* de sel (théorie *f* électrolytique); **salt hydrates,** hydrates *mpl* du sel; **hydrolysis of salt,** hydrolyse *f* des sels; **chemistry of salts,** halochimie *f*; **pink salt,** sel rose; **Rochelle salt,** sel de Seignette; **tin salt,** sel d'étain; chlorure stanneux; **silver salt,** sel d'argent; **spirit(s) of salt,** esprit *m* de sel; acide *m* chlorhydrique; *Geol* **salt pan,** cuvette *f* à sel; *Ch* **salt gauge,** halomètre *m*.
saltation, *n Biol* mutation *f*.
Saltatoria, *npl Z* saltatoria *mpl*.
saltatorial, saltatory, *a Z* saltatoire.
saltigrade, *a & n Z* saltigrade (*m*).
salt-marsh, *n* marais salant.
saltorial, *a Z* sauteur; saltatoire.
saltpetre, *n Miner* salpêtre *m*; salitre *m*; nitre *m*; nitrate *m* de sodium; **Chile saltpetre,** caliche *m*; salpêtre du Chili.
salt-water, *a* **salt-water fish,** poisson *m* de mer.
salvarsan, *n Ch* salvarsan *m* '606'.
samara, *n Bot* samare *f* (de l'orme, etc).
samarium, *n Ch* (*symbole* Sm) samarium *m*.
samarskite, *n Miner* samarskite *f*.
samiresite, *n Miner* samirésite *f*, bétafite *f*.
sand, *n* sable *m*; **bituminous sand,** sable bitumineux; **loamy sand,** sable gras.
Sandmeyer, *Prn Ch* **Sandmeyer's reaction,** réaction *f* de Sandmeyer.
sandstone, *n Geol* grès *m*, molasse *f*; roche *f* psammitique; **red sandstone,** grès rouge; **Old Red Sandstone,** vieux grès rouge; **Bunter sandstone, New Red Sandstone,** grès bigarré; **hard sandstone,** grignard *m*, grisard *m*, grisart *m*; **shelly sandstone,** grès falun; **sandstone grit,** grès grossier.
sanguicolous, *a Biol* sanguicole.
sanguiferous, *a Biol* transportant le sang.
sanguimotory, *a Z* se rapportant à la circulation sanguine.
sanguineous, *a Anat* sanguin.
sanguinivorous, *a Biol* sanguinivore.
sanidine, *n Miner* sanidine *f*.
santonic, *a Ch* (acide) santonique.
santonin, *n Ch* santonine *f*.
Santorini, *Prn Anat* **Santorini's cartilage,** cartilage *m* de Santorini, cartilage corniculé; **Santorini's duct,** canal *m* de Santorini; **Santorini's muscle,** muscle *m* risorius de Santorini.
sap, *n Bot* sève *f*; suc *m*; **cell sap,** suc *m* cellulaire; **elaborated sap,** sève élaborée; **sap cavity,** vacuole *f* des cellules des plants.
saphena, *n Z* saphène *f*.
saphenous, *a Z* saphène; **saphenous nerves,** nerfs *mpl* saphènes.
sapindaceous, *a Bot* sapindé, sapindacé.
sapless, *a Bot* sans sève.
sapogenin, *n Ch* sapogénine *f*.
saponification, *n Ch* saponification *f*.
saponifier, *n Ch* saponifiant *m*.
saponify *Ch* **1.** *vtr* saponifier (de la graisse, etc). **2.** *vi* se saponifier.
saponifying, *a Ch* saponifiant; **saponifying agent,** saponifiant *m*.

saponin, *n Ch* saponine *f.*
saporific, *a Physiol* produisant la saveur, le goût.
sapphire, *n Miner* saphir *m*; **indigo-blue sapphire,** saphir mâle; **leuco sapphire,** rubis blanc; **white, water, sapphire,** saphir blanc d'eau; **sapphire quartz,** saphir faux.
sapphirine, *n Miner* saphirine *f.*
sappiness, *n Bot* teneur *f* en sève.
sappy, *a Bot* plein de sève, séveux.
saprobe, *n Bot* saprobionte *m.*
saprobic, *a Bot* saprophytique.
saprobiont, *n Biol* saprobionte *m.*
saprobiotic, *a Biol* relatif à la vie saprophytique.
saprogen, *n Bot* saprogène *m.*
saprogenic, saprogenous, *a Bot* saprogène.
sapropel, *n Biol* sapropèle *f*, sapropel *m.*
sapropelic, *a Biol* sapropélique.
saprophage, *n Z* saprophage *m.*
saprophagous, *a Z* saprophage.
saprophile, saprophilous, *a Biol* saprophyte, saprophytique.
saprophyte, *n Bac Bot Microbiol* saprophyte *m.*
saprophytic, *a Bac Bot Microbiol* saprophytique, saprophyte.
saprozoic, *a Z* saprozoïte, saprophage.
saprozoon, *pl* **-zoa,** *n Z* saprozoïte *m.*
sapwood, *n Bot* aubier *m.*
sarcine, *n Bac* sarcine *f.*
sarcoblast, *n Bot* sarcoblaste *m.*
sarcocarp, *n Bot* sarcocarpe *m.*
sarcocyte, *n Bot* ectoplasme *m.*
sarcode, *n Biol* sarcode *m.*
sarcoderm, *n Bot* sarcoderme *m.*
sarcogenic, *a Z* producteur de chair, de muscle.
sarcolactic, *a Ch* (acide) sarcolactique, paralactique.
sarcolemma, *n Anat Z Histol* sarcolemme *m*, myolemme *m.*
sarcolite, *n Miner* sarcolite *f.*
sarcolyte, *n Z* sarcolyte *m.*
sarcoma, *n Cancer* sarcome *m*; tumeur *f* fibroplastique.
sarcomere, *n Z Histol* sarcomère *m*; segment *m* de fibrille musculaire.
sarcophagous, *a Z* sarcophage.
sarcophile, *n Z* sarcophile *m.*
sarcoplasm, sarcoplasma, *n Anat Z Histol* sarcoplasme *m*, sarcoplasma *m.*
sarcoplasmic, *a Anat Z Histol* sarcoplastique.
sarcoplast, *n Biol Z* myoblaste *m.*
sarcoplastic, *a Anat Z Histol* sarcoplastique.
sarcosin(e), *n Ch* sarcosine *f.*
Sarcosporidia, *npl Prot* sarcosporidies *fpl.*
sarcostyle, *n Z* fibrille longitudinale d'une fibre de muscle strié.
sarcous, *a Z* sarceux.
sard, *n Miner* sardoine *f.*
sardonyx, *n Miner* agate *f* onyx; sardonyx *m.*
sarkine, *n Ch Bac* sarcine *f.*
sarkinite, *n Miner* sarkinite *f.*
sarmentogenin, *n Biol* sarmentogénine *f.*
sarmentose, sarmentous, *a Bot* sarmenteux.
sarsen, *n Geol* **sarsen stone,** grès mamelonné.
sartorite, *n Miner* sartorite *f.*
sartorius, *n Z* muscle couturier.
sassolin(e), sassolite, *n Miner* sassoline *f*; acide borique hydraté naturel.
satellite, *n* (*a*) *Anat* veine *f* satellite; (*b*) *Genet* satellite *m*, trabant *m.*
saturant, *n Ch* produit imprégnant.
saturate¹, *vtr Ch Ph* saturer (une solution, etc).
saturate², *a Ch Ph* saturé.
saturated, *a Ch Ph* (*of solution, compound, etc*) saturé; (*of vapour*) saturant; **saturated layer,** couche saturée.
saturation, *n Ch Ph* saturation *f*; **magnetic saturation,** saturation magnétique; **to dissolve a salt to saturation,** dissoudre un sel jusqu'à saturation, jusqu'à refus; **saturation factor,** coefficient *m* de saturation; **saturation point**, point *m* de saturation.
saturnine, *a* (*a*) *Biol* saturnin; (*b*) *Tox* de plomb.
satyriatic, *a Biol* satyriasique.
Sauria, *npl Z* sauriens *mpl.*
saurian, *a & n Z* saurien (*m*).
sauroid, *a & n Z* sauroïde (*m*).
Sauropsida, *npl Z* sauropsidés *mpl.*

saussurite, *n Miner* saussurite *f*; jade *m* de Saussure; jade tenace.
savanna, *n Bot Geog* savane *f*.
saxatile, *a Biol* saxatile.
saxicavous, *a Z* saxicave.
saxicoline, saxicolous, *a Biol* saxicole.
Sb, *symbole chimique de l'*antimoine.
Sc, *symbole chimique du* scandium.
scab, *n Bot Parasitol* gale *f*.
scabicide, *n Pharm* scabicide *m*.
scabietic, *a* galeux.
scabieticide, *n Pharm* = **scabicide.**
scabrous, *a Bot* rugueux, raboteux; **scabrous-leaved,** scabrifolié.
scacchite, *n Miner* scacchite *f*.
scala, *pl* **-ae,** *n Anat Z* échelle *f*; rampe *f*.
scalariform, *a Biol* scalariforme; *Bot* **scalariform vessels,** vaisseaux *mpl* scalariformes; *Algae* **scalariform conjunction,** conjugaison *f* scalariforme.
scale[1], *n* **1.** (*a*) *Biol* (*on fish, reptile, bud, etc*) écaille *f*; (*on skin*) squame *f*; (*b*) *Ent* **scale insect,** coccidé *m*. **2.** *Ch* **scale of copper,** oxyde *m* de cuivre. **3.** *Bot* gale *f*. **4.** *Ch Ph* graduation *f*; échelle *f* (de thermomètre, etc); **scale effect,** effet *m* de règle; **reduced scale,** règle réduite.
scale[2], *vi Bot Geol* **to scale off,** se desquamer, s'exfolier.
scalenus, *n Anat* (muscle *m*) scalène (*m*).
scaliness, *n Z* squamosité *f* (de la peau).
scaling, *n Geol* écaillement *m*.
scalp, *n Z* épicrâne *m*.
scalpriform, *a Z* (dent de rongeur) en forme de ciseau.
scalprum, *pl* **-pra,** *n Z* gouge-râpe *f* à dents pour ténébration et enlèvement des os cariés.
scaly, *a* (*a*) *Biol* lamineux; *Z* pholidote; (*of fish, skin, etc*) écailleux, squameux; (*b*) *Geol* lamellé, lamelleux.
scandent, *a Bot* grimpant.
scandium, *n Ch* (*symbole* Sc) scandium *m*.
scanning, *n Biol* échographie *f*.
scansorial, *a Z* grimpeur.
scape, *n* (*a*) *Bot* hampe *f*, scape *m*; axe *m*; tige *f*; (*b*) *Z* tuyau *m*, tige (de plume); (*c*) *Ent* scape (de l'antenne).
scapha, *n Z* (*a*) caisse *f*; creuset *m*; bac *m*; (*b*) fosse *f* scaphoïde.
scaphocephalic, scaphocephalous, *a Anthr Z* scaphocéphale.
scaphognathite, *n Crust* scaphognathite *m*.
scaphoid, *a & n Anat Z* scaphoïde (*m*).
Scaphopoda, *npl Moll* scaphopodes *mpl*.
scapiform, *a Bot* scapiforme.
scapigerous, *a Bot* scapigère.
scapolite, *n Miner* scapolite *f*.
scapula, *pl* **-ae,** *n Anat Z* scapula *f*, omoplate *f*.
scapular, *a Z* scapulaire; *Orn* **scapular feathers,** *npl* **scapulars,** rémiges *fpl* scapulaires.
scar, *n* (*a*) *Anat Bot* cicatrice *f*; **scar tissue,** tissu cicatriciel; (*b*) *Bot* hile *m*, cicatricule *f*.
scarfskin, *n Z* épiderme *m*.
scarious, *a Bot* scarieux.
Scarpa, *Prn Anat Z* **Scarpa's fascia,** couche profonde du fascia superficialis de l'aponeurose de l'abdomen; **Scarpa's foramina,** canaux secondaires latéraux du canal palatin antérieur ou incisif; **Scarpa's ganglion,** ganglion *m* de Scarpa; **Scarpa's triangle,** triangle *m* de Scarpa.
scatophage, *n Z* scatophage *m*.
scatophagous, *a Z etc* scatophage, coprophage, merdivore.
scatophagy, *n* scatophagie *f*.
scattering, *n Ch Ph* dispersion *f*; diffusion *f*.
scavenger, *n* **1.** *Z* insecte *m*, animal *m*, nécrophage, scatophage, coprophage. **2.** *Ch* balayeur *m*; **radical scavenger,** balayeur des radicaux.
scavenging, *n Ch* épuration *f*.
scent, *n* odeur *f*; parfum *m*; **scent marking,** urination par laquelle un animal marque son territoire; **scent gland,** glande *f* à sécrétion odoriférante; **scent bag,** poche *f* à sécrétion odoriférante (du porte-musc, etc); *Ent* **scent scale,** androconie *f*; écaille *f* à parfum.
scheelite, *n Miner* scheelite *f*.
schefferite, *n Miner* schefférite *f*.
schindylesis, *n Z* schindylèse *f*.
schist, *n Miner* schiste *m*; **mica schist,** micaschiste *m*, schiste micacé, lustré.
schistocyte, *n Anat Z* (*a*) schistocyte *m*;

(*b*) (*nom donné par Ehrlich*) poïkilocyte *m*.
schistoid, *a Miner* schistoïde.
schistose, *a Miner* schisteux.
schistosity, *n Geol* schistosité *f*.
schistosoma, *n Biol* schistosome *m*; bilharzia *f*, bilharzie *f*.
schistous, *a Miner* schisteux.
schizocarp, *n Bot* fruit *m* schizocarpe.
schizocarpic, schizocarpous, *a Bot* schizocarpe, schizocarpique.
schizocoel, *n Biol* schizocœle *m*.
schizocyte, *n Biol* schizocyte *m*.
schizogamy, *n Biol* schizogamie *f*.
schizogenesis, *n Biol* schizogénèse *f*, fissiparité *f*, scissiparité *f*.
schizogenous, *a Bot* schizogène.
schizognathism, *n Z* fissure *f* de la mâchoire.
schizognathous, *a Orn* schizognathe.
schizogonic, schizogonous, *a Prot* schizogonique, schizogone.
schizogony, *n Biol* schizogonie *f*.
schizolite, *n Miner* schizolite *f*.
schizolysigenous, *a Bot* schizolysigène.
Schizomycetes, *npl Bac* schizomycètes *mpl*.
Schizomycophyta, *npl Bac* schizomycophytes *mpl*.
schizont, *n Prot Z* schizonte *m*; agamonte *m*.
schizophyte, *n Bac Bot* schizophyte *m*.
schizopod, *n Crust* schizopode *m*.
Schizopoda, *npl Crust* schizopodes *mpl*.
Schlemm, *Prn Z* **Schlemm's canal,** canal *m* de Schlemm (de la cornée).
schlich, *n Miner* schlich *m*.
schorl, *n Miner* tourmaline noire, schorl *m*.
schorlaceous, *a Miner* schorlacé.
schorlite, *n Miner* = **schorl**.
schorlomite, *n Miner* schorlomite *f*.
schreibersite, *n Miner* schreibersite *f*.
Schrödinger, *Prn Ch Ph* **Schrödinger's equation,** équation *f* de Schrödinger; **Schrödinger's wave equation,** équation ondulatoire de Schrödinger.
schungite, *n Miner* schungite *f*.
Schwann, *Prn Anat Z* **Schwann cell,** cellule *f* de Schwann; **Schwann's sheath,** gaine *f* de Schwann.
science, *n* science *f*; **pure science,** science pure, abstraite; **applied sciences,** sciences appliquées, expérimentales; **physical science,** sciences physiques; **natural science,** sciences naturelles.
scientific, *a* scientifique; **scientific research,** recherche(s) *f(pl)* scientifique(s); **scientific explanation,** explication *f* scientifique.
scientifically, *adv* scientifiquement.
scientist, *n* homme *m* de science; scientifique *mf*.
scintigram, *n Biol* scintigramme *m*.
scintillation, *n Ph* **scintillation counter,** scintillomètre *m*.
scintillon, *n BioCh* scintillon *m*.
scion, *n Bot* scion *m*, ente *f*, greffon *m*.
sciophyte, *n Bot* plante *f* sciaphile.
scissile, *a Biol Miner* scissile, fissile.
scission, *n Physiol* scission *f*, division *f*.
scissiparity, *n Biol* fissiparité *f*, scissiparité *f*.
scissiparous, *a Biol* scissipare.
scitamineous, *a Bot* scitaminé.
sciurine, *a Z* de l'écureuil; des sciuridés.
sclera, *n Anat Z Histol* sclérotique *f*.
sclereid, *n Bot* sclérite *f*; cellule pierreuse.
sclerenchyma, sclerenchyme, *n Bot* sclérenchyme *m*.
sclerification, *n Biol* sclérification *f*.
sclerified, *a Biol* sclérifié, durci.
sclerify, *vtr Bot* faire subir une sclérification.
sclerite, *n Z* sclérite *f*.
scleroblast, *n Z* scléroblaste *m*.
scleroderm, *n Z* scléroderme *m*; sclérenchyme *m* (d'un madrépore).
sclerodermatous, *a Z* sclérodermé.
Sclerodermi, *npl Z* sclérodermes *mpl*.
sclerophyll, *a & n Bot* sclérophylle (*m*).
sclerophyllous, *a Bot* sclérophylle.
scleroprotein, *n BioCh* scléroprotéine *f*.
sclerotic *Anat* **1.** *a* sclérosé. **2.** *n* sclérotique *f*.
sclerotin, *n BioCh* sclérotine *f*.
sclerotium, *n Bot* **1.** sclérote *m*. **2.** sclérotium *m*.
sclerotized, *a Z* sclérifié.
scobicular, scobiform, *a Biol* scobiculé, scobiforme.

scobinate, *a Biol* scobiné.
scoleciform, *a Z* ayant l'aspect d'un scolex.
scolecite, *n Miner* scolécite *f*, scolésite *f*.
scolecoid, *a Paly* scolécoïde.
scolecospore, *n Bac Bot* scolécospore *f*.
scolex, *pl* **-eces, -ices,** *n Z* scolex *m* (du ténia).
scoliotic, *a Biol* scoliotique.
scolopale, *n Ent* scolope *m*.
scolopidium, *n Biol Ent* scolopidie *f*, scolopidium *m*, organe chordotonal.
scopa, *pl* **-ae, -as,** *n Z* scopule *f*, scopula *f*; brosse *f* (de patte d'abeille).
scopate, *a Z* (patte) à brosse.
scopiform, *a Bot* fasciculé; *Z* fasciculaire.
scopine, *n Biol* scopine *f*.
scopolamine, *n Ch* scopolamine *f*.
scopula, *pl* **-ae,** *n Z* scopule *f*, scopula *f*; brosse *f* (de patte d'abeille).
scoria, *n Geol* scories *fpl* (volcaniques).
scorodite, *n Miner* scorodite *f*.
scorpioid, *a Bot Z* scorpioïde; spiralé; **scorpioid cyme,** cyme *f* scorpioïde.
scotoma, *pl* **-mas, -mata,** *n Physiol* scotome *m*.
scotophobin, *n BioCh* scotophobine *f*.
scototaxis, *n Biol* scototaxie *f*.
scouring, *n Ch* **scouring agent,** dégraissant *m*.
scree, *n Geol* cône *m* d'éboulis, d'éboulement.
screen[1], *n* tamis *m*; écran *m*; **screen analysis,** granulométrie *f*.
screen[2], *vtr Ch* tamiser.
screenings, *npl Ch* déchets *mpl* de criblage.
scrobe, *n Z* scrobe *m*.
scrobicular, scrobiculate, *a Biol* scrobiculé, scrobiculeux.
scrobiculus, *pl* **-li,** *n Biol Bot Z* dépression *f*; creux *m*; fossette *f*; cavité *f*.
scrotal, *a Anat Z* scrotal, -aux.
scrotiform, *a Bot* scrotiforme.
scrotum, *pl* **-ta, -tums,** *n Anat Z* scrotum *m*.
scum, *n Ch* écume *f*, mousse *f*; scories *fpl*.
scurf, *n Z* pellicules *fpl*; farine *f* (d'une dartre); *Bot* gale *f*.
scutal, *a Z* (*a*) du scutum; (*b*) en forme d'écusson, d'écaille.
scutate, *a* **1.** *Biol* pourvu d'un scutum; écailleux; *Z* écussonné. **2.** *Bot* scutiforme.
scute, *n Z Echin* écaille *f*; *Orn* sentelle *f*.
scutellar, *a Z etc* scutellaire.
scutellate, *a* **1.** *Bot* scutelliforme; scutelloïde. **2.** (*also* **scutellated**) *Biol* pourvu d'une scutelle; couvert de scutelles; *Ent* écussonné.
scutellation, *n Z* scutellation *f*.
scutelliform, *a Bot* scutelliforme.
scutellum, *pl* **-la,** *n Biol* scutelle *f*; écusson *m*; *Bot* scutellum *m* (d'une graminée).
scutifoliate, *a Bot* scutifolié.
scutiform, *a Anat Z Bot* scutiforme.
scutum, *pl* **-ta,** *n Biol* scutum *m*; écusson *m*.
scyphulus, *n Biol* scyphule *m*.
scyphus, *pl* **-phi,** *n Bot* couronne *f* en entonnoir; scyphule *m* (de lichen).
Se, *symbole chimique du* sélénium.
sealant, *n Ch* agent *m* d'étanchéité.
seam, *n Geol* filon *m*.
seaweed, *n Algae* algue *f*; varec(h) *m*.
sebacate, *n Ch* sébate *m*.
sebaceous, *a* (*of gland, etc*) sébacé.
sebacic, *a Ch* sébacique.
sebiferous, sebific, *a Anat Bot* sébifère.
sebum, *n Physiol Z* sébum *m*.
secalin, *n Biol* sécaline *f*.
secondary 1. *a Bot* **secondary shoot, bud,** prompt-bourgeon *m*. **2.** *n* (*a*) *Z* rémige *f* secondaire; aile antérieure; (*b*) *Bot* œil *m* axillaire (d'une plante).
secrete, *vtr Physiol* (*of gland, etc*) sécréter.
secretin, *n BioCh* sécrétine *f*.
secreting, *a Physiol* (*of gland, etc*) sécréteur.
secretion, *n Physiol* sécrétion *f*; **secretion granule,** grain *m* de sécrétion.
secretory *Physiol* **1.** *a* (*of duct, etc*) sécréteur; (phénomène) sécrétoire. **2.** *n* organe sécréteur.
sectile, *a* capable d'être coupé.
secund, *a Bot* second; unilatéral, -aux.
secundiflorous, *a Bot* secondiflore.
secundine, *n* **1.** *Bot* secondine *f*. **2.** *pl Obst* **secundines,** délivre *m*.

secundly, *adv Bot* unilatéralement; dans une disposition seconde.

securiform, *a Biol* sécuriforme.

sedentary, *a Z* (oiseau, araignée, polychète) sédentaire; (mollusque) privé de locomotion.

sediment, *n Ch* résidu *m*; fèces *fpl*; *Geol* sédiment *m*, dépôt *m*.

sedimental, *a Geol* (dépôt) sédimentaire.

sedimentary, *a Geol* sédimentaire; **sedimentary rock**, roche *f* sédimentaire; **sedimentary stratum, deposit**, formation *f* sédimentaire.

sedimentation, *n Ch* sédimentation *f*; **sedimentation equilibrium**, équilibre *m* de la sédimentation.

seed[1], *n* (*a*) *Bot* graine *f*, grain *m*, pépin *m* (d'un fruit); **seed leaf, lobe**, cotylédon *m*; feuille germinale; **seed coat**, tégument *m*; **seed vessel**, péricarpe *m*; (*b*) *Z* **seed eaters**, granivores *mpl*; (*c*) *Ch* **seed crystal**, germe cristallin; **seed oil**, germe de soja.

seed[2], *vi* (*of plant*) monter en graine; porter semence.

seedless, *a* (*a*) *Bot* asperme; (*b*) (fruit) sans pépins, inséminé.

seedling, *n Bot* jeune plant *m*; **seedling forest**, futaie *f*.

seep, *vi* s'infiltrer (**into**, dans; **through**, à travers).

seepage, *n* infiltration *f*, filtration *f*; *Geol* **seepage water**, eau *f* d'infiltration.

segment[1], *n Z* segment *m*; *Plath* anneau *m*, métamère *m*, proglottis *m*, somite *m* (d'un ver).

segment[2], *vi Biol* se partager en segments; se segmenter.

segmental, *a Biol* segmentaire.

segmentation, *n Biol* segmentation *f*; **segmentation cavity**, nucléole *m* (d'une cellule); **complete segmentation**, segmentation holoblastique; **direct segmentation**, amitose *f*, division *f* amitotique; **duplicative segmentation**, segmentation particulière au gonocoque; **germ segmentation**, segmentation de l'ovule fécondé; **incomplete segmentation**, segmentation partielle; **segmentation sphere**, blastomère *m*; **to undergo segmentation**, se segmenter.

segmented, *a Biol* divisé par segmentation.

segregate[1], *vtr Genet* ségréger.

segregate[2] **1.** *a Biol* (*of species, etc*) solitaire, séparé. **2.** *n Bot* espèce séparée.

segregation, *n Biol* ségrégation *f*.

seisaesthesia, *n Physiol* perception *f* d'une secousse.

seism, *n Geol* séisme *m*.

seismic, *a Geol* séismique; *Physiol* **seismic sleep**, sommeil *m* séismique.

seismicity, *n Geol* séismicité *f*.

seismism, *n Geol* phénomènes *mpl* séismiques.

seismology, *n Geol* séismologie *f*.

seismonasty, *n Bot* séismonastie *f*, thigmonastic *f*.

Selachii, *npl Ich* sélaciens *mpl*.

selaginella, *n Bot* sélaginelle *f*.

selection, *n* **1.** *Biol* **natural selection**, sélection naturelle. **2.** *AtomPh* **selection rules**, règles *fpl* des sélections.

selenate, seleniate, *n Ch* séléniate *m*.

selenic, *a Ch* (acide) sélénique.

selenide, *n Ch* séléniure *m*.

seleniferous, *a Miner* sélénifère.

selenious, *a Ch* sélénié; (acide) sélénieux.

selenite, *n* **1.** *Ch* sélénite *m*. **2.** *Miner* sélénite *f*.

selenitic, *a Ch* séléniteux.

selenium, *n Ch* (*symbole* Se) sélénium *m*; **selenium cell**, cellule *f* au sélénium.

selenocyanate, *n Ch* sélénocyanate *m*.

selenocyanic, *a Ch* (acide) sélénocyanique.

selenodont, *a & n Z* (mammifère *m*) sélénodonte (*m*).

selenolite, *n Miner* sélénolite *f*.

selenospore, *n Paly* sélénospore *f*.

selenotropism, *n Bot* sélénotropisme *m*.

selenous, *a Ch* sélénié; sélénieux.

self-absorption, *n Ch* absorption *f* propre.

self-fertile, *a Biol* = **self-fertilizing**.

self-fertilization, *n Biol* autofécondation *f*; *Bot* fécondation, pollinisation, directe.

self-fertilizing, *a Biol* autofertile; *Bot* à fécondation directe.

self-induction, *n Physiol Z* auto-induction *f*, self-induction *f*.

self-infection, *n Bac Z* auto-infection *f*.

selfing, *n Bot* fécondation, pollinisation, directe.

self-mending, *n Z* autoréparation *f*.

self-pollination, *n Bot* autopollinisation *f*; pollinisation directe.

self-seeding *Bot* **1.** *a* à dispersion naturelle. **2.** *n* semaison *f*; dispersion naturelle de graines.

self-sterile, *a Bot* autostérile.

self-sterility, *n Bot* autostérilité *f*.

seligmannite, *n Miner* seligmannite *f*.

sellaite, *n Miner* sellaïte *f*.

sellar, *a Biol Z* sellaire.

sella turcica, *n Z* selle *f* turcique.

semantic, *a Biol* sémantique.

semaphoront, *n Paly* sémaphoronte *m*.

semeiography, semeiology, *n Physiol* séméiologie *f*; séméiotique *f*; symptomatologie *f*.

semen, *n Physiol* sperme *m*, semence *f*.

semiamplexicaul, *a Bot* semi-amplexicaule.

semicarbazide, *n Ch* semicarbazide *f*.

semicarbazone, *n Ch* semicarbazone *f*.

semicircular, *a* semi-circulaire; **semicircular canals,** canaux *mpl* semi-circulaires (de l'oreille).

semidine, *n Ch* semidine *f*.

semi-double, *a Bot* semi-double.

semi-endoparasite, *n Biol* semi-endoparasite *m*.

semi-floret, *n Bot* demi-fleuron *m*.

semifloscular, semiflosculose, semiflosculous, *a Bot* semi-flosculeux.

semilethal, *a Tox* semi-léthal, -aux.

semilunar, *a Z* semi-lunaire; **semilunar bone,** os *m* semi-lunaire; **semilunar cartilages,** fibro-cartilages *mpl* semi-lunaires (du genou); **semilunar fold,** repli *m* semi-lunaire (de l'œil); **semilunar space of Traube,** espace *m* semi-lunaire de Traube.

semi-metal, *n Ch* demi-métal *m*.

semi-metallic, *a Ch* demi-métallique.

semimicroanalysis, *n BioCh* semi-microanalyse *f*.

seminal, *a Physiol Bot* séminal, -aux; **seminal fluid,** sperme *m*, liquide séminal.

seminase, *n BioCh* séminase *f*.

semination, *n Bot* sémination *f*.

seminiferous, *a Bot Z* séminifère.

semi-nymph, *n Z* semi-nymphe *f*.

semi-opal, *n Miner* demi-opale *f*.

semi-palmate(d), *a Z* semi-palmé.

semiparasite, *n Bot* semi-parasite *m*.

semi-period, *n Ph* demi-période *f*.

semipermeable, *a Ch Physiol* semi-perméable; **semipermeable membrane,** membrane *f* semi-perméable.

semi-polar, *a Ch* semi-polaire.

semiprone, *a Z* en supination partielle.

sempervirent, *a Bot* sempervirent.

senaite, *n Miner* sénaïte *f*.

senarmontite, *n Miner* sénarmontite *f*.

senescence, *n Bot Z* sénescence *f*; vieillissement *m* des tissus et de l'organisme.

senescent, *a* sénescent.

senile, *a* sénile.

senilism, *n* sénilisme *m*; gérontisme *m*.

senility, *n* sénilité *f*.

sensation, *n Physiol* sensation *f*.

sense, *n* **1.** (*a*) *Physiol* sens *m*; **sense organs,** organes *mpl* des sens; (*b*) *Anat* **sense capsule,** capsule sensorielle. **2.** *Ph etc* direction *f*, sens; **sense of emission,** direction d'émission (des radiations); **sense of rotation**, sens de rotation.

sensiferous, *a Biol* (vecteur) de sensations.

sensillum, *pl* **-la,** *n Z* **(campaniform) sensillum,** sensille *f* (campaniforme).

sensitive, *a Physiol* sensible, sensitif.

sensitivity, *n Physiol* sensibilité *f*, sensitivité *f*.

sensitization, *n Physiol* sensibilisation *f*.

sensitizer, *n Biol* sensibilisatrice *f*.

sensorial, *a Biol* sensoriel; **sensorial power,** énergie sensorielle, vitale.

sensorimotor, *a Physiol* sensitivo-moteur.

sensorium, *pl* **-ia, -iums,** *n Biol* sensorium *m*.

sensory, *a Biol* sensoriel; **sensory organs,** organes *mpl* des sens; **sensory nerve,** nerf sensoriel; **sensory cell,** cellule sensorielle;

Physiol **sensory motor,** sensitivo-moteur *m*.
sepal, *n Bot* sépale *m*.
sepaled, *a Bot* calicé.
sepaloid, *a Bot* sépaloïde.
sepalous, *a Bot* sépalaire.
separable, *a Ch* séparable.
separate¹, *a Bot* **separate carpels,** carpelles *mpl* libres.
separate² 1. *vtr* décanter (un dépôt). **2.** *vi Ch* **to separate out,** se séparer (par précipitation).
separation, *n Ch* dégagement *m* (de gaz).
separatory, *a Ch* **separatory funnel,** ampoule *f* à décanter.
sepia, *n Z* sépia *f*, seiche *f*.
sepiolite, *n Miner* sépiolite *f*.
septal, *a Bot* septal, -aux.
septate, *a* (*a*) *Bot* (spore) cloisonnée; (*b*) *Z* (polypier) à septes.
septation, *n Biol* cloisonnement *m*.
Septibranchia(ta), *npl Moll* septibranches *mpl*.
septicidal, *a Bot* (déhiscence) septicide.
septiferous, *a Biol* septifère.
septiform, *a Biol* septiforme.
septivalent, *a Ch* septivalent.
septonasal, *a Z* se rapportant à la cloison nasale.
septum, *pl* **-ta,** *n* (*a*) *Anat Z* septum *m* (du nez, etc); **septum lucidum,** septum lucidum, septum pellucidum (du cerveau); (*b*) *Z* septe *m* (d'un polypier); (*c*) *Bot* cloison *f* (d'une spore).
sequence, *n BioCh* **sequence of amino acids,** séquence *f* des acides aminés.
sequester, *vtr & i Ch* complexer.
sequestering, *a Ch* (agent) chélateur, complexant; **sequestering agent,** séquestrant *m*.
sequestrene, *n Ch* séquestrène *m*.
sericeous, *a Biol* soyeux.
sericite, *n Miner* séricite *f*.
series, *n Ch* **series of reactions,** réactions *fpl* caténaires; **homologous series,** série *f* homologue.
serine, *n BioCh* sérine *f*.
serology, *n Biol Path* sérologie *f*.
seroprevention, *n Med Vet* séroprévention *f*.
serosa, *pl* **-as, -ae,** *n Anat Z Histol Ent* séreuse *f*.
serosity, *n Z* sérosité *f*.
serotinous, *a* (*a*) *Bot* à floraison tardive; (*b*) *Z* (chauve-souris) volant en retard.
serotonin, *n Ch* sérotonine *f*, entéramine *f*.
serotoxin, *n Biol* sérotoxine *f*.
serous, *a Anat etc* (fluide, etc) séreux; **serous membrane,** membrane séreuse, séreuse *f*.
serpentine, *n Miner* serpentine *f*; **serpentine marble,** marbre serpentin; ophite *m*.
serpierite, *n Miner* serpiérite *f*.
serpula, *pl* **-ae,** *n Ann* serpule *f*.
serra, *pl* **-ae,** *n Anat* engrenure *f* (du crâne); *Bot* **serrae of a leaf,** dents *fpl*, dentelure *f*, d'une feuille.
serrate, *a Biol* denté en scie; en dents de scie; dentelé; *Bot* **serrate-leaved,** serratifolié.
serrated, *a Biol* denté en scie; en dents de scie; **serrated edge,** denture *f*; **deeply serrated leaf,** feuille *f* à bords fortement dentés; *Anat Z* **serrated suture,** engrenure *f* (du crâne).
serratiform, *a Z* serratiforme.
serration, serrature, *n Biol* dentelure *f*; denture *f*; *Anat* engrenure *f* (du crâne).
serricorn, *a & n Z* serricorne (*m*).
serriform, *a Biol Bot* serriforme.
serrula, *n Z* serrule *f*.
serrulate(d), *a Biol* serrulé, denticulé.
serum, *pl* **-ums, -a,** *n Physiol* sérum *m*; **blood serum,** sérum sanguin, du sang; **serum albumin,** sérum-albumine *f*; séro-albumine *f*; **serum globulin,** sérum-globuline *f*; séro-globuline *f*; **chylous serum,** sérum chyleux.
serumal, *a Biol* sérique.
sesame, *n Biol* sésame *m*.
sesamoid, *a Anat Z* sésamoïde; **sesamoid bone,** os *m* sésamoïde.
sesquiterpene, *n Ch* sesquiterpène *m*.
sesquiterpenoid, *a Ch* sesquiterpénique.
sessile, *a Bot Z* (*of leaf, horn, etc*) sessile; **sessile-leaved,** à feuilles sessiles; sessilifolié; **sessile-flowered,** sessiliflore.
seston, *n Biol Geol* seston *m*.
set¹, *n Bot* fruit noué.
set², *vi Bot* (*of fruit*) (se) nouer.

seta, *pl* **-ae,** *n Biol Z* poil *m* raide; soie *f*; cerque *m*; sétule *f*.
setaceous, *a Biol* sétacé.
setiferous, *a Z* sétifère, sétigère.
setiform, *a Bot Z* sétiforme.
setigerous, *a Z* sétigère, sétifère.
setose, *a Biol* séteux.
set-point, *n Ch* point *m* de repère.
sewage, *n* eau usée.
sex, *n Biol* sexe *m*; **sex determination,** différenciation *f* du sexe; **sex hormones,** hormones sexuelles; **sex-linked,** lié au chromosome sexuel; **sex organs,** organes sexuels, génitaux; **sex ratio,** pourcentage *m* des mâles dans une population; indice *m* de masculinité.
sexed, *a Biol* sexué.
sexiferous, *a Bot* sexifère.
sexifid, *a Bot* sexfide.
sexivalent, *a Ch* hexavalent, sexvalent.
sexless, *a* asexué, asexuel; *Bot* **sexless flower,** fleur *f* neutre.
sexlocular, *a Bot* sexloculaire.
sexual, *a* sexuel; **the sexual organs,** les organes sexuels; *Bot* **the sexual system, method,** la classification linnéenne; *Z* **sexual union,** accouplement *m*; *Physiol* **sexual impulse,** œstrus *m*, œstre *m*.
sexuales, *npl Ent* sexués *mpl*.
sexupara, *pl* **-ae,** *n*, **sexupare,** *n Z* insecte *m* sexupare.
sexuparous, *a Ent* sexupare.
seybertite, *n Miner* seybertite *f*.
shade-loving, *a Bot* sciaphile.
shaft, *n Orn* hampe *f*; rachis *m*.
shaggy, *a Bot* (*of leaf, stem, etc*) poilu, velu.
shale, *n Geol* schiste (argileux, ardoisier); argile schisteuse; **alum shales,** schistes alunifères; **combustible shale,** tasmanite *f*; **shale wax,** paraffine *f* de schiste.
shaly, *a Geol* schisteux.
shank, *n Bot* pédoncule *m*; *Anat* jambe *f*.
shape, *n* forme *f*.
sheath, *n* (*a*) *Anat* gaine *f* (de muscle, d'artère, etc); (*b*) *Bot* gaine; enveloppement *m* (d'une graine); **sheath cell,** cellule *f* de la gaine vasculaire; (*c*) *Z* **wing sheath,** élytre *m*, étui *m*; **sheath-winged,** coléoptère.
sheathed, *a Bot* (*of stalk, etc*) entouré d'une gaine; *Anat etc* vaginé.
sheathing, *a Bot* **sheathing leaves,** feuilles entourantes, engainantes.
sheet, *n* plaque *f* (de métal).
shell, *n Z* (*a*) coquille *f* (de mollusque, d'escargot); carapace *f* (de homard, de tortue); écaille *f* (d'huître, de moule, de tortue); têt *m* (d'oursin); **(empty) shells,** coquillages *mpl*; (*b*) coquille (d'œuf, de noix); coque *f* (d'œuf plein); écale *f* (de noix); gousse *f*, cosse *f*, écale *f* (de pois, etc); *Ent* cuirasse *f* (d'insecte); enveloppe *f* (de nymphe); *Orn* **shell gland,** glande coquillière; **shell membrane,** membrane coquillière.
shelled, *a Z Bot* testacé.
shellfish, *n Z* testacé *m*.
shell-shaped, *a* conchiforme.
shield, *n Geol* bouclier *m*.
shield-shaped, *a Biol Echin* clypéiforme, scutiforme, pelté; ramifié.
shock, *n Ph Ch* choc *m*; **acoustic shock,** choc acoustique; **shock wave,** onde *f* de choc.
shoot[1]**,** *n Bot* pousse *f* (d'une plante); rejet *m*, rejeton *m*, scion *m*, bion *m*; **first shoot,** première pousse; **leading shoot,** pousse terminale.
shoot[2]**,** *vi Bot* bourgeonner.
shorl, *n Miner* schorl *m*.
short-billed, *a Z* brévirostre, curtirostre.
short-footed, *a Z* brévipède.
short-horned, *a Z* brévicorne.
short-legged, *a Z* brévipède.
short-stemmed, *a Bot* brévicaule.
short-styled, *a Bot* (fleur) brévistyle.
short-tailed, *a Z* brévicaude.
shotpoint, *n Geol* point *m* de tir.
shrinkage, *n Geol* **shrinkage crack,** fente *f* de retrait.
shrub, *n Bot* arbrisseau *m*, arbuste *m*.
shrubbery, *n Bot* fruticée *f*; bosquet *m*.
shrubby, *a Bot* frutescent, frutiqueux.
shuck, *n Bot* écale *f* (de châtaigne).
shunt, *n Ph* dérivation *f*.
Si, *symbole chimique du* silicium.
sialic, *a BioCh* **sialic acid,** acide *m* sialique.
siberite, *n Miner* sibérite *f*, rubis *m* de Sibérie.
siblings, *npl Genet Z* enfants *mpl or fpl*

de mêmes parents, mais pas de même naissance; espèces jumelles.
siccous, *a Biol* sec.
sickle-shaped, *a Biol* falciforme; *Orn* falculaire.
sicyospore, *n Paly* sicyospore *f*.
side, *n Ch* **side chain,** chaîne latérale (d'atomes); **side reaction,** réaction *f* secondaire, accessoire.
siderazot(e), *n Miner* sidérazote *f*, silvestrite *f*.
siderite, *n Miner* sidérose *f*, fer *m* spathique; sidérite *f*.
sideritic, *a Miner* sidérique.
siderocyte, *n Biol* sidérocyte *m*.
siderolite, *n Miner* sidérolithe *f*.
sideroIitic, *a Miner* sidérolithique.
sideromelane, *n Miner* sidéromélane *f*.
sideronatrite, *n Miner* sidéronatrite *f*.
siderotil, *n Miner* sidérotyle *m*.
siderous, *a Miner* sidéré.
siegenite, *n Miner* siegénite *f*.
siemens, *n Ph* (*symbole* S) siemens *m*.
sieve, *n* **1.** *Biol* crible *m*; *Z* **sieve bone,** ethmoïde *m; Bot* **sieve plate,** plage criblée; **sieve cells,** cellules *fpl* en passoire; **sieve tubes,** tubes criblés. **2.** *Const* tamis *m*; crible; **sieve analysis,** granulométrie *f*.
sight, *n* **1.** *Physiol* vue *f*; **day sight,** héméralopie *f*; **long sight,** hypermétropie *f*; **old sight,** presbyopie *f*; **short sight,** myopie *f*; **weak sight,** kopiopie *f*. **2.** appareil *m* de visée.
sigillate(d), *a Bot* sigillé.
sigmoid, *a Z* sigmoïde; **sigmoid flexure,** anse *f* sigmoïde; côlon ilio-pelvien.
silane, *n Ch* silane *m*.
silex, *n Miner* silex *m*.
silica, *n Ch* silice *f*.
silicate, *n Ch* silicate *m*; **aluminium silicate,** silicate d'aluminium.
siliceous, *a Ch* siliceux; *Geol* **siliceous springs,** sources boueuses.
silicic, *a Ch* (acide) silicique.
silicicolous, *a Bot* silicicole.
silicide, *n Ch* siliciure *m*.
silicium, *n Ch* = **silicon**.
siliciuret, *n Ch* siliciure *m*.
silicle, *n Bot* silicule *f*.
silicoborate, *n Ch* borosilicate *m*.
silicofluoride, *n Ch* fluosilicate *m*.
silicon, *n Ch* (*symbole* Si) silicium *m*; **combined with silicon,** silicié; **silicon hydride,** hydrogène silicié; **silicon dioxide,** dioxyde *m* de silicium; silice *f*; **silicon carbide,** carbure *m* de silicium; carborundum *m*.
silicone, *n Ch* silicone *f*.
silicophenyl *n Ch* silicophényle *m*; **silicophenyl tetraethyl,** silicium-éthyle *m*.
silicotitanate, *n Ch* silicotitanate *m*.
silicotungstate, *n Ch* silicotungstate *m*.
silicotungstic, *a Ch* silicotungstique.
silicula, *pl* **-ae**, *n*, **silicule**, *n Bot* silicule *f*.
siliculose, *a Bot* siliculeux.
siliqua, *pl* **-ae**, *n*, **silique**, *n Bot* silique *f*.
siliquiform, *a Bot* siliquiforme.
siliquose, siliquous, *a Bot* siliqueux.
sill, *n Geol* filon-couche *m*; lentille *f* de roche.
siloxane, *n Ch* siloxane *m*.
silt, *n Geol* limon *m*; vase *f*; **silt plug,** bouchon vaseux.
Silurian, *a & n Geol* silurien (*m*).
silver, *n Ch* (*symbole* Ag) argent *m*; **oxidized silver,** argent oxydé; **black silver, brittle silver ore,** stéphanite *f*; *Miner* **silver glance,** argyrose *f*, argentite *f*; *Ch* **silver solution,** solution argentique; **silver bromide, halide, nitrate,** bromure *m*, halogénure *m*, nitrate *m*, d'argent; **silver salt,** sel *m* d'acide anthraquinone-2-sulfonique.
silver-bearing, *a Miner* argentifère.
silverfish, *n* **1.** *Ich* argentine *f*. **2.** *Ent* lépisme *m*.
silvicolous, *a Biol* sylvicole.
simblospore, *n Bac* zoospore *f*.
simian *Z* **1.** *a* simien. **2.** *n* anthropoïde *m*.
simiesque, *a Z* simiesque.
simple, *a Bot* **plant with simple leaves,** plante simplicifoliée, à feuilles simples.
simulation, *n Biol* simulation *f*.
sinapic, *a Ch* (acide) sinapique.
sinapine, *n Ch* sinapine *f*.
sinciput, *n Anat* sinciput *m*.
single, *a Bot* **single flower,** fleur *f* simple; *Bot Anat* **single-rooted,** uniradiculaire; **single tail test,** test unilatéral.
sinistral, *a Biol Moll* (enroulement) senestre, sénestre, sinistrorsum; **sinistral**

shell, coquille *f* senestre, sénestre.

sinistrorsal, sinistrorse, *a Biol* (enroulement, tige, etc) sinistrorse.

sinople, *n Miner* sinople *m*.

sinter¹, *n Geol* silex *m* molaire; **siliceous sinter,** opale incrustante; **pearl sinter,** opale perlière.

sinter², *vtr Metall* fritter.

sintering, *n Metall* frittage *m*.

sinuate, *a Bot* sinué.

sinuauricular, *a Z* sino-auriculaire.

sinuose, *a* sinueux.

sinuosity, *n* sinuosité *f*.

sinuous, *a* sinueux.

sinus, *n Z* sinus *m*; **aortic sinus,** sinus de Valsalva; **rhomboid sinus,** quatrième ventricule *m*; **sinus venosus,** sinus veineux.

sinusoid *Anat Z* **1.** *a* ressemblant à un sinus. **2.** *n* sinusoïde *f*.

siphon, *n Z etc* siphon *m*.

siphonal, *a Z etc* siphonal, -aux; siphoïde.

Siphonaptera, *npl Ent* siphonaptères *mpl*.

siphonet, *n Z* cornicule *f* (du puceron).

siphonogamous, *a Bot* siphonogame.

siphonogamy, *n Bot* siphonogamie *f*.

siphonoglyph, *n Coel* siphonoglyphe *m*.

siphonophore, *n Z* siphonophore *m*.

siphonostele, *n Bot* siphonostèle *f*.

siphonostomatous, *a Biol* siphonostome.

siphonozooid, *n Coel* siphonozoïde *m*.

siphuncle, *n Z* (*a*) siphon *m* (de coquille); (*b*) siphonule *m* (de puceron).

Sipunculoidea, *npl Z* sipunculiens *mpl*.

sitosterol, *n Ch* sitostérol *m*.

sitting, *n Orn* **sitting time,** couvaison *f*.

sizing, *n Ch* **sizing agent,** colle *f*.

skatol(e), *n Ch* scatol *m*.

skatolecarboxylic, *a Ch* scatolcarbonique.

skatoxylsulfate, *n Ch* scatoxylsulfate *m*.

skatoxylsulfuric, *a Ch* scatoxylsulfurique.

skeletal, *a* (*a*) squelettique; **skeletal muscle,** muscle strié; (*b*) *Geol* **skeletal soil,** sol *m* squelettique.

skeletogenous, *a Biol* squelettogène.

skeleton, *n* squelette *m*, ossature *f* (d'animal, de feuille, etc); *Z* **endophragmal skeleton,** endophragme *m*.

Skene, *Prn Z* **Skene's glands,** glandes *fpl* de Skene, glandes para-urétrales (dans l'urètre de la femme).

skiaphyte, *n Bot* plante *f* qui croît à l'ombre.

skidproof, *a Ch* antidérapant.

skin, *n* **1.** peau *f*; **outer skin,** épiderme *m*; **true, inner, skin,** derme *m*; (*of snake, etc*) **to cast, shed, throw, its skin,** se dépouiller; jeter sa dépouille; changer de peau; muer. **2.** (*a*) *Bot* tunique *f*, têt *m* (d'une graine); (*b*) peau (de fruit); (*c*) écorce *f* (d'un arbre).

skin-casting, *n Z* exuviation *f*.

skull, *n Anat Z* crâne *m*.

skutterudite, *n Miner* skutterudite *f*.

slake, *vtr* **1.** *Ch* désintégrer par l'eau; **to slake lime,** éteindre, amortir, détremper, la chaux; **slaked lime,** chaux éteinte; hydroxyde *m* de chaux. **2.** *Physiol* étancher, apaiser (la soif).

slaking, *n* extinction *f* (de la chaux).

slashed, *a Bot* (*of leaf, etc*) lacinié.

slate, *n Geol* ardoise *f*; *Miner* **slate clay, clay slate,** schiste ardoisier, argileux; argile schisteuse; **slate spar**, argentine *f*; spath schisteux.

slaughter, *n Z Vet* abattage *m*.

slaver, *n Z* bave *f*, salive *f*.

sleep, *n Physiol* sommeil *m*; **sleep-inducing,** narcotique, soporifique; **hypnotic, mesmeric, sleep,** sommeil hypnotique; **twilight sleep,** demi-sommeil *m*.

sleeping, *a Z* dormant.

slick, *n Miner* schlich *m*.

slime, *n* **1.** *Geol* vase *f*. **2.** *Biol Z* glu *f*; **slime glands,** glandes *fpl* à glu; **slime bacteria,** bactéries muqueuses; *Ann* **slime tube**, anneau muqueux.

slimy, *a* visqueux.

slips, *npl Geol* surface *f* de glissement.

sloam, *n Geol* couche *f* d'argile.

slough¹, *n Z* dépouille *f*, mue *f*; exuvie *f*; (*of snake*) escarre *f*; **to cast, shed, its slough,** quitter sa peau, changer de peau; se dépouiller; jeter sa dépouille; muer.

slough² 1. *vi* (*of reptile, etc*) se dépouiller; muer. **2.** *vtr* (*of reptile, insect*) **to slough**

its skin, se dépouiller; jeter sa dépouille; muer.

sloughing, *n* mue *f*, exuviation *f* (d'un serpent, etc); *Vet* **sloughing of the hoof,** avalure *f* du sabot.

sludge, *n* boues *fpl*; vase *f*.

slugging, *n Ch* bouillonnage *m*.

Sm, *symbole chimique du* samarium.

smaltine, smaltite, *n Miner* smaltine *f*, smaltite *f*.

smaragdite, *n Miner* smaragdite *f*.

smear, *n Biol* frottis *m*.

smectic, *a Ch Miner* **smectic clay,** savon naturel, des soldats.

smectite, *n Miner* smectite *f*; argile *f* smectique; terre *f* à foulon.

smegma, *n Physiol* (*a*) smegma *m*; **smegma clitoridis,** smegma (du clitoris); **smegma embryonum,** vernix caseosa; (*b*) sébum *m*.

smell, *n Physiol* (*a*) **(sense of) smell,** odorat *m*; olfaction *f*; (*b*) odeur *f*.

smithsonite, *n Miner* smithsonite *f*.

smoke-hole, *n Geol* fumerolle *f* (d'un volcan).

smoltification, *n Ich* smoltification *f*.

smooth, *a Biol Bot* glabre; *Anat* **smooth muscle,** muscle *m* lisse (de la paroi de l'estomac, de l'intestin).

smut, *n Bot* charbon *m*, nielle *f* (des céréales).

Sn, *symbole chimique de l'*étain.

snakelike, *a Z* ophidien.

snout, *n Z* groin *m*; museau *m*; mufle *m*.

snow, *n* neige *f*; **snow region,** région névéenne.

soap, *n Ch* savon *m; Miner* **rock soap,** savon blanc, minéral, de montagne.

soapstone, *n Miner* craie *f* de Briançon; pierre *f* de savon, pierre savonneuse; stéatite *f*, steaschiste *m*.

soar, *vi Orn* planer.

sociable, *a Z* **sociable animals,** animaux *mpl* sociétaires; sociétaires *mpl*.

social, *a Biol* social, -aux; qui vit en société; **the beaver is a social animal,** les castors sont des animaux sociaux.

society, *n Z* société *f*; réunion *f* d'animaux, d'hommes, vivant en groupes organisés.

socion, *n Bot* socion *m*.

socket, *n* **1.** *Anat* (*of eye*) orbite *f*; (*of bone*) cavité *f* articulaire. **2.** *Geol etc* fossette *f*.

soda, *n Ch* soude *f*; soda *m*; **caustic soda,** soude caustique; **washing, common, soda,** soude ordinaire, carbonate *m* de soude, cristaux *mpl* de soude; *Miner* **native soda,** natron *m*; **soda ash,** cendre *f* de soude; alcali minéral; **soda salt,** sel *m* sodique; **soda lime,** chaux sodée; **soda asbestos,** amiante sodé.

sodalite, *n Miner* sodalite *f*.

sodamide, *n Ch* amidure *m* de sodium.

sodd(y)ite, *n Miner* sodd(y)ite *f*.

sodic, *a Ch* sodique.

sodium, *n Ch* (*symbole* Na) sodium *m*; **sodium salt,** sel *m* sodique; **sodium nitrate,** nitrate *m*, azotate *m*, de soude; **sodium carbonate,** carbonate *m* de soude; salpêtre *m* du Chili; **sodium chloride,** chlorure *m* de sodium; **sodium tetraborate,** borax *m*; **sodium hydroxide sol,** sol *m* d'hydrate de sodium; **sodium sulfate,** sulfate *m* de soude, de sodium.

soft-shelled, *a Z* à coquille molle; à carapace molle; **soft-shelled egg,** œuf hardé.

soft-skinned, *a Z* à peau molle; à la peau mince.

soil, *n* sol *m*, terrain *m*, terroir *m*, terreau *m*, terre *f*; **rich soil,** terre grasse; **sandy soil,** sol sablonneux; **stiff soil,** sol glaiseux; **alluvial soil,** terrain d'alluvion(s); **vegetable soil,** terre végétale; terreau; **fossil soil,** paléosol *m*.

soil-dwelling, *a Biol* endogé.

sol, *n Ch Ph* sol *m*.

solanaceous, *a Bot* solanacé; solané.

solanidine, *n Ch* solanidine *f*.

solen, *n Anat Z* canal *m* épendymaire (de la moelle épinière).

solenocyte, *n Z* solénocyte *m*.

solenoglyph, *n Rept* solénoglyphe *m*.

solenoglyphic, *a Rept* solénoglyphe.

solenostele, *n Bot* solénostèle *f*; solénostellaire *f*.

soleus, *n Z* muscle *m* soléaire.

solidify, *vi* (*of blood*) se figer.

solidungular, *a*, **solidungulate,** *a & n Z* solipède (*m*).

soliped, *a & n Z* solipède (*m*).

solitary, *a Biol* solitaire; **solitary bundle,**

faisceau *m* solitaire; **solitary cells,** cellules *fpl* solitaires; **solitary glands,** follicules clos; *Bot* **solitary flower,** fleur *f* solitaire.

solubility, *n Ch* solubilité *f* (d'un sel, etc); **solubility product,** produit *m* de solubilité.

soluble, *a Ch* soluble; **soluble in alcohol,** soluble dans l'alcool; **soluble when heated,** soluble à chaud; **slightly soluble,** peu, légèrement, soluble; **highly soluble,** très, abondamment, soluble; **to make sth. soluble,** solubiliser, rendre soluble, qch.

solute *Ch* **1.** *a* dissous, en solution. **2.** *n* corps dissous, en solution; soluté *m*.

solution, *n Ch* (*a*) solution *f*, dissolution *f*; **in solution,** en solution; dissous; **salt in solution,** sel *m* en solution; (*b*) solution; liqueur *f*; **solution chemistry,** chimie *f* des solutions; **standard solution,** solution type; solution, liqueur, titrée; solution normale; **colloid solution,** solution colloïdale; **concentrated, strong, solution,** solution concentrée, forte; **stock solution,** solution mère; **diluted, weak, solution,** solution diluée, faible, étendue; **ideal solution,** solution idéale; **saturated, supersaturated, solution,** solution saturée, sursaturée; **conjugate solution,** solution conjugée; **liquid solution,** solution liquide; **heat of solution,** chaleur *f* de la solution; **brine solution,** solution de sel ordinaire; **pregnant solution,** solution mère; **buffer solution,** solution tampon; **alkaline solution,** solution, liqueur, alcaline; **cleaning solution,** solution détergente; **dye solution,** bain *m* colorant; **soap solution,** solution du savon; **copper sulfate solution,** solution de sulfate de cuivre; **solid solution,** solution solide; **litmus solution,** teinture *f* de tournesol; **electrolytic solution,** solution d'électrolyte; **etching solution,** réagent *m* d'attaque; (*c*) *Biol* **Ringer's solution,** liquide *m* de Ringer.

solutizer, *n Ch* solubilisant *m*.

solvate, *n Ch* solvate *m*.

solvated, *a Ch* (colloïde, etc) solvatisé.

solvation, *n Ch* solvatisation *f*, solvatation *f* (d'un colloïde).

solvency, *n Ch* solvabilité *f*.

solvent *Ch* **1.** *n* solvant *m*; dissolutif *m*; **solvent naphtha,** essence minérale; **solvent pressure,** pression *f* du solvant; **solvant-solute interaction,** action *f* réciproque entre solvant et corps dissous. **2.** *a* dissolutif.

soma, *pl* **-ata,** *n Biol* soma *m*; corps *m*.

somacule, *n Biol* la plus petite particule de protoplasme.

somaesthenia, *n Z* asthénie *f* somatique.

somal, *a Biol* somatique.

somatic, *a Biol* somatique; **somatic cell,** somatocyte *m*; *Z Histol* **somatic tissue,** tissu *m* somatique.

somatoblast, *n Cytol Z* somatoblaste *m*.

somatogenetic, somatogenic, *a Biol* somatogène.

somatogeny, *n Biol* acquisition *f* des caractères somatiques.

somatology, *n* anthropologie *f* physique.

somatome, *n* **1.** *Z* somite *m*, métamère *m*. **2.** embryotome *m*.

somatoplasm, *n Biol* protoplasme *m* des cellules.

somatopleure, *n Biol* somatopleure *f*.

somatotropic, *a Biol* somatotrope; **somatotropic hormone,** hormone *f* somatotrope; somatotrophine *f*.

somite, *n Z* somite *m*, segment *m*, métamère *m*.

sonication, *n Paly* sonication *f*.

soralium, *n Bot* un groupe de sorédies.

sorbent, *n Ch* agent adsorbant.

sorbic, *a Ch* (acide) sorbique.

sorbite, sorbitol, *n Ch* sorbite *f*, sorbitol *m*.

sorbose, *n Ch* sorbose *m*.

serediate, *a Bot* portant sorédies.

soredium, *pl* **-ia,** *n Bot* sorédie *f*.

Soret, *Prn Ch Ph* **Soret phenomenon,** phénomène *m* de Soret.

soriferous, *a Bot* portant sorédies.

sorosis, *n Bot* sorose *f*.

sorption, *n Biol* sorption *f*.

sorus, *pl* **-ri,** *n Bot* sore *m* (de fougère).

sound[1], *n Ph* son *m*; **sound wave,** onde *f* sonore; **sound pulse,** pulsation *f* sonore; **sound velocity,** vitesse *f* du son; **sound pressure,** pression *f* sonore; **sound vibration,** vibration *f* sonore; **dispersion of sound,** dispersion *f* du son.

sound², *n Ich* vessie *f* natatoire, vésicule aérienne.
space, *n Ph* espace *m*; (*a*) **outer space,** espace extra-atmosphérique; **cosmic space,** espace cosmique; **interstellar space,** espace interstellaire, intersidéral; **interplanetary space,** espace interplanétaire; **deep space**, espace lointain; **space vacuum,** vide spatial, interplanétaire; **space charge,** charge spatiale; (*b*) **three-dimensional, four-dimensional, space,** espace à trois, à quatre, dimensions; espace tridimensionnel, quadridimensionnel; **relativistic space,** espace relativiste; **acceleration space,** espace d'accélération; **expansion space,** espace d'expansion, espace libre; **phase space,** espace de phase; **space ray,** rayon indirect; **space wave,** onde *f* ionosphérique, onde réfléchie; (*of vacuum tube*) **dark space,** espace sombre; **anode, cathode, dark space,** espace sombre anodique, cathodique; **Crookes, Faraday, dark space,** espace sombre de Crookes, de Faraday; **space lattice,** treillis *m* d'espace.
space-time, *n Ph* espace-temps *m*; **space-time continuum,** continuum *m* espace-temps; **space-time structure,** structure *f* espace-temps.
spadiceous, *a Bot* **1.** spadicé. **2.** brunâtre.
spadicifloral, *a Bot* spadiciflore.
spadiciform, spadicose, *a Bot* = **spadiceous.**
spadix, *pl* **-dices,** *n Bot* spadice *m*, massue *f*.
spangolite, *n Miner* spangolite *f*.
spar, *n Miner* spath *m*; **brown spar,** spath brunissant; **heavy spar,** spath pesant; barytine *f*; **pearl spar,** spath perlé; dolomite *f*; **satin spar,** sélénite fibreuse; spath satiné; **Greenland spar,** cryolit(h)e *f*; **Iceland spar,** spath d'Islande.
sparciflorous, *a Bot* sparsiflore.
sparging, *n Ch* barbotage *m*.
sparoid, *a Ich* sparoïde.
sparry, *a Miner* spathique; **sparry iron,** fer *m* spathique.
sparsiflorous, *a Bot* sparsiflore.
sparsifolious, *a Bot* sparsifolié.
sparteine, *n Ch* spartéine *f*.
spasm, *n Physiol* spasme *m*; **spasm of accommodation,** spasme des muscles ciliaires; **Bell's spasm,** tic facial convulsif; **functional, occupational, spasms,** spasmes fonctionnels, professionels.
spat, *n Z* frai *m*, naissain *m* (d'huîtres, de moules).
spatangoid, *a Echin* spatangide.
spathaceous, *a Bot* spathé, spathacé.
spathe, *n Bot* spathe *f*.
spathic, *a Miner* (fer, etc) spathique.
spathiform, *a Miner* spathiforme.
spathose, *a* **1.** *Miner* spathique. **2.** *Bot* spathé, spathiforme.
spatial, *a Ph* spatial, -aux; *Ch* **spatial isomerism,** stéréo-isomérie *f*.
spatulate, *a Biol* spatulé.
spatule, *n Orn* œil *m* (d'une plume).
spatuliform, *a Biol* spatuliforme.
spawn¹, *n* **1.** frai *m*; œufs *mpl* (de poisson, etc); **frog's spawn,** frai de grenouille. **2. mushroom spawn,** blanc *m* de champignon.
spawn² **1.** *vi* (*of fish, etc*) frayer. **2.** *vtr* (*of fish, frog, etc*) déposer (son frai, ses œufs).
spawning, *n* (le moment du) frai *m*; **spawning time, season,** fraie *f*, frai *m*, fraieson *f*; (*of salmon*) entraison *f*; **spawning ground,** frayère *f*.
spear, *n Bot* brin *m* (d'herbe); jet *m*, tige *f* (d'osier).
specialization, *n Biol* adaptation spéciale (d'un organe, d'une espèce).
specialize, *vi Biol* se différencier.
specialized, *a Bot Z* adapté.
speciation, *n Biol* spéciation *f*.
species, *n inv Biol* espèce *f*; **the human species,** l'espèce humaine; **the horse species,** la race chevaline; **the origin of species,** l'origine *f* des espèces.
specific, *a* (*a*) spécifique; *Ph* **specific weight,** poids *m* spécifique; **mean specific weight,** densité moyenne; **specific heat,** chaleur *f* spécifique; (*b*) *Biol* **specific name,** nom *m* spécifique.
specificity, *n Biol* spécificité *f*; **species specificity,** spécificité des espèces; **tissue specificity,** spécificité d'un tissu.
specillum, *n Biol* sonde *f*.
specimen, *n* spécimen *m*, échantillon *m*.

speckled, *a* tacheté; moucheté; (*of plumage*) grivelé, tiqueté; (*of feather*) maillé; **bird speckled with white,** oiseau tacheté de gouttes blanches.

speckles, *npl* (*on bird's feathers*) madrures *fpl*, mailles *fpl*; tiqueture *f*.

spectral, *a Ph Ch* spectral, -aux; **spectral analysis,** analyse spectrale; **spectral band,** bande spectrale, bande du spectre; **spectral colours,** couleurs spectrales; **spectral composition,** composition spectrale; **spectral density,** densité spectrale; **spectral filter,** filtre spectral; **spectral line,** raie spectrale, raie du spectre; **spectral range,** région spectrale; **spectral reflectivity,** réflectance spectrale; **spectral selectivity,** sélectivité spectrale; **spectral sensitivity,** sensibilité spectrale; **spectral source,** source spectrale.

spectrochemical, *a Ch* spectrochimique; **spectrochemical analysis,** analyse *f* spectrochimique.

spectrochemistry, *n* spectrochimie *f*.

spectrogram, *n Ph* spectrogramme *m*; **mass spectrogram,** spectrogramme de masse; **(sound) spectrogram,** spectrogramme acoustique.

spectrograph, *n Ph* spectrographe *m*; **diffraction spectrograph,** spectrographe à diffraction; **electron spectrograph,** spectrographe électronique; **lens spectrograph,** spectrographe à lentilles; **magnetic spectrograph,** spectrographe magnétique; **mass spectrograph,** spectrographe de masse; **nuclear resonance spectrograph,** spectrographe à résonance nucléaire; **pulse spectrograph,** spectrographe à impulsions; **quartz spectrograph,** spectrographe à quartz; **velocity spectrograph,** spectrographe de vitesse.

spectrographic, *a Ph* spectrographique.

spectrography, *n Ph* spectrographie *f*; **absorption spectrography,** spectrographie d'absorption; **mass spectrographie,** spectrographie de masse; **emission spectrography,** spectrographie d'émission.

spectrometer, *n Ch Ph* spectromètre *m*; **neutron spectrometer,** spectromètre neutronique; **nuclear spectrometer,** spectromètre nucléaire; **alpha-ray spectrometer,** spectromètre (de rayons) alpha; **beta-ray spectrometer,** spectromètre (de rayons) bêta; **gamma-ray spectrometer,** spectromètre (de rayons) gamma; **X-ray spectrometer,** spectromètre à rayons X; **radiation spectrometer,** spectromètre de rayonnement; **optical spectrometer,** spectromètre optique; **lens spectrometer,** spectromètre à lentilles; **double-focusing spectrometer,** spectromètre à double focalisation; **double-coincidence, single-coincidence, spectrometer,** spectromètre à, de, coïncidence double, simple; **crystal spectrometer,** spectromètre à cristal; **magnetic spectrometer,** spectromètre magnétique; **scintillation spectrometer,** spectromètre à scintillation; **versatile spectrometer,** spectromètre à usages variés; **mass spectrometer,** spectromètre de masse.

spectrometric, *a Ph* spectrométrique.

spectrometry, *n Ch Ph* spectrométrie *f*; **neutron spectrometry,** spectrométrie neutronique; **coincidence spectrometry,** spectrométrie à, de, coïncidences; **single-channel, two-channel, coincidence spectrometry,** spectrométrie de coïncidences à canal unique, à deux canaux; **mass spectrometry,** spectrométrie de masse; **X-ray spectrometry,** spectrométrie par rayons X.

spectropolarimetry, *n Ch* spectropolarimétrie *f*; **optical rotatory dispersion spectropolarimetry,** spectropolarimétrie de dispersion optique-rotatoire; **circular dichroism spectropolarimetry,** spectropolarimétrie de dichroïsme circulaire.

spectroradiometer, *n Ph* spectroradiomètre *m*.

spectroradiometry, *n Ph* spectroradiométrie *f*.

spectroscope, *n Ch Ph* spectroscope *m*; **direct-vision spectroscope,** spectroscope à vision directe; **grating spectroscope,** spectroscope à réseau; **prism spectroscope,** spectroscope à prisme; **semicircular spectroscope,** spectroscope semicirculaire.

spectroscopic, *a Ph* spectroscopique; **spectroscopic analysis,** analyse spectroscopique, spectrale; **spectroscopic notation,** notation spectroscopique; *Ch* **spectroscopic test,** essai *m* spectroscopique.

spectroscopy, *n Ch* spectroscopie *f*; **ultra-violet spectroscopy,** spectroscopie ultraviolette; **infra-red spectroscopy,** spectroscopie infrarouge; **nuclear-magnetic resonance spectroscopy,** spectroscopie de résonance nucléaire-magnétique; **electron-spin resonance spectroscopy,** spectroscopie de résonance de l'électron tournant.

spectrum, *pl* **-tra**, *n Ph etc* spectre *m*; (*a*) **the colours of the spectrum,** les couleurs spectrales, du spectre; (*b*) **solar spectrum,** spectre solaire; **prismatic spectrum,** spectre prismatique; **band spectrum,** spectre de bandes; **spectrum band,** bande *f* du spectre; **absorption spectrum,** spectre d'absorption; **molecular spectrum,** spectre de molécules, moléculaire; **neutron spectrum,** spectre de neutrons, neutronique; **nuclear spectrum,** spectre du noyau, nucléaire; **ion spectrum,** spectre d'ions, ionique; **proton spectrum,** spectre protonique; **electron spectrum,** spectre électronique; **alpha-particle spectrum,** spectre (de particules) alpha; **beta-ray spectrum,** spectre (de rayons) bêta; **gamma-ray spectrum,** spectre (de rayons) gamma; **X-ray spectrum,** spectre de rayons X, spectre radiologique; **actinic spectrum,** spectre actinique; **radiation spectrum,** spectre de rayonnement; **microwave spectrum,** spectre de micro-ondes; **line spectrum,** spectre de raies; **arc spectrum,** spectre d'arc; **channelled, fluted, spectrum,** spectre cannelé; **continuous, discontinuous, spectrum,** spectre continu, discontinu; **diffraction spectrum,** spectre de diffraction; **diffuse spectrum,** spectre diffus; **fission spectrum,** spectre de fission; **emission spectrum,** spectre d'émission; **mass spectrum,** spectre de masse; **electron impact spectrum,** spectre d'impact électronique; **chemical ionization spectrum,** spectre d'ionisation chimique; **spectrum analysis,** analyse spectrale; **spectrum analyser,** appareil *m* d'analyse spectrale; analyseur *m* de spectre; (*c*) **magnetic spectrum,** spectre magnétique; **aerodynamic spectrum,** spectre aérodynamique; **hydrodynamic spectrum,** spectre hydrodynamique; (*d*) *Ch* **antibacterial spectrum,** spectre antibactérien.

specular, *a* (minéral) spéculaire; **specular iron ore,** fer *m* spéculaire; hématite *f*; **specular pig(-iron),** fonte miroitante.

speculum, *pl* **-la**, *n Z Orn* speculum *m*; miroir *m*.

speech, *n Physiol* parole *f*.

spelaeology, speleology, *n Geol Biol* spéléologie *f*.

spelter, *n Ch Com* zinc *m*.

sperm, *n* (*a*) *Physiol* sperme *m*; semence *f* (des mâles); *Z* **sperm sac,** ampoule *f* spermatique; (*b*) *Bot* **sperm nucleus,** anthérozoïde *m*; (*c*) *Ann* **sperm funnel,** pavillon cilié.

spermaduct, *n Anat Z* spermiducte *m*.

spermagenous, *a Biol* spermagène.

spermagone, *n*, **spermagonium**, *pl* **-ia**, *n Bot* spermogonie *f*.

Spermaphyta, *npl Bot* spermatophytes *fpl*.

spermaphyte, *n Bot* spermatophyte *f*.

spermary, *n Anat Z* glande séminale.

spermatheca, *pl* **-ae**, *n Z* sperma(to)thèque *f*.

spermatic, *a Anat Z* (cordon, etc) spermatique.

spermatid, *n Biol* spermatide *f*.

spermatium, *pl* **-tia**, *n Biol* spermatine *f*; spermatie *f*.

spermatoblast, *n Biol* spermatoblaste *m*.

spermatocyst, *n Bot* spermatocyste *m*.

spermatocyte, *n Biol* spermatocyte *f*; **primary, secondary, spermatocyte,** spermatocyte de premier, de deuxième, ordre.

spermatogenesis, *n Biol* spermatogénèse *f*.

spermatogonium, *pl* **-ia**, *n Biol* spermatogonie *f*.

spermatophore, *n Biol* spermatophore *m*.

Spermatophyta, *npl Bot* spermatophytes *fpl*.

spermatophyte, *n Bot* spermatophyte *f*.

spermatopoietic, *a Z* spermatopé.

spermatospore, *n Z* cellule primitive donnant naissance par division au spermatoblaste.

spermatotheca, *n Z* spermatothèque *f*.

spermatozoid, *n Bot Biol* spermatozoïde *m*, spermatule *m*; anthérozoïde *m*.
spermatozoon, *pl* **-zoa**, *n Biol* spermatozoïde *m*; spermatule *m*; spermie *f*; zoosperme *m*.
spermidine, *n Ch* spermidine *f*.
spermiducal, *a Biol Anat Z* se rapportant au spermiducte; spermiducal, -aux.
spermiduct, *n Anat Z* spermiducte *m*.
spermin(e), *n Ch* spermine *f*.
spermiogenesis, *n Biol* spermiogénèse *f*.
spermoderm, *n Bot* spermoderme *m*.
spermoduct, *n Anat Z* spermiducte *m*.
spermogone, *n*, **spermogonium**, *pl* **-ia**, *n Bot* spermogonie *f*.
spermogram, *n Biol* spermogramme *m*.
spermophyte, *n Bot* spermatophyte *f*.
spermotoxin, *n BioCh* spermotoxine *f*.
sperrylite, *n Miner* sperrylite *f*.
spessartine, **spessartite**, *n Miner* spessartine *f*.
sphaerite, *n Miner* sphærite *f*.
sphaeroblast, *n Bot* sphéroblaste *m*.
sphaerocobaltite, *n Miner* sphérocobaltite *f*.
sphaerosiderite, *n Miner* sphérosidérite *f*.
sphagnicolous, *a Biol* habitant sphaigne.
sphagnophilous, *a Biol* se rapportant à la sphaigne.
sphagnum, *pl* **-ia**, *n Bot* sphaigne *f*.
sphalerite, *n Miner* sphalérite *f*, blende *f*.
Sphecoidea, *npl Ent* sphécodes *mpl*.
sphene, *n Miner* sphène *m*.
Spheniscidae, *npl Orn* sphéniscidés *mpl*.
Sphenisciformes, *npl Orn* sphénisciformes *mpl*.
sphenocephalus, *pl* **-li**, *n Z* sphénencéphale *m*, sphénocéphale *m*.
sphenoid, *a & n Anat Z* sphénoïde (*m*).
sphenoidal, *a Anat Z* sphénoïdal, -aux, sphénoïdien; **sphenoidal fissure,** fente sphénoïdale; **sphenoidal sinus,** sinus sphénoïdal; **sphenoidal bone,** os *m* sphénoïde, sphénoïde *m*.
sphenopalatine, *a Z* sphénopalatin.
sphenoparietal, *a Z* sphénopariétal, -aux.
sphenotic, *n Z* sphénoïde postérieur.
spheroid 1. *n* sphéroïde *m*. **2.** *a* = **spheroidal**.
spheroidal, *a* sphéroïdique.
spherule, *n* sphérule *f*; petite sphère.
spherulite, *n Geol* sphérolit(h)e *m*.
spherulitic, *a Geol* sphérolit(h)ique.
sphincter, *n Anat Z* sphincter *m*, orbiculaire *m*.
sphincteral, **sphincteric**, *a Anat Z* sphinctérien.
sphingomyelin, *n BioCh* sphingomyéline *f*.
sphingosine, *n Ch* sphingosine *f*.
sphragide, *n Miner* sphragide *f*, sphragidite *f*.
sphygmus, *n Physiol Z* pouls *m*, pulsation *f*, battement *m*.
spica, *pl* **-ae**, **-as** *n Bot* épi *m*.
spicate(d), *a Bot* épié; spiciforme.
spiciferous, *a Z* spicifère, à aigrette en épi.
spiciflorous, *a Bot* spiciflore.
spiciform, *a Bot* spiciforme.
spicula, *pl* **-ae**, *n* = **spicule**.
spicular, *a Miner etc* spiculaire; spiciforme.
spiculate(d), *a Bot* spiculé.
spicule, *n Biol Bot* spicule *m* (d'éponge, etc); épillet *m*, aiguillon *m* (de plante).
spider, *n* **1.** *Arach* araignée *f*; **web-spinning, web-making, spider,** araignée fileuse; **spider's web, spider web,** toile *f* d'araignée. **2.** *Anat* **spider cells,** cellules *fpl* de Deiters; astrocytes *mpl*.
Spigelian, *a Anat Z* **Spigelian lobe,** lobe *m* de Spiegel (du foie).
spike, *n Bot* épi *m*; iule *m*; hampe (florale).
spikelet, *n Bot* épillet *m*; spicule *m* (des graminées).
spiky, *a Bot* épineux.
spilite, *n Miner* spilite *f*.
spinaceous, *a Bot* spinacié.
spinal, *a Anat Z* spinal, -aux; vertébral, -aux; **spinal cord,** moelle épinière; **spinal nerve,** nerf spinal, rachidien; **spinal column,** colonne vertébrale; **spinal canal,** canal neural.
spinant, *n Z* tout corps agissant directement sur la moelle épinière.

spinasterol, *n Ch* spinastérol *m*.
spinate, *a Z* épineux.
spindle, *n Biol* **(nucleus) spindle, spindle fibre, spindle element,** fuseau achromatique, central (de cellule).
spindle-shaped, *a Biol* en forme de fuseau; fusiforme.
spine, *n* **1.** *Biol* piquant *m*, épine *f* (d'une plante, d'un poisson, d'un hérisson, etc); aiguillon *m* (d'une plante); radiole *f*, piquant (d'un oursin). **2.** *Anat Z* épine dorsale, colonne vertébrale; échine *f*.
spined, *a* **1.** *Z* vertébré. **2.** *Biol* à épines; épineux; à piquants.
spinel, *n Miner* spinelle *m*, candite *f*; aluminate *m* d'aluminium; **ruby spinel, spinel ruby,** rubis *m* spinelle; **chromic spinel,** picotite *f*; **iron spinel,** pléonaste *m*.
spinescence, *n Bot* spinescence *f*.
spinescent, *a Bot* spinescent.
spiniferous, *a Biol* spinifère, spinigère, épineux.
spiniform, *a Biol* spiniforme.
spinigerous, *a Biol* spinigère.
spinneret, *n Z* filière *f* (de l'araignée, du ver à soie, etc).
spinning, *n Z* **spinning gland,** filière *f* (de l'araignée, du ver à soie).
spinocarpous, *a Bot* spinocarpe.
spinoid, *a Paly* spinoïde.
spinose, spinous, *a Biol* épineux; **spinous process of the vertebral column,** apophyse épineuse.
spinule, *n Biol* spinule *f*.
spinulescent, *a Biol* spinuleux.
spinulose, spinulous, *a Biol* spinuleux, spinellé.
spiny, *a Biol* épineux; couvert d'épines, de piquants; spinifère, spinigère; spinuleux.
spiracle, *n* (*a*) *Z* évent *m* (d'un cétacé); *Amph* spiracle *m* (d'un têtard); (*b*) *Z* stigmate *m*.
spiral, *a Biol* spiralé; cochléiforme; **spiral canal,** canal spiral de Rosenthal; **spiral lamina,** lame spirale.
spiran(e), *n Ch* spiranne *m*.
spireme, *n Biol* spirème *m*.
spirillicide, *n Biol* spirillicide *m*.
spirillosis, *n Bac* spirillose *f*.
spirillum, *pl* **-la**, *n Bac* spirille *m*.
spirit, *n Ch* **(volatile) spirit,** esprit *m*; essence *f*; alcool *m*; **white spirit, petroleum spirit,** white-spirit *m*; **mineral spirits,** essence minérale; **methylated spirits,** alcool dénaturé, à brûler; **spirits of camphor,** alcool camphré; **spirit thermometer,** thermomètre *m* à alcool.
spirivalve, *a Z* spirivalve; en spirale; en hélice.
spirobacterium, *n Bac* spirille *m*; vibrion *m*.
spirochaete, *n Bac* spirochète *m*.
spirogyra, *n Algae* spirogyre *m*.
spiroid(al), *a* spiroïde, spiroïdale.
spironeme, *n Bot* spironème *m*.
spiroplasma, *n Biol* cellspiroplasme *m*.
spirorbus, *n Z* spirorbe *m*, spirorbis *m*.
spirulina, *n Bot* spirulina *f*.
splanchnic, *a Anat Z* splanchnique.
splanchnocoel(e), *n Anat Z* splanchnocèle *f*.
splanchnocranium, *n Z* viscérocrâne *m*.
splanchnology, *n Anat* splanchnologie *f*.
splanchnopleure, *n Embry Z* splanchnopleure *f*.
spleen, *n Anat Z* rate *f*.
splenetic, *a Anat Z* splénique.
splendent, *a* (*of mineral, insect, etc*) luisant; (*of mineral*) brillant.
splenial, *a Anat Z* se rapportant à un muscle splénius.
splenic, *a Anat Z* splénique; liénal, -aux.
spleniform, *a Biol* ayant l'aspect de la rate.
splenium, *pl* **-ia**, *n Z* bourrelet *m* du corps calleux.
splenius, *pl* **-ii**, *n Anat Z* splénius *m*.
splenocyte, *n Anat Z* splénocyte *m*.
splenophrenic, *a Z* se rapportant à la rate et au diaphragme.
split[1] **1.** *vtr* (*a*) *AtomPh* **to split the atom,** fissionner, désintégrer, diviser, l'atome; (*b*) *Ch* **to split up a compound into its elements,** dédoubler un composé en ses éléments. **2.** *vi Ph* (*of ions*) se dédoubler.
split[2], *n Ch* **split product,** produit *m* de coupure.
splitting, *n AtomPh* **splitting of the atom,** fission *f*, désintégration *f*, de l'atome; *Ph* dédoublement *m* (des ions).

spodiosite, *n Miner* spodiosite *f.*
spodumene, *n Miner* spodumène *m*, triphane *m.*
spondyl, *n Z* vertèbre *f.*
spondylous, *a Z* vertébral, -aux.
spondylus, *pl* **-i,** *n Z* vertèbre *f.*
sponge, *n Z* éponge *f.*
spongelet, *n Bot* = **spongiole.**
spongicolous, *a Biol* spongicole.
spongiform, *a Biol* spongiforme.
spongine, *n Ch* spongine *f.*
spongioblast, *n Biol* spongioblaste *m.*
spongiocyte, *n Histol Z* spongiocyte *m*; cellule *f* de la neuroglie.
spongiole, *n Bot* spongiole *f* (de racine).
spongioplasm, *n Biol* spongioplasme *m.*
spongiose, *a* spongiforme.
spongoid, *a Anat* spongoïde.
spongy, *a* spongieux; *Anat Z* (tissu) caverneux; **spongy bone,** os spongieux; **spongy parenchyma,** parenchyme lacuneux; *Ch* **spongy platinum,** noir *m* de platine.
spoon-shaped, *a Biol* cochléaire; (feuille) en cuilleron.
sporadosiderite, *n Miner* sporadosidérite *f.*
sporangiole, *n Bot* sporangiole *m.*
sporangiophore, *n Bot* sporangiophore *m.*
sporangium, *pl* **-ia,** *n Bot* sporange *m.*
sporation, *n Bac Bot* sporulation *f.*
spore, *n Bac Bot* spore *f*; *Bot* sporule *f*; **spore case,** sporange *m.*
spored, *a Bot* sporé; **eight-spored ascus,** asque *m* à huit spores.
sporidium, *pl* **-ia,** *n Bot* sporidie *f.*
sporiferous, *a Bot* sporifère.
sporoblast, *n Z* sporoblaste *m.*
sporocarp, *n Bot* sporocarpe *m.*
sporocyst, *n Bot Z* sporocyste *m.*
sporoduct, *n Z* sporoducte *m.*
sporogenesis, *n Bac Bot* sporogénèse *f.*
sporogenous, *a Bot Biol* sporifère; producteur de spores; **sporogenous layer,** couche *f* sporifère; **sporogenous tissue,** tissu *m* sporifère.
sporogeny, *n Bac Bot* sporogénèse *f.*
sporogonium, *pl* **-ia,** *n Bot* sporogone *m.*
sporogony, *n Z* sporogonie *f.*
sporomorph, *n Paly* sporomorphe *m.*
sporont, *n Bot* sporonte *m.*
sporophore, *n Bot* sporophore *m.*
sporophyll, *n Bot* sporophylle *m.*
sporophyte, *n Bot* sporophyte *m.*
sporoplasm, *n Bot* cytoplasme *m* du sporocyste.
sporopollenin, *n Paly* sporopollénine *f.*
sporospore, *n Paly* sporospore *f.*
sporotheca, *n Z* sporange *m*; enveloppe *f* d'une cellule à spores.
sporozoite, *n Z* sporozoïte *m.*
sporozoon, *pl* **-oa,** *n Z* sporozoaire *m.*
sport, *n Biol* sport *m*; variété anormale, type anormal; variation sportive; atypie *f.*
sporulate, *vi Biol* sporuler.
sporulated, *a Biol* sporulé.
sporulation, *n Biol* sporulation *f.*
sporule, *n Bot* sporule *f.*
spot, *n Biol* tache *f*; (*on animal fur*) madrure *f*; (*on bird's feather*) maille *f.*
spotted, *a Biol* taché, tacheté, maculé, ponctué.
spout, *n Z* évent *m* (d'un cétacé).
sprayer, *n Ch* vaporisateur *m*, pulvérisateur *m.*
spreading, *n Ch* épandage *m*; *Physiol* **spreading factor,** hyaluronidase *f.*
springwood, *n Bot* bois *m* de printemps.
sprout, *n* (*a*) *Bot* germe *m*, bourgeon *m*; pousse *f*; (*b*) *Ch* burette *f* à bec verseur.
sprouting, *n Bot* bourgeonnement *m.*
spur, *n Bot Geog Z* éperon *m*; *Bot* corne *f*; *Z* ergot *m.*
spurious, *a Ph* (oscillation) parasite.
spurred, *a* **1.** *Bot* (fleur) calcarifère. **2.** *Z* ergoté.
squalane, *n Ch* squalane *m.*
squalene, *n Ch* squalène *m.*
squalus, *n Ich* squale *m*; requin *m.*
squama, *pl* **-ae,** *n* **1.** *Z* squame *f.* **2.** *Bot* écaille *f.*
squamate, *a Biol* squameux.
squamation, *n Z* **1.** squamosité *f.* **2.** disposition *f*, arrangement *m*, (i) *Z* des squames, (ii) *Bot* des écailles.
squamella, *pl* **-ae,** *n Z* squamule *f*; *Bot* petite écaille.

squamelliferous, squamiferous, *a Biol* squamellifère, squamifère.
squamifoliate, *a Bot* squamifolié.
squamiform, *a Biol* squamiforme.
squamosal, *a Anat Z* squamosal, -aux.
squamose, squamous, *a Biol* squameux, écailleux.
squamula, *pl* **-ae,** *n*, **squamule,** *n* = **squamella.**
squamulose, *a Biol* squamellifère, squamifère; squameux.
squarrose, *a Bot* squarreux.
Sr, *symbole chimique du* strontium.
stability, *n Ch Ph* stabilité *f*; **chemical stability,** stabilité chimique; **atom stability,** stabilité de l'atome; **nuclear stability,** stabilité nucléaire; **phase stability,** stabilité de phase; **radiation stability,** stabilité de rayonnement; **structural stability,** stabilité structurale; **stability constant,** constante *f* de stabilité; **stability limit,** seuil *m* d'instabilité; **stability parameter,** paramètre *m* de stabilité; **thermal stability,** stabilité thermique.
stabilization, *n Ch etc* stabilisation *f* (d'une préparation chimique, etc).
stabilize, *vtr Ch etc* stabiliser (une préparation chimique, etc).
stabilized, *a Ch etc* stabilisé.
stabilizer, *n Ch* stabilisateur *m*, stabilisant *m*.
stabilizing, *a Ch* **stabilizing agent,** stabilisant *m*.
stable, *a Ch Ph* **stable body, stable element,** corps *m*, élément *m*, stable; **stable equilibrium,** équilibre *m* stable; **stable isotope, stable particle,** isotope *m*, particule *f*, stable; **stable (atomic) nucleus,** noyau *m* (atomique) stable; **stable oscillation,** oscillation *f* qui tend à décroître, oscillation stable; **stable state,** état *m* stable, état de stabilité.
stachydrine, *n Ch* stachydrine *f*.
stachyose, *n Ch* stachyose *m*.
stactometer, *n Ph* stalagmomètre *m*, compte-gouttes *m inv*.
staffelite, *n Miner* staffélite *f*.
stage, *n Geol* étage *m*.
stagnation, *n Biol* stagnation *f*.
stagnicolous, *a Biol* stagnicole.
stain, *vtr Ch* colorer.
staining, *n Ch* coloration *f*; **staining method,** méthode *f* de coloration.
stalactite, *n Geol* stalactite *f*.
stalactitic, *a Geol* stalactitique.
stalagmite, *n Geol* stalagmite *f*.
stalagmitic, *a Geol* stalagmitique.
stalk, *n Bot* tige *f* (de plante, de fleur); queue *f* (de fruit, de fleur); *Biol* pédoncule *m*.
stalked, *a* (*a*) *Bot* (*of leaf*) pétiolé; (champignon) stipité; (*b*) *Biol* (*of flower, fruit, eye*) pédonculé.
stalk-eyed, *a Z* podophthalme.
stalklet, *n Bot Z* pédicelle *m*.
staltic, *a Physiol* styptique; astringent.
stamen, *n Bot* étamine *f*.
stamened, *a Bot* staminé.
staminal, *a Bot* staminaire, staminal, -aux.
staminate, *a Bot* staminé; (fleur) mâle; **staminate cone,** cône *m* mâle.
stamineal, *a Bot* stamineux.
stamineous, *a Bot* staminaire; staminal, -aux; stamineux.
staminiferous, *a Bot* staminifère.
staminode, *n*, **staminodium,** *pl* **-ia,** *n Bot* staminode *m*.
stand, *n Ch* support *m*; **test-tube stand,** support pour tube à essais.
standard, *n* **1.** *Bot* pavillon *m*, étendard *m* (d'une papilionacée). **2.** *Ch* étalon *m* de référence; témoin *m*; **standard solution,** type *m* d'une solution; solution titrée; **standard substance,** substance titrée; **standard cells, electrodes, potentials, states,** cellules, électrodes, normales; potentiels, états, normaux.
standardization, *n* étalonnage *m*, étalonnement *m* (des poids); *Ch* titrage *m*.
standardize, *vtr* étalonner (des poids); *Ch* titrer (une solution).
stannate, *n Ch* stannate *m*.
stannic, *a Ch* stannique; **stannic chloride,** stannichlorure *m*.
stanniferous, *a Miner* stannifère.
stannite, *n Miner* stannine *f*, stannite *f*; étain pyriteux.
stannous, *a Ch* stanneux; **stannous chloride,** stannochlorure *m*.
stapedius, *n Z* muscle *m* de l'étrier.
stapes, *n Z* étrier *m* (de l'oreille moyenne).

staphyle, *n Anat* uvule *f.*
star, *n Biol* structure étoilée; *Z* **star cells,** cellules *fpl* de Kupfer.
starch, *n* amidon *m*; **nitrated starch,** amidon nitré; **soluble starch,** amidon soluble; *Bot* **starch sheath,** gaine *f* amylifère.
starchiness, *n Ch* féculence *f* (d'une solution).
starchy, *a Ch* amylacé, amyloïde; féculent; féculeux; **starchy foods,** féculents *mpl.*
star-ribbed, *a Bot* (*of leaf*) stellinervé.
starstone, *n Miner* astérie *f.*
starvation, *n* inanition *f*; famine *f*; privation *f.*
starved, *a* affamé; famélique.
stasimorphy, *n Biol* difformité consécutive à un arrêt du développement.
stasis, *n Z* stase *f*; arrêt *m* de la circulation ou de l'écoulement d'un liquide de l'économie.
state, *n Ch Ph* état *m*; **dynamical state,** état dynamique; **stationary state,** état stationnaire; **thermodynamical state,** état thermodynamique; **change of state,** changement *m* d'état; **equations of state,** équations *fpl* d'état.
static, *a* statique.
stationary, *a Biol Ph* stationnaire; immobile; fixe.
statoblast, *n Biol* statoblaste *m.*
statocyst, *n Bot Z* statocyste *m.*
statocyte, *n Bot* statocyte *m.*
statolith, *n Biol* statolithe *m*, statolite *m.*
staurolite, staurotide, *n Miner* staurolite *f*, staurotide *f*; pierre *f* de croix.
stay-put, *a Ch* **stay-put agent,** épaississant *m.*
steam, *n Ch Ph* **steam chest,** chambre *f* à vapeur.
stearate, *n Ch* stéarate *m.*
stearic, *a Ch* (acide) stéarique.
stearin, *n Ch* stéarine *f.*
stearyl, *n Ch* stéaryle *m.*
steatite, *n Miner* stéatite *f*, stéaschiste *m*; glaphique *m*; craie *f* de Briançon; lardite *f*; pierre *f* ollaire; pierre de savon; *Biol* talc *m.*
steatitic, *a Geol* stéatiteux.
steel, *m* acier *m*; **chrome-nickel steel,** acier nickel-chrome.
Stefan, *Prn Ch Ph* **Stefan's law,** loi *f* de Stefan.
stege, *n Anat Z* couche *f* interne des piliers de Corti.
stele, *pl* **-ae,** *n Bot* stèle *f*; cylindre central.
stellate(d), *a Biol* étoilé; en étoile; radié.
stellular, stellulate, *a Biol* stellulé.
stem, *n Bot* tige *f* (de plante, de fleur); queue *f* (de fruit, de feuille); pétiole *m*, pédoncule *m*, hampe *f* (de fleur); tronc *m*, souche *f*, caudex *m* (d'arbre); stipe *m* (de palmier); *Anat* **main stem,** tronc (d'une artère); *Z* **stem cell,** lymphoblaste *m.*
stemless, *a Bot* sans tige(s); acaule.
stemlet, *n Bot* petite tige.
stemma, *pl* **-ata,** *n Biol* stemmate *m*, ocelle *m.*
stemmed, *a Bot* (fleur, etc) à tige, à queue; **long-stemmed,** longicaule; **thick-stemmed,** crassicaule; **many-stemmed,** multicaule.
stenohaline, *a Biol* sténohalin; **stenohaline habits, conditions,** sténohalinité *f.*
stenophagic, stenophagous, *a Z* sténophage.
stenophyllous, *a Bot* sténophylle.
stenopodium, *pl* **-ia,** *n Crust* sténopodium *m.*
stenosis, *n Biol* sténose *f*; **stenosis of the pylorus,** sténose du pylore.
stenothermal, stenothermic, stenothermous, *a Biol* sténotherme.
stenothermy, *n Biol* sténothermie *f.*
stenotic, *a Biol* sténosé.
stephanite, *n Miner* stéphanite *f.*
stercoraceous, stercoral, *a Biol* stercoraire.
stercorary, stercoricolous, *a Z* stercoraire, merdicole.
stercorin, *n Biol* coprostérol *m.*
stercorite, *n Miner* stercorite *f.*
stercorous, *a Biol* stercoral, -aux.
stercorvorous, *a Z* merdivore, scatophage, coprophage.
stereochemistry, *n* stéréochimie *f.*
stereocilium, *pl* **-ia,** *n Histol* stéréocil *m.*

stereognostic, *a Biol* stéréognostique.
stereoisomer, *n Ch* stéréo-isomère *m.*
stereome, *n Bot* stéréome *m.*
stereoplasm, *n Z* stéréoplasme *m.*
stereotaxis, stereotaxy, *n Biol* thigmotaxie *f.*
stereotropism, *n Biol* thigmotropisme *m*; stéréotropisme *m.*
stereotypy, *n Biol* stéréotypie *f.*
steric, *a Ch* stérique; **steric hindrance,** empêchement *m* stérique.
sterid, *n Biol* stéride *m.*
sterigma, *n Bot* stérigmate *m*; tige *f*; pédoncule *m.*
sterile, *a* stérile; *Bot* acarpe; *Z* infécond; infécondable; *Bac* aseptique.
sterility, *n* stérilité *f*; *Z* infécondité *f.*
sterilized, *a Z Vet* stérilisé.
sternal, *a Anat Z* sternal, -aux.
sternbergite, *n Miner* sternbergite *f.*
sternebra, *pl* **-ae,** *n Z* sternèbre *f.*
Sternorynques, *npl Ent* sternorynques *mpl.*
sternum, *pl* **-a, -ums,** *n Anat Z* sternum *m.*
steroid, *n Ch* stéroïde *m*; *Biol* stéride *m.*
sterol, *n Ch* stérol *m.*
stibic, *a Ch* stibique.
stibine, *n* **1.** *Miner* antimoniure *m* d'hydrogène. **2.** *Ch* stibine *f.*
stibious, *a Ch* stibieux.
stibium, *n Ch* (*symbole* Sb) antimoine *m.*
stibnite, *n Ch Miner* stibnite *f*; *Miner* stibine *f.*
stickiness, *n Genet etc* viscosité *f.*
stick-shaped, *a* baculiforme.
sticky, *a Bot* (*of plant*) ligneux.
stigma, *n* (*a*) *Biol* (*pl* **-mata**) stigmate *m* (d'un insecte, etc); (*b*) *Bot* (*pl* **-mas**) stigmate (du pistil); (*c*) *Prot* (*pl* **-mata**) tache *f* oculaire.
stigmasterol, *n Ch* stigmastérol *m.*
stigmatic, *a Bot* stigmatique.
stigmatose, *a Bot* stigmatophore.
stilb, *n Ph* stilb *m.*
stilbene, *n Ch* stilbène *m.*
stilbite, *n Miner* stilbite *f.*
stilboestrol, *n BioCh* stilbœstrol *m.*
still, *n* ballon *m* de distillation.
still-born, *a Z Vet* **1.** mort-né. **2.** né en état de mort apparente.
stilpnosiderite, *n Miner* stilpnosidérite *f.*
stimulant, *a & n Pharm Physiol* stimulant (*m*).
stimulation, *n Biol* stimulation *f.*
stimuline, *n Biol* stimuline *f.*
stimulose *a Bot* stimuleux; à poils piquants; à stimules.
stimulus, *pl* **-li,** *n* **1.** *Physiol* stimulus *m inv.* **2.** *Bot* stimule *m.*
sting, *n Biol* **1.** (*a*) dard *m*, aiguillon *m*; crochet venimeux; (*b*) *Arach* (*of scorpion*) aiguillon; (*c*) *Ent* dard; (*d*) *Ich* épine *f*; (*e*) *Bot* stimule *m.* **2.** piqûre *f.*
stinkstone, *n Miner* stinkal *m.*
stipe, *n Bot* stipe *m*; pédicule *m.*
stipel, *n,* **stipella,** *pl* **-ae, -as,** *n Bot* stipelle *f.*
stipellate, *a Bot* stipellé.
stipes, *pl* **-ites,** *n Bot* stipe *m.*
stipiform, *a Bot Z* stipiforme.
stipitate, *a Bot* stipité.
stipula, *pl* **-ae, -as,** *n Bot* stipule *f.*
stipulaceous, *a Bot* stipulacé.
stipular, *a Bot* stipulaire.
stipulate, *a Bot* stipulé.
stipule, *n Bot* stipule *f.*
stipuled, *a Bot* stipulé.
stipulose, *a Bot* stipuleux.
stirps, *pl* **stirpes,** *n Biol* (*a*) groupe *m*; (*b*) famille *f.*
stock, *n* **1.** (*a*) *Bot* tronc *m*, caudex *m* (d'arbre); (*b*) *Bot* souche *f*, estoc *m* (d'arbre); souche (d'iris, etc); (*c*) *Biol* race *f*; famille *f.* **2.** *Ch* **stock solution,** solution *f* mère.
stoich(e)iometric, *a Ch* stœchiométrique.
stoich(e)iometry, *n Ch* stœchiométrie *f.*
Stokes, *Prn Ch Ph* **Stokes' law,** loi *f* de Stokes (de la viscosité).
stolon, *n Bot Biol* stolon *m*, stolone *f*; *Bot* traînant *m*, traînasse *f*, coulant *m.*
stolonate, stoloniferous, *a Bot Biol* stolonifère.
stolzite, *n Miner* stolzite *f.*
stoma, *pl* **-ata, -as,** *n Biol Bot* stomate *m.*
stomach, *n Anat Z* estomac *m*; (*of ruminants*) **first stomach,** panse *f*; **second,**

honeycomb, stomach, bonnet *m*; **third stomach,** feuillet *m*, mellier *m*, omasum *m*; **fourth, true, rennet, stomach,** caillette *f*; *Med* **stomach tube,** sonde stomacale.

stomachal, *a Anat* stomacal, -aux.

stomatal, *a Biol Bot* **1.** qui a rapport aux stomates. **2.** à stomates.

stomate *Biol Bot* **1.** *n* stomate *m*. **2.** *a* = **stomatal.**

stomatogastric, *a Z* stomato-gastrique.

stomatopod, *n Crust* stomatopode *m*.

Stomatopoda, *npl Crust* stomatopodes *mpl*.

stomatose, stomatous, *a Biol* qui a des stomates; à stomates.

stomium, *pl* **-ia, -iums,** *n Bot* stomium *m*; *Moll* bouche *f*.

stomod(a)eum, *n Z* stomodéum *m*; cavité buccale embryonnaire.

stomodord, *n Z* stomodorde *f*.

stone, *n* **1.** (*a*) *Miner* pierre *f*; **filtering stone,** pierre à filtrer; **jade stone, nephritic stone,** pierre de jade, pierre néphritique; **bishop's stone,** pierre d'évêque; (*b*) *Z Physiol* calcul *m*, pierre; **kidney stone,** calcul rénal. **2.** *Bot* (*a*) **stone cell,** sclérite *f*; (*b*) noyau *m* (de fruit); **stone fruit,** fruit *m* à noyau; drupe *f*.

stools, *npl Z* fèces *fpl*.

strain, *n Biol* souche *f* (d'un virus); variété *f* (de graine, etc).

strand, *n Oc* médiolittoral *m*.

strap, *n Bot* ligule *f*.

stratification, *n Geol Bot Physiol* stratification *f*; **diagonal stratification,** stratification croisée.

stratified, *a Biol* stratifié.

stratigraphic, *a Geol* stratigraphique.

stratigraphy, *n Geol* stratigraphie *f*.

stratiomyi(i)d, *a Ent* (insecte) stratiomyide.

stratose, *a Bot* en couches.

stratum, *pl* **-ta,** *n* (*a*) *Geol* strate *f*, couche *f*, gisement *m*, assise *f*; gîte *m* (de minerai); (*b*) *Bot* **stratum society,** association (de plantes) limitée à un seul étage; (*c*) *Z* (*of the skin*) **stratum corneum,** couche cornée; **stratum germinativum,** couche muqueuse de Malpighii; **stratum granulosum,** couche granuleuse; **stratum lucidum,** couche transparente.

stray, *a Ph* **stray light, radiation,** radiation *f*, lumière *f*, parasite.

streak, *n Z* raie *f*, rayure *f*.

streaked, *a Z* rayé (**with,** de).

strength, *n Ch* **strength of an acid,** force *f* d'un acide; **strength of a solution,** titre *m*, teneur *f*, d'une solution; **solution at full strength, full-strength solution,** solution concentrée; **solution below full strength,** solution diluée; **strength exponent,** exposant *m* de la force.

Strepsiptera, *npl Ent* strepsiptères *mpl*.

streptomyces, *n Biol* streptomyces *m*.

Streptoneura, *npl Moll* streptoneures *mpl*.

stress, *n Physiol* tension *f*.

stria, *pl* **-ae,** *n Biol etc* strie *f*, striure *f*; *Biol* vergeture *f*; *Bot* **striae on the stem of a plant,** stries, striures, cannelures *fpl*, sur la tige d'une plante; *Geol* **glacial striae,** stries glaciaries.

striate(d), *n Biol Geol etc* strié; **striated muscle,** muscle strié.

striation, *n Biol Geol etc* striation *f*.

stridulant, *a Z* stridulant.

stridulate, *vi Z* striduler.

stridulating, *n Z* **stridulating organ,** appareil *m* stridulatoire.

stridulation, *n Z* stridulation *f*.

stridulator, *n Z* (i) insecte stridulant; (ii) appareil *m* stridulatoire.

stridulatory, *a Z* (appareil, etc) stridulatoire.

stridulous, *a Path* striduleux.

striga, *pl* **-ae,** *n* **1.** *Z* strie *f*, rayure transversale. **2.** *pl Bot* **strigae,** poils raides et appressés.

strigil, *n Ent* strigite *m*; peigne tibial; râpe *f*.

strigose, *a* **1.** *Ent* strié. **2.** *Bot Z* hérissé.

strigovite, *n Miner* strigovite *f*.

striola, *pl* **-ae,** *n Biol* striole *f*.

striolate, *a Biol* striolé.

stripe, *n Z* raie *f*, bande *f*, zébrure *f*; **Hensen's stripe,** bande de Hensen.

striped, *a Z etc* rayé; zébré; fascié; à rayures; *Biol* rubané.

strobila, *pl* **-ae,** *n Z* strobile *m*.

strobilaceous, strobilar, strobilate, *a Bot* strobilacé.

strobilation, *n Biol* strobilation *f*.

strobile, *n Bot* strobile *m*, cône *m* (du pin, du houblon, etc).
strobiliferous, *a Bot* strobilifère.
strobiliform, *a Biol* strobiliforme.
strobilus, *pl* **-li,** *n Bot Z* strobile *m*.
stroma, *pl* **-ata,** *n Biol* stroma *m*.
stromatic, stromatiform, stromatoid, stromatous, *a Biol* stromatique.
strombuliferous, *a Biol* ayant structures spiralées.
strombuliform, *a Biol* en forme d'hélix.
strombus, *pl* **-i,** *n Bot Moll* strombe *m*.
stromeyerite, *n Miner* stromeyérite *f*.
stromoid, *a Biol* stromatique.
strong, *a Ch* **strong electrolytes,** électrolytes forts.
strongylus, *n Z* strongle *m*.
strontia, *n Ch* strontiane *f*.
strontian, *n Miner* strontianite *f*.
strontianite, *n Miner* strontianite *f*, strontiane carbonatée.
strontic, *a Ch* strontique.
strontium, *n Ch* (*symbole* Sr) strontium *m*; **radioactive strontium, strontium 90,** strontium radioactif; **strontium yellow,** jaune *m*, chromate *m*, de strontium.
strophanthidin, *n Ch* strophantidine *f*.
strophanthin, *n Ch* strophantine *f*.
strophiole, *n Bot* strophiole *m*, caroncule *f*.
strophism, *n Bot* strophisme *m*.
structural, *a* **1. structural geology,** géologie structurale; tectonique *f*; **structural change,** modification *f* de structure. **2.** *Ch* **structural formula**, formule *f* développée; **structural water,** eau *f* de constitution. **3.** *Orn* **structual coloration,** coloration *f* de structure.
structure, *n Geol* formation *f* (d'une roche, etc).
structureless, *a Biol* homogène.
struma, *pl* **-ae,** *n Bot* goitre *m*.
strumiform, *a Bot* d'aspect strumeux.
strumose, *a Biol* strumeux; goitreux.
strumous, *a Bot* goitreux; scrofuleux.
struthious, *a Z* (qui tient) de l'autruche.
struvite, *n Miner* struvite *f*.
strychnine, *n Ch* strychnine *f*.
stupefacient, *a & n Ch* stupéfiant (*m*).
stupose, *a* se rapportant à l'état de stupeur.
stylar, *a Biol* stylaire.
stylate, *a Biol* stylé; muni d'un style.
style, *n Bot* style *m*.
stylet, *n Z* stylet *m*, rostre *m*; *Arthrop* style *m*.
stylifer, *n Bot* portion *f* de la vrille qui porte le style.
styliform, *a Bot etc* styliforme.
styloconic, *a Z* styloconique.
styloglossal, *a Z* styloglosse.
styloglossus, *pl* **-i,** *n Z* styloglosse *m*.
stylohyal, *n Z* arc hyoïdien.
stylohyoid, *a Z* muscle stylo-hyoïdien.
styloid, *a Anat Z* styloïde.
stylolite, *n Geol* stylolite *m*.
stylomastoid, *a Z* stylo-mastoïdien.
stylomaxillary, *a Z* stylo-maxillaire.
Stylommatophora, *npl Moll* stylommatophores *mpl*.
stylopodium, *pl* **-ia,** *n Bot* stylopode *m*.
stylospore, *n Bot* stylospore *f*.
stylus, *pl* **-i, -uses,** *n Z* stylet *m*.
styphnate, *n Ch* styphnate *m*, tricinate *m*, trinitrorésorcinate *m*.
styphnic, *a Ch* **styphnic acid,** acide *m* styphnique; trinitrorésorcine *f*, trinitrorésorcinol *m*.
styracitol, *n Ch* styracine *f*.
styramate, *n Ch* styramate *m*.
styrene, *n Ch* styrène *m*; styrol *m*, styrolène *m*; vinylbenzène *m*.
styrolene, *n Ch* styrolène *m*.
subacetate, *n Ch* sous-acétate *m*.
subaerial, *a Geol Bot* subaérien; **subaerial plants,** plantes subaériennes.
subalary, *a Z* subalaire.
subalkaline, *a Ch Geol* subalcalin.
subatomic, *a Ch Ph* subatomique.
subaxillary, *a* **1.** *Z* sous-axillaire; axillaire. **2.** *Bot* infra-axillaire, sous-axillaire.
subcarbonate, *n Ch* sous-carbonate *m*.
subcaudal, *a Z* subcaudal, -aux; sous-caudal, -aux.
subchloride, *n Ch* sous-chlorure *m*.
subclass, *n Biol* sous-classe *f*.
subclavian, *a Anat* sous-clavier.

subconscious, *a & n Psy* subconscient (*m*).
subcortical, *a Bot* subcortical, -aux; *Anat Z* sous-cortical, -aux.
subcostal, *a Anat Z Ent* sous-costal, -aux; subcostal, -aux.
subcoxa, *pl* **-ae,** *n Ent* subcoxa *f.*
subculture, *n Bac* sous-culture *f*; culture *f* secondaire.
subcutaneous, *a* sous-cutané; **subcutaneous parasite, larva,** parasite *m*, larve *f*, cuticole.
subdivision, *n Z etc* sous-classe *f.*
subepidermal, subepidermic, *a Bot etc* sous-épidermique.
subequatorial, *a Geog* subéquatorial, -aux.
suber, *n Bot* liège *m.*
suberate, *n Ch* subérate *m.*
suberic, *a Ch* subérique.
suberification, *n Ch* subérification *f.*
suberin, *n Ch* subérine *f.*
suberization, *n Bot* subérisation *f.*
suberize, *vtr Bot* subériser.
suberone, *n Ch* subérone *f.*
suberose, suberous, *a Bot* subéreux.
suberyl, *n Ch* subéryle *m.*
suberylic, *a Ch* subérylique.
subfamily, *n Biol* sous-famille *f.*
subgenus, *pl* **-genera,** *n Biol* sous-genre *m.*
sub-group, *n Biol* sous-groupe *m.*
subiculum, *pl* **-la,** *n* **1.** *Z* crochet *m* de la circonvolution de l'hippocampe. **2.** *Bot* enveloppe mycélienne du substrat. **3.** *Fung* subiculum *m.*
subimago, *n Z* sous-imago *f.*
subjacent, *a Anat Bot Geol etc* sous-jacent.
subjective, *a* subjectif.
subjectivity, *n Psy* subjectivité *f.*
subkingdom, *n Biol* embranchement *m.*
sublimable, *a Ch* sublimable.
sublimate[1], *n Ch* sublimé *m*, sublimat *m*; **corrosive sublimate,** chlorure *m* mercurique; sublimé corrosif.
sublimate[2], *vtr Ch* sublimer (un solide).
sublimating, sublimation, *n Ch* sublimation *f*; **sublimating vessel,** sublimatoire *m.*
sublimatory, *a & n Ch* sublimatoire (*m*).
sublime *Ch* **1.** *vtr* sublimer (un solide). **2.** *vi* (*of solid*) se sublimer.
subliminal, *a Physiol* subliminal, -aux.
sublingual, *a Physiol* sublingual, -aux.
sublittoral *Oc* **1.** *a* infralittoral, -aux. **2.** *n* infralittoral *m.*
submammary, *a Z* sous-mammaire.
submarginal, *a Z* submarginal, -aux.
submarine, *a Bot* **submarine plants,** plantes plongées.
submaxillary, *a Anat Z* sous-maxillaire.
submentum, *pl* **-ta,** *n Z* sous-menton *m.*
submerged, *a Bot* **submerged plant, leaf,** plante *f*, feuille *f*, submersible, qui pousse sous l'eau.
submergence, *n Ch* submersion *f.*
submersed, *a Bot* submergé, submersible.
submersion, *n Ch* submersion *f.*
subneural, *a Z* sous-neural, -aux.
subnitrate, *n Ch* sous-nitrate *m*, sous-azotate *m.*
subopercular, *a Ich* **subopercular bone,** sous-opercule *m.*
suboperculum, *n Z* segment *m* orbitaire.
suborder, *n Biol* sous-ordre *m.*
sub-persistent, *a Bot* (organe) marcescent.
subphylum, *n Biol* sous-embranchement *m.*
subplacenta, *n Z* caduque utérine.
subrace, *n Z* sous-race *f.*
subramose, *a Bot* sous-rameux.
subrostral, *a Bot Z* sous-rostral, -aux.
subsalt, *n Ch* sous-sel *m.*
subseptate, *a Biol* partiellement divisé.
subsidence, *n Geol* résolution *f*; délitescence *f.*
subsigmoid, *a Z* sous l'anse sigmoïde; rétrosigmoïde.
subsistence, *n Z* subsistance *f*, vivres *mpl.*
subspecies, *n inv Biol* sous-espèce *f.*
substance, *n Ch* corps *m*; **stable substance,** corps stable; **pure substance,** corps pur.
substandard, *a Ch* non conforme aux normes établies.
substituent, *n Ch* substituant *m.*
substitution, *n Ch* **substitution of chlor-**

ine for hydrogen, substitution *f* du chlore à l'hydrogène; **double substitution,** double décomposition *f*; **to react by substitution,** agir par substitution.

substrate, *n Biol etc* substrat *m.*

substratum, *n Geol* sous-couche *f*; socle *m.*

subsulfate, *n Ch* sulfate *m* basique.

subterranean, *a Bot* interrané.

subthalamus, *n Z* hypothalamus *m.*

subtropical, *a* subtropical, -aux.

subtype, *n Biol* sous-classe *f*; sous-type *m.*

subulate, *a Biol* subulé; *Bot* **subulate leaf,** feuille alénée; **with subulate leaves,** subulifolié.

subumbral, *a Coel* sous-ombrellaire.

subungual, *a Anat Z* sous-ongulaire.

subvariant, *n Biol* sous-variant *m.*

succenturiate, *a Z* succenturié; **succenturiate lobe,** ventricule succenturié; **succenturiate kidney,** capsule surrénale.

succession, *n Bot* succession *f* (d'associations).

succiferous, *a Bot* producteur de suc, de jus.

succin, *n Miner* succin *m.*

succinate, *n Ch* succinate *m.*

succinic, *a Ch* succinique; *BioCh* **succinic dehydrogenase**, succino-déhydrase *f.*

succinimide, *n Ch* succinimide *f.*

succinite, *n Miner* **1.** succinite *f.* **2.** succin *m*, ambre *m* jaune.

succinonitrile, *n Ch* succinonitrile *m.*

succinyl, *n Ch* succinyle *m.*

succubous, *a Bot* (feuille) succube.

succulent *Bot* **1.** *a* **succulent leaf**, feuille succulente, charnue. **2.** *n* plante grasse, succulente.

sucker[1], *n* **1.** *Biol Z* suçoir *m*; suceur *m*, suceuse *f* (de pou, de puce); ventouse *f* (de sangsue, de pieuvre, etc). **2.** *Bot* rejeton *m*, rejet *m* (d'une plante); bion *m*, accru *m*; drageon *m*, surgeon *m*; talle *f*; œilleton *m* (d'artichaut, d'ananas); stolon *m*, stolone *f* (de fraisier); **stem sucker,** bouture *f*; (*of tree*) **to throw out suckers,** drageonner, surgeonner; pousser des drageons, des surgeons; taller; **throwing out of suckers,** tallage *m*, drageonnement *m.*

sucker[2], *vi Bot* (*of plant*) drageonner, surgeonner; pousser des drageons, des surgeons.

suckering, *n Bot* tallage *m*, drageonnement *m.*

sucking, *n Biol* **sucking disc,** ventouse *f* (de céphalopode, etc).

sucramin, *n Ch* sucramine *f.*

sucrase, *n BioCh* sucrase *f*, invertase *f.*

sucrate, *n Ch* sucrate *m.*

sucrose, sucrosum, *n Ch* saccharose *m.*

suction, *n Ch* **to filter with suction,** filtrer dans le vide, à la trompe; **suction flask,** fiole *f* à vide.

Suctoria, *npl Prot* acinétiens *mpl.*

suctorial, *a Biol* suceur; bdellaire; **suctorial organ,** organe suceur, ventousaire; suçoir *m.*

sudation, *n Z* sudation *f.*

sudatory, *a Physiol* sudorifique.

sudoriferous, *a Z* (vaisseau) sudorifère.

sudorific, *a & n Z Physiol* sudorifique (*m*).

sudoriparous, *a Z* (glande) sudoripare.

suffrutescent, *a Bot* suffrutescent, sous-frutescent.

suffrutex, *pl* **-tices,** *n Bot* sous-arbrisseau *m*; plante suffrutescente, sous-frutescente.

suffruticose, *a Bot* = **suffrutescent.**

sugar, *n Ch* sucre *m*; **grape sugar,** sucre de raisin; **sugar alcohol,** alcool *m* de sucre; **sugar charcoal,** charbon *m* de sucre.

suitcase, *n Geol* **suitcase rock,** roche *f* stérile.

sulcate, *a Biol* sulciforme, sulcifère.

sulciform, *a Biol* sulciforme; en forme de sillon.

sulcus, *pl* **-ci,** *n Biol* sillon *m*; sulcature *f* (du cerveau).

sulfa, *a Ch* **sulfa drug,** sulfamide *m*; **the sulfa series,** la série des sulfamides.

sulfafurazole, *n Ch* sulfafurazol *m.*

sulfaguanidine, *n Ch* sulfaguanidine *f.*

sulfamate, *n Ch* sulfamate *m.*

sulfamic, *a Ch* (acide) sulfamique.

sulfamide, *n Ch* sulfamide *m.*

sulfanilamide, *n Ch* sulfanilamide *m or f.*

sulfanilate, *n Ch* sulfanilate *m.*

sulfanilic, *a Ch* (acide) sulfanilique.

sulfapyridine, *n Ch* sulfapyridine *f.*
sulfarsenic, *a Ch* (acide) sulfarsénique.
sulfarsenide, *n Ch* sulfarséniure *m.*
sulfatase, *n BioCh* sulfatase *f.*
sulfate[1], *n* (*a*) *Ch* sulfate *m*; **iron sulfate, ferrous sulfate,** sulfate ferreux, de fer; vitriol vert; couperose verte; **zinc sulfate,** sulfate de zinc; couperose blanche; vitriol blanc; **copper sulfate,** sulfate de cuivre; vitriol bleu; couperose bleue; **sulfate of ammonia,** sulfate d'ammonium; (*b*) sulfate de soude, de sodium.
sulfate[2], *vtr Ch* sulfater.
sulfated, *a* (*of lime, etc*) sulfaté.
sulfathiazole, *n Ch* sulfathiazole *m.*
sulfatide, *n Ch* sulfatide *m.*
sulfhydrate, *n Ch* sulfhydrate *m.*
sulfhydric, *a Ch* sulfhydrique.
sulfhydryl, *n Ch* sulfhydryle *m*, thiol *m.*
sulfide, *n Ch* sulfure *m*; **hydrogen sulfide,** hydrogène sulfuré; acide *m* sulfhydrique; **lead sulfide,** sulfure de plomb; *Miner* **sulfide of lead, lead sulfide,** galène *f*; sulfure de plomb, plomb sulfuré; **amorphous sulfide of antimony,** kermésite *f*; **red sulfide of antimony,** pentasulfure *m* d'antimoine; **cuprous sulfide,** sulfure cuivreux.
sulfinic, *a Ch* (acide) sulfinique.
sulfinyl, *n Ch* sulfinyle *m.*
sulfite, *n Ch* sulfite *m*; **sodium sulfite,** sulfite de sodium, de soude; **acid sulfite,** bisulfite *m.*
sulfolane, *n Ch* sulfolane *m.*
sulfonamide, *n Ch* sulfamide *m.*
sulfonate, *n Ch* sulfonate *m.*
sulfonated, *a Ch* sulfoné.
sulfonation, *n Ch* sulfonation *f.*
sulfone, *n Ch* sulfone *f.*
sulfonic, *a Ch* sulfonique, sulfoné; **sulfonic acid,** acide *m* sulfonique.
sulfonium, *n Ch* sulfine *f.*
sulfonyl, *n Ch* sulfonyle *m.*
sulfosalicylate, *n Ch* **mercury sulfosalicylate,** sulfosalicylate *m* de mercure.
sulfosalicylic, *a Ch* sulfosalicylique.
sulfur, *n Ch* (*symbole* S) soufre *m*; **native sulfur,** soufre de mine; **virgin sulfur,** soufre vierge, vif; **flowers of sulfur,** fleur(s) *f(pl)* de soufre, crème *f* de soufre, soufre en fleur(s), en poudre; soufre pulvérulent, pulvérisé, sublimé; **to treat with sulfur,** soufrer; **sulfur dioxide,** anhydride sulfureux; **sulfur trioxide,** anhydride sulfurique; **sulfur bacteria,** sulfobactéries *fpl.*
sulfuration, *n Ch* = **sulfurization.**
sulfuric, *a Ch* sulfurique; **sulfuric acid,** acide *m* sulfurique, vitriolique; (huile *f* de) vitriol *m.*
sulfurization, *n Ch* sulfuration *f*, sulfurisation *f.*
sulfurize, *vtr Ch* sulfuriser.
sulfurous, *a Ch* (acide, etc) sulfureux.
sulfuryl, *n Ch* sulfuryle *m.*
sulph-, *pref* = **sulf-.**
sultam, *n Ch* sultame *f.*
sultone, *n Ch* sultone *f.*
sulvanite, *n Miner* sulvanite *f.*
sumatrol, *n Ch* sumatrole *f.*
summation, *n Physiol* sommation *f* (de stimulations).
summerwood, *n Bot* bois *m* d'été.
sunflower, *n Bot* tournesol *m.*
sunstone, *n Miner* aventurine *f*; pierre *f* de soleil.
super-audible, *a Ph* ultrasonore.
supercarbonate, *n Ch* bicarbonate *m.*
superciliary, *a Z* sourcilier; **superciliary ridges,** arcades sourcilières.
supercilium, *pl* **-ia,** *n* sourcil *m.*
superconception, *n Z* superfétation *f.*
superego, *n Psy* surmoi *m.*
superfecundation, *n Z* superfécondation *f*; superembryonnement *m.*
superfetation, *n Z* superfétation *f.*
superfluidity, *n Ch* superfluidité *f.*
superheating, *n Ch Ph* surchauffage *m.*
superimpregnation, *n Z* superimprégnation *f.*
superinfection, *n Bac* superinfection *f*, surinfection *f.*
superinvolution, *n Z* **superinvolution of the uterus,** superinvolution *f* de l'utérus.
superior, *a Bot* (ovaire, etc) supère; *Z* (bouche) supère; *Biol* supérieur.
superiorly, *adv Bot* **superiorly placed,** placé plus haut; supère.
superlactation, *n Z* galactorrhée *f.*
supermaxilla, *n Anat* sus-maxillaire *m.*
supermaxillary, *a Anat* sus-maxillaire.
supernatant, *a Ch* surnageant; superposé.

superorder, *n Biol* super-ordre *m*.
superovulation, *n Biol* superovulation *f*.
superoxygenate, *vtr Ch* suroxygéner.
superphosphate, *n Ch* superphosphate *m*.
supersalt, *n Ch* sursel *m*.
supersaturate, *vtr Ch* sursaturer.
supersaturation, *n Ch* sursaturation *f*.
supersonic, *a Ph* supersonique, ultra-sonore.
superstage, *n Path* surplatine *f*.
supervention, *n Z* état surajouté.
suppressed, *a Bot* (organe) qui manque, qui fait défaut.
suppression, *n Biol* suppression *f*.
suppressor, *n Genet* gène *m* qui efface l'effet phénotypique d'un autre gène.
supra-axillary, *a Bot* supra-axillaire.
supradural, *a Anat Z* sus-dural, -aux.
suprarenal, *a Biol Z* surrénal, -aux; **suprarenal body**, capsule surrénale.
supravergence, *n Z* strabisme sursumvergent.
surface, *n* surface *f*; *Ph* **surface tension**, tension superficielle, de surface; **surface action**, action superficielle; **surface chemistry**, chimie superficielle; **surface concentration**, concentration superficielle; **surface energy**, énergie superficielle; **surface films**, films superficiels; **surface pressure**, pression superficielle; **surface work**, travail superficiel.
surface-active, *a Ch* tensio-actif; **surface-active agent**, tensioactif *m*.
surfactant, *n Ch* tensio-actif *m*.
surge, *n AtomPh* **base surge**, onde *f* de choc.
suricate, *n Z* suricate *m*.
surrenal, *a Biol Z* (*of artery, ganglion*) surrénal.
surrosion, *n Ch* augmentation de poids (due à la corrosion).
survival, *n* **survival of the fittest**, la survivance des mieux adaptés, du plus apte.
susannite, *n Miner* susannite *f*.
suspension, *n Ch* **(substance in) suspension**, (substance *f* en) suspension *f*.
suspensoid, *n Ch* suspensoïde *m*.
suspensor, *n Bot* suspenseur *m*.
suspensorium, *pl* **-ia**, *n Z* suspenseur *m*.
sussexite, *n Miner* sussexite *f*.
sustentacular, *a Z* jouant un rôle de support; **sustentacular cells**, cellules *fpl* de support.
sustentaculum tali, *n Z* petite apophyse du calcanéum; sustentaculum tali *m*.
sustentation, *n Z* sustentation *f*.
sutural, *a Z* sutural, -aux.
suturation, *n Z* le fait de faire une suture.
suture, *n Anat Z Bot* suture *f*.
svanbergite, *n Miner* svanbergite *f*.
swallow¹, *n Physiol* **1.** gosier *m*, gorge *f*. **2.** gorgée *f*.
swallow², *vtr Physiol* déglutir.
swallowing, *n Physiol* déglutition *f*.
swamp, *n Geog* marais *m*.
swan, *n Z* **mute swan**, cygne muet.
swarm¹, *n* **1.** essaim *m* (d'abeilles, d'insectes, etc); **swarm of locusts**, vol *m* de sauterelles; **swarm of midges, of earwigs**, nuée *f* de moucherons, pullulement *m* de perce-oreilles; *Z* **swarm year**, année *f* d'essaimage (des coléoptères). **2.** *Biol* amas *m* (de zoospores); **swarm cell, spore**, zoospore *f*. **3.** *Ch* amas *m* (de molécules).
swarm², *vi* (*a*) (*of bees*) essaimer; faire l'essaim; (*b*) *Biol* (*of swarm spores*) se libérer (du zoosporange).
swarmer, *n Biol* zoospore *f*.
swarming 1. *a* fourmillant; essaimant. **2.** *n* essaimage *m*, essaimement *m*.
sweat, *n* sueur *f*; *Anat Z* **sweat duct**, canal excréteur (d'une glande sudoripare); conduit *m* sudorifère; **sweat gland**, glande *f* sudoripare.
sweated, *a Ch* **sweated wax**, paraffine déshuilée.
sweet, *a Ch* doux; non grisouteux; **sweet crude**, pétrole non corrosif; **sweet gas**, gaz peu corrosif; **sweet oil**, huile *f* à basse teneur en soufre.
swell, *vi* (*of earth, lime*) foisonner.
swelling, *n Ch Ph* boursouflement *m* (de métaux); **swelling of gels**, turgescence *f* des gels; **swelling of a colloid**, turgescence d'un colloïde.
swim-bladder, *n Z* vessie *f* natatoire.
swimmeret, *n Crust* pléopode *m*; patte *f* natatoire.

swinestone, *n Miner* roche puante, stinkal *m.*
switch, *n Ph* **mode switch,** inverseur *m.*
sword-leaved, *a Bot* aux feuilles en forme d'épée; ensifolié.
sword-shaped, *a Bot* gladié, en glaive; ensiforme.
syenite, *n Miner* syénite *f.*
syenitic, *a Miner* syénitique.
syenodiorite, *n Miner* monzonite *f.*
sylvan 1. *n* oiseau, animal, etc, sylvain. **2.** *a* (*a*) (oiseau, etc) sylvain; (*b*) (plante) sylvatique, sylvestre.
sylvanite, *n Miner* sylvanite *f*; tellure *m* graphique.
sylvestrene, *n Ch* sylvestrène *m.*
sylviduct, *n Z* aqueduc *m* de Sylvius.
sylvine, *n Miner* sylvine *f*, sylvite *f.*
sylvinite, *n Miner* sylvinite *f.*
sylvite, *n Miner* = **sylvine.**
symbion, symbiont, *n Biol* symbiote *m*, symbionte *m.*
symbiosis, *pl* **-ses,** *n Biol* symbiose *f*; commensalisme *m*; **antagonistic symbiosis,** symbiose dysharmonique; antibiose *f*; parasitisme *m.*
symbiote, *n Biol* symbiote *m*, symbionte *m.*
symbiotic, *a Biol* symbiotique; (*of association, etc*) de symbiotes; (*of plant, etc*) associé en symbiote.
symbiotically, *adv Biol* (vivre, etc) en symbiote.
symbol, *n Ch etc* symbole *m.*
symmetrical, *a Ch* symétrique.
symmetry, *n Ch* symétrie *f.*
sympathetic, *a Biol* sympathique; *Physiol* **sympathetic nervous system,** système nerveux sympathique.
sympathin, *n Physiol* sympathine *f.*
sympathoblast, *n Z* cellule nerveuse sympathique au stade embryonnaire.
sympathomimetic, *a Physiol* sympath(ic)omimétique.
sympatric, *a Biol* sympatrique.
sympatry, *n Biol Z* sympatrie *f.*
sympetalous, *a Bot* sympétale, gamopétale.
symphile, *n Z* symphile *m.*
Symphyla, *npl Z* symphyles *mpl.*
symphyseal, *a Z* symphysaire.
symphysis, *n Z* symphyse *f.*
sympiesis, *n Z* compression *f* d'organes de différentes parties.
symplast, *n Biol* symplaste *m.*
sympode, *n Bot* sympode *m.*
sympodial, *a Bot* sympodique.
sympodite, *n Z* sympodite *m.*
sympodium, *pl* **-ia,** *n Bot* sympode *m.*
symptomatology, *n Tox* symptomatologie *f.*
synaesthesia, *n Physiol* synesthésie *f.*
synangium, *pl* **-ia,** *n Bot Z* synange *m.*
synanthereous, synantherous *a Bot* (*of plant*) synanthéré.
synanthous, *a Bot* (*of plant*) synanthé.
synanthropic, *a Bot* **synanthropic species,** plante *f* sauvage qui pousse surtout dans les terres cultivées et les lieux habités.
synanthrose, *n Ch* lévuline *f.*
synanthy, *n Bot* synanthie *f.*
synapse, *n Anat Z* synapse *f.*
synapsis, *pl* **-ses,** *n Biol Anat* synapse *f.*
synaptic, *a Anat* synaptique.
synapticula, *pl* **-ae,** *n Z* synapticule *m.*
synaptid, *n Z* synapte *f.*
Synaptidae, *npl Z* synaptidés *mpl.*
synarthrosis, *n Z* synarthrose *f.*
Syncarida, *npl Crust* syncarides *mpl.*
syncarp, *n Bot* syncarpe *m*; fruit syncarpé.
syncarpous, *a Bot* syncarpé, gamocarpellé.
syncaryon, *n Biol* syncarion *m.*
synchondrosis, *pl* **-oses,** *n Z* synchondrose *f.*
synclinal, *a Geog* (*of valley, etc*) synclinal, -aux.
syncline, *n Geol* synclinal *m*, -aux; fond *m* de bateau.
syncotyledonous, syncotylous, *a Bot* syncotylédoné.
syncotyly, *n Bot* état syncotylédoné.
syncytial, *a Biol* (bourgeon) syncitial.
syncytium, *n Biol* syncytium *m.*
syndactyl, *a Z* syndactyle.
syndactylism, *n Z* syndactylie *f.*
syndactylous, *a Z* syndactyle.
syndactyly, *n Z* syndactylie *f*, dactylion *m.*
syndesis, *n Biol* synapse *f*; syndèse *f.*

syndesmology, *n Z* syndesmologie *f.*
syndesmosis, *n Anat Z* syndesmose *f.*
syndrome, *n Physiol Tox* syndrome *m.*
synecology, *n Biol* synécologie *f.*
synema, *pl* **-ata,** *n Bot* sinème *m.*
syneresis, *n* (*a*) *Z* rétraction *f* d'un caillot, d'un gel; (*b*) *Ch* synérèse *f.*
synergia, *n Ch Biol* synergie *f.*
synergic, *a Biol Physiol* synergique.
synergid, *n,* **synergida,** *pl* **-ae,** *n Bot* synergide *f.*
synergism, *n Biol* synergie *f.*
synergist, *n Biol* (*substance*) synergiste *m.*
synergistic, *a Biol* synergique.
synergy, *n Biol Ch* synergie *f.*
synesis, *n Psy* faculté *f* de comprendre.
syngameon, *n Biol* syngaméon *m.*
syngamous, *a Biol* syngamique.
syngamy, *n Biol* syngamie *f*; reproduction sexuée.
syngenesia, *n Biol* = **syngenesis.**
syngenesious, *a Bot* (*of stamens*) synanthère; *Biol* syngénésique.
syngenesis, *n Biol* syngénésie *f*, syngénèse *f.*
syngenetic, *a Biol Miner* syngénésique.
syngenite, *n Miner* syngénite *f.*
syngnathous, *a Z* syngnathe.
synizesis, *n Biol* synizésis *m.*
synkaryon, *n Biol* syncarion *m.*
synoecete, *n Z* synœcète *m.*
synoecious, *a* (*a*) *Bot* monœcique, monoïque; (*b*) *Biol* (espèce) qui vit en synœcie.
synoecy, *n Biol* synœcie *f*, synécie *f*; **habitat synoecy,** synœcie d'habitat.
synostosis, *pl* **-es,** *n Anat Z Histol* synostose *f.*
synovia, *n Physiol* synovie *f.*
synovial, *a Anat Z* synovial, -aux.
synoviparous, *a Z* sécrétant de la synovie.
synsepalous, *a Bot* gamosépale.
syntactic, *a Ch* syntactique.
syntenosis, *n Z* ginglyme *m* avec tendons.
synthesis, *pl* **-es,** *n Ch etc* synthèse *f.*
synthetic, *a* synthétique.
synthol, *n Ch* synthol *m.*
syntonin, *n Ch* syntonine *f.*
syntoxic, *a BioCh* syntoxique.
syntype, *n Biol* syntype *m.*
synusia, *n Biol* synusie *f.*
syringaldehyde, *n Ch* aldéhyde *m* syringique.
syringeal, *a Z* se rapportant au syrinx.
syringetin, *n Ch* syringétine *f.*
syringic, *a Ch* syringique.
syrinx, *pl* **-inxes, -inges,** *n Z* organe phonateur, syrinx *m.*
systaltic, *a Physiol* systaltique.
system, *n* **1.** système *m* (de classification, etc). **2.** *Anat Z* **nervous, muscular, system,** système nerveux, musculaire; **the digestive system,** l'appareil digestif.
systematics, *n Bot Z* systématique *f.*
systemic, *a Physiol* systémique; du système, de l'organisme; **systemic circulation,** circulation générale; *Z* **systemic heart,** auricule *m* et ventricule *m* gauches du cœur.
systole, *n Physiol* systole *f*; contraction *f* du muscle cardiaque.
systolic, *a Physiol* systolique.
syzygy, *n Echin* syzygie *f.*

T

T, *la notation usuelle* (i) *de la* période, (ii) *de l'*énergie cinétique, (iii) *de la* température absolue, (iv) du nombre du transport.
t, *symbole du* temps.
Ta, *symbole chimique du* tantale.
tabellae, *npl Z* tablettes *fpl* (à la périphérie de corallite).
tabescence, *n Bot* tabescence *f.*
tabescent, *a Bot* tabescent.
tableland, *n Geog* plateau *m.*
tablet, *n Pharm* comprimé *m.*
tabular, *a* **1.** *Miner* **tabular spar,** wollastonite *f.* **2.** *Bot Z* (*a*) tabulaire; (*b*) disposé en lamelles.
tachyauxesis, *n Biol* tachyauxèse *f.*
tachycardia, *n Physiol* tachycardie *f.*
tachygenesis, *n Biol* tachygénèse *f.*
tachygenetic, *a Biol* (phénomène, etc) de tachygénèse.
tachylite, tachylyte, *n Miner* tachylite *f.*
tachymeter, *n Petroch* tachymètre *m.*
tachymictic, *a Biol* tachymictique.
tachypnea, *n Physiol* tachypnée *f.*
tachysporous, *a Bot* se rapportant à l'émission rapide de spores.
tachytely, *n Biol* taux *m* d'évolution relativement rapide.
tackiness, *n Ch* **tackiness agent,** additif *m* d'adhésivité.
tactic, *a Physiol* tactique.
tactile, *a Anat Physiol* (corpuscule, poil, etc) tactile.
tactism, *n Biol* tactisme *m.*
tactor, *n Z* organe sensoriel tactile.
tactual, *a Z* tactuel.
tadpole, *n Amph* têtard *m.*
taenia, *pl* **-iae,** *n Z Parasitol* ténia *m,* tænia *m.*
Taenioglossa, *npl Moll* tænioglosses *mpl.*
taenite, *n Miner* ténite *f.*
tagma, *pl* **-mata,** *n Biol* tagme *m*; *Ent* **cephalic tagma,** tagme céphalique.
taiga, *n Bot* taïga *f.*
tail, *n* (*a*) queue *f* (d'animal, de poisson); *Anat Z* **tail base,** croupion *m*; **tail bone,** coccyx *m*; *Z* **tail feather,** penne *f* rectrice, rectrice *f*; **tail coverts,** tectrices *fpl* (de la queue); **tail fin,** nageoire caudale; **tail fluke,** nageoire caudale de la queue (d'une baleine); (*b*) *Embry* **tail fold,** pli *m* amniotique; (*c*) queue (d'aile de papillon).
tailed, *a Z* caudifère, caudé; à queue.
tailless, *a Z* sans queue, écaudé, acaudé, anoure.
taking, *n Ch* prise *f* d'essai; prélèvement *m.*
talc, *n Miner* talc *m*; pierre *f* de savon; silicate *m* de magnésie; **talc schist,** talcschiste *m.*
talcite, *n Miner* talcite *f.*
talcomicaceous, *a Miner* talco-micacé.
talcose, talcous, *a Miner* talcaire, talcique, talqueux.
tall-oil, *n Ch* tall-oil *f.*
tallow, *n* **1.** *Ch* graisse *f*; **tallow oil,** huile *f* de suif. **2.** *Geol* **mineral, mountain, tallow,** suif minéral; gras *m* de cadavre.
talon, *n* serre *f* (d'oiseau de proie); griffe *f*; ongle *m.*
taloned, *a* muni de serres.
talonic, *a Ch* talonique.
talose, *n Ch* talose *m.*
talus, *pl* **-i,** *n* **1.** Z (*a*) astragale *m*; (*b*) cheville *f.* **2.** *Geol* cône *m* d'éboulis, d'éboulement.
talweg, *n Geol* thalweg *m.*
tamped, *a Ch* **tamped carbon,** fourreau *m* de carbone.
tamper, *n Ch* retardateur *m.*
tamponnage, *n Ch* tamponnage *m,* tamponnement *m.*
tan, *vtr* tanner (le cuir).
T.A.N., *abbr total acid number,* indice d'acidité.

tangential, *a Biol* tangentiel.
tangoreceptor, *n Physiol* récepteur *m* sensible au tact.
tannage, *n Ch* tannage *m*; action *f* de tanner les cuirs.
tannate, *n Ch* tannate *m*.
tannic, *a Ch* (acide) tannique.
tannin, *n Ch* tan(n)in *m*; **to treat with tannin,** tan(n)iser.
tanning, *n Ch* = **tannage**.
tantalate, *n Ch* tantalate *m*, ildefonsite *f*.
tantalic, *a Ch* tantalique; **tantalic acid salt,** tantalate *m*.
tantalite, *n Miner* tantalite *f*.
tantalum, *n Ch* (*symbole* Ta) tantale *m*; **tantalum carbide,** carbure *m* de tantale.
taped, *a Geol Miner* rubané.
tapering, *a Bot* **tapering stalk,** tige atténuée.
tapetal, *a Bot* se rapportant au tapetum; **tapetal cells,** cellules *fpl* tapétales.
tapetum, *n* **1.** *Bot* tapetum *m*, tapis *m*. **2.** *Z* couche réfléchissante des yeux des animaux nocturnes, qui les rend visibles la nuit.
tapeworm, *n Plath* cestode *m*; ténia *m*.
taphonomy, *n Paleont* taphonomie *f*.
tapiolite, *n Miner* tapiolite *f*.
taproot, *n Bot* racine pivotante; pivot *m*; (*of plant*) **to form, have, a taproot,** pivoter.
taprooted, *a Bot* (*of tree, plant*) pivotant.
tar, *n Ch* goudron *m*; brai *m*; bitume *m*; **pine tar,** goudron de pin; **tar sand,** sable *m* asphaltique.
tarbuttite, *n Miner* tarbuttite *f*.
Tardigrada, *npl Arthrop* tardigrades *mpl*.
tardigrade, *a & n Arthrop* tardigrade (*m*).
target, *n Cytol* **target cell,** cellule *f* cible.
tarsal, *a Anat Z* tarsien; tarsal, -aux.
tarsier, *n Z* tarsier *m*.
Tarsiiformes, *npl Z* tarsiiformes *mpl*, tarsiens *mpl*.
tarsius, *n Z* tarsius *m*.
tarsomere, *n Ent* tarsomère *m*.
tarsus, *pl* **-i**, *n* (*a*) *Anat Z* tarse *m*; **tarsus (of the eyelid),** (cartilage *m*) tarse (de la paupière); (*b*) *Z* tarso-métatarse *m*.
tartar, *n Ch* tartre *m*; **tartar emetic,** tartre stibié; tartrate *m* d'antimoine et de potasse.
tartarated, *a Ch* tartarisé; **tartarated antinomy**, tartre stibié.
tartareous, *a Bot* ayant une surface inégale.
tartaric, *a Ch* (acide) tartarique.
tartrate, *n Ch* tartrate *m*; **ergotamine tartrate,** tartrate d'ergotamine.
tartrated, *a Ch* tartré.
tartronic, *a Ch* tartronique.
tartronylurea, *n Ch* tartronylurée *f*; acide *m* dialurique.
tasmanite, *n Miner* tasmanite *f*.
taste, *n Physiol* goût *m*; **taste bud,** bourgeon gustatif, papille gustative; **taste hair,** poil gustatif; **taste pore,** pore gustatif.
taurine, *n Ch* taurine *f*.
taurocholate, *n Ch* taurocholate *m*.
taurocholic, *a Ch* taurocholique.
tautomer, *n Ch* forme *f* tautomère (d'un composé); tautomère *m*.
tautomeral, tautomeric, *a Ch* tautomère.
tautomeride, *n Ch* = **tautomer**.
tautomerism, *n Ch* tautomérie *f*.
tautomerization, *n Ch* tautomérisation *f*.
tautomery, *n Ch* = **tautomerism**.
tavistockite, *n Miner* tavistockite *f*.
Tawara, *Prn Anat Z* **Tawara's node,** nodule *m* atrio-ventriculaire; faisceau *m* de His.
taxidermist, *n* taxidermiste *mf*.
taxidermy, *n* taxidermie *f*.
taxis, *n Biol* taxie *f*; tropisme *m*.
Taxodonta, *npl Conch* taxodontes *mpl*.
taxology, *n Biol* = **taxonomy**.
taxon, *pl* **taxons, taxa**, *n Biol Bot Z* taxon *m*.
taxonomic, *a Biol* taxonomique, taxologique.
taxonomy, *n Biol* taxonomie *f*, taxologie *f*.
taylorite, *n Miner* taylorite *f*.
Tb, *symbole chimique du* terbium.
Tc, *symbole chimique du* technétium.
Te, *symbole chimique du* tellure.
teallite, *n Miner* téallite *f*.
tear, *n* **1.** *Physiol* larme *f*; *Anat Z* **tear bag,**

larmier *m*; **tear duct,** conduit lacrymal. **2.** *Bot* larme (de résine, de verre). **3.** *Ch* **tear gas,** gaz *m* lacrimogène.
teat, *n Anat Z* mamelon *m*; tette *f* (d'animaux).
technetium, *n Ch* (*symbole* Tc) technétium *m*.
technique, *n Ch Biol* technique *f*.
tectate, *a Paly* tecté.
tectibranch, *a Z* tectibranche.
Tectibranchia(ta), *npl Moll* tectibranches *mpl*.
tectiform, *a Biol* en forme de toit, de couvercle.
tectogene, *n Geol* tectogène *m*.
tectogenic, *a Geol* tectogène.
tectology, *n Biol* tectologie *f*.
tectonic, *a Geol* tectonique.
tectonics, *n Geol* tectonique *f*.
tectorial, *a Anat* **tectorial membrane,** membrane tectrice.
tectospondylous, *a Anat* tectospondyle.
tectotype, *n Biol* description *f* d'une espèce basée sur la structure microscopique.
tectrix, *pl* **-trices,** *n Z* (plume *f*) tectrice (*f*).
tectum opticum, *n Anat* toit *m* optique.
teeth, *npl see* **tooth**.
teething, *n Physiol* dentition *f*.
Teflon, *n Ch* (*Rtm*) téflon *m*.
tegillate, *a Paly* tegillé.
tegmen, *pl* **-mina,** *n* **1.** *Bot* tegmen *m*; tégument *m*; endoplèvre *f*. **2.** *Z* aile antérieure (d'un orthoptère); tegmen.
tegmentum, *pl* **-ta,** *n* **1.** *Biol* (*a*) calotte *f*; (*b*) calotte du pédoncule. **2.** *Moll* tegmentum *m*.
tegula, *pl* **-ae,** *n Ent* tégule *f* (de l'aile antérieure); tégula *f*.
tegular, tegulated, *a Miner* tégulaire.
tegument, *n Biol* tégument *m*.
tegumental, tegumentary, *a Biol* tégumentaire.
tektite, *n Miner* tectite *f*, tektite *f*.
tela, *pl* **-ae,** *n Biol* tissu *m*; toile *f*; **tela choroidea,** toile choroïdienne; **tela contexta,** tela contexta.
telar, *a Biol* tissulaire.
teleblem, *n Biol* voile universel.
telegamic, *a Z* télégamique.
telegony, *n Biol* télégonie *f*, hérédité *f* d'influence; imprégnation *f*.
telencephalon, *n Anat* télencéphale *m*.
teleoptile, *a Z* (plume) téléoptile.
teleost, teleostean, *a & n Ich* téléostéen (*m*).
Teleostei, *npl Ich* téléostéens *mpl*.
Teleostomi, *npl Ich* téléostomes *mpl*.
telereceptor, *n Physiol* récepteur *m* sensible aux stimuli distants.
telergic, *a Physiol* qui agit à distance.
teleutospore, teliospore, *n Bot* téleutospore *f*, téliospore *f*.
telium, *pl* **-ia,** *n Bot* télie *f*.
tellurate, *n Ch* tellurate *m*.
telluretted, *a Ch* **telluretted hydrogen,** hydrogène telluré, acide *m* telllurhydrique.
tellurhydric, *a Ch* tellurhydrique; **tellurhydric acid,** acide *m* tellurhydrique; tellurure *m* d'hydrogène; hydrogène telluré.
telluric, *a Ch Miner* tellurique; **telluric bismuth,** tétradymite *f*; *Geol* **telluric currents,** courants *mpl* telluriques.
telluride, *n* **1.** *Ch* tellurure *m*; **hydrogen telluride,** tellurure d'hydrogène; hydrogène telluré; acide *m* tellurhydrique. **2.** *Miner* telluride *m*.
tellurite, *n* **1.** *Miner* tellurite *f*; tellurine *f*. **2.** *Ch* tellurite.
tellurium, *n* **1.** *Miner* tellurium *m*; **black tellurium, foliated tellurium, tellurium glance,** nagyagite *f*; **graphic tellurium,** tellure graphique. **2.** *Ch* (*symbole* Te) tellure *m*.
tellurous, *a Ch* tellureux.
teloblast, *n Biol* téloblaste *m*.
telocentric, *a Biol* télocentrique.
telodendrite, *n Histol* télodendrite *f*.
telodendron, *n Z* arborisation terminale du processus cylindraxile.
telolecithal, *a Biol* télolécithe.
telolemma, *n Z* membrane *f* recouvrant l'éminence de Doyère (point d'entrée d'un nerf moteur dans une fibre musculaire).
telomere, *n Biol* télomère *m*.
telomoid, *n Paly* télomoïde *m*.
telophase, *n Biol Physiol* télophase *f*.

telosynapsis, *n Genet* télosynapsis *m*, télosynapse *f*; union *f* des chromosomes bout à bout.
telson, *n Z* telson *m*.
telum, *n Z* dernier segment abdominal (des insectes).
Temnocephalea, *npl Plath* temnocéphales *mpl*.
temnospondylous, *a Amph* temnospondyle.
temperature, *n* température *f*; (*a*) *Ch Ph* **absolute temperature**, température absolue; **critical temperature**, température critique; **temperature coefficient**, coefficient *m* de température; (*b*) *Biol* **temperature preference range**, preferendum *m* thermique; **(automatic) temperature regulation**, thermorégulation *f*; *Bot* **daylight temperature**, hémérotempérature *f*; (*c*) *Physiol* **temperature sense**, sens par lequel sont appréciées les différences de température; (*d*) *Med* **to have a high temperature**, avoir de la température, de la fièvre.
temporal, *a Anat Z* temporal, -aux; **temporal artery**, artère temporale; **temporal bone**, (os) temporal (*m*); **temporal fossa**, fosse temporale; **temporal operculum**, opercules *mpl* de l'insula; pli *m* falsiforme de Broca.
temporalis, *pl* **-es**, *n Z* muscle temporal.
temporary, *a Biol etc* temporaire; *Anat* **temporary dentition**, dentition caduque, temporaire.
tenaculum, *pl* **-la**, **-lums**, *n Biol* tenaculum *m*.
tendency, *n Ph* **tendency of bodies (to move) towards a centre**, tendance *f* des corps vers un centre.
tendinous, *a Anat* tendineux.
tendon, *n Anat Z* tendon *m*; **tendon reflex**, réflexe tendineux.
tendotome, *n Biol* ténotome *m*.
tendril, *n Bot* vrille *f*, cirre *m*, anille *f*; nille *f*, griffe *f* (de vigne); **corollary tendril**, corollaire *m*; **with tendrils**, vrillé, anillé; vrillifère.
tendrilled, *a* (*of plant*) vrillé, cirré.
tenent, *adv* tenant.
tenia, *pl* **-iae**, *n* = **taenia**.
teniacide, **tenicide**, *n Biol* ténicide *m*.
tennantite, *n Miner* tennantite *f*.
tenor, *n Miner* teneur *f* (d'un minerai, etc).
tenorite, *n Miner* ténorite *f*.
tenotomy, *n Physiol* ténotomie *f*.
tensile, *a* (*of metals*) ductile.
tension, *n Ph* tension *f*, force *f* élastique (d'un fluide); **surface tension**, tension de surface, tension superficielle (d'un liquide, etc); **vapour tension (pressure)**, tension de vapeur.
tensor, *n* (*a*) *Anat Z* **tensor (muscle)**, (muscle *m*) tenseur (*m*); (*b*) *Ph* **tensor field**, champ tensoriel; **tensor force**, force tensorielle; **tensor interaction**, interaction tensorielle.
tentacle, *n Z Bot* (*a*) tentacule *m*; (*b*) cirr(h)e *m*.
tentacled, *a Biol* tentaculé, cirreux.
tentacular, *a Z* tentaculaire.
Tentaculata, *npl Coel* tentaculés *mpl*.
tentaculate, *a Biol* tentaculé.
tentaculocyst, *n Coel* tentaculocyste *m*.
tentorium, *pl* **-ia**, *n* (*a*) *Z* tente *f* du cervelet; (*b*) *Ent* tentorium *m*.
tenuiflorous, *a Bot* ténuiflore.
tenuifoliate, **tenuifolious**, *a Bot* ténuifolié.
tenuiroster, *n Orn* ténuirostre *m*.
tenuirostrate, *a Z* ténuirostre.
tepal, *n Bot* tépale *m*.
tephrite, *n Miner* téphrite *f*.
tephroite, *n Miner* téphroïte *f*.
teratogenesis, *n Z Tox* tératogénèse *f*; production *f* de monstres ou malformations.
teratologist, *n Biol Med* tératologue *mf*.
teratology, *n Biol Med Tox* tératologie *f*.
terbic, *a Ch* terbique.
terbium, *n Ch* (*symbole* Tb) terbium *m*; **terbium hydroxide**, terbine *f*.
terchloride, *n Ch* trichlorure *m*.
terebellid, *n Ann* terebelle *f*.
terebenthene, *n Ch* térébenthène *m*; pinène *m*.
terebic, *a Ch* (acide) térébique.
terebinthinate, *a Ch* de térébenthine.
terebra, *pl* **-ae**, **-as**, *n Z* tarière *f* (d'insecte).

terebrant, *a & n Z* térébrant (*m*).
Terebrantia, *npl Ent* térébrants *mpl.*
terebrate[1] **1.** *a Biol* térébrant. **2.** *n Ch* térébrate *m.*
terebrate[2], *vtr Z* térébrer.
terebration, *n Z* térébration *f*; perforation *f.*
terephthalate, *n Ch* téréphtalate *m.*
terephthalic, *a Ch* téréphtalique.
terete, *a Bot* cylindrique.
tergal[1], *a Biol* tergal, -aux; dorsal, -aux.
Tergal[2], *n Ch* (*Rtm*) tergal *m.*
tergeminal, tergeminate, *a Bot* tergéminé.
tergite, *n Z* tergite *m.*
tergum, *pl* **-ga,** *n Z* tergum *m*; tergite *m.*
terlinguaite, *n Miner* terlinguaïte *f.*
term, *n Physiol* terme *m*, borne *f*, limite *f.*
terminal **1.** *a Bot* terminal, -aux; distal, -aux; **terminal bud,** bourgeon terminal; **terminal growth,** pousse terminale; **terminal point,** mucron *m*; *Biol* **terminal tubule,** tubule distal; *Physiol* **terminal respiration,** respiration terminale; *Cytol* **terminal bars,** bandelettes *fpl.* **2.** *n Biol* distal *m,* -aux.
termitarium, termitary, *n Z* termitière *f.*
termite, *n Z* termite *m*; fourmi blanche.
termitophagous, *a Z* termitophage.
termitophile, *n Z* termitophile *m.*
termolecular, *a Ch* trimoléculaire.
ternary, *a Ch* ternaire.
ternate, *a Bot* terné, ternifolié.
ternately, *adv Bot* **ternately triflorous,** terniflore.
ternitrate, *n Ch* ternitrate *m.*
teroxide, *n Ch* trioxyde *m.*
terpadiene, *n Ch* terpadiène *m.*
terpane, *n Ch* méthane *m.*
terpene, *n Ch* terpène *m.*
terpenic, *a Ch* terpénique.
terpin, *n Ch* terpine *f*, terpinol *m.*
terpinene, *n Ch* terpinène *m.*
terpineol, *n Ch* terpinéol *m.*
terpinol, *n Ch* terpinol *m*, terpine *f.*
terpinolene, *n Ch* terpinolène *m.*
terpolymer, *n Ch* ter-polymère *m.*
terramycin, *n Ch* terramycine *f.*
terrane, *n Geol* terrain *m.*
terrestrial, *a Biol* terrestre.
Terricolae, *npl Ann* terricoles *mpl.*
terricole, *a Biol* = **terricolous.**
terricolous, *a Biol* terricole.
terrigenous, *a Geol* terrigène.
territory, *n Z* territoire *m* (d'un animal, etc).
tert-butylbenzene, *n Ch* tertiobutylbenzène *m.*
tertial *Orn* **1.** *n* plume *f* tertiaire de l'aile. **2.** *npl* **tertials,** rémiges *fpl* tertiaires.
tervalence, *n Ch* trivalence *f.*
tervalent, *a Ch* trivalent.
Terylene, *n Ch* (*Rtm*) térylène *m.*
teschemacherite, *n Miner* teschémachérite *f.*
tesla, *n Ph* tesla *m.*
tessellated, *a Biol Z* tessellé, marqueté.
test[1], *n* **1.** *Ch etc* essai *m*, épreuve *f*, expérience *f*; **blank test,** essai à blanc; **spot test,** essai à la touche; **dry, wet, test,** essai par la voie sèche, par la voie humide; **test chamber,** chambre *f* d'essai; **test paper,** papier réactif; **test tube,** éprouvette *f*; tube *m* à essai(s); **flame test,** essai de coloration; **test jar,** fiole *f* d'essai; **test rig,** appareillage *m* d'essai; **test run,** marche *f* d'essai; **test track,** piste *f* d'essai. **2.** *Physiol* **endurance test,** essai de durée; **pressure test,** essai de pressoir.
test[2], *vtr Ch etc* éprouver (qch), mettre (qch) à l'épreuve, à l'essai; expérimenter (un procédé); étalonner (un instrument); analyser (l'eau, etc); déterminer la nature d'(un corps) au moyen d'un réactif; **to test for alkaloids,** faire la réaction des alcaloïdes.
test[3], *n Biol* test *m* (d'un oursin, d'une écrevisse); carapace *f*, bouclier *m* testamentaire (du tatou, etc).
testa, *pl* **-ae,** *n Bot* test *m*, testa *m.*
testacean, *n Biol Bot* testacé *m.*
testaceous, *a Z Bot* **1.** testacé. **2.** de couleur brique *inv.*
Testicardines, *npl Crust* testicardines *fpl.*
testicular, *a Z* testiculaire.
testiculate, *a Anat Z* testiculé.
testing, *n* étalonnage *m*, étalonnement *m* (d'un instrument); *Ch Biol* bilan *m*; testage *m*; épreuve *f.*
testis, *pl* **testes,** *n Anat* testicule *m.*

testosterone, *n Physiol Ch* testostérone *f*.
Testudinata, *npl Rept* testudinés *mpl*.
testudinate, *a & n Rept* testudiné (*m*).
Testudinidae, *npl Rept* testudinidés *mpl*.
tetanic, *a Physiol* tétanique.
tetanine, *n Physiol* tétanotoxine *f*; tétanine *f*.
tetanus, *n Med* tétanos *m*.
tetany, *n Med* tétanie *f*.
tetrabasic, *a Ch* tétrabasique.
tetraborate, *n Ch* tétraborate *m*.
tetrabranch, *n Z* tétrabranche *m*.
Tetrabranchia(ta), *npl Moll* tétrabranches *mpl*.
tetrabranchiate, *a Z* tétrabranche.
tetrabromide, *n Ch* tétrabromure *m*.
tetrabromoethane, *n Ch* tétrabrométhane *m*.
tetrabromoethylene, *n Ch* tétrabrométhylène *m*.
tetracarbonyl, *n Ch* tétracarbonyle *m*; **Ni tetracarbonyl,** tétracarbonyle de nickel.
tetrachloride, *n Ch* tétrachlorure *m*; **carbon tetrachloride,** tétrachlorure de carbone, tétrachlorométhane *m*.
tetrachlor(o)ethane, *n Ch* tétrachloréthane *m*.
tetrachloroethylene, *n Ch* tétrachloréthylène *m*.
tetrachloromethane, *n Ch* tétrachlorométhane *m*, tétrachlorure *m* de carbone.
Tetractinellida, *npl Spong* tétractinellidés *mpl*.
tetracyano-cuprate, *n Ch* **tetracyanocuprate ion,** ion tétracyané.
tetracyclic, *a Bot Ch* tétracyclique.
tetracycline, *n Ch* tétracycline *f*.
tetrad, *n Bot Genet* tétrade *f*.
tetradactyl(ous), *a Z* tétradactyle.
tetradecanoic, *a Ch* **tetradecanoic acid,** acide *m* myristique.
tetradidymous, *a Bot* ayant quatre paires.
tetradymite, *n Miner* tétradymite *f*.
tetradynamous, *a Bot* tétradyname, tétradynamique.
tetraethyl, *n Ch* tétraéthyle *m*, tétréthyle *m*; **tetraethyl lead,** plomb *m* tétraéthyle, tétréthyle.
tetragenic, tetragenous, *a Bot Genet* tétragène.
tetragynous, *a Bot* tétragyne.
tetrahedral, *a* tétraédral, -aux; tétraédrique.
tetrahedrite, *n Miner* tétraédrite *f*; cuivre gris, panabase *f*.
tetrahydride, *n Ch* hydrure *m*.
tetrahydrobenzene, *n Ch* tétrahydrobenzène *m*.
tetrahydroglyoxaline, *n Ch* tétrahydroglyoxaline *f*.
tetrahydronaphthalene, *n Ch* tétrahydronaphtalène *m*, tétraline *f*.
tetrahydroquinone, *n Ch* tétrahydroquinone *f*.
tetrahydroxyquinone, *n Ch* tétraoxyquinone *f*.
tetraiodofluorescein, *n Ch* tétraiodofluorescéine *f*.
tetralin, *n Ch* tétraline *f*, tétrahydronaphtalène *m*.
tetralophodont, *a Anat* **tetralophodont teeth,** dents *fpl* tétralophodontes.
tetrameric, tetramerous, *a Biol* tétramère.
tetramethyl, *a Ch* tétraméthyle.
tetramethylene, *n Ch* tétraméthylène *m*; **tetramethylene-imine,** tétraméthylène-imine *f*.
tetramethylenediamine, *n Ch* tétraméthylène-diamine *f*.
tetramine, *n Ch Bot* tétramine *f*.
tetrandria, *n Bot* tétrandrie *f*.
tetrandrous, *a Bot* tétrandre.
tetranitroaniline, *n Ch* tétranitraniline *f*.
tetranitrol, *n Ch* tétranitrol *m*.
tetranitromethane, *n Ch* tétranitrométhane *m*.
Tetranychidae, *npl Biol* tétranicidés *mpl*.
tetrapetalous, *a Bot* tétrapétale.
tetraphenylsilicane, *n Ch see* **silicophenyl**.
Tetraphyllidea, *npl Plath* tétraphyllidiens *mpl*.
tetraplegic, *a Med* tétraplégique.
tetraploid, *a & n Biol* tétraploïde (*m*).

tetraploidy, *n Biol* tétraploïdie *f.*
tetrapneumonous, *a Z* tétrapneumone.
tetrapod, *a & n Z* tétrapode (*m*).
Tetrapoda, *npl Z* tétrapodes *mpl.*
tetrapterous, *a Z* tétraptère.
Tetrarhynchidea, *npl Plath* tétrarhynchidiens *mpl.*
tetrasepalous, *a Bot* tétrasépale.
tetrasome, *n Genet* association *f* de quatre chromosomes de même espèce.
tetrasomic, *a Biol* tétrasomique.
tetrasomy, *n Biol* tétrasomie *f.*
tetrasporangium, *n Bot* tétrasporange *m.*
tetraspore, *n Bot* tétraspore *f.*
tetrasporophyte, *n Bot* tétrasporophyte *m.*
tetrasporous, *a* tétrasporé.
tetraster, *n Genet* aspect de la caryocinèse, caractérisé par quatre asters résultant de la segmentation du noyau en quatre.
tetrastichiasis, *n Bot* disposition *f* des cils sur quatre rangées.
tetrastichous, *a Bot* tétrastique.
tetrasubstituted, *a Ch* tétrasubstitué.
tetrasulfide, *n Ch* tétrasulfure *m.*
tetrathionic, *a Ch* (acide) tétrathionique.
tetratomic, *a* tétratomique.
tetravaccine, *n Immunol* tétravaccin *m.*
tetravalence, *n Ch* tétravalence *f.*
tetravalent, *a Ch* tétravalent.
tetraxon, *n Spong* tétraxone *m*; spicule *m* tétraxone.
tetrazene, *n Ch* tétrazène *m.*
tetrazine, *n Ch* tétrazine *f.*
tetrazole, *n Ch* tétrazole *m.*
tetrolic, *a Ch* (acide) tétrolique.
tetrose, *n Ch* tétrose *m.*
tetroxide, *n Ch* tétroxyde *m.*
tetryl, *n Ch* tétryl *m.*
textural, *a Biol* tissulaire.
texture, *n Z* texture *f*, grain *m.*
Th, *symbole chimique du* thorium.
thalamencephalon, *pl* **-a,** *n Anat* thalamencéphale *m.*
thalamifloral, thalamiflorous, *a Bot* thalamiflore.
thalamus, *pl* **-mi,** *n Anat Bot* thalamus *m*; couches *fpl* optiques.
thalassic, *a Oc* thalassique.
thalassin, *n Tox* thalassine *f.*
thalassoplankton, *n Biol* thalassoplancton *m.*
thalenite, *n Miner* thalénite *f.*
Thaliacea, *npl Z* thaliacés *mpl*, thalies *mpl.*
thallic, *a Ch* thallique.
thallium, *n Ch* (*symbole* Tl) thallium *m.*
thalloid, *a Bot* thalloïde.
Thallophyta, *npl Bot* thallophytes *fpl.*
thallophyte, *n Bot* thallophyte *m or f.*
thallospore, *n Bot* thallospore *f.*
thallous, *a Ch* thalleux.
thallus, *pl* **thalli,** *n Bot* thalle *m.*
thalweg, *n Geol* thalweg *m.*
thanatological, *a Biol* thanatologique.
thanatology, *n Biol* thanatologie *f.*
thanatophobia, *n Psy* thanatophobie *f.*
thaumasite, *n Miner* thaumasite *f.*
thawing, *n Ch* **thawing point,** point *m* de dégel.
thebaine, *n Ch* thébaïne *f.*
Thebesius, *Prn Anat Z* **Thebesius's valve,** valvule *f* de Thébésius.
theca, *pl* **-ae,** *n* (*a*) *Bot etc* loge *f*; asque *m*; (*b*) *Histol Physiol* thèque *f.*
thecal, *a Bot etc* thécal, -aux.
thecate, *a Bot* à l'intérieur d'une thèque, d'une gaine.
thecodont, *a Anat Z* à dents recouvertes dans l'alvéole.
Thecophora, *npl Rept* thécophores *mpl.*
theelin, *n BioCh* œstrone *f.*
theine, *n Ch* théine *f.*
thelyblast, *n Biol* élément *m* femelle d'un noyau bisexué.
thelygenic, *a Biol Z* se rapportant à la thélytokie; thélytoque.
thely(o)tokous, *a Biol* thélytoque.
thely(o)toky, *n Biol* = **thelytocia.**
thelyplasm, *n Genet* élément *m* femelle des chromosomes du noyau.
thelytocia, *n Biol* thélytocie *f*; thélygonie *f.*
thematic, *a Biol* thématique.
thenar, *n Anat Z* éminence *f* thénar.
thenardite, *n Miner* thénardite *f.*
theobromine, *n Ch* théobromine *f.*
theodolite, *n Geoph* théodolite *f.*
theophylline, *n Ch* théophylline *f.*

theoretical, *a* **theoretical chemistry,** chimie pure; **theoretical physics,** physique théorique.

theory, *n* théorie *f*; *Ch Ph* **atomic theory,** théorie atomique; **chemical theory,** théorie chimique; **kinetic theory,** theorie cinétique; **quantum theory,** théorie des quanta; **relativity theory,** théorie de la relativité.

theralite, *n Miner* théralite *f*.

therapeutic, *a Physiol Pharm* thérapeutique.

therapeutics, *n Physiol* thérapeutique *f*.

therapy, *n Physiol* thérapie *f*.

Theriodontia, *npl Rept* thériodontes *mpl*.

therm, *n Ph* **1.** (*in gas industry*) 100 000 Btu (unités britanniques de chaleur). **2.** *NAm* 1000 grandes calories, kilocalories, millithermies *fpl*.

thermaesthesia, *n Physiol* thermoesthésie *f*.

thermal, *a* **1.** *Ph* thermal, -aux; thermique, calorifique; **thermal analysis,** analyse *f* thermique; **thermal capacity,** capacité *f* thermique; **thermal conduction,** conduction *f* de chaleur; **thermal conductivity,** conductibilité *f* calorifique, thermique; **thermal content**, quantité *f* de chaleur; **thermal cycle,** cycle *m* thermique; **thermal cycling,** oscillations *fpl* thermiques; **thermal diffusion,** diffusion *f* thermique, thermodiffusion *f*; **thermal efficiency,** rendement *m* thermique, calorifique; **thermal energy,** énergie *f* thermique, calorifique; **thermal engine,** engin *m* thermique; **thermal equilibrium,** équilibre *m* thermique; **thermal inertia,** inertie *f* thermique; **thermal insulation,** isolation *f* thermique; **thermal insulators,** isolateurs *mpl* thermiques; **thermal ionization,** ionisation *f* thermique; **thermal stress,** contrainte *f* thermique; **thermal unit,** unité *f* thermique; unité de chaleur; **British thermal unit,** unité (britannique) de chaleur; = 252 grandes calories, kilocalories = 1055 joules; *Ch* **thermal dissociation,** dissociation *f* thermique. **2.** *Bot* **thermal emissivity,** pouvoir *m* d'échange calorifique.

thermalize, *vtr Ch* thermaliser (une eau).

thermic, *a Ph* thermique; calorifique; thermal, -aux; **thermic balance,** bolomètre *m*.

thermion, *n Ph* électron *m* thermique.

thermionic, *a Ch Ph* thermionique; **thermionic effect,** effet *m* thermionique.

thermionics, *n Biol* thermionique *f*.

thermite, *n Ch* thermite *f*.

thermoanalysis, *n Ch* analyse *f* thermique.

thermobalance, *n Ch Ph* thermobalance *f*.

thermobarometer, *n Ph* thermobaromètre *m*; hypsomètre *m*.

thermochemical, *a* thermochimique; **thermochemical comparison of the strength of acids,** comparaison *f* thermochimique de la force des acides.

thermochemistry, *n* thermochimie *f*.

thermocline, *n Oc* thermocline *f*.

thermodiffision, *n Ph* thermodiffusion *f*; diffusion *f* thermique.

thermodynamic, *a Ch Ph* thermodynamique; **thermodynamic functions,** fonctions *fpl* thermodynamiques; **thermodynamic equation of state,** équation *f* thermodynamique d'état; **thermodynamic laws,** lois *fpl* thermodynamiques; **thermodynamic potential,** potentiel *m* thermodynamique; **thermodynamic probability,** probabilité *f* thermodynamique; **thermodynamic systems,** systèmes *mpl* thermodynamiques; **thermodynamic expression dealing with specific heats,** expression *f* thermodynamique touchant les chaleurs spécifiques.

thermodynamics, *n Ch Ph* thermodynamique *f*; **laws of thermodynamics,** lois *fpl* de la thermodynamique; **second law of thermodynamics,** deuxième loi thermodynamique.

thermoelectrical, *a Ph* thermoélectrique.

thermo-electron, *n Ph* électron *m* thermique.

thermogenesis, *n Physiol* thermogénèse *f*.

thermogenetic, thermogenic, thermogenous, *a Physiol* thermogène.

thermogram, *n Ph* thermogramme *m*.
thermograph, *n Ph* thermomètre enregistreur; thermographe *m*.
thermography, *n Ph* thermographie *f*.
thermoinhibitory, *a BioCh Bac* thermoinhibiteur.
thermolabile, *a Biol* (sérum, etc) thermolabile.
thermolability, *n Biol* thermolabilité *f* (d'une enzyme, etc).
thermologic(al), *a Ph* thermologique.
thermology, *n Ph* thermologie *f*.
thermoluminescence, *n Ph* thermoluminescence *f*.
thermoluminescent, *a Ph* thermoluminescent.
thermolysis, *n Physiol Ch* thermolyse *f*.
thermomagnetic, *a Ph* thermomagnétique.
thermomagnetism, *n Ph* thermomagnétisme *m*.
thermomechanical, *a Ph* thermomécanique.
thermometer, *n* thermomètre *m*; **centigrade thermometer**, thermomètre centigrade; **Celsius thermometer**, thermomètre de Celsius; **Fahrenheit thermometer**, thermomètre Fahrenheit; **alcohol, mercury, thermometer**, thermomètre à alcool, à mercure; **gas thermometer**, thermomètre à gaz; **low-temperature thermometer**, cryomètre *m*; **differential thermometer**, thermomètre différentiel; **maximum and minimum thermometer**, thermomètre à maxima et minima; **recording thermometer**, thermomètre enregistreur; **dry-bulb thermometer**, thermomètre sec, à boule sèche; **wet-bulb thermometer**, thermomètre mouillé, à boule mouillée; **the thermometer stands at, registers, 10°**, le thermomètre indique 10°.
thermometric(al), *a* thermométrique.
thermometrically, *adv* thermométriquement.
thermometry, *n Ph* thermométrie *f*; **low-temperature thermometry**, cryométrie *f*.
thermomolecular, *a Ph* thermomoléculaire; **thermomolecular pressure**, surpression *f* thermomoléculaire.
thermonastic, *a Bot* thermonastique.
thermonasty, *n Bot* thermonastie *f*.
thermonatrite, *n Miner* thermonatrite *f*.
thermoneutrality, *n Ch* thermoneutralité *f*.
thermoperiod, *n Bot* thermopériode *f*.
thermoperiodicity, *n Bot* thermopériodisme *m*.
thermophil *Biol* **1.** *a* (bactérie, etc) thermophile. **2.** *n* bactérie *f*, etc, thermophile.
thermophilic, thermophilous, *a Biol* thermophile.
thermophosphorescence, *n Ph* thermoluminescence *f*.
thermophylactic, *a Bac* résistant à la chaleur.
thermophyte, *n Bot* thérophyte *f*.
thermoreader, *n Med* thermolecteur *m*.
thermoreceptor, *n Physiol* thermorécepteur *m*.
thermoregulation, *n Physiol* thermorégulation *f*.
thermoregulator, *n Ph* thermorégulateur *m*.
thermoscope, *n Ph* thermoscope *m*.
thermosetting, *a Ch* thermodurcissable.
thermostable, *a Ch* thermostable.
thermostat, *n Biol Ch* thermostat *m*.
thermostatic, *a* thermostatique.
thermotactic, *a Biol* régulateur de la température du corps.
thermotaxis, *n Biol* thermotaxie *f*.
thermotropic, *a Biol* thermotropique.
thermotropism, *n Biol* thermotropisme *m*, thermotactisme *m*.
therology, *n Z* mammologie *f*.
theromorphism, *n Biol* théromorphie *f*.
therophyte, *n Bot* thérophyte *m*.
Theropoda, *npl Paleont* théropodes *mpl*.
thevetin, *n Ch* thévétine *f*.
thial, *n Ch* thial *m*, thioaldéhyde *m*.
thialdine, *n Ch* thialdine *f*.
thiamazole, *n Ch* thiamazol *m*.
thiamin(e), *n BioCh* thiamine *f*, aneurine *f*; vitamine *f* B_1.
thianthrene, *n Ch* thianthrène *m*.
thiation, *n Ch* sulfuration *f*.

thiazine, *n Ch* thiazine *f*; **thiazine dye,** colorant *m* thiazinique.
thiazole, *n Ch* thiazole *m.*
thiazoline, *n Ch* thiazoline *f.*
thick, *a Ch* (*of solution*) féculent.
thickener, *n Ch* épaississeur *m.*
thickening, *n Ch* **thickening agent,** épaississeur *m.*
thickness, *n Ch* féculence *f* (d'une solution).
thick-skinned, *a Z* à la peau épaisse; pachyderme.
thigaesthesia, *n Physiol* sensibilité *f* au toucher.
thigmonasty, *n Bot* thigmonastie *f.*
thigmotactic, *a Biol* thigmotactique.
thigmotaxis, thigmotaxy, thigmotropism, *n Biol* thigmotaxie *f*; thigmotropisme *m.*
thinner, *n Ch* diluant *m.*
thinning, *n Ch* dilution *f.*
thinophyte, *n Bot* plante *f* qui habite les dunes.
thio-, *pref Ch* thio-.
thioacetic, *a Ch* thioacétique.
thio acid, *n Ch* thioacide *m*, sulfacide *m*; **salt of a thio acid,** sulfosel *m.*
thioalcohol, *n Ch* thioalcool *m*, thiol *m*, mercaptan *m.*
thioaldehyde, *n Ch* thioaldéhyde *m*, thial *m.*
thioamide, *n Ch* thioamide *m.*
thioarsenic, *a Ch* sulfarsénique.
thiocarbamide, *n Ch* thiocarbamide *m*, thio-urée *f.*
thiocarbanilide, *n Ch* thiocarbanilide *m.*
thiocarbonate, *n Ch* thiocarbonate *m*, sulfocarbonate *m.*
thiocarbonic, *a Ch* thiocarbonique.
thiocyanate, *n Ch* thiocyanate *m*, sulfocyanate *m*, sulfocyanure *m*; **the sodium thiocyanates,** les thiocyanates alcalins.
thiocyanic, *a Ch* thiocyanique, sulfocyanique.
thiodiphenylamine, *n Ch* thiodiphénylamine *f.*
thioether, *n Ch* thioéther *m.*
thioflavin(e), *n Ch* thioflavine *f.*
thiogenic, *a Bac* thiogène.
thioglycolic, *a Ch* thioglycolique.
thioindamine, *n Ch* thio-indamine *f*, thiazine *f.*
thioindigo, *n Ch* thio-indigo *m.*
thioketone, *n Ch* thiocétone *f.*
thiol, *n Ch* thiol *m*, mercaptan *m*, thioalcool *m.*
thiolate, *n Ch* thiolate *m.*
thionaphthene, *n Ch* thionaphtène *m.*
thionate, *n Ch* thionate *m.*
thionation, *n Ch* thionation *f.*
thione, *n Ch* thione *f*, thiocétone *f.*
thioneine, *n Ch* thionéine *f.*
thionic, *a Ch* thionique; soufré.
thionine, *n Ch* thionine *f.*
thionyl, *n Ch* thionyle *m.*
thiopental, *n Ch* pentoxyde *m*; thiopental *m.*
thiophene, *n Ch* thiofène *m*, thiophène *m.*
thiophenol, *n Ch* thiophénol *m*, phénylmercaptan *m.*
thiophilic, *a Biol* ayant une affinité pour le soufre.
thiophosgene, *n Ch* thiophosgène *m.*
thioplast, *n Ch* thiogomme *f.*
thiosulfate, *n Ch* thiosulfate *m*, hyposulfite *m*; **sodium thiosulfate,** hyposulfite de soude.
thiosulfuric, *a Ch* thiosulfurique, hyposulfureux.
thiourea, *n Ch* thio-urée *f.*
thioxanthone, *n Ch* thioxanthone *f.*
thioxene, *n Ch* thioxène *m.*
thiozine, *n Ch* ergothionéine *f.*
third, *a* (*a*) *Biol* **third eye,** œil pariétal; (*b*) *Anat* **third ventricle,** troisième ventricule; (*c*) *Ch* **third-order reactions,** réactions *fpl* de troisième ordre.
thixotropic, *a Ch* thixotrope, thixotropique.
thixotropy, *n Ch* thixotropie *f.*
thomsenolite, *n Miner* thomsenolite *f.*
Thomson, *Prn Ch* **Thomson effect,** effet *m* de Thomson.
thomsonite, *n Miner* thomsonite *f.*
thoracic, *a Anat Z* (*a*) thoracique; **thoracic duct,** canal *m* thoracique; **thoracic wall,** paroi *f* thoracique; (*b*) *Z* (nageoire pelvienne) thoracique.
Thoracica, *npl Crust* thoraciques *mpl.*
thorax, *pl* **-races,** *n Anat Z* thorax *m.*

thoria, *n Ch* thorine *f*.
thorianite, *n Miner* thorianite *f*.
thoric, *a Ch* thorique.
thorite, *n Miner* thorite *f*, orangite *f*.
thorium, *n Ch* (*symbole* Th) thorium *m*; **thorium (di)oxide,** dioxyde *m* de thorium; thorine *f*; **thorium series,** famille radioactive du thorium.
thorn, *n Bot* épine *f*, piquant *m*; **thorns,** défenses *fpl*.
thorny, *a Bot* épineux, piquant; spinifère, spinigère.
thorogummite, *n Miner* thorogummite *f*.
thoron, *n AtomPh* thoron *m*.
thoroughbred 1. *a* (cheval) pur sang *inv*; (animal) de race (pure). **2.** *n* cheval *m* pur sang; pur-sang *m inv*; animal *m* de race.
thortveitite, *n Miner* thortveitite *f*.
thread, *n* filament *m*, fil *m* (d'une plante, etc); filament urticant (d'un nématoblaste); *Z* **thread cell,** nématoblaste *m*, cnidoblaste *m*.
thread-like, *a Z etc* filiforme.
threadworm, *n Z* nématode *m*.
three-budded, *a Bot* trigemme.
three-cleft, *a Bot Z* trifide.
three-flowered, *a Bot* triflore.
three-leaved, *a Bot* trifolié.
three-seeded, *a Bot* trisperme.
thremmatology, *n Genet* science *f* de la reproduction, de l'élevage, des lois de l'hérédité et des mutations.
threonine, *n Physiol* thréonine *f*.
threose, *n Ch* thréose *m*.
threpsology, *n Nut* science *f* de la nutrition.
threshold, *n Physiol* seuil *m*; **threshold of audibility,** seuil de la perception acoustique; **stimulus threshold,** seuil de l'excitation; **threshold of consciousness,** seuil de la conscience; **above the threshold,** supraliminal, -aux; **below the threshold,** subliminal, -aux; **threshold erythema dose,** quantité *f* de rayonnement qui donne le seuil visible de l'érythème dans 80 pour cent des cas.
thrill, *n Semiol* frémissement *m*.
throat, *n Physiol Z* gorge *f*.
throat-irritant, *a Physiol* tussigène.
thrombin, *n BioCh* thrombine *f*; fibrinferment *m*, fibrine-ferment *m*; thrombase *f*.
thrombocyte, *n Physiol* thrombocyte *m*.
thrombokinase, *n BioCh* thrombokinase *f*, thromboplastine *f*; thrombokinine *f*; zymoplastine *f*; cytozyme *f*.
thromboplastic, *a BioCh* thromboplastique.
thromboplastin, *n BioCh* = **thrombokinase**.
thrombosis, *n Physiol Z* thrombose *f*.
thrombus, *pl* **-bi**, *n Histol* thrombus *m*.
throwback, *n Biol* (*a*) régression *f*; (*b*) forme régressive.
thrum-eyed, *a Bot* (fleur) brévistyle.
thujane, *n Ch* thuyane *m*.
thujene, *n Ch* thuyène *m*.
thujone, *n Ch* thuyone *f*.
thujyl alcohol, *n Ch* alcool *m* thuylique; thuyol *m*.
thulite, *n Miner* thulite *f*.
thulium, *n Ch* (*symbole* Tm) thulium *m*.
thuriferous, *a Bot* thurifère.
thuringite, *n Miner* thuringite *f*.
thylakoid, *n Bot* thylakoïde *m*.
thylosis, *pl* **-loses**, *n Bot* thylle *f*.
thymic, *a* **1.** *Bot* dérivé du thym. **2.** *Ch* **thymic acid,** acide *m* thymique; thymol *m*. **3.** *Anat Z* qui concerne le thymus; thymique.
thymine, *n Biol* thymine *f*.
thymocyte, *n Histol* thymocyte *m*.
thymol, *n Ch* thymol *m*.
thymolphthalein, *n Ch* thymolphtaléine *f*.
thymonucleic, *a BioCh* (acide) thymonucléique.
thymoprivic, thymoprivous, *a Med Physiol* thymoprive.
thymus, *n Anat Z* **thymus (gland),** thymus *m*.
thyratron, *n Ch* thyratron *m*.
thyrocalcitonin, *n BioCh* thyrocalcitonine *f*.
thyrogenic, thyrogenous, *a Physiol* thyréogène.
thyroglobulin, *n BioCh Physiol* thyroglobuline *f*, thyréoglobuline *f*.
thyrohyal, *a Anat* thyrohyal, -aux.
thyroid, *a Anat Z* (cartilage, glande) thy-

roïde; **thyroid artery, vein,** thyroïdienne *f*; **thyroid hormone,** hormone thyroïdienne.
thyroidism, *n Path* thyroïdisme *m*.
thyronine, *n Ch* thyronine *f*.
thyrotrophic, thyrotropic, *a Physiol* thyréotrope; **thyrotrophic hormone,** hormone *f* thyréotrope; thyréostimuline *f*.
thyrotropin, *n Physiol* hormone *f* thyréotrope; thyréostimuline *f*.
thyroxin(e), *n Ch* thyroxine *f*.
thyrse, *n*, **thyrsus,** *pl* **-si,** *n Biol Bot* thyrse *m*.
Thysanoptera, *npl Ent* thysanoptères *mpl*.
Thysanura, *npl Ent* thysanoures *mpl*.
Ti, *symbole chimique du* titane.
tibia, *pl* **-ae,** *n Anat Z* tibia *m*.
tibial, *a Anat Z* tibial, -iaux.
tibiale, *pl* **-lia,** *n Anat* astragale *m*.
tickling, *n Physiol* chatouillement *m*.
tidal, *a* **tidal air,** air *m* de respiration; **tidal wave,** onde *f* (sur le sphygmogramme); *Ch* **tidal drainage,** siphonage intermittent; *Oc* **tidal energy,** énergie marémotrice.
tide, *n Oc* **tide range,** marnage *m*.
tiemannite, *n Miner* tiemannite *f*.
tige, *n Bot* tige *f*.
tigella, *n Bot* tigelle *f*.
tigellate, *a Bot* tigellé.
tightness, *n Ch* étanchéité *f*.
tiglic, *a Ch* tiglique.
tigon, *n Z* tigon *m*.
tigroid, *a Biol* tigroïde.
tilasite, *n Miner* tilasite *f*.
tiliaceous, *a Bot* tiliacé.
tilioid, *n Paly* tilioïde *m*.
till, *n Geol* till *m*.
tillite, *n Geol* tillite *f*.
timbal, *n Z* timbale *f*.
tin, *n Miner* (*symbole* Sn) étain *m*; **tin deposit**, gîte *m* stannifère; **tin pyrites,** étain pyriteux; stannine *f*; **lode tin,** étain de roche.
Tinamiformes, *npl Orn* tinamiformes *mpl*.
tin-bearing, *a Miner* stannifère; **tin-bearing ores,** cassitérides *mpl*.
tincal, *n Miner* tincal *m*, tinkal *m*.
tincalconite, *n Miner* tincalconite *f*.
tine, *n* andouiller *m* (de daim, de cerf, de chevreuil).
tinned, *a Ch* étamé.
tinstone, *n Miner* cassitérite *f*, stannolite *f*, étain oxydé; mine *f* d'étain.
tip, *n Bot* sommité *f* (d'une plante, d'une branche).
tissual, *a Biol* tissulaire.
tissue, *n Biol* tissu (nerveux, musculaire, etc); **living tissue,** tissu vivant; **scar tissue**, tissu cicatriciel; **fragment of tissue**, fragment *m* tissulaire; **tissue system,** système *m* tissulaire; **tissue culture,** culture *f* de tissus; *Physiol* **tissue fluid,** liquide *m* tissulaire.
titanate, *n Ch* titanate *m*.
titania, *n Ch* oxyde *m* de titane.
titanic, *a Ch* titanique; titané; *Miner* **titanic iron ore,** fer titané.
titaniferous, *a Miner* titanifère; titané; **titaniferous iron ore**, fer titané.
titanite, *n Miner* titanite *f*, titane *m* silicocalcaire.
titanium, *n Ch* (*symbole* Ti) titane *m*, titanium *m*.
titanous, *a Ch* titaneux.
titanyl, *n Ch* titanyle *m*.
titratable, *a Ch* titrable.
titrate, *vtr Ch* titrer, doser (une solution, etc).
titrated, *a Ch* (*of solution*) titré.
titration, *n Ch* (*a*) (*also* **titrating**) titration *f*, titrage *m*, dosage *m*; **titration standard**, teneur *f* (d'une solution); (*b*) titrimétrie *f*, analyse *f* volumétrique.
titrator, *n Ch* titrimètre *m*.
titre, *n Ch* titre *m* (d'une solution, de l'or).
Tl, *symbole chimique du* thallium.
TLC, *abbr Ch Thin Layer Chromatography*, chromatographie *f* en couche mince, CCM.
Tm, *symbole chimique du* thulium.
toadstone, *n Miner* crapaudine *f*, pierre *f* de crapaud; œil-de-serpent *m*.
tocopherol, *n BioCh* tocophérol *m*, tocoférol *m*.
toe, *n Anat Z* orteil *m*.
tolan(e), *n Ch* tolane *m*.
tolerance, *n* (*a*) *Bot* **tolerance of parasites,** tolérance *f* des parasites; *Physiol* **tolerance of a drug,** tolérance à un remède; **tolerance dose,** dose tolérée (de

radiation, etc); (*b*) *Ph Ch* écart *m* admissible.

tolerant, *a Bot* tolérant.

tolonium, *n Ch* tolonium *m.*

toluate, *n Ch* toluate *m.*

toluene, *n Ch* toluène *m,* toluol *m.*

toluic, *a Ch* toluique.

toluidine, *n Ch* toluidine *f.*

tolunitrile, *n Ch* tolunitrile *m.*

toluol, *n Ch* toluol *m.*

toluquinoline, *n Ch* toluquinoléine *f.*

toluyl, *n Ch* toluyle *m.*

toluylene, *n Ch* toluylène *m.*

tolyl, *n Ch* tolyle *m.*

tolylene, *a Ch* tolylénique.

tomentose, tomentous, *a Bot Biol* tomenteux, laineux.

tomentum, *n Bot Biol* laine *f,* duvet *m,* feutre *m*; **tomentum cerebri,** réseau *m* vasculaire de la pie-mère.

tomogram, *n Biol* tomogramme *m.*

tone, *n Physiol* son *m*; accent *m*; timbre *m*; ton *m,* voix *f*; **want of tone,** atonie *f.*

tongue, *n Anat Z* langue *f*; **forked tongue,** dard *m* (de serpent).

tonic, *a & n Pharm* tonique (*m*).

tonicity, *n Physiol* tonicité *f*; tonus *m* musculaire.

tonofibril, tonofibrilla, *n Biol* tonofibrille *f.*

tonofilament, *n Cytol* tonofilament *m.*

tonometer, *n Ph* tonomètre *m.*

tonometry, *n Ph* tonométrie *f.*

tonoplast, *n Biol Cytol* tonoplaste *m,* tonoplasme *m.*

tonotaxis, *n Physiol* réponse *f* aux changes de la densité.

tonsil, *n,* **tonsilla,** *pl* **-ae,** *n Anat Z* amygdale *f.*

tonsillar, *a Anat Z* amygdalien.

tonus, *n Physiol* tonus *m*; tonicité *f.*

tooth, *pl* **teeth,** *n* dent *f*; **(set of) teeth,** denture *f,* dentition *f*; **milk teeth,** dents, dentition, de lait; dents lactéales; **deciduous, primary, tooth,** dent temporaire, caduque; **natal tooth,** dent présente à la naissance; **second, permanent, teeth,** dents permanentes, définitives; dentition définitive, permanente; **anterior, front, tooth,** dent antérieure, du devant; **posterior, back, tooth,** dent postérieure, dent du fond, grosse dent; **lower, mandibular, tooth,** dent inférieure, dent du bas; **upper, maxillary, tooth,** dent supérieure, dent du haut; **wisdom tooth,** dent de sagesse; *Z* **egg tooth,** dent d'éclosion.

tooth-billed, *a Z* au bec dentelé.

toothed, *a* (*of animal*) denté; pourvu de dents; (*of leaf, etc*) dentelé.

top, *n Bot* **flowering top,** sommité fleurie; **fruiting top,** sommité fructifère.

topaz, *n Miner* topaze *f*; **false topaz,** citrine *f*; **oriental topaz,** corindon *m* jaune; **burnt topaz,** rubis *m* du Brésil.

topazolite, *n Miner* topazolite *f.*

tophaceous, *a* (*a*) *Biol* tophacé; (*b*) *Geol* tufacé.

tophus, *n Geol* tuf *m.*

topochemical, *a Physiol* topochimique.

topographic(al), *a* topographique.

topography, *n* topographie *f.*

toponymy, *n Biol* toponymie *f.*

topotaxis, *n Biol* topotaxie *f.*

topotype, *n Biol* topotype *m.*

torbanite, *n Miner* torbanite *f.*

torbernite, *n Miner* torbénite *f,* torbernite *f,* chalcolite *f.*

torcular, *n Anat Z* **torcular Herophili,** pressoir *m* d'Hérophile.

tormogen cell, *n Ent* cellule *f* tormogène.

tornaria, *n Z* **tornaria larva,** larve *f* tornaria.

torose, torous, *a Biol* qui présente des protubérances; noueux.

torpid, *a* engourdi, léthargique, inerte, torpide; **to become torpid,** s'engourdir; **torpid state of an animal,** engourdissement *m,* état engourdi, d'un animal.

torpidity, torpidness, torpor, *n* torpeur *f,* engourdissement *m,* abattement *m,* léthargie *f,* inertie *f*; **summer torpidity,** estivation *f* (des serpents, etc).

torquate(d), *a Z* (*of bird, etc*) à collier.

torsiometer, *n* torsiomètre *m.*

torsion, *n Bot Moll etc* torsion *f.*

torula, *pl* **-ae,** *n Fung* torula *f,* torule *m.*

torulin, *n Ch* thiamine *f.*

toruloma, *n Biol* torulome *m.*

torulose, torulous, *a Biol* toruleux.

torulus, *pl* **-li,** *n Z* torule *m* (d'antenne); *Biol* papille *f.*
torus, *pl* **-ri,** *n Bot* réceptacle (floral); thalamus *m*; disque ligneux.
tosyl, *n Ch* tosyle *m.*
total, *a* **total acid number** (*abbr* **T.A.N.**), indice *m* d'acidité.
totipalmate, *a Z* totipalme.
touchstone, *n Miner* pierre *f* de touche; basanite *f*; jaspe noir; lydienne *f*, lydite *f*.
tourmalin(e), *n Miner* tourmaline *f*; tire-cendre *m*; **red tourmalin(e),** rubellite *f*; apyrite *f*; **blue tourmalin(e),** indicolite *f*; saphir *m* du Brésil; **green tourmalin(e),** émeraude *f* du Brésil.
toxalbumin, *n BioCh* toxalbumine *f.*
toxemic, *a Biol* toxémique.
toxic, *a & n* toxique (*m*); intoxicant (*m*).
toxicant, *a & n Ch Biol Tox* toxique (*m*); intoxicant (*m*).
toxicity, *n* toxicité *f.*
toxicogenic, *a BioCh* toxicogène.
toxicoid, *a Biol* toxicoïde.
toxicological, *a Pharm* toxicologique.
toxicology, *n Med Tox* toxicologie *f*; science *f* des poisons.
toxiferous, *a Bac* toxigène.
toxigenic, *a Bac* toxigène.
toxin, *n Bac* toxine *f.*
toxinic, *a Biol* toxinique.
toxisterol, *n Ch* toxistérol *m.*
toxoid, *n Biol* antitoxine *f.*
toxolysis, *n Paleont* toxolyse *f.*
toxophilic, toxophilous, *a* toxophile.
trabant, *n Biol Genet* trabant *m*, satellite *m.*
trabecula, *pl* **-ae,** *n Anat Z* trabécule *f.*
trabecular, trabeculate(d), *a Biol* trabéculaire.
trace, *n Biol* **trace element,** oligo-élément *m.*
tracer, *n Ch* **tracer (substance),** substance révélatrice; substance marquée; corps marqué; traceur *m.*
trachea, *pl* **-eae,** *n* (*a*) *Anat Z* trachée (-artère) *f*; (*b*) *Biol* trachée (d'insecte, de plante).
tracheal, *a Anat Bot Z* trachéal, -aux; trachéen; **tracheal tube,** trachéide *f*; **tracheal gills,** trachéobranchies *fpl.*
trachean, *a Biol* trachéen.
tracheate, *a & n Z* **tracheate (arthropod),** trachéate *m.*
tracheid, *n Bot* trachéide *f.*
tracheocele, *n Med* trachéocèle *f*, trachélocèle *f.*
tracheole, *n Ent* trachéole *f.*
Tracheophyta, *npl Bot* trachéophytes *mpl.*
trachyandesite, *n Miner* trachyandésite *f.*
trachychromatic, *a Biol Genet* se dit d'un noyau fortement chromatophile.
Trachymedusae, *npl Coel* trachyméduses *fpl.*
trachyphonia, *n Z* voix *f* rauque.
trachyspermous, *a Bot* trachyspermatique.
trachyte, *n Miner* trachyte *m.*
trachytic, *a Miner* trachytique.
tracing, *n Bot* **tracing root,** racine traçante.
tract, *n* (*a*) *Anat Z* **respiratory tract,** appareil *m* respiratoire; voies *fpl* respiratoires; **digestive tract,** appareil, tube, digestif; voies digestives; **optic tracts,** bandelettes *fpl* optiques; **sinus tract,** trajet fistuleux; (*b*) *Z* **feather tract,** ptérylie *f.*
tragacanth, *n Ch* gomme adragante.
tragus, *pl* **-gi,** *n* (*a*) *Anat* tragus *m* (de l'oreille); (*b*) *Z* oreillon *m* (d'une chauve-souris).
trail, *vi Bot* grimper.
trailing, *a Bot* grimpant.
trama, *n Fung* trame *f.*
trance, *n Biol* transe *f.*
tranquilite, *n Miner* tranquilite *f.*
transaminase, *n BioCh* transaminase *f.*
transamination, *n BioCh* transamination *f.*
transatrial, *a Anat* transauriculaire.
transcutaneous, *a Physiol* percutané.
transcyclase, *n BioCh* transcyclase *f.*
transduction, *n Biol* transduction *f.*
transection, *n Biol* section transversale.
transesterification, *n Ch* transestérification *f.*
transfection, *n Genet* transfection *f.*
transfer, *n Ph etc* échange *m.*
transferase, *n Biol BioCh* transférase *f.*

transference, *n Z* migration *f*.

transformation, *n* (*a*) *Biol* transformation *f*, métamorphose *f*; (*b*) transformation; *Ch* **adiabatic transformation,** transformation adiabatique; **cyclical transformation,** transformation cyclique; **isobaric transformation,** transformation isobarique; **isothermal transformation,** transformation isothermique; **reversible transformation,** transformation réversible; **isochore transformation,** transformation isochore.

transfusion, *n Physiol* transfusion *f*; injection *f* du sang.

transfusive, *a Physiol* transfusionnel.

transient, *a* fugace; transitoire; temporaire.

transition, *n Ch* **transition elements,** éléments *mpl* de transition; **transition energy,** énergie transitionnelle; **transition point,** point *m* de transition; **transition state,** état *m* de transition; **transition temperature,** température *f* de transition.

translocation, *n Biol* translocation *f*.

translucency, *n* translucidité *f*.

translucent, *a Ch* translucide.

transmethylation, *n BioCh* transméthylation *f*.

transmission, *n Ph* transmission *f* (de la chaleur, du son, etc); **neutron transmission,** transmission de neutrons; **pulse transmission,** transmission d'impulsions; **transmission time,** durée *f*, temps *m*, de propagation (de la chaleur, etc).

transmit, *vtr Ph* transmettre (la lumière, etc).

transmittance, *n Ph* transmittance *f*; **radiant transmittance,** transmittance radiante; **spectral transmittance,** transmittance spectrale.

transmittancy, *n Ph* coefficient *m* de transmittance.

transmutable, *a* transmuable.

transmutation, *n Biol Genet* transmutation *f*; **theory of transmutation,** théorie *f* de transmutation.

transonic, *a Ph* transsonique.

transpiration, *n Physiol Bot* transpiration *f*.

transpire, *vi Physiol Bot* transpirer.

transplant, *n Biol* transplantation *f*, greffe *f* (d'un organe, d'un tissu).

transport, *n* **1.** *Physiol* transport *m* d'une substance, d'une drogue. **2.** *Ch* **transport number,** nombre *m* du transport des ions.

trans-sonic, *a Ph* transsonique.

transudate, *n Biol* transsudat *m*.

transuranian, transuranic, *a Ch* **transuranian element,** élément transuranien.

transurethral, *a Biol* transurétral, -aux.

transverse, *a* (*a*) transversal, -aux; *Ph etc* **transverse field,** champ *m* transverse; **transverse motion,** mouvement transversal; **transverse diffusion,** diffusion transversale; **transverse stability, vibration,** stabilité, vibration, transversale; **transverse wave,** onde transversale; (*b*) *Anat* **transverse ligament,** ligament *m* transverse (de l'atlas); **transverse process,** apophyse *f* transverse; (*c*) *Geol* **transverse valley,** cluse *f*; percée *f*.

trass, *n Miner* trass *m*.

trauma, *pl* **-as, -ata,** *n Physiol Biol Z* trauma *m*; blessure *f*; traumatisme *m*; lésion *f*; **psychic trauma,** choc émotionnel; **glucose trauma,** trauma de la glucose.

traumatic, *a Biol* traumatique; traumatisant.

traumatogenic, *a Biol* traumatogène.

travelling, *a Ph* (électron) mobile; **travelling wave,** onde progressive.

travertine, *n Miner* travertin *m*; silex *m* molaire.

tray, *n Ch* plateau *m* (de colonne de fractionnement).

treacle, *n Ch* mélasse *f*.

trechmannite, *n Miner* trechmannite *f*.

tree, *n* arbre *m*; *Geog* **the tree line, limit,** la limite des arbres.

tree-like, *a Bot* dendroïde.

trehalase, *n BioCh* tréhalase *f*.

trehalose, *n Ch* tréhalose *f*.

Trematoda, *npl Biol* trématodes *mpl*.

trematode, *n Biol* trématode *m*.

tremolite, *n Miner* trémolite *f*, grammatite *f*.

tremorine, *n Ch* trémorine *f*.

trephine, *n Biol* tréphine *f*.

trephocyte, *n Biol* tréphocyte *m*.

trephone, *n Biol* tréphone *f*.

treponema, *n Bac* tréponème *m*.

tresis, *n Biol* perforation *f*.
triacetin, *n Ch* triacétine *f*.
triacetonamin(e), *n Ch* triacétonamine *f*.
triacid, *a & n Ch* triacide (*m*).
triacontanol, *n Ch* triacontanol *m*.
triad, *n Ch Biol* triade *f*.
triadelphous, *a Bot* triadelphe.
triaene, *n Spong* **triaene spicule**, tétractine *m*.
trialistic, *a Histol* **trialistic theory**, théorie *f* trialiste.
triamine, *n Ch* triamine *f*.
triamyl, *n Ch* triamyle *m*.
triandrous, *a Bot* triandre.
triangulate, *a Biol* **1.** marqué de triangles; à triangles. **2.** triangulaire; en triangle.
Trias, *n Geol* trias *m*.
Triassic *Geol* **1.** *a* triasique. **2.** *n* trias *m*.
triazine, *n Ch* triazine *f*.
triazoate, *n Ch* azohydrure *m*.
triazoic, *a Ch* azothydrique.
triazole, *n Ch* triazole *m*.
tribe, *n Biol* tribu *f*.
triboluminescence, *n Ph* triboluminescence *f*.
triboluminescent, *a Ph* triboluminescent.
tribometer, *n Ph* tribomètre *m*.
tribometry, *n Ph* tribométrie *f*.
tribracteate, *a Bot* tribractété.
tribracteolate, *a Bot* tribractéolé.
tribromoethanol, *n Ch* tribromoéthanol *m*.
tribromophenol, *n Ch* tribromophénol *m*.
tributyrin, *n Ch* tributyrine *f*.
tricapsular, *a Bot* tricapsulaire.
tricarballylic, *a Ch* tricarballylique.
tricarinated, *a Bot* tricaréné.
tricarpous, *a Bot* à trois carpelles.
tricellar, *a Biol* tricellulaire.
triceps, *n Anat* triceps *m*.
trichalcite, *n Miner* tricalcite *f*, trichalcite *f*.
trichinosis, *n Parasitol* trichinose *f*.
trichinous, *a Biol* trichineux.
trichite, *n Miner* trichite *f*.
trichloracetic, *a Ch* trichloracétique.
trichlorethylene, *n Ch* trichloréthylène *m*.
trichloride, *n Ch* trichlorure *m*.
trichloroacetic, *a Ch* trichloracétique.
trichloroethylene, *n Ch* trichloréthylène *m*.
trichobranchia, *pl* **-ae**, *n Crust* trichobranchie *f*.
trichocyst, *n* (*a*) *Histol* trichocyste *m*; (*b*) *Prot* trichite *m*.
trichogen, *n Ent* trichogène *m*.
trichogenic, **trichogenous**, *a Ent* trichogène.
trichogyne, *n Bot* trichogyne *f*.
trichoid, *a Biol* trichoïde.
tricholyth, *n Biol* tricholithe *m*.
trichome, *n Bot* trichome *m*.
trichophyllous, *a Bot* trichophylle.
trichophytic, *a Biol* (produit) exaltant la poussée des cheveux.
trichosis, *n Z* trichose *f*.
trichospore, *n Paly Z* trichospore *f*; zoospore *f*.
trichotomous, *a Bot* trichotome; trifurqué.
trichotomy, *n Biol* trichotomie *f*.
trichroic, *a* **1.** *Ph* trichroïte. **2.** *Biol* trichroïque.
trichroism, *n Ph* trichroïsme *m*.
trichromatic, *a Biol* trichrome.
tricipital, *a Z* (*a*) à trois têtes; (*b*) se rapportant au muscle triceps.
Tricladida, *npl Plath* triclades *mpl*.
triclinic, *a Ch* triclinique.
tricoccous, *a Bot* (fruit) tricoque.
triconodont, *a Anat* (dent) triconodonte.
Triconodonta, *npl Ich* triconodontes *mpl*.
Tricoptera, *npl Ent* tricoptères *mpl*.
tricosane, *n Ch* tricosane *f*.
tricotyledonous, *a Bot* à trois cotylédons.
tricresol, *n Ch* tricrésol *m*.
tricresyl, *n Ch* **tricresyl phosphate**, phosphate *m* de tricrésyle.
tricrotic, *a Biol Z* tricrote.
tricuspid, *a Anat Z* (*a*) tricuspide; (*b*) tricuspidien.
tricyclene, *n Ch* tricyclène *m*.
tricyclic, *a Ch* tricyclique.
tridactyl(ous), *a Z* tridactyle.
tridental, **tridentate**, *a Biol* tridenté.

tridermic, *a Biol* tridermique.
tridymite, *n Miner* tridymite *f.*
trienniel, *a Bot* (*of plant*) trisannuel.
triester, *n Ch* triester *m.*
triethyl-, *pref Ch* triéthyl-.
trifacial, *a* (*a*) *Biol* trigéminal, -aux; (*b*) *Anat Z* **trifacial nerve,** nerf trijumeau; nerf trifacial; (*c*) *Med* **trifacial pulse,** pouls trigéminé.
trifid, *a Bot Z* trifide.
triflagellate, *a Biol* à trois flagelles.
triflorous, *a Bot* triflore; **ternately triflorous,** terniflore.
trifoliate, *a Bot* trifolié; terné, ternifolié.
trifoliolate, *a Bot* trifoliolé.
trifoveolate, *a Bot* trifovéolé.
trifurcate, *a Biol* trifurqué.
trifurcation, *n Biol* trifurcation *f.*
trigamous, *a Bot* trigame.
trigeminal, *a* (*a*) *Biol* trigéminal, -aux; (*b*) *Z* trijumeau.
trigeminous, *a Biol* trigéminé.
triglyceride, *n Ch* triglycéride *m.*
trigona, *n Histol* trigone *m.*
trigonal, *a Biol* triangulaire; trigone.
trigone, *n Z* trigone *m*; **olfactory trigone,** trigone olfactif.
trigonid, *n* (*a*) *Z* les trois pointes *fpl* d'une molaire inférieure; (*b*) *Ch* trigonide *f.*
trigonium, *n Z* triangle *m*; trigone *m.*
trigonodont, *a Anat* **trigonodont tooth,** dent trituberculée.
trigyn, *n Bot* plante *f* trigyne.
trigynous, *a Bot* trigyne.
trihybrid, *n Biol* trihybride *m.*
trihydrate, *n Ch* trihydrate *m.*
trihydric, *a Ch* trihydrique.
trihydrol, *n Ch* trihydrol *m.*
trihydroxynaphthalene, *n Ch* trioxynaphtaline *f.*
tri-iniodymus, *n Biol* tricéphale *m.*
triiodide, *n Ch* triiodure *m.*
triketopurine, *n Ch* acide *m* urique.
trilaurin, *n Biol* amine *f.*
trilinear, *a Ch Mth* trilinéaire.
trilobate, *a Bot etc* trilobé.
Trilobita, *npl Paleont* trilobites *mpl.*
trilocular, *a Bot etc* triloculaire.
trimellitic, *a Ch* trimellitique; trimellique.
trimer, *n Ch* trimère *m.*
trimeran, *a & n Ent* trimère (*m*).
trimeric, *a Ch* trimère.
trimerite, *n Miner* trimérite *f.*
trimerize, *vtr Ch* trimériser.
trimerous, *a Z* (coléoptère, etc) trimère.
trimesic, *a Ch* (acide) trimésique.
trimethylamine, *n Ch* triméthylamine *f.*
trimethylbenzene, *n Ch* triméthylbenzène *m.*
trimethylcarbinol, *n Ch* triméthylcarbinol *m.*
trimethylene, *n Ch* triméthylène *m.*
trimethylpyridine, *n Ch* triméthylpyridine *f.*
trimmable, *a* ajustable; réglable.
trimolecular, *a Ch* trimoléculaire.
trimorphic, *a* (*a*) *Ch* trimorphe; (*b*) *Bot* triforme.
trimorphism, *n Ch Biol* trimorphisme *m.*
trimorphous, *a Ch Biol* trimorphe.
trimyristin, *n Ch* trimyristine *f.*
trinervate, *a Bot* trinervé.
trinitrate, *n Ch* trinitré *m.*
trinitrated, *a Ch* trinitré.
trinitrin, *n Ch* trinitrine *f.*
trinitrobenzene, *n Ch* trinitrobenzène *m.*
trinitro-compound, *n Ch* trinitré *m.*
trinitrocresol, *n Ch* trinitrocrésol *m.*
trinitrophenol, *n Ch* trinitrophénol *m.*
trinitrotoluene, *n Ch* trinitrotoluène *m.*
triode, *n Ch* triode *f.*
triol, *n Ch* triol *m*, trialcool *m.*
triolein, *n Ch* trioléine *f.*
triose, *n Ch* triose *f.*
trioxane, *n Ch* trioxyméthylène *m.*
trioxide, *n Ch* trioxyde *m*; **sulfur trioxide,** anhydride *m* sulfurique.
trioxymethylene, *n Ch* trioxyméthylène *m.*
trioxypurine, *n Ch* acide *m* urique.
tripalmitin, *n Ch* tripalmitine *f.*
triparanol, *n Ch* triparanol *m.*
tripeptide, *n BioCh* tripeptide *m.*
tripetalous, *a Bot* tripétale, tripétalé.
triphane, *n Miner* triphane *m*, spodumène *m.*
triphasic, *a Ch* triphasique.

triphenol, *n Ch* triphénol *m.*
triphenyl-, *pref Ch* triphényl-.
triphenylmethane, *n Ch* triphényl-méthane *m.*
triphilic, *a Ch* triphile.
triphyline, triphylite, *n Miner* triphyline *f*, triphylite *f.*
triphyllous, *a Bot* triphylle.
tripinnate, *a Bot* tripenné.
triple, *a* triple; *Biol* trivalent; *Ch* **triple salt,** sel *m* triple; **triple point,** point *m* triple (de l'eau).
triple-nerved, triplinerved, *a Bot* triplinervé.
triplite, *n Miner* triplite *f.*
triploblastic, *a Biol Embry* tridermique; triplodermique; à trois membranes blastodermiques.
triploid, *a & n Biol* triploïde (*m*).
triploidy, *n Biol* triploïdie *f.*
tripod, *n Biol* trépied *m.*
tripoli, *n Geol* **tripoli (stone),** tripoli *m.*
triprosopus, *n Biol* triprosope *m.*
triptane, *n Ch* triptane *m*; triméthylbutane *m.*
tripton, *n Oc* tripton *m.*
triptycene, *n Ch* triptycène *m.*
triquetrous, *a Bot* (tige, etc) triquètre.
triquetrum, *pl* **-tra,** *n Anat* os pyramidal.
triradial, *a Biol* rayonnant dans les trois directions.
triradiate, *a Paly* triradié.
trisaccharide, *n Ch* trisaccharide *m.*
trisepalous, *a Bot* trisépale.
trismic; *a Biol* trismique.
trisnitrate, *n Ch* trisnitrate *m.*
trisodium, *a Ch* trisodique.
trisomic *Biol* **1.** *a* trisomique. **2.** *n* organisme *m* trisomique.
trisomy, *n Biol* trisomie *f.*
trispermous, *a Bot* trisperme.
tristearin, *n Ch* tristéarine *f.*
tristichous, *a Bot* tristique.
trisubstituted, *a Ch* trisubstitué.
trisulcate, *a Biol* trisulce; à trois sillons.
trisulfide, *n Ch* trisulfure *m.*
tritane, *n Ch* tritane *m.*
tritanope, *n Biol* tritanope *m.*
triternate, *a Bot* triterné.
triterpene, *n Ch* **pentacyclic triterpene,** triterpène *m* pentacyclique.
trithionic, *a Ch* trithionique.
triticale, *n Bot* triticale *m.*
triticin, *n Ch* triticine *f.*
tritium, *n Ch* tritium *m*; hydrogène hyperlourd.
tritomite, *n Miner* tritomite *f.*
tritoxide, *n Ch* tritoxyde *m.*
tritubercular, trituberculate, *a Z* tritüberculé.
triturate, *vtr Ch* triturer.
triturating, *n Ch* trituration *f*; *Z* **triturating apparatus,** moulinet *m* gastrique (d'un homard).
trityl, *n Ch* trityle *m.*
triungulin, *n Ent* triongulin *m.*
trivalence, trivalency, *n Ch* trivalence *f.*
trivalent, *a Ch* trivalent; *Biol* **trivalent chromosome,** *n* **trivalent,** trivalent *m.*
trivalve, trivalvular, *a Z* trivalve.
trivial, *a* banal, -aux; ordinaire.
trochal, *a Z* rotiforme; en forme de roue; **trochal disc,** disque rotateur, aire apicale (des rotifères).
trochanter, *n Anat Z* trochanter *m*; **the great trochanter, trochanter major,** le grand trochanter; **the lesser trochanter, trochanter minor,** le petit trochanter.
trochanterian, *a Anat Ent* trochantérien.
trochantin, *n Ent* trochantin *m.*
troche, *n Pharm* pastille *f.*
trochlear, *a Biol* trochléaire; trochléen.
trochlearis, *n Anat* trochléateur *m*; grand oblique (de l'œil).
trochoid, *a Z* trochoïde.
trochophore, *n Z* trochophore *f*; trochosphère *f.*
trochosphere, *n Z* trochosphère *f*; **trochosphere larva,** trochosphère.
trochus, *n Z* trochus *m*, troque *m.*
troctolite, *n Miner* troctolite *f.*
troegerite, trögerite, *n Miner* trœgérite *f.*
troglobiont, *n Biol* troglobie *m.*
trogone, *n Orn* trogon *m.*
troilite, *n Miner* troïlite *f.*
tropane, *n Ch* tropane *m.*
tropate, *n Ch* tropate *m.*
trophallaxis, *n Z* trophallaxie *f.*
trophamnion, *n Ent* trophamnios *m.*

trophi, *npl Z* trophées *mpl.*
trophobiont, *a & n Z* trophobionte (*m*).
trophobiotic, *a Z* trophobionte.
trophoblast, *n Biol* trophoblaste *m.*
trophocyte, *n Biol* trophocyte *m.*
trophonucleus, *pl* **-ei,** *n Biol* trophonucléus *m.*
trophophyll, *n Bot* trophophylle *f.*
trophoplasm, *n Biol* trophoplasma *m.*
trophoplast, *n Biol* plastide *m.*
trophosperm, *n Bot* trophosperme *m.*
trophotaxis, *n Biol* trophotaxie *f.*
trophotropic, *a Biol* trophotrope.
trophotropism, *n Biol* trophotropisme *m.*
trophozoite, *n Prot* trophozoïte *m.*
tropic, *a Biol* trope; **tropic hormone,** stimuline *f.*
tropical, *a* (*of plant, temperature, etc*) tropical, -aux.
tropicopolitan, *a Biol* tropical, -aux; qui se trouve partout sous les tropiques.
tropidine, *n Ch* tropidine *f.*
tropism, *n Biol* tropisme *m.*
tropitrabic, *a Anat* (crâne) tropitrabique.
tropocollagen, *n BioCh* tropocollagène *m.*
tropophilous, *a Bot* tropophile.
tropophyte, *n Bot* tropophyte *f.*
trotyl, *n Ch* trinitrotoluène *m*, tolite *f.*
trough, *n* **1.** *Ch* cuve *f*; godet *m.* **2.** *Ph* creux *m* (d'une onde). **3.** *Geol* fossé *m*; **trough of a syncline,** charnière synclinale.
Trouton, *Prn Ch* **Trouton's law,** règle *f* de Trouton.
truffle, *n Fung* truffe *f.*
truncate(d), *a* tronqué.
truncus, *n Anat* tronc *m* (d'artère).
trunk, *n* (*a*) tronc *m* (d'arbre, du corps); tige *f* (d'arbre); (*b*) *Anat* tronc (d'artère); (*c*) *Z* trompe *f* (d'éléphant).
truxillic, *a Ch* truxillique.
truxilline, *n Ch* truxilline *f.*
trypanosome, *n Parasitol Prot* trypanosome *m.*
trypanotolerant, *a Parasitol* trypanotolérant.
trypsin, *n Biol* trypsine *f.*
trypsinogen, *n BioCh* trypsinogène *f.*
trypsogen, *n Biol* trypsogène *m.*
tryptamin(e), *n Ch* tryptamine *f.*
tryptic, *a Ch* tryptique.
trypticase, *n BioCh* trypticase *m.*
tryptophan, *n Ch* tryptophane *m.*
tsunami, *n Geol* tsunami *m.*
tube, *n* **1.** *Ch Ph* tube *m*; **capillary tube,** tube capillaire; **coiled tube, spiral tube,** serpentin *m*; **funnel tube,** tube à entonnoir; **graduated glass tube,** tube de verre gradué, **inner tube,** chambre *f* à air; **siphon tube,** tube siphonal; **Torricellian tube,** tube de Torricelli; **filling tube,** tube d'affluence; **leading tube,** tube abducteur. **2.** *Anat* tube, canal *m*, -aux; trompe *f*; **bronchial tube,** tube bronchique. **3.** *Bot* tube (d'une corolle, d'un calice). **4.** *Echin* **tube foot,** ambulacre *m.*
tube-like, *a Anat Geol* fistulaire.
tubemaker, *n Z* annélide *m*, etc, tubicole; animal *m* vivant dans un tube.
tuber, *n Bot* (*a*) racine tubéreuse; rhizome *m*; (*b*) tubercule *m*; *Biol* tubérosité *f.*
tuberaceous, *a Bot* tubéracé.
tubercle, *n Bot etc* tubercule *m.*
tubercular, *a Bot* tuberculeux; à tubercules; **tubercular root,** racine tuberculeuse.
tuberculate(d), *a Biol* tuberculé.
tuberculid, *n Biol* tuberculide *f.*
tuberculiferous, *a Biol* tuberculifère.
tuberculiform, *a Fung* tuberculiforme.
tuberculin, *n Biol* tuberculine *f.*
tuberculinic, *a Biol* tuberculinique.
tuberculization, *n Biol* tuberculisation *f*, formation *f* de tubercules.
tuberculocidal, *a Biol* qui détruit l'agent de tuberculose.
tuberculotic, *a Biol* tuberculosé.
tuberculous, *a Miner* tuberculeux; *Biol* tuberculeux; tuberculé; tuberculosé; à tubercules.
tuberculum, *pl* **-cula,** *n Biol* tuberculine *f.*
tuberiform, *a Biol* tubériforme.
tuberin, *n Ch* tubérine *f.*
tuberization, *n Bot* tubérisation *f.*
tuberoid, *a Biol* tubéroïde.
tuberose *Bot* **1.** *a* tubéreux. **2.** *n* tubéreuse *f.*
tuberosity, *n Anat* tubérosité *f.*

tuberous, *a Bot* tubéreux, tubérisé; **tuberous-rooted,** à racines tubéreuses.
tubicolous, *a Biol Z* tubicole, tubériforme.
tubicorn, *a Z* tubicorne.
tubiferous, *a* tubifère.
tubiflorous, *a Bot* tubiflore.
tubiparous, *a Z* (ganglion) tubipare.
tubipore, *n Coel* tubipore *m.*
tubo-ovarian, *a Z* tubo-ovarien.
tubular, *a Biol* tubulaire, tubiforme, tubulé, tubuleux; **tubular flower,** fleur tubulée; **tubular corolla,** corolle tubulée, tubuleuse.
tubulate, *a Biol* tubulé.
tubulated, *a Ch* **tubulated retort,** cornue tubulée.
tubule, *n Anat Z* tubule *m*; **dentinal tubule,** canalicule *m* de la dentine; **tubule of kidney, uriniferous tubule,** tube urinifère.
Tubulidentata, *npl Z* tubulidentés *mpl.*
tubuliflorous, *a Bot* tubuliflore.
tubuliform, *a Z* en forme de tubule.
tubulous, *a Bot Z Anat* tubuleux.
tubulus, *pl* **-li,** *n Z* tubule *m*; **tubuli contorti,** tubes contournés; **tubuli recti,** tubes droits (du rein); **tubuli lactiferi,** canaux *mpl* galactophores.
tufa, *n Geol* tuf *m*; **calcareous tufa,** tuffeau *m*, tuf calcaire.
tufaceous, *a Geol* tufacé; tufier.
tuff, *n Geol* tuf *m* volcanique; **tuff deposit,** dépôt tufeux.
tuffaceous, *a Geol* tufacé.
tuff-cone, *n* cône *m* de débris (d'un volcan).
tuff-stone, *n Geol* pierre *f* de tuf.
tuft, *n* **1.** *Bot* mèche *f*, glomérule *m*; flocon *m* (de poils). **2.** *Orn* huppe *f*, houppe *f* (de plumes).
tufted, *a* (*a*) houppé; pelotonné; garni de houppes, de glands; (*b*) *Z* muni d'une aigrette; huppé; houppifère; (*c*) *Bot* cespiteux, aigretté.
tumescence, *n Biol Physiol* tumescence *f.*
tumescent, *a Physiol* tumescent.
tumid, *a Biol* protubérant; enflé, gonflé.
tumoraffin, *a Biol* oncotrope.
tumoral, *a Biol* tumoral, -aux.
tungstate, *n Ch* tungstate *m.*
tungsten, *n Ch* (*symbole* W) tungstène *m*, wolfram *m.*
tungstenite, *n Miner* tungsténite *f.*
tungstic, *a Ch* tungstique; *Miner* **tungstic ochre,** tungstite *f.*
tungstite, *n Miner* tungstite *f.*
tungstosilicate, *n Ch* tungstosilicate *m.*
tunic, tunica, *n Anat Z Histol* tunique *f*; couche *f*; enveloppe *f* (d'un organe); **tunica albuginea,** tunique albuginée.
Tunicata, *npl Z* tuniciers *mpl.*
tunicate(d), *a Biol* tuniqué.
tunnel, *n Ch Ph* **tunnel effect,** effet *m* du tunnel.
turacin, *n BioCh* touracine *f.*
turacoverdin, *n Orn* touracoverdine *f.*
Turbellaria, *npl Biol* turbellariés *mpl.*
turbid, *a* (liquide) bourbeux.
turbidimeter, *n Ch* turbidimètre *m.*
turbidimetry, *n Ch* turbidimétrie *f.*
turbidite, *n Geol* turbidite *f.*
turbidity, *n Ch* turbidité *f*, féculence *f.*
turbinal, turbinate 1. *a Z* turbiné. **2.** *n Anat* cornet *m.*
turbinated, turbiniform, *a Z* turbiniforme, turbiné; turbinoïde.
turgescence, *n Bot* turgescence *f.*
turgescent, *a Bot* turgescent.
turgid, *a Biol* enflé, renflé, gonflé, turgide.
turgidity, *n Biol* turgescence *f.*
turgor, *n Bot* turgescence *f.*
turion, *n Bot* turion *m.*
turkey, *n Ch* **turkey red oil,** huile *f* de ricin sulfonée.
turmeric, *n Ch* curcuma *m*; **turmeric paper,** papier *m* de curcuma.
turmerol, *n Biol* curcumol *m*; turmérol *m.*
turnover, *n BioCh* rotation *f*; circuit *m.*
turpentine, *n Ch* térébenthine *f.*
turquoise, *n Miner* turquoise *f*; **true oriental turquoise,** turquoise de la vieille roche; **fossil turquoise,** turquoise osseuse, occidentale.
turriculate(d), *a Z* turriculé.
tusk, *n Z* défense *f* (d'éléphant, de sanglier, de morse).
twig, *n* (*a*) *Anat* petit vaisseau; (*b*) *Bot* brindille *f.*

twin, *a Bot* (*of leaves*) géminé.
twirl, *n Conch* spire *f.*
twisted, *a* contourné.
twisting, *n* intorsion *f.*
two-footed, *a Z* bipède.
two-legged, *a Z* bipède.
two-lipped, *a Bot* bilabié.
two-stamened, *a Bot* diandrique, diandre.
two-winged, *a Ent* diptère.
Tylopoda, *npl Z* tylopodes *mpl.*
tylosis, *pl* **-loses,** *n Z* tylose *m,* tylosis *m; Bot* thylle *f.*
tympanic, *a Z* tympanique.
tympanous, *a* tympanique.
tympanum, *pl* **-a, -ums,** *n Z* tympan *m.*
Tyndall, *Prn Ch Ph* **Tyndall effect,** effet *m* de Tyndall.
type, *n Biol* **type genus,** genre *m* type; **type specimen,** échantillon *m* type.
typhlosole, *n Z* typhlosolis *m.*
typical, *a Biol* typique, caractéristique.
typing, *n Biol* détermination *f* du type d'un microbe; **blood typing,** détermination du groupe sanguin.
Typotheria, *npl Paleont* typothériens *mpl.*
tyramine, *n BioCh* tyramine *f.*
tyrolite, *n Miner* tyrolite *f.*
tyrosamine, *n Ch* tyrosamine *f.*
tyrosinase, *n BioCh* tyrosinase *f.*
tyrosine, *n Ch* tyrosine *f.*
Tyson, *Prn Z* **Tyson's glands,** glandes *fpl* de Tyson.
tysonite, *n Miner* tysonite *f.*

U

U¹, *symbole chimique de l'*uranium.
U², *n Ch* **U tube,** tube coudé à deux branches.
u, *symbole de la* vélocité.
U, *notation usuelle de l'*énergie interne.
uberous, *a Biol* prolifique.
ubiquinone, *n Ch BioCh* ubichinone *f*, ubiquinone *f*.
udder, *n Z* mamelle *f*, pis *m* (de vache, etc).
uinta(h)ite, *n Miner* uintahite *f*, gilsonite *f*.
ula, *npl Z* gencives *fpl*.
ulceration, *n Tox* ulcération *f*.
uletic, *a Biol* gingival, -aux.
ulexine, *n Ch* ulexine *f*, cytisine *f*.
ulexite, *n Miner* ulexite *f*.
uliginous, *a Bot etc* uliginaire, uligineux.
ullage, *n Ch* creux *m* (d'un réservoir).
ullmannite, *n Miner* ullman(n)ite *f*.
ulmaceous, *a Bot* ulmacé.
ulmic, *a Ch* (acide) ulmique.
ulmin, *n Ch* ulmine *f*.
ulmous, *a Ch* (acide) ulmique.
ulna, *pl* **-ae**, **-as**, *n Anat Z* cubitus *m*.
ulnar, *a Anat Z* ulnaire; cubital, -aux.
ulnare, *pl* **ulnaria**, *n Anat Z* os *m* cunéiforme du carpe; (os) ulnaire (*m*).
ulnocarpal, *a Z* cubito-carpien.
ulnoradial, *a Z* cubito-radial, -aux.
uloid, *a Biol* d'aspect cicatriciel.
ulon, *pl* **ula**, *n Z* gencive *f*.
ulotrichous, *a Algae Z* ulotriche, ulotrique.
ultimate, *a* ultime; final, -als; *Ch* **ultimate analysis,** analyse *f* élémentaire.
ultimobranchial, *a Z* **ultimobranchial body,** corps ultimobranchial, corps suprapéricardique.
ultrabasite, *n Miner* ultrabasite *f*.
ultracentrifugation, *n Ch* ultracentrifugation *f*.
ultracentrifuge, *n Ch* ultracentrifugeur *m*, ultracentrifugeuse *f* (60 000 tr/min).
ultrachemical, *a Ch* ultra-chimique.
ultrachromatography, *n Ch* ultrachromatographie *f*.
ultrafilter, *n Ch* ultrafiltre *m*.
ultrafiltrate, *n Ch* ultrafiltratum *m*.
ultrafiltration, *n Ch* ultrafiltration *f*.
ultramarine, *n Miner* ultra-marine *f*.
ultramicroscope, *n* ultramicroscope *m*.
ultramicroscopic, *a* ultramicroscopique.
ultramicroscopy, *n* ultramicroscopie *f*.
ultramicrotome, *n Biol* ultramicrotome *m*.
ultrarapid, *a Ch* **ultrarapid reaction,** réaction *f* ultra-rapide.
ultrashort, *a Ph* **ultrashort waves,** ondes ultra-courtes.
ultrasonic, *a Ph* ultrasonore, ultrasonique, supersonique; **ultrasonic waves,** ondes *fpl* ultrasonores; ultrasons *mpl*; **ultrasonic frequencies,** fréquences *fpl* ultrasonores; *Ch* **ultrasonic homogenizer,** homogénéisateur *m* ultrasonique.
ultrasonics, *n Ph* science *f* des ultrasons.
ultrasonography, *n Biol* échographie *f* ultrasonique.
ultrasound, *n Ph* ultrason *m*.
ultrastructural, *a Biol* ultrastructural, -aux.
ultrastructure, *n Biol* ultrastructure *f*; structure fine.
ultratrace, *n Ch* **ultratrace analysis,** ultramicro-analyse *f*.
ultraviolet *Ph* **1.** *a* ultra-violet; **ultraviolet rays,** rayons ultra-violets; **ultraviolet radiations**, lumière noire; **ultraviolet spectrophotometry,** spectro-

photométrie *f* dans l'ultra-violet. **2.** *n* ultra-violet *m*.

ultravirus, *n Bac* virus filtrant, ultravirus *m*, ultragerme *m*.

ultravisible, *a Biol* ultramicroscopique.

ululation, *n Biol* ululation *f*.

umangite, *n Miner* umangite *f*.

umbel, *n*, **umbella,** *pl* **-ae, -as,** *n Bot* ombelle *f*.

umbellar, umbellate(d), *a Bot* ombellé, ombelliforme, en ombelle, en parasol.

umbellet, *n Bot* ombellule *f*.

umbellic, *a Ch* (acide) ombellique.

umbellifer, *n Bot* ombellifère *f*.

umbelliferone, *n Ch* ombelliférone *f*.

umbelliferous, *a Bot* ombellifère.

umbellule, *n Bot* ombellule *f*.

umbilic, *n* = **umbilicus.**

umbilical, *a Anat Z Oc* ombilical, -aux; *Anat Z* **umbilical cord,** cordon ombilical.

umbilicate, *a Bot* ombiliqué; déprimé en ombilic.

umbilicus, *pl* **-lici,** *n* (*a*) *Anat Z* ombilic *m*, nombril *m*; (*b*) *Bot* ombilic.

umbo, *pl* **-os, -ones,** *n Biol Moll* protubérance *f*; sommet *m*; ombilic *m*.

umbonate(d), *a Biol* umboné, omboné.

umbrella, *n Z* ombrelle *f* (de méduse, etc).

umbrellar, *a Coel* **umbrellar surface,** surface *f* umbrellaire.

unarmed, *a Z* (animal) sans défenses; (tige, ténia) inerme.

unbalance, *n Biol Ch* déséquilibre *m*.

unbalanced, *a Ph* en équilibre instable.

unbuild, *vi* (*of magnet*) se désaimanter.

uncate, *a Biol* unciné, uncinulé, unciforme; crochu; **uncate gyrus, convolution,** éminence *f* unciforme.

uncertainty, *n* incertitude *f*; *Ch* **uncertainty principle,** principe *m* de l'incertitude.

uncharged, *a Ph* **uncharged atoms,** atomes non chargés.

unciform, *a Z* unciforme, uncinulé, onguiforme; crochu; **unciform bone,** os crochu (du carpe); **unciform eminence,** ergot *m* de Morand; **unciform process,** apophyse *f* unciforme.

uncinal, uncinate, *a Biol* unciné, uncinulé, unciforme; **uncinal convolution,** uncus *m* de l'hippocampe; *Orn* **uncinal process,** apophyse oncinée.

uncinus, *pl* **-cini,** *n Ann* uncinule *f*; *npl* **uncini,** soies *fpl* en crochets.

uncombined, *a Ch* non combiné (**with,** avec).

uncondensable, *a* (gaz) incondensable.

unconditioned, *a Biol* **unconditioned reflex,** réflexe inconditionné.

unction, *n Pharm* onguent *m*.

uncus, *pl* **-i,** *n Z* (*a*) crochet *m*; (*b*) uncus *m*, lobule *m*, de l'hippocampe.

undecane, *n Ch* undécane *m*.

undecanoic, *a Ch* **undecanoic acid,** undécanoïque *m*.

undecomposed, *a Ch* indécomposé.

undecylenic, *a Ch* **undecylenic acid,** acide *m* undécylénique.

undercoat, *n Ch* sous-couche *f*.

undercooled, *a Ph* surfondu.

undercooling, *n Ph* surfusion *f*.

undercurrent, *n Oc* courant *m* de fond.

undercutting, *n Med* section sous-corticale.

underflow, *n Geol* sousverse *f*.

underfur, *n Z* duvet *m*.

underglaze, *n Ch* couverte *f* de finition.

undersexed, *a Z Physiol* hyposexué.

undershrub, *n Bot* plante frutescente.

under-titration, *n Ch* titrage *m* par défaut.

underwing, *n Z* aile postérieure (d'un insecte).

undeveloped, *a* non développé; **undeveloped plant, animal,** avorton *m*.

undiluted, *a Ch* non dilué; (acide) concentré.

undispersing, *a Biol* indiffusible.

undulant, *a Biol* ondulant.

undulate, *a Bot* ondulé.

undulating, *a Prot* **undulating membrane,** membrane ondulante.

undulation, *n* ondulation *f* (de l'eau, etc).

undulatory, *a* ondulatoire; vibratoire; *Ph* **undulatory theory,** théorie *f* des ondulations; *Biol* **undulatory membrane,** membrane ondulante.

unequal, *a Biol* inégal, -aux, irrégulier; asymétrique; **unequal pulse,** pouls irrégulier.

unfertilized, *a* (œuf) non fécondé.
unfledged, *a* (oiseau) sans plumes.
ungemachite, *n Miner* ungémachite *f.*
unglazed, *a Ch* poreux.
ungraduated, *a Ch* (*of beaker, etc*) sans graduations, non gradué.
ungual, *a Anat Z* unguéal, -aux; unguinal, -aux.
unguiculate(d), *a Bot* onguiculé.
unguiferate, unguiferous, *a Biol* unguifère.
unguiform, *a Biol* onguiforme.
unguinal, *a Anat Z* unguiforme; unguéal, -aux.
unguis, *pl* **ungues,** *n* **1.** *Anat Z* unguis *m*; os lacrymal. **2.** *Bot* onglet *m* (d'un pétale). **3.** *Z* ongle *m*; sabot *m*.
ungula, *pl* **-ae,** *n* **1.** *Bot* onglet *m* (d'un pétale). **2.** *Z* ongle *m*; sabot *m*.
Ungulata, *npl Z* ongulés *mpl.*
ungulate, *a & n Z* ongulé (*m*).
unguligrade, *a Z* onguligrade.
uniangulate, *a Bot* uniangulaire.
uniarticulate, *a Z* uniarticulé.
uniaxial, *a* **1.** *Ch Cryst* uniaxial, -aux; uniaxe. **2.** *Bot* unicaule.
unicameral, *a Biol* uniloculaire.
unicapsular, *a Bot* unicapsulaire.
unicellular, *a Biol* unicellulaire; **unicellular organism,** protiste *m*.
unicornous, *a Z* unicorne, unicornis.
unicostate, *a Bot* (*of leaf*) uninervé, uninervié.
unicuspid, *a Z* unicuspidé.
unidactylous, *a Z* unidactyle.
unidentate, *a Ch* **unidentate ligand,** seule liaison coordinée.
unidirectional, *a Ph etc* unidirectionnel.
unifining, *n Ch* procédé *m* de désulfuration catalytique.
uniflex, *n Ch* **uniflex tray,** plateau *m* de barbotage.
unifloral, uniflorous, *a Bot* uniflore.
unifoliate, *a & n Bot* unifolié (*m*), monophylle (*m*).
uniform, *a Ch* homogène; régulier.
uniformity, *n Biol* uniformité *f.*
unijugate, *a Bot* unijugué.
unilabiate, *a Bot* unilabié.
unilaminar, *a Biol* qui n'a qu'une couche.
unilateral, *a Bot* unilatéral, -aux; arrangé sur un seul côté.
unilobar, unilobate, *a Biol* unilobé.
unilocular, *a Bot* (ovaire) uniloculaire.
unilocularity, *n Bot* uniloculartié *f.*
uniloculate, *a Bot* = **unilocular.**
unimolecular, *a Ch Ph* unimoléculaire; **unimolecular film,** mono-couche *f* unimoléculaire; **unimolecular reaction,** réaction *f* unimoléculaire; **a comparison of unimolecular and bimolecular reactions,** une comparaison des réactions unimoléculaires et bimoléculaires.
unimpregnated, *a Biol* non fécondé.
uninervate, uninerved, *a Bot* (*of leaf*) uninervé, uninervié.
uninsulated, *a Ph etc* non isolé.
uninuclear, uninucleate, *a Biol* (cellule) mononucléaire.
uniocular, *a Z etc* uniocilé.
uniovular, uniovulate, *a Biol* uniovulé.
unipara, *n Biol* primapare *f.*
uniparous, *a Biol* unipare.
unipetalous, *a Bot* unipétale, monopétale.
unipolar, *a Biol* **unipolar cell,** cellule *f* unipolaire.
uniradical, *a Bot Anat* uniradiculaire.
uniramous, *a Z* unirameux.
unisepalous, *a Bot* monosépale.
uniserial, uniseriate, *a Biol* (filament, etc) unisérié.
unisexed, unisexual, *a Biol Bot* unisexué, unisexuel.
unisexuality, *n Biol Bot* unisexualité *f.*
unistratose, *a Bot* unimembraneux.
unit, *n* **1.** *Biol* **unit character,** caractère *m* unité; *Ch* **unit cell,** maille *f*, motif *m* (du réseau); *Cytol* **unit membrane,** membrane *f* élémentaire. **2.** (*a*) unité *f* (de longueur, de poids, etc); **unit of capacity, of volume,** unité de capacité, de volume; **unit of area, unit area, unit of surface,** unité de surface; *Ph* **physical unit,** unité physique; **SI units,** unités SI; **CGS units,** unités CGS; **unit of mass,** unité de masse; **unit of heat, thermal unit,** unité de chaleur, unité thermique; *AtomPh* **atomic unit,** unité atomique; **radiation unit,** unité de rayonnement; (*b*) **the spe-**

cies is the unit of the genus, l'espèce est l'unité du genre.

unite, *vi Ch* (*of atoms*) s'unir, se combiner.

univalence, univalency, *n Ch* univalence *f*, monovalence *f*.

univalent, *a Ch* univalent, monovalent.

univalve, *a & n Bot Z* univalve (*m*).

univalved, *a Biol* univalve.

Univalvia, *npl Moll* univalves *mpl*.

univalvular, *a Bot* univalve.

univitelline, *a Biol* univitellin.

univoltine, *a Z* univoltin, monovoltin.

unlined, *a Ch* sans garnissage; nu.

unmyelinated, *a Histol* sans myéline; amyélinique.

unorganized, *a Biol* (corps, état, etc) inorganisé, non organisé.

unoxidizable, *a Ch* inoxydable.

unoxidized, *a Ch* inoxydé.

unpaired, *a Ph* **unpaired electron,** électron non apparié.

unrefracted, *a Ph* (rayon) non réfracté.

unsaponifiable, *a Ch* insaponifiable.

unsaturable, *a Ch* insaturable.

unsaturate, *n Ch* insaturé *m*.

unsaturated, *a Ch* insaturé; non saturé.

unsegmented, *a Biol* non segmenté.

unseptate, *a Bot* sans septums.

unsexual, *a Biol* asexué; asexuel.

unslaked, *a Ch* **unslaked lime,** chaux vive, non éteinte, anhydre.

unstable, *a* (*a*) *Ch Ph* instable; **unstable compound,** composé *m* instable; **unstable isotope**, isotope *m* instable; (*b*) *Biol etc* labile; *Bot* **unstable community,** communauté *f* instable.

unstriated, *a* lisse.

unsymmetrical, *a Bot* asymétrique, dissymétrique; sans symétrie.

upflow, *n Ch* courant ascendant.

upfold, *n Geol* pli anticlinal.

upgrading, *n Ch* amélioration *f*.

upper, *a Bot* (i) postérieur; (ii) supérieur; haut; *Anat* **upper arm,** arrière-bras *m inv*; **upper jaw,** maxillaire supérieur; susmaxillaire *m*; mâchoire supérieure; *Geol* **Upper Paleolithic,** paléolithique supérieur; *Orn* **upper tail covert,** plume suscaudale.

upwelling, *n Oc* upwelling *m*.

uracil, *n Ch* uracile *m*.

uraemia, *n Physiol* urémie *f*; taux *m* de l'urée présente dans le sang.

uraemic, *a Biol* urémique.

uragogue, *n Pharm* diurétique *m*.

uralite, *n Miner* ouralite *f*.

uralitization, *n Miner* ouralitisation *f*, ouralisation *f*.

uramido, *a Ch* uraminé.

uranate, *n Ch* uranate *m*.

uranic, *a Ch* uranique.

uranide, *n Ch* uranide *m*.

uranine, *n Miner* uranine *f*.

uraninite, *n Miner* uraninite *f*, pechblende *f*, péchurane *m*.

uranite, *n Miner* uranite *f*.

uranium, *n Ch* (*symbole* U) uranium *m*; **uranium oxide,** urane *m*; **uranium hexafluoride,** hexafluorure *m* d'uranium; **enriched uranium,** uranium enrichi.

uranocircite, *n Miner* uranocircite *f*.

uranophane, *n Miner* uranophane *f*.

uranopilite, *n Miner* uranopilite *f*.

uranosph(a)erite, *n Miner* uranosphérite *f*.

uranospinite, *n Miner* uranospinite *f*.

uranothallite, *n Miner* uranothallite *f*.

uranothorite, *n Miner* uranothorite *f*.

uranotil(e), *n Miner* uranotile *f*.

uranous, *a Ch* uraneux.

uranyl, *n Ch* uranyle *m*.

urao, *n Miner* urao *m*.

urase, *n Biol* uréase *f*.

urate, *n Ch Biol* urate *m*; **lithium urate,** urate de lithine.

uratic, *a Biol* goutteux.

urazole, *n Ch* urazol *m*.

urceiform, urceolate, *a Z* urcéiforme, urcéolé.

urceolus, *pl* **-li,** *n Z* urcéole *m*.

urea, *n Ch* urée *f*; carbamide *f*; **urea-formaldehyde resin,** résine *f* urée-formol.

ureal, *a Ch* uréique.

urease, *n BioCh* uréase *f*.

Uredinales, Uredineae, *npl Fung* urédinales *fpl*.

Uredines, *npl Bot* urédinées *fpl*, urédinales *fpl*.

uredinial, *a NAm* **uredinial stage** = **uredo**.

uredi(ni)ospore, *n NAm* = **uredospore.**
uredinium, *pl* **-ia,** *n NAm* = **uredosorus.**
uredo, *n Bot* uredo *m.*
uredogonidium, *pl* **-ia,** *n Bot* urédospore *f.*
uredosorus, *pl* **-ri,** *n Bot* pustule *f* contenant des urédospores.
uredospore, *n Bot Fung* urédospore *f.*
uredostage, *n Bot* = **uredo.**
uregenetic, *a Biol* uréogène.
ureic, *a Ch* uréique.
ureid(e), *n Ch* uréide *m.*
ureido-, *pref Ch* **ureido-acids,** uréido-acides *mpl.*
urein, *n Biol* uréine *f.*
uremia, *n*, **uremic,** *a* = **uraemia, uraemic.**
uremide, *n Biol* urémide *f.*
ureometer, *n Ch* uréomètre *m.*
ureotelic, *a Biol* uréotélique.
ureter, *n Anat Z* uretère *m.*
ureteral, *a Anat Z* urétéral, -aux.
urethan(e), *n Ch* uréthane *m.*
urethra, *pl* **-ae, -as,** *n Anat Z* urètre *m.*
urethral, *a Anat Z* urétral, -aux.
uric, *a Ch* (acide, etc) urique.
uricase, *n BioCh* uricase *f.*
uricolytic, *a Biol Ch* uricolytique.
uricotelic, *a Biol* uricotèle.
uridin(e), *n Ch* uridine *f.*
urinary, *a Anat Z* urinaire; **the urinary passages, system,** les voies *fpl* urinaires; **urinary meatus,** méat *m* urinaire; *Ch* **urinary aromatic acids,** acides *mpl* aromatiques urinaires.
urination, *n Physiol* miction *f.*
urine, *n Physiol* urine *f.*
uriniferous, *a Anat* urinifère.
uriniparous, *a Z* urinipare.
urinogenital, *a Z* urogénital, -aux.
urinometer, *n Physiol* uromètre *m.*
urite, *n Z* urite *m*; uromère *m.*
urn, *n Bot* urne *f* (d'une mousse).
urnism, *n Z* inversion sexuelle.
urnoid, *a Bot* urnoïde.
urobilin, *n Physiol* urobiline *f.*
urobilinogen, *n Ch* urobilinogène *m.*
urocardiac, *a Crust* urocardiaque; **urocardiac ossicle,** apophyse *f* urocardiaque.
Urochorda(ta), *npl Z* urocordés *mpl*; tuniciers *mpl.*
urochrome, *n Physiol* urochrome *m.*
urodaeum, *n Orn* urodæum *m*, urodéum *m.*
Urodela, *npl Amph* urodèles *mpl.*
urodele, *n Amph* urodèle *m.*
urodelous, *a Amph Z* urodèle; avec une queue persistante.
urogenital, *a Anat Physiol* urogénital, -aux; génito-urinaire.
urolith, *n Physiol* urolithe *m.*
uromere, *n Z* uromère *m*; urite *m.*
uron, *n Ph* proton *m.*
uronic, *a Ch* **uronic acid,** acide *m* uronique.
uropod, *n Z* uropode *m.*
uropoietic, *a Physiol* uropoïétique.
uropterin, *n Ch* uroptérine *f.*
uropygial, *a Z* uropygial, -aux; **uropygial gland,** glande uropygienne, uropygiale.
uropygium, *n Z* uropyge *m*, uropygium *m.*
urosome, *n Arthrop Z* urosome *m.*
urostege, urostegite, *n Rept* plaque ventrale de la queue d'un serpent.
urosternite, *n Z* plaque ventrale d'un segment abdominal d'un arthropode.
urosthenic, *a Z* urosthénique; avec une queue forte pour la propulsion.
urostyle, *n Z* urostyle *m*; baguette *f* grêle du coccyx.
urotoxic, *a Tox* urotoxique.
urotropin(e), *n Ch* urotropine *f.*
uroxanic, *a Ch* uroxanique.
ursine, *a Z* ursin, oursin.
urticaceous, *a Bot* urticacé.
urticarial, *a Biol* urticarien.
urticate, *vtr* **1.** ortier. **2.** piquer comme une ortie.
urticating, *a Biol* urticant.
use, *n Biol Genet* **use inheritance,** transmission *f* des caractères acquis.
ustospore, *n Paly* ustospore *f.*
utahlite, *n Miner* variscite *f.*
uterine, *a Anat Z* utérin; **uterine villi,** villosités *fpl* placentaires; **uterine tube,** trompe utérine.
uterospore, *n Paly* utérospore *f.*
uterus, *pl* **-ruses, -ri,** *n Anat Z* utérus *m*, matrice *f.*

utilization, *n Ch Ph* utilisation *f.*
utricular, *a Anat Z* utriculaire; *Bot* utriculé, utriculeux.
utricle, *n,* **utriculus,** *pl* **-li,** *n Anat Z Bot* utricule *m.*
utriform, *a Z* utriforme.
utterance, *n Biol* articulation *f,* prononciation *f.*
uva, *pl* **-ae,** *n Bot* uva *m,* raisin *m.*
uvarovite, *n Miner* ouvarovite *f,* ouwarowite *f.*
uvea, *n Anat Z* uvée *f.*
uveal, *a Anat Z* uvéal, -aux.
uviform, *a Biol* uviforme.
uvitic, *a Ch* uvitique.
uvula, *pl* **-as, -ae,** *n Anat* uvule *f;* luette *f.*
uvular, *a Anat* uvulaire.

V

V, (*a*) *symbole du* volt; (*b*) *symbole chimique du* vanadium.
v, *symbole de la* vélocité.
V, *la notation usuelle* (i) *de l'*énergie potentielle, (ii) *du* potentiel, (iii) *de la* différence potentielle.
vaalite, *n Miner* vaalite *f*.
vaccinate, *vtr Bac* vacciner.
vaccination, *n Bac* vaccination *f*.
vaccine, *n Bac Biol* vaccin *m*.
vaccinid, *n Biol* vaccinide *f*.
vacciniform, *a Biol* vacciniforme.
vacciniin, *n Ch* vacciniine *f*.
vacuolate[1], *a Biol* vacuolaire, qui renferme des vacuoles; vacuolisé.
vacuolate[2], *vi Biol* vacuoliser.
vacuolated, *a Biol* = **vacuolate**[1].
vacuolation, *n Biol* vacuolisation *f*.
vacuole, *n Biol* vacuole *f*.
vacuolization, *n Biol* vacuolisation *f*.
vacuome, *n Biol* vacuome *m*.
vacuometer, *n Ph* vacuomètre *m*.
vacuum, *pl* **-ua**, **-uums**, *n Ph* vide *m*, vacuum *m*; **absolute vacuum,** vide absolu, parfait; **high, hard, vacuum,** vide élevé, poussé; **very high, ultra-high, vacuum,** vide très poussé, ultra-poussé; ultravide *m*; **low, partial, vacuum,** vide imparfait, partiel; dépression *f* (dans un tube, etc); **Torricellian vacuum,** chambre *f* barométrique; **to produce, create, a vacuum in a vessel,** faire le vide dans un récipient; **vacuum distillation, distilling,** distillation *f* sous vide; **vacuum filter,** filtre *m* à vide; **vacuum filtration,** filtration *f* par le vide; **vacuum pump,** pompe *f* à vide; **vacuum flask,** ballon *m* à vide; **vacuum grease,** graisse *f* à vide; **vacuum flash,** flash *m* à vide; **vacuum gas oil,** gazole *m* sous vide; **jacketed vacuum,** vacuum à chemise de vide.
vacuum-tight, *a Ph* qui tient le vide.
vagal, *a Z* vague; pneumogastrique.
vagina, *pl* **-ae**, **-as**, *n* **1.** *Anat Z* vagin *m*. **2.** *Biol* gaine *f*, enveloppe *f*.
vaginal, *a* **1.** (*of membrane, etc*) vaginal, -aux; engainant; vaginant. **2.** *Anat* vaginal; *Biol* **vaginal smear,** frottis vaginal.
vaginate, *a Biol* (*a*) vaginé, engainé; (*b*) vaginiforme.
vaginicoline, *a Biol Prot* vivant dans le vagin, dans une gaine.
vaginicolous, *a Biol Prot* se rapportant aux organismes qui vivent dans le vagin, dans une gaine.
vaginiferous, *a Z* vaginifère; qui porte une gaine.
vaginiform, *a Biol* vaginiforme.
vaginocele, *n Biol* vaginocèle *f*.
vaginula, *pl* **-ae**, *n*, **vaginule**, *n Bot* vaginule *f*, petite gaine.
vagotonin, *n Biol* vagotonine *f*.
vagus, *pl* **-gi**, *n Anat Z* **vagus (nerve),** (nerf *m*) pneumogastrique (*m*); nerf vague.
valence, *n Ch Ph* valence *f*; **valance link, bond,** liaison *f* de valence; **valence electron,** électron valentiel, de valence; **valence shell,** couche *f* de valence.
valency, *n Ch etc* valence *f*; **spatial direction of valency bonds,** direction spatiale de liaisons de la valence.
valentinite, *n Miner* valentinite *f*.
valeraldehyde, *n Ch* valéraldéhyde *m*.
valeramide, *n Ch* valéramide *m*.
valerate, *n Ch* valérate *m*.
valeric, *a Ch* (acide) valérique.
valeryl, *n Ch* valéryle *m*.
valerylene, *n Ch* valérylène *m*.
valine, *n BioCh* valine *f*.
vallate, *a Z* évasé; en forme de cuvette.
vallecula, *pl* **-ae**, *n* **1.** *Anat* (*a*) fossette *f*; gouttière *f*; fosse *f*; (*b*) scissure médiane du cervelet. **2.** *Bot* vallécule *f*.
vallecular, **valleculate**, *a* **1.** *Anat*

muni de fosses, de scissures. **2.** *Bot* valléculé.

valley, *n* vallée *f*; (*small*) vallon *m*; **drowned valley,** vallée noyée, enfoncée; *Geol* **tectonic valley,** fossé *m* tectonique.

Valsalva, *Prn Anat* **sinus of Valsalva,** sinus *m* de Valsalva; crosse *f* de l'aorte.

value, *n* **1.** *Ph* **calorific, heating, value,** pouvoir *m*, puissance *f*, calorifique; **thermal value,** équivalent *m* thermique; **insulating value,** pouvoir isolant. **2.** *Ch* **iodine value,** indice *m* d'iode.

valval, valvar, *a Bot Z* valvé, valvaire, valvulaire.

valvate, *a Bot etc* valvé, valvaire, valvulaire; **valvate dehiscence,** déhiscence *f* valvaire.

valve, *n* **1.** *Anat* valvule *f* (du cœur, etc); **aortic, mitral, tricuspid, semilunar, valve,** valvule aortique, mitrale, tricuspide, semi-lunaire; **coronary valve,** valvule de Thébesius; **valve of Vieussens,** valvule de Vieussens (du cervelet). **2.** *Bot Moll* valve *f*. **3.** *Ph* valve; **valve oscillator,** valve oscillatoire.

valved, *a Bot Z* à valve(s); *Moll* **two-valved shell,** coquille *f* à deux valves, coquille bivalve; *Bot* **three-valved fruit,** fruit *m* à trois valves, fruit trivalve.

valveless, *a Z* sans valve; sans soupape.

valve-shaped, valviform, *a Biol* valviforme.

valvula, *pl* **-ae,** *n Anat Z* valvule *f*; **valvulae conniventes,** valvules conniventes; *Ich* **valvula cerebelli,** valvule du cervelet.

valvular, valvulate, *a Biol* valvulé, valvulaire.

valvule, *n Anat Biol* valvule *f*.

vanadate, *n Ch* vanadate *m*; **ammonium vanadate,** vanadate d'ammoniaque.

vanadic, *a Ch* (acide) vanadique.

vanadiferous, *a Ch Miner* vanadifère.

vanadinite, *n Miner* vanadinite *f*.

vanadite, *n Ch* vanadite *m*.

vanadium, *n Ch* (*symbole* V) vanadium *m*; **vanadium steel,** acier *m* au vanadium; **vanadium pentoxide,** anhydride *m* vanadique.

vanadous, *a Ch* vanadeux.

vanadyl, *n Ch* vanadyle *m*.

Van der Waals, *Prn Ch Ph* **Van der Waals' equation,** équation *f* de Van der Waals.

vane, *n Orn* lame *f*, vexille *m*, vexillum *m* (d'une plume).

vanillin, *n Ch* vanilline *f*.

vannus, *n Ent* van *m*; champ vannal.

Van't Hoff, *Prn Ch* **Van't Hoff's isotherm,** isotherme *f* de Van't Hoff; **Van't Hoff's isochore,** isochore *f* de Van't Hoff; **Van't Hoff's law for osmotic pressure,** loi *f* de Van't Hoff pour la pression osmotique, qui obéit les lois de Boyle et de Gay-Lussac, et qui s'accorde avec la célèbre hypothèse d'Avogadro; **reaction box of Van't Hoff,** boîte *f* de réaction de Van't Hoff.

vanthoffite, *n Miner* vanthoffite *f*.

vaporimeter, *n Ch* vaporimètre *m*.

vaporization, *n Ch* **1.** vaporisation *f*; fumigation *f*; brumisation *f*; **heat of vaporization,** chaleur *f* de vaporisation. **2.** pulvérisation *f* (d'un liquide).

vaporize *Ch* **1.** *vtr* (*a*) vaporiser, gazéifier; (*b*) pulvériser, vaporiser (un liquide). **2.** *vi* (*a*) se vaporiser, se gazéifier; (*b*) (*of liquid*) se pulvériser.

vaporizer, *n Ch* vaporisateur *m*.

vaporizing, *a Petroch* **vaporizing oil,** pétrole utilisé dans les moteurs thermiques.

vaporous, *a Ch* vaporeux.

vapour, *n* vapeur *f*; *Ph etc* **water, aqueous, vapour,** vapeur d'eau; **ether, alcoholic, vapour,** vapeur d'éther, d'alcool; **vapour of iodine**, vapeur d'iode; *Ch* **vapour phase,** phase gazeuse; **vapour phase chromatography,** chromatographie *f* en phase gazeuse; **vapour density,** densité *f* de vapeur; **vapour pressure,** pression *f* de la vapeur; **vapour pressure curves,** courbes *fpl* de la pression de la vapeur; **vapour pressure formula,** formule *f* de la pression de la vapeur; **vapour pressure of droplets,** pression de la vapeur des gouttelettes; **lowering of vapour pressure,** dépression *f* de la pression de la vapeur; **vapour-solid equilibrium,** équilibre *m* entre la vapeur et le solide.

varec(h), *n Bot* varec(h) *m*.

variability, *n Biol* variabilité *f*; inconstance *f* (de type).

variable 1. *a* variable; *Biol* **variable type,**

type inconstant. **2.** *n Mth* variable *f*; *Ch* **variables of state,** variables de l'état.

variamine, *n Ch* variamine *f*.

variance, *n* (*a*) *Ph etc* variation *f* (de température, volume, etc); (*b*) *Ch* variance *f*; **variance ratio test,** test *m* de F; rapport *m* des variances.

variant *Biol* **1.** *a* qui s'écarte, a dévié, du type. **2.** *n* variant *m*.

variate, *n Ch* variable *f*.

variation, *n* (*a*) *Biol etc* variation *f*; **variation of species,** variation des espèces; **discontinuous variation,** variation discontinue; mutation *f*; **variation method,** méthode *f* de la variation; (*b*) *Ph etc* **random variation,** variation aléatoire, erratique.

varicated, *a Z etc* variqueux; **varicated shell,** coquille variqueuse.

varication, *n Z* (i) formation *f* de varices; (ii) système *m* de varices.

variceal, varicose, *a Biol* variqueux.

varied, *a Biol* multicolore, diversicolore.

variegated, *a Biol* panaché; tiqueté; diversicolore; *Miner* panaché; (*of flower, leaf, etc*) **to become variegated,** se panacher.

variegation, *n Bot* panachure *f*, diaprure *f*.

varietal, *a Biol* variétal, -aux; **varietal name,** nom *m* de variété.

variety, *n Biol* variété *f* (de fleur, etc).

variole, *n Miner* sphérolithe *m* (dans la variolite).

variolite, *n Miner* variolite *f*.

variolitic, *a Miner* qui ressemble à la variolite.

variscite, *n Miner* variscite *f*.

varix, *pl* **-ices,** *n Conch* varice *f*.

varnish, *n Ch* vernis *m*; laque *f*.

varnished, *a Bot* verni.

vary, *vi Biol* s'écarter du type; présenter une variation.

vas, *pl* **vasa,** *n Anat Bot Z* vaisseau *m*; canal *m* tube; *Anat* vas *m*; **vas deferens,** canal déférent; **vas aberrans,** vas aberrans; **vas efferens,** canalicule efférent.

vasal, *a Anat* appartenant à un canal; dans un canal; vasculaire.

vascular, *a Biol etc* (tissu, cryptogame, plante, système, etc) vasculaire; *Bot* **vascular bundle,** faisceau libéro-ligneux, fibrovasculaire; **vascular cylinder,** stèle *f*; *Histol* **vascular tunic,** membrane *f* musculovasculaire.

vascularity, *n Physiol* vascularité *f*.

vascularization, *n Biol Physiol* vascularisation *f*.

vascularized, *a Biol Physiol* vascularisé.

vasculature, *n Biol* vascularisation *f*.

vasculose, *n Bot Ch* vasculose *f*.

vasculum, *pl* **-la,** *n Bot* ascidie *f*; *Biol* petit vaisseau.

vasifactive, *a Biol* donnant naissance à de nouveaux vaisseaux.

vasiform, *a Z Bot etc* en forme de vase; vasiforme.

vasoconstriction, *n Physiol* vasoconstriction *f*; diminution *f* du calibre d'un vaisseau par contraction de ses fibres musculaires.

vasoconstrictor, *a & n Anat Physiol* vaso-constricteur (*m*).

vasodilatation, *n Physiol* vaso-dilatation *f*.

vasodilatin, *n Physiol* vasodilatine *f*.

vasodilation, *n Physiol* vaso-dilation *f*.

vasodilator, *a & n Physiol* vaso-dilateur (*m*); vaso-dilatateur (*m*).

vasomotion, *n Physiol* (i) contraction *f*, (ii) dilation *f* d'un vaisseau.

vasomotor, *a & n Physiol Z* vasomoteur (*m*).

vasopressin, *n Ch* vasopressine *f*.

vasorelaxation, *n Physiol* diminution *f* de la tension vasculaire.

vat, *n Ch* cuve *f*; **vat dye, colour,** colorant *m* pour cuve.

vaterite, *n Miner* vatérite *f*.

vector, *n Ph etc* vecteur *m*; **Poynting vector** (*symbole S*), vecteur de Poynting; *Med* **vector diagram,** vectogramme *m*.

vegan, *n Biol* végétalien(ne).

vegetable 1. *a* végétal, -aux; **the vegetable kingdom,** le règne végétal; **vegetable life,** la vie végétale, la végétalité; **vegetable soil,** terre végétale; **vegetable fibre,** fibre végétale; **vegetable oils,** huiles végétales. **2.** *n Bot* végétal *m*.

vegetal, *a & n Bot* végétal (*m*), -aux; *Biol* **vegetal pole,** pôle végétatif.

vegetate, *vi* (*of plant*) végéter.
vegetation, *n* **1.** végétation *f.* **2.** végétation, peuplement végetal (d'une région).
vegetative, *a Bot* végétatif; **vegetative reproduction,** reproduction végétative; **vegetative filament,** filament végétatif; *Biol* **vegetative cell,** cellule végétative.
vegeto-animal, *a* végéto-animal, -aux.
vegeto-mineral, *a* végéto-minéral, -aux.
vegeto-sulfuric, *a* végéto-sulfurique.
vehicle, *n Ch* véhicule *m* (pour un mélange); **air is the vehicle of sound,** l'air est le véhicule du son.
veil, *n Bot* voile *m*; **universal veil,** voile général.
vein, *n* **1.** *Anat Z* veine *f*; **portal vein,** veine porte; **companion veins**, veines satellites. **2.** *Bot Z* nervure *f* (de feuille, d'aile); veine (de feuille). **3.** *Geol* filon *m.*
veined, *a* **1.** veiné, veineux, à veines; **veined wood,** bois veiné, madré. **2.** *Bot Z* nervuré, à nervures.
veining, *n* (*a*) veinure *f*, marbrure *f*; (*b*) veines *fpl*; *Bot Z* nervures *fpl.*
veiny, *a* (*of leaf, wood*) veineux.
velamen, *pl* **-lamina,** *n Bot* enveloppe extérieure, tégument *m*, vélamen *m*, voile *m* (d'une racine d'orchidée).
velaminous, *a Bot* vélamenteux.
velar, *a Z* vélaire; *Amph* **velar tentacle,** languette *f* du vélum.
velate, *a Paly* voilé.
veliform, *a Biol* véliforme; vélamenteux.
veliger, *n Z* véligère *f.*
veligerous, *a Z* véligère.
velocity, *n Ch Ph* vitesse *f*, *occ* vélocité *f.*
velum, *pl* **vela,** *n* (*a*) *Anat* voile *m* du palais; (*b*) *Anat Biol* voile.
velutinous, *a Biol* velouteux.
velvet, *n Z* velouté *m*; **velvet of a stag's horns,** peau velue du bois de cerf.
velveted, *a Biol* velouté.
velvety, *a Bot* pruiné, pruineux.
vena, *pl* **-ae,** *n Biol* veine *f.*
venate, *a Paly* veiné.
venation, *n Bot Z* nervation *f*, nervulation *f.*
venational, *a Bot Z* de la nervation.
veneniferous, *a Biol* vénénifère.
venenific, *n Z* (glande, etc) vénénifique, vénénipare.
venenous, *a Biol* vénéneux.
veniplex, *n Z* plexus veineux.
venom, *n Biol* venin *m.*
venomosalivary, *a Z* sécrétant une salive toxique.
venomous, *a Biol* (*of animal*) venimeux; (*of plant*) vénéneux.
venose, *a Bot Z* nervé.
venous, *a* **1.** *Physiol* (système, sang) veineux. **2.** *Ent* nervé.
vent, *n Z* orifice anal (d'un oiseau, poisson, etc); évent *m*; orifice; prise *f* d'air.
venter, *n Anat etc* (i) protubérance *f*, (ii) dépression *f* (d'un os, etc); *Bot* ventre *m* (de l'archégone); *Z* ventre (d'une coquille bivalve).
ventrad, *adv Z* orienté vers le ventre, vers la position antérieure du corps.
ventral, *a* **1.** *Anat Z Conch* ventral, -aux; *Z* **ventral fins,** *npl* **ventrals,** (nageoires) ventrales; **ventral nervous cord,** tronc nerveux ventral; *Nem* **ventral plate,** lame pharyngienne. **2.** *Ph* **ventral segment,** ventre *m* (d'une onde).
ventralia, *npl Anat Embry* ébauches arcuales.
ventricle, *n Anat Z* ventricule *m* (du cœur, du cerveau).
ventricose, *a Biol* ventru, bombé, renflé.
ventricular, *a Anat* ventriculaire; **ventricular septum,** cloison *f* interventriculaire.
ventriculus, *pl* **-li,** *n Anat* ventricule *m.*
venturimeter, *n Biol* venturimètre *m.*
venule, *n Anat Bot Z* veinule *f.*
veratramine, *n Ch* vératramine *f.*
veratric, *a Ch* vératrique.
veratrine, *n Ch etc* vératrine *f.*
veratrol, *n Ch* vératrol(e) *m.*
verbena, *n Ch* **verbena oil,** essence *f* de verveine.
Verbenaceae, *npl Bot* verbénacées *fpl.*
verbenaceous, *a Bot* verbénacé.
verd antique, *n Miner* vert *m* antique.
verdigris, *n Ch* vert-de-gris *m.*
verditer, *n Ch Miner* vert *m* de terre.
verge, *n Z* verge *f* (d'un invertébré).
vermicidal, *a Biol* vermicide.

vermicide, *n Ch Ent* vermicide *m*.
vermicular, *a* **1.** *Anat* vermiculaire; vermiforme. **2.** *Physiol* (mouvement) péristaltique.
vermiculate(d), *a Biol* vermiculé.
vermicule, *n Z* vermisseau *m*, petit ver, asticot *m*, larve *f*.
vermiculite, *n Miner* vermiculite *f*.
vermiform, *a Anat Z* vermiforme, helminthoïde; **vermiform processes of the brain**, éminences *fpl* vermiformes du cervelet; **vermiform appendix**, appendice *m* vermiculaire, vermiforme, iléo-cæcal, -aux.
vermifugal, *a Med* vermifuge.
vermifuge, *a & n Med* vermifuge (*m*).
Vermilingu(i)a, *npl Z* vermilingues *mpl*.
vermilingu(i)al, *a Z* vermilingue.
verminal, **verminous**, *a Biol* vermineux.
vermis, *pl* **vermes**, *n* (*a*) *Z* ver *m*; (*b*) *Anat* vermis *m* (du cervelet).
vermivorous, *a Z* vermivore.
vernacular, *a Z* vernaculaire.
vernal, *a Bot* vernal, -aux.
vernalin, *n Bot* vernaline *f*.
vernalization, *n Bot* printanisation *f*.
vernation, *n Bot* vernation *f*, préfoliaison *f*, préfoliation *f*, feuillaison *f*, foliation *f*.
veronal, *n Ch* véronal *m*.
verruca, *pl*-**ae**, *n Bot Z* verrue *f*.
verrucose, **verrucous**, *a Bot Z* verruqueux.
versatile, *a Biol* versatile; polyvalent; *Bot* **versatile anther**, anthère oscillante, versatile.
versatility, *n Biol* versatilité *f* (d'un organe, d'un membre, etc).
versene, *n Ch* versène *m*.
versicoloured, *NAm* **versicolored**, *a Biol* versicolore.
versiform, *a Bot* versiforme.
vertebra, *pl* **-ae**, *n Anat Z* vertèbre *f*.
vertebral, *a Anat Z* vertébral, -aux; **vertebral column**, colonne vertébrale.
Vertebrata, *npl Z* vertébrés *mpl*.
vertebrate 1. *a* (*also* **vertebrated**) *Z* (*a*) (animal) vertébré; (*b*) des vertébrés. **2.** *n* vertébré *m*.
vertex, *pl* **-ices**, *n Anat Z* vertex *m*; sommet *m* de la tête.
vertic, *a Pedol* vertique.
vertical, *a* vertical, -aux; *Ph* **vertical polarization**, polarisation verticale.
vertically, *adv* verticalement; *Ph* **vertically polarized wave**, onde polarisée verticalement.
verticil, *n Bot* verticille *m*.
verticillate, *a Bot* verticillé.
vertison, *n Pedol* vertison *m*.
verumontanum, *n Anat Z* verumontanum *m*.
vervein, *n Ch* **vervein oil**, essence *f* de verveine.
vesanic, *a Biol* vésanique.
vesica, *pl* **-ae**, *n* (*a*) *Anat Z* vessie *f*; *Z* **vesica natatoria**, vessie natatoire, vésicule aérienne; (*b*) *Bot* vésicule.
vesical, *a Anat* vésical, -aux.
vesicle, *n Anat Z* vésicule *f*.
vesico-uterine, *a Biol* vésico-utérin.
vesicula, *pl* **-ae**, *n Anat Z* vésicule *f*.
vesicular, *a Anat Z* vésiculaire; *Geol* (*of rock*) bulleux.
vesiculate(d), *a Bot Z* vésiculeux; *Paly* vésiculé.
vesiculiform, *a Biol* vésiculiforme.
vesiculose, **vesiculous**, *a Bot* vésiculeux.
vesperal, *a Biol* vespéral, -aux.
vespiform, *a Ent* crabroniforme.
vessel, *n* **1.** (*receptacle*) récipient *m*, vase *m*; *Ph* **communicating vessels**, vases communicants; **graduated vessel**, vase gradué. **2.** *Anat Bot* vaisseau *m*; *Biol Bot* trachée *f*.
vestibular, *a Anat Z* vestibulaire; *Histol* **vestibular membrane of cochlear duct**, membrane *f* vestibulaire de Reisner.
vestibule, *n Paly Z* vestibule *m*; **vestibule of the ear**, vestibule.
vestige, *n Biol* organe *m* qui persiste à l'état rudimentaire; vestige *m*.
vestigial, *a Biol* (organe) qui persiste à l'état rudimentaire, qui s'est atrophié au cours des âges; **vestigial organ**, organe *m* rudimentaire.
vestiture, *n Biol* revêtement *m* (de poils, d'aiguillons, etc); vestiture *f*.
vesuvianite, *n Miner* vésuvianite *f*, vésuvienne *f*, idocrase *f*.

vesuvine, *n Ch* vésuvine *f*; brun *m* Bismarck.
veszelyite, *n Miner* veszélyite *f*.
veterinary, *a Vet* vétérinaire; **veterinary medicine,** médecine *f* vétérinaire; **veterinary surgeon,** vétérinaire *mf*.
vexil, *n Bot* étendard *m*.
vexillar, *a Bot* vexillaire.
vexillate, *a Bot* vexillé.
vexillum, *pl* **-illa,** *n* **1.** *Bot* étendard *m*, pavillon *m* (d'une papilionacée). **2.** *Z* vexille *m*, vexillum *m* (de plume).
viability, *n Biol* viabilité *f*, aptitude *f* à vivre.
viable, *a Biol* viable, apte à vivre.
vial, *n Ch* fiole *f*, flacon *m*.
vibracularium, *pl* **-ia,** *n*, **vibraculum,** *pl* **-la,** *n Z* vibraculaire *m*.
vibrate, *vi Ph* vibrer, osciller.
vibratile, *a Biol* (*of cilium*) vibratile.
vibrating, *a Ch* **vibrating screen,** tamis *m* à secousses.
vibration, *n* vibration *f*; *Ph* oscillation *f*, pulsation *f*; **atomic vibration,** vibration des atomes; **erratic vibration,** vibration irrégulière.
vibrational, *a Ph* de (la) vibration, des vibrations; d'oscillation, des oscillations; vibratoire; **vibrational energy,** énergie *f* de vibration, d'oscillation; **vibrational energy quanta,** quanta *mpl* de l'énergie de vibration; **vibrational spectrum,** spectre *m* de vibration; **vibrational frequency,** fréquence *f* de vibration; **vibrational states,** états *mpl* de vibration.
vibratory, *a Ph etc* vibratoire.
vibrissa, *pl* **-ae,** *n Anat Z* vibrisse *f*; soie *f*.
vibrograph, *n Ph* vibrographe *m*.
vibrometer, *n Ph* vibromètre *m*.
vibroscope, *n Ph* vibroscope *m*.
vibroseismic, *a Geol* vibrosismique.
vibrotaxis, *n Physiol* vibrotaxie *f*.
vicariant, *a Biol Physiol* vicariant.
vicariation, *n Biol* vicariation *f*.
vicarious, *a Biol* vicariant.
vicidity, *n Ch* viscosité élevée.
vicilin, *n Biol* vicilline *f*.
vicinal, *a Ch* vicinal, -aux.
vidian, *a Anat* **vidian nerve,** nerf vidien.
villiaumite, *n Miner* villiaumite *f*.
villiform, *a Biol* villiforme.
villose, *a Biol* villeux; velu.
villosity, *n Anat etc* villosité *f*; velu *m* (d'une plante, etc).
villous, *a Biol* villeux; velu.
villus, *pl* **-li,** *n* **1.** *Bot* poil *m*. **2.** *Anat Z* villus *m*; villosité *f* (de l'intestin grêle, du chorion).
Vincq d'Azyr, *Prn Anat* **Vincq d'Azyr's band,** sillon circonférentiel de Vincq d'Azyr.
vinculum, *pl* **-la,** *n Z* ligament *m*; frein *m*, filet *m*.
vinic, *a Ch* (alcool, éther, etc) vinique.
vinyl, *n Ch* vinyle *m*; **vinyl acetate, chloride,** ácetate *m*, chlorure *m*, de vinyle; **vinyl alcohol,** alcool *m* vinylique; **vinyl resins,** résines *fpl* vinyliques.
vinylacetylene, *n Ch* vinylacétylène *m*.
vinylation, *n Ch* vinylation *f*.
vinylbenzene, *n Ch* vinylbenzène *m*.
vinylidene, *n Ch* **vinylidene chloride, VDC,** chlorure *m* vinylidène.
vinylite, *n Ch* vinylite *f*.
vinylog, *n Ch* vinylogue *m*.
vinylogous, *a Ch* vinylogue.
vinylpyridine, *n Ch* vinylpyridine *f*.
viocid, *n Ch* chlorure *m* de méthylrosalinium.
violan(e), *n Miner* violane *f*.
violet, *a Ph* **violet rays,** rayons violets.
violuric, *a Ch* violurique.
viomycin, *n BioCh* viomycine *f*.
viosterol, *n Biol* calciférol *m*.
viral, *a Bac Biol* viral, -aux; **viral disease,** maladie *f* à virus.
virescence, *n Bot* virescence *f*.
virescent, *a Bot* verdoyant.
virgate, *a Biol* en verge; élancé.
virgin, *a Miner* (à l'état) natif.
virginal, *a Biol* **virginal generation,** parthénogénèse *f*.
virginoparous, *a Z* (insecte) virginipare.
virial, *n Ph* viriel *m*.
viricidal, *a Biol* virocide.
viridescent, *a Bot* verdoyant; virescent.
viridine, *n Ch* viridine *f*.
viridite, *n Miner* viridite *f*.
virile, *a Z* viril, mâle; **virile member,** pénis *m*.

virilescence, *n Biol* virilisation *f.*
virogen, *a Genet* virogène.
viroid, *a & n Microbiol* viroïde (*m*).
virological, *a* virologique.
virology, *n* virologie *f.*
virose, *a Biol* vireux, fétide.
virosome, *n Microbiol* virosome *m.*
virus, *pl* **-uses,** *n* virus *m.*
vis, *n Ph* **vis inertiae,** force *f* d'inertie.
viscera, *npl Anat Z* viscères *mpl.*
visceral, *a Anat Z* viscéral, -aux; **visceral arch,** arc viscéral; **visceral cleft,** fente branchiale; **visceral hump, visceral mass,** bosse viscérale.
viscerotropic, *a Vet Med* viscérotrope.
viscid, *a Ch* visqueux, gluant.
viscin, *n Ch* viscine *f.*
viscometer, *n Ph* viscomètre *m*, viscosimètre *m.*
viscometric, *a Ph* viscométrique.
viscometry, *n Ch Ph* viscométrie *f.*
viscose, *n Ch* viscose *f.*
viscosimeter, *n Ph* viscosimètre *m.*
viscosimetric, *a Ph* viscosimétrique.
viscosimetry, *n Ph* viscosimétrie *f.*
viscosity, *n* viscosité *f*; *Ch* **relative viscosity,** viscosité relative; **coefficient of viscosity,** coefficient *m* de viscosité; **viscosity index,** index *m* de viscosité; **viscosity and surface tension,** viscosité et tension superficielle; **viscosity of electrolytes,** viscosité des électrolytes; **viscosity tube,** tube *m* de viscosité.
viscostatic, *a Ch* viscostatique.
viscous, *a Ch Ph* visqueux; mucilagineux.
viscus, *pl* **viscera,** *n Anat Z* viscère *m.*
visibility, *n* visibilité *f*; *Ph* **visibility curve,** courbe *f* de visibilité (des ondes lumineuses).
vision, *n Physiol* vision *f*, vue *f*; **binocular vision,** vision binoculaire; **double vision,** double vision, diplopie *f*; **field of vision,** champ visuel.
visual, *a Anat Physiol* visuel; **visual angle,** angle visuel; **visual cells,** couche *f* des cônes et bâtonnets de la rétine; **visual field,** champ visuel; **visual focus,** foyer *m* optique; **visual nerve,** nerf *m* optique; **visual purple,** pourpre rétinien; **visual receptor,** photorécepteur *m.*
visualization, *n Ch* détection *f.*
vital, *a* vital, -aux; essentiel à la vie; **vital organ,** partie vitale; *Biol* **vital staining of cells,** coloration vitale des cellules.
vitalism, *n Biol* vitalisme *m.*
vitalistic, *a Biol* (théorie, etc) vitaliste.
vitality, *n Physiol* vitalité *f.*
vitamin, *n BioCh* vitamine *f*; *Physiol* **vitamin deficiency,** carence vitaminique.
vitaminogenic, *a Biol* vitaminogène.
vitaminoid, *a Biol* vitaminoïde.
vitellarium, *pl* **-ia,** *n Biol Z* glande *f* vitellogène; vitellarium *m.*
vitellary, *a Biol* vitellin.
vitelligenous, *a Anat Biol* **vitelligenous cell,** cellule vitelline.
vitellin, *n Ch* vitelline *f.*
vitelline, *a Biol Z* vitellin, vitellifère; **vitelline membrane,** membrane vitelline (de l'œuf); **vitelline duct,** canal vitellin; **vitelline gland,** glande *f* vitellogène.
vitellogen, vitellogene, *n Biol* glande *f* vitellogène.
vitellogenesis, *n Biol* vitellogénèse *f.*
vitellus, *pl* **-li,** *n Biol Z* vitellus *m*, lécithe *m.*
vitreous, *a* **1.** *Ch Geol etc* vitreux; hyalin; **vitreous state,** état vitreux; **vitreous enamel,** émail *m.* **2.** *Anat Z* **vitreous body, humour,** corps vitré, humeur vitrée (de l'œil).
vitreum, *n Anat Z* corps vitré (de l'œil).
vitrification, *n Ch* vitrification *f.*
vitrinite, *n Miner* vitrinite *f.*
vitriol, *n* **1.** *Miner* **blue, copper, vitriol,** vitriol bleu, couperose bleue, sulfate *m* de cuivre; **green vitriol,** vitriol vert, couperose verte, sulfate de fer, sulfate ferreux; **white vitriol,** vitriol blanc, couperose blanche, sulfate de zinc; **red vitriol,** biebérite *f*, rhodalose *f.* **2.** *Ch* **(oil of) vitriol,** (huile *f* de) vitriol; acide *m* sulfurique.
vitrite, *n Miner* vitrite *f.*
vitta, *pl* **-ae,** *n* (*a*) *Z* bande *f* (de couleur); raie *f*; (*b*) *Bot* canal *m* résinifère; bandelette *f* (du fruit des ombellifères).
vittate, *a Biol* vittigère.
vitular, vitulary, *a* vitulaire.
vivarium, *pl* **-iums, -ia,** *n Biol* vivarium *m*; vivier *m.*
vivianite, *n Miner* vivianite *f.*

vividiffusion, *n Med Physiol* hémodialyse *f*.
viviparism, *n Biol* viviparisme *m*.
viviparity, *n Biol* viviparité *f*.
viviparous, *a Z* vivipare.
viviparously, *adv Z* viviparement, à la façon des vivipares.
viviparousness, vivipary, *n Biol* viviparité *f*, viviparisme *m*.
vivisection, *n Biol* vivisection *f*.
vivisectionist, *n Biol* vivisecteur *m*.
vocal, *a Anat Physiol* vocal, -aux; **vocal cords**, cordes vocales; **vocal process**, apophyse vocale du cartilage aryténoïde.
vogesite, *n Miner* vogésite *f*.
voglite, *n Miner* voglite *f*.
voice, *n Physiol* voix *f*; **change of voice**, mue *f*.
void[1] *Ch* **1.** *a & n* vide (*m*). **2.** *n* bulle *f*.
void[2], *vtr Z* évacuer; **to void urine**, uriner.
voidage, voidance, *n Ch* porosité *f*.
volant, *a Biol* volant.
volar, *a Z* (i) palmaire; (ii) plantaire.
volaris, *a Biol* palmaire.
volatile *Ch etc* **1.** *a* volatil, gazéifiable; **volatile oil**, huile volatile; huile essentielle. **2.** *n* substance volatile.
volatility, *n Ch* volatilité *f*.
volatilizable, *a Ch* volatilisable.
volatilization, *n Ch* volatilisation *f*, subtilisation *f*.
volatilize *Ch* **1.** *vtr* volatiliser, vaporiser (un liquide). **2.** *vi* se volatiliser.
volatilized, *a Ch* volatilisé.
volcanic, *a* volcanique; *Miner* **volcanic glass**, obsidiane *f*, obsidienne *f*; silex *m* volcanique; pierre *f* des volcans; verre *m* des volcans, verre volcanique.
volcano, *n* volcan *m*.
volitant, *a* (*of insect, etc*) voltigeant, qui se déplace sans cesse.
volt, *n ElMeas* (*symbole* V) volt *m*.
voltage, *n El* tension *f*; **at a voltage of 120 volts**, à une tension de 120 volts; **high, low, voltage**, haute, basse, tension.
voltaic, *a El* (pile, courant, arc) voltaïque; *Ch* voltaïque.
voltaite, *n Miner* voltaïte *f*.
voltaization, *n Ch* galvanisation *f*.
voltameter, *n Ch* voltamètre *m*.
volt-ampere, *n Ph* voltampère *m*; **volt-ampere hour**, voltampère-heure *m*.
voltinism, *n Z* voltinisme *m*.
voltmeter, *n Ch Ph* voltmètre *m*.
voltzine, *n Miner* voltzine *f*.
voltzite, *n Miner* voltzite *f*.
volume, *n Ch Ph* volume *m*; **densities for equal volumes**, densités *fpl* à volume égal; **atomic, molecular, nuclear, volume**, volume atomique, moléculaire, nucléaire; **volume method**, méthode *f* du volume; **net retention volume**, volume de rétention absolue; **volume unit (of sound) (V.U.)**, décibel *m*.
volumenometer, *n Ph* voluménomètre *m*.
volumeter, *n Ph* volumètre *m*.
volumetric, *a Ch Ph* volumétrique; **volumetric analysis**, analyse *f* volumétrique; **volumetric apparatus**, appareil *m* volumétrique; **volumetric flask**, fiole jaugée.
volumetrically, *adv Ch Ph* volumétriquement.
voluminal, *a Ph* (*of mass*) volumique.
voluminous, *a* volumineux.
volumometer, *n Ph* volumètre *m*.
voluntary, *a Physiol* **voluntary nerve, muscle**, nerf *m*, muscle *m*, volontaire.
volute[1], *n Z* volute *f*.
volute[2], **voluted**, *a Biol* voluté; (i) à volutes; (ii) enroulé en spirale.
volutin, *n Ch* volutine *f*.
volution, *n Z* circonvolution *f*.
volva, *n Bot* volve *f*, volva *f*.
volvate, *a Bot* volvé.
volvulate, *a* volvulé.
vomer, *n Anat Z* vomer *m*.
vomerine, *a Anat Z* vomérien.
vomeronasal, *a Anat Z* se rapportant au vomer et à l'os nasal; **vomeronasal organ**, organe *m* de Jacobson.
vomica, *pl* **-cas, -cae**, *n Ch* vomique *f*.
vomicine, *n Ch* vomicine *f*.
vomicose, *a Biol* ulcéreux.
vomiting, *n Physiol* vomissement *m*.
vomitive, vomitory, *a Physiol* émétique; vomitif.
Von Weimarn, *Prn Ch* **Von Weimarn's theory (of the colloidal state)**, théorie *f* de Von Weimarn de l'état colloïdal.
vortex, *pl* **-ices, -exes**, *n* **1.** *Ph* tour-

billon *m*; **vortex line, filament,** ligne *f*, filet *m*, de tourbillon; **vortex motion,** mouvement *m* tourbillonnaire; **vortex ring,** vortex *m*; *Ch* **vortex beater,** pile *f* vortex. **2.** *Z* **vortex of the heart,** vortex des fibres du cœur; *Histol* **vortex vein,** veine vorticineuse.

vortical, *a & n Ph* **vortical (motion),** mouvement *m* tourbillonnaire.

vrbaite, *n Miner* vrbaïte *f*.

vulcanization, *n Ch* vulcanisation *f*.

vulcanite, *n Ch* vulcanite *f*.

vulnerable, *a Z* vulnéraire.

vulnerant, *a* vulnérant.

vulnerary, *a* vulnéraire.

vulnerate, *vtr* blesser.

vulnus, *n* blessure *f*.

vulpinite, *n Miner* vulpinite *f*.

vulva, *pl* **-ae, -as,** *n Anat Z* vulve *f*.

vulval, vulvar, *a Anat* vulvaire.

vulvo-uterine, *a Z* vulvo-utérin.

vulvo-vaginal, *a Z* vulvo-vaginal, -aux.

V.U.-meter, *n Ph* décibelmètre *m*.

W

W, (*a*) *symbole du* watt; (*b*) *symbole chimique du* tungstène; (*c*) *symbole du* wolfram; (*d*) *Biol* **W chromosome,** chromosome *m* W.

W, *la notation usuelle* (i) *du* poids, (ii) *du* travail.

wacke, *n Geol* wacke *m.*

wad, *n* **1.** *Miner* wad *m.* **2.** *Ch* ouate *f* de cellulose.

wadding, *n Ch* tampon *m* d'ouate.

wader, *n Orn* pataugeur *m.*

wading, *a Orn* **wading bird,** pataugeur *m.*

Wagner, *Prn Z* **Wagner's corpuscles,** corpuscules *mpl* de Meissner.

wagnerite, *n Miner* wagnérite *f.*

Walden, *Prn Ch* **Walden inversion,** inversion *f* de Walden.

walking, *n Crust* **walking leg,** patte *f* ambulatoire; péréiopode *m.*

wall, *n* **1.** *Biol* **wall pressure,** pression *f* membranaire; **cellular wall,** paroi *f* cellulaire. **2.** *Ph* **cosmic wall,** mur *m* cosmique.

Wallerian, *a Histol Physiol* **Wallerian degeneration,** dégénérescence wallérienne.

wallerite, *n Miner* wallérite *f.*

walpurgite, *n Miner* walpurgine *f.*

waltherite, *n Miner* walthérite *f.*

wandering 1. *a Biol Histol* **wandering cell,** leucocyte *m*; cellule migratrice. **2.** *n* égarement *m.*

wapplerite, *n Miner* wapplérite *f.*

wardite, *n Miner* wardite *f.*

warfarin, *n Ch* warfarine *f.*

warm-blooded, *a Z* à sang chaud, homéotherme.

warning, *n Biol Ch* mise *f* en garde; *Z* **warning colours,** camouflage *m.*

wart, *n* (*a*) *Bot* excroissance *f*; loupe *f*; pustule *f*; (*b*) *Z* verrue *f.*

warted, *a Bot Z* verruqueux.

warwickite, *n Miner* warwickite *f.*

wash[1], *n* lavage *m*; *Biol* **eye wash,** collyre *m*; *Ch* **wash bottle,** pissette *f.*

wash[2], *vtr* éliminer (qch) par lavage.

washout, *n* **1.** rinçage *m.* **2.** *Geol* poche *f.*

waste, *a Ch* **waste gas,** gaz *m* d'échappement; **waste water,** eau usée; **waste liquor,** liqueur *f* résiduaire.

watch, *n Ch* **watch glass,** verre *m* de montre.

water, *n* **1.** *Ch* eau *f*; **water of crystallization, of hydration,** eau de cristallisation; **constitution(al) water,** eau de constitution; **water bath,** bain-marie *m*; **water gas,** gaz *m* à l'eau; **hard water,** eau calcaire; **heavy water,** eau lourde; **ionic product of water,** produit *m* ionique de l'eau; *Ch Ph* **water equivalent,** équivalent *m* hydrique; équivalent en eau. **2.** (*a*) *Bot* **water plant,** plante *f* aquatique, plante d'eau; hydrophyte *f*; *Biol* **water balance,** équilibre *m* hydrique; *Echin* **water vascular system,** appareil *m* aquifère; *Geol* **water pocket,** poche *f* d'eau; **water table,** niveau *m* hydrostatique; nappe *f* aquifère, phréatique; (*b*) *npl Biol* **waters,** liquide *m* amniotique; **bag of waters,** amnios *m.*

waterborne, *a Ch* transmis par de l'eau de boisson contaminée; *Biol* d'origine hydrique.

water-cool, *vtr* refroidir (l'air, etc) par l'eau.

water-cooled, *a* refroidi par (l')eau.

waterfowl, *n Orn* sauvagine *f.*

water-free, *a Ch* anhydre.

waterglass, *n Ch* silicate *m* (i) de potasse, (ii) de soude.

water-leaf, *n Bot* hydrophylle *f.*

water-level, *n* niveau *m* d'eau.

waterproof, *a Ch* **waterproof paper,** papier imperméabilisé.

water-repellent, *a Biol* hydrofuge.

water-soluble, *a Ch* hydrosoluble.

watery, *a Biol* aqueux; séreux.
watt, *n Ph* (*symbole* W) watt *m*; voltampère *m*; **watt current**, courant watté, courant énergétique; **watts per candle**, watts par bougie.
wattage, *n Ch* wattage *m*.
watt-hour, *n Ph* watt-heure *m*.
wattle, *n Z* caroncule *m*.
wattmeter, *n Ch Ph* wattmètre *m*.
wave, *n Ph* onde *f* (électrique, magnétique, etc); **heat wave**, onde calorifique; **light wave**, onde lumineuse; **seismic wave**, onde séismique; **wave theory of light**, théorie *f* ondulatoire de la lumière; **longitudinal, transverse, wave**, onde longitudinale, transversale; **plane wave**, onde plane; **reflected wave**, onde réfléchie; **sine wave**, onde sinusoïdale; **plane sine wave**, onde sinusoïdale plane; **standing, stationary, wave**, onde stationnaire; **steep-front wave**, onde à front raide; **travelling wave**, onde progressive; **waves out of phase**, ondes décalées; **wave amplitude**, amplitude *f*, élongation *f*, de l'onde; **wave equation**, équation *f* d'onde; **wave form, wave shape**, forme *f* d'onde; **wave front**, front *m* d'onde; **wave functions**, fonctions *fpl* de l'onde, symétriques et antisymétriques; **wave motion**, ondulation *f*, mouvement *m* ondulatoire; **wave path**, parcours *m* de l'onde; **wave surface**, surface *f* d'onde; **wave meter**, ondemètre *m*; **wave number**, nombre *m* d'ondes; **wave producer**, producteur *m* d'ondes; **wave train, wave packet**, train *m* d'ondes; **wave guide**, guide *m* d'ondes; **wave velocity**, vitesse *f* (de propagation) de l'onde.
wavelength, *n Ph* longueur *f* d'onde; **distinctive wavelength**, caractéristique *f* (d'une radiation, etc).
wavelet, *n Ph* petite onde.
wavellite, *n Miner* wavellite *f*.
wavy, *a Ph* sinusoïde; ondulé.
wax, *n* **1.** cire *f*; *Z* **wax gland**, glande cirière. **2.** (*a*) *Physiol* **ear wax**, cérumen *m* (des oreilles); (*b*) **fossil wax, mineral wax**, cire fossile, minérale; ozokérite *f*, ozocérite *f*; *Miner* **wax opal**, résinite *m*; (*c*) **vegetable wax, plant wax**, cire végétale; **Chinese wax**, cire de Chine.
wax-bearing, *a Bot* cérifère.
waxen, *a Physiol* cireux; **waxen complexion**, teint *m* de cire.
way, *n Ch* voie *f*.
Wb, *symbole du* weber.
weak, *a* (acide) faible, dilué.
wean, *vtr* sevrer.
wear¹, *n* usure *f*.
wear², *vtr Geol* **to wear away**, éroder.
weather *Geol* **1.** *vtr* désagréger (des roches). **2.** *vi* s'effriter.
weathering, *n Geol* désagrégation *f*, dégradation *f*, effritement *m* (des roches); **differential weathering**, désagrégation sélective; altération superficielle.
web, *n* **1. spider's web**, toile *f* d'araignée. **2.** *Z* palmure *f*, membrane *f* (d'un palmipède). **3.** *Orn* lame *f*, vexille *m*, vexillum *m* (d'une plume).
webbed, *a Z* palmé, membrané; **webbed foot**, pied palmé, patte palmée.
Weber¹, *Prn Z* **Weber's glands**, glandes *fpl* de Weber (de la langue); *Anat Z* **Weber's pouch**, utricule *m* prostatique; *Physiol* **Weber's test**, épreuve *f* de Weber.
weber², *n Ph* (*symbole* Wb) weber *m*.
Weberian, *a Ich* **Weberian ossicles**, osselets *mpl* de Weber.
web-fingered, *a Z* syndactyle.
web-footed, *a Z* palmipède; aux pieds palmés; syndactyle.
websterite, *n Miner* webstérite *f*.
web-toed, *a Z* = **web-footed**.
wedge-shaped, *a Bot etc* cunéiforme, cunéaire; **with wedge-shaped leaves**, cunéifolié.
wedge-tailed, *a Z* à queue cunéiforme.
Wegscheider, *Prn Ch* **Wegscheider's test (for side reactions)**, analyse *f* de Wegscheider pour les réactions secondaires.
wehrlite, *n Miner* wehrlite *f*.
weighing, *n Ch* **weighing bottle**, flacon *m* à tare.
weight, *n* poids *m*; pesanteur *f*; *Ph Ch* **atomic, molecular, weight**, poids atomique, moléculaire.
weightlessness, *n Ph* impesanteur *f*.
weinschenkite, *n Miner* weinschenkite *f*.
wellsite, *n Miner* wellsite *f*.
wernerite, *n Miner* wernérite *f*.

Weston, *Prn Ch* **Weston cell,** cellule *f* de Weston.

wet, *a Ch* **wet assay,** essai *m* par voie humide; **wet concentration,** concentration *f* à l'eau, par voie humide; **wet treatment,** traitement *m* à l'eau.

wetting, *a Ch* mouillant; **wetting agent,** agent mouillant; tensio-actif *m.*

whalebone, *n Z* fanon *m.*

Wharton, *Prn Anat Z* **Wharton's duct,** canal *m* de Wharton; *Histol* **Wharton's jelly,** gelée *f* de Wharton.

Wheatstone, *Prn Ch Ph* **Wheatstone bridge,** pont *m* de Wheatstone.

wheel, *n Z* **wheel animalcule,** rotifère *m;* **wheel organ,** appareil rotateur.

whewellite, *n Miner* whewellite *f.*

whey, *n* petit lait.

whiplash, *n Med* coup *m* de fouet.

whip-like, *a Biol* flagellaire, flagelliforme.

whip-shaped, *a Biol* flagelliforme.

whirl, *n* = **whorl.**

white, *a* (*a*) blanc; *Anat Z Histol* **white (blood) cell, white corpuscle,** leucocyte *m;* **white commissure,** commissure blanche (de la moelle épinière); **white matter, substance,** matière, substance, blanche; **white tissues,** tissus albuginés; **white pulp,** pulpe blanche; (*b*) *Ch* **white spirit,** white-spirit *m.*

whitewash, *n Ch* badigeon *m.*

whiting, *n Ch* carbonate *m* de chaux.

whitlow, *n Biol* panaris *m.*

whitneyite, *n Miner* whitneyite *f.*

whole, *a Med* **whole body counter,** corpocompteur *m.*

whole-hoofed, *a Z* solipède.

whorl, *n* **1.** *Bot* verticille *m.* **2.** tour *m* d'une spirale; spire *f,* circonvolution *f;* volute *f;* vortex *m* (d'une coquille).

whorled, *a* (*of flowers, leaves, etc*) verticillé; (*of shell, etc*) convoluté, turbiné.

wide-band, *a Ch* **wide-band pipette,** pipette *f* à bord large.

Wiedemann-Franz, *Prn Ch* **Wiedemann-Franz law,** loi *f* de Wiedemann et de Franz.

Wien, *Prn Ch* **Wien's law,** règle *f* de Wien.

Wiesmann, *Prn Genet Physiol* **Wiesmann's theory of determinants,** théorie *f* des déterminants de Wiesmann.

wild, *a Biol Bot Z* (*of animal, plant, etc*) sauvage; **wild flowers,** fleurs *fpl* des champs, fleurs sauvages; **wild type,** génotype *m,* forme *f* typique.

wildlife, *n* faune *f* (et flore *f*).

willemite, *n Miner* willémite *f.*

williamsite, *n Miner* williamsite *f.*

Willis, *Prn Anat* **Willis's circle,** hexagone artériel de Willis.

willyamite, *n Miner* willyamite *f.*

Wilson, *Prn Nut* **Wilson's disease,** maladie *f* de Wilson; *Ph* **Wilson's discharge cloud chamber,** chambre *f* de détente de Wilson.

wilting, *n Bot* flétrissement *m;* perte *f* de la turgidité; **wilting coefficient,** point *m* de flétrissement; **wilting agent,** herbicide *m.*

wind, *n Geol* **wind erosion,** érosion éolienne; *Bot* **wind dispersal,** dispersion *f* à vent.

windpipe, *n Anat* trachée *f.*

wine-coloured, *a Orn* vineux.

wing, *n* (*a*) *Z* aile *f* (d'oiseau, d'insecte); **wing beat,** coup *m* d'aile; **wing quill,** rémige *f;* **wing case, sheath,** élytre *m;* **wing coverts,** tectrices *fpl* des ailes; *Z* **wing membrane,** patagium *m* (de chauve-souris); (*b*) *Bot* ballonet *m* d'un grain de pollen.

winged, *a* ailé; *Bot* **winged seed,** graine ailée; (*of ash, sycamore, etc*) samare *f.*

wingless, *a Z* sans ailes; aptère.

winglet, *n Z* ailette *f,* cuilleron *m* (de diptère).

wingspan, wingspread, *n* envergure *f* (d'un oiseau).

wink, winking, *n Z* clignement *m* de l'œil, clin *m* d'œil.

Winslow, *Prn Anat* **Winslow foramen,** hiatus *m* de Winslow.

winter, *n* hiver *m;* *Z* **winter itch,** prurit hibernal; **winter sleep,** sommeil hibernal; *Bot* **winter growth,** hiémation *f;* *Rotif* **winter egg,** œuf *m* d'hiver.

winter-flowering, *a Bot* hibernal, -aux; hiémal, -aux; nivéal, -aux.

winterization, *n Ch* démargarination *f,* wintérisation *f.*

winterize, *vtr Ch* démargariner (les huiles).

wireworm, *n Z* larve *f* de taupin.
wiring, *n Ph* ligaturage *m*.
wisdom, *n Anat Z* **wisdom tooth,** dent *f* de sagesse.
withamite, *n Miner* withamite *f*.
withering, *n Bot* flétrissure *f*.
witherite, *n Miner* withérite *f*.
wittichenite, *n Miner* wittichénite *f*, wittichite *f*.
wöhlerite, *n Miner* wœlhérite *f*.
wolfachite, *n Miner* wolfachite *f*.
Wolffian, *a Anat Z Embry* **Wolffian body,** corps *m* de Wolff; reins primordiaux; **Wolffian duct,** canal *m* de Wolff; **Wolffian tubules,** canalicules *mpl* de Wolff.
wolfram, *n Ch Miner* (*symbole* W) wolfram *m*; galène *f* de fer; **wolfram ochre,** wolframocre *m*; tungstite *f*.
wolframine, *n Miner* wolframine *f*.
wolframite, *n Miner* wolframite *f*.
wolframium, *n Miner* wolfram *m*.
wolfsbergite, *n Miner* wolfsbergite *f*, chalcostibite *f*.
wollastonite, *n Miner* wollastonite *f*.
womb, *n Anat Z* utérus *m*; matrice *f*.
wood[1], *n Bot* bois *m* xylème; **wood ray,** rayon *m* médullaire; **petrified wood,** lithoxyle *m*; *Ent* **wood borer,** perce-bois *m*.
Wood[2], *Prn Ph* **Wood's filter,** filtre *m* de Wood.
wood-boring, *a Ent* perce-bois.
wood-eating, *a Z* lignivore.
woody, *a Bot* ligneux; **woody fibre,** fibre ligneuse; **woody tissue,** tissu ligneux; **woody stem of a plant,** tige ligneuse d'une plante; **woody vessels,** vaisseaux ligneux.
wool, *n* (*a*) laine *f*, pelage *m* (d'animal); **wool fat,** lanoline *f*; (*b*) *Bot etc* laine, duvet *m*.
woolly, *NAm* **wooly**, *a Bot etc* laineux; lanigère, lanifère.
woolly-coated, *NAm* **wooly-**, *a Z* (bête) à laine.
woolly-flowered, *NAm* **wooly-**, *a Bot* érianthe.
wootz, *n Metall* wootz *m*.
work, *n Ch Ph* travail *m*; **chemical work,** travail chimique; **maximum work,** travail maximum; **mechanical work,** travail mécanique; **osmotic work,** travail osmotique; **work process,** processus *m* de travail; **virtual work,** travail virtuel; **work of ionization,** travail de l'ionisation; **work of dilution,** travail de dilution; **work done in adiabatic compression,** travail exécuté en compression adiabatique; **work done in isothermal compression,** travail exécuté en compression isothermale.
workup, *n Biol* bilan *m*; **laboratory workup,** bilan biologique.
worm, *n Z* ver *m*; **intestinal worms**, vers intestinaux.
Wormian, *a Anat Z* **Wormian bone,** os wormien (du crâne).
worthite, *n Miner* worthite *f*.
wound, *n Biol Bot Z* blessure *f*.
wrack, *n Bot* varec(h) *m*.
wrench, *n Anat* foulure *f*.
wrist, *n Anat Z* poignet *m*; carpe *m*.
wulfenite, *n Miner* wulfénite *f*, plomb *m* jaune.
wurtzite, *n Miner* wurtzite *f*.

X

X, *n Biol* **X-bodies,** corps *mpl* X; **X chromosome,** chromosome X; **X generation,** génération *f* X; *Ph* **X-rays,** rayons *mpl* X; **deep X-rays,** rayons X pénétrants; **X-ray and crystal structure,** rayons X et la structure cristalline; **X-ray spectra,** spectres *mpl* des rayons X.

x, *Mth* (i) x représente l'inconnue ou une des inconnues; (ii) x représente la première coordonnée dans un espace de dimension 3.

***X*,** *symbole de la* réactance.

xalostocite, *n Miner* xalostocite *f.*

xanchromatic, *a Biol* xanchromatique.

xantharsenite, *n Miner* xantharsénite *m.*

xanthate, *n Ch* xanthate *m.*

xanthein, *n Ch* xanthéine *f*; xanthogène *m.*

xanthene, *n Ch* xanthène *m.*

xanthic, *a Ch Bot* xanthique.

xanthine, *n Ch* xanthine *f*; *BioCh* **xanthine oxidase,** xanthineoxydase *f.*

xanthinine, *n Ch* xanthinine *f.*

xanthoarsenite, *n Ch* xantharsénite *m.*

xanthocarpous, *a Bot* xanthocarpe.

xanthochroic, *a Z* à peau jaune.

xanthocroite, *n Miner* xanthochroïte *f.*

xanthochromic, *a Ch* xanthochromique.

xanthoconite, *n Miner* xanthoconite *f.*

xanthocreatinine, *n Ch* xanthocréatine *f.*

xanthodermic, *a Z* xanthodermique.

xanthodont, *a Z* à dents jaunes.

xanthogen, *n Biol Z* xanthogène *m.*

xanthogenate, *n Ch* xanthogénate *m.*

xanthogenic, *a Ch* xanthogénique.

xanthomatous, *a Biol* xanthomateux.

xanthone, *n Ch* xanthone *f.*

xanthophane, *n Anat Z* pigment *m* jaune des cônes de la rétine.

xanthophore, *n Z* chromatophore *m* jaune.

xanthophyll, *n Ch Bot* xanthophylle *f.*

xanthophyllite, *n Miner* xanthophyllite *f.*

xanthoplast, *n Biol* plastide *m* jaune.

xanthoproteic, *a Ch* xanthoprotéique.

xanthoprotein, *n Ch* **xanthoprotein reaction,** réaction *f* xanthoprotéique.

xanthorrhœa, *n Ch* résine *f* de xanthorrée.

xanthosiderite, *n Miner* xanthosidérite *f.*

xanthosine, *n Ch* xanthosine *f.*

xanthosporate, *a Paly* xanthosporé.

xanthotoxin, *n Ch* xanthotoxine *f.*

xanthous, *a Ch* jaune.

xanthoxylein, *n Biol* xanthoxyléine *f.*

xanthoxylin, *n Ch* xanthoxyline *f.*

xanthydrol, *n Ch* xanthydrol *m.*

xanthyl, *n Ch* xanthyle *m.*

Xe, *symbole chimique du* xénon.

Xenarthra, *npl Z* xénarthres *mpl.*

xenia, *n Bot* xénie *f.*

xenoblast, *n Petroch* xénoblaste *m.*

xenoblastic, *a Petroch* xénoblastique.

xenocryst, *n Miner* xénocristal *m*, -aux.

xenogamous, *a Bot* xénogame.

xenogamy, *n Bot* xénogamie *f.*

xenogenesis, *n Biol* xénogénèse *f.*

xenogenous, *a Biol* xénogène.

xenolite, xenolith, *n Miner* xénolite *f.*

xenology, *n Biol* xénologie *f.*

xenomorph, *n Petroch* xénomorphe *m.*

xenomorphic, *a Petroch* xénomorphe.

xenon, *n Ch* (*symbole* Xe) xénon *m.*

xenoparasitism, *n Biol* xénoparasitisme *m.*

xenoplastic, *a Biol* xénoplastique.

Xenopus, *n Bot* xénopus *m*; dactylèthre *m.*

xenothermal, *a* xénothermique.

xenotime, *n Miner* xénotime *m.*
xenyl, *n Ch* xényle *m.*
xeranthemum, *n Bot* xéranthème *m.*
xerantic, *a Biol* desséchant; siccatif.
xerarch, *a Bot* **xerarch succession,** progression *f* de la condition xérophytique à la condition mésophytique.
xeric, *a Bot* xérophyte, xérophytique.
xeroconidiospore, *n Paly* xéroconidiospore *f.*
xerogel, *n Ch* xérogel *m.*
xeromorphic, xeromorphous, *a Bot* xéromorphe; caractéristique des xérophytes.
xerophilous, *a Bot* xérophile.
xerophobous, *a Bot* xérophobe.
xerophyte, *n Bot* xérophyte *m.*
xerophytic, *a Bot* xérophytique, xérophyte.
xerosere, *n Bot* xérosère *f*; succession *f* botanique qui a son origine dans le sol sec.
xerosis, *n Med* xérose *f.*
xerospore, *n Paly* xérospore *f.*
xerothermic, *a* xérothermique.
xiphisternum, *n Anat Z* xiphisternum *m.*
xiphoid, *a Anat Z* xiphoïde; **xiphoid process,** xiphisternum *m.*
Xiphosura, *npl Arthrop* xiphosures *mpl.*
xonotlite, *n Miner* xonotlite *f.*
X-ray, *n* **1. X-rays,** rayons *mpl* X; **X-ray spectrograph,** radiospectrographe *m.* **2.** radiographie *f.*
xylan, *n Bot* xylane *m.*
xylanthite, *n Ch* xylanthite *f.*
xylem, *n Bot* xylème *m*; **xylem canal,** espace *m* tubulaire remplaçant le xylème central; **xylem parenchyma,** cellules parenchymateuses se rapportant au xylème; **xylem ray,** rayon ligneux.
xylene, *n Ch* xylène *m*; diméthylbenzène *m*; **o-xylene,** orthoxylène *m*; **p-xylene,** paraxylène *m.*
xylenethiol, *n Ch* xylènethiol *m.*
xylenol, *n Ch* xylénol *m.*
xylic, *a Bot Ch* xylique.
xylidine, *n Ch* xylidine *m.*
xylitol, *n Ch* xylite *f*, xylitol *m.*
xylocarp, *n Bot* xylocarpe *m.*
xylocarpous, *a Bot* xylocarpe.
xylochrome, *n Bot* xylochrome *m.*
xylogen, *n Bot* lignine *f.*
xylogenous, *a Bot* xylogénique; ligneux.
xylol, *n Ch* xylol *m.*
xyloma, *n Bot* tumeur ligneuse des arbres, des plantes.
xylonite, *n Miner* xylonit(h)e *f.*
xylopal, *n Miner* opale *f* xyloïde.
xylophagous, *a Z* xylophage.
xylophilous, *a Bot etc* lignicole.
xyloretinite, *n Miner* xylorétinite *f.*
xylose, *n Ch* xylose *m.*
xyloside, *n Ch* xyloside *m.*
xylotile, *n Miner* xylotile *f.*
xylotomous, *a Z* xylotome.
xylyl, *n Ch* xylyle *m.*
xylylene, *n Ch* xylylène *m.*

Y

Y[1], *symbole chimique de l'*yttrium.

Y[2], *n* (*a*) *Biol* **Y cartilage,** cartilage *m* de la cavité cotyloïde; **Y chromosome,** chromosome *m* Y; **Y ligament,** ligament iliofémoral, ligament de Bertin; (*b*) *Ch Ph* **Y tube,** tube *m* en Y.

y, *Mth* (i) *y* représente une inconnue; (ii) *y* représente la deuxième coordonnée dans un espace de dimension 3.

yamaskite, *n Petroch* yamaskite *f*.

yardstick, *n* (*quantitative*) étalon *m* de mesure.

yarn, *n Petroch* déchets *mpl* de tissus; *Ch* **yarn glass,** fil *m* de verre.

yawn[1], *n Physiol* bâillement *m*.

yawn[2], *vi Physiol* bâiller.

Yb, *symbole chimique de l'*ytterbium.

yeast, *n* levure *f*; **yeast fungus,** saccharomyces *mpl*, saccharomycètes *mpl*; **brewer's yeast,** saccharomyces cerevisiae.

yeastlike, *a* lévuriforme.

yellow, *a* jaune; (*a*) *Miner* **yellow ore,** pyrite cuivreuse; pyrite de cuivre; chalcopyrite *f*; **yellow spinel,** rubicelle *f*; **yellow arsenic,** orpiment *m*; **yellow lead ore,** wulfénite *f*; (*b*) *Bac Med* **yellow fever,** fièvre *f* jaune; *BioCh* **yellow enzyme,** riboflavine *f* plus protéine plus acide phosphorique; *Ch* **yellow ammonium sulfide,** polysulfure *m* d'ammonium; *Biol* **yellow spot,** tache *f* jaune, macula *f* lutea (de la rétine); *Bot* **yellow cell (= chloragogue cell),** cellule chloragogue; *Histol* **yellow elastic ligament,** ligament *m* jaune.

yellowcake, *n Miner* oxyde *m* d'uranium.

yenite, *n Miner* yénite *f*; ilvaïte *f*, liévrite *f*.

yentnite, *n Petroch Miner* yentnite *f*.

yerkish, *n Z* yerkish *m*.

yield, *n Ch* rendement *m*; **yield point (= yield value),** seuil *m* d'écoulement; **yield stress,** tension *f* de cisaillement.

ylem, *n Biol Miner* ylem *m*; *Ph* plasma primordial.

yoderite, *n Miner* yodérite *f*.

yogoite, *n Petroch* yogoïte *f*.

yoke, *n Ch* tube collecteur; *Petroch* culasse *f*.

yolk, *n* **1.** *Z* vitellus *m*; **formative yolk,** vitellus formatif; **nutritive, food, yolk,** vitellus nutritif; **yolk sac,** sac vitellin; **yolk membrane,** membrane vitelline; **yolk stalk,** cordon ombilical; *Embry* **yolk gland,** glande *f* vitellogène; **yolk cell,** cellule vitelline. **2.** *Petroch* suint *m*; lanoline *f*.

youth, *n Physiol* adolescence *f*.

Ypresian, *a Geol* **Ypresian stage,** yprésien *m*.

ytterbia, *n Ch* ytterbine *f*.

ytterbium, *n Ch* (*symbole* Yb) ytterbium *m*; **ytterbium oxide,** ytterbine *f*.

yttria, *n Ch Miner* yttria *f*; yttrine *f*.

yttrialite, *n Miner* yttrialite *f*.

yttric, *a Ch* yttrique.

yttriferous, *a Miner* yttrifère.

yttrium, *n Ch* (*symbole* Y) yttrium *m*; **the yttrium group,** le groupe yttrique.

yttrocalcite, *n Miner* yttrocalcite *f*.

yttrocerite, *n Ch* yttrocérite *f*.

yttrocolumbite, *n Miner* yttrocolumbite *f*.

yttrocrasite, *n Miner* yttrocrasite *f*.

yttrofluorite, *n Miner* yttrofluorite *f*.

yttrotantalite, *n Miner* yttrotantalite *f*.

yttrotitanite, *n Miner* yttrotitanite *f*.

Z

Z, *n Biol* **Z chromosome,** chromosome *m* Z.
Z (i) nombre *m* atomique; (ii) *notation usuelle de* l'impédance.
z, *Mth* (i) *z* représente une inconnue; (ii) *z* représente la troisième coordonnée dans un espace de dimension 3.
zalambdodont, *n Z* insectivore *m* dont les molaires sont étroites.
zaratite, *n Miner* zaratite *f*.
zeatin, *n BioCh* zéatine *f*.
zeaxanthin, *n Ch* zéaxanthine *f*, zéaxanthène *m*.
zeazite, *n Miner* zéazite *f*.
zebrass, *n Z* zébrâne *m*.
Zeeman, *Prn Ch Ph* **Zeeman effect,** effet *m* de Zeeman.
zein, *n Ch* zéine *f*.
Zeis, *Prn Anat Z* **Zeis glands,** glandes *fpl* de Meibomius.
zeolite, *n Miner* zéolit(h)e *f*.
zeolitic, *a Miner* zéolit(h)ique.
zeolitization, *n Geol* zéolitisation *f*.
zeoscope, *n Ph* zéoscope *m*.
zero, *n* zero *m*. **1.** *Ch Ph* **absolute zero,** zéro absolu; **zero energy,** énergie nulle; **zero adjustment,** réglage *m* à zéro; **zero gas,** gaz *m* à la pression atmosphérique; **zero entropy state,** état *m* zéro de l'entropie; **zero point,** point *m* zéro, origine *f*; **zero-point energy,** énergie du point zéro; **zero-point oscillations,** oscillations *fpl* du point zéro; **determination of zero point,** zérotage *m*; **zero-order reaction,** réaction *f* de l'ordre zéro. **2.** *Biol* **physiological zero,** zéro physiologique.
zeroize, *vi Ch Ph* remettre à zéro.
zerovalent, *a* **1.** *Ch* nullivalent. **2.** *Bot* zérovalent.
zeugopodium, *n Z* zeugopode *m*.
zeunerite, *n Miner* zeunérite *f*.
zietrisikite, *n Ch* zietrisikite *f*.
zigotene, *n Biol* stade *m* zigotène.
zinc, *n Ch* (*symbole* Zn) zinc *m*; *Miner* **red zinc ore, red oxide of zinc,** zincite *f*; **crude zinc,** zinc brut; **zinc alkyl,** zinc-alcoyle *m*; **zinc diethyl,** zinc-éthyle *m*; **zinc dimethyl,** zinc-méthyle *m*; **zinc sulfide,** sulfure *m* de zinc; **zinc oxide,** oxyde *m* de zinc; **sublimated oxide of zinc,** cadmie *f* des fourneaux.
zincaluminite, *n Miner* zincaluminite *f*.
zincate, *n Ch* zincate *m*.
zinc-bearing, *a Miner* zincifère.
zincblende, *n Miner* blende *f*, sphalérite *f*; mine douce.
zincic, *a Ch* zincique.
zinciferous, *a Miner* zincifère.
zincing, *n Ch* = **zincking**.
zincite, *n Miner* zincite *f*.
zinckenite, *n Miner* zinckénite *f*.
zinckiferous, *a Miner* zincifère.
zincking, *n Ch* zingage *m*, zincage *m*; galvanisation *f*.
zincky, *a Ch* zincifère.
zincoid, *a Ch* zincide.
zincon, *n Ch* zincon *m*.
zincosite, *n Miner* zincosite *f*.
zincous, *a Ch* zingueux.
zincum, *n Ch* zinc *m*.
zincy, *a Ch* zingueux.
zingiberene, *n Ch* zingibérène *m*.
zinkiferous, *a Miner* zincifère.
zinkosite, *n Miner* zinkosite *f*.
Zinn, *Prn Anat Z* **Zinn zonule,** zonule *f* de Zinn; ligament suspenseur du cristallin.
zinnwaldite, *n Miner* zinnwaldite *f*.
Ziphiinae, *npl Z* ziphiinés *mpl*.
zippeite, *n Miner* zippéite *f*.
zircon, *n Miner* zircon *m*.
zircona, *n Ch* zircone *f*.
zirconate, *n Ch* zirconate *m*.
zircone, zirconia, *n Ch* zircone *f*.
zirconic, *a Ch* zirconique.
zirconifluoride, *n Ch* zirconifluorure *m*.

zirconite, *n Miner* zirconite *f.*
zirconium, *n Ch* (*symbole* Zr) zirconium *m.*
zirconyl, *n Ch* zirconyle *m.*
zirkelite, *n Miner* zirkélite *f.*
zirklerite, *n Miner* zirklérite *f.*
zittavite, *n Miner* zittavite *f.*
Zn, *symbole chimique du* zinc.
zo(a)ea, *n Crust* **zo(a)ea larva,** zoé *f.*
zoamylin, *n Biol* glycogène *m.*
zobtenite, *n Petroch* zobténite *f.*
zoea, *n see* **zo(a)ea.**
zoetic, *a Biol* biotique.
zoic, *a Biol Z* zooïque, zoïque.
zoid, *n Bot* zoïde *m.*
zoisite, *n Miner* zoïsite *f,* illudérite *f.*
zoism, *n Z* zoïsme *m.*
zona, *n Biol* zone *f;* région *f; Anat Z* **zona arcuata,** portion *f* interne de la membrane basilaire de l'extrémité inférieure du limaçon à la base de l'organe de Corti; **zona fasciculata,** partie centrale du cortex de la capsule surrénale; **zona glomerulosa,** partie réticulée superficielle du cortex de la capsule surrénale; **zona orbicularis,** épaissement *m* du ligament capsulaire autour de l'acetabulum; **zona pectinata,** partie externe de la membrane basilaire; **zona pellucida,** membrane vitelline; **zona reticularis,** partie réticulée interne du cortex de la capsule surrénale; **zona tecta,** portion interne de la membrane basilaire.
zonal, *a Biol Pedol* zonal, -aux; climatomorphique.
zonate, *a Bot Z Miner* zoné.
zone, *n* zone *f; Geog* **frigid, temperate, torrid, zone,** zone glaciale, tempérée, torride; *Geol* **zone of fracture,** zone de fracture; **zone of folds,** zone de plissement; *Miner* **zones of crystal, of onyx,** zones du cristal, de l'onyx; **zone axis,** axe zonal; *Bot* **annual zone (of tree),** anneau annuel.
zoned, *a Bot Z Miner* zoné.
zonule, *n Anat Z* zonule *f.*
zoobiological, *a* zoobiologique.
zoobiology, *n* zoobiologie *f.*
zoobiotic *Biol* **1.** *a & n* zoobiotique (*m*). **2.** *a* = **zoetic.**
zooblast, *n Biol Z* cellule animale; zooblaste *m.*
zoochemical, *a* zoochimique.
zoochemistry, *n* zoochimie *f;* chimie animale, biochimie *f.*
zoochlorella, *pl* **-ae,** *n Bot* zoochlorelle *f.*
zoochore, *n Bot* (plante *f*) zoochore (*f*).
zoochoric, *a Bot* zoochoré.
zoocyst, *n Z* zoocyste *f;* rhizopode enkysté.
zoodynamics, *n Biol* physiologie animale.
zooecium, *n Z* zoécie *f.*
zooerythrin, *n Orn* zooérythrine *f.*
zooflagellate, *n Z* zooflagellé *m.*
zoofulvin, *n Orn* zoofulvine *f.*
zoogamete, *n Z* zoogamète *m.*
zoogamy, *n Z* zoogamie *f.*
zoogenic, *a Z* zoogénique; *Petroch* zoogène; **zoogenic rock,** roche *f* zoogène.
zoogeny, *n Z* zoogénie *f.*
zoogeographer, *n* zoogéographe *mf.*
zoogeography, *n* zoogéographie *f.*
zoogloea, *n Biol* zooglée *f.*
zoogonia, *n Z* zoogonie *f;* génération *f* vivipare.
zoogonous, *a Z* vivipare.
zoogony, *n Z* zoogonie *f;* viviparité *f.*
zoographic(al), *a* zoographique.
zoography, *n* zoographie *f.*
zooid, *a & n Z Miner* zooïde (*m*).
zoolic, *a* zoolique.
zoolith(e), *n Geol Miner* zoolithe *m,* zoolite *m.*
zoolithic, *a* zoolithique, zoolitique.
zoological, *a* zoologique.
zoology, *n* zoologie *f;* **descriptive zoology,** zoographie *f.*
zoomagnetism, *n Z* magnétisme animal.
Zoomastigina, *npl Prot* zooflagellés *mpl.*
zoomelanin, *n Orn* zoomélanine *f.*
zoometry, *n Z* zoométrie *f.*
zoomorphic, *a Biol* zoomorphique, zoomorphe.
zoomorphism, *n Biol* zoomorphisme *m.*
zoomorphosis, *n Bot* zoomorphose *f.*
zoomorphy, *n Biol* zoomorphie *f.*
zoonite, *n Z* zoonite *m.*
zoonomy, *n Biol* zoonomie *f.*
zoonosis, *n Biol* zoonose *f.*
zoonosology, *n Z* zoonosologie *f.*
zooparasite, *n* zooparasite *m.*

zoophagic, zoophagous, *a* zoophage.
zoophagy, *n Z* zoophagie *f*.
zoophile, *n Z* moustique *m* zoophile.
zoophilic, *a Z* zoophile.
zoophilism, *n Z* zoophilie *f*.
zoophilous, *a Z* zoophile.
zoophyte, *n Biol* zoophyte *m*, phytozoaire *m*.
zoophytography, *n Z* zoophytologie *f*.
zoophytoid, *a Z* zoophytoïde.
zoophytology, *n* zoophytologie *f*.
zooplankton, *n Biol* zooplancton *m*.
zoopsychology, *n Z* psychologie animale.
zoosperm, *n Physiol* zoosperme *m*, spermatozoïde *m*.
zoosporange, zoosporangium, *n Bot* zoosporange *m*.
zoospore, *n Biol* zoospore *f*.
zoosporic, zoosporous, *a Biol* zoosporé.
zoosterol, *n Ch* zoostérol *m*.
zootaxic, *a* zootaxique.
zootaxy, *n* zootaxie *f*.
zootechny, *n Z* zootechnie *f*.
zootic, *a* zootique.
zootomy, *n Z* zootomie *f*.
zootoxin, *n Z* toxine *f* d'origine animale.
zootrophic, *a Z* zootrophique; se rapportant à la nutrition animale.
zooxanthine, *n Ch* zooxanthine *f*.
Zoraptera, *npl Z* zoraptères *mpl*.
zoster, *n Z* zona *m*; herpès *m* zoster.
Zr, *symbole chimique du* zirconium.
zunyite, *n Miner* zunyite *f*.
zwilite, *n Miner* zwilite *f*.
zwitterion, *n Ch* (= **zwitter ion**) ion *m* hybride.
zygadite, *n Miner* zygadite *f*.
zygantrum, *n Rept* = **zygosphene**.
zygapophysis, *n Z* zygapophyse *f*.
zygen, *n Ent* zygène *f*.
zygobranchiate, *a Z* zygobranche.
Zygodactylae, *npl Z* zygodactyles *mpl*.
zygodactyl(e), *a & n Z* zygodactyle (*m*).
Zygodactyli, *npl Z* = **Zygodactylae**.
zygodactylous, *a Z* zygodactyle.
zygogenetic, *a Biol* zygogénétique.
zygoma, *pl* **-mata,** *n Anat Z* zygoma *m*.
zygomatic, *a Anat* zygomatique.
zygomorphic, *a Bot* zygomorphe.
zygomorphism, *n Bot* zygomorphie *f*.
zygomorphous, *a Bot* zygomorphe.
zygomorphy, *n Bot* zygomorphie *f*.
zygoneure, *n Anat Z* cellule nerveuse établissant un relais entre d'autres cellules nerveuses.
zygophase, *n Biol* diplophase *f*.
zygophore, *n Bot* zygophore *m*.
zygophyll, *n Bot* zygophylle *f*.
zygophyllaceous, *a Bot* zygophyllacé.
zygosis, *n Biol* zygose *f*, conjugaison *f*.
zygosphene, *n Rept* zygantrum *m*.
zygospore, *n Bot* zygospore *m*.
zygotaxis, *n Biol* zygotactisme *m*.
zygote, *n Biol* zygote *m*.
zygotene, *n Cytol* zygotène *m*.
zygotic, *a Biol* zygotique.
zygotoblast, *n Biol* sporozoïte *m*.
zygotomere, *n Biol* sporoblaste *m*.
zylonite, *n Miner* zylonite *f*.
zymase, *n Ch* zymase *f*.
zymic, *a Ch* zymique.
zymin, *n Ch* zymine *f*.
zymogen, *n BioCh* zymogène *m*, prodiastase *f*, proenzyme *f*, proferment *m*, prozymase *f*.
zymogenic, *a BioCh* zymogène.
zymohydrolysis, *n Ch* zymohydrolyse *f*.
zymology, *n Ch* zymologie *f*.
zymolyte, *n Biol* substrat *m*.
zymoscope, *n Ph* zymoscope *m*.
zymosis, *n Ch* fermentation *f*; zymose *f*.
zymotic, *a Ch* zymotique.

Part Two

French–English

A

A, *symbol of* (i) argon, (ii) ampere.
abactérien, -ienne, *a* abacterial.
abaissée, *nf Orn* (sweep of) downstroke.
abaisseur, *a Physiol* **muscle abaisseur,** depressor.
abattage, *nm Z Vet* slaughter.
abattement, *nm* torpidity, torpidness, torpor.
abcès, *nm Med* abscess.
abdomen, *nm* abdomen.
abdominal, -aux, *a* abdominal; **paroi abdominale,** abdominal wall.
abducteur, *nm Anat* abductor.
abecquement, *nm Orn* feeding (of young birds by their parents).
abecquer, *vtr* (*of birds*) to feed (their young).
abeille, *nf Z* bee; **abeille mère, reine des abeilles,** queen bee.
aberrant, *a Biol* aberrant; **un individu aberrant,** an aberrant; **une structure aberrante, un développement aberrant,** an aberration.
aberration, *nf* (*a*) *Astr Mth Opt etc* aberration; (*b*) *Biol* (autosomal, sexual, etc) aberration; anomaly.
abiétate, *nm Ch* abietate.
abiétique, *a Ch* abietic (acid).
abîme, *nf Marine Biol* hadal zone.
abiogénèse, *nf Biol* abiogenesis; plasmogony.
abiose, *nf Biol* abiosis.
abiotique, *a Biol* abiotic.
abiotrophie, *nf Biol* abiotrophy.
abiotrophique, *a Biol* abiotrophic.
ablation, *nf Geol* denudation; ablation (of a rock, glacier); **moraine d'ablation,** ablation moraine; **subir l'ablation,** to ablate.
abomasum, *nm*, **abomasus,** *nm Z* abomasum, fourth stomach, rennet stomach (of ruminants).
aborigène, *a* indigenous, native (**de,** to); **plante aborigène d'une région,** plant native to a region.
abortif, -ive, *a Bot* abortive.
aboucher, *vtr* to inosculate.
s'aboucher, *vpr* to inosculate.
abrachie, *nf Anat Ter* abrachia.
abscission, *nf Bot* abscission.
abscissine, *nf Ch* abscis(s)in.
abscissique, *a Ch* abscisic (acid).
absinthe, *nf Ch* absinth.
absolu, *a* absolute; *Ch* **huile absolue (de Braconnot),** olein; *Ph* **température absolue,** absolute temperature; **mouvement absolu,** absolute movement; **zéro absolu,** absolute zero; **alcool absolu,** absolute alcohol; **système d'unités absolu,** system of absolute units, absolute system; **valeur absolue,** absolute value.
absorbable, *a Ch* absorbable.
absorbant, *a & nm* absorbent (substance); absorptive (function); *Bot* **poils absorbants,** root hairs.
absorber, *vtr* to absorb (heat, a liquid, etc); *Biol* (*of cell, organism*) to incept; *Ch* to occlude (a gas).
absorbeur, *nm El Ch Ph* absorber.
absorptif, -ive, *a Ch Ph* absorptive; absorbent.
absorptiomètre, *nm Ch* absorption meter.
absorption, *nf* (*a*) *El Ch Ph* absorption; **capacité d'absorption,** absorbency; **force d'absorption,** absorptive power; *Ch* **absorption propre,** self-absorption; (*b*) *Biol Physiol* inception.
absorptivité, *nf Ph Ch* absorptivity, absorptive power.
abyssal, -aux, *a Oc* abyssal, bathysmal; **zone abyssale,** abyss, abyssal zone; **fauna abyssale,** abyssal fauna; **région abyssale,** hadal zone; *Geol* **roches abyssales,** plutonic rocks, abyssal rocks.

abysse *nm Oc* abyss, abyssal zone.
abyssique, *a Oc* abyssal.
abyssobenthique, *a Oc* abyssalbenthic, abyssobenthic.
abyssopélagique, *a Oc* abyssalpelagic, abyssopelagic.
Ac, *symbol of* actinium.
acampsie, *nf Physiol* acampsia.
acanthite, *nf Miner* acanthite.
acanthocarpe, *a Bot* acanthocarpous.
acanthoïde, *a Bot* acanthoid, spiny.
acapnie, *nf Physiol* acapnia.
acare, *nm Arach* acarid.
acaricide, *nm* acaricide.
acaride, *nm,* **acaridien,** *nm Arach* mite.
Acariens, *nmpl Arach* Acarina *pl;* Ixodidae *pl.*
acarpe, *a Bot* acarpous, sterile.
acaudé, *a Z* acaudate, tailless.
acaule, *a Bot* acaulous, acaulescent, acauline, stemless.
accélérateur, *nm Physiol Ph* accelerator.
accélération, *nf Ph* acceleration; **accélération terrestre,** gravitational acceleration; **accélération négative, retardatrice,** retardation.
accent, *nm Physiol* tone.
accepteur, *nm Ch* acceptor.
accessoire, *a* accessory; **minéraux accessoires,** accessory minerals.
acclimatation, *nf* acclimatization; acclimatizing, naturalizing (of a plant, an animal).
acclimater, *vtr* to acclimatize, to naturalize (a plant, an animal) (**à,** to).
s'acclimater, *vpr* (*of plant, animal*) to become acclimatized; to naturalize.
accolé, *a Bot* united (flowers, leaves); conjugate (leaflets).
accombant, *a Bot* accumbent.
accommodation, *nf Anat Biol* accommodation.
accouplé, *a Bot* (*of leaves*) germinate, paired, twinned.
accouplement, *nm Z* sexual union.
accoutumance, *nf Physiol* habituation.
accoutumer, *vtr Biol Behav* to habituate.
accrescent, *a Bot* increscent.
accrétion, *nf Bot Geol* accretion.
accrochant, *a Bot* clinging.
accroi, *nf Ch* acrolein.
accroissement, *nm Bot* growth, growing (of plant); accrescence; **pointe d'accroissement,** growing point; **accroissement de poids,** weight gain; **accroissement organique, par alluvion,** accretion; **zone d'accroissement,** formative region.
s'accroître, *vpr* **s'accroître par addition, par concrétion,** to accrete.
accru, *nm Bot* sucker.
accrue, *nf* (*a*) *Geol* accretion (of land); accreted land; (*b*) extension, encroachment (of forest) by natural seeding.
accumulateur, *nm Ph* accumulator.
accumulation, *nf Geol* **formé par accumulation,** tectonic.
acénaphtène, *nm Ch* acenaphthene.
acénaphtylène, *nm Ch* acenaphthylene.
acentrique, *a Biol* acentric.
acéphale *Anat Ter* **1.** *a* acephalous. **2.** *nm* acephalus.
acerdèse, *nm Miner* manganite.
acère, *a Ent* acerous, hornless; without antennae.
acéré, *a Bot* acerose.
acérique, *a Ch* **acide acérique,** aceric acid.
acétabule, *nf,* **acetabulum,** *nm Anat Z* acetabulum.
acétal, *nm Ch* acetal.
acétaldéhyde, *nf Ch* acetaldehyde.
acétamide, *nm Ch* acetamide.
acétanilide, *nm Ch* acetanilide.
acétate, *nm Ch* acetate; **acétate de cuivre,** copper acetate, verdigris; **acétate de plomb,** lead acetate, sugar of lead; **acétate de vinyle,** vinyl acetate; *Tex* **acétate de cellulose,** cellulose acetate; **acétate d'amyle,** amyl acetate; **acétate d'éthyle,** ethyl acetate; **acétate de méthyle,** methyl acetate.
acéteux, -euse, *a Ch* acetous.
acétification, *nf Ch* acetification, acetifying.
acétifier, *vtr Ch* to acetify.
s'acétifier, *vpr Ch* to acetify; to turn sour.
acétine, *nf Ch* acetin.
acétique, *a Ch* acetic; **acide acétique,** acetic acid; **acide acétique concentré, cris-**

tallisable, glacial, glacial acetic acid; **anhydride acétique,** acetic anhydride; **ester acétique,** acetic ester; **fermentation acétique,** acetic fermentation.
acétobacter, *nm Bac* acetobacter.
acétocellulose, *nf Ch Tex* cellulose acetate, acetyl cellulose.
acétoïne, *nf Ch* acetoin.
acétol, *nm Ch* acetol.
acétone, *nf Ch* acetone.
acétone-chloroforme, *nm Ch* acetone chloroform.
acétonitrile, *nm Ch* acetonitrile.
acétonurie, *nf Ch Path* acetonuria.
acétonylacétone, *nf Ch* acetonylacetone.
acétophénone, *nf Ch* acetophenone.
acétylacétate, *nm Ch* acetoacetate.
acétylacétique, *a Ch* **acide acétylacétique,** acetoacetic acid.
acétylacétone, *nf Ch* acetylacetone.
acétylation, *nf Ch Tex* acetylation.
acétylbenzène, *nm Ch* acetophenone.
acétylcarbinol, *nm Ch* acetol.
acétylcellulose, *nf Ch Tex* = **acétocellulose.**
acétylcholine, *nf Ch Biol* acetylcholine.
acétylcoenzyme, *nf BioCh* **acétylcoenzyme A,** acetyl coenzyme A.
acétyle, *nm Ch* acetyl; **chlorure, bromure, d'acétyle,** acetyl chloride, bromide; **cyanure d'acétyle,** acetylcyanide; **iodure d'acétyle,** acetyliodide.
acétylène, *nm Ch* acetylene.
acétylénique, *a Ch* acetylenic.
acétyler, *vtr Ch* to acetylate.
acétylsalicylique, *a Ch* acetylsalicylic; **acide d'acétylsalicylique,** acetylsalicylic acid, aspirin.
acétylure, *nm Ch* acetylide; **acétylure cuivreux,** cuprous acetylide.
acétylurée, *nf,* **acétyluréide,** *nm Ch* acetylurea.
achaine, *nm,* **achène,** *nm Bot* achene, akene, achenium, achaenocarp.
achlamydé, *a Bot* achlamydeous, lacking a perianth.
achloropsie, *nf* green blindness.
achroïte, *nf Miner* achroite.
achromatine, *nf Biol* achromatin.
achromatique, *a Opt* achromatic; *Biol* **fuseau achromatique,** achromatic spindle.
achrome, *a* achromic.
aciculaire, *a* acicular, needle-shaped (leaf, crystal).
acicule, *nm Ann* aciculum; *Bot* acicle.
aciculé, *a* aciculate(d).
aciculiforme, *a* aciform.
acidage, *nm Tex* acidification.
acide *Ch* **1.** *a* acid; **bain acide,** acid bath; **roche acide,** acid(ic) rock; **sol acide,** acid soil; **solution acide,** acid solution. **2.** *nm* acid; **acides forts, faibles,** strong, weak, acids; **indice d'acide,** acid value, acid number; **acide gras,** fatty acid; **acides verts,** green acids; **acide mort,** dead acid; **acide aminé,** amino acid; **acide sulfurique,** sulfuric acid; (oil of) vitriol; **acides aromatiques urinaires,** urinary aromatic acids.
acidifère, *a* acidiferous (rock, mineral).
acidifiant 1. *a* acidifying. **2.** *nm* acidifier.
acidification, *nf* acidification.
acidifier, *vtr* to acidify.
s'acidifier, *vpr* to become acid, to acidify.
acidimètre, *nm* acidimeter, acidometer.
acidité, *nf* acidity; *Ch* **dosage de l'acidité,** acid determination.
acidophile, *a Bot* acidophil(e), acidophilic; **leucocytes acidophiles,** acidophile leucocytes.
acido-résistance, *nf Biol* acid-fastness.
acido-résistant, *a Biol* acid-fast (bacillus).
acidose, *nf Path* acidosis.
acier, *nm Ch* steel; **acier au vanadium,** vanadium steel.
aciforme, *a* aciform, aciculiform, needle-shaped.
acinaciforme, *a Bot* acinaciform, scimitar-shaped.
acine, *nm Anat Bot* acinus.
acinétiens, *nmpl Prot* Suctoria *pl.*
acineux, -euse, *a Anat Bot* acinous; **glande acineuse,** racemose gland.
aciniforme, *a Z* aciniform; *Arach* **glandes aciniformes,** aciniform glands.
acinus, *nm Anat Bot* acinus.
acmite, *nm Miner* acmite.

aconitase, *nf Ch* aconitase.
aconitate, *nm Ch* aconitate.
aconitine, *nf Ch* aconitine.
aconitique, *a Ch* aconitic.
acotylédone, acotylédoné *Bot* **1.** *a* acotyledonous. **2.** *nf* **acotylédone, acotylédonée,** acotyledon.
acoustique 1. *a* **nerf acoustique,** acoustic nerve; **ombre acoustique,** acoustic shadow. **2.** *nf Biol Ph* acoustics.
acraniens, *nmpl* = **céphalocordés.**
acridine, *nf Ch* acridine.
acridinique, *a Ch* **colorant acridinique,** acridine dye.
acriflavine, *nf Ch* acriflavine.
acrocarpe, *a Bot* acrocarpous.
acrogène, *a Bot* acrogenous.
acroléine, *nf Ch* acrolein.
acromion, *nm Anat* acromion.
acropète, *a Bot* acropetal.
acrosome, *nm Biol* acrosome.
acrospore, *nf Fung* acrospore.
acryl-ester, *nm Ch* acrylic ester.
acrylique, *a Ch* acrylic; **acide acrylique,** acrylic acid; **nitrile acrylique,** acrylonitrile; **résine acrylique,** acrylic resin.
acrylonitrile, *nm Ch* acrylonitrile.
actif, -ive, *a* **immunité naturelle active,** active natural immunity; **transport actif,** active transport.
actinal, -aux, *a Z* actinal (tentacles, etc).
actine, *nf Physiol* actin.
actinide, *nm Ch* actinide; **les actinides,** the actinium series, the actinide series.
actinifère, *a Ph* actiniferous.
actinique, *a Ph* actinic; **rayons actiniques,** actinic rays.
actinisme, *nm Ph* actinism.
actinium, *nm Ch* (*symbol* Ac) actinium; **la série de l'actinium,** the actinide series.
actinographe, *nm Ph* actinograph.
actinolite, *nf Miner* actinolite.
actinologie, *nf Z* actinology.
actinométrie, *nf Ph* actinometry.
actinométrique, *a Ph* actinometric(al).
actinomorphe, *a Bot* actinomorphic.
actinomycète, *nm Bac* actinomyces.
actinomycose, *nf Med* holdfast.
actinon, *nm Ch* actinium emanation.
actinoptérygiens, *nmpl Ich* Actinopterygii *pl.*
actinote, *nf Miner* actinolite.
actinotropisme, *nm Bot* photo-tropism, inflexion towards a source of light.
actino-uranium, *nm Ch* actino-uranium.
action, *nf* **action potentielle,** action potential; **action superficielle,** surface action; **section efficace d'action réciproque,** interaction cross-section; **énergie d'action réciproque, d'action mutuelle,** interaction energy.
activateur, -trice, *a* **énergie activatrice,** activation energy.
activation, *nf Ch etc* activation.
activé, *a Ch* activated; **alumine activée,** activated alumina; **charbon activé,** activated carbon; **boues activées,** activated (sewage) sludge.
activer, *vtr Biol Ch* to activate.
activeur, *nm Ch* activator.
activité, *nf Biol Ch* activity.
acuité, *nf* **acuité visuelle,** acuity of vision.
aculé, *a Bot Ent* aculeate.
aculéate 1. *a Ent* aculeate, sting-bearing (Hymenoptera, etc). **2.** *nmpl Ent* **les aculéates,** the aculeate Hymenoptera *pl.*
aculéiforme, *a Bot* aculeiform, spine-shaped.
acuminé, acumineux, -euse, *a Bot etc* acuminate(d).
acuponcture, acupuncture, *nf Physiol Med* acupuncture.
acutangulé, *a Bot* acutangular.
acuticaude, *a Z* having a pointed tail.
acutifolié, *a Bot* acutifoliate.
acutilobé, *a Bot* acutilobate.
acutipenne, *a Orn* acutipennate.
acyclique, *a Ch* aliphatic, acyclic.
acylation, *nf Ch* acylation.
acyle, *nm Ch* acyl.
acyler, *vtr Ch* to acylate.
acyloïne, *nf Ch* acyloin.
adactyle, *a Z* adactylous.
adamantin, *a Miner* adamantine; **spath adamantin,** adamintine spar, corundum.
adamine, *nf Miner* adamite, adamine.
adaptabilité, *nf Bot etc* adaptability; **adaptabilité au milieu,** adaptability to environment.
adaptatif, -ive, *a Biol* adaptative; **enzyme adaptative,** adaptative enzyme;

rayonnement adaptatif, adaptative radiation.

adaptation, *nf Biol* adaptation, adjustment; **défaut d'adaptation,** maladaptation; **adaptation spéciale,** specialization (of an organ, a species).

adapté, *a Bot Z* specialized.

adaptif, -ive, *a Biol* **mécanisme adaptif,** adaptive mechanism.

additif, -ive *Ch* **1.** *a* additive; **composé produit, additif,** addition compound, product. **2.** *nm* additive, adduct; **additif d'adhésivité,** tackiness agent.

addition, *nf* addition; **procédé d'addition,** accretionary, accretive, process; **addition alimentaire,** food addition.

adducteur, *a & nm Z* **(muscle) adducteur,** adductor.

adduction, *nf Ch* adduction.

adéciduates, *nmpl Z* indeciduates *pl.*

adélite, *nf Miner* adelite.

adélomorphe, *a Biol* adelomorphic, adelomorphous.

adelphe, *a Bot* adelphous.

adelphophagie, *nf* adelphophagy.

adénine, *nf Ch* adenine; **adénine phosphate,** adenine trinucleotide phosphate.

adénocarcinome, *nm Cancer* adenocarcinoma.

adénoïde, *a Anat* glandular.

adénome, *nm Med* adenoma.

adénosarcome, *nm Cancer* adenosarcoma.

adénosine, *nf Ch* adenosine; **triphosphate d'adénosine,** adenosine triphosphate.

adhérence, *nf Bot* adherence, adhesion.

adhérent, *a* adherent (**à,** to); *Bot:* adnate (anther, etc); **ovaire adhérent,** adherent ovary.

adiabatique *Ph Meteor* **1.** *a* adiabatic (curve, etc); **compression adiabatique,** adiabatic compression; **courbe adiabatique,** adiabat; **détente adiabatique,** adiabatic expansion; **diagramme adiabatique,** adiabatic chart; **équation adiabatique,** adiabatic equation; **vitesse de refroidissement, d'échauffement, adiabatique,** adiabatic lapse rate. **2.** *nf* adiabat; **adiabatique humide,** wet adiabat; condensation adiabat; **adiabatique sèche,** dry adiabat; **adiabatique saturée,** pseudo-adiabat.

adiabatisme, *nm Ph* adiabatism, adiabatic state (of gas).

adipeux, -euse, *a Physiol* adipose, fatty (tissue, etc).

adipique, *a Ch* adipic (acid).

adipocérite, *nf Geol* adipocerite; hatchettine.

adjuvant, *nm Ch* catalyst.

admission, *nf* input.

ADN, *abbr BioCh see* **désoxyribonucléique.**

adné, *a Bot Physiol* adnate.

adolescence, *nf Biol Ph* adolescence; *Physiol* youth.

adolescent, *nm Biol* adolescent.

adoral, -aux, *a Z* adoral.

adoux, *nm Dy* **venir en adoux,** to ferment.

adrénaline, *nf Ch* adrenalin(e).

adrénalinique, *a Ch* **sécrétion adrénalinique,** adrenalin(e) secretion.

adrénergique, *a Anat* adrenergic.

adrénocorticotrophique, *a Ch* **hormone adrénocorticotrophique,** adreno corticotrophic hormone, corticotropin, adrenocorticotrophine (ACTH).

adriamycine, *nf Ch* adriamycin.

adsorbant, *a & nm Ch Ph* adsorbent.

adsorber, *vtr Ch Ph* to adsorb.

adsorption, *nf Ch Ph* adsorption.

adulaire, *nf Miner* moonstone, adularia.

advection, *nf Meteor* advection; **d'advection,** advective.

adventice, *a Bot* adventitious; adventive; casual (subject, weed, bud).

adventif, -ive, *a Bot* adventitious, adventive (root, etc); *Geol* adventive, parasitic (cone, etc).

adynamique, *a Biol* adynamic.

aecidie, *nf Fung* aecidium, *NAm* aecium.

aegirine, aegyrine, *nf Miner* aegirine, aegirite, aegyrite.

aenigmatite, *nf Miner* aenigmatite.

aérateur, *nm Ph* aerator.

aération, *nf Ch Biol* aeration.

aérenchyme, *nm Biol* aerenchyma, aerating tissue.

aéricole, *a Bot* aerial (orchid, etc).

aérien, -ienne, *a* aerial (plant, root); **sac aérien,** air sac; **vésicule aérienne,** air bladder.

aérification, *nf Ch* conversion into gas;

aerification.

aérobie, *Biol* **1.** *a* (*a*) aerobic, aerobian (organism); (*b*) aerobe. **2.** *nm* aerobe; **aérobie facultatif,** facultative aerobe; **aérobie strict,** obligate aerobe.

aérobiose, *nf* aerobiosis.

aérodynamique, *nf* aerodynamics.

aérogène, *a Med* aerogenic; **infection aérogène,** airborne infection.

aérographie, *nf Meteor* aerography.

aérolit(h)e, *nm Geol* aerolite.

aérolithique, *a Geol* aerolithic, aerolitic.

aérologie, *nf* meteorology, aerology.

aérologique, *a* meteorological.

aéronomie, *nf Meteor* aeronomy.

aérophyte, *a & nf Bot* aerophyte, epiphyte.

aéroplancton, *nm Biol* aeroplankton.

aéroscope, *nm Bac Meteor* aeroscope.

aérosite, *nf Miner* aerosite, pyrargyrite, argyrythrose, dark-red silver ore.

aérosol, *nm Ch* aerosol.

aérostatique, *a* aerostatic.

aérotropisme, *nm Biol* aerotropism.

aesculine, *nf Ch* aesculin.

aetite, aétite, *nf Miner* aetites, eaglestone.

affamé, *a Z* starved.

afférent, *a Anat Z* afferent (blood vessel, nerve, etc).

affinité, *nf* affinity (**entre,** between); *Ch* **affinité pour un corps,** affinity for a body; **constante d'affinité,** coefficient of dissociation.

affusion, *nf Ch* affusion.

Ag, *symbol of* silver.

agalite, *nf Miner* agalite.

agalmatolit(h)e, *nf Geol* agalmatolite, pagodite.

agame, *a Biol* agamous, agamic.

agamète, *nm Biol* agamete.

agamie, *nf Biol* agamogenesis.

agar(-agar), *nm Ch* agar(-agar).

agaric, *nm Fung* agaric; *Miner* **agaric minéral,** agaric mineral, rock milk.

agarice, *nm Miner* agaric mineral, rock milk.

agate, *nf Miner* agate; **agate arborisée,** dendritic agate, tree agate; **agate mousseuse,** moss agate, mochastone; **agate œillée,** eye agate; **agate noire, d'Islande,** obsidian; **agate onyx,** sardonyx.

agent, *nm* agent; *Ch* **agent chimique,** chemical agent; **agent adsorbant,** sorbent; **agent mouillant,** wetting agent; *Geol* **agents d'intempérisme,** weathering agents.

agglomérat, *nm Geol* agglomerate.

agglomération, *nf Ph* aggregation.

agglutinant, *nm Geol* bond (of conglomerates).

agglutination, *nf Ch Immunol* agglutination; *Bac* clump (of microbes).

agglutinin(e), *nf Immunol* agglutinin.

agglutinogène, *nm Physiol* agglutinogen.

agitateur, *nm Ch* stirrer, stirring rod, glass rod.

aglosse, *a Biol* aglossal, aglossate.

agnathes, *nmpl Z* Agnatha *pl.*

agoniste, *nm Pharm* agonist.

agranulocytose, *nf Immunol* agranulocytosis.

agrégat, *nm Ch Miner* aggregate; **les roches sont des agrégats composés de minéraux,** a rock is an aggregate of mineral particles.

agrégatif, -ive, *a Ph* aggregative.

agrégation, *nf Ph* aggregation, aggregate, agglomeration.

agrégé 1. *a Bot Z* aggregate; *Bot* **espèce agrégée,** aggregate species; *Geol:* **roches agrégées,** clastic rocks. **2.** *nmpl* **les agrégés,** aggregate animals.

agréger, *vtr Ph* to aggregate (particles) (together).

s'agréger, *vpr Ph* (*of matter*) to unite, join together; to aggregate.

agrobiologie, *nf* agrobiology.

agronomie, *nf* agronomy.

agynique, *a Bot* agynous.

aigrette, *nf* (*a*) *Z* aigrette (of heron, of egret); crest (of peacock, etc); horn, plumicorn (of owl); tuft; **à aigrette,** spiciferous; (*b*) *Bot* egret, pappus.

aigretté, *a Bot* bearing a pappus; tufted, crested.

aigue-marine, *nf Miner* aquamarine; *pl aigues-marines.*

aiguillé, *a Bot Cryst* needle-shaped, acicular, aci(culi)form.

aiguillon, *nm Bot* prickle, thorn; spicule, spicular, spine (of plant); *Ent* aculeus; sting (of wasp, scorpion, etc).

aiguillonné, *a Bot* thorny, prickly.

aikinite, *nf Miner* aikinite.

aile, *nf* **1.** *Z* (*a*) wing (of bird, insect); **aile antérieure,** secondary; tegmen (of orthopteran); **aile postérieure (d'un insecte),** underwing; **aile bâtarde,** bastard wing, alula; **coup d'aile,** wing beat; **sans ailes,** wingless; (*b*) flipper (of penguin). **2.** *Anat* helix, rim (of the outer ear); *Bot* wing (of papilionaceous flower).

ailé, *a* winged, feathered, alate; *Bot* **graine ailée,** winged seed.

aileron, *nm* pinion (of bird); fin, paddle, flipper (of shark, etc); *pl Ent* halteres, balancers, poisers (of Diptera).

ailette, *nf Z* winglet (of Diptera).

aimant, *nm* magnet; **aimant naturel, pierre d'aimant,** magnetic iron ore, magnetite, lodestone.

aimantable, *a* magnetizable.

aimantation, *nf* magnetization, magnetizing; **coefficient d'aimantation,** magnetization coefficient; **perméabilité à faible aimantation,** permeability under low magnetizing; **dispositif d'aimantation,** magnetizer.

aimanter, *vtr* to magnetize; **barreau aimanté,** bar magnet; **aiguille aimantée,** magnetic needle.

s'aimanter, *vpr* (*of iron, etc*) to magnetize.

aine, *nf Anat* groin.

aire, *nf Anat* **aire germinative, embryonnaire,** germinal area; *Z Biol* **aire de répartition,** range; **aire d'habitation,** habitat (of animal, plant); **aire apicale,** trochal disc (of rotifers).

aisselle, *nf Bot* axil(la).

ajustable, *a* trimmable.

akène, *nm Bot* achene, akene, achaenocarp, achenium; key fruit.

Al, *symbol of* aluminium, *NAm* aluminum.

alabandine, alabandite, *nf Miner* alabandite.

alabastrite, *nf Miner* gypseous, modern, alabaster.

alambic, *nm Ch* still; **passer qch par, à, l'alambic,** to distil sth.

alanine, *nf Ch* alanine.

albâtre, *nm Miner* alabaster; **albâtre calcaire,** travertine.

albertite, *nf Miner* albertite.

albien, -ienne, *a Geol* **l'étage albien,** *nm* **l'albien,** gault.

albin, *a Z* white, unpigmented.

albinisme, *nm Z Bot* albinism.

albinos, *n & a inv* albino.

albite, *nf Miner* albite, white feldspar.

albitisation, *nf Miner* albitization.

albuginé, *a Anat Z Histol* **tissus albuginés,** white tissues.

albumen, *nm* albumen.

albuminate, *nm Ch* albuminate.

albumine, *nf Ch Biol* albumen, albumin.

albumineux, -euse, *a Bot* albuminous, albuminose.

albuminoïde, *a Ch* albuminoid.

albuminurie, *nf Path* albuminuria.

albumose, *nf Path* Bence-Jones albumose, Bence-Jones protein.

alcali, *nm Ch* alkali; *Miner* **alcali minéral,** soda ash.

alcalicellulose, *nf Ch* alkali-cellulose.

alcalifiant, *a* alkalizing.

alcalimétrie, *nf Ch* alkalimetry.

alcalimétrique, *a Ch* alkalimetric.

alcalin, *a Ch* alkaline; **dépôt alcalin,** lye sludge; **métal alcalin,** alkali metal, alkaline metal.

alcalinisation, *nf Ch* alkalization.

alcaliniser, *vtr Ch* to basify.

alcalinité, *nf Ch* alkalinity; **force d'alcalinité,** alkali strength.

alcalino-terreux, -euse, *a Ch* alkaline earth (metal).

alcalisation, *nf Ch* alkalization.

alcaliser, *vtr Ch* to basify; to make (a solution) alkaline.

s'alcaliser, *vpr Ch* to become alkalized.

alcaloïde, *a & nm Ch* alkaloid; **faire la réaction des alcaloïdes,** to test for alkaloids.

alcane, *nm Ch* alkane.

alcannine, *nf Ch* alkannin.

alcaptone, *nf Ch* alkapton.

alcène, *nm Ch* olefin(e), alkene.

alcool, *nm Ch* alcohol; (volatile) spirit; **alcool absolu,** pure alcohol; **alcool ordinaire,** ordinary alcohol; **alcool à brûler, dénaturé,** methylated spirits; **alcool**

camphré, spirits of camphor; **alcool de sucre,** sugar alcohol; **alcool vinylique,** vinyl alcohol; **teneur en alcool, pourcentage d'alcool,** alcohol content.

alcoolat, *nm Ch* alcoholate.

alcoylat, *nm Ch* alkylate.

alcoylation, *nf Ch* alkylation.

alcoyle, *nm Ch* alkyl.

alcoylé, *a Ch* alkylated.

alcoylène, *nm Ch* alkylene.

alcoyler, *vtr Ch* to alkylate.

alcoylhalogène, *nm Ch* alkylhalide.

alcoylidène, *nm Ch* alkylidene.

alcyne, *nf Ch* alkyne.

alcyonaires, *nmpl* Alcyonaria *pl.*

aldéhyde, *nm Ch* aldehyde; **aldéhyde formique,** formaldehyde; **aldéhyde acrylique,** acrolein; **aldéhyde salicylique,** salicylaldehyde.

aldéhydique, *a Ch* aldehydic.

aldohexose, *nm Ch* aldohexose.

aldol, *nm Ch* aldol.

aldolisation, *nf Ch* aldolization.

aldopentose, *nm Ch* aldopentose.

aldose, *nm Ch* aldose.

aldostérone, *nf Physiol* electrocortin, aldosterone.

aldoxime, *nf Ch* aldoxim(e).

alécithe, *a Biol* alecithal.

aléné, *a* awl-shaped, pointed; *Bot* **feuille alénée,** acuminate, subulate, leaf.

alésage, *nm* calibre (of a tube).

aleurone, *nf Bot Ch* aleurone; **grains d'aleurone,** aleurone grains; protein grains.

alexandrite, *nf Miner* alexandrite.

alginate, *nm Ch* alginate.

algine, *nf Ch* algin(e).

alginique, *a Ch* **acide alginique,** alginic acid.

algodonite, *nf Miner* algodonite.

algologie, *nf* algology.

algue, *nf Bot* alga, seaweed; **algues vertes,** green algae; **algues bleu-vertes,** blue-green algae, Cyanophyta *pl.*

alicyclique, *a Ch* alicyclic.

alifère, *a Ent* aliferous, aligerous, wing-bearing.

aliforme, *a* aliform, wing-shaped.

aliment, *nm Biol pl* aliments, food; **aliment complet,** complete food.

alimentaire, *a Z* alimentary; **régime alimentaire,** diet; **chaîne alimentaire,** food chain; **le canal, le tube, alimentaire,** the alimentary canal.

aliphatique, *a Ch* aliphatic, open chain (compound).

alite, *nf Ch Const* alite.

alizarine, *nf Ch* alizarin(e), madder dye.

alkannine, *nf Ch* alkannin.

alkyd, *nm Ch* alkyd (resin).

alkylat, *nm Ch* alkylate.

alkylation, *nf Ch* alkylation.

alkyle, *nm Ch* alkyl.

alkylé, *a Ch* alkylated.

alkyler, *vtr Ch* to alkylate.

alkylique, *a Ch* alkylic.

allactite, *nf Miner* allactite.

allantoïde 1. *a Anat* allantoid. **2.** *nf* allantois, *pl* -oides.

allantoïne, *nf Ch* allantoin.

allantoïque, *a Embry* allantoic.

allèle, *nm Biol* allele, allel, allelomorph.

allélomorphe, *a Biol* allelomorphic, allelic.

allélomorphisme, *nm Biol* allelomorphism.

allélotrope, *a Ch* allelotropic.

allélotropie, *nf Ch* allelotropism, allelotropy.

Allen, *Prn Biol* **règle d'Allen,** Allen's law.

allène, *nm Ch* allene, propadiene.

allergène, *nm Immunol* allergen.

allergie, *nf Immunol* allergy.

allergique, *a Immunol* allergic.

alliacé, *a Bot Ch* alliaceous.

alliage, *nm Ph* alloy; *Petroch* **alliage régulin,** reguline.

allochtone, *Geol* **1.** *a* allocht(h)onous. **2.** *nm* allochton(e).

allocinnamique, *a Ch* **acide allocinnamique,** allocinnamic acid.

allogamie, *nf Bot* allogamy, cross-fertilization.

allogène, *a Geol* allothogenous, allothigenic, allogenic, allogeneous.

allométrie, *nf Ch Cryst* allometry.

allomorphe *Ch Cryst* **1.** *a* allomorphic. **2.** *nm* allomorph.

allomorphie, *nf Ch Cryst* allomorphism.

allomorphite, *nf Miner* allomorphite.

allongé, *a Bot* **feuille allongée,** oblong leaf.
allopatrique, *a Biol* allopatric.
allophane, *nf Miner* allophane.
allopolyploïde, *a & nm Bot* allopolyploid.
allothigène, *a Geol* allothogenous, allothigenic, allogenic.
allotriomorphe, *a Miner* allotriomorphic.
allotropie, *nf Ch* allotropy.
allotropique, *a Ch* allotropic; **forme allotropique,** *Cryst* allomorph, *Ch* allotrope.
allotropisme, *nm Ch* allotropism.
allumer, *vtr Ch* to ignite.
alluvial, -iaux, alluvien, -ienne, *a Geol* alluvial.
alluvion, *nf Geol usu pl* alluvium, alluvial deposits.
alluvionnaire, *a Geol* alluvial.
alluvionnement, *nm Geol* formation of alluvial deposits; alluviation; aggradation.
allyle, *nm Ch* allyl.
allylène, *nm Ch* allylen.
allylique, *a Ch* allylic; **alcool allylique,** allyl alcohol.
allylthiourée, *nf Ch* allylthiourea.
almandine, almandite, *nf Miner* almandite, almandine; *see* **grenat**.
aloïne, *nf Ch* aloin.
alopécie, *nf Z* alopecia.
alpestre, *a* alpestrine (plant).
alpha, *nm Ph* **particule alpha,** alpha particle; **rayons alpha,** alpha rays; **rayonnement alpha,** alpha radiation, rays; **émetteur alpha,** alpha radiator, emitter; **radioactivité alpha,** alpha (radio)activity.
alphaméthylnaphtalène, *nm Ch* alphamethylnaphthalene.
alpicol, alpin, *a Bot* alpine; **plante alpicole, alpine,** alpine (plant).
alstonite, *nf Miner* alstonite.
altaïte, *nf Miner* altaite.
altération, *nf* decomposition; *Biol* mutation; *Ecol* **altération superficielle,** weathering.
alternance, *nf Genet* **alternance des générations,** alternation of generations.
alternant, *a Geol* alternant (layers).
alterne, *a Bot* alternate (leaves).
alterniflore, *a Bot* bearing alternate flowers.
alternifolié, *a Bot* alternifoliate, alternate-leaved.
alternipenné, *a Bot* alternipinnate.
alternisépale, *a Bot* alternisepalous.
altiplanation, *nf Geol* altiplanation.
altrose, *nm Ch* altrose.
alule, *nf Orn* alula, bastard wing.
aluminage, *nm Ch Dy* alumination, aluming.
aluminaire *Miner* **1.** *a* aluminiferous. **2.** *nf* aluminite.
aluminate, *nm Ch* aluminate; *Miner* **aluminate d'aluminium,** spinel.
alumine, *nf Miner Ch* alumina, aluminium oxide.
aluminer, *vtr Dy* to aluminate; to (mix with, steep in) alum.
aluminifère, *a Miner* aluminiferous.
aluminilite, *nf Miner* alunite, alum stone.
aluminite, *nf Miner* aluminite.
aluminium, *nm Ch* (*symbol* Al) aluminium, *NAm* aluminum; **sulfate d'aluminium,** aluminium sulfate.
aluminosilicate, *nm Ch* alumino-silicate.
alun, *nm Ch* alum; **alun ordinaire,** potash alum; **alun de chrome,** chrome alum; **alun de fer, alun de plume,** iron alum, alum feather, feather alum, halotrichite; *Miner* **alun de roche,** rock alum.
alunage, *nm Ch Dy* aluming.
alunifère, *a Miner* aluminiferous; **schistes alunifères,** alum shales.
alunite, *nf Miner* alunite, alum stone.
alunogène, *nm Miner* alunogen.
alurgite, *nf Miner* alurgite.
alvéolaire, *a* cell-like, alveolate; honeycomb (pattern, etc); *Anat* alveolar (nerve, vein).
alvéole, *nm or f* alveole, alveolus; cell (of honeycomb, etc); cavity; **alvéoles pulmonaires,** alveoli, air cells, of the lungs.
alvéolé, *a Biol* alveolate; **structure alvéolée,** honeycomb structure.
alvéolisation, *nf Geol* alveolation.
alvite, *nf Miner* alvite.
Am, *symbol of* americium.

amagnétique, *a* non-magnetic.
amalgamation, *nf* amalgamation (of mercury with metal, etc); **bain d'amalgamation,** amalgam solution.
amalgame, *nm* amalgam; *Anat Dent* cement.
amalgamer, *vtr* to amalgamate (gold, etc).
s'amalgamer, *vpr* (*of metals*) to amalgamate.
amande, *nf Bot* **amande d'une drupe,** kernel of a drupe.
amarantite, *nf Miner* amarantite.
amarine, *nf Ch* amarine.
amas, *nm Biol Ch* swarm (of zoospores, molecules).
amazonite, *nf Miner* amazonite, amazonstone.
ambidextre, *a* ambidextrous.
ambipare, *a Bot* ambiparous.
amblygonite, *nf Miner* amblygonite.
ambocepteur, *nm Biol* immune body.
ambre, *nm Miner* **ambre gris,** ambergris; **ambre jaune,** yellow amber, ordinary amber, succinite; **ambre canadien,** chemawinite.
ambréine, *nf Ch* ambrain.
ambrite, *nf Miner* ambrite.
ambulacre, *nm Echin* ambulacrum; tube foot.
ambulatoire, *a* ambulatory, gressorial; **patte ambulatoire,** ambulatory, walking, leg.
amélioration, *nf Ch* upgrading.
amental, -aux, *a Bot* amental; amentaceous, bearing catkins.
amentifère, *a Bot* amentiferous; amentaceous.
amentiforme, *a Bot* amentiform, catkin-shaped.
américium, *nm Ch* (*symbol* Am) americium.
amétabole, *a Ent* ametabolic, ametabolous.
améthyste, *nf* amethyst.
amiante, *nm Miner* (fibrous) asbestos; amiant(h)us; **amiante floconneux,** flaked asbestos; **amiante sodé,** soda asbestos.
amiantifère, *a Miner* asbestos-bearing (rock, etc).
amiantin, *a Miner* amiant(h)ine; asbestine.
amibe, *nf Biol* amoeba, -ae.
amibien, -ienne, *a* amoebic.
amibiforme, *a Prot* amoebiform.
amiboïde, *a Biol* amoeboid, amoebalike.
amide, *nf Ch* amide.
amidine, *nf Ch* amidin(e).
amido-, *pref* amido-.
amidogène, *nm Ch* amidogen.
amidon, *nm* starch; **amidon nitré,** nitrated starch; **amidon soluble,** soluble starch.
amidoxime, *nf Ch* amidoxime.
amidure, *nm Ch* **amidure de sodium,** sodamide.
amination, *nf Ch* amination.
amine, *nf Ch* amine; *Biol* trilaurin.
aminé, *a Ch* **acide aminé,** amino acid.
amino-, *pref* amino-.
aminoacide, *nm Ch* amino acid; **aminoacide essentiel,** essential amino acid.
aminobenzoïque, *a Ch* aminobenzoic.
aminophénol, *nm Ch* aminophenol.
aminoplaste, *nm Ch* aminoplastic, aminoplast.
amique, *a Ch* amidic; amic.
amitose, *nf Biol* amitosis; nuclear fragmentation; direct segmentation.
amitotique, *a Biol* amitotic; **division amitotique,** direct segmentation.
amixie, *nf Biol* amixia.
ammine, *nf Ch* ammine.
ammiolit(h)e, *nf Miner* ammiolite.
ammodyte, *nf Bot* ammodyte, plant living in sand.
ammoniac, -iaque, *a Ch* **gaz ammoniac,** *nf* **ammoniaque,** ammonia.
ammoniacal, -aux, *a Ch* ammoniacal; **alun ammoniacal,** ammonia alum; **eau ammoniacale,** ammonia liquor, ammonia water; **liqueur ammoniacale de cuivre,** cupro-ammonia.
ammoniacates, *nmpl* **ammoniacates bruts,** rough ammoniates.
ammoniacé, *a Ch* ammoniated.
ammoniaque, *nf Ch* (*a*) ammonia; (*b*) **(solution aqueuse d')ammoniaque,** ammonium hydrate, ammonia (solution); **sulfate d'ammoniaque,** ammonium sulfate.
ammoniaqué, *a Ch* ammoniated.
ammonié, *a Ch* containing ammonia.
ammoniolyse, *nf Ch* ammonolysis.

ammonisation, *nf Bac Bot* ammonization.
ammonium, *nm Ch* ammonium; **carbonate d'ammonium,** ammonium carbonate; **chlorure d'ammonium,** ammonium chloride; **hydroxyde d'ammonium,** ammonium hydroxide; **polysulfure d'ammonium,** yellow ammonium sulfide.
ammophile, *a* ammophilous.
amniocentose, *nf Med* amniocentesis.
amnios, *nm Biol Z* amnion; bag of waters.
amniotes, *nmpl Z* Amniota *pl.*
amniotique, *a* amniotic; **liquide amniotique,** amniotic fluid, waters; **pli amniotique,** tailfold.
amorphe, *a Ch Miner Biol Geol* amorphous, structureless.
amorphie, *nf,* **amorphisme,** *nm Biol etc* amorphism, amorphia.
amorti, *a Ph* damped (wave); **ondes non amorties,** undamped, continuous, waves.
amortir, *vtr Ph* to damp down, damp out (oscillations); *Ch* **amortir la chaux,** to slake lime.
s'amortir, *vpr Ph* (*of oscillations*) to grow less, to die away; to damp down.
amortissement, *nm Ph* damping (of oscillations).
ampélite, *nf Miner* ampelite.
ampérage, *nm Ph* amperage.
ampère, *Ph* **1.** *nm* (*symbol* A) ampere; **intensité en ampères,** amperage. **2. loi d'Ampère,** Ampère's law.
ampère(-)heure, *nm Ph* ampere hour; *pl ampères-heures, ampèreheures.*
ampèremètre, *nm Ph* ammeter.
amphibie *Biol* **1.** *a* amphibious (plant, animal). **2.** *nm* amphibian.
amphibiotique, *a Ent* amphibiotic.
amphiblastula, *nf Biol* amphiblastula.
amphibole, *nf Miner* amphibole.
amphibolique, *a Geol* amphibolic.
amphibolite, *nf Miner* amphibolite.
amphicarpe, *a Bot* amphicarpic.
amphicœle, amphicœlien, -ienne, amphicœlique, *a Z Anat* amphicoelous.
amphidiploïde, *a Biol* amphidiploid.
amphigame *Bot* **1.** *a* amphigamous. **2.** *nm* amphigam.
amphigastre, *nm Bot* amphigastrium.
amphigène 1. *a Bot etc* amphigenous. **2.** *nm Miner* leucite.
amphimixie, *nf Biol* amphimixis.
amphipodes, *nmpl Z* Amphipoda *pl.*
ampholyte, *nm Ch* ampholyte.
amphotère, *a Ch* amphoteric; **oxyde amphotère,** amphoteric oxide.
amplexicaude, *a Z* amplexicaudate.
amplexicaule, *a Bot* amplexicaul.
amplexifolié, *a Bot* amplexifoliate.
amplificateur, *nm Ph* amplifier.
amplitude, *nf Ph* amplitude (of oscillation); **amplitude de l'onde,** wave amplitude.
ampoule, *nf* ampulla, -ae; *Ch* **ampoule à décanter,** separatory funnel; **ampoule de Dumas,** Dumas's flask.
ampullacé, *a Bot* ampullaceous.
amyélinique, *a Histol* unmyelinated.
amygdale, *nf Anat Z* tonsil(la); *Geol* amygdale, amygdule.
amygdalien, -ienne, *a Anat* tonsillar.
amygdalin, *a Bot Ch* amygdaline, amygdalic.
amygdaline, *nf Ch* amygdalin.
amygdalique, *a Ch* amygdalic.
amygdaloïde, *a & nm Geol* amygdaloid (rock).
amylacé, *a Bot* amylaceous; *Ch* starchy.
amylase, *nf BioCh* amylase.
amylasique, *a* amylolitic.
amyle, *nm Ch* amyl.
amylène, *nm Ch* amylene.
amyline, *nf Ch* amylin(e), starch cellulose.
amylique, *a Ch* amylic; **alcool amylique,** amyl alcohol, potato spirit, fusel oil.
amyloïde, *a Ch* starchy, amyloid, amylaceous, amyloidal.
amyloleucite, *nm Bot* amyloplast.
amylolyse, *nf Ch* amylolysis, saccharization of starch.
amyloplaste, *nm Bot* amyloplast.
amylose, *nm Ch* amylose.
anabiose, *nf Biol* anabiosis, reanimation.
anabolique, *a Biol* anabolic.
anabolisme, *nm Biol* anabolism; constructive metabolism.
anadrome, *a* anadromous (fish).
anadromie, *nf Ich* anadromous movement (of fish ascending rivers from the sea for spawning).

anaérobie *Biol Bac* **1.** *a* anaerobic, anaerobiotic; **culture sous jarre anaérobie,** candle jar culture. **2.** *nf* anaerobe, -obia; anaerobiont.
anaérobiose, *nf Bac* anaerobiosis.
anagénèse, *nf Physiol Biol* anagenesis.
anal, -aux 1. *a Anat* anal; *Z* **glandes anales,** anal glands; **orifice anal,** vent (of bird, fish, etc); *Ich* **nageoire anale,** anal fin. **2.** *nf Ich* **anale,** anal fin.
analcime, analcite, *nf Miner* analcime, analcite.
analyse, *nf* analysis, -es; *Ch* **analyse immédiate,** proximate analysis; **dernière analyse,** ultimate analysis; **analyse quantitative,** quantitative analysis; **analyse volumétrique,** volumetric analysis; titration; **analyse qualitative,** qualitative analysis; **analyse par voie humide, sèche,** wet, dry, analysis; **analyse contradictoire,** check analysis; **faire l'analyse d'une substance,** to analyse a substance; *Ph* **analyse physique,** physical analysis; **analyse dimensionnelle,** dimensional analysis; **analyse harmonique d'une forme d'onde,** harmonic analysis of a wave shape; **analyse spectrale,** spectral analysis, spectrum analysis; **analyse spectrographique, spectroscopique,** spectrographic, spectroscopic, analysis; *Biol* **analyse des chromosomes,** karyotyping.
analyser, *vtr* to analyse (substance, etc); to decompose (a compound); to test (water, etc).
analyste, *nm & f Ch* analyst; **chimiste analyste,** analytical chemist.
analytique, *a* analytic(al); **chimie analytique,** analytical chemistry.
anamésite, *nf Miner* anamesite.
anamorphose, *nf Bot* anamorphosis.
anandraire, anandre, anandrique, *a Bot* anandrous.
anaphase, *nf Genet* anaphase.
anaphylactique, *a* anaphylactic.
anaphylaxie, *nf Z* hypersensitivity.
anastomose, *nf* anastomosis; **unir par anastomose,** to inosculate.
s'anastomoser, *vpr* to inosculate.
anastomotique, *a* anastomotic.
anatase, *nf Miner* anatase.
anatomie, *nf* anatomy.
anatomique, *a* anatomical.
anatrope, *a Bot* **ovule anatrope,** anatropous ovule.
anauxite, *nf Miner* anauxite.
ancipité, *a Bot* ancipital, ancipitous, two-edged (stem, etc).
andésine, *nf Miner* andesine.
andésite, *nf Miner* andesite.
andésitique, *a Geol* andesitic.
andorite, *nf Miner* andorite.
andouiller, *nm* tine (of fallow deer, stag, roebuck).
andradite, *nf Miner* andradite.
androcée, *nm Bot* androecium.
androconie, *nf Ent* androconium, -ia; scent scale.
andrœcie, *nf Bot* androecium.
androgène *Biol* **1.** *a* androgenic. **2.** *nm* androgen, male hormone.
androgénèse, *nf Biol* androgenesis.
androgynaire, *a Bot* androgynary.
androgyne 1. *a Bot* androgynous; *Z* hermaphroditic. **2.** *nm Bot* androgyne; *Z* hermaphrodite.
androgynie, *nf Bot* androgyny; *Biol* pseudo-hermaphroditism.
andromonoïque, *a Bot* andromonoecious.
andropétalaire, *a Bot* andropetalar, andropetalous.
androphore, *nm Bot* androphore.
androspore, *nf Bot* androspore.
anédine, *nf BioCh* **anédine triphosphate,** adenosine triphosphate, ATP.
anémie, *nf Physiol* an(a)emia; *Med* **anémie locale,** isch(a)emia.
s'anémier, *vpr* to become an(a)emic.
anémique, *a* an(a)emic.
anémochore, *a Bot* anemochorous.
anémogame, *a Bot* anemophilous.
anémogamie, *nf Bot* anemophily.
anémophile, *a Bot* anemophilous.
anémophilie, *nf Bot* anemophily.
anémotropisme, *nm Biol* anemotropism.
anencéphalie, *nf Anat Ter* anencephalia.
anéroïde, *a* **baromètre anéroïde,** aneroid barometer.
anesthésie, *nf Pharm* an(a)esthesia.
anesthésique, *a & nm* an(a)esthesic.

anesthésiste, *nm & f* an(a)esthetist.
anéthol, *nm Ch* anethole.
aneuploïde, *a Biol* aneuploid.
aneuploïdie, *nf Biol* aneuploidy.
aneurine, *nf Ch* aneurin; *BioCh* thiamin(e).
angine, *nf Physiol* angina; **angine de poitrine,** angina pectoris.
angiocarpe *Fung* **1.** *a* angiocarpic, angiocarpous. **2.** *nm* angiocarp.
angiocarpien, -ienne, *a Fung* angiocarpic, angiocarpous.
angiosperme *Bot* **1.** *a* angiospermal, angiospermous. **2.** *nf* angiosperm.
angiospore, *a Bot* angiosporous.
anglésite, *nf Miner* anglesite.
Angstrœm, Angström, *nm Ch Ph* **unité Angström,** Angström unit.
anguiforme, *a* anguiform, anguine, snake-like.
angulaire, *a* angular; **accélération angulaire,** angular acceleration; **vitesse angulaire,** angular velocity.
angulé, *a Bot* angulate.
angustifolié, *a Bot* angustifoliate, narrow-leaved.
angustirostre, *a Orn* angustirostrate.
angustisepté, *a Bot* angustiseptal, angustiseptate.
anhiste, *a Biol* anhistous.
anhydre, *a Ch* anhydrous; water-free; **alcool anhydre,** absolute, pure, alcohol; **chaux anhydre,** unslaked lime.
anhydride, *nm Ch* anhydride; **anhydride sulfureux,** sulfur dioxide; **anhydride sulfurique,** sulfur trioxide; **anhydride carbonique,** carbonic acid gas, carbon dioxide; **anhydride azotique,** nitrogen pentoxide; **anhydride nitreux, azoteux,** nitrogen trioxide; nitrous anhydride; **anhydride phosphorique,** phosphoric anhydride; **anhydride antimonique,** antimony pentoxide; **anhydride vanadique,** vanadium pentoxide.
anhydrisation, *nf Ch* anhydration, dehydration.
anhydrite, *nf Miner* anhydrite.
anil, *nm Ch* anil.
aniléine, *nf Ch* aniline purple.
anilide, *nf Ch* anilide.
aniline, *nf Ch* aniline.
anille, *nf Bot* tendril.
anillé, *a Bot* tendrilled; with tendrils.
animal, -aux 1. *nm* animal. **2.** *a* animal (kingdom, matter, etc); **pôle animal,** animal pole (of an egg); **colle animale,** animal glue.
animalculaire, *a* animalcular.
animalcule, *nm* animalcule, *pl* animalcula, -cules.
anion, *nm Ph Ch* anion.
anionique, *a Ph Ch* anionic.
anionotropie, *nf Ch* anionotropy.
anisidine, *nf Ch* anisidine.
anisique, *a Ch* anisic; **aldéhyde anisique,** anisaldehyde.
anisodactyle, *a* anisodactyl(ous).
anisogamie, *nf Biol* anisogamy.
anisol(e), *nm Ch* anisol(e).
anisomère, *a Bot* anisomerous; *Ch* anisomeric.
anisopétale, *a Bot* anisopetalous.
anisophylle, *a Bot* anisophyllous.
anisostémone, *a Bot* anisostemonous.
anisotrope, *a Biol Ph* anisotropic, aeolotropic.
anisotropie, *nf Biol Ph* anisotropy, aeolotropy.
anisotropique, *a Biol Ph* anisotropic.
ankérite, *nm Miner* ankerite.
ankylose, *nf Anat* ankylosis, anchylosis.
ankylostome, *nm Biol Z* hookworm.
annabergite, *nf Miner* annabergite; nickel ochre, nickel bloom.
anneau, -eaux, *nm* (*a*) *Bot* **anneau annuel,** ring; annulus; annual zone (of tree); **formation d'anneaux,** annulation; *Anat* **anneau aquifère,** ring canal; (*b*) coil (of serpent); **enroulé en anneaux,** coiled up; (*c*) *Ch* pellet; (*d*) *Z* somite; *Plath* segment; *Ann* **anneau muqueux,** slime tube.
année-lumière, *nf Astr* light year; *pl années-lumière.*
annelé *Bot Z* **1.** *a* ringed (column, worm, etc); annulate(d). **2.** *nm* annelid.
annélide, *nf Z* annelid.
annexe, *nf* (*a*) *Biol Anat* appendage, accessory part (of an organ); (*b*) **annexes (embryonnaires, etc),** adnexa.
annuel, -elle, *a* annual; **couche annuelle,** annual ring, annual zone (of a tree); **plante annuelle,** annual.

anode, *nf El* anode.
anodique, *a El* anodic, anodal; **compartiment anodique,** anode compartment; **courant anodique,** anode current; **courant anodique continu,** direct anode current.
anodiser, *vtr* to anodize.
anodonte, *a Z* edentate; toothless.
anodontie, *nf Z* anodontia, absence of teeth.
anomalie, *nf* (*a*) anomaly; *Ph* **anomalie thermique,** anomaly of temperature, temperature anomaly; **anomalie de Bouguer,** Bouguer anomaly; (*b*) *Biol* aberration; abnormality; deviation.
anomocarpe, *a Bot* anomocarpous.
anomophylle, *a Bot* anomophyllous.
anonacé, *a Bot* anonaceous.
anophtalmie, *nf Anat Ter* anophthalmia.
anorexie, *nf Physiol* anorexia, loss of appetite.
anormal, -aux, *a* abnormal; aberrant; *Bot Biol* interrupted; *Bot* **de forme anormale,** difformed; *Biol* **variété anormale, type anormal,** sport; **développement anormal, structure anormale,** aberration; **évolution d'une structure anormale,** heterology.
anorthite, *nf Miner* anorthite.
anorthose, *nf Miner* anorthose.
anosmatique, *a Z* anosmatic.
anoure, *a Z* an(o)urous, tailless.
anox(h)émie, anoxie, *nf Physiol* anoxemia, anoxia.
antagonisme, *nm Pharm* antagonism.
antagoniste 1. *nm Pharm* antagonist. **2.** *a Physiol* antagonistic; **muscles antagonistes**, antagonistic muscles.
antarctique, *a* antarctic (fauna, etc).
antennaire, *a* antennary.
antenne, *nf Ent Crust* antenna; feeler, horn (of insect, etc); **pourvu d'antennes,** antennate.
antenné, *a* antennate.
antennifère, *a* antenniferous.
antenniforme, *a* antenniform.
antennule, *nf Crust* antennule, short feeler.
anthère, *nf Bot* anther; **anthère oscillante, versatile,** versatile anther.
anthéridium, *nm Bot* antheridium.
anthérifère, *a Bot* antheriferous.
anthérozoïde, *nm Bot Biol* sperm nucleus, spermatozoid.
anthèse, *nf Bot* anthesis.
anthocyanidine, *nf Bot Ch* anthocyanidin.
anthocyanine, *nf Bot Ch* anthocyanin.
anthode, *nm Bot* anthodium.
anthogénèse, *nf Biol* anthogenesis.
anthophage, *a* anthophagous.
anthophile, *a Ent* anthophilous, anthophilian.
anthophore, *nm Bot* anthophore.
anthophyllite, *nf Miner* anthophyllite.
anthozoaires, *nmpl Z* Anthozoa *pl.*
anthracène, *nm,* **anthracine,** *nf Ch* anthracene.
anthracénique, *a Ch Dy* anthracene (dye); **huile anthracénique,** anthracene oil.
anthracnose, *nf Bot* anthracnose, anthracnosis.
anthraconite, *nf or m Miner* anthraconite.
anthragallol, *nm Ch* anthragallol.
anthranilate, *nm Ch* anthranilate.
anthranilique, *a Ch* anthranilic.
anthranol, *nm Ch* anthranol.
anthraquinone, *nf Ch* anthraquinone; **sel d'acide anthraquinone-2-sulfonique,** silver salt.
anthrone, *nf Ch* anthrone.
anthropoïde *Z* **1.** *a* anthropoid. **2.** *nm* anthropoid (ape); simian.
anthropologie, *nf* anthropology; **anthropologie physique,** somatology.
antiacide, *a & nm Ch* antiacid, antacid.
antibiose, *nf* antibiosis; *Biol* antagonistic symbiosis.
antibiotique, *a & nm* antibiotic.
anticalorique, *a* heat-resistant, heat-resisting.
anticathode, *nf Ph* anticathode.
antichlore, *nm Ch etc* antichlor.
anticlinal, -aux *Geol* **1.** *a* anticlinal; **pli, axe, anticlinal,** anticlinal fold, axis. **2.** *nm* anticline.
anticlinorium, *nm Geol* anticlinorium.
anticombustible, *a Ch* incombustible (salt).
anticorps, *nm Ch Immunol* antibody; *Physiol* free receptor.

antidérapant, *a Ch* skidproof.
antidiurétique, *a* antidiuretic.
antidote, *nm Pharm Physiol* antidote.
antidrome, *a Bot* antidromous.
antiferment, *nm Ch* antiferment.
antigène, *nm Ch Immunol* antigen.
antigénie, *nf Biol* antigeny, sexual dimorphism.
antigénique, *a* antigenic.
antigorite, *nf Miner* antigorite.
antimoine, *nm Ch* (*symbol* Sb) antimony; stibium; **sel d'antimoine,** antimony salt; **sulfure noir d'antimoine, antimoine cru sulfuré,** antimony sulfide, black antimony.
antimonial, -iaux, *a & nm Ch* antimonial; **argent rouge antimonial,** aerosite.
antimoniate, *nm Ch* antimoniate.
antimonié, *a Ch* antimoniated; antimoniuretted (hydrogen).
antimonieux, -ieuse, *a Ch* antimonious.
antimonique, *a Ch* antimonic.
antimonite, *nm Ch* antimonite.
antimoniure, *nm Ch* antimonide; *Miner* **antimoniure d'hydrogène,** stibine.
antimonyle, *nm Ch* antimonyl.
antinodal, -aux, *a Ph* antinodal.
antinœud, *nm Ph* antinode, loop.
antioxydant, *a & nm Ch* antioxidant.
antioxygène, *nm Ch* antioxygen.
antipied, *nm Z* forefoot.
antipode, *nm Bot* antipodal cell.
antisepsie, *nf Med* antisepsis.
antiseptique, *a & nm Med* antiseptic.
antisérum, *nm Med Immunol* antiserum.
antithétique, *a Genet* antithetic.
antitoxine, *nf Biol* toxoid; *Physiol* antitoxin, immunotoxin.
antitoxique, *a Tox* antitoxic.
antitrope, *a* antitropic.
antizymique, *a Biol* antizymic.
antlérite, *nf Miner* antlerite.
anucléé, *a Biol* anucleate.
anus, *nm Anat Z* anus.
aorte, *nf Anat Z* aorta.
aortique, *a Anat* aortic, aortal.
apaiser, *vtr Physiol* to slake (thirst).
apatélite, *nf Miner* apatelite.
apatite, *nf Miner* apatite.
apériodique, *a Ph* aperiodic.
apérispermé, *a Bot* aperispermic.
apéristaltisme, *nm Physiol* aperistalsis.
aperture, *nf Ph* aperture.
apétale, *a Bot* apetalous.
aphanite, *nf Miner* aphanite.
aphidiphage, *a Z* aphidophagous.
aphotique, *a Oc* aphotic; **région aphotique,** aphotic region.
aphrosidérite, *nf Miner* aphrosiderite.
aphylle, *a Bot* aphyllous, leafless.
apical, -aux, *a Bot etc* apical.
apicifixe, *a* apicifixed.
apiciforme, *a Cryst etc* spicate, needle-like; apiculate, spiked; spicular.
apicule, *nm Bot* apiculus.
apiculé, *a Bot* apiculate.
apigénine, *nf Ch* apigenin.
apiine, *nf Ch* apiin.
apiol, *nm Ch* apiol, apiole.
apionol, *nm Ch* apionol.
apivore, *a & n Z* apivorous, bee-eating (creature).
aplanospore, *nf Bot* aplanospore.
aplite, *nf Miner* aplite, haplite.
apnée, *nf Physiol Tox* apn(o)ea.
apoatropine, *nf Ch* apoatropine.
apocarpe, apocarpé, *a Bot* apocarpous.
apocarpie, *nf Bot* apocarpy.
apocrine, *a Anat End Z* apocrine.
apode, *a* apodal, apodous, footless; *Ich* without ventral fins.
apodème, *nm Ent Crust* apodeme.
apoenzyme, *nf BioCh* apoenzyme.
apogamie, *nf Bot* apogamy.
apogamique, *a Bot* apogamous.
apolaire, *a Biol* apolar (cell).
apomictique, *a Biol* apomictic.
apomixie, *nf Biol* apomixis.
apomorphine, *nf Ch* apomorphine, apomorphia.
apophyllite, *nf Miner* apophyllite.
apophyse, *nf* (*a*) *Anat Z* apophysis; (*of bone*) process; **apophyses génisupérieures et inférieures,** genial tubercles; **apophyse transverse,** transverse process; **l'apophyse coracoïde,** the coracoid process; **apophyse articulaire,** zygapophysis; **apophyse unciforme,** unciform process; *Orn* **apophyse oncinée,** uncinal, uncinate, process; (*b*) *Bot*

apophysis; offshoot; **muni d'une apophyse,** apophysate; (*c*) *Geol* apophysis; offshoot.

apoplectique, *a* apoplectic.

apoplexie, *nf* apoplexy.

aposématique, *a* (*of colour, etc*) aposematic.

aposporie, *nf Bot* apospory.

apothèce, apothécie, *nf Fung* apothecium; shield (of lichen).

appareil, *nm Ch etc* apparatus; equipment; **appareils de laboratoire,** laboratory apparatus; **appareil volumétrique,** volumetric apparatus; **appareil de visée,** sight; *Anat Z* **appareil vocal,** vocal apparatus; **appareil digestif,** digestive system, tract; **appareil respiratoire,** respiratory system, tract; *Echin* **appareil aquifère,** water vascular system; *Z* **appareil rotateur,** wheel organ.

appareillage, *nm Ch etc* **appareillage d'essai,** test rig.

apparenté, *a Ch* **éléments apparentés,** related, affinitive, elements.

apparenter, *vtr Biol* to relate (two species).

appendice, *nm Anat Bot* (i) appendix; (ii) appendage; **appendice caudal,** caudal appendage; **appendice vermiforme, vermiculaire,** vermiform appendix.

appendiculaire, *a* appendicular.

appendicule, *nm Bot* appendicle, small appendix, small appendage.

appendiculé, *a Bot etc* appendiculate.

appétit, *nm Z* appetite.

appliqué, *a* (*a*) **sciences appliquées,** applied sciences; (*b*) *Bot* accumbent.

apport, *nm Ph* coating layer, deposit; *Geol* alluvial deposits; silt; **apport des glaciers,** glacial drift.

apposition, *nf Physiol* accretion.

appressé, apprimé, *a Bot* adpressed; appressed.

appui, *nm Ph* **(point d')appui,** fulcrum.

âpre, *a Bot* (*of leaf*) hirsute.

aprotéique, *a Ch* **dissolvant aprotéique,** aprotic solvent.

aptère, *a* (*a*) *Z* apterous, apteral, wingless; (*b*) *Bot* apterous.

aptérisme, *nm Ent Orn etc* winglessness, wingless condition (of an insect, etc).

apyre, *a Ch Miner* apyrous, fireproof, refractory.

apyrène, *a Biol* apyrene.

apyrite, *nf Miner* rubellite, red tourmalin(e).

aquatique, *a* aquatic (bird, plant).

aquéduc, *nm* **aquéduc de Fallope,** Fallopian canal; *Z* **aquéduc de Sylvius,** sylviduct.

aqueux, -euse, *a Biol* aqueous, watery; **humeur aqueuse,** aqueous humour.

aquifère, *a* (*a*) *Geol etc* aquiferous, water-bearing (stratum, etc); *Geol* **couche, nappe, aquifère,** *nf* **aquifère,** aquifer; *Echin* **système, appareil, aquifère,** water vascular system; (*b*) *Bot* vascular (bundle).

Ar, *symbol of* argon.

arabinose, *nf Ch* arabinose.

arabite, *nf,* **arabitol,** *nm Ch* arabitol.

arachidique, arachique, *a Ch* arachidic, arachic, butic.

arachnéen, -enne, *a Bot etc* arachnoid, arachnean; cobweb-like.

arachnides, *nmpl Z* Arachnida *pl.*

arachnoïde 1. *a Anat Bot* arachnoid. **2.** *nf Anat* arachnoid (membrane).

arachnoïdien, -ienne, *a Bot* arachnoid, cobweb-like; *Anat* arachnoidal.

aragonite, *nf Miner* aragonite; **aragonite confluente,** twin aragonite.

araignée, *nf Arach* spider; **araignée fileuse,** web-spinning, web-making, spider; weaver; **araignée d'eau,** water spider; **araignée domestique,** house spider; **toile d'araignée,** cobweb, spider('s) web.

aranéidés, *nmpl Arach* Araneida *pl.*

arborescence, *nf Bot* arborescence.

arborescent, *a Bot* arborescent.

arboricole, *a* (*a*) *Z* tree-dwelling, arboreal, arboricole, arboricolous (animal); (*b*) *Bot* arboricolous, growing on trees.

arboricolisme, *nm* tree-dwelling habits.

arborisation, *nf Miner Ch etc* arborization, dendritic marking (of crystals, etc); arborescent growth; **arborisation (protoplasmique),** dendrite.

arborisé, *a Miner* arborescent, dendritic; **agate arborisée,** dendritic agate.

arbre, *nm* tree; **jeune arbre,** sapling; **arbre en buisson,** bush; **arbre vert,** evergreen (tree); **arbre à feuilles caduques,** deciduous tree; *Ch* **arbre de Diane,** arbor Dianae, arborescent silver; **arbre de Saturne,** arbor Saturni, lead tree.

arbrisseau, -eaux, *nm Bot* shrub; **arbrisseau à fleurs,** flowering shrub.

arbuscule, *nf Fung* arbuscule; *Bot* arbuscle, arbuscula.

arbuste, *nm Bot* bush, (arborescent) shrub.

arbustif, -ive, *a* pertaining to shrubs; shrubby.

arcade, *nf Z* **arcade sourcilière,** superciliary ridge.

arcanite, *nm Miner* arcanite.

arcanne, *nf Miner* red ochre.

archégone, *nm Bot* archegonium.

archégoniate, *a & nf Bot* archegoniate.

archégoniophore, *nm Bot* archegoniophore.

archentéron, *nm Embry* archenteron, -a.

archétype, *nm Biol* archetype.

Archimède, *Prn* **principe d'Archimède,** Archimedes' principle.

arctique, *a* arctic (fauna, etc).

ardoise, *nf Geol* slate.

arécaine, *nf Ch* arecaine.

arécoline, *nf Ch* arecoline.

arénacé, *a Geol* arenaceous.

arénaire, arénicole, *a* arenicolous; *Biol Bot Z* growing, living, in sandy places.

arénifère, *a Geol* arenaceous (limestone, etc).

arénite, arényte, *nf Geol* arenite.

aréolaire, *a Biol* areolar (tissue, etc); *Geol* **érosion aréolaire,** areal erosion, surface erosion.

aréolation, *nf Biol* areolation.

aréole, *nf Anat Bot* areola, rim.

aréolé, *a Biol* areolate(d).

aréomètre, *nm Ph etc* hydrometer, areometer.

aréométrie, *nf Ph* hydrometry, areometry.

aréométrique, *a Ph* areometric(al); hydrometric(al).

arête, *nf* (*a*) (fish)bone; **grande arête,** backbone (of fish); (*b*) *Bot* beard, awn, arista (of ear of wheat, etc).

arfedsonite, *nf Miner* arfedsonite.

argent, *nm Ch* (*symbol* Ag) silver; **argent blanc d'Allemagne,** German silver; **argent oxydé,** oxidized silver.

argental, -aux, *a Miner* argental (mercury).

argentifère, *a Miner* argentiferous, silver-bearing; **galène argentifère,** silver-bearing galena.

argentine, *nf Miner* argentine, slatespar; *Ich* silverfish.

argentique, *a Ch* argentic; **solution argentique,** silver solution.

argentite, *nf Miner* argentite, silver glance.

argilacé, *a* argillaceous, clayey.

argile, *nf* clay; **argile pauvre,** lean clay; **argile grasse,** rich, greasy, clay; **argile à blocaux,** boulder clay; **argile schisteuse,** shale; slate clay; **argile ferrugineuse,** iron clay; **argile à silex,** clay-with-flints; **argile téguline,** gault; **argile réfractaire, apyre,** fireclay, flint clay; **argile smectique,** fuller's earth.

argileux, -euse, *a* argillaceous, clayey (soil); **schiste argileux,** slate clay.

argilifère, *a* argilliferous, clay-bearing.

argilisation, *nf Geol* formation of clay (from rocks).

argilolit(h)e, *nm Geol* claystone.

arginase, *nf Ch* **(enzyme) arginase,** arginase.

arginine, *nf Ch* arginine.

argon, *nm Ch* (*symbol* Ar) argon.

argonide, *nm Ch* **les argonides,** the inert gases.

argyranthème, *a Bot* argyranthous.

argyrique, *a Ch* argyric (compound, etc).

argyrite, *nf Miner* = **argyrose.**

argyrodite, *nf Miner* argyrodite.

argyrophylle, *a Bot* argyrophyllous.

argyrose, *nf Miner* argentite, argyrose, argyrite, silver glance.

argyrythrose, *nf Miner* argyrythrose, aerosite, ruby silver (ore).

ariboflavinose, *nf Ch* lactoflavin deficiency.

aride, *a Geol* arid.

aridité, *nf* **index de l'aridité,** aridity index.

arille, *nm Bot* aril(lus).
arillé, *a Bot* arillate, arillated.
aristé, *a Bot* aristate, bearded, barbed, awned, barbate.
aristogénèse, *nf Biol* aristogenesis.
arite, *nf Miner* arite.
arizonite, *nf Miner* arizonite.
arkansite, *nf Miner* arkansite.
arkose, *nf Miner* arkose.
armangite, *nf Miner* armangite.
armillaire, *a Bot* armillate.
armure, *nf Biol* armour, armature, defence (of animals).
ARN, *abbr BioCh see* **ribonucléique.**
aromaticité, *nf Ch* aromaticity.
aromatique, *a Ch* **carbures aromatiques,** aromatics; **série aromatique,** aromatic series; **composés aromatiques,** aromatic compounds; **noyau aromatique,** aromatic ring.
aromatisation, *nf Ch* aromatization.
aromatiser, *vtr Ch* to aromatize.
arquérite, *nf Miner* arquerite, silver amalgam.
arrêt, *nm* block.
arrhénotoque, *a Biol* arrhenotokous.
arrhénotoquie, *nf Biol* arrhenotoky.
arrhize, *a Bot* arrhizal, arrhizous.
arrière-bras, *nm inv Anat* upper arm.
arrière-cerveau, *nm Z* epencephalon.
arrondi, *a Bot* rotundate.
arsénamine, *nf Ch* arsine.
arsenbismuth, *nm Miner* arsenobismite.
arséniate, *nm Ch* arsen(i)ate; **arséniate diplombique, arséniate acide de plomb,** acid lead arsenate; **arséniate de fer,** iron arsenate; **arséniate triplombique, arséniate basique de plomb,** basic lead arsenate; **arséniate de soude,** sodium arsenate.
arsenic, *nm Ch* (*symbol* As) arsenic; **arsenic sulfuré rouge, rubis d'arsenic,** red arsenic, ruby arsenic; **arsenic (blanc),** (white) arsenic, flaky arsenic, flowers of arsenic; **sulfure jaune d'arsenic,** yellow arsenic, sulfide of arsenic.
arsenical, -aux, *a Ch* arsenical; **substance arsenicale,** arsenical compound; **pyrite arsenicale, fer arsenical,** arsenopyrite, arsenical pyrite, mispickel.
arsénié, *a Ch* arseniuretted (hydrogen, etc); arsenated.
arsénieux, -ieuse, *a Ch* arsenious; **acide, anhydride, arsénieux,** arsenious oxide; (white) arsenic, flaky arsenic, flowers of arsenic.
arsénifère, *a* arseniferous.
arsénique, *a Ch* arsenic (acid).
arsénite, *nm Ch Miner* arsenite; arsenolite.
arséniure, *nm Miner Ch* arsenide; **arséniure de nickel,** nickel arsenide.
arsénolit(h)e, *nm Miner* arsenolite, arsenite.
arsénopyrite, *nf Miner* arsenopyrite, mispickel.
arsine, *nf Ch* arsine.
artefact, *nm* artefact.
artère, *nf Anat* artery; **artère terminale,** end artery.
artérialisation, *nf Physiol* **artérialisation du sang,** aeration.
artériel, -ielle, *a Anat* arterial; **système artériel,** arterial system.
artériole, *nf Anat* arteriole, small artery.
arthropode *Z* **1.** *a* arthropodal, arthropodous. **2.** *nm* arthropod.
arthrospore, *nf Bot* arthrospore.
article, *nm Bot Ent* joint.
articulaire, *a Anat* articular, articulatory, of the joints.
articulation, *nf* (*a*) *Anat* articulation, joint, junctura; **sans articulations,** inarticulate(d); **articulation du doigt,** knuckle; (*b*) *Bot* node, joint, knot (in stem of grass, etc); (*c*) *Biol* utterance.
articulé, *a* articulate(d); jointed (limb, stalk, etc).
artinite, *nf Miner* artinite.
artiodactyle *Z* **1.** *a* even-toed, artiodactyl, artiodactylous. **2.** *nm* artiodactyl.
arvicole, *a Z* arvicoline.
arylamine, *nf Ch* arylamine.
aryle, *nm Ch* aryl.
arythmie, *nf Physiol Z* arrhythmia.
As, *symbol of* arsenic.
asbeste, *nm Miner* asbestos.
asbestiforme, *a Miner* asbestiform.
asbestose, *nf Path* asbestosis.
asbolane, asbolit(h)e, *nf Miner* asbolite; asbolan; earthy cobalt; wad.

ascaricide, *nm Ch Z* ascaricide.
ascendant, *a Anat Bot* ascending; **aorte ascendante,** ascending aorta.
ascidie, *nf Bot* ascidium, vasculum, *F* pitcher.
ascidiforme, *a Bot etc* ascidiform, pitcher-shaped.
ascogène, *a Fung* ascogenous.
ascogone, *nm Microbiol* ascogonium, ascogone.
ascorbique, *a Ch* **acide ascorbique,** ascorbic acid.
ascospore, *nf Fung* ascospore.
aseptique, *a Bac* sterile.
asexué, asexuel, -elle, *a Biol* asexual, neuter; sexless; unsexual.
asidère, asidérite, *nf Miner* asiderite, aerolite, aerolith.
asmanite, *nf Miner* asmanite.
asparagine, *nf Ch* asparagine.
aspartique, *a Ch* **acide aspartique,** aspartic acid.
aspergé, *a Biol* inspersed.
aspergilliforme, *a Bot* aspergilliform, brushlike.
aspergillus, *nm Bac* aspergillus.
aspérifolié, *a Bot* asperifoliate, asperifolious.
asperme, *a Bot* aspermous, seedless.
aspermie, *nf Bot* aspermatism.
aspersion, *nf Biol* inspersion.
asphalte, *nm Miner* asphalt; **asphalte minéral,** bitumen.
asphaltisation, *nf Ch* inspissation.
asphaltite, *nm Miner* asphaltite.
asphyxie, *nf Med Tox* asphyxia.
asporogène, *a Bot* asporogenous, asporogenic.
asque, *nm & f Biol Bot* ascus.
assimilation, *nf Physiol* assimilation.
assimiler, *vtr Bot etc* to assimilate.
assise, *nf Geol* bed, stratum; *Bot* **assise génératrice,** absciss(ion) layer; **assise protéique,** aleurone layer.
association, *nf* association.
assurgent, *a Bot* assurgent.
astacine, *nf Ch* astacene, astacin.
astatine, *nf Ch* (*symbol* At) astatine.
astatique, *a* astatic.
aster, *nm Biol* aster, karyaster.
astérie, *nf Cryst* asteria; *Miner* asteriated opal; starstone.
astérique, *a Miner* **pierre astérique,** asteriated stone.
astérisme, *nm Cryst* asterism.
asthénie, *nf Z* **asthénie somatique,** somaesthenia.
asthénique, *a Biol* adynamic.
asticot, *nm Z* vermicule.
astigmatisme, *nm Opt* astigmatism.
astragale, *nm Anat Z* astragalus; talus; tibiale.
astringent, *a Physiol* staltic.
astroblaste, *nf Biol* astroblast.
astrocyte, *nm Biol* astrocyte; *Anat* **astrocytes,** spider cells.
astroïte, *nf Miner* astroite.
astronomie, *nf* astronomy.
astronomique, *a* astronomic(al).
astrophyllite, *nf Miner* astrophyllite.
astrophysique 1. *a* astrophysical. **2.** *nf* astrophysics.
asymétrie, *nf Ch* asymmetry, dissymmetry.
asymétrique, *a* asymmetrical; (*a*) *Ch* **atome du charbon asymétrique,** asymmetrical carbon atom; **centre asymétrique,** asymmetrical centre; (*b*) *Bot* interrupted; unsymmetrical; **feuille asymétrique,** asymmetrical, oblique, leaf; (*c*) *Biol* unequal.
asymétriquement, *adv* asymmetrically.
asynchrone, *a Ph* asynchronous, nonsynchronous.
asynchronisme, *nm Ph* asynchronism.
asystolie, *nf Physiol* asystole.
At, *symbol of* astatine.
atacamite, *nf Miner* atacamite.
atavique, *a Biol* atavistic; **retour atavique,** throwback.
atavisme, *nm Genet* atavism.
ataxie, *nf Tox* ataxia.
ataxique, *a Tox* ataxic.
ataxite, *nf Miner* ataxite.
atélite, *nf Biol* atelia.
atélomitique, *a Biol* atelomitic.
athénium, *nm Ch* athenium.
athermal, -aux, *a Ch* athermal (solution, etc).
athermane, *a Ph* athermanous, impervious to radiant heat.
athermanéité, *nf Ph* athermancy.

atm(id)omètre, *nm Ph* atmidometer, evaporimeter.
atmolyse, *nf Ch* atmolysis.
atmosphérique, *a* atmospheric(al); **pression atmosphérique,** air pressure; **gaz à la pression atmosphérique,** zero gas; **rocher usé par l'action des agents atmosphériques,** weathered rock.
atome, *nm Ph* atom; **atome père,** parent atom; **atome mésique,** mesonic atom; **atome marqué,** tagged atom; **concours d'atomes,** combination of atoms; **atomes non chargés,** uncharged atoms.
atome-gramme, *nm Ph* gramme atom, gramme atomic weight; **masse d'un atome-gramme,** atomic mass unit; *pl atomes-grammes.*
atomicité, *nf Ch* atomicity.
atomique, *a Ch Ph* atomic (theory, weight, etc); **masse atomique, poids atomique,** atomic weight; **nombre, numéro, atomique,** atomic number; **sciences atomiques,** atomics; **structure atomique,** atomic structure.
atonie, *nf Physiol* want of tone; *Path* **atonie complète,** inertia.
atopite, *nf Miner* atopite.
atoxique, *a Biol* atoxic, non-poisonous.
atoxyl(e), *nm Ch* atoxyl.
atrophie, *nf Biol* atrophy; degeneration, obsolescence (of an organ, etc).
atrophié, *a Biol* atrophied, degenerated, obsolescent (organ, etc).
atropine, *nf Ch* atropin(e).
atropique, *a Ch* atropic.
attache, *nf Bot* tendril; *Anat* **(point d')attache (d'un muscle),** origin.
attacolite, *nf Miner* attacolite.
attapulgite, *nf Miner* attapulgite.
atténué, *a Bot* **feuille atténuée,** attenuate leaf.
attique, *nf Z* epitympanum.
attractif, -ive, *a* attractive, drawing (power, force of magnet); gravitational (force); *Biol* **sphère attractive,** attraction sphere.
attraction, *nf Ph* **attraction universelle,** gravitation; **attraction moléculaire,** molecular attraction, cohesive force, adhesive attraction.
attractivité, *nf Ph* attractivity, attractive power.
atypie, *nf Biol* sport.
Au, *symbol of* gold.
aubier, *nm Bot* sapwood.
audiodétection, *nf Z* echo location (of bats).
auditif, -ive, *a Anat Z* auditory; **conduit auditif,** auditory capsule; **nerf auditif,** auditory nerve.
auge, *nf Geol* (*a*) trough; (*b*) glacial valley.
augélite, *nf Miner* augelite.
augite, *nf Miner* augite.
augmentation, *nf Nut* gain.
auramine, *nf Ch* auramin(e).
aurantia, *nf Ch Dy Phot* aurantia.
aurate, *nm Ch* aurate.
auréomycine, *nf Ch* aureomycin.
aureux, *am Ch* aurous.
auric(h)alcite, *nf Miner* aurichalcite.
auriculaire, *a Anat Z* auricular.
auricule, *nf* (*a*) *Bot* auricle (of a petal); (*b*) *Echin* auricula, auricle.
auriculé, *a* auriculate, auricled, eared (leaf, shell).
auride, *nm Miner* auride.
aurifère, *a Geol* auriferous, gold-bearing.
aurine, *nf Ch* aurin.
aurique, *a Ch* auric (salt, etc).
aurocyanure, *nm Ch* aurocyanide.
autécologie, *nf Biol* autecology.
authigène, *a Geol* authigenic, authigenous.
auto-agglutination, *nf Immunol* auto-agglutination.
auto-amputation, *nf* autonomy, self-amputation.
autocatalyse, *nf Ch* autocatalysis.
autoclave, *nm Ch* autoclave.
autofécondation, *nf Z Bot Biol* self-fertilization; autogamy, autofecundation.
autofertile, *a Biol* self-fertile; self-fertilizing.
autogamie, *nf Biol* autogamy; self-fertilization.
autogénèse, *nf Biol* autogenesis.
autogénie, *nf Biol* autogeny.
auto-hémorrhée, *nf Z* bleeding reflexes (in insects).
auto-immunisation, *nf Immunol* auto-immunization.

auto-induction, *nf Physiol Z* self-induction.
auto-infection, *nf Bac Z Immunol* auto-infection, self-infection.
autolyse, *nf Ch* autolysis.
autolytique, *a Physiol* autolytic (process).
automolite, *nf Miner* automolite.
automorphe, *a Miner* idiomorphic, automorphic.
autonome, *a* autonomic.
autophagie, *nf Biol* autophagy; autophagia.
autophagique, *a Biol* autophagous.
autopollinisation, *nf Bot* self-pollination.
autopsie, *nf* autopsy.
autoradiogramme, *nm Biol* radio-autograph.
autoréparation, *nf Z* self-mending.
autosome, *nm Biol* autosome.
autosomique, *a Biol* autosomal.
autostérile, *a Bot* self-sterile.
autostérilité, *nf Bot* self-sterility.
autotomie, *nf* autotomy; **autotomie caudale,** caudal autotomy.
s'autotomiser, *vpr (of lizard, etc)* **s'autotomiser de sa queue,** to autotomize its tail.
autotrophe *Bot* **1.** *a* autotophic (plant). **2.** *nm* autotroph.
autoxydable *a Ch* autoxidizable.
autoxydation, *nf Ch* autoxydation.
autunite, *nf Miner* autunite.
auvent, *nm Ch* fume hood (over part of laboratory).
auxanomètre, *nm Bot* auxanometer.
auxèse, auxesis, *nf Biol* auxesis.
auxine, *nf Bot* auxin.
auxochrome, *nm Ch* auxochrome.
auxocyte, *nm Biol* auxocyte.
auxospore, *nf Algae* auxospore.
auxotrophe, *a Biol* **souche auxotrophe,** auxotroph.
avalent, *a Ch* avalent.
avalure, *nf Vet* **avalure du sabot,** sloughing of the hoof.
avant-bras, *nm inv Anat* forearm.
aven, *nm Geol* aven; swallowhole.
avénacé, *a Bot* avenaceous.
avénéine, avénine, *nf Ch* avenin(e).
aventurine, *nf (a) Glassm* aventurine (glass); gold flux; *(b) Miner* aventurine, sunstone.
avertissant, *a* aposematic (colour).
aveugle, *a* blind; **complètement aveugle,** stone blind.
avicole, *a* avicolous, parasitic on birds.
aviculaire, *a (a)* eaten by birds; *(b)* bird-eating; *(c)* avicolous, living on birds.
avillon, *nm Orn* hallux, -luces (of bird of prey).
avitaminose, *nf Path* avitaminosis.
Avogadro, *Prn Ch* **nombre d'Avogadro,** Avogadro number, constant; **principe d'Avogadro,** Avogadro's principle.
avortement, *nm (a)* abortion; *(of animal)* slipping, slinking, casting (of young); **avortement épizootique,** infectious abortion; **avortement précoce,** embryonic abortion; *(b) Bot* non-formation, incompleteness, incompletion (of a part).
avorter, *vi (a) Biol* to abort; *(of animals)* to slip, slink, cast (young); *(b) Bot* to develop imperfectly; to fail to ripen; to abort; **arbres avortés,** stunted trees.
avorton, *nm* deformed, undeveloped, plant, animal.
axe, *nm (a) Bot* axis, *pl* axes; scape (of plant); *(b) Geol* axis (of a fold); **axe anticlinal,** anticlinal axis; *Opt* **axe visuel,** axis of vision; **axe d'une lentille,** axis of a lens; *Cryst* **cristal à deux axes,** biax(i)al, biaxate, crystal; *Miner* **axe zonal,** zone axis.
axifère, *a Bot* bearing an axis.
axile, *a Bot* axile.
axilé, *a Bot* having, growing round, an axis.
axillaire, *a* axillary; *Z* subaxillary.
axille, *nf Orn* axilla.
axilliflore, *a Bot* having axillary flowers.
axinite, *nf Miner* axinite.
axiolite, *nm Miner* axiolite.
axipète, *a* axipetal.
axone, *nm Anat Z* axon.
axopode, *nm Z* axopodium, axopod.
azélaïque, *a Ch* azelaic.
azéotrope, *a Ch* **mélange azéotrope,** azeotropic mixture; azeotrope.
azide, *nm Ch* azide.

azimide, *nm Ch* azimino compound.
azimidé, *a Ch* azimino.
azine, *nf Ch* azine.
azoamidé, azoaminé, *a Ch* aminoazo (dye, etc).
azobenzène, *nm Ch* azobenzene.
azobenzoïque, *a Ch* azobenzoic.
azohydrure, *nm Ch* triazoate.
azoïque[1], *a Geol Ch* azoic.
azoïque[2] **1.** *a Ch* **colorants azoïques,** azo dyes; aniline dyes; **composés azoïques,** azo compounds. **2.** *nm* azo blue.
azol(e), *nm Ch* azol(e).
azophrénolique, *a* azophrenolic.
azotate, *nm Ch* nitrate; **azotate de potasse,** nitre, saltpetre.
azotation, *nf Ch* nitrogenization.
azote *nm Ch* (*symbol* N) nitrogen; **azote de l'air,** aerial nitrogen; **azote ammoniacal,** ammonia nitrogen.
azoté, *a Ch* nitrogenous.
azoter, *vtr Ch* to nitrogenize.
azoteux, -euse, *a Ch* nitrous.
azothydrique, *a Ch* hydrazoic, triazoic.
azotimètre, *nm Ch* azotometer.
azotique, *a Ch* nitric.
azotisation, *nf Ch* = **azotation.**
azotite, *nm Ch* nitrite.
azotobacter, *nm Bac* azotobacter.
azoture, *nm Ch* hydrazoate, azide.
azotyle, *nm Ch* nitryl.
azoxy-, *pref Ch* azoxy-.
azoxybenzène, *nm Ch* azoxybenzene.
azoxyque, *a & nm Ch* azoxy compound.
azulène, *nm Ch* azulene.
azuline, *nf Ch* azulin.
azulmine, *nf Ch* azulmin.
azur, *nm Miner* **pierre d'azur,** (i) lapis lazuli, (ii) lazulite.
azurite, *nf Miner* azurite, chessylite, blue copper ore.
azygospore, *nf Fung* azygospore.
azyme, *a* azymic, azymous.

B

B, *symbol of* boron.
Ba, *symbol of* barium.
babines, *nfpl Z* lips (of animals).
babingtonite, *nf Miner* babingtonite.
bac, *nm Z* scapha.
baccien, *a Bot* **fruit baccien,** berry.
baccifère, *a Bot* bacciferous, baccate, berry-producing.
bacciforme, *a Bot* bacciform, baccate, berry-producing.
baccivore, *a Z* baccivorous, berry-eating.
bacillaire, *a Biol* bacillary.
bacille, *nm Biol* bacillus, germ; **bacille virgule,** cholera bacillus.
bacilliforme, *a Biol* bacilliform, rod-shaped, rodlike.
bacillogène, *a* bacillogenous.
bactéricide 1. *a* bactericidal. **2.** *nm* bactericide.
bactéridie, *nf Bac* **bactéridie charbonneuse,** anthrax bacillus.
bactérie, *nf* bacterium, -ia.
bactérien, -ienne, *a Biol* bacterial; **charbon bactérien,** anthrax; **infection bactérienne,** bacterial contamination.
bactério-agglutinine, *nf* bacterio-agglutinin.
bactériologie, *nf* bacteriology.
bactériologique, *a* bacteriological.
bactériologiste, bactériologue, *nm & f* bacteriologist.
bactériophage, *nm Biol* bacteriophage.
bactériophagie, *nf* bacteriophagy.
bactériophagique, *a* bacteriophagic, bacteriophagous.
bactériose, *nf Z* bacteriosis.
bactériostase, *nm* bacteriostasis.
bactériostatique, *a* bacteriostatic.
bactériotoxine, *nf Ch* bacteriotoxin.
baculiforme, *a Bot Fung* baculiform, stick-shaped, rod-shaped.
baddeleyite, *nf Miner* baddeleyite.
badigeon, *nm Ch* whitewash.
bague, *nf* annulus (of a fungus).
baie, *nf Bot* berry; **à baies,** berried.
baïkalite, *nf Miner* baikalite.
baïkérite, *nf Miner* baikerite.
bâillant, *a Bot* dehiscent.
bâillement, *nm Physiol* yawn.
bâiller, *vi Physiol* to yawn.
bain, *nm* (*a*) *Ch* solution; (*b*) bath; **bain froid,** cold bath; **bain de développement,** developing bath; **bain de teinture,** dye bath; **bain d'électrolyse,** electrolytic bath; **bain de fixage,** fixing bath; **bain d'huile,** oil bath; *Physiol* **bain de l'organe,** organ bath; **bain de sable,** sand bath.
bain-marie, *nm Ch* water bath.
bajocien, -ienne, *a & nm Geol* Bajocian.
balais, *am* **rubis balais,** balas ruby.
balance, *nf* balance; **balance à court fléau,** short-beam balance; **balance à ressort,** spring balance; **balance de torsion,** torsion balance.
balance-trébuchet, *nf Ph Ch* precision balance; *pl balances-trébuchets.*
balanciers, *nmpl Ent* balancers, poisers (of Diptera).
balanophage, *a* acorn-eating.
balanophore, *a Bot* balaniferous, acorn-bearing.
balayeur, *nm Ch* scavenger; **balayeur des radicaux,** radical scavenger.
bale, *nf Bot* = **balle.**
balle, *nf Bot* glume (of flower).
ballon, *nm Ch* balloon (flask); **ballon à fond plat,** flat-bottomed flask; **ballon de distillation,** distillation flask, still; *Ph* **ballon à vide,** vacuum flask.
balsamifère, *a Bot* balsamiferous.
banal, -aux, *a* trivial; **microbes banaux,** innocuous microbes.
bande, *nf Z* stripe; **bande (de couleur),** vitta; **bande de Hensen,** Hensen's stripe.

bandelette, *nf Bot* vitta (of fruit of umbellifers); *pl Cytol* terminal bars; *Anat Z* **bandelettes optiques,** optic tracts.
bar, *nm MeteorMeas* bar.
barbe, *nf* barbel (of fish); wattle (of bird); barb, ramus (of feather); beard, awn (of wheat, etc).
barbé, *a Bot* barbate.
barbelure, *nf Bot* beard, awn (of wheat, etc).
barbifère, *a* barbate, barbiferous.
barbillon, *nm* (*a*) barb, barbel (of fish); **poisson à barbillons,** barbel(l)ed fish; (*b*) palp (of insect).
barbital, -aux, *a Ch* barbituric.
barbiturate, *a & nm Ch* barbiturate.
barbiturique, *a & nm Z* barbituric; **acide barbiturique,** barbituric acid.
barbiturisme, *nm Pharm Tox* barbiturism.
barbotage, *nm Ch* sparging.
barboteur, *nm Ch* impinger.
barbu, *a* barbate; *Bot* bearded, aristate.
barbule, *nf* barbule (of feather).
barégine, *nf Ch* glairin.
barilite, *nf Miner* barylite.
barle, *nf Miner* fault.
baromètre, *nm Ch Ph* barometer; **baromètre à mercure,** mercury barometer; **baromètre à siphon,** siphon barometer; **baromètre enregistreur,** recording barometer.
barométrique, *a* barometric.
barométrographe, *nm* barometrograph.
barotaxie, *nf Biol* barotaxis, barotaxy.
barre, *nf* (*a*) *Ph etc* bar; (*b*) *Z pl* bars (of horse's mouth).
barthite, *nf Miner* barthite.
barycentre, *nm Ph* barycentre.
barycentrique, *a Ph* barycentric.
barye, *nf PhMeas* barye.
barylite, *nf Miner* barylite.
baryon, *nm Ph* baryon.
barysphère, *nf Geol* barysphere.
baryte, *nf Ch* baryta; **carbonate de baryte,** barium carbonate; **oxyde de baryte,** barium oxide; **sulfate de baryte,** barium sulfate; **baryte hydratée,** barium hydrate; **eau de baryte,** baryta water.
baryté, *a Ch* **papier baryté,** baryta paper.
barytifère, *a Geol* barytic (chalk, etc).
barytine, *nf Miner* barytes, heavy spar, barytine.
barytique, *a Miner* barytic; *Ch* baric.
barytocalcite, *nf Miner* barytocalcite.
baryum, *nm Ch* (*symbol* Ba) barium.
basal, -aux, *a Biol* basal (growth, cell); **gemmation basale,** basal gemmation; *Biol Physiol* **ganglion basal,** basal ganglion; **métabolisme basal,** basal metabolism; **taux métabolique basal,** basal metabolic rate; *Geol* **conglomérat basal,** basal conglomerate.
basalte, *nm Geol Miner* basalt; **basalte vitreux,** basalt glass; **colonnes de basalte,** basaltic columns.
basaltiforme, *a Geol* basaltiform.
basaltique, *a Miner* basaltic.
basanite, *nf Miner* basanite, touchstone.
base, *nf Anat Bot Ch* base; *Anat* **base de cœur,** base of the heart; *Ch* **base oxygénée,** basyl(e); *Geol* **niveau de base (d'érosion),** base level (of erosion).
basial, -iaux, *a Anat* basal.
basicité, *nf Ch Metall* basicity.
baside, *nm Fung* basidium.
basidiospore, *nf Fung* basidiospore.
basidiosporé, *a Fung* basidiosporous.
basification, *nf Ch* basification.
basifixe, *a Bot* basifixed.
basifuge, *a Bot* basifugal.
basigame, *a Bot* basigamous.
basilaire, *a Anat Bot* basilar (groove, placenta); *Bot* basal; *Biol Physiol* **ganglion basilaire,** basal ganglion; *Physiol* **noyaux basilaires,** basal nuclei; *Geol* **feuillet basilaire,** basal lamina.
basilatéral, -aux, *a* basilateral.
basinerve, *a Bot* basinerved.
basipète, *a Bot* basipetal.
basique, *a* (*a*) *Ch* basic (salt, etc); **rendre basique,** to basify; (*b*) *Cryst* basal (cleavage); *Geol* **lave basique,** basic lava; *Metall* **garnissage basique,** basic lining; **scorie basique,** basic slag.
basophile *Biol Physiol* **1.** *a* basophilic, basophile. **2.** *nf* basophil.
bassetite, *nf Miner* bassetite.
bassin, *nm* (*a*) *Geol* basin; *Oc* depression; **bassin sédimentaire,** basin of deposition; **bassin de faille,** fault basin; **bassin houil-**

ler, coal basin; **bassin hydrographique,** river basin; (*b*) *Anat* pelvis; **os du bassin,** pelvic bone.
bassinet, *nm Anat* pelvis renalis, pelvis (of the kidney).
bastite, *nf Miner* bastite.
bastnaésite, *nf Miner* bastnasite.
bathmotrope, *a* bathmotropic.
bathochrome, *a & nm Ph Ch* bathochrome.
bathochromique, *a* bathochromic; **changement de position bathochromique,** bathochromic shift.
batholit(h)e, *nm Geol* batholith, bathylith.
bathonien, -ienne, *a & nm Geol* Bathonian.
bathyal, -aux, *a Oc* bathyal.
bathydrique, *a Biol* bathyoic, bathybial.
bathypélagique, *a Oc* bathypelagic.
bathyplancton, *nm* bathyplankton.
bâtonnet, *nm Biol* rod bacterium; *Anat* (i) rodlike cell; (ii) *pl* rods (of retina); *Ch* pellet.
batracien, -ienne, *a & nm Z* batrachian.
battement, *nm Physiol Z* sphygmus.
batterie, *nf Ch Ph* battery; **batterie électrique,** electric battery.
bauge, *nf* squirrel's nest, drey.
baume, *nm Biol* balsam; **baume du Canada,** Canada balsam.
Baumé, *Prn Ph* **aéromètre de Baumé,** Baumé hydrometer; **degrés Baumé,** degrees Bé.
baumhauérite, *nf Miner* baumhauerite.
bauxite, *nf Geol Miner* bauxite.
bauxitique, *a Geol Miner* bauxitic.
bave, *nf Z* slaver.
bdellaire, *a Z* suctorial.
Be, *symbol of* beryllium.
bec, *nm Biol* rostrum; *Z* **à bec,** rhampoid.
becher, *nm Ch* beaker.
becqué, *a Z* rhampoid.
Becquerel, *Prn Rad-A* **rayon de Becquerel,** Becquerel ray.
becquerélite, *nf Miner* becquerelite.
behaviorisme, *nm* behaviourism.
behavioriste, *a* behavioural.
béhénique, *a Ch* behenic (acid).
bélonite, *nf Miner* belonite.
bémentite, *nf Miner* bementite.
bénin, -igne, *a Med* benign.
benthique, benthonique, *a Biol* benthal, benthic, benthonic (fauna, etc); **faune benthique profonde,** abyssal-benthic, abyssobenthic, fauna.
benthos, *nm Oc Biol* (*a*) benthos; (*b*) benthos, benthic flora and fauna.
bentonite, *nf Miner* bentonite.
benzaldéhyde, *nm Ch* benzaldehyde.
benzaldoxime, *nm Ch* benzaldoxime.
benzamide, *nm Ch* benzamide.
benzanilide, *nf Ch* benzanilide.
benzanthrone, *nf Ch* benzanthrone.
benzazide, *nf Ch* benzazide.
benzazimide, *nm Ch* benzazimide.
benzène, *nm Ch* benzene.
benzénique, *a Ch* benzene (hydrocarbons, etc); **noyau benzénique**, benzene ring, benzene nucleus.
benzénoïde, *a Ch* benzenoid.
benzhydrol, *nm Ch* benz(o)hydrol.
benzidine, *nf Ch* benzidine.
benzidinique, *a Ch* **transformation benzidinique,** benzidine transformation.
benzile, *nm Ch* benzil.
benzoate, *nm Ch* benzoate; **benzoate de sodium,** benzoate of soda.
benzoïne, *nf Ch* benzoine.
benzoïque, *a Ch* benzoic.
benzol, *nm Ch* benzol.
benzonaphtol, *nm Ch* benzonaphthol.
benzonitrile, *nm Ch* benzonitrile.
benzophénone, *nf Ch* benzophenone.
benzopyrène, *nm Ch* benzopyrene.
benzoquinone, *nf Ch* benzoquinone.
benzoyle, *nm Ch* benzoyl.
benzylamine, *nf Ch* benzylamine.
benzyle, *nm Ch* benzyl.
benzylidène, *nm Ch* benzal, benzylidine.
benzylique, *a Ch* benzylic; **alcool, cellulose, benzylique,** benzyl alcohol, benzyl cellulose.
berbérine, *nf Ch Physiol* berberin(e).
béril, *nm* = **beryl.**
berkélium, *nm Ch* (*symbol* Bk) berkelium.
berlinite, *nf Miner* berlinite.
Bernoulli, *Prn Ch* **théorème, principe, de Bernoulli,** Bernoulli's theorem.

Bertin, *Prn Biol* **ligament de Bertin,** Y ligament.
béryl, *nm Miner* beryl; **béryl noble,** aquamarine.
béryllium, *nm Ch* (*symbol* Be) beryllium, glucin(i)um.
berzélianite, *nf Miner* berzelianite.
berzélite, *nf Miner* berzelite.
bêta, *nm Ph* **particule bêta,** beta particle; **rayons bêta,** beta emissions.
bétafite, *nf Miner* betafite, samiresite.
bétaïne, *nf Ch* betain(e).
bétatron, *nm Ph* betatron.
bétol, *nm Ch* naphthol salicylate.
bétuline, *nf Ch* betulin(ol).
beudantine, beudantite, *nf Miner* beudantine, beudantite.
Bi, *symbol of* bismuth.
biacétyle, *nm Ch* biacetyl.
biacide, *nm Ch* biacid.
biacuminé, *a Bot* biacuminate, double-pointed.
biatomique, *a Ch* diatomic.
biaxe, *a Ch Ph* biaxal, biaxiate, biaxial; **cristal biaxe,** biaxial crystal.
bibasique, *a Ch* dibasic.
bicalcique, *a Ch* dicalcic.
bicapsulaire, *a Bot* bicapsular.
bicarbonate, *nm Ch* bicarbonate; supercarbonate.
bicéphale, *a Physiol* double-headed.
biceps, *nm Z* biceps.
bichlorure, *nm Ch* bichloride, dichloride; **bichlorure de mercure,** mercury bichloride.
bichromate, *nm Ch* bichromate, dichromate; **bichromate de potasse,** potassium bichromate.
bicipital, -aux, *a Anat* **coulisse, gouttière, bicipitale,** bicipital groove.
biconcave, *a* biconcave, double-concave.
biconjugué, *a Bot* biconjugate.
biconvexe, *a* biconvex.
bicorne, *a* bicornuate, bicornate, bicornute.
bicuspide, bicuspidé, *a* bicuspid, bicuspidate.
bicyclique, *a Ch* bicyclic.
bidenté, *a* bidentate, double-toothed.
biebérite, *nf Miner* red vitriol, bieberite.
bifacial, -iaux, *a Bot* bifacial (leaf), isobilateral.
bifère, *a* bifid.
biflore, *a Bot* biflorous, biflorate.
bifolié, *a Bot* bifoliate.
bifoliolé, *a Bot* bifoliolate.
bifurqué, *a Biol* bifurcate; dichotomal, dichotomous.
(se) bifurquer, *vi & pr Z* to divaricate.
bigarré, *a Geol* **grès bigarré,** Bunter sandstone.
bigarrure, *nf Bot* mosaic (disease).
bigéminé, *a Bot* bigeminate; *Anat* bigeminal (organ, pulse, etc).
bigénérique, *a* bigeneric.
biguanide, *nf Ch* biguanide, diguanide.
bihydrate, *nm Ch* double hydrate.
bijugué, *a Bot* bijugate.
bilabié, *a Bot* bilabiate, two-lipped.
bilan, *nm Ch Biol* testing; *Biol* workup; **bilan biologique,** laboratory workup.
bildstein, *nm Miner* agalmatolite, pagodite.
bile, *nf Physiol Z* bile; gall (of animal); **bile de bœuf,** ox bile.
bilharzia, bilharzie, *nf Biol* bilharzia.
bilharziose, *nf* bilharziasis.
biliaire, *a Anat* biliary; **conduits biliaires,** gall ducts; **acides biliaires,** bile acids; **calcul biliaire,** gallstone, bile calculus; **canal, voie, biliaire,** bile duct; **pigments biliaires,** bile pigments; **sels biliaires,** bile salts; **vésicule biliaire,** gall bladder; **protéines biliaires,** biliproteins.
bilinite, *nf Miner* bilinite.
bilirubine, *nf Physiol* bilirubin.
biliverdine, *nf Ch* biliverdin.
bilobé, *a Biol* bilobate, bilobed.
biloculaire, *a* bilocular (anthers, etc).
bimane, *a Z* bimanous.
bimarginé, *a* bimarginate.
bimoléculaire, *a Ch* bimolecular.
binaire 1. *a Mth Ph Ch etc* binary; **fission binaire,** binary fission; **réaction binaire,** binary reaction. **2.** *nf Astr* binary (star).
biné, *a Bot* binate (leaf).
binervé, *a* binervate.
binoculaire, *a* binocular (vision).
binominal, -aux, *a* binomial; **nomenclature binominale,** binomial, binominal, nomenclature.
binucléaire, *a Ph* binuclear, binucleate.

binucléolé, *a Bot* binucleolate (ascospore).
bioblaste, *nm Bot* bioblast.
biocatalyseur, *nm Biol* biocatalyst.
biocénose, *nf* biocenosis, biocenose.
biochimie, *nf* biochemistry, zoochemistry.
biochimique, *a* biochemic(al).
bioclimatologie, *nf* bioclimatology, bioclimatics.
biocœnose, *nf* biocenosis, biocenose.
biodégradable, *a* biodegradable.
biodynamique, *nf* biodynamics.
bioélectricité, *nf Biol* bioelectricity.
bioélectrique, *a Biol* bioelectrical.
bioénergétique, *nf Biol* bioenergetics.
biogène, *nm* biogen.
biogénèse, *nf Biol* biogenesis; *Cancer* germ theory; **loi de la biogénèse,** Haeckel's law.
biogénétique, *a* biogenetic; **loi biogénétique,** biogenetic law.
biolite, *nm*, **biolithe**, *nf Miner* biolite, biolith.
biologie, *nf* biology; **biologie statique,** biostatics.
biologique, *a* biologic(al); **chimie biologique,** biochemistry; **essai, titrage, biologique,** bio-assay; **montre biologique,** biological clock; **rétroaction biologique,** biofeedback; **spectre biologique,** biological spectrum.
biologiquement, *adv* biologically.
biologiste, biologue, *nm & f* biologist.
bioluminescence, *nf* bioluminescence.
bioluminescent, *a* bioluminescent.
biomasse, *nf Biol* biomass.
biome, *nm Biol* biome.
biométrie, *nf* biometry, biometrics.
biométrique 1. *a* biometric(al). **2.** *nf* biometrics, biometry.
bion, *nm Bot* shoot, sucker.
bionique, *nf* bionics.
bionomie, *nf* bionomics, bionomy.
bionomique, *a Biol* bionomic; **niveaux bionomiques,** bionomic levels.
biophore, *nm Biol* biophore.
biophysicien, -ienne, *n* biophysicist.
biophysique, *nf* biophysics.
bioplasme, *nm Biol* bioplasm, bioplast.
bioplasmique, *a Biol* bioplasmic.
bios, *nm BioCh* bios.
biose, *nm Ch* biose.
biosphère, *nf* biosphere.
biostatique, *nf* biostatics.
biosulfate, *nm Ch* hyposulfite.
biosynthèse, *nf* biosynthesis.
biosynthétique, *a Biol* biosynthetic.
biotine, *nf BioCh* biotine.
biotique, *a Biol* (zoo)biotic, zoetic.
biotite, *nf Miner* biotite.
biotope, *nm* tope, habitat (of plant or animal life).
biotropisme, *nm Bot* biotropism.
biotype, *nm* biotype; jordanon.
biotypologie, *nf* biotypology.
biovulé, *a* biovulate.
bioxyde, *nm Ch* bioxide; **bioxyde d'azote,** nitric dioxide; nitrogen peroxide; **bioxyde de plomb,** lead dioxide; **bioxyde de manganèse,** dioxide of manganese, manganese (di)oxide.
bipare, *a Z* biparous.
biparti, -ie, *a* bipartite.
bipartition, *nf* bipartition.
bipède *Z* **1.** *a* biped(al), two-footed, two-legged. **2.** *nm* biped.
bipédie, *nf Z* bipedalism.
bipennatifide, *a Bot* bipinnatifid.
bipenne, bipenné, *a Bot* bipennate, bipinnate, doubly pinnate.
bipétalé, *a Bot* bipetalous.
bipinnatifide, *a Bot* bipinnatifid.
bipinné, *a Bot* bipinnate(d), doubly pinnate.
bipolaire, *a* dipolar (magnet).
bipyramidal, -aux, *a Cryst* bipyramidal; **cristal bipyramidal,** bipyramid.
biradical, -aux, *nm Bot* **biradical libre,** radical di-free.
biramé, *a Ent Crust* biramous, biramose, double-branched (antennae, etc).
biréfringence, *nf Ph* birefringence, double refraction.
biréfringent, *a Ph* birefringent, birefractive, double-refracting, doubly refractive.
bisannuel, -elle, *a Bot* biennial; **plante bisannuelle,** biennial (plant).
bisel, *nm Ch* dibasic salt.
bisérié, *a Biol* biserial, biseriate.
bisexualité, *nf Bot* bisexualism, bisexuality.

bisexué, bisexuel, -elle, *a Bot* bisexual.

bismite, *nf Min* bismite, bismuth ochre.

bismuth, *nm Ch Miner* (*symbol* Bi) bismuth; **hydrure de bismuth,** bismuthine; **nitrate de bismuth,** bismuthite; **oxychlorure de bismuth,** bismuth oxychloride; **sous-nitrate de bismuth,** bismuth subnitrate, basic bismuth nitrate.

bismuthine, *nf Miner* bismuthinite; bismuthine, bismuth glance, bismuth hydride.

bismuthite, *nf Miner* bismuthite.

bismuthocre, *nm Miner* bismuth ochre.

bismuthyle, *nm* **(oxy)nitrate de bismuthyle,** bismuth subnitrate.

bissexualité, *nf Bot* bisexualism, bisexuality.

bissexué, bissexuel, -elle, *a Bot* bisexual.

bisulce, *a Z* = **bisulque.**

bisulfate, *nm Ch* bisulfate.

bisulfite, *nm Ch* bisulfite, acid sulfite.

bisulfure, *nm Ch* disulfide, bisulfide.

bisulque, *a Z* bisulcate, cloven-hoofed.

bitartrate, *nm Ch* bitartrate; **bitartrate de potasse,** cream of tartar.

biterné, *a Bot* biternate.

bitumacadam, *nm* macadam.

bitume, *nm Miner* bitumen, asphalt; (*mineral*) tar; **bitume glutineux,** maltha; *Ind* **bitume liquide,** naphtha.

bitumineux, -euse, *a Miner* (*a*) bituminous, asphaltic; (*b*) tarry.

biuret, *nm Ch* biuret; **réaction du biuret,** biuret reaction.

bivalence, *nf Ch* bivalence, bivalency.

bivalent 1. *a Ch* bivalent, divalent. **2** *nm Biol* bivalent (chromosome).

bivalve 1. *a* bivalved, bivalvular; **coquille bivalve,** two-valved shell. **2** *nm* bivalve.

bivalvulaire, *a* bivalved, bivalvular.

bivoltin, *a Ent* bivoltin(e).

bivoltinisme, *nm Ent* bivoltinism.

bixbyite, *nf Miner* bixbyite.

Bk, *symbol of* berkelium.

blakéite, *nf Miner* blakeite.

blanc, blanche 1. *a* white; *Anat Z Histol* **commissure blanche,** white commisure (of spinal marrow); **matière, substance, blanche,** white matter, white substance; **pulpe blanche,** white pulp. **2** *nm Ch* **blanc de baryum, blanc fixe,** barium sulfate; **blanc d'antimoine,** antimony sesquioxide; *Biol* **blanc de champignon,** mushroom spawn.

blancheur, *nf Physiol* albedo.

blaste, *nm Bot* blastus, plumule.

blastématique, *a Biol* blastemal, blastematic, rudimentary.

blastème, *nm Biol* blastema.

blastocarpe, *a Bot* blastocarpous.

blastocœle, *nm Biol* blastocoele.

blastocolle, *nf Bot* blastocolla.

blastocyste, *nm Biol Embry* blastocyst.

blastoderme, *nm Biol* blastoderm.

blastodermique, *a Biol* blastodermic.

blastodisque, *nm Biol* blastodisc.

blastogénèse, *nf Biol* blastogenesis.

blastokyste, *nm Biol* blastocyste.

blastomère, *nm Biol* blastomere, cleavage cell, cleavage globule, segmentation sphere.

blastomycètes, *nmpl Bac Bot* Blastomycetes *pl.*

blastopore, *nm Biol* blastopore.

blastosphère, *nm Biol* blastosphere.

blastospore, *nf Bot* blastospore.

blastozoïde, *nm Biol* blastozooid, blastozoite.

blastula, blastule, *nf Biol* blastula, blastule; mesembryo.

blême, *a* livid.

blende, *nf Miner* blende, sphalerite, false galena, zincblende.

blesser, *vtr* to vulnerate.

blessure, *nf Physiol Biol Z* trauma; vulnus; *Biol Bot Z* wound.

bleu, *a & nm* blue; **bleu d'acier,** steel blue; **bleu d'alcian,** Alcian blue; **bleu d'alizarine,** alizarine blue; **bleu d'aniline,** aniline blue; **bleu azuré,** azure blue; **bleu de Berlin,** Berlin blue; **bleu de Brême,** Bremen blue; **bleu céleste, bleu céruléum,** ceruleum blue; **bleu de Chine,** Chinese blue; **bleu de cobalt,** cobalt blue; **bleu Coupier,** Coupier's blue; **bleu de diphénylamine,** diphenylamine blue; **bleu de gallamine,** gallamine blue; **bleu de Meldola,** Meldola's blue; **bleu de méthylène,** methylene blue; **blue de Monastral,** Monastral blue; **bleu de montagne,** mineral blue; **bleu de naph-**

tol, naphthol blue; **bleu de Nil,** Nile blue; **bleu de Paris,** Paris blue; **bleu de Prusse,** Prussian blue; **bleu de Sèvres,** Sèvres blue; **bleu Victoria,** Victoria blue.

blocage, *nm* block.

blœdite, *nf Miner* bloedite, blodite.

blue-ground, *nm Miner* blue earth, blue ground.

bobine, *nf Ph* coil; **bobine d'aimantation, d'excitation,** magnetizing coil.

bocal, -aux, *nm* jar.

bog-manganèse, *nm Miner* bog manganese.

Bohr, *Prn Ph* **théorème de Bohr,** Bohr's theory.

bois, *nm* (*a*) *Bot* **bois xylème,** wood; **bois d'été,** summerwood; **bois veiné, madré,** veined wood; (*b*) *Z pl* **bois de cerf, de daim,** horns, antlers, of a stag, deer.

boîte, *nf Ch* **boîte de réaction de Van't Hoff,** reaction box of Van't Hoff.

bol, *nm Physiol* bolus; **bol alimentaire,** gastric contents.

bolaire, *a Miner* bolar, clayey; **terre bolaire,** bole.

boléite, *nf Miner* boleite.

bolomètre, *nm Ph* bolometer, thermic balance, actinic balance.

boltonite, *nf Miner* boltonite.

bombardement, *nm Ph* bombardment.

bombarder, *vtr Ph* to bombard (with neutrons, etc).

bombe, *nf Geol* **bombe (volcanique),** bomb; **bombe spiralée, fusiforme, en fuseau,** spindle bomb; **bombe craquelée,** cracked bomb; **bombe en croûte de pain,** breadcrust bomb; *Ph* **bombe calorimétrique,** bomb calorimeter.

bombé, *a Biol* ventricose.

bonnet, *nm Z* honeycomb stomach, second stomach, reticulum (of ruminant); bonnet (of the black whale).

boracite, *nf Miner* boracite.

borane, *nm Ch* borane.

borate, *nm Ch* borate; **borate de soude,** sodium borate.

boraté, *a Ch* borated.

borax, *nm Ch* borax, sodium tetraborate.

borazon, *nm Ch* borazon.

bore, *nm Ch* (*symbol* B) boron; **acier au bore,** boron steel; **nitrure de bore,** boron nitride.

borique, *a Ch* boric; boracic (acid); **oxyde, anhydride, borique,** borax oxide, anhydride; *Miner* **acide borique hydraté naturel,** sassolin(e), sassolite.

borne, *nf Physiol* term.

bornéol, *nm Ch* borneol, camphol, bornyl alcohol.

bornylamine, *nf Ch* bornyl amine.

bornyle, *nm Ch* bornyl; **acétate de bornyle,** bornyl acetate.

bornylène, *nm Ch* bornyl amine.

borofluorure, *nm Ch* borofluoride.

borosilicate, *nm Ch* borosilicate, silicoborate.

boro-tungstate, *nm* borotungstate.

borure, *nm Bot* boride.

bosquet, *nm Bot* shrubbery.

botanique 1. *a* botanic(al). **2.** *nf* botany.

botaniquement, *adv* botanically.

botryogène, *nm Miner* botryogen.

botryoïde, *a Miner* botryoidal.

botulin, *nf Ch* botulin.

botulique, *a Ch* **toxine botulique,** botulin.

botulisme, *nm* botulism.

bouche, *nf Z* mouth; *Moll* stomium.

bouchon, *nm Ch* **bouchon en caoutchouc,** rubber stopper; *Geol* **bouchon vaseux,** silt plug.

bouclier, *nm Geol* shield; *Biol* carapace; **bouclier testamentaire,** test (of armadillo, etc).

boue, *nf* sediment, mud, deposit; lye sludge; *Oc* ooze; **boues minérales,** mineral muds, mud baths.

boueux, -euse, *a Geol* **sources boueuses,** siliceous springs.

bougie, *nf PhMeas* candlepower; *Ph* **bougie nouvelle** (*symbol* cd), new candle, candela; **bougie anglaise,** standard, decimal, candle; **bougie internationale,** international candle; **bougie standard,** Hefner candle.

bougie-heure, *nf Meas* candle-hour; *pl bougies-heures.*

bougie-mètre, *nf Meas* candle-metre; *pl bougies-mètres.*

bouillir, *vtr & i* to boil.

bouillon, *nm Bac Bot* broth; **culture en bouillon,** broth culture; *Biol* **bouillon de culture,** culture medium.

bouillonnage, *nm Ch* slugging.
bouillonnement, *nm* boiling, ebullition (of a liquid).
boulangérite, *nf Miner* boulangerite.
boulette, *nf Ch* pellet; *Orn* **boulettes d'aliments régurgités,** (owls', etc) pellets.
boulimie, *nf Physiol* bulimia.
bourgeon, *nm* (*a*) *Bot Z* bud; sprout; **petit bourgeon,** budlet; **bourgeon à fleur,** flower bud; **bourgeon foliipare, bourgeon à feuilles, à bois,** leaf bud; **couvert de bourgeons,** budded, gemmate; **sans bourgeons,** budless; *Anat Physiol* **bourgeon gustatif,** gustatory, taste, bud; (*b*) *Biol* gemma.
bourgeonné, *a Bot* (*of plants*) in bud.
bourgeonnement, *nm Bot* (*a*) budding, sprouting; **se reproduire par bourgeonnement,** to germinate, to gemmate; (*b*) budding time.
bourgeonner, *vi Bot* to bud, shoot; to come out (in bud); to gemmate; to germinate.
bourrelet, *nm Bot* excrescence (round tree trunk); *Z* labrum.
bourse, *nf Anat Z* bursa; *Z* pouch (of marsupial).
boursouflement, *nm Ch Ph* swelling (of metals).
boussingaultite, *nf Miner* boussingaultite.
bout, *nm* end.
bouton, *nm* (*a*) *Bot* bud; **en bouton,** budding, in bud; (*b*) *Ch* button (in crucible).
boutonnement, *nm* = **bourgeonnement.**
boutonner, *vi Bot* to bud.
bouture, *nf Bot* stem sucker.
Bowman, *Prn Physiol* **capsule de Bowman,** Bowman's capsule, Malpighian capsule.
Br, *symbol of* bromine.
bracelet, *nm Bot* node, knot (in stem of grasses).
brachial, -iaux, *a Anat* brachial (artery, etc).
brachiation, *nf Z* swinging by the arms, brachiation.
brachié, *a* brachiate.
brachiopodes, *nmpl Z* inarticulates *pl.*
brachyblaste, *nm Bot* brachyblast.
brachycéphale, *a* brachycephalous.
brachycère, *a Ent* brachycerous.
brachydactyle, *a Z* brachydactylous.
brachygnathie, *nf Z* brachygnathia.
brachyptère, *a Orn Ent* brachypterous, small-winged (insects, birds).
bractéaire, bractéal, -aux, *a Bot* bracteal.
bractée, *nf Bot* bract; **bractée membraneuse,** gluma.
bractéifère, *a Bot* bracteiferous.
bractéiforme, *a Bot* bracteiform.
bractéole, *nf Bot* bracteole, bractlet.
bractéolé, *a Bot* bracteolate.
bractété, *a Bot* bracteate, bracted.
bradycardie, *nf Physiol* bradycardia.
bradykinine, *nf BioCh* bradykinin.
brai, *nm Ch* tar.
branche, *nf Anat Z* ramus; **branche montante du maxillaire inférieur,** mandibular ramus.
branchial, -iaux, *a Biol Ich* branchial; **barre branchiale,** gill bar; **fente branchiale,** gill slit; **fissure branchiale,** gill cleft; **poche branchiale,** gill pouch; *Anat Z* **fente branchiale,** visceral cleft.
branchié, *a Biol* branchiate(d).
branchies, *nfpl Biol Ich* branchiae *pl,* gills (of fish); **sans branchies,** abranchial.
branchiforme, *a Biol* branchiform.
branchiopode, *nm Crust* branchiopod.
branchiostège, *a Ich* branchiostegal.
branchu, *a Biol* ramose, ramous.
brandisite, *nf Miner* brandisite.
brandtite, *nf Miner* brandtite.
bras, *nm Anat Z* arm.
brasage, *nm,* **brasure**, *nf Metall* brazing.
braser, *vtr Metall* to braze.
braunite, *nf Miner* braunite.
brecciole, *nf Geol* brecciola.
brèche, *nf Geol* breccia; **marbre brèche,** breccia marble.
bréchet, *nm Orn* carina.
bréchiforme, *a Geol* brecciated.
bredbergite, *nf Miner* bredbergite.
breithauptite, *nf Miner* breithauptite.
brésiléine, *nf Ch* brasilein.
brésiline, *nf Ch* brasilin.
breunérite, *nf Miner* breunnerite.

brévicaude, *a Z* brevicaudate, short-tailed.
brévicaule, *a Bot* short-stemmed.
brévicite, *nf Miner* brevicite.
brévicorne, *a Z* short-horned.
brévifolié, *a Bot* brevifoliate.
brévipède, *a Z* breviped, short-footed, -legged.
brévipenne, *a Orn* brevipennate.
brévirostre, *a Z* brevirostrate, short-billed.
brévistyle, *a Bot* short-styled, thrum-eyed (flower).
brewstérite, *nf Miner* brewsterite.
brillant, *a* (*of mineral*) splendent.
brin, *nm Bot* spear (of grass).
brindille, *nf Bot* twig.
brique, *nf Metall Ch* brick; **brique réfractaire,** firebrick.
briser, *vtr Ph* to refract (ray).
se briser, *vpr Ph* (*of rays*) to be, become, refracted.
brocatelle, *nf Miner* brocatello, clouded marble.
brochantite, *nf Miner* brochantite.
bröggerite, *nf Miner* bröggerite.
bromacétique, *a Ch* bromacetic, bromoacetic.
bromacétone, *nf Ch* bromacetone, bromoacetone.
bromal, *nm Ch* bromal.
bromargyre, bromargyrite, *nf Miner* bromargyrite, bromyrite.
bromate, *nf Ch* bromate.
bromation, *nf Ch* bromination.
brome, *nm Ch* (*symbol* Br) bromine.
bromé, *a Ch* brominated; **eau bromée,** bromine water.
bromer, *vtr Ch* to brominate.
bromhydrate, *nm Ch* hydrobromide.
bromhydrique, *a Ch* hydrobromic (acid).
bromique, *a Ch* bromic (acid).
bromite, *nf Miner* bromargyrite, bromyrite.
bromlite, *nf Miner* bromlite.
bromobenzène, *nm Ch* bromobenzene.
bromoforme, *nm Ch* bromoform.
bromophénol, *nm Ch* bromophenol.
bromure, *nm Ch* bromides; **bromure d'argent,** silver bromide; *Phot* **papier au bromure d'argent,** bromide paper; **bromure d'éthyle,** ethyl bromide; **bromure de plomb,** lead bromide; **bromure de méthyle,** methyl bromide.
bromyrite, *nf Miner* bromyrite, bromargyrite.
bronche, *nf Anat* bronchus, -chi; **bronche lobaire,** lobe; **bronche intralobulaire,** bronchiole.
bronchiole, *nf Anat* bronchiole.
bronchique, *a Anat* bronchial.
bronchospasme, *nm* bronchiospasm.
brontolithe, *nm Miner* brontolite, brontolith.
bronzite, *nf Miner* bronzite.
brookite, *nf Miner* brookite.
brosse, *nf Z* scopa, scopula (on bee's leg); **à brosse,** scopate (leg).
brownien, -ienne, *a Ch Ph* **mouvement brownien,** Brownian, molecular, movement, motion; pedesis.
brucella, *nf Bac* brucella.
brucine, *nf Ch* brucine.
brucite, *nf Miner* brucite.
brûler, *vtr* to burn; (*of acid*) to corrode. *Physiol* to destroy (tissue) by oxidation.
brumisation, *nf Ch* vaporization.
brun, *nm Ch* **brun Bismarck,** vesuvine.
brunâtre, *a Bot* spadiceous, spadiciform, spadicose.
brunsvigite, *nf Miner* brunsvigite.
brut, *a* raw.
bryologie, *nf Bot* bryology, muscology.
bryophyte, *nf Bot* bryophyte.
bryozoaire, *nm Biol* bryozoan, bryozoon, polyzoan; *Oc* **zone des bryozoaires,** coralline zone (30–100m).
buccal, -aux, *a Anat* buccal, oral (cavity, etc).
bucholzite, *nf Miner* bucholzite.
bucklandite, *nf Miner* bucklandite.
bufotoxine, *nf Ch* bufotoxin.
bulbe **1.** *nm or f Bot* bulb, corm. **2.** *nm* (*a*) *Anat* bulb; **bulbe pileux,** root of a hair; **bulbe aortique,** bulb of the aorta; (*b*) *Algae* holdfast.
bulbeux, -euse, *a Bot* bulbous (root); bulbed, bulbaceous (plant); nodular.
bulbifère, *a* bulbiferous.
bulbiforme, *a* bulbiform.

bulbille, *nf Bot* bulbil, bulblet.
bullaire, *a Bot etc* bullate.
bulle, *nf* bubble (of air, water, etc); *Ch* void; *Ph* **chambre à bulles,** bubble chamber.
bullé, *a Bot* bullate (leaf); bulliform.
bulleux, -euse, *a Geol* vesicular (rock); *Bot* = **bullé.**
Bunsen, *Ch* **bec Bunsen,** Bunsen burner.
bunsénite, *nf Miner* bunsenite.
burette, *nf Ch* burette; **burette à pinces,** Mohr burette; **burette à bec verseur,** sprout.
burmite, *nf Miner* burmite.
buse, *nf Ch* jet.
butadiène, *nm Ch* butadiene.
butane, *nm Ch* butane.
butanol, *nm Ch* butanol.
butène, *nm Ch* butene, butylene.
butoir, *nm Geol* horst.
butyamine, *nf* butyl amine.
butylcaoutchouc, *nm Ch* butyl rubber.
butyle, *nm Ch* butyl; **caoutchouc butyle,** butyl rubber.
butylène, *nm Ch* butene, butylene.
butylique, *a Ch* **alcool butylique,** butyl alcohol.
butyrate, *nm Ch* butyrate.
butyrine, *nf Ch* butyrin(e).
butyrique, *a Ch* butyric (acid); **aldéhyde butyrique,** butyraldehyde.
byssus, *nm Moll* byssus.
bytownite, *nf Miner* bytownite.

C

C, *symbol of* (i) carbon; (ii) coulomb.
Ca, *symbol of* calcium.
cą, *nm Psy* id.
cacholong, *nm Miner* cacholong.
cachoutannique, *a Ch* catechutannic.
cacodylate, *nm Ch* **cacodylate de soude,** sodium cacodylate.
cacodyle, *nm Ch* cacodyl; **oxyde de cacodyle,** cacodyl oxide.
cacodylique, *a Ch* cacodylic; **acide cacodylique,** cacodylic acid.
cacoïde, *a Bot* = **cactiforme.**
cacothéline, *nf Ch* cacotheline.
cacoxène, *nm Miner* cacoxene, cacoxenite.
cactiforme, *a Bot* cactaceous, cactiform.
cadavéreux, -euse, *a Z* cadaverous.
cadavérique, *a Physiol* **rigidité cadavérique,** rigor mortis.
cadavre, *nm Z* cadaver.
cadmiage, *nm Ch* cadmium coating, plating.
cadmie, *nf Ch* **cadmie des fourneaux,** sublimated oxide of zinc.
cadmier, *vtr Ch* to coat, plate, with cadmium.
cadmifère, *a Miner* cadmiferous.
cadmique, *a Ch* cadmic.
cadmium, *nm Ch Miner* (*symbol* Cd) cadmium; **cadmium sulfuré, sulfure (naturel) de cadmium,** cadmium blende, cadmium sulfide, greenockite; **jaune de cadmium,** cadmium yellow; **sulfate de cadmium,** cadmium sulfate.
caduc, -uque 1. *a Bot Z* deciduous, fugacious, caducous (membrane, leaf, antlers, etc); *Z* decidual; **arbre à feuillage caduc, à feuilles caduques,** deciduous tree; *Ent* **insectes à ailes caduques,** deciduous insects. **2.** *a & nf Embry Z* **(membrane) caduque,** decidua; **caduque ovulaire,** decidua reflexa; **caduque (inter)utéroplacentaire,** decidua serotina; **caduque utérine,** decidua vera, subplacenta.
caducité, *nf Bot* caducity, deciduousness.
cæcal, -aux, *a Z* c(a)ecal; **appendice cæcal,** c(a)ecal appendix.
cæcum, *nm Anat Z* c(a)ecum, blind gut.
cænogénèse, *nf Biol* caenogenesis, cenogenesis.
cænogénétique, *a Biol* c(a)enogenetic.
cænozoïque, *a & nm Geol* Cainozoic.
cæsium, *nm Ch* (*symbol* Cs) caesium, cesium.
caféine, *nf Ch* caffeine.
caféique, *a Ch* caffeic (acid).
caféone, *nf Ch* caffeol, caffeone.
cafétannique, *a Ch* caffetannic.
cafique, *a Ch* caffeic (acid).
caillasse, *nf Geol* (gravelly) marl; soft bed of chalk (under tilth).
cailler, *vtr* to coagulate.
caillette, *nf* (*a*) rennet; (*b*) fourth, true, stomach; reed, rennet stomach, abomasum (of ruminant).
caillot, *nm Z* **caillot blanc,** buffy coat.
caillou, -oux, *nm* (*a*) pebble; (*b*) boulder; **cailloux roulés,** drift boulders; *Miner* **caillou silicieux,** flint; **caillou d'Égypte,** Egyptian pebble, Egyptian jasper.
caïnite, *nf Miner* kainite.
cairngorm, *nm Miner* **pierre de cairngorm,** cairngorm.
caisse, *nf Z* scapha.
caisson, *nm Z* caisson.
cal[1], *nm Bot* callus; *pl cals.*
cal[2], *symbol of* calorie.
calaminaire, *a Miner* calamine-bearing.
calamine, *nf Miner* calamine.
calamite, *nf Miner* calamite, white hornblende.

calavérite, *nf Miner* calaverite.
calcaire *Geol etc* **1.** *a* calcareous (rock, etc); **spath calcaire,** calc-spar, lime-spar; **sol calcaire,** chalky soil; **tuf calcaire,** calc-tufa; **eau calcaire,** hard water; **travertin calcaire,** calc-sinter. **2.** *nm* limestone; **calcaire magnésien,** dolomite; **calcaire oolithique,** oolitic limestone, ragstone; **calcaire organogène,** organic limestone; **calcaire corallien, coralligène,** coral limestone; **calcaire jurassique,** Jurassic limestone; **calcaire dolomitique,** dolomitic limestone; **calcaire carbonifère,** carboniferous limestone; **calcaire coquillier,** shell limestone; **calcaire crayeux,** chalk; **calcaire siliceux,** siliceous limestone; **calcaire tufacé,** osteocolla.
calcanéum, *nm Anat Z* calcaneum, calcaneus.
calcar, *nm Ent* calcar.
calcaréo-argileux, -euse, *pl* **calcaréo-argileux, -euses,** *a Miner* calcareo-argillaceous.
calcarifère[1], *a Miner* calciferous, lime-bearing.
calcarifère[2], *a Bot* spurred, calcarate(d) (flower).
calcariforme, *a Bot* calcariform, spur-like.
calcédoine, *nf Miner* chalcedony; **calcédoine vert foncé,** plasma.
calcéiforme, calcéliforme, *a Bot* calceiform, calceolate.
calcicole, *a Bot* calcicole, calcicolous, calciphile, calciphilous.
calcifère, *a Geol* calciferous, lime-bearing.
calciférol, *nm Ch* calciferous; *Biol* viosterol.
calcification, *nf Z* **calcification des tissus,** calcification.
calcifié, *a* calcific, calcified.
calcifier, *vtr,* **se calcifier,** *vpr Ch etc* to calcify.
calcifuge, *a Bot* calcifuge, calcifugous.
calcimorphe, *a Geol Ch* of high calcium content.
calcination, *nf Ch* calcination; calcining; *Metall* (i) oxidation; (ii) roasting (of ores); **four à calcination,** calciner.
calciner, *vtr Ch* to calcine; *Metall* (i) to oxidize; (ii) to roast (ores); **four à calciner,** calciner.
se calciner, *vpr Ch* to calcine.
calcioferrite, *nf Miner* calcioferrite.
calciphile, *a Bot* calciphile, calciphilous.
calciphobe, *a Bot* calciphobe, calciphobic, calciphobous.
calcique, *a Ch* calcic; **cyanamide calcique,** calcium cyanamide; **dépôt calcique,** chalky deposit; **chlorure calcique,** calcium chloride.
calcite, *nf Miner* calcite, calcspar, calcareous spar.
calcitonine, *nf Ch Physiol* calcitonin.
calcium, *nm Ch* (*symbol* Ca) calcium; **carbonate de calcium,** calcium carbonate; **carbure, chlorure, de calcium,** calcium carbide, calcium chloride; **fluorure de calcium,** calcium fluoride; **oxyde de calcium,** calcium oxide; lime.
calcivore, *a Bot* calcivorous.
calcoferrite, *nf Miner* calcioferrite.
calcosphérite, *nf Biol* calcosph(a)erite.
calco-uranite, *nf Miner* calco-uranite.
calcschiste, *nm Miner* calc-schist.
calcul, *nm* (*a*) *Mec* **calcul d'activation,** activation analysis; **calcul de résistance,** stress analysis; (*b*) *Z Physiol* calculus, stone; **calcul biliaire,** gallstone; **calcul urinaire,** urinary calculus.
caldeira, caldère, *nf Geol* caldera.
calédonite, *nf Miner* caledonite.
caléfaction, *nf Ph* spheroidal condition (of liquid).
calibrage, *nm* calibration (of thermometer, etc).
calibre, *nm* calibre; **vérifier le calibre d'un thermomètre,** to calibrate a thermometer.
calibrer, *vtr* to calibrate (thermometer, etc).
calibreur, *nm* calibrator.
calice, *nm Bot Z* calyx, calice; **sans calice,** acalycine.
calicé, *a Bot* having a calyx; sepaled.
caliche, *nm Miner* caliche, Chile saltpetre.
caliciflore, *a Bot* calycifloral, calyciflorate, calyciflorous.
caliciforme, *a Bot* caliciform, cup-shaped; **cellule épithéliale caliciforme,** goblet cell; **cellule caliciforme des membranes muqueuses,** mucinoblast.
calicin, calicinaire, calcinal,

-**aux, calcinien, -ienne,** *a Bot* calycinal, calycine, caliceal, calyceal.
caliculaire, *a Bot* calicular, calycular (leaf, etc).
calicule, *nm Bot* calicle, caliculus, calycle, calyculus.
caliculé, *a Bot* caliculate, calycled; calyculate.
californium, *nm Ch* (*symbol* Cf) californium.
callose, *nf Bot* callose.
callovien, *a & nm Geol* Callovian.
calomel, *nm Ch* calomel.
calorescence, *nf Ph* calorescence.
caloricité, *nf* caloricity.
calorie, *nf Ph* (*symbol* cal) calorie, calory.
calorie-gramme, *nf Ph* gramme calorie; *pl calories-grammes.*
calorifiant, *a Ph* heating, calorific, calorifacient.
calorification, *nf Ph* calorification.
calorifique, *a Ph* calorific, heating, thermal; thermic; **spectre calorifique,** heat spectrum; **capacité calorifique,** heat capacity; **constante calorifique,** heat constant; **conductibilité calorifique,** heat, thermal, conductivity; **rendement calorifique,** thermal efficiency; **énergie calorifique,** thermal energy; **onde calorifique,** heat wave; **puissance calorifique,** calorific power; **valeur calorifique,** calorific value; heat value.
calorifuge 1. *a* non-conducting (composition, etc); (heat-)insulating; heat-resistant, heat-resisting. **2.** *nm Ph* non-conductor.
calorimètre, *nm Ch Ph* calorimeter.
calorimétrie, *nf Ch Ph* calorimetry.
calorimétrique, *a Ch Ph* calorimetric(al) (unit, etc); **bombe calorimétrique,** bomb calorimeter.
calorique, *a* **valeur calorique,** heat value.
calotte, *nf* (*a*) *Geol* **calotte glaciaire,** ice-cap; ice sheet; calotte; (*b*) *Anat* **calotte crânienne, calotte du crâne,** calotte, brainpan; (*c*) *Biol* tegmentum (of peduncle).
calp, *nm Geol* calp.
calus, *nm Bot* callus.
calyciflore, *a Bot* = **caliciflore.**
calyptoblastique, *a Coel* calyptoblastic.
calyptre, *nf Bot* calyptra, calypter, coif (of mosses).
calyptré, *a Bot* calyptrate.
calyptriforme, *a Bot* calyptriform.
calyptrogène, *a & nf Bot* calyptrogen.
camail, *nm Orn* neck feathers, cape, hackles (of bird).
cambial, -iaux, *a Bot* cambial (tissue, etc).
cambium, *nm Bot* cambium.
cambrien, -ienne, *a & nm Geol* Cambrian.
caméléonisme, *nm Z* metachrosis.
camouflage, *nm Z* warning colours.
campaniflore, *a Bot* campaniform, bell-shaped.
campanulacé, *a Bot* campanulaceous.
campanulé, *a Bot* campanulate, campanular, bell-shaped.
campanuliflore, campanuliforme, *a Bot* campanulate.
camphane, *nm Ch* camphane.
camphène, *nm Ch* camphene.
camphol, *nm Ch* camphol, borneol.
campholide, *nf Ch* campholide.
campholique, *a Ch* campholic (acid).
camphorate, *nm Ch* camphorate.
camphorique, *a Ch* camphoric (acid).
camphre, *nm Ch* camphor; **huile de camphre,** camphor oil; **camphre à la menthe,** peppermint camphor; **camphre de matricaire,** (l-)camphor.
camphré, *a Ch* camphorated (oil, etc); **huile camphrée,** camphor oil; **menthe camphrée,** peppermint camphor.
camphrer, *vtr Ch* to camphorate; to treat (sth) with camphor.
camphrique, *a Ch* camphoric.
campodéiforme, *a Ent* campodeiform.
camptonite, *nf Miner* camptonite.
campylotrope, *a Bot* campylotropous, campylotropal; **ovule campylotrope,** incurved ovule.
canadite, *nf Miner* canadite.
canal, -aux, *nm* (*a*) *Anat Biol Z* canal, duct, tube, meatus; **canal alimentaire,** alimentary canal; enteron; **canal biliaire,** bile duct; **canal cystique,** cystic canal; **canal lymphatique,** lymph canal; **canal neural,**

spinal canal; **canal thoracique,** thoracic duct; **canal tube,** vas, *pl* vasa; **canal déférent,** vas deferens; **canal épendymaire,** solen (of spinal cord); **canal excréteur (d'une glande sudoripare),** sweat duct; **canal cochléaire,** Reissner's membrane; **canaux galactophores,** tubuli lactiferi; **canal vitellin,** vitelline duct; **canal de Wharton,** Wharton's duct; **canal artérial de Botal,** ductus arteriosus; *Embry* **canal de Wolff,** Wolff duct; *Ich* **canal aérien,** air duct (of a fish); *Coel Spong* **canal radiaire,** radial canal; (*b*) *Bot* duct; **canal résinifère,** resin duct, vitta.

canaliculaire, *a Biol Z* canalicular, canal-shaped.

canalicule, *nm Anat Bot* canaliculus, small channel; **canalicule de la dentine,** dentinal tubule; *Anat:* **canalicule efférent,** vas efferens; *Anat Z Embry* **canalicules de Wolff,** Wolff tubules.

canaliculé, *a Biol* canaliculate(d), channelled, grooved.

cancellé, *a Bot Physiol* cancellate, cancellous, reticulate, lattice-like, clathrate.

cancer, *nm Med Tox* cancer.

cancéreux, -euse, *a* cancerous.

cancériforme, *a Z* cancroid.

cancérigène, cancérogène, *a Tox* carcinogenic; **substance cancérigène,** carcinogen.

cancrinite, *nf Miner* cancrinite.

cancroïde, *nm Crust* cancroid.

candéla, *nf PhMeas* (*symbol* cd) candela.

candite, *nf Miner* spinel.

canfieldite, *nf Miner* canfieldite.

canin, *a Z* canine.

canine, *nf Z* canine tooth.

canne, *nf Ch* **sucre de canne,** cane sugar.

cannelure, *nf* (*a*) *pl Bot etc* stria; **cannelures sur la tige d'une plante,** striae on the stem of a plant; (*b*) *Geol* fault fissure.

cantharidine, *nf Ch* cantharidin(e).

cantonner, *vtr Vet* to isolate (sick animals).

caoutchouc, *nm* rubber; **caoutchouc durci,** hard rubber, ebonite; **caoutchouc minéral,** elaterite, elastic bitumen.

capacitance, *nf Ph* capacitance.

capacimètre, *nm Ph* capacitor.

capacité, *nf* capacity; **capacité vitale,** pulmonary capacity.

capilitium, *nm Bot* capillitium.

capillace, *a Bot* capillaceous.

capillaire, *a* capillary (tube, attraction); *Anat:* **les vaisseaux capillaires,** *nm* **les capillaires,** the capillary vessels, the capillaries; **ascension capillaire,** capillary rise, creepage (of salts in a solution, etc); **condensation capillaire,** capillary condensation; **phase capillaire,** capillary phase; **pression capillaire,** capillary pressure; **tube capillaire,** capillary tube.

capillarimètre, *nm Ph* capillarimeter.

capillarité, *nf Ch* capillarity; **théorie chimique de capillarité,** chemical theory of capillarity.

capillifolié, *a Bot* capillifolious.

capilliforme, *a Bot* capilliform.

capillitium, *nm Bot* capillitium.

capité, *a Bot* capitate.

capitellé, *a Bot* capitellate, capitulate.

capitule, *nm Z* capitulum, flowerhead, anthodium; capitellum; **en capitule,** capitate(d).

capitulé, *a* capitular.

capituliforme, *a Bot* capituliform.

cappelénite, *nf Miner* cappelenite.

capréolé, *a Bot* capreolate.

caprice, *nm Geol* offshoot (of vein).

caprique, *a Ch* capric (acid).

caproïne, *nf Ch* caproin.

caproïque, *a Ch* caproic (acid).

caprolactame, *nm Ch* caprolactum.

caproyle, *nm Ch* caproyl.

capryle, *nm Ch* capryl.

caprylique, *a Ch* caprylic (acid).

capsaïcine, *nf Ch* capsaicin.

capsicine, *nf Ch* capsicin.

capsomère, *nm Biol* capsomere.

capsulaire, *a Bot* capsular.

capsule, *nf Anat Bot* capsule; **capsule épineuse,** burr; **capsule surrénale,** glandula suprarenalis, succenturiate kidney; *Ch* **capsule d'évaporation,** evaporating dish.

capsulifère, *a Bot* capsuliferous.

capuchon, *nm* cap, pileum (of bird); hood (of cobra); *Biol* **à capuchon,** hooded.

capuchonné, *a Bot* capped, hooded; *Biol* hood-shaped, cucullate(d).

caracolite, *nf Miner* caracolite.

caractère, *nm Biol* **caractère héréditaire, acquis,** hereditary, acquired, character; **caractère récessif, dominé,** recessive (character); **caractère unité,** unit character.

caractéristique 1. *a* characteristic, distinctive, typical; *Bot* **espèce caractéristique,** characteristic species; *Ph* **courbe caractéristique,** characteristic curve. **2.** *nf* (*a*) characteristic feature; **caractéristiques des métaux non-ferreux,** properties of non-ferrous metals; (*b*) *Ph* distinctive wavelength (of radiation, etc).

carapace, *nf* (*a*) *Z* carapace, shell (of lobster, etc); test (of armadillo, etc); **à carapace molle,** soft-shelled; (*b*) *Geol* hardpan.

carbamate, *nm Ch* carbamate.

carbamide, *nf Ch* carbamide; urea.

carbamique, *a Ch* carbamic (acid).

carbamyle, *nm Ch* carbamyl(e).

carbanile, *nm Ch* carbanil.

carbanion, *nm Ch* carbanion.

carbazide, *nf Ch* carbazide.

carbazol(e), *nm Ch* carbazol(e).

carbène, *nm Ch* carbene.

carbénium, *nm Ch* carbonium.

carbinol, *nm Ch* carbinol.

carbochimie, *nf* the chemistry of coal derivatives and by-products.

carbocyclique, *a Ch* carbocyclic.

carbodiimide, *nm Ch* carbodiimide.

carbohémoglobine, *nf BioCh* carboh(a)emoglobin.

carbohydrase, *nf Ch* carbohydrase.

carbol, *nm Ch* carbolic acid.

carbolique, *a Ch* **acide carbolique,** carbolic acid; **huile carbolique,** carbolic oil.

carbonado, *nm Miner* carbonado, carbon diamond, black diamond.

carbonatation, *nf Ch* carbonatation, carbonation.

carbonate, *nm Ch* carbonate; **carbonate de soude,** sodium carbonate; **carbonate de chaux,** calcium carbonate; whiting; **carbonate d'ammoniaque,** ammonium carbonate; **carbonate de magnésie,** magnesium carbonate; **carbonate niccolique,** nickel carbonate; **carbonate de potasse,** potassium carbonate; **carbonate de baryte,** barium carbonate; **carbonate de plomb,** lead carbonate; **carbonate de lithium,** lithium carbonate.

carbonaté, *a Miner* **plomb carbonaté,** cerusite.

carbonater, *vtr Ch* to carbonate.

carbone, *nm Ch* (*symbol* C) carbon; **hydrate de carbone,** carbohydrate; **(mon)oxyde de carbone,** carbon monoxide; **sulfure de carbone,** carbon disulfide; **datation par la méthode du carbone marqué,** carbon dating; **fibre de carbone,** carbon fibre; **noir de carbone,** carbon black.

carboné, *a Ch* carbonaceous.

carbonifère, carboniférien, *a & nm Geol* carboniferous.

carbonique, *a Ch* carbonic (anhydride, etc); *OrgCh* carboxylic; **acide carbonique,** carbonic acid; **anhydride carbonique,** carbon dioxide; **gaz carbonique,** carbonic acid gas.

carbonisation, *nf* carbonization (of wood).

carboniser, *vtr* to carbonize (bones, etc); to char (wood).

carbonium, *nm Ch* carbonium.

carbonyle, *nm Ch* carbonyl.

carborundum, *nm* carborundum, silicon carbide.

carbostyryle, *nm Ch* carbostyril.

carbosulfure, *nm Ch* carbon disulfide.

carboxyhémoglobine, *nf BioCh* carboxyh(a)emoglobin.

carboxylase, *nf BioCh* carboxylase.

carboxylate, *nm Ch* carboxylate.

carboxyle, *nm Ch* carboxyl.

carburant, *a Ch* containing hydrocarbon; **un mélange carburant,** a hydrocarbon(-containing) mixture.

carburation, *nf Ch* carburetting.

carbure, *nm Ch* (*a*) carbide; **carbure d'hydrogène,** hydrocarbon; hydrocarbide; **carbures saturés,** methane series; (*b*) **carbure (de calcium),** (calcium) carbide; **carbure de silicium,** carborundum; **carbure fritté,** sintered carbide; **carbure de tantale,** tantalum carbide.

carburé, *a Ch* **hydrogène carburé,** carburetted hydrogen, methane.

carburer, *vtr Ch* to carburet.

carbylamine, *nf Ch* carbylamine, isocyanide.
carcérule, *nf Bot* carcerulus.
carcinologie, *nf Crust* carcinology, study of crabs.
carcinologique, *a Crust* carcinological.
carcinome, *nm Med* carcinoma.
cardia, *nm Physiol* cardiac end of stomach.
cardiaque, *a & n Physiol* cardiac; **cycle cardiaque,** cardiac cycle; **muscle cardiaque,** cardiac muscle; **crise cardiaque,** heart attack; **défaillance cardiaque,** heart failure.
cardinal, -aux, *a Z* cardinal; **veines cardinales,** cardinal veins; **ligne cardinale,** hinge line (of bivalve).
cardinifère, *a Z* hinge-jointed.
carénal, -aux, *a Bot* carinal.
carence, *nf Physiol* deficiency; **carence vitaminique,** vitamin deficiency; **maladies de carence,** deficiency diseases.
carène[1], *nf Ent Orn Bot* carina, keel.
carène[2], *nm Ch* carene.
caréné, *a* carinate, keeled.
carinal, -aux, *a Bot* carinal.
carinate, *nm Orn* carinate.
carminique, *a Ch* carminic (acid).
carminite, *nf,* **carminspath,** *nm Miner* carminite.
carnallite, *nf Miner* carnallite.
carnassier, -ière 1. *a* carnivorous, flesh-eating (animal); *Z* **dent carnassière,** carnassial (tooth). **2.** *nm* carnivore; **les carnassiers,** the Carnivora *pl.*
carnitine, *nf Ch* carnitine.
carnivore 1. *a* carnivorous, flesh-eating (animal, plant). **2.** *nm* carnivore.
carnosine, *nf Ch* carnosine.
carnotite, *nf Miner* carnotite.
caroncule, *nf Bot Z etc* caruncle; strophiole; wattle.
caronculé, *a* carunculate(d).
carone, *nf Ch* carone.
carotène, *nm Ch* carotene; **α-, β-, γ-, carotènes,** α-, β-, γ-, carotenes.
caroténoïde, *a & n BioCh* carotenoid.
carotide, *a & nf Anat* carotid; **artère carotide,** carotid artery; **corps carotide,** carotid body; **sinus carotide,** carotid sinus; **carotides externes, internes,** external, internal, carotids.
carpe, *nm Anat Z* wrist, carpus.
carpellaire, *a Bot* carpellary.
carpelle, *nm Bot* carpel; **carpelles libres,** separate carpels; **à trois carpelles,** tricarpous.
carpholite, *nf Miner* carpholite.
carphosidérite, *nf Miner* carphosiderite.
carpien, -ienne, *a Z* **os carpien,** carpal.
carpogone, *nf Bot* carpogonium.
carpologie, *nf Bot* carpology.
carpologique, *a Bot* carpological.
carpomorphe, *a Bot* fructiform.
carpophage, *a* carpophagous, fruit-eating.
carpophore, *nm Bot* carpophore.
carpophylle, *nm Bot* carpophyl(l), carpel.
carpospore, *nf Bot* carpospore.
carragénide, *nf Bot* Irish moss.
carré *Anat Z* **1.** *a* quadrate (bone). **2.** *nm* quadratus, quadrate bone.
carte, *nf Geog* map; **carte en relief,** relief map.
carthame, *nm Ch* **huile de carthame,** safflower oil.
cartilage, *nm Anat Z* cartilage; **cartilage de Santorini, cartilage corniculé,** Santorini's cartilage.
cartilagineux, -euse, *a* cartilaginous; *Bot* hard, tough.
carton, *nm Miner* **carton de montagne, carton fossile, minéral,** mountain paper.
carvacrol, *nm Ch* carvacrol(e).
carvène, *nm Ch* carvene.
carvestrène, *nm Ch* carvestrene.
carvomenthène, *nm Ch* carvomenthene.
carvomenthol, *nm Ch* carvomenthol.
carvomenthone, *nf Ch* carvomenthone.
carvone, *nf Ch* carvone.
caryinite, *nf Miner* caryinite.
caryocinèse, *nf Biol* karyokinesis; mitosis.
caryocinétique, *a Biol* karyokinetic.
caryogamie, *nf Biol* karyogamy.
caryogamique, *a Biol* karyogamic.
caryokinèse, *nf Biol* karyokinesis; mitosis.
caryokinétique, *a Biol* karyokinetic.

caryolymphe, *nf Biol* karyolymph.
caryolyse, *nf Biol* karyolysis.
caryolytique, *a Biol* karyolytic.
caryomère, *nm Biol* karyomere.
caryomitome, *nm Biol* karyomitome.
caryophyllé, *a Bot* caryophyllaceous.
caryophyllène, *nm Ch* caryophyllene.
caryopse, *nm Bot* caryopsis.
caryorexie, caryorrhexie, *nf Biol* karyorrhexis.
caryosome, *nm Biol* karyosome, net knot.
caryostase, *nf Biol* karyostasis.
caryotype, *nm Biol* chromosomic chart, karyotype.
caryozoaire, *a Biol* karyozoic.
cascalho, *nm Miner* cascalho.
caséine, *nf Ch* casein.
caséique, *a Ch* lactic (acid).
casette, *nf Ch* sagger.
casque, *nm Bot Orn* galea, hood, casque, helmet.
casqué, *a* galeate(d).
cassitérides, *nmpl* tin-bearing ores.
cassitérite, *nf Miner* cassiterite; tinstone.
cassure, *nf Geol* fracture; **plan de cassure,** fracture plane; **cassure (avec rejet),** fault.
castor, *nm Miner* **castorite.**
castorine, *nf Ch* castorin.
castorite, *nf Miner* castorite.
castrat, *nm Z* castrate.
castrer, *vtr* to castrate.
catabolique, *a Biol* catabolic (change, etc).
catabolisme, *nm Biol* catabolism, katabolism; degradative metabolism.
cataclase, *nf Biol* kataclase.
cataclastique, *a Geol* cataclastic.
cataclinal, -aux, *a Geol* cataclinal.
catacoustique, *nf Ph* catacoustics.
catadrome, *a Ich* catadromous.
catadromie, *nf Ich* catadromous migration (of fish leaving fresh water to spawn in the sea).
catagénèse, *nf Biol* catagenesis, katagenesis.
catagénétique, *a Biol* catagenetic.
catalase, *nf Ch* catalase.
catalyse, *nf Ch* catalysis.
catalyser, *vtr Ch* to catalyse.
catalyseur *Ch* **1.** *a* catalytic. **2.** *nm* catalyser, catalyst.
catalytique, *a Ch* catalytic.
catamorphisme, *nm Geol* catamorphism.
catapétale, *a Bot* catapetalous.
cataphasie, *nf Physiol* kataphase.
cataphonique, *nf Ph* cataphonics, catacoustics.
cataphorèse, *nf Ch* cataphoresis.
cataphorétique, *a Ch* cataphoretic, cataphoric.
catapléite, *nf Miner* catapleiite.
cataplexie, *nf Z* kataplexy.
catarrhiniens, *nmpl Z* Catarrhina *pl.*
catazone, *nf Geol* katazone.
catéchinamine, *nf Ch* catecholamine.
catéchine, *nf Ch* catechin, catechol.
catéchique, *a Ch* **acide catéchique,** catechin, catechol.
catéchutannique, *a Ch* catechutannic.
caténaire, *a Ch* **réactions caténaires,** series, chain, of reactions.
caténation, *nf Biol* catenation.
catharomètre, *nm Ph* katharometer.
cathartique, *a Ch* cathartic (acid).
cathepsine, *nf Ch* cathepsin.
cathéter, *nm Physiol* catheter.
cathode, *nf El* cathode; **cathode à chauffage direct, indirect,** directly-, indirectly-, heated cathode; **cathode à bain, à liquide,** pool cathode; **cathode à bain de mercure,** mercury pool cathode; **cathode à oxydes,** oxide(-coated) cathode; **cathode photoélectrique,** photo(electric) cathode; **cathode équipotentielle,** unipotential, equipotential, cathode; **cathode asservie, suiveuse,** cathode follower; **polarisation de cathode,** cathode bias; **revêtement de cathode,** cathode coating.
cathodique, *a El* cathodic; **courant cathodique,** cathode current; **rayons cathodiques,** cathode rays; **faisceau cathodique,** cathode, cathodic, beam; **tube cathodique,** cathode ray tube; **montage à charge cathodique,** cathode-loaded circuit.
cation, *nm El* cation; **résine échangeuse de cations,** cation exchanger.
cationique, *a El* cationic; **résine cationique,** cation exchanger.
catlinite, *nf Miner* pipestone.

caudal, -aux *Z* **1.** *a* caudal. **2.** *nf* **caudale,** caudal fin.
caudé, *a Z* caudate, tailed.
caudex, *nm Bot* caudex, stock, stem (of tree).
caudicule, *nf Bot* caudicle.
caudifère, caudigère, *a Z* tailed, caudate.
caudimane *Z* **1.** *a* caudimanous, prehensile-tailed (monkey). **2.** *nm* caudimane.
caule, *nf Bot* caulis.
caulescent, *a Bot* caulescent, cauliferous.
caulicole, *a* caulicolous.
caulicule, *nf Bot* caulicule, caulicle.
caulifère, *a Bot* cauliferous.
cauliflore, *a Bot* cauliflorous.
cauliflorie, *nf Bot* cauliflory.
cauliforme, *a Bot* cauliform.
caulinaire, *a Bot* cauline, caulinary.
caulocarpe, caulocarpien, -ienne, caulocarpique, *a Bot* caulocarpic, caulocarpous.
causal, *a Physiol* causal; **mécanisme causal,** causal mechanism.
causse, *nm Geog* causse.
causticité, *nf Ch* causticity.
caustifier, *vtr Ch* to causticize; to make (sth) caustic.
caustique *Ch* **1.** *a* caustic; **soude caustique,** caustic soda. **2.** *nm* caustic.
caverneux, -euse, *a Anat Z* spongy (tissue).
cavernicole, *a & n Z* cavernicolous, cave-dwelling, cave-loving (animal, etc); *n* cavernicole.
cavicorne, *a Z* cavicorn, hollow-horned.
cavité, *nf Biol Bot Z* cavity, hollow; scrobiculus; chamber; *Anat* **cavité articulaire,** socket (of bone); **cavité adbominale,** enterocoele.
C-cellules, *nfpl Z* C-cells.
CCM, *abbr Ch chromatographie en couche mince,* thin layer chromatography, TLC.
Cd¹, *symbol of* cadmium.
cd², *symbol of* candela.
Ce, *symbol of* cerium.
cécidie, *nf Bot* cecidium, gall.
cécidogène, *a Biol* cecidogenous; **insecte cécidogène,** gall-producing insect.
cédarite, *nf Miner* chemawinite.
cédrène, *nm Ch* cedrene.
cédrol, *nm Ch* cedrol.
ceinture, *nf Z* girdle; **ceinture pelvienne,** pelvic girdle.
céladonite, *nf Miner* celadonite.
célestin, *nm,* **célestine,** *nf Miner* celestine, celestite, coelestine.
cellite, *nf Ch* cellulose acetate.
cellobiase, *nf Ch* cellobiase.
cellobiose, *nf Ch* cellobiose.
cellspiroplasme, *nm Biol* spiroplasma.
cellulaire, *a Biol* cellular (tissue, etc); **constant cellulaire,** cell constant; **division cellulaire,** cell division; **membrane cellulaire,** cell membrane; **paroi cellulaire,** cell(ular) wall; **structure cellulaire,** cellular structure; **suc cellulaire,** cell sap; **réflection cellulaire,** cytothesis; *Bot* **plante cellulaire,** cellular plant.
cellulase, *nf Biol* cellulase, cytase.
cellule, *nf* **1.** (*of honeycomb, etc*) cell; *Ent* **cellule des ailes d'un insecte,** cell of an insect's wings; *Z* **cellules de Kupfer,** star cells; **cellules de support,** sustentacular cells; *Anat* **cellules de Deiters,** spider, glia, cells. **2.** *Biol* (*a*) cell; **à une cellule, à deux cellules,** one-celled, two-celled; **cellule mère,** mother cell; **cellule animale,** zooblast; **cellule fibreuse,** inocyte; **cellule cible,** target cell; **cellule végétative,** vegetative cell; **cellule granuleuse,** granule cell; **cellule nerveuse,** nerve cell; **lignée de cellules,** cellular line; **cellule vitelline,** yolk cell, vitelligenous cell; *Histol* **cellule migratrice,** wandering cell; (*b*) cellule. **3.** *Bot* gemma (of moss); **cellule apicale,** apical cell; **cellule défensive,** guard cell; **cellule chloragogue,** yellow cell (= chloragogue cell); **cellules tapétales,** tapetal cells; **cellule pierreuse,** sclereid; **cellules en passoire,** sieve cells; *Ch* **cellules normales,** standard cells; **cellule de Weston,** Weston cell.
cellulé, *a Biol* cellulate(d), celled, cellated.
celluleux, -euse, *a Biol* cellular, cellated, celled; cellulous; cellulated.
celluliforme, *a Biol* celliform.
celluline, *nf Bot* cellulin.

cellulite, *nf Ch* cellulite.
celluloïd, *nm Ch* celluloid.
cellulose, *nf Ch* cellulose; **nitrate de cellulose,** cellulose nitrate; **papier de cellulose,** lint paper; **ouate de cellulose,** wad.
cellulosique, *a Ch* cellulosic.
cellulosité, *nf* cellulosity.
celsiane, *nf Miner* celsian.
Celsius, *Prn Ph* **thermomètre de Celsius,** Celsius thermometer.
celtium, *nm Miner* celtium.
cendre, *nf* (*a*) ash(es); *Miner* **cendre verte,** (green) malachite; **cendre bleue,** (native) azurite; **cendre noire,** lignite; **cendre de soude,** soda ash; *Geol* **cendres volcaniques,** volcanic ash; (*b*) *Ch Ind* **cendre bleue,** blue ashes, ash blue; **cendre de plomb,** lead ash(es).
cendré, *a* (*of plumage, etc*) cinereous.
cendrée, *nf Ch* lead ash(es).
cénogénèse, *nf Biol* cenogenesis, caenogenesis, kenogenesis.
cénomanien, -ienne, *a & nm Geol* Cenomanian.
cénosite, *nf Miner* cenosite.
cénozoïque, *a & nm Geol* Cenozoic.
centésimal, -aux, *a* centigrade (scale, etc).
centigrade, *nm* centigrade; **thermomètre centigrade,** centigrade thermometer.
centilitre, *nm Meas* (*abbr* cl) centilitre.
centimètre, *nm Meas* (*abbr* cm) centimetre.
centinormal, -aux, *a Ch etc* centinormal.
centre, *nm* centre; *Ph* **centre de gravité,** centre of gravity, mass centre; **centre d'attraction, de gravitation,** centre of attraction; *Physiol* **centre moteur,** motorium; *Geol* **centre séismique,** seismic centre (of an earthquake).
centrifugation, *nf Z* **centrifugation du sang,** buffy coat.
centrifuge, *a* centrifugal (force, etc, *Bot* inflorescence).
centrifugeuse, *nf Ph Ch* centrifuge.
centripète, *a* centripetal (force, *Bot* inflorescence).
centrolécithe, *a Biol* centrolecithal.
centromère, *nm Biol* centromere, kinetochore.
centrosome, *nm Biol* centrosome, centrosoma.
centrum, *nm Anat* centrum.
cépacé, *a Bot* cepaceous.
céphaline, *nf BioCh* cephalin.
céphalique, *a Physiol* cephalic; *Biol* **bouton, coiffe, céphalique,** acrosome.
céphalocordés, *nmpl Biol* Cephalochordata *pl.*
céphaloïde, *a Biol* cephaloid.
céphalosporine, *nf Ch* cephalosporin.
céphalothorax, *nm Arach Crust* cephalothorax.
cérargyre, *nm,* **cérargyrite,** *nf Miner* cerargyrite, horn silver.
cérasine, *nf Ch* cerasin.
cératothèque, *nf Ent* ceratotheca.
cerceaux, *nmpl Orn* primaries (of bird of prey).
cercle, *nm* (*of tree*) **cercle annuel,** ring.
céréaline, *nf BioCh* cerealin, aleurone, diastase.
céréalose, *nf Ch* cerealose.
cérébral, -aux, *a* cerebral; **tronc cérébral,** brain stem; **ondes cérébrales,** brain waves; **scissures cérébrales,** cerebral fissures; **hémisphères cérébraux,** cerebral hemispheres; **lobe cérébral,** cerebral lobe; **cortex cérébral,** cerebral cortex.
cérébroside, *nm BioCh* cerebroside.
cérébro-spinal, *pl* **cérébro-spinaux, -ales,** *a Anat* cerebrospinal; encephalospinal; **fluide cérébro-spinal,** cerebrospinal fluid.
cérésine, *nf Ch* ceresin(e), mineral wax.
céreux, -euse, *a Ch* cerous.
céride, *nf BioCh* cerid(e).
cérifère[1], *a Bot* ceriferous, wax-bearing.
cérifère[2], *a Miner* cerium-bearing.
cérigère, *a Orn* cerigerous, cerate.
cérine, *nf Ch* cerin.
cérique, *a Ch* ceric (oxide, etc).
cérite, *nf Miner* cerite.
cérium, *nm Ch* (*symbol* Ce) cerium; **dioxyde de cérium,** cerium dioxide; **oxyde de cérium,** ceria; **silicate hydraté de cérium,** cerite.
cérolite, *nf Miner* cerolite.
cérotique, *a Ch* cerotic.
cerque, *nm usu pl Ent* cercus, -i; anal appendages; *Biol Ann Ent* seta, -ae.

céruléum, *nm Ch* ceruleum.
cérulignone, *nf Ch* coerulignone.
cérumen, *nm Physiol* cerumen; **cérumen (des oreilles),** ear wax.
céruse, *nf Ch* white lead.
cérusite, *nf Miner* cerusite, white lead (ore).
cervantite, *nf Miner* cervantite.
cerveau, -eaux, *nm Anat* brain; cerebrum; encephalon; **queue du cerveau,** brain stem; **ventricules du cerveau,** encephaloc(o)ele; **segment du cerveau,** encephalomere; **cerveau antérieur** = forebrain; **cerveau moyen** = midbrain; **cerveau postérieur** = hindbrain.
cervelet, *nm Anat* cerebellum.
cervical, -aux, *a Z* cervical.
cérylique, *a Ch* cerylic.
césarienne, *nf Obst* c(a)esarean (section).
césarolite, *nf Miner* cesarolite.
césium, *nm Ch* (*symbol* Cs) caesium, cesium.
cespiteux, -euse, *a Bot* c(a)espitose; tufted.
cestode, *nm Path* cestode.
cestoïde, *a & nm Biol* cestoid.
cétacé *Z* **1.** *a* cetacean, cetaceous, cetic. **2.** *nm* cetacean.
cétane, *nm Ch* cetane; **indice de cétane,** cetane number, rating.
cétazine, *nf Ch* ketazine.
cétène, *nm Ch* cetene, ketene.
cétimine, *nf Ch* ketimine.
cétine, *nf Ch* cetin(e).
céto-acides, *nmpl Ch* keto-acids.
céto-énolique, *pl* **céto-énoliques,** *a Ch* **tautomérie céto-énolique,** keto-enol tautomerism.
cétogène, *a BioCh* ketogenetic; *Biol* ketogenic.
cétogénèse, *nf BioCh* ketogenesis.
cétographie, *nf Z* cetology.
cétohexose, *nm Ch* ketohexose.
cétone, *nf Ch* ketone.
cétonique, *a Ch* ketonic (acid); **forme cétonique,** keto-form; *Physiol* **corps cétoniques,** ketone bodies.
cétopentose, *nm Ch* ketopentose.
cétose, *nm BioCh* ketose, ketosis.
cétoxime, *nf Ch* ketoxime.
cétylamine, *nf* cetyl amine.
cétyle, *nm Ch* cetyl; **bromure de cétyle,** cetyl bromide.
cétylique, *a Ch* cetyl (alcohol).
ceylanite, ceylonite, *nf Miner* ceylanite, ceylonite.
ceyssatite, *nf Miner* ceyssatite.
Cf, *symbol of* californium.
chabacite, chabasie, *nf Miner* chabasie, chabasite, chabazite.
chaîne, *nf* chain; *Bot* **chaîne de végétation,** *Geol* **chaîne de sols,** catena; *Ph Ch etc* **chaîne alimentaire,** food chain; **chaîne de désintégration,** disintegration, decay, chain; **chaîne fermée,** ring; **chaîne fermée d'atomes,** closed chain of atoms; **chaîne linéaire,** straight chain; **chaîne ouverte,** open chain; **chaîne ramifiée,** branched chain; **chaîne latérale (d'atomes),** side chain; **réaction en chaîne,** chain reaction.
chaînon, *nm Biol* **chaînon manquant,** missing link.
chalaze, *nf Biol Bot* chalaza.
chalazogame, *a Bot* chalazogamic.
chalazogamie, *nf Bot* chalazogamy.
chalcanthite, *nf Miner* chalcanthite.
chalcédoine, *nf Miner* chalcedony.
chalcocite, *nf Miner* chalcocite, copper glance.
chalcolit(h)e, *nf Miner* chalcolite, torbernite.
chalcoménite, *nf Miner* chalcomenite.
chalcone, *nf Ch* chalcone.
chalcophanite, *nf Miner* chalcophanite.
chalcophyllite, *nf Miner* chalcophyllite.
chalcopyrite, *nf Miner* chalcopyrite, copper pyrites, yellow ore.
chalcosidérite, *nf Miner* chalcosiderite.
chalcosine, chalcosite, *nf Miner* chalcosite, chalcosine, copper glance; redruthite.
chalcostibite, *nf Miner* chalcostibite, wolfsbergite.
chalcotrichite, *nf Miner* chalcotrichite.
chaleur, *nf* (*a*) *Ph Ch etc* heat; **chaleur d'absorption,** heat of absorption; **chaleur de combustion,** heat of combustion; **chaleur de condensation,** heat of condensa-

tion; **chaleur de désintégration radioactive,** heat of radioactivity; **chaleur d'évaporation, de vaporisation,** heat of vaporization; **chaleur d'expansion,** heat of expansion; **chaleur de fusion,** heat of fusion; **chaleur de neutralisation,** heat of neutralization; **chaleur de solution,** heat of solution; **chaleur de dissociation électrolytique,** heat of electrolytic dissociation; **équivalent mécanique de la chaleur,** mechanical equivalent of heat; *Ch* **chaleur de réaction,** heat of reaction; **chaleur spécifique,** specific heat; **chaleur spécifique de rotation,** rotational specific heat; **chaleur latente,** latent heat; **chaleur radiante, rayonnante,** radiant heat; **chaleur obscure,** dark heat; **production de chaleur,** heat generation; **conduction de chaleur,** heat, thermal, conduction; **conducteur de chaleur,** heat conductor; **pertes de chaleur par conductibilité,** heat conduction losses; **dissipation, dispersion, de chaleur,** heat dissipation; **échange de chaleur,** heat exchange; **transmission de chaleur,** heat transfer; (*b*) *Physiol* (*of animals*) heat; (o)estrus; (*of deer, etc*) **en chaleur,** in heat, in rut.

chalone, *nf BioCh* chalone.

chalonique, *a BioCh* chalonic.

chalybite, *nf Miner* chalybite.

chambre, *nf* (*a*) *Ph* **chambre de Böttcher,** Böttcher's moist chamber; **chambre de combustion,** combustion chamber; **chambre à gaz,** gas chamber; **chambre à poussière,** dust chamber; **chambre de plomb,** lead chamber; **chambre de Wilson,** Wilson's cloud chamber; **chambre barométrique,** Torricellian vacuum; **chambre à bulles,** bubble chamber; **chambre noire,** camera; **chambre froide,** refrigerator; **chambre à air,** inner tube; (*b*) *Conch* chamber; *Z* **chambre de l'œil,** cavity of the eye.

chambré, *a* chambered (shell, etc).

chambrée, *nf Ch Ph* chamber.

chaméphyte, *a & nf Bot* cham(a)ephyte.

chamoisite, chamosite, *nf Miner* chamoisite, chamosite.

champ, *nm Ph* **densité du champ magnétique,** flux density; **théorie de champ,** field theory; *Biol Z* **champ d'audibilité,** range of audibility; **champ vannal,** vannus; *Anat Physiol* **champ visuel,** field of vision, visual field.

champignon, *nm* **champignon (comestible),** (i) mushroom; (ii) edible fungus; **champignon vénéneux,** poisonous fungus; **blanc de champignon,** mushroom spawn.

chancre, *nm Bot* canker.

chancreux, -euse, *a* (*of growth, etc*) cankerous.

changement, *nm* (*a*) *Ph* **changement d'état,** change of state; (*b*) *Biol* mutation.

chapeau, -eaux, *nm* (*a*) *Orn* cap (of bird); (*b*) *Bot* pileus, cap (of mushroom); *Geol Miner* **chapeau de fer, chapeau ferrugineux (d'une couche métallifère),** iron cap, gossan.

chaperon, *nm Ent* clypeus.

charbon, *nm* (*a*) **charbon (de bois),** charcoal; **charbon animal,** animal charcoal; (*b*) *Ch* carbon; **charbon de cornue,** gas carbon; **charbon à lumière,** electric light charcoal; **charbon de sucre,** pure, sugar, charcoal; **charbon de tourbe,** peat charcoal; **charbon graphique,** graphite charcoal; **charbon végétal,** vegetable charcoal; **cycle du charbon,** carbon cycle; **filtre à charbon,** carbon filter; (*c*) **charbon (de pierre, de terre),** (mineral) coal; **charbon fossile,** fusain, mineral charcoal; (*d*) *Bot* smut (of cereals).

Charles, *Prn Ph* **loi de Charles,** Charles' law.

charnière, *nf* (*a*) *Anat* hinge; **articulation à charnière,** hinge joint; (*b*) *Z* hinge (of bivalve); (*c*) *Geol* crest, bend, axis (of fold); **charnière inférieure,** synclinal fold; **charnière supérieure,** anticlinal fold.

charnu, *a Bot* **feuille charnue,** fleshy, incrassate, succulent, leaf.

charpie, *nf Biol* lint.

chasmogame, *a Bot* chasmogamic, chasmogamous.

chasmogamie, *nf Bot* chasmogamy.

chasmophyte, *nf Bot* chasmophyte.

chathamite, *nf Miner* chathamite.

chaton, *nm Bot* catkin.

chatonner, *vi Bot* to grow catkins.

chatouillement, *nm Physiol* tickling.

chaude, *nf Ch* **chaude de mixtionnage,** heat of mixing.

chaudière, *nf Ch* kettle.

chauffage, *nm* heating; **chauffage par conduction,** conductive heating; **chauffage par convection,** convective heating; **chauffage par rayonnement,** radiant heating.

chauffer, *vtr* to heat (water, metal, etc).

chaulmoogra, *nm Ch* chaulmoogra (oil).

chaulmoogrique, *a Ch* chaulmoogric.

chaulmugra, *nm Ch* chaulmoogra (oil).

chaume, *nm Bot* culm (of grasses).

chaux, *nf Ch* lime; **eau de chaux,** limewater; **chaux vive, chaux anhydre, non éteinte,** quicklime, unslaked lime; **chaux carbonatée,** carbonate of lime; **carbonate de chaux,** whiting; **chaux hydratée,** hydrate of lime, calcium hydrate; **chaux grasse,** fat lime; **chaux maigre,** quiet lime; **chaux éteinte, hydroxyde de chaux,** slaked lime; **éteindre, amortir, détremper, la chaux,** to slake lime; **chaux fusée, chaux éteinte à l'air,** air-slaked lime; **chaux hydraulique,** hydraulic lime; **pierre à chaux,** limestone; **chaux sulfatée,** gypsum; *Miner* **chaux sodée,** soda lime.

chavibétol, *nm Ch* chavibetol.

chavicol, *nm Ch* chavicol.

chélate, *nm Crust* chela; *Ch* chelate.

chélaté, *a Ch* chelated.

chélateur, *am & nm Ch* chelating; **agent chélateur,** chelating, sequestering, agent.

chélation, *nf Ch* chelation; **composé de chélation métallique,** metal chelate.

chélicère, *nf Arach* chelicera, -ae; chelicer, chelicer(e)s.

chélidonine, *nf Ch* chelidonine.

chélidonique, *a Ch* chelidonic.

chéliforme, *a Z* cheliform.

chéliped, *nm Z* cheliped.

chémawinite, *nf Miner* chemawinite.

cheminée, *nf Ch Metall* chimney.

chenevixite, *nf Miner* chenevixite.

chert, *nm Miner* chert.

chessylite, *nf Ch* chessylite.

chevauchant, *a Bot* equitant (leaves).

chevelu 1. *a Z* crinite; *Bot* comose, comate (seed). **2.** *nm Bot* root hairs.

chevelure, *nf Bot* coma (of seed).

cheveu, -eux, *nm Z* hair; **matrice du cheveu,** hair matrix.

cheville, *nf Z* talus.

chiasma, chiasme, *nm Biol* chiasma.

chiastolite, *nf Miner* chiastolite, macle.

chimère, *nf Biol Bot* chimera, chimaera.

chimico-physique, *pl* **chimico-physiques,** *a* chemico-physical.

chimie *nf* chemistry; **chimie appliquée,** applied chemistry; **chimie agricole,** agricultural chemistry; **chimie théorique,** theoretical chemistry; **chimie végétale,** plant chemistry; **chimie superficielle,** surface chemistry; **chimie des solutions,** solution chemistry; **chimie biologique,** biochemistry; **chimie minérale,** inorganic chemistry; **chimie organique,** organic chemistry; **chimie physique,** physical chemistry; **chimie pure,** theoretical chemistry; **chimie industrielle,** industrial, technical, chemistry; **chimie nucléaire,** nuclear chemistry; **chimie du fer,** chemistry of iron; **chimie radioactive,** radiochemistry; **chimie sous radiations,** radiation chemistry.

chimi(o)luminescence, *nf* chemiluminescence.

chimiosynthèse, *nf* chemosynthesis.

chimiotactique, *a Biol* chemotactic.

chimiotactisme, *nm Biol* chemotactism.

chimiotaxie, *nf Biol* chemotaxis, chemotaxy.

chimiothérapie, *nf Ch* chemotherapy.

chimiotropisme, *nm Bot Z* chemotropism.

chimique, *a* chemical; **composition chimique,** chemical constitution; **un produit chimique,** a chemical; **génie chimique,** chemical engineering; *Ph* **rayons chimiques,** actinic rays; **spectre chimique,** actinic spectrum.

chimosphère, *nf* chemosphere.

chinone, *nf Ch* quinone.

chiolite, *nf Miner* chiolite.

chionophile, *a Bot* (plant) that can live in the snow.

chitine, *nf Ch Z* chitin, entomolin.

chitineux, -euse, *a Ch Z* chitinous.

chitosamine, *nf Ch* chitosamine.

chladnite, *nf Miner* chladnite.

chlamydé, *a Bot* chlamydate, chlamydeous.

chlamydospore, *nf Fung* chlamydospore.
chloanthite, *nf Miner* chloanthite.
chloracétate, *nm Ch* chloracetate.
chloracétique, *a Ch* chlor(o)acetic.
chloragogue, *a Bot* **cellule chloragogue,** yellow cell (= chloragogue cell).
chloral, *nm Ch* **hydrate de chloral,** chloral hydrate; *pl chlorals.*
chloralamide, *nf Ch* chloralamide.
chloralose, *nm Ch* chloralose.
chloranile, *nm Ch* chloranil.
chloranthie, *nf Bot* chloranthy.
chlorate, *nm Ch* chlorate; **chlorate de potasse,** potassium chlorate.
chloration, *nf* chlorination (of water).
chlorbutol, *nm Ch* chlorobutanol.
chlordane, *nm Ch* chlordan(e).
chlore, *nm Ch* (*symbol* Cl) chlorine; *F* calcium chloride.
chloreux, -euse, *a Ch* chlorous.
chlorhydrate, *nm Ch* hydrochloride; **chlorhydrate d'hématine,** h(a)emin; **chlorhydrate d'ammoniaque,** ammonium chloride.
chlorhydraté, *a Ch* muriated.
chlorhydrine, *nf Ch* chlor(o)hydrin.
chlorhydrique, *a Ch* **acide chlorhydrique,** hydrochloric acid, hydric chloride, marine acid, spirit(s) of salt.
chlorique, *a Ch* chloric (acid).
chlorite, *nm Ch* chlorite.
chlorité, *a Miner* containing chlorite.
chloroacétaldéhyde, *nf Ch* chloroactaldehyde.
chlorobenzène, *nm Ch* chlorobenzene.
chlorobutadiène, *nm Ch* chloroprene.
chlorocalcite, *nf Miner* chlorocalcite.
chlorocarbonique, *a Ch* **acide chlorocarbonique,** carbonyl chloride, phosgene.
chlorofibre, *nf Ch* polyvinyl.
chloroforme, *nm Ch* chloroform.
chloroformiate, *nm Ch* chloroformate.
chloroleucite, *nm Biol* chloroleucite.
chloromélanite, *nf Miner* chloromelanite.
chloromètre, *nm Ch* chlorometer.
chlorométrie, *nf Ch* chlorometry.
chlorométrique, *a Ch* chlorometric.
chlorophæite, chlorophænérite, *nf Miner* chlorophaeite.
chlorophane, *nf Miner* chlorophane.
chlorophazite, *nf Miner* chlorophaeite.
chlorophénol, *nm Ch* chlorophenol.
chlorophyllase, *nf BioCh* chlorophyllase.
chlorophylle, *nf Ch Bot* chlorophyl(l).
chlorophyllien, -ienne, *a Biol* chlorophyllian (function, etc).
chlorophyllite, *nf Miner* chlorophyllite.
chloropicrine, *nf Ch* chloropicrin.
chloroplaste, *nm Biol* chloroplast.
chloroplatinate, *nm Ch* chloroplatinate.
chloroprène, *nm Ch* chloroprene.
chlorose, *nf Bot* chlorosis, (a)etiolation.
chlorospinelle, *nm Miner* chlorospinel.
chlorotique, *a & n Bot* chlorotic.
chloroxiphite, *nf Miner* chloroxiphite.
chlorurage, *nm,* **chloruration,** *nf Ch* chlorination, chlorinating.
chlorure, *nm Ch* chloride; **chlorure stanneux,** stannous chloride, tin salt; **chlorure mercurique, de mercure,** mercuric chloride, mercury chloride, corrosive sublimate; **chlorure de chaux,** bleaching powder; *Ch* chloride of lime; **chlorure de calcium, de potassium, de sodium,** calcium, potassium, sodium, chloride; **chlorure d'argent, d'or,** silver, gold, chloride; **chlorure de cuivre,** cupric chloride; **chlorure d'ammonium,** ammonium chloride; **chlorure de carbonyle,** carbonyl chloride, phosgene; **chlorure de méthyle,** methyl chloride; **chlorure de méthylène,** methylene chloride; **chlorure de méthyl rosalinium,** viocid; **chlorure de vinyle,** vinyl chloride; **chlorure vinylidène,** vinylidene chloride, VDC.
chloruré, *a Ch* chlorinized, chlorinated.
chlorurer, *vtr Ch* to chlorinize, chlorinate, chloridize.
choane, *nm Physiol* choana, funnel-shaped aperture.
choanocyte, *nm Spong* choanocyte.
choc, *nm Ph Ch* collision, impact, shock; **essai au choc,** impact test; **choc acoustique,** acoustic shock; **choc électronique,** electron impact; **choc moléculaire,** molecule collision; **choc des noyaux,** nuclear collision; **ionisation par chocs,** ionization

by collisions; *Physiol Biol Z* **choc émotionnel,** psychic trauma.
cholate, *nm Ch* cholate.
cholé-calciférol, *nm BioCh* cholecalciferol.
cholécystokinine, *nf Ch* cholecystokinin.
cholédoque, *a Anat* **canal cholédoque,** bile duct.
choléine, *nf BioCh* cholein.
cholestérol, *nm Ch* cholesterol.
choline, *nf BioCh* choline.
cholinergique, *a Ch* cholinergic.
cholinestérase, *nf Ch* cholinesterase.
cholique, *a Ch* cholic (acid).
chondre, *nm Miner* chondrule.
chondrichthyens, *nmpl Z* Chondrichthyes *pl.*
chondrioconte, *nm Biol* chondriocont, chondriokont.
chondriome, *nm Biol* chondriome, chondrioma.
chondriomite, *nm Biol* chondriomite.
chondriosome, *nm Biol* chondriosome.
chondrite, *nf Miner* chondrite.
chondroblaste, *nm Physiol* chondroblast.
chondrodite, *nf Miner* chondrodite.
chondrogénèse, *nf Biol* chondrogenesis.
chondrokyste, *nm Physiol* chondrocyst.
chondromucoïde, *nm BioCh* chondromucoid.
chorda, *nm Biol* chorda.
chordé 1. *a Biol* chordate. **2.** *nmpl* **chordés,** Chordata *pl.*
chordotonal, -aux, *a Biol Ent* **organe chordotonal,** chordotonal organ, scolopidium.
chorion, *nm Z* corium (of skin); *Biol* chorion.
chorionique, *a Biol* chorionic.
choripétale, *a Bot* choripetalous.
choroïde, *nf Anat* choroid.
chorologie, *nf Biol* chorology.
chromaffine, *a Biol* chromaffine.
chromage, *nm* chromium plating.
chromate, *nm Ch* chromate; **chromate de baryte,** barium chromate; **chromate de plomb,** lead chromate; **chromate de potasse,** potassium (bi)chromate; **chromate de strontium,** strontium yellow.
chromatide, *nf Bot* chromatid.
chromatine, *nf Ch Biol* chromatin, karyotin.
chromatinien, -ienne, *a Biol* **sexe chromatinien,** nuclear sex.
chromatique, *a Biol* chromatic (aberration, etc).
chromatocyte, *nm Biol* chromatocyte.
chromatogramme, *nm Ch* chromatogram.
chromatographie, *nf Ch* chromatography; **chromatographie gazeuse,** gas chromatography; **chromatographie en phase gazeuse,** vapour phase chromatography; **chromatographie liquide,** liquid chromatography; **chromatographie en papier,** paper chromatography; **chromatographie en résine échangeuse des ions,** ion-exchange chromatography.
chromatographique, *a* chromatographic.
chromatolyse, *nf Z* chromatolysis.
chromatophore, *nm Ph* chromatophore, pigment-bearing cell; *Z* **chromatophore jaune,** xanthophore.
chrome, *nm Ch Metall* (*symbol* Cr) chromium.
chromé, *a* (*a*) treated with chromium; **acier chromé,** chromium steel; (*b*) chromium-plated.
chrome-nickel, *nm* nickel chromium; *pl chromes-nickels.*
chrome-tungstène, *nm* chromium tungsten; *pl chromes-tungstènes.*
chromeux, -euse, *a Ch* chromous.
chromifère, *a Miner* chromiferous; **grenat chromifère,** chromium garnet.
chromique, *a Ch* chromic (acid).
chromite, *nf Miner* chromite.
chromoblaste, *nm Biol* chromoblast.
chromogène *Biol* **1.** *a* chromogenic, chromogenous, colour-producing. **2.** *nm* chromogen.
chromogénèse, *nf Biol* chromogenesis.
chromomère, *nm Biol* chromomere.
chromone, *nf BioCh* chromone.
chromonéma, *nm Biol* chromonema.
chromophile *Biol* **1.** *a* chromophile, chromatophile, chromophilic. **2.** *nm & f* chromophile, chromatophile.

chromophobe, *a* chromophobe.
chromophore *Biol* **1.** *a* chromophoric, chromophorous. **2.** *nm* chromophore.
chromoplasme, *nm Biol* chromatoplasm.
chromoplaste, *nm Biol* chromoplast.
chromoprotéide, *nf Biol* chromoprotein.
chromosome, *nm Biol* chromosome; **chromosomes aberrants,** aberrant chromosomes; **chromosome W,** W chromosome; **chromosome X,** X chromosome; **chromosome Y,** Y chromosome; **chromosome Z,** Z chromosome; **nombre du chromosome,** chromosome number.
chromosomique, *a Biol* chromosomal, chromosomic, of or relating to chromosomes.
chromosphère, *nf Astr* chromosphere.
chromotropique, *a Ch* chromotropic.
chromotropisme, *nm Ch* chromotropism.
chronaxie, *nf Biol Physiol* chronaxia, chronaxy.
chronomètre, *nm Ph* chronometer.
chronoscope, *nm Ph etc* chronoscope.
chrysalide, *nf Ent* chrysalis, chrysalid, pupa, aurelia.
se chrysalider, *vpr* to pupate; to become a pupa, a chrysalis.
chrysaniline, *nf Ch* chrysaniline.
chrysanthémique, *a Ch* chrysanthemic.
chrysène, *nm Ch* chrysene.
chrysobéryl, *nm Miner* chrysoberyl.
chrysocolle, *nf Miner* chrysocolla.
chrysoïdine, *nf Ch* chrysoidine.
chrysolit(h)e, *nm Miner* chrysolite, olivine, peridot.
chrysophanique, *a Ch* chrysophanic.
chrysoprase, *nf Miner* chrysoprase.
chrysotile, *nf Miner* chrysotile.
chylaire, *a Physiol* chylous, chylaceous.
chyle, *nm Physiol* chyle.
chyleux, -euse, *a Physiol* chylous, chylaceous.
chylifère, *a & nm Physiol* chyliferous (vessel), lacteal (vessel).
chylification, *nf Physiol* chylification, chylosis.
chylifier, *vtr Physiol* to chylify.
chyliforme, *a Physiol* chyliform.
chyme, *nm Physiol* chyme.
chymification, *nf Physiol* chymification.
chymifier, *vtr Physiol* to chymify.
chymosine, *nf Biol* chymosin.
chymotrypsine, *nf BioCh* chymotrypsin.
chymotrypsinogène, *nf BioCh* chymotrypsinogen.
cicatrice, *nf* (*a*) *Bot* cicatrice; mark or scar of attachment (of leaf, fruit, etc); (*b*) *Anat* scar.
cicatriciel, -ielle, *a Bot etc* cicatricial (mark, etc); **tissu cicatriciel,** scar tissue.
cicatricule, *nf* **1.** *Biol* cicatricule, chalaza, tread (of egg). **2.** *Bot* (*a*) cicatric(u)le, scar; (*b*) hilum.
cicatrisation, *nf Z* epulosis.
cil, *nm Biol* cilium, hair, filament; eyelash.
ciliaire, *a Bot Z* ciliary.
cilié, *a Bot Z* ciliate(d); (*of bush, shrub*) hirsute.
cilifère, ciligère, *a Bot Z* ciliate(d).
cime, *nf Bot* cyme.
ciment, *nm Ch* cement; **ciment à prise lente,** slow-setting cement; **ciment à prise rapide,** quick-setting cement; **ciment armé,** reinforced cement; **ciment fondu,** alumina cement, lumnite; **ciment hydraulique,** hydraulic cement.
ciminite, *nf Miner* ciminite.
cimolite, *nf Miner* cimolite.
cinabre, *nm Miner Ch etc* cinnabar, mercury ore, red mercuric sulfite; **cinabre vert,** green cinnabar.
cinchoméronique, *a Ch* **acide cinchoméronique,** cinchomeronic acid.
cinchonidine, *nf Ch* cinchonidine.
cinchonine, *nf Ch* cinchonia, cinchonin.
cinchonique *a Ch* cinchonic, quinic (acid).
cincinnus, *nm Bot* cincinnus.
cinématique, *Ph* **1.** *a* kinematic (viscosity, etc). **2.** *nf* kinematics.
cinéol, *nm Ch* cineole.
cinéolique, *a Ch* cineolic.
cinéritique, *a Miner* cinereous.
cinétique *Ph* **1.** *a* kinetic, motive (energy, etc); **potentiel cinétique,** kinetic potential. **2.** *nf* kinetics; **cinétique des**

liquides, hydrokinetics; **cinétique chimique,** chemical, reaction, kinetics; **cinétique de systèmes chimiques qui se présentent dans la phase seule, dans plus d'une phase,** kinetics of homogenous, heterogeneous, chemical systems.

cinétochore, *nm Biol* kinetochore.

cinétogénèse, *nf Biol* kinetogenesis.

cinétomères, *nmpl Biol Ch Physiol* kinetomeres.

cinétoplaste, *nm Z* kinetonucleus.

cinnamate, *nm Ch* cinnamate.

cinnamique, *a Ch* cinnamic (acid); **aldéhyde cinnamique,** cinnamaldehyde.

cinnamyle, *nm Ch* cinnamyl.

cinnoline, *nf Ch* cinnoline.

cipolin, *a & nm Miner* (**marbre**) **cipolin,** cipolin (marble), onion marble.

circadien, -ienne, *a Biol* circadian; **rythme circadien,** circadian rhythm.

circinal, -aux, *a* circinate, circinal, gyrate.

circine, *a Bot* circinate, circinal.

circoncis, *a Bot* circumscissile (dehiscence).

circonvolution, *nf* (*a*) *Z* volution; **circonvolution du corps calleux,** fornicate convolution; (*b*) whorl, whirl.

circuit, *nm* (*a*) *Ph* circuit; **circuit amortisseur,** damping circuit; **circuit de change,** changing circuit; **circuit de décharge,** discharing circuit; **circuit fermé,** closed circuit; **circuit imprimé,** printed, connected, circuit; **circuit intégré,** integrated circuit; (*b*) *BioCh* turnover.

circulation, *nf* circulation (of air, water, blood, etc); *Physiol* **circulation générale,** systemic circulation; **circulation pulmonaire,** pulmonary circulation.

circulatoire, *a Anat* circulatory; **système circulatoire,** circulatory system.

circuler, *vi* (*of blood, air, etc*) to circulate, flow.

circumnutation, *nf Bot* circumnutation.

cire, *nf* (*a*) wax; **cire d'abeilles,** beeswax; **cire fossile, minérale,** fossil wax, mineral wax; **cire végétale,** vegetable wax, plant wax; **cire de Chine,** Chinese wax; *Physiol* **teint de cire,** waxen complexion; (*b*) *Orn* cere, ceroma (of beak).

cireux, -euse, *a Physiol* waxen.

cirier, -ière, *a Z* wax-producing; **glande cirière,** wax gland.

cirral, -aux, *a Bot* cirrose, cirrous.

cirre, *nm* (*a*) *Bot* cirrus, tendril; tentacle; *Ich* barbel; (*b*) *Z* tentacle.

cirré, *a* cirrate, cirriferous (antenna); tendrilled (plant).

cirreux, -euse, *a* cirrose, cirrous, cirrate (leaf, etc); barbellate (fish); tentacled (animal).

cirrhal, -aux, *a Bot* cirrose, cirrous.

cirrhe, *nm Bot Z* = **cirre.**

cirrifère, *a Z* cirriferous, cirrate.

cirriflore, *a Bot* cirriflorous.

cirriforme, *a* cirriform.

cis-, *pref* cis-.

ciselé, *a Orn* incised (bill).

cis-trans, *a Ch* cis-trans (effect); **isomérie cis-trans,** cis-trans isomerism.

cistron, *nm Biol* cistron.

citerne, *nf Anat* **grande citerne cérébrale,** cisterna; *Z* **citerne de Pecquet,** receptaculum chyli.

citraconique, *a Ch* citraconic.

citral, *nm Ch* citral.

citrate, *nm Ch* citrate; **citrate de sodium, de soude,** citrate of sodium.

citrène, *nm Ch* citrene.

citrine, *nf* (*a*) *Miner* false topaz; citrine; (*b*) *Ch* citrine, lemon oil.

citrique, *a Ch* citric (acid); **cycle de l'acide citrique,** Krebs cycle.

citronellal, *nm Ch* citronellal.

citronellol, *nm Ch* citronellol.

citronyle, *nf Ch* citronyl.

citrulline, *nf Ch* citrulline.

civettone, *nf Ch* civetone.

Cl¹, *symbol of* chlorine.

cl², *abbr* centilitre(s).

cladocarpe, *a Bot* cladocarpous.

cladode, *nm Bot* cladode.

claire, *nf Ch* **claire de coupelle,** bone ash.

Claisen, *Prn Ch* **condensation de Claisen,** Claisen condensation.

clarkéite, *nf Miner* clarkeite.

classe, *nf Biol* class; **les classes d'un règne,** the classes of a kingdom; **classes mathématiques,** mathematical classes.

classer, *vtr* to classify (animal, plant, etc).

classification, *nf* classification, clas-

sifying (of plant, animal, etc).
classifier, *vtr* to classify (plant, etc).
clastique, *a Geol* clastic (rocks); fragmentary, fragmental.
claudétite, *nf Miner* claudetite.
clausthalite, *nf Miner* clausthalite.
clavé, *a Biol* clavate, club-shaped.
clavicule, *nf Anat Z* clavicle, jugulum.
claviculé, *a Biol* claviculate (shell, leaf, etc).
clavifolié, *a Bot* bearing clavate leaves.
claviforme, *a Biol* clavate, claviform, club-shaped.
clef, *nf* key; **constituant-clef** *m*, key component.
cléidoïque, *a Embry* cleidoic.
cléistocarpe *Fung* **1.** *a* cleistocarpous. **2.** *nf* cleistocarp.
cléistocarpique, *a Fung* cleistocarpous.
cléistogame, *a Bot* cleistogamic, cleistogamous.
cléistogamie, *nf Bot* cleistogamy.
clévéite, *nf Miner* cleveite.
clignement, *nm Z* **clignement de l'œil,** wink(ing).
clignotant, *a Z* **membrane clignotante,** nictitating membrane.
climacique, *a Bot* of, relating to, a climax; **formation climacique,** climatic climax.
climat, *nm Meteor* climate.
climatérique, *a & nf Bot Z* climateric.
climatique, *a* climatic; **influence climatique,** climatic influence; **formation climatique finale,** climatic climax.
climatomorphique, *a Biol Pedol* zonal.
climax, *nm Bot* climax; **climax édaphique,** edaphic climax.
clin, *nm Z* **clin d'œil,** wink(ing).
clinandre, *nm Bot* clinandrium.
cline, *nf Biol* cline.
clinochlore, *nm Miner* clinochlore.
clinoclase, **clinoclasite**, *nf Miner* clinoclase, clinoclasite.
clinoédrite, *nf Miner* clino(h)edrite.
clinohumite, *nf Miner* clinohumite.
clinomètre, *nm Geol* inclinometer.
clintonite, *nf Miner* clintonite.
cliscomètre, *nm Biol* kliscometer.
clitellum, *nm Z* clitellum, -a.
clitoris, *nm Anat Z* clitoris.
clivage, *nm Geol Miner* cleavage (of rocks, etc); **clivage de fracture, de flux,** fracture cleavage, flux cleavage; **plan de clivage,** cleavage plane.
cloacal, **-aux**, *a Anat* cloacal (sac).
cloaque, *nm Anat Z* cloaca.
cloche, *nf* (*a*) *Coel* **cloche natatoire,** swimming bell (of siphonophore); (*b*) *Ch Ph* bell jar; **cloche à vide,** vacuum bell jar.
cloison, *nf Bot* septum, dissepiment (of a spore); (*of siliquas*) **cloison interne,** replum; *Anat* **cloison interventriculaire,** ventricular septum.
cloisonné, *a Bot* septate (spore).
cloisonnement, *nm Biol* septation.
clone, *nm Biol Bot* clone.
clonus, *nm Biol* clonus.
clupéine, *nf Ch* clupeine.
cluse, *nf Geol* cluse; transverse valley.
clypéacé, *a Ent* clypeate.
clypéiforme, *a Biol Echin* clypeiform, shield-shaped.
clysmien, **-ienne**, *a Geol* clysmian.
Cm[1], *symbol of* curium.
cm[2], *abbr* centimetre(s).
cnidoblaste, *nm Biol Z* cnidoblast, thread cell, nematocyst.
cnidocil, *nm Biol* cnidocil.
Co, *symbol of* cobalt.
coacervat, *nm Ch* coacervate.
coacervation, *nf Ch* coacervation.
coadné, *a Physiol Bot* (co)adnate, coadunate, connate.
coagulant, *a & nm Ch* coagulant.
coagulase, *nf Biol* coagulase.
coagulateur, **-trice**, *a Ch Ph* coagulative, coagulatory.
coagulation, *nf* coagulation, coagulating; **coagulation sanguine,** blood coagulation.
coaguler, *vtr* to coagulate, congeal (albumen, etc).
se coaguler, *vpr* (*of blood, etc*) to coagulate, congeal, clot; (*of colloid*) to gel.
coalescent, *a Biol* coalescent.
coaptation, *nf Biol* coadapted, coadjusted, structure.
coarcté, *a Ent* **chrysalide coarctée,** coarctate chrysalis.
cobalamine, *nf Ch* cobalamine.

cobalt, *nm Ch* (*symbol* Co) cobalt; **bleu de cobalt, cobalt d'outremer,** cobalt blue; *Miner* **cobalt gris,** cobaltine, cobalt glance; **cobalt arséniaté,** red cobalt, erythrite; **cobalt radioactif,** radio cobalt; cobalt 60.
cobaltamine, cobaltiammine *nf Ch* cobaltammine.
cobalteux, -euse, *a Ch* cobaltous.
cobaltides, *nmpl* the cobalt group.
cobaltifère, *a* cobaltiferous, cobalt-bearing (ore).
cobaltine, *nf Miner* cobaltine.
cobaltinitrite, *nm Ch* cobaltinitrite.
cobaltique, *a Ch* cobaltic.
cobaltoammine, *nf* cobaltammine.
cobaltocre, *nm Miner* erythrite, cobalt bloom, red cobalt.
cobaye, *nm Z* guinea pig.
cocaïne, *nf Ch* cocaine.
cocarboxylase, *nf BioCh* cocarboxylase.
coccidé, *nm Ent* scale insect.
coccidie, *nf Algae* cystocarp; *Prot* coccidium.
coccinique, *a* **acide α-coccinique,** α-coccinic acid.
coccolit(h)e, *nf Miner* coccolite; *Geol* coccolith.
coccus, *nm Ent Bac* coccus.
coccygien, -ienne, *a Z Anat* coccygeal.
coccyx, *nm Anat Z* coccyx; tail bone.
coché, *a* fertile (egg).
cochenille, *nf Ent Ch* cochineal.
cochléaire, *a Biol* cochlear, spoon-shaped.
cochléiforme, *a Z* cochleariform, cochleate, spiral.
cocon, *nm Ent* cocoon, follicle, pod (of silkworm, spider, etc).
coction, *nf Physiol* digestion.
codamine, *nf Ch* codamine.
codéine, *nf Ch* codeine; 3-methyl morphine.
coefficient, *nm* coefficient, factor; *Ph* **coefficient d'absorption,** coefficient of absorption; **coefficient d'activité,** activity coefficient; **coefficient de diffusion,** diffusion coefficient; **coefficient de dilatation,** co-efficient of expansion; **coefficient d'élasticité,** coefficient of elasticity; **coefficient d'erreur,** coefficient of error; **coefficient de friction,** coefficient of friction; **coefficient d'aimantation,** magnetization coefficient; **coefficient de réflexion,** reflectance; **coefficient de saturation,** saturation factor; *Ch* **coefficient de viscosité,** coefficient of viscosity.
cœlacanthe, *nm Z* coelacanth.
cœlentérés, *nmpl Z* Coelenterata *pl.*
cœloblastula, *nm Biol* coeloblastula.
cœlome, *nm Z* coelom.
cœnobe, *nm Biol* coenobium.
cœnocyte, *nm Biol* coenocyte.
cœnogamète, *nm Bot* coenogamete.
coenzyme, *nf Biol* co-enzyme.
coercibilité, *nf Ph* coercibility (of gas, etc).
coercible, *a Ph* coercible (gas, etc).
cœur, *nm* (*a*) *Anat Physiol* heart; **arrêt du cœur,** heart failure; **battement, pulsation, du cœur,** heartbeat; **cœur gras,** fatty heart; (*b*) heart, core (of wood, etc); **bois de cœur,** heartwood.
cohénite, *nf Miner* cohenite.
cohérence, *nf Bot* cohesion (of stamens, etc).
cohérent, *a* coherent; *Bot* **étamines cohérentes,** coherent stamens; *Ph* **lumière cohérente,** phased light.
cohésion, *nf* cohesion; *Ph* **force de cohésion,** cohesive force.
cohésionner, *vtr Bot Ch etc* to cause (molecules, etc) to cohere.
cohobation, *nf Ch* redistillation, cohobation.
cohober, *vtr Ch* to cohobate, redistil.
coiffe, *nf* **1.** *Bot* (*a*) calyptra, coif (of mosses); (*b*) **coiffe (de la racine),** root cap, pileorhiza. **2.** hood (of cobra).
coke, *nm* coke; **coke de pétrole,** oil coke.
cokéite, *nf Miner* carbonite.
col, *nm Anat Z* cervix, -vices; **col de l'utérus,** cervix (uteri).
colchicéine, *nf Ch* colchiceine.
colchicine, *nf Ch Genet Pharm* colchicine.
colcot(h)ar, *nm Ch* colcothar, red peroxide of iron.
coléoptère *Z* **1.** *a* coleopterous, sheath-winged. **2.** *nm* coleopter, beetle; **les coléoptères,** the Coleoptera.

coléoptile, *nm Bot* coleoptile.
coléorhize, *nf Bot* coleorhiza.
collagène *Biol* **1.** *a* collagenous, collagenic. **2.** *nm* collagen.
collaire, *a Z* pertaining to the neck; *Orn* **plumes collaires,** neck feathers.
collargol, *nm Ch* collargol.
colle, *nf Ch* sizing agent.
collecteur, -trice, *a Bot* **poil collecteur,** collecting hair; *Ch* **tube collecteur,** yoke.
collenchymateux, -euse, *a Bot* collenchymatous.
collenchyme, *nm Bot* collenchyma, collenchyme.
collerette, *nf Bot* involucre (of umbelliferae); annulus (of mushroom).
collet, *nm Bot* neck, collar (of mushroom, etc).
collétère, *nm Bot* colleter.
collidine, *nf Ch* collidin(e).
collier, *nm Z* collar, ring, ruff (on birds, etc); **à collier,** torquate(d).
colligatif, -ive, *a Ch* colligative.
collimateur, *nm Ph* collimator.
colloblaste, *nm Biol* colloblast.
collodion, *nm Ch* collodion.
colloïdal, -aux, *a Ch* colloidal; **emulsoïdes colloïdaux,** emulsoid colloids; **suspensoïdes colloïdaux,** suspensoid colloids; **état colloïdal,** colloidal state; **chimie colloïdale,** colloidal chemistry; **électrolytes colloïdaux,** colloidal electrolytes; **particules colloïdales,** colloidal particles; **solutions colloïdales,** colloidal solutions.
colloïde, *a & nm Ch* colloid, gel; **diffusion des colloïdes,** Brownian motion; **colloïde soluble, insoluble,** reversible, irreversible, gel; **colloïde protecteur (dans une solution lyophobe),** inhibitory phase.
colloxyline, *nf Ch* colloxylin.
colluvion, *nf Geog* colluvium, colluvial deposits.
colluvionnement, *nm Geog* colluvial deposition.
collyre, *nm Biol* eye wash.
collyrite, *nm Miner* collyrite.
colombin, *nm Miner* lead ore.
colombite, *nf Miner* columbite, niobite.
colombium, *nm Ch* (*symbol* Cb) columbium, niobium.
colomnifère, *a Bot* columniferous.
côlon, *nm Anat* colon; **côlon ilio-pelvien,** sigmoid flexure.
colonie, *nf Biol* colony.
colonne, *nf* **colonne de mercure,** column of mercury, mercury column; **colonne à métaux,** metal column; *Anat Z* **colonne vertébrale,** spinal column; spine, backbone.
colophane, *nf Ch* colophony, rosin.
colophanite, *nf Miner* colophanite.
colophène, *nm Ch* colophene.
colorant **1.** *a* colouring (matter, etc); **bain colorant,** dye solution. **2.** *nm* colouring (matter); colorant; dye; **colorants basiques,** basic dyes; **matières colorantes synthétiques,** synthetic dyes.
coloration, *nf Ch* staining; **méthode de coloration,** staining method; *Orn* **coloration de structure,** structural coloration; *Biol* **coloration vitale des cellules,** vital staining of cells.
colorimètre, *nm Ch* colorimeter.
colorimétrie, *nf Ch* colorimetry.
colostrum, *nm Physiol* colostrum.
colubriforme, *a Rept* colubriform.
colubrin, *a Rept* colubrine.
columbite, *nf Miner* columbite.
columbium, *nm Ch* (*symbol* Cb) columbium, niobium.
columellaire, *a Biol* columellar.
columelle, *nf Biol* columella; modiolus.
columellé, *a Biol* colemmulate.
columelliacé, *a Bot* columelliaceous.
columnaire, *a Bot* columnar.
colza, *nm Ch* **huile de colza,** rape (seed) oil.
comagmatique, *a Geol* comagmatic.
comanique, *a Ch* **acide comanique,** comanic acid.
combinaison, *nf Ch* combination; coalescence; compound.
combiné **1.** *a* combined, compound; *Ch* **non combiné,** uncombined (**avec,** with); **gaz non combiné,** free gas. **2.** *nm Ch* compound, combination.
combiner, *vtr Ch* to combine.
se combiner, *vpr Ch* (*of atoms*) to unite; **se combiner à, avec, qch,** to combine, coalesce, with sth.
comburable, *a Ch* combustible.
comburant, *a Ch* combustive.

combustibilité, *nf Ch* combustibility.
combustion, *nf* combustion; **combustion bleue,** blue flame combustion; **combustion lente,** slow combustion; **combustion au libre,** combustion in free air; **combustion spontanée,** spontaneous combustion.
coménique, *a Ch* comenic.
comifère, *a Bot* criniferous.
commensal, -aux, *a & nm Biol* commensal.
commensalisme, *nm Biol* commensalism, symbiosis.
commissural, -aux, *a Anat Bot* commisural.
commissure, *nf Biol* commissure; line of junction; *Anat Z Histol* **commissure blanche,** white commissure (of spinal marrow).
commotionner, *vtr* to jar.
communauté, *nf Bot* **communauté instable,** unstable community.
commutateur, *nm Ph El* commutator.
comparé, *a* comparative (anatomy, etc).
complectif, -ive, *a Bot* complected.
complément, *nm BioCh* complement; end body; **déviation du complément (d'un sérum),** complement deviation.
complexant, *a Ch* **agent complexant,** chelating, sequestering, agent.
complexe, *a & nm Ch* complex.
complexer, *vtr & i Ch* to chelate, sequester.
complié, *a Bot* involute(d), complicate, conduplicate (leaf).
composant, *a & nm* constituent.
composé 1. *a* (*a*) compound (microscope, etc); *Ch* **corps composé,** compound; **polymère composé,** addition polymer; (*b*) *Bot* composite (flower). **2.** *nm Ch* compound; **composé binaire,** binary compound; **composé cyclique,** ring compound; **composé instable,** unstable compound; **composés d'insertion,** clathrate compounds, clathrates. **3.** *nf Bot* **composée,** composite (flower).
composer, *vtr Ch Ph* **composer trois forces,** to find the resultant of three forces.
composition, *nf* composition (of water, etc).
compression, *nf* compression (of gas, fluid, etc); **effort de compression,** force of compression.
comprimé, *nm* tablet.
comprimer, *vtr* to compress (gas, etc).
se comprimer, *vpr* (*of gas, etc*) to compress.
compte-gouttes, *nm inv Ph* stactometer.
Compton, *Prn Ph* **effet de Compton,** Compton effect.
concave, *a Ph* concave.
concentration, *nf Ph Ch* concentration, concentrating (of heat, etc); **concentration des rayons lumineux,** concentration of rays of light (on an object); **concentration moléculaire,** molecular concentration; **concentration superficielle,** surface concentration; **concentration à l'eau, par voie humide,** wet concentration; **concentration à sec, par voie sèche,** dry concentration; **pile à concentration,** concentration cell.
concentré, *a Ch* concentrated; at high concentration; undiluted (acid); **solution concentrée,** concentrated solution; **acide sulfurique concentré,** concentrated sulfuric acid; **minerai concentré,** concentrate.
concentrer, *vtr* to concentrate (heat, etc); to focus (rays, sounds, etc); **concentrer un faisceau de lumière,** to condense a beam of light.
conceptacle, *nm Bot* conceptacle.
conchifère, *a Moll* conchiferous.
conchiforme, *a Bot* conchiform, conchate, shell-shaped.
conchylifère, *a Moll* conchiferous.
conchyliologie, *nf Conch* conchology.
conchyliologique, *a Conch* conchological.
conchyliologiste, *nm & f* conchologist.
concolore, *a* concolorous, concolorate.
concomitance, *nf Ph Ch* linkage.
concrescence, *nf Bot* concrescence.
concrescent, *a Bot* concrete, concrescent.
concrétion, *nf Ch Ph etc* coagulation; *Geol etc* concretion.
concrétionné, *a Geol* concretionary; **roches sédimentaires concrétionnées,** sedi-

mentary rocks in which concretions have formed.

concrétionnement, *nm Geol* formation of concretions.

condensabilité, *nf Ch* condensability (of a gas, etc).

condensable, *a Ch* (*of gas, etc*) condensable; **non condensable,** incondensable.

condensateur, *nm* condenser; *El* **condensateur étalonné, à étalon,** calibration condenser.

condensation, *nf Ph Ch etc* condensation, condensing (of steam, a gas, etc); **condensation de Claisen,** Claisen condensation; **hygromètre à condensation,** dew-point hygrometer.

condenser, *vtr* to condense (gas, etc).

se condenser, *vpr* to condense.

condenseur, *nm Ch* condenser; **condenseur à injecteur,** injection condenser; **condenseur par surface,** surface condenser; **condenseur tubulaire,** spiral condenser; **condenseur à reflux,** reflux condenser.

conditionné, *a Behav* **réflexe conditionné,** conditioned reflex.

conductance, *nf Ch Ph* conductance, conductivity; **conductance thermique,** thermal conductance; **conductance directe,** forward conductance; **conductance inverse,** back conductance; **conductance mutuelle,** mutual conductance.

conducteur, *nm El Ph* conductor (of heat, electricity, etc); **conducteur de terre,** earthed, grounded, conductor; **fil conducteur,** conductor wire; **conducteur nu,** bare conductor; **conducteur chargé, en charge,** live conductor; **conducteur blindé,** screened conductor; **conducteur résistant,** resistor conductor; **conducteur neutre,** neutral conductor.

conductibilité, *nf Ph Ch* conductibility, conductivity; **conductibilité calorique, calorifique,** thermal, conductivity; **conductibilité dans les gaz,** gaseous conduction.

conductible, *a Ph* conductible, (heat-) conducting.

conductimètre, *nm Ph El* conductimeter.

conductimétrie, *nf Ch Ph* conductimetry.

conductimétrique, *a Ch Ph* conductimetric; **titrage conductimétrique,** conductrimetric titration.

conduction, *nf* conduction (of electrical current, of excitation through living tissue, etc); **conduction de chaleur,** thermal conduction; **courant de conduction,** conduction current.

conductivité, *nf Ph* conductivity; **conductivité spécifique,** conductance; **conductivité électrique**, electric conductivity; **conductivité équivalente,** equivalent conductivity; **conductivité moléculaire,** molecular conductivity; **conductivité thermique,** heat conductivity.

conduit, *nm Physiol* **conduit auditif, externe,** meatus, auditorius externus alvearium; **conduit salivaire,** salivary duct; **conduit sudorifère,** sweat duct.

conduplicatif, -ive, *a Bot* conduplicate.

condupliqué, *a Bot* (*of leaves*) equitant.

condyle, *nm Biol* **condyle interne,** entocondyle.

cône, *nm* (*a*) *Geol* cone (of volcano); **cône adventif,** parasitic cone, lateral cone; **cône de cendres, de scories,** cinder cone; **cône de coulée, de lave, cône lavique,** lava cone; **cône d'éboulis, d'éboulement,** scree, talus; **cône d'éruption,** cone of eruption; **cône de débris,** tuffcone (of volcano); debris cone (of glacier); **cône de déjection, d'alluvions,** alluvial cone, alluvial fan; **cône emboîté,** nested, ringed, cone; **cône mixte,** composite cone; (*b*) *Bot* **cône de pin, de sapin, de houblon,** pinecone, fir cone, hop cone; strobile; **cône mâle,** staminate cone; (*c*) *Moll* cone.

côné, *a Conch* cone-shaped.

conéine, *nf Ch* = **conicine**.

conessine, *nf Ch* conessine.

configuration, *nf* form.

conformation, *nf* form.

conformité, *nf* **manque de conformité,** incongruence.

congélation, *nf* (*a*) freezing (of water, etc); **point de congélation de l'eau,** freezing point of water; **courbes des points de congélation,** freezing point curves; **dépression des points de congélation,** freezing point depression; *Biol* **microtome à con-**

gélation, freezing microtome; (*b*) *Bot* frostbite.

congénère *Biol* **1.** *a* congeneric, of the same species. **2.** *nm* congener.

congénital, -aux, *a Biol* congenital.

congestif, -ive, *a Bot* congested (organs, etc).

congestion, *nf Tox* congestion.

conglobé, *a Z* conglobate.

conglober, *vtr* to conglobe.

conglomérat, *nm Geol* conglomerate, puddingstone; **conglomérat aurifère,** banket.

congloméré, *a Anat* glomerate; **glandes conglomérées,** conglomerate glands, acinous glands.

Congo, *Prn Ch* **brillant Congo,** Congo red.

conicine, *nf Ch* conicine, coniine, conine.

conidie, *nf Biol* conidium, conidiospore.

conifère *Bot* **1.** *a* coniferous, conebearing. **2.** *nm* conifer; **forêt de conifères,** coniferous forest.

coniférine, *nf Ch* coniferin.

coniférylique, *a* coniferyl; **alcool coniférylique,** coniferyl alcohol.

conine, *nf Ch* conine, coniine, conicine.

conirostre *Orn* **1.** *a* conirostral. **2.** *nm* coniroster.

conjoint, *a Bot* **feuilles conjointes,** conjugate leaves.

conjonctif, -ive[1], *a* connective (tissue).

conjonctive[2], *nf Anat Physiol Z* conjunctiva.

conjugaison, *nf Biol* conjugation (of cells); zygosis; **s'unir par conjugaison,** to conjugate.

conjugué, *a Ch* conjugate; *Bot* **feuilles conjuguées,** conjugate leaves.

conné, *a Bot Z Geol* connate.

connectif, -ive 1. *a Anat Biol* (*a*) connective (tissue, etc); (*b*) annectent. **2.** *nm Bot* connective (of anther).

connexe, *a Bot etc* connected; adherent (**avec,** to).

connivent, *a Bot Ent* connivent (petals, wings, etc).

conoïdal, -aux, *a Biol* conoidal (calyx, mollusc, etc).

conservation, *nf* conservation; **conservation forestière,** forest conservation; *Ch Ph* **conservation de l'énergie,** conservation of energy.

constante, *nf Ch* **constante de force,** force constant; **constante radioactive, de désintégration,** radioactive constant; **constante gazeuse,** (universal) gas constant, R.

constituant, *a & nm Ch Ph etc* constituent (part).

constitutif, -ive, *a* constituent; **les éléments constitutifs de l'air, de l'eau,** the constituent elements of air, water.

constitution, *nf* constitution, composition (of air, water, etc).

contabescence, *nf Biol* contabescence, atrophy, obsolescence (of an organ, etc); *Bot* abortion (of pollen).

contabescent, *a Bot* contabescent (pollen, etc).

contamination, *nf Tox* contamination; *Bac* infection; **contamination atmosphérique,** atmospheric contamination.

continuum, *nm Ph* **continuum espace-temps,** space-time continuum.

contorté, *a Bot* contorted, convolute(d).

contourné, *a Bot* twisted, contorted, convolute(d).

contractile, *a Biol* contractile; **vacuole contractile,** contractile vacuole.

contraction, *nf Physiol* contraction.

contre-courant, *nm Ch* countercurrent; **partition par contre-courant,** countercurrent partition; **séparation par contre-courant,** countercurrent separation.

contrepoison, *nm Pharm* antidote.

controlatéral, -aux, *a Biol* heterolateral.

convergence, *nf Biol Genet* convergence.

convexe, *a Ph* convex.

convoluté, *a Bot* convolute(d); (*of shell, etc*) whorled.

convolution, *nf Anat Z* **convolution (cérébrale),** convolution.

convolvuline, *nf Ch* convolvulin.

coopérite, *nf Miner* cooperite.

coordination, *nf Ch* **indice de coordination,** co-ordination number.

coordinence, *nf Ch* co-ordination number.

copaline, *nf Miner* copaline.
copalite, *nf Miner* copalite.
copolymère, *nm Ch* copolymer.
copolymérisation, *nf Ch* copolymerization.
coprolit(h)e, *nm Geol* coprolite.
coprologie, *nf Biol* coprology.
coprophage, *a Z* coprophagous, scatophagous, stercovorous, dung-eating; **insecte, animal, coprophage,** scavenger.
coprophagie, *nf Z* coprophagy.
coprophile, *a Ent etc* coprophilous.
coprostérine, *nf Ch* coprostanol.
coprostérol, *nm Biol* stercorin.
copulateur, -trice, *a Z* copulatory, copulative (organ, etc).
copulation, *nf Physiol* copulation; *Ch* coupling.
coque, *nf* (*a*) shell (of egg); (*b*) *Bot* shell, husk (of nut, fruit); coccus; (*c*) *Ent* (= **cocon**) cocoon; (*d*) *Ent Moll* **coque ovigère,** ootheca; (*e*) pod (of grasshopper's eggs); (*f*) *Moll* cockle.
coquillages, *nmpl Z* (empty) shells.
coquille, *nf* (*a*) *Z* shell (of snail, mollusc, oyster, etc); **à coquille molle,** soft-shelled; **coquille à deux valves, coquille bivalve,** two-valved shell; **coquille variqueuse,** varicated shell; (*b*) shell (of egg, nut, etc); **coquille d'œuf,** egg integument.
coquillier, -ière, *a Orn* **glande coquillière,** shell gland; **membrane coquillière,** shell membrane.
coquin, *nm Miner* nodule of phosphate of lime (in greensand).
coracite, *nf Miner* coracite.
coracoïde, *a & nf Anat Z* coracoid; **apophyse coracoïde,** coracoid process.
corail, -aux, *nm* coral; **récif de corail, de coraux,** coral reef; **banc de corail,** coral shoal.
corailleux, -euse, *a* coralline.
corallaire, *a* coralloid, coralline.
corallien, -ienne, *a* coralline; **récif corallien,** coral reef; **calcaire corallien,** coral(line) limestone.
corallifère, *a* coralliferous, coralligerous.
coralliforme, *a* coralliform.
coralligène, *a* coralligenous; *Geol* **calcaire coralligène**, coral limestone.
coralligère, *a* coralliferous, coralligerous.
corallin, *a Geol* **marbre corallin,** corallite.
coralline, *nf Miner* coralline.
coralloïde, *a* coralloid.
coralrag, *nm Geol* coral rag.
corbeille, *nf Ent* **corbeille (à pollen),** corbicula, pollen basket, pollen plate (of bee).
corde, *nf Anat Physiol* **cordes vocales,** vocal cords.
cordé[1], *a Bot Conch* cordate, heart-shaped.
cordé[2] *Biol* **1.** *a* chordate. **2.** *nmpl* **cordés,** Chordata *pl.*
cordiérite, *nf Miner* cordierite.
cordifolié, *a Bot* with cordate leaves.
cordiforme, *a Biol* cordiform, cordate, heart-shaped.
cordon, *nm Bot* funicle, funiculus; *Anat Z* **cordon ombilical,** umbilical cord, yolk stalk.
coriace, coriacé, *a Bot* coriaceous.
corindon, *nm Miner* corundum; adamantine spar; diamond spar; **corindon jaune,** oriental topaz.
corion, *nm Z* corium; *Biol* chorion.
corne, *nf* (*a*) *Z* horn; (*of giraffe, okapi*) ossicusp; **bêtes à cornes,** horned beasts; **bêtes à longues cornes, à cornes courtes,** long-horned, short-horned, beasts; *Miner* **pierre de corne,** hornstone, chert; (*b*) *Ent* horn; feeler (of snail); antenna (of stag beetle); (*c*) *Bot* cornu, spur, horn; (*d*) *pl Anat* cornua; (*e*) *Miner* hornfels.
corné, *a* (*a*) corneous, keratic, keratinous, horny (substance); (*b*) hornlike (leaf, etc); **silex corné,** hornstone; **lune cornée, argent corné,** horn silver, cerargyrite.
cornée, *nf Anat* cornea.
cornéen, -éenne 1. *a* corneal. **2.** *nf Miner* **cornéenne,** hornfels.
cornéliane, *nf Miner* cornelian, carnelian.
cornet, *nm Anat* turbinal, turbinate; *Bot* **cornet de l'enveloppe florale,** cornet.
cornicule, *nf Ent* (*a*) cornicle; (*b*) **cornicule (de puceron),** nectary, siphonet.
corniculé, *a Ent Bot* corniculate.
corniforme, *a* corniform.

cornigère, *a* cornigerous.
cornillon, *nm Z* core of the horn.
cornu, *a* horned (beast); *Bot* cornute (leaf).
cornue, *nf Ch* retort; **cornue à gaz,** gas retort; **charbon de cornue,** gas carbon.
cornwallite, *nf Miner* cornwallite.
corollacé, *a Bot* corollaceous.
corollaire, *Bot* **1.** *a* corolline. **2.** *nm* corollary tendril.
corolle, *nf Bot* corolla.
corollé, *a Bot* corollate(d).
corollifère, *a Bot* corolliferous.
corolliflore, *a Bot* corollifloral, corolliflorous.
corolliforme, *a* corolliform, corolla-shaped.
corollin, *a Bot* corolline.
coronadite, *nf Miner* coronadite.
coronaire, *a Anat Z Med* coronary (artery).
coronène, *nm Ch* coronene.
corpo-compteur, *nm Med* whole body counter.
corps, *nm* (*a*) body; **le corps humain,** the human body; (*b*) *Ch Ph* body, substance, material; **corps composé,** compound; **corps pur,** pure substance; **corps marqué,** tracer (substance); (*c*) *Anat* body; **corps strié,** corpus striatum; **corps vitré,** vitreum, vitreous body, vitrous humour (of eye); *Physiol* **corps jaune, progestatif,** corpus luteum; **corps pituitaire,** pituitary glandula; *Z* **corps suprapéricardique,** ultimobranchial body; (*d*) *Biol* soma; **corps X,** X-bodies.
corpuscule, *nm* corpuscle.
corrodabilité, *nf Ch* corrodibility, corrosibility.
corrodable, *a Ch* corrodible, corrosible.
corrodant, *a & nm Ch* corrosive (agent, etc).
corroder, *vtr Ch* to corrode (metal, etc).
se corroder, *vpr* to corrode, become corroded.
corrosif, -ive, *a & nm* **1.** *a* corrosive; **pouvoir corrosif,** corrosive power. **2.** *nm* corrosive.
corrosion, *nf* corrosion, corroding (of metal, etc); **corrosion électrolytique,** electrolytic corrosion.
corrosiveté, *nf* corrosiveness.
corsite, *nf Geol* napoleonite, corsite.
cortex, *nm Bot* cortex; *Z* **cortex cérébral,** celebral cortex; **cortex rénal,** renal cortex; **cortex surrénal,** adrenal cortex.
cortical, -aux, *a Bot* cortical.
corticifère, *a Bot* corticiferous, cortex-bearing.
corticiforme, *a Bot* corticiform, bark-like.
corticoïde, *nm Ch* corticoid.
corticostéroïde, *nm Ch* corticosteroid.
corticostérone, *nf Ch* corticosterone.
corticotrope, *a Ch* corticotropic, corticotrophic.
corticotrop(h)ine, *nf Ch* corticotropin, adrenocorticotrophic hormone (ACTH).
cortine, *nf Fung Bot* cortina; *Z* cortin.
cortiqué, *a Bot* corticate(d).
cortiqueux, -euse, *a Bot* corticous, corticose.
cortisol, *nm Ch* hydrocortisone, cortisol.
cortisone, *nf Ch* cortisone.
corundophyllite, *nf Miner* corundophilite.
corvin, *a Z* corvine.
corvusite, *nf Miner* corvusite.
corymbe, *nm Bot* corymb.
corymbé, corymbeux, -euse, *a Bot* corymbose, corymbous.
cosalite, *nf Miner* cosalite.
cosmique, *a* cosmic; *Ph* **espaces cosmiques,** cosmic space; **mur cosmique,** cosmic wall; **rayons cosmiques,** cosmic rays; **rayonnement cosmique,** cosmic radiation; **poussières cosmiques,** cosmic dust.
cosmographie, *nf* cosmography.
cosse, *nf* pod, husk, hull, shell (of leguminous plants).
cossyrite, *nf Miner* aenigmatite.
costal, -aux, *a* costal.
côte, *nf* rib; *Anat* **à côtes,** costate; *Bot* **côte d'une feuille,** midrib of a leaf.
cottérite, *nf Miner* cotterite.
cotunnite, *nf Miner* cotunnite.
cotyle, *nf Anat* acetabulum.
cotylédon, *nm Bot* cotyledon; seed leaf, seed lobe; **à trois cotylédons**, tricotyledonous.

cotylédonaire, *a Bot* cotyledonary.
cotylédoné, *a Bot* cotyledonous.
cotylifère, *a* cotyligerous.
cotyloïde, *a Anat* **cavité cotyloïde,** acetabulum.
cotype, *nm Biol* co-type.
cou, *nm* neck (of animal, etc); cervix, -vices.
couche, *nf* (*a*) *Geol* deposit, bed, layer; stratum, -a; **couche d'argile,** sloam; **couche aquifère,** aquifer; (*b*) *Ph* layer; **double couche,** double layer; **couche de Heaviside,** Heaviside layer; **couche de valence,** valence shell; (*c*) *Ch* film; (*d*) *Bot* (*of tree*) **couche annuelle,** ring; **en couches,** stratose; (*e*) *Anat Z Histol* tunic(a); (*of the skin*) **couche cornée,** stratum corneum; **couche muqueuse de Malpighi,** stratum germinativum; **couche granuleuse,** stratum granulosum; **couche transparente,** stratum lucidum; **couches optiques,** thalami.
couché, *a Biol* recumbent; *Geol* **pli couché,** recumbent fold.
coulant, *nm Bot* runner; stolon.
coulard, *a* (plant) that grows runners.
couleuvrin, -ine, *a* colubrine, snakelike.
coulomb, *nm Ph* (*symbol* C) coulomb.
coulombmètre, *nm Ch* coulometer; **coulombmètre argent,** silver coulometer; **coulombmètre mercurial,** mercury coulometer.
coumaline, *nf Ch* coumalin(e).
coumalique, *a Ch* coumalic.
coumaranne, *nm Ch* coumaran(e).
coumarine, *nf Ch* coumarin(e), cumarin.
coumarinique, *a Ch* coumarinic.
coumarique, *a Ch* coumaric.
coumarone, *nf Ch* coumarone.
coup, *nm* **coup de feu,** firedamp explosion; *Med* **coup de fouet,** whiplash; *Z* **coup d'aile,** wing beat.
coupelle, *nf Ch* cupel.
couperose, *nf Ch Miner* **couperose verte,** green vitriol, copperas, ferrous sulfate; **couperose blanche,** zinc sulfate; white vitriol; **couperose bleue,** cyanosite, blue vitriol, copper sulfate.
couplage, *nm Ph* **couplage inductif,** flux linkage.
coupure, *nf Ch* **produit de coupure,** split.
courant, *nm* current; *Ph* **courant de polarisation,** polarization current; **densité de courant,** current density; **efficacité du courant,** current efficiency; **courbes du courant contre potentiel,** current-potential curves; **courant watté, courant energétique,** watt current; *El* **courant électrique,** electric current; **courant alternatif,** alternating current; **courant continu,** direct current; *Oc* **courant de fond,** undercurrent; *Ch* **courant ascendant,** upflow.
courantologie, *nf Oc* study of currents.
courbe, *nf* curve; *Ph* **courbe caractéristique,** characteristic curve; **courbe de visibilité,** visibility curve (of light rays); **courbe de magnétisation,** magnetisation curve; *Ch* **courbes de la pression de la vapeur,** vapour pressure curves.
courbé, *a* curved, inflexed.
courbure, *nf Ph* curvature; *Bot* **courbure de croissance,** epinasty.
coureur, *a & nm Orn* **(oiseaux) coureurs,** cursorial birds.
couronne, *nf Bot* corona; **à couronne,** coronate(d); **couronne en entonnoir,** scyphus; *Z* **couronne d'un trépan,** modiolus.
couronné, *a Bot* coronate(d).
cousinet, *nm,* **coussinet**, *nm,* **coussinette**, *nf Bot* pulvinus, cushion; **cousinet foliaire,** leaf cushion.
couvage, *nm* incubation, hatching (of eggs).
couvain, *nm* nest of insect eggs.
couvaison, *nf* (*a*) brooding time, sitting time (of bird); (*b*) incubation, hatching (of eggs).
couvée, *nf* (*a*) clutch (of eggs); (*b*) brood, hatch(ing) (of chicks).
couver, *vtr* to incubate, to hatch (out) (eggs).
couverte, *nf Ch* **couverte de finition,** underglaze.
couvertures, *nfpl Orn* coverts.
covalence, *nf Ch* covalence, covalency.
covalent, *a Ch* covalent.
covelline, *nf Miner* covelline.
covellite, *nf Miner* covellite.
covolume, *nm Ch* incompressible volume.

coxa, *nf Ent* cox; hip segment.
coxal, -aux, *a Anat* coxal; **os coxal,** hip bone; *Ent* **article coxal,** coxa.
coxo-fémoral, *pl* **coxo-fémoraux, -ales** *a Anat* **articulation coxo-fémorale,** hip joint.
cozymose, *nf BioCh* cozymase.
Cr, *symbol of* chromium.
crabroniforme, *a Ent* vespiform.
craie, *nf Geol* chalk; **craie marneuse,** chalk marl; *Miner* **craie de Briançon,** steatite, soapstone.
crampon, *nm Bot* crampon, aerial root, adventitious root, clinging root; holdfast (of climbing plant).
cramponnant, *a Bot* clutching, clinging, holding (tendril, etc).
cramponnement, *nm Bot* clutching, clinging.
crâne, *nm Anat Z* cranium, skull; **crâne osseux,** osteocranium; *Ich* **au crâne étroit,** leptocephalic.
crânien, -ienne, *a Z* cranial; *Anat* **nerf crânien,** cranial nerve; **boîte crânienne,** cranium; **cavité crânienne,** encephalocoele.
crapaud, *nm Miner* **pierre de crapaud,** toadstone.
crapaudine, *nf Miner* toadstone.
craque, *nf Geol* crystalliferous vein; geode, druse.
crassicaule, *a Bot* thick-stemmed.
crassilingue, *a Rept* crassilingual.
cratégine, *nf Ch* crataegin.
cravate, *nf Orn* ruff.
crayeux, -euse, *a* chalky; **terrain crayeux,** chalky soil; **collines crayeuses,** chalk hills.
créatine, *nf BioCh* creatin(e).
créatinine, *nf BioCh* creatinin(e).
crednérite, *nf Miner* crednerite.
creittonite, *nf Miner* kreittonite.
crémage, *nm Physical Ch* movement in suspension of a disperse(d) phase.
crème, *nf Ch* **crème de tartre,** cream of tartar; **crème de soufre,** flowers of sulfur.
crénelé, *a Bot Z* crenate(d); *Bot* crenelled (leaf).
crénelure, *nf Bot* crenelling (of leaf); *Bot Z* crenation, crenature.
crénulé, *a Bot* (*of leaf*) crenulate.
créosote, *nf Ch* creosote; **créosote de houille, huile de créosote,** coal tar creosote, creosote oil.
crépu, *a Z* crispate; **aux bords crépus,** crinkled, crisp, crispate.
crésol, *nm Ch* cresol.
crésorcine, *nm Ch* cresorcin.
crestmoréite, *nf Miner* crestmoreite.
crétacé, *a & nm Geol* Cretaceous; **crétacé supérieur, inférieur,** Upper, Lower, Cretaceous.
crête, *nf* (*a*) comb, crest (of bird); *Orn Z* **à crête,** crested; (*b*) *Z* crista; (*c*) *Anat* ridge; (*d*) crest, ridge (of mountain); **crête anticlinale,** anticlinal ridge; (*e*) *Ph* peak (of a wave).
crêté, *a Z* crested; cristate.
creuset, *nm* (*a*) *Ch* crucible; **creuset de Gooch,** Gooch crucible; **creuset en platine, argent, porcelaine,** platinum, silver, porcelain, crucible; (*b*) *Z* scapha.
creux, *nm* cavity; hollow; *Ph* trough (of wave, curve); *Biol Bot Z* scrobiculus; *Ch* ullage (of container).
crevasse, *nf Geol* fissure.
se crevasser, *vpr* (*of rock*) to fissure.
cribellate, cribellaté, *a Z* cribellated.
cribellum, *nm Z* cribellum.
crible, *nm Biol* sieve.
cribleux, -euse, cribreux, -euse, *a Z* sieve-like, cribrose; *Anat* ethmoid (bone, etc).
cribriforme, *a Z* cribriform.
cricoïde, *a Anat* cricoid; **cartilage cricoïde,** ring cartilage.
criniforme, *a Bot* capilliform, hair-like.
crinoïde, *a Biol* crinoid.
crispiflore, *a Bot* with curled, crinkled, petals; crispifloral.
crispifolié, *a Bot* crispifolious.
cristal, -aux, *nm* (*a*) *Ch Miner* crystal; **cristal droit, gauche,** right-handed, left-handed, crystal; **se dissocier en cristaux,** to crystallize out; **cristal de quartz,** Bristol, Cornish, diamond; **cristal de roche,** rock crystal; **cristal d'Islande,** Iceland spar; **cristal attractif,** (optically) positive crystal; **cristal répulsif,** (optically) negative crystal; **cristaux liquides,** liquid crystal; **cristaux mixtes,** mixed crystal; (*b*) *Physiol BioCh* crista, -ae.

cristalblanc, *nm Ch* alban.
cristallifère, *a* crystalliferous, crystal-bearing.
cristallin, *a & nm* crystalline (rock, etc); **forme cristalline,** crystal shape; **eaux cristallines,** water of crystallization; (*of salt*) **se séparer à l'état crystallin,** to crystallize (out); **croissance du cristallin,** crystal growth; **habitude du cristallin,** crystal habit; **isomorphisme du cristallin,** crystal isomorphism; **paramètre du cristallin,** crystal parameter; **structure du cristallin,** crystal structure; **symétrie du cristallin,** crystal symmetry; **thermodynamique du cristallin,** crystal thermodynamics; **treillage du cristallin,** crystal lattice.
cristallisable, *a Ch* glacial (acetic acid).
cristallisation, *nf* crystallization, crystallizing.
cristalliser, *vtr & i* to crystallize.
se cristalliser, *vpr* to become crystallized, to crystallize.
cristallisoir, *nm Ch* crystallizer; crystallizing dish, pan.
cristallite, *nf Miner* crystallite.
cristallitique, *a Miner* crystallitic.
cristalloblastique, *a Geol* crystalloblastic.
cristallogénèse, *nf* crystallogenesis.
cristallogénie, *nf* crystallogeny.
cristallogénique, *a* crystallogenic.
cristallographie, *nf* crystallography; **cristallographie à rayons X,** X-ray crystallography.
cristallographique, *a* crystallographic.
cristalloïdal, -aux, *a* crystalloidal.
cristalloïde, *a & nm* crystalloid.
cristallométrie, *nf* crystallometry.
cristallométrique, *a* crystallometric.
cristallophyllien, -ienne, *a Geol* crystallophyllian; **roches cristallophylliennes,** foliated crystalline rocks.
cristé, *a Z* cristate, crested.
cristobalite, *nf Miner* cristobalite.
critique, *a* critical; *Ph* **constantes critiques,** critical constants; **isotherme critique,** critical isotherm; **phénomènes critiques,** critical phenomena; **pointe critique,** critical point; **pression critique,** critical pressure; **température critique,** critical temperature; **viscosité critique,** critical viscosity.
croc, *nm* canine tooth; fang (of wolf); claw (of crab, etc).
crocéine, *nf Ch* crocein(e).
crochet, *nm Z* (*a*) canine tooth (of stag); **crochet venimeux,** poison fang, sting (of snake); (*b*) *pl* talons (of eagle); (*c*) barbicel (of feather).
crocheton, *nm* small hook.
crochu 1. *a* hooked; *Biol* uncate; *Z* unciform; **os crochu (du carpe),** unciform bone. **2.** *nm Z* uncus.
crocidolite, *nf Miner* crocidolite, blue asbestos.
crocine, *nf Ch* crocin.
crocoïse, crocoïte, *nf Miner* crocoite, crocoisite, lead chromate (ore).
croconique, *a Ch* croconic (acid, etc).
croisé, *a Bot Z* cross-shaped, cruciform, cruciate; *Ch* **liaison croisée,** cross-link; *Bot* **fécondation croisée,** cross-fertilization; **pollinisation croisée,** cross-pollination.
croisement, *nm Genet* crossing-over; **valeur de croisement,** crossover value.
croissance, *nf Biol* growth; **hormone de croissance,** growth hormone.
croix, *nf Miner* **pierre de croix,** staurolite, staurotide.
cromaltite, *nf Miner* cromaltite.
cronstedtite, *nf Miner* cronstedtite.
crookésite, *nf Miner* crookesite.
crosse, *nf Bot* crosier (of a fern); *Anat* **crosse de l'aorte,** aortic arch, sinus of Valsalva.
crossing-over, *nm inv Genet* crossing-over.
crossite, *nf Miner* crossite.
crotonique, *a Ch* **acid crotonique,** crotonic acid; **aldéhyde crotonique,** crotonaldehyde.
crotylique, *a Ch* crotylic.
croup, *nm Z* **faux croup,** inward convulsions.
croupe, *nf Anat Z* rump (of a quadruped).
croupion, *nm Anat Z* end of spine, tail base (of mammals); rump (of bird).
croûte, *nf* crust; *Geol* **croûte calcaire,** caliche.

crucifère *Bot* **1.** *a* cruciferous. **2.** *nf* crucifer.
cruciforme, *a Bot Z* cruciform, cross-shaped, cruciate.
crustacé **1.** *a* crustaceous (lichen, etc); crustacean (animal, etc). **2.** *nm* crustacean; **les crustacés,** Crustacea *pl*, crustaceans; shellfish.
crustacéen, -enne, *a Z* crustacean.
crustacéologie, *nf* crustaceology.
cryoconite, *nf Geol* cryoconite.
cryogène, *nm Ph* cryogen.
cryogénie, *nf Ph* cryogenics, cryogeny.
cryogénique, *a Ph* cryogenic.
cryolit(h)e, *nf Miner* cryolite, ice stone, Greenland spar.
cryomagnétisme, *nm* cryomagnetism.
cryomètre, *nm Ph* cryometer, low-temperature thermometer.
cryométrie, *nf Ph* low-temperature thermometry, cryometry.
cryophore *Ph* **1.** *nm* cryophorus. **2.** *a* cryophorous.
cryophytes, *nmpl Bot* Cryophytes *pl.*
cryoscope, *nm Ph* cryoscope.
cryoscopie, *nf Ph* cryoscopy.
cryoscopique, *a Ph* cryoscopic.
cryostat, *nm Biol Path* cryostat.
crypte, *nf Anat* crypt.
cryptobranche, *nm Amph* cryptobranchiate.
cryptogame *Bot* **1.** *a* cryptogamous, cryptogamic. **2.** *nf* cryptogam.
cryptogamie, *nf Bot* cryptogamy.
cryptolite, *nf Miner* cryptolite.
crypton, *nm Ch* crypton.
cryptophyte, *nf Bot* cryptophyte.
cryptopine, *nf Ch* cryptopine.
cryptoxanthine, *nf Ch* kryptoxanthin.
Cs, *symbol of* caesium, cesium.
cténaires, *nmpl Z* Ctenophora *pl.*
cténidie, *nf Ent* ctenidium.
cténoïde, *a Z* ctenoid, comb-like (scale, etc).
cténophores, *nmpl Z* Ctenophora *pl.*
Cu, *symbol of* copper.
cubage, *nm* cubic measurement.
cubanite, *nf Miner* cubanite.
cube, *a Meas* cubic; **mètre cube, centimètre cube,** cubic metre, cubic centimetre.
cubébin, *nm,* **cubébine,** *nf Ch* cubebin.
cubique, *a Ph* **dilatation cubique,** cubic expansion.
cubital, -aux, *a Anat Z* ulnar.
cubito-carpien, -ienne, *pl* **cubito-carpiens, -iennes,** *a Z* ulnocarpal.
cubito-radial, *pl* **cubito-radiaux, -ales** *a Z* ulnoradial.
cubitus, *nm Anat Z* ulna.
cuculé, *a* cucullate(d).
cucullifère, *a* cucullate(d).
cuculliforme, *a Biol* cuculliform, cowl-shaped, hood-shaped.
cucurbitacé, *a Bot* cucurbitaceous; gourd-shaped.
cucurbitain, *nm Ann* terminal segment (of tapeworm).
cuilleron, *nm Z* alula, alulet, winglet (of dipter); *Bot* **en cuilleron,** spoon-shaped (leaf, etc).
cuir, *nm Miner* **cuir fossile, de montagne,** mountain leather.
cuirasse, *nf Z Ent* armour; shell (of insect, etc).
cuire, *vtr Ch* to calcine.
cuisson, *nf Ch* calcining, calcination.
cuivre, *nm* (*symbol* Cu) **cuivre (rouge),** copper; **cuivre brut,** raw copper; **cuivre carbonaté bleu,** chessylite, azurite; *Miner* **minerai de cuivre,** copper ore; **cuivre ammoniacal,** copper amine; **cuivre manganésé, au manganèse,** manganese copper; **cuivre phosphaté,** copper phosphate; **cuivre phosphoreux,** phosphor copper; **cuivre sulfuré,** copper glance, chalcocite, chalcosine; **cuivre vitreux rouge,** cuprite, red copper; **cuivre gris,** grey copper ore, fahlerz, tetrahedrite; **cuivre pyriteux,** chalcopyrite; copper pyrites; **cuivre doux,** soft copper; **sulfate de cuivre,** copper sulfate.
cuivreux, -euse, *a* (*a*) *Miner* cupreous (ore, etc); **pyrite cuivreuse,** yellow ore; **sulfure cuivreux,** copper glance, cuprous sulfide; (*b*) *Ch* cuprous (oxide).
cuivrique, *a Ch* cupric.
culasse, *nf Petroch* yoke.
culicide, *nm Ch* mosquitocide.
culiciforme, *a Ent* culiciform.
culicivore, *a Z* gnat-eating, midge-eating.

culmifère, *a Bot* culmiferous, straw-bearing.
culot, *nm* (*a*) *Ch* button; **culot de plomb,** lead button; (*b*) *Geol* plug (of volcano).
cultellaire, *a* knife-shaped, cultrate.
cultriforme, *a* cultriform, cultrate.
cultrirostre, *a Orn* cultrirostral.
culture, *nf Bac* culture (of tissue, bacteria, etc); **culture secondaire,** sub-culture; **tube de culture,** culture tube; **culture en gouttelette,** droplet culture; **culture en pique,** stab culture; **culture en plaque,** plate culture; **culture en strie,** streak culture; *Z Genet* **culture des tissus,** tissue culture; **bouillon de culture,** culture medium.
cumberlandite, *nf Miner* cumberlandite.
cumbraïte, *nf Miner* cumbraite.
cumène, *nm Ch* cumene; isopropylbenzene.
cumengéite, *nf Miner* cumeng(e)ite.
cumidine, *nf Ch* cumidin(e).
cuminique, *a Ch* cuminic; cumic; **aldéhyde cuminique,** cumaldehyde.
cuminoïne, *nf Ch* cuminoin.
cummingtonite, *nf Miner* cummingtonite.
cumyle, *nm Ch* cumyl.
cunéaire, *a Bot etc* cuneate, wedge-shaped.
cunéifolié, *a Bot* cuneate-leaved; with cuneate, wedge-shaped, leaves.
cunéiforme, *a Bot etc* cuneate; wedge-shaped; arrow-headed; *Z* **à queue cunéiforme,** wedge-tailed.
cuprammonium, *nm Ch* = **cuproammoniaque.**
cuprate, *nm Ch* cuprate.
cuprène, *nm Ch* cuprene.
cupride, *nm Ch* cupride.
cuprifère, *a Miner* cupriferous, copper-bearing.
cuprique, *a Ch* cupric (acid).
cuprite, *nf Miner* cuprite, red copper, ruby copper (ore).
cupritungstite, *nf Miner* cuprotungstite.
cupro-aluminium, *nm* aluminium bronze.
cuproammoniacal, -aux, *a Ch* cupro-ammoniacal; **liqueur cuproammoniacale,** cupro-ammonia.
cuproammoniaque, *nf Ch* cuprammonium, cupro-ammonia.
cuprodescloïzite, *nf Miner* cuprodescloizite.
cupromanganèse, *nm Ch* cupromanganese.
cupronickel, *nm Miner* cupronickel.
cuproscheelite, *nf Miner* cuproscheelite.
cuprosilicium, *nm Metall* cuprosilicon.
cuprotungstite, *nf Miner* cuprotungstite.
cuproxyde, *nm Ch* cuproxide, cupric oxide.
cupulaire, *a Bot* cupular, cup-shaped.
cupule, *nf* (*a*) *Bot* cupule, cupula; husk (of filbert, chestnut, etc); cup (of acorn); (*b*) *Z* cupule.
cupulé, *a Bot* cupulate.
cupulifère, *a Bot* cupuliferous, cupule-bearing.
cupuliforme, *a Bot* cupuliform.
curare, *nm Pharm* curare.
curarine, *nf Ch Physiol* curarine.
curcuma, *nm Ch* turmeric; **papier de curcuma,** turmeric paper.
curcumine, *nf Ch* curcumin(e).
curcumol, *nm Biol* turmerol.
curie, *nm Rad-AMeas* curie; **point de Curie,** Curie point.
curium, *nm Ch* (*symbol* Cm) curium.
curtirostre, *a Z* brevirostrate, short-billed.
curvatif, -ive, *a Bot* (leaf) with a tendency to curl.
curvicaude, *a Z* curvicaudate, having a curved tail.
curvicaule, *a Bot* having a curved stem.
curvidenté, *a Z* curvidentate.
curvifolié, *a Bot* curvifoliate.
curvinervé, *a Bot* curvinervate.
curvirostre, *a Orn* curvirostral.
cuspide, *nf Biol* cusp.
cuspidifolié, *a Bot* cuspidate-leaved, with cuspidate leaves.
cuspidine, *nf Miner* cuspidine.
cutané, *a Anat* cutaneous; dermal.
cuticole, *a* **parasite, larve, cuticole,** subcutaneous parasite, larva.

cuticulaire, *a Bot Biol* cuticular, of the skin.
cuticule, *nf Bot Biol* cuticle.
cutine, *nf Bot* cutin.
cutinisation, *nf Bot* cutinization.
cutinisé, *a Bot* **membrane cutinisée,** cutinized membrane.
se cutiniser, *vpr Bot* to become cutinized, infiltrated with cutin.
cutose, *nf Ch* cutin.
cuve, *nf Ch* trough, vat.
cuver, *vtr* **cuver le vin,** to ferment wine.
cuvette, *nf Geol* basin, depression; punchbowl; **cuvette à sel,** salt pan; *Ch Ph* **cuvette à mercure,** mercury trough.
cyamélide, *nf Ch* cyamelid(e).
cyanacétique, *a Ch* cyanacetic, cyanoacetic.
cyanamide, *nf Ch* cyanamide; **cyanamide calcique,** calcium cyanamide.
cyanate, *nm Ch* cyanate.
cyanhydrine, *nf Ch* cyanhydrin, cyanohydrine.
cyanhydrique, *a Ch* cyanhydric; **acide cyanohydrique,** hydrocyanic acid; prussic acid; hydrogen cyanide; **sel de l'acide cyanhydrique,** cyanide.
cyanine, *nf Bot Ch* cyanin(e).
cyanique, *a Ch* cyanic (acid).
cyaniser, *vtr Ch* to cyanize.
cyanite, *nm Miner* cyanite, kyanite.
cyanoacrylate, *nm Ch* cyanoacrylate.
cyanocobalamine, *nm BioCh* cyanocobalamin.
cyanofer, *nm Ch* ferrocyanogen.
cyanoferrate, *nm Ch* ferrocyanide, ferrocyanate.
cyanogène, *nm Ch* cyanogen.
cyanogénèse, *nf Bio* cyanogenesis.
cyanogénétique, *a Biol* cyanogenetic, cyanogenic.
cyanophycées, *nfpl Microbiol* Cyanophyta *pl.*
cyanose, *nf Miner* cyanose, cyanosite, chalcanthite.
cyanotrichite, *nf Miner* cyanotrichite.
cyanuration, *nf Ch* cyanization.
cyanure, *nm Ch* cyanide; **cyanure de potassium,** potassium cyanide; **cyanure de mercure,** mercury cyanide.
cyanuré, *a Ch* **dissolution cyanurée,** cyanide solution.
cyanurer, *vtr Ch* to cyanize, convert into cyanide.
cyanurique, *a Ch* cyanuric.
cybotactique, *a Ph* cybotactic.
cyclamate, *nm Ch* cyclamate.
cyclamine, *nf Ch* (*a*) cyclamin; (*b*) cyclamine.
cyclane, *nm Ch* cyclane.
cycle, *nm* cycle; *Geol* **cycle géologique,** geological cycle; *Ch* **cycle de Carnot,** Carnot's cycle; **cycle de réaction,** reaction cycle; **cycle d'érosion,** cycle of erosion; *Biol* **cycle de l'azote, du carbone,** nitrogen, carbon, cycle; *BioCh* **cycle de l'acide citrique, de Krebs,** citric acid cycle; **cycle fermé,** closed cycle; **cycle réversible,** reversible cycle; *Bac* **cycle de l'évolution des bactéries,** bacterial life cycle; *Z* **cycle cardiaque,** cardiac cycle; **cycle menstruel,** menstrual cycle.
cyclène, *nm Ch* cyclene.
cyclique, *a Ch* (*of chemical compound*) cyclic; **composés cycliques,** ring compounds.
cyclisation, *nf Ch* cyclization.
cycliser, *vtr Ch* to cyclize.
cyclobutane, *nm Ch* cyclobutane.
cycloheptane, *nm Ch* cycloheptane.
cyclohexane, *nm Ch* cyclohexane.
cyclohexanol, *nm Ch* cyclohexanol.
cyclohexanone, *nf Ch* cyclohexanone.
cyclohexène, *nm Ch* cyclohexene.
cyclohexyle, *nm Ch* cyclohexyl.
cycloïde, *a Ich* **écailles cycloïdes,** cycloid scales.
cyclonite, *nf Ch* cyclonite.
cyclopentadiène, *nm Ch* cyclopentadiene.
cyclopentane, *nm Ch* cyclopentane.
cyclopentanone, *nf Ch* cyclopentanone.
cyclopentène, *nm Ch* cyclopentene.
cyclopropane, *nm Ch* cyclopropane.
cyclose, *nf Biol* cyclosis.
cyclospondyle, *a Anat* **vertèbre cyclospondyle,** ring vertebra.
cyclotron, *nm Ph* cyclotron.
cylindre, *nm Bot* **cylindre central,** stele.

cylindrique, *a Bot* terete.
cylindrite, *nf Miner* cylindrite.
cymbiforme, *a* cymbiform.
cyme, *nf Bot* cyme, cyma; **cyme en éventail**, rhipidium.
cymène, *nm Ch* cymene.
cymeux, -euse, *a Bot* cymose.
cymophane, *nf Miner* cymophane, chrysoberyl, cat's eye.
cynurénine, *nf Ch* kynurenine.
cyprostérone, *nf Ch* cyprosterone; **acétate de la cyprostérone**, cyprosterone acetate.
cyste, *nm Bot* cyst.
cystéine, *nf Ch* cysteine.
cysticerque, *nm Anat* bladder worm.
cystine, *nf Ch* cystin(e).
cystique, *a Anat Z* cystic.
cystocarpe, *nm Bot* cystocarp.
cystolithe, *nm Bot* cystolith.
cytase, *nf BioCh* cytase.
cyte, *nm or f Biol* cyte.
cytidine, *nf Ch* cytidine.
cytisine, *nf Ch* cytisine; ulexine.
cytoblaste, *nm Biol* cytoblast.
cytochimie, *nf* cytochemistry.
cytochrome, *nm BioCh* cytochrome.
cytode, *nm Biol* cytode.
cytodiérèse, *nf Biol* cytodiaeresis, cytokinesis.
cytogamie, *nf Biol* cytogamy.
cytogène, *a Biol* cytogenous.
cytogénétique, *a Biol* cytogenetic.
cytogénie, *nf Biol* cytogenesis.
cytoïde, *a Bot* cytoid.
cytokinine, *nf BioCh* kinetin.
cytologie, *nf Biol* cytology.
cytolose, *nf Biol* cytolysis.
cytopathe, *nm Biol* cytopathic.
cytopathique, *a Biol* cytopathic.
cytoplasma, cytoplasme, *nm Biol* cytoplasm.
cytoplasmique, *a Biol* cytoplasmic; **hérédité cytoplasmique**, cytoplasmic heredity, cytoplasmic inheritance.
cytosine, *nf BioCh* cytosine.
cytosome, *nm Biol* cytosome.
cytothèque, *nf Ent* cytotheca.
cytotoxine, *nf BioCh* cytotoxin(e).
cytotoxique, *a BioCh* cytotoxic.
cytotropisme, *nm Biol* cytotropism.
cytozoaire, *nm Biol* cytozoon, -zoa.
cytozyme, *nf BioCh* thrombokinase, thromboplastin.

D

D, *symbol of* deuterium.
dacite, *nf Miner* dacite.
dacitique, *a Geol* dacitic.
dactyle, *a Z* dactylate.
dactylèthre, *nm Bot* Xenopus.
dactylion, *nm Z Anat* syndactyly.
dactyloïde, *a Bot* dactyloid.
dactyloptère, *a Z* dactylopterous.
dahllite, *nf Miner* dahllite.
Dalton 1. *Prn Ph* **loi de Dalton,** Dalton's law. **2.** *nm Ch* dalton.
dambonite, *nf*, **dambose**, *nm Ch* inositol.
damourite, *nf Miner* damourite.
danaïte, *nf Miner* danaite.
danalite, *nf Miner* danalite.
danburite, *nf Miner* danburite.
Daniell, *Prn Ph* **hygromètre de Daniell,** Daniell hygrometer; **pile de Daniell,** Daniell cell.
dannemorite, *nf Miner* dannemorite.
daphnétine, *nf Ch* daphnetin.
daphnine, *nf Ch* daphnin.
daphnite, *nf Miner* daphnite.
dard, *nm Biol Z* sting (of insect); forked tongue (of serpent); *Biol* dart; *Bot* pistil.
dasyphylle, *a Bot* dasyphyllous.
datation, *nf* dating; **datation d'une couche géologique,** dating of a geological stratum; **datation par radio-carbone, par carbone 14,** dating by radiocarbon; carbon 14 dating; **datation isotopique, par les isotopes,** isotopic dating.
datiscine, *nf Ch* datiscin.
datolite, *nf Miner* datolite.
daturine, *nf BioCh* daturine.
daubréelite, *nf Miner* daubreelite.
daubréite, *nf Miner* daubre(e)ite.
dauciforme, *a Bot* carrot-shaped.
daunorubicine, *nf Ch* daunorubicin.
davidsonite, *nf Miner* davidsonite.
daviésite, *nf Miner* daviesite.
dawsonite, *nf Miner* dawsonite.
DDT, *abbr Ch* **dichlorodiphényl-trichloréthane,** dichlorodiphenyl-trichloroethane, DDT.
déacidification, *nf*, **déacidifier**, *vtr Ch* = **désacidification, désacidifier.**
débile, *nm & f* **débile mental(e),** moron.
débourrement, *nm Bot* opening of buds, budding (of trees in spring).
débourrer, *vi Bot* (*of buds*) to open.
Debye, *Prn Ch Ph* **équation de Debye,** Debye's equation; **unité de Debye,** Debye unit.
Debye-Hückel, *Prn Ch Ph* **équation de Debye-Hückel,** Debye-Hückel's equation.
décacanthe, *a Bot Z* decacanthous.
décagyne, *a Bot* decagynian, decagynous.
décahydronaphtalène, *nm Ch* decalin.
décalcifier, *vtr Ch* to decalcify.
décalé, *a Ph* **ondes décalées,** waves out of phase.
décalitre, *nm Meas* decalitre.
décalobé, *a Bot* decalobate.
décandre, *a Bot* decandrian, decandrous.
décane, *nm Ch* decane.
décanol, *nm Ch* decanol.
décantage, *nm*, **décantation**, *nf* decantation, decanting; **séparer un dépôt par la décantation,** to elutriate a deposit; *Ch* **ballon de décantage,** separating funnel.
décanter, *vtr* to decant, pour off; *Ch* to separate, to elutriate.
décapétale, *a Bot* decapetalous.
décapode, *Crust* **1.** *a* decapodal, decapodous. **2.** *nm* decapod.
décarboxylase, *nf Ch* decarboxylase.
décarboxylation, *nf Ch* decarboxylation.
déchaînant, *a Bac* **facteur déchaînant,** bursting factor.

décharge, *nf* discharge.
décharger, *vtr El* to discharge.
déchénite, *nf Miner* dechenite.
déchets, *nmpl Ch* **déchets de criblage,** screenings; *Petroch* **déchets de tissus,** yarn.
déchiqueté, *a Bot* laciniate (leaf).
déci-, *pref* deci-.
décibel, *nm Ph* decibel; volume unit (of sound), V.U.
décibelmètre, *nm Ph* decibelmeter; V.U.-meter.
décidu, *a Bot* deciduous (calyx, etc); **feuille décidue**, deciduous leaf.
décigramme, *nm* (*abbr* dg) decigram(me).
décilitre, *nm* (*abbr* dl) decilitre.
décimètre, *nm* (*abbr* dm) decimetre.
décimétrique, *a Ph* **ondes décimétriques,** decimetre waves.
décinormal, -aux, *a Ch* (*of solution*) decinormal.
décliné, *a Bot* declinate.
décoaguler, *vtr Ph* to liquefy, dissolve (curdled substance).
se décoaguler, *vpr Ph* to liquefy, dissolve.
décoloration, *nf Ch* bleaching.
décombant, *a Bot* decumbent; **tige décombante,** decumbent stem.
décomposable, *a Ch* decomposable.
décomposant, *a Ch* decomposing (agent, etc).
décomposé, *a Bot* decomposite, decompound (leaves, etc).
décomposer, *vtr Ph Ch* to decompose, break down, resolve (**en,** into).
se décomposer, *vpr Ch* to break down.
décomposition, *nf Ph Ch* decomposition; breaking up, breakdown, into component parts; **décomposition potentielle,** decomposition potential; **décomposition double,** metathesis; **double décomposition,** double substitution.
déconjugaison, *nf Biol* deconjugation.
décortiquer, *vtr Bot* to decorticate.
découpé, *a Bot* denticulate.
découpure, *nf Bot Biol Z* incision.
décrochage, décrochement, *nm Ph* falling out of step, out of tune (with oscillatory system); *Geol* transverse fault.
se décrocher, *vpr Ph* to fall out of step, out of tune (with oscillatory system).
décurrent, décursif, -ive, *a Bot* decurrent, decursive.
décussation, *nf Bot* decussation.
décussé, *a Bot* decussate.
décyle, *nm Ch* decyl; **bromure de décyle,** decyl bromide.
décylène, *nm Ch* decylene.
décylique, *a Ch* **alcool décylique,** decyl alcohol.
dédifférenciation, *nf Biol* dedifferentiation.
dédoublable, *a Ch* (*of double salts, etc*) decomposable by double decomposition.
dédoublement, *nm Ch* double decomposition; *Biol* deduplication; *Ph* **dédoublement (des ions),** splitting; *Psy* **dédoublement de la personnalité,** deduplication.
dédoubler, *vtr Ch* to decompose (double salts, etc); **dédoubler un composé en ses éléments,** to split up a compound into its elements.
se dédoubler, *vpr Ph* (*of ions*) to split.
défécation, *nf Ch* clarification; *Physiol* def(a)ecation.
défense, *nf* (*a*) *Z* **défenses d'un éléphant, d'un sanglier, d'un morse,** tusks of an elephant, of a boar, of a walrus; **sans défenses,** unarmed (animal); (*b*) *Bot:* **défenses,** thorns, prickles.
défensif, -ive, *a Biol* defensive; **mécanismes défensifs,** defensive mechanisms; **mobilisation défensive,** defensive mobilisation.
déféquer 1. *vtr Ch* to clarify, clear, purify. **2** *vi Physiol* to def(a)ecate.
déférent, *a & nm Z* deferent; **canal déférent,** deferent duct, vas deferens.
se defeuiller, *vpr* (*of tree*) to shed its leaves; (*of flower*) to shed its petals.
déficience, *nf Physiol* deficiency; **déficience physique,** physical deficiency.
se défiger, *vpr* (*of oil, etc*) to liquefy.
défini, *a Bot* definite; **inflorescence définie,** determinate inflorescence; *Ch* **loi des proportions définies,** law of constant, definite, proportions.
définitif, -ive, *a Biol* definitive; **avec forme définitive,** delomorphic.

déflagration, *nf Ch* **déflagration d'un gaz,** gaseous explosion.

déflagrer, *vi Ch* **faire déflagrer du salpêtre,** to deflagrate saltpetre.

défléchi, *a Bot* **rameau défléchi,** deflected branch.

déflection, *nf Ph* deflection.

déflegmation, *nf Ch* dephlegmation; **colonne à déflegmation,** fractionating column.

déflegmer, *vtr Ch* to dephlegmate, rectify, concentrate (alcohol, etc).

défleuraison, *nf* falling of blossom, shedding of flowers.

(se) défleurir, *vi & pr* (*of tree, etc*) to lose its blossom.

défloculant, *nm Ch* deflocculant.

défloculation, *nf Ch* deflocculation.

défloraison, *nf* falling of blossom, shedding of flowers.

défloration, *nf Bot* defloration.

défoliant, *nm Ch* defoliant.

déformé, *a Ph* **onde déformée,** deformed wave.

dégagement, *nm Ch* discharge, release, separation (of gas); **dégagement de chaleur,** emission, evolution, liberation, of heat.

dégager, *vtr* (*a*) *Ch* to isolate (an element); to release (a gas); **dégager l'oxygène de l'eau,** to disengage oxygen from water; (*b*) (*of chemical reaction*) to discharge (gas, vapour, etc); to emit, to evolve, to radiate (heat, light).

se dégager, *vpr* (*of gas, vapour, etc*) to be given off (**de,** by); **il se dégage de l'oxygène,** oxygen is given off.

dégausser, *vtr Ph* to degauss.

dégénération, *nf Biol* degeneration, devolution (of a species).

dégénéré, *a Ph* **matière dégénérée,** degenerate matter.

dégénérescence, *nf Biol* degeneration, devolution, involution, retrogression (of a species); *Bot* **dégénérescence morbide,** anamorphosis.

dégénérescent, *a Biol* retrogressive.

déglaciation, *nf Geol* deglaciation; retreating of glaciers.

déglutir, *vtr Physiol* to swallow.

déglutition, *nf Physiol* deglutition, swallowing.

dégradation, *nf* degradation; *Ph* dissipation, gradual loss (of energy); *Geol* weathering (of rock).

dégrader, *vtr* (*a*) *Ph* to dissipate, degrade (energy); (*b*) *Geol* to degrade (rocks).

se dégrader, *vpr Ph* (*of energy*) to dissipate, leak away; *Geol* (*of rocks*) to degrade.

dégraissant, *nm Ch* scouring agent.

degré, *nm Ph Geog* degree (of latitude, heat, etc); **dix degrés au-dessous de zéro,** ten degrees below zero; *Ch* **degré Fahrenheit,** degree Fahrenheit (°F); **degré centésimal,** degree Centigrade (°C); **degré alcoolmétrique,** degree of alcohol (°GL); **degré Baumé,** degree Baumé; **degré de la dissociation électrolytique,** degree of dissociation; **degré de la liberté ou de la variabilité,** degree of freedom or variability; *Physiol* **degré d'une brûlure,** degree of burn.

déhiscence, *nf Bot* dehiscence; **déhiscence valvaire,** valvate dehiscence.

déhiscent, *a Bot* dehiscent.

déhydracétique, *a Ch* dehydracetic.

déhydroandrostérone, *nf Ch* dehydroandrosterone.

7-déhydrocholestérol, *nm Ch* 7-dehydrocholesterol.

11-déhydrocorticostérone, *nf Ch* 11-dehydrocorticosterone.

7-déhydroépicholestérol, *nm Ch* 7-dehydroepicholesterol.

déhydrolumistérol, *nm Ch* dehydrolumisterol.

7-déhydrositostérol, *nm Ch* 7-dehydrositosterol.

7-déhydrostigmastérol, *nm Ch* 7-dehydrostigmasterol.

déionisation, *nf Ph Ch* deionization.

déioniser, *vtr Ph Ch* to deionize.

Deiters, *Prn Anat* **cellules de Deiters,** glia, spider, cells.

déjeté, *a Geol* asymmetric (fold).

delafossite, *nf Miner* delafossite.

délétère, *a Genet* deleterious.

délétion, *nf Biol* deletion.

déliquescence, *nf Ch* deliquescence; **tomber en déliquescence,** to deliquesce.

déliquescent, *a Ch* deliquescent.

délire, *nm Physiol* delirium.

délit, *nm Geol* cleavage, rift (in schists).

délitescence, *nf Ch* efflorescence; *Geol* subsidence.

délitescent, *a Ch* efflorescent.

délivre, *nm Obst* secundine.

delorenzite, *nf Miner* delorenzite.

delphinine, *nf BioCh* delphinin (anthocyanin derived from larkspur); delphinine (alkaloid derived from stavesacre).

delta, *nm Geog Geol* delta; *Ph* **rayons delta,** delta rays; *Bot* **feuille en delta,** deltoid leaf.

deltidial, -iaux, *a Moll* deltidial.

deltidium, *nm Moll* deltidium.

deltoïde, *a Bot* deltoid (leaf, etc).

delvauxine, *nf Miner* delvauxine.

démagnétisant, *a Ph* demagnetizing.

démagnétisateur, -trice, *Ph* **1.** *a* demagnetizing. **2.** *nm* demagnetizer.

démagnétiser, *vtr Ph* to demagnetize.

se démagnétiser, *vpr* to become demagnetized, to demagnetize.

démantèlement, *nm Geol* destruction of a complete stratum by erosion.

démantoïde, *nf Miner* demantoid.

démargarination, *nf Ch* winterization (of fatty oils).

démargariner, *vtr Ch* to winterize (a fatty oil).

dème, *nm Biol* deme.

démersal, -aux, *a Ich* (*of fish*) bottom-dwelling; (*of eggs*) demersal.

démesuré, *a Bot* inordinate.

déméthanisation, *nf Ch* extraction of methane.

déméthaniser, *vtr Ch* to extract methane from.

déméthylation, *nf Ch* demethylation.

déméthyliser, *vtr Ch* to demethylate.

demi-fleuron, *nm Bot* semifloret, ligulate floret; *pl demi-fleurons.*

demi-flosculeux, -euse, *pl* **demi-flosculeux, -euses,** *a Bot* liguliflorous.

demi-métal, *nm Ch* semi-metal; *pl demi-métaux.*

demi-métallique, *pl* **demi-métalliques,** *a Ch* semi-metallic.

demi-onde, *nf Ph* half-wave; *pl demi-ondes.*

demi-opale, *nf Miner* semi-opal; *pl demi-opales.*

demi-période, *nf Ph* half-period (of oscillation); half-cycle, semi-period; *pl demi-périodes.*

demi-sommeil, *nm Physiol* twilight sleep.

demi-vie, *nf Ph Rad-A* half-life.

démographie, *nf* demography.

dénaturation, *nf* denaturation.

dénaturé, *a Ch* **alcool dénaturé,** methylated spirits.

dénaturer, *vtr Ch* **dénaturer l'alcool,** to methylate alcohol.

dendrite, *nf Cryst Miner Physiol Anat* dendrite.

dendritique, *a Miner* dendritic.

dendroïde, *a Bot* dendroid, branching, tree-like.

dendrolithe, *nm* dendrite.

dendrone, *nm Z* dendron.

dénitrification, *nf Bac* denitrification.

dénitrifier, *vtr Bac* to denitrify (the soil, etc).

dense, *a Ph* (*of body, metal, etc*) dense.

densimètre, *nm Ph* densimeter, density meter, density gauge, hydrometer.

densité, *nf* density (of metal, fluid, current, electron beam, etc); **densité absolue,** absolute density; **densité du courant,** current density; **densité au mercure, densité réelle,** real density; **densité de vapeur,** vapour density; *Ch Ph* **densités à volume égal,** densities for equal volumes; *Ph* **densité moyenne,** mean specific weight; average, mean, density; **flacon à densité,** specific gravity flask, pycnometer; **densité gravimétrique,** gravimetric density; *Ch* **densité de précipitation,** deposition density; **densité lumineuse,** luminous density.

dent, *nf Anat Z* tooth; **dents incisives,** incisors; **dents de lait,** milk teeth; **dent temporaire, caduque,** deciduous, primary, tooth; **dents permanentes, définitives,** permanent teeth, second teeth; **dent antérieure, dent du devant,** anterior tooth, front tooth; **dent postérieure, dent du fond, grosse dent,** posterior tooth, back tooth, molar; **dent inférieure, dent du bas, dent d'en bas,** lower, mandibular, tooth; **dent supérieure, dent du haut, dent d'en haut,**

upper, maxillary, tooth; **dent œillère,** eye-tooth; **dent de sagesse,** wisdom tooth; *Z* **dent d'éclosion,** egg tooth; **à dents jaunes,** xanthodont; *Z* **dent d'éléphant,** elephant's tusk; *Bot* **dents d'une feuille,** serrae of a leaf; **en dents de scie,** serrate.

dentaire, *a Anat* dental (pulp, etc); **formule dentaire,** dental formula.

dental, -aux, *a* dental (nerve).

denté, *a* (*a*) *Bot* dentate, toothed (leaf); **denté en scie,** serrate(d); **feuille à bords fortement dentés,** deeply serrated leaf; (*b*) *Z* dentate; toothed.

dentelé, *a Bot* dentate, serrate (leaf); **doublement dentelé,** biserrate; *Z* **au bec dentelé,** tooth-billed.

dentelure, *nf Bot* serration, serrature (of leaf); serrae (of a leaf).

denticule, *nm Biol* denticle; *Bot* **garni de denticules,** denticular, denticulate(d).

denticulé, *a Bot etc* denticular, denticulate(d); serrulate(d).

dentine, *nf Anat* dentine.

dentition, *nf* dentition; (*a*) cutting of the teeth; teething; (*b*) (set of) teeth; **dentition de lait,** milk teeth; **dentition définitive, permanente,** second, permanent, teeth; **dentition caduque, temporaire,** deciduous, temporary, dentition; (*c*) *Anat* arrangement of the teeth.

denture, *nf* (*a*) (set of) teeth; (*b*) serrated edge; *Biol* serration, serrature.

départ, *nm Ch* (*a*) parting, elutriation; (*b*) onset (of reaction); (*c*) loss; **perte de poids par départ d'eau,** diminution in weight by loss of water.

départir, *vtr Miner* to elutriate (gold).

déplacement, *nm* motion; *Med* displacement; *Psy* **déplacement libre,** displacement activity.

déplasmolyse, *nf Biol* deplasmolysis.

dépolarisant, *Ph* **1.** *a* depolarizing. **2.** *nm* depolarizer.

dépolarisateur, *nm Ch* depolarizer.

dépolarisation, *nf Ch* depolarization.

dépolariser, *vtr Ph* to depolarize.

dépolymérisation, *nf Ch* depolymerization.

déposer, *vtr* (*of liquid*) to deposit (sediment); (*of fish, frog, etc*) **déposer (son frai, ses œufs),** to spawn.

dépôt, *nm Geol etc* deposit, sediment; **dépôt abyssal,** ooze; *Ph* **dépôt de métal électrolytique,** electrolytic metal deposit; *Ent etc* **dépôt d'œufs,** nidus.

dépouille, *nf* slough (of reptile); **dépouille(s) d'un insecte, d'un serpent,** exuviae of an insect, of a snake; (*of reptile, insect*) **jeter sa dépouille,** to cast its slough, to slough its skin.

dépouiller, *vtr* (*of insect, reptile*) **dépouiller sa première enveloppe,** to cast (off), shed, exuviate, its skin, its slough.

se dépouiller, *vpr* (*of insect, reptile*) to cast (off), throw, its skin, its slough; to slough, to exuviate; (*of tree*) to shed its leaves.

déprendre, *vtr* to dissolve.

dépresseur, *nm Ch* depressor.

dépression, *nf* (*a*) *Ph* depression, partial vacuum (in tube, etc); *Ch* **dépression de la pression de la vapeur,** lowering of vapour pressure; (*b*) *Anat Biol Bot Z* fovea, scrobiculus; venter (of bone, etc).

déprimant, *nm Physiol* depressant.

déprimomètre, *nm Ph* vacuum gauge.

dépurination, *nf Ch BioCh* depurination.

dérivation, *nf Ph* shunt.

dérivé, *a & nm Ch* **(produit) dérivé,** derived product, by-product; derivative; **dérivé du pétrole,** derivative of, product derived from, petroleum; petroleum chemical; petroleum derivative; **dérivés fonctionnels,** functional derivatives; **dérivés nitrés,** nitro compounds.

dériver, *vtr Ch* **dériver un composé d'un autre,** to derive one compound from another.

dermatite, *nf Med* dermatitis.

dermatophyte, *nm Fung* dermatophyte.

derme, *nm Anat* derm(a), dermis; cutis; true, inner, skin.

dermique, *a Anat* dermic, dermal.

désacidification, *nf Ch* basification.

désacidifier, *vtr Ch* to basify.

désactivation, *nf Ch* deactivation.

désagrégation, *nf Geol* disaggregation, degradation, disintegration; weathering (of rock); **désagrégation sélective,** differential weathering.

désagréger, *vtr Geol* to disaggregate, degrade, disintegrate; to weather (rock).
désaimanter, *vtr* to demagnetize.
se désaimanter, *vpr* to become demagnetized; (*of magnet*) to unbuild.
désalkylation, *nf BioCh* dealkylation.
désalkyler, *vtr BioCh* to dealkylate.
désaminase, *nf Ch* deaminase.
désamination, *nf BioCh* deamination.
désassimilation, *nf Biol* disassimilation.
désassimiler, *vtr Biol* to disassimilate.
désazotation, *nf Bac* denitrification.
désazoter, *vtr Bac* to denitrify.
descloizite, *nf Miner* descloizite.
déséquilibre, *nm Ph* imbalance; *Biol Ch* unbalance.
déshydrase, *nf BioCh* dehydrase.
déshydratant, *a & nm* desiccant.
déshydratation, *nf Ch* dehydration; **déshydratation sous vide,** vacuum dehydration.
déshydrater, *vtr Ch* to dehydrate; to dessicate.
se déshydrater, *vpr* to become dehydrated, dessicated.
déshydrogénase, *nm BioCh* dehydrogenase.
déshydrogénation, *nf Ch* dehydrogenation.
déshydrogéné, *a Ch* dehydrogenated.
déshydrogéner, *vtr Ch* to dehydrogenate.
désinence, *nf Bot* terminal of certain organs of a plant.
désinfection, *nf* fumigation.
désintégration, *nf Ph* decay; *AtomPh* **désintégration de l'atome,** splitting of the atom.
désintégrer, *vtr Ch* **désintégrer par l'eau,** to slake; *AtomPh* **désintégrer l'atome,** to split the atom.
désionisation, *nf Ph etc* deionization.
désioniser, *vtr Ph etc* to deionize.
desmine, *nf Miner* desmine.
desmolase, *nf BioCh* desmolase.
desmotropie, *nf Ch* desmotropy; **desmotropie cétocyclique,** ketocyclic desmotrophy; **desmotropie céto-énolique,** keto-enolic desmotrophy.
désorber, *vtr Ch* to desorb.
désorption, *nf Ch* desorption.
désoufrage, *nm Ch* desulfurization.
désoufrer, *vtr Ch* to desulfurize (ore, etc).
désoxycorticostérone, *nf BioCh* deoxycorticosterone.
désoxyribonucléase, *nf BioCh* deoxyribonuclease.
désoxyribonucléique, *a BioCh* **acide désoxyribonucléique, ADN,** deoxyribonucleic acid, DNA.
2-désoxyribose, *nm BioCh* 2-deoxyribose.
desquamation, *nf Geol* **desquamation en écailles,** exfoliation.
se desquamer, *vpr Bot Geol* to scale off, to exfoliate.
desséchant 1. *a Ch* desiccating; *Biol* xerantic. **2.** *nm Ch* desiccant.
dessèchement, *nm Ch* desiccation.
dessécher, *vtr Ch* to desiccate.
dessiccateur, *nm Ch Ph* desiccator.
dessiccation, *nf Ch* desiccation; dehydration.
dessoufrer, *vtr Ch* to desulfurize.
destinézite, *nf Miner* destinezite.
désulfurant, *a Ch* desulfurizing.
désulfuration, *nf Ch* desulfurization; **procédé de désulfuration,** mercaptol process; **procédé de désulfuration catalytique,** unifining.
désulfurer, *vtr Ch* to desulfurize.
désulphonation, *nf Ch* desulfonation.
détection, *nf Ch* visualization.
détente, *nf Ph* **chambre à détente de Wilson,** Wilson's discharge cloud chamber.
détergence, *nf Ch* detergency.
détergent, *a & nm Ch* detergent.
déterminant, *nm Genet Physiol* determinant; factor; **théorie des déterminants de Weismann,** Weismann's theory of determinants.
détermination, *nf* (*a*) *Biol* determination (of species, etc); typing (of bacteria); **détermination du groupe sanguin,** blood typing; (*b*) *Ph* determination (**vers,** towards); **détermination expérimentale du point de fusion,** experimental determination of melting point.
déterminé, *a* (*of embryonic tissue*) determined.

détersif, -ive, *a & nm Ch* detergent.
détoxication, *nf Tox* detoxication; **mécanismes de la détoxication,** detoxication mechanisms.
détremper, *vtr Ch* **détremper la chaux,** to slake lime.
détrition, *nf Geol* detrition.
détritique, *a Geol* detrital (deposit, etc); fragmental, fragmentary (rock).
détritophage, *Ent* **1.** *a* detritivorous, rubbish-eating (larvae, etc). **2.** *nm* rubbish-eater.
détritus, *nm* detritus; *Geol* **détritus charriés,** drift detritus.
détumescence, *nf Physiol* detumescence.
deutérium, *nm Ch* (*symbol* D) deuterium, heavy hydrogen; **oxyde de deutérium,** deuterium oxide.
deutérobenzène, *nm Ch* deuterobenzene.
deutéron, *nm Ch* deuteron, deuton; deuterium nucleus.
deutéroprotéose, *nf Ch* deuteroproteose.
deuton, *nm Ch* = **deutéron.**
deutoplasma, deutoplasme, *nm Biol* deutoplasm; metaplasma.
développé, *a* **non développé,** undeveloped.
développement, *nm Biol* development, evolution (of a species, etc); **développement arrêté, arrêt de développement,** epistasis.
se développer, *vpr* (*of species*) to evolve.
déversé, *a Geol* **pli déversé,** overfold.
déversement, *nm* discharge.
déviation, *nf Biol* deviation; aberration; **déviation du compas,** magnetic deflection.
dévonien, -ienne, *a & nm Geol* Devonian.
dévonite, *nf Miner* devonite.
Dewar, *Prn Ch* **vase de Dewar,** Dewar flask.
deweylite, *nf Miner* deweylite.
dextran, *nm Ch* dextran.
dextrine, *nf Ch* dextrin(e).
dextro-, *pref Ch* dextro-.
dextrogyre, *a Ch* **composé dextrogyre,** dextro compound.
dextrorsum, *a inv Conch Bot etc* dextrorse.
dextrose, *nm Ch* dextrose.
dg, *abbr* décigramme(s).
diabase, *nf Miner* diabase.
diabète, *nm Path* diabetes.
diabétogène, *a* diabetogenic.
diacétate, *nm Ch* diacetate.
diacétique, *a Ch* diacetic (acid).
diacétylacétone, *nf Ch* diacetylacetone.
diacétyle, *nm Ch* diacetyl.
diacétylène, *nm Ch* diacetylene.
diacinèse, *nf Biol* diakinesis.
diaclase, *nf Geol* diaclase.
diaclasé, *a Geol* diaclastic.
diade, *nf Biol* dyad.
diadelphe, *a Bot* diadelphous, diadelphian.
diadochite, *nf Miner* diadochite.
diagénèse, *nf Geol* diagenesis.
diagnose, *nf Med Tox* diagnosis.
diagnostique, *a* diagnostic.
diagonite, *nf Miner* brewsterite.
diagramme, *nm* diagram; chart; graph; *Ph* pattern (of diffraction, etc); *Miner* log; **diagramme directionnel de rayonnement,** beam pattern; **diagramme d'écoulement,** flow pattern; *Physiol* **diagramme de croissance,** growth pattern (of an organ, a bone, etc).
dial, *nm Ch* dialdehyde; *pl dials.*
diallage, *nm Miner* diallage.
diallagique, *a Miner* diallagic.
dial(l)ogite, *nf Miner* dial(l)ogite.
dialurique, *a Ch* dialuric; **acide dialurique,** tartronylurea.
dialycarpellé, *a Bot* dialypetalous (corolla).
dialypétalie, *nf Bot* dialypetalous condition.
dialysat, *nm Ch* dialysate.
dialyse, *nf Ch* dialysis.
dialysépale, *a Bot* dialysepalous (calyx).
dialyser, *vtr Ch* to dialyse.
dialyseur, *nm Ch* dialyser, dialysing apparatus.
dialytique, *a Ch* dialytic.
diamagnétique, *a Ch* diamagnetic; **susceptibilité diamagnétique,** diamagnetic susceptibility.

diamagnétisme, *nm Ch* diamagnetism.
diamant, *nm Miner* diamond; **diamant spathique,** adamantine spar.
diamètre, *nm* diameter; **diamètre extérieur,** external diameter; **diamètre intérieur,** internal diameter; *Ch* **diamètre d'une molécule,** molecular diameter.
diamide, *nm Ch* diamide.
diamidophénol, *nm Ch* diamidophenol.
diamine, *nf BioCh* diamine.
diandre, diandrique, *a Bot* diandrous, two-stamened.
dianite, *nf Miner* dianite.
diapause, *nf Ent* diapause; (state of) suspended animation; quiescence; *Bot* involution period (of a seed).
diaphane, *a* hyaline.
diaphorite, *nf Miner* diaphorite.
diaphragme, *nm Anat Ph* diaphragm.
diaphyse, *nf Anat Bot* diaphysis.
diaprure, *nf Bot* variegation.
diarche, *a Bot* diarch; **structure diarche,** diarchy.
diarrhée, *nf Med Tox* diarrhoea.
diarthrose, *nf Anat* hinge joint.
diaryls, *nmpl Ch* diaryls.
diaspore 1. *nm Miner* diaspore. **2.** *nf Bot* diaspore.
diastalsis, *nm Physiol* diastalsis.
diastase, *nf BioCh* diastase; enzyme.
diastasis, *nm Physiol* diastasis.
diastatique, *a Ph* diastatic.
diastème, *nf Anat Biol* diastem; *Z* diastema.
diastole, *nf Physiol* diastole.
diathermane, diathermique, *a Ph* diathermic, diathermanous.
diathermie, *nf Physiol* diathermy.
diatomée, *nf Algae* diatom; **boue à diatomées,** diatom ooze; *Geol* **terre de diatomées,** infusorial earth, kieselguhr.
diatomique, *a Ch* diatomic.
diatomite, *nf Geol* diatomite, diatom earth, diatomaceous earth.
diaxon, *a Biol* diaxon.
diazo, *a & nm Ch* **diazo (composé),** diazo compound.
diazoacétique, *a Ch* diazoacetic.
diazoaminobenzène, *nm Ch* diazoaminobenzene.
diazobenzène, *nm Ch* diazobenzene.
diazo-dérivé, *nm Ch* diazo derivative.
diazoïmide, *nm Ch* diazoimide.
diazoïque, *a & nm Ch* diazo; bis-azo dye.
diazole, *nm Ch* diazole.
diazométhane, *nm Ch* diazomethane.
diazominé, *nm Ch* diazomine.
diazonium, *nm Ch* diazonium.
diazo-réaction, *nf Ch* diazo reaction.
diazoter, *vtr Ch* to diazotize.
dibasique, *a Ch* bibasic.
dibenzanthracène, *nm Ch* dibenzanthracene.
dibenzopyrrole, *nm Ch* dibenzopyrrole.
dibenzoyle, *a Ch* dibenzoyl.
dibenzylamine, *nf Ch* dibenzylamine.
dibenzyle, *nm Ch* bibenzyl, dibenzyl.
dibromobenzène, *nm Ch* dibromobenzene.
dibromohydrine, *nf Ch* dibromohydrin.
dibromosuccinique, *a Ch* dibromosuccinic (acid).
dibutyrine, *nf Ch* dibutyrin.
dicaryon, *nm Bot* dikaryon, dicaryon.
dicaryotique, *a Bot* dikaryotic, dicaryotic.
dicétone, *nf Ch* diketone.
dicharyon, *nm Bot* dikaryon, dicaryon.
dichlamydé, *a Bot* dichlamydeous.
dichloracétique, *a Ch* dichloracetic.
dichloracétone, *nf Ch* dichloroacetone.
dichloréthane, *nf Ch* dichloroethane, ethylidene (di)chloride.
dichlorobenzène, *nm Ch* dichlorobenzene.
dichlorohydrine, *nf Ch* dichlorohydrin.
dichogame, *a Bot* dichogamous.
dichogamie, *nf Bot* dichogamy.
dichotome, *a Biol* dichotomous.
dichotomie, *nf Biol* dichotomy.
dichroanthe, *a Bot* dichromatic.
dichroïsme, *nm Ch Biol* dichroism.
dichroïte, *nf Miner* dichroite.
dichromatique, *a Biol* dichromatic.
dickinsonite, *nf Miner* dickinsonite.
dicline, *a Bot* diclinous.
dicotyle, dicotylé, *a Bot* dicotyledonous.

dicotylédone, *Bot* **1.** *a* dicotyledonous. **2.** *nf* dicotyledon.
dicotylédoné, *a Bot* dicotyledonous.
dicotylédonée, *nf Bot* dicotyledon.
dicrote, *a Physiol* dicrotic; **pouls dicrote,** dicrotic pulse.
dictyosome, *nm Biol* dictyosome.
dictyospore, *nf Fung* dictyospore.
dicyanodiamide, *nm Ch* dicyanodiamide.
dicyclique, *a Bot* dicyclic.
didactyle, *a Z* didactyl(e), didactylous.
didelphes, didelphiens, *nmpl Z* marsupials.
diducteur, -trice, *a & nm Anat* divaricator (of brachipods, etc).
didyme 1. *a Bot* didymous. **2.** *nm Ch* didymium.
didymium, *nm Ch* didymium.
didyname, *a Bot* didynamous.
didynamique, *a Bot* didynamous.
dieldrin, *nm Ch* dieldrin.
diélectrique, *a & nm* dielectric; **capacité diélectrique,** dielectric capacity; **constante diélectrique,** dielectric constant; **polarisation diélectrique,** dielectric polarization; **physico-chimie des diélectriques liquides et solides,** physical chemistry of liquid and solid dielectrics.
diencéphale, *nm Anat Z* diencephalon.
diène, *nm Ch* diene.
diesel-électrique, *pl* **diesel-électriques,** *a* diesel-electric.
diesel-hydraulique, *pl* **diesel-hydrauliques,** *a* diesel-hydraulic.
diesel-oil, *nm* diesel oil.
diététique, *nf* dietetics.
diéthanolamine, *nf Ch* diethanolamine.
diéthylénique, *a Ch* diethylenic.
diétrichite, *nf Miner* dietrichite.
dietzéite, *nf Miner* dietzeite.
différenciation, *nf Biol* differentiation (between species); **différenciation du sexe,** sex determination.
se différencier, *vpr Biol* to specialize.
différentielle, *nf Ch* **différentielle de mixtionnage,** differential of mixing.
diffraction, *nf Ph* diffraction; **réseau de diffraction,** diffraction grating.
diffus, *a Bot etc* diffuse, effuse.
diffusion, *nf Ph Ch* (*a*) diffusion (of light, heat, gases, etc); **appareil de diffusion,** diffusion apparatus; **coefficient de diffusion,** diffusion coefficient; **constante de diffusion,** diffusion constant; **diffusion rotationnelle,** rotational diffusion; **diffusion thermique,** thermal diffusion; **diffusion transitionnelle,** transitional diffusion; (*b*) scattering; *Atom Ph* **diffusion rétrograde,** backscattering.
digastrique, *a Z* digastric.
digénèse, *nf Biol* digenesis.
digénétique, *a Biol* digenetic.
digérer, *vtr Physiol* to digest (food); *Ch* **faire digérer une substance (dans l'alcool, etc),** to digest a substance (in alcohol, etc).
digestif, -ive, *a* digestive; **le tube digestif,** the alimentary canal; **appareil digestif,** digestive system.
digestion, *nf Physiol Ch etc* digestion.
digital, -aux, *a Anat* digital.
digitaléine, *nf Ch* digitalein.
digitaline, *nf Ch* digitalin.
digitation, *nf Z* digitation.
digité, *a Z* digitate(d).
digitifolié, *a Bot* digitate-leaved.
digitigrade, *a & nm Z* digitigrade.
digitinerve, digitinervé, *a Bot* digitinerved, digitinervate.
digitipenné, *a Bot* digitipinnate.
diguanide, *nf Ch* diguanide.
digyne, *a Bot* digynous (flower).
dihybride, *nm Biol* dihybrid.
dihybridisme, *nm Biol* dihybridism.
dihydracridine, *nf Ch* dihydroacridine.
dihydranthracène, *nm Ch* dihydroanthracene.
dihydrite, *nf Miner* dihydrite.
dihydrobenzène, *nm Ch* dihydrobenzene.
dihydrocarvéol, *nm Ch* dihydrocarveol.
dihydrocarvone, *nf Ch* dihydrocarvone.
dihydroergotamine, *nf Ch* dihydroergotamine.
dihydronaphtalène, *nm Ch* dihydronaphthalene.
dihydrostreptomycine, *nf Ch* dihydrostreptomycin.
dihydrotachystérol, *nm Ch* dihydro-

tachysterol, Vitamin D4.

dihydroxyacétone, *nm Ch* dihydroxyacetone.

dihydroxyanthracène, *nm Ch* dihydroxyanthracene.

dihydroxybenzoïque, *a Ch* dihydroxybenzoic (acid).

diiodobenzène, *nm Ch* diiodobenzene.

dilatable, *a Ph* expansive.

dilatateur, *nm Physiol* dilator.

dilatation, *nf Ph* dilation, expansion (of a gas, etc); **coefficient de dilatation,** coefficient of expansion; **dilatation cubique,** cubic expansion; **dilatation linéaire,** linear expansion; **dilatation thermique,** heat expansion.

se dilater, *vpr Ph* to dilate, expand.

dilatomètre, *nm Ph* dilatometer.

dilatométrie, *nf Ph* dilatometry.

dilobé, *a Biol* bilobed, bilobate.

diluant, *Ch Pharm* **1.** *a* diluent. **2.** *nm* diluent; thinner.

dilué, *a Ch* dilute(d); **acide acétique dilué,** dilute, weak, acetic acid; **non dilué,** undiluted.

diluer, *vtr Ch* to dilute (an acid) (**de,** with).

se diluer, *vpr Ch* to become diluted.

dilution, *nf Ch* dilution; thinning; *Ph* **dilution isotopique, moléculaire,** isotopic, molecular, dilution.

dimère **1.** *a Bot Ent* dimerous; *Ch* dimeric. **2.** *nm* dimer.

diméthylacétique, *a Ch* dimethylacetic (acid).

diméthylamine, *nf Ch* dimethylamine.

diméthylaniline, *nf Ch* dimethylaniline.

diméthylarsine, *nf Ch* dimethylarsine.

diméthylbenzène, *nm Ch* dimethylbenzene, xylene.

diméthylcétone, *nf Ch* acetone.

diméthyle, *nm Ch* dimethyl.

dimidié, *a Biol* dimidiate.

diminuer, *vtr Ch* to reduce.

dimorphe, *a Biol Cryst etc* dimorphic, dimorphous.

dimorphisme, *nm,* **dimorphie,** *nf Biol Cryst* dimorphism.

dinaphtyle, *nm Ch* dinaphthyl.

dineutron, *nm Ph* dineutron.

dinitrobenzène, *nm Ch* dinitrobenzene.

dinitrocrésol, *nm Ch* dinitrocresol.

dinitrométhane, *nm Ch* dinitromethane.

dinitronaphtalène, *nm Ch* dinitronaphthalene.

dinitrophénol, *nm Ch* dinitrophenol.

dinitrotoluène, *nm Ch* dinitrotoluene.

dinosaur, *nm Z Paleont* dinosaur.

dinucléotide, *nm Ch BioCh* dinucleotide.

diode, *nf Ph* diode.

diœstrus, *nm Anat Z* di(o)estrus.

dioïque, *a Bot Z* dioecious.

diopside, *nm Miner* diopside.

dioptase, *nf Miner* dioptase, emerald copper.

dioptrie, *nf Opt* diopter.

diorite, *nf Geol* diorite.

diosphénol, *nm Ch* diosphenol.

dioxane, *nm Ch* dioxane.

dioxyde, *nm Ch* **dioxyde d'azote,** nitrogen peroxide.

dioxytartrique, *a Ch* dioxytartaric.

dipalmitine, *nf Ch* dipalmitin.

diparachlorobenzyle, *nm Ch* diparachlorobenzyl.

diphasé, *a Ph Ch* diphase, diphasic.

diphénique, *a Ch* diphenic.

diphénylacétylène, *nf Ch* diphenylacetylene.

diphénylamine, *nf Ch* diphenylamine.

diphényle, *nm Ch* biphenyl, diphenyl.

diphényline, *nf Ch* diphenyline.

diphénylméthane, *nm Ch* diphenylmethane.

diphénylurée, *nf Ch* carbanilide.

diphylétique, *a* diphyletic.

diphyodonte, *a & nm Z* diphyodont.

diplobionte, *nm Biol* diplobiont.

diplocoque, *nm Bac* diplococcus.

diplogénèse, *nf Biol* diplogenesis.

diploïde, *a Biol* diploid.

diploïdie, *nf Biol* diploidy.

diplophase, *nf Biol* diplophase, xygophase.

diplopie, *nf Physiol* double vision.

diploptère, *a Ent* diplopterous.

diplotène, *nm Biol* diplotene.

dipneumone, *a Z* dipneumonous.

dipode, *a Biol* dipodous, having two feet.

dipolaire, *a Ph* dipolar; **moment dipo-**

laire, dipole moment.
dipôle, *nm Ch* dipole.
diptère, *Ent* **1.** *a* dipterous, two-winged. **2.** *nmpl* **diptères,** Diptera *pl.*
dipyre, *nm Miner* dipyre.
dipyréné, *a Bot* dipyrenous.
direction, *nf Ph etc* sense; **direction d'émission,** sense of emission (of radiation).
dirhinique, *a Z* dirhinic.
disaccharide, *nf Ch* disaccharide.
disazoïque, *a Ch* disazo (dye).
disciflore, *a Bot* discifloral, disciflorous.
discoblastula, *nf Biol* discoblastula.
discodactyle, *a Z* discodactyl(ous).
discogastrule, *nf Biol* discogastrula.
discomycètes, *nmpl Microbiol* Discomycetes *pl.*
discontinu, *a* discontinuous; **variation discontinue,** discontinuous variation.
discontinuité, *nf Ch Biol* discontinuity.
disilane, *nm Ch* disilane.
dislocation, *nf Anat* dislocation.
disloquer, *vtr Geol* to fault (strata).
se disloquer, *vpr Geol* (*of strata*) to fault.
disluite, dislyite, *nf Miner* disluite.
dismutation, *nf Ch* dismutation.
disodique, *a Ch* disodic; **phosphate disodique,** disodium phosphate.
disomique, *a Biol* disomic.
dispermique, *a Biol* dispermic.
dispersant, *a & nm* dispersant.
dispersion, *nf Bot Ch* dispersion, dispersal; scattering; *Bot* **dispersion à vent,** wind dispersal.
dissection, *nf Biol* dissection.
dissémination, *nf Bot* dissemination.
dissépiment, *nm Z* dissepiment (of coral formation).
dissociable, *a Ch* dissociable.
dissociation, *nf Ch* dissociation; **dissociation électrolytique,** electrolytic dissociation; **dissociation électrolytique des sels,** dissociation of salt; **constante de dissociation,** dissociation constant; **dissociation ionique,** ionic dissociation; **dissociation des gaz,** dissociation of gases.
dissocier, *vtr Ch* to dissociate (compound).
se dissocier, *vpr Ch* to dissociate.
dissolubilité, *nf Ph etc* dissolubility.
dissoluble, *a Ch etc* dissolvable, soluble (**dans,** in).
dissolutif, -ive, *a Ch* solvent.
dissolution, *nf Ch* (*a*) dissolving (of substance in liquid, etc); (*b*) solution.
dissoudre, *vtr* to dissolve.
se dissoudre, *vpr* to dissolve; **faire dissoudre une substance,** to dissolve, melt, a substance.
dissous, *a Ch* dissolved, in solution, solute; **corps dissous,** solute.
dissymétrique, *a Bot* unsymmetrical; *Ch* **atome dissymétrique,** asymmetric atom.
distal, -aux **1.** *a Anat* distal; *Bot* terminal. **2.** *nm Biol* terminal.
disthène, *nm Miner* disthene.
distillat, *nm Ch* distillate.
distillation, *nf Ch* distillation; distilling; **appareil de distillation,** distillation apparatus; **distillation azéotropique,** azeotropic distillation; **distillation sèche,** dry distillation; **distillation fractionnée,** fractional distillation; **distillation discontinue,** batch distillation; **distillation moléculaire,** molecular distillation; **point initial de distillation,** inhibitory boiling point; **(produit de) distillation,** distillate, distillation; *Ph* **distillation sous vide,** vacuum distillation, distilling.
distique, *a Bot* distichous, bifarious.
distogression, *nf Biol* distal migration.
distorsion, *nf* distortion; intergrowth.
distribution, *nf Ch* distribution; **coefficient de distribution,** distribution coefficient; **loi de la distribution de Maxwell, de Boltzmann,** Maxwell's, Boltzmann's, distribution law.
distyle, *a Bot* distylous.
disubstitué, *a Ch* disubstituted.
disulfure, *nm Ch* disulfide.
dithiobenzoïque, *a Ch* dithiobenzoic.
dithionate, *nm Ch* dithionate.
dithionique, *a Ch* dithionic.
ditolyle, *nm Ch* ditolyl.
diurétique, *nm Pharm* uragogue.
diurne, *a Biol* diurnal; **insectes diurnes,** diurnal insects; **oiseau diurne,** day bird.
divalent, *a & nm Ch* divalent, bivalent; **radical divalent,** dyad.
divariqué, *a Z* divaricate.
divariquer, *vi Z* to divaricate.

divergence, *nf Ph etc* divergence (of rays, etc); *Bot* **angle de divergence,** angle of divergence.
divergent, *a* divergent; *Ch* chain (reaction); *Biol* radial; *Bot* **rameaux divergents,** diverging branches.
diverger, *vi* (*of rays, etc*) to diverge (**de,** from).
diversicolore, *a Biol Bot* diversicoloured, variegated, varied.
diversiflore, *a Bot* diversiflorous.
diverticule, *nm Anat* diverticulum.
divinyle, *nm Ch* divinyl.
divisé, *a Biol* **partiellement divisé,** subseptate.
diviser, *vtr AtomPh* **diviser l'atome,** to split the atom.
division, *nf* (*a*) *Biol* division; cleavage (of a cell); **division cellulaire,** metakinesis; **division amitotique,** direct segmentation; (*b*) *Physiol* scission.
dixénite, *nf Miner* dixenite.
dizygote, dizygotique, *a Biol* dizygotic.
dl, *abbr* décilitre(s).
dm, *abbr* décimètre(s).
dodécane, *nm Ch* dodecane.
doéglique, *a Ch* doeglic (acid).
doigt, *nm* finger; *Anat Z* dactyl, digit; **doigt de pied,** toe.
dolérophane, *nf Miner* dolerophanite.
doliforme, *a Biol* doliiform, dolioform.
doloire, *nf Bot* **feuille en (forme de) doloire,** dolabriform leaf.
dolomie, *nf Geol* dolomite (marble); magnesian limestone; dolostone.
dolomite, *nf Miner* dolomite, magnesian limestone, pearl spar.
dolomitique, *a Geol* dolomitic.
dolomitisation, *nf Geol* dolomitization.
domatie, *nf Bot* domatium.
domeykite, *nf Miner* domeykite.
dominant, *a Biol* **caractère dominant,** dominant character; **espèce dominante,** dominant species; **gène dominant,** domigene.
dômite, *nf Geol* domite.
donnée, *nf Ch* record; **données,** data *pl.*
donneur, -euse, *n Med* donor.
dopamine, *nf Ch* dopamine.
Doppler, *Prn Ph* **effet Doppler,** Doppler effect; **radar Doppler,** Doppler radar.
dormance, *nf Bot* **(période de) dormance,** (period of) dormancy.
dormant, *a* (*a*) *Bot* **œil dormant,** dormant, latent, bud; **plante dormante,** dormant plant; (*b*) *Z* sleeping.
dorsal, -aux, *a* dorsal; *Bot* abaxial; *Biol* tergal; *Anat* **nageoire dorsale,** dorsal fin (of fish).
dorsibranche, *Ann* **1.** *a* dorsibranchiate, notobranchiate. **2.** *nm* dorsibranchiate.
dorsifère, *a Bot* dorsiferous.
dorsifixe, *a Bot* dorsifixed.
dorsigère, *a Bot* dorsiferous.
dorsiventral, -aux, *a Biol* dorsiventral.
dorsiventralité, *nf Biol* dorsiventrality.
dorso-ventral, *pl* **dorso-ventraux, -ales,** *a Bot* dorsiventral; **fleur à symétrie dorso-ventrale,** dorsiventrally symmetrical flower.
dos, *nm* back; *Anat Z* dorsum.
dosable, *a Ch etc* measurable (ingredient, etc).
dosage, *nm Ch* measuring; quantity determination, proportioning, titration, titrating (of ingredients); quantitative analysis (of compound); **dispositif de dosage,** dosimeter; **tube pour dosage,** measuring tube; **dosage témoin,** blank determination.
dose, *nf Ch etc* proportion, amount (of constituent in compound).
doser, *vtr Ch etc* to determine the quantity of, to proportion, titrate (constituent in compound, solution, etc).
doseur, *nm Ch etc* dosimeter.
dosimètre, *nm AtomPh* dosimeter, dose meter, dosage meter; **dosimètre d'ions,** ionic quantimeter.
double, *a* double; *Ch* **sel double,** double salt; **double liaison,** double bond; *Ph* **double couche,** double layer.
douglasite, *nf Miner* douglasite.
douve, *nf Biol Z* fluke.
doux, *f* **douce,** *a Ch* sweet; **poisson d'eau douce,** freshwater fish.
drageon, *nm Bot* sucker (of tree); (*of plant*) **pousser des drageons,** to sucker, to throw out suckers.
drageonnage, drageonnement, *nm Bot* throwing out of suckers; suckering.

drageonner, *vi* (*of plant, tree*) to throw out suckers, to sucker.
dravite, *nf Miner* dravite.
droit, *nm Z* rectus; **grand droit de l'abdomen,** rectus abdominis; **droit interne,** rectus femoris.
drupacé, *a Bot* drupaceous.
drupe, *nm or f Bot* drupe.
drupéole, *nm Bot* drupel, drupelet.
dualistique, *a Ch* dualistic.
ductile, *a* (*of metals, etc*) ductile, tensile, malleable.
ductilité, *nf* ductility, malleability (of metals, etc).
dufrénite, *nf Miner* dufrenite.
dufrénoysite, *nf Miner* dufrenoysite.
dulcaquicole, *a Biol* freshwater (flora, fauna).
dulcine, *nf Ch* dulcin(e).
dulcite, *nf,* **dulcitol**, *nm Ch* dulcite, dulcitol.
Dulong, *Prn* **loi de Dulong et Petit,** Dulong-Petit law.
dumicole, *a Biol* bush-dwelling.
dumontite, *nf Miner* dumontite.
dumortiérite, *nf Miner* dumortierite.
dundasite, *nf Miner* dundasite.
dunite, *nf Geol* dunite.
duodénum, *nm Anat* duodenum.
duplication, *nf Biol* **duplication chromosomique,** duplication of chromosomes.
duplicature, *nf Bot* chorisis.
duplicidenté, *a Z* duplicident.
durain, *nm Miner* durain.
duramen, *nm Bot* heartwood.
durci, *a Biol* sclerified.
durcissement, *nm* induration.
durdénite, *nf Miner* durdenite.
dure-mère, *nf Z* endorhachis.
durène, *nm Ch* durene.
duroquinone, *nf Ch* duroquinone.
duvet, *nm* (*a*) *Bot etc* wool, floccus, tomentum (on plant, young bird, etc); (*b*) underfur (of animal).
Dy, *symbol of* dysprosium.
dyade, *nf Biol* dyad.
dynamique 1. *a Ph etc* dynamic (force, balance, etc); *Ph* **pression dynamique,** impact pressure; *Ch* **état dynamique,** dynamic state. **2.** *nf* dynamics.
se dynamiser, *vpr* (*of force, etc*) to become dynamic.
dynamo, *nf* electric generator, dynamo.
dynatron, *nm Ph* dynatron.
dyne, *nf PhMeas* dyne; **dyne centimètre,** erg.
dynode, *nf Ph* dynode.
dypnone, *nf Ch* dypnone.
dysanalyte, *nf Miner* dysanalyte.
dyscrase, dyscrasite, *nf Miner* dyscrasite.
dyscrasie, *nf Physiol* dyscrasia.
dysgénésie, *nf Biol* dysgenesis.
dysharmonique, *a Biol* **symbiose dysharmonique,** antagonistic symbiosis.
dysluite, dyslyite, *nf Miner* dysluite.
dysprosium, *nm Ch* (*symbol* Dy) dysprosium.

E

eau, *pl* **eaux,** *nf* water; *Ch* **eau de chaux,** limewater; **eau céleste,** eau céleste, solution of cupric ammonium sulfate; **eau lourde,** deuterium oxide; heavy water; **eau oxygénée,** hydrogen peroxide; **eau régale,** aqua regia; **eau de baryte,** baryta water, barium hydroxide; **eau de cristallisation,** water of crystallization, of hydration; **eau de constitution,** constitution(al) water, structural water; **eaux-mères,** mother liquids; **eau usée,** sewage; waste water; **gaz à l'eau,** water gas; **produit ionique de l'eau,** ionic product of water; *Ch Ph* **équivalent en eau,** water equivalent.

eau-forte, *nf Ch* aqua fortis, nitric acid.

ébauche, *nf Biol* anlage, primordium (of organ, etc); *Anat Embry* **ébauches arcuales,** ventralia.

ébonite, *nf Ch* ebonite.

ébracté, *a Bot* ebracteate.

ébréché, *a Geol* **cratère ébréché,** breached cone.

ébullioscopique, *a Ph* ebullioscopic.

ébullition, *nf* (*a*) ebullition, boiling; **point d'ébullition,** boiling point; (*b*) *Ch* effervescence.

éburné, *a Anat* **substance éburnée,** dentine.

écade, *nf Biol* ecad.

écaille, *nf* (*a*) scale (of fish, reptile, etc); *Z Echin* scute; *Ent* **écaille à parfum,** scent scale; **écaille de tortue, d'huître, de moule,** tortoise, oyster, mussel, shell; *Miner* **écailles de mica,** mica flakes; (*b*) *Bot* scale, squama; lamina (of a flower); **petite écaille,** squamella; **disposition, arrangement, des écailles,** squamation.

écaillement, *nm Geol* foliation, scaling.

écailleux, -euse, *a Biol* scaly, squamous, lepidoid, lepidote (animal, bulb, etc); scutate (animal).

écaillure, *nf coll* scales (of fish).

écale, *nf* shell, pod (of peas, etc); hull, husk (of nut); shuck (of chestnut).

écalyptré, *a Bot* not calyptrate.

écart, *nm* divergence; *Ph Ch* **écart admissible,** tolerance.

s'écarter, *vpr Biol* **s'écarter du type,** to vary.

écaudé, *a Z* ecaudate, tailless.

ecdémique, *a Bot etc* ecdemic, not endemic.

ecdémite, *nf Miner* ecdemite.

ecdysis, *nf Z* ecdysis.

ecdysone, *nf Ch* ecdysone; moulting hormone.

ecgonine, *nf Ch* ecgonin; **alcaloïdes d'ecgonine,** ecgonine alkaloids.

échancrure, *nf Z* incisura.

échange, *nm* (*a*) *Bot* **échanges gazeux,** gaseous interchange; **pouvoir d'échange calorifique,** thermal emissivity; (*b*) *Ph etc* exchange, transfer; **échange chimique,** chemical exchange; **échange thermique,** heat transfer; **réaction d'échange,** exchange reaction.

échangeur, *nm Ch Ph* exchanger; **échangeur de chaleur, thermique, de température,** heat exchanger.

échantillon, *nm Biol* specimen; **échantillon type,** type specimen.

échappement, *nm* discharge; *Ch* **gaz d'échappement,** waste gas.

échapper, *vi Ch* **laisser échapper,** to release (a gas).

échassier, *nm Orn* grallatory bird.

échauffement, *nm* fermentation (of cereals); *Ph* **échauffement par friction,** friction heating.

échauffer, *vtr* to ferment (cereals).

s'échauffer, *vpr* (*of cereals*) to ferment.

échelle, *nf* (*a*) scale (of thermometer, barometer, etc); **échelle absolue, échelle**

K(elvin), absolute scale (of temperature); **échelle Réaumur,** Réaumur scale; (*b*) *Anat Z* scala.
échine, *nf Anat Z* spine, backbone; (*of animals*) chine.
échiné, *a Biol* echinate.
échinocarpe, *a Bot* echinocarpous.
échinochromes, *nmpl Ch* echinochromes *pl.*
échinoderme, *Z* **1.** *a* echinodermatous. **2.** *nmpl* **échinodermes,** Echinodermata *pl.*
échinoïdes, *nmpl* Echinoidea *pl.*
échinulé, *a Biol* echinulate, prickly.
écho, *nm Ph* echo.
échographie, *nf Biol* scanning; **échographie ultrasonique,** ultrasonography.
écholocation, *nf Z* echolocation (of bats).
écidie, *nf Fung* aecidium, -ia; **de l'écidie,** aecidial.
écidiospore, *nf Fung* aecidiospore.
éclampsie, *nf Physiol* eclampsia.
éclipse, *nf Astr* eclipse.
écliptique, *a & nf Astr* ecliptic.
éclogite, *nf Miner* eclogite.
éclore, *vi* to hatch.
éclosion, *nf Z* eclosion; hatch(ing).
écoespèce, *nf Biol* ecospecies.
écologie, *nf* ecology.
écologique, *a* ecological.
écorce, *nf Bot* (*a*) cortex, skin; **couvert d'écorce,** corticate(d); *Geol* **l'écorce terrestre,** the earth's crust; (*b*) bark (of tree).
écosystème, *nm Biol* ecosystem.
écotype, *nm Biol* ecotype.
écoulement, *nm Geol* **plan d'écoulement,** flow line; *Ch* **seuil d'écoulement,** yield point (= yield value).
écran, *nm* screen.
ectoblaste, *nm Biol* ectoblast.
ectoderme, *nm Biol* ectoderm.
ectodermique, *a Biol* ectodermal, ectodermic.
ectogène, *a Biol* ectogenic, ectogenous.
ectogénèse, *nf Biol* ectogenesis.
ectohormone, *nf Z* queen substance.
ectolécithe, *a Biol* ectolecithal.
ectoparasite, *Bot Z* **1.** *a* ectoparasitic. **2.** *nm* ectoparasite.
ectoparasitique, *a Z* ectoparasitic.
ectopique, *a Z* ectopic.
ectoplasme, *nm Biol* ectoplasm; *Bot* sarcocyte.
ectoplasmique, *a Biol* ectoplasm(at)ic.
ectosome, *nm Biol* ectosome.
ectotrophe, *a Biol* ectotrophic.
ectozoaire, *nm Biol* ectozoon, -zoa.
écume, *nf* (*a*) *Miner* **écume de mer,** meerschaum; **écume de manganèse,** bog manganese; **écume de fer,** oligist (iron); (*b*) *Ch* scum.
écusson, *nm Biol* scut(ell)um.
écussonné, *a Ent* scutellate; *Z* scutate.
édaphique, *a Biol* edaphic, relating to the soil; **facteur édaphique,** edaphic factor.
édaphologie, *nf Biol* edaphology.
édaphon, *nm Biol* edaphon.
édénite, *nm Biol* edenite.
édenté, *a & nm Z* edentate, edentulous.
édestine, *nf* edestin.
édingtonite, *nf Miner* edingtonite.
édriophtalme, *a Crust* edriophthalmous, edriophthalmic, edriophthalmatous.
effecteur, *nm Z* effector.
efférent, *a Z* efferent (nerve, artery, etc); exodic.
effervescence, *nf* effervescence; (*of liquid*) **être en effervescence, faire effervescence,** to effervesce.
effervescent, *a* effervescent.
effet, *nm* (*electrolytic theory*) **effets de sel,** salt effects; *Ch Ph* **effet de règle,** scale effect.
efficace, *a* reaction-giving.
efflorescence, *nf Bot* efflorescence.

efflorescence, *nf Bot Ch* efflorescence; *Ch* bloom (of sulfur on rubber); **tomber en efflorescence, former une efflorescence,** to effloresce.
efflorescent, *a Bot Ch* efflorescent.
effoliation, *nf Bot* effoliation.
effritement, *nm* weathering, degradation (of rock).
s'effriter, *vpr* (*of rock*) to weather, degrade.
effusion, *nf Biol* effusion.
égarement, *nm* wandering.
égérane, *nf Miner* egeran.
églestonite, *nf Miner* eglestonite.
ehlite, *nf Miner* ehlite.
eicosane, *nm Ch* eicosane.

eicosylique, *a Ch* **alcool eicosylique,** eicosyl alcohol.

Einstein, *Prn* **formule de la chaude spécifique d'Einstein,** Einstein's specific heat formula.

einsteinium, *nm Ch* (*symbol* Es) einsteinium.

eisenkiesel, *nm Miner* eisenkiesel.

éjaculation, *nf Physiol* ejaculation (of seed).

ékacæsium, ékacésium, *nm Ch* ekacaesium, ekacesium.

ékamanganèse, *nm Ch* ekamanganese.

ékebergite, *nf Miner* ekebergite.

élaboré, *a Bot* **sève élaborée,** elaborated sap.

élaborer, *vtr BioCh* to elaborate.

élæostéarique, *a Ch* elaeostearic (acid).

élaïdine, *nf Ch* elaidin.

élaïdique, *a Ch* elaidic.

élancé, *a Biol* virgate.

élasmose, *nf Miner* (*a*) elasmosine, nagyagite; (*b*) altaite.

élastase, *nf BioCh* elastase.

élasticité, *nf Ph etc* elasticity (of gas, etc); **limite d'élasticité,** elastic limit.

élastine, *nf BioCh* elastin.

élastique, *a Ch Ph etc* elastic, rubbery; **le plus élastique des métaux,** the metal with the greatest coefficient of elasticity; **déformation élastique,** elastic deformation; **limite élastique,** elastic limit, strength; **résistance vive élastique,** elastic resilience.

élastomère, *nm Ch etc* elastomer.

élatère, *nf Bot* elater (of liverwort, etc).

élatérite, *nf Miner* elaterite, elastic bitumen.

électif, -ive, *a Ch* **affinité élective,** elective affinity.

électricité, *nf* electricity; **électricité positive, vitrée,** positive, vitreous, electricity; **électricité négative, résineuse,** negative, resinous, electricity; **électricité atmosphérique, dynamique, statique,** atmospheric, dynamic, static, electricity; **électricité de friction,** frictional electricity; **électricité galvanique,** electrokinetics; **électricité résiduelle,** electric residuum.

électrique, *a* electric; **courant électrique,** electric current; **batterie électrique,** electric battery; **charge, décharge, électrique,** electric charge, discharge; **champ électrique,** electric field; **énergie électrique,** electric energy; **étincelle électrique,** electric spark; **induction électrique,** electric induction; **force électrique,** electric power; **moment électrique,** electric moment; **polarisation électrique,** electric polarisation; **potentiel électrique,** electric potential; **résistance électrique,** electric resistance; **onde électrique,** electric wave; **susceptibilité électrique,** electric susceptibility.

électro-aimant, *nm* electro-magnet; *pl électro-aimants.*

électro-analyse, *nf Ch* electroanalysis; *pl électro-analyses.*

électrocapillaire, *a* electrocapillary.

électrocapillarité, *nf Ch* electrocapillarity.

électrocardiogramme, *nm Physiol* electrocardiogram, ECG.

électrocardiographe, *nm Physiol* electrocardiograph.

électrochimie, *nf* electrochemistry.

électrochimique, *a Ch* electrochemical; **équivalent électrochimique,** electrochemical equivalent.

électrocinétique, *a* electrokinetic; **potentiel électrocinétique,** electrokinetic potential.

électrode, *nf Ch* electrode; **électrode de calomel,** calomel electrode; **électrode de mercure gouttant,** mercury dropping electrode; **électrode de verre,** glass electrode; **électrode hydrogénique,** hydrogen electrode; **électrode d'oxygène,** oxygen electrode; **électrode de peroxyde,** peroxide electrode; **électrode réversible,** reversible electrode; **électrode redox,** redox electrode; **électrodes normales,** standard electrodes; **électrode positive,** anode, positive electrode; **électrode négative,** cathode, negative electrode.

électrodialyse, *nf Ch* electrodialysis.

électro-encéphalogramme, *nm Physiol* electroencephalogram, EEG.

électro-encéphalographe, *nm Physiol* electroencephalograph.

électroendosmose, *nf Ph* electroendosmosis.

électrolyse, *nf Ch* electrolysis; **électrolyse du zinc,** electrolytic zinc process.
électrolyser, *vtr* to electrolyze.
électrolyseur, *nm* electrolyzer.
électrolyte, *nm Ch* electrolyte; **électrolytes forts, faibles,** strong, weak, electrolytes.
électrolytique, *a* electrolytic; **analyse électrolytique,** electroanalysis; **dissociation électrolytique,** electrolytic dissociation; **théorie de la dissociation électrolytique,** electrolytic dissociation theory; **cuivre électrolytique,** electrolytic copper; **oxydation électrolytique,** electrolytic oxidation.
électromagnétique, *a* electromagnetic; **champ électromagnétique,** electromagnetic field; **interaction électromagnétique,** electromagnetic interaction; **onde électromagnétique,** electromagnetic wave; **radiation électromagnétique,** electromagnetic radiation; **spectre électromagnétique,** electromagnetic spectrum; **unité électromagnétique,** electromagnetic unit.
électromagnétisme, *nm* electromagnetism.
électromérique, *a Ch* **effet électromérique,** electromeric effect.
électromètre, *nm Ph* electrometer.
électrométrique, *a* electrometric; *Ch* **titrages électrométriques,** electrometric titrations.
électromoteur, -trice, *a* **force électromotrice, f.é.m.,** electromotive force, EMF, emf; **force électromotrice en retour,** back electromotive force; *Ch* **série électromotrice,** electromotive series.
électron, *nm Ph* electron; **paire d'électrons,** electron pair; **électron non apparié,** unpaired electron; **émission d'électrons,** electron emission; **multiplicateur d'électrons,** electron multiplier; **émetteur d'électrons,** electron emitter; **électron atomique,** atomic electron, atom-bound electrons; **électron nucléaire,** nuclear electron; **électron extra-nucléaire,** extranuclear electron; **électron célibataire,** lone electron; **électron libre,** free electron; **électron captif,** trapped electron; **électron lié,** bound electron; **électron planétaire, satellite,** planetary, orbital, electron; **électron interne,** inner(-shell) electron; **électron lourd,** heavy electron; **électron périphérique,** outer(-shell) electron; **électron primaire, secondaire,** primary, secondary, electron; **électron tournant,** spinning electron; **électron thermique,** thermoelectron, thermion; **électron négatif,** negative electron, negatron; **électron positif,** positive electron, positron; **électron valentiel, électron de valence,** valency electron.
électronégatif, -ive, *a* electronegative.
électronégativité, *nf* electronegativity.
électroneutralité, *nf* electroneutrality.
électronique 1. *a* electronic; **émission électronique,** electron emission; **fusil électronique,** electron gun; **loupe électronique,** electron lens; **microscope électronique,** electron microscope; **optique électronique,** electron optics; **tube électronique,** electron tube; *Ch* **affinité électronique,** electron affinity; **charge électronique,** electron charge; **masse électronique,** electron mass; **radius électronique,** electron radius; *BioCh* **transfert électronique,** electron transfer. **2.** *nf* electronics; **électronique moléculaire,** molecular electronics; **électronique quantique,** quantum physics of electronics.
électron-volt, *nm* (*abbr* eV) electron-volt; *pl électrons-volts.*
électro-osmose, *nf Ch* electro-osmosis.
électro-osmotique, *pl* **électro-osmotiques**, *a Ch* electro-osmotic.
électrophile, *a Ch* electrophilic.
électrophorèse, *nf* electrophoresis.
électrophorétique, *a* electrophoretic.
électrophysiologie, *nf Physiol* electrophysiology.
électropositif, -ive, *a* electropositive.
électropositivité, *nf* electropositivity.
électroraffinage, *nm* electrolytic refining.
électroscope, *nm Ph* electroscope.
électrosmose, *nf* electro-osmosis, electrosmosis.
électrostatique, *Ph* **1** *a* electrostatic;

induction électrostatique, electric induction. **2.** *nf* electrostatics.
électrostriction, *nf Ph* electrostriction; **effet d'électrostriction,** electrostrictive effect.
électrosynthèse, *nf Ch* electrosynthesis.
électrotaxis, *nf Biol* electrotaxis.
électrotropisme, *nm Biol* electrotropism.
électrovalence, *nf* electrovalency.
élément, *nm* element; *El* cell; *Ph* **allotropie des éléments,** allotropy of elements; **distribution géochimique des éléments,** geochemical distribution of elements; **éléments lourds,** heavy elements; **éléments isotopiques,** isotopic elements; **éléments légers,** light elements; **éléments nouveaux,** new elements; **éléments radioactifs,** radioactive elements; **éléments rares,** rare elements; **éléments solides,** solid elements; **spectres des éléments,** spectra of elements; **éléments stellaires,** stellar elements; **transmutation des éléments,** transmutation of elements; **éléments transuraniques,** transuranic elements; *Z* **élément individuel,** morphon.
élémentaire, *a Ch* **analyse élémentaire,** elementary analysis; *AtomPh* **particules élémentaires,** elementary particles.
élémicine, *nf Ch* elemicin.
éléolite, *nf Miner* elaeolite.
éleuthérodactyle, *nm Z* eleutherodactyl.
éleuthéropétale, *a Bot* eleutheropetalous.
éleuthérophylle, *a Bot* eleutherophyllous.
éleuthérosépale, *a Bot* eleutherosepalous.
élévateur, *nm Physiol* elevator.
éliasite, *nf Miner* eliasite.
élimination, *nf Z* elimination; **diagnostic par élimination,** diagnosis by exclusion.
éliminer, *vtr* **éliminer (qch) par lavage,** to wash (sth).
élingué, *a Ent* without proboscis.
ellagique, *a Ch* ellagic.
ellagotannique, *a Ch* ellagitannic; **acide ellagotannique,** ellagitannin.
elliptone, *nm Ch* elliptone.
(−)-elliptone, *nm Ch* (−)-elliptone.
elpasolite, *nf Miner* elpasolite.
elpidite, *nf Miner* elpidite.
éluant, *nm Ch* eluent.
éluat, *nm Ch* eluate.
éluer, *vtr Ch* to elute.
élution, *nf Ch* elution.
éluvial, -iaux, *a Geol* eluvial.
éluvion, *nf,* **éluvium,** *nm Geol* eluvion.
élytral, -aux, *a Ent* elytral.
élytre, *nm Z* elytron, wing sheath, wing case.
émail, *nm Ch Z Anat Dent* enamel; *Ch Geol etc* vitreous enamel.
émanation, *nf Ph* **émanation du radium,** radium emanation, radon.
émarginé, *a Bot* emarginate, immarginate (leaf, etc).
embelin, *nm Ch* embelin.
embolie, *nf Physiol* embolism.
embolite, *nf Miner* embolite.
embranchement, *nm* branch (of a science); *Biol* subkingdom.
embrassant, *a Bot* amplexicaul.
embryogénèse, embryogénie, *nf Biol* embryogenesis, embryogeny.
embryogénique, *a Biol* embryogen(et)ic.
embryoïde, *a* embryoid.
embryologie, *nf* embryology.
embryologique, *a* embryologic(al).
embryon, *nm Biol* embryo.
embryonnaire, *a Biol* embryonic (period, etc); **à l'état embryonnaire,** in embryo; **cellule embryonnaire,** embryo cell, juvenile cell; **tissu embryonnaire,** embryonic tissue; **induction embryonnaire,** induction of embryonic cells; **sac embryonnaire,** embryo sac.
embryopathie, *nf Path Z* embryopathy.
embryophyte, *nf Bot* embryophyte.
embryotège, *nm Bot* embryotega.
embryotome, *nm* somatome.
embryotomie, *nf Path Z* embryotomy.
émeraude, *nf Miner* emerald; **émeraude du Brésil,** Brazilian emerald, green tourmalin(e).
émergence, *nf* (*a*) *Biol* emergence (of quality, character); (*b*) *Bot* (*outgrowth*) emergence.

émergent, *a* emergent.
émétine, *nf Ch* emetin(e).
émétique, *a Physiol* vomitive, vomitory.
émetteur, *nm Ch Ph* emitter.
émettre, *vtr* to emit, radiate (heat, ray of light, etc); to discharge (a gas).
émigrant, *a* **oiseaux émigrants,** migratory birds, migrants.
émigration, *nf* migration (of birds, fish).
émigrer, *vi* (*of birds, fish*) to migrate.
éminence, *nf Z* eminence; **petite éminence,** monticulus; **éminence mentonnière,** genial process; **éminences vermiformes du cervelet,** vermiform processes of the brain.
émissaire, *a Biol* emissary.
émissif, -ive, *a Ph* emissive (power, etc); **pouvoir émissif,** emissivity.
émission, *nf* emission (of light, fluid, etc); radiation (of heat); release (of poison gas, etc); **la théorie de l'émission,** the emission theory; **coefficient d'émission,** emissivity.
émodine, *nf Ch* emodin.
émodique, *a Ch* emodic.
émollient, *a & nm* lenitive.
empattement, *nm Bot* node, articulation (of stem).
empêcher, *vtr Ch* to inhibit, to impede.
emphytie, *nf Bot* enphytotic disease (of plants).
empirique, *a* empirical; **formule empirique,** empirical formula; **médecine empirique,** empirical medicine.
empirisme, *nm* empiricism.
emplectite, *nf Miner* emplectite.
empodium, *nm Z* empodium.
empyreumatique, *a Biol* empyreumatic.
émulseur, *nm* (*device*) emulsifier.
émulsifiant 1. *a* emulsifying (agent). **2.** *nm* (*substance*) emulsifier.
émulsificateur, *nm* emulsifier.
émulsification, *nf* emulsification.
émulsifier, *vtr* to emulsify.
émulsifieur, *nm* (*device*) emulsifier.
émulsine, *nf Ch* emulsin.
émulsion, *nf* emulsion.
émulsionnant 1. *a* emulsifying (agent). **2.** *nm* (*substance*) emulsifier.
émulsionnement, *nm* emulsification.
émulsionner, *vtr* to emulsify.
émulsionneur, *nm* (*device*) emulsifier.
émulsoïde, *nm Ch* emulsoid.
énantiomorphe, *Ch etc* **1.** *a* enantiomorphous, enantiomorphic. **2.** *nm* enantiomorph.
énantiomorphie, *nf,* **énantiomorphisme,** *nm Ch* enantiomorphism.
énantiotrope, *a Ch* enantiotropic.
énargite, *nf Miner* enargite.
énarthrose, *nf Anat Z* enarthrosis.
encapuchonné, *a* cucullate(d).
encéphale, *nm Anat Z* encephalon.
encéphalisation, *nf Z* encephalisation.
enchaînement, *nm Ph Ch* linkage.
enchlyéma, *nm Biol* enchlyema.
enchondral, -aux, *a Z* enchondral.
enclave, *nf Biol Bot* enclave.
enclume, *nf Z* incus (of the ear).
encre, *nm Z* ink (of a squid).
endémique, *a Bot etc* endemic.
endhyménine, *nf Bot* intine, endosporium.
endlichite, *nf Miner* endlichite.
endobiotique, *a Bot* endobiotic.
endoblaste, *nm Biol* endoblast.
endocarde, *nm Anat Z* endocardium.
endocarpe, *nm Bot* endocarp.
endocarpé, *a* (*of fruit*) endocarpous.
endochondral, -aux, *a Z* endochondral.
endochrome, *nm Biol* endochrome.
endocrine, *af Anat* endocrine, ductless (gland).
endocrinien, -ienne, *a Physiol* endocrine, endocrinal (glands, etc).
endocrinologie, *nf Physiol* endocrinology.
endocycle, *nm Bot* endocycle.
endocyste, *nm Z* endocyst.
endoderme, *nm Biol Bot* endoderm, endodermis.
endogamie, *nf Biol* endogamy.
endogé, *a Biol* **faune endogée,** fauna living in the soil, soil-dwelling fauna.
endogène, *a Bot Physiol* endogenous; innate; *Biol Geol* endogenetic; **plante endogène,** endogen.
endogénèse, *nf Biol* endogeny.
endolymphe, *nf Z* endolymph.

endolyse, *nf Biol* endolysis.
endomètre, *nm Anat Z* endometrium.
endomitose, *nf Biol* endomitosis.
endomixie, *nf Biol* endomixis.
endomorphe, *Geol* **1.** *a* endomorphic, endomorphous. **2.** *nm* endomorph.
endomorphisme, *nm Geol* endomorphism.
endoparasite, *nm Z* endoparasite.
endophragme, *nm Z* endophragm, endophragmal skeleton.
endophyte, *a & nm* endophyte.
endoplasme, *nm Biol* endoplasm.
endoplasmique, *a Biol* endoplasmic; **réticulum endoplasmique,** endoplasmic reticulum.
endoplaste, *nm Biol* endoplast.
endoplèvre, *nf Bot* endopleura; tegmen.
endopodite, *nm Z* endopodite.
endoscope, *nm Physiol* endoscope.
endoscopique, *a Biol* endoscopic.
endosmomètre, *nm Ph* endosmometer.
endosmose, *nf Ph* endosmosis.
endosmotique, *a Ph* endosmotic.
endosome, *nm Biol* endosome.
endosperme, *nm Bot* endosperm.
endospermé, *a Bot* endospermic.
endospore, *nm Bot* endospore.
endostome, *nm Bot* endostome.
endostyle, *nm Z* endostyle.
endothécium, *nm Bot* endothecium.
endothélium, *nm Physiol* endothelium.
endothèque, *nf Biol* endotheca; *Fung* ascus (of truffle, etc).
endothermique, *a Ch* endothermic (reaction).
endotoxine, *nf Bac Microbiol Tox* endotoxin.
endotrophique, *a Biol* endotrophic.
énergie, *nf Ph* energy; **énergie actuelle,** dynamic energy; **énergie cinétique,** kinetic energy; **énergie critique,** activation energy; **énergie potentielle,** potential energy; **énergie de potentiel constant,** equipotential energy; **énergie intérieure,** internal energy; **énergie intermoléculaire,** intermolecular energy; **énergie des quanta,** quanta energy; **énergie thermique, calorifique,** thermal energy; **énergie de translation,** translational energy; **énergie de(s) vibration(s), d'oscillation,** vibrational energy; **quanta de l'énergie de vibration,** vibrational energy quanta; **énergie de résonance,** resonance energy; **énergie rotationnelle,** rotational energy; **énergie atomique,** atomic energy, nuclear power; **énergie moyenne,** mean energy; **énergie nulle,** zero energy; **énergie du point zéro,** zero-point energy; **énergie radiante, rayonnante, de rayonnement,** radiant energy, radiant flux; **énergie de polarisation,** polarization energy; **énergie superficielle,** surface energy; *Biol* **énergie sensorielle, vitale,** sensorial power; *Oc* **énergie marémotrice,** tidal energy.
énerve, énervé, *a Bot* (*of leaves, etc*) without veins, nerves; enervate, nerveless.
énervement, *nm Physiol* irritation.
enflé, *a Biol* incrassate(d); tumid; turgid.
engainant, *a Bot* investing; sheathing (leaf); *Biol* (*of membrane, etc*) vaginal.
engainé, *a Biol* vaginate.
engin, *nm Ph* engine.
engourdi, *a* torpid; **état engourdi d'un animal,** torpid state of an animal.
s'engourdir, *vpr* (*of hibernating animal*) to become torpid.
engourdissement, *nm* torpor, torpid state (of hibernating animal).
engrais, *nm* **engrais artificiels, chimiques,** artificial fertilizers, chemical manure.
engrenure, *nf Anat Z* serra, serrated suture, serration, serrature (of the cranium).
enkysté, *a Biol* encysted; *Z* **thizopode enkysté,** zoocyst.
enkystement, *nm Biol* encystation, encystment.
ennéagyne, *a Bot* enneagynous.
ennéandre, *a Bot* enneandrous.
ennéapétale, *a Bot* enneapetalous.
énol, *nm Ch* enol.
énolase, *nf Ch* enolase.
énolique, *a Ch* enolic.
énolisation, *nf Ch* enolization.
enquête, *nf* **enquête scientifique,** scientific investigation.
enragé, *a Biol* rabid.
enrichissement, *nm Microbiol* **culture pour l'enrichissement,** enrichment culture.

enroulement, *nm* convolute, convolution.
ensemencement, *nm Bot* insemination.
ensifolié, *a Bot* ensiform-leaved, sword-leaved.
ensiforme, *a Biol* ensiform, sword-shaped; *Bot* sword-leaved.
enstatite, *nf Miner* enstatite.
ente, *nf Bot* scion.
entéramine, *nf Ch* serotonin.
entérique, *a Z* enteric, enteral; *Anat* **voie entérique,** enteric canal.
entérokinase, *nf Biol Ch* enterokinase.
enthalpie, *nf Ch Ph* enthalpy.
entier, -ière, *a Bot* **feuilles entières,** entire leaves.
entobranche, *a Ich* entobranchiate.
entoderme, *nm Biol* entoderm.
entomogame, *a Bot* entomophilous.
entomogamie, *nf Bot* entomophily, pollination by insects.
entomogène, *a Z* entomogenous.
entomologie, *nf* entomology.
entomologique, *a* entomological.
entomophage, *a* entomophagous.
entomophile, *a Bot* entomophilous.
entomophilie, *nf Bot* entomophily.
entonnoir, *nm* funnel.
entoparasite, *nm* entoparasite.
entophyte, *nm Bot* entophyte.
entotopique, *a Anat Z* entotopic.
entotrophe, *a Ent* entotrophic.
entourant, *a Biol* investing; *Bot* **feuilles entourantes,** sheathing leaves.
entozoaire **1.** *a* enzootic. **2.** *nm Z* entozoon, -zoa.
entraison, *nf* spawning (of salmon, etc).
entrée, *nf* inlet, input.
entremêlé, *a Bot Biol* interspersed.
entre-nœud, *nm Bot* internode, joint; merithal(lus); *pl entre-nœuds*.
entretien, *nm* upkeep.
entropie, *nf Ch Ph* entropy; **entropie de la fusion,** entropy of fusion; **entropie des isotopes mixtes,** entropy of mixed isotopes; **entropie des molécules,** entropy of molecules; **renouvellements de l'entropie,** changes of entropy.
s'entrouvrir, *vpr Bot* to dehisce.
enveloppe, *nf Biol* envelope, integument; investing membrane, tunic (of organ); shell (of pupa); vagina; *Bot* coat (of bulb); **enveloppe membraneuse,** involucre; **pourvu d'une enveloppe,** integumented; *Bot* **enveloppe extérieure,** velamen.
enveloppement, *nm Biol* embryonic condition; *Bot* sheath (of seed, etc).
envergure, *nf* wingspread, wingspan (of bird).
environnement, *nm* environment; **science de l'environnement,** environmental science.
enzymatique, *a BioCh* enzymic; **activité enzymatique,** activity of enzymes; **affinité enzymatique,** affinity of enzymes; **oxydation enzymatique,** oxidation by enzymes.
enzyme, *nf BioCh* enzyme; **analyse des enzymes,** analysis of enzymes; **enzymes cristallines,** crystalline enzymes; **enzymes défensives,** defensive enzymes; **enzymes pancréatiques,** pancreatic enzymes; **enzymes protéolytiques,** proteolytic enzymes; **enzymes respiratoires,** respiratory enzymes.
enzymologie, *nf BioCh* enzymology.
éocène, *a & nm Geol* Eocene (period); **éocène inférieur,** Lower Eocene.
éolien, -ienne, *a Geol* **érosion éolienne,** (a)eolian erosion, wind erosion; **dérive éolienne,** (a)eolian drift.
éolipile, éolipyle, *nm Ph* aeolipile, -pyle.
éosine, *nf Ch* eosin.
éosinophile, *a & nm Anat Z* eosinophil.
éosphorite, *nf Miner* eosphorite.
épactal, -aux, *a Z* **os épactal,** Inca bone.
épaissi, *a Biol* incrassate(d).
épaississant, *nm Ch* stay-put agent.
épaississement, *nm Ch* inspissation.
épaississeur, *nm Ch* thickener, thickening agent.
épanchement, *nm* discharge (of water); *Geol* **roche d'épanchement,** effusive rock.
épandage, *nm Ch* spreading.
épendymaire, *a Z* ependymal.
épendyme, *nm Z* ependyma.
éperon, *nm Bot Geog Z* spur (of columbine, mountain range, cock's leg); *Ent* calcar.

éperonné, *a Bot* calcarate (corolla, etc).
éphébique, *a Z* ephebic.
ephébogénèse, *nf Biol* androgenesis.
éphédrine, *nf Ch* ephedrine.
(–)-éphédrine, *nf Ch* (–)-ephedrine.
éphémère, *a* ephemeral (flower, insect).
éphydrogame, *a Bot* ephydrogamous.
éphydrogamie, *nf Bot* ephydrogamy.
épi, *nm Bot* spica, spike; *Z* **en épi,** spiciferous.
épiblaste, *nm Biol* epiblast.
épiblastique, *a Biol* epiblastic.
épibolie, *nf Biol* epiboly.
épicalice, *nm Bot* epicalyx.
épicanthus, épicantis, *nm Anat Z* epicanthus.
épicarpanthe, *a Bot* epicarpanthous.
épicarpe, *nm Bot* epicarp, exocarp.
(–)-épicatéchine, *nf Ch* (–)-epicatechin.
épicentrique, *a Z* epicentral.
épichlorhydrine, *nf Ch* epichlorhydrin.
épicinchonine, *nf Ch* epicinchonine.
épicondyle, *nm Anat Z* epicondyle.
epicondylien, -ienne, *a* epicondylar.
épicoprostérine, *nf Ch* epicoprostanol.
épicotyle, *nm Bot* epicotyl.
épicotylé, *a Bot* **axe épicotylé,** epicotyl.
épicrâne, *nm Z* epicranium; scalp.
épicrânien, -ienne, *a Anat Ent* epicranial (muscle, suture, etc).
épidéhydroandrostérone, *nf Ch* epidehydroandrosterone.
épidémie, *nf* epidemic.
épidémiologie, *nf* epidemiology.
épidémique, *a* epidemic.
épiderme, *nm Anat Z* epiderm(is), cutis; outer skin; scarfskin.
épidermique, *a Anat* epidermal, epidermic (tissue, etc).
épididyme, *nm Anat* epididymis.
épididymite, *nf Miner* epididymite.
épidiorite, *nf Miner* epidiorite.
épidote, *nm Miner* epidote.
épidotite, *nf Miner* epidotite.
épidural, -aux *a Anat Z* epidural.
épié, *a Bot* spicate(d) (flower).
épigamique, *a Biol* epigamous, epigamic.
épigastrique, *a Anat Z* epigastric.
épigé, *a Bot* epigeal, epigeous (cotyledon).
épigène, *a Bot* epigene.
épigénèse, *nf Biol* epigenesis.
épigénétique, *a Geol* epigen(et)ic.
épiglotte, *nf Anat Z* epiglottis.
épignathe, *nm Anat Z* epignathus.
épigone, *nm Bot* epigone, epigonium.
épigyne, *a Bot* epigynous (corolla, stamens, etc).
épigynie, *nf Bot* epigyny.
épilation, *nf Physiol* depilation.
épilepsie, *nf Med* epilepsy.
épillet, *nm Bot* spikelet, spicule, spicula (of plant).
épimère, *nm Ch* epimer; *Biol* epimere; *Ent* epimeron.
épimérisation, *nf Ch* epimerization.
épimorphe, *a Z* epimorphic.
épimorphose, *nf Biol* epimorphosis.
épinastie, *nf Bot* epinasty.
épine, *nf Bot* thorn, prickle; *Biol* spine (of plant, fish, hedgehog, etc); sting (of fish); *Anat Z* **épine dorsale,** spine, backbone.
épineux, -euse, *a* (*a*) *Bot* thorny, prickly, spiky, jaculiferous; acanaceous, acanthous, acanthaceous; aculeate(d); **à branches épineuses,** acanthocladous; (*b*) *Biol* spiny, spiniferous, spinose, spinous; *Z* spinate; **apophyse épineuse,** spinous process of the vertebral column.
épipélagique, *a Oc* epipelagic.
épipétale, *a Bot* epipetalous.
épiphléon, *nm Bot* epiphloem.
épiphylle, *a Bot* epiphyllous (organ).
épiphyse, *nf Anat* epiphysis; *Z* **épiphyse osseuse du frontal (de la girafe, de l'okapi),** ossicusp (of the giraffe, of the okapi).
épiphyte, *Bot* **1.** *a* epiphytal. **2.** *nm* epiphyte.
épiphytie, *nf Bot* epiphyt(ot)ic disease.
épiphytique, *a Bot* epiphytic (disease, etc).
épipode, *nm Bot* epipodium.
épipodium, *nm Z* epipodium (of mollusc).
épir(r)hize, *a Bot* epir(r)hizous.
épisome, *nm Biol* episome.
épisperme, *nm Bot* episperm.

épisporange, *nm*, **épispore,** *nf Bot* epispore.
épistaminé, *a Bot* gynandrous.
épistasie, *nf Biol* epistasis.
épistatique, *a Biol* epistatic.
épisterne, épisternum, *nm Ent* episternum.
épistome, *nm Z* epistome; *Ent* clypeus.
épithalamus, *nm Anat Z* epithalamus.
épithélial, -iaux, *a Anat Bot* epithelial.
épithélialisation, *nf Biol* epithelialization.
épithélioma, *nm* epithelial cancer.
épithélium, *nm Anat* epithelium; **épithélium musculaire,** myoepithelium.
épithème, *nm Z* epithem.
épitoque, *a Ann* epitocous, epitokous.
épitoquie, *nf Ann* epitocous, epitokous, reproduction.
épitrochlée, *nf Z* epitrochlea.
épizoaire, *nm Z* epizoon, -zoa.
épizoïque, *a Z* epizoic.
épizoïte, *nf Z* epizoite.
épizootie, *nf* epidemic.
épizootique, *a Z* epizootic.
éponge, *nf Z* sponge.
épouсé, *a Orn* without a hind toe.
époxyde, *a & nm Ch* epoxy; **résine époxyde,** epoxy resin.
épreuve, *nf Ch etc* test(ing); **mettre à l'épreuve,** to test.
éprouver, *vtr Ch etc* to test (sth).
éprouvette, *nf Ch Ph etc* test tube; **éprouvette graduée,** burette, graduated measure.
epsomite, *nf Miner* epsomite.
épurateur, *nm Ch etc* purifying apparatus; purifier (of liquids, etc).
épuration, *nf Ch* filtration; regeneration (of lubricating oils, etc); scavenging.
équation, *nf Ch* equation; *Ph* **équation d'état,** equation of state, gas equation; **équation de l'état de Ramsay et Young,** Ramsay and Young equation of state; **équation d'onde,** wave equation; **équations des coefficients d'extinction,** equations for coefficients of extinction; **équations des réactions cinétiques,** equations for kinetic reactions; **équations de la pression osmotique,** equations for osmotic pressure; *Ch Ph* **équation de Van der Waals,** Van der Waals' equation.
équatorial, -iaux, *a* equatorial; *Biol* **plaque équatoriale,** equatorial plate.
équilénine, *nf Ch* equilenin.
(+)-équilénine, *nf Ch* (+)-equilenin.
équilibrage, *nm Ch Ph* equilibration.
équilibre, *nm* equilibrium, balance; **équilibre des forces composantes,** equilibrium of component forces; *Ch* **conditions d'équilibre,** equilibrium conditions; **équilibre entre la vapeur et le solide,** vapour-solid equilibrium; *Ph* **potentiel d'équilibre,** equilibrium potential; **constantes d'équilibre des réactions,** equilibrium constants of reaction; **équilibre chimique,** chemical equilibrium; **entropie et équilibre,** entropy and equilibrium; **équilibre homogène,** homogenous equilibrium; **équilibre hétérogène,** heterogeneous equilibrium; **équilibre ionique,** ionic equilibrium; **équilibre de la membrane,** membrane equilibrium; **équilibre photochimique,** photochemical equilibrium; **équilibre radioactif,** radioactive equilibrium; **en équilibre instable,** unbalanced; *Biol* **équilibre hydrique,** water balance; *Ph* **équilibre thermique,** calorific balance; **équilibre indifférent,** mobile equilibrium, neutral equilibrium; **principe d'équilibre indifférent,** principle of mobile equilibrium.
équilibrer, *vtr Ch Ph* to equilibrate.
équiline, *nf Ch* equilin.
équimoléculaire, *a Ch* equimolecular.
équipartition, *nf Ph* equipartition; **équipartition de l'énergie,** equipartition of energy.
équipotentiel, -ielle, *a El* equipotential.
équitant, *a Bot* equitant.
équivalence, *nf Ch Ph* equivalence; **point d'équivalence,** equivalence point.
équivalent, *a & nm Ph etc* equivalent; **équivalent mécanique de la chaleur, équivalent calorifique,** mechanical equivalent of heat, Joule's equivalent; **équivalent thermique,** thermal value; *Ch* **conductance, conductivité, équivalente,** equivalent conductance, conductivity; *Ch Ph* **équivalent hydrique, équivalent en eau,** water equivalent.

équivalent-gramme, *nm Ch* gram(me) equivalent; *pl équivalents-grammes.*

équivalve, *a Moll* equivalve.

Er, *symbol of* erbium.

erbium, *nm Ch* (*symbol* Er) erbium.

érecteur, -trice, *a* **muscle érecteur,** erector.

erectile, *a* erectile.

érection, *nf* erection.

érepsine, *nf BioCh* erepsin.

erg, *nm PhMeas* erg.

ergastoplasme, *nm Biol* ergastoplasm.

ergmètre, *nm Ph* ergmeter.

ergomètre, *nm Physiol* ergometer.

ergostérol, *nm Ch* ergosterol.

ergot, *nm* (*a*) *Biol* ergot (on wheat, rye); **alcaloïdes de l'ergot,** ergot alkaloids; (*b*) *Z* spur (of cock, etc); dewclaw (in certain mammals); **ergot de Morand,** unciform eminence.

ergotamine, *nf Ch Pharm* ergotamine.

ergoté, *a Z* (*of bird, etc*) spurred; (*of certain mammals*) dewclawed.

ergothionéine, *nf Ch* thiozine.

ergotinine, *nf Ch* ergotinine.

érianthe, *a Bot* erianthous, woolly-flowered.

éricacé, *a Bot* ericaceous.

éricicole, *a Bot* ericeticolous.

éricoïde, *a Bot* ericoid (plants).

érinite, *nf Miner* erinite.

eroder, *vtr Geol etc* to erode, abrade, denude; to eat away, wear away; *Bot* **feuille érodée,** gnawed leaf.

érosion, *nf Geol* erosion; **érosion différentielle,** differential erosion; **érosion latérale,** lateral erosion; **érosion (linéaire),** erosion; **érosion marine,** marine erosion; **érosion glaciaire,** glacial erosion; **érosion éolienne,** wind erosion, (a)eolian erosion; **cycle d'érosion,** cycle of erosion.

erpétologie, *nf* herpetology.

erpétologique, *a* herpetologic(al); **faune erpétologique,** herpetofauna.

érubescent, *a Bot* rubescent.

érubescite, *nf Miner* erubescite, bornite.

éruciforme, *a Z* eruciform.

érucique, *a Ch* erucic (acid).

éruptif, -ive, *a Geol* eruptive, igneous (rock, etc); **nappe éruptive,** lava flow, lava stream.

érythrine, *nf Miner* erythrite; *Ch* erythrin, red cobalt, cobalt bloom.

érythrisme, *nm Z* erythrism.

érythrite, *nf Ch* erythrite.

érythritol, *nm Ch* erythritol.

érythroblaste, *nm Biol Physiol* erythroblast.

érythrocarpe, *a Bot* erythrocarpous.

érythrocyte, *nm Physiol* erythrocyte, red blood cell, red blood corpuscle; **érythrocyte à granulations basophiles,** basoerythrocyte.

érythrolyse, *nf Physiol* erythrocytolysis.

érythrophage, *nm Z* erythrophage.

érythrophile, *a Biol* erythrophilous.

érythropoïèse, *nf Physiol* erythropoiesis.

érythropoïétine, *nf Physiol* erythropoietin.

érythropsine, *nf Biol* erythropsin.

érythrose, *nm Ch* erythrose.

érythrosidérite, *nf Miner* erythrosiderite.

érythrosine, *nf Ch* erythrosine.

érythrozincite, *nf Miner* erythrozincite.

érythrulose, *nm Ch* erythrulose.

Es, *symbol of* einsteinium.

escarre, *nf Anat Z* (*of snake*) slough.

esclavagisme, *nm Ent* dulosis.

esclavagiste, *a Ent* **fourmi esclavagiste,** dulotic ant.

esculétine, *nf BioCh* esculetin.

esculine, *nf Ch* aesculin, esculin.

ésérine, *nf Ch* eserine.

(−)-ésérine, *nf Ch* (−)-eserine.

espace, *nm Ph* space; **espace extra-atmosphérique,** outer space; **espace cosmique,** cosmic space; **espace interstellaire, intersidéral,** interstellar space; **espace interplanétaire,** interplanetary space; **espace lointain,** deep space; **espace à trois dimensions, espace tridimensionnel,** three-dimensional space; **espace à quatre dimensions, espace quadridimensionnel,** four-dimensional space; **espace relativiste,** relativistic space; **espace d'accélération,** acceleration space; **espace d'expansion, espace libre,** expansion space; **espace de**

phase, phase space; (*of vacuum tube*) **espace sombre,** dark space; **espace sombre anodique, cathodique,** anode, cathode, dark space; **espace sombre de Crookes, de Faraday,** Crookes, Faraday, dark space.

espace-temps, *nm Ph* space-time; **continuum espace-temps,** space-time continuum; **structure espace-temps,** space-time structure.

espèce, *nf Biol* species (of plants, animals); **inclus dans une espèce,** infraspecific; **espèce unique,** monotype; **espèces voisines,** closely related species; **l'espèce humaine,** the human species; **l'origine des espèces,** the origin of species; *Bot* **espèce dominante,** indicator; *Genet Z* **espèces jumelles,** siblings.

esprit, *nm Ch* (volatile) spirit; **esprit de sel,** spirit(s) of salt.

essai, *nm Ch etc* test; **chambre d'essai,** test chamber; (*in analysis*) **essai de coloration,** flame test; **essai à blanc,** blank test; **essai à la touche,** spot test; **essai par (la) voie sèche,** dry test; **essai par (la) voie humide,** wet test, wet assay; **laboratoire d'essai,** test laboratory; **mettre à l'essai,** to test; *Physiol* **essai de durée,** endurance test; **essai de pressoir,** pressure test.

essaim, *nm* swarm (of bees, insects, etc); (*of bees*) **faire l'essaim,** to swarm.

essaimage, *nm Z* swarming; **année d'essaimage,** swarm year (of beetles).

essaimant, *a* swarming.

essaimement, *nm* swarming.

essaimer, *vi* (*of bees*) to swarm.

essence, *nf Ch* (volatile) spirit; **essence (minérale),** mineral spirit(s), solvent naphtha; petrol, *NAm* gas; **essence de rose,** rose oil; **essence de bois de rose,** rhodium oil; **essence de verveine,** vervein oil, verbena oil.

essentiel, -ielle, *a Ch* **huile essentielle,** essential oil, volatile oil.

essonite, *nf Miner* essonite, hessonite.

ester, *nm Ch* ester; **ester acétique,** acetic ester.

estérase, *nf BioCh* esterase.

estérification, *nf Ch* esterification.

estérifier, *vtr Ch* to esterify.

estival, -aux, *a* (a)estival (plant, etc).

estivation, *nf* (a)estivation; *Z* (summer) dormancy, torpor (of snakes, etc); *Bot* prefloration.

estoc, *nm Bot* stock (of tree).

estomac, *nm Z* stomach; **ulcère simple de l'estomac,** gastric ulcer.

estuarien, -ienne, *a Biol* estuarine.

étage, *nm Geol* stage, layer; **l'étage argovien,** the Argovian (division).

étain, *nm Miner* tin; **étain de roche,** lode tin; **étain pyriteux,** stannite, tin pyrites; **étain oxydé, mine d'étain,** tinstone.

étairion, *nm Bot* etaerio(n), aggregate fruit.

étalé, *a Bot* patulous.

étalon, *nm* (*quantitative*) **étalon de mesure,** yardstick; *Ch* **étalon de référence,** standard (of weights, measures, etc); **appareil étalon,** calibrator; *El Ph* **condensateur étalon,** calibration condenser; **électromètre étalon,** calibrating electrometer.

étalonnage, étalonnement, *nm* standardization (of weights, etc); calibration (of tubes, etc); testing, gauging (of instruments); **appareil d'étalonnage,** calibrating device, calibrator.

étalonner, *vtr* to standardize (weights, etc); to calibrate (tubes, etc); to test, gauge, adjust (instruments); **appareil à étalonner,** calibrator.

étamé, *a Ch* tinned.

étamine, *nf Bot* stamen; **à cinq étamines,** pentandrous.

étanche, *a* leak-free.

étanchéité, *nf Ch* tightness; **agent d'étanchéité,** sealant.

étancher, *vtr Physiol* to slake (thirst).

état, *nm Ch Ph* state; **état dynamique,** dynamical state; **état stationnaire,** stationary state; **état thermodynamique,** thermodynamical state; **état récurrent,** recurrent state; **états normaux,** standard states; **équations d'état,** equations of state; **état zéro de l'entropie,** zero entropy state; *Ph* **états de vibration,** vibrational states.

éteindre, *vtr Ch* to quench; **éteindre la chaux,** to slake lime.

étendard, *nm Bot* standard vexil(lum) (of papilionaceous flower).

étendre, *vtr Ch* to dilute (an acid, etc) (**de,** with).

étendu, *a Ch* diluted (**de,** with).

étendue, *nf Biol Z* **étendue de la vue,** range of vision.
éthal, *nm Ch* ethal.
éthanal, *nm Ch* ethanal.
éthane, *nm Ch* ethane.
éthanethiol, *nm Ch* ethanethiol.
éthanoïque, *nm Ch* acetic acid, ethanoic acid.
éthanol, *nm Ch* ethanol.
éthanolamine, *nf Ch* ethanolamine.
éthanolyse, *nf Ch* ethanolysis.
éthène, *nm Ch* ethene, ethylene.
éther, *nm Ph Ch* ether; *Ch* **éther composé,** ethereal salt; **éther méthylique,** methyl ether; **éther sulfurique, ordinaire,** sulfuric ether, ethyl oxide; **éther de pétrole,** petroleum ether, petrolic ether; **éther de cellulose,** cellulose ether; *Ph* **ondes de l'éther,** waves in the ether.
éthéré, *a Ch* ethereal (salt, liquid).
éther-oxyde, *nm Ch* ethyl oxide.
éthionique, *a Ch* ethionic (acid).
éthmoïdal, -aux, *a* ethmoidal.
ethmoïde, *Anat Z* **1.** *a* ethmoid. **2.** *nm* ethmoid bone; sieve bone.
éthmoïdien, -ienne, *a* ethmoidal.
ethnographie, *nf* ethnography.
ethnologie, *nf* ethnologie.
éthogène, *nm Ch* aethogen.
étholide, *nm Ch* etholide.
éthologie, *nf* ethology.
éthologique, *a* ethological.
éthologue, éthologiste, *nm & f* ethologist.
éthoxyle, *nm Ch* ethoxyl.
éthylamine, *nf Ch* ethylamine.
éthylaniline, *nf Ch* ethylaniline.
éthylate, *nm Ch* ethylate, ethoxide; **éthylate de vanadium,** vanadium ethylate; **éthylate de sodium,** sodium ethoxide, sodium ethylate.
éthylation, *nf Ch* ethylation.
éthylbenzène, *nm Ch* ethylbenzene.
éthylcellulose, *nf Ch* ethyl cellulose.
éthyle, *nm Ch* ethyl; **acétate, bromure, d'éthyle,** ethyl acetate, bromide.
éthylène, *nm Ch* ethylene; ethene; **oxyde d'éthylène,** ethylene oxide; **éthylène glycol,** ethylene glycol; **éthylène diamine,** ethylene diamine.
éthylène-dithiol, *nm Ch* ethylene dithiol.
éthylénique, *a Ch* ethylenic; **carbures éthyléniques,** ethylene hydrocarbons.
éthyler, *vtr Ch* to ethylate.
éthylidène, *nm Ch* ethylidene.
éthyline, *nf Ch* ethylin.
éthylique, *a Ch* ethyl(ic); **alcool éthylique,** ethyl alcohol.
éthylmercaptan, *nm Ch* ethyl mercaptan.
éthylmorphine, *nf Ch* ethylmorphine.
éthylphénylcétone, *nf Ch* ethylphenylketone.
éthylsulfurique, *a Ch* ethylsulfuric.
éthyluréthane, *nm Ch* ethylurethane.
étiolement, *nm Bot* chlorosis, etiolation.
s'étioler, *vpr Bot* to etiolate.
étoile, *nf Z* **étoile de mer à cinq branches,** starfish with five rays; *Biol* **en étoile,** stellate(d).
étoilé, *a Biol* stellate(d) (flower, etc); **structure étoilée,** star.
étrier, *nm Z* stapes (of the middle ear); **muscle de l'étrier,** staepedius.
étui, *nm Z* wing sheath; *Bot* **étui médullaire,** medullary sheath.
Eu, *symbol of* europium.
eubactéries, *nfpl Microbiol* eubacteria *pl.*
eucaïrite, *nf Miner* eucairite, eukairite.
eucalyptol, *nm Ch* eucalyptol.
eucaryotique, *a BioCh Biol* eucaryotic, eukaryotic.
eucéphale, *a Z* eucephalous.
euchroïte, *nf Miner* euchroite.
euchromatine, *nf BioCh* euchromatin.
euchromosome, *nm Biol* euchromosome.
euclase, *nf Miner* euclase.
eucolite, *nf Miner* eucolite, eukolite, eukolyte.
eucrasite, *nf Miner* eucrasite.
eucryptite, *nf Miner* eucryptite.
eudialyte, *nf Miner* eudialyte.
eudidymite, *nf Miner* eudidymite.
eudiomètre, *nm Ch* eudiometer.
eudiométrie, *nf Ch* eudiometry.
eudiométrique, *a Ch* eudiometric.
eugénésie, *nf Biol* eugenesis.
eugénésique, *a Biol* eugenic.

eugénine, *nf Ch* eugenin.
eugénique, *nf,* **eugénisme,** *nm* eugenics.
eugénol, *nm Ch* eugenol.
euglobine, euglobuline, *nf BioCh* euglobulin.
eukaïrite, *nf Miner* eucairite, eukairite.
eulytène, eulytine, eulytite, *nf Miner* eulytine, eulytite.
eumélanine, *nf BioCh* eumelanin.
euosmite, *nf Miner* euosmite.
euplastique, *a* euplastic.
euploïde, *nm Biol* euploid.
eurite, *nf Miner* eurite.
europeux, -euse, *a Ch* europous.
europique, *a Ch* europic.
europium, *nm Ch* (*symbol* Eu) europium.
euryhalin, *a* euryhaline.
euryhalinité, *nf* euryhaline habits, conditions, state.
euryphage, *a* euryphagous, euryphagic.
eurytherme, *a Biol* eurythermal, eurythermic, eurythermous.
eurythermie, *nf Biol* eurythermal habits, conditions, state.
Eustache, *Prn Z* **trompe d'Eustache,** Eustachian tube; **valvule d'Eustache,** Eustachian valve.
eusynchite, *nf Miner* eusynchite.
eutectique, *a & nm Ch* eutectic; **pointe eutectique,** eutectic point; **structures eutectiques,** eutectic structures.
eutexie, *nf Ch* eutexia.
euthériens, *nmpl Z* Eutheria *pl.*
eutrophie, *nf Biol* eutrophy.
eutrophique, *a Biol* eutrophic.
euxénite, *nf Miner* euxenite.
eV *abbr* électron-volt.
évacuation, *nf Physiol* evacuation; *Ph* flux.
évacuer, *vtr Physiol Z* to egest, void.
évagination, *nf Bot* evagination.
évaginulé, *a Bot* evaginate.
évanescent, *a Bot* evanescent.
évansite, *nf Miner* evansite.
évaporable, *a Ph* evaporable.
évaporateur, *nm Ch* evaporator; **évaporateur à vide,** vacuum evaporator.
évaporatif, -ive, *a* evaporative.
évaporation, *nf* evaporation; **réduire par évaporation,** to evaporate down; *Ch* **évaporation discontinue,** batch evaporation; **évaporation sous vide,** vacuum evaporation.
évaporatoire, *a* evaporating (process, apparatus).
s'évaporer, *vpr* (*of liquids*) to evaporate; **faire évaporer un liquide,** to evaporate a liquid.
évaporimètre, *nm Ph* evaporimeter, evaporometer, atmometer.
évaporite, *nf Pedol* saline residue.
évaporomètre, *nm Ph* = **évaporimètre.**
évaporométrie, *nf* atmometry.
évasé, *a Z* vallate.
évasement, *nm* **rapport d'évasement,** expansion ratio.
évection, *nf Bot* evection.
évent, *nm Z* (*a*) spiracle, spout (of cetacean); (*b*) vent.
éventrer, *vtr Z* to eviscerate.
éversé, *a Biol* ectotropic, everted.
éviscérer, *vtr Z* to eviscerate.
évocation, *nf Biol* evocation.
évoluer, *vi Biol* (*of race, etc*) to evolve; to advance.
évolutif, -ive, *a Biol* evolutionary.
évolution, *nf Biol* evolution; development (of a species, etc).
évolutionnaire, *a Biol* evolutionary (doctrine).
évolutionnisme, *nm Biol* evolutionism.
exalbuminé, *a Bot Biol* exalbuminous.
excavation, *nf Biol* hollow.
excentrique, *a* excentric.
exciser, *vtr Med* to excise.
excision, *nf* abscission, dissecting out.
excitabilité, *nf Physiol* excitability.
excitation, *nf Physiol* excitation; **excitation externe,** inductive stimulus.
exciter, *vtr Anat* to excite.
exclusion, *nf Ph* **principe d'exclusion,** exclusion principle.
excréta, *nmpl Physiol* excreta *pl.*
excréter, *vtr Physiol* to excrete.
excréteur, -trice, *a Physiol* excretive; excretory (duct, etc); **organe excréteur,** excretory (organ).
excrétion, *nf Physiol* excretion.
excrétoire, *a* excretory.

excroissance, *nf* excrescence; outgrowth; (surface) growth; *Bot* wart.
excurrent, *a Bot* excurrent.
exencéphale, *nm Z* exencephalus.
exert, *a Biol Bot* exsert(ed).
exertile, *a Biol* exsertile.
exfoliation, *nf Bot Geol* exfoliation.
s'exfolier, *vpr Bot Geol* to exfoliate, scale off.
exhalation, *nf Z* exhalation, fume.
exine, *nf Bot* ex(t)ine (of a pollen grain).
exocardiaque, *a* exocardiac.
exocrine, *a Physiol* exocrine (gland).
exoderme, *nm Bot* exoderm(is).
exoénergétique, *a Ch* energy-liberating (reaction).
exogame, *a Biol* exogamic, exogamous.
exogamie, *nf Biol* exogamy.
exogène 1. *a Biol* exogenous; **plante exogène,** exogen. **2.** *nm Bot* exogen.
exogyne, *a Bot* exogynous.
exoplasmique, *a Biol* exoplasmic.
exopodite, *nm Crust Z* exopodite.
exoptérygote, *a Z* exopterygotic.
exor(r)hize, *a Bot* exor(r)hizal; **plante exor(r)hize,** exor(r)hiza.
exosmose, *nf Ch Ph* exosmosis.
exosmotique, *a Ph* exosmotic.
exospore, *nm Bot* exospore.
exosporé, *a Bot* exosporous.
exosquelette, *nm Z* exoskeleton.
exostome, *nm Bot* exostome.
exostose, *nf Bot* exostosis.
exothèque, *nf Bot* exothecium.
exothermique, *a Ch* exothermic (reaction, etc).
exotique, *a* exotic; **plante exotique,** exotic.
exotoxine, *nf Bac* exotoxin.
exotype, *nm Biol* exotype.
expansibilité, *nf Ph* expansibility (of gas, etc).
expansible, *a Ph* expansive (gas, etc).
expansif, -ive, *a Ph* expansive (force, gas, etc).
expansion, *nf Ph* expansion (of gases, etc).
expérience, *nf* experiment, test; **expérience de chimie,** chemical experiment; **laboratoire d'expériences,** experimental laboratory; **expérience à blanc,** blank determination; **faire, procéder à, une expérience,** to carry out an experiment.
expérimental, -aux, *a* experimental; **les sciences expérimentales,** the applied sciences; **physique expérimentale,** experimental physics; **détermination expérimentale du point de fusion,** experimental determination of melting point.
expérimenter, *vtr Ch etc* to test (a process).
expirateur, *a* expiratory.
expiration, *nf Z* exhalation, expiration.
explant, *nm Biol* explant.
explosif, -ive, *a & nm* explosive; **explosif de sûreté,** safety explosive; **explosif mixte,** mixed explosive; **explosif puissant,** high explosive.
explosion, *nf* (*a*) *Ch* explosion; **faire explosion,** to explode; **explosion de premier ordre,** first order explosion; **explosion de deuxième ordre,** second order explosion; **explosion sympathique,** explosion by influence; **chambre d'explosion,** explosion chamber; (*b*) *Biol* mutation.
exponentiel, -ielle, *a Ph Rad* **désintégration exponentielle,** exponential decay.
exposant, *nm Ch* **exposant de la force,** strength exponent.
expressivité, *nf Biol* expressivity.
exsert, *a Biol* exsert, exserted.
exsertile, *a Biol* exsertile.
exsiccateur, *nm Ch* dessicator.
exsiccation, *nf Biol* exsiccation.
extenseur, *a Z* extensor.
extensile, *a Z etc* extensile.
extensilingue, *a Z* with an extensile tongue.
extérocepteur, *nm Z Anat* exteroceptor.
extéroceptif, -ive, *a Z Anat* exteroceptive.
extinction, *nf Biol* extinction; *Ch* slaking (of lime).
extra-axillaire, *pl* **extra-axillaires,** *a Bot* extra-axillary.
extracapsulaire, *a* extracapsular.
extra(-)cellulaire, *pl* **extra(-)cellulaires,** *a Biol* extracellular.
extraction, *nf Ch* extraction, abstraction (by distillation, etc); **extraction électrochimique,** electro-extraction; **ex-**

traction électrolytique, electrowinning; **extraction par absorption, par solvant,** absorption, solvent, extraction.

extra-embryonnaire, *pl* **extra-embryonnaires,** *a Embry* extra-embryonic.

extrafoliacé, extrafolié, *a Bot* extra-foliaceous.

extrahépatique, *a* extrahepatic.

extraire, *vtr Ch* to extract, abstract (by distillation, etc).

extrait, *nm Ch* extract; *BioCh* **extrait sec,** dry matter; **extrait sec du lait,** milk solids.

extranucléaire, *a* extranuclear.

extra-utérin, *pl* **extra-utérins,** *a Z* extra-uterine; **grossesse extra-utérine,** ectopic gestation, pregnancy.

extravaginal, -aux, *a* extravaginal.

extravasation, *nf* extravasation.

extraventriculaire, *a* extra-ventricular.

extrémité, *nf* extremity, end.

extrorse, *a Bot* extrorse.

exuviable, *a Z* exuviable (skin).

exuvial, -iaux, *a Z* exuvial (skin).

exuviation, *nf Z* (*of insects, reptiles*) exuviation, skin-casting; (*of snakes*) sloughing.

exuvie, *nf Anat Z* slough; (*after ecdysis*) exuviae *pl.*

exvoluté, *a Bot* evolute.

F

F, (*a*) *Ph symbol of* farad; (*b*) *Ch symbol of* fluorine.
facette, *nf Z* facet.
facial, -iaux, *a Z* facial.
faciès, *nm Bot Geol* facies (of a plant, a group of strata, etc).
facteur, *nm* factor; **facteur d'évolution,** factor of evolution; *Bot* **facteur de croissance,** growth factor; *Biol* **facteur (d'hérédité),** (hereditary) factor, gene; **facteur dominant, récessif,** dominant, recessive, gene; **facteur de réflexion,** reflectance.
factorielle, *nf Stat* factorial; **analyse factorielle,** factorial analysis.
facule, *nf Astr* facula, -ae.
facultatif, -ive, *a Bac* facultative.
faculté, *nf Psy* **faculté de comprendre,** synesis.
Fahrenheit, *Prn Ph* **échelle Fahrenheit,** Fahrenheit scale.
faible, *a* weak (acid).
faille, *nf Geol* (i) fault; (ii) break (in lode); **ligne de faille,** fault line; **plan de faille,** fault plane; **escarpement, ressaut, de faille,** fault scarp; **faille à charnière,** pivotal fault; **faille à gradins,** step fault; **faille en gradins, en escalier,** distributive fault; **faille inverse,** reverse(d), overlap, fault; **faille d'effondrement, d'affaissement,** downthrow fault; **faille de chevauchement,** upthrow fault, thrust fault; **faille serrée,** collapsed fault; **faille rajeunie,** rejuvenated fault; **faille horizontale de décrochement,** strikelip fault; **faille à rejet horizontale,** lateral shearing fault; **faille de plongement,** dip fault.
faillé, *a Geol* faulted; **flexure faillée,** faulted monocline.
faim, *nf Z* hunger.
fairfieldite, *nf Miner* fairfieldite.
faisceau, *pl* **-eaux,** *nm Z* **faisceau latéral oblique de l'isthme,** fillet; **faisceau de His,** Tawara's node; *Bot* **faisceau libéro-ligneux, fibro-vasculaire,** vascular bundle.
falciforme, *a Biol* falciform, falcate, sickle-shaped.
falculaire, *a Orn* falculate, sickle-shaped.
Fallope, *Prn Physiol* **trompe de Fallope,** Fallopian tube.
falqué, *a Biol* falcate.
famatinite, *nf Miner* famatinite.
famélique, *a Z* starved.
famille, *nf* family; *Biol* stirps; stock; **famille de plantes,** family of plants; *Ch* **famille collatérale,** collateral family, series, chain.
famine, *nf Z* starvation.
fane, *nf Bot* involucre (of buttercup, etc); haulm (of vegetable).
fanon, *nm Z* fetlock; (*of whale*) whalebone; *Orn* gills (of bird).
farad, *nm Ph* (*symbol* F) farad.
faraday, *nm Ph* faraday.
Faraday, *Prn Ch* **loi de Faraday d'électrolyse,** Faraday's law of electrolysis.
faradique, *a El* faradic, faradaic.
farinacé, *a Bot* farinaceous.
farine, *nf Z* scurf; *Geol* **farine fossile,** infusorial earth.
farineux, -euse, *a Bot* farinaceous; farinose.
farnésol, *nm Ch* farnesol.
fasciation, *nf Bot* fasciation.
fasciculaire, *a* (*a*) *Bot Z* (*of hairs, etc*) growing in bunches, in clusters; (*b*) *Z* scopiform.
fascicule, *nm Bot* fascic(u)le, fasciculus, bunch, cluster (of hairs).
fasciculé, *a Bot* scopiform, growing in bunches, clusters; **racine fasciculée,** fibrous root; **feuilles fasciculées,** fasciated leaves.

fascie, *nf* fascia, coloured band, stripe; *Bot* fasciated stem.
fascié, *a* (*a*) *Z* fasciated, banded, striped; (*b*) *Bot* fasciated (stem).
fasciola, fasciole, *nf Anat* fasciole.
fassaïte, *nf Miner* fassaite.
fastigié, *a Bot* fastigiate (tree, etc).
faujasite, *nf Miner* faujasite.
faune, *nf* fauna, animal life (of region, etc); **faune (et flore),** wildlife; **faune avienne,** avifauna; **faune (h)erpétologique,** herpetofauna.
faunistique, *a Z* faunal, faunistic.
favéole, *nf* small cellule, alveole; faveolus; pit.
favéolé, *a* faveolate, pitted.
fayalite, *nf Miner* fayalite.
Fe, *symbol of* iron.
fébrifuge, *a & nm Physiol* febrifuge.
fébrifugine, *nf Ch* febrifugine.
fécal, -aux, *a Ch Physiol* f(a)ecal; *Physiol* **matières fécales,** f(a)eces.
fécer, *vi Ch* to form a sediment, a deposit.
fèces, *nfpl* (*a*) *Ch* f(a)eces, sediment, hypostasis; (*b*) *Physiol Z* f(a)eces, stools.
fécondant, *a Biol* fecundating, fertilizing; life-giving; **agent fécondant,** fertilizer.
fécondation, *nf Biol* fecundation; fertilization; impregnation; insemination; *Bot* **fécondation croisée, indirecte,** cross-fertilization; **fécondation directe,** self-fertilization; selfing; **à fécondation directe,** self-fertilizing; **double fécondation,** double fertilization.
fécondé, *a Biol* fertile (egg); impregnated; **non-fécondé,** unfertilized (egg); unimpregnated.
féconder, *vtr Biol* to impregnate, to fertilize, to make fertile.
fécondité, *nf Z* fecundity.
féculence, *nf Ch* (*a*) thickness, turbidity (of solution); (*b*) starchiness (of solution).
féculent 1. *a Ch* (*a*) thick, turbid; (*b*) starchy, containing starch. **2.** *nmpl* starchy foods.
féculeux, -euse, *a* starchy.
federerz, *nm Miner* plumosite.
feedback, *nm* feedback.
Fehling, *Prn BioCh* **épreuve de Fehling,** Fehling's test; **liqueur de Fehling,** Fehling's solution.
feldspath, *nm Miner* fel(d)spar, feldspath; **feldspath nacré,** argentine, moonstone; **feldspath vert,** amazonstone, amazonite; **feldspath calcosodique,** lime soda feldspar; **feldspath amorphe,** felstone.
feldspathide, *nm Miner* feldspathoid.
feldspathiforme, *a* resembling feldspar.
feldspathique, *a Miner* fel(d)spathic.
feldspathisation, *nf Miner* feldspathization.
feldspathoïde, *nm Miner* feldspathoid.
felsite, *nf Miner* felsite.
felsobanyite, *nf Miner* felsobanyite.
f.é.m., *abbr* **force électromotrice,** electromotive force, EMF, emf.
femelle, *nf & a* (*a*) female (animal, sex, etc); (*b*) *Bot* female, pistillate (flower).
féminiflore, *a Bot* bearing female flowers.
fémoral, -aux, *a Anat Z* femoral.
fémur, *nm Anat Z* femur.
fenchène, *nm Ch* fenchene.
fenchol, *nm Ch* fenchyl alcohol.
fenchone, *nf Ch* fenchone.
(±)-fenchone, *nf Ch* (±)-fenchone.
fenchyle, *nm Ch* fenchyl.
fenchylique, *a Ch* **alcool fenchylique,** fenchyl alcohol.
se fendre, *vpr* (*of rock*) to fissure.
fenestré, *a Z* fenestrate; *Geol* **structure fenestrée,** lattice structure; *Bot* **feuille fenestrée,** lattice leaf.
fenêtre, *nf Anat Z* fenestra; **fenêtre ovale,** fenestra ovalis.
fente, *nf* (*a*) *Geol* fissure; **fente de retrait,** shrinkage crack; (*b*) *Z* rima; *Anat Z* **fente branchiale,** visceral cleft.
fer, *nm Ch Miner* (*symbol* Fe) iron; **minerai de fer,** iron ore; **minerai de fer argileux,** clay ironstone; **sulfate de fer,** green vitriol; **fer au nickel,** nickel iron; *Bot* **en fer de lance,** lanceolate.
ferbérite, *nf Miner* ferberite.
ferghanite, *nf Miner* ferg(h)anite.
fergusonite, *nf Miner* fergusonite.
ferment, *nm* ferment (of liquids).
fermentatif, -ive, *a* fermentative.

fermentation, *nf Ch* fermentation (of a liquid); zymosis; **fermentation acétique,** acetic fermentation; **fermentation alcoolique,** alcoholic fermentation; **fermentation artificielle,** artificial fermentation; **fermentation par dépôt,** deep fermentation; **fermentation haute,** top fermentation; **fermentation panaire,** fermentation of bread; **fermentation du thé,** tea fermentation.
fermenter, *vi* (*of liquids*) to ferment.
fermi, *nm AtomPh Meas* fermi.
fermion, *nm AtomPh* fermion.
fermium, *nm Ch* (*symbol* Fm) fermium.
fermorite, *nf Miner* fermorite.
fer-nickel, *nm* nickel iron; **alliages fer-nickel,** ferronickel alloys.
ferrate, *nm Ch* ferrate.
ferredoxine, *nf Ch* ferredoxin.
ferret, *nm Miner* (*a*) hard kernel, core (in stone); (*b*) **ferret (d'Espagne),** red iron ore, h(a)ematite.
ferreux, -euse, *a Ch Miner* ferrous (metal); ferriferous (ore); **alliages ferreux,** iron alloys, ferro-alloys; **non ferreux,** non-ferrous; **grenat ferreux,** iron garnet; **sulfate ferreux,** green vitriol.
ferri-, *pref Ch Miner* ferri-.
ferrico-, *pref Ch* (*in double salts*) ferric; **sel ferrico-ammonique,** ferric ammonium salt.
ferricyanhydrique, *a Ch* ferri(hydro)-cyanic, ferricyanhydric (acid).
ferricyanogène, *nm Ch* ferricyanogen.
ferricyanure, *nm Ch* ferricyanide.
ferrifère, *a Ch Miner* ferriferous, containing, yielding, iron; iron-bearing, iron-producing.
ferrimagnétique, *a* ferrimagnetic.
ferrimagnétisme, *nm* ferrimagnetism.
ferrioxalique, *a Ch* ferrioxalic (acid).
ferrique, *a Ch* ferric (salt, oxide, etc).
ferrite, *nm Ch* ferrite.
ferritine, *nf Ch Physiol* ferritine.
ferro-, *pref Ch Miner* ferro-.
ferro-alliage, *nm Metall* ferro-alloy; *pl ferro-alliages.*
ferro-aluminium, *nm* ferro-aluminium.
ferrobore, *nm Metall* ferroboron.
ferrocalcite, *nf Miner* ferrocalcite.
ferrochrome, *nm* ferrochrome, ferrochromium; chrome iron.
ferrocyanhydrique, *a Ch* ferrocyanic, ferrocyanhydric.
ferrocyanogène, *nm Ch* ferrocyanogen.
ferroélectricité, *nf Ph* ferroelectricity.
ferroferrite, *nf Ch* ferrosoferric oxide.
ferromagnésien, -ienne, *a Miner* ferromagnesian.
ferromagnétique, *a Ph* ferromagnetic.
ferromagnétisme, *nm Ph* ferromagnetism.
ferromanganèse, *nm Miner* ferromanganese.
ferromolybdène, *nm* ferromolybdenum.
ferronickel, *nm* ferronickel.
ferroprussiate, *nm Ch* ferroprussiate.
ferrosilicium, *nm Metall* ferrosilicon.
ferrosoferrique, *a Ch* ferrosoferric.
ferrotitane, *nm Metall* ferrotitanium.
ferrotungstène, *nm Miner* ferrotungsten.
ferrovanadium, *nm Metall* ferrovanadium.
ferroxyde, *nm Ch* **ferroxyde de manganèse,** grey oxide of manganese.
ferrugineux, -euse, *a Miner* ferruginous; **argile ferrugineuse,** iron clay; **sable ferrugineux,** iron sand.
fertile, *a* fertile.
fertilisant 1. *a* fertilizing. **2.** *nm* fertilizer.
fertilisation, *nf* fertilization, fertilizing.
fertiliser, *vtr* to fertilize.
fertiliseur, *nm* fertilizer.
fertilisine, *nf Biol* fertilizin.
férulique, *a Ch* ferulic.
fervanite, *nf Miner* fervanite.
fétide, *a Biol* virose.
feuil, *nm Ch Ph* (surface) film.
feuillage, *nm Bot* foliage, leaves; **plante à feuillage,** foliage plant.
feuillagé, *a* (*of plant*) in leaf.
feuillaison, *nf Bot* (*a*) foliation; (*b*) vernation.
feuille, *nf* (*a*) *Bot* leaf (of plant); **feuille verte, normale,** foliage leaf; **bourgeon à feuille,** leaf bud; **feuille simple, composée,**

simple, compound, leaf; **feuilles opposées,** opposite leaves; **feuilles verticillées,** verticillate leaves; **feuilles alternes,** alternate leaves; **limbe de feuilles,** leaf blade; **enveloppement d'une feuille,** leaf sheath; **feuilles entourantes, engainantes,** sheathing leaves; **aux feuilles épaisses,** thick-leaved; **arbre à larges feuilles,** broad-leaved tree; **à feuilles de lierre,** ivy-leaved; **à trois feuilles,** three-leaved; **à feuilles étroites,** narrow-leaved; (*b*) foil.

feuillé, *a Bot* (*of stalk, etc*) foliate.

feuillet, *nm* (*a*) *Anat Z* (*third stomach of ruminant*) omasum, manyplies, psalterium; **feuillet viscéral de la plèvre,** pulmonary pleura; **feuillet pariétal de la plèvre,** costal pleura, parietal pleura; *Biol* **feuillet vasculaire,** parablast; (*b*) *usu pl Geol* **feuillets (de schistes),** folia.

feuilleté, *a Geol etc* foliated, foliaceous, laminated, lamellar (rocks, etc).

feuillette, *nf Bot* small leaf, leaflet.

feuillu, *a Bot* foliate; frondose, frondous; broad-leaved, deciduous (tree, forest); **forêt d'arbres feuillus,** hardwood forest.

feutre, *nm Biol* tomentum.

fibranne, *nf Tex* staple fibre.

fibre, *nf Bot Anat* fibre; *Bot* **fibre ligneuse,** woody fibre; **fibre végétale,** vegetable fibre; **fibre du bois,** grain of the wood; **fibre de verre,** glass fibre; **fibre vulcanisée,** vulcanized fibre; *Anat* **fibre musculaire,** muscle fibre; **fibre nerveuse,** nerve fibre.

fibre-cellule, *nf Anat* fibre cell; *pl fibres-cellules.*

fibreux, -euse, *a* fibrous; fibriform; *Anat* **tissu fibreux,** fibrous tissue; *Bot* **racine fibreuse,** fibrous root; *Miner* **cassure fibreuse,** fibrous fracture.

fibrillaire, *a Bot* fibrillar(y), fibrillate(d).

fibrillation, *nf Physiol* fibrillation.

fibrille, *nf Bot* fibril(la).

fibrine, *nf Ch Physiol* fibrin.

fibrine-ferment, fibrin-ferment, *nm Ch Physiol BioCh* fibrin ferment, thrombin; *pl fibrines-ferments, fibrins-ferments.*

fibrinogène, *nm BioCh* fibrinogen.

fibrinolyse, *nf Physiol* fibrinolysis.

fibroblaste, *nm Biol* fibroblast.

fibro-cartilage, *nm Z* fibro-cartilage.

fibrocyte, *nm Biol* fibrocyte.

fibroferrite, *nf Miner* fibroferrite.

fibroïde, *a Biol* fibroid.

fibroïne, *nf Ch* fibroin.

fibrolite, *nf Miner* fibrolite.

fibrome, *nm Biol* fibroid, fibroma.

fibro(-)vasculaire, *a Bot* fibrovascular; **faisceau fibro-vasculaire,** vascular bundle.

ficine, *nf Ch* ficin.

Fick, *Prn Ch* **loi de Fick de la diffusion,** Fick's law of diffusion.

fidélité, *nf Genet* fidelity.

fiel, *nm* gall (of animal).

fièvre, *nf Bac Med* **fièvre jaune,** yellow fever.

figement, *nm* coagulation, congealing, clotting, solidifying (of blood, etc).

figer, *vtr* to coagulate, congeal.

se figer, *vpr* (*of blood*) to solidify, clot, coagulate, congeal.

fil, *nm* thread (of plant, etc); *El* wire; **fil d'équilibre, fil neutre,** equalizing conductor; **fil de compensation, fil intermédiaire, médian,** neutral conductor; *Ch* **fil de verre,** yarn glass.

filament, *nm Biol* filament, fibre (of plant, etc); *Bot* thread (of plant); **filament végétatif,** vegetative filament; **à filaments,** filamented; **filament urticant,** thread (of nematoblast).

filet, *nm Z* filament; vinculum; *Anat Z* fr(a)enum, fr(a)enulum (of the tongue, etc); *Bot* filament (of stamen); *Ph* **filet de tourbillon,** vortex filament.

filial, -iaux, *a Biol Z* **chromosome filial,** daughter chromosome; **noyau filial,** daughter nucleus; *Genet* **génération filiale,** filial generation.

filicique, *a Ch* filicic (acid).

filière, *nf Z* spinneret, spinning gland (of spider, silkworm, etc).

filiforme, *a Z* filiform; threadlike (antenna, etc); *Anat* **papille filiforme,** filiform papilla; **à terminaison filiforme,** filose.

fille, *nf Biol Z* daughter; **cellule fille,** daughter cell.

fillowite, *nf Miner* fillowite.

film, *nm Phot* film; *Ph* **films superficiels,** surface films.

filon, *nm Geol* vein, seam, lode, lead (of metal, etc); **filon de cuivre, cuprifère,** copper(-bearing) lode; **filon d'étain, stannifère,** tin lode.

filon-couche, *nm Geol* sill; bed vein; *pl filons-couches.*

filtrage, *nm* filtering, filtration.

filtrat, *nm Ch etc* filtrate.

filtration, *nf* filtration, percolation; seeping, seepage; *Ph* **filtration par le vide,** vacuum filtration.

filtre, *nm* filter; *Ph* **filtre à vide,** vacuum filter; **filtre de Wood,** Wood's filter.

filtrer 1. *vtr Ch* to filter; **filtrer dans le vide, à la trompe,** to filter with suction. **2.** *vi & pr* to filter, percolate.

fimbrié, *a Bot* fimbriate(d), fringed.

fimbrille, *nf Bot* **à fimbrilles,** fimbrillate, fimbrillose.

final, -als, *a* ultimate.

finalité, *nf Biol* adaptation.

finnemanite, *nf Miner* finnemanite.

fiole, *nf* flask, vial; *Ch Ph* **fiole jaugée,** volumetric flask; **fiole d'essai,** test jar; **fiole à vide,** filter, suction, flask.

fiord, *nm Geog* fjord.

fiorite, *nf Miner* fiorite.

fischérite, *nf Miner* fischerite.

fisétin, *nm Ch* fisetin.

fissible, *a Ph* fissionable, fissile.

fissile, *a (a) Biol Miner* fissile; scissile; **roche fissile,** fissile rock; *(b) AtomPh* fissionable, fissile.

fissilingue, *a Rept* fissilingual.

fission, *nf AtomPh* fission; **fission atomique, fission de l'atome,** atomic fission, nuclear fission; fission, splitting of the atom; **fission du noyau (atomique),** fission, splitting of the (atomic) nucleus; **fission nucléaire,** nuclear fission; **fission de l'uranium,** uranium fission, splitting; **fission en chaîne,** chain fission; **fission provoquée, fission induite,** induced fission; **fission spontanée,** spontaneous fission; **fission rapide, fission par neutrons rapides,** fast(-neutron) fission; **fission par neutrons lents, fission par neutrons thermiques, fission thermique,** slow-neutron fission, thermal fission; **fission par capture,** fission capture; **produit de fission,** fission product.

fissionner, *vtr AtomPh* **fissionner l'atome,** to split the atom.

fissipare, *a Biol* fissiparous.

fissiparité, *nf Biol* fissiparism, fissiparous reproduction, schizogenesis, scissiparity, fission; **fissiparité binaire,** binary fission.

fissipède, *a Z* fissiped, fissipedal, fissipedate.

fissirostre, *a Z* fissirostral.

fissuration, *nf Geol* fissuration.

fissure, *nf (a) Geol* fissure, cleft, crack (in rock, etc); *(b) Anat* fissure; *Z* **petite fissure,** rimula.

se fissurer, *vpr (of rock, etc)* to fissure, crack.

fistule, *nf Z* fistula.

fistuleux, -euse, *a Bot* fistulous; **tige fistuleuse,** fistulous stem.

fixateur, *nm Biol* fixative.

fixation, *nf Ch* fixation, retention (of nitrogen, etc).

fixe, *a Biol Ph* stationary; **point fixe,** fixed point; *Ch* **corps fixe,** fixed body; **huile fixe,** fixed, fatty, oil; **sel fixe,** fixed salt.

fixisme, *nm Biol* creationism.

fixiste, *nm & f Biol* creationist.

fjeld, *nm Geog* fjeld.

fjord, *nm Geog* fjord.

flabellé, *a Z* flabellate.

flabelliforme, *a Z* flabelliform.

flabellum, *nm Z* flabellum.

flacon, *nm* bottle, vial; *Ch* **flacon à tare,** weighing bottle; **flacon de lavage,** impinger; **flacon laveur,** washing bottle; **flacon doseur,** dropping bottle.

flagellaire, *a Biol* flagellate, flagellar, flagelliform, whiplike.

flagellate, *nm Prot* flagellate.

flagelle, *nm Bot Biol Z* flagellum; **zoospore à deux flagelles,** biflagellate; **à trois flagelles,** triflagellate.

flagellé, *a & nm Biol* flagellate; **flagellé végétal,** plantlike flagellate.

flagelliforme, *a Biol* flagellate, flagelliform, whip-shaped, whiplike.

flagellum, *nm Z Bot Biol* flagellum.

flajolotite, *nf Miner* flajolotite.

flamme, *nf Ch* flame; **flamme éclairante,** luminous flame; **flamme nue,** naked flame; **flamme oxydante,** oxidizing flame;

flamme réductrice, reducing flame; **flamme de la température basse,** low temperature flame; **vitesse de propagation de la flamme,** flame propagation rate.

flanc, *nm Z* ilium.

flash, *nm Ph* **flash à vide,** vacuum flash.

flasque, *a* flaccid; lax.

flavane, *nm Ch* flavane.

flavanone, *nf Ch* flavanone.

flavanthrène, *nm Ch* flavanthrone, flavanthrene.

flavine, *nf Ch* flavin.

flavone, *nf Ch* flavone.

flavonol, *nm Ch* flavonol.

flavonolique, *a Ch* **hétéroside flavonolique,** flavonolic glycoside.

flavoprotéine, *nf* flavoprotein.

flavopurpurine, *nf Ch* flavopurpurin.

flèche, *nf Ch Ph* pointer (of balance); *Miner* **flèches d'amour,** rutilated quartz, rutile.

fléchisseur, *nm Biol* flexor.

flétrissement, *nm Bot* wilting; **point de flétrissement,** wilting coefficient.

flétrissure, *nf Bot* withering, marcescence (of flowers).

fleur, *nf (a) Bot* flower; blossom, bloom; *pl* inflorescence (of a tree, etc); **en fleurs,** inflorescent; **fleurs des champs, fleurs sauvages,** wild flowers; **plante à fleurs,** flowering plant; **fleur radiée, ligulée,** ray flower; **fleurs extérieures, rayonnantes,** ray florets (of a composite flower); **fleur rosacée,** rosaceous flower; **fleur neutre,** sexless flower; **pousser des fleurs, être en fleur,** to flower, to blossom; *(b)* **fleurs (du soufre sur le caoutchouc, etc),** bloom; **fleur d'antimoine, de soufre,** flowers of antimony, of sulfur; **fleur de cobalt, de zinc,** cobalt, zinc, bloom.

fleuraison, *nf* flowering; time of flowering; florescence.

fleurir, *vi (of plants)* to flower.

fleurissant, *a Bot* in bloom; in flower, in blossom; inflorescent.

fleuron, *nm Bot* small flower; floscule; floret (of Compositae, etc).

fleuronner, *vi (a) (of plants)* to produce florets; *(b)* to blossom.

flexibilité, *nf Ph* elasticity.

flexible, *a Ph* elastic.

flexicaule, *a Bot* having a flexuous stalk.

flexueux, -euse, *a Biol* flexuous.

flinkite, *nf Miner* flinkite.

flint(-glass), *nm* flint glass.

flocculus, *pl* **-i,** *nm (a) Z* flocculus; *(b) Astr pl* flocculi, (solar) flocculi.

flocon, *nm Ch* flocculus, floccule flocks; *Bot* floccus, tuft (of hairs).

floconner, *vi Ch* to form into floccules; to become flocculent; to flocculate.

floconneux, -euse, *a Ch* flocculent, flocculous, flocculose (precipitate); *Bot* floccose.

floculant, *nm Ph* flocculant, flocculating agent.

floculation, *nf* flocculation (of colloidal solution); **réaction de floculation,** flocculation (reaction).

floculé, *nm Ph* flocculate.

floculer, *vi Ch (of colloidal solution)* to flocculate.

floculeux, -euse, *a Ch* flocculent, flocculous, flocculose (precipitate, etc).

floraison, *nf* flowering, blossoming, blooming, florescence; efflorescence; inflorescence; anthesis.

floral, -aux, *a* floral; *Bot* **feuille florale,** floral leaf.

flore, *nf* flora, plant life; **la flore et la faune d'une région,** the flora and fauna, the biota, of a region; **flore microbienne,** microflora.

florensite, *nf Miner* florencite.

floricole, *a Ent* flower-dwelling.

florifère, *a Bot* floriferous, flower-bearing.

floripare, *a Bot* floriparous.

florule, *nf Bot* florule, florula.

flosculeux, -euse, *a Bot* floscular, flosculous.

flos-ferri, *nm Miner* flos ferri.

flotteur, *nm Algae* air bladder, float.

fluate, *nm Ch* fluate.

fluaté, *a Ch* **chaux fluatée,** calcium fluoride, fluorite, fluorspar.

flucérine, *nf Miner* fluocerine.

fluctuation, *nf Biol* fluctuation.

fluellite, *nf Miner* fluellite.

fluide, *a & nm Ch* fluid; **état fluide,** fluid state.

se fluidifier, *vpr* (*of gas, etc*) to liquefy.
fluoaluminate, *nm* fluoaluminate.
fluoborate, *nm* fluoborate.
fluoborique, *a* fluoboric.
fluocérine, fluocérite, *nf Miner* fluocerine, fluocerite.
fluophosphate, *nm* fluophosphate.
fluor, *nm Ch* (*symbol* F) fluorine; *Miner* **spath fluor,** fluorspar, fluorite.
fluoranthène, *nm Ch* fluoranthene.
fluoranthrène, *nm Ch* fluoranthrene.
fluoration, *nf Ch* fluoridation.
fluorène, *nm Ch* fluorene.
fluorénone, *nf Ch* fluorenone.
fluorescéine, *nf Ch* fluorescein.
fluorescence, *nf Ch* fluorescence.
fluorescent, *a Ch* fluorescent.
fluorhydrate, *nm Ch* hydrofluoride.
fluorhydrique, *a Ch* hydrofluoric (acid).
fluorine, *nf Miner* fluorspar, fluorite, calcium fluoride.
fluoroalkane, *nm Ch* fluorocarbon.
fluoroforme, *a Ch* fluoroform.
fluoromètre, *nm Ch* fluorimeter.
fluorométrie, *nf Ch* fluorimetry.
fluoruration, *nf Ch* fluoridation.
fluorure, *nm Ch* fluoride; **fluorure de calcium,** calcium fluoride.
fluosilicate, *nm Ch* fluosilicate, silicofluoride.
fluosilicique, *a Ch* fluosilicic (acid).
fluosulfonique, *a Ch* fluosulfonic (acid).
fluviatile, *a* fluviatile; **mollusques fluviatiles,** river, freshwater, molluscs.
fluvio(-)glaciaire, *a Geol* fluvioglacial; **cailloutis fluvio(-)glaciaire,** fluvioglacial gravel.
fluvio(-)marin, *a Geol* fluviomarine.
flux, *nm Ph Med* flux; **densité de flux,** flux density; **flux énergétique,** radiant flux.
fluxmètre, *nm Ph* flux meter.
Fm, *symbol of* fermium.
focal, -aux, *a Ph* focal; **distance focale,** focal length; **plan focal,** focal plane; **profondeur focale,** focal depth.
fœtal, -aux, *a Biol* f(o)etal.
fœtus, *nm Biol* f(o)etus.
foie, *nm Anat* liver; **maladie de foie,** liver disease; **douve du foie,** liver fluke; **foie flottant,** wandering liver; **foie pancréatique,** liver-pancreas; *Ch* **foie d'antimoine, de soufre,** liver of antimony, of sulfur.
foisonnement, *nm* swelling, expansion (of lime, etc, when moistened).
foisonner, *vi* (*of earth, lime, etc*) to increase in volume, to swell, to expand.
foliacé, *a* (*a*) *Bot* foliaceous, leaflike; phylloid (thallus, etc); (*b*) *Geol* (*of rock*) foliaceous.
foliaire, *a Bot* foliar; **coussinet foliaire,** leaf cushion; **organe foliaire,** leaf organ.
foliation, *nf* (*a*) *Bot* foliation; leafing; (*b*) *Bot* foliation; vernation; arrangement of the leaves; phyllotaxy; (*c*) *Geol* foliation.
folié, *a Geol etc* foliated.
foliicole, *a Ent Bot* foliicolous.
foliipare, *a Bot* **bourgeon foliipare,** leaf bud.
folinique, *a Ch* folinic (acid).
foliole, *nf Bot* leaflet, foliole; pinnule; **feuille à cinq folioles,** five-foliate, quinate, leaf.
foliolé, *a Bot* foliolate, foliolose.
folique, *a BioCh* folic (acid).
folliculaire, *a Bot Physiol* follicular.
follicule, *nm Bot Anat etc* follicle; **pourvu de follicules,** folliculate; **ayant des follicules,** folliculose; **follicule pileux,** hair follicle; **follicules clos,** solitary glands.
folliculeux, -euse, *a Bot Physiol* follicular, folliculate.
folliculine, *nf Physiol* folliculin.
folliculo-stimuline, *nf Physiol* follicle-stimulating hormone.
fonction, *nf Biol* function; **fonctions de l'estomac, du cœur,** functions of the stomach, of the heart; *Ph* **fonctions de l'onde, symétriques et antisymétriques,** wave functions.
fonctionnel, -elle, *a* functional; **trouble fonctionnel,** functional disease.
fond, *nm* (*a*) bottom; **fond sous-marin,** ocean floor, ocean bottom; *Geol* **fond de bateau,** syncline; **fond de bateau renversé,** anticline; **fond de vallée,** valley bottom; (*b*) *Biol* fundus.
fondamental, -aux, *a* fundamental.
fondement, *nm Biol* fundament; ground state (of a theory).

fondiforme, *a* fundiform.

fondre 1. *vtr* to dissolve (salts, sugar, etc); to fuse. **2.** *vi* (*of salts, sugar, etc*) to dissolve.

fongicide, *nm Ch* fungicide.

fongicole, *a Bac* fungus-dwelling.

fongiforme, *a* fungiform; mushroom-shaped.

fongique, *a* fungal.

fongivore, *a* fungivorous.

fongoïde, *a Bot* fungoid.

fongueux, -euse, *a Bot* fungous (growth, etc).

Fontana, *Prn Z* **espaces de Fontana,** Fontana's spaces.

fontanelle, *nf Anat Z* fontanel(le), fonticulus.

fonte, *nf* fusion; **fonte miroitante,** specular pig (iron).

foramen, *nm Biol Anat Z* foramen.

force, *nf Ph* force; **force accélératrice, force d'accélération,** accelerating force; **force centrifuge,** centrifugal force; **force centripète,** centripetal force; **constante de force,** force constant; **forces répulsives,** repulsive forces; **force élastique,** tension (of fluid); **force d'inertie,** vis inertiae, inertial force; **force vive, force d'impulsion,** kinetic energy, momentum; *Biol* **force vitale,** life force; **force d'un acide,** strength of an acid.

forcipule, *nf Arach* chelicera.

forestier, -ière, *a* **massif forestier,** forest-clad mountain group.

formal, *nm Ch* formal.

formaldéhyde, *nm occ f Ch* formaldehyde.

formamide, *nm Ch* formamide.

formation, *nf Bot etc* formation; *Geol* structure (of rock, etc); **formation granitique,** granite formation; **formation quaternaire,** quaternary formation; **formation sédimentaire,** sedimentary statum, deposit.

formazyle, *nm Ch* formazyl.

forme, *nf* form, shape; *Psy* gestalt; *Biol* **les formes diverses d'une espèce polymorphe,** the various morphs of a polymorphic species; *Bot* **en forme de cloche,** bell-shaped; *Cryst* **forme cristalline,** crystal form; *Biol* **forme (spéciale) (d'une variété),** form; **forme typique,** wild type; *Ph* **forme d'onde,** wave form, wave shape; *Biol* **forme régressive,** involution form; **forme de transition,** intergrade.

formiamide, *nm Ch* formamide.

formiate, *nm Ch* formate.

formicage, *nm Orn* anting.

formique, *a Ch* formic (acid).

formogène, *a Ch* formol-producing.

formol, *nm Ch* formaldehyde; **solution aqueuse de formol,** formalin.

formule, *nf Ch etc* formula; **formule empirique, brute,** empiric formula; **formule de constitution,** constitutional formula; **formule rationnelle,** rational formula; **formule développée,** structural formula; **formule graphique,** graphic formula.

formuler, *vtr* to formulate; *Ph Ch* **formuler une loi,** to reduce a law to a formula, to formulate a law.

formyle, *nm Ch* formyl.

fornice, *nf Bot* fornix.

forstérite, *nf Miner* forsterite.

fosse, *nf* (*a*) *Geol* **fosse d'effondrement,** rift valley; trough fault; (*b*) *Anat* fossa; vallecula; **petite fosse,** fossula; **fosse canine,** canine fossa; **fosses nasales,** nasal fossae; **fosse gutturale,** fauces.

fossé, *nm Geol* trough; **fossé d'effondrement,** rift valley; **fossé tectonique,** tectonic valley.

fossette, *nf* (*a*) *Anat* forea; vallecula; fossa; **fossette soux-maxillaire,** submaxillary fossa; (*b*) *Biol Bot Z* scrobiculus; (*c*) *Geol etc* socket.

fossile, *a & nm* fossil; **flore fossile,** fossil flora; **l'homme fossile,** fossil man; **fossile vivant,** relic; **combustibles fossiles,** fossil fuels.

fossilifère, *a* fossiliferous.

fossoyeur, -euse, *a Ent* fossorial, burrowing (insect).

fouisseur, -euse, *a & n* burrowing, fossorial (animal, insect).

foulon, *nm Miner* **terre, marne, à foulon,** fuller's earth.

foulure, *nf Anat* wrench.

fourché, *a Bot* furcate (branch, etc).

fourchette, *nf Z* fourchette.

fourchu, *a Biol* furcal.

fourmariérite, *nf Miner* fourmarierite.

fourmi, *nf Z* ant; **fourmi blanche,** termite.
fourmillant, *a* swarming.
fourreau, *nm Ch* **fourreau de carbone,** tamped carbon.
fovéa, *nf Anat Z* fovea; **fovéa centrale,** fovea centralis; **fovéa centralis,** fovea centralis (retinae).
fovéal, -aux, *a Anat* foveal.
fovéole, *nf Anat Bot* foveola, small pit.
fovéolé, *a Biol Bot* foveolate, pitted.
fowlérite, *nf Miner* fowlerite.
foyaïte, *nf Geol* foyaite.
foyer, *nm Ph Mth etc* focus; *Ph* focal point; **foyer lumineux, foyer de rayonnement,** radiant; *Anat Physiol* **foyer optique,** visual focus.
Fr, *symbol of* francium.
fraction, *nf Ch* fraction.
fractionnateur, *nm Ch* fractionating column.
fractionnement, *nm Ch* fractional distillation.
fractionner, *vtr* to fractionate (distillation); *Geol Ch* **fractionné,** fractional; **distillation fractionnée,** fractional distillation.
fracture, *nf Geol* fracture; **plan de fracture,** fracture plane.
se fracturer, *vpr Geol etc* to fracture.
fragmentation, *nf* (*a*) fragmentation; *Biol* **fragmentation (chromosomique),** fragmentation; (*b*) *Geol* fragmental deposition.
frai, *nm* (*a*) **(le moment du) frai,** spawning (of fish); (*b*) spawning season (of fish); (*c*) spawn; spat (of oysters, mussels); **frai de grenouille,** frog's spawn.
fraie, fraieson, *nf Ich* spawning time, season.
fraise, *nf Z* mesentery (of animal).
francium, *nm Ch* (*symbol* Fr) francium.
francolite, *nf Miner* francolite.
frange, *nf Biol* lacinia.
franguline, *nf Ch* frangulin.
franguloside, *nm Ch* rhamnoxanthine.
franklinite, *nf Miner* franklinite.
frappant, *a* salient.
frayer, *vi* (*of fish, etc*) to spawn.
frayère, *nf* spawning ground.
frein, *nm Anat Z* fr(a)enum, fr(a)enulum; vinculum.
frémissement, *nm Physiol* quiver; *Semiol* thrill.
fréon, *nm Ch* freon.
fréquence, *nf Ch Ph* frequency; **fréquence de vibration,** vibrational frequency; **modulation de fréquence,** frequency modulation; **réponse à fréquence,** frequency response.
Freundlich, *Prn Ch* **adsorption isotherme de Freundlich,** Freundlich's adsorption isotherm.
friction, *nf Med* friction.
friedélite, *nf Miner* friedelite.
frigorie, *nf PhMeas* negative kilocalorie.
frigorification, *nf* freezing.
frisolée, *nf Bot* crinkle (of potatoes); **frisolée (mosaïque),** severe mosaic.
frisson, *nm Physiol* quiver, rigor; *Psy* **frisson symptomatique,** horror.
frittage, *nm Ch* calcining, roasting; calcination; *Metall* sintering.
fritte, *nf Ind* (*a*) calcining, roasting; (*b*) calcined, roasted, ore, etc.
fritter, *vtr Ind* to calcine, roast (carbonates, etc); *Metall* to sinter.
frondaison, *nf Bot* (*a*) foliation, leafing; (*b*) foliage, leaves.
fronde, *nf Bot* (*a*) frond; (*b*) foliation; (*c*) foliage.
frondescent, *a Bot* frondescent.
frondicole, *a* leaf-dwelling (insect, etc).
frondifère, *a Bot* frondiferous.
front, *nm Anat* forehead, frons; *Meteor* **front chaud, froid,** warm, cold, front; *Ph* **front d'onde,** front of wave, wave front; **onde à front raide,** steep-front wave.
frontal, -aux, *a Z* frontal; **lobe frontal,** frontal lobe; **os frontal,** frontal bone; **sinus frontaux,** frontal sinuses.
frottement, *nm Geol* detrition; *Ch Ph* friction; **frottement cinétique,** kinetic friction; **frottement interne,** internal friction; **frottement de glissement,** sliding friction; **frottement de roulement,** rolling friction; **frottement statique,** static friction; **vitesse de frottement,** speed of friction.
frottis, *nm Biol* smear; **frottis vaginal,** vaginal smear.
fructifère, *a* fructiferous, fruit-bearing; *Bac* **corps fructifère,** fruit(ing) body.
fructification, *nf* fructification, fruit-bearing.

fructiforme, *a Bot* fructiform.
fructosane, *nm Ch* fructosan, fructan.
fructose, *nm Ch* fructose.
fructule, *nm Bot* fructule; drupel, drupelet.
frugifère, *a* fructiferous, frugiferous, fruit-bearing.
frugivore, *a* fructivorous, frugivorous, fruit-eating (animal); *n* fruit eater.
fruit, *nm Bot* fruit; **fruit à noyau,** stone fruit; **arbre à fruit,** fruit tree; **bourgeon à fruit,** fruit bud; **fruit à trois valves, fruit trivalve,** three-valved fruit.
fruitier, -ière, *a* fruit-bearing; **arbre fruitier,** fruit tree.
frumentacé, *a Bot* frumentaceous.
frusemide, *nf Ch* frusemide.
frustule, *nm Algae* frustule (of diatom).
frutescent, *a Bot* frutescent, shrubby.
fruticée, *nf Bot* shrubbery.
fruticuleux, -euse, *a Bot* fruticose; fruticulose; **lichens fruticuleux,** fruticose lichens.
frutiqueux, -euse, *a Bot* shrubby.
fuchsine, *nf Ch* fuchsin, rubin.
fuchsite, *nf Miner* fuchsite.
fuchsone, *nf Ch* fuchsone.
fucose, *nm Ch* fucose.
fucostérol, *nm Ch* fucosterol.
fucoxanthine, *nf Ch* fucoxanthin.
fugace, *a* transient; *Bot* fugacious.
fugacité, *nf Ph* fugacity.
fulcre, fulcrum, *nm Z* fulcrum.
fulcré, *a Bot* **branche fulcrée,** prop root.
fulgurite, *nf Geol* fulgurite.
fulminate, *nm Ch* fulminate; **fulminate de mercure,** mercury fulminate.
fulmination, *nf Ch* fulmination.
fulminer, *vi Ch* to fulminate.
fulminique, *a Ch* fulminic (acid).
fulvène, *nm Ch* fulvene.
fumarique, *a Ch* fumaric (acid).
fumarolle, *nf Geol* = **fumerolle.**
fumaryle, *nm Ch* fumaroyl, fumaryl.
fumée, *nf* fume.
fumerolle, *nf Geol* fumarole, smokehole (of volcano).
fumigant, *nm* fumigant.
fumigation, *nf Ch* fumigation; vaporization; **désinfecter par fumigation,** to fumigate; **faire des fumigations de soufre,** to fumigate with sulfur.
fumigatoire, *a* fumigating (apparatus); **appareil fumigatoire,** fumigator.
fumiger, *vtr* to fumigate.
funicule, *nm Bot Z* funicle, funiculus.
funiculé, *a Bot* funiculate.
funiforme, *a Miner Bot* funiform, cord-shaped.
furan(n)e, *nm Ch* furan(e), furfuran.
furfural, *nm Ch* furfural, furfuraldehyde.
furfurane, *nm Ch* furan(e), furfuran.
furfurolique, *a* furfurolic (acid).
furfuryle, *nm Ch* furfuryl.
furfurylidène, *nm Ch* furfurylidene.
furfurylidèneacétaldéhyde, *nm Ch* furfurylideneacetaldehyde.
furfurylidèneacétone, *nf Ch* furfurylideneacetone.
furile, *nm Ch* furil(e).
furilique, *a Ch* furilic (acid).
furoïne, *nm Ch* furoin.
furyle, *nm Ch* furyl.
fusain, *nm Miner Geol* fusain, mineral charcoal.
fuseau, *pl* **-eaux,** *nm Biol* **fuseau achromatique, central (de cellule),** (nucleus) spindle, spindle fibre, spindle element; *Biol* **en forme de fuseau,** fusiform, spindle-shaped.
fuser, *vi Ch* to crackle, deflagrate.
fusible, *nm Ph Metall* fuse.
fusiforme, *a Biol* fusiform; spindle-shaped.
fusion, *nf* fusion; **mettre en fusion,** to fuse; **fusion aqueuse,** aqueous fusion; **fusion ignée,** igneous fusion; **chaleur de fusion,** heat of fusion; *Biol Genet* **noyau de fusion,** fusion nucleus.
fusionnement, *nm* fusion.
fuso-cellulaire, *pl* **fuso-cellulaires,** *a Biol* fusocellular.
fût, *nm Bot* bole (of tree).

G

g, *symbol of* (i) gravitational acceleration, (ii) gram(me).
G, *symbol of* gauss.
Ga, *symbol of* gallium.
gabbro, *nm Geol* gabbro.
gadolinite, *nf Miner* gadolinite.
gadolinium, *nm Ch* (*symbol* Gd) gadolinium.
gahnite, *nf Miner* gahnite.
gaïacol, *nm Ch* guaiacol.
gaïaconique, *a Ch* guaiaconic (acid).
gaïarétique, *a Ch* guaiaretic (acid).
gaine, *nm* (*a*) *Anat* sheath (of muscle, tendon, artery); *Biol* investment; vagina; (*b*) *Bot* sheath; ochrea (round stem); **cellule de la gaine vasculaire,** sheath cell; **gaine amylifère,** starch sheath; **petite gaine,** vaginula, vaginule; (*c*) *Geol* gangue, matrix.
gaize, *nf Miner* gaize.
gal, *nm Ph* gal.
galactagogue, *a & nm Biol* galactagogue, galactogogue.
galactane, *nf BioCh* galactan.
galactase, *nf BioCh* galactase.
galactite, *nf Miner* galactite.
galactogène, galactogogue, *a & nm Biol* galactogogue, milk-producing (gland, etc).
galactonique, *a Ch* galactonic (acid).
galactophage, *a Biol* galactophagous.
galactophore, *a Biol* galactophorous; **vaisseau galactophore,** galactophore, milk duct.
galactopoïèse, *nf Biol* galactopoiesis.
galactopoïétique, *a Bot* galactopoietic.
galactorrhée, *nf Z* superlactation.
galactosamine, *nf Ch* galactosamine.
galactose, *nf BioCh* galactose.
galactozyme, *nm BioCh* galactozyme.
galaxie, *nf Astr* galaxy.
galaxite, *nf Miner* galaxite.
gale, *nf Bot* scurf, scale; *Bot Parasitol* scab.
galea, *nf Ent* galea.
galéiforme, *a* galeiform; galeate(d).
galène, *nf Miner* (lead) galena, lead sulfide, lead glance; **galène de fer,** wolfram.
galénique, *a Pharm* galenical.
galénobismuthite, *nf Miner* galenobismutite.
galerie, *nf* run (of mole); **galerie de termites,** termite gallery.
galeux, -euse, *a* scabietic.
gallate, *nm Ch* gallate.
galle, *nf Bot* gall; **noix de galle,** gallnut; **galle de chêne,** oak gall.
galléine, *nf Ch* gallein.
gallicole, *Ent* **1.** *a* gallicolous. **2.** *nm* gallicola.
gallique, *a Ch* gallic (acid).
gallium, *nm Ch* (*symbol* Ga) gallium.
galvanique, *a Ch* galvanic; **cellule galvanique,** galvanic cell.
galvanisation, *nf Ch* voltaization, zincing; *Tchn* zincking.
galvanomètre, *nm Ph* galvanometer; **sensibilité d'un galvanomètre,** galvanometer sensitivity.
gambir, *nm Ch* gambier.
gamétange, *nm Biol* gametangium.
gamète, *nm Biol* gamete.
gamétique, *a Biol* **cellule gamétique,** gametic cell; **nombre gamétique,** gametic number.
gamétocyte, *nm Biol* gametocyte.
gamétogénèse, *nf Biol* gametogenesis.
gamétophylle, *nm Bot* gametophyl.
gamétophyte, *nm Bot* gametophyte.
gamétothalle, *nm Bot* gametothallus.
gamma, *nm AtomPh* **particule gamma,** gamma particle; **rayons gamma,** gamma rays; **radiation, rayonnement, gamma,** gamma radiation.
gamma(-)globuline, *nf BioCh* gamma globulin.

gamme, *nf Ch* range.
gammexane, *nm Ch* gammexane.
gammocarpellé, *a Bot* syncarpous.
gamogénèse, *nf Biol* gamogenesis.
gamogénétique, *a Biol* gamogenetic.
gamone, *nf Biol* gamone.
gamonte, *nm Biol* gamont.
gamopétale, *a Bot* gamopetalous, sympetalous.
gamophylle, *a Bot* gamophyllous.
gamosépale, *a Bot* gamosepalous, synsepalous.
gamotropisme, *nm Z* gamotropism.
ganglion, *nm Anat* ganglion; **ganglion nerveux,** ganglion cell; **ganglion lymphatique,** lymphatic gland, lymph gland, lymph node.
ganglionné, *a Anat* gangliated.
gangrène, *nf Bot* canker.
gangreneux, -euse, *a Bot* cankerous.
gangue, *nf Miner Geol* gangue, matrix (of precious stone, etc).
ganil, *nm Geol* ganil.
gannister, *nm Miner* gan(n)ister.
ganoïde, *a & nm Ich* ganoid.
ganoïne, *nf Dent* ganoine.
ganomalite, *nf Miner* ganomalite.
ganophyllite, *nf Miner* ganophyllite.
gant, *nm* glove; **gant de laboratoire,** laboratory glove.
garniérite, *nf Miner* garnierite.
garnissage, *nm Ch* **sans garnissage,** unlined.
gas-oil, *nm* gas oil, diesel oil.
gastéropode, *Moll* **1.** *a* gast(e)ropodous. **2.** *nm* gast(e)ropod.
gastrine, *nf Physiol* gastrin.
gastrique, *a* gastric; gastral; **suc gastrique,** gastric juice; **glande gastrique,** gastric gland, peptic gland; **sillon gastrique,** gastral groove; **couche gastrique,** gastral layer.
gastro-colique, *pl* **gastro-coliques,** *a Z* gastrocolic.
gastro-épiploïque, *pl* **gastro-épiploïques,** *a Z* gastroepiploic.
gastro-hépatique, *pl* **gastro-hépatiques,** *a Z* gastrohepatic.
gastro-intestinal, *pl* **gastro-intestinaux, -ales,** *a Z* gastro-intestinal.
gastrologie, *nf* gastrology.
gastrologique, *a* gastrological.
gastropode, *a & nm Moll* = **gastéropode.**
gastrula, *nf Biol* gastrula.
gastrulation, *nf Biol* gastrulation.
gault, *nm Geol* gault.
gauss, *nm Ph* (*symbol* G) gauss.
Gay-Lussac, *Prn* **loi de Gay-Lussac,** Gay-Lussac's law.
gay-lussite, *nf Miner* gaylussite.
gaz, *nm Ch Ph* gas; **gaz naturel,** natural gas; **gaz des marais,** marsh gas; **gaz dégénéré, non dégénéré,** degenerate, non-degenerate, gas; **gaz lacrymogène,** tear gas; **gaz noble,** noble gas; **gaz parfait,** ideal gas; **gaz inerte,** inert gas; **gaz occlus,** occluded gas; **gaz organique,** organic gas; **gaz rare,** rare gas; **gaz raréfié,** rarefied gas; **gaz réducteur,** reducing gas; **gaz toxique,** intoxicant, foul, poisonous, gas; **gaz azote,** nitrogen gas; **gaz peu corrosif,** sweet gas; **gaz d'échappement,** waste gas; **gaz détonant,** detonating, electrolytic, gas; **passage au gaz,** gassing; **gaz Siemens,** producer gas; **gaz à l'eau, gaz d'eau,** water gas; **gaz à la pression atmosphérique,** zero gas; **constante de gaz,** gas constant; **lois du gaz, des gaz,** gas laws; **pression du gaz,** gas pressure; **thermomètre à gaz,** gas thermometer; **échelle d'un thermomètre à gaz,** gas thermometer scale; **énergie du gaz parfait,** energy of ideal gas; **énergie libre du gaz parfait,** free energy of ideal gas; **entropie du gaz,** entropy of gas; **analyse du gaz,** gas analysis; *Med* **gaz nitreux,** laughing gas; **conductibilité dans les gaz,** gaseous conduction.
gazéifiable, *a Ch etc* volatile.
gazéification, *nf Ch* gasification.
gazéifier, *vtr Ch* to gasify, vaporize; to reduce (sth) to the gaseous state.
se gazéifier, *vpr* to gasify, vaporize.
gazeux, -euse, *a* gaseous; **électrodes gazeuses,** gas electrodes; **équilibres des systèmes gazeux,** gas equilibria; *Ch* **phase gazeuse,** vapour phase; **réactions à la phase gazeuse,** gas reactions; **chromatographie en phase gazeuse,** gas, vapour phase, chromatography; **échanges gazeux,** gaseous exchanges.
gazogène, *a* gas-producing.

gazole, *nm* gas oil, diesel oil; **gazole sous vide,** vacuum gas oil.
gazométrique, *a Ch* gasometric; **méthodes gazométriques,** gasometric methods.
gazonnant, *a Bot* c(a)espitose, growing in tufts.
Gd, *symbol of* gadolinium.
Ge, *symbol of* germanium.
géanticlinal, -aux, *Geol* **1.** *a* geanticlinal. **2.** *nm* geanticline.
gédanite, *nf Miner* gedanite.
gédrite, *nf Miner* gedrite.
gehlénite, *nf Miner* gehlenite.
Geiger, *Prn Ph Rad-A* **compteur Geiger,** Geiger counter.
geikielite, *nf Miner* geikielite.
gel, *nm* (*a*) *Ch* gel; colloid; (*b*) freezing.
gélatine, *nf Ch* gelatin(e); **sucre de gélatine,** glycine.
gélatineux, -euse, *a* gelatinous.
gélatiniforme, *a* gelatiniform, gelatinoid.
gélatinobromure, *nm Ch* gelatinobromide; **papier au gélatinobromure,** bromide paper.
gelatinochlorure, *nm Ch* gelatinochloride.
gelée, *nf* jelly; *Histol* **gelée de Wharton,** Wharton's jelly.
gélifiant, *a Ch* gelling; **pouvoir gélifiant,** gelling power.
gélification, *nf Bot* gelification, jellification; *Ch* gelling, jelling, gellation.
se gélifier, *vpr Ch* (*of colloid*) to gel.
gélignite, *nf Ch* gelignite.
gélose, *nf Ch* gelose; agar-agar.
gelsémine, *nf Ch* gelsemine.
gémination, *nf Biol* gemination.
géminé, *a* geminate; *Bot* twin (leaves, etc).
gemmation, *nf Biol* gemmation, budding; **se reproduire par gemmation,** to gemmate.
gemme, *nf* (*a*) *Miner* gem; precious stone; **pierre gemme,** gemstone; **sel gemme,** rock salt, halite; (*b*) *Biol* gemma; (*c*) *Bot* (leaf) bud; (*d*) *Bot* offset bulb.
gemmer, *vi* (*of trees*) to bud, to gemmate.
gemmifère, *a Biol Miner* gemmiferous.
gemmiflore, *a Bot* gemmiflorate.
gemmiforme, *a Bot* gemmiform, bud-shaped.
gemmipare, *a Biol* gemmiparous.
gemmiparité, *nf Biol* gemmiparous reproduction.
gemmule, *nf Bot* gemmule.
gémule, *nf Bot* plumula, plumule.
génal, -aux, *a Anat* genal, cheek (muscle, etc).
gencive, *nf Anat Z* gum; gingiva; ulon.
gène, *nm Biol* gene; **gène dominant, récessif,** dominant, recessive, gene; **échange des gènes,** gene exchange; **fréquence des gènes,** gene frequency; **mouvement des gènes,** gene flow; **mutation des gènes,** gene mutation; **réservoir de gènes,** gene pool.
génécologie, *nf Biol* genecology.
générateur, *nm Ph* generator; **générateur à vapeur,** steam generator.
génératif, -ive, *a Biol* generative.
génération, *nf* generation; *Biol* **génération alterne, alternante,** alternate generation; **génération spontanée,** spontaneous, equivocal, generation; **génération X,** X generation; *Z* **génération vivipare,** zoogonia.
générer, *vtr* to generate (electricity, etc).
générique, *a* generic; *Biol* **nom générique,** generic name.
génésique, *a Biol* genetic (instinct, etc).
génétique, *Biol* **1.** *a* genetic; **code génétique,** genetic code; **mouvement génétique,** genetic drift. **2.** *nf* genetics.
génétiquement, *adv Biol* genetically.
génévrique, *a Ch* juniperic (acid).
géniculation, *nf BioCh Bot* geniculation.
géniculé, *a Biol Bot* geniculate(d); kneed; *Anat* **ganglion géniculé,** geniculate ganglion; *Bot* **tige géniculée,** geniculate stem.
génie, *nm* genius.
génien, -ienne, *a Anat Z* genial.
génistéine, *nf Ch* genistein.
génital, -aux, *a* genital; **tubercule génital,** genital tubercle; **les organes génitaux,** the genitals, genitalia, the sex organs.
génito-crural, *pl* **génito-cruraux, -ales**, *a Z* genitocrural.
génito-urinaire, *pl* **génito-urinaires**, *a Anat Physiol Z* genitourinary, urogenital.

génoïde, *nm Biol* genoid.
génome, *nm Biol* genom(e).
génomère, *nm Biol* genomere.
génosome, *nm Biol* genosome.
génotype, *nm Biol* genotype, idiotype, wild type.
génotypique, *a Biol* genotypical.
genou, *pl* **-oux**, *nm Z* genu; knee.
genouillé, *a Anat* **corps genouillés**, geniculate bodies; *Bot* **tige genouillée**, geniculate stem.
genre, *nm Biol* genus; **le genre humain**, the genus Homo, the human race; **hybride de genres**, intergeneric hybrid; **genre type**, type genus.
genthite, *nf Miner* genthite.
gentianine, *nf Ch* gentianin.
gentiobiose, *nm Ch* gentiobiose.
gentiopicrine, *nf Ch* gentiopicrin.
gentisate, *nm Ch* gentisate.
gentisine, *nf Ch* gentisin.
gentisique, *a Ch* gentisic (acid).
géobiologie, *nf* geobiology.
géobiontes, *nmpl Biol* geobionts.
géoblaste, *nm Bot* geoblast.
géobotanique, *nf* geobotany.
géocérite, *nf Miner* geocerite.
géochimie, *nf* geochemistry.
géochimique, *a* geochemical.
géoclase, *nf Geol* fault.
géocronite, *nf Miner* geocronite.
géode, *nf Geol* geode, druse.
géodique, *a Geol* geodic.
géographie, *nf* geography; **géographie physique**, physical geography; **géographie humaine**, anthropogeography, human geography.
géographique, *a* geographic(al).
géographiquement, *adv* geographically.
géologie, *nf* geology; **géologie structurale**, structural geology.
géologique, *a* geological; **époque, ère, période, temps, géologique**, geological epoch, era, period, time; **structure géologique**, geological structure.
géologiquement, *adv* geologically.
géomagnétique, *a* geomagnetic.
géométriquement, *adv* geometrically.
géomorphique, *a* geomorphic.
géomorphologie, *nf* geomorphology.
géomorphologique, *a* geomorphologic(al).
géophysique 1. *a* geophysical. **2.** *nf* geophysics.
géophyte, *nf Bot* geophyte.
géosynclinal, **-aux**, *Geol* **1.** *a* geosynclinal. **2.** *nm* geosyncline.
géotaxie, *nf Biol* geotaxis, geotaxy.
géotropique, *a Bot* geotropic.
géotropisme, *nm Bot* geotropism.
géraniol, *nm Ch* geraniol.
géranyle, *nm Ch* geranyl.
gérhardtite, *nf Miner* gerhardtite.
germanite, *nf Miner* germanite.
germanium, *nm Ch* (symbol Ge) germanium.
germe, *nm Biol* germ; *Bot* sprout; **porteur de germes**, germ carrier; *Ph* **germe de cristallisation**, crystal nucleus; *Ch* **germe cristallin**, seed crystal; **germe de soja**, seed oil.
germen, *nm Biol* germen.
germer, *vi* to germinate.
germicide, *a Microbiol* germicidal.
germinal, **-aux**, *a Biol* (*of vesicle, etc*) germinal; **cellules germinales**, germinal cells; **couche germinale**, germ layer; **feuille germinale**, seed leaf, seed lobe.
germinateur, **-trice**, *a Biol* germinative.
germinatif, **-ive**, *a Biol* germinative, germinal; **plasma germinatif**, germ plasm; **vésicule germinative**, germinal vesicle; **zone germinative**, germ area; *Biol* **couche germinative**, germ layer.
germination, *nf Biol* germination; **hormone de la germination**, germination hormone; **germination épigée**, epigeous germination; **germination hypogée**, hypogeous germination.
gérontisme, *nm Z* senilism.
gérontologie, *nf Biol Med* gerontology.
gersdorffite, *nf Miner* gersdorffite; nickel glance.
gésier, *nm Orn Ent* gizzard.
gestater, *vtr Physiol* to gestate.
gestation, *nf Physiol* gestation; **temps, période, de gestation**, gestation period.
geyser, *nm Geol* geyser.
geysérite, *nf Miner* geyserite.
gibbérellines, *nfpl Bot* gibberellins.

gibbosité, *nf Biol* excurvation.
Gibbs, *Prn Ph Ch* **équation de Gibbs et Helmholtz,** Gibbs-Helmholtz equation.
gibbsite, *nf Miner* gibbsite.
gigantisme, *nm Physiol* gigantism.
gigantolite, *nf Miner* gigantolite.
gilsonite, *nf Miner* uinta(h)ite.
gingival, -aux, *a Biol* gingival; uletic.
ginglyme, *nm Anat Z* ginglymus, hinge.
ginglymoïdal, -aux, *a Z* ginglymoid.
giobertite, *nf Miner* giobertite, magnesite.
gisement, *nm Geol* layer, bed, deposit, stratum; **gisements houillers,** coal deposits, measures.
gismondine, gismondite, *nf Miner* gismondine, gismondite.
gîte, *nm Geol* stratum, bed, deposit (of ore, etc); **gîtes houillers,** coal measures.
gitonogamie, *nf Bot* geitonogamy.
glabelle, *nf Z* glabella.
glabre, *a Z* glabrous, smooth.
glace, *nf Ch* ice; **structure de la glace,** structure of ice.
glaciaire, *Geol* **1.** *a* glacial; **vallée glaciaire,** glacial valley; **érosion glaciaire,** glacial erosion; **époque, période, glaciaire,** ice age, glacial epoch, glacial period. **2.** *nm* glacial epoch, glacial period.
glacié, *a Geol* glaciated.
glacier, *nm Geol* glacier; **glacier encaissé, glacier de vallée (du type alpin),** valley glacier, Alpine glacier; **glacier continental,** continental ice sheet; **apport des glaciers,** glacial drift.
glaciologie, *nf Geol* glaciology.
gladié, *a Bot* gladiate, sword-shaped.
gladite, *nf Miner* gladite.
glairine, *nf Ch* glairin.
glaise, *nf* clay, loam; **terre glaise,** clay; **glaise à dégraisser,** fuller's earth.
glaiseux, -euse, *a* clayey, loamy; **sol glaiseux,** clay soil, stiff soil.
glaive, *nf Bot* **feuille en glaive,** gladiate, sword-shaped, leaf.
gland, *nm Anat* glans (penis); *Bot* acorn.
glande, *nf Anat Z Bot* gland; *Anat* glandula; **glandes lacrymales,** lachrymal glands, tear glands, adnexa oculi; **glandes lymphatiques,** lymph(atic) glands; **glande mère,** mastergland; **glandes à sécrétion interne,** ductless glands; **glande à sécrétion odoriférante,** scent gland; **glande de Couper,** glandula bulbourethralis; **glande pinéale,** glandula pinealis; **glandes sébacées,** glandulae sebaceae; **glande sous-maxillaire,** glandula maxillaris; **glandes sudoripares,** glandulae sudoriferae; **glande vulvo-vaginale de Bartholini,** glandula Bartholini; **glandes en grappes, glandes acineuses,** racemose glands; **glandes para-urétrales,** Skene's glands (in urethra of woman); **glandes de Weber,** Weber's glands (of tongue); **glandes de Meibomius,** Zeis glands; *Embry* **glande vitellogène,** yolk gland; *Rept Z* **glande venimeuse, à venin,** poison gland; **glande vénénifère,** poison-bearing gland; *Z* **glande du noir,** ink sac, ink bag (of cuttlefish); *Z* **glande cirière,** wax gland; *Ich Echin* **glande rouge,** red gland.
glandifère, *a Bot* glandiferous, acorn-bearing.
glandiforme, *a* glandiform; (*a*) acorn-shaped; (*b*) gland-like.
glandivore, *a* acorn-eating.
glandulaire, *a Biol* glandular; **cellule glandulaire,** gland cell; **tissu glandulaire,** glandular tissue.
glandule, *nf Bot Anat* glandula, glandule.
glanduleux, -euse, *a Bot Anat* glandular; glandulous.
glandulifère, *a Bot Anat* glanduliferous.
glaphique, *nm Miner* steatite.
Glauber, *Prn Ch* **sel de Glauber,** Glauber's salt(s).
glaubérite, *nf Miner* glauberite.
glaucescence, *nf Bot* glaucescence.
glaucescent, *a Bot* glaucescent.
glaucochroïte, *nf Miner* glaucochroite.
glaucodot, *nm Miner* glaucodot.
glauconie, *nf Miner* glauconite; green earth.
glauconieux, -ieuse, *a Miner* glauconitic; **sable glauconieux,** greensand.
glauconifère, *a Miner* glauconiferous.
glauconite, *nf Miner* glauconite; green earth.
glaucophane, *nf Miner* glaucophane.
glauque, *a* glaucous.

glèbe, *nf Agr* glebe.
glène, *nf Anat* glene, socket.
glénoïdal, -aux, *a,* **glénoïde,** *a & nf Anat Z* **1.** *a* glenoid(al); **cavité glénoïdale,** glenoid(al) cavity. **2.** *nf* **glénoïde,** glenoid(al) cavity.
gliadine, *nf BioCh* gliadin.
glial, -iaux, *a Anat Z* (*of tissue, etc*) glial.
glissement, *nm Geol* **surface de glissement,** slips.
Glisson, *Prn Anat Z* **capsule de Glisson,** Glisson's capsule.
globeux, -euse, *a Bot etc* globose.
globigérine, *nf Prot* globigerina; *Geol* **boue à globigérines,** globigerina ooze.
globine, *nf BioCh* globin.
globoïde, *nm Bot* globule.
globulaire, *a* globular; **valeur globulaire,** blood quotient.
globule, *nm* globule (of air, water); *Physiol* (blood) corpuscle, blood cell; **globule blanc du sang,** leucocyte, white blood corpuscle, white blood cell; **globule rouge,** erythrocyte, red blood corpuscle, red blood cell; *Biol* **globule polaire,** polar body.
globuleux, -euse, *a* globular; *Anat* **noyau globuleux,** globulus.
globulin, *nm Physiol* h(a)ematoblast, blood platelet.
globuline, *nf BioCh* globulin.
globulose, *nf Ch* globulose.
glochidié, *a Bot* glochidiate.
glomérule, *nm Bot Anat* glomerule, tuft; *Physiol* glomerulus.
glomérulé, *a Bot* glomerate.
glosse, *nf Ent* glossa.
glossien, -ienne, *a Anat* glossal.
glosso-épiglottique, *pl* **glosso-épiglottiques,** *a Anat Z* glosso-epiglottic.
glosso-hyoïde, *pl* **glosso-hyoïdes,** *a* glossohyal.
glosso-palatin, *pl* **glosso-palatins,** *a* glossopalatine.
glosso-pharyngien, -ienne, *pl* **glosso-pharyngiens, -iennes,** *a Anat* glossopharyngeal (nerve).
glossothèque, *nf Z* glossotheca.
glotte, *nf Anat* glottis.
glover, *nm Ch* Glover tower.
glu, *nf* (*a*) slime; **glandes à glu,** slime glands; (*b*) *Ch* glue; (*c*) *Ch* lime.
gluant, *a Ch* viscid.
glucagon, *nm Ch* glucagon.
glucamine, *nf Ch* glucamine.
glucase, *nf BioCh* glucase.
glucide, *nm Ch* glucide.
glucidique, *a Ch Biol* **aliments glucidiques,** carbohydrates.
glucine, *nf Ch* beryllia, beryllium oxide.
glucocorticoïde, *nm BioCh* glucocorticoid.
gluconique, *a Ch* gluconic (acid).
glucoprotéide, *nm,* **glucoprotéine,** *nf Ch* glucoprotein, glycoprotein.
glucopyrannose, *nm Ch* glucopyranose.
glucosamine, *nf Ch* glucosamine.
glucosan(n)e, *nm Ch* glucosan.
glucose, *nm occ nf* glucose; *BioCh* **glucose 6-phosphate déshydrogénase,** glucose 6-phosphate dehydrogenase; **glucose sanguin,** blood sugar.
glucoside, *nm Ch* glucoside.
glucuronique, *a Ch* glucuronic (acid).
glumacé, *a Bot* glumaceous.
glume, *nf Bot* gluma, glume.
glumé, *a Bot* glumose, glumous.
glumelle, *nf Bot* glumella, lemma.
glutaconique, *a Ch* glutaconic (acid).
glutamate, *nm Ch* glutamate.
glutamine, *nf Ch* glutamine.
glutamique, *a Ch* glutamic (acid).
glutaraldéhyde, *nm Ch* glutaraldehyde.
glutarique, *a Ch* glutaric.
glutathion, *nm Ch* glutathione.
gluten, *nm Bot* gluten.
glycéraldéhyde, *nm Ch* glyceraldehyde.
glycéride, *nf Ch* glyceride.
glycérine, *nf Ch* glycerin(e), glycerol.
glycérique, *a Ch* glyceric.
glycérol, *nm Ch* glycerol.
glycérophosphate, *nm Ch* glycerophosphate.
glycérophosphorique, *a Ch* glycerophosphoric (acid).
glycéryle, *nm Ch* glyceryl.
glycidique, *a Ch* glycidic (acid).
glycine, *nf,* **glycocolle,** *nm Ch* glycine, glycocoll, gelatin sugar.

glycogène, *nm Ch* glycogen, animal starch; *Biol* zoamylin.
glycogénèse, *nf BioCh Physiol* glycogenesis.
glycogénique, *a Physiol* glycogenic.
glycol, *nm Ch* glycol.
glycolamide, *nm Ch* glycollamide.
glycoline, *nf Ch* glycoline.
glycolipide, *nm Ch BioCh* glycolipid.
glycolique, *a Ch* glyco(l)lic (acid).
glycolyse, *nf Physiol* glycolysis.
glycolytique, *a Physiol* glycolytic.
glycoprotéide, *nm Ch* glucoprotein, glycoprotein.
glycosamine, *nf Ch* glucosamine.
glycoside, *nf Ch* glycoside.
glycuronique, *a Ch* glycuronic (acid).
glycylglycine, *nf Ch* glycylglycine.
glycyrrhizine, *nf Ch* glycyrrhizine.
glyoxal, *nm Ch* glyoxal.
glyoxalidine, *nf Ch* glyoxalidine.
glyoxaline, *nf Ch* glyoxaline.
glyoxime, *nf Ch* glyoxime.
glyoxylique, *a Ch* glyoxylic (acid).
gmélinite, *nf Miner* gmelinite.
gnathostomes, *nmpl Z* Gnathostomatao *pl.*
gneiss, *nm Geol* gneiss; **gneiss ortho,** orthogneiss.
gneissique, *a Geol* gneissic.
godet, *nm Bot* cup (of acorn); calyx (of flower); *Ch* trough.
goémon, *nm Bot* **goémon jaune,** brown algae.
goitre, *nm Bot* struma.
goitreux, -euse, *a Biol* strumose, strumous.
Golgi, *Prn Anat Z BioCh* **appareil de Golgi,** Golgi apparatus; **cellules de Golgi,** Golgi's cells.
gomme, *nf Ch* gum; **gomme arabique,** gum arabic; **gomme adragante,** (gum) tragacanth; **gomme d'eucalyptus,** blue gum; **gomme du Sénégal,** gum acacia; **gomme rouge,** red gum; **gomme élastique,** rubber.
gomphose, *nf Z* gomphosis.
gonadal, *a Anat Physiol* **hormones gonadales,** gonad hormones.
gonade, *nf Anat Physiol* gonad.
gonadique, *a Anat* gonadal, gonadic; **voie gonadique,** gonoduct.
gonadostimuline, *nf BioCh* gonadotrop(h)in.
gonadotrope, *a Physiol* gonadotrop(h)ic.
gonadotrophine, *nf BioCh* gonadotrop(h)in.
gonflé, *a Biol* tumid, turgid.
gonidial, -iaux, *a Bot* gonidial, algal; **couche gonidiale,** gonidial layer.
gonidie, *nf Bot* gonidium.
gonimique, *a Bot* gonimic, algal.
goniomètre, *nm Geol* goniometer.
gonion, *nm Z* gonion.
gonochorie, *nf Biol* gonochorism.
gonochorique, *a Biol* gonochorismal, gonochorismic.
gonochorisme, *nm Biol* gonochorism.
gonocoque, *nm Bac* gonococcus.
gonophore, *nm Biol* gonophore.
gonosome, *nm Z* gonosome.
gonotome, *nm Biol* gonotome.
gonotype, *nm Biol Genet* gonotype.
gonozoïde, *nm Z* gonozooid.
Gooch, *Prn Ch* **creuset de Gooch,** Gooch crucible.
Goormaghtigh, *Prn Biol* **cellules de Goormaghtigh,** juxtaglomerular cells.
gordonite, *nf Miner* gordonite.
gorge, *nf Physiol Z* throat, gullet, swallow; *Orn* jugulum.
gorgée, *nf Physiol* swallow.
gorgeret, *nm Ent* terminal point of sting (of bee, wasp).
gosier, *nm Z Physiol* gula, swallow, fauces.
goslarite, *nf Miner* goslarite.
gossypétine, *nf Ch* gossypetin.
goudron, *nm Ch* tar; **goudron de pin,** pine tar; *Miner* **goudron minéral,** bitumen.
gourmand, *a Bot* **herbes gourmandes,** parasitical weeds; **branches gourmandes,** epicormic branches.
gousse, *nf* pod, shell, husk (of peas, etc).
goût, *nm Physiol* taste.
goutteux, -euse, *a Biol* uratic.
gouttière, *nf Anat* groove; vallecula; **gouttière tympanale,** glenoid(al) fossa.
Graaf, *Prn Physiol* **follicule de Graaf,** Graafian follicle.
gradient, *nm* gradient; *Geol* **gradient géothermique,** geothermal gradient; *Biol* **gradient (physiologique),** gradient.

graduation, *nf Ch Ph* (*a*) graduation; (*of beaker, etc*) **sans graduations,** ungraduated; (*b*) scale.
gradué, *a* graduated; *Ch* **mesure graduée, éprouvette graduée, verre gradué, gobelet gradué,** graduated measure; (*of beaker, etc*) **non gradué,** ungraduated.
graduer, *vtr* to calibrate (a thermometer).
grain, *nm Bot* seed (of a fruit); kernel (of cereal plant); *Physiol Z* texture; **grain de sécrétion,** secretion granule; *Ch* **grain d'essai,** button.
graine, *nf Bot* seed (of a fruit); kernel (of leguminous plant); (*of plant*) **monter en graine,** to seed; *Z* **graines de vers à soie,** silkworms' eggs; graine.
grainé, *a Crust* (*of female lobster, etc*) bearing eggs.
graisse, *nf* (*a*) **graisse minérale,** crude paraffin, mineral jelly; **graisse animale,** animal fat; adipose (tissue); **graisse végétale,** vegetable fat; *Ph* **graisse à vide,** vacuum grease; (*b*) *Ch* tallow; **graisse de laine,** lanolin(e).
graisseux, -euse, *a* fatty, adipose (tissue).
Gram *Prn Bac* **méthode de Gram,** Gram's method.
graménite, *nf Miner* gramenite.
graminé, *Bot* **1.** *a* graminaceous. **2.** *nfpl* **graminées,** graminaceous plants.
graminiforme, *a Bot* graminiform.
graminologie, *nf Bot* graminology.
grammatite, *nf Miner* tremolite, grammatite.
gramme, *nm* (*symbol* g) *Meas* gram(me) (= 0.0353 oz).
gramme-équivalent, *nm Ch* gram(m)e equivalent; *pl gramme-équivalents.*
gramme-force, *nm Ph* gram(me) weight; *pl grammes-force.*
gramme-poids, *nm Ph* gram(me) weight; *pl grammes-poids.*
gram-négatif, -ive, *pl* **gram-négatifs, -ives,** *a Bac* gram-negative.
gram-positif, -ive, *pl* **gram-positifs, -ives,** *a Bac* gram-positive.
granifère, *a Bot* graniferous.
graniforme, *a Bot Anat* graniform.
granit, granite, *nm* granite; **granit à deux micas,** binary granite, granulite.
graniteux, -euse, granitique, *a Geol* granitic; **formation graniteuse, granitique,** granite formation.
granivore, *Z* **1.** *a* granivorous. **2.** *nm* granivore, seed eater.
granodiorite, *nf Miner* granodiorite.
granulaire, *a Bot* granular.
granuleux, -euse, *a* granular, granulous; *Biol* **cellule granuleuse,** granule cell; **leucocyte granuleux,** granulocyte.
granulite, *nf Miner* granulite.
granulitique, *a Miner* granulitic.
granulocyte, *nm Physiol* granulocyte.
granulométrie, *nf Bot* screen, sieve, analysis.
granulose, *nf Ch Physiol* granulose.
granum, *nm Bot* granum, -a.
graphe, *nm Mth Ch Ph* graph.
graphique, *a* **représentation graphique,** graph method.
graphite, *nm Ch etc* graphite; plumbago; **graphite colloïdal,** colloidal graphite; **écaille, flocon, de graphite,** graphite flake.
graphiteux, -euse, *a Geol* graphitic.
grappe, *nf Bot* raceme.
gras[1], *f* **grasse,** *a* (*a*) fatty (tissues); **aliments gras,** fatty foods; **matières grasses,** fats; *Ch* **acide gras,** fatty acid; **série grasse,** fatty series; (*b*) heavy, pinguid, clayey (soil); **argile grasse,** fatty clay; (*c*) rich (limestone).
gras[2], *nm Geol* **gras de cadavre,** mineral, mountain, tallow; hatchettine, hatchettite, adipocerite.
grauwacke, *nf Miner* greywacke, graywacke.
grave, *a Ph* **corps grave,** heavy body.
graveleux, -euse, *a Bot* sabulous.
gravide, *a Anat Z* gravid; **utérus gravide,** gravid uterus.
gravifique, *a* gravitational; **force gravifique,** force of gravity.
gravimètre, *nm Ph* gravimeter.
gravimétrique, *a* gravimetric; *Ch* **analyse gravimétrique,** gravimetric analysis.
gravitation, *nf Ph* gravitation; gravitational pull; **champ de gravitation,** gravitational field; **force de gravitation,** gravitational force.

gravitationnel, -elle, *a Ph* gravitational.
gravité, *nf Ph* gravity; *Ch* **cellules de la gravité,** gravity cells; **gravité spécifique,** specific gravity; **centre de gravité,** centre of gravity; **à gravité nulle,** agravic.
greenockite, *nf Miner* greenockite, cadmium blende.
greenovite, *nf Miner* greenovite.
greffe, *nf Biol* transplant (of organ, tissue).
greffon, *nm Bot* scion.
grégaire, *a Z* gregarious; **instinct grégaire,** gregarious instinct.
grenat, *nm Miner* garnet; **grenat almandin,** almandite; **grenat calcifère,** grossularite; **grenat magnésien,** pyrope; **grenat jaune,** cinnamon stone; **grenat chromifère,** chromium garnet; **grenat ferreux,** iron garnet.
grenatifère, *a Miner* garnet-bearing (rock).
grenatite, *nf Miner* garnet rock.
grès, *nm Geol* sandstone; **grès rouge,** red sandstone; **vieux grès rouge,** old red sandstone; **grès bigarré,** Bunter, new red, sandstone; **grès falun,** shelly sandstone; **grès dur,** grit; **grès grossier,** sandstone grit; **grès vert,** greensand, **grès mamelonné,** sarsen stone.
griffe, *nf Z* claw, talon; *Bot* tendril (of vine).
grignard[1], *nm Geol* hard sandstone.
Grignard[2], *Prn Ch* **réaction de Grignard,** Grignard reaction.
grillage, *nm Ch* calcination.
grimpant, *a* climbing (animal); climbing, trailing, creeping, scandent (plant); creeping (salt).
grimpement, *nm Ch* creeping, creepage (of liquids).
grimper, *vi* (*of plants, liquids*) to creep; (*of plants*) to climb; to trail.
grimpeur, -euse, *Z* **1.** *a* climbing, scansorial (bird, organ). **2.** *nm* climber.
griphite, *nf Miner* griphite.
gris, *a* grey, *NAm* gray; **substance grise,** grey matter.
grisard, grisart, *nm Geol* hard sandstone.
grisouteux, -euse, *a Ch* **non grisouteux,** sweet.
grivelé, *a* speckled (plumage).
groin, *nm Z* snout.
grossulaire, grossularite, *nf Miner* grossularite.
groupe, *nm* (*a*) *Ch* group; **groupe fonctionnel,** functional group; **groupe hydroxyle, cétone,** hydroxy group, ketone group; (*b*) *Biol* division; stirps.
grumeau, *pl* **-eaux,** *nm* (*a*) salty deposit; (*b*) *Geol* (soil) aggregate.
grünérite, *nf Miner* grünerite.
guadalcazarite, *nf Miner* guadalcazarite.
guanidine, *nf Ch* guanidine.
guanine, *nf Ch* guanine.
guano, *nm* guano.
guanosine, *nf Ch* guanosine.
guanyle, *nm Ch* guanyl.
guarinite, *nf Miner* guarinite.
gubernaculum testis, *nm Z* gubernaculum.
guide, *nm Ph* **guide d'ondes,** wave guide.
guillage, *nm* fermenting, fermentation.
guiller, *vi* (*of beer*) to work, ferment.
gulaire, *a Anat* gular, pertaining to the upper throat; **poche gulaire, sac gulaire,** gular pouch, gular sac (in frogs, etc).
gulonique, *a Ch* gulonic (acid).
gulose, *nm Ch* gulose.
gummifère, *a Bot* gummiferous, gum-bearing, gum-yielding.
gummite, *nf Miner* gummite.
Gunn, *Prn* **rat de Gunn,** Gunn rat.
gustatif, -ive, *a Dent* gustatory.
gutta-percha, *nf Ch* guttapercha.
guttation, *nf Bot* guttation.
guttifère, *a Bot* guttiferous.
guttiforme, *a Bot* guttiform, guttate.
gymnite, *nf Miner* gymnite.
gymnoblaste, *a Z* gymnoblastic.
gymnocarpe, *a Bot* gymnocarpous.
gymnogyne, *a Bot* gymnogynous.
gymnophiones, *nmpl Amph* Gymnophiona *pl.*
gymnosperme, *Bot* **1.** *a* gymnospermous. **2.** *nm* gymnosperm.
gymnospermé, *a Bot* gymnospermous.
gymnospermie, *nf Bot* gymnospermy.
gymnostome, *a Bot* gymnostom(at)-ous.

gynandre, *a Bot* gynandrous.
gynandromorphe, *Biol* **1.** *a* gynandromorphous. **2.** *nm* gynandromorph.
gynandromorphisme, *nm Biol* gynandromorphism.
gynécé, *nm Bot* gynoecium.
gynobase, *nf Bot* gynobase.
gynobasique, *a Bot* gynobasic.
gynocardique, *a Ch* gynocardic (acid).
gynodioïque, *a Bot* gynodioecious.
gynogénèse, *nf Biol* gynogenesis.
gynogénétique, *a Biol* gynogenetic.
gynomonoïque, *a Bot* gynomonoecious.
gynophore, *nm Bot* gynophore.
gynostème, *nm Bot* column, gynostemium (in orchids).
gypse, *nm Miner* gypsum, plasterstone.
gypseux, -euse, *a Miner* gypseous.
gypsifère, *a Miner* gypsiferous, gypsum-bearing.
gyrolite, *nf Miner* gyrolite.
gyromagnétique, *a* gyromagnetic; **rapport gyromagnétique,** gyromagnetic ratio.
gyroscope, *nm Ph* gyroscope.
gyroscopique, *a Ph* gyroscopic; **couple gyroscopique,** gyroscopic torque.
gyrostat, *nm Ch Ph* gyrostat.
gyrostatique, *a* gyrostatic.

H

Words beginning with an aspirate h *are shown by an asterisk.*

H, (*a*) *Ch symbol of* hydrogen; (*b*) *El symbol of* henry.

h, *symbol of* hour, hecto.

***Haber**, *Prn Ch* **processus de Haber,** Haber process.

habitat, *nm Biol* habitat (of animal, plant); biotope.

habitation, *nf Biol* **aire d'habitation,** habitat (of animal, plant).

habituer, *vtr Biol Behav* to habituate.

habitus, *nm Biol Physiol* habit(us).

hadrome, *nm Bot* hadrome.

hafnium, *nm Ch* (*symbol* Hf) hafnium.

haidingérite, *nf Miner* haidingerite.

haliozoaires, **haliplanktons**, *nmpl Biol* haliplankton.

halite, *nf Miner* halite, rock salt.

halloysite, *nf Miner* halloysite.

halobiontique, *a Biol* halobiontic.

***halobios**, *nm Biol* halobiont.

halobiotique, *a Biol* halobiotic.

***halochimie**, *nf Ch* chemistry of salts.

halogénation, *nf Ch* halogenation.

halogénant, **halogène**, *Ch* **1.** *a* halogenous; **sel halogène,** halide. **2.** *nm* **halogène,** halogen.

halogénique, *a Ch* halogenous (residue, etc).

***halogénure**, *nm Ch* halide; halogenide; **halogénure d'alkyle, d'alcoyle,** alkylhalide; **halogénure alcalin,** alkali halide; **halogénure d'argent,** silver halide; **halogénure vinylique,** vinyl halide.

***halographie**, *nf Ch* halography; description of salts.

haloïdation, *nf Ch* halogenation.

haloïde, *a & nm Ch* haloid.

***halologie**, *nf Ch* treatise on salts.

***halomètre**, *nm Ch* salt gauge; *Cryst* halometer.

***halométrie**, *nf Ch* gauging of salts; *Cryst* halometry.

halomorphe, *a Geol* halomorphic.

***halophile**, *a Bot* halophilous; **organisme halophile,** halophile.

halophobe, *nm Bot* halophobe.

halophyte, *Bot* **1.** *a* halophytic. **2.** *nf* halophyte.

***halosel**, *nm Ch* haloid.

***halotechnie**, *nf Ch* halotechny.

halotolérant, *a* euryhaline.

halotrichite, *nf Miner* halotrichite, feather alum.

haltères, *nmpl Z* halteres, balancers, poisers (of Diptera).

***hambergite**, *nf Miner* hambergite.

hameçonné, *a Bot* barbed.

***Hamilton**, *Prn Ch Mth* **coordonnées de Hamilton,** Hamiltonian co-ordinates.

hamlinite, *nf Miner* hamlinite.

***hampe**, *nf* (*a*) *Bot* scape, stem (of flower); **hampe (florale),** spike, peduncle; (*b*) *Orn* shaft.

hamule, *nm Biol* hamulus.

hamuleux, -euse, *a Bot* hamular, hamulate, hamulose.

***hanche**, *nf Anat* hip; (*of insect*) coxa.

hapanthèse, *a Bot* hapanthous.

hapaxanthique, *a Bot* hapaxanthic.

haplobionte, *nm Biol* haplobiont.

haplobiontique, *a Biol* haplobiontic.

haplocaulescent, *a Bot* haplocaulescent.

haplochlamydique, *a Bot* haplochlamydeous.

haploïde, *a Biol* haploid.

haploïdie, *nf Biol* haploidy.

haplome, *nm Biol* genom(e).

haplomitose, *nf Biol* haplomitosis.

haplonte, *nm Biol* haplont.

haplopétale, *a Bot* haplopetalous.

haplophase, *nf Biol* haplophase.

haptène, *nm*, **haptine**, *nf Immunol* haptene.

haptère, *nm Bot* haptere, hapteron.
haptoglobine, *nf BioCh* haptoglobin.
haptophore, *a Biol Ch* haptophore.
haptotropisme, *nm Biol* haptotropism.
haptotype, *nm Bot* haptotype.
harmaline, *nf Ch* harmaline.
harmine, *nf Ch* harmine.
harmonique, *a* harmonic; *Z* **suture harmonique,** harmonia.
harmotome, *nm Miner* harmotome, cross-stone.
hartite, *nf Miner* hartite.
Hassall, *Prn Physiol* **corpuscules d'Hassall,** Hassall's corpuscles.
***hasté, *hastifolié,** *a Bot* hastate.
***hastiforme,** *a Bot* lanciform, lanceolate; hastate.
***hatchettine,** *nf,* ***hatchettite,** *nf Miner* hatchettine, hatchettite.
hausmannite, *nf Miner* hausmannite.
haustellé, *a Z* haustellate; *Bot* haustorial.
haustellum, *nm Z* haustellum.
haustoire, *nf,* **haustorium,** *nm Bot* haustorium.
***haut,** *a Bot* upper (= posterior).
***haüyne,** *nf Miner* hauyne, hauynite.
havérite, *nf Miner* haverite.
***Havers,** *Prn Anat Z* **canaux de Havers,** Haversian canals; **espaces de Havers,** Haversian spaces; **système de Havers,** Haversian system.
He, *symbol of* helium.
***Heaviside,** *Prn Ph* **couche de Heaviside,** Heaviside layer.
hédenbergite, *nf Miner* hedenbergite.
hédéracé, *a Bot* hederaceous.
hédéragénine, *nf Ch* hederagenin.
hédéré, *a Bot* hederaceous.
hédériforme, *a Bot* hederiform.
hédérine, *nf Ch* hederin.
***Heisenberg,** *Prn Ch* **théorie de Heisenberg,** Heisenberg's theory.
hélianthine, *nf Ch* helianthin(e); methyl orange.
hélice, *nf Biol etc* helix.
héliciforme, *a Z* heliciform.
hélicine, *nf Ch* helicin.
helicoïdal, -aux, hélicoïde, *a Z* helicoid(al).
héliodore, *nm Miner* heliodor.
héliolite, *nf Miner* heliolite.
hélion, *nm Ch* helium nucleus.
héliophile, *a* heliophilous, sun-loving (plant, etc).
héliophyte, *nf Bot* heliophyte.
hélioplancton, *nm,* **héliozoaires,** *nmpl Bot Biol* helioplankton.
héliotrope, *nm Miner* heliotrope, bloodstone.
héliotropine, *nf Ch* heliotropin; piperonal.
héliotropique, *a Bot* heliotropic.
héliotropisme, *nm Bot* heliotropism; **à héliotropisme négatif,** apheliotropic (root, leaf).
hélium, *nm Ch* (*symbol* He) helium; **spectre de l'hélium,** helium spectrum; **noyau d'hélium,** helium nucleus.
hélix, *nm Mth Z* helix; *Ch* **hélix double,** double helix.
hellandite, *nf Miner* hellandite.
***Helmholtz,** *Prn Ch* **équation de Helmholtz,** Helmholtz's expression.
helminthe, *nm Z* helminth.
helminthique, *a & nm Med* helminthic.
helminthoïde, *a Anat Z* helminthoid, vermiform.
helminthologie, *nf* helminthology.
hélobié, *a Bot* helobious.
hélophyte, *nf Bot* helophyte.
hélotisme, *nm Biol* helotism.
helvine, *nf Miner* helvin(e), helvite.
hémal, -aux, *a Physiol* h(a)emal; **arc hémal,** haemal arch.
hématéine, *nf Ch Physiol* h(a)ematein.
hématie, *nf Physiol* red blood corpuscle, red blood cell, erythrocyte; **hématie nucléée,** erythroblast; **dénombrement des hématies,** blood count.
hématine, *nf Ch* h(a)ematin.
hématique, *a Ch* h(a)ematic.
hématite, *nf Miner* h(a)ematite, bloodstone, specular iron ore; **hématite rouge,** red iron (ore); **hématite rouge en rognons,** kidney ore; **hématite brune,** brown haematite, brown iron ore, limonite.
hématoblaste, *nm Anat Physiol* h(a)ematoblast; blood platelet.
hématoconie, *nf Physiol* h(a)emokonia.
hématocrite, *nm Physiol* h(a)ematocrit.
hématogène 1. *a Physiol* h(a)ematogenous. **2.** *nf BioCh* h(a)ematogen.

hématoïdine, *nf BioCh* h(a)ematoidin.
hématolite, *nf Miner* h(a)ematolite.
hématologie, *nf Physiol* h(a)ematology.
hématologique, *a Physiol* h(a)ematologic(al).
hématolyse, *nf Physiol* h(a)ematolysis.
hématophage, *a & nm* **1.** *a* (*a*) *Ent* blood-sucking (insect); (*b*) h(a)ematophagous. **2.** *nm Biol* h(a)emophagocyte.
hématopoïèse, *nf Physiol* h(a)em(at)opoiesis.
hématopoïétique, *a Physiol* h(a)ematopoietic.
hématoporphyrine, *nf Ch* h(a)ematoporphyrin.
hématose, *nf Physiol* h(a)ematosis.
hématothermal, -aux, *a Biol Z* h(a)ematothermal.
hématoxyline, *nf Ch* h(a)ematoxylin.
hématozoaire, *nm Biol Physiol* h(a)ematobium, h(a)ematozoon.
hémélytre, *Z* **1.** *a* hemelytral (wing). **2.** *nf* hemelytron.
héméralopie, *nf Physiol* day sight.
hémérophyte, *nf Bot* hemerophyte.
hémérotempérature, *nf Bot* hemerotemperature; daylight temperature.
hémiacétal, *nm Ch* hemiacetal.
hémibranche, *nf Z* hemibranch.
hémicarpe, *nm Bot* hemicarp.
hémicellulase, *nf BioCh* hemicellulase.
hémicellulose, *nf Ch* hemicellulose.
hémicéphalique, *a Z* hemicephalic, hemicephalous.
hémic(h)ordé, *a Z* hemichordate.
hémicryptophyte, *nf Bot* hemicryptophyte.
hémicyclique, *a Bot* hemicyclic.
hémimellique, *a Ch* hemimellitic.
hémimétabole, *a Z* hemimetabolic, hemimetabolous.
hémine, *nf Biol* hemine.
hémiparasite, *nm Biol* hemiparasite.
hémipentaoxyde, *nm Ch* **hémipentaoxyde de phosphore,** phosphoric anhydride.
hémipinique, *a Ch* hemipinic.
hémiptère, *Z* **1.** *a* hemipterous, hemipteral, hemipteran. **2.** *nm* hemipteran.
hémisome, *nm Z* hemisome.
hémisphère, *nm Z* hemisphere.
hémisystolie, *nf Physiol* hemisystole.
hémizygote, *a Genet* hemizygous.
hémocèle, *nm Z* h(a)emocoel.
hémochromogène, *nm Biol* h(a)emochromogen.
hémoconie, *nf Physiol* h(a)emokonia.
hémocyanine, *nf Ch Z* h(a)emocyanin.
hémocytoblaste, *nm Physiol* h(a)emocytoblast.
hémodialyse, *nf Med Physiol* vividiffusion.
hémofuchsine, *nf Path* h(a)emofuscin.
hémoglobine, *nf Ch Physiol* h(a)emoglobin; **hémoglobine oxycarbonée,** carboh(a)emoglobin.
hémohistioblaste, *nm Physiol* h(a)emohistioblast.
hémolyse, *nf Physiol* erythrocytolysis; h(a)emolysis, h(a)ematolysis.
hémolysine, *nf Ch* h(a)emolysin.
hémolytique, *a Physiol* h(a)emolytic, h(a)emoclastic.
hémoplastique, *a Physiol* h(a)emoplastic.
hémopophyse, *nm Z* h(a)emopophysis.
hémopyrrol, *nm Ch* h(a)emopyrrole.
hémorragie, *nf Med* h(a)emorrhage.
hémosidérine, *nf Ch* h(a)emosiderin.
hémostatique, *a Physiol* h(a)emostatic.
hémotoxine, *nf Ch* h(a)emotoxin, h(a)emolysin.
hémotrope, *a Physiol* h(a)emotropic.
***Henderson,** *Prn Ch* **équation de Henderson et Hasselbach,** Henderson-Hasselbach's equation.
Henry, *Prn Ch* **loi d'Henry,** Henry's law.
henry, *nm Ph* (*symbol* H) (*unit of self-induction*) henry; *pl henrys.*
***Hensen,** *Prn Z* **bande de Hensen,** Hensen's stripe.
héparine, *nf Ch* heparin.
hépatectomie, *nf Physiol* hepatectomy.
hépatique, *a Anat etc* hepatic; **veine porte hépatique,** hepatic portal vein.
hépatite, *nf Miner* hepatite; *Med* hepatitis.
heptade, *nf Ch* heptad.
heptane, *nm Ch* heptane.
heptaphylle, *a Bot* heptaphyllous.
heptène, *nm Ch* heptene.
heptose, *nm Ch* heptose.

heptyle, *nm Ch* heptyl.
heptylène, *nm Ch* heptylene.
heptylique, *a Ch* heptylic.
heptyne, *nm Ch* heptyne.
hérapathite, *nf Miner* herapathite.
herbacé, *a Bot* herbaceous; **plante herbacée,** herbaceous plant; *Oc Biol* **la zone herbacée,** the laminarian zone (of coastal waters).
herbicide, *nm Bot* wilting agent.
herbier, *nm Bot* water plant community.
herbivore, *Z* **1.** *a* herbivorous, graminivorous, grass-eating. **2.** *nm* herbivore.
herborisé, *a Miner* arborescent, dendritic (agate, etc).
hercogamie, *nf Bot* hercogamy.
hercynite, *nf Miner* hercynite.
herdérite, *nf Miner* herderite.
héréditabilité, *nf Biol* hereditability.
héréditaire, *a* hereditary.
héréditarisme, *nm Biol* hereditism.
hérédité, *nf Biol* heredity; **hérédité d'influence,** telegony.
***hérissé**, *a Z Bot* prickly, strigose (animal, stem, fruit, etc).
héritage, *nm Genet* inheritance.
hermaphrodisme, *nm Biol Bot* hermaphrod(it)ism; monoecism.
hermaphrodite, *Z Bot* **1.** *nm* hermaphrodite; bisexual. **2.** *a* hermaphrodite, hermaphroditic, intersexual; monoecious.
hermaphroditisme, *nm Z* bisexualism.
hermétiquement, *adv* hermetically; **scellé hermétiquement,** hermetically sealed.
***hernie**, *nf Med* **hernie interne,** entocele.
héroïne, *nf Ch* heroin.
herpès, *nm Med* **herpès zoster,** (herpes) zoster.
herpétologie, *nf Z* herpetology.
herpétologique, *a Z* herpetological; **faune herpétologique,** herpetofauna.
herschélite, *nf Miner* herschelite.
hertz, *nm Ph* (*symbol* Hz) hertz.
hertzien, -ienne, *a Ph* Hertzian (wave, etc).
hespérétine, *nf Ch* hesperitin, hesperetin.
hespéridine, *nf Ch* hesperidin.
hespéridium, *nm Bot* hesperidium.
***Hess**, *Prn Ph Ch* **loi de Hess,** Hess's law.
hessite, *nf Miner* hessite.
hétérandre, *a Bot* heterandrous.
hétéroatome, *nm Ch* heteroatom.
hétéroatomique, *a Ch* heter(o)atomic.
hétéroauxine, *nf Ch Bot Microbiol* heteroauxin.
hétéroblastique, *a Biol* heteroblastic.
hétérocarpe, *a Bot* heterocarpic, heterocarpous.
hetérocaryote, *nf Biol* heterokaryote.
hétérocéphale, *a Bot* heterocephalous.
hétérocercie, *nf Z* heterocercality.
hétérocerque, *a Z* heterocercal (tail).
hétérocerquie, *nf Z* heterocercality.
hétérochlamydique, *a Bot* heterochlamydeous.
hétérochromatine, *nf Z* heterochromatin.
hétérochromatique, *a Z* heterochromatic.
hétérochromie, *nf Z* heterochromatosis.
hétérochromosome, *nm Biol* heterochromosome.
hétérochronie, *nf Biol* heterochronism, heterochrony.
hétérocinèse, *nf Biol* heterokinesis.
hétérocyclique, *a Ch* heterocyclic.
hétérodactyle, *a Z* heterodactyl(ous).
hétérodonte, *a & nm Z* heterodont.
hétérodyname, *a Biol* heterodynamic.
hétérogame, *a Biol* heterogamous.
hétérogamète, *nm Biol* heterogamete.
hétérogamétie, *nf Biol* heterogamety, heterogametism.
hétérogamie, *nf Biol* heterogamy.
hétérogamique, *a* heterogamic.
hétérogène, *a Ch Biol etc* heterogeneous, heterogenetic; **catalyse hétérogène,** heterogeneous catalysis.
hétérogénèse, *nf Biol* heterogenesis.
hétérogénie, *nf Biol* heterogeny.
hétérogénite, *nf Miner* heterogenite.
hétérogonie, *nf Biol* heterogony.
hétérogreffe, *nf Biol* alloplasty; heterograft.
hétérogyne, *a Biol* heterogynous.
hétérokaryon, *nm Microbiol* heterokaryon.

hétérologie, *nf Biol* heterology.
hétérologue, *a Biol* heterologous.
hétérolyse, *nf BioCh* heterolysis.
hétérolysine, *nf BioCh* heterolysin(e).
hétéromère, *a Bot* heteromerous.
hétérométabole, *a Z* heterometabolic, heterometabolous.
hétéromorphe, *a Biol Ch* heteromorphous, heteromorphic.
hétéromorphie, *nf,* **hétéromorphisme,** *nm Biol Ch* heteromorphism.
hétéromorphite, *nf Miner* heteromorphite, plumosite.
hétéromorphose, *nf Biol* heteromorphosis.
hétéronome, *a Biol* heteronomous.
hétéropétale, hétéropétaloïde, *a Bot* heteropetalous.
hétérophage, *a Bot* heterophagous.
hétérophylétique, *a Bot* heterophyletic.
hétérophylle, *a Bot* heterophyllous.
hétérophyllie, *nf Bot* heterophylly.
hétérophytique, *a Bot* heterophytic; **plante hétérophytique,** heterophyte.
hétéroplasie, *nf Z* heteroplasia.
hétéroplastique, *a Z* heteroplastic.
hétéroploïde, *a Biol* heteroploid.
hétéropolaire, *a Ch* heteropolar.
hétéroptère, *Ent* **1.** a heteropterous. **2.** *nmpl* **hétéroptères,** heteropters.
hétérosexuel, -elle, *a Z* heterosexual.
hétéroside, *nm Ch* heteroside; glycoside; **hétéroside flavonolique,** flavonolic glycoside.
hétérosis, *nf Biol* heterosis.
hétérosome, *nm Biol* heterochromosome.
hétérosphère, *nf Geog* heterosphere.
hétérosporé, *a Bot* heterosporous, heterosporic.
hétérosporie, *nf Bot* heterospory.
hétérostylie, *nf Bot* heterostyly, heterostylism.
hétérotaxie, *nf Anat Bot etc* heterotaxis, heterotaxy.
hétérothalle, *nm Bot* heterothallium.
hétérothallique, *a Bot* heterothallic.
hétérothallisme, *nm Bot* heterothallism.
hétérotherme, *a Z* poecilothermal, -thermic, -thermous; poekilothermal, -thermic, -thermous; cold-blooded (animal, reptile).
hétérotopique, *a Biol* heterotopic.
hétérotriche, *a Z* heterotrichous.
hétérotrophe, *a Biol* heterotrophic.
hétérotrophie, *nf Biol* heterotrophism.
hétérotype, hétérotypien, -ienne, hétérotypique, *a Biol* heterotypic(al).
hétérovalve, *a Biol* heterovalve.
hétéroxanthine, *nf Ch* heteroxanthine.
hétérozygote, *Biol* **1.** *a* heterozygotic, heterozygous. **2.** *nm* heterozygote.
***heulandite,** *nf Miner* heulandite.
heure, *nf Ph* (*symbol* h) hour.
***heurter,** *vtr* to jar.
hexacanthe, *a Z* hexacanthous.
hexachloride, *nm Ch* hexachloride.
hexachlorocyclohexane, *nm Ch* hexachlorocyclohexane.
hexacontane, *nm Ch* hexacontane.
hexacosane, *nm Ch* hexacosane.
hexadactylie, *nf Z* hexadactilism.
hexadécane, *nm Ch* hexadecane; **hexadécane normal,** cetane.
hexafluorure, *nm Ch* hexafluoride; **hexafluorure d'uranium,** uranium hexafluoride.
hexagone, *nm Anat* **hexagone artériel de Willis,** Willis' circle.
hexagyne, *a Bot* hexagynian, hexagynous.
hexahydrobenzène, *nm Ch* hexahydrobenzene.
hexahydrobenzoïque, *a Ch* hexahydrobenzoic (acid).
hexahydrophénol, *nm Ch* hexahydrophenol.
hexahydropyridine, *nf Ch* hexahydropyridine.
hexaméthylène, *nm Ch* **hexaméthylène tétramine,** hexamethylenetetramine.
hexandre, *a Bot* hexandrous.
hexane, *nm Ch* hexane.
hexapétaloïde, *a Bot* hexapetalous.
hexaploïde, *a Biol Genet* hexaploid.
hexapode, *a & nm Z* hexapod.
hexasépaloïde, *a Bot* hexasepalous.
hexavalent, *a Ch* hexavalent, sexivalent; hexadic; **atome, ion, radical, hexavalent,** hexad.

hexène, *nm Ch* hexene.
hexogène, *nm Ch* hexogen.
hexosane, *nm Ch* hexosan.
hexose, *nm Ch* hexose.
hexyle, *nm Ch* hexyl.
hexylène, *nm Ch* hexylene.
hexylique, *a Ch* **alcool hexylique,** hexyl alcohol; **acide hexylique,** hexylic acid.
hexyne, *nm Ch* hexyne.
Hf, *symbol of* hafnium.
Hg, *symbol of* mercury.
hiatus, *nm Anat* **hiatus de Winslow,** Winslow foramen.
hibernacle, *nm Biol* hibernaculum.
hibernal, -aux, *a* hibernal (germination, etc); winter-flowering (plant); *Z* **sommeil hibernal,** hibernation; winter sleep; **prurit hibernal,** winter itch.
hibernant, -ante, *a & n* hibernant, hibernating (animal, etc).
hibernation, *nf* hibernation.
hiberner, *vi* to hibernate, to go into hibernation.
hiddénite, *nf Miner* hiddenite.
hidrose, *nf Z* hidrosis.
hiémal, -aux, *a* hiemal; winter-flowering.
hiémation, *nf Bot* winter growth (of certain plants).
***hiérarchie,** *nf Behav* hierarchy; *Orn* **hiérarchie du becquetage,** pecking order.
***Highmore,** *Prn Anat Z* **antre de Highmore,** Highmore's antrium; **corps de Highmore,** Highmore's body.
***hilaire,** *a Bot* hilar.
***hile,** *nm Anat Bot* hilum; cicatrice; *Bot* scar.
hilum, *nm Anat* root of the lung.
hippocampe, *nm Z* hippocampus; **grand hippocampe,** hippocampus major; **petit hippocampe,** hippocampus minor.
hippurique, *a Physiol* **acide hippurique,** hippuric acid.
hirudine, *nf Z* hirudin.
***His,** *Prn Z* **faisceau de His,** His's bundle.
hispide, *a Biol* hispid.
histaminase, *nf BioCh* histaminase.
histamine, *nf Ch Physiol* histamin(e).
histaminique, *a Physiol* histaminic.
histidine, *nf Ch Physiol* histidine.
histioblaste, *nm Physiol* histioblast.
histiocyte, *nm Biol* histiocyte, clasmatocyte.
histioïde, *a Biol* histioid, histoid; **cellule histioïde,** histiocyte.
histoblaste, *nm Z* (*cell or cell group*) histoblast; imaginal disk.
histochimie, *nf Ch Physiol* histochemistry.
histogène, *Biol* **1.** *a* histogenic. **2.** *nm* histogene.
histogénèse, *nf Biol* histogenesis, histogeny.
histogénique, *a Biol etc* histogen(et)ic.
histologie, *nf Biol* histology.
histologique, *a Biol* histological.
histolyse, *nf BioCh* histolysis.
histolytique, *a Biol* histolytic.
histon, *nm,* **histone,** *nf Ch* histone.
histopathologie, *nf Path* histopathology.
histotoxique, *Biol* **1.** *a* histotoxic. **2.** *nm* histotoxin.
histozoïque, *a Z* histozoic.
histozyme, *nm BioCh* histozyme.
histrionique, *a* histrionic.
***Hittorf,** *Prn Ch* **nombres de transport de Hittorf,** Hittorf transport numbers.
hiver, *nm* winter; *Rotif* **œuf d'hiver,** winter egg.
hiverner, *vi* to hibernate, to go into hibernation.
Ho, *symbol of* holmium.
***Hodgkin,** *Prn* **maladie de Hodgkin,** glandular sarcoma, Hodgkin's disease.
hodoscope, *nm Ph* hodoscope.
holandrique, *a Biol* holandric.
holarctique, *a Biol Geog* holarctic (region, etc).
***hollandite,** *nf Miner* hollandite.
holmium, *nm Ch* (*symbol* Ho) holmium; **oxyde de holmium,** holmia.
holoblastique, *a Biol* holoblastic; **œuf holoblastique,** holoblast.
holobranche 1. *a Ich* holobranchiate. **2.** *nm Z* holobranch.
holocarpe, *a Bot* holocarpic, holocarpous.
holocène, *a & nm Geol* Holocene, Recent (epoch).
holocéphale, *a Ich* holocephalous.
holocrine, *a Anat* holocrine (gland).

holocristallin, *a Miner* holocrystalline.
holoèdre, *a* holohedral.
holoenzyme, *nf Biol* holoenzyme.
hologamète, *nm Biol* hologamete.
hologamie, *nf Biol* hologamy.
hologénèse, *nf Biol* hologenesis.
hologynique, *a Genet* hologynic.
holométabole, *a Z* holometabolous (insect).
holomorphose, *nf Biol* holomorphosis.
holoparasite, *Z* **1.** *a* holoparasitic. **2.** *nm* holoparasite.
holophtalme, *a Z* holoptic.
holophytique, *a Bot* holophytic.
holoplancton, *nm Biol* holoplankton; haliplankton.
holopneustique, *a Z* holopneustic.
holoside, *nm BioCh* holoside.
holosidère, *nm Miner* holosiderite.
holosté, *a Biol* holosteous.
holosystolique, *a Physiol* holosystolic.
holotype, *nm Biol* holotype.
holozoïque, *a Nut Biol Z* holozoic.
homatropine, *nf Ch* homatropine.
homéocinèse, *nf Biol* hom(o)eokinesis.
homéopathie, *nf Med* hom(o)eopathy.
homéostasie, *nf Biol* hom(o)eostasis.
homéotherme, *Z* **1.** *a* homiothermic, hom(o)eothermic; **les vertébrés homéothermes,** the warm-blooded vertebrates. **2.** *nm* homiotherm, hom(o)eotherm, warm-blooded creature.
homéotypique, *a Biol* hom(o)eotypic(al).
homilite, *nf Miner* homilite.
homoblastique, *a Biol* homoblastic.
homocerque, *a Z* homocercal.
homocerquie, *nf Z* homocercy.
homochlamydique, *a Bot* homochlamydeous.
homochrome, *a Z* procryptic.
homochromie, *nf Z* procrypsis, obliterative coloration.
homocyclique, *a Ch* homocyclic.
homodrome, *a Bot etc* homodromous, homodromal.
homodyname, *a Ent* homodynamic.
homogame, *a Bot* homogamous.
homogamétique, *a Biol* homogametic.
homogamie, *nf Biol* homogamy.
homogénat, *nm Biol* homogenate.
homogène, *a Ch etc* homogeneous; uniform; *Biol* structureless.
homogénéisateur, *nm Ch* **homogénéisateur ultrasonique,** ultrasonic homogenizer.
homogénésie, *nf Biol* homogenesis.
homogénie, *nf Biol* homogeny.
homogentistique, *a Ch* homogentistic (acid).
homogreffe, *nf Biol* homograft.
homokaryon, *nm Genet* homokaryon.
homolécithique, *a Biol* homolecithal.
homologie, *nf Biol Ch etc* homology.
homologique, *a Biol Ch etc* homological.
homologue, *Biol Ch etc* **1.** *a* homologous. **2.** *nm* homologue, homotype.
homomorphe, *a Biol* homomorphic.
homomorphisme, *nm Biol* homomorphism.
homonomie, *nf Biol* homonomy.
homonucléaire, *a Ph etc* homonuclear (molecule, etc).
homopétale, *a Bot* homopetalous.
homoplastie, *nf Biol* homoplasty.
homopolaire, *a Biol Ph* homopolar.
homoptère, *a Z* homopterous.
homopyrocatéchine, *nf Ch* homocatechol.
homopyrrol, *nm Ch* homopyrrole.
homosporé, *a Bot* homosporous.
homostylie, *nf Bot* homostyly.
homotéréphtalique, *a Ch* homoterephthalic (acid).
homothalle, *nm Bot* homothallium.
homothallique, *a Bot* homothallic.
homothermal, -aux, *a Ph* homothermal; *Biol* homothermic.
homotherme, *a Biol* homothermic.
homotrope, *a Bot* homotropous, homotropal.
homotype, *Biol* **1.** *a* homotypic(al). **2.** *nm* homotype.
homotypique, *a Biol* homotypic(al).
homozygote, *Biol* **1.** *a* homozygous. **2.** *nm* homozygote.
homozygotie, *nf Biol* homozygosis, homozygosity.
***Hooke**, *Prn Ph* **loi de Hooke,** Hooke's law.
hopcalite, *nf Ch* hopcalite.

hopéite, *nf Miner* hopeite.
hordéacé, **hordéiforme**, *a* hordeaceous.
hordéine, *nf Ch* hordein.
horizon, *nm Agr* horizon.
hormonal, **-aux**, *a Physiol* hormonal; of, relating to, hormones.
hormone, *nf Physiol* hormone.
***hornblende**, *nf Miner* hornblende.
***hornblendite**, *nf Miner* hornblendite.
horsfordite, *nf Miner* horsfordite.
***horst**, *nm Geol* horst.
horticulture, *nf* horticulture.
***hortonolite**, *nf Miner* hortonolite.
hôte, *nm Biol* host; **hôte intermédiaire,** intermediate, intermediary, host.
***hotte**, *nf Ch* fume hood (over part of laboratory).
***houille**, *nf* (mineral) coal; **houille grasse, collante,** bituminous coal; **houille schisteuse,** foliated coal.
***houillification**, *nf Geol* carbonization (of vegetable matter).
se *houillifier, *vpr Geol* (*of vegetable matter*) to carbonize.
***houppe**, *nf* (bird's) tuft; crest (of feathers).
***houppé**, *a Z* tufted, crested.
***houppifère**, *a Z* tufted.
howlite, *nf Miner* howlite.
hubnerite, *nf Miner* hübnerite, huebnerite.
***Hückel**, *Prn Ch Ph* **équation de Hückel,** Hückel's equation.
huile, *nf* oil; **huile végétale,** vegetable oil; **huile animale,** animal oil; **huile minérale,** mineral oil; **huile de naphte,** naphtha; **huile de houille,** coal tar naphtha; **huile codex,** medicinal oil; **huile de pétrole,** rock oil, paraffin; **huile de roche,** earth oil, mineral naphtha; *Ch* **huile essentielle, volatile,** essential oil, volatile oil; **huile de poisson,** fish oil; **huile de colza,** rape(seed) oil; **huile de carthame,** safflower oil; **huile à basse teneur en soufre,** sweet oil; **huile de suif,** tallow oil.
huiler, *vi Bot* to exude oil.
huileux, **-euse**, *a* (*of liquid, plant, etc*) oily, oleaginous.
humate, *nm Ch* humate.
huméral, **-aux**, *a Z* humeral.
humérus, *nm Anat* humerus.
humeur, *nf Anat Z* humo(u)r; (*of eye*) **humeur aqueuse,** aqueous humo(u)r; **humeur vitrée,** vitreous humo(u)r.
humicole, *a Biol* (*of an organism*) living in humus or dead leaves.
humide, *a* humid, hygric.
humidité, *nf Ph* humidity; **humidité relative,** relative humidity.
humifuse, *a Bot* humifuse.
humine, *nf Ch* humic acid.
humique, *a Ch* humic (acid).
humite, *nf Miner* humite.
humivore, *a Biol* humus-eating.
humoral, **-aux**, *a Physiol* humoral; **théorie humorale,** humoral theory.
humulène, *nm Ch* humulene.
humus, *nm* humus, leaf mould, vegetable mould.
***huppe**, *nf* tuft, crest (of bird); **à huppe**, crested.
***huppé**, *a Z* tufted, crested.
hyacinthe, *nf Miner* hyacinth, jacinth; **hyacinthe citrine,** jargoon.
hyacinthine, *nf Miner* variety of hyacinth.
hyalin, *a Anat Bot Miner* hyaline, glassy, vitreous; **quartz hyalin,** rock crystal.
hyalite, *nf Miner* hyalite, water opal.
hyalogène, *nm Ch* hyalogen.
hyaloïde, *a Anat etc* hyaloid (membrane, etc); **membrane hyaloïde,** hyaloid.
hyaloïdien, **-ienne**, *a Anat* pertaining to the hyaloid membrane; hyaloid (artery).
hyalophane, *nf Miner* hyalophane.
hyaloplasme, *nm Biol* hyaloplasm(a).
hyalosidérite, *nf Miner* hyalosiderite.
hyalotékite, *nf Miner* hyalotekite.
hyaluronidase, *nf Biol* hyaluronidase; *Physiol* spreading factor.
hyaluronique, *a BioCh* **acide hyaluronique,** hyaluronic acid.
hybridation, *nf Biol* hybridization; cross-fertilization; *BioCh* **hybridation cellulaire,** nuclear hybridization.
hybride, *a & nm Biol* hybrid; **hybride simple,** single-cross hybrid; **plante hybride,** hybrid plant; **hybride de variétés,** intervarietal cross; **orbitale hybride,** hybrid orbital, hybrid orbit; **vitalité hy-**

bride, hybrid vigour; **ion hybride,** zwitter-ion (= switter ion).
(s')hybrider, *vtr & pr Biol* to hybridize, to cross(-fertilize).
hybridisme, *nm Biol* hybridism.
hybridité, *nf Biol* hybridity, hybrid character.
hydantoïne, *nf Ch* hydantoin.
hydantoïque, *a Ch* **acide hydantoïque,** hydantoic acid.
hydatode, *nm Bot* hydathode.
hydracrylique, *a Ch* hydracrylic (acid).
hydraires, *nmpl Z* hydroids.
hydrante, *nm Coel* hydranth.
hydrargillite, *nf Miner* hydrargillite.
hydrastine, *nf Ch* hydrastine.
hydrastinine, *nf Ch* hydrastinine.
hydrastique, *a Ch* hydrastic (acid).
hydratation, *nf Ch* hydration.
hydrate, *nm Ch* hydrate, hydroxide; **hydrate d'aluminium,** aluminium hydroxide; **hydrate de chaux, de calcium,** calcium hydrate, calcium hydroxide; **hydrate de potasse,** caustic potash; **hydrate de soude,** caustic soda, sodium hydroxide; **hydrate de carbone,** carbohydrate; **hydrates du sel,** salt hydrates.
hydraté, *a Ch* hydrated; **baryte hydratée,** barium hydrate; **chaux hydratée,** calcium hydrate, calcium hydroxide.
hydrater, *vtr Ch* to hydrate.
s'hydrater, *vpr Ch* to hydrate; to become hydrated.
hydratropique, *a Ch* hydratropic (acid).
hydrazide, *nf Ch* hydrazide.
hydrazine, *nf Ch* hydrazine.
hydrazoïque, *a & nm Ch* hydrazoic (acid).
hydrazone, *nf Ch* hydrazone.
hydrindène, *nf Ch* hydrindene, indan.
hydrique, *a Ch* hydric; *Ch Ph* **équivalent hydrique,** water equivalent; *Biol* **d'origine hydrique,** waterborne; **équilibre hydrique,** water balance.
hydroaromatique, *a Ch* hydroaromatic.
hydrobilirubine, *nf Ch* hydrobilirubin.
hydrocarbonate, *nm Ch* hydrocarbonate; *Miner* **hydrocarbonate de magnésie,** hydromagnesite.
hydrocarbone, *nm Ch* **hydrocarbone benzénique,** benzene hydrocarbon.
hydrocarboné, *a Ch* hydrocarbonic.
hydrocarbure, *nm Ch* hydrocarbon.
hydrocaule, *nm Z* group of hydrocauli.
hydrocèle, *nm Z* hydrocoel.
hydrocellulose, *nf Ch* hydrocellulose.
hydrocérusite, *nf Miner* hydrocerus(s)ite.
hydrochore, *a Bot* hydrochoric.
hydrocinnamique, *a Ch* hydrocinnamic.
hydrocortisone, *nf BioCh* hydrocortisone.
hydrocotarnine, *nf Ch* hydrocotarnine.
hydrocyanique, *a Ch* hydrocyanic.
hydrodynamique, *a* hydrodynamic; (*of fish, whales*) streamlined (for efficient underwater movement).
hydrofuge, *a Biol* water-repellent.
hydrogame, *a Bot* hydrophilous, water-pollinated.
hydrogamie, *nf Bot* pollination by water, hydrophily.
hydrogel, *nm Ch Ph* hydrogel.
hydrogénation, *nf Ch* hydrogenation.
hydrogène, *nm Ch* (*symbol* H) hydrogen; **hydrogène d'appoint,** make-up hydrogen; **hydrogène lourd,** heavy hydrogen, deuterium; **électrode à hydrogène,** hydrogen electrode; **ion hydrogène,** hydrogen ion; **concentration d'ion hydrogène,** hydrogen ion concentration; **activité d'ion hydrogène,** hydrogen ion activity; **liaison à hydrogène,** hydrogen bond; **pont à hydrogène,** hydrogen bridge.
hydrogéné, *a Ch* hydrogenated, hydrogenized (gas, atom).
hydrogéner, *vtr Ch* to hydrogenate, hydrogenize.
hydrogénèse, *nf* ground-water hydrology.
hydrogénique, *a Ch* hydrogenous.
hydrogéologie, *nf* hydrogeology.
hydrographie, *nf* hydrography.
hydrohydrastine, *nf Ch* hydrohydrastine.
hydroïde, *a & nm Z* hydroid.
hydrolaccolithe, *nm Geol* hydrolaccolith.

hydrolase, *nf BioCh* hydrolase.
hydrolithe, *nf Ch* hydrolith.
hydrologie, *nf* hydrology.
hydrologique, *a* hydrological; **régime hydrologique (d'un cours d'eau),** river regime.
hydrolyse, *nf Ch* hydrolysis; **hydrolyse des sels,** hydrolysis of salt.
hydrolyser, *vtr Ch* to hydrolyze.
hydromagnésite, *nf Miner* hydromagnesite.
hydroméduse, *nf Z* hydrozoon.
hydromètre, *nm Ph* hydrometer.
hydrométrie, *nf Ph* hydrometry.
hydrométrique, *a Ph* hydrometric(al).
hydromorphe, *a Geol* hydromorphic.
hydronium, *nm Ch* hydronium.
hydrophane, *Miner* **1.** *nf* hydrophane. **2.** *a* hydrophanous.
hydrophile, *a Bot* hydrophilous; *Ch* hydrophilic.
hydrophilie, *nf Biol Ch Ph* hydrophilism, hydrophily.
hydrophilique, *a Ch* hydrophilic.
hydrophilite, *nf Miner* hydrophilite.
hydrophobe, *a Ch* (*of molecule, etc*) hydrophobic.
hydrophobie, *nf Ch* hydrophobic property (of molecule, etc).
hydrophobique, *a Ch* hydrophobic.
hydrophore, *a Z* hydrophoric.
hydrophylle, *nf Bot* waterleaf; hydrophyllium.
hydrophyte, *nf Bot* hydrophyte, water plant, aquatic plant.
hydrophyton, *nm Coel* hydrophyton.
hydroponique, *a Bot Agr* **culture hydroponique,** hydroponics.
hydroquinone, *nf Ch* hydroquinone, quinol.
hydrosilicate, *nm Ch* hydrosilicate.
hydrosol, *nm Ch* hydrosol.
hydrosoluble, *a Ch* water-soluble.
hydrosome, *nm Z* hydrosome.
hydrosopoline, *nf Ch* hydrosopoline.
hydrosphère, *nf Geog* hydrosphere.
hydrostatique **1.** *a* hydrostatic; *Geol* **niveau hydrostatique,** water table. **2.** *nf* hydrostatics.
hydrosulfate, *nm Ch* hydrosulfide.
hydrosulfite, *nm Ch* hydrosulfite.
hydrosulfureux, *am Ch* **acide hydrosulfureux,** hydrosulfurous acid.
hydrotalcite, *nf Miner* hydrotalcite.
hydrotaxie, *nf Biol* hydrotaxis.
hydrothèque, *nf Z* hydrotheca.
hydrotrope, *a Bot* hydrotropic.
hydrotropisme, *nm Bot* hydrotropism.
hydroxamique, *a Ch* **acide hydroxamique,** hydroxamic acid.
m-hydroxybenzoïque, *a Ch* m-hydroxybenzoic (acid).
4-hydroxychinoline, *nf Ch* kynurine.
hydroxyde, *nm Ch* hydroxide; **hydroxyde d'ammonium,** ammonium hydroxide; **hydroxyde de chaux,** slaked lime; **hydroxyde de soude,** caustic soda.
17-hydroxy-11-déhydrocorticostérone, *nf Ch* 17-hydroxy-11-dehydrocorticosterone.
17-hydroxydésoxycorticostérone, *nf Ch* 17-hydroxydeoxycorticosterone.
hydroxyéthylénamine, *nf Ch* hydroxyethylamine.
hydroxylamine, *nf Ch* hydroxylamine.
hydroxyle, *nm Ch* hydroxyl.
hydroxylé, *a Ch* hydroxylated.
hydroxy-8-quinoléine, *nf Ch* 8-quinolinol.
hydrozoaire, *nm Z* hydrozoon.
hydrure, *nm Ch* (tetra)hydride; **hydrure de bismuth,** bismuthine; **hydrure de lithium,** lithium hydride; **hydrure de phosphore,** phosphoretted hydrogen; **hydrure lourd,** deuteride.
hygiène, *nf* hygiene; hygienism; **hygiène industrielle,** industrial hygiene; **science de l'hygiène,** hygienics.
hygiénique, *a* hygienic.
hygrocinèse, *nf Bot Behav* hygrokinesis.
hygrologie, *nf Ph* hygrology.
hygromètre, *nm Ph* hygrometer; **hygromètre à cheveu,** hair hygrometer; **hygromètre à condensation,** dew-point hygrometer; **hygromètre de Daniell,** Daniell hygrometer; **hygromètre enregistreur,** hygrograph.
hygrométrie, *nf Ph* hygrometry.
hygrométrique, *a Ph* hygrometric(al); **degré hygrométrique,** relative humidity.
hygromorphe, *a Bot* hygromorph.

hygronastie, *nf Bot* hygronasty.
hygrophile, *a Bot Geog* hygrophilous; **la forêt hygrophile,** the tropical rain forest.
hygroscope, *nm Ph* hygroscope.
hygroscopie, *nf Ph* hygroscopy.
hygroscopique, *a Ph* hygroscopic(al); *Ch* slightly deliquescent (salt).
hygrostat, *nm Ph* hygrostat.
hygrotropisme, *nm Z etc* hygrotropism.
hylophage, *a Ent* wood-eating.
hylotome, *a Ent* hylotomous.
hymen, *nm Z* hymen.
hyménium, *pl* **-ia,** *nm Bot* hymenium, -ia.
hyménoptère, *a Z* hymenopterous.
hyménoptérologie, *nf Z* hymenopterology.
hyocholanique, *a Ch* hyocholanic.
hyoglosse, *a Z* **muscle hyoglosse,** hyoglossus.
hyoïde, *a Anat Z* hyoid, hypsiloid; **os hyoïde,** hyoid bone.
hyoïdien, -ienne, *a Z* **arc hyoïdien,** stylohyal.
hyoscine, *nf Ch* hyoscine.
hypabyssal, -aux, *a Geol* hypabyssal.
hyperchromie, *nf Z* hyperchromatosis.
hypercinèse, *nf Z* hyperkinesis.
hypercinétique, *a Physiol* hyperkinetic.
hyperdiastolie, *nf Z* hyperdiastole.
hyperémie, *nf* hypostasis.
hypergénèse, *nf Biol* hypergenesis.
hyperglycémie, *nf Physiol* hyperglyc(a)emia.
hyperlourd, *a Ch* **hydrogène hyperlourd,** tritium; **eau hyperlourde,** a compound of oxygen and tritium.
hypermétamorphose, *nm Z* hypermetamorphosis.
hypermétropie, *nf Physiol* long sight.
hypéron, *nm Ph* hyperon.
hyperoxyde, *nm Ch* hyperoxide.
hyperparasite, *Biol* **1.** *a* hyperparasitic. **2.** *nm* hyperparasite; secondary, tertiary, parasite.
hyperpituitarisme, *nm Z* hyperpituitarism.
hyperplasie, *nf Z* hyperplasia.
hyperpnée, *nf Z* hyperpnea.
hypersensibilité, *nf Z* hypersensitivity.
hypersensible, *a Biol* hypersensitive.
hypersonique, *a* hypersonic.
hypertélie, *nf Z* hypertely.
hypertension, *nf Physiol* hypertension.
hyperthermie, *nf Physiol* hyperthermia.
hypertonie, *nf Ch Physiol* hypertonus; hypertonicity.
hypertonique, *a Ph Ch* hypertonic; **solution hypertonique,** hypertonic salt solution.
hypertrophie, *nf Anat Z* hypertrophy.
hypertrophié, *a Anat* hypertrophic.
hyphe, *nm Bot* hypha; **hyphes,** hyphae, floccus.
hyphydrogame, *a Bot* below the water (pollination).
hyphydrogamie, *nf Bot* hyphydrogamy.
hypnocyste, *nm Z* hypnospore.
hypnose, *nf Psy* hypnosis.
hypnospore, *nf Z* hypnospore.
hypnotique, *a Physiol* hypnotic.
hypnotiser, *vtr Psy* to hypnotize.
hypnotisme, *nm Psy* hypnotism.
hypnotoxine, *nf Biol* hypnotoxin.
hypoazoteux, -euse, *a Ch* hyponitrous.
hypoazotique, *a Ch* hyponitric.
hypoblaste, *nm Biol* hypoblast.
hypoblastique, *a Biol* hypoblastic.
hypochlorate, *nm Ch* hypochlorate.
hypochloreux, -euse, *a Ch* **acide hypochloreux,** hypochlorous acid.
hypochlorique, *a Ch* hypochloric.
hypochlorite, *nm Ch* hypochlorite.
hypochondre, *nm Z* hypochondrium.
hypocotyle, *nm Bot* hypocotyl.
hypoderme, *nm Anat Bot etc* hypodermis; hypoderm(a); *Z* hypoderma.
hypogastre, *nm Anat* hypogastrium, hypogastric region.
hypogastrique, *a Anat Z* hypogastric; **ceinture hypogastrique,** abdominal belt; **plexus nerveux hypogastrique,** hypogastric plexus.
hypogé, *a Bot Geol* hypogeal, hypogean, hypogeous, underground; **eau hypogée,** juvenile water.

hypogène, *a Geol* hypogene; *Z* hypogenous.
hypoglosse, *a Z* hypoglossal.
hypoglycémie, *nf Physiol* hypoglyc(a)emia.
hypognathe, *nm Physiol* hypognathus.
hypogyne, *a Bot* hypogynous.
hyponastie, *nf Bot* hyponasty.
hyponitreux, -euse, *a Ch* hyponitrous.
hypopharynx, *nm Ent Anat* hypopharynx.
hypophosphate, *nm Ch* hypophosphate.
hypophosphite, *nm Ch* hypophosphite.
hypophosphoreux, -euse, *a Ch* hypophosphorous.
hypophosphorique, *a Ch* hypophosphoric.
hypophysaire, *a Z* hypophyseal.
hypophyse, *nf* hypophysis; *Anat Z* master gland; pituitary gland, body; **hypophyse du cerveau,** glandula.
hypophysectomie, *nf Physiol* hypophysectomy.
hypopituitarisme, *nm Physiol* hypopituitarism.
hypoplasie, *nf Physiol* hypoplasia.
hyposexué, *a Z Physiol* undersexed.
hypostase, *nf* hypostasis.
hypostatique, *a Biol* hypostatic; **congestion hypostatique,** hypostasis.
hyposulfate, *nm Ch* dithionate.
hyposulfite, *nm Ch* hyposulfite, thiosulfate; **hyposulfite de soude,** sodium thiosulfate, hyposulfite of soda.
hyposulfureux, *a inv Ch* hyposulfurous (acid); thiosulfuric.
hypotension, *nf Physiol* hypotension.
hypothalamus, *nm Z* subthalamus.
hypothermie, *nf Physiol* hypothermia.
hypothèse, *nf Ch Ph* hypothesis.
hypotonie, *nf Physiol* hypotension.
hypotonique, *a Ch* hypotonic.
hypotrichose, *nf Z* hypotrichosis.
hypotrophie, *nf Physiol* hypotrophy.
hypsomètre, *nm Ph* hypsometer, thermobarometer.
hystarazine, *nf Ch* hystarazin.
hystérectomie, *nf Med* hysterectomy.
hystérésis, hystérésie, hystérèse, *nf Ph* hysteresis; **cycle d'hystérésis,** hysteresis cycle, loop.
hystérie, *nf Physiol* hysteria.
hystérogène, *a Z* hysterogenic.
hystolyse, *nf Biol* hystolysis.
Hz, *symbol of* hertz.

I

I, *symbol of* iodine.
ibérite, *nf Miner* iberite.
icht(h)yique, *a* ichthyic.
icht(h)yocolle, *nf* isinglass.
icht(h)yographie, *nf* ichthyology.
icht(h)yoïde, *a* ichthyoid.
icht(h)yologie, *nf* ichthyology.
icht(h)yologique, *a* ichthyologic(al).
icht(h)yophage, *a* ichthyophagous, fish-eating.
icht(h)yophagie, *nf* ichthyophagy.
idante, *nm Biol* idant.
ide, *nm Biol* id.
idéal, -aux, *a Ch* ideal; **mélanges idéaux,** ideal mixtures; **solutions idéales,** ideal solutions; **cristaux idéaux,** ideal crystals.
identifiable, *a* identifiable.
identification, *nf Z* imprinting; *Ch* identification.
identifier, *vtr Ch* to identify.
identique, *a* identical; **points identiques,** identical points.
idioblaste, *nm Biol* idioblast.
idiochromatine, *nf Biol* idiochromatin.
idiochromatique, *a Cryst* idiochromatic.
idiochromosome, *mm Biol* idiochromosome.
idiogame, *a Bot* idiogamous.
idiogamie, *nf Bot* idiogamy.
idiogramme, *nm Biol* idiogram.
idiomorphe, *a Miner* idiomorphic.
idiopathique, *a Biol* idiopathic.
idioplasme, *nm Biol* idioplasm.
idiosome, *nm Biol* idiosome.
idiosyncrasie, *nf Physiol* idiosyncrasy.
idiosyncrasique, *a* idiosyncratic.
idiozome, *nm Biol* idiozome.
iditol, *nm Ch* iditol.
idocrase, *nf Miner* idocrase, vesuvianite.
idonique, *a Ch* idonic (acid).
idosaccharique, *a Ch* idosaccharic.
idose, *nm Ch* idose.
idranal, *nm Ch* idranal.
idrialite, *nf Miner* idrialite.
igné, *a Geol* igneous (rock, etc).
ignimbrite, *nf Geol* ignimbrite.
ignimbritique, *a Geol* **éruption ignimbritique,** acid lava eruption.
ignition, *nf Ch* **température d'ignition,** ignition temperature.
ijolit(h)e, *nf Geol* igjolite.
ildefonsite, *nf Miner* tantalite.
iléo-cæcal, *pl* **iléo-cæcaux, -ales,** *a Anat Z* **appendice iléo-cæcal,** vermiform appendix.
iléon, *nm Z* ileum.
ilésite, *nf Miner* ilesite.
iliaque, *a Ch* **crête iliaque**, iliac crest.
ilio-fémoral, *pl* **ilio-fémoraux, -ales,** *a Biol* **ligament ilio-fémoral,** Y ligament.
ilion, ilium, *nm Z* ilium.
illite, *nf Geol* illite.
illudérite, *nf Miner* zoisite.
illuvial, -iaux, *a Geol* illuvial.
illuviation, *nf Geol* illuviation.
illuvion, illuvium, *nm Geol* illuvium.
ilménite, *nf Miner* ilmenite.
îlot, *nm Anat Z* **îlots de Langerhans,** islets of Langerhans.
ilvaïte, *nf Miner* ilvaite, yenite.
image, *nf Z* imago.
imaginal, -aux, *a Z* imaginal; **disques imaginaux,** imaginal disks, buds.
imago, *nf Z* imago.
imberbe, *a* (*of fish*) without barbels.
imbibition, *nf Ch* **imbibition des gels,** imbibition of gels.
imbricatif, -ive, *a Bot* imbricative.
imbrication, *nf* imbrication; overlap(ping) (of fish scales, etc).
imbriqué 1. *a Biol* imbricate(d), overlapping; *Bot* **feuilles, pétales, imbriquées,**

imbricate leaves, petals; *Geol* **structure imbriquée,** imbricate structure. **2.** *nf Bot* **imbriquée,** imbricate (a)estivation.
s'imbriquer, *vpr* (*of fish scales, etc*) to imbricate, to overlap.
imidazole, *nm Ch* imidazole.
imide, *nm Ch* imide, imido compound.
imidoacide, *nm Ch* imido acid.
imidoéther, *nm Ch* imido ether.
imidogène, *nm Ch* imidogen.
imine, *nf Ch* imin(e).
iminoéther, *nm Ch* imino ether.
immaturation, *nf Biol* = **immaturité.**
immature, *a Biol* immature.
immaturité, *nf Biol* immaturity, immatureness.
immédiat, *a Biol* immediate; *Ch* **analyse immédiate,** proximate analysis.
immerger, *vtr Ch* to immerse.
immersif, -ive, *a Ph Ch* by (means of) immersion.
immersion, *nf Ch* immersion.
imminent, *a* impending.
immiscible, *a Ch* immiscible.
immobile, *a Biol Ph* stationary.
immun, immunisé, *a Bot* immune.
immunisation, *nf* immunisation.
immunisine, *nf Biol* immune body.
immunité, *nf Bot* immunity; **immunité acquise,** acquired immunity; **immunité congénitale,** congenital immunity.
immuno-analyse, *nf* immunoassay.
immunobiologie, *nf* immunobiology.
immunochimie, *nf* immunochemistry.
immuno-globulin, *nm* immunoglobulin.
immunologie, *nf* immunology.
immuno-protéine, *nf* immunoprotein.
imparfait, *a Bot* **champignon imparfait,** imperfect fungus; *Ch* **gaz imparfaits,** imperfect gases.
imparidigite, *a Bot Z* imparidigitate, perissodactylous, perissodactylate, odd-toed.
imparinervé, *a Bot Z* imparidigitate.
imparipenné, *a Bot* imparipinnate, odd-pinnate.
impédance, *nf Ph* impedance.
impénétrable, *a Z* impervious.
impenne, impenné, *a Orn* impennate.
imperforé, *a Z* imperforate.
imperméabilisé, *a Ch* **papier imperméabilisé,** waterproof paper.
imperméable, *a Miner* impervious (rock).
impesanteur, *nf Ph* weightlessness.
implacentaire, *a Z* implacental.
implosion, *nf Ch* implosion.
impolarisable, *a Ph* non-polarizable.
imprégnant, *a Ch* **produit imprégnant,** saturant.
imprégnation, *nf Ch* impregnating agent, impregnant; **taux d'imprégnation,** impregnation rate; *Biol* telegony.
impregné, *a Ph etc* penetrated.
impubère, *a Z* impuberal.
impulsion, *nf AtomPh* momentum (of particle); **impulsion du spin,** spin momentum; **impulsion orbitale,** orbital momentum; **impulsion neutronique,** neutron burst, neutron pulse; *El* **impulsions électriques,** electrical impulses; **impulsions périodiques,** recurrent pulses.
In, *symbol of* indium.
inactif, -ive, *a* inactive, inert; *Ch Biol* **rendre (un produit chimique, etc) inactif,** to inactivate (a chemical, etc); **corps inactif,** inert body.
inactinique, *a Ph Ch* inactinic; non-actinic.
inactivation, *nf Ch etc* inactivation, inertness.
inactiver, *vtr Ch Biol etc* to inactivate.
inactivité, *nf Ch Biol* inactivity, inertness (of a body).
inanition, *nf Z* starvation.
inarticulé, *a Z* inarticulate(d); not jointed, jointless.
inattaquable, *a Ch* **inattaquable par les acides, aux acides,** acid-proof, acid-resisting; unattacked by acids; incorrodible.
incandescent, *a* incandescent.
incanescent, *a Bot* canescent.
incertain, *a* inconclusive.
incertitude, *nf* uncertainty; *Ch* **principe de l'incertitude,** uncertainty principle.
incinérateur, *nm Ch* incinerator.
incinération, *nf Ch* **capsule à incinération,** incineration dish.
incisé, *a Bot Z* incised.

incision, *nf Bot Biol Z* incision.
incisive, *nf Z* incisor (tooth).
incitabilité, *nf Biol* irritability.
incliné, *a Bot* cernuous; (*of leaf, horn, etc*) nodding.
inclus, *a* **inclus dans une espèce,** infraspecific; *Bot* **étamines incluses,** included stamens.
inclusion, *nf Z* **inclusion cellulaire,** inclusion bodies.
incohérence, *nf Ph* incoherence, incoherency (of particles).
incohérent, *a Ph* (*of molecules, etc*) *Opt* (*of vibrations*) incoherent.
incohésion, *nf Ph* incohesion.
incombant, *a Bot* incumbent; **cotylédons incombants,** incumbent cotyledons.
incombustible, *a* incombustible (gas, etc).
incomplet, -ète, *a* incomplete; *Biol* **métamorphose incomplète,** incomplete metamorphosis; *Bot* **fleur incomplète,** incomplete flower.
incompressible, *a Ch* incompressible.
incondensable, *a* incondensable, uncondensable (gas).
inconducteur, -trice, *El* **1.** *a* non-conducting, non-conductive. **2.** *nm* non-conductor.
inconstance, *nf Biol* instability, variability (of type).
inconstant, *a Biol* variable (type).
incoordination, *nf Z* incoordination.
increscent, *a Bot* accrescent; increscent.
incrétion, *nf Z* incretion.
incrustation, *nf Z* incrustation.
incubation, *nf* incubation, hatching (of eggs); (*of eggs*) **être soumis à l'incubation,** to incubate.
incube, *a Bot* incubous (leaf).
incuber, *vtr* to incubate, hatch out (eggs).
incurvé, *a Biol* incurved.
indamine, *nf Ch* indamine.
indane, *nf Ch* indan, hydrindene.
indanthrène, *nm Ch* **(colorants d')indanthrène,** indanthrene.
indanthrone, *nm Ch* indanthrone.
indazine, *nf Ch* indazine.
indazole, *nm Ch* indazole.
indécidués, *nmpl Z* indeciduates.
indécomposable, *a BioCh Ch* indecomposable (body); irresolvable (element, etc).
indécomposé, *a Ch* undecomposed.
indéfini, *a Bot* indefinite (inflorescence, etc).
indéhiscence, *nf Bot* indehiscence.
indéhiscent, *a Bot* indehiscent.
indène, *nm Ch* indene.
indénone, *nf Ch* indone.
indétermination, *nf Ph* **loi d'indétermination,** indeterminacy principle.
indéterminisme, *nm Ph* indeterminacy principle.
index, *nm* (*a*) *Ch etc* index, indicator; **index liquide,** liquid indicator; **index par touches,** outside indicator; (*b*) *Z* index, forefinger.
indianaïte, *nf Miner* indianaite.
indianite, *nf Miner* indianite.
indican, *nm Ch* indican.
indicateur, *nm Bot* indicator. *Ch* **indicateur chimique,** indicator; **assortiment d'indicateurs,** range of indicators; **indicateurs mélangés,** mixed indicators; **théorie des indicateurs,** theory of indicators; **indicateur redox,** redox indicator.
indication, *nf Ch* reading.
indice, *nm Ph Ch etc* (i) factor, coefficient; (ii) rating; (iii) index; **indice de réfraction,** refraction index; *Anat* **indice pelvien,** pelvic index; *Ch* **indice d'acide,** acid number; **indice d'acidité,** total acid number (T.A.N.); **indice de brome,** bromine number; **indice d'iode,** iodine value, iodine number; **indice de viscosité,** viscosity index; *Biol* **indice de masculinité,** sex ratio.
indicolite, *nf Miner* indicolite, indigolite, blue tourmalin(e).
indifférence, *nf Ph Ch Bot* indifference; inertness (of a body); neutrality (of a salt, etc).
indifférent, *a Ph Ch* indifferent; inert (body); neutral (salt, solution, etc).
indiffusible, *a Ph* unsusceptible (of diffusion); non-diffusing; *Biol* (substance) that does not disperse; undispersing.
indigène **1.** *a* indigenous (**à, de,** to); **flore indigène,** indigenous flora. **2.** *nm & f* (plant, animal) native.

indigo, *nm Ch* indigo; *Dy* anil; **bleu d'indigo,** indigotine.
indigoïde, *a Ch* indigoid.
indigotine, *nf Ch* indigotin.
indique, *a Ch* indic.
indirect, *a Ph* **onde indirecte,** indirect wave; *Ch* **substitution indirecte,** indirect substitution; *Biol* **métamorphose indirecte,** indirect metamorphosis.
indirubine, *nf Ch* indirubin(e).
indium, *nm Ch* (*symbol* In) indium.
individu, *nm* individual.
individualisme, *nm* individualism.
individuel, -elle, *a Biol* individual.
indogène, *nm Ch* indogen.
indogénide, *nm Ch* indogenid(e).
indolacétique, *a Ch* indoleacetic (acid).
indol(e), *nm Ch* indol(e), ketol.
indoline, *nf Ch* indolin(e), Coupier's blue.
indone, *nf Ch* indone.
indophénine, *nf Ch* indophenin.
indophénol, *nm Ch* indophenol.
indoxyle, *nm Ch* indoxyl.
indoxyle-sulfurique, *a Ch* indoxylsulfuric (acid).
indoxylique, *a Ch* indoxylic.
indoxylsulfurique, *a Ch* indoxylsulfuric (acid).
inductance, *nf Ph* inductance.
inducteur, -trice, *Ph* **1.** *a* inductive; **courant, circuit, inducteur,** inductive current. **2.** *nm* inductor.
inductible, *a Biol* inducible.
inductif, -ive, *a Ph* inductive; **charge inductive,** inductive load; **influences inductives des substituants,** inductive influences of substituents.
induction, *nf Ch Ph* induction; **effet d'induction,** induction effect; **induction des réactions ioniques,** induction of ionic reactions; *Biol* **induction embryonnaire,** induction of embryonic cells.
inductivité, *nf Ph* inductivity.
induit, *a Ch* induced; **polarité induite,** induced polarity.
induline, *nf Ch* indulin(e).
indument, *nm Bot* indumentum.
induplicatif, -ive, *a Bot* **préfloraison induplicative,** induplicate (a)estivation.
indupliqué, *a Bot* (*of petal*) induplicate; **vernation, préfoliation, indupliquée,** induplicate vernation.
induration, *nf* induration.
indusie, *nf Bot Ent* indusium (of frond, etc).
indusié, *a Bot* indusiate(d).
induvial, -iaux, *a Bot* induvial.
induvié, *a Bot* induviate.
induvies, *nfpl Bot* induviae.
inégal, -aux, *a Biol* unequal.
inélastique, *a* inelastic.
inerme, *a Bot* inerm(ous), devoid of spines or prickles; *Z* **ténia inerme,** unarmed tapeworm.
inerte, *a* inert (mass, etc); *Ch* indifferent, inactive, actionless (body); *Biol* torpid.
inertial, -iaux, *a* inertial (mass, etc).
inertie, *nf* (*a*) inertia; *Ph* **inertie d'un atome, d'un électron,** inertia of an atom, an electron; **forte, faible, inertie,** high, slight, inertia; **inertie de masse,** mass inertia; **inertie thermique,** thermal inertia; **loi d'inertie,** law of inertia; **axe d'inertie,** axis of inertia; **force d'inertie,** inertia, inertial force; **moment d'inertie,** moment of inertia; (*b*) *Ch Biol* inactivity; *Biol* torpidity, torpidness, torpor.
inertiel, -ielle, *a* inertial (mass, etc).
inésite, *nf Miner* inesite.
infantilisme, *nm Biol* retarded development.
infécond, *a Z* barren, sterile, infecund (animal, etc).
infécondable, *a Z* sterile.
infécondité, *nf Z* barrenness, sterility, infecundity.
infection, *nf Bac* infection.
infère, *a Bot* inferior (calyx, etc).
inférobranchial, -iaux, *a Moll* inferobranchiate.
inférobranchié, *Moll* **1.** *a* inferobranchiate. **2.** *nmpl* **inférobranchiés,** inferobranchiates.
inféropostérieur, *a* inferoposterior.
infiltration, *nf* percolation, seepage; *Geol* **eau d'infiltration,** percolating, seepage, water.
infiltrer, *vtr* (*of fluid*) to infiltrate; to filter, to percolate, into (tissue, rock, etc).
s'infiltrer, *vpr* (*of fluid*) to infiltrate,

filter, percolate, seep (**dans,** into; **à travers,** through).
inflammation, *nf Ch* ignition; **point d'inflammation,** ignition point, fire point.
infléchi, *a Bot* inflexed (stamen, etc).
s'infléchir, *vpr Bot* (*of stamen, etc*) to become inflexed.
inflexe, *a Bot* inflexed.
inflorescence, *nf Bot* inflorescence; **inflorescence centrifuge, centripète,** centrifugal, centripetal, inflorescence.
influence, *nf Ch* influence; **influence d'un solvant sur un corps dissous,** influence of a solvent upon a solute.
influx, *nm Physiol* **influx nerveux,** nerve impulse.
infondibuliforme, *a Path* infundibular, infundibuliform, funnel-shaped.
informations, *nfpl* data *pl.*
infra-axillaire, *pl* **infra-axillaires,** *a Bot* infra-axillary, subaxillary.
infrabasal, -aux, *a Echin* infrabasal.
infrabranchial, -iaux, *a Moll* infrabranchial.
infracambrien, -ienne, *a & nm Geol* Pre-Cambrian.
infradien, -ienne, *a Biol* **rythme infradien,** circadian rhythm.
infralatéral, -aux, *a* inferolateral.
infralias, *nm Geol* Lower Lias.
infralias(s)ique, *a Geol* Lower Liassic.
infralittoral, -aux, *a & nm Oc* sublittoral.
inframarginal, -aux, *a Z* inframarginal.
infraprotéines, *nfpl Ch* infraproteins.
infructescence, *nf Bot* infructescence.
infundibulaire, *a Path* infundibular.
infundibuliforme, *a Path* infundibular, infundibuliform, funnel-shaped.
infundibulum, *nm Anat Z* infundibulum, funnel.
infusible, *a* infusible.
infusoires, *nmpl Biol* infusoria; *Geol* **terre à infusoires,** diatomaceous earth, infusorial earth.
ingérer, *vtr Physiol* to ingest.
ingesta, *nmpl Physiol* ingesta *pl.*
ingestion, *nf Physiol* ingestion; *Biol* **ingestion intracellulaire,** phagocytosis.
ingluvial, -iaux, *a Z* ingluvial.
ingluvie, *nf Orn* pellet (of bird of prey).
inhalant 1. *a* inhalant, inhaling; *Z* **pore inhalant,** incurrent pore. **2.** *nm* inhalant.
inhalation, *nf Physiol* inhalation.
inhérent, *a Physiol* inherent.
inhiber, *vtr Ch* to inhibit, retard (reaction).
inhibiteur, *nm Ch BioCh* inhibitor; *Anat Biol* inhibitory (nerve); protective agent; **inhibiteur de corrosion, d'oxydation,** corrosion, oxidation, inhibitor.
inhibitif, -ive, *a Physiol* inhibitory.
inhibition, *nf Ch* inhibition (of a reaction).
initial, -iaux, *a Bot* **cellule initiale,** initial cell; meristematic cell; *Ch* **point initial de distillation,** inhibitory boiling point.
initiation, *nf Ch* **initiation d'une réaction,** initiation of a reaction.
injecté, *a Bot Z* injected.
injecter, *vtr Bot* to inject.
injection, *nf Physiol* **injection du sang,** transfusion.
inné, *a Biol* innate.
innervation, *nf Physiol* innervation.
innervé, *a Bot* nerveless (leaf).
innominé, *a* innominate; **artère innominée,** innominate artery; **os innominé,** innominate bone.
innovation, *nf Bot* innovation.
inoculation, *nf Bac* inoculation; **inoculation accidentelle,** invaccination.
inoculer, *vtr Bac* to inoculate; **matériel à inoculer,** inoculum.
inoffensif, -ive, *a* innocuous.
inorganique, *a* inorganic (body, chemistry).
inorganisé, *a Biol* unorganized (body, state, etc).
inosine, *nf Ch* inosine.
inositocalcium, *nm Pharm* inositocalcium.
inositol, *nm Ch* inositol.
inoxydable, *a Ch* inoxidizable, unoxidizable.
inoxydé, *a Ch* unoxidized.
inquilin, *a & nm Z* inquiline.
insalifiable, *a Ch* not salifiable.
insaponifiable, *a Ch* unsaponifiable.
insaturable, *a Ch* unsaturable.
insaturation, *nf Ch* non-saturation.

insaturé, *Ch* **1.** *a* unsaturated. **2.** *nm* unsaturate.
insecte, *nm* insect; **insecte parfait,** imago.
insecticide 1. *a* insecticidal. **2.** *nm* insecticide.
insectifuge, *a & nm* insectifuge, insect repellent.
insectillice, *a* insect-attracting.
insectivore, *Z* **1.** *a* insectivorous, entomorphagous. **2.** *nm* insect eater, insectivore.
insémination, *nf Biol* insemination.
inséminé, *a Bot* seedless (fruit).
inséminer, *vtr Biol* to inseminate.
insérer, *vtr* to insert; **étamines insérées sur l'ovaire,** stamens inserted on the ovary.
insertion, *nf Bot* insertion (of a leaf on the stem); *Ch* **composé d'insertion,** inclusion compound; **réaction d'insertion,** insertion reaction.
insistant, *a Orn* **pouce insistant,** insistent hind toe.
insolation, *nf Biol* insolation.
insolubilité, *nf* insolubility, insolubleness (of substance).
insoluble, *a* insoluble (substance); *Ch* lyophobic (substance); **insoluble dans l'eau,** insoluble in water; *Petroch* **résidus insolubles,** intrinsic insolubles.
instabilité, *nf Ch* instability, lability (of salt, etc); *Ch Ph* **seuil d'instabilité,** stability limit.
instable, *a Ch* unstable, labile (salt, etc).
instaminé, *a Bot* without stamens.
instinct, *nm* instinct.
instinctif, -ive, *a* instinctive.
instinctuel, -elle, *a* instinctual.
insulinase, *nf Ch Biol* insulinase.
insuline, *nf Ch* insulin.
intégral, -aux, *a* integral; **quantités intégrales,** integral quantities.
intégrateur, *nm Ch* integrator.
intégrifolié, *a Bot* integrifolious.
intégripalliés, *nmpl Moll* integripalliates.
intensité, *nf Ch Ph* intensity; **intensité du courant,** current intensity; **facteurs d'intensité,** intensity factors.
interaction, *nf Ph etc* interaction; **composante d'interaction,** interaction component; **section efficace d'interaction,** interaction cross-section; **énergie d'interaction,** interaction energy.
interagir, *vi Ph etc* to interact.
interambulacraire, *a Z* interambulacral.
interambulacre, *nm Z* interambulacrum.
interatomique, *a Ch Ph* interatomic; **distances interatomiques,** interatomic distances.
interbiotique, *a Bot Biol* interbiotic.
intercalaire, *a Bot* intercalary (internode).
intercalation, *nf Geol* interstratification; **intercalation de grès,** band of sandstone.
intercalé, *a Anat Z* epactal; *Geol* **couches intercalées,** intercalary strata.
intercaler, *vtr Geol* to interstratify.
intercapillaire, *a* intercapillary.
intercellulaire, *a* intercellular; *Bot* **méat intercellulaire,** intercellular space.
intercentre, *nm Z* intercentrum; intercalare.
interchange, *nm Biol* interchange (between chromosomes).
intercinèse, *nf Biol* (*of cell*) interkinesis; interphase; rest stage (between two nuclear divisions).
intercondylien, -ienne, *a Z* intercondyloid.
interconversion, *nf Ch* interconversion; **interconversion des isomères géométriques,** interconversion of geometrical isomers.
interdorsal, -aux, *a Z* interdorsal.
interface, *nf Ph Ch* interface.
interfacial, -iaux, *a Ph Ch* interfacial; **tension interfaciale,** interfacial tension.
interfasciculaire, *a Anat Bot* interfascicular.
interférence, *nf Ph* interfering.
interférent, *a Ph* interfering (rays, etc).
interférentiel, -elle, *a Ph* interferential.
interférer, *vi Ph* (*of light waves, etc*) to interfere.
interféromètre, *nm Ph* interferometer.
interférométrie, *nf Ph* interferometry.
interféron, *nm Biol* interferon.
interfibrillaire, *a Biol* interfibrillar.

interfoliacé, interfoliaire, *a Bot* interfoliaceous.
interglaciaire, *Geol a & nm* interglacial.
intérieur, *a* interior, inward; inner; *Biol* (*of surface, etc*) ental.
interionique, *a Ch* interionic (distance).
interlamellaire, *a Z* interlamellar.
interlobaire, *a Z* interlobar.
intermenstruel, -elle, *a Z* intermenstrual.
intermittence, *nf Z* intermission (of pulse).
intermoléculaire, *a Ch* intermolecular; **nouvel arrangement intermoléculaire,** intermolecular rearrangement.
interne, *a* internal; **combustion interne,** internal combustion; **pression interne,** internal pressure; *Anat Ch* **propriétés internes,** intrinsic properties.
internodal, -aux, *a Bot* internodal.
intérocepteur, -trice, *Physiol* **1.** *a* interoceptive. **2.** *nm* interoceptor.
intéroceptif, -ive, *a Physiol* interoceptive.
interoculaire, *a Ent* interocular (antennae).
interoperculaire, *nm Ich* interopercle, interoperculum.
interpariétal, -aux, *a Z* **os interpariétal,** Inca bone.
interphase, *nf Biol* interkinesis, interphase.
interprétateur, *nm Geoph* interpreter.
interrané, *a Bot* subterranean (plant).
interrompu, *a* interrupted.
interscapulaire, *a Z* interscapular.
intersection, *nf Ch* intersection.
intersexualité, *nf Biol* intersexualism, intersexuality.
intersexué, -ée, *Biol* **1.** *a* intersexual; hermaphrodite. **2.** *n* **un, une, intersexué(e),** an intersex (individual), a hermaphrodite.
interspécifique, *a* (*of hybrid, etc*) interspecific.
interstérile, *a Biol* intersterile.
interstérilité, *nf Biol* mutual infecundity.
interstice, *nm Geol etc* interstice.
intersticiel, -elle, *a Geol Histol Path* interstitial.
interstitiel, -elle, *a Anat etc* interstitial; **espace interstitiel,** lacuna.
interstratification, *nf Geol* interstratification.
interstratifier, *vtr Geol* to interstratify.
intertentaculaire, *a Z* intertentacular.
intervalle, *nm Ch* range.
intervention, *nf Biol* interference.
interventriculaire, *a Anat* **cloison interventriculaire,** ventricular septum.
interversion, *nf Ch* (optical) inversion (of polarization of sugar, etc); *Geol* inversion (of strata).
intervertébral, -aux, *a Anat Z* intervertebral; **disque intervertébral,** (intervertebral) disk.
interzonal, -aux, *a Biol* interzonal.
intestin, *nm Anat Z* intestine(s), gut; enteron; **gros intestin,** large intestine; **intestin grêle,** small intestine; **intestin antérieur, intestin pré-oral,** foregut.
intestinal, -aux, *a* intestinal; *Ann* **vers intestinaux,** intestinal worms, helminths.
intine, *nf Bot* intine.
intorsion, *nf Z* intorsion; twisting.
intoxicant, *a & nm Ch Biol Tox* toxicant, toxic.
intrabiontique, *a Biol* intrabiontic.
intracapsulaire, *a Z* intracapsular.
intracellulaire, *a Biol* intracellular.
intracrânien, -ienne, *a Z* intracranial.
intragastrique, *a Z* intragastric.
intraglaciaire, *a Geol* intraglacial.
intramoléculaire, *a Ch* intramolecular; **nouvel arrangement intramoléculaire,** intramolecular rearrangement.
intramusculaire, *a Z* intramuscular.
intranucléaire, *a Ph Ch* intranuclear.
intrapéritonéal, -aux, *a Z* intraperitoneal.
intrapétiolé, *a Bot* intrapetiolar.
intraspécifique, *a Biol* intraspecific.
intra-utérin, *pl* **intra-utérins, -ines,** *a Z* intrauterine.
intravasculaire, *a Physiol* intravascular.
intraveineux, -euse, *a Z* intravenous.
intrication, *nf Biol* intrication.
intrinsèque, *a* intrinsic; *Ch* **pression in-**

trinsèque, intrinsic pressure; **titre intrinsèque d'un acide,** intrinsic acid strength; **sécurité intrinsèque,** intrinsic safety.
intriqué, *a Biol* intricate (fibres, etc).
introduction, *nf* inlet.
introgressif, -ive, *a Biol* introgressive; **hybridation introgressive,** introgressive hybridization.
intromission, *nf Ph Bot* intromission, absorption (of air, water, etc).
introrse, *a Bot* introrse.
intrusif, -ive, *a Geol* intrusive.
intrusion, *nf Geol* intrusion; *Biol* interference; **roches d'intrusion,** intrusive rocks.
intumescent, *a* intumescent (flesh).
intussusception, *nf Biol* intussusception.
inulase, *nf BioCh* inulase.
inuline, *nf Ch* inulin.
inunction, *nf Physiol* inunction.
invagination, *nf Biol* invagination; *Path* **invagination (vaginale),** intussusception.
invaginer, *vtr Biol* to invaginate.
s'invaginer, *vpr Biol* (*of membrane, etc*) to invaginate.
invariant, *a Ph Ch* invariant (system).
inverseur, *nm Ph* mode switch; *Z* **inverseur optique,** erector.
inversion, *nf* inversion; *Biol* **inversion chromosomique,** chromosome inversion; *Ch* **inversion des hydrates de carbone,** carbohydrate inversion; **inversion du sucre,** inversion of sugar; points d'inversion, inversion points (of a gas); **inversion de Walden,** Walden inversion; *Z* **inversion sexuelle,** urnism.
invertase, *nf BioCh* invertase, sucrase, saccharase, invertin, inverting enzyme.
invertébré, *a & nm Z* invertebrate.
inverti, *a Ch* **sucre inverti,** invert sugar.
invertine, *nf Ch* invertin; invert sugar; sucrase, inverting enzyme.
invertir, *vtr Ph Ch* to invert (polarized light, sugar).
investigation, *nf* investigation.
invêtement, *nm Biol* investment.
involontaire, *a Physiol* involuntary.
involucelle, *nm Bot* involucel.
involucellé, *a Bot* involucellate.
involucral, -aux, *a Bot* involucral.
involucre, *nm Bot* involucre.
involucré, *a Bot* involucrate.
involuté, involutif, -ive, *a Bot* involute(d) (leaf, etc).
involution, *nf Bot Biol Obst* involution.
inyoite, *nf Miner* inyoite.
iodargyre, *nm,* **iodargyrite,** *nf Miner* iodyrite, iodargyrite, iodite.
iodate, *nm Ch* iodate; **iodate de potasse,** potassium iodate.
iodation, *nf Ch* iodation.
iode, *nm Ch* (*symbol* I) iodine; **indice d'iode,** iodine value, number; **iode radioactif,** radio-iodine.
iodémie, *nf Biol* iodemia.
iodeux, -euse, *a Ch* iodous (acid, etc).
iodhydrate, *nm Ch* hydriodide, iodhydrate.
iodhydrine, *nf Ch* iodhydrin, iodohydrin.
iodhydrique, *a Ch* hydriodic, iodhydric.
iodique, *a Ch* iodic.
iodite, *nf Miner* iodite, iodargyrite, iodyrite.
iodo-aurate, *nm Ch* iodoaurate.
iodobenzène, *nm Ch* iodobenzene.
iodobromite, *nf Miner* iodobromite.
iodoforme, *nm Ch* iodoform.
iodomercurate, *nm Ch* iodomercurate.
iodométrie, *nf Ch* iodometry.
iodométrique, *a Ch* iodometric.
iodonium, *nm Ch* iodonium.
iodo-organique, *a Pharm* iodo-organic.
iodophile, *a Microbiol* iodophile (bacterium).
iodophilie, *nf Microbiol* iodophilia.
iodopsine, *nf Ch* iodopsin.
iodosé, *a Ch* iodoso-.
iodosobenzène, *nm Ch* iodosobenzene.
ioduration, *nf Ch* iodization.
iodure, *nm Ch* iodide; **iodure de mercure,** mercuric iodide; **iodure de méthyle,** methyl iodide; **iodure de méthylène,** methylene iodide.
iodurer, *vtr Ch* to iodize.
iodylobenzène, *nm Ch* iodylobenzene.
iodyrite, *nf Miner* iodyrite, iodite, iodargyrite.
iolite, *nf Miner* iolite.
ion, *nm Ph Ch* ion; **ion d'hydrogène,** hy-

drogen ion; **ion gazeux,** gaseous ion; **ion hybride,** switterion (= switter ion); **ion primaire, secondaire,** primary, secondary, ion; **nombre volumique d'ions,** ion density; **source d'ions,** ion source, ion gun; **ion du réseau,** lattice ion; **dosimètre d'ions,** ionic quantimeter; **accélérateur d'ions,** ion accelerator; **échangeur d'ions,** ion exchanger; **nuage d'ions,** ion cloud; **essaim, groupe, d'ions,** ion cluster; **émission d'ions,** ion emission; **échange d'ions,** ion exchange; **occlusion d'ions,** ion occlusion; **paire d'ions,** ion pair.

ion-gramme, *nm* gram(me) ion, ion gram(me); *pl ions-grammes.*

ionique, *a Ph Ch El* ionic; **accélération ionique,** ion acceleration; **bombardement ionique,** ion bombardment; **courant ionique,** ion current; **conduction ionique,** ionic conduction; **densité ionique,** ion density; **faisceau ionique,** ion beam; **chauffage par bombardement ionique,** ion-bombardment heating; ionic heating; **flux ionique,** ion flow; **produit ionique,** ion(ic) product; **spectre ionique,** ion spectrum; **liens, liaisons, ioniques,** ionic bonds, bindings, links; **rayon ionique,** ionic radius.

ionisable, *a Ph El* ionizable.

ionisant 1. *nm Ph El* ionizer. **2.** *a* ionizing; *Ch* **source ionisante,** ionizer.

ionisateur, *nm Ph El* ionizer.

ionisation, *nf Ph Ch El* ionization; **ionisation primaire, secondaire,** primary, secondary, ionization; **chambre d'ionisation,** ionization chamber, cloud chamber; **jauge, manomètre, à ionisation,** ionization gauge, manometer; **anémomètre à ionisation,** ionized-gas anemometer; **courant d'ionisation,** ionization current; **ionisation colonnaire,** columnar ionization; **ionisation par choc,** collision, impact, ionization; **ionisation par rayonnement,** radiation ionization; **ionisation (d'origine) thermique,** thermal ionization; **ionisation volumétrique,** volume ionization; **potentiel d'ionisation,** ionization, ionizing, potential; **perte d'énergie par ionisation,** ionization loss.

ionisé, *a* ionized (atom, gas, etc); **état ionisé,** ionized state.

ioniser, *vtr Ph Ch El* to ionize.

s'ioniser, *vpr* (*of acid, etc*) to ionize.

ionium, *nm Ch* ionium.

ionomètre, *nm Ph* ionometer.

ionométrique, *a Ph* ionometric.

ionone, *nf Ch* ionone.

ionophorèse, *nf Ph* ionophoresis.

ionophorétique, *a Meteor* ionophoretic (migration).

ionosphère, *nf* ionosphere.

ionosphérique, *a* ionospheric; **couche ionosphérique,** ionosphere layer.

ionotropie, *nf Ch* ionotropy.

ipécacuanique, *a Ch* ipecacuanic.

Ir, *symbol of* iridium.

iridacé, *Bot* **1.** *a* iridaceous. **2.** *nfpl* **iridacées,** Iridaceae *pl.*

iridique, *a Ch* iridic.

iridite, *nf Ch* iridite.

iridium, *nm Ch* (*symbol* Ir) iridium.

iridosmine, *nf Miner* iridosmine, iridosmium.

irone, *nf Ch* irone.

irradiation, *nf Ph etc* irradiation.

irradier, *vi* to radiate.

irrégulier, -ière, *a Biol* unequal; **pouls irrégulier,** unequal pulse.

irréversible, *a Ch* **colloïdes irréversibles,** irreversible colloids; **réaction irréversible,** irreversible reaction.

irritabilité, *nf Biol* irritability.

irritable, *a* irritable.

irritant, *Physiol* **1.** *a* irritant, irritating. **2.** *nm* irritant.

irritatif, -ive, *a* irritating, irritative.

irritation, *nf Physiol* irritation.

irriter, *vtr* to irritate.

isadelphe, *a Bot* isadelphous.

isanomal, -aux, *Geol* **1.** *a* isanomal. **2.** *nfpl* **isanomales,** isanomals.

isatine, *nf Ch* isatin.

isatique, *a Ch* isatic.

isatogène, *a Ch* isatogenic.

isatropique, *a Ch* isatropic.

isatyde, *nm Ch* isatide.

ischémie, *nf Med* isch(a)emia.

ischémique, *a Med* isch(a)emic.

ischiatique, *a Physiol* ischiatic.

ischiocaverneux, *a & nm Z* ischiocavernous.

ischion, *nm Z* ischium.

isentropique, *a Ph* isentropic.
isérine, *nf Miner* iserine.
iséthionate, *nm Ch* isethionate.
iséthionique, *a Ch* isethionic.
isinglass, *nm* isinglass.
isionolite, *nf Miner* ixiolite.
Islande, *Prn Miner* **cristal, spath, d'Islande,** Iceland spar.
iso-agglutinine, *nf Immunol* iso-agglutinin.
isoallyle, *nm Ch* isoallyl.
isoamyle, *nm Ch* isoamyl.
isoamylique, *a Ch* isoamylic.
isoapiol, *nm Ch* isoapiol(e).
isobare, isobarique, isobarométrique, *a Meteor Ch* isobaric; isobarometric; **spin isobare,** isotopic spin; **surface isobare,** isobaric surface; **courbe isobare, ligne isobare,** *nf* **isobare,** isobaric curve, isobar.
isobase, *nf Geol* isobase.
isobathe, *nf Geol* isobath.
isobornéol, *nm Ch* isoborneol.
isobougie, *nf Ph* isocandle.
isobutane, *nm Ch* isobutane.
isobutène, *nm Ch* isobutylene.
isobutyle, *nm Ch* isobutyl.
isobutylène, *nm Ch* isobutylene.
isobutylique, *a Ch* isobutylic; **alcool isobutylique,** isopropylcarbinol.
isobutyrique, *a Ch* isobutyric.
isocalorique, *a Physiol* isocaloric.
isochore, *a Ch Ph* isochoric; **courbe isochore,** isochore; **isochore de Van't Hoff,** Van't Hoff's isochore.
isochrone **1.** *a Mec* isochronous, isochronal, isochronic. **2.** *nf Geol Meteor* isochrone.
isochronique, *a Mec* isochronous.
isochronisme, *nm Mec Physiol* isochronism.
isocinchoméronique, *a Ch* isocinchomeronic.
isoclase, isoclasite, *nm or f Miner* isoclasite.
isoclinal, -aux, *a Geol* isoclinal.
isocline, *nf Geol* isocline.
isocolloïde, *nm Ph* isocolloid.
isocrotonique, *a Ch* isocrotonic.
isocyanate, *nm Ch* isocyanate.
isocyanique, *a Ch* isocyanic.
isocyanure, *nm Ch* isocyanide.
isocyclique, *a Ch* isocyclic.
isocytique, *a Z* isocytic.
isodactyle, *a Z* isodactylous.
isodactylie, *nf Z* isodactylism.
isodéhydroandrostérone, *nf Ch* isodehydroandrosterone.
isodiabatique, *a Ph* isodiabatic.
isodimorphe, *a Cryst* isodimorph.
isodonte, *a Z* isodont(ous), isodontal.
isodulcite, *nf Ch* isodulcital.
isodyname, *a Ph* isodynamic.
isodynamique, *a Ph* **courbe isodynamique,** isogam.
isoédrique, *a Cryst* isoedric.
isoélectrique, *a Ch* isoelectric.
iso-enzyme, *nm BioCh* isoenzyme.
isoéquilénine, *nf Ch* isoequilenin.
isoeugénol, *nm Ch* isoeugenol.
isofenchol, *nm Ch* isofenchol.
isoflavone, *nf Ch* isoflavone.
isoformat, *nm Ch* isoformate.
isogame, *a Bot* isogamous, isogamic.
isogamète, *nm Biol Z* isogamete.
isogamie, *nf Bot* isogamy.
isogénétique, *a Biol Z* isogenetic.
isogéotherme, *a Geog* isogeothermal, isogeothermic; **ligne isogéotherme,** isogeotherm.
isogone, *a Ph* isogonic.
isogonique, *a Biol* isogonic (organ).
isogramme, *nm Geol* isogram.
isohaline, *nf Ph* isohaline.
isohalogénure, *nm Ch* isohalide.
isohélénine, *nf Ch* iso-alantolactone.
isohydrique, *a Ch* isohydric.
isoindogénide, *nm Ch* isoindogenide.
isoïonique, *a Ch Ph* isoionic.
isolable, *a Ch etc* isolable.
isolant, *Ph* **1.** *a* **pouvoir isolant,** insulating value. **2.** *nm* non-conductor; *Ch* insulator.
isolation, *nf Ph* insulation.
isolé, *a Ph etc* **non isolé,** uninsulated.
isoler, *vtr Ch* to isolate (element, etc); *Biol* to isolate (a culture); *Ph* to insulate.
isoleucine, *nf Ch* isoleucine.
isologue, *Ch* **1.** *a* isologous. **2.** *nm* isolog(ue).
isomère **1.** *a Ch Bot etc* isomerous, isomeric. **2.** *nm Ch Ph* isomer; isomeride.

isomérie, *nf Ch Bot* isomerism; *Ch* isomerium; **isomérie géométrique,** geometrical isomerism; **isomérie physique,** physical isomerism; **isomérie stéréochimique,** optical isomerism; **isomérie de position,** position isomerism.
isomérique, *a* isomeric.
isomérisation, *nf Ch etc* isomerization; **procédé d'isomérisation catalytique,** Tso-Kel process.
isométrique, *a Biol* isogonic; *Ph* **ligne isométrique,** isometric line.
isomorphe **1.** *a Bot* isomorphous, isomorphic. **2.** *nm* isomorph.
isoniazide, *nm Pharm* isoniazid.
isonicotinique, *a Ch* isonicotinic.
isonitrile, *nm Z* isonitrile, isocyanide, carbylamine.
isooctane, *nm Ch* isooctane.
isopaque, *nm Geol* isopach.
isoparaffines, *nfpl Ch* isoparaffins.
isopelletiérine, *nf Ch* isopelletierine.
isopentane, *nm Ch* isopentane.
isopétale, *a Bot* isopetalous.
isophane, isophène, *Biol* **1.** *a* isophanal. **2.** *nm* isophane, isophene.
isophtalique, *a Ch* isophthalic (acid).
isoplèthe, *nf Ch* isopleth.
isopode, *Z* **1.** *a* isopodous. **2.** *nm* isopod.
isopolyacide, *nm Ch* isopoly acid.
isoprène, *nm Ch* isoprene.
isoprénoïde, *nm Ch* isoprenoid.
isopropanol, *nm Ch* isopropanol.
isopropényle, *nm Ch* isopropenyl.
isopropylbenzène, *nm Ch* isopropylbenzene.
isopropylcarbinol, *nm Ch* isopropylcarbinol.
isopropyle, *nm Ch* isopropyl.
isopropylique, *a Ch* isopropylic; **alcool isopropylique,** isopropyl alcohol.
isoquinoléine, *nf Ch* isoquinoline.
isospin, *nm Ch* isotopic spin.
isosporé, *a Bot* isosporous.
isostémone, *a Bot* isostemonous.
isostère, *a Ch* isosteric.
isostérie, *nf Ch* isosterism.
isostique, *a Bot* isostic.
isotactique, *a* isotactic.
isotherme **1.** *a Ph Meteor* isothermal, isothermic (line). **2.** *nf Meteor* isotherm; *Ch* **isotherme de Van't Hoff,** Van't Hoff's isotherm.
isothermique, *a Meteor Ph* isothermic; **compression isothermique,** isothermic compression.
isotone, *nm Ph* isotone; **nucléides isotones,** isotone nuclides.
isotonie, *nf Ch Physiol* isotonicity.
isotonique, *a Ch Ph Physiol* isotonic; **solution isotonique,** isotonic solution.
isotope, *nm Ch Ph* isotope; **isotope stable, instable,** stable, unstable, isotope; **isotope radioactif,** radioactive isotope; **isotope indicateur, isotope traceur,** tracer isotope, isotopic tracer; **isotope père, isotope précurseur,** parent isotope; **nucléides isotopes,** isotope nuclides; **séparation des isotopes,** isotope separation; **datation par les isotopes,** isotopic datation.
isotopie, *nf Ch* isotopy.
isotopique, *a Ph Ch* isotopic; **déplacement isotopique,** isotopic shift; **échange isotopique,** isotope exchange, isotopic exchange; *AtomPh* **courant isotopique,** isotopic flow; **datation isotopique,** isotopic dating; **rapport isotopique,** abundance ratio of isotopes; **séparation isotopique,** isotope separation; **spin isotopique,** isotopic spin.
isotrope, *a Ph Cryst Biol* isotropic.
isotropie, *nf Ch Ph* isotropy, isotropism.
isotropique, *a Ph* isotropic.
isotype, *nm Biol Cryst* isotype.
isotypie, *nf Cryst* isotypy.
isotypique, *a Ch* **série isotypique,** isotype series.
isovalérianique, isovalérique, *a Ch* isovaleric.
isovalérone, *nm Ch* isovalerone.
isovanilline, *nf Ch* isovanilline.
isoxazole, *nm Ch* isoxazole.
isozoïde, *nm Z* isozooid.
itabirite, *nf Miner* itabirite.
itaconique, *a Ch* itaconic.
itération, *nf Biol* iteration; **chromatographie d'itération,** iteration chromatography.
iule, *nm Bot* catkin, spike, amentum.
ivoire, *nm Z* ivory.
ixiolite, *nf Miner* ixiolite.
ixodidés, *nmpl Arach* Ixodidae *pl.*

J

J, *symbol of* joule; **acide J,** J acid; **point J,** J point.
jaborandi, *nm Bot Pharm* jaborandi.
jabot, *nm* crop, ingluvies (of bird).
jacinthe, *nf Miner Bot* jacinth, hyacinth.
jacobsite, *nf Miner* jacobsite.
Jacobson, *Prn Anat Z* **organe de Jacobson,** vomeronasal organ.
jactitation, *nf Bot Physiol* jactitation.
jade, *nm Miner* jade; nephrite; **jade de Saussure,** jade tenace, saussurite.
jadéite, *nf Miner* jadeite.
jaillissant, *a Geol* **nappe jaillissante,** artesian layer.
jais, *nm Miner* jet; **jais artificiel,** imitation jet; (i) black onyx, (ii) jet glass.
jalap, *nm Bot Pharm* jalap.
jalapine, *nf Ch* jalapin.
jalapique, *a Ch* jalapic (acid).
jalpaïte, *nf Miner* jalpaite.
jambe, *nf Anat* shank.
jamesonite, *nf Miner* jamesonite.
Jamin, *Prn Bot* **chaîne de Jamin,** jaminian chain.
japonique, *a Ch* japanic (acid).
jarosite, *nf Miner* jarosite.
jarret, *nm Z* hock.
jasmol, *nm Ch* jasmol.
jasmone, *nf Ch* jasmone.
jaspagate, *nf Miner* agate jasper.
jaspe, *nm Miner* jasper; **jaspe noir,** touchstone; **jaspe opale,** jasper opal; **jaspe sanguin,** heliotrope, bloodstone, red-tinged jasper; **jaspe rubané,** banded, striped, ribbon, jasper.
jaspé, *a* **agate jaspée,** agate jasper.
jaspilite, *nf Miner* jaspilite, jaspilyte.
jauge, *nf* gauge; *Ph* **jauge du vide,** vacuum gauge; **jauge bêta,** beta-absorption gauge; **jauge à ionisation, jauge thermionique,** ionization gauge.
jaugé, *a Ch Ph* **fiole jaugé,** volumetric flask.
jaune 1. *a* (*a*) yellow; *Bac Med* **fièvre jaune,** yellow fever; *Biol* **tache jaune,** yellow spot; *Histol* **ligament jaune,** yellow elastic ligament; (*b*) *Ch* xanthous. **2.** *nm* **jaune de strontium,** strontium yellow.
javellisation, *nf Ch* javellization.
jefferisite, *nf Miner* jefferisite.
jeffersonite, *nf Miner* jeffersonite.
jéjunal, -aux, *a Anat* jejunal.
jéjunum, *nm Anat Z* jejunum.
jervine, *nf Ch* jervine.
jet, *nm Bot* spear (of osier).
jeune 1. *a* young; immature; **cellule jeune,** juvenile cell; **étage jeune,** juvenile stage; *Physiol* **formes jeunes,** juveniles. **2.** *nm & f* young animal; **un animal et ses jeunes,** an animal and its young.
jeunesse, *nf Geol* adolescence (of a cycle of erosion).
jo(h)annite, *nm Miner* johannite.
joint, *nm* (*a*) *Anat* joint; **joint de l'épaule,** shoulder joint; (*b*) *Geol* joint, line of jointing; diaclase; **joint de cisaillement,** shear joint; **joint parallèle à l'inclinaison,** joint dip.
jointure, *nf Anat* joint; **jointure du genou,** knee joint.
jonction, *nf* junction; **transistor à jonction,** junction transistor.
jordanon, *nm Bot* jordanon, Jordan's species.
joséphinite, *nf Miner* josephinite.
joue, *nf Anat Z* cheek; mala.
joug, *nm Z Bot* jugum.
joule 1. *Prn Ph* **la loi de Joule,** Joule's law. **2.** *nm PhMeas* (*symbol* J) joule.
joule-seconde, *nm ElMeas* joule-second; *pl joules-seconde.*
jugal, -aux, *a Biol* jugal.
se juger, *vpr Biol* (*of cells*) to conjugate.

juglon, *nm Ch* juglone.
jugulaire, *a & nf Anat* jugular (vein); *Ich* **poisson jugulaire,** jugular.
juliénite, *nf Miner* julienite.
julienne, *nf Bot* julienite.
jumeau, -elle, *pl* **-eaux, -elles,** *a Genet Z* **espèces jumelles,** siblings.
Jura, *nm Geol* **Jura blanc,** Upper Jurassic, Malm; **Jura brun,** Middle Jurassic, Dogger; **Jura noir,** Lower Jurassic, Lias.
jurassique, *a & nm Geol* Jurassic; **jurassique moyen,** Dogger, Middle Jurassic; **jurassique supérieur,** Malm, Upper Jurassic; **jurassique inférieur,** Lias, Lower Jurassic.
jus, *nm* juice; *Bot* **producteur de jus,** succiferous.
juvénile, *a Geol* juvenile, magmatic (water); **hormone juvénile,** juvenile hormone; **leucocyte juvénile,** juvenile leucocyte.
juxtaglomérulaire, *a Biol* juxtaglomerular.

K

K (*a*) *symbol of* Kelvin; (*b*) *symbol of* potassium.
Kahane, *Prn Ch* **réactif de Kahane,** Kahane's reagent.
kaïnite, *nf Miner* kainite.
kaïnosite, *nf Miner* kainosite.
kali, *nm Ch* kali, potash.
kaliborite, *nf Miner* kaliborite.
kalinite, *nf Miner* kalinite.
kaliophilite, *nf Miner* kaliophilite.
kamaline, *nf Biol* kamaline.
kamarézite, *nf Miner* kamarezite.
kanamycine, *nf Biol* kanamycin.
kaolin, *nm Geol* kaolin, porcelain clay, china clay; **kaolin compact,** lithomarge.
kaolinique, *a Geol* kaolinic.
kaolinisation, *nf Geol* kaolinization (of feldspar, etc).
kaolinite, *nf Miner* kaolinite.
kapok, *nm Ch* **huile de kapok,** kapok oil.
karaya, *nf Ch* **gomme de karaya,** karaya gum.
karst, *nm Geol* karst.
karsténite, *nf Miner* anhydrite.
karstique, *a Geol* karstic (corrosion).
karyinite, *nf Miner* karyinite.
karyocinèse, karyokinèse, *nf Biol* karyokinesis, indirect cell-division; mitosis.
karyocinétique, karyokinétique, *a Biol* karyokinetic.
karyomère, karyomérite, *nm Biol* karyomere.
karyomicrosome, *nm Biol* karyomicrosome.
karyomitome, *nm Biol* karyomitome.
karyoplasma, *nm Biol* karyoplasm.
karyotype, *nm Biol* karyotype.
kasolite, *nf Miner* kasolite.
katabolite, *nm BioCh* katabolite.
katacinétique, *a Biol* katakinetic.
katagénèse, *nf Biol Z* katagenesis.
katakinétomères, *nmpl Biol* katakinetomeres.
kataphase, *nf Biol* kataphase.
katoptrite, *nf Miner* katoptrite.
kauri-butanol, *nm Ch* kauri-butanol; **essai kauri-butanol,** kauri-butanol test; **indice kauri-butanol,** kauri-butanol valve.
Kekule, *Prn Ch* **formule de Kekule,** Kekule formula; **hexagone de Kekule,** benzene ring, benzene nucleus.
Kellogg, *Prn Ch* **procédé Kellogg d' alcoylation,** Kellogg sulfuric acid alkylation process.
kelp, *nm Ch* kelp ash.
Kelvin, *Prn* (*symbol* K) **effet de Kelvin,** Kelvin effect; **degré Kelvin,** Kelvin degree; **échelle Kelvin,** Kelvin scale.
kelvinomètre, *nm Ph* kelvinometer.
kempféride, *nf Ch* kaempferide.
kempférol, *nm Ch* kaempferol.
kempite, *nf Miner* kempite.
kemsolène, *nm Ch* kemsolene.
kénotoxine, *nf Biol* kenotoxin.
kentrolite, *nf Miner* kentrolite.
kérargyre, *nm Miner* cerargyrite, hornsilver.
kératine, *nf Ch Physiol* keratin, ceratin.
kératinique, *a Ch Physiol* keratinous, ceratinous.
kératinisation, *nf Ch Physiol* keratinisation.
kératique, *a Z* keratose.
kératogène, *a Ch Physiol* ceratogenous, keratogenous.
kératoïde, *a Z* keratoid.
kermès, *nm Miner* **kermès minéral** = **kermésite.**
kermésite, *nf Miner* kermesite, red antimony, kermes mineral, amorphous sulfide of antimony, pyrostibite.
kernite, *nf Miner* kernite.
kérogène, *nm Ch* kerogen.

kérosène, *nm Ch* kerosene, kerosine; **kérosène chloré,** keryl.
kieselguhr, *nm Geol* kieselguhr, diatomaceous earth, infusorial earth.
kiesérite, *nf Miner* kieserite.
killinite, *nf Miner* killinite.
kiloampère, *nm Ph* kiloampere.
kilocalorie, *nf Ph* kilocalorie (kcal), kilogram(me) calorie, large calorie.
kilocurie, *nm Ch* kilocurie (kCi).
kilocycle, *nm Ph* kilocycle.
kilo-électron-volt, *nm Ch* kiloelectron-volt (keV); *pl kilo-électrons-volts.*
kiloerg, *nm PhMeas* kil(o)erg.
kilogramme, *nm Meas* kilogram(me) (kg).
kilogrammètre, *nm PhMeas* kilogrammetre.
kilohertz, *nm Ph* kilohertz (kHz), kilocycle.
kilojoule, *nm Meas* kilojoule (kJ).
kilolitre, *nm Meas* kilolitre (kl).
kilonème, *nm Ch* kiloneme.
kilotonne, *nf Meas* kiloton.
kilovar, *nm PhMeas* kilovar.
kilovar-heure, *nm PhMeas* kilovar-hour; *pl kilovar-heures.*
kilovolt, *nm PhMeas* kilovolt (kV).
kilovolt-ampère, *nm PhMeas* kilovolt-ampere; *pl kilovolts-ampères.*
kilovolt-ampère-heure, *nm PhMeas* kilovolt-ampere-hour; *pl kilovolt-ampère-heures.*
kilowatt, *nm PhMeas* kilowatt (kW).
kilowatt(-)heure, *nm PhMeas* kilowatt-hour (kWh); *pl kilowatt(-)heures.*
kimberlite, *nf Geol* kimberlite, blue earth, blue ground.
kinase, *nf Biol Ch* kinase.
kinésie, *nf Biol* kinesis.
kinétine, *nf BioCh* kinetin.
kinétogène, *a* kinetogenic.
kinine, *nf BioCh Bot* kinin.
kinoplasma, *nm Biol* kinoplasm.
Kirschoff, *Prn Ch Ph* **équation de Kirschoff,** Kirschoff's equation; **loi de Kirschoff pour le coefficient de température de la chaleur,** Kirschoff's law for the temperature coefficient of heat.
klaprothine, *nf Miner* klaprothin.
klaprothite, *nf Miner* klaprothite, klaprotholite.
knébélite, *nf Miner* knebelite.
knopite, *nf Miner* knopite.
knoppern, *nm Bot* knoppern.
knoxvillite, *nf Miner* knoxvillite, magnesiocopiapite.
kobellite, *nf Miner* kobellite.
kœchlinite, *nf Miner* koechlinite.
Kohlrausch, *Prn Ch* **loi de Kohlrausch pour la mobilité indépendante des ions,** Kohlrausch's law of the independent mobility of ions.
Kolbe, *Prn Ch* **électrosynthèse de Kolbe,** Kolbe's electrosynthesis.
koninckite, *nf Miner* koninckite.
Konowalow, *Prn Ch* **règle de Konowalow pour les pressions de la vapeur,** Konowalow's rule of vapour pressures.
kopiopie, *nf Physiol* weak sight.
koppite, *nf Miner* koppite.
koréite, *nf Miner* agalmatolite.
kornélite, *nf Miner* kornelite.
kornérupine, *nf Miner* kornerupine.
köttigite, *nf Miner* köttigite, koettigite.
Kr, *symbol of* krypton.
krausite, *nf Miner* krausite.
Krebs, *Prn BioCh* **cycle de Krebs,** Krebs cycle, citric acid cycle.
krémersite, *nf Miner* kremersite.
krennérite, *nf Miner* krennerite.
kröhnkite, *nf Miner* kröhnkite.
kryokonite, *nf Geol* kryokonite.
krypton, *nm Ch* (*symbol* Kr) krypton.
Kupfer, *Prn Z* **cellules de Kupfer,** star cells.
kupferblende, *nf Miner* copper blende.
kupfernickel, *nm Miner* kupfernickel, niccolite.
kymographie, *nf Biol* kymography.
kymoscope, *nm Biol* kymoscope.
kynurénine, *nf Ch* kynurenine.
kynurique, *a Ch* kynuric (acid).
kyste, *nm Bot Med* cyst.

L

La, *symbol of* lanthanum.
lab, *nm BioCh* labenzyme.
labelle, *nm* (*a*) *Bot* labellum, lip (of orchids); (*b*) *Conch* (*of certain shells*) lip.
labellé, *a Bot* labellate.
labenzyme, *nf,* **labferment,** *nm BioCh* labenzyme.
labiacées, *nfpl Bot* Labiatae *pl*, labiates *pl*.
labial, -iaux, *a* labial (muscle, etc).
labié, *a Bot* labiate, lipped.
labiée, *nf Bot* labiate.
labile, *a Biol Ch etc* labile, unstable.
labilité, *nf Biol Ch* lability; instability.
labiodental, -aux, *a Z* labiodental.
labium, *nm Z* labium.
laboratoire, *nm* laboratory; **laboratoire de recherche,** research laboratory; **laboratoire d'essai,** testing laboratory; **essayé, éprouvé, en laboratoire,** laboratory-tested; **chercheur de laboratoire,** (scientific) research worker; **laboratoire bactériologique,** bacteriological laboratory.
labrador, *nm,* **labradorite,** *nf Miner* labradorite, Labrador (feld)spar.
labre, *nm Z* labrum.
labroïde, *a & nm Ich* labroid.
labyrinthe, *nm Z* labyrinth, inner ear.
lac, *nm Ch* lac; **lac de Birmanie,** Burmese lac; **lac d'Indo-Chine,** Indo-Chinese lac; **lac du Japon,** Japanese lac; **lac-dye,** lac-dye; *Z* **lac lacrymal,** lacus lacrimalis; **lac sanguin,** lacus sanguineus.
laccase, *nf BioCh* laccase.
laccifère, *a Z* lac-bearing, lac-producing.
laccique, *a Ch* laccaic (acid).
laccol, *nm Ch* laccol.
laccolite, laccolithe, *nf Geol* laccolite, laccolith.
lacéré, *a Bot* lacerate (leaf).
lacertidés, *nmpl Rept* Lacertilia *pl*.
lacertien, lacertilien, -ienne, *a & nm Rept* lacertine.
lacertiforme, *a Z* lacertiform, lacertian; lizard-like.
lâche, *a Z* lax.
lacine, *nf Bot* laciniation.
lacinia, lacinie, *nf Biol* lacinia.
lacinié, *a Biol Bot* laciniate(d); laciniate-leaved; jagged, slashed (petals, leaves); *Z* laciniate(d) (lobe).
lacinifolié, *a Bot* laciniate-leaved.
laciniure, *nf Bot* laciniation; slash (in a leaf).
lacinule, *nf Bot* lacinula.
lacinulé, *a Bot* lacinulate.
lacmoïde, *nm Ch* lackmoid, lacmoid.
lacrymal, -aux, *a Anat Z* lachrymal, lacrimal; **glande lacrymale,** tear gland; **appareil lacrymal,** lachrymal apparatus; **canaux excréteurs des glandes lacrymales,** lachrymal ducts; **conduit lacrymal,** tear duct; **sac lacrymal,** lachrymal sac, tear sac; **os lacrymal,** unguis.
lacrymogène, *a* **gaz lacrymogène,** lachrymator, tear gas.
lactaire, *a Bot* lacteous.
lactalbumine, *nf Ch* lactalbumin.
lactame, *nf Ch* lactam.
lactamide, *nf Ch* lactamide.
lactase, *nf BioCh* lactase.
lactate, *nm Ch* lactate.
lactation, *nf Physiol* lactation.
lacté, *a* (*a*) lacteal, lacteous, milky; *Bot* **plante lactée,** lactescent plant; (*b*) *Anat* lacteal (duct, etc); **veines lactées, vaisseaux lactés,** lacteal vessels, lacteals.
lactéal, -aux, *a* **dents lactéales,** milk teeth.
lacténine, *nf BioCh* lactenin.
lactescent, *a* lactescent (plant, etc).
lactide, *nm Ch* lactide.
lactifère, *a Bot Z* lactiferous, milk-bearing (gland, plant, etc); lacteal (duct).

lactiflore, *a Bot* bearing milky white flowers.
lactigène, *a Biol* lactogenic; luteotrophic.
lactime, *nf Ch* lactim.
lactimide, *nm Ch* lactimide.
lactique, *a Ch* lactic (acid).
lactofermentation, *nf Ch* lactic fermentation.
lactoflavine, *nf Ch* lactoflavin, riboflavin.
α- et β-lactoglobulines, *nfpl BioCh* α- and β-lactoglobulins.
lactone, *nf Ch* lactone.
lactonique, *a Ch* lactonic.
lactonisation, *nf Ch* lactonization.
lactonitrile, *nm Ch* lactonitril(e).
lactose, *nf Ch* lactose, milk sugar.
lactosérum, *nm BioCh* lactoserum.
lactucarium, *nm Pharm* lactucarium.
lacturique, *a Ch* **acide lacturique,** lactic acid.
lucunaire, *a Biol* lacunar. .
lacune, *nf Biol Bot Geol Moll* lacuna; gap; non-sequence; *Bot* air cell; *Anat* hiatus; *Biol* **petite lacune,** lacunula.
lacuneux, -euse, *a Biol* lacunose, lacunate, lacunar, full of gaps.
lacustre, *a Geol Bot* lacustrine (plant, etc).
ladanifère, *a Bot Ch* labdanum-bearing, ladanum-bearing.
ladanum, *nm Bot Ch* labdanum, ladanum.
lagène, *nf Z* lagena.
lagéniforme, *a Biol* lageniform, bottle-shaped, flask-shaped.
laine, *nf* wool; *Bot Biol* tomentum; **bêtes à laine,** woolly-coated animals; **graisse de laine,** lanoline; *Miner* **laine de verre,** glass fibre.
laineux, -euse, *a* (*a*) woolly (sheep, hair, etc); (*b*) *Bot Biol* lanate, woolly, tomentose, tomentous.
lais, *nm Geol* **lais (de rivière),** alluvium.
lait, *nm* milk; **dents de lait,** milk teeth; **petit lait,** lactoserum; whey; **sucre de lait,** milk sugar, lactose.
laitance, laite, *nf Ich* milt.
laiteux, -euse, *a* (*of fluid, etc*) lacteal; *Bot* lacteous, lactescent; milky.
lamarckisme, *nm* Lamarckism.
Lambert et Beer, *Prn Ch* **loi de Lambert et Beer pour l'absorption de la lumière,** Lambert-Beer's law for absorption of light.
lame, *nf* (*a*) *Bot* lamina; blade (of leaf); **lame criblée,** lamina cribrosa; **lame papyracée,** lamina papyracea; **lame perpendiculaire,** lamina perpendicularis; (*b*) *Fung* gill; (*c*) *Orn* vane, web (of feather); *Nem* **lame pharyngienne,** ventral plate.
lamellaire 1. *a Biol* lamellar, lamellate, foliated; *Geol* **bandure lamellaire,** banding; *Z* **gaine lamellaire,** fenestrate membrane. **2.** *nfpl Moll* **lamellaires,** Lamellariidae *pl.*
lamelle, *nf Biol* lamella (of gasteropod, etc); *Fung* gill; **à lamelles,** laminate.
lamellé, lamelleux, -euse, *a Biol* lamellate(d), lamellar (fungus, etc); *Bot* lamellose; *Geol etc* foliated, fissile (slate, etc); flaky, scaly.
lamellibranche, *a & nm Moll* lamellibranchiate.
lamellicorne, *a & nm Z* lamellicorn.
lamelliforme, *a Biol* lamelliform, lamellar; flaky.
lamellirostre 1. *a Z* lamellirostral. **2.** *nmpl Orn* **lamellirostres,** Lamellirostres *pl.*
laminage, *nm Geol* lamination.
laminaire 1. *a* laminar; flaky, scaly; *Ph* **écoulement laminaire,** laminar flow. **2.** *nf Algae* laminaria; *Oc* **la zone des laminaires,** the laminarian zone (of coastal waters).
laminariales, *nfpl Algae* Laminariales *pl.*
lamineux, -euse, *a Biol* laminous, laminate; scaly; *Anat* **tissu lamineux,** cellular tissue.
laminiforme, *a Bot* laminiform.
lamprophyre, *nf Miner* lamprophyre.
lanarkite, *nf Miner* lanarkite.
lancéiforme, *a Bot* lanciform, lance-shaped, lanced, spear-shaped.
lancéolé, *a Bot* lanceolate(d).
langbanite, *nf Miner* langbanite.
langbeinite, *nf Miner* langbeinite.
langite, *nf Miner* langite.
Langmuir, *Prn Ch* **isotherme d'adsorption de Langmuir,** Langmuir's adsorption

isotherm; **bac de Langmuir et d'Adam,** Langmuir-Adam trough.
langue, *nf* tongue; *Moll* foot (of bivalve).
languette, *nf Bot* **languette (de fleur),** ligula; *Amph* **languette du vélum,** velar tentacle.
laniaire, *a & nf Z* laniary (tooth).
lanifère, *a Bot etc* laniferous, wool-bearing; woolly.
lanigère, *a Biol Bot etc* lanigerous, wool-bearing; woolly.
lanoléine, lanoline, *nf Ch* lanoline; wool fat.
lanostérine, *nf Ch* lanosterol.
lansfordite, *nf Miner* lansfordite.
lanthane, *nm Ch* (*symbol* La) lanthanum; **chlorure de lanthane,** lanthanum chloride; **sels de lanthane,** lanthanum salts.
lanthanide, *nm Ch* lanthanide.
lanthanite, *nf Miner* lanthanite.
lanugineux, -euse, *a Bot etc* lanuginous, downy.
lanugo, *nm Biol* lanugo.
laparo-hystérotomie, *nf Obst* c(a)esarean (section); *pl laparo-hystérotomies.*
lapidicole, *a Biol* lapidicolous, living under stones.
lapis, lapis-lazuli, *nm inv Miner* lapis lazuli; **faux lapis,** blue spar.
lappaconitine, *nf Ch* lappaconitine.
laque, *nf Ch* varnish.
laque-dye, *nm Ch* lac-dye.
lardite, *nf Miner* steatite.
larme, *nf Z* tear; *Physiol pl* lachrymation; *Bot* **larmes de résine,** resin tears.
larmier, *nm Z* tear bag.
larnite, *nf Miner* larnite.
larsénite, *nf Miner* larsenite.
larvaire, *a Z* larval; **deuxième stade larvaire,** second larval instar.
larve, *nf Z* larva; vermicule; grub (of insect); **de larve, en forme de larve,** larval; **larve apode,** maggot; **larve de taupin,** wireworm.
larvicole, *a Z* larvicolous (parasite).
larviforme, *a Biol* larviform, larva-shaped.
larvipare, *a Z* larviparous.
larvivore, *a Z* larvivorous.
larvule, *nf Z* larvule.
laryngé, laryngien, -ienne, *a Z* laryngeal; **partie laryngienne du pharynx,** laryngopharynx.
laryngotrachéal, -aux, *a* laryngotracheal.
larynx, *nm Z* larynx.
laser, *nm Ph* laser; **laser à rubis,** ruby laser.
latence, *nf Biol Ph etc* latency, latence; **temps de latence,** latency, latent time, period.
latent, *a Biol Ph etc* latent; *Bot* **œil latent,** latent bud; *Ph* **disparition de l'image latente,** latent state, fading; **électricité latente,** latent electricity; **chaleur latente,** latent heat; **chaleur latente de vaporisation,** latent heat of vaporization; **état latent,** latency.
latéral, -aux, *a* lateral; *Bot* **bourgeon latéral,** lateral bud; lateral; *Ich* **ligne latérale,** lateral line.
latériflore, *a Bot* laterifloral.
latérigrade, *a & nm Z* laterigrade.
latérite, *nf Geol* laterite.
latéritique, *a Geol* lateritic.
latéritisation, *nf Geol* laterization; laterite formation.
latéroflexion, *nf Physiol* lateroflexion.
latéroposition, *nf Physiol* lateroposition.
latex, *nm Bot* latex.
laticifère, *Bot* **1.** *a* laticiferous, latex-bearing. **2.** *nm* laticiferous element, cell.
latifère, *a Bot Z* lactiferous.
latifolié, *a Bot* latifoliate, broad-leaved.
latirostre 1. *a Z* latirostral, latirostrate, broad-beaked. **2.** *nmpl Orn* **latirostres,** Latirostrates *pl.*
laubanite, *nf Miner* laubanite.
laudanidine, *nf Ch* laudanidine.
laudanine, *nf Ch* laudanine.
laudanosine, *nf Ch* laudanosine.
laumonite, laumontite, *nf Miner* laumonite, laumontite.
lauracé, *Bot* **1.** *a* lauraceous. **2.** *nfpl* **lauracées,** Lauraceae *pl.*
laurionite, *nf Miner* laurionite.
laurique, *a Ch* lauric (acid); **alcool laurique,** lauryl alcohol.
laurite, *nf Miner* laurite.
laurvikite, *nf Miner* laurvikite.

laurylique, *a Ch* lauryl (alcohol).
lavage, *nm* wash; *Geol* **terre de lavage,** alluvium.
lave, *nf Geol* lava; **lave vitreuse, basique,** vitreous, basic, lava; **coulée de lave,** lava stream, lava flow; **champ de lave,** lava field.
lavement, *nm Med* rectal injection.
lavenite, *nf Miner* lavenite.
lawrencite, *nf Miner* lawrencite.
lawrencium, lawrentium, *nm Ch* (*symbol* Lr, Lw) lawrencium, lawrentium.
lawsone, *nf Ch* lawsone.
lawsonite, *nf Miner* lawsonite.
lazulite, *nm Miner* lazulite, lapis lazuli; klaprothin; blue spar.
leadhillite, *nf Miner* leadhillite.
Le Chatelier, *Prn Ch* **principe de Le Chatelier,** Le Chatelier's principle.
lécheur, *am* (*of insect*) proboscidate.
lécithe, *nm Biol Z* vitellus.
lécithinase, *nf BioCh* lecithinase.
lécithine, *nf Ch* lecithin.
lécitho-vitelline, *nf BioCh* lecitho-vitelline.
lecontite, *nf Miner* lecontite.
lecture, *nf Ch* reading, read-out.
légumine, *nf Ch* legumin.
légumineux, -euse, *Bot* **1.** *a* leguminous. **2.** *nf* **légumineuse,** leguminous plant.
lente, *nf* nit; egg (of louse).
lenticelle, *nf Bot* lenticel.
lenticellé, *a Bot* lenticellate.
lenticulaire, *a* lenticular; *Z* **noyau lenticulaire,** lenticula.
lenticulé, *a* lenticulate.
lentiforme, *a* lenticular, lentiform.
lentigineux, -euse, *a* lentiginose.
lentille, *nf Physiol Ph* lens; *Z* lenticula; *Geol Miner* **lentille allongée de minerai,** pod; **lentille de roche,** sill; **lentille de minerai,** lenticular body.
léonite, *nf Miner* leonite.
léopoldite, *nf Miner* leopoldite.
lépidine, *nm Ch* lepidine.
lépidocrocite, *nf Miner* lepidocrocite.
lépidolite, *nm Miner* lepidolite.
lépidomélane, *nm Miner* lepidomelane.
lépidophylle, *a Bot* lepidophyllous.
lépidoptère, *Z* **1.** *a* lepidopterous. **2.** *nm* lepidopter; **lépidoptères,** Lepidoptera *pl.*
lépidoptérologie, *nf* lepidopterology.
lépisme, *nm Ent* silverfish.
lèpre, *nf Med* lepidosis.
leptite, *nf Miner* leptite.
leptocéphale, *a Z* leptocephalic.
leptodactyle, *Z* **1.** *a* leptodactylous. **2.** *a & nm* leptodactyl.
leptome, *nm Bot* leptome.
leptoméninge, *nf Z* leptomeninges.
leptomorphique, *a Cryst* leptomorphic.
leptorhin, *a Z* leptor(r)hine.
leptorhinie, *nf Z* leptorrhiny.
leptorhinien, -ienne, *a Z* leptorrhinic, leptorrhinian; leptor(r)hine.
leptotène, *nm Biol* leptotene.
leptynolite, *nf Geol* leptynolite.
lésion, *nf Path* lesion; *Physiol Biol* trauma; **lésion biochimique,** biochemical lesion.
lesleyite, *nf Miner* lesleyite.
lessive, *nf Ch* lye.
lestobiose, *nf Biol* lestobiosis.
lét(h)al, -aux, *a Biol Ch Pharm Tox* lethal; **gène, facteur, lét(h)al,** lethal gene, factor.
lét(h)alité, *nf Pharm Tox* lethality.
léthargie, *nf* (*of animal*) torpidity, torpidness, torpor; **passer l'hiver en état de léthargie,** to hibernate.
léthargique, *a* torpid.
léthisimulation, *nf Biol* feigning of death (by animals).
leucine, *nf Ch* leucine.
leucite, *nm* (*a*) *Miner* leucite; (*b*) *Bot* leucite, leucoplast.
leucitite, *nf Miner* leucitite.
leuco-, *pref* leuco-.
leucobase, *nf Ch* leuco base.
leucoblaste, *nm Biol* leucoblast, leukoblast.
leucobryum, *nm Bot* leucobryum.
leucochalcite, *nf Miner* leucochalcite.
leucocyte, *nm* (*a*) *Physiol Histol* leucocyte; white (blood) corpuscle; white (blood) cell; **leucocytes basophiles,** mast cells; (*b*) *Biol Histol* wandering cell.
leucocytogénèse, *nf Biol* leucocytogenesis.

leucocytolyse, *nf Physiol* leucocytolysis.
leucocytose, *nf Path* leucocytosis.
leucodérivé, *nm Ch* leuco base.
leucogénèse, *nf Biol* leucocytogenesis.
leucolyse, *nf Physiol* leucocytolyse.
leucomaïne, *nf BioCh* leucomaine.
leuconychie, *nf BioCh* leukonychia.
leucopénie, *nf Physiol* leucopenia.
leucophane, *nm Miner* leucophane, leucophanite.
leucoplasie, *nf Path* leucoplasia.
leucoplaste, *nm Biol* leucoplastid, leucoplast, leucite, amyloplast.
leucopoïèse, *nf Physiol* leucopoiesis, leucocytopoiesis.
leucopyrite, *nf Miner* leucopyrite.
leucosphénite, *nf Miner* leucosphenite.
leucoxène, *nm Miner* leucoxene.
lévane, *nf Ch* levan.
lévogyre, *a Ch Cryst etc* l(a)evorota(to)ry; **composé lévogyre,** l(a)evocompound.
lèvre, *nf (a) Anat Z* lip; *Biol* labrum (of insect); **grande lèvre,** labium majus; *(b) Bot* lip, labium (of labiate corolla).
lévuline, *nf Ch* levulin; synanthrose.
lévulique, *a Ch* **acide lévulique,** levulinic acid.
lévulose, *usu nm Ch* fructose, fruit sugar.
levure, *nf* yeast.
lévuriforme, *a* yeastlike.
lévyne, *nf Miner* levyne, levynite.
Lewis, *Prn Ch* **fonction de l'énergie libre de G N Lewis,** G N Lewis' free energy function.
lewisite, *nf Miner Ch* lewisite.
Li, *symbol of* lithium.
liais, *nm Miner* hard limestone; lias (rock); **pierre de liais,** filter stone.
liaison, *nf Ch* bond, ligand; **liaison chimique,** linking, linkage; **liaison simple, multiple,** simple, multiple, bond; **liaison semi-polaire, liaison de coordination,** semipolar, co-ordinate, bond; **seule liaison coordinée,** unidentate ligand; **liaison de valence,** valency link, valency bond; **liaison de covalence,** covalent bond; **liaison dative,** dative bond; **liaison d'hydrogène,** hydrogen bond; **liaison métallique,** metallic bond; **liaison électrovalente,** ionic bond; **liaison croisée, transversale,** cross link.
liant, *nm Geol* bond.
liard, *nm Geol* **pierre à liards,** nummulitic limestone.
lias, *nm Geol* lias (stratum).
liasique, liassique, *a Geol* lias(s)ic.
liber, *nm Bot* liber, inner bark, bast, phloem.
libération, *nf Ch* release (of a gas, etc); *Ph* **libération de l'énergie,** release of energy.
se libérer, *vpr Biol (of swarm spores)* to swarm (from zoosporangium).
libérien, -ienne, *a Bot* pertaining to the phloem or bast (of a tree); **cellule libérienne,** bast, liber, cell.
libéro-ligneux, -euse, *pl* **libéro-ligneux, -euses**, *a Bot* wood-and-bast; **faisceau libéro-ligneux,** vascular bundle.
liberté, *nf Ch* freedom; **degrés de la liberté,** degrees of freedom.
libéthénite, *nf Miner* libethenite.
libido, *nf Psy* libido.
libre, *a (a) Geol* **méandre libre,** free meander; *Bot* **calice libre,** free central calyx; *(b) Ent (of chrysalis)* exarate; *(c) Ch (of gas, acid, etc)* **(à l'état) libre,** free; **énergie libre,** free energy.
licaréol, *nm Ch* licareol.
lichen, *nm* lichen; **lichen à la manne,** manna lichen.
lichéneux, -euse, *a* lichenous.
lichénine, *nf BioCh* lichenin.
lichénique, *a Bot Ch* lichenic; **acides lichéniques,** lichen acids.
lichénologie, *nf* lichenology.
liebenerite, *nf Miner* liebenerite.
Liebig, *Prn Ch* **réfrigérant de Liebig,** Liebig condenser.
liebigite, *nf Miner* liebigite.
liège, *nm Bot* suber; *Miner* **liège fossile, de montagne,** mountain cork, mountain flax.
liénal, -aux, *a Anat Z* splenic.
Liesegang, *Prn Ph* **cercles de Liesegang,** Liesegang's rings.
liévrite, *nf Miner* lievrite, ilvaite, yenite.
ligament, *nm Z* ligament; vinculum; *Biol* **ligament ilio-fémoral, ligament de Bertin,**

Y ligament; *Histol* **ligament jaune,** yellow elastic ligament.
ligaturage, *nm Ph* wiring.
ligature, *nf Physiol* ligature.
lignane, *nf Ch* lignan.
ligne, *nf Geol* **ligne de flux (d'un glacier),** flow line.
ligné, *a Bot etc* lineate, lined.
lignée, *nf Biol* **en lignée,** cloned; **colonies en lignée pure,** cloned colonies.
ligneux, -euse, *a Bot* ligneous, woody; xylogenous; (*of plant*) sticky; **disque ligneux,** torus; **fibre ligneuse,** woody fibre; **tissu ligneux,** woody tissue; **tige ligneuse d'une plante,** woody stem of a plant; **vaisseaux ligneux,** woody vessels; **rayon ligneux,** xylem ray.
lignicole, *a Bot etc* lignicolous, xylophilous.
lignine, *nf Bot Ch* lignin; xylogen.
lignite, *nm Miner* lignite; jet.
ligniteux, -euse, *a Bot* lignitic.
lignitifère, *a Geol* lignitiferous.
lignivore, *a Z* lignivorous, wood-eating.
lignocellulose, *nf Ch* lignocellulose.
ligroïne, *nf Ch* ligroin(e).
ligule, *nf* (*a*) *Bot* ligula, ligule, strap; (*b*) *Z* ligula.
ligulé, *a Bot* ligulate; **fleur ligulée,** ray flower.
liguliflore, *a Bot* liguliflorous.
ligurite, *nf Miner* ligurite.
liliacé 1. *a Bot* liliaceous, lily-like. **2.** *nfpl* **liliacées,** Liliaceae *pl.*
lillianite, *nf Miner* lillianite.
limacien, -ienne, limaciforme, *a Moll* limaceous, limacine.
limaçon, *nm Anat* cochlea.
limbaire, *a Bot* limb-like.
limbe, *nm Bot* lamina, limb, limbus, blade (of leaf); **limbe denté,** dentate lamina; **limbe entier,** entire lamina; **limbe lobé,** lobed lamina.
limbéadés, *nmpl Moll* Limbaedae *pl.*
limbifère, *a Bot* limbate.
limbique, *a Biol* limbic; **lobe limbique,** limbic lobe (of the brain).
limburgite, *nf Geol* limburgite.
limicole, *a Biol* limicolous.
liminaire, *a Psy* liminal.
limite 1. *a* **angle limite,** critical angle. **2.** *nf Physiol* term; *Geog* **la limite des arbres,** the tree line, limit.
limivore, *a Z* limivorous, mud-eating.
limnique, *a Geol* limnic; **sédiments limniques,** lake deposits.
limnite, *nf Miner* limnite, bog iron ore.
limnivore, *a Z* limnivorous.
limnobiologie, *nf* limnobiology, biological study of lakes.
limnobios, *nm Biol* plant and animal life of lakes and marshes.
limnologie, *nf* limnology.
limnoplancton, *nm Biol* limnoplankton.
limon, *nm* mud, silt, alluvium (on river banks, etc); *Geol* limon; **limon fin,** loess.
limonène, *nm Ch* limonene.
limoneux, -euse, *a* (*a*) (*of plant*) growing in mud; **plante limoneuse,** bog plant; (*b*) *Geol* alluvial.
limonite, *nf Miner* limonite; brown h(a)ematite, brown iron ore.
lin, *nm Ch* **huile de lin,** linseed oil.
linacé, *a Bot* linaceous.
linalol, *nm Ch Bot* linalool, licareol.
linarite, *nf Miner* linarite.
lindackérite, *nf Miner* lindackerite.
lindane, *nm Ch* lindane.
linéaire, *a* linear; *Ph* **dilatation linéaire,** linear expansion; *Bot* **feuille linéaire,** linear leaf.
linéarisation, *nf Ph Ch* linearization.
linéariser, *vtr Ch* to linearize.
lingua, *nf Z* **lingua vituli,** macroglossia.
lingulaire, lingulé, *a Bot* lingulate.
linine, *nf Biol* linin (of a cell nucleus).
linnéen, -enne, *a* Linn(a)ean; *Bot* **la classification linnéenne,** the sexual system, method.
linnéite, *nf Miner* linnaeite, linneite.
linnéon, *nm Bot* linneon, macrospecies.
linoléate, *nm Ch* linoleate.
linoléine, *nf Ch* linoleine.
linoléique, *a Ch* linoleic (acid).
linolénate, *nm Ch* linolenate.
linolénique, *a Ch* linolenic (acid).
liparite, *nf Miner* liparite, rhyolite.
lipase, *nf Ch* lipase.
lipémie, *nf BioCh* lipid content (of the blood).

lipide, *nm Ch* lipid; **lipides,** lipoids; **métabolisme des lipides,** fat metabolism; **point de fusion des lipides,** melting point of fat.
lipidique, *a BioCh* **métabolisme lipidique,** fat metabolism; **saponification lipidique,** saponification of fat.
lipochrome, *nm BioCh* lipochrome.
lipogénèse, *nf Biol* lipogenesis.
lipoïde, *a & nm Ch* lipoid.
lipophile, *a Ch* lipophilic, lipophile.
lipopolysaccharide, *nm Bac Ch* lipopolysaccharide.
lipoprotéine, *nf BioCh* lipoprotein.
liposite, *nf Ch* lipositol.
liposoluble, *a Ch* liposoluble, fat-soluble, oil-soluble.
lipotrope, *a BioCh* lipotropic.
lipotropie, *nf Ch* lipotropy.
lipoxydase, *nf Ch* lipoxydase.
liquéfaction, *nf Ph* liquefaction, condensation (*esp* of a gas).
liquéfiable, *a* liquefiable (gas).
liquéfiant, *nm Ph* liquefacient.
liquéfier, *vtr* to liquefy; to reduce (gas, etc) to the liquid state.
se liquéfier, *vpr* (*of gas, etc*) to liquefy.
liquescence, *nf Ch* liquescence.
liquescent, *a Ch* liquescent.
liqueur, *nf Ch* liquid, solution; **liqueur titrée,** standard solution; **liqueur alcaline,** alkaline solution; **liqueur résiduaire,** waste liquor.
liquide 1. *a* liquid; **oxygène liquide,** liquid oxygen; *Ph* **air liquide,** liquid air; **cristaux liquides,** liquid crystals. **2.** *nm* liquid, fluid; **mesure de capacité pour les liquides,** liquid measure; **rapport entre liquide et vapeur,** liquid-vapour relationship; **refroidissement par liquide,** liquid cooling; **élément à un liquide,** single-fluid cell; *Biol* **liquide amniotique,** amniotic fluid.
liskéardite, *nf Miner* liskeardite.
lisse, *a* unstriated.
lité, *a Geol* **texture litée,** banded texture.
litharge, *nf Ch* litharge.
lithergol, *nm Ch* lithergol.
lithié, *a Ch* containing lithium.
lithine, *nf Ch* lithia.
lithiné, *a* containing lithia; **eau lithinée,** lithia water.
lithinifère, *a Ch* containing lithia.
lithiophilite, *nf Miner* lithiophilite.
lithique, *a Ch* lithic (acid).
lithium, *nm Ch* (*symbol* Li) lithium; **borohydrure de lithium,** lithium borohydride; **carbonate de lithium,** lithium carbonate; **cyanoplatinate de lithium,** lithium cyanoplatinate; **hydrure de lithium,** lithium hydride; **deutérodure de lithium,** lithium deuteride.
lithocholique, *a Ch* lithocholic (acid).
lithoclase, *nf Geol* crack (in the earth's surface); rock fracture.
lithogène, *a Z* lithogenous.
lithogénèse, *nf Geol* lithogenesis.
lithoïde, *a* lithoid(al).
lithologie, *nf Geol* lithology.
lithologique, *a Geol* lithological.
lithophage, *Moll* **1.** *a* lithophagous. **2.** *nmpl* **lithophages,** Lithophaga *pl.*
lithophile, *a Bot* lithophilous.
lithophyse, *nf Miner* lithophysa.
lithophyte, *nm Bot etc* lithophyte.
lithopone, *nm Ch* lithopone.
lithosphère, *nf Geol* lithosphere.
lithoxyle, *nm Miner* lithoxyl(e), lithoxylite, petrified wood.
litre, *nm Meas* litre (l).
littoral, -aux 1. *a* littoral, coastal (region, etc); *Oc* **la zone littorale (des rivages marins),** the laminarian zone (of coastal waters). **2.** *nm* littoral.
Littré, *Prn Z* **glandes de Littré,** Littré's glands.
livide, *a Physiol* livid.
livingstonite, *nf Miner* livingston(e)ite.
lm, *symbol of* lumen.
lobaire, *a Z Biol* lobate; lobar.
lobe, *nm* lobe (of ear, liver, leaf, etc); **lobe du corps calleux,** labium cerebri; **lobe palmé,** palmate lobe; **lobe pédalé,** pedate lobe; *Anat Z* **lobe de l'insula (du cerveau),** Reil's island; **lobe olfactif (du cerveau),** rhinencephalon.
lobé, *a Biol* lobed, lobate (leaf, etc).
lobélie, *nf Ch* **alcaloïdes de lobélie,** lobelia alkaloids.
lobéline, *nf Ch* lobeline.
lobinine, *nf Ch* lobinine.
lobopode, *nm Biol* lobopodium, lobopod.
lobule, *nm Biol* lobule; *Bot Anat* lobelet;

Z **lobule du pneumogastrique,** flocculus; **lobule de l'hippocampe,** uncus.
lobulé, lobuleux, -euse, *a* lobulate.
locelle, *nf Bot* locellus.
loculaire, *a Biol* locular.
loculé, loculeux, -euse, *a Biol* loculate(d); loculose.
loculicide, *a Bot* loculicidal (dehiscence, etc).
locus, *nm Biol* locus (of a chromosome).
Lodge, *Prn Ch* **méthode de Lodge de mesurer la vélocité absolue des ions,** Lodge's method of determining absolute velocity of ions.
lodicule, *nf Bot* lodicule (of grass flower).
lœllingite, *nf Miner* loellingite.
lœss, *nm Geol* loess.
lœwéite, *nf Miner* loeweite, loewigite.
log, *nm Miner* log.
loge, *nf Bot etc* loculus, locule, theca cell; *Conch* chamber; **loge initiale,** first chamber, protoconch; **loge dernière,** body chamber; **coquillage à loges,** chambered shell.
loi, *nf* law (of nature, etc); **les lois de la pesanteur,** the laws of gravity; **lois de la physique,** physical laws; *Ch* **loi de Raoult,** Raoult's law; **loi de Van't Hoff pour la pression osmotique,** Van't Hoff's law for osmotic pressure; **loi de Wiedemann et de Franz,** Weidemann-Franz law.
lombaire, *a Anat Z* lumbar; **ponction lombaire,** lumbar puncture.
lombo-costal, *pl* **lombo-costaux, -ales,** *a Z* lombo-costal.
lomentacé, *a Bot* lomentaceous.
longévité, *nf Biol* macrobiosis.
longicaude, *a Z* longicaudate, long-tailed.
longicaule, *a Bot* longicauline, long-stemmed.
longicorne, *a Z* longicorn.
longifolène, *nf Ch* longifolene.
longifolié, *a Bot* long-leaved.
longimane, *a Z* longimanous, long-handed.
longipède, *a Z* longipedate, long-footed.
longipenne, *a Z* longipennate, long-winged.
longirostre, *a Orn* longirostral, long-billed.
longistyle, *a Bot* long-styled, pin-eyed (flowers).
longueur, *nf Ph* **longueur d'onde,** wavelength.
lophine, *nm Ch* lophine.
lophobranche, *a & nm Ich* lophobranch, lophobranchiate.
lophophore, *nm Z* lophophore.
lophotriche, *nm Biol* lophotrichate bacillus.
lorandite, *nf Miner* lorandite.
loranskite, *nf Miner* loranskite.
Lorentz, *Prn Mth* **transformation de Lorentz,** Lorentz' transformation.
lorettoïte, *nf Miner* lorettoite.
lorique, *nf Biol* lorica.
loriqué, *a Biol* loricate(d).
Loschmidt, *Prn Ch* **nombre de Loschmidt,** Loschmidt's number.
loupe, *nf Bot* excrescence, knobby growth, wart, gnarl (on tree).
lourd, *a* heavy; *AtomPh* **atome lourd,** heavy atom; **noyau lourd,** heavy nucleus; **particule lourde,** heavy particle; **hydrogène lourd,** heavy hydrogen; **eau lourde,** heavy water; *Ind* **essence lourde,** naphtha.
lovéite, *nf Miner* loeweite, loewigite.
loxoclase, *nf Miner* loxoclase.
loxodonte, *a Z* loxodont(ous).
Lr, *symbol of* lawrencium.
Lu, *symbol of* lutecium.
lubrifiant, *a & nm Ch* lubricant.
luciférase, *nf BioCh* luciferase.
luciférine, *nf BioCh* luciferin.
lucifuge, *a Biol* lucifugous (insect, etc).
ludwigite, *nf Miner* ludwigite.
luette, *nf Anat* uvula.
lugol, *nm BioCh* lugol.
luisant, *a* (*of mineral, insect, etc*) spendent.
lumachelle, *nf Miner* lumachel(le).
lumen, *nm PhMeas* (*symbol* lm) lumen.
lumen-heure, *nm PhMeas* lumen-hour; *pl lumens-heures.*
lumière, *nf* (*a*) light; *Ph* **lumière diffuse,** diffused, scattered, light; **lumière incidente,** incident light; **lumière polarisée,** polarized light; **lumière réfléchie,** reflected light; **lumière transmise,** transmitted light;

lumière infrarouge, infrared light; **lumière ultraviolette,** ultraviolet light; **lumière monochromatique,** monochromatic light; **lumière blanche,** white light; **lumière noire,** ultraviolet radiations; (*b*) *Z* lumen, *pl* lumina.
luminance, *nf Ph* luminance, luminous density.
luminescence, *nf Ph* luminescence, radiance.
luminescent, *a* luminescent.
lumineux, -euse, *a* luminous; *Ph* **densité lumineuse,** luminous density; **intensité lumineuse,** luminous intensity; **onde lumineuse,** light wave; **rayon lumineux,** light ray; **unité d'intensité lumineuse,** light unit; **rendement lumineux, efficacité lumineuse, coefficient d'efficacité lumineuse,** luminous efficiency; **flux lumineux,** luminous flux; **sensibilité lumineuse,** luminous sensitivity; *Biol* **organe lumineux,** phosphorescent, luminous, organ.
luminifère, *a* luminiferous.
luminogène, *nm Ph* light-generating element.
luminophore, *nm Biol* any being with luminescent organs.
luminosité, *nf Ph* luminosity.
luné, *a Biol* lunate, crescent-shaped; luniform.
lunifère, *a Biol* bearing lunate markings.
luniforme, *a Biol* luniform, lunate.
lunulaire, lunulé, *a Biol* lunular, lunulate(d).
lunule, *nf Z* lunula.
lupétidine, *nf Ch* lupetidine.
lupuline, *nf Bot* lupulin; *Ch* lupulin(e); *Pharm* lupuline.
lustré, *a Geol* **schistes lustrés,** mica schists.
lutécium, *nm Ch* (*symbol* Lu) lutecium.
lutéine, *nf Ch* lutein.
lutéocobaltique, *a Ch* luteocobaltic (chloride, etc).
lutéol, *nm Ch* luteol, chemical indicator which turns bright yellow with alkalis and colourless with acids.
lutéoline, *nf Ch* luteolin(e).
lutidine, *nf Ch* lutidine.
lutidinique, *a Ch* lutidinic (acid).
lutidone, *nf Ch* lutidone.
lux, *nm inv PhMeas* (*symbol* lx) lux (unit of intensity of illumination).
Lw, *symbol of* lawrencium.
lx, *symbol of* lux.
lycopène, *nm BioCh* lycopene.
lycopode, *nm Ch* lycopodium.
lyddite, *nf Miner* lyddite.
lydienne, lydite, *nf Miner* Lydian stone, touchstone.
lymphatique, *Physiol* **1.** *a & n* lymphatic (gland, subject); **cellule, corpuscle, lymphatique,** lymph cell, lymph corpuscle; **glande, ganglion, lymphatique,** lymphatic, lymph, gland; **follicule lymphatique,** lacuna. **2.** *nm* lymphatic (vessel).
lymphe, *nf Physiol* lymph.
lymphoblaste, *nm Biol* lymphoblast, stem cell.
lymphocyte, *nm Physiol* lymphocyte; lymph cell, lymph corpuscle.
lymphocytogénèse, *nf Physiol* lymphocytopoiesis, lymphocytogenesis.
lymphogène, *a Physiol* lymphogenic, lymphogenous.
lymphogénèse, *nf Physiol* lymphogenesis.
lymphoïde, *a* lymphoid (cell).
lymphopoïèse, *nf Physiol* lymphopoiesis.
lyocyte, *nm Biol* lyo-enzyme.
lyogel, *nm Ch* lyogel.
lyophile, *a Ch* lyophilic (colloid); **substances lyophiles,** lyophilic substances.
lyophilie, *nf Ch* lyophily.
lyophobe, *a Ch* lyophobic.
lyosol, *nm Ch* lyosol.
lyré, *a Bot* lyrate.
lysat, *nm Biol* lysate.
lyse, *nf Biol* lysis.
lyser, *vtr Biol* (*of lysin*) to lyse, dissolve (cell).
lysidine, *nf Ch* lysidine.
lysigène, *a Biol* lysigenous, lysigenic.
lysine, *nf Ch* lysine; *Biol* (*antibody*) lysin.
lysis, *nm Biol* lysis.
lysolécithine, *nf Ch* lysolecithin.
lysophosphatide, *nm Ch* lysophosphatide.

lysosome, *nm Biol* lysosome, lysosoma; corpuscles capable of destroying the cytoplasm.
lysotype, *nm Bac* phage type.
lysotypie, *nf Bac* phage typing; **lysotypie entérique,** enteric phage typing.
lysozyme, *nm Biol* lysozyme.
lytique, *a Biol* lytic (action, serum, etc).
lyxonique, *a Ch* lyxonic.
lyxose, *nm Ch* lyxose.

M

m, *symbol of* metre.
macadam, *nm* macadam.
macérateur, *nm Ch* macerator; **macérateur avec propulsion haute,** top-drive macerator.
macération, *nf* maceration.
macérer, *vtr Ch Biol* to macerate.
mâchelier, -ière, *a Z* **dents mâchelières,** masticatory teeth.
machine, *nf Ph Ch* engine; **machine d'épuisement,** pumping engine; **machine à vapeur,** steam engine; *Ch* **machines réversibles,** reversible engines.
mâchoire, *nf Anat* (*a*) jaw (of person, animal); **mâchoire supérieure, inférieure,** upper, lower, jaw; (*b*) jawbone.
MacLagan, *Prn BioCh* **réaction MacLagan,** MacLagan reaction.
macle, *nf Miner* macle, chiastolite, twinned crystal; cross-stone.
maclurine, *nf Ch* maclurin.
maconite, *nf Miner* maconite.
macramibe, *nf Biol* macramoeba.
macrobie, *nf Biol* macrobiosis, longevity.
macrobien, -ienne, *a Biol* macrobian, long-lived.
macrobiote, *nm Biol* macrobiotus, macrobiote.
macrobiotique, *Biol* **1.** *a* macrobiotic. **2.** *nf* macrobiotics.
macrocéphale, *a Biol* macrocephalous.
macrochète, *nm Ent* macrochaeta.
macrochimie, *nf* macrochemistry.
macrochimique, *a* macrochemical.
macroclimat, *nm* macroclimate.
macroclimatique, *a* macroclimatic.
macrocnemum, *nm Bot* macrocnemum.
macrocyclique, *a Ch* macrocyclic.
macrocyste, *nm Bot* macrocyst.
macrocyte, *nm Biol* macrocyte.
macrodactyle, *a Z* macrodactyl, macrodactylous.
macroergate, *a Biol* macroergate.
macroévolution, *nf* macroevolution.
macrogamète, *nm Biol* macrogamete, megagamete.
macrogamétocyte, macrogamonte, *nm Prot* macrogametocyte, macrogamont.
macrogénitosomie, *nf Path* macrogenitosomia.
macroglobuline, *nf BioCh* macroglobulin.
macroglobulinémie, *nf Path* macroglobulin(a)emia.
macroglossie, *nf Z* macroglossia.
macrognathie, *nf Path* macrognathia.
macrolépidoptères, *nmpl Z* Macrolepidoptera *pl.*
macrolymphocyte, *nm Physiol* macrolymphocyte.
macromère, *nm Z* macromere.
macromeris, *nm Z* macromeris.
macromoléculaire, *a Ch* macromolecular.
macromycète, *nm Bot* macromycete.
macronotal, -aux, *a Z* macronotal.
macronucléaire, *a Z* macronuclear.
macronucléé, *a Z* macronucleate(d).
macronucléus, *nm Z* macronucleus, meganucleus.
macroparticule, *nf AtomPh* macroparticle; particulate.
macrophage, *Z Physiol* **1.** *a* macrophagous. **2.** *nm* macrophage; histiocyte.
macrophylle, *Bot* **1.** *a* macrophyllous, megaphyllous. **2.** *nm* macrophyll.
macrophysique, *nf* macrophysics.
macropode 1. *a Z Bot* macropodous. **2.** *a & nm Z* macropod(id).
macropolymère, *nm Ch* macropolymer.

macroptère, *Z* **1.** *a* macropterous. **2.** *nmpl* **macroptères,** Macroptera *pl.*
macroscélide, *a Z* macroscelidous.
macroscléréide, *nm Z* macrosclereid.
macroscopie, *nf Ph* macroscopy.
macroscopique, *a Biol Ph* macroscopic.
macroséisme, *nm Geol* macroseism.
macroséismique, *a Geol* macroseismic.
macrosomatique, *a Z* macrosomatic.
macrosomye, *nf Biol* macrosomye.
macrosporange, *nm Bot* macrosporangium, megasporangium.
macrospore, *nf Bot* macrospore, megaspore.
macrosporophylle, *nm Bot* macrosporophyl(l), megasporophyll.
macrostomie, *nf Z* macrostomia.
macrostructure, *nf Ch* macrostructure.
macrotype, *nm Biol* macrotype.
macroure, *Z Ich* **1.** *a* macrurous, long-tailed. **2.** *nm* macruran; **les macroures,** the macrurans.
macula, *nf Anat Z* **macula lutea,** forea central retinae, macula lutea; yellow spot (of retina).
maculage, *nm* maculage.
maculaire, *a Biol* macular.
maculation, *nf* maculation.
maculé, *a Biol* spotted; macular, maculate, maculose.
maculicole, *a Bot* maculicole.
macusson, *nm Bot* macusson.
madicole, *a* (*of fauna*) living in rock pools.
madré, *a* **bois madré,** veined wood.
madréporien, -ienne, madréporique, *a Z* madreporic, madreporiform; **plaque madréporique**, madreporite.
madréporite, *nf Z* madreporite (of shield urchin).
madrure, *nf* spot (on animal fur); *pl* speckles (on bird's feathers).
maëstrichtien, -ienne, *a & nm Geol* maestrichtian.
magdaléon, *nm Pharm* magdaleon.
Magendie, *Prn Z* **trou de Magendie,** Magendie's foramen, metapore.
magenta, *nm Ch* magenta.
magma, *nm Ch Geol* magma; **magma primaire,** parental magma.
magmatique, *a Geol* magmatic (rock, water).
magnéferrite, *nf Miner* magnoferrite, magnesioferrite.
magnélite, *nf Miner* magnelite.
magnésie, *nf Ch* magnesia, magnesium oxide; **magnésie calcinée,** magnesia usta.
magnésien, -ienne, *a Ch* magnesian; *Miner* **grenat magnésien,** pyrope.
magnésifère, *a Miner* magnesiferous.
magnésioferrite, *nf Miner* magnesioferrite, magnoferrite.
magnésique, *a Ch Geol* magnesic (rock, etc).
magnésite, *nf Miner* (*a*) magnesite; (*b*) meerschaum.
magnésium, *nm Ch* (*symbol* Mg) magnesium.
magnésol, *nm Ch* magnesol.
magnétique, *a Ph* magnetic (field, flux, attraction, pole, etc); **champ magnétique,** magnetic field; **champs magnétiques parasites,** magnetic interference; **déperdition magnétique,** magnetic decay; **traction magnétique,** magnetic pull; **déviation magnétique,** magnetic deflection; **force magnétique, intensité de champ magnétique,** magnetic force, intensity; **feuillet magnétique,** magnetic layer, shell; **susceptibilité magnétique,** magnetizability.
magnétiquement, *adv* magnetically.
magnétisable, *a Ph* magnetizable.
magnétisant, *Ph* **1.** *a* magnetizing; **courant magnétisant,** magnetizing current; **champ magnétisant,** magnetizing field; **force magnétisante,** magnetizing force, power. **2.** *nm* magnetizer.
magnétisation, *nf Ph* magnetization, magnetizing; **courbe de magnétisation,** magnetization curve; **courant de magnétisation,** magnetizing current.
magnétiser, *vtr* to magnetize (iron, etc).
magnétisme, *nm Ph* (*a*) magnetism; **magnétisme nucléaire,** nuclear magnetism; **magnétisme permanent, temporaire,** permanent, temporary, magnetism; **magnétisme rémanent,** residual magnetism; **magnétisme terrestre,** terrestrial mag-

netism; *Z* **magnétisme animal,** zoomagnetism; (*b*) magnetics.

magnétite, *nf Miner* magnetite, lodestone.

magnétite-olivinite, *nf Miner* magnetite-olivinite.

magnéto-aérodynamisme, *nm Ph* magneto-aerodynamics.

magnétocalorique, *a Ph* magnetocaloric.

magnétochimie, *nf* magnetochemistry.

magnétochimique, *a* magnetochemical.

magnétodynamique, *Ph* **1.** *a* magnetodynamic. **2.** *nf* magnetodynamics; **magnétodynamique des fluides,** magnetohydrodynamics.

magnéto-électrique, *pl* **magnéto-électriques,** *a Ph* magneto-electric.

magnétogène, *a Ph* magnetogenous.

magnétogramme, *nm* magnetogram; magnetic map.

magnétographe, *nm* magnetograph.

magnétohydrodynamique 1. *a* magnetohydrodynamic. **2.** *nf* magnetohydrodynamics.

magnétomètre, *nm Ph* magnetometer, magnetimeter.

magnétométrie, *nf* magnetometry.

magnétométrique, *a* magnetometric.

magnétomoteur, -trice, *a Ph* magnetomotive; **force magnétomotrice,** magnetomotive force, magnetic potential.

magnéton, *nm Ph* magneton; **magnéton de Bohr,** Bohr magneton; **magnéton nucléaire,** nuclear magneton.

magnéto-optique, *nf Ph* magneto-optics.

magnétoplumbite, *nf Miner* magnetoplumbite.

magnétopyrite, *nf Miner* magnetic pyrites, magnetopyrite, pyrrhotite.

magnétoscope, *nm Ph* magnetoscope.

magnétostatique, *Ph* **1.** *a* magnetostatic. **2.** *nf* magnetostatics.

magnétostrictif, -ive, *a Ph* magnetostrictive.

magnétostriction, *nf Ph* magnetostriction; **à magnétostriction,** magnetostrictive.

magnétron, *nm Ph* magnetron.

magnochromite, *nf Miner* magnochromite.

magnoferrite, *nf Miner* magnoferrite, magnesioferrite.

magnolite, *nf Miner* magnolite.

maille, *nf Orn* speckle, spot (on bird's feather); *Bot* bud (of vine); *Ch Ph* mesh; unit cell (of network).

maillé, *a Orn* (*of bird's feather*) speckled.

maillure, *nf Orn* speckles (on plumage).

main, *nf Anat* hand; manus; *Ph* **règle de la main gauche, droite,** Fleming's lefthand, righthand, rule.

makite, *nf Miner* makite.

mal, *nm Biol* **mal de mer,** naupathia.

malachite, *nf Miner* malachite.

malacoderme, *Z* **1.** *a* malacodermatous. **2.** *nmpl* **malacodermes,** Malacodermidae *pl.*

malacolite, *nf Miner* malacolite.

malacologie, *nf Z* malacology.

malacon, *nm Miner* malakon, malacon.

malacophile, *a Bot* malacophilous.

malacophilie, *nf Bot* malacophily.

malacoptérygien, -ienne, *a & nm Ich* malacopterygian.

malacostracé, *Z* **1.** *a* malacostracan, malacostracous. **2.** *nm* malacostracan; **malacostracés,** Malacostraca *pl.*

maladie, *nf Med Agr* disease; *Tox* **maladie professionnelle,** occupational disease.

malaire, *a Anat Z* malar, jugal; **os malaire,** cheekbone, mala.

malakon, *nm Miner* malakon, malacon.

malate, *nm Ch* malate.

malaxage, *nm Z* malaxation.

maldonite, *nf Miner* maldonite.

mâle, *a & nm* male (person, hormone, flower, etc); cock (bird); buck (rabbit, antelope, etc); dog (fox, wolf); bull (elephant, etc); staminate (flower); (*of animals*) he-; **un ours mâle,** a he-bear.

maléique, *a Ch* maleic (acid).

maléimide, *nm Ch* maleimide.

malformation, *nf Z* malformation.

malique, *a Ch* malic (acid).

mallardite, *nf Miner* mallardite.

malléabilité, *nf* malleability, ductility (of metal).

malléable, *a* malleable, ductile (metal, etc).

malléine, *nf Ch* morvin.
malléolaire, *a Z* malleolar.
malléole, *nf Z* malleolus.
malm, *nm Geol* malm.
malonamide, *nm Ch* malonamide.
malonate, *nm Ch* malonate.
malonique, *a Ch* malonic.
malonitrile, *nm Ch* malonitrile.
malonylurée, *nf BioCh* barbituric acid, malonylurea.
Malpighi, *Prn Z* **corpuscle de Malpighi,** Malpighian body; **pyramides de Malpighi,** Malpighian pyramids.
malt, *nm Ch* malt.
maltase, *nf Ch* maltase.
malthe, *nf Miner* maltha, mineral tar, malthite.
malthènes, *nmpl Ch* malthenes *pl.*
maltose, *nm Ch* maltose.
malvacé, *Bot* **1.** *a* malvaceous. **2.** *nfpl* **malvacées,** Malvaceae *pl.*
mamellaire, *a Anat* mammary (tissue, etc).
mamelle, *nf Anat Z* (*a*) mamma; breast; **à deux mamelles,** bimastic; (*b*) udder (of animal).
mamelliforme, *a Z* mammiform.
mamelon, *nm Anat Z* (*a*) mamilla; teat; nipple (of woman); dug (of animal); (*b*) papilla (of the tongue).
mamillaire, *a Anat Z* mamillary.
mammaire, *a Anat Z* mammary, lactiferous (gland, etc); **alvéoles mammaires,** mammary alveoli; *nfpl* **les mammaires,** the mammaries, the mammary glands.
mammalogie, *nf Z* mammalogy, therology.
mammalogique, *a Z* mammalogical.
mammifère, *Z* **1.** *a* (*a*) mammalian, mammate; (*b*) mammiferous. **2.** *nm* mammal, mammalian; **les mammifères,** the Mammalia, the mammals.
mammiforme, *a Z* mammiform.
manche, *nf Z* manubrium.
mandélique, *a Ch* mandelic (acid).
mandibulaire, *a Z* mandibular; mandibulate (organ).
mandibule, *nf Z* mandible; *Anat* mandibula.
mandibulé, *a* mandibulate (insect).
manganapatite, *nf Miner* manganapatite.
manganate, *nm Ch* manganate.
manganépidote, *nf Miner* manganese epidote, piedmontite.
manganèse, *nm Ch Miner* (*symbol* Mn) manganese.
manganésé, *a Ch* containing manganese.
manganésien, -ienne, *a Ch* manganesian, manganiferous.
manganésifère, *a* manganiferous.
manganeux, -euse, *a Ch* manganous; **oxyde manganeux,** manganese oxide.
manganique, *a Ch* manganic; **oxyde manganique,** manganic oxide.
manganite, *nf* (*a*) *Ch* manganite; (*b*) *Miner* manganite, grey manganese ore.
manganocalcite, *nf Miner* manganocalcite.
manganophyllite, *nf Miner* manganophyllite.
manganosite, *nf Miner* manganosite.
manganostibite, *nf Miner* manganostibite.
manganotantalite, *nf Miner* manganotantalite.
manganspath, *nm Miner* manganese spar, rhodochrosite.
manne, *nf Bot* **manne du frêne,** manna.
mannide, *nm Ch* mannide.
mannipare, *a Ent Bot* manniferous.
mannitane, *nm Ch* mannitan.
mannite, *nf,* **mannitol,** *nm Ch* mannite, mannitol, manna sugar.
mannonique, *a Ch* mannonic (acid).
mannose, *nm Ch* mannose.
manomètre, *nm Ph etc* manometer, pressure gauge.
manométrie, *nf Ph* manometry.
manométrique, *a Ph* manometric(al).
manteau, -eaux, *nm* mantle (of mollusc); hood (of lizard); *Virol* capsiol.
mantelé, *a* (*of bird*) hooded.
manubrium, *nm Z* manubrium.
manuel, -elle, *a Z* manual.
marais, *nm* marsh(land); bog, fen; water-meadow land; swamp, morass; **marais tourbeux,** peat bog; **gaz des marais,** marsh gas; **marais salant,** salt marsh.
marante, *nf Bot* maranta.

marbre, *nm Geol* marble; **marbre tacheté,** clouded marble; **marbre onyx,** onyx marble, branded marble; **marbre fleuri,** landscape marble; **marbre serpentin,** serpentine marble, ophite.
marbré, *a Z* mottled.
marbrure, *nf coll* veining.
marcas(s)ite, *nf Miner* marcasite, white iron pyrites.
marcescence, *nf Bot* marcescence.
marcescent, *a Bot* marcescent, withering; **organe marcescent,** sub-persistent organ.
marche, *nf Ph* **en marche,** in motion; *Ch etc* **marche d'essai,** test run.
marékanite, *nf Miner* marekanite.
margarate, *nm Ch* margarate; **glycéryle margarate,** margarine.
margarine, *nf Ch* margarine.
margarique, *a Ch* margaric (acid).
margarite, *nf Miner* margarite, pearl mica.
margarodite, *nf Miner* margarodite.
margarosanite, *nf Miner* margarosanite.
marge, *nf Biol* margin (of a leaf, of an insect's wing, etc); *Anat Z* ora; *Ch* range.
marginal, -aux, *a Z* marginal; **filament marginal,** marginal hair; *Bot* **placentation marginale,** marginal placentation.
marginé, *a Biol* marginate.
marialite, *nf Miner* marialite.
marin, *a* marine (plant, etc); maricolous; **faune, flore, marine,** marine fauna, flora; *Geol* **gisements, dépôts, marins,** marine deposits; **alluvions marines,** marine alluvium.
marionite, *nf Miner* hydrozincite.
Mariotte, *Prn Ph* **loi de Mariotte,** Boyle's law; **flacon, vase, de Mariotte,** Mariotte's bottle, flask.
mariposite, *nf Miner* mariposite.
marmatite, *nf Miner* marmatite.
marmite, *nf Ch* kettle; *Geol* **marmite de géants, marmite torrentielle,** pothole.
marmolite, *nf Miner* marmolite.
marnage, *nm Oc* tidal range.
marne, *nf Geol* marl; **marne à foulon,** fuller's earth.
marqué, *a Ch* labelled; **combinaison marquée,** isotopically labelled compound; **élément marqué,** labelled element.
marques, *nfpl* (*on animal*) **marques distinctives,** distinctive markings.
marqueté, *a Biol* tessellated; spotted.
Marsh, *Prn Ph* **appareil de Marsh,** Marsh's test.
marsupial, -iaux, *a & nm Z* marsupial.
marsupium, *nm Z* marsupium; (ventral) pouch.
marteau, -eaux, *nm Z* malleus (of the middle ear).
martite, *nf Miner* martite.
mascagnine, *nf Miner* mascagnine, mascagnite.
maskelynite, *nf Miner* maskelynite.
masonite, *nf Miner* masonite.
masque, *nm* (*a*) *Bot* **fleurs en masque,** masked, personate, flowers; (*b*) *Med* mask; **masque à gaz,** gas mask; (*c*) *Ent* mask (of dragonfly nymph).
masqué, *a* masked; *Physiol Tox* **hémorragie masquée,** occult blood.
masse, *nf Ph* **masse critique, subcritique,** critical, subcritical, mass; **masse spécifique,** density; **masse atomique,** atomic mass; **mass molaire, moléculaire,** molecular mass; **action de masse,** mass action; **loi de l'action de la masse,** law of mass action; **masse au repos,** rest mass; **nombre de masse,** mass number; **disparition de masse,** mass disappearance; **perte de masse,** mass deficit; *Miner* **masse minérale,** ore body.
masséter, *nm Z* **(muscle) masséter,** masseter.
massétérique, massétérin, *a Z* masseteric.
massicot, *nm Ch* massicot, yellow lead.
massif, -ive, *a Biol* massive.
massique, *a Ph* pertaining to the mass.
massue, *nf* (*a*) *Ent* **antenne en massue,** antenna ending in a knob or club; capitate antenna; (*b*) *Bot* spadix.
mastication, *nf Z* manducation.
masticatoire, *a* masticatory, manductory.
mastocyte, *nm Biol* mastocyte.
mastoïde, *a Z* mastoid.
matériel, -elle, *a* material, physical (body); *Ph* **point matériel,** physical point.
matière, *nf* material; matter; *Ph Ch* **matière organique, inorganique,** organic,

inorganic, matter; **matière brute,** raw material; **matière colorante,** colouring material; **matière étrangère,** foreign material; **matière plastique,** plastic material; **matière en suspension (dans l'eau, etc),** suspended matter (in water, etc); *AtomPh* **matière radioactive,** radioactive material; **matières grasses,** fats; **matière grasse,** fat; **la teneur du lait en matière grasse,** the butterfat content of milk; *Anat Z Histol* **matière blanche,** white matter; **matières colorantes de la respiration,** respiratory pigments.

matildite, *nf Miner* matildite.

matinal, -aux, *a Bot* **fleur matinale,** matutinal flower.

matlockite, *nf Miner* matlockite.

matrice, *nf* (*a*) *Anat Z* matrix; uterus, womb; (*b*) *Geol Miner* matrix.

matrocline, *a Biol* matroclinous, matroclinic.

matroclinie, *nf Biol* matrocliny.

matronite, *nf Miner* nitratine.

maturation, *nf Bot Z* maturation; ripening (of fruit).

mauvéine, *nf Ch* mauvein(e).

maxillaire, *a Anat* maxillary; **os maxillaire,** *nm* **maxillaire (supérieur),** maxilla.

maxille, *nm Z* maxilla.

maxillipède, *nm Arach Crust* maxilliped(e).

maxillule, *nf Ent Crust* maxillula, maxillule.

maximal, -aux, *a Ph Ch* **travail maximal,** maximum work.

Maxwell, *Ph* **1.** *Prn* **loi de Maxwell de la distribution des vélocités,** Maxwell's law of distribution of velocities. **2.** *nm Meas* **maxwell** (*symbol* Mx), maxwell.

mazapilite, *nf Miner* mazapilite.

mazout, *nm Ch Ph* mazout.

méat, *nm Anat Z* **méat urinaire,** urinary meatus; *Bot* **méat intercellulaire,** intercellular space.

mécanique, *nf Ph* **mécanique relativiste,** laws of relativity.

mécanisme, *nm Biol Ph* action, mechanism; **mécanisme de transport,** transport mechanism.

mèche, *nf Bot* tuft.

Meckel, *Prn Z* **cartilage, ganglion, de Meckel,** Meckel's cartilage, ganglion.

méconate, *nm Ch* meconate.

méconine, *nf Ch* meconin.

méconique, *a Ch* meconic (acid).

méconium, *nm Z* meconium.

médecine, *nf Vet* **médecine vétérinaire,** veterinary medicine.

médian, *a Anat* median (nerve, artery, etc); *Biol* medial (line of the body); **plan médian du corps,** sagittal plane; *Bot* **nervure médiane,** midrib.

médiastinal, -aux, *a Z* medistinal.

médiastinite, *nf Z* medistinum.

médifixe, *a Bot* medifixed.

médiolittoral, -aux, *nm Oc* strand.

médullaire, *a Anat Bot* medullary (tube, ray, etc); medullated; *Bot* myelonic; **étui médullaire,** medullary sheath; **rayon, prolongement, médullaire,** medullary ray, wood ray; *Anat* **canal, cavité, médullaire,** medullary canal; *Biol* **substance médullaire du rein,** radiate(d), radiating, substance of kidney.

médulle, *nf Bot* medulla, pith.

médulleux, -euse, *a Bot* medullated, medullary.

médullo-surrénal, *pl* **médullo-surrénaux, -ales,** *a Z* medullo-suprarenal.

méduse, *nf Z* medusa.

mégabarye, *nf PhMeas* megabarye.

mégablaste, *nm Z* macroblast.

mégacycle, *nm PhMeas* megacycle.

méga-électron-volt, *nm Ph* mega-electron-volt; *pl méga-électrons-volts.*

mégahertz, *nm PhMeas* megahertz.

mégajoule, *nm PhMeas* megajoule.

mégaloblaste, *nm Physiol* megaloblast.

mégaloblastique, *a Physiol* megaloblastic.

mégalocyte, *nm Physiol* megalocyte.

mégaphylle, *Bot* **1.** *nf* megaphyll. **2.** *a* megaphyllous.

mégaryocyte, *nm Z* myeloplax.

mégasporange, *nm Bot* megasporangium, macrosporangium.

mégaspore, *nm Bot* megaspore, macrospore.

mégatherme, *nf Biol* megatherm.

mégavolt, *nm PhMeas* megavolt.

mégawatt, *nm PhMeas* megawatt.

mégohm, *nm PhMeas* megohm.

Meibomius, *Prn Anat Z* **glandes de Meibomius,** Zeis glands.
méionite, *nf Miner* meionite.
méiose, *nf Biol* meiosis.
Meissner, *Prn Z* **corpuscules de Meissner,** Meissner's corpuscles, Wagner's corpuscules.
mélaconite, *nf Miner* melaconite.
mélamine, *nf Ch* melamine.
mélampyrite, *nf Ch* melampyrite.
mélancolie, *nf Psy* melancholy.
mélange, *nm Ch* mixture; **mélange à point d'ébullition constant, azéotropique,** constant boiling mixture.
mélanine, *nf Ch* melanin.
mélanique, *a Biol* melanistic, melanotic.
mélanite, *nf Miner* melanite.
mélanoblaste, *nm Biol* melanoblast.
mélanocérite, *nf Miner* melanocerite.
mélanochroïte, *nf Miner* melanochroite.
mélanocrate, *a Geol* **roche mélanocrate,** melanocrate.
mélanocyte, *nm Biol* melanocyte.
mélanophore, *nf Biol* melanophore.
mélanosarcome, *nm Tox* melanosarcoma.
mélanostibiane, *nm Miner* melanostibian.
mélanotékite, *nf Miner* melanotekite.
mélanovanadite, *nf Miner* melanovanadite.
mélantérie, mélantérite, *nf Miner* melanterite.
mélaphyre, *nm Miner* melaphyre.
mélasse, *nf Ch* molasses, treacle.
mélézitose, *nm Ch* melezitose.
mélibiose, *nm Ch* melibiose.
mélil(l)ite, *nf Miner* melilite.
mellier, *nm Z* psalterium, omasum, third stomach (of ruminant).
mellifère, *a Ent* melliferous, honey-bearing.
mellification, *nf Ent* mellification, honeymaking.
mellifique, *a Ent* mellific, honeymaking; melliferous.
mellite, *nm Miner* mellite; **mellite de borax,** borax honey.
mellit(h)ique, *a Ch* mellitic.
mellitose, *nf Ch* mellitose.
mellivore, *a Z* mellivorous, honey-eating.
mellon, *nm Ch* mellon.
mellophanique, *a Ch* mellophanic.
mélolonthoïde, *a Ent* melolonthoid.
mélonite, *nf Miner* melonite.
membranacé, *a* membranaceous.
membranaire, *a Biol* **pression membranaire,** wall pressure.
membrane, *nf* (*a*) *Anat Bot etc* membrane; pellicle; **membrane d'un corps,** basement membrane; **chromatographie sur membrane,** membrane chromatography; **membrane muqueuse,** mucous membrane; **membrane cellulaire,** cell membrane; *Physiol Z* **membrane clignotante, nictitante,** nictitating membrane (of bird, etc); **membrane semi-perméable,** semipermeable membrane; **membrane de Reissner,** Reissner's membrane; **membrane vitelline,** yolk sac; vitelline membrane; zona pellucida; *Prot* **membrane ondulante,** undulating, undulatory, membrane; *Cytol* **membrane élémentaire,** unit membrane; *Histol* **membrane musculo-vasculaire,** vascular tunic; **membrane vestibulaire de Reissner,** vestibular membrane of cochlear duct; (*b*) *Z* web (of web-footed bird).
membrané, *a Z* (*a*) membranous; **équilibres membranés,** membrane equilibria; (*b*) webbed (fingers, toes).
membraneux, -euse, *a* membranous, membranaceous (tissue, etc); pellicular, pelliculate; **à projection membraneuse,** membraniferous; **d'aspect membraneux,** membranoid.
membraniforme, *a* membraniform.
membre, *nm* (*a*) limb (of the body); **les membres inférieurs,** the lower limbs; (*b*) member; **membre viril,** penis.
ménaccanite, *nf Miner* menaccanite.
mendélévium, *nm Ch* (*symbol* Mv) mendelevium.
mendélien, -ienne, *a Biol* Mendelian.
mendélisme, *nm* Mendelism.
mendipite, *nf Miner* mendipite.
mendozite, *nf Miner* mendozite.
ménéghinite, *nf Miner* meneghinite.
ménilite, *nf Miner* menilite.
méninge, *nf Z* meninx, *pl* meninges.

méningé, *a Z* meningeal (involvement).
ménispermacé, *a Bot* menispermaceous; *nfpl* **ménispermacées**, Menispermaceae *pl.*
ménisperme, *nm Bot* menisperm.
ménisque, *nm Ph Z* meniscus.
ménopause, *nf Physiol* menopause, change of life.
menstruation, *nf Z* menstruation.
menstrué, *a Z* menstruous.
menstruel, -elle, *a Z* menstrual, menstruous; **flux menstruel**, menstruation.
mensurable, *a* measurable.
menthadiène, *nm Ch* menthadiene.
menthane, *nm Ch* menthane.
menthanédiamine, *nf Ch* menthanediamine.
menthanol, *nm Ch* menthanol.
menthanone, *nf Ch* menthanone.
menthène, *nm Ch* menthene.
menthénol, *nm Ch* menthenol.
menthénone, *nf Ch* menthenone.
menthofurane, *nm Ch* menthofuran.
menthol, *nm Ch* menthol; peppermint camphor.
menthone, *nf Ch* menthone.
menthyle, *nm Ch* menthyl.
mépacrine, *nf Ch* mepacrin, quinacrine.
méprobamate, *nm Ch* meprobamate.
merbromine, *nf Ch* merbromin.
mercaptal, *nm Ch* mercaptal.
mercaptan, *nm Ch* mercaptan, thioalcohol, thiol.
mercaptide, *nm Ch* mercaptide.
mercaptoacétique, *a Ch* mercaptoacetic.
mercaptomérine, *nf Ch* mercaptomerin.
mercerisation, *nf Ch* mercerisation.
mercuration, *nf Ch* mercuration.
mercure, *nm Ch* (*symbol* Hg) mercury; **minerai de mercure**, mercury ore; **fulminate de mercure**, mercury fulminate; **oxyde de mercure**, mercury oxide; **sulfure de mercure**, mercury sulfide; **fermeture par mercure**, mercury seal; **pression de la vapeur de mercure**, mercury vapour pressure; **mercure doux**, calomel; **mercure sulfuré**, cinnabar, red mercuric sulfide.
mercureux, -euse, *a Ch* mercurous.
mercurifère, *a Miner* containing mercury, mercury-bearing.
mercurique, *a Ch* mercuric (salt, etc).
merdicole, *a Z* stercorary; stercoricolous.
merdivore, *a Z etc* coprophagous, scatophagous, stercovorous, dung-eating.
mère, *nf Biol* **cellule mère**, mother cell; *Ch* **eau, solution, mère**, mother liquid, liquor, lye, water; **mère de vinaigre**, mother of vinegar; *Geol* **roche mère**, matrix, gangue; parent rock, mother rock; **mère d'émeraude**, mother emerald.
méricarpe, *nm Bot* mericarp.
méridien, -ienne, *a & nm Geog* meridian.
méridional, -aux, *a* meridional; *Biol* **canal méridional**, meridional canal.
mérismatique, *a Biol* merismatic (reproduction, etc).
méristèle, *nf Bot* meristele.
méristème, *nm Bot* meristem, formative region; merismatic tissue; **méristème apical**, apical meristem.
méristique, *a Biol* meristic.
mérithalle, *nm Bot* merithal(lus), internode.
méroblastique, *a Biol* meroblastic.
mérocrine, *a Biol* merocrine.
mérocyte, *nm Biol* merocyte.
mérogonie, *nf Biol* merogony.
mérotomie, *nf Biol* merotomy.
mérozoïte, *nm Prot* merozoite.
mésaconique, *a Ch* mesaconic.
mésaticéphale, *a* mesaticephalic.
mésencéphale, *nm Z* mesencephalon, midbrain.
mésencéphalique, *a Z* mesencephalic.
mésenchyme, *nm Biol* mesenchyma, mesenchyme.
mésentère, *nm Anat* mesentery.
mésentéron, *nm Z* mesenteron.
mésidine, *nf Ch* mesidine.
mésiogression, *nf Biol* mesial migration.
mésique, *a AtomPh* mesonic.
mésitine, *nf Miner* mesitine, mesitite.
mésitylène, *nm Ch* mesitylene.
mésitylénique, *a Ch* mesitylenic.
mésoblaste, *nm Biol* mesoblast, mesoderm.
mésocarde, *nm Z* mesocardium.

mésocarpe, *nm Bot* mesocarp.
mésocéphale, *nm Z* mesocephalon.
mésocôlon, *nm Z* mesocolon.
mésocotyle, *nm Bot* mesocotyl.
mésocrétacé, *a & nm Geol* Middle Cretaceous.
mésoderme, *nm Biol* mesoderm, mesoblast.
mésodermique, *a Biol* mesodermic, mesodermal.
mésodévonien, -ienne, *a & nm Geol* Middle Devonian.
mésogastre, *nm Z* mesogaster, mesogastrium, midgut.
mésogastrique, *a* mesogastric.
mésoglée, *nf Z* mesogl(o)ea.
mésole, *nm Miner* mesole.
mésolite, *nf Miner* mesolite.
mésologie, *nf Biol* mesology.
mésologique, *a Biol* mesologic(al).
mésomère, *Ch* **1.** *nm* mesomere. **2.** *a* mesomeric.
mésomérie, *nf Ch* mesomerism.
mésomérique, *a Ch* mesomeric.
mésomètre, *nm Z* mesometrium.
méson, *nm Ch* meson; muon; **physique des mésons,** meson physics.
mésonéphros, *nm Z* mesonephros.
mésonique, *a AtomPh* mesonic; **théorie mésonique des forces mucléaires,** meson theory of nuclear forces.
mésonotum, *nm Z* mesonotum.
mésophile, *a Bac* mesophile.
mésophragmatique, *a Z* mesophragmal.
mésophragme, *nm Z* mesophragm(a).
mésophylle, *nm Bot* mesophyll(um).
mésophyllien, -ienne, *a Bot* mesophyllic, mesophyllous.
mésophyte, *Bot* **1.** *a* mesophytic. **2.** *nf* mesophyte, meiotherm.
mésorcine, *nf Ch* mesorcinol.
mésosoma, *nm Z* mesosoma.
mésosphère, *nf Meteor* mesosphere.
mésosternal, -aux, *a Anat Z* mesosternal.
mésosternum, *nm Anat Z* mesosternum, gladiolus.
mésotartrique, *a Ch* mesotartaric (acid).
mésothermal, -aux, *a Ph Geol* mesothermal.
mésotherme, *Bot* **1.** *a* mesothermal. **2.** *nf* mesotherm, megistotherm.
mésothoracique, *a Anat Z* mesothoracic.
mésothorax, *nm Anat Z* mesothorax.
mésothorium, *nm Ch* mesothorium.
mésotype, *nf Miner* mesotype.
mésoxalique, *a Ch* mesoxalic.
mésozoïque, *a Geol* mesozoic.
mésozone, *nf Geol* mesozone.
mesquite, *a Ch* **gomme mesquite,** mesquite gum.
messager, *a Biol* **ARN messager,** messenger RNA.
messelite, *nf Miner* messelite.
mestome, *nm Bot* mestome.
mesurable, *a* measurable.
mesure, *nf* (*a*) (act of) measurement, measuring; **mesure de la chaleur,** measurement of heat; **mesure du rayonnement, des radiations,** radiation measurement; **cellule de mesure,** measuring cell; **appareil de mesure,** measuring device; (*b*) *Ph etc* **mesure de capacité,** measure of capacity; **mesure de capacité pour les liquides,** liquid measure; **mesure de longueur, linéaire,** measure of length, linear measure; **mesure de surface, de superficie,** square measure; **mesure de volume,** cubic measure; (*c*) (*instrument for measuring*) measure; *Ch* **mesure graduée,** graduated measure.
mesureur, *nm* **mesureur de pression,** pressure gauge; *Ch* **(tube) mesureur,** measuring cylinder.
métaarsénieux, *am Ch* metarsenious (acid).
métaarsénite, *nm Ch* metarsenite.
métabiose, *nf Biol* metabiosis.
métabisulfite, *nm Ch* metabisulfite.
métabolique, *a Biol* metabolic.
métabolisme, *nm Biol* metabolism; metastasis; **métabolisme lipidique, protidique,** fat, protein, metabolism; **métabolisme basal,** basal metabolism.
métabolite, *nm Biol* metabolite; metabolic waste.
métaborate, *nm Ch* metaborate.
métaborique, *a Ch* metaboric (acid).
métabrushite, *nf Miner* metabrushite.
métacarpe, *nm Z* metacarpus.
métacarpien, -ienne, *a Z* metacarpal.

métacarpophalangien, -ienne, *a Z* metacarpophalangeal.
métachlorotoluène, *nm Ch* metachlorotoluene.
métachromasie, *nf Biol* metachromasia, metachromasy.
métachromatine, *nf Biol* metachromatin.
métachromatique, *a Biol* metachromatic.
métachromatisme, *nm Biol* metachromatism.
métacinnabarite, *nf Miner* metacinnabarite.
métacinnabre, *nm Miner* metacinnabar.
métacrésol, *nm Ch* metacresol.
métacrylique, *a Ch* metacrylic.
métagaster, *nm Z* metagaster.
métagénèse, *nf Biol* metagenesis.
métagénésique, *a Biol* metagenetic.
métahémipinique, *a Ch* metahemipinic.
métakinase, *nf Biol* metakinesis.
métal, -aux, *nm* metal; **métal précieux, noble,** precious, noble, metal; **métal vil, commun, non précieux,** base metal, non-precious metal; **métal amalgamé,** amalgam; *Ph* **métal en suspension (dans un électrolyte),** metal fog, metal mist; **métal blanc, métal d'Alger,** white metal; **métaux ferreux, non-ferreux,** ferrous, non-ferrous, metals; **métal de Muntz,** Muntz metal; **métaux des terres rares,** rare-earth metals, rare-earth elements.
métal-carbonyle, *nm Ch* metal carbonyl.
métaldéhyde, *nm Ch* metaldehyde.
métallation, *nf Ch* metallation.
métallifère, *a Geol Min* metalliferous; metal-bearing; ore-bearing.
métallin, *a Ch* metalline, metallic.
métallique, *a* metallic; **non métallique,** non-metallic; *Ch* **liaison métallique,** metallic bond; **corps simple métallique, élément métallique,** metallic element; **oxyde métallique,** metallic oxide; **antimoine métallique,** metallic antimony; **sodium métallique,** metallic sodium.
métallochimie, *nf* metallurgical chemistry; chemistry of metals.
métalloïde, *nm Ch* metalloid, nonmetal.
métalloïdique, *a Ch* metalloidal; nonmetallic.
métamère 1. *a Ch* metameric; **composé métamère,** metamer. **2.** *nm Z* metamere, somite; segment (of worm); somatome.
métamérie, *nf Ch Z* metamerism, metamery.
métamérique, *a* (*of embryo*) metamerized.
métamérisation, *nf Biol* metamerization.
métamérisé, *a Biol* metamerized, divided into metameres.
métamorphique, *a Geol* metamorphic.
métamorphiser, *vtr Geol* to metamorphize.
métamorphisme, *nm Geol* metamorphism.
métamorphose, *nf Biol* metamorphosis, transformation.
se métamorphoser, *vpr* to metamorphose.
métamorphosique, *a Biol* metamorphotic, metamorphic.
métamyélocyte, *nm Biol* juvenile cell.
métanéphros, *nm Z* metanephros.
métanile, *nm Ch* **(jaune de) métanile,** metanil.
métanilique, *a Ch* metanilic (acid).
métaphase, *nf Biol* metaphase.
métaphénylènediamine, *nf Ch* metaphenylenediamine.
métaphosphate, *nm Ch* metaphosphate.
métaphosphorique, *a Ch* metaphosphoric.
métaphyse, *nf Biol* metaphysis.
métaphyte, *nm Bot* metaphyte.
métaplasie, *nf Physiol* metaplasia.
métaplasme, *nm Biol* metaplasm.
métaplastique, *a* metaplastic.
métapneumonique, *a Z* metapneumonic.
métargon, *nm Ch* metargon.
métasilicate, *nm Ch* metasilicate.
métasilicique, *a Ch* metasilicic (acid).
métasoma, *nm Z* metasoma.
métasomatique, *a Z Geol* metasomatic.

métasomatose, *nf Geol* metasomatism, metasomatosis.
métastable, *a Ch Ph* metastable.
métastannique, *a Ch* metastannic (acid).
métastase, *nf Z* irridation.
métastatique, *a* metastatic; **histoire métastatique d'un parasite métamorphosique,** metastatic life history.
métasternal, -aux, *a Z* metasternal.
métasternum, *nm Z* metasternum.
métastibnite, *nf Miner* metastibnite.
métatarse, *nm Z* metatarsus.
métatarsien, -ienne, *a Z* metatarsal.
métatarsophalangé, *a Z* metatarsophalangeal.
métathériens, *nmpl Z* marsupials *pl.*
métathoracique, *a Z* metathoracic.
métathorax, *nm Z* metathorax.
métatrophique, *a Biol* metatrophic.
métatype, *nm Biol* metatype.
métatypie, *nf Biol* metatypism, mutation of type.
métatypique, *a Biol* metatypic.
métavoltine, *nf Miner* metavoltine.
métaxénie, *nf Biol* metaxeny.
métaxite, *nf Miner* metaxite.
métaxylème, *nm Bot* metaxylem.
métazoaire, *Biol* **1.** *a* metazoan, metazoic. **2.** *nm* metazoan, metazoon, *pl* -zoa; **œuf de métazoaire,** mesembryo.
métencéphale, *nm Z* metencephalon, myelencephalon.
météorologie, *nf* meteorology.
météorologique, *a* meteorological.
méthacrylique, *a Ch* methacrylic (acid).
méthadone, *nm Ch* methadone.
méthanal, *nm Ch* methanal.
méthane, *nm Ch* methane, marsh gas, carburetted hydrogen, terpane.
méthanique, *a Ch* methane, pertaining to the methane series.
méthanol, *nm Ch* methanol; wood alcohol; carbinol.
méthémalbumine, *nf BioCh* meth(a)emalbumin.
méthémoglobine, *nf BioCh* meth(a)emoglobin.
méthémoglobinémie, *nf Tox* meth(a)emoglobin(a)emia.
méthémoglobinurie, *nf Tox* meth(a)emoglobinuria.
méthénamine, *nf Ch* methenamine.
méthimazole, *nm Ch* methimazol.
méthionine, *nf BioCh* methionine.
méthionique, *a Ch* methionic.
méthode, *nf* method; *Mth* **méthode des moindres carrés,** method of least squares; **méthode graphique,** graphical method; **méthode de la chimie,** chemical method; *Biol* **méthode de la variation,** variation method; *Ch Ph* **méthode du volume,** volume method.
méthol, *nm Ch* methol.
méthoxyle, *nm Ch* methoxyl.
methylal, *nm Ch* methylal.
méthylamine, *nf Ch* methylamine.
méthylaniline, *nf Ch* methylaniline.
méthylate, *nm Ch* methylate.
méthylation, *nf Ch* methylation.
méthylbenzène, *nm Ch* methylbenzene.
méthylcellosolve, *nm Ch* methoxyethanol, methyl cellosolve, methylated spirit.
méthylcellulose, *nf Ch* methyl cellulose.
méthyle, *nm Ch* methyl; **acétate de méthyle,** methyl acetate; **bromure de méthyle,** methyl bromide; **chlorure de méthyle,** methyl chloride; **iodure de méthyle,** methyl iodide; **sulfure de méthyle,** methyl sulfide.
méthylène, *nm Ch* methylene; **bleu de méthylène,** methylene blue; **chlorure de méthylène,** methylene chloride; **iodure de méthylène,** methylene iodide.
méthyler, *vtr Ch* to methylate.
méthyléthylcétone, *nf Ch* methyl ethyl ketone.
méthylique, *a Ch* methylic; **alcool méthylique,** methyl alcohol, methanol.
méthylisobutylcétone, *nf Ch* methyl isobutyl ketone.
méthylnaphtalène, *nm Ch* methylnaphthalene.
méthylnaphtylcétone, *nf Ch* acetonaphthone.
méthylorange, *nm Ch* methyl orange.
méthylpentose, *nm Ch* methylpentose.
méthylpropane, *nm Ch* methylpropane.
méthylrouge, *nm Ch* methyl red.

métis, -isse, *a Biol* intervarietal; **plante métisse,** hybrid plant.
métissage, *nm Biol* miscegenation.
métol, *nm Ch* metol.
métopique, *a Z* metopic; **point métopique,** metopion.
mètre, *nm Meas* (*symbol* m) metre.
mètre-kilogramme, *nm PhMeas* kilogrammetre; *pl mètres-kilogrammes.*
métrocyte, *nm Biol* metrocyte.
mettre, *vtr Z* (*of animals*) **mettre bas,** to drop (young); **sur le point de mettre bas,** parturient.
meulière, *a & nf Geol* **(pierre) meulière,** burrstone, buhrstone.
meyerhofférite, *nf Miner* meyerhofferite.
Mg, *symbol of* magnesium.
mg, *symbol of* milligramme.
miargyrite, *nf Miner* miargyrite.
mica, *nm Miner* mica; **mica schistoïde,** mica schist.
micacé, *a Miner* micaceous; **schiste micacé,** mica schist, mica slate.
micaschiste, *nm Miner* mica schist, mica slate.
micaschisteux, -euse, *a Miner* micaschistose, micaschistous.
micellaire, *a Ph Ch Biol* micellar; **colloïdes micellaires,** micellar colloids.
micelle, *nf Ph Ch Biol* micelle, micella, floccule (of precipitate); **micelles mixtes,** mixed micelles; **micelles biliaires,** biliary micelles.
Michler, *Prn Ch* **cétone de Michler,** Michler's ketone.
micramibe, *nf Biol* micramoeba.
microampère, *nm Ph* microampere.
microanalyse, *nf Ch* microanalysis.
microanalytique, *a Ch* microanalytic(al).
microbalance, *nf Ch Ph* microbalance.
microbar, *nm PhMeas* microbar.
microbarographe, *nm Ph* microbarograph.
microbe, *nm Bac* microbe; germ; microparasite; **microbe végétal,** microphyte.
microbicide 1. *nm* germ killer. **2.** *a* microbicidal.
microbien, -ienne, *a Bac* microbial, microbic; **maladie microbienne,** germ disease; **fermentation microbienne,** microbial fermentation; **faune, flore, microbienne,** microfauna, microflora.
microbilles, *nfpl Ch* microballoons.
microbiologie, *nf Bac* microbiology.
microbiologique, *a Bac* microbiological.
microbiote, *nm Biol* microbiotus, microbiote.
microbiotique, *Biol* **1.** *a* microbiotic. **2.** *nf* microbiotics.
microbique, *a Bac* microbic.
microblaste, *nm Biol* microblast.
microburette, *nf Ch* microburette.
microcalorimètre, *nm Ph* microcalorimeter.
microcalorimétrie, *nf Ph* microcalorimetry.
microcalorimétrique, *a Ph* microcalorimetric.
microcapsule, *nf Biol* microcapsule.
microcéphale, *Z* **1.** *a* microcephalous, microcephalic, small-headed. **2.** *n* microcephalic.
microcéphalie, *nf Z* microcephaly.
microchimie, *nf* microchemistry.
microchimique, *a* microchemical; **analyse microchimique,** microchemical analysis.
microcline, *nf Miner* microcline.
micrococcus, microcoque, *nm Bac* micrococcus, *pl* -i.
microconidie, *nf Biol* microconidium, *pl* -ia.
microcristal, -aux, *nm Cryst* microcrystal.
microcristallin, *a Ch* microcrystalline.
microcurie, *nm PhMeas* microcurie; Curie point.
microcytase, *nf BioCh* microcytase.
microcyte, *nm Z Biol* microcyte.
microdétecteur, *nm Ch* **microdétecteur par adsorption,** microadsorption detector.
microdissection, *nf Biol* microdissection.
microdistillation, *nf Ch* microdistillation.
microélément, *nm Ch* microelement.
microencapsulation, *nf Biol* micro(-)encapsulation.

microfarad, *nm PhMeas* microfarad.
microfelsite, *nf Miner* microfelsite.
microfibrille, *nf Ch Biol* microfibril(la).
microgamète, *nm Biol Prot* microgamete; merogamete.
microgamétocyte, *nm Biol* microgametocyte.
microgamie, *nf Biol Bot Prot Z* merogamy.
microgénèse, *nf Biol* merogenesis.
microglie, *nf Biol* mesoglia, microglia.
microgonidie, *nf Biol* microgonidium.
microgramme, *nm Meas* microgram(me).
micrograni(e), *nm Miner* microgranite.
microgrenu, *a Miner* micrograular.
microhabitat, *nm Biol* microhabitat.
microhenry, *nm PhMeas* microhenry.
microhm, *nm PhMeas* microhm.
microlatérolog, *nm Ph* microlaterolog.
microlite 1. *nf Miner* microlite. **2.** *nm Cryst* microlite.
microlog, *nm Ph* microlog, minilog.
micromammifère, *nm Z* small mammal.
micromèle, *nm Biol* micromelus.
micromère, *nm Biol* micromere.
micromérisme, *nm Biol* micromerism.
microméthode, *nf Ph Ch* micromethod.
micromillimètre, *nm Meas* micromillimetre, micron.
micromutation, *nf Biol* micromutation.
micron, *nm Meas* micron, micromillimetre.
microniser, *vtr Ch* to micronize.
micronucléaire, *a Z* micronuclear.
micronucléé, *a Z* micronucleate.
micronucléus, *nm Z* micronucleus.
micronutriment, *nm Biol* micronutrient.
micro-organique, *pl* **micro-organiques,** *a* micro-organic.
micro-organisme, *nm* micro-organism; *pl micro-organismes.*
micro-parasite, *nm Bac* microparasite; *pl micro-parasites.*
microphage, *Biol* **1.** *a* microphagous. **2.** *nm* microphage.
microphagie, *nf Biol* microphagy.
microphylle 1. *nf Bac* microphyll. **2.** *a Bot* microphyllous.
microphysique 1. *nf* microphysics. **2.** *a* microphysical.
microphyte, *nm Bot* microphyte.
microplancton, *nm Biol* mesoplankton, microplankton.
microprothalle, *nm* microprothallus.
microptère, *a Orn Ent* micropterous.
micropyle, *nm Biol Bot* micropyle; **appareil du micropyle,** micropyle apparatus.
microscope, *nm* microscope; **microscope électronique,** electron microscope.
microscopie, *nf Path* microscopy.
microscopique, *a* microscopic.
microsom(at)ie, *nf Z* microsomia.
microsome, *nm Biol* microsome, microsoma.
microsommite, *nf Miner* microsommite.
microsphères, *nfpl Ch* microballoons.
microsporange, *nm Bot* microsporange, microsporangium.
microspore, *nf Bot* microspore.
microsporophylle, *nm Bot* microsporophyll.
microstome, *Ich* **1.** *a* microstomous. **2.** *nm* microstome.
microtasimètre, *nm Ph* microtasimeter.
microthermal, -aux, *a Ph* microthermal.
microtherme 1. *a Ph* microthermic. **2.** *nf Bot* microtherm.
microthermie, *nf PhMeas* gram(me) calorie, small calorie, microtherm.
microthermique, *a Ph* microthermic.
microthoracique, *a Z* microthoracic.
microthorax, *nm Z* microthorax.
microtome, *nm Biol* microtome; histotome; **microtome à congélation,** freezing microtome.
microtomie, *nf Biol* microtomy.
microvolt, *nm PhMeas* microvolt.
microwatt, *nm PhMeas* microwatt.
microzoaire, *Z* **1.** *a* microzoan, microzoic. **2.** *nm* microzoan, microzoon, *pl* -zoa.
microzyma, *nm BioCh* microzyme, microzyma.

miction, micturition, *nf Physiol* micturition; urination.
miel, *nm* honey; **rayon de miel,** honeycomb.
miellée, miellure, *nf Bot* honeydew.
miersite, *nf Miner* miersite.
migmatite, *nf Geol* migmatite, injection gneiss.
migrateur, -trice, *a & nm* migrant, migratory, migrating (bird, etc); *Biol* **cellule migratrice,** migratory cell, wandering cell.
migration, *nf* (*a*) *Z* migration, transference (of birds, etc); *Ch Ph* **migration d'ions, des ions,** ion migration, drift; **migration superficielle,** surface migration; **aire de migration,** migration area; **longueur de migration,** migration length; (*b*) *Biol* migration (of cells, tissue, etc); **migration épithéliale,** epithelial migration; **migration distale,** distal migration; **migration mésiale,** mesial migration; (*c*) *Geol* migration (of humus in the soil, of oil, etc, through porous layers).
migrer, *vi* to migrate.
milarite, *nf Miner* milarite.
miliaire, *a Biol* miliary.
milieu, -ieux, *nm Ph* medium; **effet catalytique de milieu,** catalytic effect of medium; **milieu gazeux,** gaseous medium; **milieu réfringent,** refracting medium.
millérite, *nf Miner* millerite.
milliampère, *nm PhMeas* milliampere.
millicurie, *nm PhMeas* millicurie.
milligal, *nm PhMeas* milligal.
milligramme, *nm Meas* (*symbol* mg) milligram(me).
millihenry, *nm PhMeas* millihenry.
Millikan, *Prn Ch* **méthode de la goutte à l'huile de Millikan,** Millikan's oil-drop method.
millilitre, *nm Meas* (*symbol* ml) millilitre.
millimètre, *nm Meas* (*symbol* mm) millimetre.
millimicron, *nm PhMeas* millimicron.
millithermie, *nf PhMeas* large, great, major, calorie; kilocalorie, kilogram(me) calorie.
millivolt, *nm PhMeas* millivolt.
milliwatt, *nm ElMeas* milliwatt.
mimétèse, *nf Miner* mimetite, mimetene, mimetesite.
mimétique, *a Biol* mimetic.
mimétisme, *nm Biol* mimesis, mimetism, metachrosis, mimicry (in animals).
mimétite, *nf Miner* = **mimétèse.**
minasragrite, *nf Miner* minasragrite.
mine, *nf Miner* **mine de plomb,** graphite; **mine anglaise,** red lead; **mine d'étain,** tinstone; **mine douce,** zincblende.
minerai, *nm Geol etc* ore; **minerais,** ore minerals; **minerais d'oxydes,** oxide ores; **minerai de, à, basse teneur, de faible teneur, minerai pauvre,** base, low-grade, ore; **minerai de, à, haute teneur, minerai riche,** rich, high-grade, ore; **minerai brut,** crude ore, raw ore, ore as mined; **minerai bocardé, broyé,** crushed ore; **minerai métallique, non métallique,** metalliferous ore, non-metallic ore; **minerai de cuivre,** copper ore; **minerai de fer,** iron ore; **minerai de mercure,** mercury ore; **minerai de plomb,** lead ore; *Miner* **masse, massif, corps, de minerai,** ore body; **minerais rebelles,** refractory ores.
minéral, -aux 1. *a* **le règne minéral,** the mineral kingdom; **chimie minérale,** inorganic chemistry; **source (d'eau) minérale,** mineral spring; **eaux minérales,** mineral waters; **naphte minéral,** mineral naphtha; **graisse minérale,** mineral jelly; **asphalte minérale, goudron minéral,** mineral tar, bitumen; **caoutchouc minéral,** elastic bitumen, elaterite; **cire minérale,** mineral wax; ozocerite, ozokerite; **acide minéral,** mineral acid; **gisements minéraux,** mineral deposits. **2.** *nm* mineral; **minéral originel,** original mineral; **minéral de contact,** contact mineral; **minéraux apparentés,** related minerals; **clivage des minéraux,** mineral cleavage.
minéralisant, *a Ch* (*of solution*) ore-bearing.
minéralisateur, -trice, *Ch etc* **1.** *a* mineralizing, ore-forming (agent). **2.** *nm* mineralizer; mineralizing element.
minéralisation, *nf Ch* mineralisation.
minéralisé, *a Geol* mineral-bearing; rich in minerals; **corps minéralisé,** ore body.
minéralocorticoïde, *nm BioCh* mineralocorticoid.

minéralogie, *nf* mineralogy; **minéralogie descriptive, physique,** descriptive, physical, mineralogy.
minéralogique, *a* mineralogical.
minette, *nf Miner* minette (iron ore).
mineur, -euse, *a Ent* burrowing (insect).
minimum, *pl* **-mums, -ma 1.** *nm* minimum, *pl* -a; **loi du minimum,** law of the minimum. **2.** *a* (*f inv or -a*) minimum; *Tox* **dose minima mortelle,** minimum lethal dose.
minium, *nm Ch* minium; red lead; **minium de fer,** ferric oxide.
miocène, *a & nm Geol* Miocene.
miose, *nf,* **miosis,** *nm Biol* miosis.
miotique, *a Z* miotic.
mirabilite, *nf Miner* mirabilite.
mirbane, *nf Ch* **essence de mirbane,** oil of mirbane; essence of mirbane, nitrobenzene.
miroir, *nm Z* speculum (on wing of bird or insect).
miscibilité, *nf Ch* miscibility.
miscible, *a* miscible.
mise, *nf Z* **mise bas** (i) dropping (of young); (ii) litter; *Ch* **mise en liberté,** release (of a gas, etc); *Biol Ch* **mise en garde,** warning.
misénite, *nf Miner* misenite.
misogamie, *nf Z* misogamy.
mispickel, *nm Miner* mispickel, arsenical pyrites, arsenopyrite.
mite, *nf Arach* mite, acarid.
mitochondrie, *nf Biol* mitochondrion.
mitose, *nf Biol* mitosis.
mitosome, *nm Z* mitosome.
mitospore, *nf Bac* mitospore.
mitotique, *a Biol* mitotic; **index mitotique,** mitotic index.
mitriforme, *a* mitriform.
mixage, *nm Geoph* mixing.
mixite, *nf Miner* mixite.
mixochromosome, *nm Biol* mixochromosome.
mixte, *a* mixed; *Geol* **cône mixte,** composite cone.
mixtion, *nf Ch* mixture; **mixtion idéale,** ideal mixture; **mixtion liquide,** liquid mixture; **mixtion ternaire,** ternary mixture.
mixtionnage, *nm* mixing; **travail de mixtionnage,** work of mixing.
ml, *symbol of* millilitre.
mm, *symbol of* millimetre.
Mn, *symbol of* manganese.
mnémonique, mnésique, *a Biol* mnemic.
Mo, *symbol of* molybdenum.
mobile, *a Biol* free; mobile, motile; *Ph* travelling (electron).
mobilité, *nf Biol* mobility, motility; *Ph* **mobilité d'un ion,** ion mobility.
modalité, *nf Physiol* modality.
modificateur, -trice, *Biol* **1.** *a* modifying; **gène modificateur,** modifier. **2.** *nm* modifier, modifying factor.
modification, *nf* **modification de structure,** structural change.
moelle, *nf* (*a*) marrow (of bone); **à moelle,** medullated; **moelle osseuse,** bone marrow; *Anat* medulla; **moelle épinière,** spinal marrow; spinal cord; **cellules de la moelle,** marrow cells; **greffe de la moelle,** marrow transplant; (*b*) *Bot* medulla, pith.
moelleux, -euse, *a* marrowy (bone); *Bot* pithy.
mohawkite, *nf Miner* mohawkite.
moissanite, *nf Miner* moissanite.
mol, *symbol of* mole.
molaire, *a Ch* molar (concretion, etc); molal; **physique molaire,** molar physics; **rapport molaire,** molar ratio; **fraction molaire,** mole fraction.
molarité, *nf Ch* molarity, molar concentration.
molasse, *nf Geol* molasse; sandstone.
moldavite, *nf Miner* moldavite.
mole, *nf ChMeas* (*symbol* mol) mole, mol.
moléculaire, *a Ch Ph* molecular; molar; **masse, poids, moléculaire,** molecular mass, weight; **concentration moléculaire,** molecular concentration; **association moléculaire,** molecular association; **attraction moléculaire,** molecular attraction, cohesive force; **champ d'attraction moléculaire,** range of molecular attraction; **qualité, force, moléculaire,** molecularity; **conductibilité, résistivité, moléculaire,** molecular, molar, conductivity, resistivity; **diamètre moléculaire,** molecular diameter; **liaison moléculaire,** molecular bond; **diffusion moléculaire,** molecular diffusion, molecular scattering; **chaleur**

moléculaire, molecular heat; **rotation moléculaire,** molecular rotation; **structure moléculaire,** molecular structure; **vitesse moléculaire,** molecular velocity; **volume moléculaire,** molecular volume.

molécule, *nf Ch Ph* molecule; **molécule atomique, diatomique,** atomic, diatomic, molecule; **molécule monoatomique,** mon(o)atomic molecule; **molécule gazeuse,** gas molecule; **molécule homonucléaire,** homonuclear molecule; **molécule ionisée,** ionized molecule; **molécule marquée,** labelled, tagged, molecule; **molécule neutre,** neutral molecule; **molécules réactives,** kinetomeres.

molécule-gramme, *nf PhMeas* gramme-molecule; gramme-molecular weight; mole; *pl molécules-grammes.*

mollasse, *nf Geol* molasse; sandstone.

mollusque, *nm* mollusc; **mollusques,** Mollusca; **les mollusques céphalopodes,** the squids.

molybdate, *nm Ch* molybdate.

molybdène, *nm Ch* (*symbol* Mo) molybdenum; **molybdène bleu,** molybdenum blue.

molybdénite, *nf Miner* molybdenite, molybdenum disulfide.

molybdénocre, *nf Miner* molybdic ochre.

molybdine, *nf Miner* molybdite.

molybdique, *a Ch* molybdic (acid).

molybdoménite, *nf Miner* molybdomenite.

molybdophyllite, *nf Miner* molybdophyllite.

molybdoscheelite, *nf Miner* powellite.

molysite, *nf Miner* molysite.

moment, *nm Mth* moment; **moment d'un couple,** moment of a couple; **moment d'une force par rapport à un point,** moment of a force; **moment d'inertie d'un corps,** moment of inertia; **moment d'un vecteur,** moment of a vector; **moment dipolaire,** dipole.

momentané, *a* momentary; *Ch* **état momentané,** momentary state.

momie, *a Miner* **baume momie,** maltha.

monacanthe, *nm Z* monacanthid, monacanthine.

monadelphe, *a Bot* monadelphous; **plante monadelphe,** monadelph.

monandre, *a Bot* monandrous; **plante monandre,** monander.

monanthe, *a Bot* monanthous, one-flowered.

monanthère, *a Bot* having one anther.

monazite, *nf Miner* monazite.

monergol, *nm Ch* monopropellant.

monétite, *nf Miner* monetite.

monheimite, *nf Miner* monheimite.

monimolite, *nf Miner* monimolite.

monoacétine, *nf Ch* monoacetin.

monoacide, *Ch* **1.** *a* monoacid(ic). **2.** *nm* monoacid, monacid.

monoalcoolique, *a Ch* monoalcoholic.

monoamide, *nm Ch* monoamide.

monoamine, *nf Ch* monoamine.

monoaminé, *a* monoamino.

monoatomique, *a Ch* mon(o)atomic, monadic.

monoaxe, *a Z* monaxon(ic) (spicule); *Biol* monaxial.

monoaxifère, *a Cryst Bot* monaxial.

monobase, *a Bot* monobasic (phanerogam).

monobasique, *a Ch* monobasic (acid).

monoblaste, *nm Z* monoblast.

monocarpe, monocarpellaire, *a Bot* monocarpous, monocarpellary.

monocarpien, -ienne, monocarpique, *a Bot* monocarpic, monocarpian, monocarpous.

monocéphale, *a Bot* monocephalous.

monochlamydique, *a Bot* monochlamydeous.

monochromatique, *a Biol* monochromatic.

monocinétique, *a Ph* monokinetic.

monoclinal, -aux, *a Geol* monoclinal; **pli monoclinal,** monoclinal fold.

monocline, *a Bot* monoclinous.

monoclinique, *a Cryst* monoclinic.

monocotylé, *a Bot* monocotyledonous.

monocotylédone, *Bot* **1.** *a* monocotyledonous. **2.** *nf* monocotyledon.

mono-couche, *nf Ch Ph* monolayer; **mono-couche unimoléculaire,** unimolecular film; *pl mono-couches.*

monoculaire, *a Physiol* monocular.

monocyclique, *a Ch Biol* monocyclic.

monocyte, *nm Biol* monocyte.
monodactyle, *a Z* monodactylous.
monodelphe, *Z* **1.** *a* monodelphian, monodelphic. **2.** *nm* monodelph.
monodelphien, -ienne, *a Z* monodelphian.
monœcie, *nf Bot* (*a*) monoecism; (*b*) monoecian.
monœcique, *a Bot* monoecious, synoecious.
monoéthylénique, *a Ch* monoethylenic (acid).
monogamie, *nf Z* monogamy.
monogastrique, *a Z* monogastric.
monogène, *a Biol* monogenic, monogenetic.
monogénèse, *Biol* **1.** *nf* monogenesis. **2.** *a* monogenetic.
monogénésique, *a Biol Geol* monogenic, monogenetic.
monogénie, *nf Biol* monogenesis, asexual reproduction.
monogénique, *a Geol* monogenic, monogenetic.
monogénisme, *nm Biol* monogenism.
monogonie, *nf Biol* monogony.
monogynie, *nf Bot Ent* monogyny.
monohalogéné, *a Ch* monohalogen.
monohybride, *nm Biol* monohybrid.
monohydrate, *nm Ch* monohydrate.
monohydraté, *a Ch* monohydrated.
monohydrique, *a Ch* monohydric.
monoïque, *a Bot* monoecious; synoecious.
monoliforme, *a Biol* monilated, moniliform.
monomère[1], *Ch* **1.** *a* monomeric. **2.** *nm* monomer.
monomère[2], *a Bot* monomerous.
monomérique, *a Biol* monomeric.
monomoléculaire, *a Ph etc* monomolecular; **couche monomoléculaire,** monomolecular layer; **réaction monomoléculaire,** monomolecular reaction.
monomorphe, *a* monomorphic, monomorphous (insect).
monomorphisme, *nm Z* monomorphism.
mononucléaire, *a Z Bot* mononuclear, uninuclear, mononucleated, uninucleate (cell).
monopétale, *a Bot* monopetalous, unipetalous.
monophage, *a Z* monophagous.
monophasie, *nf Biol* monophasia.
monophasique, *a Biol* monophasic.
monophylétique, *a Biol* monophyletic; developed from a single stock.
monophylétisme, *nm Biol* monophylet(ic)ism.
monophylle, *Bot* **1.** *a* monophyllous, unifoliate. **2.** *nm* unifoliate.
monophyodonte, *nm Z* monophyodont.
monophyte, *a Bot* monophytic.
monoplastide, *nm Biol* monoplast.
monoplégique, *a Biol* monoplegic.
monopode, *Bot* **1.** *a* monopodial, monopodous. **2.** *nm* monopodium.
monoptère, *a Z* monopteral; having one fin, one wing.
monoréfringent, *a Ph* monorefringent.
monosaccharide, *nm Ch* monosaccharide; *Biol* monose.
monosépale, *Bot* **1.** *a* unisepalous. **2.** *nm* monosepal.
monosépaloïde, *a Bot* monosepaloid.
monosomie, *nf Biol* monosomy.
monosomique, *a & nm Biol* monosomic, monosome.
monosperme, *a Bot* monospermous.
monosporé, *a Bot* monosporous.
monostéarine, *nf Ch* monostearin.
monostélie, *nf Bot* monostely.
monostome, *Z* **1.** *a* monostome, monostomatous. **2.** *nm* monostome.
monostyle, monostylé, *a Bot* monostylous.
monosubstitué, *a Ch* monosubstituted.
monothermie, *nf Biol* monothermia.
monotrème, *a & nm Z* monotreme.
monotriche 1. *nm* monotrichous bacterium. **2.** *a Biol* monotrichous.
monotrope, *a Z* monotropic.
monotype, monotypique, *a Biol* monotypic, monotypal, monotypous.
monovalence, *nf Ch* monovalency, monovalence; univalency, univalence.
monovalent, *a Ch* monovalent; univalent.

monovoltin, *a Z* univoltine.
monoxène, *a Biol* monoxenous.
monozygote, *a Biol* monovular; monozygotic, monozygous.
montagne, *nf* mountain; **montagne de glace,** iceberg.
montebrasite, *nf Miner* montebrasite.
monticellite, *nf Miner* monticellite.
monticole, *a* (*of plant, etc*) living in mountains; **plante monticole,** mountain plant.
montmartrite, *nf Miner* montmartrite.
montmorillonite, *nf Miner* montmorillonite.
montroydite, *nf Miner* montroydite.
monzonite, *nf Miner* monzonite, syenodiorite.
moraine, *nf Geol* moraine; **moraine frontale, latérale, médiane,** terminal moraine, lateral moraine, medial moraine.
morainique, *a Geol* morainic, morainal.
mordacité, *nf* corrosiveness (of acid).
mordant 1. *a* (*of acid*) corrosive. **2.** *nm* (*a*) corrosiveness (of acid); (*b*) mordant.
mordénite, *nf Miner* mordenite.
morencite, *nf Miner* morencite.
morénosite, *nf Miner* morenosite.
morin, *nm Ch* morin.
morindine, *nf Ch* morindin.
morion, *nm Miner* morion (quartz).
moroxite, *nf Miner* moroxite.
morphine, *nf Ch* morphine, morphium.
morphogène, *a Biol Physiol* morphogenic, morphogenetic.
morphogénèse, *nf Biol* morphogenesis; *Physiol* morphogeny.
morphogénétique, *a Biol Physiol* morphogenetic, morphogenic (hormones, etc).
morpholine, *nf Ch* morpholine.
morphologie, *nf Z Bot* morphology.
morphologique, *a* morphological.
morphologiquement, *adv Biol* morphologically.
morphose, *nf Biol* morphosis, *pl* -oses.
morphotropie, *nf Ch* morphotropism, morphotropy.
morphotropique, *a Ch* morphotropic.
morruol, *nm Ch* morrhuol.
mort 1. *nf Biol* death; **mort naturelle,** natural death. **2.** *a Ch* **point mort,** null point.
mortalité, *nf Tox* death rate; lethality; *Physiol* mortality; **mortalité cérébrale,** brain death.
mortel, -elle, *a* lethal.
mortier, *nm Ch* **mortier et pilon,** mortar and pestle; **mortier en agate,** agate mortar.
mort-né, -née, *pl* **mort-nés, -nées,** *a Z Vet* stillborn.
morula, *nf Biol* morula.
morulation, *nf Biol* morulation.
morve, *nf Z* malleus.
mosaïque 1. *nf Bot* mosaic (disease), (leaf) mosaic. **2.** *a Biol* **hybride mosaïque,** mosaic (hybrid).
mosandrite, *nf Miner* mosandrite.
Moskovie, *Prnf Ch* **verre de Moskovie,** mica.
moteur, -trice 1. *a Physiol Z* motor; **zone motrice,** motor area; **voies motrices (des nerfs),** motor nerve organs, motor nerve plates; **nerf moteur oculaire commun,** motor oculi. **2.** *nm Ph* **moteur à combustion interne,** internal combustion engine; **moteur à gaz,** gas engine; **moteur en étoile,** radial engine; **moteur rotatif,** rotary engine.
motif, *nm Ch* unit cell (of network).
motilité, *nf Biol* motility.
motionnel, -elle, *a Ph* motional.
motricité, *nf Biol* motivity.
mottramite, *nf Miner* mottramite.
mou, *f* **molle,** *a Z* lax.
moucheté, *a Biol Z* speckled, flecked, mottled; eyed; guttate.
mouillabilité, *nf Ph Ch* absorptivity, absorptive power.
mouillable, *a Ph Ch* absorbent (surface, etc).
mouillage, *nm Ph Ch* absorption.
mouillance, *nf Ch Ph* absorptivity.
mouillant, *a Ch Ph* absorptive; *Ch* wetting; **agent mouillant,** wetting agent.
moule, *nm Z* matrix.
moulin, *nm Geol* pothole (in glacier).
moulinet, *nm Crust* **moulinet gastrique,** (lobster's) triturating apparatus; gastric mill.
mousse¹, *nf Bot* moss; *Ch* scum; **mousse de platine,** platinum sponge.
mousse², *a Z* **chèvre mousse,** hornless goat.

moustique, *nm Z* **moustique zoophile,** zoophile.

mouvement, *nm* movement, motion; *Ph* **mouvement brownien,** Brownian movement; **mouvement des ions, mouvement ionique,** movement of ions; **mouvement du noyau (d'un atome), mouvement nucléaire,** nuclear movement; **en mouvement,** in motion; **corps en mouvement,** body in motion; **mouvement (uniformément) accéléré,** (uniformly) accelerated motion; **mouvement (uniformément) varié,** (uniformly) variable motion; **mouvement des atomes,** atomic motion; **mouvement composé,** compound motion; **mouvement curviligne,** curvilinear motion, motion in a curve; **mouvement uniforme,** equable, uniform, motion; **mouvement propre,** background; **mouvement perpétuel, continu,** perpetual, continuous, motion; **mouvement rectiligne,** rectilinear, straight-line, motion, **mouvement simple,** simple motion; **mouvement thermique,** thermal motion; **mouvement tourbillonnaire,** vortex motion, vortical (motion); **mouvement relatif de la terre et de l'éther,** ether drift; *Physiol* **organe incapable de mouvement,** immotile organ.

moyenne, *nf* mean; **moyenne de chemins libres,** mean free path.

muciforme, *a* muciform.

mucigène, *nm BioCh* mucigen.

mucilage, *nm* (vegetable, animal) mucilage.

mucilagineux, -euse, *a* mucilaginous, viscous; **glandes mucilagineuses,** Haversian glands.

mucine, *nf Ch* mucin.

mucipare, *a* muciferous, muciparous.

mucique, *a Ch* mucic.

muckite, *nf Miner* muckite.

mucoïde, *Ch* **1.** *a* mucoid. **2.** *nm* mucoid, mucoprotein.

mucoïtine-sulfurique, *a Ch* mucoitin-sulfuric (acid).

mucol, *nm Pharm* mucilage excipient.

mucolyse, *nf Biol* mucolysis.

muconique, *a Ch* muconic (acid).

mucoprotéine, *nf Ch* mucoprotein.

mucosité, *nf* (*a*) *Physiol* mucus, mucosity; (*b*) *Bot* mucus.

mucron, *nm Bot* mucro, terminal point.

mucronal, -aux, mucroné, *a Bot* mucronate(d).

mucus, *nm Physiol* mucus; *Z* **riche en mucus,** muculent.

mue, *nf* (*a*) *Anat Z* moult, moulting (of birds); shedding, casting, of the coat, of the skin, of the antlers (of animals); sloughing (of reptiles); instar; exuviation; ecdysis (of insects, etc); **oiseau en mue,** moulting bird, bird in (the) moult; (*b*) season of moulting, etc; moulting time; (*c*) feathers moulted; antlers, etc, shed; slough (of snakes); (*d*) *Physiol* change of voice.

muer 1. *vtr* **le cerf mue sa tête,** the stag casts its antlers; **oiseau qui a mué sa robe de noces,** bird in eclipse. **2.** *vi* (*of bird*) to moult; (*of animal*) to shed, cast, its coat, its antlers; (*of reptile, etc*) to slough (its skin); to cast, throw, its skin, its slough.

muet, *f* **-ette,** *a & n* mute.

mufle, *nm Z* snout.

mullite, *nf Miner* mullite.

multiarticulé, *a Z* multi-articulate, many-jointed.

multibranche, *a Z* multibranched; multibranchiate.

multicapsulaire, *a Bot* multicapsulate, multicapsular.

multicaule, *a Bot* many-stemmed, multicauline.

multicellulaire, *a Biol* multicellular.

multicolore, *a Biol* varied.

multicouche, *nf Ch* multilayer.

multicuspidé, *a Bot* multicuspidate.

multidenté, *a Bot etc* multidentate.

multidigité, *a Z* multidigitate.

multifère, *a Bot* multiferous.

multifide, *a Biol* multifid(ous).

multiflore, *a Bot* multiflorous, multifloral, many-flowered.

multifolié, *a Bot* multifoliate.

multigrade, *a* multigrade.

multilobé, *a Biol* multilobular, multilobate(d).

multiloculaire, *a Bot* multilocular, multiloculate(d).

multinervé, *a Z Bot* multinervose, multinervate, multinervous.

multinodulaire, *a* multinodular.

multinucléé, *a Biol* multinucleate.
multiovulé, *a Bot Biol* multiovulate.
multiparasitisme, *nm Biol* multiparasitism.
multipare, *a Biol* multiparous.
multiparité, *nf Biol* multiparity.
multiparti(te), *a* multipartite.
multipétale, *a Bot* multipetalous.
multiplicité, *nf* multiplicity; *Astr* **multiplicité des étoiles,** multiplicity.
multiplier, *vtr* **multiplier (par génération),** to reproduce.
se multiplier, *vpr* to reproduce.
multipolaire, *a Biol* multipolar.
multivalve, *Z* **1.** *a* multivalvular, multivalve, plurivalve. **2.** *nm or f* multivalve.
munjeestine, munjistine, *nf Ch* munjistin.
muon, *nm* muon.
muqueux, -euse 1. *a* mucous (membrane, etc); *Bac* **bactéries muqueuses,** slime bacteria; *Z* **muqueux et séreux,** mucoserous. **2.** *nf Biol Z* **muqueuse,** mucosa, mucous membrane.
mur, *nm Ph* **mur cosmique,** cosmic wall.
murchisonite, *nf Miner* murchisonite.
murexide, *nf Ch* murexide.
muriatique, *a Ch* muriatic.
muriculé, *a Bot* muriculate.
mûriforme, *a Fung* **spore mûriforme,** dictyospore.
murin, *a Biol Z* murine.
muriqué, *a Biol Ch* muricate.
muromontite, *nf Miner* muromontite.
muscarine, *nf Ch* muscarine.
muscicole, *a Biol* muscicole, muscicolous.
muscidés, *nmpl Ich* Muscidae *pl.*
muscinées, *nfpl Bot* mosses *pl.*
muscle, *nm* muscle; *Physiol Anat Z* **muscle strié,** striate(d) muscle; **muscle lisse,** smooth muscle (of stomach wall, intestine); **muscle de l'étrier,** stapedius; **muscle volontaire,** voluntary muscle; **muscle frontal,** frontalis muscle; **muscle couturier,** sartorius.
musclé, *a* muscular.
muscoïde, *a Bot* muscoid.
muscologie, *nf Bot* muscology, tryology.
musculaire, *a* muscular (system, etc); **fibre musculaire,** muscle fibre; **cellule musculaire,** myocyte; **fibrille musculaire,** myofibrilla.
muscularité, *nf* muscularity (of tissue).
musculature, *nf Anat* musculation, musculature.
musculeux, -euse, *a* muscular.
musculo-membraneux, -euse, *pl* **musculo-membraneux, -euses,** *a Anat* musculomembranous.
musculo-nerveux, -euse, *pl* **musculo-nerveux, -euses,** *a* myoneural.
musculosité, *nf* muscularity (of a limb).
musculospiral, -aux, *a Anat* musculomembranous.
musculotrope, *a Biol* musculotropic.
musculo-vasculaire, *pl* **musculo-vasculaires,** *a Histol* **membrane musculo-vasculaire,** vascular tunic.
mussif, *am Ch* **or mussif,** mosaic gold, disulfide of tin.
mutacisme, *nm Biol* mutacism.
mutagène, *a Biol* **agent mutagène,** mutagen.
mutagénicité, *nf Biol* mutagenicity.
mutant, -ante, *a & n Biol* mutant.
mutarotation, *nf Ch* mutarotation (of sugars).
mutase, *nf Biol* mutase.
mutation, *nf Biol* mutation, saltation; discontinuous variation; **mutation dirigée,** controlled mutation.
mutationnisme, *nm Biol* mutationism.
mutationniste, *a Biol* mutationist (theory).
mutisme, *nm,* **mutité,** *nf Biol* mutism.
mutualisme, *nm Biol* mutualism.
Mv, *symbol of* mendélévium.
Mx, *symbol of* maxwell.
mycélien, -ienne, *a Bac* mycelial, mycelian.
mycélion, mycélium, *nm Bac* mycelium.
mycète, *nm Bot* fungus, mushroom.
mycétologie, *nf Bac* mycetology.
mycétophage, *a Z* mycetophagous, fungivorous.
mycétophile, *a & nf Z* mycetophilid.
mycocécidie, *nf Bot* mycocecidium.
mycoderme, *nm Bac* mycoderm(a).

mycodermique, *a Bac* mycodermic, mycodermatoid.
mycologie, *nf Bot* mycology, fungology; *Biol* **mycologie médicale,** mycopathology.
mycologique, *a Bac* mycologic(al).
mycophage, *a* mycophagous.
mycor(r)hize, *nf Bac* mycor(r)hiza.
mycosique, *a Biol* mycotic.
mycotète, *nf Fung* swelling on the mycelium.
mycotrophe, *a Bot* mycotrophic.
mydriase, *nf Z Biol* mydriasis.
mydriatique, *a Z* mydriatic.
myélencéphale, *nm Z* myelencephalon.
myéline, *nm Anat Biol* myelin(e), medullary sheath; *Histol* **sans myéline,** unmyelinated.
myélinique, *a Anat Biol* myelinic.
myélinisation, *nf Z* myelination.
myélinisé, *a Bot* **fibre nerveuse myélinisée,** medullated nerve fibre.
myéloblaste, *nm Z* micromyelolymphocyte, myeloblast.
myélocyte, *nm Z* myelocyte.
myélogène, *a Biol* myelogenic, myelogenous.
myélogonie, *nf Z* myeloblast.
myélogramme, *nm Biol* myelogram.
myéloïde, *a Biol* myeloid; **tissue myéloïde,** myeloid tissue.
myéloplaxe, *nm Z* myeloplax.
myélopoïèse, *nf Z* myelopoiesis.
myiase, *nf Biol* myiasis.
mylonite, *nf Miner* mylonite.
myoblaste, *nm Biol Z* myoblast, sarcoplast.
myocarde, *nm Anat* cardiac muscle; *Z* myocardium.
myogène, *a Biol* myogenic.
myogénie, *nf Z* myogenesis.
myoglobine, *nf Physiol* myoglobin, myoh(a)emoglobin.
myoglobuline, *nf Biol* myoglobuline.
myogramme, *nm Biol* myogram.
myohématine, *nf Z* myoh(a)ematin.
myoïde, *a Z* myoid.
myolemme, *nm Anat Z Histol* sarcolemma.
myologie, *nf Anat* myology.
myomère, *nm Z* myomere.
myomètre, *nm Z* myometrium.
myonème, *nm Z* myonema.
myopie, *nf Physiol* short sight.
myose, *nf Z* myosis.
myosérum, *nm Z* myoserum.
myosine, *nf Ch* myosin.
myosis, *nm Biol* myosis.
myotatique, *a* myotatic.
myotonie, *nf Z* myotoma.
myrcène, *nm Ch* myrcene.
myriapode, *Z* **1.** *a* myriapodous. **2.** *nm* myriapod, myriopod.
myricine, *nf Biol* myricin.
myristicine, *nf Ch* myristicin.
myristine, *nf Ch* myristin.
myristique, *a Ch* **acide myristique,** myristic, tetradecanoic, acid.
myristyle, *a Ch* myristyl.
myrmécologie, *nf Z* myrmecology.
myrmécologique, *a Z* myrmecological.
myrmécophage, *a Z* myrmecophagous, ant-eating.
myrmécophile, *Biol* **1.** *nm* myrmecophile. **2.** *a* myrmecophilous.
myrmécophilie, *nf Bot* myrmecophily.
myrmécophyte, *nm Bot* myrmecophyte.
myronique, *a Ch* myronic (acid).
myrosine, *nf* myrosin.
myrtacé, *Bot* **1.** *a* myrtaceous. **2.** *nfpl* **myrtacées,** Myrtaceae *pl.*
myrténol, *nm Biol* myrtenol.
mytilotoxine, *nf Ch* mytilotoxine.
myxamibe, myxoamibe, *nf Z* myxamoeba.
myxobactérie, *nf Bac* myxobacterium, *pl* -ia.
myxome, *nm Biol* myxoblastoma, myxoma.
myxospore, *nf Bot* myxospore.
myzostome, *nm Z* myzostome.

N

N, *symbol of* (i) newton, (ii) nitrogen, (iii) Avogadro's number (6.023×10^{23}).

Na, *symbol of* sodium.

nacelle, *nf Bot* carina, keel (of leaf, petal, etc).

nacre, *nf Z* mother of pearl, nacre.

nacré, *a Z* nacreous, nacrous.

nacrite, *nf Miner* nacrite.

nadorite, *nf Miner* nadorite.

nageant, *a Bot* natant, floating (water-lily leaves, etc).

nageoire, *nf* fin (of fish); flipper (of whale, etc); **nageoire abdominale, ventrale, anale,** abdominal fin, ventral fin, anal fin; **nageoire caudale,** tail fin, caudal fin; **nageoire caudale de la queue,** tail fluke (of whale); **nageoire dorsale,** dorsal fin; **nageoire pectorale,** pectoral fin.

nagyagite, *nf Miner* nagyagite; elasmosine; foliated tellurium, black tellurium, tellurium glance.

naïade, *nf Ent* naiad.

nain, *a* nanous; **d'aspect nain,** nanoid.

naissain, *nm Z* spat (of oysters, mussels).

naissant, *a* (*of plant, etc*) nascent; **bourgeon naissant,** newly formed bud; *Ph* **rouge naissant,** nascent red; *Ch* **à l'état naissant,** nascent; **hydrogène naissant,** nascent hydrogen.

nanisme, *nm Z* nanism.

nanocurie, *nm PhMeas* nanocurie.

nanogramme, *nm Meas* nanogram(me).

nanophanérophyte, *nf Bot* nanophanerophyte.

nanoplancton, *nm Biol* nanoplankton.

nantokite, *nf Miner* nantokite.

napalm, *nm Ch* napalm.

naphta, *nm IndCh* naphtha.

naphtacène, *nm Ch* naphthacene.

naphtalène, *nm Ch* naphthalene, naphthaline.

naphtalène-disulfonique, *pl* **naphtalène-disulfoniques**, *a Ch* naphthalene-disulfonic.

naphtalène-sulfonique, *pl* **naphtalène-sulfoniques**, *a Ch* naphthalene-sulfonic (acid).

naphtalénique, *a Ch* naphthalenic.

naphtaline, *nf Ch* naphthalene, naphthaline.

naphtalino-disulfoné, *pl* **naphtalino-disulfoné(e)s**, *a Ch* = **naphtalène-disulfonique**.

naphtalino-sulfoné, *pl* **naphtalino-sulfoné(e)s**, *a Ch* = **naphtalène-sulfonique**.

naphte, *nm IndCh* **(huile de) naphte,** naphtha; **naphte de pétrole,** petroleum naphtha; **naphte de première distillation,** virgin naphtha, straight run naphtha; **naphte brut,** crude naphtha; **naphte minéral, natif,** petroleum; **naphte de goudron,** coal-tar naphtha; **naphte de schiste,** shale naphtha.

naphtéine, *nf Miner* naphthein, naphthine.

naphténate, *nm Ch* naphthenate.

naphtènes, *nmpl IndCh* naphthenes *pl.*

naphténique, *a Ch* naphthenic; **pétrole brut à base naphténique,** naphthene-base crude petroleum.

naphtionique, *a Ch* naphthionic.

naphtoïque, *a Ch* naphthoic (acid).

naphtol, *nm Ch* naphthol.

naphtolate, *nm Ch* naphtholate.

naphtol-sulfonique, *pl* **naphtol-sulfoniques**, *a Ch* naphtholsulfonic.

naphtoquinone, *nf Ch* naphthoquinone, naphthaquinone.

naphtoyle, *nm Ch* naphthoyl.

naphtylamine, *nf Ch* naphthylamine.

naphtyle, *nm Ch* naphthyl.

naphtylène, *nm Ch* naphthylene.

naphtylique, *a Ch* naphthylic.
napiforme, *a Bot* napiform (root, etc).
napoléonite, *nf Geol* napoleonite.
nappe, *nf Geol* **nappe éruptive,** lava flow; **nappe de gaz naturel,** layer, sheet, of natural gas; **nappe pétrolifère,** oil layer; **nappe de recouvrement,** recumbent fold; **nappe aquifère, phréatique,** water table.
narcéine, *nf Ch* narceine.
narcotine, *nf Ch* narcotine.
narcotique 1. *a Physiol* narcotic, sleep-inducing. **2.** *nm* narcotic, opiate.
narine, *nf Anat Z* naris; nostril.
naringénine, *nf Ch* naringenin.
naringine, *nf Ch* naringin.
narsarsukite, *nf Miner* narsarsukite.
nasal, -aux, *a Anat Z* nasal, rhinal (bone, etc); *Z* **point nasal,** nasion.
naseau, -eaux, *nm Z* nostril.
nasicorne, *a Z* nasicorn.
nasonite, *nf Miner* nasonite.
naso-pharyngien, -ienne, *pl* **naso-pharyngiens, -iennes,** *a Z* naso-pharyngeal.
naso-pharynx, *nm inv Anat Z* epi-pharynx, rhinopharynx.
nastie, *nf Bot* nastic movement (in plants).
natal, *pl* **-al(e)s,** *a* natal.
natalité, *nf Z* natality.
natant, *a Bot* (*of leaf, plant*) natant, floating.
natation, *nf Z* natation.
natatoire, *a Z* natatory, natatorial (organ, membrane); *Ich* **vessie natatoire,** swim(ming) bladder, air bladder; sound.
natif, -ive 1. *a* native; *Miner* **(à l'état) natif,** native, virgin; **argent natif,** native silver. **2.** *n Biol* native.
natrite, *nf Miner* natron, native soda.
natrium, *nm Ch* natrium.
natrocalcite, *nf Miner* natrochalcite.
natrolite, *nf Miner* natrolite.
natron, *nm Miner* natron, native soda.
natronalun, *nm Miner* mendozite.
natroné, *a* containing natron.
natrum, *nm Miner* natron, native soda.
naturalisation, *nf* naturalizing, acclimatizing (of plant, animal).
naturaliser, *vtr* to naturalize, acclimatize (plant, animal).
naturaliste, *nm & f* naturalist, natural historian.
nature, *nf Biol* nature; **loi de la nature,** natural law; **les lois de la nature,** the laws of nature.
naturel, -elle, *a* natural; **histoire naturelle,** natural history; **loi naturelle,** natural law; *Ph Ch* **gaz naturel,** natural gas.
naumannite, *nf Miner* naumannite.
naupathie, *nf Biol* naupathia.
naupliiforme, *a Z* naupliiform.
nauplius, *nm Z* nauplius.
nauséabond, *a* nauseant.
nauséeux, -euse, *a* nauseous.
nautile, *a Z* nautiliform.
naviculaire, *a Bot Anat* navicular.
Nb, *symbol of* niobium.
Nd, *symbol of* neodymium.
Ne, *symbol of* neon.
néarctique, *a* nearctic.
nébuliseur, *nm Ch* nebulizer.
nébulium, *nm Ch* nebulium.
neck, *nm Geol* (volcanic) neck.
nécrobiose, *nf Biol* necrobiosis.
nécrocytose, *nf Biol* necrocytosis.
nécrogène, *a Bot* necrogenic, necrogenous.
nécrologique, *a* necrologic.
nécrolyse, *nf Anat* necrolysis.
nécrophage, *a Z* necrophagous; **insecte, animal, nécrophage,** scavenger.
nécrophile, *a Z* necrophilous.
nécrophore, *nm Z* necrophore.
nécrose, *nf Biol Bot* necrosis, canker (in wood); *Path* **nécroses,** local lesions; *Z* **nécrose osseuse,** necrosis of tissue; *Bot* **nécrose acropète,** acropetal necrosis; **nécrose du tabac,** tobacco necrosis; **nécrose du sommet,** top necrosis.
nécroser, *vtr Bot* to canker (wood).
se nécroser, *vpr Bot* to become cankered.
nectaire, *nm Bot* nectary, honey cup.
nectar, *nm Bot* nectar.
nectarien, -ienne, *a Bot* (*a*) nectarous, nectar-like; (*b*) nectariferous, nectar-bearing.
nectarifère, *a Bot* nectariferous.
nectarivore, *a Orn etc* nectarivorous.
necton, *nm Biol* necton, nekton.

négatif, -ive, *a* negative; **électrode négative,** negative pole.
négaton, négatron, *nm Ph* negatron; negative electron.
neige, *nf* snow; *Ch* **neige d'antimoine,** antimony trioxide.
némacère, *a Ent* nematoceran, nematocerous.
némalite, *nf Miner* nemalite.
némathelminthe, *nm Z* nemathelminth.
nématicide, *a & nm Ch* nematocide (agent).
nématoblaste, *nm Z* nematoblast, thread cell.
nématocécidie, *nf Bot* gall caused by a nematode.
nématocère, *Ent* **1.** *a* nematoceran, nematocerous. **2.** *nmpl* **nématocères,** Nematocera *pl.*
nématocyste, *nm Z* nematocyst, thread cell, cnidoblast.
nématode, *nm Z* nematode, roundworm, threadworm.
nématoïde, *a & nm Z* nematoid(ean).
némerte, *nf,* **nemertes,** *nm Z* nemertean, nemertine.
némertien, -ienne, *a & nm Z* nemertean, nemertine.
némoricole, *a Z* nemoricole, nemoricoline, nemoricolous.
néoabiétique, *a Ch* neoabietic (acid).
néoblaste, *nm Biol* neoblast.
néoblastique, *a Biol* neoblastic.
néocinétique, *a* neokinetic.
néocomien, -ienne, *a Geol* neocomian.
néocyanite, *nf Miner* lithidionite.
néocyte, *nm Biol* neocyte.
néodyme, *nm Ch* (*symbol* Nd) neodymium.
néoergostérol, *nm Ch* neoergosterol.
néoformation, *nf Biol* neoformation.
néogène, *a & nm Geol* Neocene, Neogene.
néogénèse, *nf Biol* neogenesis.
néogénétique, *a Biol* neogenetic.
néo-lamarckisme, *nm Biol* neo-Lamarckism.
néomembrane, *nf Biol* neohymen.
néomorphisme, *nm Biol* neomorphism.
néomycine, *nf Ch* neomycin.
néon, *nm Ch* (*symbol* Ne) neon.
néopentane, *nm Ch* neopentane.
néoplasie, *nf Z* neoplasia.
néoplasme, *nm* neoplasm.
néoprène, *nm Ch* neoprene.
néotantalite, *nf Miner* neotantalite.
néotène, *nm Biol* neotenic species.
néoténie, *nf Biol* neoteny, neote(i)nia.
néoténique, *a Biol* neote(i)nic, neotenous.
néoytterbium, *nm Ch* neoytterbium.
néozoïque, *a & nm Geol* Neozoic (age).
néper, *nm Ph* neper.
néphélémétrie, *nf Ph* nephelometry.
néphéline, *nf Miner* nephelite, nepheline.
néphélinique, *a Miner* nephelinic.
néphélinite, *nf Geol* nephelinite.
néphélomètre, *nm Ph* nephelometer.
néphélométrie, *nf Ph* nephelometry.
néphélométrique, *a* nephelometric.
néphrétique 1. *a* nephritic; *Physiol* **cellule néphrétique,** flame cell. **2.** *nf Miner* = **néphrite** (*a*).
néphridie, *nf Z* nephridium.
néphrite, *nf* (*a*) *Miner* nephrite, kidney stone, greenstone; **néphrite de Sibérie,** jade; (*b*) *Med* nephritis.
néphritique, *nf Miner* = **néphrite** (*a*).
néphrocèle, *nm Z* nephrocoel.
néphrocyte, *nm Biol* nephrocyte.
néphrogramme, *nm* nephrogram.
néphrolyse, *nf Z* nephrolysis.
néphrostome, *nm Z* nephrostome, nephrostoma.
népouite, *nf Miner* nepouite.
neptunique, *a Geol* neptunic.
neptunite, *nf Miner* neptunite.
neptunium, *nm Ch* (*symbol* Np) neptunium.
nerf, *nm Anat* nerve; *Anat Physiol Z* **sans nerfs,** nerveless; **nerf afférent,** afferent nerve; **nerf centrifuge (moteur),** efferent nerve; **petit nerf,** nervule; **nerf pneumogastrique, nerf vague,** vagus; **nerf sensitif, sensoriel,** sensory nerve; **le nerf optique,** the optic nerve, the visual nerve; **nerf spinal, rachidien,** spinal nerve; **nerf moteur,** motorius; **nerf volontaire,** voluntary nerve.

néritique, *a Geol Oc* neritic, relating to the coastal belt; **zone néritique,** neritic zone.

Nernst, *Prn Ch Ph* **théorème thermique de Nernst,** Nernst's heat theorem.

nérol, *nm Ch* nerol.

nerval, -aux, *a Anat Z etc* nerval, neural.

nervation, *nf Bot Z* nervation, venation.

nervé, *a Bot* nervate, nervose, nerved; *Bot Z* venose; *Ent* venous.

nerveux, -euse, *a* (*a*) *Anat* nervous; *Z* nerval; neuric; **centre nerveux,** nerve centre; **système nerveux,** nervous system; **état nerveux,** nervousness; **ganglion nerveux,** nerve knot; **tissu nerveux,** neurine; **signal, influx, nerveux,** nerve impulse; **terminaisons nerveuses,** nerve endings; **force nerveuse,** neuricity; (*b*) (leaf) with well marked ribs, veins, nerves; (*c*) **fer nerveux,** fibrous iron.

nervifolié, *a Bot* ribbed (leaf).

nervosité, *nf Physiol* nervousness.

nervulation, *nf Bot Z* venation (of an insect's wings, etc).

nervule, *nf Anat Z* nervule.

nervure, *nf Biol Bot* nervure, nerve, rib, vein (of leaf, insect wing); *Bot* **nervures,** ribbing (of leaf); *Bot Z* veining; **à nervures,** nervose, ribbed, veined; (*of leaf*) **sans nervures,** nerveless; **nervure médiane,** midrib (of leaf).

nervuré, *a Bot* (*of leaf*) ribbed; *Bot Z* veined.

nésosilicate, *nm Miner* nesosilicate.

nesquehonite, *nf Miner* nesquehonite.

neural, -aux, *a Anat Z etc* neural, nerval (cavity, etc); **canal neural,** spinal canal.

neuraminique, *a Ch BioCh* neuraminic (acid).

neurasthénie, *nf Med* nervous exhaustion; neurasthenia.

neurine, *nf Ch* neurine.

neurobiologie, *nf* neurobiology.

neurobiones, *nmpl Biol* neurobions *pl.*

neuroblaste, *nm Biol* neuroblast.

neurodine, *nf Ch* neurodine.

neuro-épithélium, *nm Anat Z* neuroepithelium.

neurofibrille, *nf Anat Z* neurofibril.

neurogène, *a* neurogenous.

neurogénèse, *nf Biol* neurogenesis.

neuroglie, *nf Z* glia.

neuroglique, *a* **cellule neuroglique,** macroglia.

neurogramme, *nm* neurogram.

neuroïde, *a* neuroid.

neurokératine, *nf BioCh* neurokeratin.

neuromusculaire, *a Physiol* neuromuscular.

neurone, *nm Physiol* neurone, neurocyte, neurodendron, neuron; neure; nerve cell; **neurone du système nerveux,** axoneurone.

neuropodium, *nm Anat Z* neuropodium.

neuropore, *nm Anat* neuropore.

neurotome, *nm Z* neurotome.

neurotrope, *a Physiol* neurotropic.

neurotrophique, *a Z* neurotrophic.

neurotropisme, *nm Physiol* neurotropism.

neurula, *nf Biol* neurula.

neuston, *nm Biol* neuston.

neutralisant, *Ch Ph* **1.** *a* neutralizing. **2.** *nm Ch* neutralizing agent.

neutralisation, *nf Ch* neutralization, neutralizing (of acid, etc).

neutraliser, *vtr Ch etc* to neutralize, inactivate (acid, etc).

se neutraliser, *vpr* (*of chemical agent*) to become neutralized; (*of two or more chemical agents*) to neutralize one another.

neutralité, *nf Ch* neutral state, neutrality (of substance).

neutre, *a* (*a*) neuter; *Biol Bot* **fleur neutre,** neuter, asexual, sexless, flower; *Ent* **abeille neutre,** neuter bee, worker bee, working bee; (*b*) *Ch* neutral (substance); **sel neutre,** neutral salt, normal salt; **solution neutre,** neutral solution; **rouge neutre,** neutral red; *Geol* **roche neutre,** neutral rock.

neutrino, *nm Biol* neutrino.

neutron, *nm AtomPh El* neutron; **neutron de fission,** fission neutron; **neutron à basse, de faible, énergie,** low-energy neutron; **neutron de grande énergie,** high-energy neutron; **neutron différé, retardé,** delayed neutron; **neutron immédiat, instantané, prompt,** prompt neutron; **neutron lent, rapide,** slow, fast, neutron;

neutron de résonance, resonance neutron; **neutron froid, subthermique,** cold neutron; **neutron thermique,** thermal neutron; **neutron vagabond, erratique,** stray neutron; **neutron vierge, non vierge,** virgin, non-virgin, neutron; **faisceau, pinceau, de neutrons,** neutron beam; **densité, nombre volumique, des neutrons,** neutron density; **fuite de(s) neutrons,** neutron escape, leakage; **diffusion des neutrons,** neutron scattering; **répartition des neutrons,** neutron distribution.

neutronique, *AtomPh* **1.** *a* relating to neutrons; **distribution neutronique,** neutron distribution; **rayonnement neutronique,** neutron radiation; **physique neutronique,** neutron physics. **2.** *nf* study of neutrons.

neutrophile, *Biol* **1.** *a* **leucocyte neutrophile,** neutrocyte, neutrophil. **2.** *nm* leucocyte, neutrophil.

névé, *nm Geol* névé, firn.

névéen, -enne, *a Geol* **région névéenne,** (i) snow region; (ii) névé region.

névralgique, *a Anat* neuralgic.

névraxe, *nm Anat Z* central nervous system, cerebrospinal axis, neuraxis.

névrilème, *nm Z* neurilemma.

névrilité, *nf Physiol* neurility.

névrine, *nf Ch* neurine.

névrogénèse, *nf Biol* neurogenesis.

névroglie, *nf Z* neuroglia.

névrokératine, *nf BioCh* neurokeratin.

névroptère, *Ent* **1.** *a* neuropteran, neuropterous. **2.** *nm* neuropteran.

newberyite, *nf Miner* newberyite.

newton, *nm Ph* (*symbol* N) newton.

nez, *nm Anat Z* nose; *Z* nasus; **à nez fort,** nasute; **aile du nez,** nostril.

Ni, *symbol of* nickel.

niacine, *nf BioCh* niacin.

nialamide, *nm Ch* nialamide.

niccolite, *nf Miner* niccolite.

niccolo, *nm Miner* nic(c)olo.

niche, *nf Biol* niche.

nicher, *vi* (*of bird*) to build a nest, to nest.

se nicher, *vpr* (*of bird*) **se nicher dans un arbre,** to build its nest in a tree; **couvée nichée dans les branches,** brood nested, nesting, among the branches.

nicheur, -euse, *a* nest-building, nesting (bird).

nichrome, *nm* nickel chrome, nickel chromium, chrome nickel.

nickel, *nm Ch* (*symbol* Ni) nickel; niccolum; **nickel de Raney,** Raneynickel.

nickel-carbonyle, *nm Ch* nickel carbonyl; *pl nickels-carbonyles.*

nickel-chrome, *nm* chrome nickel, nickel chrome, nickel chromium; **acier nickel-chrome,** chrome-nickel steel.

nickelé, *a* nickelled; nickel-plated.

nickeleux, -euse, *a Ch* nickelous (hydroxide).

nickelglanz, *nm Miner* nickel glance; gersdorffite.

nickelgymnite, *nf Miner* nickel gymnite.

nickélifère, *a Miner* nickel-bearing, nickeliferous.

nickéline, *nf Miner* niccolite, kupfernickel.

nickélique, *a Ch* nickelic.

nickelocène, *nm Ch* nickelocen.

nickélocre, *nm Miner* nickel ochre, nickel bloom; annabergite.

nickel-tétracarbonyle, *nm Ch* nickel carbonyl; *pl nickels-tétracarbonyles.*

nicotéine, *nf Ch* nicotein(e).

nicotinamide, *nf Ch* nicotinamide, niacinamide.

nicotine, *nf Ch* nicotine.

nicotinique, *a Ch* nicotinic (acid); **acide nicotinique,** niacinamide.

nicotique, *a Ch* nicotinic.

nicotyrine, *nf Ch* nicotyrine.

nictation, *nf Physiol* nictitation.

nictitant, *a Z etc* nictitating (membrane, eyelid).

nictitation, *nf Physiol* nictitation.

nid, *nm* nest (of bird, mouse, ant, wasp, etc); nidus; **faire son nid,** to build, make, its nest; to nest.

nidation, *nf Biol Physiol* nidation, implantation (of the egg).

nidicole, *a Orn* nidicolous; altricial.

nidificateur, -trice, *Z* **1.** *a* nest-building. **2.** *n* nest builder.

nidification, *nf* nidification.

nidifier, *vi* to nidify; to build a nest.

nidifuge, *a Z* nidifugous, precocial.

nielle, *nf Bot Ch Path* rust; smut (of cereals).
nifé, *nm Geol* nife, the earth's hypothetical core of nickel and iron.
nigrescent, *a Biol* nigrescent.
nigrine, *nf Miner* nigrine.
nigrite, *nf Ch* nigrite.
nigrosine, *nf Ch* nigrosin(e).
nille, *nf Bot* tendril (of vine).
nimbospore, *nf Bac* nimbospore.
ninhydrine, *nf Ch* ninhydrin; **réaction à ninhydrine,** ninhydrin reaction.
niobique, *a Ch* niobic (acid, etc).
niobite, *nf Miner* niobite, columbite.
niobium, *nm Ch* (*symbol* Nb) niobium, columbium.
nitramine, *nf Ch* nitramine, nitroamine.
nitraniline, *nf Ch* nitroaniline, nitrilaniline.
nitrant, *a Ch* nitriding.
nitratage, *nm Ch* nitration.
nitrate, *nm Ch Miner* nitrate; **nitrate d'ammonium,** ammonium nitrate; **nitrate d'argent,** silver nitrate; **nitrate de calcium,** calcium nitrate; **nitrate de potassium,** potassium nitrate, nitre; **nitrate de sodium (du Chili),** sodium nitrate, cubic nitre, saltpetre.
nitraté, *a Ch* nitrated.
nitrater, *vtr Ch* to nitrate, to treat (a substance) with a nitrate.
nitratier, -ière, *a* pertaining to nitrates; **exploitation nitratière,** exploitation of nitrate fields.
nitratine, *nf Miner* nitratine.
nitration, *nf Ch* nitration.
nitrazine, *nf Ch* nitrazine.
nitre, *nm Ch* nitre, saltpetre, (potassium) nitrate.
nitré, *a Ch* nitrated; **composé, dérivé, nitré,** nitrocompound.
nitrer, *vtr Ch* to nitrate, to treat (a substance) with nitric acid.
nitréthane, *nm Ch* nitroethane.
nitreux, -euse, *a Ch* nitrous (soil, etc); **acide nitreux,** nitrous acid; **anhydride nitreux,** nitrogen trioxide, nitrous anhydride.
nitrifiant, *a Ch* nitrifying, nitrosifying.
nitrification, *nf Biol* nitrification.
nitrifier, *vtr Ch* to nitrify; to turn into nitre.
se nitrifier, *vpr Ch* to nitrify; to turn into nitre, become nitrous.
nitrile, *nm Ch* nitril(e); **nitrile acrylique,** acrylonitril(e).
nitrine, *nf Ch* nitrin.
nitrique, *a Ch* nitric; **acide nitrique,** nitric acid.
nitrite, *nm Ch* nitrite.
nitritoïde, *a Ch* nitritoid.
nitro-alcane, *nm Ch* nitroparaffin.
nitrobacter, *nm Biol* nitrobacter; nitric bacterium.
nitrobactérie, *nf Biol* nitrobacterium.
nitrobaryte, *nf Miner* nitrobaryte, nitrobarite.
nitrobenzène, *nm Ch* nitrobenzene; mirbane, oil of mirbane.
nitrocalcite, *nf Miner* nitrocalcite.
nitrocellulose, *nf Ch* nitrocellulose.
nitrocellulosique, *a Ch* nitrocellulosic.
nitrochloroforme, *nm Ch* nitrochloroform.
nitrocinnamaldéhyde, *nm Ch* nitrocinnamaldehyde.
nitro-éthane, *nm Ch* nitroethane.
nitroforme, *nm Ch* nitroform.
nitroglucose, *nf Ch* nitroglucose.
nitroglycérine, *nf Ch* nitroglycerin(e).
nitroindole, *nm Ch* nitroindole.
nitromannitol, *nm Ch* nitromannite.
nitrométhane, *nm Ch* nitromethane.
nitromètre, *nm Ch* nitrometer.
nitron, *nm Ch* nitron.
nitronaphtalène, *nm Ch* nitronaphthalene.
nitronium, *nm Ch* nitronium.
nitroparaffine, *nf Ch* nitroparaffin.
nitrophénol, *nm Ch* nitrophenol.
nitrophile, *a Bot* nitrophytic; nitrophilous; **plante nitrophile,** nitrophyte.
nitrosate, *nm Ch* nitrosate.
nitrosation, *nf Ch* nitrosation.
nitrosite, *nf Ch* nitrosite.
nitrosobenzène, *nm Ch* nitrosobenzene.
nitrosochlorure, *nm Ch* nitrosochloride.
nitrosophénol, *nm Ch* nitrosophenol.
nitrosubstitué, *a Ch* nitro-substituted.
nitrosulfurique, *a Ch* nitrosulfuric (acid, etc).
nitrosyle, *nm Ch* nitrosyl.

nitrotartarique, *a Ch* nitrotartaric.
nitrotoluène, *nm Ch* nitrotoluene.
nitruration, *nf Ch* nitriding, nitridation.
nitrure, *nm Ch* nitride.
nitruré, *Ch* **1.** *a* nitrided. **2.** *nm* nitride.
nitrurer, *vtr Ch* to nitride.
nitryle, *nm Ch* nitroxyl, nitryl.
nivation, *nf Ch* nivation.
nivéal, -aux, *a* winter-flowering (plant).
niveau, -eaux, *nm (a) (instrument)* level; **niveau à bulle d'air,** air, spirit, level; **niveau d'eau,** water level; (*b*) *Ph* **niveau d'énergie, niveau énergétique,** energy level; **niveau d'énergie nul,** zero-energy level; **baisse, hausse, de niveau,** drop, rise, of level; *Geol* **niveau minéralisé,** ore horizon.
No, *symbol of* nobelium.
nobélium, *nm Ch* (*symbol* No) nobelium.
nociceptif, -ive, *a Physiol* nociceptive.
nocif, -ive, *a Biol Ch* lethal; *Tox* noxious.
noctiflore, *a Bot* noctiflorous.
noctiluque, *a Z* noctilucent.
nocturne 1. *a* nocturnal (animal); *Bot* night-flowering. **2.** *nm Z* **nocturnes,** nocturnal birds of prey, nocturnals, night birds.
nodal, -aux, *a Ph etc* nodal; **point nodal,** node.
nodosité, *nf Bot* (*a*) nodosity, root nodule (in plant, etc); (*b*) node, nodule (on tree trunk).
nodulaire, *a* nodular (concretion, etc); noduled; *Bot* noduliferous; *Geol* **filon nodulaire,** ball vein.
nodule, *nm* (*a*) *Geol etc* nodule, small node; (*b*) *Anat Z* node; **nodules de Ranvier,** Ranvier's nodes; **nodule atrio-ventriculaire,** Tawara's node; *Med* **nodule lymphoïde,** lymphoid nodule.
noduleux, -euse, *a* nodulous (limestone, etc); noduled; nodulose.
nœud, *nm* (*a*) coil (of snake); (*b*) *Ph etc* node (of oscillation); **nœud de vibration,** periodic point; (*c*) *Bot* node, nodosity, joint, knot (in stem of grass, etc); (*of cyme, etc*) **à deux nœuds,** binodal; (*d*) *Anat* node.
noir, *nm Z* ink; **glande, poche, au noir,** ink bag, ink sac; *Ch* **noir de platine,** spongy platinum.
noirâtre, *a Biol* nigrescent; **teinte noirâtre,** nigrescence.
noirceur, *nf Biol* nigrescence.
noix, *nf Ch* **noix vomique,** nux vomica.
nom, *nm Biol* **nom de variété,** varietal name.
nombre, *nm* number; *Ph etc* **nombre atomique,** atomic number; **nombre de masse, nombre massique,** mass number; **nombre d'onde(s),** wave number; **nombre quantique,** quantum number.
nombril, *nm Z* navel, umbilic(us); *Bot* hilum.
nomenclature, *nf* nomenclature.
nomogramme, *nm* nomogram.
nonacosane, *nm Ch* nonacosane.
non-activité, *nf Physiol* non-activity.
nonane, *nm Ch* nonane.
non-aqueux, *a Ch* non-aqueous; **solution non-aqueuse,** non-aqueous solution; **solvants non-aqueux,** non-aqueous solvents.
non-conducteur, -trice, *Ph* **1.** *a* non-conducting. **2.** *nm* non-conductor; *pl non-conducteurs, -trices.*
non-métal, *nm Ch* non-metal; *pl non-métaux.*
nononique, *a Ch* nononic.
nonose, *nf Ch* nonose.
non-toxique, *pl* **non-toxiques**, *a Tox* non-toxic.
nontronite, *nf Miner* nontronite.
nonyle, *nm Ch* nonyl.
nonylène, *nm Ch* nonylene.
nonylique, *a Ch* nonylic.
noradrénaline, *nf Ch* noradrenalin.
norbornadiène, *nf Ch* norbornadiene.
norbornane, *nf Ch* norbornane.
norbornylène, *nf Ch* norbornylene.
noréphédrine, *nf Ch* norephedrine.
norite, *nf Geol* norite.
normal, -aux, *a Ch* (*of solution, etc*) normal.
normalité, *nf Ch* normality.
normoblaste, *nm Z* normoblast.
normocyte, *nm Z* normocyte.
normorphine, *nf Ch* normorphine.
nornarcéine, *nf Ch* nornarceine.
nornicotine, *nf Ch* nornicotine.
noropianique, *a Ch* noropianic (acid).
northupite, *nf Miner* northupite.

norvaline, *nf Ch* norvaline.
noscapine, *nf Ch* opianine.
noséane, nosélite, nosiane, nosite, *nf Miner* nosean, noselite.
nosogénie, *nf Path* nosogeny.
notoc(h)orde, *nf Z* notochord; **développement de la notoc(h)orde,** notogenesis.
notoptère, *a & nm Z* notopterid (fish).
nouaison, *nf Bot* first stage in the formation of the fruit.
noué, *a* **fruit noué,** fertilized fruit, fruit that has set; set.
(se) nouer, *vi & pr* (*of fruit*) to set.
noueux, -euse, *a* nodose; knotty (wood); gnarled (stem); *Biol* torose, torous.
nourricier, -ière, *a Biol Nut* nutrient.
nourrissant, *a Nut* nutritional, nutritive.
nourriture, *nf Biol Nut* food, nutriment.
novaculite, *nf Geol* novaculite.
novation, *nf Biol* emergence.
novocaïne, *nf Ch* novocaine.
noyau, *pl* **-aux,** *nm* (*a*) stone (of fruit); kernel; **fruit à noyau,** stone fruit; (*b*) *Ph Biol* nucleus (of atom, cell, etc); *Anat Z* nidulus (of nerve); *Ch* ting; **noyau secondaire,** kinetonucleus; *Ph* **noyau atomique**, atomic nucleus; **noyau naturellement radioactif,** naturally radioactive nucleus; **noyau artificiellement radioactif,** artificially radioactive nucleus; **noyau enfanté, engendré,** daughter nucleus; **noyau original, noyau père,** parent nucleus; **noyau pair-pair, pair-impair,** even-even, even-odd, nucleus; **noyau impair-impair, impair-pair,** odd-odd, odd-even, nucleus; **noyau composé,** compound nucleus; **noyau d'hélium,** helium nucleus; *Biol* **noyau accessoire,** nebenkern; **noyau de cristallisation,** nucleus of crystallization; *Biol* **noyau cellulaire,** karyon; *Ch* **noyau benzénique,** benzene nucleus; (*c*) *Geol* core.
Np, *symbol of* neptunium.
nu, *a* (*a*) *Biol* (*of stalk, tail, etc*) naked; **à l'œil nu,** to the naked eye; (*b*) *Z* nude; **souris nue,** nude mouse; (*c*) *Ch* unlined.
nubilité, *nf Physiol* nubility.
nucelle, *nf Bot* nucellus (of ovule).
nucifère, *a Bot* nuciferous, nut-bearing.
nuciforme, *a Bot Anat etc* nuciform.
nucivore, *a Z* nucivorous.
nucléaire, *a AtomPh etc* nuclear; **physique nucléaire,** nuclear physics; **chimie nucléaire,** nuclear chemistry; **énergie nucléaire,** nuclear energy; **fission nucléaire,** nuclear fission; **masse nucléaire, matière nucléaire,** nuclear mass, nuclear matter; **rayonnement nucléaire,** nuclear radiation; **réaction nucléaire (en chaîne),** nuclear (chain) reaction; *Biol* **suc nucléaire,** karenchyma; enchylema; **protoplasme nucléaire,** karyoplasm.
nucléase, *nf BioCh* nuclease.
nucléé, *a Biol etc* nucleate(d) (cell, etc); **cellules nucléées,** karyota.
nucléide, *nm AtomPh* nuclide, nucleid.
nucléiforme, *a* nucleoid.
nucléine, *nf Ch* nuclein.
nucléique, *a Ch* nucleic.
nucléobranche, *nm Moll* nucleobranch.
nucléohistone, *nf Ch* nucleohistone.
nucléoïde, *nm Biol* nucleoid.
nucléolaire, *a Biol* nucleolar.
nucléole, *nm Biol* nucleous, nucleole; microcentrum; segmentation cavity (of cell).
nucléolé, *a Biol* nucleolate(d).
nucléoline, *nf Ch* nucleolin.
nucléomicrosome, *nm Biol* nucleomicrosome.
nucléon, *nm AtomPh* nucleon.
nucléonique, *AtomPh* **1.** *a* nucleonic. **2.** *nf* nucleonics.
nucléophile, *a Ch* nucleophilic.
nucléophilie, *nf Ch* nucleophilicity.
nucléoplasme, *nm Biol* nucleoplasm.
nucléoprotéide, *nf BioCh* nucleoprotein.
nucléosidase, *nf BioCh* nucleosidase.
nucléoside, *nm BioCh* nucleoside.
nucléothermique, *a AtomPh* nucleothermic.
nucléotidase, *nf BioCh* nucleotidase.
nucléotide, *nm Ch BioCh* nucleotide.
nuclide, *nm AtomPh* nuclide, nucleid.
nucule, *nf Bot* nutlet; pyrene.
nudibranche, *a Moll* nudibranchiate.
nuée, *nf* **nuée de moucherons,** swarm of midges.
nuisible, *a Tox Ch* noxious.

nul, *f* **nulle,** *a* null; *Ch* **électrode nulle,** nul electrode.

nullipare, *a* non-parous, nulliparous.

nullivalant, *a Ch* zerovalent.

nullivariant, *a Ph Ch* invariant.

nummulaire, *a Z* nummular.

nummulite, *nf Geol* nummulite; **calcaire à nummulites,** nummulitic limestone, nummulite limestone.

nummulitique, *a Geol* nummulitic (limestone).

nuque, *nf Z* nape, back of neck.

nutant, *a Bot* nutant.

nutation, *nf Bot* nutation.

nutrescibilité, *nf Nut* nutritional, nutritive, value (of food).

nutrescible, *a Biol Nut* nutrient.

nutriment, *nm Nut* nutriment.

nutritif, -ive, *a Biol Nut* nutritional; nutritive, nutrient; **chaîne nutritive,** food chain; **matière nutritive, substance nutritive,** food material, nutrient; **valeur nutritive,** food value; **appareil nutritif,** nutrient apparatus; *Z* **vitellus nutritif,** nutritive yolk, food yolk.

nutrition, *nf Nut* nutrition; **nutrition défectueuse,** malnutrition.

nutritionnel, -elle, *a Nut* nutritional; nutritive.

nux vomica, *nf Ch* nux vomica.

nycthéméral, -aux, *a Biol* nyc(h)-themeral, nyctohemeral, nucterohemeral (rhythm of life, etc).

nycthémère, *Biol* **1.** *a* nucterohemeral, nuct(o)hemeral. **2.** *nm* nyc(h)themeron, *pl* -ons, -era; full period of one night and one day.

nyctinastie, *nf Bot* nyctinasty.

nyctinastique, *a Bot* nyctinastic.

nyctotempérature, *nf Bot* nyctotemperature, temperature during the period of darkness.

nydrazide, *nm Ch* nydrazid.

nylon, *nm Ch* nylon.

nymphal, -aux, *a Z* nymphal; pupal.

nymphe, *nf Z* nymph, pupa, chrysalis; **nymphe souterraine,** burrowing pupa.

nymphose, *nf Z* pupation.

nystatine, *nf Ch* nystatin.

O

O, *symbol of* oxygen.
obcomprimé, *a Biol Bot Ch* obcompressed.
obconique, *a Biol* obconic(al).
obcordé, obcordiforme, *a Bot* obcordate.
obdiplostémone, *a Bot* obdiplostemonous.
obéissance, *nf Ph* elasticity (of a metal).
obéissant, *a Ph* elastic (metal).
obélion, *nm Anat Z* obelion.
obex, *nm Anat Z* obex.
oblancéolé, *a Bot* oblanceolate.
obligulé, obliguliforme, *a Bot* obligulate.
oblique 1. *a Bot* **feuille oblique,** oblique leaf. **2.** *nm Anat* **grand oblique,** trochlearis (of eye).
oblitération, *nf Bot Z* obliteration.
obovale, *a Bot* (*of leaf, etc*) obovate.
obové, obovoïde, *a Bot* (*of fruit, etc*) obovoid.
obpyramidal,-aux, *a Bot* (*of fruit, etc*) obpyramidal.
obscur, *a Bot* obscure.
observation, *nf Ch Biol Ph* observation.
observer, *vtr* to observe.
obsidiane, *nf Miner* obsidian; volcanic glass.
obsidianite, *nf Miner* obsidianite.
obsidienne, *nf Miner* obsidian; volcanic glass.
obsolescence, *nf* obsolescence.
obsolète, *a Biol* obsolete.
obstructif, -ive, *a* obstruent.
obsutural, -aux, *a Bot* obsuturalis.
obtecté, *a Z* (*of chrysalis*) obtect(ed).
obturateur, -trice, *a Anat Z* **artère, veine, membrane, obturatrice,** obturator artery, vein, membrane; **canal, trou, nerf, muscle, obturateur,** obturator canal, foramen, nerve, muscle.
obtus, *a* obtuse; *Bot* **feuille obtuse,** obtuse leaf.
obtusifolié, *a Bot* obtusifolious.
obtusilobé, *a Bot* obtusilobous.
obvoluté, *a Bot* obvolute.
obvolvent, *a Z* obvolvent.
occipital, -aux, *Anat* **1.** *a* occipital (lobe, artery, etc); **point occipital maximum,** occipital point; **os occipital,** occipital bone; **muscle occipital,** occipitalis, *pl* -es. **2.** *nm* occipital (bone).
occiput, *nm Anat Z* occiput.
occlure, *vtr Ch* to occlude.
occlus, *a Ch* occluded (gas, etc).
occluseur, *nm Med* occludator.
occlusion, *nf Ch* occlusion (of gases).
occulte, *a* occult; *Physiol Tox* **hémorragie occulte,** occult blood.
océan, *nm* ocean.
océanique, *a* oceanic; **courants océaniques,** ocean currents; **climat océanique,** oceanic climate, maritime climate.
océanite, *nf Geol* oceanite.
océanographie, *nf* oceanography.
océanographique, *a* oceanographic(al).
océanologie, *nf* oceanology.
ocellaire, *a Z* ocellar.
ocellation, *nf Z* ocellation.
ocelle, *nm Z* (*a*) ocellus, simple eye; stemma; (*b*) ocellus, speculum (of butterfly wing, etc); eyespot (of mollusc, etc).
ocellé, *a Z* (*a*) ocellate; oculate; eyed, eyespotted; (*b*) ocellated (**de,** with).
ochracé, *a Biol* ochraceous, ocherous, ochreous, ochrous.
ochréa, *nf Bot* ochrea.
ochrocarpe, *a* ochrocarpous.
ochrolite, *nf Miner* ochrolite.
ochromètre, *nm Biol* ochrometer.
ochrosporé, *a Bot* ochrosporous.
ocracé, *a Biol* ocherous, ochraceous.

ocre, *nf Miner* ochre, ocher; **ocre rouge,** red ochre; **ocre jaune,** brown h(a)ematite, yellow ochre; **ocre verte,** green ochre.
ocréa, *nf Bot* ochrea.
ocreux, -euse, *a Biol* ochreous, ochrous.
octacosane, *nm Ch* octacosane.
octadécane, *nm Ch* octadecane.
octadécylène, *nm Ch* octadecyl.
octaèdre, octaédrique, *a Ch* octahedral.
octaédrite, *nf Miner* octahedrite.
octamère 1. *nm Ch* octamer. **2.** *a Bot* octamerous.
octanal, *nm Ch* octanal.
octandre, *a Bot* octandrous, octandrian.
octane, *nm Ch* octane; **indice d'octane,** octane number; **degré d'octane,** octane rating; **essence à haut indice d'octane,** high-octane fuel, petrol.
octant, *nm Biol* octant.
octapeptide, *nm Ch* octapeptide.
octène, *nm Ch* octene.
octet, *nm Ch* octet.
octodécylène, *nm Ch* octadecyl.
octogyne, *a Bot* octogynous.
octopétale, *a Bot* octopetalous.
octoploïde, *a & nm Biol* octoploid.
octopode, *a & nm Z* octopod.
octose, *nf Ch* octose.
octosépale, *a Bot* octosepalous.
octospore, *nf Bac* octospore.
octosporeux, -euse, *a Bot* octosporous.
octovalent, *a Ch* octovalent, octavalent; **corps octovalent,** radical octovalent, octad.
octyle, *nm Ch* octyl.
octylène, *nm Ch* octylene.
octyne, *nm Ch* octyne, octine.
oculaire, *a* ocular (nerve, etc); **globe oculaire,** eyeball; *Ph* **verre oculaire,** eyepiece.
oculé, *a Z* oculate, ocellate.
oculifère, *a Biol* oculiferous.
oculiforme, *a Biol* oculiform, eye-shaped.
oculogyre, *a Anat Z* oculomotor (nerve); *Biol* oculogyric.
ocytocine, *nf Physiol* oxytocin; *BioCh* pitocin.
ocytocique, *a Ch* oxytocic.
odeur, *nf* (*a*) *Biol Physiol* odour, scent, smell; **odeur animalisée,** animal odour; (*b*) *Ch* osmyl.
odinite, odite, *nf Geol* odinite.
odonate, *a & nm Z* odonate.
odontoblaste, *nm Anat Z* odontoblast, odontoplast.
odontocète, *a Z* odontocetous.
odontoclaste, *nm Biol Z* odontoclast.
odontogène, *a Biol* odontogenic, odontogenous.
odontogénèse, odontogénie, *nf Biol* odontogenesis, odontogeny.
odontogénique, *a Biol* = **odontogène.**
odontoïde, *a Anat* odontoid (process).
odontoïdien, -ienne, *a Anat* odontoid (ligament).
odontolit(h)e, *nf Miner* odontolite.
odontologie, *nf* odontology.
odontologique, *a* odontologic(al).
odontophore, *nm Z* odontophore.
odontophorin, *a Moll* odontophoral, odontophoran.
odontostomateux, -euse, *a Z* odontostomatous.
odorant, *a* odorant; *Ch* (*of a molecule*) **matière odorante,** odoriphore.
odorat, *nm Physiol* osphresis; smell.
odorifique, *a Ch* odorific.
Oe, *symbol of* oersted.
oécie, *nf Z* ooecium.
œdème, *nm Physiol Biol Med* oedema, edema.
œil, *pl* **yeux,** *nm* (*a*) *Anat Z etc* eye, occulus, ophthalmus; **œil simple,** ocellus, simple eye; **œil composé,** ommateum, compound eye; *Biol* **œil pariétal,** third eye; *Bot* **yeux d'une plante,** eyes, buds, of a plant; **œil axillaire,** secondary (of a plant); (*b*) *Orn* spatule (of a feather).
œil-de-paon, *nm Miner* pavonazzo; *pl œils-de-paon.*
œil-de-serpent, *nm Miner* toadstone; *pl œils-de-serpent.*
œil-du-monde, *nm Miner* hydrophane; *pl œils-du-monde.*
œillé, *a Miner* **agate œillée,** eye agate.
œillère 1. *a & nf* **(dent) œillère,** eyetooth, canine (tooth). **2.** *nf* eyebath.

œilleton, *nm Bot* sucker (of globe artichoke, pineapple).
œnanthal, *nm Ch* oenanthal.
œnanthine, *nf Ch* oenanthin.
œnanthique, *a Ch* enanthic; oenanthic (acid, etc).
œnanthol, *nm Ch* oenanthol.
œnanthylate, *nm Ch* oenanthylate.
œnanthylique, *a Ch* oenanth(yl)ic.
œnocyte, *nm Z* oenocyte.
œnocytoïde, *nm Ent Z* oenocytoid.
œnolique, *a Ch* oenolic.
œrsted, *nm* (*symbol* Oe) oersted.
œschynite, *nf Miner* eschynite.
œsophage, *nm Anat* oesophagus, esophagus; gula.
œsophagien, -ienne, *a Anat* oesophageal, esophageal (membrane, etc).
œstradiol, *nm Ch* (o)estradiol.
œstral, -aux, *a* (*a*) *Physiol* (o)estral; **cycle œstral,** (o)estrous, sexual, cycle; (o)estrus; (*b*) *Biol* (o)estrual.
œstre, *nm Physiol* (o)estrus, sexual impulse.
œstrien, -ienne, *a Physiol* = **œstral.**
œstriol, *nm Ch* (o)estriol.
œstrogène, *a & nm BioCh Biol* (o)estrogen, (o)estrin.
œstrogénique, *a Physiol* (o)estrogenic.
œstrone, *nf Ch* (o)estrone; *BioCh* theelin.
œstrus, *nm Physiol* (o)estrus, sexual impulse.
œtite, *nf Miner* nodular limonite.
œuf, *pl* **œufs,** *nm* (*a*) egg; *Biol* ovum, *pl* ova; **jaune d'œuf,** egg yolk; **membrane de l'œuf,** egg membrane; **œuf couvé,** incubated egg; **œuf embryonné,** embryonated egg; **œuf fécondé,** fertilized egg; *Z* **œuf hardé,** soft-shelled egg; *Rotif* **œuf d'hiver,** winter egg; (*b*) *pl* eggs (of insect); spawn (of fish, etc); (hard) roe (of fish); **œufs de homard,** berry.
œuvé, *a* hard-roed (fish); berried (lobster).
ohm, *nm Ph ElMeas* ohm; **ohm légal,** legal, Congress, ohm; **ohm pratique,** British Association ohm; **ohm acoustique,** acoustic ohm; **la loi d'Ohm,** Ohm's law.
ohmique, *a Ph El* ohmic (resistance); **chute ohmique,** ohmic drop.
oïdie, *nf,* **oïdium,** *nm Bot* oidium.
oignon, *nm Bot* bulb.
oisanite, *nf Geol* oisanite.
oiseau, -eaux, *nm Z* bird.
okénite, *nf Miner* okenite.
oldhamite, *nf Miner* oldhamite.
oléacé, *a Bot* oleaceous.
oléagineux, -euse, *a* (*a*) oleaginous, oily (liquid, plant, etc); oil-bearing (plant); (*b*) *Geol* oil-yielding, oil-bearing.
oléandrine, *nf Ch* oleandrin.
oléate, *nm Ch* oleate.
olécrâne, *nm Z* olecranon.
oléfiant, *a Ch Bot* oil-producing, oil-forming, olefiant.
oléfine, *nf Ch* olefin(e).
oléfinique, *a Ch* olefinic.
oléifère, *a* oil-producing, oil-bearing, oil-yielding, oleiferous (plant).
oléifiant, *a* = **oléfiant.**
oléine, *nf Ch* olein.
oléique, *a Ch* oleic (acid, etc).
oléomargarique, *a Ch* oleomargaric.
oléomètre, *nm Ph* oleometer.
oléonaphte, *nm Ph* heavy oil (distilled from tar).
oléophile, *a Ch* oleophilic.
oléophosphorique, *a Ch* oleophosphoric.
oléoréfractomètre, *nm Ph* oleorefractometer.
oléorésine, *nf Ch* oleoresin.
oléorésineux, -euse, *a Ch* oleoresinous.
oléosoluble, *a Ch* oil-soluble.
oléovitamine, *nf Ch* oleovitamin.
oléracé, *a Bot* oleraceous.
oléum, *nm Ch* oleum.
olfactif, -ive, *a* olfactory, olfactive (nerve, cell); **organe olfactif,** olfactory.
olfaction, *nf Biol* osmesis; *Physiol* olfaction; (i) (sense of) smell; (ii) smelling.
oligiste, *a & nm Miner* **(fer) oligiste,** oligist (iron); h(a)ematite; **oligiste concrétionné,** kidney ore.
oligocarpe, *a Bot* oligocarpous.
oligocène, *a & nm Geol* Oligocene.
oligoclase, *nf Miner* oligoclase.
oligodendroglie, *nf Biol* oligodendroglia.
oligodynamique, *a BioCh* oligodynamic.

oligo-élément, *nm Biol* trace element; microelement; micronutrient; *pl oligo-éléments.*
oligo-gène, *nm Biol* key gene; *pl oligo-gènes.*
oligomère 1. *a Ch* oligomeric; *Bot* oligomerous. **2.** *nm Ch* oligomer.
oligomycine, *nf Ch* oligomycin.
oligonite, *nf Miner* oligonite.
oligophage, *a Biol* oligophagous.
oligophagie, *nf Biol* oligophagy.
oligophylle, *a Bot* oligophyllous.
oligosaccharide, *nm Ch* oligosaccharide.
oligosidère, *a Miner* oligosideric.
oligosidérite, *nf Miner* oligosiderite.
oligosporeux, -euse, *a Bot* oligosporous.
oligotrophophyte, *nm Bot* oligotrophophyte.
olivénite, *nf Miner* olivenite.
olivine, *nf Miner* olivine.
olivinite, *nf Miner* olivinite.
ollaire, *a Miner* **pierre ollaire,** potstone; steatite.
omasum, *nm Z* omasum, psalterium, third stomach (of ruminant).
ombelle, *nf Bot* umbel, umbella; **en ombelle,** umbellate(d), umbellar; **ombelle rayonnante,** radiating umbel.
ombellé, *a Bot* umbellar, umbellate(d) (flower).
ombellifère, *Bot* **1.** *a* umbelliferous. **2.** *nf* umbellifer.
ombelliférone, *nf Ch* umbelliferone.
ombelliforme, *a Bot* umbellate(d), umbellar.
ombellique, *a Ch* umbellic (acid).
ombellule, *nf Bot* umbellule, umbellet.
ombilic, *nm* (*a*) *Anat Z* umbilic(us); navel; (*b*) *Bot* umbilic(us); hilum; **déprimé en ombilic,** umbilicate; (*c*) *Biol Moll* umbo.
ombilical, -aux, *a Anat Z Oc* umbilical; *Anat Z* **cordon ombilical,** umbilical cord, navel string, yolk stalk.
ombiliqué, *a Bot* umbilicate; navel-shaped.
omboné, *a Biol* umbonate(d).
ombrelle, *nf Z* umbrella (of jellyfish, etc).
ombrophile, *Bot* **1.** *a* ombrophilous (plant); **la forêt ombrophile,** the tropical rain forest. **2.** *nm* ombrophile.
ombrophobe, *Bot* **1.** *a* ombrophobous. **2.** *nm* ombrophobe.
omental, -aux, *a Z* omental.
ommatidie, *nf Z* ommatidium.
omnivore, *Z* **1.** *a* omnivorous. **2.** *nm* omnivore.
omoïde, *nm Z* omoideum.
omophacite, omphazite, *nf Miner* omphacite.
omoplate, *nf Anat Z* scapula.
oncirostre, *a Z* with a hooked beak, hook-billed.
oncologie, *nf* oncology, phymatology.
oncose, *nf Biol* oncosis.
oncosphère, *nf Z* oncosphere, embryonic tapeworm.
oncotique, *a Biol* **pression oncotique,** oncotic pressure.
onction, *nf Physiol* inunction.
onctueux, -euse, *a* fatty.
onde, *nf Ph etc* (electric, magnetic, etc) wave; **onde fondamentale,** natural wave; **onde calorifique,** heat wave; **onde lumineuse,** light wave; **onde sonore,** sound wave; **onde ultrasonore,** ultrasonic wave; **onde ionosphérique,** space wave; **onde protonique,** proton wave; **onde de choc,** shock wave; *AtomPh* base surge; **onde longitudinale,** longitudinal wave; **onde transversale,** transverse wave; **onde plane,** plane wave; **onde partielle,** partial wave; **onde polarisée verticalement,** vertically polarized wave; **onde réfléchie,** reflected wave; **onde sinusoïdale,** sine wave; **onde sinusoïdale plane,** plane sine wave; **onde stationnaire,** standing wave, stationary wave; **onde à front raide,** steep-front wave; **onde progressive,** travelling wave; **ondes décalées,** waves out of phase; **amplitude, élongation, de l'onde,** wave amplitude; **équation d'onde,** wave equation; **forme d'onde,** wave form, wave shape; **front d'onde,** wave front; **fonctions de l'onde, symétriques et antisymétriques,** wave functions; **parcours de l'onde,** wave path; **surface d'onde,** wave surface; **nombre d'ondes,** wave number; **producteur d'ondes,** wave producer; **série d'ondes,**

ripple; **train d'ondes,** wave train, wave packet; **guide d'ondes,** wave guide; **vitesse (de propagation) de l'onde,** wave velocity; **longueur d'onde,** wavelength; **petite onde,** wavelet; **onde (sur le sphygmogramme),** tidal wave; *Geol* **onde séismique,** seismic wave.

ondemètre, *nm Ph* wave meter.

ondulant, *a Biol* undulant; *Prot* **membrane ondulante,** undulating, undulatory, membrane.

ondulation, *nf* undulation (of water, etc); wave motion; orispation; *Ph* **théorie des ondulations,** undulatory theory.

ondulatoire, *a Ph* undulatory; **mouvement ondulatoire,** wave motion; **théorie ondulatoire de la lumière,** wave theory of light.

ondulé, *a Bot* undulate; *Ph* wavy.

ongle, *nm Z* claw (of animal); talon (of bird of prey); unguis, ungula.

onglé, *a* armed with claws, with talons.

onglet, *nm Bot* unguis, ungula, claw (of petal, etc); *Physiol* nictitating membrane.

onguent, *nm Ch* (mercurial) ointment; *Pharm* unction.

onguiculé, *a Bot* unguiculate(d).

onguiforme, *a Biol Z* unguiform, unciform, claw-shaped.

ongulé, *Z* **1.** *a* hoofed, ungulate (animal). **2.** *nm* ungulate; **ongulés,** Ungulata *pl.*

onguligrade, *a & nm Z* unguligrade.

onisciforme, *a Z* onisciform.

Onsager, *Prn Ch Ph* **équation d'Onsager,** Onsager's equation.

ontogénèse, *nf Biol* ontogenesis, ontogeny.

ontogénétique, *a Biol* ontogenetic, ontogenic.

ontogénie, *nf Biol* ontogeny, ontogenesis.

ontogénique, *a Biol* ontogenic, ontogenetic.

onychite, *a Miner* onyx-bearing.

onyx, *nm Miner* onyx.

oocyste, *nm Biol* oocyst.

oogamie, *nf Biol* oogamy.

oogénèse, *nf Biol* oogenesis, ovogenesis.

oogone, *nf Bot* oogonium.

oolithe, *Geol* **1.** *nm occ f* oolite; **oolithe ferrugineux,** roestone. **2.** *nm* oolith.

oolithique, *a Geol* oolitic.

oologie, *nf Z* oology.

oologique, *a Z* oologic(al).

oophore, *nm Bot* oophore.

oophyte, *nf Bot* oophyte.

ooplasme, *nm Bot* ooplasm.

oosphère, *nf Bot* oosphere.

oospore, *Bot* **1.** *a* oosporous, oosporic. **2.** *nf* oospore.

oostégite, *nf Z* oostegite.

oostégitique, *a Z* oostegitic.

oothèque, *nf Ent Moll Z* ootheca, egg capsule, egg sac.

ootide, *nf Biol* ootid.

opacifiant, *a Ch* **agent opacifiant,** opacifying agent.

opacimètre, *nm Ch* opacimetre.

opacité, *nf Ch Ph* opacity.

opale, *nf Miner* opal; *Geol* **opale incrustante,** siliceous sinter; **opale perlière,** pearl sinter; **opale xyloïde,** wood opal, xylopal.

opalescence, *nf Ch* opalescence.

opalin, *a Miner* **verre opalin,** opal glass.

operculaire, *Z* **1.** *a* opercular. **2.** *nm* opercle, opercular.

opercule, *nm Biol* operculum; lid (of capsule, etc); **opercule (branchial),** gill cover (of fish); **capsule à opercule,** lidded capsule; **sans opercule,** inoperculate; *Anat Z* **opercules de l'insula,** temporal operculum.

operculé, *a Biol* operculate(d).

opéron, *nm Biol* operon.

ophicalcite, *nf Miner* ophicalcite.

ophidien, -ienne, *Z* **1.** *a* ophidian, snake-like. **2.** *nm* ophidian.

ophiolithe, *nm Miner* ophiolite.

ophiolithique, *a Miner* ophiolitic.

ophiologie, *nf Z* ophiology.

ophiologique, *a Z* ophiologic(al).

ophiomorphique, *a Z* ophiomorphic, ophiomorphous.

ophiophage, *a Z* ophiophagous.

ophite, *nm Miner* ophite; serpentine marble.

ophitique, *a Miner* ophitic.

ophtalmique, *a Z* ophthalmic.

ophtalmologie, *nf Biol* oculistics.

ophyron, *nm Z* ophyron.

opiacé, *nm Ch* opiate.

opianine, *nf Ch* opianine.

opianique, *a Ch* opianic.
opianyle, *nm Ch* opianyl.
opiniâtre, *a Physiol* refractory.
opisthion, *nm Z* opisthion.
opisthobranche, *a Z* opisthobranchiate.
opisthocèle, opisthocœle, *Z* **1.** *a* opisthocoelous. **2.** *nm* opisthocoelian.
opisthocœlique, *a Z* opisthocoelian, opisthocoelous.
opisthoglyphe, *a Z* opisthoglyphous, opisthoglyphic.
opisthognathisme, *nm Z Tox* opisthognathism.
opistobranche, *a Z* opisthobranchiate.
opium, *nm Bot Ch* opium; *Ch* opiate; **intoxication par l'opium,** opium poisoning.
opposé, *a Bot* **feuilles opposées,** (i) opposite leaves; (ii) bifarious leaves.
opsine, *nf BioCh* opsin.
opsonine, *nf BioCh* opsonin.
optimum, *a inv & nm inv Biol* optimum (conditions of life).
optique 1. *a* (*a*) optic; **axe optique,** optic axis; **fibres optiques,** optic tract; **papille optique,** optic disc; **nerf optique,** visual nerve; **foyer optique,** visual focus; (*b*) optical; **activité optique,** optical activity, optical rotation. **2.** *nf* optics; **optique électronique, neutronique,** electron, neutron, optics; **optique des fibres,** fibre optics.
or, *nm* (*symbol* Au) gold; *Ch* **or mussif,** mosaic gold, disulfide of tin; *Miner* **or graphique,** sylvanite.
oral, -aux, *a Anat* oral, buccal; **cavité orale,** oral cavity; **route orale,** oral route.
orangé, *a Biol* luteous.
orangite, *nf Miner* thorite.
ora serrata, *nf Anat Z* ora serrata (of the retina).
orbicole, *a* **plante orbicole,** plant found in all regions of the world, with a worldwide distribution.
orbiculaire 1. *a Biol* orbicular; *Bot* round-flowered; **feuille orbiculaire,** orbiculate leaf. **2.** *nm Anat Z* sphincter.
orbiculé, *a Bot* **feuille orbiculée,** orbiculate leaf.
orbitaire, *a Anat* orbital (nerve, etc); *Z* **plumes orbitaires,** orbital feathers; *Biol* **point orbitaire,** orbital.
orbital, -aux, *a Ph* orbital; **électron orbital,** orbital electron.
orbitale, *nf Biol* **orbitale moléculaire polycentrique,** polycentric molecular orbital.
orbite, *nf* (*a*) *Ph* orbit (of electron); (*b*) *Anat* socket, orbit (of the eye).
orbitélaire, *a Z* orbitelous.
orbitèle, *a Z* orbitelous.
orcéine, *nf Ch* orcein.
orcine, *nf,* **orcinol,** *nm Ch* orcin, orcinol.
ordinaire, *a* trivial.
ordinateur, *nm* computer.
ordovicien, -ienne, *a & nm Geol* Ordovician.
ordre, *nm Biol* order (of plants, animals, etc).
ordre-désordre, *nm Biol Ch Ph* order-disorder.
oreille, *nf Z* ear; **oreille interne,** inner ear, labyrinth; **oreille moyenne,** middle ear; **oreille externe,** outer ear.
oreillette, *nf Anat* atrium.
oreillon, *nm Z* tragus (of bat).
organe, *nm* organ; **les organes de la vue, de l'ouïe,** the organs of sight, of hearing; **organe rudimentaire,** vestigial organ; **organe de Jacobson,** vomeronasal organ; *Bot* **organe foliaire,** leaf organ.
organicien, -ienne, *n Biol* organicist; *Ch* organic chemist.
organicisme, *nm Biol* organicism.
organicistique, *a Biol* organicistic.
organique, *a* organic (function, etc); **chimie organique,** organic chemistry; **acide, base, composé, organique,** organic acid, base, compound.
organiquement, *adv* organically.
organisateur, *nm Biol* organizer.
organisé, *a Biol* (*a*) organic (body, life, etc); **êtres organisés,** organic beings; **la loi de croissance organisée,** the law of organic growth; (*b*) organized, having the organs and tissues formed into a unified whole; **non organisé,** unorganized (body, state, etc).
organisme, *nm Biol* organism, bion; **organisme vivant,** living organism.
organite, *nm Biol* organoid, organelle.
organogène, *a Geol* organogenic.

organogénèse, organogénie, *nf Biol* organogenesis, organogeny.
organogénique, *a Biol* organogenic, organogenetic.
organographie, *nf Biol* organography.
organographique, *a Biol* organographic.
organoïde, *a Biol* organoid.
organoleptique, *a Biol Physiol* organoleptic.
organologie, *nf Biol* organology.
organologique, *a Biol* organologic.
organo-magnésien, -ienne, *a & nm Ch* organomagnesium; *pl organo-magnésiens.*
organométallique, *a Ch* organometallic.
organophile, *a Biol* organophilic.
organoplastie, *nf Biol* organoplasty.
organoplastique, *a Biol* organoplastic.
organosol, *nm Ch* organosol.
organotrope, *a Z Tox* organotropic; *Ch* **substance organotrope,** organotrope.
organotypique, *a Biol* organotypic.
orgasme, *nm Z* orgasm.
orgue, *nm Geol* **orgue basaltique,** columnar basalt; **orgues de basalte,** basalt columns.
orientation, *nf Biol Ch etc* orientation; **effet de l'orientation,** orientation effect.
orientite, *nf Miner* orientite.
orifice, *nm* aperture, hole, opening, orifice, mouth, os, vent; *Biol* lumen; hiatus; *Anat Z* **orifice (de la trompe de Fallope),** ostium; **orifice duodénal, pylorus,** pyloric orifice; **orifice anal,** vent (of bird, fish, etc).
oriforme, *a Biol* oriform.
originaire, *a* originating (**de,** from, in); native (**de,** of); **l'éléphant est originaire de l'Asie,** the elephant is a native of Asia.
origine, *nf* origin; *Ch Ph* zero point; *Ph* **distorsion d'origine,** origin distortion; *Biol* **d'origine hydrique,** waterborne.
originel, -elle, *a Biol* primitive.
orioscope, *nm Ph* orioscope.
orlon, *nm Ch* orlon.
ornithine, *nf Ch* ornithine.
ornithique, *a Orn* ornithic.
ornithogame, *a Bot* (*of plants*) pollinated by birds, ornithophilous; ornithogamous.
ornithogamie, *nf Bot* ornithophily, pollination by birds.
ornithoïde, *a Z* ornithoid.
ornithologie, *nf* ornithology.
ornithologique, *a* ornithological.
ornithophile, *a Bot* ornithophilous, bird-pollinated.
ornithurique, *a Ch* ornithuric.
ornoïte, *nf Geol* ornoite.
orobanché, *a Bot* orobanchaceous.
orogénèse, *nf Geol* orogenesis.
orogénie, *nf Geol* orogeny.
orogénique, *a Geol* orogenic, orogenetic.
orographie, *nf* orography.
orologie, *nf* orology.
orologique, *a* orological.
orophyte, *a Bot* (*of plant*) adapted to mountain environment.
orpiment, orpin, *nm Miner* orpiment; yellow arsenic.
orsellinique, *a Ch* orsellinic.
orsellique, *a Ch* orsellic (acid).
orteil, *nm Anat Z* toe.
orthite, *nf Miner* orthite.
orthobasique, *a Ch* orthobasic.
orthocarbonique, *a Ch* orthocarbonic (acid, ester).
orthochlorite, *nf Miner* orthochlorite.
orthochlorotoluène, *nm Ch* orthochlorotoluene.
orthochromatique, *a Biol* orthochromatic.
orthoclade, *a Bot* orthocladous.
orthoclase, *nf Miner* orthoclase, orthose.
orthodontie, *nf Anat* odontoplasty.
orthoformiate, *nm Ch* **orthoformiate d'éthyle,** orthoformic ester.
orthoformique, *a Ch* orthoformic (acid).
orthogénèse, *nf Biol* orthogenesis.
orthogénétique, *a Biol* orthogenetic, orthogenic (form, etc).
orthogéotropisme, *nm Bot* orthogeotropism.
orthognate, *a Z* orthognathous.
orthogneiss, *nm Geol* orthogneiss.
orthohydrogène, *nm Ch* orthohydrogen.

orthophosphate, *nm Ch* orthophosphate.
orthophosphorique, *a Ch* orthophosphoric.
orthophyre, *nm Geol* orthophyre.
orthoplasie, *nf Biol Z* orthoplasy.
orthoptère, *Z* **1.** *a* orthopteral, orthopteran, orthopterous. **2.** *nm* orthopteran, orthopteron.
orthoptéroïde, *a & nm Z* orthopteroid.
orthoptérologie, *nf Z* orthopterology.
orthoptérologique, *a Z* orthopterological.
orthose, *nm Miner* orthoclase, orthose.
orthosélection, *nf Biol* orthoselection.
orthosilicate, *nm Ch* orthosilicate.
orthosilicique, *a Ch* orthosilicic.
orthostique, *nf Bot* orthostichy.
orthotrope, *a Bot* orthotropous (ovule).
orthotropisme, *nm Bot* orthotropism.
orthotype, *nm Genet* orthotype.
orthovanadique, *a Ch* orthovanadic.
orthoxylène, *nm Ch* orthoxylene.
ortier, *vtr* to urticate.
Os[1], *symbol of* osmium.
os[2], *nm Anat Z* os, *pl* ossa; bone; (*in the head*) **os carré,** quadrate bone; **os pyramidal,** triquetrum; **os lacrymal,** unguis; **os wormien,** Wormian bone (of cranium).
osazone, *nf Ch* osazone.
oscillant, *a Bot* **anthère oscillante,** versatile anther.
oscillateur, *nm Ch Ph* oscillator; **oscillateur harmonique,** harmonic oscillator.
oscillation, *nf Mth Ch Ph* oscillation, vibration; **oscillation fondamentale, propre,** natural oscillation; **énergie d'oscillation,** vibrational energy; **oscillations du point zéro,** zero-point oscillations; **oscillations climatiques,** (major) climatic changes.
oscillatoire, *a Ph* oscillatory (movement, circuit).
osciller, *vi Ph* to vibrate.
oscillographe, *nm Ch* oscillograph.
oscine, *Z* **1.** *a* oscine, oscinine. **2.** *nmpl* **les oscines,** the Oscines.
oscule, *nm Z* osculum (of sponge, etc).
ose, *nm Ch* glucose; **les oses,** the monosaccharoses.
oside, *nm Ch* glycoside.
osmiate, *nm Ch* osmiate, osmate.
osmieux, -euse, *a Ch* osmious.
osmiophile, *a Ch Path Biol* osmiophil, osmiophilic.
osmique, *a Ch* osmic, osmatic.
osmiridium, *nm Miner* osmiridium, osmi-iridium, iridosmine, iridosmium.
osmium, *nm Ch* (*symbol* Os) osmium; **osmium iridifère,** iridosmine, iridosmium.
osmiure, *nm Ch* osmium alloy; **osmiure d'iridium,** iridium osmium alloy.
osmiuré, *a Miner* osmium-bearing.
osmolarité, *nf Ch* osmolarity.
osmole, *nf Ch* osmol(e).
osmomètre, *nm Ph* osmograph, osmometer.
osmométrie, *nf Ph* osmometry.
osmométrique, *a Ph* osmometric.
osmondacé, *a Bot* osmundaceous.
osmondite, *nf Miner* osmondite.
osmophore, *nm Ch* osmophore.
osmophorique, *a Ch* osmophoric.
osmorégulateur, *nm Ph* osmoregulator.
osmose, *nf Ch Ph Biol* osmosis; **osmose électrique,** electroendosmosis.
osmotactisme, *nm Biol* osmotaxis.
osmotique, *a Ch Ph Biol* osmotic (pressure, etc); **régulation de la pression osmotique,** osmoregulation; **coefficient osmotique,** osmotic coefficient; **travail osmotique,** osmotic work.
osone, *nf Ch* osone.
osotétrazine, *nf Ch* osotetrazine.
osotriazol, *nm Ch* osotriazole.
osphrésiologie, *nf Physiol* osphresiology.
ossature, *nf* skeleton (of animal, leaf, etc).
osselet, *nm Anat Z* osselet, ossiculum; otosteon; ossicle; **les osselets de l'oreille,** the ossicles of the ear; the otic bones; *Ich* **osselets de Weber,** Weberian ossicles.
osseux, -euse, *a* (*a*) *Biol Z* bony; osteal; osseous (tissue, fish); **système osseux,** bone structure; **cellule osseuse,** osteocyte; **segment osseux,** osteocomma, osteomere; **crâne osseux,** osteocranium; **structure osseuse (d'un animal, du crâne),** osteology (of an animal, the cranium); (*b*) *Geol* osseous (formation).

ossiculaire, *a Anat* ossicular.
ossicule, *nm Anat Z* ossicle.
ossification, *nf Anat Z* ossification.
ossifié, *a* ossified.
ossifier, *vtr* to ossify.
s'ossifier, *vpr* to ossify, to become ossified.
ossiforme, *a* ossiform.
ossipite, *nf Geol* ossipite.
ostéine, *nf Ch* ostein, ossein.
ostéo-articulaire, *a Anat* osteoarticular.
ostéoblaste, *nm Biol* osteoblast, osteoplast.
ostéocèle, *nf Biol* osteocele.
ostéochondral, -aux, *a Path Biol* osteochondrous.
ostéoclasie, *nf Biol* osteoclasis.
ostéoclaste, *nm Anat Biol* osteoclast, osteophage.
ostéocolle, *nf Miner* osteocolla.
ostéodentine, *nf Biol Z* osteodentin.
ostéogène, *a Biol* osteogenous, osteogenic, osteogenetic; bone-forming (cell); *Biol Z* **couche ostéogène (du périoste),** osteogen.
ostéogénèse, ostéogénie, *nf Biol* osteogeny, osteogenesis.
ostéogénique, *a Biol* osteogenic, osteogenetic.
ostéolite, *nf Miner* osteolite.
ostéologie, *nf Anat* osteology.
ostéologique, *a* osteologic(al).
ostéolyse, *nf Biol Z* ossifluence, osteolysis.
ostéome, *nm Z* osteoid.
ostéone, *nm Biol* osteon.
ostéopathie, *nf Anat* osteopathia, osteopatyology, osteopathy.
ostéo-périosté, *a Anat* osteoperiosteal.
ostéoplastie, *nf Biol* osteoplasty.
ostiole, *nm Biol* ostiole.
ostiolé, *a Biol* ostiolate.
ostium, *nm Anat* ostium (of the heart, etc); **muni d'un ostium, d'ostiums,** ostiate.
ostracé 1. *a Z* ostraceous. **2.** *nmpl Moll* Ostracea *pl.*
ostréiforme, *a* ostreiform.
Ostwald, *Prn Ch* **loi d'Ostwald de la dilution,** Ostwald's Dilution Law.
otalgique, *a Biol* otalgic.
otique, *a Anat* otic; **nerf otique,** otic nerve.
otocyste, *nm Z Moll* otocyst.
otogène, *a Biol* otogenic, otogenous.
otolithe, *nm Anat Biol* otolith; *Z* otoconium, otosteon.
otologique, *a* otologic.
otoplastie, *nf Biol* otoplasty.
ottrélite, *nf Miner* ottrelite.
ouabaïne, *nf Ch* ouabain.
ouate, *nf Ch* **ouate de cellulose,** wad; **tampon d'ouate,** wadding.
ouies, *nfpl* gills, branchiae *pl* (of fish).
ouralite, *nf Miner* uralite.
oural(it)isation, *nf Miner* uralitization.
ourlet, *nm Anat* helix, rim (of outer ear).
oursin, *a Z* ursine.
outremer, *nm Miner* lapis lazuli; lazurite.
ouvarovite, *nf Miner* uvarovite.
ouverture, *nf Ph* aperture; *Z* lumen (in a vessel); os, *pl* ora.
s'ouvrir, *vpr Bot* **s'ouvrir (le long d'une suture préexistante),** to dehisce.
ouwarowite, *nf Miner* uvarovite.
ovaire, *nm* (*a*) *Anat Bot* ovary; *Bot* **ovaire infère, supère,** inferior, superior, ovary; (*b*) *Z* ootheca.
ovalaire, *a Anat* oval (foramen).
ovalbumine, *nf BioCh Biol* egg white; ovalbumin.
ovale, *a Biol* oval; egg-shaped, ovate.
ovarien, -ienne, *a Anat Bot* ovarian.
ovariole, *nf Biol* ovariole.
ovarique, *a Anat Bot* ovarian; *Biol* **ponte ovarique,** ovulation.
ové, *a Biol* egg-shaped, ovate (fruit, etc).
ovi-[1], *pref Biol* ovi-, ovo-.
ovi-[2], *pref Z* ovi-.
ovibovine, *a Z* ovibovine.
ovicapsule, *nf Z* ovicapsule.
ovicelle, *nf Biol* ovicell.
ovidés, *nmpl Z* Ovidae *pl.*
oviducte, *nm Anat Z* oviduct; Fallopian tube; **oviductes et ovaires,** adnexa uteri.
ovifère, *a Z* oviferous, ovigerous.
oviforme, *a* oviform, egg-shaped.
ovigène, *a Z* ovigenous.
ovigère, *a Z* = **ovifère.**

ovipare, *a Z* oviparous, ootocous, egg-laying.
oviparisme, *nm,* **oviparité,** *nf Biol* oviparity; **se reproduire par oviparisme,** to reproduce oviparously.
ovipositeur, *nm Z* ovipositor.
oviposition, *nf Z* oviposition.
ovisac, *nm Z* ovisac.
ovisme, *nm Biol* ovism.
ovocentre, *nm Biol* ovocentre.
ovocyte, *nm Biol Ent* ovocyte; oocyte.
ovogénèse, *nf Biol* ovogenesis, oogenesis.
ovogénétique, *a* ovigenetic.
ovogénie, *nf Biol* = **ovogénèse.**
ovoglobuline, *nf Ch* ovoglobulin.
ovoïde, *a Bot etc* ovoid, egg-shaped, oviform.
ovologie, *nf* ovology.
ovomucine, *nf Biol* ovomucine.
ovomucoïde, *nm BioCh* ovomucoid.
ovoplasme, *nm Biol* ovoplasm.
ovotestis, *nm Z* ovotestis.
ovoverdine, *nf Biol* ovoverdin.
ovovivipare, *a Biol* ovoviviparous.
ovoviviparité, *nf Z* ovoviviparity.
ovulaire, *a Biol* ovular.
ovulation, *nf Biol Physiol* ovulation.
ovule, *nm Biol* (*a*) ovule; (*b*) ovum, *pl* ova.
ovulé, *a Biol* ovulate.
ovuligène, *a Biol* ovulogenous.
ovuligère, *a Biol* ovuliferous.
owyhéeite, *nf Miner* owyheeite.
oxacide, *nm Ch* oxyacid, oxacid, oxo-acid, hydroxy-acid.
oxalacétique, *a Ch* oxalacetic.
oxalate, *nm Ch* oxalate; **oxalate de fer,** oxalate of iron, ferrous oxalate, ferric oxalate.
oxalaté, *a Ch* oxalated.
oxalidacé, *a Bot* oxalidaceous.
oxalidées, *nfpl Bot* Oxalidaceae *pl.*
oxalique, *a Ch* oxalic (acid).
oxalo-acétique, *pl* **oxalo-acétiques,** *a Ch* oxaloacetic.
oxalose, *nf Biol* oxalosis.
oxalurique, *a Ch* oxaluric.
oxalyle, *nm Ch* oxalyl.
oxalylurée, *nf Ch* oxalylurea, parabanic acid.
oxalyluréide, *nf Ch* oxalylurea.
oxamide, *nm Ch* oxamide.
oxamique, *a Ch* oxamic.
oxammite, *nf Miner* oxammite.
oxanilide, *nm Ch* oxanilide.
oxanilique, *a Ch* oxanilic.
oxazine, *nf Ch* oxazine.
oxazole, *nm Ch* oxazole.
oxétone, *nf Ch* oxetone.
oxhydrile, *nm Ch* hydroxyl.
oximation, *nf Ch* oximation.
oxime, *nf Ch* oxime.
oxonium, *nm Ch* oxonium.
oxozone, *nm Ch* oxozone.
oxyacide, *nm Ch* oxyacid, oxacid, oxo-acid.
oxycarboné, *a Ch* containing carbon monoxide.
oxycarbonisme, *nm* carbon monoxide poisoning.
oxycellulose, *nf Ch* oxycellulose.
oxychlorure, *nm Ch* oxychloride; **oxychlorure de bismuth,** bismuth oxychloride; **oxychlorure de carbone,** phosgene.
oxycyanure, *nm Ch* oxycyanide.
oxydabilité, *nf Ch* oxidizability, oxidability.
oxydable, *a* (*a*) *Ch* oxidizable, oxidable; (*b*) liable to rust.
oxydactyle, *a Z* oxydactyl.
oxydant, *Ch* **1.** *a* oxidizing; **flamme oxydante,** oxidizing flame. **2.** *nm* oxidizer, oxidizing agent, oxidant, oxydant.
oxydase, *nf BioCh Ch* oxidase.
oxydation, *nf Ch* oxidation, oxidization, oxidizing; **indice d'oxydation,** oxidation number; **état d'oxydation,** oxidation state; *BioCh* **enzyme d'oxydation,** oxidative enzyme.
oxyde, *nm Ch* oxide; **oxyde de carbone, de plomb,** carbon monoxide, lead (mon)oxide; **oxyde de cuivre,** cupric oxide, scale of copper; **oxyde de fer,** thermite; **oxyde de magnésium,** magnesium oxide, magnesia; **oxyde de molybdène,** molybdenum oxide; **oxyde rouge de fer,** colcothar; **oxyde d'aluminium,** alumina; **oxyde de phénol,** diphenyl oxide, diphenyl ether; **oxyde de phényle,** phenoxybenzene, phenyl ether; **oxyde de zinc,** zinc oxide; **oxyde de baryum,** barium oxide, baryta; **oxyde de**

calcium, calcium oxide; **oxyde de mercure,** mercury oxide; **oxyde nitreux, azoteux,** nitrogen monoxide, nitrous oxide; **oxyde nitrique,** nitric oxide, nitrogen monoxide; *Miner* **oxyde d'uranium,** yellowcake.
oxyder, *vtr Ch* to oxidize.
s'oxyder, *vpr Ch* to become oxidized.
oxydo-réduction, *nf Ch* oxidoreduction, oxidation-reduction; **réactions d'oxydo-réduction,** oxidation-reduction, redox, reactions; **électrodes d'oxydo-réduction,** oxidation-reduction electrodes; **potentiels d'oxydo-réduction,** oxidation-reduction potentials.
oxyfluorure, *nm Ch* oxyfluoride.
oxygénable, *a Ch* oxygenizable.
oxygénase, *nf Ch* oxygenase.
oxygénation, *nf Ch* oxygenation.
oxygène, *nm Ch* (*symbol* O) oxygen; **oxygène liquide,** liquid oxygen, loxygen.
oxygéné, *a Ch* oxygenated, oxygenic; **eau oxygénée,** hydrogen peroxide, peroxide of hydrogen.
oxygéner, *vtr Ch* to oxygenate, oxygenize.
oxyhémoglobine, *nf Physiol* oxyh(a)emoglobin.
oxyhémographie, *nf Ch* oxyh(a)emography.
oxyhydrique, *a Ch* oxyhydrogen (flame).
oxyhydryle, *nm Ch* hydroxyl.
oxymètre, *nm Ch Physiol* oximeter.
oxymétrie, *nf Ch Physiol* oximetry.
oxymétrique, *a Ch Physiol* oximetric.
oxyphosphate, *nm Ch* oxyphosphate.
oxyrhynque, *a Crust* oxyrhynchous.
oxysel, *nm Ch* oxysalt.
oxysulfure, *nm Ch* oxysulfide.
oxytétracycline, *nf Ch* oxytetracycline.
oxytocine, *nf Physiol* = **ocytocine.**
oxyure, *nf Biol* oxyurid.
ozokérite, *occ* **ozocérite,** *nf Miner* ozocerite, ozokerite; fossil wax, mineral wax.
ozonateur, *nm Ch* ozonizer; ozone generator.
ozonation, *nf Ch* ozonization.
ozone, *nm Ch* ozone.
ozoné, *a Ch* **jet d'oxygène ozoné,** stream of ozonized oxygen.
ozoner, *vtr Ch* to ozonize.
ozoneur, *nm Ch* ozonizer.
ozonide, *nm Ch* ozonide.
ozonisation, *nf Ch* ozonization.
ozonisé, *a Ch* ozonized.
ozoniser, *vtr Ch* to ozonize.
ozoniseur, *nm Ch* ozonizer, ozone apparatus.
ozonolyse, *nf Ch* ozonolysis.
ozonomètre, *nm Ph* ozonometer.
ozonométrie, *nf Ph* ozonometry.
ozonométrique, *a Ph* ozonometric.
ozonoscope, *nm Ch* ozonoscope.
ozonoscopique, *a Ch* ozonoscopic.
ozonosphère, *nf Meteor* ozonosphere, ozone layer.

P

P, *symbol of* (i) phosphorus, (ii) poise.
Pa, *symbol of* (i) prot(o)actinium, (ii) pascal.
pacemaker, *nm Physiol* (heart) pacemaker.
pachnolite, *nf Miner* pachnolite.
pachomètre, *nm Ph* pachymeter.
pachyderme, *Z* **1.** *a* pachyderm(at)ous, pachydermal, pachydermic, thick-skinned. **2.** *nm* pachyderm.
pachydermique, *a Z* pachyderm(at)ous, pachydermal, pachydermic.
pachytène, *a & nm Biol* **(stade) pachytène,** pachytene (stage).
Pacini, *Prn Z* **corpuscules de Pacini,** Pacinian bodies.
packstone, *nm Miner* packstone.
pædogénèse, *nf Biol* p(a)edogenesis.
pædogénétique, *a Biol* p(a)edogenetic.
pagodite, *nf Miner* pagodite, pagoda stone.
pagoscope, *nm Ph* pagoscope.
paillette, *nf Bot* palea, pale (of a composite or graminaceous plant).
palais, *nm* (*a*) *Anat* palate; roof of the mouth; **voile du palais,** soft palate; **la voûte du palais,** the palatine vault; (*b*) *Bot* palate (of corolla of snapdragon, etc).
palaïte, *nf Miner* palaite.
palatal, -aux, *a Z* palatal, palatine.
palatin, *a & nm Anat* **(os) palatin,** palatine (bone).
paléa, *nf Bot* pale, palea.
paléacé, *a Bot* paleaceous.
paléarctique, *a Z etc* palearctic.
paléo-, *pref* pal(a)eo-.
paléobiologie, *nf* pal(a)eobiology.
paléobiologique, *a* pal(a)eobiological.
paléobiologiste, *nm & f* pal(a)eobiologist.
paléobotanique **1.** *nf* pal(a)eobotany, pal(a)eophytology. **2.** *a* pal(a)eobotanical.
paléocène, *a & nm Geol* Pal(a)eocene, Lower Eocene.
paléoécologie, *nf* pal(a)eoecology.
paléoécologique, *a* pal(a)eoecologic(al).
paléokinétique, *a* pal(a)eokinetic.
paléolithique, *Geol* **1.** *a* Pal(a)eolithic. **2.** *nm* Pal(a)eolithic; **paléolithique supérieur,** Upper Pal(a)eolithic.
paléomagnétisme, *nm Ph* pal(a)eomagnetism.
paléométabole, *a Biol* pal(a)eometabolous.
paléontologie, *nf Biol* pal(a)eontology.
paléontologique, *a Biol* pal(a)eontological.
paléopalynologie, *nf Paly* pal(a)eopalynology.
paléopathologie, *nf* pal(a)eopathology.
paléophytogramme, *nm Bot* pal(a)eophytograph.
paléophytographie, *nf Bot* pal(a)eophytography.
paléophytographique, *a Bot* pal(a)eophytographical.
paléophytologie, *nf Bot* pal(a)eophytology.
paléoplaine, *nf Geol* pal(a)eoplain.
paléoptère, *a Ent* pal(a)eopteran (wings).
paléosol, *nm Geol* fossil soil.
paléotropical, -aux, *a Geog* pal(a)eotropical.
paléovolcanique, *a Geol* pal(a)eovolcanic.
paléozoïque, *a & nm Geol Miner* Pal(a)eozoic.
paléozoologie, *nf* pal(a)eozoology.
paléozoologique, *a* pal(a)eozoological.

paléozoologiste, *nm & f* pal(a)eozoologist.
pâleur, *nf Z* pallor.
palingénèse, *nf Geol* palingenesis.
palingénésie, *nf Biol* palingenesis, palingenesia, palingenesy; regeneration.
palingénésique, *a Biol Geol* palingenetic, palingenic.
palingénie, *nf Biol* palingeny.
palissade, *nf Bot* palisade parenchyma; **cellule de la palissade,** palisade cell.
palissadique, *a Bot* **parenchyme palissadique,** palisade parenchyma, palisade tissue.
palladique, *a Ch* palladic.
palladium, *nm Ch* (*symbol* Pd) palladium.
pallasite, *nf Geol* pallasite.
palléal, -aux, *a Z* **cavité palléale,** mantle cavity, pallial chamber.
pallesthésie, *nf Z* pall(a)esthesia.
palmaire, *a Z* palmar; volar; *Biol* volaris.
palmatifide, *a Bot* palmatifid.
palmatiflore, *a Bot* palmatiflorate.
palmatifolié, *a Bot* palmatifoliate.
palmatilobé, *a Bot* palm(at)ilobate, palmatilobed.
palmatinervé, *a Bot* palminerved, palmately nerved, palmatinerved.
palmatiparti, -ite, *a Bot* palmatipartite.
palmatiséqué, *a Bot* palmatisect.
palmature, *nf Z* palmation.
palmé, *a* (*a*) *Bot* palmate (leaf); (*b*) *Z* palmate, palmed; webbed; **aux pieds palmés,** web-footed, web-toed; **pied palmé, patte palmée,** webbed foot.
palmiérite, *nf Miner* palmierite.
palmifide, *a Bot* palmatifid.
palmiflore, *a Bot* palmatiflorate.
palmifolié, *a Bot* palmatifoliate.
palmiforme, *a Bot* palmiform.
palmilobé, *a Bot* pedate, palm(at)ilobate, palmatilobed.
palminervé, *a Bot* palminerved, palmatinerved.
palmiparti,-ite, *a Bot* palmatipartite.
palmipède, *a & nm Z* palmiped; web-footed, web-toed, bird.
palmique, *a Ch* palmic (acid).
palmiséqué, *a Bot* palmatisect.
palmitate, *nm Ch* palmitate.
palmitine, *nf Ch* palm(it)in.
palmitique, *a Ch* palmitic (acid).
palmitone, *nf Ch* palmitone.
palmure, *nf Z* palmation; web.
palographie, *nf* palography.
palpation, *nf* palpation.
palpe, *nm Z* palpus, palp, feeler (of insect, annelid, crustacean); barbel (of fish).
palpébral, -aux, *a Anat Z* palpebral.
palpeur, -euse, *a Z* with long feelers.
palpicorne, *a Z* palpicorn.
palpigère, *a Z* palpigerous.
palpitant, *a* palmodic.
palpitation, *nf Physiol* palpitation, quiver.
paludéen, -éenne, *a Biol* paludal, paludine, pertaining to marshes; **plante paludéenne,** marsh plant.
paludicole, *a Biol* paludicolous, paludicole.
paludide, *a & nm Biol* paludide.
paludique, *a* = **paludéen.**
paludrine, *nf Ch* paludrine.
palustre, *a* palustral, palustrian, palustrine, paludous (plant, etc).
palynogramme, *nm Paly* palynogram.
palynologie, *nf Bot* palynology.
palynologique, *a Bot* palynological.
palynomorphe, *a Paly* palynomorphic.
pamaquine, *nf Ch* plasmoquin(e), pamaquine.
pamprodactyle, *a Z* pamprodactyl(ous) (bird).
panabase, *nf Miner* grey copper ore, tetrahedrite, fahlerz.
panaché, *a Biol Miner* variegated.
se panacher, *vpr* (*of flower, leaf, etc*) to become variegated.
panachure, *nf Bot* variegation.
panaris, *nm Z* paronychia; *Biol* whitlow.
panchromatique, *a Ch* panchromatic; **plaques panchromatiques,** panchromatic plates.
pancréas, *nm Anat Z* pancreas.
pancréatine, *nf Ch* pancreatin.
pancréatique, *a Anat Physiol* pancreatic; **canal, suc, pancréatique,** pancreatic duct, juice.
pancréatotrope, *a Physiol* pancreatropic.

pandacé, *a Bot* pandanaceous.
pandactyle, *a Z* (*of hoofed mammal*) five-toed.
pandané, *a Bot* pandanaceous.
pandermite, *nf Miner* pandermite.
panflavine, *nf Ch* panflavine.
pangène, *nm Biol* pangene.
pangénèse, *nf Biol* pangenesis.
panicule, *nf Bot* panicle.
paniculé, *a Bot* panicled, paniculate.
panméristique, *a Biol* panmeristic.
panmixie, *nf Biol* panmixia, panmixis, panmixy.
panse, *nf Z* paunch, first stomach, rumen (of ruminant).
panspermie, *nf*, **panspermisme,** *nm Biol* panspermy, panspermia.
panspermique, *a Biol* panspermic.
pantothénate, *nm Ch BioCh* pantothenate.
pantothénique, *a BioCh* pantothenic (acid).
pantrope, *a Biol* pantotropic, pantropic.
papaïne, *nf Ch* papain.
papavéracé, *a Bot* papaver(ace)ous.
papavéraldine, *nf Ch* papaveraldine.
papavérine, *nf Ch* papaverine.
papavérique, *a* papaveric.
papilionacé, *Bot* **1.** *a* papilionaceous. **2.** *nf* **papilionacée,** papilionaceous plant.
papillaire, *a Anat etc* papillary; *Bot* papillate(d) (gland, etc).
papille, *nf Anat Z* papilla; *Biol* torulus; **papille gustative, du goût,** taste bud.
papillé, *a Bot etc* papillate(d), papillose.
papilleux, -euse, *a Biol* papillose.
papillifère, *a Anat Bot* papilliferous.
papillon, *nm Z* butterfly; **papillon feuille,** leaf butterfly; **papillon de nuit,** moth.
pappe, *nm Bot* pappus.
pappeux, -euse, *a Bot* pappose, downy.
pappifère, *a Bot* pappiferous.
papule, *nf Bot* papula, papule.
papuleux, -euse, *a Bot* papulous, papulose.
papulospore, *nf Paly* papulospore.
papyracé, *a Z* papyraceous, papery.
parabanique, *a Ch* parabanic; **acide parabanique,** parabanic acid, oxylylurea.
parabenzène, *nm Ch* parabenzene.
parabiose, *nf Biol* parabiosis.
parablaste, *nm Biol* parablast.
paracarpe, *nm Bot* paracarp.
paracaséine, *nf BioCh* paracasein.
paracentèse, *nf Biol* paracentesis.
paracentral, -aux, *a Biol* paracentral; **lobule paracentral,** paracentral lobule.
paracétamol, *nm Pharm* paracetamol.
parachlorotoluène, *nm Ch* parachlorotoluene.
parachor, *nm Ch* parachor.
parachute, *nm Bot* parachute.
parachymosine, *nf Ch* parachymosin.
paraclase, *nf Geol* fault.
paracrésol, *nm Ch* paracresol, p-cresol.
paracyanogène, *nm Ch* paracyanogen.
parade, *nf Z* display.
parader, *vi Z* to display.
paradesmose, *nf Biol* paradesmose.
paradichlorobenzène, *nm Ch* paradichlorobenzene.
paradidyme, *nm Z* Giralde's organ.
paraexosporium, *nm Paly* paraexosporium.
paraffènes, *nmpl Ch* (the) paraffin series.
paraffine, *nf Ch* paraffin; **paraffine solide,** paraffin wax; **huile de paraffine, paraffine liquide,** liquid paraffin, paraffin (oil); **paraffine naturelle,** ozocerite, ozokerite; **paraffine brute,** crude paraffin; **paraffine déshuilée,** sweated wax.
paraffineux, -euse, *a Ch* **distillat paraffineux,** paraffin distillate.
paraffinique, *a Ch* paraffinic; **carbures paraffiniques,** paraffin hydrocarbons; **reste paraffinique,** paraffin residue.
paraformaldéhyde, paraforme, *nm Ch* paraform, paraformaldehyde.
paragénèse, *nf Biol Geol* paragenesis.
paragénésie, *nf Biol* paragenesis.
paraglobuline, *nf Z* paraglobulin, fibroplastin.
paraglosse, *nm Ent* paraglossa; macroglossia.
paragnathe 1. *a Z* paragnathous. **2.** *nm Z* paragnathus.
paragneiss, *nm Geol* paragneiss.
paragonite, *nf Miner* paragonite.
parahydrogène, *nm Ch* parahydrogen.

paraisomère, *nm Ch* paraisomer.
paralactique, *a Ch* sarcolactic (acid).
paralaurionite, *nf Miner* paralaurionite.
paraldéhyde, *nm Ch* paraldehyde.
parallactique, *a* parallactic.
parallaze, *nf Ph* parallax.
parallélépipède, *nm Geol* parallelepiped.
parallélinervé, *a Bot* parallelinervate, parallelinerved, parallel-veined.
parallergique, *a Biol* parallergic.
paraluminite, *nf Miner* paraluminite.
paralysie, *nf Tox* **paralysie générale,** pamplegia.
paramagnétique, *a Ph* paramagnetic.
paramagnétisme, *nm Ph* paramagnetism.
paramédian, *a* paramesial.
paramédical, -aux, *a Biol* paramedical.
paramélaconite, *nf Miner* paramelaconite.
paramère, *nf Z* paramere.
paramètre, *nm* parameter; *Z* parametrium.
paramidophénol, paraminophénol, *nm Ch* paraminophenol.
paramitome, *nm Biol* paramitome.
paramorphe, paramorphique, *a Miner Biol* paramorphic, paramorphous; **structure paramorphe,** paramorph.
paramorphisme, *nm Miner* paramorphism, paramorphosis.
paramorphose, *nf Biol* paramorphosis, paramorphism.
paranoïa, *nf Psy* paranoia.
paranucléus, *nm Biol* paranucleus, nebenkern.
paraphyse, *nf Bot* paraphysis.
paraplasme, *nm Biol* paraplasm.
parapode, *nm Ann* parapodium.
parapodie, *nf Moll* parapodium.
parapophyse, *nf Z* parapophysis (of a vertebra).
pararosaniline, *nf Ch* pararosaniline.
parasellaire, *a* parasellar.
parasitaire, *a* parasitic (disease); **vie parasitaire,** parasitic life.
parasite 1. *nm Biol* parasite; **parasite accidentel, permanent,** accidental, permanent, parasite; **parasite cellulaire,** histozoic; **parasite obligatoire,** holoparasite; **parasite temporaire,** pseudoparasite; **parasite essentiel,** obligate parasite; **vivre en parasite avec qch,** to parasitize sth. **2.** *a* (*a*) *Biol* parasitic, biogenous (insect, plant, etc) (**de,** on); **être parasite de qch,** to be a parasite on sth, to be parasitic on sth; (*b*) *Ph* spurious, parasitic (oscillation); **lumière, radiation, parasite,** stray light, radiation; **champs magnétiques parasites,** magnetic interference.
parasiter, *vtr* to parasitize.
parasiticide 1. *a* parasiticidal. **2.** *nm* parasiticide.
parasitique, *a* parasitical, parasitic (habits, disease, etc).
parasitisme, *nm Biol* parasitism, antagonistic symbiosis.
parasitologie, *nf* parasitology.
parasitotrope, *a* parasitotropic.
parasol, *nm Bot* **fleur en parasol,** umbellar, umbellate(d), flower.
paraspore, *nf Bot* paraspore.
parasporium, *nm Paly* parasporium.
parasymbiose, *nf Biol* parasymbiosis.
parasynapsis, *nf Biol* parasynapsis.
paratartarique, *a Ch* paratartaric.
parathormone, *nf BioCh* parathormone.
parathyroïde, *a Z* **glande parathyroïde,** parathyroid.
paratonie, *nf Z* paratonia.
para-urétral, *pl* **para-urétraux, -ales,** *a Z* **glandes para-urétrales,** Skene's glands (in urethra of woman).
paravivipare, *a Z* paraviviparous.
paraxanthine, *nf Ch* paraxanthine.
paraxylène, *nm Ch* paraxylene, p-xylene.
parcellaire, *a Biol* piecemeal.
parcelle, *nf* particle.
parcours, *nm Ph* **parcours de l'onde, des ondes,** propagation path, wave path.
parenchymal, -aux, *a Anat Bot* parenchymal.
parenchymateux, -euse, *a Anat Bot* parenchymatous.
parenchyme, *nm Anat Bot* parenchyma; fundamental tissue; **parenchyme conjonctif,** ground tissue; **parenchyme lacuneux,** spongy parenchyma.

parentéral, -aux, *a Physiol Tox* parenteral.

parfait, *a* perfect; *Ch* **gaz parfait,** perfect, ideal, gas; **liquides parfaits,** perfect liquids; *Bot* **fleur parfaite,** perfect flower; *Ent* **insecte parfait,** imago, perfect insect.

parfum, *nm Biol* odour, scent.

pargasite, *nf Miner* pargasite.

paridigit(id)é, *a Z* artiodactylous, even-toed.

pariétaire, *nf Bot* pellitory; **pariétaire officinale,** wall pellitory.

pariétal, -aux 1. *a Anat Bot* parietal. **2.** *nm Anat* parietal (bone).

paripenné, *a Bot* (*of leaves*) paripinnate, bluntly pinnate(d).

parité, *nf Ph* parity.

paroi, *nf Biol* paries; **paroi cellulaire, d'une cellule,** cell(ular) wall.

parole, *nf Physiol* speech.

parotide, *a & nf Anat Z* parotid (gland).

parotidien, -ienne, *a Anat Z* parotid, parotidean.

parotique, *a Anat Z* parotic (region, etc).

partage, *nm Ch* **coefficient de partage,** coefficient of distribution, of partition; **agent de partage,** partitioning agent.

partagé, *a Bot* parted (leaf).

parthénocarpie, *nf Bot* parthenocarpy.

parthénocarpique, *a Bot* parthenocarpic, parthenocarpous.

parthénogénèse, *nf Biol* parthenogenesis; virginal generation; **parthénogénèse thélytoque,** thelytokous parthenogenesis; **parthénogénèse arrhénotoque,** arrhenotokous parthenogenesis.

parthénogénésique, parthénogénétique, *a Biol Paly Z* parthenogenetic, parthenogenic, parthenogenous.

parthénospore, *nf Bot* parthenospore.

parti, *f* **partie,** *occ* **partite,** *a Bot* partite, parted (leaf).

particulaire, *a Ph* particulate (matter).

particule, *nf* particle; *Miner* **particule cristalline,** crystallite; *AtomPh* **particule alpha, particule bêta,** alpha, beta, particle; **particule mésique,** meson; **particule émise,** emitted, ejected, particle; **particule élémentaire,** elementary particle; **particule fondamentale,** fundamental particle; **particule originale, particule primitive,** initial particle; **particule libre,** free, unbound, particle; **particule relativiste,** relativistic particle; **particule bombardée,** bombarded, struck, particle; **particule chargée,** charged particle; **particule non chargée, particule neutre,** uncharged, neutral, particle; **particule de grande, de faible, énergie,** high-energy, low-energy, particle; **particule positive,** positive particle.

partie, *nf Z* portio; **partie vitale,** vital organ; *Ch* **parties par million,** parts-per-million; **domaine de parties par million,** parts-per-million range.

partiel, -elle, *a* partial; **pression partielle,** partial pressure.

partschine, *nf Miner* partschinite.

parturition, *nf Physiol* parturition; (*of animals*) dropping (of young); **en parturition,** parturient.

parvifolié, *a Bot* parvifolious, parvifoliate.

parvoline, *nf Ch* parvoline.

Pascal, *Ph* **1.** *Prn* **principe de Pascal,** Pascal's law, principle. **2.** *nm Meas* (*symbol* Pa) **pascal,** pascal; *pl pascals.*

pascoïte, *nf Miner* pascoite.

passage, *nm* passage; **passage d'oiseaux,** passage of birds; **oiseau de passage,** bird of passage; **passage d'un courant électrique,** passage of an electric current; **passage d'un rayon (de lumière) à travers un prisme,** passage of a ray of light through a prism; **passage des neutrons à travers la matière,** passage of neutrons through matter.

passager, -ère, *a* momentary; **oiseau passager,** bird of passage.

passer, *vtr & i* **passer à travers,** to permeate.

passereau, -eaux, *nm Orn* passerine.

passivateur, *nm* **passivateur de métaux,** metal deactivator.

passivation, *nf Ch* passivation.

passivé, *a Ch* **fer passivé,** passive iron.

passiver, *vtr Ch etc* to passivate.

passivité, *nf Ch* passivity (of metals).

pasteurisation, *nf Ch* pasteurization.

pastille, *nf Pharm* pellet, troche.

patagium, *nm* (*a*) *Z* patagium, wing membrane (of bat, etc); (*b*) *Ent* patagium.
pataugeur, *nm Orn* wader, wading bird.
pâte, *nf Geol* magma; *Ch* mull.
pâtée, *nf Biol Nut* feedstuff.
patelle, *nf Bot* patella (of lichen).
patellé, *a Biol* patellate.
patelliforme, *a Biol* patelliform, patellate, patelline, patelloid.
paternoïte, *nf Miner* paternoite.
pathétique, *a Z* pathetic; **muscle pathétique,** pathetic muscle; **nerf pathétique,** pathetic nerve.
pathogène, *a Biol* pathogenic; **microbe pathogène,** pathogen, gonococcus.
pathogénèse, *nf Path* pathogenesis.
pathogénicité, *nf* pathogenicity.
pathogénique, *a* pathogenetic, pathogenic.
pathologie, *nf Biol* pathology; **pathologie végétale,** plant pathology, phytopathology; **pathologie microbiologique,** micropathology.
patine, *nf Ch* patina.
patrimoine, *nm Biol* **patrimoine héréditaire,** genotype.
patrinite, *nf Miner* aikinite, needle ore.
patrocline, *a Biol* patroclinous, patroclinic.
patronite, *nf Miner* patronite.
patte, *nf* (*a*) paw (of lion, monkey, etc); foot (of bird); leg (of insect); *Z* **patte membraneuse, fausse patte,** proleg; **patte palmée,** webbed foot; *Crust* **patte natatoire,** swimmeret; **patte ambulatoire,** walking leg; **pattes de devant,** forelegs, forefeet; **pattes de derrière,** hind legs; (*b*) *Bot* root (of anemone, etc).
patte-nageoire, *nf Z* flipper; *pl pattes-nageoires.*
patuline, *nf Pharm* patulin.
paucibacillaire, *a Biol* paucibacillary.
pauciflore, *a Bot* pauciflorous.
paupière, *nf Anat Z* eyelid, palpebra; **battement de paupière,** quiver of the eyelid; **paupière interne,** nictitating membrane.
paurométabole, *a & nm* paurometabolous (insect).
pauropode, *a Z* pauropodous.
pavillon, *nm* (*a*) *Bot* vexillum, standard, banner (of pea flower); (*b*) *Z* outer ear; **pavillon vibratile,** nephrostome, nephrostoma; *Ann* **pavillon cilié,** sperm funnel.
pavonazzo, *nm Miner* pavonazzo (marble).
pavot, *nm Bot* poppy.
Pb, *symbol of* lead.
Pd, *symbol of* palladium.
pearcéite, *nf Miner* pearceite.
peau, *pl* **peaux,** *nf* (*a*) *Z* skin; cutis; pella; **à peau molle, à la peau mince,** soft-skinned; **à la peau épaisse,** thick-skinned, pachyderm(at)ous, pachydermal, pachydermic; **à peau jaune,** xanthochroic; (*of snake, etc*) **faire peau neuve, changer de peau, quitter sa peau,** to cast, throw, its skin, its slough; (*b*) *Bot* skin (of fruit).
pechblende, *nf Miner* pitchblende, uraninite.
péchopal, *nm Miner* pitch opal.
pechstein, *nm Miner* pitchstone.
péchurane, *nm Miner* pitchblende, uraninite.
peck, *nm Meas* peck.
peckhamite, *nf Miner* peckhamite.
pectase, *nf Ch* pectase.
pectate, *nm Ch* pectate.
pecteux, -euse, *a Ch* pectous.
pectinacé, *Z* **1.** *a* pectinaceous. **2.** *nm* pectinacean.
pectine, *nf Ch* (*a*) pectin; (*b*) vegetable jelly.
pectiné, *a Z* pectinate(d); pectinal; comb-shaped; pectenoid; pectiniform; **antenne pectinée,** pectinate antenna; **branchies pectinées,** pectinate branchiae; *Bot* **feuille pectinée,** pectinate leaf; **structure pectinée,** pectination.
pectinéal, -aux, *a Anat* pectineal.
pectinibranche, *a & nm Z* pectinibranch(ian), pectinibranchiate.
pectique, *a Ch* pectic (acid).
pectisable, *a Ch* pectizable.
pectisation, *nf Ch* pectization.
pectiser, *vtr Ch* to pectize.
pectolite, *nf Miner* pectolite.
pectoral, -aux, *a Anat etc* pectoral; **muscle pectoral,** pectoral; *Z* **nageoire pectorale,** pectoral fin.
pectose, *nm Ch* pectose.

pédalé, *a Bot* pedate (leaf).
pédaliacé, *a Bot* pedaliaceous.
pédèse, *nf Ph* pedesis.
pédiatre, *nm & f* p(a)ediatrist.
pédiatrie, *nf* p(a)ediatrics.
pédicelle, *nm Paly Bot Z* pedicel, peduncle, pedicle; stalklet.
pédicellé, *a* (*a*) *Z* pedicellate, pediculate(d); (*b*) *Bot* pedicellate, pedicled.
pédicelline, *nf Z* pedicellina.
pédiculaire, *a* pedicular.
pédicule, *nm Z* pedicle, pedicel, pedicule, peduncle; *Bot* stipe.
pédiculé, *a Z* pediculate(d), pedicellate, pedicled.
pédieux, -euse, *a Anat Z* pedal; **ganglion pédieux,** pedal ganglion; **muscle pédieux,** pedal muscle; **les muscles pédieux,** the muscles of the foot.
pédimane, *a Z* pedimanous.
pédiment, *nm Geol* pediment.
pédipalpe, *Z* **1.** *a* pedipalpous. **2.** *nm* pedipalp(us).
pédocal, *nm Geol* pedocal.
pédodontie, *nf Biol* p(a)ediatontia, p(a)edodontics.
pédodontologie, *nf Biol* p(a)ediatontology.
pédogénèse, *nf Biol* p(a)edogenesis.
pédogénétique, *a Biol* p(a)edogenetic.
pédologie, *nf Geol* pedology, paidology.
pédologique, *a Geol* pedologic(al); **équilibre pédologique,** soil equilibrium.
pédomorphose, *nf Biol* neotenia.
pédonculaire, *a Bot Z* peduncular.
pédoncule, *nm* (*a*) *Z* peduncle, pedicel, pedicle; **pédoncule olfactif,** rhinocaul; **pédoncule de l'œil,** eyestalk, ommatophore; (*b*) *Biol Bot* stem, stalk, shank; peduncle; sterigma.
pédonculé, *a Bot Z* pedunculate; (*of flower, fruit, eye*) stalked, pedicellate; pediculate(d), pedicled; *Crust* **aux yeux pédonculés,** podophthalmate, podophthalmic, podophthalmous.
pédophile, *a* p(a)edophilic.
péganite, *nf Miner* peganite.
pegmatite, *nf Miner* pegmatite.
pegmatoïde, *a Miner* pegmatoid.
pégologie, *nf* pegology.
peigne, *nm* pecten, comb (of scorpion, bird's eye); *Ent* **peigne tibial,** strigil.
péladique, *a* peladic.
pelage, *nm* wool (of animal).
pélagien, -ienne, *a Oc* pelagian, pelagic.
pélagique, *a Oc* pelagic, pelagian, oceanic (fauna, etc); **faune pélagique profonde,** abyssalpelagic, abyssopelagic, fauna; **région pélagique,** pelagic zone; **dépôt pélagique,** pelagic deposit.
pélargonate, *nm Ch* pelargonate.
pélargonique, *a Ch* pelargonic.
pélasgique, *a Biol* pelasgic.
pélécypode, *a & nm Moll* pelecypod.
péliom, *nm Miner* peliom.
pélite, *nf Miner* pelite.
pélitique, *a Geol* pelitic.
pellagre, *nf Nut* pellagra.
pellagreux, -euse, *a* pellagral.
pelletiérine, *nf Ch* pelletierine; **ψ-pelletiérine,** ψ-pelletierine.
pelliculaire, *a* pellicular, pelliculate; *Phot* **bande pelliculaire,** film.
pellicule, *nf Z* pellicle, pellicule, thin skin; *pl* scurf; *Ch* film; **pellicule adsorbée,** adsorbed film; **pellicule colloïdale,** colloidal film; **structure des pellicules,** film structure; **surface des pellicules,** film surface.
pelmatozoaire, *Z* **1.** *a & nm* pelmatozoan. **2.** *a* pelmatozoic.
pélophage, *a Z* limivorous, mud-eating.
pélorie, *nf Bot* peloria, pelory.
pélorié, *a Bot* peloriate, peloric, pelorian.
pélorisme, *nm Bot* pelorism.
pelote, *nf Z* (*a*) **pelote digitale,** pad (on the foot of certain animals); *Ent* **pelote adhésive,** pad; (*b*) **pelotes de réjection,** pellets (of owl, etc).
pelotonné, *a* tufted.
pelté, *a Bot* peltate, peltiform; *Biol Echin* shield-shaped.
peltiforme, *a Bot* peltiform.
peluché, *a Bot* hairy (flower, leaf).
pelucheux, -euse, *a* downy (fruit, plant).
pelvien, -ienne **1.** *a Anat* pelvic; **ceinture pelvienne,** pelvic girdle; **cavité pelvienne,** pelvic cavity; **membres pelviens,** pelvic limbs. **2.** *nfpl Ich* **pelviennes,** pelvic fins.

pelvimètre, *nm* pelvimeter.
pencatite, *nf Miner* pencatite.
penché, *a Biol Bot* pendent, cernuous; (*of leaf, horn, etc*) nodding.
pendant, *a Bot* pendent, cernuous.
pénétrabilité, *nf* radiability.
pénétrance, *nf Biol* penetrance.
pénétration, *nf Ph* penetration.
pénétré, *a Ph etc* penetrated.
pénétromètre, *nm Biol* radiosclerometer.
penfieldite, *nf Miner* penfieldite.
pénicillanate, *nm* penicillanate.
pénicillé, *a Biol* penicillate, penicilliary.
pénicilliforme, *a Z* penicilliform.
pénicillinase, *nf Bac* penicillinase.
pénicilline, *nf* penicillin.
pénicillium, *nm Ch* penicillium.
pénien, -ienne, *a Anat Z* penial, penile.
pénil, *nm Z* mons pubis.
pénis, *nm Z* penis; virile member.
pennatifide, *a Bot* pennatifid, pinnatifid; pinnately cleft.
pennatilobé, *a Bot* pennatilobate, pinnatilobate, pinnately lobed.
pennatiséqué, *a Bot* pennatisect(ed), pinnatisect.
pennatulacé, *a Z* pennatulaceous.
penne, *nf Z* quill (feather), long wing feather, contour feather; pen feather; pinna; **penne rectrice,** tail feather.
penné, *a Bot* pennate, pinnate(d).
penniforme, *a Anat Z* penniform; *Biol* pennate.
pennine, *nf Miner* penninite, pennine.
pénologie, *nf* penology.
pentaalcool, *nm Ch* pentite, pentitol.
pentacapsulaire, *a Bot* pentacapsular.
pentacarpellaire, *a Bot* pentacarpellary.
pentachlorure, *nm Ch* pentachloride; **pentachlorure de phosphore,** phosphorus pentachloride.
pentacoccygien, -ienne, *a Bot* pentacoccus.
pentacrinoïde, *a Echin* pentacrinoid.
pentactinique, *a Z* pentactinal.
pentacyclique, *a Bot Ch* pentacyclic; **triterpène pentacyclique,** pentacyclic triterpene.
pentadactyle, *a & nm Z* pentadactyl(e).
pentaérythrite, *nf,* **pentaérythritol,** *nm Ch* pentaerythritol.
pentagyne, *a Bot* pentagynous, pentagynian.
pentagynie, *nf Bot* pentagynia.
pentalcool, *nm Ch* pentite, pentitol.
pentamère, *a Z Bot* pentamerous, pentameral.
pentamérisme, *nm Biol* pentamerism.
pentaméthylène, *nm Ch* pentamethylene.
pentaméthylènediamine, *nf Ch* pentamethylenediamine.
pentandre, *a Bot* pentandrous.
pentandrie, *nf Bot* pentandria.
pentane, *nm Ch* pentane.
pentanoïque, *nm Ch* pentanoic acid.
pentanol, *nm Ch* pentanol.
pentanone, *nf Ch* pentanone.
pentapétale, *a Bot* pentapetalous.
pentaploïde, *a Biol* pentaploid(ic).
pentaploïdie, *nf Biol* pentaploidy.
pentaquine, *nf Ch* pentaquine.
pentasépaloïde, *a Bot* pentasepalous.
pentasternum, *nm Z* pentasternum.
pentasulfure, *nm Ch* pentasulfide; *Miner* **pentasulfure d'antimoine,** red sulfide of antimony.
pentathionate, *nm Ch* pentathionate.
pentathionique, *a Ch* pentathionic.
pentatomique, *a Ch* pentatomic.
pentavalence, *nf Ch* pentavalence, quinquevalence.
pentavalent, *a Ch* pentavalent, quinquevalent; **corps pentavalent,** pentad.
pentène, *nm Ch* pentene.
pentétrazol, *nm Ch* pentylenetetrazol.
penthiofène, penthiophène, *nm Ch* penthiophene.
pentite, *nf,* **pentitol,** *nm Ch* pentite, pentitol.
pentlandite, *nf Miner* pentlandite.
pentosane, *nm Ch* pentosan.
pentosazone, *nf Ch* pentosazon.
pentose, *nm Ch* pentose.
pentoside, *nm Ch* pentosid(e).
pentosurique, *a Ch* pentosuric.
pentothal, *nm,* **pentoxyde,** *nm Ch* pentothal, thiopental.
péonine, *nf Ch* peonin.
péperin, *nm Geol* peperine.

pépin, *nm Bot* seed (of fruit); **sans pépins,** seedless (fruit).
pepsinase, pepsine, *nf Ch Physiol* pepsin; pepsinum; **glandes à pepsine,** peptic glands; *BioCh* **pepsines,** peptic enzymes.
pepsinogène, *nm Ch* pepsinogen.
pepsique, *a Physiol* peptic.
peptidase, *nf BioCh* peptidase.
peptide, *nm BioCh* peptid(e).
peptique, *a Physiol* peptic.
peptisable, *a Ch* peptizable.
peptisation, *nf Ch* peptization.
peptiser, *vtr Ch* to peptizate, to peptize.
peptolyse, *nf Ch* peptolysis.
peptonate, *nm BioCh* peptonate.
peptone, *nf BioCh* peptone.
peptonisable, *a Ch* peptonizable.
peptonisation, *nf Physiol etc* peptonization.
peptoniser, *vtr Physiol etc* to peptonize.
peracétique, *a Ch* peracetic.
peracide, *nm Ch* peracid.
perazotate, *nm Ch* pernitrate.
perazotique, *a Ch* pernitric (acid).
perborate, *nm Ch* perborate.
perbromure, *nm Ch* perbromide.
percarbonate, *nm Ch* percarbonate.
percé, *a Biol Paly* perforate.
perce-bois, *Ent* **1.** *a* wood-boring. **2.** *nm inv* wood borer.
percée, *nf Geog* (river) gap; transverse valley.
perchlorate, *nm Ch* perchlorate.
perchloré, *a Ch* perchlorinated.
perchlorique, *a Ch* perchloric.
perchlorure, *nm Ch* perchloride; **perchlorure de fer,** ferric chloride.
perchromate, *nm Ch* perchromate.
perchromique, *a Ch* perchromic.
percoïde, *a Z* percoidean.
percomorphe, *nm Z* percomorph.
percurrent, *a Paly* percurrent.
percutané, *a Physiol* percutaneous, transcutaneous.
percylite, *nf Miner* percylite.
perdisulfurique, *a Ch* peroxydisulfuric (acid).
perditance, *nf Ch Ph* leakage conductance.
perdre, *vtr* (*of bird, reptile, etc*) **perdre ses plumes, sa peau, sa carapace,** to moult (feathers, skin, shell).
péréiopode, *nm Crust* walking leg.
pereirine, *nf Ch* pereirine.
pérennant, *a Bot* perennating (rhizome, etc).
pérennibranche, *a & nm Z* perennibranch, perennibranchiate.
perfeuillé, *a Bot* perfoliate.
perfolié, *a Bot Z* perfoliate.
perforation, *nf Z* terebration; *Biol* tresis.
perforé, *a Biol Paly* perforate.
pergamentacé, *a Biol* pergameneous.
pergélisol, *nm Geol* permafrost.
perhydrol, *nm Ch* perhydrol.
perhydrure, *nm Ch* perhydride.
périanthe, *nm Bot* perianth.
périblaste, *nm Biol* periblast.
périblastula, *nf Biol* periblastula.
périblat, -ate, *a Paly* peroblate.
périblème, *nm Bot* periblem.
péribulbaire, *a Anat Z* peribulbar.
péricapillaire, *a Biol* pericapillary.
péricarde, *nm Anat Z* pericardium.
péricardique, *a Z* pericardial.
péricarpe, *nm Bot* pericarp, seed vessel.
péricarpial, -iaux, péricarpien, -ienne, péricarpique, *a Bot* pericarpial, pericarpic.
péricellulaire, *a Biol* pericellular, pericytial.
périchondral, -aux, *a* perichondral.
périchondre, *nm Z* perichondrium.
périclase, *nm Miner* periclase, periclasite.
périclinal, -aux, *a Geol* periclinal.
péricline, *nf Miner Geol* pericline.
péricolpé, *a Paly* pericolpate.
péricrâne, *nm Z* pericranium.
péricycle, *nm Bot* pericycle.
périderme, *nm Bot* periderm.
péridermique, *a Bot* peridermal, peridermic.
péridesme, *nm Bot* peridesm.
péridesmique, *a Bot* peridesmic.
périddidyme, *nf Anat Z* perididymus.
péridium, *nm Bot* peridium.
péridot, *nm Miner* peridot, chrysolite, olivine.

péridotite, *nf Miner* peridotite.
péridural, -aux, *a* peridural.
périfocal, -aux, *a* perifocal.
périfoliaire, *a Bot* perifoliary.
périgone, *nm Bot* perigone, perigonium.
périgyne, *a Bot* perigynous.
périkaryon, *nm Biol* perikaryon.
périlymphe, *nf Z* perilymph.
périmysium, *nm Z* perimysium.
périnatal, -aux, *a Z* perinatal.
périne, *nf Paly* perin.
périnéal, -aux, *a Z* perineal.
périnée, *nm Anat* perineum.
périnèvre, *nm Z* neurilemma; **périnèvre des ramifications des filaments nerveux,** epilemma.
périodate, *nm Ch* periodate.
période, *nf Geol Z* period; *Ph* **période d'une onde,** period of a wave; **nombre de périodes par seconde,** frequency (of sound wave, of oscillation); **période biologique,** biological half-life; *AtomPh* **période radioactive,** half-life (period).
périodicité, *nf Ph* recurrency frequency.
periodique, *a Ch* per-iodic, periodic.
périodique, *a* periodic; *Ph* **onde périodique,** periodic wave; *Ch* **loi périodique (des éléments)**, periodic law.
périodontique, *a Z* peridental, periodontal.
periodure, *nm Ch* periodide.
périombilical, -aux, *a Biol* periomphalic.
périople, *nm Z* periople.
périoral, -aux, *a* perioral.
périoste, *nm Z* periosteum; **périoste orbitaire,** periorbit.
périphérique, *a* peripheral.
périplasme, *nm Biol* periplasm.
péripneustique, *a Z* peripneustic.
péripolaire, *a* peripolar.
périporié, *a Paly* periporous.
péri-porte, *a* peripylic.
périsarc, périsarque, *nm Z* perisarc.
périspermatique, *a Bot* perispermal, perispermic.
périsperme, *nm Bot* perisperm.
périsplénique, *a* perisplenic.
périspore, *nm Bot* perispore.
périsporié, *a Paly* perisporiate.
périssodactyle, *Z* **1.** *a* perissodactyllous, perissodactylate. **2.** *nm* perissodactyl.
péristaltine, *nf* peristaltin.
péristaltique, *a Physiol* peristaltic, vermicular; **mouvement(s) péristaltique(s),** peristalsis.
péristaltisme, *nm Physiol* peristalsis.
péristase, *nf Physiol* peristasis.
péristérite, *nf Miner* peristerite.
péristole, *nf Physiol* peristaltic motion (of the intestines); peristole; peristalsis.
péristomal, -aux, *a Biol* peristom(i)al.
péristome, *nm Biol* peristome, peristomium.
péristomique, *a Biol* peristomatic.
périsystole, *nf Physiol* perisystole.
périthèce, *nm Bot* perithecium.
périthélium, *nm Z* perithelium.
péritoine, *nm Z* peritoneum.
péritonéal, -aux, *a Z* peritoneal.
péritrachéen, -éenne, *a Z* peritracheal.
péritriche, *a Z Bac* peritrichous.
péritrophique, *a Z* peritrophic (membrane).
périvasculaire, *a Z* perivascular.
périviscéral, -aux, *a Z* perivisceral.
perlite, *nf Miner* perlite, pearlstone.
perlitique, *a Geol* perlitic.
perlon, *nm Ch* perlon.
permanganate, *nm Ch* permanganate; **permanganate de potassium,** potassium permanganate, permanganate of potash.
permanganique, *a Ch* permanganic.
perméabilimètre, *nm Ph Geol* permeameter.
perméabilité, *nf Ch* permeability, perviousness; *Ph* **perméabilité à faible aimantation,** permeability under low magnetizing.
perméable, *a* permeable, pervious (**à,** to); leachy (soil).
perméamètre, *nm Ph Geol* permeameter.
permien, -ienne, *a & nm Geol* Permian.
permitman, *nm Geol* permitman.
permo-carbonifère, *a & nm Geol* Permocarboniferous; *pl permo-carbonifères.*
permonosulfurique, *a Ch* permonosulfuric.

pernitrique, *a Ch* pernitric.
péroné, *nm Anat Z* fibula, paracnesis.
péronier, -ière, *a Z* peroneal.
perovskite, perowskite, *nf Miner* perovskite.
peroxomonophosphorique, *a* peroxomonophosphoric.
peroxophosphate, *nm Ch* peroxophosphate.
peroxyacide, *nm Ch* peroxy acid.
peroxydase, *nf BioCh* peroxidase.
peroxydation, *nf Ch* peroxidation.
peroxyde, *nm Ch* peroxide; **peroxyde de manganèse,** manganese peroxide.
peroxyder, *vtr Ch* to peroxidize.
peroxysel, *nm Ch* peroxy salt.
perpétuel, -elle, *a Ph* **mouvement perpétuel,** perpetual motion.
perradius, *nm Z* perradius.
perrhénate, *nm Ch* perrhenate.
perrhénique, *a Ch* perrhenic.
perséite, *nf,* **perséitol,** *nm Ch* perseitol, perseite.
persel, *nm Ch* persalt; peroxy salt.
perséulose, *nm Ch* perseulose.
persévération, *nf Physiol* perseveration.
persistant, *a Bot* persistent, perennial, indeciduous, evergreen; *Biol* nagging (pain); **feuillage persistant,** persistent leaves; **arbre à feuilles persistantes,** evergreen.
personée, *af Bot* personate (corolla).
perspex, *nm Rtm Ch* Perspex, perspex.
perspiration, *nf Physiol* perspiration.
persulfate, *nm Ch* persulfate; **persulfate d'ammoniaque,** ammonium persulfate.
persulfure, *nm Ch* persulfide.
persulfurique, *a Ch* persulfuric (acid).
perthite, *nf Miner* perthite.
pérule, *nf Bot* perula.
pervalvaire, *a Z* pervalvar.
pérylène, *nm Ch* perylene.
pesant, *a Ph* ponderable (gas, etc).
pesanteur, *nf* weight; *Ph* gravity; **pesanteur spécifique,** specific gravity; **loi de la pesanteur,** law of gravity, of gravitation.
pesavioïde, *a Paly* pesavioid.
pèse-acide, *nm* acid hydrometer, acidimeter; *pl pèse-acides.*
pesticide, *nm Ch* pesticide.
pétalaire, *a Bot* petaline.
pétale, *nm Bot* petal; **à cinq pétales,** pentapetalous; **à pétales bleus,** blue-petalled; **à trois, à six, pétales,** three-petalled, six-petalled.
pétalé, *a Bot* petalled, petalous.
pétaliforme, *a Bot* petaliform, petaline.
pétalin, -ine, *a Bot* petaline.
pétalite, *nf Miner* petalite.
pétalocère, *a Z* petalocerous.
pétalodé, *a Bot* petalodic.
pétalodie, *nf Bot* petalody.
pétaloïde, *a Biol* petaloid, petaline.
pétiolaire, *a Bot* petiolar.
pétiole, *nm Bot* petiole, leafstalk, footstalk; stem (of flower).
pétiolé, *a Bot* petiolate(d), stalked (leaf).
pétiolulaire, *a Bot* petiolular.
pétiolule, *nm Bot* petiolule.
pétiolulé, *a Bot* petiolulate.
Petit, *Prn Anat Z* **canal de Petit,** Petit's canal.
pétreux, -euse, *a Anat Z* petrosal, petrous; **os pétreux,** petrosal, petrous, otic, bone.
petrichloral, -aux, *a* petrichloral.
pétricole, *a Moll* petricolous.
pétrifaction, pétrification, *nf Biol* petrification, petrifaction.
pétrifier, *vtr* to encrust with lime, to calcify (wood).
se pétrifier, *vpr* to become encrusted with lime, to calcify.
pétrochimie, *nf* petrochemistry.
pétrochimique, *a* petrochemical; **produits pétrochimiques,** petrochemicals.
pétrogénèse, *nf Geol* petrogenesis.
pétrographie, *nf Geol* petrography.
pétrographique, *a* petrographic(al).
pétrole, *nm* petroleum, (mineral) oil; **pétrole brut,** (crude) petroleum, crude oil; **pétrole (lampant),** paraffin (oil), lamp oil, *US* kerosene; *Ch* **pétrole non corrosif,** sweet crude.
pétroléine, *nf Ch* petrolatum (jelly), petroleum jelly.
pétrolène, *nm Ch* petrolene.
pétroléochimie, *nf* petrochemistry.
pétroléochimique, *a* petrochemical; **produits pétroléochimiques,** petrochemicals.

pétrolifère, *a Geol* (*of shale, etc*) petroliferous, oil-bearing; oil-producing; oil-yielding; **gîtes pétrolifères,** oil-bearing sediments.
pétrolochimie, *nf* petrochemistry.
pétrolochimique, *a* petrochemical.
pétrologie, *nf* petrology.
pétrologique, *a* petrological.
pétro-mastoïdien, -ienne, *pl* **pétro-mastoïdiens, -iennes,** *a Z* petromastoid.
pétrosilex, *nm Miner* petrosilex, felsite.
pétrosiliceux, -euse, *a Geol* (micro)-felsitic.
pétro-squameux, -euse, *a* petro-squamosal.
pétunsé, pétunzé, *nm Geol* petuntse, china stone.
petzite, *nf Miner* petzite.
peuplement, *nm Bot* **peuplement végétal,** vegetation (of an area).
Peyer, *Prn Z* **plaques de Peyer,** Peyer's glands.
phacélite, *nf Miner* phacelite, kaliophilite.
phacolite, *nf Miner* phacolite.
phæomélanine, *nf BioCh* phaeomelanin.
phæosporé, *a Paly* phaeosporous.
phage, *nm Bac* phage, bacteriophage.
phagocytaire, *a Biol* phagocytic.
phagocyte, *nm Biol* phagocyte.
phagocyter, *vtr Biol* to phagocytize, to phagocytose.
phagocytisme, *nm,* **phagocytose,** *nf Biol* phagocytosis.
phagolyse, *nf Biol* phagolysis.
phalange, *nf* (*a*) *Anat Z* phalanx, phalange, finger or toe bone, internode; **phalange unguéale,** ungual phalanx; (*b*) *Bot* phalanx.
phalangette, *nf Anat* phalangette, ungual phalanx, top joint (of finger, toe).
phalangien, -ienne, *a Anat Z* phalangeal.
phalène, *nf Z* phalaena, moth.
phalline, *nf BioCh* phallin.
phallique, *a* phallic.
phalloïde, *a Biol* phalloid.
phanère, *nm Biol* superficial body growth (*eg* hair, nails, teeth, feathers).
phanérocristallin, *a Miner* phanerocrystalline.
phanérogame, *Bot* **1.** *a* phanerogamic, phanerogamous. **2.** *nf* phanerogam.
phanérogamie, *nf Bot* phanerogamy.
phanérophyte, *nf Bot* phanerophyte.
phaosome, *nm Biol* phaosome.
pharmaceutique, *a* pharmaceutical.
pharmacodynamie, *nf* pharmacodynamics.
pharmacolithe, *nf Miner* pharmacolite.
pharmacologie, *nf* pharmacology.
pharyngé, pharyngien, -ienne, *a Anat Z* pharyngeal; *Nem* **lame pharyngienne,** ventral plate.
pharyngobranche, *Ich* **1.** *a* pharyngobranchial. **2.** *nm* pharyngobranch.
pharyngognate, *a Z* pharyngognathous.
pharyngo-staphylin, *pl* **pharyngo-staphylin(e)s,** *a Z* palatoglossal.
pharynx, *nm Anat Z* pharynx; *Z* oropharynx.
phase, *nf* phase (of a chemical system); **diagramme de phase du système hydrogèneoxygène,** phase diagram of the hydrogen-oxygen system; **règle des phases,** phase rule.
phaséline, *nf BioCh* phaselin.
phaséoline, *nf Ch* phaseolin.
phaséoloïde, *a Paly* phaseoloid.
phaséolunatine, *nf Ch* phaseolunatin.
phellandrène, *nm Ch* phellandrene.
phelloderme, *nm Bot* phelloderm.
phellogène, *Bot* **1.** *a* phellogen(et)ic (layer). **2.** *nm* phellogen.
phénacétine, *nf Ch* phenacetin.
phénacéturique, *a Ch* phenaceturic.
phénacite, *nf Miner* phenakite, phenacite.
phénacyle, *nm Ch* phenacyl.
phénanthraquinone, *nf Ch* phenanthraquinone.
phénanthrazine, *nf Ch* phenanthrazine.
phénanthrène, *nm Ch* phenanthrene.
phénanthridine, *nf Ch* phenanthridine.
phénanthridone, *nf Ch* phenanthridone.
phénanthrol, *nm Ch* phenanthrol.

phénanthroline, *nf Ch* phenanthroline.
phénate, *nm Ch* phenolate.
phénazine, *nf Ch* phenazine.
phénazocine, *nf Ch* phenazocine.
phénazone, *nf Ch* phenazone.
phénétidine, *nf Ch* phenetidine.
phénétole, *nm Ch* phenetole.
phengite, *nf Miner* phengite.
phénicite, *nf Miner* ph(o)enicite.
phénicochroïte, *nf Miner* ph(o)enicochroite.
phénilamine, *nf Ch* aniline.
phénique, *a Ch* **acide phénique,** carbolic acid, phenic acid, phenol.
phéniqué, *a Ch* carbolic, carbolated; **eau phéniquée,** weak phenol solution.
phéniramine, *nf Ch* pheniramine.
phénogénétique, *a Biol* phenogenetic.
phénol, *nm Ch* phenol, phenyl alcohol; *Com* carbolic acid.
phénolate, *nm Ch* phenolate, phenoxide.
phénolique, *a Ch* phenolic.
phénologie, *nf Biol* phenology.
phénolphtaléine, *nf Ch* phenolphthalein.
phénolsulfonique, *a Ch* phenolsulfonic.
phénomène, *nm Ch Ph* event; **phénomène de Soret,** Soret phenomenon.
phénoménologie, *nf Biol* phenomenology, phenology.
phénoplaste, *nm Ch* phenolic resin.
phénosafranine, *nf Ch* phenosafranine.
phénothiazine, *nf Ch* phenothiazine.
phénotype, *nm Biol* phenotype.
phénotypique, *a Biol* phenotypic.
phénoxazine, *nf Ch* phenoxazine.
phénylacétaldéhyde, *nm Ch* phenylacetaldehyde.
phénylacétamide, *nm Ch* phenylacetamide.
phénylacétique, *a Ch* phenylacetic.
phénylalanine, *nf Ch* phenylalanine.
phénylamine, *nf Ch* (*a*) phenylamine; (*b*) aniline.
phénylbenzène, *nm Ch* phenylbenzene, diphenyl.
phényle, *nm Ch* phenyl; **N-2-naphtylamino de phényle,** N-phenyl-2-naphthylamine.
phénylé, *a Ch* phenylated; (*in compounds*) phenyl.
phénylène, *nm Ch* phenylene.
phénylène-diamine, *nf Ch* phenylenediamine.
phényléthylamine, *nf Ch* phenylethylamine.
phényléthylène, *nm Ch* phenylethylene.
phénylglycocolle, *nm Ch* phenylglycine.
phénylglycol, *nm Ch* phenylglycol.
phénylglycolique, *a Ch* phenylglycolic.
phénylhydrazine, *nf Ch* phenylhydrazine.
phénylhydrazone, *nf Ch* phenylhydrazone.
phénylhydroxyacétique, *a Ch* phenylhydroxyacetic.
phénylhydroxylamine, *nf Ch* phenylhydroxylamine.
phénylique, *a Ch* phenylic.
phénylisocyanate, *nm Ch* carbanil.
phénylmercaptan, *nm Ch* thiophenol.
phénylméthane, *nm Ch* phenylmethane.
phénylpropiolique, *a Ch* phenylpropiolic.
phénylpyrazol, *nm Ch* phenylpyrazole.
phénylurée, *nf Ch* phenylurea.
phéomélanine, *nf BioCh* phaeomelanin.
phérormone, *nf Z* queen substance.
phialoconidiospore, *nf Paly* phialoconidiospore.
phialospore, *nf Paly* phialospore.
philippsite, *nf Miner* bornite.
philipstadite, *nf Miner* philipstadite.
phillipsite, *nf Miner* philippsite.
phlobaphène, *nm Bot Ch* phlobaphene.
phloème, *nm Bot* phloem, liber.
phlogopite, *nf Miner* phlogopite, rhombic mica.
phlorétine, *nf Ch* phloretin.
phlorétique, *a Ch* phloretic.
phloridzine, *nf Ch* phloridzin, phlor(r)hizin.
phloroglucine, *nf,* **phloroglucinol,** *nm Ch* phloroglucin(ol).
phlorol, *nm Ch* phlorol.

phobotropisme, *nm Physiol* phobotaxis.
phœnicite, *nf Miner* ph(o)enicite.
phœnicochroïte, *nf Miner* ph(o)enicochroite.
pholade, *nf Biol* pholadophyte.
pholidote, *a Z* scaly.
phonateur, -euse, *a Z* **organe phonateur,** syrinx.
phonation, *nf Physiol* phonation.
phonolit(h)e, *nf Miner* phonolite.
phonolit(h)ique, *a Geol* phonolitic.
phonomètre, *nm Ph* phonometer.
phonométrie, *nf Ph* phonometry.
phonométrique, *a Ph* phonometric.
phonon, *nm Ph* phonon.
phono-récepteur, *nm Physiol* phonoreceptor; *pl phono-récepteurs.*
phonoscope, *nm Ph* phonoscope.
phoranthèse, *nf Bot* phoranthium.
phorésie, *nf Biol* phoresy, phoresia, phoresis.
phorone, *nf Ch* phorone.
phosgène, *nm Ch* phosgene (gas); carbonyl chloride.
phosgénite, *nf Ch* phosgenite, horn lead, corneous lead.
phospham, *nm Ch* phospham.
phosphatase, *nf Ch* phosphatase.
phosphate, *nm Ch* phosphate; **phosphate de chaux,** phosphate of lime, calcium phosphate; **phosphate de la créatine,** creatine phosphate; **phosphate acide double d'ammoniaque et de soude,** microcosmic salt; **phosphate organique,** organic phosphate; **phosphate de tricrésyle,** tricresyl phosphate.
phosphaté, *a Ch* phosphated, phosphatic.
phosphatide, *nm BioCh* phosphatide; phospholipid(e).
phosphatidique, *a BioCh* phosphatidic.
phosphation, *nf Ch* phosphation.
phosphatique, *a Ch* phosphatic (acid).
phosphène, *nm Physiol* phosphene.
phosphine, *nf Ch* phosphine.
phosphite, *nm Ch* phosphite.
phosphoaminolipide, *nm BioCh* phosphoaminolipid(e).
phosphoglycérique, *a* phosphoglyceric.
phospholipase, *nf BioCh* phospholipase.
phospholipide, *nm BioCh* phospholipid(e), phosphatide.
phosphomolybdique, *a Ch* phosphomolybdic.
phosphonium, *nm Ch* phosphonium.
phosphore, *nm Ch* (*a*) phosphor; (*b*) (*symbol* P) phosphorus; **phosphore rouge, amorphe,** red, amorphous, phosphorus; **phosphore blanc,** yellow phosphorus.
phosphoré, *a Ch* phosphorated, phosphorized, containing phosphorus; **hydrogène phosphoré,** phosphuret(t)ed, phosphoret(t)ed, hydrogen.
phosphoreux, *am* (*the f* **-euse** *is rare*) *Ch* phosphorous (compound, acid); **bronze phosphoreux,** phosphor bronze.
phosphorique, *a Ch* phosphoric (acid).
phosphorisation, *nf Ch* phosphorization.
phosphoriser, *vtr Ch* to phosphorize.
phosphorite, *nf Miner* phosphorite.
phosphoritique, *a Miner* phosphoritic.
phosphorogène, *a Ch* phosphorogenic.
phosphorylase, *nf Ch* phosphorylase.
phosphoryle, *nm Ch* phosphoryl.
phosphorylé, *a Ch* phosphorylated.
phosphotungstate, *nm Ch* phosphotungstate.
phosphuranylite, *nf Miner* phosphuranylite.
phosphure, *nm Ch* phosphide.
phosphuré, *a Ch* phosphuret(t)ed, phosphoret(t)ed.
photique, *a* photic; **zone photique (de la mer),** photic region, zone.
photisme, *nm Biol* photism.
photobiologie, *nf* photobiology.
photocatalyse, *nf Ch* photocatalysis.
photocellule, *nf Ch* photocell.
photochimie, *nf* photochemistry.
photochimique, *a* photochemical; **réactions photochimiques,** photochemical reactions.
photochromatique, *a* photochromatic.
photocléistogame, *a Bot* photocleistogamous.
photocolorimètre, *nm Ph* kelvinometer.
photoconducteur, -trice, *Ph* **1.** *a*

light-positive. **2.** *nm* photoconductor.
photoconductivité, *nf Ph* photoconductivity.
photodissociation, *nf Ch* photodissociation.
photodynamique 1. *a* photodynamic. **2.** *nf Bot* photodynamics.
photoélectrique, *a Ph* **cellule photoélectrique,** photoelectric cell; **effet photoélectrique,** photoelectric effect.
photogène, *a Ph Biol* photogenic, photogenetic.
photogénèse, *nf Biol* photogenesis.
photogénique, *a Ph* actinic; *Biol Bot* photogenic.
photogéologie, *nf* photogeology.
photo-ionisation, *nf Ph Ch* photoionization.
photokinésie, *nf Biol* photokinesis, photocinesis.
photologie, *nf* photology.
photolyse, *nf Biol Bot* photolysis.
photolytique, *a Biol Bot Ch* photolytic.
photomètre, *nm Ph* photometer; **photomètre à balayage, à exploration automatique,** automatic-scanning photometer; **photomètre (de) Bunsen, photomètre à tache d'huile,** Bunsen, grease-spot, photometer; **photomètre électronique,** electronic photometer; **photomètre à éclats, à papillotement,** flicker photometer; **photomètre à intégration,** integrating photometer; **photomètre à cellule photoélectrique,** photocell photometer; **photomètre à polarisation,** polarization photometer; **photomètre enregistreur,** recording photometer; **photomètre (de) Rumford, photomètre à ombre,** Rumford, shadow, photometer.
photométrie, *nf Ph* photometry; **photométrie astronomique, hétérochrome,** astronomical, heterochromatic, photometry.
photométrique, *a Ph* photometric; **constante photométrique,** photometric constant.
photomorphose, *nf Biol* photomorphosis.
photon, *nm Ph* photon.
photonastie, *nf Bot* photonasty, floral reaction to light.
photonastique, *a Bot* photonastic (flower).
photonégatif, -ive, *a Biol* photonegative, exhibiting negative phototropism.
photonique, *a Ph* photonic.
photopériode, *nf Biol* photoperiod.
photopériodisme, *nm Biol* photoperiodism.
photophile, *a Biol* photophile, photophilic, photophilous.
photophore, *nm Z* photophore.
photophorèse, *nf Ph* photophoresis.
photopolymérisation, *nf Ch* photopolymerization, photochemical polymerization.
photopositif, -ive, *a Biol* photopositive, exhibiting positive phototropism.
photoréaction, *nf Ch* photoreaction.
photorécepteur, *nm Anat Physiol* visual receptor.
photorésistant, *a Ph* light-negative.
photosensibilisation, *nf Physiol* photosensitization.
photosensibilité, *nf Ph Physiol* photosensitivity, luminous sensitivity.
photosensible, *a Ph Physiol* photosensitive.
photosynthèse, *nf Bot* photosynthesis.
photosynthétique, *a Bot* photosynthetic.
phototactisme, *nm Biol* phototactism.
phototaxie, *nf Biol* phototaxis, phototaxy.
phototrophe, *a Biol* phototrophic.
phototropique, *a Bot* phototropic.
phototropisme, *nm Bot* phototropism.
phragmidioïde, *a Paly* phragmidioid.
phréatique, *a Geol* phreatic; **nappe phréatique,** ground water, phreatic water, water table.
phréatophyte, *nf Bot* phreatophyte.
phrénique, *a Z* phrenic.
phtalate, *nm Ch* phthalate.
phtaléine, *nf Ch* phthalein.
phtalide, *nm Ch* phthalide.
phtalimide, *nm Ch* phthalimide.
phtaline, *nf Ch* phthalin.
phtalique, *a Ch* phthalic, alizaric (acid).
phtalocyanine, *nf Ch* phthalocyanine; **phtalocyanine du platine,** platinum phthalocyanine.
phtanite, *nf Miner* phthanite.
phycoérythrine, *nf Bot* phycoerythrin.

phycologie, *nf* phycology.
phylaxie, *nf* phylaxis.
phylétique, *a Biol* phyletic; phylogen(et)ic.
phyllie, *nf Z* leaf insect, walking leaf.
phyllite, *nf Miner* phyllite.
phylloclade, *nm Bot* phylloclade, cladode.
phyllode, *nf Bot* phyllode.
phyllogène, *a Bot* phyllogenetic, phyllogenous.
phyllogénèse, *nf Biol* phyllogenesis.
phylloïde, *a Bot* phylloid, leaflike.
phyllophage, *a Z* phyllophagous.
phyllopode, *Z* **1.** *a* phyllopodous. **2.** *nm* phyllopod.
phyllotaxie, *nf Bot* phyllotaxis, phyllotaxy.
phyllule, *nf Bot* leaf scar.
phylobiologie, *nf* phylobiology.
phylogénèse, *nf Biol* phylogenesis, phylogeny.
phylogénétique, *a Biol* phylogen(et)ic.
phylogénie, *nf Biol* phylogenesis, phylogeny.
phylogénique, *a Biol* phylogen(et)ic.
phylum, *nm Biol* phylum.
physalite, *nf Miner* physalite.
physicien, -ienne, *n* physicist.
physico-chimie, *nf* physicochemistry.
physico-chimique, *pl* **physico-chimiques**, *a* physicochemical.
physiogène, *a* physicogenic.
physiographie, *nf* physiography, physical geography.
physiographique, *a* physiographical.
physiologie, *nf* physiology; **physiologie végétale,** plant physiology; *Biol* **physiologie animale,** zoodynamics.
physiologique, *a* physiological; *BioCh* **solution physiologique,** normal saline solution; physiological salt solution.
physiologiquement, *adv* physiologically.
physiothérapie, *nf* physiotherapy, physiatrics.
physique 1. *a* physical; **chimie physique,** physical chemistry, physicochemistry; **le monde physique,** the natural world; **géographie physique,** physical geography. **2.** *nf* physics; **physique fondamentale, pure,** fundamental physics, pure physics; **physique expérimentale,** experimental physics; **physique nucléaire,** nuclear physics; **physique du globe,** geophysics; **physique moléculaire,** molecular physics; **physique des hautes énergies,** high-energy physics; **physique appliquée,** applied physics; **physique atomique,** atomic physics; **physique électronique,** electron physics; **physique neutronique,** neutron physics; **physique théorique,** theoretical physics; **physique du fission,** physics of fission; **lois de la physique,** physical laws.
physocliste, *Z* **1.** *a* physoclistous. **2.** *nm* physoclist.
physogastrie, *nf Z* physogastry.
physostigmine, *nf Ch* physostigmine.
physostome, *Z* **1.** *a* physostomous. **2.** *nm* physostome.
phytiatrie, *nf* phytiatry.
phytine, *nf Ch* phytin.
phytique, *a Ch* **acide phytique,** phytic acid.
phytobézoard, *nf Physiol* phytobezoar.
phytobiologie, *nf* phytobiology, plant biology.
phytobiologique, *a* phytobiological.
phytocénose, *nf Bot* phytocoenosis.
phytochimie, *nf* phytochemistry.
phytocide, *a Ch* phytocidal.
phytoécologie, *nf* phytoecology, plant ecology.
phytoécologique, *a* phytoecological.
phytoflagellé, *nm Bot* phytoflagellate, plantlike flagellate.
phytogène, *a Geol Miner* phytogenic.
phytogénèse, phytogénésie, *nf Biol* phytogenesis.
phytogénétique, *a Biol* phytogenetic(al).
phytogéographie, *nf* phytogeography.
phytogéographique, *a* phytogeographic(al); **carte phytogéographique,** plant distribution map.
phytographie, *nf* phytography, descriptive botany.
phytohormone, *nf BioCh* phytohormone, auxin.
phytoïde, *a* phytoid.
phytol, *nm BioCh* phytol.
phytologie, *nf* phytology, botany.

phytoparasite, *nm* phytoparasite.
phytopathogène, *nm Bot* phytopathogen.
phytopathologie, *nf Bot* phytopathology, plant pathology.
phytopathologique, *a* phytopathological.
phytophage, *a Z* phytophagous; plant-eating.
phytopharmacie, *nf* phytopharmacy.
phytoplancton, *nm Bot* phytoplankton.
phytoplasme, *nm Biol* phytoplasm.
phytosociologie, *nf Bot* phytosociology.
phytostérine, *nf,* **phytostérol,** *nm Ch* phytosterin, phytosterol.
phytothérapie, *nf* physiomedicalism.
phytotomie, *nf* phytotomy.
phytotoxique, *a Ch* phytotoxic.
phytozoaire, *nm Biol* phytozoon, zoophyte.
pic, *nm Ch Ph* peak (of a curve).
picéine, *nf Biol* picein.
pickeringite, *nf Miner* pickeringite.
picofarad, *nm Ph* picofarad.
picogramme, *nm* microgamma.
picoline, *nf Ch* picoline.
picotite, *nf Miner* chromic spinel; picotite.
picramique, *a Ch* picramic (acid).
picrate, *nm Ch* picrate.
picraté, *a Ch* picrated.
picrique, *a Ch* picric (acid).
picrite, *nf Miner* picrite.
picrol, *nm Ch* picrol.
picrolite, *nf Miner* picrolite.
picroméride, picromérite, *nf Miner* picromerite.
picrotine, *nf Ch* picrotin.
picrotoxine, *nf Biol Ch* picrotoxin.
picrotoxinine, *nf Ch* picrotoxinin.
picryle, *nm Ch* picryl.
pied, *nm Anat Z* pes, foot; **du pied,** pedal; **pied palmé,** webbed foot; **aux pieds palmés,** web-footed, web-toed.
pieds-plats, *nmpl Bot* foot plates.
pie-mère, *nf Anat Z* pia mater; *pl pies-mères.*
piémontite, *nf Miner* piedmontite.
pierre, *nf Miner* stone; **pierre d'aimant,** magnetic iron ore, magnetite, lodestone; **pierre à chaux, pierre calcaire,** limestone; **pierre à plâtre,** plasterstone, gypsum; **pierre à filtrer,** filtering stone; **pierre d'aigle,** eagle stone; aetites; **pierre d'alun,** alum stone, alunite; **pierre de corne,** chert; **pierre de croix,** cross stone, staurolite, staurotide; **pierre à feu,** firestone, flint (stone); **pierre de mine,** ore; **pierre de savon,** soapstone; **pierre de soleil,** sunstone; **pierre de touche,** touchstone; **pierre des volcans,** obsidian, volcanic glass; **pierre d'azur,** azurestone, blue spar, lazulite, lapis lazuli; **pierre d'évêque,** bishop's stone, amethyst; **pierre de jade, pierre néphritique,** jade stone, nephritic stone; **pierre de lune,** moonstone.
pierreux, -euse, *a Anat* petrosal, petrous; *Bot* **cellule pierreuse,** sclereid.
pièze, *nf PhMeas* pieze.
piézochimie, *nf* piezochemistry.
piézocristallisation, *nf Miner* piezocrystallization.
piézodynamographie, *nf Ph* piezodynamography.
piézo-électricité, *nf Ch* piezoelectricity, crystal electricity.
piézomètre, *nm Ph* piezometer.
piézométrie, *nf Ph* piezometry.
piézométrique, *a Ph* piezometrical.
pigeonite, *nf Miner* pigeonite.
pigment, *nm Physiol* pigment.
pigmentaire, *a Physiol* pigmentary; **cellule pigmentaire,** pigment cell.
pigmentation, *nf* pigmentation.
pigmenté, *a* pigmented.
pigmenter, *vtr* to pigment.
pigmenteux, -euse, *a* pigmentous.
pigmentophage, *nm Anat* pigmentophage.
pigmentophore, *nm Anat* pigmentophore.
pignon, *nm* kernel (of pine cone).
pilaire, *a Anat* pilar, pilary; relating to the hair.
pile, *nf El* battery; **pile de Daniell,** Daniell cell; *AtomPh* **pile atomique,** nuclear reactor; **pile couveuse,** breeder reactor; *Ch* **pile vortex,** vortex beater.
pileum, *nm Z* pileum, cap.
pileus, *nm Bot* pileus; **à pileus,** pileate(d).
pileux, -euse, *a Biol* pilose, pil(e)ous,

hairy; **système pileux,** hair; **bulbe pileux,** hair root.
pilifère, *a Bot* piliferous.
piliforme, *a Biol* piliform.
pilocarpidine, *nf Ch* pilocarpidine.
pilocarpine, *nf Ch* pilocarpine.
pilonidal, -aux, *a* pilonidal.
pilorhize, *nf Bot* pileorhiza, root cap.
pilo-sébacé, *pl* **pilo-sébacé(e)s,** *a Physiol* pilosebaceous.
pilosisme, *nm Bot* pilosism.
pilosite, *nf Biol* pilosity.
pilule, *nf Pharm* pill.
pimarique, *a Ch* pimaric (acid).
pimélique, *a Ch* pimelic (acid).
pimélite, *nf Miner* pimelite.
pinaciolite, *nf Miner* pinakiolite.
pinacol, *nm Ch* pinacol, pinacone.
pinacoline, *nf Ch* pinacolin, pinacolone.
pinacolique, *a Ch* pinacolic.
pinacol-pinacoline, *a Ch* **transformation pinacol-pinacoline,** pinacone-pinacolin rearrangement.
pince, *nf* (*a*) *Ch etc* **pince de Mohr, pince d'arrêt,** (Mohr) pinchcock, rubber-tube clip; *Ch* **pince pour tube à essais,** test-tube holder; (*b*) *Z* claw, nipper (of crab, etc); pincers (of crustacean, of insect); forceps (of lobster); **en forme de pince,** forficate, forficiform; (*c*) incisor, front tooth, nipper (of herbivorous animal).
pinchbeck, *nm Miner* pinchbeck.
pinéal, -aux, *a Anat Z* pineal; **glande pinéale,** pineal gland, pineal body.
pinène, *nm Ch* pinene; terebenthene.
pinguite, *nf Miner* pinguite.
pinicole, *a Biol* pinicolous.
pinique, *a Ch* pinic.
pinite, *nf* (*a*) *Miner* pinite; (*b*) *Ch* pinite, pinitol.
pinnatifide, *a Bot* pinnatifid; pinnately cleft.
pinnatilobé, *a Bot* pinnatilobed, pinnatilobate, pinnately lobed.
pinnatipède, *a & nm Z* pinnatiped.
pinnatiséqué, *a Bot* pinnatisect.
pinne, *nf Moll* pinna.
pinné, *a Bot* pinnate(d), pennate.
pinnipède, *a & nm Z* pinniped.
pinnoïte, *nf Miner* pinnoite.
pinnule, *nf Bot Z* pinnule.
pinocytose, *nf Physiol* pinocytosis.
pinonique, *a Ch* pinonic.
pintadoïte, *nf Miner* pintadoite.
pipécoline, *nf Ch* pipecoline.
pipéracé, *a Bot* piperaceous.
pipérazine, *nf Ch* piperazine.
pipéridéine, *nf Ch* piperideine.
pipéridine, *nf Ch* piperidine; hexahydropyridine.
pipérin, *nm,* **pipérine,** *nf Ch* piperine.
pipérique, *a Ch* piperic (acid).
pipéronal, *nm Ch* piperonal.
pipérylène, *nm Ch* piperylene.
pipéthanate, *nm Ch* pipethanate.
pipette, *nf Ch* pipette; **pipette graduée, jaugée,** graduated pipette; **pipette pèse-acide,** hydrometer syringe; **pipette à bord large,** wide-band pipette.
pipetter, *vtr Ch* to pipette, to draw off (with a pipette).
pipradol, *nm Biol* pipradol.
piquant, *Biol* **1.** *a* prickly, thorny (plant); stinging (nettle); pungent. **2.** *nm* prickle, thorn, spine (of plant); spine (of fish); quill, spine (of porcupine); radiole, spine (of sea urchin); **les piquants d'un hérisson,** the bristles, spines, of a hedgehog; **à piquants,** spined.
piqûre, *nf Biol* sting.
piré, *a Bot* pomaceous.
piriforme, *a* piriform.
pirssonite, *nf Miner* pirssonite.
pis, *nm Z* udder (of cow, etc).
piscicole, *a Z* piscicolous.
pisciculture, *nf* pisciculture.
pisciforme, *a Biol* pisciform.
piscivore, *a Z* piscivorous.
pisiforme, *a Z* pisiform.
pisolit(h)e, *nf Miner* pisolite, peastone.
pisolit(h)ique, *a Geol* pisolitic; **calcaire pisolit(h)ique,** pisolite, peastone.
pissasphalte, *nm Miner* pissasphalt, maltha.
pissette, *nf Ch* wash bottle.
pistacite, *nf Miner* pistacite.
pistage, *nm Z* **pistage radioélectrique,** radio-tracking.
pistazite, *nf Miner* pistacite.
piste, *nf Ch etc* **piste d'essai,** test track.
pistil, *nm Bot* pistil.
pistillaire, *a Bot* pistillar, pistillary.

pistillé, *a Bot* pistillate.
pistillifère, *a Bot* pistilliferous, pistillate.
pistomésite, *nf Miner* pistomesite.
pithécoïde, *a Z* pithecoid.
pithiatisme, *nm Physiol* hysteria, pithiatism.
pitocine, *nf BioCh* pitocin.
pitressine, *nf BioCh* pitressin.
pittizite, *nf Miner* pitticite, pittizite.
pituitaire, *a Anat* pituitary; **glande pituitaire,** hypophysis; pituitary gland, pituitary body.
pityriasis, *nm Med* lepidosis.
pivalique, *a Ch* pivalic.
pivot, *nm Ph Mec* pivot, fulcrum; *Bot* taproot.
pivotant, *a Bot* taprooted (tree, plant); **racine pivotante,** taproot.
pivoter, *vi Bot* (*of plant*) to form, have, a taproot.
placage, *nm* (*a*) plating (of metal); **placage au chrome,** chromium plating; (*b*) *Geol* superficial deposit.
placebo, *nm* placebo; **effet placebo,** placebo effect.
placenta, *nm Bot Anat Z* placenta.
placentaire 1. *a Anat Bot Z* placental (vessels, etc); placentary; **gâteau placentaire,** placenta. **2.** *nm Z* placental, placentary.
placentation, *nf Anat* placentation.
placoïde, *a & nm Z* placoid.
plage, *nf Bot* **plage criblée,** sieve plate.
plagioclase, *nf Miner* plagioclase, triclinic feldspar.
plagionite, *nf Miner* plagionite.
plagiotrope, *a Bot* plagiotropic, plagiotropous.
plagiotropie, *nf Bot* plagiotropy.
plagiotropisme, *nm Bot* plagiotropism.
plan, *nm Biol Z* planum; **plan médian du corps,** sagittal plane.
planariforme, *a Z* planariform.
planarioïde, *a Z* planarioid.
planchéite, *nf Miner* plancheite.
plancher, *nm* floor; *Geol* **plancher stalagmitique,** flowstone.
Planck, *Prn Ph* **constante de Planck,** Planck('s) constant; **loi de radiation, de rayonnement, de Planck,** Planck('s) radiation law, distribution law.
plancton, *nm Biol* plankton; **essaim de plancton,** natural phytoplankton community; **plancton nain,** nanoplankton.
planctonique, *a Biol* planktonic, relating to plankton; **plante planctonique,** phytoplankter.
planctonologie, *nf* plankt(on)ology.
planctonophage, *Biol* **1.** *a* planktivorous (fish, etc). **2.** *nm* plankton feeder.
planer, *vi Orn* to soar.
planétaire, *a* planetary; *Ph* **électron planétaire**, orbital electron.
planidium, *nm Ent* planidium.
planirostre, *a Orn* planirostral.
plankton, *nm Biol* = **plancton.**
planoblaste, *nm Biol* planoblast.
planogamète, *nm Biol* planogamete.
planosome, *nm Z* planosome.
planospore, *nf Bot* planospore.
planozygote, *nm Biol* planozygote.
plant, *nm Bot* **jeune plant,** seedling.
plantaginacé, plantaginé, *a Bot* plantaginaceous.
plantaire, *Anat* **1.** *a* plantar; pelmatic; volar; **voûte plantaire,** plantar arch. **2.** *nm* plantaris.
plante, *nf* (*a*) *Bot* plant; **plante à fleurs,** flowering plant; **plante herbacée,** herbaceous plant; **plante frutescente,** undershrub; **plante grasse,** succulent; **plantes vertes, à feuilles persistantes,** evergreens; **plantes plongées,** submarine plants; (*b*) *Z* **plante du pied,** planta.
plantigrade, *a & nm Z* plantigrade.
plantule, *nf Bot* plantlet.
planula, planule, *nf Coel* planula.
plaque, *nf* (*a*) plate, sheet (of metal); (*b*) *Anat* plate; *Geoph* **plaque criblée,** cribriform plate; *Orn* **plaques incubatrices,** brooding patches.
plaquette, *nf* small plate (of metal, etc); *Physiol* **plaquettes sanguines,** blood platelets, h(a)ematoblasts.
plasma, *nm* (*a*) *Z Miner* plasma; *Biol* **plasma sanguin,** blood plasma; **plasma germinatif,** germ plasma; **plasma sec,** dried plasma; (*b*) *Ph* (*ionized gas*) plasma; **plasma primordial,** ylem; **plasma électronique,** electron plasma.

plasmablaste, *nm Biol Z* plasmablast.
plasmacyte, *nm Biol* plasmacyte.
plasmagène, *a Ph* plasma-producing.
plasmatique, *a Biol* plasmatic.
plasmide, *nm Biol* plasmid.
plasmifier, *vtr Ph* to transform (a gas) into plasma.
plasmine, *nf BioCh* plasmin.
plasmocyte, *nm Biol* plasmocyte, plasmacyte, plasma cell.
plasmodial, -iaux, *a* plasmodial.
plasmodie, *nf Biol Bot* plasmodium.
plasmodiérèse, *nf Biol* plasmodi(a)eresis.
plasmodium, *nm Biol Bot* plasmodium; **plasmodium du paludisme,** h(a)emoplasmodium.
plasmogamie, *nf Biol Bot* plasmogamy, plastogamy; plasmogony.
plasmogamique, *a Biol Bot* plasmogamic, plastogamic.
plasmologie, *nf Biol* plasmology.
plasmolyse, *nf Biol* plasmolysis.
plasmolytique, *a Biol* plasmolytic.
plasmophage, *a Z* plasmophagous.
plasmophagie, *nf Z* plasmophagy.
plasmoquine, *nf Ch* plasmoquin(e), pamaquine.
plasmosome, *nm Biol* plasmosome, plasmosoma.
plaste, plastide[1], *nm Biol* plastid.
plasticité, *nf* ductility (of clay).
plastide[2], *nm Biol* trophoplast; **plastide jaune,** xanthoplast.
plastidulaire, *a Biol* plastidular.
plastidule, *nf Biol* plastidule.
plastifiant, *a & nm Ch* plasticiser.
plastine, *nf Ch* plastin.
plastique, *a & nm* plastic; **matière plastique,** plastic; plastic substance, material; **composé plastique,** plastic compound; **déformation plastique,** plastic deformation, plastic flow; **stabilité plastique,** plastic stability; **argile plastique,** ductile clay, fatty clay; *Biol* **lymphe, tissu, plastique,** plastic lymph, tissue.
plastogamie, *nf Biol Bot* plastogamy, plasmogamy.
plastogamique, *a Biol Bot* plastogamic, plasmogamic.
plastomère, *nm Ch* plastomer.
plastron, *nm Z* plastron (of tortoise, of echinoderm).
plateau, -eaux, *nm* (*a*) *Geog* plateau, tableland; **plateau structural,** tectonic plateau; **plateau d'érosion,** residual plateau; **plateau marécageux,** high moor; **plateau continental,** continental shelf; (*b*) *Ch* **plateau (de colonne de distillation),** plate (of distilling column); **plateau de colonne de fractionnement,** tray of fractioning column; **plateau de barbotage,** uniflex tray; *AtomPh* **plateau à barbotage, à coupelles,** bubble plate.
platinate, *nm Ch* platinate.
platine, *nm Ch* (*symbol* Pt) platinum; **platine iridié,** platino-iridium, platiniridium; **platine natif,** native platinum.
platiné, *a* platinised; *Miner* **iridium platiné,** platino-iridium, platiniridium.
platineux, -euse, *a Ch* platinous.
platinique, *a Ch* platinic.
platiniridium, *nm Miner* platino-iridium, platiniridium.
platinite, *nf Miner* platinite.
platinochlorure, *nm Ch* platinochloride.
platinocyanure, platocyanure, *nm Ch* platinocyanide; **platinocyanure de barium,** barium platinocyanide.
plâtre, *nm Ch* plaster; *Miner* **pierre à plâtre,** gypsum, plasterstone; **plâtre cru,** unburnt gypsum; **plâtre cuit,** burnt gypsum.
platydactyle, *a Z* (*of lizard, etc*) platydactylous.
platymère, *a* platymeric.
platypétale, *a Bot* platypetalous.
platyr(r)hinie, *nf Z* platyrrhiny.
platyr(r)hinien, -ienne, *a Z* platyrrhine.
plécoptère, *a Z* plecopteran, plecopterous.
plectognathe, *Z* **1.** *a* plectognathous. **2.** *nm* plectognath.
pleine, *af Z* pregnant.
pléiomère, *a Bot* pleiomerous.
pléiomérie, *nf Bot* pleiomery.
pléiotropie, *nf Biol* pleiotropy.
pléiotropique, *a Biol* pleiotropic.
pléiotropisme, *nm Biol* pleiotropism.
pléistocène, *a & nm Geol* Pleistocene.

plénitude, *nf Z* **plénitude d'estomac,** repletion.
pléomorphe, *a Biol Ch* pleomorphic, pleomorphous; polymorphic, polymorphous.
pléomorphisme, *nm Biol Ch* pleomorphism, pleomorphy; polymorphism.
pléonasme, *nm Z* pleonasm.
pléonaste, *nm Miner* pleonaste, iron spinel.
pléopode, *nm Crust* swimmeret.
pléoptique, *nf* pleonosteosis.
plérome, *nm Bot* plerome.
plessite, *nf Miner* plessite.
pléthorique, *a* plethoric.
pleural, -aux, *a Anat* pleural.
pleuritique, *a* pleuritic.
pleurocarpe, *a Bot* pleurocarpous.
pleurodonte, *a & nm Z* pleurodont.
pleuromorphe, *nm Miner* pleuromorph.
pleuromorphose, *nf Ph* pleuromorphosis.
pleuro-péritonéal, *pl* **pleuro-péritonéaux,** *a Z* pleuroperitoneal.
pleurospore, *nf Paly* pleurospore.
plèvre, *nf Anat Z* pleura.
plexiforme, *a Anat* plexiform.
plexiglas, *nm Rtm Ch* plexiglass.
plexus, *nm Anat* plexus; **plexus solaire,** solar plexus; **plexus cardiaque,** cardiac plexus; **plexus mésentérique,** mesenteric plexus; **plexus nerveux,** nerve plexus, veniplex; **plexus veineux spermatique,** pampiniform plexus.
pli, *nm* (*a*) *Geol* fold, flexure; **pli anticlinal, synclinal,** upfold, downfold; **pli étiré,** drag fold; **pli de chevauchement,** overthrust fold; **pli couché,** recumbent fold; **axe du pli,** fold axis; (*b*) *Anat* fold, plica (of the skin); **pli falsiforme de Broca,** temporal operculum.
plicatif, -ive, *a Bot* plicate(d).
plicatile, *a* (re)plicatile.
pli-faille, *nm Geol* thrust fault; flexure fault; faulted anticline; *pl plis-failles.*
pliocène, *a & nm Geol* Pliocene.
pliofilm, *nm Ch* pliofilm.
pliolite, *nf Ch* pliolit.
plissé, *a Biol* enfolded; *Geol* (*of stratum*) plicate(d); **chaîne plissée,** (range of) folded mountains.
plissement, *nm Geol* fold, folding; **plissement en retour,** backfolding.
plomb, *nm* (*symbol* Pb) lead; *Miner* **minerai de plomb,** lead ore; **mine de plomb,** graphite; **plomb argentifère,** argentiferous lead, silver lead; **plomb corné,** corneous lead, horn lead, phosgenite; **plomb vert,** green lead; **plomb jaune,** yellow lead, wulfenite; **plomb blanc,** white lead, cerusite; **plomb rouge,** red lead ore; **plomb rouge (de Sibérie), plomb chromaté,** lead chromate, crocoite; **galène, sulfure, de plomb,** lead galena, lead glance, lead sulfide; **plomb sulfuré,** galena; **plomb carbonaté,** lead carbonate, cerusite; (*for gun*) **grenaille de plomb,** lead shot; *Ch* **blanc de plomb,** white lead; **sel de plomb,** lead salt; **chromate de plomb,** lead chromate; **sulfate de plomb,** lead sulfate; **carbonate de plomb,** lead carbonate; **acétate de plomb,** lead acetate; **arséniate de plomb,** lead arseniate; **bromure de plomb,** lead bromide; **dioxyde, oxyde, bioxyde, de plomb,** lead oxide.
plombage, *nm Dent* odontoplerosis.
plombagine, *nf Miner* graphite, plumbago.
plombate, *nm Ch* plumbate.
plombeux, -euse, *a Ch* plumbous, plumbeous.
plombifère, *a* plumbiferous, lead-bearing.
plombique, *a Ch* plumbic.
plombite, *nm Ch* plumbite.
plongé, *a Bot* **plantes plongées,** submarine plants.
plongeur, -euse 1. *a* diving (bird, etc). **2.** *nm Orn* diver, diving bird.
plumage, *nm* plumage, feathers (of bird); indumentum; **plumage d'été, d'hiver,** summer, winter, plumage.
plumasite, *nf Miner* fibrous jamesonite.
plumbeux, -euse, *a Ch* plumbous, plumbeous.
plumboferrite, *nf Miner* plumboferrite.
plumbojarosite, *nf Miner* plumbojarosite.
plume, *nf* (*a*) *Z* feather; **plumes collaires,** neck feathers; **plume naissante,** pinfeather; **sans plumes,** unfledged (bird);

plume sus-caudale, upper tail covert; (*b*) *Moll* pen (of squid).

plumeux, -euse, *a Z Miner* plumose.

plumosite, *nf Miner* plumosite, fibrous jamesonite.

plumulacé, *a Bot* plumulaceous.

plumulaire, *a Z* plumular.

plumule, *nf* (*a*) *Z* plumule, down feather; (*b*) *Bot* plumule, plumula, plume(let).

plumuleux, -euse, *a Z* plumulose.

pluriatomique, *a Ch* polyatomic.

pluricellulaire, *a Biol* pluricellular, multicellular.

pluridenté, *a Bot etc* pluridentate, multidentate.

pluriflore, *a Bot* multiflorous, multifloral, many-flowered.

pluriglandulaire, *a Z* pluriglandular.

pluriloculaire, *a Bot* plurilocular, multilocular, multiloculate(d).

pluripolaire, *a Biol* pluripolar.

plurispécifique, *a Biol* of mixed species; of several, many, species.

plurivalence, *nf Ch* plurivalence, polyvalence.

plurivalent, *a Ch* plurivalent, polyvalent.

plurivalve, *a Z* plurivalve, multivalve.

plurivore, *a Z* plurivorous.

plutéus, *nm Echin* pluteus (of sea urchin).

plutonien, -ienne, plutonique, *a Geol* plutonian, plutonic.

plutonisme, *nm Geol* plutonism.

plutonium, *nm AtomPh Ch* (*symbol* Pu) plutonium; **plutonium enrichi,** enriched plutonium.

Pm, *symbol of* promethium.

pneumaticité, *nf Orn* pneumaticity.

pneumatique 1. *a* pneumatic; **machine pneumatique,** air pump; *Z* **poche pneumatique,** pneumatocyst. **2.** *nf Ph* pneumatics.

pneumatocyste, *nm Algae Bot* pneumatocyst.

pneumatolyse, *nf Geol* pneumatolysis.

pneumatolytique, *a Geol* pneumatolytic.

pneumatophore 1. *a Bot Z* pneumatophorous. **2.** *nm Bot Z* pneumatophore, pneumatocyst (of plant, siphonophore).

pneumococcique, *a* pneumococcic.

pneumogastrique, *Anat Z* **1.** *a* vagal. **2.** *a & nm* **(nerf) pneumogastrique,** vagus (nerve).

Po, *symbol of* polonium.

poche, *nf* (*a*) *Z* crop (of bird); pouch (of pelican); **poche ventrale,** pouch (of marsupial); (*b*) *Z* sac; **poche du fiel,** gall bladder; **poche du noir,** ink sac, bag; (*c*) *Geol* pothole; (*d*) *Geol* washout; (*e*) *Geol* **poche d'eau,** water pocket; **poche de minerai,** nest of ore; **poche à cristaux,** druse, geode.

podobranche, *a Z* podobranchial, podobranchiate.

podobranchie, *nf Z* podobranch, podobranchia.

podocarpique, *a Ch* podocarpic.

podolite, *nf Miner* podolite.

podologie, *nf* pedicure.

podophtalmaire, podophtalme, *a Z* podophthalmate, podophthalmic, podophthalmous, stalk-eyed.

podophyllin, *nm*, **podophylline,** *nf Ch* podophyllin.

podostémonacé, podostémone, *a Bot* podostem(on)aceous.

podzol, *nm Geol* podzol.

pœcilotherme, pœkilotherme, *a & nm Z* = **poïkilotherme.**

poids, *nm* weight; *Ph Ch* **poids atomique,** atomic weight; **poids atomique physique,** physical atomic weight; **poids moléculaire,** molecular weight; **poids spécifique,** *Ph* specific weight, *Ch* specific gravity; **liquide de poids spécifique élevé,** high-gravity liquid.

poignée, *nf Z* **poignée(-présternum),** manubrium.

poignet, *nm Anat Z* wrist.

poïkilocyte, *nm Z* poikilocyte.

poïkilotherme, *Z* **1.** *a* poikilothermal, poikilothermic; cold-blooded (animal, reptile). **2.** *nm* poikilotherm; cold-blooded animal, reptile.

poil, *nm* (*a*) (*of animal*) hair, fur; (*b*) coat (of animals); *Biol Ann Ent* **poil raide,** chaeta, seta; *Physiol* **poil gustatif,** taste hair; (*c*) *Bot* villus; (*d*) *pl Bot Z* pubescence, indumentum; *Orn* down, covering of feathers; *Z* **souris sans poils,** nude mouse.

poilu, *a Biol* pilose, pilous; *Bot* (*of leaf, stem, etc*) shaggy.

point, *nm* point; *Biol* punctum; *Anat* **point d'attache,** origin (of a muscle); *Ph* **point matériel,** physical point; **point de concours,** point of convergence; **point de vue,** focal point; **mettre au point,** to focus (a microscope, etc); *Ch* **point de dégel,** thawing point; **point d'écoulement,** pour point; **point de repère,** fixed, set, point; *Geol* **point de tir,** shot point; *Mth* **point libre,** floating point.

pointe, *nf Bot* terminal point, mucro.

pointillé, *a Biol* punctulate(d).

pointkiloblaste, *nm Biol* pointkiloblast.

pointkilocyte, *nm Biol* pointkilocyte.

poise, *nf PhMeas* (*symbol* P) poise.

poison, *nm Tox* (*a*) poison; (*b*) *Ch* (catalyst) poison.

poisson, *nm* fish; **poisson d'eau douce,** freshwater fish; **poisson de mer,** saltwater fish.

polaire, *a Biol Paly* polar; *Biol* **cellules, corps, polaires,** polar cells, bodies; **globule polaire,** polocyte, polar globule.

polarimètre, *nm Ch* polarimeter.

polarimétrie, *nf Ch* polarimetry.

polarimétrique, *a Ch* polarimetric.

polarisabilité, *nf Ch Ph* polarizability.

polarisable, *a Ch Ph* polarizable.

polarisateur, -trice, *Ph* **1.** *a* polarizing (prism, current). **2.** *nm* polarizer.

polarisation, *nf Ch Ph* polarization, polarizing; **polarisation induite,** induced polarization; **polarisation de la lumière, d'un milieu,** polarization of light, of a medium; **polarisation anodique, cathodique,** anodic, cathodic, polarization; **polarisation circulaire, rotatoire, elliptique,** circular, rotary, elliptic, polarization; **polarisation horizontale, verticale, électrostatique, irrégulière,** horizontal, vertical, electrostatic, erratic, polarization.

polariscope, *nm Ph* orioscope.

polarisé, *a Ph* polarized; **polarisé elliptiquement, horizontalement, verticalement,** elliptically, horizontally, vertically, polarized; **radiation polarisée,** polarized radiation; **onde polarisée,** polarized wave.

polariser, *vtr Ph* to polarize.

se polariser, *vpr Ph* to be polarized.

polarité, *nf Ch Ph El* polarity; *Biol* **polarité de l'œuf,** polarity of the ovum.

polarogramme, *nm Ch* polarogram.

polarographie, *nf Ch* polarography.

polarographique, *a Ch* polarographic.

pôle, *nm Biol* **pôle végétatif,** vegetal pole.

polémoniacé, *a Bot* polemoniaceous.

polianite, *nf Miner* polianite.

pollen, *nm Bot* pollen; **grain de pollen,** pollen grain.

pollénographie, *nf Bot* palynology.

pollex, *nm Anat Z* pollex.

pollicial, -iaux, *a Anat Orn* pollicial.

pollicisation, *nf* pollicization.

pollinide, pollinie, *nf Paly Bot* pollen mass, pollinium.

pollinifère, *a* polliniferous.

pollinique, *a Bot* pollinic; **sac pollinique,** pollen sac; **tube pollinique,** pollen tube; **chambre pollinique,** pollen chamber.

pollinisateur, -trice, *Bot* **1.** *a* pollinating. **2.** *nm* pollinator.

pollinisation, *nf Bot* pollination, pollinization; fertilization; **pollinisation par l'eau,** pollination by water; hydrophily; **pollinisation directe,** self-pollination, self-fertilization, selfing; **pollinisation croisée, indirecte,** cross-pollination, cross-fertilization; **pollinisation hyphydrogame,** below-the-water pollination; **pollinisation anémophile, hydrophile, zoïdophile,** pollination by wind, water, animals.

polliniser, *vtr Bot* to pollinate.

polliniseur, *a* **oiseaux polliniseurs,** (flower-)pollinating birds.

polluant, *a Ch* pollutant.

pollucite, *nf Miner* pollucite.

polonium, *nm Ch* (*symbol* Po) polonium.

poly, *nm F see* **polymétacrylate.**

polyacrilonitrile, *nm Ch* polyacrilonitrile.

polyacrylate, *nm Ch* polyacrylate.

polyacrylique, *a Ch* polyacrylic.

polyade, *nm Paly* polyad.

polyadelphe, *a Bot* polyadelphous.

polyalcool, *nm Ch* polyalcohol.

polyamide, *nm Ch* polyamide.

polyandre, *a Bot* polyandrous.

polyandrie, *nf Bot* polyandry.

polyanthe, *a Bot* polyanthous.
polyargyrite, *nf Miner* polyargyrite.
polyatomique, *a Ch* polyatomic.
polybasique, *a Ch* polybasic.
polybasite, *nf Miner* polybasite.
polyblaste, *nm Biol Z* polyblast.
polycarpellé, *a Bot* polycarpellary, polycarpellate.
polycarpique, **polycarpien, -ienne**, *a Bot* polycarpic, polycarpous.
polycellulaire, *a Biol* polycellular.
polycentrique, *a Biol* polycentric.
polychrome, *a* polychromatic.
polycondensat, *nm Ch* condensation polymer.
polycondensation, *nf Ch* condensation polymerization; polycondensation.
polycotylédone, *a Bot* polycotyledonous.
polycrase, *nf Miner* polycrase.
polycristal, -aux, *nm Miner* polycrystal.
polycristallin, *a Miner* polycrystalline.
polycrotisme, *nm Biol* polycrotism.
polycyclique, *a Ch Ph* polycyclic.
polycyte, *nm Biol* polycyte.
polydactyle, *Z* **1.** *a* polydactyl(ous). **2.** *nm & f* polydactyl.
polydactylie, *nf*, **polydactylisme**, *nm Z* polydactyly, polydactylism.
polydenté, *a Ch* polydentate.
polydiméthylsiloxane, *nm Ch* polydimethylsiloxane.
polydymite, *nf Miner* polydymite.
polyélectrolyte, *nm Ch* polyelectrolyte.
polyembryonie, *nf Biol* polyembryony.
polyène, *nm Ch* polyene.
polyénergétique, *a Ph* polyenergetic.
polyénique, *a Ch* polyenic.
polyester, *nm Ch* polyester; **résine de polyester,** polyester resin.
polyestérification, *nf Ch* polyesterification.
polyéthylène, *nm Ch* polyethylene, polythene.
polyfonctionnel, -elle, *a Ch* polyfunctional.
polygalé, *a Bot* polygalaceous.
polygame, *a* polygamous (animal, plant).
polygamie, *nf Bot* polygamy.
polygénétique, *a Biol* polygenetic.
polygénie, *nf Biol* polygeny.
polygénique, *a Geol* polygenetic; *Genet* polygenic.
polygonacées, *nfpl Bot* Polygonaceae *pl.*
polygonal, -aux, *a* polygonal.
polygoné, *a Bot* polygonaceous.
polyhalite, *nf Miner* polyhalite.
polyholoside, *nm BioCh* polyose.
polyhybride, *nm Biol* polyhybrid.
polyhybridisme, *nm Biol* polyhybridism.
polyhydrique, *a* polyhydric.
polyinsaturé, *a Ch* polyunsaturated; **acides gras polyinsaturés,** polyunsaturated fatty acids.
polyisoprène, *nm Ch* polyisoprene.
polykystique, *a Z* polycystic.
polymère 1. *a Ch* polymeric; *Biol* polymerous. **2.** *nm Ch* polymer; **polymère acryloïde,** acryloid polymer; **polymère éthylénique,** ethylene polymer.
polymérie, *nf Ch* polymerism; polymeria; *Biol* polymery.
polymérisation, *nf Ch* polymerization; **polymérisation des radicaux,** radical polymerization.
polymériser, *vtr Ch* to polymerize.
polymérisme, *nm Ch Biol* polymerism.
polymétacrylate, *nm Ch* **polymétacrylate de méthyle,** *F* **poly,** polymethyl methacrylate, *F* poly.
polyméthylène, *nm Ch* polymethylene.
polymignite, *nf Miner* polymignite.
polymoléculaire, *a Ph* polymolecular.
polymorphe, *a Biol Ch* polymorphic, polymorphous; pleomorphic, pleomorphous.
polymorphie, *nf*, **polymorphisme**, *nm Biol Ch* polymorphism; pleomorphism; pleomorphy.
polymorphique, *a Biol Ch* polymorphic, polymorphous.
polynoé, *a & nf Z* polynoid.
polynucléaire, *a Biol* polynuclear, polynucleate, polymorphonuclear; multinucleate; **leucocyte polynucléaire,** polynuclear leucocyte, neutrocyte.
polynucléé, *a Biol* polynucleate, polynuclear.

polynucléotide, *nm Ch* polynucleotide.
polyol, *nm Ch* polyalcohol, polyol.
polyose, *nm,* **polyoside,** *nm BioCh* polyose.
polyoxyéthylène, *nm Ch* polyoxyethylene.
polyoxyméthylène, *nm Ch* polyoxymethylene.
polyparasitisme, *nm Biol* multiparasitism.
polype, *nm Z* polyp.
polypeptide, *nm Ch* polypeptide.
polypeptidique, *a Ch* polypeptidic; **chaîne polypeptidique,** polypeptide chain.
polypétale, *a Bot* polypetalous.
polypeux, -euse, *a Z* polypous.
polyphage, *a Z* polyphagous.
polyphagie, *nf Biol* polyphagia.
polypharyngé, *a Z* polypharyngeal.
polyphénol, *nm Ch* polyphenol.
polyphylétisme, *nm Biol* polyphyly.
polyphylogénèse, *nf Biol* polyphylogeny.
polyphyodonte, *a & nm Z* polyphyodont.
polypide, *nm Z* polypide.
polypier, *nm Z* polypary.
polyploïde, *a & nm Biol* polyploid; **cellule, complexe, série, polyploïde,** polyploid cell, complex, series.
polyploïdie, *nf Biol* polyploidy.
polyploïdique, *a Biol* polyploidic.
polyploïdisation, *nf Biol* polyploidization.
polypode, *a & nm Z* polypod.
polypoïde, *a Z* polypoid.
polypose, *nf Biol* polyposis.
polyprène, *nm Ch* polyprene.
polypropylène, *nm Ch* polypropylene.
polysaccharide, *nm Ch* polysaccharide, polysaccharose.
polysépale, *a Bot* polysepalous.
polysilicate, *nm Miner* polysilicate.
polysilicique, *a Miner* polysilicic.
polysomie, *nf Biol* polysomy.
polysomique, *a & nm Biol* polysomic.
polyspermie, *nf Biol* polyspermia, polyspermy.
polyspore, *a Bot* polyspored, polysporic.
polystat, *nm* polystat.
polystélie, *nf Bot* polystely.
polystélique, *a Bot* polystelic.
polystémone, *a Bot* polystemonous.
polystichoïde, *a Bot* polystichoid.
polystique, *a Biol* polystichous.
polystome, *a Z* polystomatous, polystome.
polystyrène, *nm Ch* polystyrene, polyvinylbenzene.
polysulfure, *nm Ch* polysulfide; **polysulfure d'ammonium,** yellow ammonium sulfide.
polytène, *a Ch* polytene.
polyterpène, *nm Ch* polyterpene.
polytétrafluoroéthylène, *nm Ch* polytetrafluoroethylene, teflon (*abbr* PTFE).
polythélie, *nf Z* polythelia.
polythène, *nm Ch* polythene, polyethylene.
polytrichie, *nf Z* polytrichia.
polytrique, *nm Z* polytric.
polytrophie, *nf Z* polytrophy.
polyuréthane, *nm Ch* polyurethan(e).
polyvalence, *nf Ch* polyvalence, multivalence.
polyvalent, *a Ch* polyvalent, multivalent; *Biol* versatile.
polyvinyle, *nm Ch* polyvinyl; **acétate de polyvinyle,** polyvinyl acetate; **chlorure de polyvinyle,** polyvinyl chloride (*abbr* PVC).
polyvinylique, *a Ch* polyvinyl; **acétal polyvinylique,** polyvinyl acetal; **alcool polyvinylique,** polyvinyl alcohol.
polyvoltin, *a* (*esp of silkworm*) polyvoltine.
polyzoïque, *a Z* polyzoic.
pomacé, *a Bot* pomaceous, malaceous.
pomifère, *a Bot* pomiferous.
pomiforme, *a Bot* pomiform.
pomme, *nf Bot* (*a*) **pomme de chêne,** oak apple; **pomme de pin,** pine cone; (*b*) pome.
pompe, *nf Ph* pump; **pompe à mercure,** Hg pump; **pompe à vide,** vacuum pump; **pompe rotaire,** rotary pump.
ponce, *nf* pumice; **pierre ponce,** pumice stone.
ponceux, -euse, *a* pumiceous (rock, etc).

ponction, *nf* puncture.
ponctué, *a* spotted (leaf, wing, etc); *Paly* punctate.
ponctulé, *a Biol* punctulate(d); punctuate; punctiform.
pondéral, -aux, *a* ponderal; *Ch* **analyse pondérale,** ponderal analysis; *Ph* **indice pondéral,** ponderal index.
pondeur, -euse, *a* egg-laying (bird, moth, etc).
pondoir, *nm Z* ovipositor.
pondre, *vtr* (*of birds, etc*) to lay (eggs); (*of insects*) to oviposit (eggs); **pondre des ovules,** to ovulate.
ponogène, *nm Biol* ponogen.
pont, *nm Z* pons; **pont de Varole,** pons Varolii; *Ch Ph* **pont de Wheatstone,** Wheatstone bridge.
ponte, *nf* laying (of eggs); *Z* oviposition; (*of flies, etc*) **lieu de ponte,** breeding place.
pontédériacé, *a Bot* pontederiaceous.
poplité, *a Z* popliteal; **creux poplité,** popliteal space.
population, *nf* flora and fauna (of a region).
populine, *nf Ch* populin.
porcelanique, *a Z* porcellanous.
porcelanite, *nf Miner* porcelain jasper; porcellanite.
pore, *nm Bot Anat etc* pore (of skin, plant); *Z* **pore inhalant,** ostium; *Physiol* **pore gustatif,** taste pore.
poreux, -euse, *a* porous; *Ch* unglazed.
poricide, *a Bot* poricidal.
porocyte, *nm Z* porocyte.
porogamie, *nf Bot* porogamy.
porogamique, *a Bot* porogamic.
poroïde, *a Paly* poroid.
porosité, *nf Ch* porosity; voidage, voidance.
porosporé, *a Paly* porosporous.
porphine, *nf Ch* porphin(e).
porphyre, *nm Miner* porphyry; **porphyre rouge,** red porphyry; **porphyre kératique,** hornstone porphyry.
porphyrine, *nf Ch* porphyrin.
porphyrique, *a Miner* porphyritic.
porphyrite, *nf Miner* porphyrite.
porphyritique, *a Miner* porphyritic.
porphyroblaste, *nm Miner* porphyroblast.
porphyropsine, *nf Ch* porphyropsin.
port, *nm Bot* habit (of plant).
portal, -aux, *a Anat* portal.
porte, *a & nf Anat* **(veine) porte,** (hepatic) portal (vein).
porte-aiguillon, *a inv Ent* aculeate(d); having a sting.
portée, *nf* (*a*) period of gestation (of animal); (*b*) litter, brood (of animals); (*c*) **portée de la vue,** range of vision.
porteur, -euse, *nm & f Bac* carrier (of germs).
portion, *nf Z* portio.
positif, -ive, *a* positive.
positivisme, *nm Biol etc* positive nature (of reaction, etc).
positon, positron, *nm Ph* positron, positive electron.
postabdomen, *nm Z* postabdomen.
postabdominal, -aux, *a Z* postabdominal.
postembryonnaire, *a Biol* postembryonal, postembryonic.
postérieur, *a* posterior; *Bot* (*of anther, etc*) posticous; upper.
postérite, *nf Z* progeny.
postformation, *nf Biol* postformation.
post partum, *nm inv Z* post partum.
postpliocène, *a & nm Geol* post-Pliocene.
post-pneumonique, *pl* **post-pneumoniques,** *a Z* metapneumonic.
pot, *nm* jar; crucible.
potamobiologie, *nf* biology of streams and rivers.
potamologie, *nf Geog* potamology.
potamoplancton, *nm Biol* potamoplankton.
potamotoque, *a Z* potamodromous, anadromous.
potasse, *nf Ch* potash; **chlorate de potasse,** potassium chlorate; **potasse sulfatée,** sulfate of potash; **potasse caustique,** caustic potash; **tube à potasse,** potash bulb; **silicate de potasse,** waterglass.
potassé, *a* containing potash; combined with potassium.
potassique, *a Ch* of, containing, potassium; potassic; **sels potassiques,** potassium salts, potash salts.
potassium, *nm Ch* (*symbol* K) potas-

sium; **bichromate de potassium,** potassium bichromate.

potentiel, -elle 1. *a* potential; *Biol* latent. **2.** *nm* potential; *Ph* **potentiel d'équilibre,** equilibrium potential; **potentiel d'attraction,** attractive force; **potentiel magnétique, électrique,** magnetic, electric, potential; **potentiel d'ionisation,** ionization potential; *Ch* **potentiel chimique,** chemical potential; **potentiel électrochimique,** electrochemical potential; **potentiels de la réduction,** reduction potentials; **potentiels normaux,** standard potentials; *AtomPh* **potentiels de résonance,** resonance potentials.

potstone, *nm Miner* potstone.

poudingue, *nm Miner* conglomerate, puddingstone.

poudre, *nf Ch* powder; **poudre mouillable,** wettable powder.

pouilleux, -euse, *a* cankered (wood).

pouls, *nm Physiol Z* pulse; sphygmus; **pouls permanent,** heart block; **pouls irrégulier,** unequal pulse.

poumané, *a Z* pulmonate.

poumon, *nm Anat Z* lung.

pourpre, *nm Biol* **pourpre rétinien,** rodlike layer; visual purple.

pourrir, *vi Biol* to decay.

pousse, *nf* (*a*) growth (of leaves, hair, feathers); **pousse des dents,** cutting of teeth; (*b*) *Bot* shoot, sprout; **première pousse,** first shoot; **pousse apicale,** leader; **pousse terminale,** leading shoot.

poussée, *nf Ph* (*of a fluid, a body*) pressure; *Bot* **poussée des boutons,** budding.

pouvoir, *nm Ch Ph* power; **pouvoir absorbant,** absorptivity, absorptive power; (*of fuel*) **pouvoir calorifique,** calorific, heating, value; **pouvoir isolant,** insulating value; **pouvoir rayonnant, radiant,** radiating capacity (of a light source, etc); **pouvoir réfractif, réfringent,** refractive power; *Ch* **pouvoir réactif,** reagency; *Bot* **pouvoir d'échange calorifique,** thermal emissivity.

powellite, *nf Miner* powellite.

Pr, *symbol of* praseodymium.

prase, *nm Miner* prase.

praséodyme, *nm Ch* (*symbol* Pr) praseodymium.

praséolite, *nf Miner* praseolite.

prasopale, *nf Miner* prasopal.

pratincole, *a Z* pratincolous, living in meadows.

préadaptation, *nf Biol* preadaptation.

précambrien, -ienne, *a & nm Geol* Precambrian.

préchauffeur, *nm Ph Ch* preheater.

précipitabilité, *nf Ch Ph* precipitability.

précipitable, *a Ch Ph* precipitable.

précipitant, *nm Ch Ph* precipitant; precipitating agent; precipitator.

précipitateur, *nm Ch* precipitator.

précipitation, *nf* (*a*) *Ch Ph* precipitation; **précipitation au moyen d'acides, par le chlorure de barium,** precipitation by means of acids, with barium chloride; **précipitation électrique, électrostatique,** electric, electrostatic, precipitation; **précipitation à l'anode,** anodic precipitation; (*b*) *Ecol* rainfall.

précipité, *Ch etc* **1.** *a* precipitate (chalk, etc). **2.** *nm* precipitate, flocculus, deposit; **précipité électrolytique,** electrolytic precipitate; **précipité de métal électrolytique,** electrolytic metal deposit; **précipité d'argent,** deposit of silver.

précipiter 1. *vtr Ch* to precipitate (a substance). **2.** *vi Ch Ph* (*of substance*) to precipitate; to form a precipitate.

se précipiter, *vpr Ch Ph* to precipitate, to be precipitated, to form a precipitate.

précipitine, *nf BioCh* precipitin.

précipito-diagnostic, *nm BioCh* precipitin test; *pl précipito-diagnostics.*

précision, *nf Climatol* **précision atmosphérique,** weather forecast.

précitique, *a* precital.

précocité, *nf Z* precocity.

précordial, -iaux, *a Z* precordial.

prédateur, -trice 1. *a* predatory; **oiseau prédateur,** bird of prey. **2.** *nm* bird, beast, of prey; predator.

prédentine, *nf Anat* predentin.

prédistillation, *nf Ch* predistillation; **colonne de prédistillation,** predistillation column.

préembryon, *nm Bot Biol* proembryo.

préembryonnaire, *a Bot Biol* proembryonal, proembryonic.

préfeuille, *nf Bot* prophyll(um), bracteole; palea, pale.
préfleuraison, préfloraison, *nf Bot* (a)estivation, prefloration.
préfoliaison, préfoliation, *nf Bot* vernation, prefoliation.
préformationnisme, *nm Biol* preformationism.
préglaciaire, *a & nm Geol* preglacial (period).
prégnane, *nm Ch* pregnane.
prégnant, *a* (*of animal*) pregnant; with young.
préhenseur, *am,* **préhensile,** *a* prehensile.
préhnite, *nf Miner* prehnite.
préhnitène, *nm Ch* prehnitene.
préhnitique, *a Ch* prehnitic.
prélèvement, *nm Ch* taking.
prémandibulaire, *a Anat Z* premandibular.
prématuré, *a Biol* premature.
prémonitoire, *a* aposematic (colour, etc).
prénatal, -als *or* **-aux,** *a Z* prenatal.
préoperculaire, *nm Z* preopercular.
préopercule, *nm Z* preopercle, preoperculum.
préoral, -aux, *a Z* preoral.
prépotence, *nf Biol* prepotency.
presbyopie, *nf Physiol* old sight.
préservateur, *nm Ch* preservative agent.
préspore, *nf Paly* prespore.
pression, *nf Ph* pressure; **pression absolue,** absolute pressure; **pression effective,** actual, active, effective, pressure; **pression inverse,** back, negative, pressure; **pression au zéro absolu,** zero-point pressure; **pression de la dissociation,** dissociation pressure; **pression dynamique,** dynamic, impact, pressure; **pression équilibrée,** equalized pressure; **pression de compensation,** equalizing pressure; **différence de pression,** differential pressure; **pression critique,** critical pressure; **pression interne,** internal pressure; **pression spécifique, unitaire,** specific pressure, unit pressure; **pression statique,** static pressure; **pression de la vapeur,** vapour pressure; **pression d'aspiration,** suction pressure; **pression en un point,** pressure at a point; **centre de pression,** pressure centre; **coefficient de pression,** pressure coefficient; **pression hydrostatique,** hydrostatic pressure; **pression relative,** relative pressure; **pression superficielle, de surface,** surface pressure; *Meteor* **pression atmosphérique,** atmospheric pressure; *Bot Ch* **pression osmotique,** osmotic pressure; *Physiol* **pression artérielle, sanguine,** (arterial) blood pressure; **pression veineuse,** venous blood pressure; *Biol* **pression membranaire,** wall pressure.
pressirostral, -aux, *a Z* pressirostral.
pressoir, *nm Anat Z* **pressoir d'Hérophile,** torcular Herophili.
pressostat, *nm Ch* pressurestat.
présure, *nf Ch BioCh* rennet, rennin.
prétraitement, *nm Ch* pretreating.
prévaporisation, *nf Ch* preflashing.
pricéite, *nf Miner* priceite.
primaire, *a Geol* **roches primaires,** primary rocks; **ère primaire,** *nm* **primaire,** primary (era).
primapare, *nf Biol* unipara.
primate, *nm Z* primate.
primexine, *nf Paly* primexin.
primine, *nf Bot* primine (of ovule).
primitif, -ive, *a* (*a*) primitive; *Geol* **roches primitives,** primitive rocks; (*b*) *Biol* original, primitive, primordial; **revenir au type primitif,** to revert to type.
primordial, -iaux, *a Biol* primordial, original; **cellule primordiale,** primordial cell; **forme primordiale,** juvenile form; *Anat Z Embry* **reins primordiaux,** protonephros; Wolffian body; *Bot* **feuille primordiale,** juvenile leaf.
primospore, *nf Paly* primospore.
primuline, *nf Ch* primuline.
principe, *nm Ch* element, constituent, ingredient (of a substance); principle; **principe gras, amer, actif,** fatty, bitter, active, principle, constituent; **principe immédiat,** native substance.
printanisation, *nf Bot* vernalization.
printemps, *nm Bot* **bois de printemps,** springwood.
priorite, *nf Miner* priorite.
prise, *nf* freezing (of a river); *Ch Ph* **prise d'essai,** taking; **en prise,** in mesh; *Z* **prise d'air,** vent.

prisme, *nm Ch* **prisme de Nicol,** Nicol prism.
prismoïde, *a Paly* prismoid.
privation, *nf Z* starvation.
proamnios, *nm Biol* proamnion.
probénécide, *nm* probenecid.
proboscide, *nf Z* proboscis.
proboscidé, *a Z* proboscidate.
proboscidien, -ienne, *a & nm Z* proboscidian.
procaïne, *nf Ch* procaine.
procambial, -iaux, *a Bot* procambial.
procambium, *nm Bot* procambium.
procédé, *nm* **procédé chimique,** chemical process; **huile de procédé,** process oil.
procéphalique, *a Z* procephalic.
procès, *nm Anat Z* process; **procès ciliaires,** ciliary processes.
processus, *nm Anat Z* process; *Ch Ph* **processus de travail,** work process.
prochlorite, *nf Miner* prochlorite, ripidolite.
prochromosome, *nm Biol* prochromosome.
procœlique, *a Z* procoelous.
procombant, *a Bot* (*of stem*) prostrate, procumbent.
prodiastase, *nf BioCh* proenzyme, zymogen.
prodigiosus, *nm Ch* prodigiosin.
prodrome, *nm Biol* prodrome.
producteur, *nm Ph* **producteur d'ondes,** wave producer.
production, *nf Ph* output.
proembryon, *nm Bot Biol* proembryo.
proembryonnaire, *a Bot Biol* proembryonic.
proéminence, *nf Bot* process.
proenzyme, *nf BioCh* proenzyme, zymogen.
proérythroblaste, *nm Biol* rubriblast.
proérythrocyte, *nm Z* proerythrocyte.
proferment, *nm BioCh* proferment, proenzyme, zymogen.
profession, *nf* occupation.
profil, *nm Paly* profile.
proflavine, *nf* proflavine.
progamique, *a Biol* progamous.
progéniture, *nf Z* progeny.
progestatif, *nm BioCh* progestogen.
progestérone, *nf Ch* progesterone.
proglottis *nm Plath Z* proglottis, proglottid, segment (of worm).
prognathe, *a Z* prognathous.
proie, *nf* prey; **oiseau de proie,** bird of prey; **bête de proie,** beast of prey; predatory animal, predator.
projectile, *a Biol* projectile.
projection, *nf Biol* projection.
projecture, *nf Biol* rib (of leaf).
prolactine, *nf BioCh* prolactin (hormone), galactin, mammotrophin, lactogenic hormone, luteotrophic hormone, luteotrophin.
prolamine, *nf BioCh* prolamin.
prolan, *nm BioCh* prolan; **prolan B,** luteinizing hormone.
prolapsus, *nm Z* **prolapsus de la vessie,** exocytosis.
prolifératif, -ive, *a Biol* proliferative.
prolifération, *nf Biol* proliferation, prolification.
prolifère, *a Biol* proliferous; *Bot* (*of plant, etc*) proligerous.
proliférer, *vtr & i Biol* to proliferate, to reproduce.
proliféroïde, *a Paly* proliferoid.
prolification, *nf Bot* prolification.
prolifique, *a Biol* uberous.
proligération, *nf Biol* proliferation.
proligère, *a Biol* proligerous.
proline, *nf Ch* proline.
prolongement, *nm Bot* **prolongements médullaires,** medullary rays; *Anat Z* **prolongement cylindraxile,** neuraxon, neurite, neuropile.
promégaloblaste, *nm Z* promegaloblast.
prométhéum, prométhium, *nm Ch* (*symbol* Pm) promethium.
promontoire, *nm Z* promontory.
promoteur, *nm Ch* promoter; (catalytic) accelerator.
prompt-bourgeon, *nm Bot* secondary shoot, bud; accessory shoot, bud; *pl prompts-bourgeons.*
promycélium, *nm Bot* promycelium.
promyélocyte, *nm Z* promyelocyte.
pronation, *nf Z* pronation; **mettre en pronation,** to pronate.
pronéphros, *nm Z* pronephros.
pronograde, *a Z* pronograde.

prononciation, *nf Biol* utterance.
pronotum, *nm Z* pronotum.
prontosil, *nm Ch* prontosil.
pronucléus, *nm Biol* pronucleus.
propadiène, *nf Ch* propadiene.
propagation, *nf Biol Ph* propagation (of a species, of light, sound, etc); **propagation des ondes,** wave propagation; **propagation en espace libre,** free space propagation; **propagation par le sol,** ground propagation; **propagation dans l'atmosphère,** ionospheric propagation; **constante de propagation,** propagation coefficient, propagation constant; **facteur de propagation,** propagation factor, propagation ratio; **durée, temps, de propagation,** transmission time (of heat, etc).
propagule, *nf Paly* propagula.
propane, *nm Ch* propane.
propanoïque, *a Ch* propanoic.
propanol, *nm Ch* propanol.
propanolone, *nm Ch* acetol.
propanone, *nf Ch* propanone, acetone.
propargyle, *nm Ch* propargyl.
propédeutique, *nf* propedeutics.
propénal, *nm Ch* acrolein, acrylaldehyde.
propène, *nm Ch* propene, propylene.
propénoïque, *nm Ch* propenoic, acrylic acid.
propényle, *nm Ch* propenyl; isoallyl.
propénylique, *a Ch* propenylic.
propergol, *nm Ch* propellant.
prophage, *nf Bac* prophage.
prophase, *nm Biol* prophase.
propiolique, *a Ch* propiolic.
propionate, *nm Ch* propionate.
propione, *nf Ch* propione.
propionique, *a Ch* propionic (acid).
propionitrile, *nm Ch* propionitrile.
propionyle, *nm Ch* propionyl.
propodite, *nm Z* propodite.
proportion, *nf* proportion; *Biol* rate; *Ch* **loi des proportions multiples,** law of multiple proportions; **(loi de) proportions réciproques,** (law of) reciprocal proportions.
propre 1. *a* peculiar (**à,** to); **ces amphibes sont propres aux mers arctiques,** these amphibians belong to the arctic seas; **vice propre,** inherent defect; *Ph* **vibration propre,** natural beat; **fréquence propre,** natural frequency; **oscillation propre,** natural oscillation; **période propre,** natural period; **longueur d'onde propre,** natural wavelength; **mouvement propre,** background. **2.** *nm* property, attribute, nature, characteristic; **le propre des poissons est de nager,** the nature of fish is to swim.
propriété, *nf* property, characteristic, peculiar quality (of matter, metal, plant, etc); **les propriétés de la matière,** the properties of matter; **propriété physique,** physical property.
propulsant, *nm Ch* propellant.
propulsion, *nf Ch* propulsion.
propylamine, *nf Ch* propylamine.
propyle, *nm Ch* propyl.
propylène, *nm Ch* propylene, propene.
propylique, *a Ch* propylic; **alcool propylique,** propyl alcohol, propanol.
propylite, *nf Miner* propylite.
propylitisation, *nf Geol* propylitization.
propyne, *nm Ch* propyne, propine.
propynoïque, *a Ch* propynoic.
prosencéphale, *nm Z* prosencephalon.
prosenchyme, *nm Bot* prosenchyma.
prosiphon, *nm Z* prosiphon.
prosoma, *nm Arach* prosoma.
prosomastique, *a Paly* prosomastigiate.
prosopite, *nf Miner* prosopite.
prospection, *nf* **prospection sur le terrain,** field research; **prospection biologique,** biological prospecting.
prostaglandine, *nf BioCh* prostaglandin.
prostate, *nf Anat Z* prostate (gland).
prostatique, *a Anat Z* **utricule prostatique,** Weber's pouch.
prosternum, *nm Z* prosternum.
prosthétique, *a* prosthetic.
protactinium, *nm Ch* (*symbol* Pa) prot(o)actinium.
protagon, *nm Ch Physiol* protagon.
protamine, *nf BioCh* protamin(e).
protandre, *a Bot Z* protandrous.
protandrie, *nf Bot Z* protandry.
protandrique, *a Z* protandric.
protarse, *nm Z* protarsus.
protéase, *nf Ch* protease.
protecteur, -trice, *a Ch Z etc* **colloïde**

protecteur, inhibitory phase, protective colloid.
protection, *nf* protection; *Bot* **tissus de protection,** protective layer.
protéiforme, *a* protean.
protéinase, *nf Biol* proteinase.
protéine, *nf Ch* protein; **protéine brute,** crude protein.
protéique, *a Ch* proteinic; **substance protéique,** protein substance; **assise protéique,** aleurone layer.
protéoflavine, *nf BioCh* flavoprotein, *F* yellow enzyme.
protéolyse, *nf BioCh* proteolysis.
protéolytique, *a BioCh* proteolytic.
protéopexique, *a Anat Z* proteopectic.
protéose, *nf BioCh* proteose.
protérandre, *a Bot Z* protandrous.
protérandrie, *nf Bot Z* protandry.
protéroglyphe, *Z* **1.** *a* proteroglyphic. **2.** *nm* proteroglyph.
protérogyne, *a Z* protogynous.
protérogynie, *nf Z* protogyny.
protérotype, *nm Biol* prototype.
protérozoïque, *a & nm Geol* Proterozoic.
prothalle, prothallium, *nm Bot* prothallium, prothallus.
prothoracique, *a Z* prothoracic.
prothorax, *nm Z* prothorax.
protiste, *nm Biol* protist, unicellular organism.
protoblaste, *nm Biol* protoblast.
protochlorophylle, *nf Bot* protochlorophyll.
protocole, *nm Ch* protocol.
protoconque, *nf Z* protoconch.
protoencéphale, *nm Anat Z* forebrain.
protogène, *a Ch* protogenic.
protogneissique, *a Geol* **texture protogneissique,** banded texture.
protogyne, *a Bot* protogynous.
protogynie, *nf Bot* protogyny.
protolyse, *nf Ch* protolysis.
protolytique, *a Ch* **réaction protolytique,** ion exchange.
proton, *nm AtomPh* proton; uron; **accepteur de proton,** proton acceptor; **donneur de proton,** proton donator.
protonéma, *nm Bot* protonema.
protonique, *a AtomPh* protonic.
protopathie, *nf Physiol* protopathy.
protophosphure, *nm Ch* protophosphide.
protophyte, *nm Bot* protophyte.
protoplasma, protoplasme, *nm Biol Z* protoplasm, plasma, plasm; **protoplasma des cellules,** somatoplasm.
protoplasmique, *a Biol* protoplasmic, plasmatic.
protoplaste, *nm Bot* protoplast.
protosole, *nf Paly* profoot-layer.
protospore, *nf Bac Bot* protospore.
prototype, *nm Biol* prototype.
protovertèbre, *nf Z* protovertebra.
protoxyde, *nm Ch* protoxide; **protoxyde d'azote,** nitrogen monoxide; nitrous oxide.
protozoaire 1. *nm* (*a*) *Z* protozoan, protozoon; **les protozoaires,** the Protozoa *pl,* Infusoria *pl*; **protozoaires flagellés,** Mastigophora *pl*; (*b*) *Biol Ch* monad. **2.** *a Z* protozoal, protozoan, protozoic.
protozoologie, *nf* protozoology.
protracteur, -trice, *a Z* **muscle protracteur,** protractor.
protractile, *a* protractile.
protrusion, *nf Z* protrusion.
protubérance, *nf Z* protuberance, protrusion; umbo; venter; **protubérance annulaire,** annular protuberance.
protubérant, *a Biol* tumid.
protubérantiel, -elle, *a Z* pontile, pontine.
proustite, *nf Miner* proustite, ruby silver (ore).
provertèbre, *nf Z* protovertebra, provertebra.
provirus, *nm Bac* provirus.
provitamine, *nf Biol Ch* provitamin.
provoquer, *vtr Ch* to promote (a reaction).
proximal, -aux, *a* proximate; *Anat Z* proximal.
prozymase, *nf BioCh* proenzyme, zymogen.
pruine, *nf Bot* pruinescence.
pruiné, pruineux, -euse, *a Bot* pruinose; covered with bloom, velvety; glaucous.
pruinescence, *nf Bot* pruinescence.
pruinosité, *nf Bot Ent* pruinescence.

prulaurasine, *nf Ch* prulaurasin.
prurit, *nm Z* **prurit hibernal,** winter itch.
prussiate, *nm Ch* prussiate, cyanide; **prussiate de potasse,** potassium cyanide, prussiate of potash; **prussiate jaune,** potassium ferrocyanide; **prussiate rouge,** potassium ferricyanide.
prussien, -ienne, *a Ch* prussian.
prussique, *a Ch* prussic (acid).
psammite, *nm Miner* psammite.
psammitique, *a Miner* psammitic; **roche psammitique,** sandstone.
psammophile, *a Z* sand-loving (lizards, reptiles); *Biol* psammophilous; **organisme psammophile,** psammophile.
psammophyte, *Bot* **1.** *a* psammophytic. **2.** *nm* psammophyte.
pseudacide, *nm Ch* pseudo-acid.
pseudo-adiabatique, *pl* **pseudo-adiabatiques,** *a Meteor* pseudo-adiabatic.
pseudo-anodonte, *pl* **pseudo-anodontes,** *a Z* pseudo-anodont.
pseudo-anodontie, *nf Z* pseudo-anodontia.
pseudobrookite, *nf Miner* pseudo-brookite.
pseudo-bulbe, *nm Bot* pseudobulb; *pl pseudo-bulbes.*
pseudocarpe, *nm Bot* pseudocarp.
pseudocarpien, -ienne, *a Bot* pseudocarpous.
pseudo-chrysalide, *nf Z* pseudochrysalis; *pl pseudo-chrysalides.*
pseudo-cumène, *nm Ch* pseudocumene.
pseudodonte, *a Z* pseudodont.
pseudodontie, *nf Z* pseudodontia.
pseudogamie, *nf Bot* pseudogamy.
pseudogyne, *nf Z* pseudogyne.
pseudohermaphrodisme, *nm Biol* pseudohermaphrod(it)ism.
pseudoionone, *nf Ch* pseudoionone.
pseudo-malachite, *nf Miner* pseudo-malachite.
pseudo-membrane, *nf Biol* pseudo-membrane; *pl pseudo-membranes.*
pseudomère, *nm Ch* pseudomer.
pseudomérie, *nf Ch* pseudomerism.
pseudomérique, *a Ch* pseudomeric.
pseudomorphe 1. *a Miner* pseudomorphous, pseudomorphic. **2.** *nm Biol Miner* pseudomorph.
pseudomorphisme, *nm,* **pseudomorphose,** *nf Miner* pseudomorphosis.
pseudonitrol, *nm Ch* pseudonitrole.
pseudo-nymphe, *nf Z* pseudochrysalis, pseudonymph; *pl pseudo-nymphes.*
pseudo-parasite, *nm Z* pseudoparasite; *pl pseudo-parasites.*
pseudo-parasitisme, *nm Z* pseudoparasitism.
pseudo-pâte, *nf Ch* pseudopaste.
pseudoplastique, *nm Ch* pseudoplastic.
pseudopode, *nm Bot Z* pseudopod(ium); *Z* **pseudopodes réticulés,** Rhizopodia *pl.*
pseudo-rubis, *nm inv Miner* rose quartz, Bohemian ruby.
pseudo-saphir, *nm Miner* blue quartz; *pl pseudo-saphirs.*
pseudo-spore, *nf Bot* pseudospore; *pl pseudo-spores.*
psilomélane, *nf Miner* psilomelane.
psittacinite, *nf Miner* psittacinite.
psoas, *nm Z* psoas.
psoriasique, *a Med* psoriatic.
psoriasis, *nm Med* psoriasis.
psychogène, *a* psychogenetic.
psychogénèse, *nf Physiol* psychogenesis.
psychologie, *nf Z* **psychologie animale,** zoopsychology.
psychophysiologie, *nf Psy* psychophysiology, psychophysics.
psychophysique, *nf Psy* psychophysics.
psychosomatique, *a Psy* psychosomatic.
psychotrine, *nf Ch* psychotrine.
psychotrope, *a Biol* psychotropic.
psychrophile, *a Biol* psychrophile, psychrophilous, psychrophilic.
Pt, *symbol of* platinum.
ptéridine, ptérine, *nf Ch* pteridine, pterin.
ptérocarpe, *a Bot* pterocarpous.
ptéroïde, *a Paly* pteroid.
ptérygode, *nm Z* pterygode, pterygodum.
ptérygoïde, *a & nf Z* pterygoid.

ptéryle, *nf Z* pteryla.
ptérylie, *nf Z* pteryla, feather tract.
ptérylographie, *nf Z* pterylography.
ptérylose, *nf Z* pterylosis, arrangement of feathers.
ptiline, *nf Z* ptilinum.
ptomaïne, *nf Ch* ptomaine.
ptyaline, *nf BioCh* ptyalin.
Pu, *symbol of* plutonium.
puberté, *nf Z* puberty.
pubérulent, *a Bot* pubescent, covered with light down.
pubescence, *nf Bot* pubescence, indumentum; downiness.
pubescent, *a Bot* pubescent, downy (plant, fruit).
pubien, -ienne, *a Anat* pectineal; *Z* pubic; **os pubien,** pubis.
pubis, *nm Z* pubis.
puchérite, *nf Miner* pucherite.
puissance, *nf Ph* **puissance calorifique,** calorific value, heating value.
pulégone, *nf Ch* pulegone.
pullulation, *nf* overgrowth; *Z* pullulation.
pullulement, *nm* **pullulement de perce-oreilles,** swarm of earwigs.
pulmobranche, *a Z* pulmobranchiate.
pulmonaire, *a Z* pulmonary, pneumal; **artère pulmonaire,** pulmonary artery; **excrétion pulmonaire,** pulmonary excretion.
pulmoné, *a Z* pulmonate, pulmobranchiate.
pulpe, *nf* pad (of finger, toe); pulp (of fruit); *Anat Z Histol* **pulpe blanche,** white pulp.
pulsation, *nf Ph* pulsation, vibration; *Physiol Z* sphygmus.
pulsoïde, *a Paly* pulsoid.
pulvérisateur, *nm Ch* sprayer.
pulvérisation, *nf Ch* vaporization (of liquid).
pulvériser, *vtr Ch* to vaporize (a liquid).
se pulvériser, *vpr* (*of liquid*) to vaporize.
pulvérulence, *nf Ent* pruinescence.
pulvérulent, *a* pruinose, pulverulent.
pulvillus, *nm Ent* pulvillus.
pulvinar, *nm Z* pulvinar.
pulviné, *a Bot Z etc* pulvinate.
pulvinoïde, *a Paly* pulvinoid.
pumicite, pumite, *nf Miner* pumice (stone).
pumiqueux, -euse, *a* pumiceous, pumicose.
pupaison, pupation, *nf Z* pupation.
pupe, *nf Z* (*a*) pupa case; (*b*) pupa, chrysalis.
pupillaire, *a* pupillary (membrane, etc).
pupille, *nf Anat Z* pupil (of the eye).
pupipare, *a Z* pupiparous.
purificateur, *nm Ch* purifier.
purine, *nf Ch* purine.
purique, *a Ch* **base purique,** purine base.
purpurifère, purpurigène, *a Biol* purpurogenous.
purpurine, *nf Ch* pupurin.
purpurique, *a Ch* **acide purpurique,** purpuric acid.
purpurite, *nf Miner* purpurite.
purpuroxanthine, *nf Ch* purpuroxanthin.
pur-sang, *nm inv* thoroughbred.
pus, *nm Biol* pus.
pustule, *nf Bot* pustule, wart, blister; *Geol* mound; **pustule fumerolle,** fumarole mound.
pustulé, *a Bot* pustulate(d), pustular.
pustuleux, -euse, *a Paly* pustulous; *Bot* pustular; **d'aspect pustuleux,** pustuliform.
putréfaction, *nf* **agent de putréfaction,** putrefying agent.
putrescine, *nf BioCh* putrescine.
pycnide, *nf Bot* pycnidium, pycnid.
pycnidiospore, *nf Bot* pycnidiospore.
pycnite, *nf Miner* pycnite.
pycnomètre, *nm Ph* pycnometer, picnometer.
pycnométrie, *nf Ph* pycnometry.
pycnospore, *nf Bot* pycn(i)ospore.
pycnosporé, *a Bot* pycnosporic.
pycnotique, *a Bot* pycnotic.
pygméisme, *nm Z* microsomia.
pygostyle, *nm Z* pygostyle.
pyknomètre, *nm Ch* pyknometer.
pylore, *nm Z* pylorus, pyloric orifice.
pylorique, *a Z* pyloric; **orifice pylorique,** pyloric orifice; pylorus; **valvule pylorique,** pyloric valve, pylorus; **antre pylorique,** antrum of pylorus.
pyoculture, *nf* pyoculture.
pyocyanine, *nf BioCh* pyocyanin.
pyogène, *a* pyopoietic; *Bac* pyogenic.

pyogénèse, pyogénie, *nf Bac* pyogenesis.
pyogénique, *a Bac* pyogenic.
pyramidal, -aux, *a* pyramidal.
pyramide, *nf Anat Z* pyramid.
pyran, pyranne, *nm Ch* pyran.
pyrannose, *nm Ch* pyranose.
pyranomètre, *nm Ph* pyranometer.
pyrargyrite, *nf Miner* pyrargyrite, argyrythrose, ruby silver (ore); aerosite.
pyrazine, *nf Ch* pyrazine.
pyrazol(e), *nm Ch* pyrazole.
pyrazoline, *nf Ch* pyrazoline.
pyrazolone, *nf Ch* pyrazolone.
pyrène 1. *nf Bot* pyrene. **2.** *nm Ch* pyrene.
pyrénéite, *nf Miner* Pyrenean black garnet.
pyrénine, *nf Biol* pyrenin.
pyrénoïde, *a Bot* pyrenoid.
pyrénolichen, *nm Bot* pyrenolichen.
pyrétique, *a Physiol* pyretic.
pyrgéomètre, *nm Ph* pyrgeometer.
pyrhéliomètre, *nm Ph* pyrheliometer.
pyrhéliométrique, *a Ph* pyrheliometric.
pyridazine, *nf Ch* pyridazin(e).
pyridine, *nf Ch* pyridin(e); **noyau pyridine,** pyridin(e) nucleus.
pyridone, *nf Ch* pyridone.
pyridoxine, *nf BioCh* pyridoxine.
pyriforme, *a Bot* pyriform.
pyrimidine, *nf Ch* pyrimidine.
pyrite, *nf Miner* (iron) pyrites; **pyrite de cuivre, pyrite cuivreuse,** copper pyrites, chalcopyrite, yellow ore; **pyrite arsenicale,** arsenopyrites, mispickel; **pyrite blanche, crêtée,** marcasite; **pyrite capillaire,** millerite; **pyrite de fer,** ferrous sulfide; **pyrites aurifères,** pyritiferous ores.
pyriteux, -euse, *a Miner* pyritic, pyritous (copper, etc).
pyritifère, *a Miner* pyritiferous (shale, etc).
pyroacétique, *a Ch* pyroacetic; **éther pyroacétique,** acetone.
pyroarséniate, *nm Ch* pyroarsenate.
pyroborique, *a Ch* pyroboric.
pyrocatéchine, *nf Ch* pyrocatechin.
pyrocatéchol, *nm Ch* pyrocatech(in)ol.
pyrochlore, *nm Miner* pyrochlore.
pyroclastique, *a Geol* pyroclastic.
pyrogallate, *nm Ch* pyrogallate.
pyrogallique, *a Ch* **acide pyrogallique,** pyrogallic acid.
pyrogallol, *nm Ch* pyrogallol, pyrogallic acid.
pyrogénèse, *nf Ph* pyrogenesis.
pyrogénésique, pyrogénétique, *a Ph* pyrogenetic.
pyrolusite, *nf Miner* pyrolusite, polianite.
pyrolyse, *nf Ch* pyrolysis.
pyrolytique, *a Ch* pyrolytic; **spectre pyrolytique,** pyrogram; **produit pyrolytique,** pyrolyzate.
pyroméconique, *a Ch* pyromeconic (acid).
pyromellique, *a Ch* pyromellitic.
pyrométallurgique, *a* pyrometallurgical.
pyromorphite, *nf Miner* pyromorphite, green lead.
pyromucique, *a Ch* pyromucic (acid).
pyrone, *nf Ch* pyrone.
pyrope, *nm Miner* pyrope.
pyrophanite, *nf Miner* pyrophanite.
pyrophosphate, *nm Ch* pyrophosphate.
pyrophosphoreux, -euse, *a Ch* pyrophosphorous.
pyrophosphorique, *a Ch* pyrophosphoric.
pyrophyllite, *nf Miner* pyrophyllite.
pyrophysalite, *nf Miner* pyrophysalite.
pyrophyte, *nm Bot* pyrophyte.
pyrosmalite, *nf Miner* pyrosmalite.
pyrosol, *nm* pyrosol.
pyrostat, *nm Ph* pyrostat.
pyrostilpnite, *nf Miner* pyrostilpnite, fireblende.
pyrosulfate, *nm Ch* pyrosulfate.
pyrosulfite, *nm Ch* pyrosulfite.
pyrosulfurique, *a Ch* pyrosulfuric.
pyrosulfuryle, *nm Ch* pyrosulfuryl.
pyrotechnique, *a* pyrotechnic.
pyroxène, *nm Miner* pyroxene.
pyroxéneux, -euse, *a Miner* pyroxenic.
pyroxénite, *nf Miner* pyroxenite.
pyroxyle, *nm,* **pyroxyline,** *nf Ch* pyroxyle, pyroxyline.
pyroxylé, *a* pyroxyle, pyroxylin.

pyroxylique, *a Ch* pyroligneous.
pyrrhotine, pyrrhotite, *nf Miner* pyrrhotine, pyrrhotite, magnetic pyrites.
pyrrol(e), *nm Ch* pyrrol(e).
pyrrolidine, *nf Ch* pyrrolidin(e).
pyrroline, *nf Ch* pyrrolin(e).
pyruvate, *nm Ch* pyruvate.
pyruvique, *a Ch* pyruvic.
pyxide, *nf Bot* pyxidium, pyxis.

Q

quadrangulaire, *a* quadrangular.
quadrant, *nm* quadrant.
quadratique, *a* quadratic.
quadribasique, *a Ch* quadribasic.
quadriceps, *nm Anat* quadriceps.
quadricycle, *nm Ch* quadricycle.
quadridenté, *a Bot* quadridentate.
quadridigité, *a Z* quadridigitate.
quadrifide, *a Bot* quadrifid (leaf, calyx).
quadrifolié, *a Bot* quadrifoliate.
quadrifoliolé, *a Bot* quadrifoliolate.
quadrijumeau, -elle, *a Z* quadrigeminal; **tubercules quadrijumeaux,** quadrigeminal bodies.
quadrilatéral, -aux, *a* quadrilateral.
quadrilatère, *a & nm* quadrilateral.
quadrilobé, *a Bot* quadrilobate.
quadriparti, quadripartite, *a Biol* quadripartite.
quadripartition, *nf Biol* quadripartition.
quadrivalve, *a Bot etc* quadrivalve, quadrivalvular.
quadroxyde, *nm Ch* quadroxide.
quadrumane, *Z* **1.** *nm* quadrumane. **2.** *a* quadrumanous.
quadrupède, *a & nm Z* quadruped.
quadruple, *a & nm* quadruple.
quadruplet, *nm Z* quadruplet.
quadrupolaire, *a* quadrupolar.
qualitatif, -ive, *a Ch* qualitative; **analyse qualitative,** qualitative analysis.
quantification, *nf Ph* quantization.
quantique, *a Ph* **physique quantique,** quantum physics; **théorie quantique,** quantum theory; **efficacité quantique,** quantum efficiency; **mécanique, optique, électrodynamique, quantique,** quantum mechanics, optics, electrodynamics; **nombre quantique,** quantum number; **nombre quantique principal,** first quantum number; **énergie quantique,** quantum energy; **état quantique,** quantum state; **statistique quantique,** quantum statistics; **longueur d'onde quantique,** quantum-mechanical wavelength.
quantisation, *nf Ph* quantization.
quantitatif, -ive, *a Ch* quantitative; **analyse quantitative,** quantitative analysis.
quantité, *nf Ph* **quantité de lumière,** quantity of light; **quantité de chaleur,** thermal content; **quantité de mouvement,** momentum, impulse.
quantum, *pl* **-a,** *nm* quantum; *Ch Ph* **théorie des quanta,** quantum theory; **quantum virtuel,** virtual quantum; **quanta de l'énergie de vibration,** vibrational energy quanta.
quartette, *nf Biol* quartet.
quartz, *nm Geol Miner* quartz; **quartz hyalin,** rock crystal; **quartz naturel,** mother quartz, mother crystal; **cristal de quartz,** quartz crystal, Bristol diamond, Cornish diamond; **quartz hématoïde,** eisenkiesel; **quartz taillé,** piezoid; **quartz enfumé,** smoky quartz, smoky cairngorm; **quartz aventuriné,** flamboyant quartz; **quartz rose,** rose quartz; **sable de quartz,** quartz sand; **quartz en fil,** quartz fibre.
quartzeux, -euse, *a Miner* quartzose, quartzous, quartzy (rock, etc); **sable coulant quartzeux,** quartz sand.
quartzifère, *a Miner* quartziferous; **diorite quartzifère,** quartz diorite.
quartzifié, *a Geol* crystallized into quartz.
quartzine, *nf Miner* quartzine.
quartzique, *a Miner* quartzic.
quartzite, *nf Miner* quartzite, quartz rock.
quassine, *nf Ch* quassin.
quaternaire 1. *a Ch* quaternary. **2.** *nm Geol* Quaternary (era).

quaterné, *a Bot* quaternate; **aux feuilles quaternées,** with quaternate leaves.
quaternifolié, *a Bot* with quaternate leaves.
québrachite, *nf Ch* quebrachitol.
quebracho, *nm Biol* quebracho.
quensélite, *nf Miner* quenselite.
quenstedtite, *nf Miner* quenstedtite.
quercétine, *nf Ch* quercetin, quercitin.
quercitannique, *a Ch* quercitannic.
quercite, *nf,* **quercitol,** *nm Ch Bot* quercite, quercitol.
quercitrin, *nm,* **quercitrine,** *nf Ch Bot* quercitrin.
queue, *nf* (*a*) *Z* tail (of animal, fish, butterfly wing); **à queue,** tailed; **à queue cunéiforme,** wedge-tailed; **à queue prenante,** with a prehensile tail; **à longue queue,** long-tailed; **sans queue,** tailless; (*b*) *Bot* stalk, stem (of fruit, flower, leaf); **à queue,** stemmed.
quiescent, *a Ch* quiescent.
quinaire, *a Bot* pentamerous, pentameral.
quinaldine, *nf Ch* quinaldine.
quinaldinique, *a Ch* quinaldic, quinaldinic (acid).
quinalizarine, *nf Ch* quinalizarin.
quinamine, *nf Ch* quinamine.
quiné, *a Bot* quinate; **folioles quinées,** quinate leaflets.
quinhydrone, *nf Ch* quinhydrone; **électrode de quinhydrone,** quinhydrone electrode.
quinicine, *nf Ch* quinicine.
quinidine, *nf Ch* quinidine, chinidine.
quinine, *nf Ch* quinine.
quinique, *a Ch* quin(in)ic.
quinite, *nf Ch* quinite, quinitol.
quinizarine, *nf Ch* quinizarin(e).
quinoa, *nm Ch* quinoa.
quinoïde, *a Ch* quin(on)oid.
quinoléine, *nf Ch* quinoline, leucoline.
quinoléique, *a Ch* quinolinic.
quinone, *nf Ch* quinone.
quinophtalone, *nf Ch* quinaldine.
quinovine, *nf Ch* quinovin.
quinoxaline, *nf Ch* quinoxalin(e).
quinoyle, *nm Ch* quinoyl.
quinquédenté, *a Bot* quinquedentate.
qinquéfarié, *a Bot* quinquefarious.
quinquéfide, *a Ch* quinquefid.
quinquéfolié, *a Bot* quinquefoliate.
qinquéfoliolé, *a Bot* quinquefoliolate.
qinquélobé, *a Bot* quinquelobate.
quinquéparti, quinquépartite, *a Biol* quinquepartite.
quintessence, *nf Biol* quintessence.
quintuplet, *nm* quintuplet.
quintuplinervé, *a Bot* quintuplinerved.
quinuclidine, *nf Ch* quinuclidine.
quotient, *nm* quotient; **quotient respiratoire,** respiratory quotient, R.Q.

R

R, *symbol of* (i) Rydberg's constant, (ii) (universal) gas constant, (iii) resistance.
Ra, *symbol of* radium.
raboteux, -euse, *a Bot* scabrous.
raccord, *nm* **raccord colonne,** junction coupling column.
raccordement, *nm* junction.
race, *nf Z* breed; *Biol* race, stock; **la race chevaline,** the horse species; **(animal) de race (pure),** thoroughbred.
racémate, *nm Ch* racemate.
racème, *nm Bot* raceme.
racémeux, -euse, *a Bot* racemose.
racémique, *Ch* **1.** *a* racemic (acid, etc). **2.** *nmpl* **racémiques,** racemic compounds.
racémisant, *a Ch* racemizine.
racémisation, *nf Ch* racemization.
racémiser, *vtr Ch* to racemize.
rachidien, -ienne, *a Biol* rach(id)ial, rachidian; *Anat Z* **nerf rachidien,** spinal nerve.
rachiglosses, *nmpl Moll* Rachiglossa *pl.*
rachis, *nm Biol* rachis; *Orn* shaft.
rachitis, rachitisme, *nm Bot* rachitis, abortion (of the seed).
racial, -iaux, *a Biol* racial.
racinaire, *a Bot* **pression racinaire,** root pressure.
racine, *nf* (*a*) *Bot* root; **racine aérienne,** aerial root; **racine adventive,** adventitious root; **racine pivotante,** taproot; **coiffe de racine,** root cap; **petite racine,** radicle, rootlet; (*b*) *Anat Z* root (of tooth, claw); radix.
racine-asperge, *nf Bot* aerial root; *pl racines-asperges.*
radappertisation, *nf Bac* radiopasteurization.
radiaire, *a Z* radiate(d), radiary.
radial, -iaux **1.** *a* radial; *Biol* musculomembranous; **os radial,** radiale. **2.** *nmpl Ich* radialia *pl.*
radialement, *adv Biol* **radialement symétrique,** radially symmetrical.
radiance, *nf Ph* radiance.
radiant, *a Ph* radiant; **chaleur radiante,** radiant heat; **point radiant,** radiant (point).
radiateur, *nm Ph* radiator.
radiation, *nf Ph Ch* radiation; radiance; radiating; **radiation thermique,** caloric, heat, thermal, radiation; **radiation cosmique,** cosmic radiation; **source de la radiation,** radiation source; *Ch* **radiation ionisante, non ionisante,** ionizing, non-ionizing, radiation; **pression de radiation,** radiation pressure; *AtomPh* **radiation alpha, bêta, gamma,** alpha, beta, gamma, radiation; **radiation neutronique,** neutron radiation; **équilibre entre radiation et matière,** radiation equilibrium with matter.
radical, -aux **1.** *a* radical; *Bot* **feuille radicale,** radical leaf. **2.** *nm Ch* radical; group; **radical libre,** free radical.
radicalaire, *a* radical.
radicant, *a Bot* radicant, radicating (stem, leaf).
radication, *nf Bot* radication.
radicelle, *nf Bot* radicel, radicle, rootlet; (root) fibre.
radicicole, *a Bot* radicicolous.
radicivore, *a Z* root-eating; rhizophagous; radicivorous.
radiculaire, *a Bot* radicular; *Anat* of the roots; **poil radiculaire,** root hair.
radicule, *nf Bot* (*a*) radicle (of the embryo, of a bryophyte); (*b*) rootlet.
radiculeux, -euse, *a Bot* (*of bryophyte*) radiculose.
radié, *a Biol* radiate(d), rayed; stellate(d); *Bot* **fleur radiée,** ray flower.
radier, *vtr* to radiate (heat, light).

radifère, *a Miner* radiferous.
radioactif, -ive, *a* radioactive; **corps radioactif,** radioactive body; **change radioactif,** radioactive change; **constante radioactive,** radioactive constant; **désintégration radioactive,** radioactive disintegration; **équilibre radioactif,** radioactive equilibrium; **famille, série, radioactive,** radioactive series; **chimie radioactive,** radiochemistry; **cobalt radioactif,** radiocobalt; **iode radioactive,** radioiodine; **isotope radioactif,** radioisotope.
radioactinium, *nm Ch* radioactinium.
radioactivité, *nf* radioactivity; **radioactivité dans l'air,** airborne radioactivity; **radioactivité ambiante,** environmental radioactivity.
radiobiologie, *nf* radiobiology.
radiobiologique, *a* radiobiological.
radiocarbone, *nm* radiocarbon; **datation par radiocarbone,** radiocarbon dating.
radiochimie, *nf* radiochemistry; radiation chemistry.
radiochimique, *a* radiochemical.
radioclair, *a Ph* radiolucent.
radiocobalt, *nm* radiocobalt.
radiocorps, *nm* radioactive body.
radiocubital, -aux, *a Anat Z* radioulnar.
radioécologie, *nf Biol* radioecology.
radiographie, *nf* X-ray; *Biol* radiography.
radio-iode, *nm Ch* radioiodine.
radioisomère, *nm Ch* radioisomer.
radioisotope, *nm* radioisotope.
radiolaire, *Z* **1.** *a* radiolarian. **2.** *nm* radiolarian; *Prot* **radiolaires,** Radiolaria *pl.*
radiolarite, *nf Geol* radiolarite.
radiole, *nf Z* radiole, spine (of sea urchin).
radiolite[1], *nm Z* radiolite.
radiolite[2], *nf Miner* radiolite.
radioluminescence, *nf Ph* radioluminescence.
radioluminescent, *a Ph* radioluminescent.
radiolyse, *nf Ch* radiolysis.
radiomètre, *nm Ph* radiometer.
radiométrie, *nf Ph* radiometry.
radiométrique, *a Ph* radiometric.
radiomimétique, *a Ch Physiol* radiomimetic.
radionucléide, *nm Biol Ecol* radionuclide.
radionuclide, *nm Ph* radionuclide.
radio-opacité, *nf Ph* radiodensity; *pl radio-opacités.*
radiopasteurisation, *nf Bac* radiopasteurization.
radiorécepteur, *nm Physiol* radioreceptor.
radiosensibilité, *nf Biol* radiosensitivity.
radiosensible, *a Biol* radiosensitive.
radiospectrographe, *nm* X-ray spectrograph.
radiotranslucence, *nf Ph* radiotranslucency.
radiotransparence, *nf Ph* radiolucency.
radiotransparent, *a Ph* radiolucent.
radiotropisme, *nm Ph* radiotropism.
radio-ulna, *nm Z* radio-ulna.
radique, *a Ch* radial.
radium, *nm Ch* (*symbol* Ra) radium; *Ph* **émanation du radium,** radium emanation, radon.
radius, *nm* (*a*) *Anat* radius (of forearm); (*b*) *Ent* radius (of wing).
radon, *nm Ch* (*symbol* Rn) radon.
radula, *nf Z* radular.
radulaspore, *nf Paly* radulaspore.
radule, *nf Z* radula.
raffinase, *nf BioCh* raffinase.
raffinose, *nm Ch* raffinose, mellitose.
raglanite, *nf Miner* raglanite.
raie, *nf* (*a*) *Biol Z* streak, stripe, vitta (on animal, etc); **raie distincte,** obvious stripe; (*b*) *Ich* ray.
rainure, *nf Anat Z* groove (of a bone).
raisin, *nm Bot* uva.
rajeunir, *Biol* **1.** *vi* (*of cells*) to rejuvenesce. **2.** *vtr* to rejuvenesce (cells).
rajeunissement, *nm Biol* rejuvenescence.
ralstonite, *nf Miner* ralstonite.
Raman, *Prn Ph* **effet Raman,** Raman effect.
raméal, -aux, *a Bot* ramal.
rameau, -eaux, *nm Anat Z* ramus;

rameau communiquant, ramus communicans.
ramentacé, *a Bot* ramentaceous.
ramentum, *nm Bot* ramentum.
rameux, -euse, *a Bot* rameous; *Biol* ramose, ramous.
ramicorne, *a Z* ramicorn.
ramie, *nf Tox* ramie.
ramifié, *a Biol Echin* shield-shaped; ramified, branched; *Ch* **à chaîne ramifiée,** branched.
ramiflore, *a Bot* ramiflorous.
rammelsbergite, *nf Miner* rammelsbergite.
ramospore, *nf Paly* ramospore.
rampant, *a Bot* procumbent; *Bot Z* (*of stalk, shoot, insect, etc*) repent; *Biol* reptant.
rampe, *nf Anat Z* scala.
ramule, *nm Bot* ramulus.
ramus, *nm Z* ramus.
ramuscule, *nm Bot* ramulus.
randanite, *nf Miner* randanite.
raniforme, *a* raniform.
ranin, *a* raniform; *Z* ranine.
ranivore, *a Z* ranivorous.
ransomite, *nf Miner* ransomite.
rapace, *a Z* raptorial, ravenous; **oiseau rapace,** raptor.
râpe, *nf Ent* strigil.
raphé, *nm Anat Bot* raphe.
raphiale, *nf Bot* raffia-palm grove.
raphide, *nf Bot* raphide, raphis.
rapport, *nm* ratio, proportion; *Ph etc* **rapport d'amplitude (des mouvements ondulatoires),** amplitude ratio (of wave motions); *Ch* **rapport des variances,** variance ratio test; *Oc* **rapport des amplitudes (des marées),** ratio of tidal range; *El* **rapport de transformation,** voltage ratio; *Ph Meteor* **rapport des chaleurs spécifiques,** adiabatic coefficient.
rapporter, *vtr Biol* to relate (a species to a family, etc).
rare, *a Ch* **gaz rares,** inert, noble, rare, gases; **terres rares,** rare earths; **métaux des terres rares,** rare-earth metals, rare-earth elements.
raréfaction, *nf Ph* rarefaction.
raréfiable, *a Ph* rarefiable.
raréfiant, *a Ph* rarefactive.
raréfier, *vtr* to rarefy (air, a gas).
se raréfier, *vpr* (*of the air, a gas*) to rarefy.
raspite, *nf Miner* raspite.
rate, *nf Anat Z* (*a*) milt; (*b*) spleen.
rathite, *nf Miner* rathite.
ratio, *nm Ch Ph Biol* ratio; **ratio entre les chaleurs spécifiques,** ratio of specific heats.
ratite, *a & nm Z* ratite (bird).
rattacher, *vtr Biol* to relate (a species to a family, etc).
rauvite, *nf Miner* rauvite.
ravitaillement, *nm Biol Nut* food control.
rayé, *a Z etc* striped, streaked, fasciated, banded (**de,** with); *Bot* lineate, lined; (*of animal*) **pelage rayé de bandes sombres,** coat streaked with black.
rayon, *nm* (*a*) *Ph* ray; **rayons cosmiques,** cosmic rays; **rayon indirect,** space ray; **rayons positifs,** positive rays; **rayons α, β,** γ, X, α-, β-, γ-, X-rays; **rayons X pénétrants,** deep X-rays; **rayons X et la structure cristalline,** X-ray and crystal structure; **spectres des rayons X,** X-ray spectra; **jeter, émettre, des rayons,** to radiate; (*b*) *Ch Ph* radius; **rayon de giration,** radius of gyration; **rayon d'atome, de molécule, de particule colloïdale,** radius of atom, molecule, colloid particle; (*c*) *Biol Bot* ray (of umbel, fin, composite flower, etc); **rayon ligneux,** xylem ray; **rayons médullaires,** medullary rays, wood rays.
rayonnant, *a* (*a*) *Ph* radiant (heat); radiating, radiative (power); (*b*) *Bot Biol* radiating (umbel, etc); radial; radiant (stigma, etc); (*of composite flower*) **fleurs rayonnantes,** ray florets; **sans fleurs rayonnantes,** rayless; **à fleurs rayonnantes,** radiate(d); **fleurs non rayonnantes,** florets of the disk.
rayonné, *a Biol* radiate(d).
rayonnement, *nm Ph* radiance; radiation; radiating; **densité de rayonnement,** radiant density; **énergie de rayonnement,** radiant energy; **rayonnement thermique,** caloric, heat, thermal, radiation; **rayonnement d'un corps noir,** black-body, Planckian, radiation; **rayonnement de grande, faible, énergie,** high-level, low-

level, radiation; **rayonnement diffusé,** scattered radiation; **rayonnement parasite,** perturbing, spurious, stray, radiation; **rayonnement cosmique,** cosmic radiation, cosmic rays; **rayonnement ionisant, non ionisant,** ionizing, non-ionizing, radiation; *AtomPh* **radiation alpha, bêta, gamma,** alpha, beta, gamma, radiation; **rayonnement nucléaire, atomique,** nuclear radiation; **radiation neutronique,** neutron radiation.

rayonner, *vi* to radiate.

rayure, *nf Z etc* stripe, streak; **à rayures,** striped; **rayure transversale,** striga.

Rb, *symbol of* rubidium.

Re, *symbol of* rhenium.

réactant, *nm Ch* reactant.

réacteur, *nm Ch* (tubular, etc) reactor; *AtomPh* **réacteur nucléaire,** nuclear reactor; **réacteur (auto)générateur, sur(ré)générateur,** breeder reactor; **réacteur rapide, à neutrons rapides,** fast (neutron) reactor.

réaction, *nf* (*a*) *Ch AtomPh* reaction, reagency; **réaction chimique,** chemical reaction; **réaction endothermique, exothermique,** endothermal, exothermal, reaction; **réaction réversible, équilibrée,** reversible, balanced, reaction; **faire la réaction des alcaloïdes,** to test for alkaloids; **réaction de fission, de fusion,** fission, fusion, reaction; **réaction en chaîne,** chain reaction; **réaction (en chaîne) auto-entretenue,** self-maintaining, self-sustaining, (chain) reaction; **réaction inverse, de recombinaison,** back reaction; **réaction nucléaire, thermonucléaire, photonucléaire,** nuclear, thermonuclear, photonuclear, reaction; **réaction nucléaire en chaîne,** nuclear chain reaction; **réaction de premier ordre,** first-order reaction; **réactions de troisième ordre,** third-order reactions; **réaction de l'ordre zéro,** zero-order reaction; **réaction réversible de premier ordre,** reversible first-order reaction; **réaction de soudure,** coupling reaction; **réaction homogène, hétérogène,** homogeneous, heterogeneous, reaction; **réaction gazeuse,** gaseous reaction; **réaction ionique,** ionic reaction; **réaction par radicaux libres,** free radical reaction; **ordre de réaction,** reaction order; **réaction secondaire, accessoire,** side reaction; **réaction unimoléculaire,** unimolecular reaction; **réaction xanthoprotéique,** xanthoprotein reaction; (*b*) *Physiol* reaction, response (of organ, tissue, etc); **réaction auditive, tactile, visuelle,** auditory, tactile, visual, reaction; **réaction biologique,** biological response; **réaction de défense,** defensive response; defence reaction; **réaction motrice,** motor response; **temps de réaction,** reaction time; **réaction de l'organisme humain à l'infection microbienne,** reaction of the human organism to bacterial infection; **sans réaction,** non-reactive.

réactionnel, -elle, *a Ch* **mélange réactionnel,** reaction mixture; *Physiol* **mouvements réactionnels,** reactive movements.

réactivateur, *nm Ch* reactivator.

réactivation, *nf Ch* reactivation (of a catalyst).

réactiver, *vtr Ch* to reactivate (a catalyst, etc).

réactivité, *nf Ch AtomPh* reactivity.

réalgar, *nm Ch Miner* realgar; red arsenic, ruby arsenic.

réarrangement, *nm Ch* **réarrangement moléculaire,** molecular rearrangement.

Réaumur, *Prn Ph* **échelle Réaumur,** Réaumur scale.

rebond, rebondissement, *nm Biol* rebound.

rebord, *nm Anat* helix, rim (of the outer ear).

récapitulation, *nf* recapitulation; *Biol* **théorie de récapitulation,** recapitulation theory; **loi de récapitulation,** biogenetic law.

réceptacle, *nm Bot* receptacle, receptaculum (of flower, fungus); **réceptacle (floral),** torus.

récepteur, *nm Physiol* receptor (organ).

récessif, -ive, *a Biol* **gène récessif,** recessive (gene); **caractère récessif,** recessive (character); **sujet récessif,** recessive (organism).

récessivité, *nf Biol* recessiveness.

receveur, *nm Biol* recipient.

recherche, *nf* investigation, research; **recherche analytique,** analytical investigation.

récifal, -aux, *a Oc Geol* reefy.
récipient, *nm Ch* recipient, jar; (*receptacle*) vessel.
réclinaison, *nf Physiol* (*of cataract*) reclination.
récliné, *a Bot* reclinate (organ).
recombinaison, *nf Biol Ch* recombination; *Ch* **recombinaison des radicaux,** radical recombination; **coefficient de recombinaison,** recombination coefficient.
re-concentré, *a Ch* **acide sulfurique reconcentré,** restored acid.
reconstitution, *nf Z* reconstitution; *Physiol* **reconstitution (naturelle),** regeneration.
recourbé, *a Biol* recurvate, retrorse; *Bot* reflexed; *Z* recurved, retorted.
recourbure, *nf Biol* recurvature.
recristallisation, *nf Ch* recrystallization.
recristalliser, *vtr & i Ch* to recrystallize.
recrudescence, *nf Biol* recrudescence.
recrutement, *nm Physiol* recruitment.
rectal, -aux, *a Anat Z* rectal.
rectification, *nf Ch* rectification (of alcohol, etc).
rectifié, *a Ch* rectified.
rectirostre, *a Z* rectirostral.
rectrice, *a & nf Z* **(penne) rectrice,** rectrix, tail feather.
rectum, *nm Anat Z* rectum.
récurvé, *a Z* recurved; *Biol* recurvate.
recurvirostre, *a Z* recurvirostral.
recyclage, *nm Ch* recycling (of acids); rerun.
reddingite, *nf Miner* reddingite.
rédie, *nf Z* redia.
rédingtonite, *nf Miner* redingtonite.
redissolution, *nf Biol Ch* re-solution.
redistillation, *nf Ch* rerun.
redox, *a & nm Ch* redox; **réaction, système, redox,** redox reaction; **électrode redox,** redox electrode; **indicateur redox,** redox indicator.
redressé, *a Ch* rectified.
réductase, *nf BioCh* reductase.
réducteur, -trice, *Ch* **1.** *a* **corps réducteur,** reducer, reductant; **agent réducteur,** reducing agent; **flamme réductrice,** reducing flame; **gaz réducteur,** reducing gas. **2.** *nm* reducer, reducing agent, reductant.
réductif, -ive, *a Ch* reductive.
réduction, *nf Ch* reduction (of an oxide); dilution (of an acid); **par réduction,** reductive.
réductionnel, -elle, *a Biol* **mitose réductionnelle,** reduction division; meiosis.
réduire, *vtr Ch* to reduce (an oxide).
réduplicatif, -ive, *a Bot* (*of aestivation*) reduplicat(iv)e.
rédupliqué, *a Bot* (*of leaves*) reduplicat(iv)e.
réfléchi, *a Bot* reflex(ed).
réfléchissement, *nm Ph* reflection, reflexion (of light, sound).
réflectance, réflectivité, *nf Ph* reflectivity.
réflexe, *Physiol* **1.** *a* reflex (movement, etc); **action réflexe,** reflex action; **arc réflexe,** reflex arc. **2.** *nm* reflex; *Biol* **réflexe inconditionné,** unconditioned reflex.
réflexibilité, *nf Ph* reflexibility.
réflexible, *a Ph* reflexible (ray).
réflexion, *nf Ph* reflection, reflexion (of light, sound); **coefficient, facteur, de réflexion,** reflectance.
réflexogène, *a Biol* reflexogenic; reflexogenous.
reflux, *nm* reflux; *Ch* **condenseur à reflux,** reflux condenser.
réfractaire, *a Ch Miner* refractory; **nature réfractaire,** refractoriness.
réfractant, *a Ph* refracting.
refracté, *a Ph* **non réfracté,** unrefracted (ray).
réfracter, *vtr Ph* to refract (light ray).
se réfracter, *vpr Ph* to be refracted.
réfractérité, *nf Ch Miner etc* refractoriness.
réfracteur, -trice, *a Ph* refracting.
réfractif, -ive, *a Ph* refracting, refractive; **pouvoir réfractif,** refractive power.
réfraction, *nf Ch Ph* refraction; **double réfraction,** double refraction; **à double réfraction,** double-refracting; **angle de réfraction,** angle of refraction; **dispositif à réfraction,** refracting, refractive, system; **indice de réfraction,** refractive index.
réfractionnement, *nm Ph* refractionation.

réfractomètre, *nm Ph* refractometer; **réfractomètre à immersion,** immersion, dipping, refractometer; **réfractomètre à parallaxe,** parallax refractometer.
réfractométrie, *nf* refractometry.
réfrangibilité, *nf Ph* refrangibility.
réfrangible, *a Ph* refrangible.
réfrigérant, *Ch Ph* **1.** *a* refrigerant; **mélange réfrigérant,** freezing mixture. **2.** *nm* (*a*) cryogen; (*b*) refrigerating machine.
réfrigérateur, *nm Ph* refrigerator.
réfrigération, *nf* freezing; *Ch* **produit de réfrigération,** refrigerant.
réfringence, *nf Ph* refringency, refractive power (of a crystal, etc); *Ch Ph* refractivity; **réfringence moléculaire,** molecular refractivity; **réfringence spécifique,** specific refractivity.
réfringent, *a Ph* refringent, refracting, refractive; **angle réfringent,** refracting angle (of a prism); **pouvoir réfringent,** refractive power.
refroidir, *vtr* to cool, chill (air, water, temperature, etc); **refroidir rapidement,** to quench; **refroidir par l'air,** to air-cool; **refroidi par (l')air,** air-cooled; **refroidir par l'eau,** to water-cool; **refroidi par (l')eau,** water-cooled; *Ph* (*of gas*) **refroidi par détente, par dilatation,** cooled by expansion.
refroidissement, *nm* cooling (of air, water, temperature, etc); **refroidissement par air, par eau,** air cooling, water cooling; **refroidissement par fluide, par liquide,** fluid cooling, liquid cooling.
refus, *nm Ch Ph* **dissoudre un sel jusqu'à refus,** to dissolve a salt to saturation.
regélation, *nf Ch Ph* regelation.
régénérat, *nm Bot* regenerate.
régénératif, -ive, *a Biol* regenerating, regenerative.
régénération, *nf* (*a*) *Biol Physiol* regeneration (of a damaged organ, etc); palingenesis, palingenesia, palingenesy; (*b*) *Ch* regeneration (of a substance, etc).
régénérer, *vtr* (*a*) *Ch* to regenerate (a substance, etc); (*b*) to reproduce (tail, claw, etc).
se régénérer, *vpr* (*of lobster's claw, etc*) to regenerate.
régime, *nm* diet; **être au régime,** to be on a diet; **régime lacté,** milk diet; **régime absolu,** starvation diet.
région, *nf Biol* zona.
réglable, *a* trimmable.
réglage, *nm Ch* regulation; **réglage à zéro,** zero adjustment.
règle, *nf* (*a*) *Ch Ph* **règle réduite,** reduced scale; *AtomCh AtomPh* **règles des sélections,** selection rules; (*b*) *pl Z* menstruation, menstrual period; **avoir ses règles,** to menstruate.
règne, *nm* **le règne végétal,** the vegetable kingdom.
régolite, *nf Geol* regolith.
régressif, -ive, *a Biol* regressive; retrogressive; **forme régressive,** throwback, incolution form; **caractère régressif,** regressiveness.
régression, *nf Biol* (*a*) retrogression; retrogradation; (*b*) throwback; regression.
régulation, *nf Biol BioCh Physiol* regulation; **régulation glycémique,** glyc(a)emic regulation; **régulation des enzymes,** enzyme regulation; **régulation thermique,** thermal regulation.
régule, *nm Petroch* reguline.
régulier, -ière, *a Ch* uniform.
régulin, *a Petroch* **alliage régulin,** reguline.
rein, *nm Anat* kidney; *Z* nephron, nephros; *Anat Z Embry* **reins primordiaux,** protonephrons; Wolffian body.
reine, *nf Z* (*of ants, etc*) queen; **reine des abeilles,** queen bee.
réintégration, *nf Z* redintegration.
Reissner, *Prn Z* **membrane de Reissner,** Reissner's membrane.
rejet, *nm Bot* shoot, sucker (of plant).
rejeton, *nm Bot* shoot, offshoot, sucker (of plant).
réjuvénescence, *nf Biol* rejuvenescence.
relais, *nm* junction; *Ph* relay.
relatif, -ive, *a* relative.
relativiste, *a Ph* relativistic.
relativité, *nf Ph* relativity; **théorie de la relativité,** theory of relativity; **(théorie de la) relativité restreinte,** special, restricted (theory of) relativity.

relaxation, *nf* relaxation; *Physiol* **relaxation des muscles,** muscular relaxation; *Ch Ph Physiol* **période de relaxation,** relaxation time.
relevé, *nm Ch* reading.
relief, *nm Geog* **relief (terrestre),** relief.
reliquat, *nm Ch* residue.
relique, *nf Bot Evol* relic.
rem, *nm Meas* rem.
rémanence, *nf Ph* residual magnetism.
rémanent, *a Ph* **magnétisme rémanent,** residual magnetism.
rémige, *Orn* **1.** *nf* remex, wing quill; primary; flat; pen feather; **les rémiges,** the remiges; primary feathers, primary quills; **rémiges scapulaires,** scapular feathers, scapulars; **rémige secondaire,** secondary. **2.** *a* remigial (feather).
rémission, *nf Bac* intermission (of fever).
remous, *nm Ph* eddy.
rénal, -aux, *a Anat Biol Z* renal; nephric; **artères, veines, rénales,** renal arteries, veins; **plexus rénal,** renal plexus.
renardite, *nf Miner* renardite.
rendement, *nm Ch* yield.
renflé, *a Biol* turgid; ventricose.
réniforme, *a Z* reniform, nephroid.
rénine, *nf BioCh* renin.
rennine, *nf Ch BioCh* rennet, rennin.
rensselaerite, *nf Miner* rensselaerite.
renversé, *a Biol* ectotropic; renversé.
renversement, *nm* reversal; *Ph* **renversement de polarité,** reversal of polarity.
repère, *nm Ch* **point de repère,** set point.
réperfusion, *nf Ch* **non réperfusion,** no-reflow.
répétospore, *nf Paly* repetospore.
réplétion, *nf Z* repletion.
repli, *nm Anat* plica, fold (of the skin, etc); *Bot* **repli longitudinal,** plica (of a leafy moss plant, of a spore case).
replicatif, -ive, *a Bot* replicative, replicate.
réplication, *nf Biol* replication.
replié, *a* (*a*) *Bot* replicate; **replié en dedans,** infolded; (*b*) *Geol* (*of stratum*) plicate(d).
réplique, *nf Geol* aftershock (of earthquake).
replum, *nm Bot* replum.
réponse, *nf Physiol* response; **réponse motrice,** motor response; **réponse instinctive, naturelle,** native response; **réponse réflexe,** reflex response.
repos, *nm Ph* **masse au repos,** rest mass.
repousser, *vi* (*of tail, etc*) to regenerate.
répresseur, *nm Biol* repressor.
reproducteur, -trice, *a* reproductive; **les organes reproducteurs,** the reproductive organs.
reproduction, *nf Biol* reproduction, propagation; **les organes de la reproduction,** the reproductive organs; *Biol* **reproduction sexuée,** sexual generation, reproduction; syngamy; **reproduction asexuée,** asexual generation, reproduction; **reproduction végétative,** vegetative reproduction; **reproduction des mêmes traits, des mêmes évolutions,** palingenesis.
reproduire, *vtr* to reproduce (tail, claw, etc).
se reproduire, *vpr* to reproduce.
reptatoire, *a Biol* reptant, reptatorial, reptatory.
reptile, *Biol* **1.** *a* reptilian, reptant. **2.** *nm* reptilian; **reptiles,** Reptilia *pl.*
reptilien, -ienne, *a* reptilian.
répugnatoire, *a Z* repugnatorial.
répulsif, -ive 1. *a* repulsive; *Ch Ph* **forces répulsives,** repulsive forces. **2.** *nm Ent* repellent.
requin, *nm Ich* squalus.
résazurine, *nf Ch* resazurin.
réseau, -eaux, *nm* (*a*) *Histol* **réseau cutané,** rete cutaneum; (*b*) *Z* reticulum (of ruminant); *Anat Biol* **réseau vasculaire de la pie-mère,** tomentum cerebri.
réserpine, *nf Ch* reserpine.
résidu, *nm Ch* residue, residual, residuum, sediment.
résiduaire, *a Ph* residual; *Ch* residuary; **liqueur résiduaire,** waste liquor.
résiduel, -elle, *a Ph* residual; *Ch* residuary; **magnétisme résiduel,** residual magnetism.
résilience, *nf Ph* **essai de résilience,** impact test.
résinate, *nm Ch* rosinate.
résine, *nf* resin; *Ch* **résine végétale,** natural resin; **résine polyvinylique,** polyvinyl resin; **résines vinyliques,** vinyl resins; **résine de**

xanthorrée, xanthorrhœa; **résine photosensible,** photosensitive resin; **résine thermodurcissable,** thermo-setting resin; **résine échangeuse d'ions,** ion exchange resin; **résine urée-formol,** urea-formaldehyde resin; *Miner* **résine fossile,** burmite.

résineux, -euse, *a* resinous.

résinifère, *a Bot* resiniferous; **canal résinifère,** vitta.

résinique, *a Ch* **acide résinique,** resin acid.

résinite, *nm Miner* resinite; wax opal.

résinocyste, *nm Bot* resin duct, resin canal.

résistance, *nf Ph* (*symbol R*) resistance; **résistance à l'air,** air resistance; **résistance hydrodynamique,** water resistance; **résistance de frottement,** frictional resistance; **résistance de mise en marche,** starting resistance; **résistance d'isolement,** insulation resistance; **résistance spécifique,** specific resistance; **boîte de résistances,** resistance box.

résistant, *a Ch* (*of colours*) fast.

résolution, *nf Geol* subsidence.

résonance, *nf Ch Ph* resonance; **énergie de résonance,** resonance energy; *AtomPh* **résonance atomique,** nuclear resonance; **neutron de résonance,** resonance neutron; **potentiels de résonance,** resonance potentials.

résorcine, *nf,* **résorcinol,** *nm Ch* resorcin(ol), resorcinum.

résorcylique, *a Ch* resorcylic.

résorufine, *nf Ch* resorufine.

respirateur, *nm* respirator; **respirateur artificiel,** barospirator.

respiration, *nf Physiol Z* respiration, breath; **air de respiration,** tidal air; **matières colorantes de la respiration,** respiratory pigments.

respiratoire, *a Physiol* respiratory (organ, etc); **appareil, système, respiratoire,** respiratory system; **capacité respiratoire,** lung capacity; **quotient respiratoire,** respiratory quotient, RQ; **enzymes respiratoires,** respiratory enzymes.

respirer, *vtr & i* to breathe.

reste, *nm Ch* residuum.

restitution, *nf Biol* restitution.

résultante, *a & nf Ch Ph* resultant (force).

résupination, *nf Bot* resupination.

résupiné, *a Bot* resupinate.

rétablissement, *nm Ph* **force de rétablissement,** restoring force; *Z* **rétablissement intégral,** redintegration.

retardateur, -trice 1. *a Ph* **accélération retardatrice,** retardation. **2.** *nm Ch* temper.

retardation, *nf Ph* retardation.

retardé, *a Ph* **vitesse retardée,** retardation.

retarder, *vtr Ch* to inhibit.

rétène, *nm Ch* retene.

rétention, *nf Ch* retention; **volume de rétention absolue,** net retention volume.

réticulaire, *a Biol* reticular.

réticule, *nm Anat* reticle.

réticulé, *a Biol Anat Z* reticulate, cancellate (leaf, etc); netted; **tissu réticulé,** reticulum; **pseudopodes réticulés,** Rhizopodia *pl.*

réticuline, *nf Physiol* reticulin; *Histol* **fibre de réticuline,** reticulin.

réticulocyte, *nm Biol* reticulocyte.

réticulo-pituicyte, *nm Histol* reticulopituicyte.

réticulum, *nm Z Anat Biol* reticulum.

rétiforme, *a Biol* reticulate.

rétinacle, *nm Bot Z* retinaculum.

rétinal, *nm BioCh* retinene.

rétinalite, *nf Miner* retinalite.

rétinasphalte, *nm Miner* retinasphalt(um).

rétine, *nf Anat Z* retina (of eye); neurolemma.

rétinène, *nm BioCh* retinene.

rétinerve, rétinervé, *a Bot* retinerved, net(ted)-veined.

rétinien, -ienne, *a Anat Physiol* retinal; **pourpre rétinien,** visual purple; *Z etc* **cellules rétiniennes,** retinula cells.

rétinite, *nf Miner* pitchstone, retinite, cyanite.

retinulæ, *nfpl Z etc* retinula cells.

rétinule, *nf Z etc* retinula.

retombant, *a Bot* cernuous.

retombées, *nfpl* **retombées radioactives,** radioactive fallout.

retour, *nm* **de retour,** reverse.
retourné, *a Z* retorted; *Biol* ectotropic, retrorse; *Bot* evolute.
rétractile, *a Z* retractable, retractile (organ, etc).
rétréci, *a Biol* marcid.
rétroaction, *nf* feedback; **rétroaction positive,** positive feedback; **rétroaction négative,** negative feedback.
rétrocroisement, *nm Biol* backcross.
rétrofléchi, *a Z* retroflex(ed).
rétrograde, *a* retrograde; *Ch* **solubilité rétrograde,** retrograde solubility.
rétrorsine, *nf Ch* retrosine.
rétrosigmoïde, *a Z* subsigmoid.
retroussé, *a Z* recurved.
rétus, *a Bot* (*of leaf*) retuse.
retziane, *nf Miner* retzian.
réussinite, *nf Miner* reussinite.
réverbération, *nf Ph* reflection (of light).
réversibilité, *nf Ch Ph* reversibility.
réversible, *a Ch* **réaction réversible,** reversible reaction; **change réversible,** reversible change; **cycle réversible,** reversible cycle; **cellule électrique réversible,** reversible electrode cell; **machines réversibles,** reversible engines.
réversion, *nf Biol* **réversion (au type primitif),** reversion to type.
revêtement, *nm Biol Z* investment; vestitute (of hairs, thorns, etc); **revêtement protecteur,** protective coating.
revivification, *nf Biol* rejuvenescence.
se revivifier, *vpr Biol* (*of cells*) to rejuvenesce.
révoluté, *a Bot* revolute.
révulsif, -ive, *a* revellent.
Rh, *symbol of* rhodium.
rhabdite, *nm Z* rhabdite.
rhabditoïde, *a Z* rhabditoid.
rhabdocèles, *nmpl Z* Rhabdocoelida *pl.*
rhabdolite, *nm Z* rhabdolith.
rhabdome, *nm Z* rhabdome.
rhabdomère, *nm Ent* rhabdomere.
rhabdomyome, *nm Biol* **rhabdomyome granulocellulaire,** myoblastoma.
rhabdophane, *nf Miner* rhabdophan(it)e.
rhagite, *nf Miner* rhagite.
rhamnacé, *a Bot* rhamnaceous.
rhamnétine, *nf Ch* rhamnetin.
rhamnite, rhamnitol, *nm Ch* rhamnitol.
rhamnose, *nf Ch* rhamnose.
rhamnoside, *nm Ch* rhamnoside.
rhamnoxanthine, *nf Ch* rhamnoxanthine.
rhamphothèque, *nf Z* rhamphotheca.
rhé, *nm Ph* rhe.
rhénique, *a Ch* rhenic.
rhénium, *nm Ch* (*symbol* Re) rhenium.
rhéobase, *nf Physiol* rheobase.
rhéologie, *nf Ph* rheology.
rhéophile, *a Z* rheophil(e), rheophilous.
rhéostat, *nm Ch Ph* rheostat.
rhéotaxie, *nf Biol* rheotaxis.
rhéotaxique, *a Biol* rheotactic.
rhéotropisme, *nm Biol* rheotropism.
rhésus, *nm Physiol* **facteur rhésus,** rhesus factor.
rhinarium, *nm Z* rhinarium.
rhinion, *nm Anat Z* rhinion.
rhinopharynx, *nm Z* nasopharynx.
rhinophore, *nm Z* rhinophore.
rhinothèque, *nf Z* rhinotheca.
rhipidoglosses, *nmpl Moll* Rhipidoglossa *pl.*
rhizocarpe, *a Bot* rhizocarpian, rhizocarpic, rhizocarpous.
rhizocarpée, *nf Bot* rhizocarp.
rhizocarpien, -ienne, rhizocarpique, *a Bot* rhizocarpian, rhizocarpic, rhizocarpous.
rhizocéphale, *Z* **1.** *a* rhizocephalous. **2.** *nmpl* Rhizocephala *pl.*
rhizoflagellé, *a & nm Z* rhizoflagellate.
rhizogène, *a Bot* rhizogen(et)ic, rhizogenous.
rhizoïde, *nf Bot* rhizoid.
rhizomateux, -euse, *a Bot* rhizomatic, rhizomatous.
rhizome, *nm Bot* rhizome, tuber, rootstalk, rootstock (of iris, etc).
rhizomorphe, *Bot* **1.** *a* rhizomorphous. **2.** *nm* rhizomorph.
rhizophage, *a Z* rhizophagous.
rhizoplan, *nm Ecol* rhizoplane.
rhizoplaste, *nm Bot* rhizoplast.
rhizopode, *Z* **1.** *a* rhizopodous. **2.** *nm* rhizopod; **rhizopode enkysté,** zoocyst; **rhizopodes,** Rhizopoda *pl.*

rhizosphère, *nf Bot* rhizosphere.
rhizotaxie, *nf Bot* rhizotaxis.
rhodalose, *nf Miner* red vitriol.
rhodamine, *nf Ch* rhodamine.
rhodanate, *nm Ch* rhodanate.
rhodéose, *nm Ch* rhodeose.
rhodinol, *nm Ch* rhodinol.
rhodique, *a Ch* rhodic.
rhodite, *nf Miner* rhodite.
rhodium, *nm Ch* (*symbol* Rh) rhodium.
rhodizionique, *a Ch* rhodizionic (acid).
rhodizite, *nf Miner* rhodizite.
rhodizonique, *a Ch* rhodizonic (acid).
rodochrosite, *nf Miner Ch* rhodochrosite, manganese spar.
rhodolite, *nf Miner* rhodolite.
rhodonite, *nf Miner* rhodonite, red manganese.
rhodophycées, *nfpl Algae* Rhodophyceae *pl.*
rhodopsine, *nf BioCh* rhodopsin.
rhodosperme, *a Bot* rhodospermous.
rhombencéphale, *nm Anat* rhombencephalon.
rhombique, *a Ch* rhombic.
rhomboèdre, *nm* rhombohedron.
rhomboédrique, *a Ch* rhombohedral.
rhomboïde, *a* rhomboid.
rhopalocère, *a Z* rhopaloceral, rhopalocerous.
rhynchocœle, *nf Z* rhynchocoel.
rhyolit(h)e, *nf Miner* rhyolite, liparite.
rhytidome, *nm Bot* rhytidome.
riboflavine, *nf Ch* riboflavin, lactoflavin.
ribonique, *a Ch* ribonic (acid).
ribonucléase, *nf Ch* ribonuclease.
ribonucléique, *a BioCh* ribonucleic; ribose-nucleic; **acide ribonucléique, ARN,** ribonucleic acid, RNA.
ribonucléoprotéide, *nm Ch* ribonucleoprotein.
ribonucléotide, *nm Ch* ribonucleotide.
ribose, *nm Ch* ribose.
ribosome, *nm BioCh* ribosome.
ribosomique, *a Ch* ribosomic, ribosomal.
ribulose, *nm Ch* ribulose.
richellite, *nf Miner* richellite.
ricin, *nm Ch* **huile de ricin sulfonée,** turkey red oil.
ricine, *nf Ch* ricin.
ricinine, *nf Ch* ricinine.
ricinoléate, *nm Ch* ricinoleate.
ricinoléine, *nf Ch* ricinolein.
ricinoléique, *a Ch* ricinoleic (acid).
rickardite, *nf Miner* rickardite.
rictal, *a Z* **soie rictale,** rictal bristle.
riebeckite, *nf Miner* riebeckite.
riframpicine, *nf Ch* riframpin.
rigidité, *nf Physiol* **rigidité cadavérique,** rigor mortis.
rigor, *nm Physiol* rigor.
rimeux, -euse, *a Biol* rimose.
rimifon, *nm Ch* rimifon.
rinçage, *nm* washout.
ringent, *a Bot* (*of corolla*) ringent.
Ringer, *Prn Biol* **solution physiologique, liquide, de Ringer,** Ringer's solution.
ripicole, *a Geog Geol* riparian.
risorius, *nm Z* risorius.
rittingérite, *nf Miner* rittingerite.
rivoflavine, *nf Ch* riboflavin.
riziforme, *a Z* riziform.
Rn, *symbol of* radon.
robe, *nf Orn* **robe de noces,** courting plumage.
robinet, *nm Ch* **robinet à pointeau,** needle valve.
roccelline, *nf Ch* roccelline.
roccellique, *a Ch* roccellic (acid).
roche, *nf Geol* rock; **roche acide,** acid(ic) rock; **roches basiques,** basic rocks; **roches endogènes, exogènes,** endogenous, exogenous, rocks; **roches cristallines,** crystalline rocks; **roche psammitique,** sandstone; **roche de fond,** bedrock; **roches ignées, sédimentaires, métamorphiques,** igneous, sedimentary, metamorphic, rocks; **roche stérile,** suitcase rock; **roche surjacente,** overlying rock; **roches volcaniques, basaltiques,** volcanic, basaltic, rocks; **roche (à structure) alvéolaire,** honeycomb rock; **roche mère,** mother rock, parent rock; matrix; gangue; *Miner* **cristal de roche,** rock crystal; quartz; **roche verte,** greenstone; jade; nephrite; **roche puante,** swinestone; *Petroch* **roche zoogène,** zoogenic rock.
rocher, *nm Anat* petrosal (bone); otic bone.
rochoir, *nm Metalw* borax box.

rodenticide, *nm* rodenticide.
rœblingite, *nf Miner* roeblingite.
rœmerite, *nf Miner* roemerite.
rognon, *nm Geol* rognon, nodule; kidney; **rognon de silex,** flint nodule, kidney stone; **hématite rouge en rognons,** kidney ore.
roméine, roméite, *nf Miner* romeite.
römérite, *nf Miner* roemerite.
ronciné, *a Bot* runcinate.
ronger, *vtr* to canker (a tree).
rongeur, -euse, *a & nm Z* rodent; **rongeurs,** Rodentia *pl.*
rosacé, *a Bot* rosaceous; **fleur rosacée,** rosaceous flower.
rosaniline, *nf Ch* rosaniline.
roscoélite, *nf Miner* roscoelite.
rosée, *nf Ch Ph* dew; **point de rosée,** dew point; **détermination du point de rosée,** dew-point determination.
rosélite, *nf Miner* roselite.
rosenbuschite, *nm Miner* rosenbuschite.
Rosenmüller, *Prn Z* **organe de Rosenmüller,** epoophoron.
roséocobaltique, *a Ch* roseocobaltic.
rosette, *nf Bot* rosette (of leaves); *Echin* **pièce basale de la rosette,** rosette ossicle.
rosolique, *a Ch* rosolic.
rossite, *nf Miner* rossite.
rostelle, *nf Biol* rostellum.
rostellé, *a Biol* rostellar; *Bot* rostellate.
rostellum, *nm Bot* rostellum (of orchid).
rostral, -aux, *a Z* rostral.
rostre, *nm Biol* rostrum; *Z* stylet.
rostré, *a Z* rostrate(d).
rostriforme, *a Biol* rostriform.
rosulaire, *a Bot* rosular.
rotacé, *a Bot* (*of corolla*) rotate.
rotateur, -euse, *a Z* **disque rotateur,** trochel disc; **appareil rotateur,** wheel organ.
rotatif, -ive, *a* rotary.
rotation, *nf* (*a*) *Ch Ph* rotation; **rotations dans la théorie quantique,** rotations in quantum theory; **rotation spécifique,** specific rotation; **spectres de rotation,** rotational spectra; **chaleur spécifique de rotation,** rotational specific heat; (*b*) *BioCh* turnover.
rotationnel, -elle, *a* rotational; **énergie rotationnelle,** rotational energy.
rotatoire, *a* rotatory, rotary; *Ph* **pouvoir rotatoire,** rotatory power (of a crystal, etc); **polarisation rotatoire,** rotary polarization.
roténone, *nf Ch* rotenone.
rothoffite, *nf Miner* rothoffite.
rotifère, *nm Z* rotifer; wheel animalcule; **rotifères,** Rotifera *pl.*
rotiforme, *a Biol* rotiform; *Z* trochal.
rotule, *nf Z* patella.
rotundifolié, *a Bot* roundleaved.
rougeâtre, *a Biol* rufous.
rouillage, *nm* **rouillage du fer,** rusting of iron.
rouille, *nf Bot Ch Path* rust.
rowlandite, *nf Miner* rowlandite.
Ru, *symbol of* ruthenium.
rubace, rubacelle, *nf Miner* rubicelle.
ruban, *nm Z* **ruban de Reil,** moderator.
rubané, *a Biol* ribboned, striped; *Geol Miner* banded, taped; **structure, texture, rubanée,** banded structure, texture; banding (of glacier); **agate rubanée,** ribbon agate, banded agate; **jaspe rubané,** ribbon jasper.
rubanement, *nm Geol* **rubanement concrétionné,** crustified, crustification, banding.
rubasse, *nf Miner* rubicelle.
rubellite, *nf Miner* red tourmalin(e).
rubérythrique, *a Ch* **acide rubérythrique,** ruberythric acid.
rubiacé, *a Bot* rubiaceous.
rubicelle, *nf Miner* rubicelle, yellow spinel.
rubidium, *nm Ch* (*symbol* Rb) rubidium.
rubigineux, -euse, *a Biol* rubiginous.
rubijervine, *nf Ch* rubijervine.
rubine, *nf Ch* rubin; fuchsin.
rubinose, *nm BioCh* rutinose.
rubinspath, *nm Miner* rhodonite.
rubis, *nm Miner* ruby; **rubis blanc,** leucosapphire; **rubis de Bohême,** rose quartz; **rubis du Brésil,** burnt topaz; **rubis de Sibérie,** riberite; **faux rubis,** (variety of) fluorite; **rubis d'arsenic,** ruby of arsenic, red arsenic; *Ph* **laser à rubis,** ruby laser.
rudéral, -aux, *a Bot* ruderal.
rudiment, *nm* (*a*) *Biol* rudiment; **rudiment de pouce, de queue,** rudiment of a thumb, of a tail; (*b*) *Bot Physiol* incept (of an organ).

rudimentaire, *a Biol* rudimentary, rudimental, vestigial (organ); *Bot* abortive.
ruficaude, *a Z* ruficaudate.
ruficorne, *a Z* ruficornate.
rugosité, *nf Biol* rugosity; *Anat* **rugosités,** rugae *pl.*
rugueux, -euse, *a Biol* rugose, rugous; *Bot* scabrous.
ruguleux, -euse, *a Paly* rugulose.
rumen, *nm Z* rumen.
ruminant 1. *a* (*of animal*) ruminating. **2.** *nm Z* ruminant; **ruminants,** Ruminantia *pl.*
rumination, *nf Z* rumination, ruminating.
ruminé, *a Bot* ruminate.
ruminer, *vi* (*of animal*) to ruminate.
rupicole, *a Z* rupicolous.
rut, *nm Z* (*of animals*) rut(ting), (o)estrus; **saison du rut,** rutting season; **être en rut,** (*of male*) to rut; (*of female*) to be on heat.
rutacé, *a Bot* rutaceous.
ruthénique, *a Ch* ruthenic.
ruthénium, *nm Ch* (*symbol* Ru) ruthenium.
rutherfordite, *nf Miner* rutherfordine, rutherfordite.
rutile, *nm Miner* rutile.
rutine, *nf,* **rutinoside,** *nm BioCh* rutin.
rutoside, *nm BioCh* rutoside.
Rydberg, *Prn Ch Ph* **constante de Rydberg** (*symbol R*), Rydberg's constant.
rythme, *nm Biol Physiol* rhythm; *Ch* rate.

S

S, *symbol of* (*i*) sulfur, (*ii*) siemens.
S, *symbol of* Poynting vector.
sable, *nm* sand; **sable asphaltique,** tar sand; **sable bitumineux,** bituminous sand; **sable gras,** loamy sand; **sable vert, sable humide, glauconieux,** greensand.
sabot, *nm Z* unguis, ungula.
sac, *nm* (*a*) *Anat Z* sac; cyst; saccus; **sac lacrymal,** tear bag; **sac aérien,** air sac; **sac embryonnaire,** embryo sac; *Z* **sac vitellin,** yolk sac; *Geol* **sac de minerai,** pocket of ore; (*b*) *Z* pouch (of kangaroo, pelican, etc); (*c*) *Bot* pouch; (*d*) *Biol* receptaculum.
saccadé, *a Physiol* saccadic.
saccharase, *nf BioCh* saccharase, invertase.
saccharate, *nm Ch* saccharate.
saccharide, *nm Ch* saccharide.
saccharifère, *a Bot* sacchariferous (plant, etc).
saccharimètre, *nm Ch* saccharimeter.
saccharimétrie, *nf Ch* saccharimetry.
saccharine, *nf Ch* saccharin.
saccharique, *a Ch* saccharic (acid).
saccharomyces, *nmpl Fung* yeast fungus; Saccharomyces; **saccharomyces cerevisiae,** brewer's yeast.
saccharomycète, *nm Fung* saccharomycete; *pl* yeast fungus.
saccharose, *nm Ch* sucrose, sucrosum.
sacciforme, *a Bot etc* sacciform, saccate, saccular.
saccoblaste, *nm Ch* saccoblast.
saccule, *nm Anat Z* saccule; *Z* sacculus.
sacculine, *nf Crust* sacculina.
sacral, *pl* **-als**, *a Anat Z* sacral; **indice sacral,** sacral index; **côtes sacrales,** sacral ribs.
sacré, *a Anat Z* sacral; **veine sacrée,** sacral vein.
sacrocaudal, -aux, *a Z* sacrocaudal.
sacro-coccygien, -ienne, *pl* **sacro-coccygiens, -iennes**, *Anat* **1.** *a* sacrococcygeal. **2.** *nf* **sacro-coccygienne,** sacrococcygens.
sacro-iliaque, *pl* **sacro-iliaques**, *a & nf* sacroiliac.
sacro-lombaire, *pl* **sacro-lombaires**, *a* sacrolumbar.
sacro-spinal, *pl* **sacro-spinaux, -ales**, *a* sacrospinal.
sacro-vertébral, *pl* **sacro-vertébraux, -ales**, *a* sacrovertebral.
sacrum, *nm Z* sacrum.
safflorite, *nf Miner* safflorite.
safranine, *nf Ch* safranin(e) (dye).
safrol(e), *nm Ch* safrol(e).
sagénite, *nf Miner* sagenite.
sagittal, -aux, *a Biol Z* sagittal.
sagitté, *a Bot etc* sagittate.
sagittifolié, *a Bot etc* sagittate-leaved.
saillant, *a* outstanding, protruding.
salacétol, *nm Ch* salacetol.
salicine, *nf Ch* salicin.
salicylate, *nm Ch* salicylate; **salicylate de sodium,** sodium salicylate; **salicylate de méthyle,** methyl salicylate; **salicylate de phényle,** salol, phenyl salicylate.
salicyle, *nm Ch* salicyl.
salicylé, *a Ch* salicylate.
salicylique, *a Ch* salicylic (acid); **aldéhyde salicylique,** salicylic aldehyde, salicylaldehyde; **alcool salicylique,** salicyl alcohol, saligenin.
salifiable, *a Ch* salifiable.
saligénine, *nf Ch* saligenin, salicyl alcohol.
salinomètre, *nm Geol* sali(no)meter.
salite, *nf Miner* salite.
salitre, *nm Miner* saltpetre.
salivaire, *a Bot Physiol* (*of glands*) salival, salivary.
salivation, *nf Z* salivation.

salive, *nf Z* saliva, slaver.
salle, *nf Z* (*of monkey, etc*) cheek pouch.
salmine, *nf BioCh* salmin(e).
salmonicole, *a Ich* salmon-breeding.
salol, *nm Ch* salol, phenyl salicylate.
salpêtre, *nm Ch Miner* saltpetre, (potassium) nitrate, nitre; **salpêtre du Chili,** Chile saltpetre; sodium nitrate; cubic nitre.
salpingique, *a Z* salpingian.
salpingo-staphylin, *pl* **salpingo-staphylins, -ines,** *a Z* salpingo-palatine.
saltatoire, *a Z* salt(at)orial, saltatory.
saltatoria, *nm Z* Saltatoria.
saltigrade, *a & nm Z* saltigrade.
salvarsan, *nm Ch* **salvarsan '606',** salvarsan.
samare, *nf Bot* samara (of elm, etc); winged seed (of ash, sycamore, etc).
samarium, *nm Ch* (*symbol* Sm) samarium.
samarskite, *nf Miner* samarskite.
samirésite, *nf Miner* samiresite.
Sandmeyer, *Prn Ch* **réaction de Sandmeyer,** Sandmeyer's reaction.
sang, *nm* blood; **animaux à sang chaud,** warm-blooded, idiothermous, animals; **animaux à sang froid,** cold-blooded, poikilothermic, animals; **température du sang,** blood heat; **frottis du sang,** blood smear.
sanguicole, *a Biol* sanguicolous.
sanguin, *a Anat* sanguineous; h(a)emic; of blood; **groupe sanguin,** blood group; **vaisseau sanguin,** blood vessel; **le système sanguin,** the circulatory system; **débit sanguin,** blood flow; **pression sanguine,** (arterial) blood pressure; **courant sanguin,** bloodstream; **sucre sanguin,** blood sugar; *Miner* **jaspe sanguin,** bloodstone.
sanguine, *nf Miner* bloodstone; red, earthy, h(a)ematite; heliotrope.
sanguinivore, *a Biol* sanguinivorous.
sanguinolent, *a Biol* blood-red.
sanidine, *nf Miner* sanidine, glassy feldspar.
santonine, *nf Ch* santonin.
santonique, *a Ch* santonic (acid).
Santorini, *Prn Anat* **cartilage de Santorini,** Santorini's cartilage; **canal de Santorini,** Santorini's duct; **muscle risorius de Santorini,** Santorini's muscle.
saphène, *Z* **1.** *a* saphenous; **nerfs saphènes,** saphenous nerves. **2.** *nf* saphena.
saphir, *nm Miner* sapphire; **saphir mâle,** indigo-blue sapphire; **saphir femelle,** blue fluorspar; **saphir du Brésil,** blue tourmalin(e), indicolite; **saphir faux,** sapphire quartz; **saphir blanc, d'eau,** white, water, sapphire; **saphir violet,** oriental amethyst.
saphirine, *nf Miner* sapphirine.
sapindacé, sapindé, *a Bot* sapindaceous.
sapogénine, *nf Ch* sapogenin.
saponase, *nf BioCh* lipase.
saponifiant, *Ch* **1.** *a* saponifying. **2.** *nm* saponifier, saponifying agent.
saponification, *nf Ch* saponification.
saponifier, *vtr Ch* to saponify (fat, etc).
se saponifier, *vpr Ch* to saponify.
saponine, *nf Ch* saponin.
saprobionte, *nm Bot* saprobe; *Biol* saprobiont.
saprogène, *Bot* **1.** *a* saprogenic, saprogenous. **2.** *nm* saprogen.
sapropel, *nm,* **sapropèle,** *nf Biol* sapropel.
sapropélique, *a Biol* sapropelic.
saprophage, *Z* **1.** *a* saprophagous, saprozoic. **2.** *nm* saprophage.
saprophyte 1. *a Biol* saprophile, saprophilous; *Bac Bot Microbiol* saprophytic. **2.** *nm Bac Bot Microbiol* saprophyte; *Biol* **saprophyte essentiel,** obligate saprophyte.
saprophytique, *a* saprophile, saprophilous; *Bac Bot Microbiol* saprophytic; *Bot* saprobic.
saprozoïte, *Z* **1.** *a* saprozoic. **2.** *nm* saprozoon.
sarceux, -euse, *a Z* sarcous.
sarcine, *nf Ch Bac* sarcine, sarkine, hypoxanthine.
sarcoblaste, *nm Bot* sarcoblast.
sarcocarpe, *nm Bot* sarcocarp.
sarcode, *nm Biol* sarcode.
sarcoderme, *nm Bot* sarcoderm.
sarcolactique, *a Ch* sarcolactic (acid).
sarcolemme, *nm Anat Z Histol* sarcolemma, myolemma.
sarcolite, *nf Miner* sarcolite.
sarcolyte, *nm Z* sarcolyte.

sarcome, *nm Cancer* sarcoma.
sarcomère, *nm Z Histol* sarcomere.
sarcophage, *a Z* sarcophagous.
sarcophile, *nm Z* sarcophile.
sarcoplasma, sarcoplasme, *nm Anat Z Histol* sarcoplasm, sarcoplasma.
sarcoplastique, *a Anat Z Histol* sarcoplasmic, sarcoplastic.
sarcosine, *nf Ch* sarcosin(e).
sarcosporidies, *nfpl Prot* Sarcosporidia *pl.*
sardoine, *nf Miner* sard.
sardonyx, *nm Miner* sardonyx.
sarkinite, *nf Miner* sarkinite.
sarmenteux, -euse, *a Bot* sarmentose, sarmentous.
sarmentogénine, *nf Biol* sarmentogenin.
sartorite, *nf Miner* sartorite.
sassoline, *nf Miner* sassolin(e), sassolite, native boracic acid.
satellite 1. *nm Genet* trabant, satellite. **2.** *a Anat* **veines satellites,** companion veins, satellites; *Ph* **électron satellite,** orbital electron.
saturant, *a Ch Ph* (*of vapour*) saturated.
saturation, *nf Ch Ph* saturation; **saturation magnétique,** magnetic saturation; **point de saturation,** saturation point; dew point; **dissoudre un sel jusqu'à saturation,** to dissolve a salt to saturation.
saturé, *a Ch Ph* saturate; (*of solution, compound, etc*) saturated; **couche saturée,** saturated layer; **non saturé,** unsaturated.
saturer, *vtr Ch Ph* to saturate (a solution, etc).
saturnin, *a Biol* saturnine; *Ch* **intoxication saturnine,** plumbic poisoning.
saturnisme, *nm Ch* plumbic poisoning.
satyriasique, *a Biol* satyriatic.
saurien, -ienne, *Z* **1.** *a* saurian, lacertine. **2.** *nm* saurian; **sauriens,** Sauria *pl.*
sauroïde, *a & nm Z* sauroid.
sauropsidés, *nmpl Z* Sauropsida *pl.*
saussurite, *nf Miner* saussurite.
sauteur, -euse, *a Z* saltorial.
sauvage, *a Z* feral; *Biol Z Bot* (*of animal, plant, etc*) wild; **fleurs sauvages,** wild flowers.
sauvagine, *nf Orn* waterfowl.
savane, *nf Bot Geog* savanna.
savon, *nm Ch* soap; *Miner* **savon blanc, minéral, de montagne,** mountain soap, rock soap; **savon naturel, savon des soldats,** smectic clay; **pierre de savon,** soapstone; talc; steatite.
savonneux, -euse, *a Miner* **terre savonneuse,** fuller's earth; **pierre savonneuse,** soapstone.
saxatile, *a Biol* saxatile.
saxicave, *a Z* saxicavous.
saxicole, *a Biol* saxicoline, saxicolous.
Sb, *symbol of* antimony.
Sc, *symbol of* scandium.
scabicide, *nm Pharm* scabicide, scabieticide.
scabrifolié, *a Bot* scabrous-leaved.
scacchite, *nf Miner* scacchite.
scalariforme, *a Biol* scalariform; *Bot* **vaisseaux scalariformes,** scalariform vessels; *Algae* **conjugaison scalariforme,** scalariform conjunction.
scalène, *a & nm Anat* **(muscle) scalène,** scalenus.
scandium, *nm Ch* (*symbol* Sc) scandium.
scape, *nm* (*a*) *Bot* scape; peduncle; (*b*) *Ent* scape (of antenna).
scaphocéphale, *a Anthr Z* scaphocephalic, scaphocephalous.
scaphognathite, *nm Crust* scaphognathite.
scaphoïde, *Anat Z* **1.** *a* scaphoid; **fosse scaphoïde,** scapha. **2.** *nm* scaphoid; navicular; radiale (of the carpus).
scaphopodes, *nmpl Moll* Scaphopoda *pl.*
scapiforme, *a Bot* scapiform.
scapigère, *a Bot* scapigerous.
scapolite, *nf Miner* scapolite.
scapula, *nf Anat Z* scapula.
scapulaire, *a Z* scapular; *Orn* **rémiges scapulaires,** scapular feathers, scapulars.
scarieux, -ieuse, *a Bot* scarious.
Scarpa, *Prn Anat Z* **ganglion de Scarpa,** Scarpa's ganglion; **triangle de Scarpa,** Scarpa's triangle.
scatol, *nm Ch* skatol(e).
scatolcarbonique, *a Ch* skatolecarboxylic.
scatophage, *Z* **1.** *a* scatophagous; stercorvorous; **insecte, animal, scatophage,** scavenger. **2.** *nm* scatophage.
scatophagie, *nf* scatophagy.

scatoxylsulfate, *nm Ch* skatoxylsulfate.
scatoxylsulfurique, *a Ch* skatoxylsulfuric.
scheelite, *nf Miner* scheelite.
schefférite, *nf Miner* schefferite.
schindylèse, *nf Z* schindylesis.
schiste, *nm Geol Miner* schist, shale; **schiste micacé, lustré,** mica schist, mica slate; **schiste ardoisier, argileux,** slate clay, clay slate; **schistes alunifères,** alum shales; **schiste bitum(in)eux,** kim coal, kim shale; oil shale; **huile de schiste,** shale oil; **paraffine de schiste,** shale wax.
schisteux, -euse, *a Geol Miner* schistose, schistous, shaly; **argile schisteuse,** slate clay, clay slate, shale; **houille schisteuse,** foliated coal; slaty coal.
schistocyte, *nm Anat Z* schistocyte.
schistoïde, *a Miner* schistoid; **mica schistoïde,** mica schist, mica slate.
schistosité, *nf Geol* schistosity, foliation; **fausse schistosité,** close foliation.
schistosome, *nm Biol* schistosoma.
schizocarpe, schizocarpique, *a Bot* schizocarpic, schizocarpous; **fruit schizocarpe,** schizocarp.
schizocœle, *nm Biol* schizocoel.
schizocyte, *nm Biol* schizocyte.
schizogamie, *nf Biol* schizogamy.
schizogène, *a Bot* schizogenous.
schizogénèse, *nf Biol* schizogenesis.
schizognathe, *a Orn* schizognathous.
schizogone, *a Prot* = **schizogonique.**
schizogonie, *nf Biol* schizogony, agamogony.
schizogonique, *a Prot* schizogonic, schizogonous.
schizolite, *nf Miner* schizolite.
schizolysigène, *a Bot* schizolysigenous.
schizomycètes, *nmpl Bac* Schizomycetes *pl.*
schizomycophytes, *nmpl Bac* Schizomycophyta *pl.*
schizonte, *nm Prot Z* schizont.
schizophyte, *nm Bac Bot* schizophyte.
schizopode, *nm Crust* schizopod; *pl* Schizopoda *pl.*
Schlemm, *Prn Z* **canal de Schlemm,** Schlemm's canal (of cornea).
schlich, *nm Miner* crushed ore, schlich, slick.
schorl, *nm Miner* schorl, shorl, schorlite; **schorl rouge,** rutile; **schorl vert,** epidote; **schorl blanc,** leucite.
schorlacé, *a Miner* schorlaceous.
schorlomite, *nf Miner* schorlomite.
schreibersite, *nf Miner* schreibersite.
Schrödinger, *Prn Ch Ph* **équation de Schrödinger,** Schrödinger's equation; **équation ondulatoire de Schrödinger,** Schrödinger's wave equation.
schungite, *nf Miner* schungite.
Schwann, *Prn Anat Z* **cellule de Schwann,** Schwann cell; **gaine de Schwann,** Schwann's sheath; **membrane de Schwann,** neurilemma.
Schweitzer, *Prn Ch* **réactif de Schweitzer,** cupro-ammonia.
sciaphile, *a Bot* shade-loving; **plante sciaphile,** shady plant, sciophyte.
sciatique, *a Physiol* ischiatic.
science, *nf* science; **homme de science,** scientist; **sciences physiques,** physical sciences; **sciences naturelles,** natural science; **sciences appliquées, expérimentales,** applied science; **science pure, abstraite,** pure science.
scientifique 1. *a* scientific; **recherche scientifique,** scientific research; **explication scientifique,** scientific explanation. **2.** *nm & f* scientist.
scientifiquement, *adv* scientifically.
scintigramme, *nm Biol* scintigram.
scintillomètre, *nm Ph* scintillation counter.
scintillon, *nm BioCh* scintillon.
scion, *nm Bot* scion, shoot.
scissile, *a Biol Miner* scissile.
scission, *nf Physiol* scission.
scissipare, *a Biol* fissiparous, scissiparous; reproduced by segmentation.
scissiparité, *nf Biol* scissiparity, schizogenesis, fission.
scissure, *nf Z* rima; **petite scissure,** rimula.
scitaminé, *a Bot* scitamineous.
sclérenchyme, *nm Bot* sclerenchyma, sclerenchyme; *Z* scleroderm (of madrepore).
sclérification, *nf Biol* sclerification.

sclérifié, *a Biol* sclerified; *Z* sclerotized.
sclérite, *nf Z* sclerite; *Bot* sclereid; stone cell.
scléroblaste, *nm Z* scleroblast.
scléroderme, *nm Z* scleroderm; *pl* Sclerodermi *pl.*
sclérodermé, *a Z* sclerodermatous.
sclérophylle, *Bot* **1.** *a* sclerophyll(ous). **2.** *nm* sclerophyll.
scléroprotéine, *nf BioCh* scleroprotein.
sclérote, *nm Bot* sclerotium.
sclérotine, *nf BioCh* sclerotin.
sclérotique, *nf Anat* sclerotic; *Anat Z Histol* sclera.
sclérotium, *nm Bot* sclerotium.
scobiculé, scobiforme, *a Biol* scobicular, scobiform.
scobiné, *a Biol* scobinate.
scolécite, *nf Miner* scolecite.
scolécoïde, *a Paly* scolecoid.
scolécospore, *nf Bac Bot* scolecospore.
scolésite, *nf Miner* scolecite.
scolex, *nm Z* scolex (of tapeworm).
scoliotique, *a Biol* scoliotic.
scolope, *nm Ent* scolopale.
scolopidie, *nf Biol Ent* scolopidium, chordotonal organ.
scopine, *nf Biol* scopine.
scopolamine, *nf Ch* scopolamine, hyoscine.
scopula, scopule, *nf Z* scop(ul)a.
scories, *nfpl Geol* **scories (volcaniques),** scoria *pl*; *Metall* **scories basiques, scories de déphosphoration,** basic slag.
scorodite, *nf Miner* scorodite.
scorpioïde, *a Bot Z* scorpioid; **cyme scorpioïde,** scorpioid cyme.
scotome, *nm Physiol* scotoma.
scotophobine, *nf BioCh* scotophobin.
scototaxie, *nf Biol* scototaxis.
scrobe, *nm Z* scrobe.
scrobiculé, scrobiculeux, -euse, *a Biol* scrobicular, scrobiculate.
scrofuleux, -euse, *a Bot* strumous.
scrotal, -aux, *a Anat Z* scrotal, oscheal.
scrotiforme, *a Bot* scrotiform.
scrotum, *nm Z* scrotum.
scutellaire, *a Z etc* scutellar.
scutellation, *nf Z* scutellation.
scutelle, *nf Biol* scutellum.
scutelliforme, *a Bot* scutellate, scutelliform.
scutelloïde, *a Bot* scutellate.
scutellum, *nm Bot* scutellum (of gramінaceous plant).
scutifolié, *a Bot* scutifoliate.
scutiforme, *a Anat Z Bot* scutiform; *Bot* scutate; *Biol Echin* shield-shaped.
scutum, *nm Biol* scutum.
scyphule, *nm Biol* scyphulus; *Bot* scyphus (of lichen).
Se, *symbol of* selenium.
sébacé, *a* (*of gland, etc*) sebaceous.
sébacique, *a Ch* sebacic.
sébate, *nm Ch* sebacate.
sébifère, *a Anat Bot* sebiferous, sebific.
sébum, *nm Physiol Z* sebum; smegma.
sec, *f* **sèche,** *a Biol* siccous.
sécaline, *nf Biol* secalin.
sécher, *vtr Ch Ph* to dry, to dessicate.
séchoir, *nm Ch Ph* drier, drying apparatus, dessicator.
second, *a Bot* secund.
secondiflore, *a Bot* secundiflorous.
secondine, *nf Bot* secundine.
secret, -ète, *a* occult.
sécréter, *vtr* (*of gland, etc*) to secrete; (*of plant*) to excrete; **sécréter des hormones,** to discharge hormones.
sécréteur, -trice, *occ* **-euse,** *a Physiol* secreting, secretory (gland, etc); **organe sécréteur,** secretory.
sécrétine, *nf BioCh* secretin.
sécrétion, *nf Physiol* secretion; *Bot* (*of plant*) excretion; *Z* **sécrétion interne,** incretion; **glande à sécrétion externe,** exocrine gland; **grain de sécrétion,** secretion granule; **glande à sécrétion odoriférante,** scent gland; **poche à sécrétion odoriférante,** scent bag (of musk deer, etc).
sécrétoire, *a Physiol* secretory (process, etc).
sécuriforme, *a Biol* securiform.
sédatif, *nm Physiol* depressant.
sédentaire, *a Z* sedentary (bird, spider, polychaete); **oiseau sédentaire,** non-migrant, non-migratory, bird.
sédiment, *nm* sediment, deposit; *Geol* **sédiments lacustres,** lacustrine sediments; **sédiments marins,** marine deposits; **sédiments vaseux,** ooze.

sédimentaire, *a Geol etc* sedimentary (stratum, etc); sedimental (matter).
sédimentation, *nf Ch* sedimentation; **équilibre de la sédimentation,** sedimentation equilibrium.
segment, *nm Z* segment; somite; **segment orbitaire,** suboperculum; *Biol* **se partager en segments,** to segment.
segmentaire, *a Biol* segmental.
segmentation, *nf Biol* (*a*) segmentation; **divisé par segmentation,** segmented; (*b*) cleavage of cells; **segmentation bilatérale,** bilateral cleavage; **cavité de segmentation,** cleavage cavity; **segmentation holoblastique,** complete segmentation; **segmentation partielle,** incomplete segmentation.
segmenté, *a Biol* **non segmenté,** unsegmented.
se segmenter, *vpr Biol* to segment; to undergo segmentation, cleavage.
ségrégation, *nf Biol* segregation.
ségréger, *vtr Genet* to segregate.
seiche, *nf Z* sepia.
séisme, *nm Geol* seism, earthquake.
séismicité, *nf Geol* seismicity.
séismologie, *nf Geol* seismology.
séismonastie, *nf Bot* seismonasty.
sel, *nm* salt; *Miner* **sel gemme,** rocksalt, halite; *Ch* **sel double,** double salt; **sel métallique,** metal(lic) salt; **sel de Mohr,** Mohr's salt; **sel de potasse,** potassium salt; **sel de potasse caustique,** potash lye; **sel d'étain,** tin salt; **sel d'argent,** silver salt; **sel ammoniac,** salammoniac; **sel de Seignette,** Rochelle salt; **sel halogène,** halide; **sel de plomb,** lead salt; **sel d'onium,** onium salt; **sel rose,** pink salt.
sélaciens, *nmpl Ich* Selachii *pl.*
sélaginelle, *nf Bot* selaginella.
sélection, *nf Biol* **sélection naturelle,** natural selection.
séléniate, *nm Ch* selen(i)ate.
sélénié, *a Ch* selen(i)ous.
sélénieux, -ieuse, *a Ch* selen(i)ous (acid).
sélénifère, *a Miner* seleniferous.
sélénique, *a Ch* selenic (acid).
séléniteux, -euse, *a Ch* selenitic.
sélénite[1], *nm Ch* selenite.
sélénite[2], *nf Miner* selenite; crystalline, foliated, gypsum; **sélénite fibreuse,** satin spar, satin stone, satin gypsum.
sélénium, *nm Ch* (*symbol* Se) selenium; **cellule au sélénium,** selenium cell.
séléniure, *nm Ch* selenide.
sélénocyanate, *nm Ch* selenocyanate.
sélénocyanique, *a Ch* selenocyanic (acid).
sélénodonte, *a & nm Z* selenodont (mammal).
sélénolite, *nf Miner* selenolite.
sélénospore, *nf Paly* selenospore.
sélénotropisme, *nm Bot* selenotropism.
self-induction, *nf Physiol Z* self-induction.
seligmannite, *nf Miner* seligmannite.
sellaire, *a Biol Z* sellar.
sellaïte, *nf Miner* sellaite.
selle, *nf Z* **selle turcique,** sella turcica.
semaison, *nf Bot* self-seeding.
sémantique, *a Biol* semantic.
sémaphoronte, *nm Paly* semaphoront.
séméiologie, séméiotique, *nf Physiol* sem(e)iography, sem(e)iology.
semence, *nf Physiol* semen, sperm; **porter semence,** to seed.
semi-amplexicaule, *a Bot* semiamplexicaul.
semicarbazide, *nf Ch* semicarbazide.
semicarbazone, *nf Ch* semicarbazone.
semi-circulaire, *a* semicircular; **canaux semi-circulaires,** semicircular canals (of the ear).
semidine, *nf Ch* semidine.
semi-double, *a Bot* semi-double.
semi-endoparasite, *nm Biol* semi-endoparasite.
semi-flosculeux, -euse, *a Bot* semifloscular, semiflosculose, semiflosculous.
semi-léthal, -aux, *a Tox* semilethal.
semi-lunaire, *a Z* semilunar; **os semi-lunaire,** semilunar bone; **fibro-cartilages semi-lunaires,** semilunar cartilages (of the knee); **repli semi-lunaire,** semilunar fold (of the eye); **espace semi-lunaire de Traube,** semilunar space of Traube.
semi-microanalyse, *nf BioCh* semi-microanalysis.
séminal, -aux, *a Physiol Bot* seminal; **liquide séminal,** seminal fluid; *Anat Z* **glande séminale,** spermary.

séminase, *nf BioCh* seminase.
sémination, *nf Bot* semination.
séminifère, *a Bot Z* seminiferous.
semi-nymphe, *nf Z* semi-nymph.
semi-palmé, *a Z* semipalmate(d).
semi-parasite, *nm Bot* semiparasite.
semi-perméable, *a Ch Physiol* semipermeable; **membrane semi-perméable,** semipermeable membrane.
semi-polaire, *a Ch* semi-polar.
sempervirent, *a Bot* sempervirent.
senaïte, *nf Miner* senaite.
sénarmontite, *nf Miner* senarmontite.
sénescence, *nf Bot Z* senescence, obsolescence.
sénescent, *a Biol* (*of an organ, etc*) obsolescent, senescent.
senestre, sénestre, *a Biol Moll* sinistral (convolution); **coquille senestre,** sinistral shell.
sénestrogyre, *a Ch etc* l(a)evorota(to)ry.
sénile, *a* senile.
sénilisme, *nm* senilism.
sénilité, *nf* senility, caducity.
sens, *nm* (*a*) *Physiol* sense; **organes des sens,** sense, sensory, organs; (*b*) *Ph etc* sense; **sens de rotation,** sense of rotation.
sensation, *nf Physiol* sensation.
sensibilisation, *nf Physiol* sensitization.
sensibilisatrice, *nf Biol* sensitizer; immune body.
sensibilité, *nf Physiol* sensitivity; **sensibilité récurrente,** recurrent sensibility; **sensibilité au toucher,** thig(a)esthesia.
sensible, *a Physiol* sensitive.
sensille, *nf* (*a*) *Z* **sensille (campaniforme),** (campaniform) sensillum; (*b*) *Ent* receptor (organ).
sensitif, -ive, *a Physiol* sensitive.
sensitivo-moteur, -trice, *pl* **sensitivo-moteurs, -trices**, *Physiol* **1.** *a* sensorimotor. **2.** *nm* sensory motor.
sensoriel, -ielle, *a Biol* sensorial, sensory; **énergie sensorielle,** sensorial power; **nerf sensoriel,** sensory nerve; **cellule sensorielle,** sensory cell; *Anat* **capsule sensorielle,** sense capsule.
sensorium, *nm Biol* sensorium.
sentelle, *nf Orn* scute.
sépalaire, *a Bot* sepalous.
sépale, *nm Bot* sepal.
sépaloïde, *a Bot* sepaloid.
séparable, *a Ch* separable, dissociable (**de,** from).
séparation, *nf* separation, elutriation (of a deposit).
séparé, *a Biol* (*of species, etc*) segregate; *Bot* **espèce séparée,** segregate.
séparer, *vtr* to separate, to elutriate (a deposit).
se séparer, *vpr Ch Ph* (*of salt, etc*) **se séparer (par précipitation),** to precipitate out, to separate out.
sépia, *nf Z* sepia, ink.
sépiolite, *nf Miner* sepiolite.
septal, -aux, *a Bot* septal.
septe, *nm Z* septum (of polypary); **à septes,** septate (polypary).
septibranches, *nmpl Moll* Septibranchia(ta) *pl.*
septicide, *a Bot* septicidal (dehiscence).
septifère, *a Biol* septiferous.
septiforme, *a Biol* septiform, septumlike.
septivalent, *a Ch* septivalent, heptavalent.
septum, *nm Anat Biol Z* septum, dissepiment; **septum intermusculaire,** myoseptum; **septum lucidum, septum pellucidum,** septum lucidum (of the brain); *Bot* **sans septums,** unseptate.
séquence, *nf BioCh* **séquence des acides aminés,** sequence of amino acids.
séquestrant, *nm Ch* sequestering agent.
séquestrène, *nm Ch* sequestrene.
séreux, -euse, *Anat etc* **1.** *a* watery; serous (fluid, etc); **membrane séreuse,** serous membrane. **2.** *nf* serous membrane, serosa.
séricite, *nf Miner* sericite.
série, *nf Ch* **série homologue,** homologous series.
sérine, *nf BioCh* serine.
sérique, *a Biol* serumal.
séro-albumine, *nf Physiol* serum albumin.
séro-globuline, *nf Physiol* serum globulin.
sérologie, *nf Biol Path* serology.
séroprévention, *nf Med Vet* seroprevention.

sérosité, *nf Z* serosity.
sérotonine, *nf Ch* serotonin, enteramine.
sérotoxine, *nf Biol* serotoxin.
serpentin 1. *a Geol* **marbre serpentin,** serpentine marble; ophite. **2.** *nf Miner* **serpentine,** serpentine. **3.** *nm Ch Ph* coiled, spiral, tube.
serpiérite, *nf Miner* serpierite.
serpule, *nf Ann* serpula.
serratifolié, *a Bot* serrate-leaved.
serre, *nf* talon (of bird of prey); **muni de serres,** taloned.
serricorne, *a & nm Z* serricorn.
serriforme, *a Biol Bot* serriform.
serrule, *nf Z* serrula.
serrulé, *a Biol* serrulate(d).
sérum, *nm Physiol* serum; **sérum sanguin, du sang,** blood serum; *BioCh* **sérum physiologique,** physiological salt solution; **sérum chyleux,** chylous serum.
sérum-albumine, *nf Physiol* serum albumin.
sérum-globuline, *nf Physiol* serum globulin.
sésame, *nm Biol* sesame.
sésamoïde, *a Anat Z* sesamoid; **os sésamoïde,** sesamoid bone.
sesquiterpène, *nm Ch* sesquiterpene.
sesquiterpénique, *a Ch* sesquiterpenoid.
sessile, *a Bot Z* (*of leaf, horn, etc*) sessile; **à feuilles sessiles,** sessile-leaved.
sessiliflore, *a Bot* sessile-flowered.
sessilifolié, *a Bot* sessile-leaved.
seston, *nm Biol Geol* seston.
sétacé, *a Biol* setaceous.
séteux, -euse, *a Biol* setose.
sétifère, *a Z* setiferous, setigerous, bristly, chaetiferous.
sétiflore, *a Bot* having bristle-like petals.
sétiforme, *a Bot Z* setiform; bristle-shaped.
sétigère, *a* = **sétifère**.
sétule, *nf Biol Z* seta.
seuil, *nm Physiol* threshold; **seuil de la perception acoustique,** threshold of audibility; **seuil de l'excitation,** stimulus threshold; **seuil de la conscience,** threshold of consciousness; *Ch* **seuil d'écoulement,** yield point (= yield value).
sève, *nf Bot* (*a*) sap (of plant); **plein de sève,** full of sap; sappy; **sans sève,** sapless; **teneur en sève,** sappiness; (*b*) sieve.
séveux, -euse, *a Bot* sappy, full of sap.
sevrer, *vtr* to wean.
sexadigitisme, *nm Z* hexadactylism.
sexe, *nm Biol* sex; **différenciation du sexe,** sex determination.
sexfide, *a Bot* sexifid.
sexifère, *a Bot* sexiferous.
sexloculaire, *a Bot* sexlocular.
sexonomie, *nf Biol* study of sex determination.
sexué 1. *a Biol* sexed; **reproduction sexuée,** syngamy. **2.** *nmpl Ent* sexuales.
sexuel, -elle, *a* sexual; *Biol* gamic; **caractères sexuels,** sexual characteristics; **les organes sexuels,** the sexual, sex, organs; **hormones sexuelles,** sex hormones; **lié au chromosome sexuel,** sex-linked.
sexupare, *a Ent* sexuparous; *Z* **insecte sexupare,** sexupara, sexupare.
sexvalent, *a Ch* hexavalent, sexivalent.
seybertite, *nf Miner* seybertite.
Si, *symbol of* silicon.
sialique, *a BioCh* **acide sialique,** sialic acid.
sibérite, *nf Miner* siberite.
siccatif, -ive, *a Biol* xerantic.
sicyospore, *nf Paly* sicyospore.
sidérazote, *nf Miner* siderazot(e).
sidéré, *a Miner* siderous.
sidérique, *a Miner* sideritic.
sidérite, *nf Miner* siderite.
sidérochrome, *nm* chromite, chrome iron.
sidérocyte, *nm Biol* siderocyte.
sidérolithe, *nf Miner* siderolite, aerosiderolite, meteoric iron.
sidérolithique, *a Miner* siderolitic.
sidéromélane, *nf Miner* sideromelane.
sidéronatrite, *nf Miner* sideronatrite.
sidérose, *nf Miner* siderite.
sidérotyle, *nm Miner* siderotil.
siegénite, *nf Miner* siegenite.
siemens, *nm Ph* (*symbol* S) siemens.
sigillé, *a Bot* sigillate(d).
sigmoïde, *a Z* sigmoid; **anse sigmoïde,** sigmoid flexure.
signal, *nm* **signal nerveux,** nerve impulse.
silane, *nm Ch* silane.

silex, *nm inv Miner* silex, flint; **silex corné,** horn flint, hornstone, capel; **silex noir,** chert, rock flint, hornstone; **silex molaire,** travertine, sinter; **silex volcanique,** obsidian, volcanic glass.
silicate, *nm Ch* silicate; **silicate d'aluminium,** aluminium silicate; **silicate acide de magnésium,** magnesol; **silicate double,** bisilicate, metasilicate; **silicate de potasse, de soude,** waterglass; **silicate hydraté de cérium,** cerite; *Miner* **silicate de magnésie,** talc.
silice, *nf Ch* silica; silicon dioxide.
siliceux, -euse, *a Ch* siliceous.
silicicole, *a Bot* silicicolous.
silicié, *a Ch* combined with silicon; **hydrogène silicié,** silicon hydride.
silicique, *a Ch* silicic (acid).
silicium, *nm Ch* (*symbol* Si) silicon, silicium; **carbure de silicium,** silicon carbide, carborundum; **dioxyde de silicium,** silicon dioxide.
silicium-éthyle, *nm Ch* silicophenyl tetraethyl.
siliciure, *nm Ch* silicide, siliciuret.
silicone, *nf Ch* silicone.
silicophényle, *nm Ch* silicophenyl.
silicotitanate, *nm Ch* silicotitanate.
silicotungstate, *nm Ch* silicotungstate.
silicotungstique, *a Ch* silicotungstic.
silicule, *nf Bot* silicle, silicula, silicule.
siliculeux, -euse, *a Bot* siliculose.
silique, *nf Bot* silique, siliqua; pod.
siliqueux, -euse, *a Bot* siliquose, siliquous.
siliquiforme, *a Bot* siliquiform.
sill, *nm Geol* laccolite, laccolith.
sillon, *nm Anat Z* groove; *Biol* sulcus; **sillon interpariétal,** parietal section; **sillon bulboprotubérantiel,** ponticulus; *Biol* **sillon primitif,** primitive streak; **à trois sillons,** trisulcate.
siloxane, *nm Ch* siloxane.
silurien, -ienne, *a & nm Geol* Silurian; **silurien inférieur,** Ordovician.
silvestrite, *nf Miner* siderazot(e).
simien, -ienne, *a Z* simian.
simiesque, *a Z* simiesque; monkey-like; pithecoid.
simple, *a Bot* **fleur simple,** single flower; **plante à feuilles simples,** plant with simple leaves; *Ch* **corps simple,** elementary body.
simplicifolié, *a Bot* **plante simplicifoliée,** plant with simple leaves.
simulation, *nf Biol* simulation.
sinapine, *nf Ch* sinapine.
sinapique, *a Ch* sinapic (acid).
sinciput, *nm Anat* sinciput; *Z* calvarium.
sinème, *nm Bot* synema.
sinistrorse, *a Biol* sinistrorse, sinistrorsal (stem, convolution, etc).
sinistrorsum, *a Biol Moll* = **senestre.**
sino-auriculaire, *pl* **sino-auriculaires**, *a Z* sinoauricular.
sinople, *nm Miner* sinople.
sinué, *a Bot* sinuate.
sinueux, -euse, *a* sinuose, sinuous.
sinuosité, *nf* sinuosity.
sinus, *nm Anat Z* sinus; **sinus de Valsalva,** sinus of Valsalva, aortic sinus; **sinus veineux,** sinus venosus.
sinusoïdal, -aux, *a Ph* **onde sinusoïdale,** sine wave; **onde sinusoïdale plane,** plane sine wave.
sinusoïde 1. *a Ph* wavy. **2.** *nf Anat Z* sinusoid.
siphoïde, *a Z etc* siphonal.
siphon, *nm Z etc* siphon; siphuncle (of shell).
siphonage, *nm Ch* **siphonage intermittent,** tidal drainage.
siphonal, -aux, *a Z etc* siphonal.
siphonaptères, *nmpl Ent* Siphonaptera *pl.*
siphonogame, *a Bot* siphonogamous.
siphonogamie, *nf Bot* siphonogamy.
siphonoglyphe, *nm Coel* siphonoglyph.
siphonophore, *nm Z* siphonophore.
siphonostèle, *nf Bot* siphonostele.
siphonostome, *a Biol* siphonostomatous.
siphonozoïde, *nm Coel* siphonozooid.
siphonule, *nm Z* siphuncle (of aphid).
sipunculiens, *nmpl Z* Sipunculoidea *pl.*
sitostérol, *nm Ch* sitosterol.
Skene, *Prn Z* **glandes de Skene,** Skene's glands.
skutterudite, *nf Miner* skutterudite.
Sm, *symbol of* samarium.

smaltine, smaltite, *nf Miner* smaltine, smaltite.

smaragdite, *nf Miner* smaragdite.

smectique, *nf Miner* smectite; fuller's earth.

smegma, *nm Physiol* smegma; smegma clitoridis.

smithsonite, *nf Miner* smithsonite.

smoltification, *nf Ich* smoltification.

Sn, *symbol of* tin.

social, -iaux, *a Biol* social; **les castors sont des animaux sociaux,** the beaver is a social animal.

sociétaire, *Z* **1.** *a* sociable. **2.** *nm* sociable animal.

société, *nf Z* society.

socion, *nm Bot* socion.

socle, *nm Geol* insular shelf; base, substratum; basement.

soda, *nm Miner* soda.

sodalite, *nf Miner* sodalite.

soddite, soddyite, *nf Miner* sodd(y)-ite.

sodé, *a* containing soda.

sodique, *a Ch* (of) sodium, containing soda, sodic; **sel sodique,** soda salt, sodium salt.

sodium, *nm Ch* (*symbol* Na) sodium, natrium.

soie, *nf* (*a*) *Z* bristle (of wild boar, caterpillar, etc); chaeta (of invertebrate); *Biol Ann Ent* seta; *Ann* **soies en crochets,** uncini; *Moll F* **soie marine,** byssus (of pinna); **couvert de soies,** bristled, bristly; (*b*) *Bot* awn.

sol¹, *nm Geol* soil; **sol sablonneux,** sandy soil; **sol acide,** acid soil.

sol², *nm Ch Ph* sol; **sol d'hydrate de sodium,** sodium hydroxide sol.

solanacé, solané, *a Bot* solanaceous.

solanidine, *nf Ch* solanidine.

soléaire, *a Z* **muscle soléaire,** soleus.

solénocyte, *nm Z* solenocyte.

solénoglyphe, *Rept* **1.** *a* solenoglyphic. **2.** *nm* solenoglyph.

solénostèle, solénostellaire, *nf Bot* solenostele.

solipède, *Z* **1.** *a* solidungulate, solidungular, soliped, whole-hoofed. **2.** *nm* soliped, solidungulate; **les solipèdes,** the equine species.

solitaire, *a Biol* solitary; (*of species, etc*) segregate; **faisceau solitaire,** solitary bundle; **cellules solitaires,** solitary cells; *Bot* **fleur solitaire,** solitary flower.

solubilisant, *nm Ch* solutizer.

solubiliser, *vtr Ch* to make (sth) soluble.

solubilité, *nf* solubility (of a salt, etc); **produit de solubilité,** solubility product; **solubilité rétrograde,** retrograde solubility.

soluble, *a Ch* soluble; **soluble dans l'alcool,** soluble in alcohol; **soluble dans l'huile,** oil-soluble; **soluble à chaud,** soluble when heated; **peu, légèrement, soluble,** slightly soluble; **très, abondamment, soluble,** highly soluble; **rendre soluble qch,** to make sth soluble.

soluté, *nm Ch* solute; *Pharm* aqueous solution.

solution, *nf Ch Ph etc* solution (of solid in liquid); liquor; **(corps) en solution,** solute; **sel en solution (dans l'eau),** salt in solution (in water); **solution mère,** pregnant, stock, solution; mother liquid, liquor, lye, water; **solution type, titrée, normale, type d'une solution,** standard solution; **solution concentrée, forte,** concentrated, strong, stock, solution; solution at full strength, full-strength solution; **solution saturée, sursaturée,** saturated, supersaturated, solution; **solution diluée, étendue, faible,** diluted, weak, solution; solution below full strength; **solution diluée d'acide sulfurique,** diluted solution of sulfuric acid; **solution liquide,** liquid solution; **chaleur de la solution,** heat of solution; **solution de sel ordinaire,** brine solution; **solution tampon,** buffer solution; **solution alcaline,** alkaline solution; **solution du savon,** soap solution; **solution de sulfate de cuivre,** copper sulfate solution; **solution détergente,** cleaning solution; **solution de carbonate de soude,** solution of washing soda; **solution d'électrolyte,** electrolytic solution; **solution idéale,** ideal solution; **solution conjuguée,** conjugate solution; **solution solide,** solid solution; **solution colloïdale,** colloid solution.

solvabilité, *nf Ch* solvency.

solvant, *nm* (*a*) *Ch* solvent; dissolving agent; **solvant régénéré,** regenerated liquor; **pression du solvant,** solvent pressure; **solvants mixtes,** mixed solvents; (*b*) *Ind* naphtha; **solvant de laboratoire,** laboratory naphtha.
solvatation, *nf Ch* solvation.
solvate, *nm Ch* solvate.
solvatisation, *nf Ch* solvation (*esp* of colloid).
solvatisé, *a Ch* solvated.
soma, *nm Biol* soma.
somation, *nf Biol* acquired characteristic.
somatique, *a Biol* somatic, somal; *Z* **asthénie somatique,** som(a)esthenia; *Z Histol* **tissu somatique,** somatic tissue.
somatoblaste, *nm Cytol Z* somatoblast.
somatocyte, *nm Biol* somatic cell.
somatogène, *a Biol* somatogen(et)ic.
somatopleure, *nf Biol* somatopleure.
somatotrope, *a Biol* somatotropic; **hormone somatotrope,** somatotropic hormone.
somatotrophine, *nf Biol* somatotropic hormone.
somite, *nm Z* somite; somatome; protovertebra; *Plath* segment (of worm).
sommation, *nf Physiol* summation (of stimulations).
sommeil, *nm Physiol* sleep; **sommeil hypnotique,** hypnotic, mesmeric, sleep; **sommeil séismique,** seismic sleep; *Z* **sommeil hibernique,** winter sleep.
sommet, *nm Ch Ph* crest, peak (of curve); *Biol Moll* umbo.
sommité, *nf Bot* tip (of plant, branch); **sommité fleurie,** flowering top; **sommité fructifère,** fruiting top.
son, *nm Ph* sound; *Physiol* tone; **vitesse du son,** sound velocity; **dispersion du son,** dispersion of sound.
sonde, *nf* probe; *Biol* specillum; *Med* **sonde stomacale,** stomach tube.
sonication, *nf Paly* sonication.
sonore, *a Ph* **onde sonore,** sound wave; **pulsation sonore,** sound pulse; **pression sonore,** sound pressure; **vibration sonore,** sound vibration.
soporifique, *a Physiol* sleep-inducing.
sorbique, *a Ch* sorbic (acid).
sorbite, *nf,* **sorbitol,** *nm Ch* sorbite, sorbitol.
sorbonne, *nf Ch* fume cupboard, chamber.
sorbose, *nm Ch* sorbose.
sore, *nm Bot* sorus (of fern).
sorédie, *nf Bot* soredium, brood bud.
Soret, *Prn Ch Ph* **phénomène de Soret,** Soret phenomenon.
sorose, *nf Bot* sorosis.
sorption, *nf Biol* sorption.
sortie, *nf* **(canal de) sortie,** excurrent duct.
soubassement, *nm Geol* bedrock, basement; **soubassement imperméable,** impervious basement; **soubassement de roches ignées (qui se trouve au-dessous des couches sédimentaires),** basement complex.
souche, *nf Bot* stem, stock (of tree); (root)stock (of iris, etc); *Biol* strain (of a virus).
soude, *nf Ch* soda; **carbonate de soude,** *F* **cristaux de soude, soude ordinaire,** sodium carbonate, washing soda, common soda; **bicarbonate de soude,** bicarbonate of soda; **silicate de soude,** waterglass; **soude caustique,** caustic soda; **nitrate, azotate, de soude,** sodium nitrate; **soude carbonatée,** natron.
soufre, *nm Ch* (*symbol* S) sulfur; **soufre de mine,** native sulfur; **soufre mou,** plastic sulfur; **soufre vierge, soufre vif,** virgin sulfur; **fleur(s) de soufre, crème de soufre, soufre en fleur(s), soufre en poudre, soufre pulvérulent, soufre pulvérisé, soufre sublimé,** flowers of sulfur.
soufré, *a Ch* thionic.
soufrer, *vtr Ch* to treat with sulfur.
soupape, *nf Z* **sans soupape,** valveless.
sourcil, *nm* supercilium.
sourcilier, -ière, *a Z* superciliary.
sourd, *a* **complètement sourd,** stone deaf.
sous- *pref Ch* basic.
sous-acétate, *nm Ch* subacetate.
sous-alimentation, *nf Physiol* malnutrition.
sous-arbrisseau, *pl* **-eaux,** *nm Bot* suffrutex.
sous-axillaire, *a Bot Z* subaxillary.

sous-azotate, *nm Ch* subnitrate.
sous-carbonate, *nm Ch* subcarbonate.
sous-caudal, -aux, *a Z* subcaudal.
sous-chlorure, *nm Ch* subchloride.
sous-classe, *nf Biol* subclass, subtype; *Z etc* subdivision.
sous-claviculaire, *a* infraclavicular.
sous-clavier, -ière, *a Anat* subclavian.
sous-cortical, -aux, *a Anat Z* subcortical, infracortical; *Med* **section sous-corticale,** undercutting.
sous-costal, -aux, *a Anat Z Ent* subcostal, infracostal.
sous-couche, *nf Geol* substratum; underlying layer; *Ch* undercoat.
sous-culture, *nf Bac* subculture.
sous-cutané, *a* subcutaneous.
sous-embranchement, *nm Biol* subphylum.
sous-épidermique, *a Bot etc* subepidermal, subepidermic.
sous-épineux, -euse, *a* infraspinatous.
sous-espèce, *nf Biol* subspecies *inv.*
sous-famille, *nf Biol* subfamily.
sous-frutescent, *a Bot* suffrutescent, suffruticose; **plante sous-frutescente,** suffrutex.
sous-genre, *nm Biol* subgenus.
sous-groupe, *nm Biol* subgroup.
sous-hyoïdien, -ienne, *a* infrahyoid.
sous-imago, *nf Z* subimago.
sous-jacent, *a Anat Bot Geol etc* subjacent.
sous-mammaire, *a Z* submammary, inframammary.
sous-marginal, -aux, *a* inframarginal.
sous-maxillaire, *a Anat Z* submaxillary, inframaxillary (glands, etc).
sous-menton, *nm Z* submentum.
sous-neural, -aux, *a Z* subneural.
sous-nitrate, *nm Ch* subnitrate, basic nitrate; **sous-nitrate de bismuth,** bismuth subnitrate, basic bismuth nitrate.
sous-ombrellaire, *a Coel* subumbral.
sous-ongulaire, *a Anat Z* subungual.
sous-opercule, *nm Ich* subopercular bone.
sous-orbitaire, *a* infratrochlear.
sous-orbital, -aux, *a* infraorbital.
sous-ordre, *nm Biol* suborder.
sous-produit, *nm Ch Ph* by-product.
sous-race, *nf Z* subrace.
sous-rameux, -euse, *a Bot* subramose.
sous-rostral, -aux, *a Bot Z* subrostral.
sous-rotulien, -ienne, *a* infrapatellar.
sous-scapulaire, *a* infrascapular.
sous-sel, *nm Ch* subsalt, basic salt.
sous-sternal, -aux, *a* infrasternal.
sous-type, *nm Biol* subtype.
sous-variant, *nm Biol* subvariant.
sousverse, *nf Geol* underflow.
soyeux, -euse, *a Biol* sericeous.
spadice, *nm Bot* spadix.
spadicé, *a Bot* spadicious, spadiciform, spadicose.
spadiciflore, *a Bot* spadicifloral.
spalt, *nm Miner* compact bitumen.
spangolite, *nf Miner* spangolite.
sparoïde, *a Ich* sparoid.
sparsiflore, *a Bot* sparsiflorous, sparciflorous, with scattered flowers.
sparsifolié, *a Bot* sparsifolious, with scattered leaves.
spartéine, *nf Ch* sparteine.
spasme, *nm Physiol* spasm; **spasme des muscles ciliaires,** spasm of accommodation; **spasmes fonctionnels, professionnels,** functional, occupational, spasms.
spatangide, *a Echin* spatangoid.
spath, *nm Miner* spar; **spath adamantin,** corundum; **spath brunissant,** brown spar; ankerite; **spath calcaire,** calcite, calcspar, calcareous spar; **spath d'Islande,** Iceland spar; **spath fluor, spath fusible,** fluorspar, fluorite; calcium fluoride; **spath perlé,** dolomite, pearl spar; **spath pesant,** heavy spar, barite; **spath schisteux,** argentine; slate spar; **spath satiné,** satin gypsum, satin spar.
spathacé, *a Bot* spathaceous.
spathe, *nf Bot* spathe.
spathé, *a Bot* spathaceous, spathose.
spathifier, *vtr Miner* to transform into spar.
spathiforme, *a Miner* spathiform; *Bot* spathose.
spathique, *a Miner* spathic, spathose, sparry; **fer spathique,** spathic iron, sparry iron; siderite; **diamant spathique,** adamantine spar.

spatial, -iaux, *a Ph* spatial; **vide spatial,** space vacuum; **charge spatiale,** space charge.

spatulé, *a Biol* spatulate.

spatuliforme, *a Biol* spatuliform.

spéciation, *nf Biol* speciation.

spécificité, *nf Biol* specificity; **spécificité des espèces,** species specificity; **spécificité d'un tissu,** tissue specificity.

spécifique, *a* specific; *Biol* **nom spécifique,** specific name; *Ph* **poids spécifique,** specific gravity, specific weight; **chaleur spécifique,** specific heat.

spécimen, *nm* specimen.

spectral, -aux, *a Ph Ch* **analyse spectrale,** spectrum, spectral, spectroscopic(al), analysis; **appareil d'analyse spectrale,** spectrum analyser; **bande spectrale,** spectral band; **composition spectrale,** spectral composition; **densité spectrale,** spectral density; **filtre spectral,** spectral filter; **raie spectrale,** spectral line; **région spectrale,** spectral range; **réflectance spectrale,** spectral reflectivity; **sélectivité spectrale,** spectral selectivity; **sensibilité spectrale,** spectral sensitivity; **source spectrale,** spectral source; **couleurs spectrales,** spectral colours; colours of the spectrum.

spectre, *nm Ph etc* spectrum; **les couleurs du spectre,** the colours of the spectrum; **spectre solaire,** solar spectrum; **spectre prismatique,** prismatic spectrum; **spectre de bandes,** band spectrum; **bande du spectre,** spectrum band; **spectre d'absorption,** absorption spectrum; **spectre de molécules, spectre moléculaire,** molecular spectrum; **spectre de neutrons, spectre neutronique,** neutron spectrum; **spectre du noyau, spectre nucléaire,** nuclear spectrum; **spectre d'ions, spectre ionique,** ion spectrum; **spectre électronique,** electron spectrum; **spectre protonique,** proton spectrum; **spectre (de particules) alpha,** alpha-particle spectrum; **spectre (de rayons) bêta,** beta-ray spectrum; **spectre (de rayons) gamma,** gamma-ray spectrum; **spectre de rayons X, spectre radiologique,** X-ray spectrum; **spectre actinique, spectre chimique,** actinic, chemical, spectrum; **spectre de rayonnement,** radiation spectrum; **spectre de micro-ondes,** microwave spectrum; **spectre de raies,** line spectrum; **raie du spectre,** spectrum line; **spectre d'arc,** arc spectrum; **spectre cannelé,** channelled, fluted, spectrum; **spectre continu, spectre discontinu,** continuous, discontinuous, spectrum; **spectre de diffraction,** diffraction spectrum; **spectre diffus,** diffuse spectrum; **spectre de fission,** fission spectrum; **spectre d'émission,** emission spectrum; **spectre de masse,** mass spectrum; **spectre d'impact électronique,** electron impact spectrum; **spectre d'ionisation chimique,** chemical ionization spectrum; **spectre de vibration,** vibrational spectrum; **analyseur de spectre,** spectrum analyser; **spectres de rotation,** rotational spectra; **spectre acoustique,** acoustic(al), sound, spectrum; **spectre biologique,** biological spectrum; **spectre calorifique,** heat spectrum; **spectre magnétique,** magnetic spectrum; **spectre aérodynamique,** aerodynamic spectrum; **spectre hydrodynamique,** hydrodynamic spectrum; *Ch* **spectre antibactérien,** antibacterial spectrum; **spectre de l'hélium,** helium spectrum; **spectre pyrolitique,** pyrogram.

spectrochimie, *nf* spectrochemistry.

spectrochimique, *a Ch* spectrochemical; **analyse spectrochimique,** spectrochemical analysis.

spectrogramme, *nm Ph* spectrogram; **spectrogramme de masse,** mass spectrogram; **spectrogramme acoustique,** (sound) spectrogram.

spectrographe, *nm Ph* spectrograph; **spectrographe à diffraction,** diffraction spectrograph; **spectrographe électronique,** electron spectrograph; **spectrographe à lentilles,** lens spectrograph; **spectrographe magnétique,** magnetic spectrograph; **spectrographe de masse,** mass spectrograph; **spectrographe à résonance nucléaire,** nuclear resonance spectrograph; **spectrographe à impulsions,** pulse spectrograph; **spectrographe à quartz,** quartz spectrograph; **spectrographe de vitesse,** velocity spectrograph.

spectrographie, *nf Ph* spectrography; **spectrographie d'absorption,** absorption spectrography; **spectrographie de masse,**

mass spectrography; **spectrographie d'émission,** emission spectrography.

spectrographique, *a Ph* spectrographic.

spectromètre, *nm Ch Ph* spectrometer; **spectromètre neutronique,** neutron spectrometer; **spectromètre nucléaire,** nuclear spectrometer; **spectromètre (de rayons) alpha,** alpha-ray spectrometer; **spectromètre (de rayons) bêta,** beta-ray spectrometer; **spectromètre (de rayons) gamma,** gamma-ray spectrometer; **spectromètre à rayons X,** X-ray spectrometer; **spectromètre de rayonnement,** radiation spectrometer; **spectromètre optique,** optical spectrometer; **spectromètre à lentilles,** lens spectrometer; **spectromètre à double focalisation,** double-focusing spectrometer; **spectromètre à, de, coïncidence double, simple,** double-coincidence, single-coincidence, spectrometer; **spectromètre à cristal,** crystal spectrometer; **spectromètre magnétique,** magnetic spectrometer; **spectromètre à scintillation,** scintillation spectrometer; **spectromètre à usages variés,** versatile spectrometer; **spectromètre de masse,** mass spectrometer.

spectrométrie, *nf Ch Ph* spectrometry; **spectrométrie neutronique,** neutron spectrometry; **spectrométrie à, de, coïncidences,** coincidence spectrometry; **spectrométrie de coïncidences à canal unique, à deux canaux,** single-channel, two-channel, coincidence spectrometry; **spectrométrie de masse,** mass spectrometry; **spectrométrie par rayons X,** X-ray spectrometry.

spectrométrique, *a Ph* spectrometric.

spectrophotométrie, *nf Ph* **spectrophotométrie dans l'ultra-violet,** ultraviolet spectrophotometry.

spectropolarimétrie, *nf Ch* spectropolarimetry; **spectropolarimétrie de dispersion optique-rotatoire,** optical rotatory dispersion spectropolarimetry; **spectropolarimétrie de dichroïsme circulaire,** circular dichroism spectropolarimetry.

spectroradiomètre, *nm Ph* spectroradiometer.

spectroradiométrie, *nf Ph* spectroradiometry.

spectroscope, *nm Ch Ph* spectroscope; **spectroscope à vision directe,** direct-vision spectroscope; **spectroscope à réseau,** grating spectroscope; **spectroscope à prisme,** prism spectroscope; **spectroscope semicirculaire,** semicircular spectroscope.

spectroscopie, *nf Ch* spectroscopy; **spectroscopie ultra-violette,** ultraviolet spectroscopy; **spectroscopie infrarouge,** infrared spectroscopy; **spectroscopie de résonance nucléaire-magnétique,** nuclear-magnetic resonance spectroscopy; **spectroscopie de résonance de l'électron tournant,** electron-spin resonance spectroscopy.

spectroscopique, *a Ph* spectroscopic; **analyse spectroscopique,** spectroscopic analysis; **notation spectroscopique,** spectroscopic notation; *Ch* **essai spectroscopique,** spectroscopic test.

spéculaire, *a* specular (mineral); **fer spéculaire,** specular iron ore.

speculum, *nm Z Orn* speculum.

spéléologie, *nf Geol Biol* spel(a)eology.

spermagène, *a Biol* spermagenous.

spermathèque, *nf Z* spermatheca.

spermatide, *nf Biol* spermatid.

spermatie, spermatine, *nf Biol* spermatium.

spermatique, *a Anat Z* spermatic (cord, etc); **ampoule spermatique,** sperm sac.

spermatoblaste, *nm Biol* spermatoblast.

spermatocyste, *nm Bot* spermatocyst.

spermatocyte, *nf Biol* spermatocyte; **spermatocyte de premier, de deuxième, ordre,** primary, secondary, spermatocyte.

spermatogénèse, *nf Biol* spermatogenesis.

spermatogonie, *nf Biol* spermatogonium.

spermatopé, *a Z* spermatopoietic.

spermatophore, *nm Biol* spermatophore.

spermatophyte, *nf Bot* spermatophyte, spermaphyte; *pl* Spermatophyta *pl*, Spermaphyta *pl*.

spermatothèque, *nf Z* spermatheca, spermatotheca.

spermatozoïde, *nm Biol* sper-

matozoon; germ cell; *Bot Biol* spermatozoid; *Physiol* zoosperm.
spermatule, *nm Bot Biol* spermatozoid; *Biol* spermatozoon.
sperme, *nm Physiol* sperm, semen; *Physiol Bot* seminal fluid.
spermidine, *nf Ch* spermidine.
spermiducal, -aux, *a Biol Anat Z* spermiducal.
spermiducte, *nm Anat Z* spermiduct, spermaduct, spermoduct.
spermie, *nf Biol* spermatozoon.
spermine, *nf Ch* spermin(e).
spermiogénèse, *nf Biol* spermiogenesis.
spermoderme, *nm Bot* spermoderm.
spermogonie, *nf Bot* spermogonium, spermogone, spermagone, spermagonium.
spermogramme, *nm Biol* spermogram.
spermophore, *Bot* **1.** *nm* spermophore, spermatophyte. **2.** *a* spermophytic.
spermotoxine, *nf BioCh* spermotoxin.
sperrylite, *nf Miner* sperrylite.
spessartine, *nf Miner* spessartine, spessartite.
sphærite, *nf Miner* sphaerite.
sphaigne, *nf Bot* sphagnum.
sphalérite, *nf Miner* sphalerite, blende, false galena, zincblende.
sphécodes, *nmpl Ent* Sphecoidea *pl.*
sphène, *nm Miner* sphene.
sphénencéphale, *nm Z* sphenocephalus.
sphéniscidés, *nmpl Orn* Spheniscidae *pl.*
sphénisciformes, *nmpl Orn* Sphenisciformes *pl.*
sphénocéphale, *nm Z* sphenocephalus.
sphénoïdal, -aux, *a Anat Z* sphenoidal; **fente sphénoïdale,** sphenoidal fissure; **sinus sphénoïdal,** sphenoidal sinus.
sphénoïde, *Anat Z* **1.** *a* sphenoid; **os sphénoïde,** sphenoidal bone. **2.** *nm* sphenoid(al); **sphénoïde postérieur,** sphenotic.
sphénoïdien, -ienne, *a Anat Z* sphenoidal.
sphénopalatin, *a Z* sphenopalatine.
sphénopariétal, -aux, *a Z* sphenoparietal.
sphéno-pétreux, -euse, *pl* **sphéno-pétreux, -euses,** *a Z* petrosphenoid.
sphère, *nf* **petite sphère,** spherule.
sphérique, *a* globular; *Biol* orbicular.
sphéroblaste, *nm Bot* sphaeroblast.
sphérocobaltite, *nf Miner* sphaerocobaltite.
sphéroïde 1. *a Biol* globate. **2.** *nm* spheroid.
sphéroïdique, *a* spheroid(al).
sphérolithe, *nm Miner* spherulite; variole (in variolite).
sphérolit(h)ique, *a Geol* spherulitic.
sphérosidérite, *nf Miner* sphaerosiderite.
sphérule, *nf* spherule.
sphincter, *nm Anat Z* sphincter.
sphinctérien, -ienne, *a Anat Z* sphincteral, sphincteric.
sphingomyéline, *nf BioCh* sphingomyelin.
sphingosine, *nf Ch* sphingosine.
sphragide, sphragidite, *nf Miner* sphragide.
spicifère, *a Z* spiciferous.
spiciflore, *a Bot* spiciflorous.
spiciforme, *a Bot* spiciform, spike-like, spicate(d).
spiculaire, *a Miner etc* spicular.
spicule, *nm Biol Bot* spicule, spicula (in sponges, etc); spikelet (in graminaceous plants).
spiculé, *a Bot* spiculate(d).
Spiegel, *Prn Anat Z* **lobe de Spiegel,** Spiegelian lobe (of liver).
spilite, *nf Miner* spilite.
spinacié, *a Bot* spinaceous.
spinal, -aux, *a Anat Z* spinal; *Biol* myelonic.
spinastérol, *nm Ch* spinasterol.
spinelle[1], *nm Miner* spinel; **rubis spinelle,** ruby spinel, spinel ruby.
spinelle[2], *nf Biol* spinule.
spinellé, *a Bot* spinulose.
spinescence, *nf Bot* spinescence.
spinescent, *a Bot* spinescent.
spinifère, *a Biol Bot* spiniferous; thorny, spiny.
spiniforme, *a Biol* spiniform.
spinigère, *a Biol Bot* spinigerous, spiniferous, spiny, thorny.
spinocarpe, *a Bot* spinocarpous.
spinoïde, *a Paly* spinoid.

spinule, *nf Biol* spinule, minute spine.
spinuleux, -euse, *a Biol* spinulescent, spinulose, spinulous, spiny.
spiracle, *nm Amph* spiracle (of tadpole).
spiral, -aux, *a Biol* spiral; **lame spirale,** spiral lamina.
spiralé, *a* (*a*) *Biol* spiral; **canal spiralé de Rosenthal,** spiral canal; (*b*) *Bot Z* scorpioid.
spiranne, *nm Ch* spiran(e).
spire, *nf Conch* convolution, twirl, whorl, whirl.
spirème, *nm Biol* spireme.
spirille, *nm Bac* spirillum, spirobacterium.
spirillicide, *nm Biol* spirillicide.
spirillose, *nf Bac* spirillosis.
spirivalve, *a Z* spirivalve.
spirochète, *nm Bac* spirochaete.
spirogyre, *nm Algae* spirogyra.
spiroïdal, -aux, spiroïde, *a* spiroid(al).
spironème, *nm Bot* spironeme.
spirorbe, spirorbis, *nm Z* spirorbis.
spirulina, *nf Bot* spirulina.
splanchnique, *a Anat Z* splanchnic.
splanchnocèle, *nf Anat Z* splanchnocoel(e).
splanchnologie, *nf Anat* splanchnology.
splanchnopleure, *nf Embry Z* splanchnopleure.
splénique, *a Anat Z* splenic; *Z* splenetic.
splénius, *nm Anat Z* splenius.
splénocyte, *nm Anat Z* splenocyte.
spodiosite, *nf Miner* spodiosite.
spodumène, *nm Miner* spodumene, triphane.
spongicole, *a Biol* spongicolous.
spongieux, -ieuse, *a* spongy; *Anat Z* **os spongieux,** spongy bone.
spongiforme, *a Biol* spongiform; spongiose.
spongine, *nf Ch* spongine.
spongioblaste, *nm Biol* spongioblast.
spongiocyte, *nm Histol Z* spongiocyte.
spongiole, *nf Bot* spongiole, spongelet (of root).
spongioplasme, *nm Biol* spongioplasm.
spongoïde, *a Anat* spongoid.
spontané, *a Biol* **génération spontanée,** spontaneous generation, abiogenesis.
sporadosidérite, *nf Miner* sporadosiderite.
sporange, *nm Bot* sporangium, spore case; *Z* sporotheca.
sporangiole, *nm Bot* sporangiole.
sporangiophore, *nm Bot* sporangiophore.
spore, *nf Bac Bot* spore; **asque à huit spores,** eight-spored ascus; **spore d'un sporocarpe,** carpospore.
sporé, *a Bot* having spores, spored.
sporidie, *nf Bot* sporidium.
sporifère, *a Bot Biol* sporiferous; sporogenous; **couche sporifère,** sporogenous layer; **tissu sporifère,** sporogenous tissue.
sporoblaste, *nm Z* sporoblast; *Biol* zygotomere.
sporocarpe, *nm Bot* sporocarp.
sporocyste, *nm Bot Z* sporocyst.
sporoducte, *nm Z* sporoduct.
sporogénèse, *nf Bac Bot* sporogenesis, sporogeny.
sporogone, *nm Bot* sporogonium.
sporogonie, *nf Z* sporogony.
sporomorphe, *nm Paly* sporomorph.
sporonte, *nm Bot* sporont.
sporophore, *nm Bot* sporophore.
sporophylle, *nm Bot* sporophyll.
sporophyte, *nm Bot* sporophyte.
sporopollénine, *nf Paly* sporopollenin.
sporospore, *nf Paly* sporospore.
sporozoaire, *nm Z* sporozoon.
sporozoïte, *nm Z* sporozoite; *Biol* zygotoblast.
sport, *nm Biol* sport, aberration.
sportif, -ive, *a Biol* **variation sportive,** sport.
sporulation, *nf Bac Bot Biol* sporulation, sporation.
sporule, *nf Bot* sporule, spore.
sporulé, *a Biol* sporulated.
sporuler, *vi Biol* to sporulate.
squalane, *nm Ch* squalane.
squale, *nm Ich* squalus.
squalène, *nm Ch* squalene.
squame, *nf Anat Bot etc* squama; scale (of skin); exfoliation (of bone); *Z* **disposition, arrangement, des squames,** squamation.

squamellifère, *a Biol* squam(ell)iferous, squamulose.
squameux, -euse, *a Biol* squam(ul)ose, squamous, squamate (bulb); lepidote, lepidoid; (*of fish, skin, etc*) scaly.
squamifère, *a Biol* squam(ell)iferous, squamulose (catkin, fish).
squamifolié, *a Bot* squamifoliate.
squamiforme, *a Biol* squamiform.
squamosal, -aux, *a Anat Z* squamosal.
squamosité, *nf Z* scaliness (of the skin); squamation.
squamule, *nf Z* squamula, squamella, squamule.
squarreux, -euse, *a Bot* squarrose.
squelette, *nm* skeleton (of animal, leaf); **sans squelette,** askeletal; **squelette intérieur,** endoskeleton (of vertebrate).
squelettique, *a* skeletal; *Geol* **sol squelettique,** skeletal soil.
squelettogène, *a Biol* skeletogenous.
Sr, *symbol of* strontium.
stabilisant, *nm Ch* stabilizer, stabilizing agent.
stabilisateur, *nm Ch* stabilizer.
stabilisation, *nf Ch etc* stabilization (of chemical preparation, of foodstuff by chemical treatment, etc); *Biol* balancing.
stabilisé, *a Ch etc* stabilized; *Biol* balanced.
stabiliser, *vtr Ch etc* to stabilize (chemical preparation, foodstuff by chemical treatment, etc).
stabilité, *nf Ch etc* stability (of chemical preparation, etc); *Ch Ph* **stabilité chimique,** chemical stability; **stabilité nucléaire,** nuclear stability; **stabilité physique, structurale,** physical, structural, stability; **stabilité thermique,** thermal stability; **stabilité de l'atome,** atom stability; **stabilité de phase,** phase stability; **stabilité de rayonnement,** radiation stability; **constante de stabilité,** stability constant; **paramètre de stabilité,** stability parameter; **état de stabilité,** stable state.
stable, *a Ch Ph* **corps stable,** stable body, stable substance; **élément stable,** stable element; **équilibre stable,** stable equilibrium; **isotope, particule, stable,** stable isotope, particle; **noyau (atomique) stable,** stable (atomic) nucleus; **oscillation stable,** stable oscillation; **état stable,** stable state.
stachydrine, *nf Ch* stachydrine.
stachyose, *nm Ch* stachyose.
stade, *nm Ent* instar (of caterpillar, etc); **deuxième stade (de mue),** second instar; *Biol* **stade zigotène,** zigotene.
staffélite, *nf Miner* staffelite.
stagnation, *nf Biol* stagnation.
stagnicole, *a Biol* stagnicolous.
stalactite, *nf Geol* stalactite.
stalactitique, *a Geol* stalactitic.
stalagmite, *nf Geol* stalagmite.
stalagmitique, *a Geol* stalagmitic; **plancher stalagmitique,** flowstone.
stalagmomètre, *nm Ph* stactometer.
staminaire, staminal, -aux, *a Bot* staminal, stamineous.
staminé, *a Bot* staminate, stamened.
stamineux, -euse, *a Bot* stamineous, stamineal.
staminifère, *a Bot* staminiferous.
staminiforme, *a* shaped like a stamen.
staminode, *nm Bot* staminode, staminodium.
stamino-pistillé, *pl* **stamino-pistillé(e)s,** *a Bot* hermaphrodite, bisexual.
stannate, *nm Ch* stannate.
stanneux, -euse, *a Ch* stannous (oxide).
stannichlorure, *nm Ch* stannic chloride.
stannifère, *a Miner* stanniferous, tin-bearing; **gîte stannifère,** tin deposit.
stannine, *nf Miner* stannite, tin pyrites.
stannique, *a Ch* stannic (acid).
stannite, *nf Miner* stannite.
stannochlorure, *nm Ch* stannous chloride.
stannolite, *nf Miner* cassiterite, tinstone.
stase, *nf Z* stasis.
stationnaire, *a Biol Ph* stationary; *Ph* **onde stationnaire,** standing wave, stationary wave.
statique, *a* static.
statoblaste, *nm Biol* statoblast.
statocyste, *nm Bot Z* statocyst.
statocyte, *nm Bot* statocyte.
statolite, statolithe, *nm Biol* statolith.

staurolite, *nf,* **staurotide,** *nf Miner* staurolite, staurotide.
stéarate, *nm Ch* stearate.
stéarine, *nf Ch* stearin.
stéarique, *a Ch* stearic (acid).
stéaryle, *nm Ch* stearyl.
stéaschiste, *nm,* **stéatite,** *nf Miner* steatite, soapstone.
stéatiteux, -euse, *a Geol* steatitic.
Stefan, *Prn Ch Ph* **loi de Stefan,** Stefan's law.
stèle, *nf Bot* stele, vascular cylinder.
stellinervé, *a Bot* star-ribbed (leaf).
stellulé, *a Biol* stellular, stellulate.
stemmate, *nm Biol* stemma; simple eye.
sténohalin, *a Biol* stenohaline.
sténohalinité, *nf Biol* stenohaline conditions, habits.
sténophage, *a Z* stenophagous, stenophagic, (caterpillar, insect).
sténophylle, *a Bot* stenophyllous, narrow-leaved (plant).
sténopodium, *nm Crust* stenopodium.
sténose, *nf Biol* stenosis; **sténose du pylore,** stenosis of the pylorus.
sténosé, *a Biol* stenotic.
sténotherme, *a Biol* stenothermal, stenothermic, stenothermous.
sténothermie, *nf Biol* stenothermy.
stéphanite, *nf Miner* stephanite, black silver; brittle silver ore.
stercoraire, *a Biol* stercoraceous, stercoral; *Z* stercorary, stercoricolous.
stercoral, -aux, *a Biol* stercorous.
stercorite, *nf Miner* stercorite.
stéréochimie, *nf* stereochemistry.
stéréocil, *nm Histol* stereocilium.
stéréognostique, *a Biol* stereognostic.
stéréo-isomère, *nm Ch* stereoisomer.
stéréo-isomérie, *nf Ch* spatial isomerism.
stéréome, *nm Bot* stereome.
stéréoplasme, *nm Z* stereoplasm.
stéréotropisme, *nm Biol* stereotropism.
stéréotypie, *nf Biol* stereotypy.
stéride, *nm Biol* sterid, steroid.
stérigmate, *nm Bot* sterigma.
stérile, *a* sterile; *Geol* **roche stérile,** suitcase rock.
stérilisé, *a Z Vet* sterilized.
stérilité, *nf Z* sterility.
stérique, *a Ch* steric; **empêchement stérique,** steric hindrance.
sternal, -aux, *a Anat Z* sternal; adaxial.
sternbergite, *nf Miner* sternbergite.
sternèbre, *nf Z* sternebra.
sternorynques, *nmpl Ent* Sternorynques *pl.*
sternum, *nm Anat Z* sternum.
stéroïde, *nm Ch* steroid.
stérol, *nm Ch* sterol.
stibieux, -ieuse, *a Ch* stibious, antimonious.
stibine, *nf Miner* stibnite, grey antimony; *Ch* stibine.
stibique, *a Ch* stibic, antimonic.
stibnite, *nf Ch Miner* stibnite, grey antimony.
stigmastérol, *nm Ch* stigmasterol.
stigmate, *nm* (*a*) *Bot* stigma; (*b*) *Z* spiracle, stigma.
stigmatique, *a Bot* stigmatic.
stigmatophore, *a Bot* stigmatose.
stilb, *nm Ph* stilb.
stilbène, *nm Ch* stilbene.
stilbite, *nf Miner* stilbite, desmine.
stilboestrol, *nm BioCh* stilboestrol.
stilpnosidérite, *nf Miner* stilpnosiderite, limonite.
stimulant, *a & nm Pharm Physiol* stimulant.
stimulation, *nf Biol* stimulation.
stimule, *nm Bot* stimulus, stinging hair; sting; **à stimules,** stimulose.
stimuler, *vtr Anat* to excite.
stimuleux, -euse, *a Bot* stimulose (leaf).
stimuline, *nf Biol Physiol* (*a*) stimuline, tropic hormone; (*b*) hormones from the pituitary glands.
stimulus, *nm inv Physiol* stimulus.
stinkal, *nm Miner* stinkstone; *esp* anthraconite; swinestone.
stipe, *nm Bot* stipe(s) (of fern, fungus); culm (of grasses); stem (of palm tree).
stipelle, *nf Bot* stipel, stipella.
stipellé, *a Bot* stipellate.
stipiforme, *a Bot Z* stipiform.
stipité, *a Bot* stipitate, stalked.
stipulacé, *a Bot* stipulaceous.
stipulaire, *a Bot* stipular.

stipule, *nf Bot* stipule, stipula; **sans stipules,** exstipulate.
stipulé, *a Bot* stipulate, stipuled.
stipuleux, -euse, *a Bot* stipulose.
stœchiométrie, *nf Ch* stoich(e)iometry.
stœchiométrique, *a Ch* stoich(e)iometric; **rapport stœchiométrique,** equivalence ratio.
Stokes, *Prn Ch Ph* **loi de Stokes,** Stokes' law (of viscosity).
stolon, *nm,* **stolone,** *nf* (*a*) *Bot* stolon, offset; flagellum; runner, sucker (of strawberry, etc); (*b*) *Biol* stolon.
stolonifère, *a Biol Bot* stolonate, stoloniferous.
stolzite, *nf Miner* stolzite.
stomacal, -aux, *a Anat* stomachal.
stomate, *nm Biol Bot* stoma, stomate; **à stomates,** stomatal, stomate, stomatose, stomatous.
stomato-gastrique, *pl* **stomato-gastriques,** *a Z* stomatogastric.
stomatopode, *nm Crust* stomatopod; *pl* Stomatopoda *pl.*
stomium, *nm Bot* stomium.
stomodéum, *nm Z* stomod(a)eum.
stomodorde, *nf Z* stomodord.
strabisme, *nm Z* **strabisme sursumvergent,** supravergence.
strate, *nf Geol* stratum, layer.
stratification, *nf Geol Bot Physiol* stratification; *Geol* bedding; **concordance de stratification,** concordant bedding; **stratification entrecroisée,** diagonal stratification; cross bedding.
stratifié, *a Biol* stratified; *Geol* **stratifié en couche,** bedded.
stratigraphie, *nf Geol* stratigraphy.
stratigraphique, *a Geol* stratigraphic.
stratiomyide, *a Ent* stratiomyi(i)d (insect).
strepsiptères, *nmpl Ent* Strepsiptera *pl.*
streptomyces, *nm Biol* streptomyces.
streptoneures, *nmpl Moll* Streptoneura *pl.*
striation, *nf Biol Geol etc* striation.
stridulant, *a Z* stridulant; **insecte stridulant,** stridulator.
stridulation, *nf Z* stridulation.
stridulatoire, *a Z* stridulatory (organ, etc); **appareil stridulatoire,** stridulating organ, stridulator.
striduleux, -euse, *a Path* stridulous.
strie, *nf Anat Bot Geol* stria; *Biol* rib (of a shell); *Z* striga; *Geol* **stries glaciaires,** glacial striae; *Bot* **stries sur la tige d'une plante,** striae on the stem of a plant.
strié, *a* (*a*) *Biol Geol etc* striate(d); canaliculate(d); **muscle strié,** striated, skeletal, muscle; (*b*) *Ent* strigose.
strigite, *nm Ent* strigil.
strigovite, *nf Miner* strigovite.
striole, *nf Biol* striola, minute stria.
striolé, *a Biol* striolate.
striure, *nf Biol* stria; *Bot* **striures sur la tige d'une plante,** striae on the stem of a plant.
strobilacé, *a Bot* strobilaceous, strobilar, strobilate.
strobilation, *nf Biol* strobilation (of tapeworms, etc).
strobile, *nm* (*a*) *Bot* strobile, strobilus, cone (of pine, hops, etc); (*b*) *Z* strobila, strobilus (of tapeworm).
strobilifère, *a Bot* strobiliferous, cone-bearing.
strobiliforme, *a Biol* strobiliform, cone-shaped.
stroma, *nm Biol* stroma.
stromatique, *a Biol* stromatic, stromatiform, stromatous, strom(at)oid.
strombe, *nm Bot Moll* strombus.
stromeyérite, *nf Miner* stromeyerite.
strongle, *nm Z* strongylus.
strontiane, *nf Ch* strontia; *Miner* **strontiane carbonatée,** strontianite.
strontianite, *nf Miner* strontianite, strontian.
strontique, *a Ch* strontic.
strontium, *nm Ch* (*symbol* Sr) strontium; **strontium radioactif,** radioactive strontium, radiostrontium, strontium 90; **jaune de strontium,** strontium yellow.
strophantidine, *nf Ch* strophanthidin.
strophantine, *nf Ch* strophanthin.
strophiole, *nm Bot* strophiole.
strophisme, *nm Bot* strophism.
strophulus, *nm Ch* red gum.
structure, *nf* **modification de structure,** structural change.
strumeux, -euse, *a Biol* strumose; **d'aspect strumeux,** strumiform.

struvite, *nf Miner* struvite.
strychnine, *nf Ch* strychnine.
stupéfiant, *a & nm Ch* narcotic; stupefacient.
stylaire, *a Biol* stylar.
style, *nm Bot* style; *Arthrop* stylet.
stylé, *a Biol* stylate.
stylet, *nm Z* stylet, stylus.
styliforme, *a Bot etc* styliform, style-shaped.
styloconique, *a Z* styloconic.
styloglosse, *Z* **1.** *a* styloglossal. **2.** *nm* styloglossus.
stylohyloïde, *a Anat Z* **ligament stylohyloïde ossifié,** epihyal bone.
stylo-hyoïdien, -ienne, *pl* **stylo-hyoïdiens, -iennes,** *a Z* **muscle stylo-hyoïdien,** stylohyoid.
styloïde, *a Anat Z* styloid.
stylolite, *nm Geol* stylolite.
stylo-mastoïdien, -ienne, *pl* **stylo-mastoïdiens, -iennes,** *a Z* stylomastoid.
stylo-maxillaire, *pl* **stylo-maxillaires,** *a Z* stylomaxillary.
stylommatophores, *nmpl Moll* Stylommatophora *pl.*
stylopode, *nm Bot* stylopodium.
stylospore, *nf Bot* stylospore.
styphnate, *nm Ch* styphnate.
styphnique, *a Ch* **acide styphnique,** styphnic acid.
styptique, *a Physiol* staltic.
styracine, *nf Ch* styracitol.
styramate, *nm Ch* styramate.
styrène, *nm Ch* styrene.
styrol, *nm Ch* styrene.
styrolène, *nm Ch* styrene, styrolene.
subaérien, -ienne, *a Geol Bot* subaerial; **plantes subaériennes,** subaerial plants.
subalaire, *a Z* subalary.
subalcalin, *a Ch Geol* subalkaline.
subatomique, *a Ch Ph* subatomic (particle, etc).
subcaudal, -aux, *a Z* subcaudal.
subconscient, *a & nm Psy* subconscious.
subcortical, -aux, *a Bot* subcortical.
subcostal, -aux, *a Anat Z Ent* subcostal.
subcoxa, *nf Ent* subcoxa.
subéquatorial, -iaux, *a Geog* subequatorial.
subérate, *nm Ch* suberate.
subéreux, -euse, *a Bot* suberous, suberose; corky (layer, etc); **enveloppe subéreuse,** cortex; epiphloem.
subérification, *nf Ch* suberification.
subérine, *nf Ch* suberin.
subérique, *a Ch* suberic (acid).
subérisation, *nf Bot* suberization.
subériser, *vtr Bot* to suberize.
subérone, *nf Ch* suberone.
subérosité, *nf Bot* corky character.
subéryle, *nm Ch* suberyl.
subérylique, *a Ch* suberylic.
subiculum, *nm Fung* subiculum.
subjectif, -ive, *a* subjective.
subjectivité, *nf Psy* subjectivity.
sublimable, *a Ch* sublimable.
sublimat, *nm Ch* sublimate.
sublimation, *nf Ch* sublimation, sublimating.
sublimatoire, *Ch* **1.** *a* sublimatory. **2.** *nm* sublimating vessel; sublimatory.
sublimé, *nm Ch* sublimate; **sublimé corrosif,** corrosive sublimate.
sublimer, *vtr Ch* to sublimate, to sublime (a solid).
se sublimer, *vpr* (*of solid*) to sublime.
subliminal, -aux, *a Physiol* subliminal, below the threshold.
sublingual, -aux, *a Physiol* sublingual.
submarginal, -aux, *a Z* submarginal.
submergé, submersible, *a Bot* submerged, submersed; **plante, feuille, submersible,** submerged plant, leaf.
submersion, *nf Ch* submersion, submergence.
subsistance, *nf Z* subsistence.
substance, *nf Ch* **substance révélatrice, substance marquée,** tracer (substance); **substance volatile,** volatile; *Anat Z Histol* **substance blanche,** white substance.
substituant, *nm Ch* substituent.
substitution, *nf* (*a*) *Geol* metasomatism; (*b*) *Ch* metathesis; **substitution du chlore à l'hydrogène,** substitution of chlorine for hydrogen; **agir par substitution,** to react by substitution.

substrat, *nm Biol etc* substrate; zymolyte.
subtilisation, *nf Ch* volatilization.
subtropical, -aux, *a* subtropical.
subulé, *a Biol* subulate, awl-shaped (leaf, antenna).
subulifolié, *a Bot* with subulate leaves.
suburral, *a Physiol* **aspect suburral,** fur (on tongue).
suc[1], *nm* juice; *Bot* sap; **suc cellulaire,** cell sap; **suc gastrique,** gastric juice; **producteur de suc,** succiferous; *Biol* **suc nucléaire,** enchylema.
suc[2], *nm Geol* (*a*) (volcanic) cone; (*b*) phonolitic dike.
succenturié, *a Z* succenturiate; **ventricule succenturié,** succenturiate lobe; crop.
succession, *nf Bot* succession (of associations).
succin, *nm Miner* succin, succinite; yellow, ordinary, amber.
succinate, *nm Ch* succinate.
succinimide, *nf Ch* succinimide.
succinique, *a Ch* succinic (acid).
succinite, *nf Miner* succinite.
succino-déhydrase, *nf BioCh* succinic dehydrogenase.
succinonitrile, *nm Ch* succinonitrile.
succinyle, *nm Ch* succinyl.
succion, *nf Biol* myzesis.
succube, *a Bot* succubous (leaf).
succulent, *a Bot* **feuille succulente,** succulent, fleshy, leaf; **plante succulente,** succulent.
suceur, -euse, *Biol Ent* **1.** *a* suctorial; **organe suceur,** suctorial organ. **2.** *nm & f* sucker (of louse, flea).
suçoir, *nm Biol* suctorial organ; haustellum; *Biol Ent* sucker; *Bot* haustorium.
sucramine, *nf Ch* sucramin.
sucrase, *nf BioCh* sucrase, invert sugar, invertase, invertin, inverting enzyme; saccharase.
sucrate, *nm Ch* sucrate.
sucre, *nm Ch* sugar; **sucre de gélatine,** glycine, glycocoll; gelatine sugar; **sucre de lait,** lactose; **sucre de fruit,** fructose, l(a)evulose; **sucre de raisin,** grape sugar; glucose.
sudation, *nf Z* sudation.
sudoral, -aux, *a Z* **sécrétion sudorale,** hidrosis.
sudorifère, *a Z* sudoriferous; **conduit sudorifère,** sweat duct.
sudorifique 1. *a Physiol* sudatory, sudorific. **2.** *nm Z Physiol* sudorific.
sudoripare, *a Z* sudoriparous; **glande sudoripare,** sweat gland.
sueur, *nf* sweat.
suffrutescent, *a Bot* suffrutescent; **plante suffrutescente,** suffrutex.
suif, *nm Ch* **huile de suif,** olein, oleo oil, tallow oil; *Miner* **suif minéral,** mineral tallow, mountain tallow, hatchettite.
suint, *nm Petroch* yolk.
sulcature, *nf Biol* sulcus (of the brain).
sulcifère, *a Biol* sulcate.
sulciforme, *a Biol* sulciform, sulcate.
sulf-, *pref Ch* sulf(o)-, sulph(o)-.
sulfacide, *nm Ch* thio acid.
sulfafurazol, *nm Ch* sulfafurazole.
sulfaguanidine, *nf Ch* sulfaguanidine.
sulfamate, *nm Ch* sulfamate.
sulfamide, *nm Ch* sulfamide; sulfonamide, sulfa drug; **la série des sulfamides,** the sulfa series.
sulfamique, *a Ch* sulfamic (acid).
sulfanilamide, *nm or f Ch* sulfanilamide.
sulfanilate, *nm Ch* sulfanilate.
sulfanilique, *a Ch* sulfanilic (acid).
sulfapyridine, *nf Ch* sulfapyridine.
sulfarsénique, *a Ch* sulfarsenic, thioarsenic (acid).
sulfarséniure, *nm Ch* sulfarsenide.
sulfatase, *nf BioCh* sulfatase.
sulfate, *nm Ch* sulfate; **sulfate ferreux, sulfate de fer,** ferrous, iron, sulfate; copperas; green vitriol; **sulfate de cuivre,** copper sulfate; blue vitriol, bluestone; copper vitriol; **sulfate de soude, de sodium,** sodium sulfate; *Com* sulfate; Glauber('s) salts; **sulfate de zinc,** zinc sulfate; white vitriol; **sulfate de plomb,** lead sulfate; **sulfate de potasse,** sulfate of potash; **sulfate de potassium,** potassium sulfate; **sulfate de cadmium,** cadmium sulfate; **sulfate de baryte,** barium sulfate; **sulfate d'ammoniaque,** ammonium sulfate; **sulfate d'ammonium,** sulfate of ammonia; **sulfate d'ammonium ferreux,**

Mohr's salt; **sulfate double d'aluminium et d'ammonium,** ammonia alum; **sulfate basique,** subsulfate.
sulfaté, *a Ch* sulfated (lime, etc).
sulfater, *vtr Ch* to sulfate.
sulfathiazole, *nm Ch* sulfathiazole.
sulfatide, *nm Ch* sulfatide.
sulfhydrate, *nm Ch* sulfhydrate, hydrosulfide.
sulfhydrique, *a Ch* sulfhydric; **acide sulfhydrique,** hydrogen sulfide.
sulfhydryle, *nm Ch* sulfhydryl.
sulfine, *nf Ch* sulfonium.
sulfinique, *a Ch* sulfinic (acid).
sulfinyle, *nm Ch* sulfinyl.
sulfite, *nm Ch* sulfite; **sulfite de sodium, de soude,** sodium sulfite; **sulfite acide de sodium, de soude,** sodium bisulfite.
sulfo-, *pref Ch* sulf(o)-, sulph(o)-.
sulfobactéries, *nfpl Ch* sulfur bacteria *pl.*
sulfocarbonate, *nm Ch* thiocarbonate.
sulfocyanate, *nm Ch* thiocyanate.
sulfocyanique, *a Ch* thiocyanic.
sulfocyanure, *nm Ch* thiocyanate.
sulfolane, *nm Ch* sulfolane.
sulfonate, *nm Ch* sulfonate.
sulfonation, *nf Ch* sulfonation.
sulfone, *nf Ch* sulfone.
sulfoné, *a Ch* sulfonated; sulfonic.
sulfonique, *a Ch* sulfonic; **acide sulfonique,** sulfonic acid, mahogany acid.
sulfonitrique, *a Ch* nitrosulfuric (acid).
sulfonyle, *nm Ch* sulfonyl.
sulfosalicylate, *nm Ch* **sulfosalicylate de mercure,** mercury sulfosalicylate.
sulfosalicylique, *a Ch* sulfosalicylic.
sulfosel, *nm Ch* salt of a thioacid.
sulfuration, *nf Ch* sulfur(iz)ation, thiation.
sulfure, *nm Ch* sulfide; **sulfure de plomb,** lead sulfide, sulfide of lead; **sulfure de zinc,** zinc sulfide; *Miner* glance; **sulfure de fer,** iron pyrites; **sulfure de carbone,** carbon disulfide; **sulfure de mercure,** mercury sulfide; **sulfure de méthyle,** methyl sulfide; **sulfure de nickel,** nickel sulfide; **sulfure jaune d'arsenic,** orpiment.
sulfuré, *a Ch* **hydrogène sulfuré,** hydrogen sulfide; *Miner* **fer sulfuré,** iron pyrites; **plomb sulfuré,** galena; sulfide of lead, lead sulfide.
sulfureux, -euse, *a Ch* sulfurous (acid, etc); **anhydride sulfureux,** sulfur dioxide.
sulfurique, *a Ch* sulfuric; **acide sulfurique,** sulfuric acid; (oil of) vitriol; **acide sulfurique re-concentré,** restored acid; **anhydride sulfurique,** sulfur trioxide.
sulfurisation, *nf Ch* sulfur(iz)ation.
sulfuriser, *vtr Ch* to sulfurize.
sulfuryle, *nm Ch* sulfuryl.
sultame, *nf Ch* sultam.
sultone, *nf Ch* sultone.
sulvanite, *nf Miner* sulvanite.
sumatrole, *nf Ch* sumatrol.
supère 1. *a* (*a*) *Bot* superior (ovary, etc); (*b*) *Z* superior (mouth). **2.** *adv* superiorly placed.
superembryonnement, *nm,* **superfécondation,** *nf Z* superfecundation.
superfétation, *nf Z* superfetation, superconception.
superflu, *a* redundant.
superfluidité, *nf Ch* superfluidity.
supérieur, *a Biol* superior; *Bot* upper (= posterior).
superimprégnation, *nf Z* superimpregnation.
superinfection, *nf Bac* superinfection.
superinvolution, *nf Z* **superinvolution de l'utérus,** superinvolution of the uterus.
super-ordre, *nm* superorder; *pl super-ordres.*
superovulation, *nf Biol* superovulation.
superphosphate, *nm Ch* superphosphate.
superposé, *a Ch* supernatant.
supersonique, *a Ph* supersonic; ultrasonic.
support, *nm* (*a*) *Ch* stand; **support pour tube à essais,** test-tube stand; **support à anneau, à pince (pour tube à essais),** stand with ring, with clamp (for test tube); **support de toile métallique,** gauze frame (of filter); **support de réaction,** carrier; (*b*) *Biol* ratio.
suppression, *nf Biol* suppression.
suppuré, *a* purulent.
supra-axillaire, *pl* **supra-axillaires,** *a Bot* supra-axillary.
supraliminal, -aux, *a Physiol* above the threshold.

surajonté, *a Z* **état surajonté,** supervention.
surchauffage, *nm Ch Ph* superheating.
surcoloration, *nf* overstaining.
surdosage, *nm Ch* overdosage.
surface, *nf* surface; Z planum; *Geol* **surface de glissement,** slip; *Coel* **surface umbrellaire,** umbrellar surface.
surfondu, *a Ph* undercooled.
surfusion, *nf Ph* undercooling.
surgeon, *nm Bot* sucker (of tree, etc); (*of tree*) **pousser des surgeons,** to throw out suckers.
surgeonner, *vi Bot* (*of tree*) to throw out suckers.
suricate, *nm Z* suricate.
surinfection, *nf Bac* superinfection.
surménage, *nm* overstress.
surmoi, *nm Psy* superego.
surnageant, *a Ch* supernatant.
suroxydation, *nf Ch* peroxydization.
suroxyde, *nm Ch* = **peroxyde.**
suroxyder, *vtr* (*a*) *Ch* to peroxidize; (*b*) to overoxidize.
suroxygéner, *vtr Ch* to superoxygenate; to overcharge with oxygen.
surplatine, *nf Path* superstage.
surpressé, *a* (gas, etc) under high compression.
surrénal, -aux, *Biol Z* **1.** *a* suprarenal, surrenal (artery, ganglion); adrenergic (action); adrenal (gland); **capsule surrénale,** suprarenal body. **2.** *nf* **surrénale,** adrenal.
sursaturation, *nf Ch* supersaturation.
sursaturer, *vtr Ch* to supersaturate.
sursel, *nm Ch* supersalt, acid salt.
survivance, *nf* **la survivance des mieux adaptés, du plus apte,** survival of the fittest.
survoltage, *nm Ch* overvoltage.
susannite, *nf Miner* susannite.
sus-caudal, -aux, *a Orn* **plumes suscaudales,** upper tail coverts.
sus-dural, -aux, *a* supradural.
sus-jacent, *a Geol* overlying (rock).
sus-maxillaire, *Anat* **1.** *a* supermaxillary; epimandibular. **2.** *nm* upper jawbone, supermaxilla.
suspenseur, *nm Bot* suspensor; *Z* suspensorium.
suspension, *nf Ch* **(substance en) suspension,** (substance in) suspension.
suspensoïde, *nm Ch* suspensoid.
sus-pubien, -ienne, *a Z* epicystic.
sussexite, *nf Miner* sussexite.
sustentaculum tali, *nm Z* sustentaculum tali.
sustentation, *nf Z* sustentation.
sutural, -aux, *a Z* sutural.
suture, *nf Anat Z Bot* suture.
svanbergite, *nf Miner* svanbergite.
syénite, *nf Miner* syenite.
syénitique, *a Miner* syenitic.
sylvain, *a* sylvan (bird, etc).
sylvanite, *nf Miner* sylvanite.
sylvatique, sylvestre, *a* sylvan (plant).
sylvestrène, *nm Ch* sylvestrene.
sylvicole, *a Biol* silvicolous.
sylvine, *nf Miner* sylvine, sylvite.
sylvinite, *nf Miner* sylvinite.
sylvite, *nf Miner* = **sylvine.**
Sylvius, *Prn Z* **aqueduc de Sylvius,** sylviduct.
symbionte, *nm Biol* = **symbiote.**
symbiose, *nf Biol* symbiosis; individualism; mutism; **symbiose dysharmonique,** antagonistic symbiosis.
symbiote, *nm Biol* symbiote, symbion, symbiont; (*of plant, etc*) **associé en symbiote,** symbiotic; **en symbiote,** symbiotically; **symbiotes essentiels,** obligate symbionts.
symbiotique, *a Biol* symbiotic.
symbole, *nm Ch* symbol.
symétrie, *nf Ch* symmetry; *Bot* **sans symétrie,** unsymmetrical.
symétrique, *a Ch* symmetrical.
sympathico-mimétique, *a Physiol* sympatho-mimetic.
sympathine, *nf Physiol* sympathin.
sympathique, *a Biol* sympathetic; *Physiol* **système nerveux sympathique,** sympathetic nervous system.
sympatho-mimétique, *a Physiol* sympatho-mimetic.
sympatrie, *nf Biol Z* sympatry.
sympatrique, *a Biol* sympatric.
sympétale, *a Bot* sympetalous.
symphile, *nm Z* symphile.
symphyles, *nmpl Z* Symphyla *pl.*

symphysaire, *a Z* symphyseal.
symphyse, *nf Z* symphysis.
symplaste, *nm Biol* symplast.
sympode, *nm Bot* sympode; sympodium.
sympodique, *a Bot* sympodial.
sympodite, *nm Z* sympodite.
symptomatologie, *nf Tox* symptomatology; *Physiol* sem(e)iography, sem(e)iology.
synange, *nm Bot Z* synangium.
synanthé, *a Bot* (*of plant*) synanthous.
synanthère, *a Bot* (*of stamens*) syngenesious.
synanthéré, *a Bot* (*of plant*) synanther(e)ous.
synanthie, *nf Bot* synanthy.
synapse, *nf Biol Anat Z* synapse, synapsis; *Biol* syndesis.
synapte, *nf Z* synaptid.
synapticule, *nm Z* synapticula.
synaptidés, *nmpl Z* Synaptidae *pl.*
synaptique, *a Anat* synaptic.
synarthrose, *nf Z* synarthrosis.
syncarides, *nmpl Crust* Syncarida *pl.*
syncarion, *nm Biol* syncaryon, synkaryon.
syncarpe, *nm Bot* syncarp.
syncarpé, *a Bot* syncarpous; **fruit syncarpé,** syncarp.
synchondrose, *nf Z* synchondrosis.
syncitial, -iaux, *a Biol* = **syncytial.**
synclinal, -aux 1. *a Geog* synclinal (valley, etc); **charnière synclinale,** trough of a syncline. **2.** *nm Geol* syncline.
syncotylédoné, *a Bot* syncotyl(edon)ous; **état syncotylédoné,** syncotyly.
syncytial, -iaux, *a Biol* syncytial (bud).
syncytium, *nm Biol* syncytium.
syndactyle, *a Z* syndactyl(ous); web-fingered, web-footed, web-toed.
syndactylie, *nf Z* syndactylism, syndactyly.
syndèse, *nf Biol* syndesis.
syndesmologie, *nf Z* syndesmology.
syndesmose, *nf Anat Z* syndesmosis.
syndrome, *nm Physiol Tox* syndrome.
synécie, *nf Biol* synoecy.
synécologie, *nf Biol* bioecology; synecology.
synérèse, *nf Ch* syneresis.
synergie, *nf Ch Biol* synergia.
synergide, *nf Bot* synergid(a).
synergie, *nf Biol* synergism; *Biol Ch* synergy.
synergique, *a Biol Physiol* synerg(ist)ic.
synergiste, *nm Biol* (*substance*) synergist.
synesthésie, *nf Physiol* syn(a)esthesia.
syngaméon, *nm Biol* syngameon.
syngamie, *nf Biol* syngamy.
syngamique, *a Biol* syngamous.
syngénèse, syngénésie, *nf Biol* syngenesis, syngenesia.
syngénésique, *a Biol Miner* syngenetic; *Biol* syngenesious.
syngénite, *nf Miner* syngenite.
syngnathe, *a Z* syngnathous.
synizésis, *nm Biol* synizesis.
synœcète, *nm Z* synoecete.
synœcie, *nf Biol* synoecy; **synœcie d'habitat,** habitat synoecy.
synostose, *nf Anat Z Histol* synostosis.
synovial, -iaux, *a Anat Physiol* synovial.
synovie, *nf Z* synovia.
syntactique, *a Ch* syntactic.
synthèse, *nf Ch etc* synthesis.
synthétique, *a* synthetic.
synthol, *nm Ch* synthol.
syntonine, *nf Ch* syntonin.
syntoxique, *a BioCh* syntoxic.
syntype, *nm Biol* syntype.
synusie, *nf Biol* synusia.
syringétine, *nf Ch* syringetin.
syringique, *a Ch* syringic; **aldéhyde syringique,** syringaldehyde.
syrinx, *nm Z* syrinx.
systaltique, *a Physiol* systaltic.
systématique, *nf Bot Z* systematics.
système, *nm* system (of classification, etc); *Anat Z* **système nerveux, musculaire, respiratoire,** nervous system, muscular system, respiratory system.
systémique, *a Physiol* systemic.
systole, *nf Physiol* systole; **systole faible,** hyposystole.
systolique, *a Physiol* systolic.
syzygie, *nf Echin* syzygy.

T

T, *symbol of* (i) period, (ii) tritium.
t, *symbol of* time.
Ta, *symbol of* tantalum.
tabagique, *a Ch* nicotinic.
tabescence, *nf Bot* tabescence.
tabescent, *a Bot* tabescent.
tablettes, *nfpl Z* tabellae *pl* (on periphery of corallite).
tabulaire, *a Bot Z* tabular.
tache, *nf* (*a*) **tache jaune,** forea central retinae; yellow spot; *Prot* **tache oculaire,** stigma; (*b*) *pl* (*on animal*) markings, patches, spots.
taché, *a Biol* spotted.
tacheté, *a Biol* spotted, speckled, mottled; guttate; eyed; **oiseau tacheté de gouttes blanches,** bird speckled with white; **non tacheté,** immaculate.
tachyanxèse, *nf Biol* tachyanxesis.
tachycardie, *nf Anat Physiol* tachycardia; heart hurry.
tachygénèse, *nf Biol* tachygenesis.
tachylite, *nf Miner* tachylyte, tachylite, basalt glass.
tachymètre, *nm Petroch* tachymeter.
tachymictique, *a Geog* tachymictic.
tachypnée, *nf Physiol* tachypnea.
tactile, *a Anat Physiol* tactile (corpuscle, hair, etc); *Z* **organe sensoriel tactile,** tactor.
tactique, *a Physiol* tactic.
tactisme, *nm Biol* tactism.
tactuel, -elle, *a Z* tactual.
tænia, *nm Z Parasitol* taenia.
tæniglosses, *nmpl Moll* Taeniglossa *pl.*
tagme, *nm Biol* tagma; *Ent* **tagme céphalique,** cephalic tagma.
taïga, *nf Bot* taiga.
talc, *nm Miner* talc; *Biol* steatite.
talcaire, talcique, *a Miner* talcose, talcous.
talcite, *nf Miner* talcite.
talco-micacé, *pl* **talco-micacé(e)s**, *a Miner* talcomicaceous.
talcschiste, *nm Miner* talc schist.
tallage, *nm Bot* throwing out of suckers; suckering.
talle, *nf Bot* sucker (of tree).
taller, *vi Bot* to throw out suckers.
tall-oil, *nf Ch* tall-oil.
talonique, *a Ch* talonic.
talose, *nm Ch* talose.
talqueux, -euse, *a Miner* talcose, talcous.
tamis, *nm* screen; *Biol* sieve; *Ch* **tamis à secousses,** vibrating screen.
tamiser, *vtr Ch* to screen.
tampon, *nm Ch* buffer; **action de tampon,** buffer action; **capacité d'un tampon,** buffer capacity; **tampon poreux,** porous plug; **tampon d'ouate,** wadding.
tamponnage, *nm*, **tamponnement**, *nm Ch* tamponnage, neutralizing, making into a neutral solution.
tamponner, *vtr Ch* to neutralize, to buffer.
tangentiel, -ielle, *a Biol* tangential.
tanin, *nm Ch Ind* tannin.
taniser, *vtr Ch* = **tanniser**.
tannage, *nm Ch* tannage, tanning.
tannate, *nm Ch* tannate.
tanner, *vtr* to tan (leather).
tannin, *nm Ch* tannin; **tannin du café,** caffetannin.
tannique, *a Ch* tannic (acid).
tanniser, *vtr Ch* to treat with tannin.
tantalate, *nm Ch* tantalate, tantalic acid salt.
tantale, *nm Ch* (*symbol* Ta) tantalum.
tantalique, *a Ch* tantalic.
tantalite, *nf Miner* tantalite.
tapetum, *nm Bot* tapetum.
taphonomie, *nf Paleont* taphonomy.
tapiolite, *nf Miner* tapiolite.

tapis, *nm Bot* tapetum.
tarage, *nm* calibration (of a spring).
tarbuttite, *nf Miner* tarbuttite.
tardiflore, *a Bot* late-blooming, late-flowering.
tardigrade, *a & nm Arthrop* tardigrade; *nmpl* Tardigrada *pl.*
tarer, *vtr* to calibrate (a spring).
tarière, *nf Z* terebra (of insect).
tarsal, -aux, *a Anat Z* tarsal.
tarse, *Anat Z* **1.** *nm* tarsus. **2.** *a & nm* **(cartilage** *m*) **tarse,** tarsus, tarsal plate (of the eyelid).
tarsien, -ienne 1. *a Anat Z* tarsal. **2.** *nmpl Z* Tarsiiformes *pl.*
tarsier, *nm Z* tarsier.
tarsiiformes, *nmpl Z* Tarsiiformes *pl.*
tarsius, *nm Z* tarsius.
tarsomère, *nm Ent* tarsomere.
tarso-métatarse, *nm Z* tarsus.
tartarisé, *a Ch* tartarated.
tartrate, *nm Ch* tartrate; **tartrate de potasse et d'antimoine,** tartar emetic; **tartrate d'ergotamine,** ergotamine tartrate.
tartre, *nm Ch etc* tartar; **crème de tartre,** cream of tartar; **tartre brut,** argol; **tartre stibié,** tartar emetic; tartrated antimony.
tartré, *a Ch* tartrated.
tartrique, *a Ch* tartaric (acid).
tartronique, *a Ch* tartronic.
tartronylurée, *nf Ch* tartronylurea, dialuric acid.
tasmanite, *nf Miner* tasmanite, combustible shale.
taurine, *nf Ch* taurine.
taurocholate, *nm Ch* taurocholate.
taurocholique, *a Ch* taurocholic.
tautomère, *Ch* **1.** *a* tautomeric, tautomeral; **forme tautomère (d'un composé),** tautomer(ide). **2.** *nm* tautomer(ide).
tautomérie, *nf Ch* tautomerism, tautomery.
tautomérique, *a* **formes tautomériques d'un indicateur,** tautomeric forms of indicator.
tautomérisation, *nf Ch* tautomerisation.
taux, *nm* (*a*) *Ch* **taux de mélange,** mixture ratio; **taux pour dix, pour cent, parties,** number of parts per ten, per hundred; **taux de réaction,** reaction ratio, reaction rate; **taux de réaction et équilibre,** reaction rate and equilibrium; **taux de réaction et énergie libre,** reaction rate and free energy; **taux de réaction et température,** reaction rate and temperature; *Ph* **taux d'amplitude,** peak-to-valley ratio (of waves); *Physiol* **taux d'élimination, de croissance, de pulsation du cœur, de métabolisme,** rate of elimination, growth, heartbeat, metabolism; (*b*) *Biol* rate.
tavistockite, *nf Miner* tavistockite.
taxidermie, *nf* taxidermy.
taxidermiste, *nm* taxidermist.
taxie, *nf Biol* taxis.
taxiforme, *a Bot* arranged like the leaves of a yew.
taxodontes *nmpl Conch* Taxodonta *pl.*
taxologie, *nf Biol* = **taxonomie.**
taxologique, *a Biol* taxonomic.
taxon, *pl* **taxons, taxa,** *nm Biol Bot Z* taxon.
taxonomie, *nf Biol* taxonomy, taxology; classification.
taxonomique, *a Biol* taxonomic.
taylorite, *nf Miner* taylorite.
Tb, *symbol of* terbium.
Tc, *symbol of* technetium.
tchernoziom, *nm Geol* chernozem.
Te, *symbol of* tellurium.
téallite, *nf Miner* teallite.
technétium, *nm Ch* (*symbol* Tc) technetium.
technique, *nf Ch Biol* technique.
tecté, *a Paly* tectate.
tectibranche 1. *a Z* tectibranch. **2.** *nmpl Moll* Tectibranchia(ta) *pl.*
tectite, *nf Miner* tektite, australite.
tectogène, *Geol* **1.** *a* tectogenic. **2.** *nm* tectogene.
tectologie, *nf Biol* tectology.
tectonique, *Geoph* **1.** *a* tectonic. **2.** *nf* tectonics; structural geology.
tectospondyle, *a Anat* tectospondylous.
tectrice 1. *af Z* **plume tectrice,** tectrix, (wing) covert; *Anat* **membrane tectrice,** tectorial membrane. **2.** *nf Z* tectrix, (wing) covert; **tectrices (de la queue),** tail coverts; **tectrices des ailes,** wing coverts.
téflon, *nm Ch* (*Rtm*) teflon.
tegillé, *a Paly* tegillate.

tegmen, *nm Bot Z* tegmen.
tegmentum, *nm Moll* tegmentum.
tegminé, *a Bot* provided with a tegmen.
tégula, *nf Ent* tegula.
tégulaire, *a Miner* tegular, tegulated.
tégule, *nf Ent* tegula (of anterior wing).
téguline, *af Geol* **argile téguline,** tile clay, gault.
tégument, *nm Biol Z* tegument; integument; *Bot* tegmen; velamen; seed coat; **à tégument, pourvu d'un tégument,** integumented.
tégumentaire, *a Biol Z* tegumentary, tegumental, integumentary, integumental.
teindre, *vtr* to dye.
teint, *nm* dye; **bon teint, grand teint,** fast dye; **petit teint,** fading dye; *Physiol* **teint de cire,** waxen complexion.
teinturage, *nm* dyeing.
teinture, *nf* (*a*) dyeing; (*b*) dye; *Ch* **teinture de tournesol,** litmus solution.
tektite, *nf Miner* tektite, australite.
tela, *nf Biol* **tela contexta,** tela contexta.
télégamique, *a Z* telegamic.
télégonie, *nf Biol* telegony.
télencéphale, *nm Anat* telencephalon; end brain.
téléoptile, *a Z* teleoptile (feather).
téléostéen, -enne 1. *a Z* teleost(ean); osseous. **2.** *nm Z* teleost(ean); *pl Ich* Teleostei *pl.*
téléostomes, *nmpl Ich* Teleostomi *pl.*
téleutospore, *nf Bot* teleutospore, teliospore.
télie, *nf Bot* telium.
téliospore, *nf Bot* = **téleutospore.**
tellurate, *nm Ch* tellurate.
tellure, *nm Ch* (*symbol* Te) tellurium; *Miner* **tellure graphique,** graphic tellurium; sylvanite.
telluré, *a Ch* **hydrogène telluré,** hydrogen telluride, telluretted hydrogen, tellurhydric acid.
tellureux, -euse, *a Ch* tellurous.
tellurhydrique, *a Ch* tellurhydric; **acide tellurhydrique,** telluretted hydrogen, hydrogen telluride; tellurhydric acid.
telluride, *nm Miner* telluride.
tellurine, *nf Miner* tellurite.
tellurique[1], *a Ch* telluric (acid).
tellurique[2], *a Geol* **courants telluriques,** telluric currents; earth, *NAm* ground, currents; **eau tellurique,** juvenile water.
tellurite, *nf Miner Ch* tellurite.
tellurium, *nm Ch Miner* (*symbol* Te) tellurium.
tellurure, *nm Ch* telluride; **tellurure d'hydrogène,** hydrogen telluride; tellurhydric acid.
téloblaste, *nm Biol* teloblast.
télocentrique, *a Biol* telocentric.
télodendrite, *nf Histol* telodendrite.
télolécithe, *a Biol* telolecithal.
télomère, *nm Biol* telomere.
télomoïde, *nm Paly* telomoid.
télophase, *nf Biol Physiol* telophase.
télosynapse, *nf,* **télosynapsis,** *nm Genet* telosynapsis.
telson, *nm Z* telson; *Crust* flapper.
temnocéphales, *nmpl Plath* Temnocephalea *pl.*
temnospondyle, *a Amph* temnospondylous.
témoin, *nm Ch* standard.
température, *nf* temperature; *Ch Ph* **température absolue,** absolue temperature; **température critique,** critical temperature; **coefficient de température,** temperature coefficient; **unité de température,** degree (Fahrenheit, Celsius, etc); **température de la glace fondante,** freezing point of water; *Bac* **température critique de stérilisation,** death point; *Med* **avoir de la température, de la fièvre,** to have a high temperature.
temporaire, *a* transient.
temporal, -aux, *Anat Z* **1.** *a* temporal; **artère temporale,** temporal artery; **os temporal,** temporal bone; **fosse temporale,** temporal fossa; **muscle temporal,** temporalis. **2.** *nm* temporal bone.
tenace, *a* cohesive (metal); *Bot* (i) clinging; (ii) resistant.
tenaculum, *nm Biol* tenaculum.
tenant, *adv* tenent.
tendance, *nf Ph* determination (**vers,** towards); **tendance des corps vers un centre,** tendency, determination, of bodies (to move) towards a centre.
tendineux, -euse, *a Anat Z* tendinous; **réflexe tendineux,** tendon reflex.

tendon, *nm Anat Z* tendon; leader.
teneur, *nf (a) Ph etc* amount, content, percentage; **teneur en eau,** water content, moisture content; **teneur en humidité,** degree of humidity, moisture content; **teneur en oléfines,** olefinic content; *(b) Miner* grade, tenor (of ore, etc); **teneur en soufre,** percentage of sulfur, sulfur content (in ore); *(c) Ch* (standard) strength, titration (standard) (of solution).
ténia, *nm Z Parasitol* t(a)enia.
ténicide, *nm Biol* teni(a)cide.
ténite, *nf Miner* taenite.
tennantite, *nf Miner* tennantite.
ténorite, *nf Miner* tenorite.
ténotome, *nm Biol* tenotome.
ténotomie, *nf Physiol* tenotomy.
tenseur, -euse, *a & nm Anat Z* **(muscle) tenseur,** tensor (muscle).
tensimétrie, *nf Ph* measurement of the surface tension of liquids.
tensio-actif, -ive, *Ch* **1.** *a* surface-active. **2.** *nm (a)* surface-active agent, surfactant; **tensio-actif cationique,** cationic surface-active agent; *(b)* wetting agent; *pl tensio-actifs, -ives.*
tension, *nf (a) Ph* tension; **tension de surface, tension superficielle,** surface tension (of liquid, etc); **tension de vapeur,** vapour tension (pressure); *(b) Physiol* stress; *Ch* **tension de cisaillement,** yield stress; *(c) El* voltage; **haute, basse, tension,** high, low, voltage; **à une tension de 120 volts,** at a voltage of 120 volts.
tensoriel, -ielle, *a Ph* tensorial; **champ tensoriel,** tensor field; **force tensorielle,** tensor force; **interaction tensorielle,** tensor interaction.
tentaculaire, *a Z* tentacular.
tentacule, *nm Z Bot* tentacle; *Moll* antenna.
tentaculé, *Biol* **1.** *a* tentacled, tentaculate. **2.** *nmpl* Tentaculata *pl.*
tentaculocyste, *nm Coel* tentaculocyst.
tente, *nf Z* **tente du cervelet,** tentorium.
tentorium, *nm Ent* tentorium.
ténuiflore, *a Bot* tenuiflorous.
ténuifolié, *a Bot* tenuifolious, tenuifoliate.
ténuirostre 1. *a Z* tenuirostrate. **2.** *nm Orn* tenuiroster.
tépale, *nm Bot* tepal.
téphrite, *nf Miner* tephrite.
téphroïte, *nf Miner* tephroite.
tératogénèse, *nf Z Tox* teratogenesis.
tératologie, *nf Biol Med Tox* teratology.
tératologue, *nm Biol Med* teratologist.
terbine, *nf Ch* terbium hydroxide.
terbique, *a Ch* terbic.
terbium, *nm Ch (symbol* Tb) terbium.
térébelle, *nf Ann* terebellid.
térébenthène, *nm Ch* terebenthene.
térébenthine, *nf Ch* turpentine.
térébique, *a Ch* terebic (acid).
térébrant, *Biol Z* **1.** *a* terebrant, terebrate, boring (insect, etc). **2.** *nm* terebrant; *pl* Terebrantia *pl.*
térébrate, *nm Ch* terebrate.
térébration, *nf Z* terebration.
térébrer, *vtr Z* to bore; to terebrate.
téréphtalate, *nm Ch* terephthalate.
téréphtalique, *a Ch* terephthalic.
tergal, -aux 1. *a Biol* tergal. **2.** *nm Rtm Ch* tergal.
tergéminé, *a Bot* tergeminate, tergeminal.
tergite, *nm Z* tergite, tergum.
tergum, *nm Z* tergum.
terlinguaïte, *nf Miner* terlinguaite.
terme, *nm Physiol* term.
terminal, -aux, *a Bot* terminal (flower, etc); **pousse terminale,** leading shoot, leader; terminal, apical, growth; **bourgeon terminal,** terminal bud; *Physiol* **respiration terminale,** terminal respiration.
termite, *nm Z* termite, white ant.
termitière, *nf Z* termitary, termitarium.
termitophage, *a Z* termitophagous.
termitophile, *nm Z* termitophile.
ternaire, *a Ch* ternary; **composé ternaire,** ternary compound.
terné, *a Bot* ternate; trifoliate.
terniflore, *a Bot* ternately triflorous.
ternifolié, *a Bot* ternate, trifoliate.
ternitrate, *nm Ch* ternitrate.
terpadiène, *nm Ch* terpadiene.
terpène, *nm Ch* terpene.
terpénique, *a Ch* terpenic.
terpine, *nf Ch* terpin, terpinol.
terpinène, *nm Ch* terpinene.
terpinéol, *nm Ch* terpineol.

terpinol, *nm Ch* terpinol, terpin.
terpinolène, *nm Ch* terpinolene.
ter-polymère, *nm Ch* terpolymer.
terrain, *nm* (*a*) *Geol* formation; (system of) rocks, terrane; **terrain granitique,** granite formation; (*b*) soil; **terrain d'alluvion(s),** alluvial soil; **étude sur le terrain,** field survey, field study; **botanique, géologie, sur le terrain,** field botany, geology.
terramycine, *nf Ch* terramycin.
terre, *nf* (*a*) earth; **l'axe (de rotation) de la terre,** the earth's axis; (*b*) soil; **terre grasse,** rich soil; (*c*) loam; clay; **terre végétale, franche, naturelle,** humus, vegetable soil, mould, loam; **terre jaune,** loess; **terre de Chine, à porcelaine,** kaolin; **terre à casettes,** cazettes, sagger, saggar, clay; *Ch* **terres rares,** rare earths; **terre d'alumine,** aluminous earth; **terre alcaline,** alkaline earth; **terre savonneuse, terre à détacher, à foulon,** fuller's earth; *Miner* **terre jaune,** brown h(a)ematite; **terre de montagne,** yellow ochre.
terreau, *nm Ch* humus; (vegetable) soil.
terrestre, *a Biol* terrestrial (animal, plant); **plante terrestre,** ground plant; **animal terrestre,** land animal; **l'écorce terrestre,** the earth's crust; **l'atmosphère terrestre,** the earth's atmosphere.
terricole 1. *a Biol* terricolous, terricole. **2.** *nmpl Ann* Terricolae *pl.*
terrigène, *a Geol* terrigenous.
territoire, *nm Z* territory (of animal, etc).
terroir, *nm* soil.
tertiaire, *a Orn* **plume tertiaire de l'aile,** tertial; **rémiges tertiaires,** tertials.
tertiobutylbenzène, *nm Ch* tert-butylbenzene.
térylène, *nm Ch* (*Rtm*) Terylene.
teschémachérite, *nf Miner* teschemacherite.
tesla, *nm PhMeas* tesla.
tessellé, *a Biol Z* tessellated.
test, *nm* (*a*) *Bot* testa, episperm; *Biol* test (of sea urchin, crayfish); (*b*) *Ch* **test de F,** variance ratio test.
testa, *nm Bot* testa, episperm.
testacé 1. *a Z Bot* testaceous, shelled. **2.** *nm Z* shellfish, mollusc; testacean.
testage, *nm Ch Biol* testing.
testicardines, *nfpl Crust* Testicardines *pl.*
testiculaire, *a Z* testicular.
testicule, *nm Anat* testicle, testis, seminal gland.
testiculé, *a Anat Z* testiculate.
testostérone, *nf Physiol Ch* testosterone.
testudiné, *Rept* **1.** *a* testudinate. **2.** *nm* testudinate; *pl* Testudinata *pl.*
têt, *nm* (*a*) *Z* test, shell (of sea urchin, etc); *Bot* testa, skin (of seed); (*b*) *Ch* small fireclay cup; **têt de coupellation,** cupel; **têt à gaz,** beehive shelf; **têt à rôtir,** roasting crucible.
tétanie, *nf Med* tetany.
tétanine, *nf Physiol* tetanine.
tétanique, *a Physiol* tetanic.
tétanos, *nm Med* tetanus.
tétanotoxine, *nf Physiol* tetanine.
têtard, *nm Amph* tadpole.
tête, *nf Z* **à trois têtes,** tricipital.
tétrabasique, *a Ch* tetrabasic.
tétraborate, *nm Ch* tetraborate.
tétrabranche, *Z* **1.** *a* tetrabranchiate. **2.** *nm* tetrabranch; *pl Moll* Tetrabranchia(ta) *pl.*
tétrabrométhane, *nm Ch* tetrabromoethane.
tétrabrométhylène, *nm Ch* tetrabromoethylene.
tétrabromure, *nm Ch* tetrabromide.
tétracarbonyle, *nm Ch* tetracarbonyl; **tétracarbonyle de nickel,** Ni tetracarbonyl.
tétracère, *a Z* four-horned.
tétrachloréthane, *nm Ch* tetrachlor(o)-ethane.
tétrachloréthylène, *nm Ch* tetrachloroethylene.
tétrachlorométhane, *nm Ch* tetrachloromethane, carbon tetrachloride.
tétrachlorure, *nm Ch* tetrachloride; **tétrachlorure de carbone,** carbon tetrachloride, tetrachloromethane.
tétractine, *nm Spong* tri(a)ene spicule.
tétractinellidés, *nmpl Spong* Tetractinellida *pl.*
tétracyané, *a Ch* **ion tétracyané,** tetracyano-cuprate.
tétracycline, *nf Ch* tetracycline.
tétracyclique, *a Bot Ch* tetracyclic.

tétradactyle, *a Z* tetradactyl(ous); four-toed.
tétrade, *nf Bot Genet* tetrad.
tétradymite, *nf Miner* tetradymite; telluric bismuth.
tétradyname, tétradynamique, *a Bot* tetradynamous.
tétraédral, -aux, tétraédrique, *a* tetrahedral.
tétraédrite, *nf Miner* tetrahedrite.
tétraéthyle, *nm Ch* tetraethyl; **plomb tétraéthyle,** tetraethyl lead.
tétragène, *a Bot Genet* tetragenic, tetragenous.
tétragyne, *a Bot* tetragynous.
tétrahydrobenzène, *nm Ch* tetrahydrobenzene.
tétrahydroglyoxaline, *nf Ch* tetrahydroglyoxaline.
tétrahydronaphtalène, *nm Ch* tetrahydronaphthalene, tetralin.
tétrahydroquinone, *nf Ch* tetrahydroquinone.
tétraïodofluorescéine, *nf Ch* tetraiodofluorescein.
tétraline, *nf Ch* tetralin, tetrahydronaphthalene.
tétralophodonte, *a Anat* **dents tétralophodontes,** tetralophondont teeth.
tétramère, *a Biol* tetramerous, tetrameric.
tétraméthyle, *a Ch* tetramethyl.
tétraméthylène, *nm Ch* tetramethylene.
tétraméthylène-diamine, *nf Ch* tetramethylenediamine.
tétraméthylène-imine, *nf Ch* tetramethylene-imine.
tétramine, *nf Ch Bot* tetramine.
tétrandre, *a Bot* tetrandrous.
tétrandrie, *nf Bot* tetrandria.
tétranicidés, *nmpl Biol* Tetranychidae *pl.*
tétranitraniline, *nf Ch* tetranitroaniline.
tétranitrol, *nm Ch* tetranitrol.
tétranitrométhane, *nm Ch* tetranitromethane.
tétraoxyde, *nm Ch* **tétraoxyde d'osmium,** osmic acid.
tétrapétale, *a Bot* tetrapetalous.
tétraphyllidiens, *nmpl Plath* Tetraphyllidea *pl.*
tétraplégique, *a Med* tetraplegic.
tétraploïde, *a & nm Biol* tetraploid.
tétraploïdie, *nf Biol* tetraploidy.
tétrapneumone, *a Z* tetrapneumonous.
tétrapode, *a & nm Z* tetrapod; *pl* Tetrapoda *pl.*
tétraptère, *a Z* tetrapterous.
tétrarhynchidiens, *nmpl Plath* Tetrarhynchidea *pl.*
tétrasépale, *a Bot* tetrasepalous.
tétrasomie, *nf Biol* tetrasomy.
tétrasomique, *a Biol* tetrasomic.
tétrasporange, *nm Bot* tetrasporangium.
tétraspore, *nf Bot* tetraspore.
tétrasporé, *a* tetrasporous.
tétrasporophyte, *nm Bot* tetrasporophyte.
tétrastique, *a Bot* tetrastichous.
tétrasubstitué, *a Ch* tetrasubstituted.
tétrasulfure, *nm Ch* tetrasulfide.
tétrathionique, *a Ch* tetrathionic (acid).
tétratomique, *a Ch* tetratomic.
tétravaccin, *nm Immunol* tetravaccine.
tétravalence, *nf Ch* tetravalence, quadrivalence.
tétravalent, *a Ch* tetravalent, quadrivalent.
tétraxone, *a & nm Spong* **(spicule) tétraxone,** tetraxon.
tétrazène, *nm Ch* tetrazene.
tétrazine, *nf Ch* tetrazine.
tétrazole, *nm Ch* tetrazole.
tétréthyle, *nm Ch* tetraethyl; **plomb tétréthyle,** tetraethyl lead.
tétrolique, *a Ch* tetrolic (acid).
tétrose, *nm Ch* tetrose.
tétroxyde, *nm Ch* tetroxide.
tétryl, *nm Ch* tetryl.
tette, *nf Z* teat (of animals).
texture, *nf Z* texture.
Th, *symbol of* thorium.
thalamencéphale, *nm Anat* thalamencephalon.
thalamiflore, *a Bot* thalamifloral, thalamiflorous.
thalamus, *nm Anat Bot* thalamus; *Bot* torus.
thalassine, *nf Tox* thalassin.

thalassique, *a Oc* thalassic.
thalassoplancton, *nm Biol* thalassoplankton.
thalassotoque, *a Ich* ocean-spawning, katadromous.
thalénite, *nf Miner* thalenite.
thaliacés, *nmpl*, **thalies**, *nmpl Z* Thaliacea *pl.*
thalle, *nm Bot* thallus.
thalleux, -euse, *a Ch* thallous.
thallique, *a Ch* thallic.
thallium, *nm Ch* (*symbol* Tl) thallium.
thalloïde, *a Bot* thalloid.
thallophyte, *nm & f Bot* thallophyte; *nfpl* Thallophyta *pl.*
thallospore, *nf Bot* thallospore.
thalweg, *nm Geol* t(h)alweg.
thanatologie, *nf Biol* thanatology.
thanatologique, *a Biol* thanatological.
thanatophobie, *nf Psy* thanatophobia.
thaumasite, *nf Miner* thaumasite.
thébaïne, *nf Ch* thebaine.
thébaïsme, *nm Bot Ch* opium poisoning.
Thébésius, *Prn Anat Z* **valvule de Thébésius,** Thebesius's valve.
thécal, -aux, *a Bot etc* thecal.
thécophores, *nmpl Rept* Thecophora *pl.*
théine, *nf Ch* theine.
thélygonie, *nf*, **thélytocie**, *nf Biol* thelytocia, thely(o)toky.
thélytoque, *a Biol* thely(o)tokous; *Biol Z* thelygenic.
thématique, *a Biol* thematic.
thénar, *a inv Z* **éminence thénar,** thenar.
thénardite, *nf Miner* thenardite.
théobromine, *nf Ch* theobromine.
théodolite, *nf Geoph* theodolite.
théophylline, *nf Ch* theophylline.
théorie, *nf* theory; *Ch Ph* **théorie atomique,** atomic theory; **théorie chimique,** chemical theory; **théorie cinétique,** kinetic theory; **théorie de la relativité,** relativity theory; **théorie des quanta, théorie quantique,** quantum theory; **théorie quantique du mouvement nucléaire,** quantum-mechanical theory of nuclear motion.
thèque, *nf Biol Bot Histol Physiol* theca; ascus.
théralite, *nf Miner* theralite.
thérapeutique **1.** *a Physiol Pharm* therapeutic. **2.** *nf Physiol* therapeutics.
thérapie, *nf Physiol* therapy.
thériodontes, *nmpl Rept* Theriodontia *pl.*
thermal, -aux, *a Ph* thermal, thermic.
thermaliser, *vtr Ch* to thermalize (a solution).
thermionique **1.** *a Ch Ph* thermionic; **effet thermionique,** thermionic effect. **2.** *nf Biol* thermionics.
thermique, *a Ph* thermic, thermal; **analyse thermique,** thermal analysis, thermo-analysis; **capacité thermique,** thermal capacity; **conducteur thermique,** heat conductor; **conductibilité thermique,** thermal, heat, conductivity; **contenance thermique,** heat content; **cycle thermique,** thermal cycle; **oscillations thermiques,** thermal cycling; **diffusion thermique,** thermal diffusion, thermodiffusion; **rendement thermique,** thermal efficiency; **énergie thermique,** thermal, heat, caloric, energy; **engin thermique,** thermal engine; **équivalent thermique,** thermal value; **machine, moteur, thermique,** heat engine; **équilibre thermique,** thermal equilibrium; **inertie thermique,** thermal inertia; **isolation thermique,** thermal insulation; **isolateurs thermiques,** thermal insulators; **ionisation thermique,** thermal ionization; **contrainte thermique,** thermal stress; **unité thermique,** thermal unit; **amplitude thermique,** range of temperature; *Ch* **dissociation thermique,** thermal dissociation; *Biol* **preferendum thermique,** temperature preference range.
thermite, *nf Ch* thermite.
thermobalance, *nf Ch Ph* thermobalance.
thermo-baromètre, *nm Ph* thermobarometer; hypsometer; *pl thermo-baromètres.*
thermochimie, *nf* thermochemistry.
thermochimique, *a* thermochemical; **comparaison thermochimique de la force des acides,** thermochemical comparison of the strength of acids.
thermocline, *nf Oc* thermocline.
thermoconductibilité, *nf* heat conductivity.

thermoconductible, *a* heat-conducting.

thermodiffusion, *nf Ph* thermodiffusion, thermal diffusion.

thermodurcissable, *a Ch* thermosetting.

thermodynamique, *Ch Ph* **1.** *a* thermodynamic; **fonctions thermodynamiques,** thermodynamic functions; **équation thermodynamique d'état,** thermodynamic equation of state; **lois thermodynamiques,** thermodynamic laws; **deuxième loi thermodynamique,** second law of thermodynamics; **potentiel thermodynamique,** thermodynamic potential; **probabilité thermodynamique,** thermodynamic probability; **systèmes thermodynamiques,** thermodynamic systems; **expression thermodynamique touchant les chaleurs spécifiques,** thermodynamic expression dealing with specific heats. **2.** *nf* thermodynamics; **lois de la thermodynamique,** laws of thermodynamics.

thermoélectrique, *a Ph* thermoelectrical.

thermoesthésie, *nf Physiol* therm(a)esthesia.

thermogène, *a Physiol* thermogen(et)ic, thermogenous.

thermogénèse, *nf Physiol* thermogenesis.

thermogramme, *nm Ph* thermogram.

thermographe, *nm Ph* thermograph.

thermographie, *nf Ph* thermography.

thermo-inhibiteur, -euse, *pl* **thermo-inhibiteurs, -euses,** *a BioCh Bac* thermoinhibitory.

thermolabile, *a Biol* thermolabile (serum, etc).

thermolabilité, *nf Biol* thermolability (of enzyme, etc).

thermolecteur, *nm Med* thermoreader.

thermologie, *nf Ph* thermology.

thermologique, *a Ph* thermologic(al).

thermoluminescence, *nf Ph* thermoluminescence; thermophosphorescence.

thermoluminescent, *a Ph* thermoluminescent.

thermolyse, *nf Physiol Ch* thermolysis.

thermomagnétique, *a Ph* thermomagnetic.

thermomagnétisme, *nm Ph* thermomagnetism.

thermomécanique, *a Ph* thermomechanical.

thermomètre, *nm* thermometer; **thermomètre à mercure,** mercury thermometer; **thermomètre à alcool,** alcohol, spirit, thermometer; **thermomètre à maxima et minima,** maximum and minimum thermometer; **thermomètre enregistreur,** recording thermometer; thermograph; **thermomètre sec, à boule sèche,** dry-bulb thermometer (of hygrometer); **thermomètre mouillé, à boule mouillée,** wet-bulb thermometer; **thermomètre centigrade,** centigrade thermometer; **thermomètre de Celsius,** Celsius thermometer; **thermomètre Fahrenheit,** Fahrenheit thermometer; **thermomètre à gaz,** gas thermometer; **thermomètre différentiel,** differential thermometer; **thermomètre à cadran,** heat gauge; **le thermomètre indique 10°,** the thermometer stands at, registers, 10°(C).

thermométrie, *nf Ph* thermometry.

thermométrique, *a* thermometric(al).

thermométriquement, *adv* thermometrically.

thermomoléculaire, *a Ph* thermomolecular; **surpression thermomoléculaire,** thermomolecular pressure.

thermonastie, *nf Bot* thermonasty.

thermonastique, *a Bot* thermonastic.

thermonatrite, *nf Miner* thermonatrite.

thermoneutralité, *nf Ch* thermoneutrality.

thermopénétration, *nf Physiol* diathermy.

thermopériode, *nf Bot* thermoperiod.

thermopériodisme, *nm Bot* thermoperiodicity.

thermophile, *a Biol* thermophilic, thermophilous; thermophil (bacteria, etc); **bactérie, etc, thermophile,** thermophil.

thermopile, *nf AtomPh El* **thermopile à neutrons,** neutron thermopile.

thermorécepteur, *nm Physiol* thermoreceptor.

thermorégulateur, *nm Ph* thermoregulator.

thermorégulation, *nf Physiol* thermoregulation; *Biol* (automatic) temperature regulation.
thermorésistant, *a* heat-resistant, heat-resisting.
thermoscope, *nm Ph* thermoscope.
thermostable, *a Ch* thermostable.
thermostat, *nm Biol Ch* thermostat.
thermostatique, *a* thermostatic.
thermotactisme, *nm Biol* thermotropism.
thermotaxie, *nf Biol* thermotaxis.
thermothérapie, *nf* heat treatment.
thermotropique, *a Biol* thermotropic.
thermotropisme, *nm Biol* thermotropism.
théromorphie, *nf Biol* theromorphism.
thérophyte, *nm Bot* ther(m)ophyte.
théropodes, *nmpl Paleont* Theropoda *pl.*
thévétine, *nf Ch* thevetin.
thial, *nf Ch* thial, thioaldehyde.
thialdine, *nf Ch* thialdine.
thiamazol, *nm Ch* thiamazole.
thiamine, *nf BioCh* thiamin(e), aneurin; *Ch* torulin.
thianthrène, *nm Ch* thianthrene.
thiazine, *nf Ch* thiazine, thioindamine.
thiazinique, *a Ch* **colorant thiazinique,** thiazine dye.
thiazole, *nm Ch* thiazole.
thiazoline, *nf Ch* thiazoline.
thigmonastie, *nf Bot* thigmonasty, seismonasty.
thigmotactique, *a Biol* thigmotactic.
thigmotaxie, *nf Biol* stereotaxy, thigmotaxy; stereotaxis, thigmotaxis; thigmotropism.
thigmotropisme, *nm Biol* thigmotropism, stereotropism; thigmotaxis, thigmotaxy.
thioacétique, *a Ch* thioacetic.
thioacide, *nm Ch* thio acid.
thioalcool, *nm Ch* thioalcohol, thiol.
thioaldéhyde, *nm Ch* thioaldehyde, thial.
thioamide, *nm Ch* thioamide.
thiocarbamide, *nm Ch* thiocarbamide.
thiocarbanilide, *nm Ch* thiocarbanilide.
thiocarbonate, *nm Ch* thiocarbonate.
thiocarbonique, *a Ch* thiocarbonic.
thiocétone, *nf Ch* thioketone; thione.
thiocyanate, *nm Ch* thiocyanate; thodanate; **les thiocyanates alcalins,** the sodium thiocyanates.
thiocyanique, *a Ch* thiocyanic.
thiodiphénylamine, *nf Ch* thiodiphenylamine, phenothiazine.
thioéther, *nm Ch* thioether.
thiofène, *nm Ch* thiophene.
thioflavine, *nf Ch* thioflavin(e).
thiogène, *a Bac* thiogenic.
thioglycolique, *a Ch* thioglycolic.
thiogomme, *nf Ch* thioplast.
thio-indamine, *nf Ch* thioindamine.
thio-indigo, *nm Ch* thioindigo.
thiol, *nm Ch* thiol, thioalcohol; sulfhydryl.
thiolate, *nm Ch* thiolate.
thionaphtène, *nm Ch* thionaphthene.
thionate, *nm Ch* thionate.
thionation, *nf Ch* thionation.
thione, *nf Ch* thione.
thionéine, *nf Ch* thioneine.
thionine, *nf Ch* thionine.
thionique, *a Ch* thionic.
thionyle, *nm Ch* thionyl.
thiopental, *nm Ch* thiopental.
thiophène, *nm Ch* thiophene.
thiophénol, *nm Ch* thiophenol.
thiophosgène, *nm Ch* thiophosgene.
thiosulfate, *nm Ch* thiosulfate.
thiosulfurique, *a Ch* thiosulfuric.
thio-urée, *nf Ch* thiourea; thiocarbamide.
thioxanthone, *nf Ch* thioxanthone.
thioxène, *nm Ch* thioxene.
thixotrope, *a Ch Ph* thixotropic.
thixotropie, *nf Ch Ph* thixotropy.
thixotropique, *a Ch* thixotropic.
thomsenolite, *nf Miner* thomsenolite.
Thomson, *Prn Ch* **effet de Thomson,** Thomson effect.
thomsonite, *nf Miner* thomsonite.
thoracique 1. *a Anat Z* thoracic; **cage thoracique,** rib cage; **canal thoracique,** thoracic duct; **paroi thoracique,** thoracic wall; *Ich* **pelvienne thoracique,** thoracic pelvic fin. **2.** *nmpl Crust* Thoracica *pl.*
thorax, *nm* thorax; *Anat* chest; pectus.
thorianite, *nf Miner* thorianite.

thorine, *nf Ch* thoria, thorium (di)oxide.
thorique, *a Ch* thoric.
thorite, *nf Miner* thorite.
thorium, *nm Ch* (*symbol* Th) thorium; **dioxyde de thorium,** thorium (di)oxide; **famille radioactive du thorium,** thorium series.
thorogummite, *nf Miner* thorogummite.
thoron, *nm AtomPh* thoron.
thortveitite, *nf Miner* thortveitite.
thréonine, *nf Physiol* threonine.
thréose, *nm Ch* threose.
thrombase, thrombine, *nf BioCh* thrombin.
thrombocyte, *nm Physiol* thrombocyte, h(a)ematoblast.
thrombokinase, thrombokinine, thromboplastine, *nf BioCh* thrombokinase, thromboplastin.
thromboplastique, *a BioCh* thromboplastic.
thrombose, *nf Physiol Z* thrombosis; embolus.
thrombus, *nm Histol* thrombus.
thulite, *nf Miner* thulite.
thulium, *nm Ch* (*symbol* Tm) thulium.
thurifère, *a Bot* thuriferous.
thuringite, *nf Miner* thuringite.
thuyane, *nm Ch* thujane.
thuyène, *nm Ch* thujene.
thuylique, *a Ch* **alcool thuylique,** thujyl alcohol.
thuyol, *nm Ch* thujyl alcohol.
thuyone, *nf Ch* thujone, absinthole.
thylakoïde, *nm Bot* thylakoid.
thylle, *nf Bot* tylose, tylosis, thylosis.
thyllose, *nf Bot* **thyllose parasitaire de l'orme,** Dutch elm disease.
thymine, *nf Biol* thymine.
thymiprive, *a Med Physiol* thymoprivic, thymoprivous.
thymique, *a Anat Z* thymic; *Ch* **acide thymique,** thymic acid.
thymocyte, *nm Histol* thymocyte.
thymol, *nm Ch* thymol, thymic acid.
thymolphtaléine, *nf Ch* thymolphthalein.
thymonucléique, *a BioCh* thymonucleic (acid).
thymus, *nm Anat* thymus, thymus gland.
thyratron, *nm Ch* thyratron.
thyréogène, *a Physiol* thyrogenic, thyrogenous.
thyréoglobuline, *nf BioCh Physiol* thyroglobulin.
thyréostimuline, *nf Physiol* thyrotropin; thyrotrop(h)ic hormone.
thyréotrope, *a Physiol* thyrotrop(h)ic; **hormone thyréotrope,** thyrotrop(h)ic hormone; thyrotropin.
thyrocalcitonine, *nf BioCh* thyrocalcitonin.
thyroglobuline, *nf BioCh Physiol* thyroglobulin.
thyrohyal, -aux, *a Anat* thyrohyal.
thyroïde, *a Anat Z* thyroid (cartilage, gland).
thyroïdien, -ienne, *Anat Z* **1.** *a* **hormone thyroïdienne,** thyroid hormone. **2.** *nf* **thyroïdienne,** thyroid artery, vein.
thyroïdisme, *nm Path* thyroidism.
thyronine, *nf Ch* thyronine.
thyroxine, *nf Ch* thyroxin(e).
thyrse, *nm Biol Bot* thyrse, thyrsus (of lilac, etc).
thysanoptères, *nmpl Ent* Thysanoptera *pl.*
thysanoures, *nmpl Ent* Thysanura *pl.*
Ti, *symbol of* titanium.
tibia, *nm* tibia; *Anat* leg bone.
tibial, -iaux, *a Anat* tibial (artery, etc).
tic, *nm Physiol* **tic facial convulsif,** Bell's spasm.
tiemannite, *nf Miner* tiemannite.
tige, *nf Biol Bot* (*a*) stem, stalk (of plant, flower); tige; spear (of osier); culm (of grasses); scape (of feather); **sans tige(s),** stemless; **petite tige,** stemlet; **à tige,** stemmed (flower, etc); **tige atténuée,** tapering stalk; **tige ligneuse d'une plante,** woody stem of a plant; (*b*) trunk, bole (of tree); (*c*) sterigma.
tigelle, *nf Bot* tigella.
tigellé, *a Bot* tigellate.
tiglique, *a Ch* tiglic.
tigon, *nm Z* tigon.
tigroïde, *a Biol* tigroid.
tilasite, *nf Miner* tilasite.
tiliacé, *a Bot* tiliaceous.
tilioïde, *nm Paly* tilioid.
till, *nm Geol* till, boulder clay.

tillite, *nf Geol* tillite.
timbale, *nf Z* timbal.
timbre, *nm Physiol* tone.
tinamiformes, *nmpl Orn* Tinamiformes *pl.*
tincal, *nm Miner* tincal.
tincalconite, *nf Miner* tincalconite.
tinkal, *nm Miner* tincal.
tiqueté, *a* speckled, mottled, variegated (flower, plumage, etc).
tiqueture, *nf* mottlings, speckles (on plumage, etc).
tiraillements, *nmpl* **tiraillements d'estomac,** hunger pains.
tire-cendre, *nm inv Miner* tourmalin(e).
tirer, *vtr* **tirer au clair,** to decant (a liquid).
tissu, *nm Biol* (organic, cellular, nervous, muscular, etc) tissue; tela; **tissu vivant,** living tissue; **culture de tissus,** tissue culture; *Anat Z Histol* **tissus albuginés,** white tissues; *Bot* **tissu ligneux,** woody tissue.
tissulaire, *a Biol* of tissue; tissual; telar; textural; **fragment tissulaire,** fragment of tissue; **sucs tissulaires,** tissue juices; **système tissulaire,** tissue system; *Physiol* **liquide tissulaire,** tissue fluid.
titanate, *nm Ch* titanate.
titane, *nm Ch* (*symbol* Ti) titanium; **oxyde de titane,** titania; *Miner* **titane oxydé,** ratile; **titane oxydé ferrifère,** ilmenite; **titane silicocalcaire,** titanite.
titané, *a Ch* titanic, titaniferous; *Miner* **fer titané,** titanic, titaniferous, iron ore; ilmenite.
titaneux, *am Ch* titanous.
titanifère, *a Miner* titaniferous.
titanique, *a Ch* titanic.
titanite, *nf Miner* titanite.
titanium, *nm Ch* (*symbol* Ti) titanium.
titanyle, *nm Ch* titanyl.
titrable, *a Ch* titratable.
titrage, *nm Ch* standardization; titration, titrating; **titrage par défaut,** under-titration.
titration, *nf Ch* titration, titrating.
titre, *nm* grade, content (of ore); *Ch* strength, titre (of solution, gold); degree of concentration (of an acid); **titre d'eau, d'humidité,** degree of humidity.
titré, *a Ch* titrated, standard, normal (solution); **substance titrée,** standard substance.
titrer, *vtr Ch* to titrate, standardize (a solution, etc).
titrimètre, *nm Ch* titrator.
titrimétrie, *nf Ch* titration.
Tl, *symbol of* thallium.
Tm, *symbol of* thulium.
tocoférol, tocophérol, *nm BioCh* tocopherol.
toile, *nf Biol* tela; **toile choroïdienne,** tela choroidea; *Z* **toile d'araignée,** spider('s) web.
toit, *nm Anat* **toit optique,** tectum opticum.
tolane, *nm Ch* tolan(e).
tolérance, *nf* (*a*) *Bot* **tolérance des parasites,** tolerance of parasites; (*b*) *Physiol* habituation; **tolérance à un remède,** tolerance of a drug.
tolérant, *a Bot* resistant, tolerant.
toléré, *a Physiol* **dose tolérée,** tolerance dose (of radiation, etc).
tolonium, *nm Ch* tolonium.
toluate, *nm Ch* toluate.
toluène, *nm Ch* toluene, methyl benzene; phenyl methane.
toluidine, *nf Ch* toluidine.
toluique, *a Ch* toluic.
tolunitrile, *nm Ch* tolunitrile.
toluol, *nm Ch* toluol, toluene.
toluquinoléine, *nf Ch* toluquinoline.
toluyle, *nm Ch* toluyl.
toluylène, *nm Ch* toluylene.
tolyle, *nm Ch* tolyl.
tolylénique, *a Ch* tolylene.
tomenteux, -euse, *a Biol Bot* tomentose, tomentous, downy (leaf, body).
tomogramme, *nm Biol* tomogram.
ton, *nm Physiol* tone.
tonicité, *nf Physiol* tonicity; tonus.
tonique, *a & nm Pharm* tonic.
tonnant, *a Ch* **gaz tonnant, mélange tonnant,** explosive mixture, oxyhydrogen gas.
tonnelet, *nm Ch* keg; *Ent* pupa.
tonofibrille, *nf Biol* tonofibril(la).
tonofilament, *nm Cytol* tonofilament.
tonomètre, *nm Ph* tonometer.
tonométrie, *nf Ph* tonometry.

tonoplasme, tonoplaste, *nm Biol Cytol* tonoplast.
tonus, *nm Physiol* tonus; **tonus musculaire,** tonicity.
topaze, *nf Miner* topaz.
topazolite, *nf Miner* topazolite.
tophacé, *a Biol* tophaceous.
topochimique, *a Physiol* topochemical.
topographie, *nf* topography, physical features.
topographique, *a* topographic(al).
toponymie, *nf Biol* toponymy.
topotaxie, *nf Biol* topotaxis.
topotype, *nm Biol* topotype.
torbanite, *nf Miner* torbanite.
torbénite, torbernite, *nf Miner* torbernite, chalcolite.
tordu, *a Z* retorted.
tormogène, *a Ent* **cellule tormogène,** tormogen cell.
tornaria, *a Z* **larve tornaria,** tornaria larva.
torpeur, *nf* torpidity, torpidness, torpor.
torpide, *a* torpid.
torsiomètre, *nm* torsiometer.
torsion, *nf Bot Moll etc* torsion.
torula, *nf Biol* torula.
torule, *nm Z* torulus (of antenna); *Fung* torula.
toruleux, -euse, *a Biol* torulose, torulous.
torulome, *nm Biol* toruloma.
tosyle, *nm Ch* tosyl.
totipalme, *a Z* totipalmate.
touche, *nf* key; **tableau muni de touches,** keyboard.
toupie, *nf Ph* **effet de toupie,** gyroscopic effect.
tour, *nm* **tour d'une spirale,** whorl, whirl.
touracine, *nf BioCh* turacin.
touracoverdine, *nf Orn* turacoverdin.
tourbe, *nf Ch* peat.
tourbillon, *nm Ph* eddy; vortex; **ligne de tourbillon,** vortex line.
tourbillonnaire, *a Ph* **mouvement tourbillonnaire,** vortex motion, vortical motion.
tourmaline, *nf Miner* tourmalin(e); **tourmaline noire,** schorl(ite).
tournesol, *nm* (*a*) *Bot* sunflower; (*b*) *Ch* Kubel-Thiemann's solution; **papier (de) tournesol,** litmus paper; **teinture de tournesol,** litmus solution.
tourniole, *nf Z* paronychia.
toxalbumine, *nf BioCh* toxalbumin.
toxémique, *a Biol* toxemic.
toxicité, *nf* toxicity.
toxicogène, *a BioCh* toxicogenic.
toxicoïde, *a Biol* toxicoid.
toxicologie, *nf Med Tox* toxicology.
toxicologique, *a Pharm* toxicological.
toxigène, *a Bac* toxigenic; toxiferous.
toxine, *nf Physiol* toxin.
toxinique, *a Biol* toxinic.
toxique, *Ch Biol Tox* **1.** *a* toxic(ant); **gaz toxique,** poison gas; **effet toxique,** poisonous effect, toxic effect. **2.** *nm* poison; toxic(ant).
toxistérol, *nm Ch* toxisterol.
toxolyse, *nf Paleont* toxolysis.
toxophile, *a* toxophilic, toxophilous.
trabant, *nm Biol Genet* trabant, satellite.
trabéculaire, *a Biol* trabecular, trabeculate(d).
trabécule, *nf Anat Z* trabecula.
traçant, *a Bot* **racine traçante,** running, creeping, tracing, root.
traceur, *nm Ch* tracer (substance).
trachéal, -aux, *a Anat Bot Z* tracheal.
trachéate, *a & nm* tracheate (arthropod).
trachée, *nf* (*a*) *Anat Z* (*also* **trachée-artère** *f*) trachea; windpipe; (*b*) *Bot Biol* trachea, vessel, duct (of insect, plant).
trachéen, -enne, *a Anat Bot Z* tracheal ; *Biol* trachean.
trachéide, *nf Anat Bot Z* tracheal tube; *Bot* tracheid.
trachélocèle, *nf Med* tracheocele.
trachéobranchies, *nfpl Anat Bot Z* tracheal gills.
trachéocèle, *nf Med* tracheocele.
trachéole, *nf Ent* tracheole.
trachéophytes, *nmpl Bot* Tracheophyta *pl.*
trachyandésite, *nf Miner* trachyandesite.
trachyméduses, *nfpl Coel* Trachymedusae *pl.*
trachyspermatique, *a Bot* trachyspermous.
trachyte, *nm Miner* trachyte.

trachytique, *a Miner* trachytic.
tragus, *nm Anat* tragus (of ear).
train, *nm Ph* **train d'ondes,** wave train, wave packet.
traînant, *nm Bot* stolon.
traînasse, *nf Bot* stolon, runner.
trait, *nm* feature.
traite, *nf* **stimulus de la traite,** milking stimulus.
traitement, *nm Ch* **traitement à l'eau,** wet treatment.
trajet, *nm* (*a*) passage (*eg* of food through the alimentary tract); **trajet d'un rayon (de lumière) à travers un prisme,** passage of a ray of light through a prism; **trajet des rayons,** ray path; **trajet des neutrons à travers la matière,** passage of neutrons through matter; (*b*) course (of artery, nerve, etc); *Anat Z* **trajet fistuleux,** sinus tract.
trame, *nf Fung* trama.
tranquilite, *nf Miner* tranquilite.
trans, *a Ch* trans (isomer).
transaminase, *nf BioCh* transaminase.
transamination, *nf BioCh* transamination.
transauriculaire, *a Anat* transatrial.
transcyclase, *nf BioCh* transcyclase.
transduction, *nf Biol* transduction.
transe, *nf Biol* trance.
transestérification, *nf Ch* cross-esterification; transesterification.
transestérifier, *vtr & i Ch* to cross-esterify.
transfection, *nf Genet* transfection.
transférase, *nf Biol BioCh* transferase.
transformation, *nf* transformation; *Ch* **transformation adiabatique,** adiabatic transformation; **transformation cyclique,** cyclical transformation; **transformation isobarique,** isobaric transformation; **transformation isothermique,** isothermal transformation; **transformation réversible,** reversible transformation; **transformation isochore,** isochore transformation.
transfusion, *nf Physiol* transfusion.
transfusionnel, -elle, *a Physiol* transfusive.
transition, *nf Ch* **éléments de transition,** transition elements; **point de transition,** transition point; **état de transition,** transition state; **température de transition,** transition temperature.
transitionnel, -elle, *a Ch* **énergie transitionnelle,** transition energy.
transitoire, *a* transient.
translocation, *nf Biol* translocation.
translucide, *a* pellucid; *Ch* translucent.
translucidité, *nf* translucency.
transméthylation, *nf BioCh* transmethylation.
transmettre, *vtr Ph* to transmit (light, etc).
transmission, *nf Ph* transmission (of heat, sound, etc); **transmission de neutrons,** neutron transmission; **transmission d'impulsions,** pulse transmission; *Biol Genet* **transmission des caractères acquis,** use inheritance.
transmittance, *nf Ph* transmittance; **transmittance radiante,** radiant transmittance; **transmittance spectrale,** spectral transmittance; **coefficient de transmittance,** transmittancy.
transmuable, *a* transmutable.
transmutation, *nf Biol Genet* transmutation; **théorie de transmutation,** theory of transmutation.
transparent, *a* transparent, hyaline, pellucid.
transpiration, *nf Physiol Bot* transpiration.
transpirer, *vi Physiol Bot* to transpire.
transplantation, *nf Biol* transplant (of organ, tissue).
transport, *nm Physiol* **transport d'une substance, d'une drogue,** transport; *Ch* **nombre de transport des ions,** transport number.
transposition, *nf* rearrangement.
transsonique, *a Ph* trans-sonic, transonic.
transsudat, *nm Biol* transudate.
transuranien, -ienne, *a Ch* **élément transuranien,** transuranic, transuranium, transuranian, element.
transurétral, -aux, *a Biol* transurethral.
transvasement, *nm* decanting (of liquid).
transvaser, *vtr* to decant; to pour (liquid) into another container.

transversal, -aux, *a* transverse; *Ph etc* **mouvement transversal,** transverse motion; **diffusion transversale,** transverse diffusion; **stabilité, vibration, transversale,** transverse stability, vibration; **onde transversale,** transverse wave; *Biol* **coupe transversale,** cross-section; **section transversale** transection.

transverse, *a Ph etc* **champ transverse,** transverse field; *Anat* **ligament transverse,** transverse ligament (of atlas); **apophyse transverse,** transverse process.

trass, *nm Miner* trass.

trauma, *nm Physiol Biol Z* trauma; **trauma de la glucose,** glucose trauma.

traumatique, traumatisant, *a Biol* traumatic.

traumatisme, *nm Physiol Biol Z* trauma.

traumatogène, *a Biol* traumatogenic.

travail, *nm* (*a*) (*of wine*) fermentation; (*of woman*) parturition; (*b*) work; *Ph* **travail superficiel,** surface work; *Ch Ph* **travail chimique,** chemical work; **travail maximum,** maximum work; **travail mécanique,** mechanical work; **travail osmotique,** osmotic work; **processus de travail,** work process; **travail virtuel,** virtual work; **travail de l'ionisation,** work of ionisation; **travail de dilution,** work of dilution; **travail exécuté en compression adiabatique,** work done in adiabatic compression; **travail exécuté en compression isothermale,** work done in isothermal compression.

travailler, *vi* (*of wine*) to ferment.

travertin, *nm Geol* travertine; flowstone; (calcareous) sinter; freshwater limestone; **barre de travertin,** rimstone bar.

trechmannite, *nf Miner* trechmannite.

tréhalase, *nf BioCh* trehalase.

tréhalose, *nf Ch* trehalose.

treillis, *nm* (*a*) *Miner* iron mesh; (*b*) *Ch* lattice; **énergie de treillis,** lattice energy; **espace de treillis,** lattice space; *Ph* **treillis d'espace,** space lattice.

trématode, *nm Biol Z* trematode; fluke; *pl* Trematoda *pl.*

tremblement, *nm Physiol* quiver.

trémolite, *nf Miner* tremolite, grammatite.

trémorine, *nf Ch* tremorine.

tréphine, *nf Biol Z* trephine; perforator.

tréphocyte, *nm Biol* trephocyte.

tréphone, *nf Biol* trephone.

trépied, *nm Biol* tripod.

tréponème, *nm Biol* treponema.

triacétine, *nf Ch* triacetin.

triacétonamine, *nf Ch* triacetonamin(e).

triacide, *a & nm Ch* triacid.

triacontanol, *nm Ch* triacontanol.

triade, *nf Ch Biol* triad.

triadelphe, *a Bot* triadelphous.

trialcool, *nm Ch* triol.

trialiste, *a Histol* **théorie trialiste,** trialistic theory.

triamine, *nf Ch* triamine.

triamyle, *nm Ch* triamyl.

triandre, *a Bot* triandrous.

triangle, *nm Z* trigonium; *Biol* **à triangles, en triangle,** triangulate.

triangulaire, *a Biol* triangulate, trigonal.

trias, *nm Geol* Trias, Triassic.

triasique, *a Geol* Triassic (rock, period, etc).

triazine, *nf Ch* triazine.

triazole, *nm Ch* triazole.

triboluminescence, *nf Ph* triboluminescence.

triboluminescent, *a Ph* triboluminescent.

tribomètre, *nm Ph* tribometer.

tribométrie, *nf Ph* tribometry.

tribractéolé, *a Bot* tribracteolate.

tribractété, *a Bot* tribracteate.

tribromoéthanol, *nm Ch* tribromo ethanol.

tribromophénol, *nm Ch* tribromophenol.

tribu, *nf Biol* tribe.

tributyrine, *nf Ch* (tri)butyrin.

tricalcite, *nf Miner* trichalcite.

tricapsulaire, *a Bot* tricapsular.

tricarballylique, *a Ch* tricarballylic.

tricaréné, *a Bot* tricarinated.

tricellulaire, *a Biol* tricellar.

tricéphale, *nm Biol* tri-iniodymus.

triceps, *nm Anat* triceps.

trichalcite, *nf Miner* trichalcite.

trichineux, -euse, *a Biol* trichinous.

trichinose, *nf Parasitol* trichinosis.

trichite 1. *nf Miner* trichite. **2.** *nm Prot* trichocyst.
trichloracétique, *a Ch* trichlor(o)-acetic.
trichloréthylène, *nm Ch* trichlor(o)-ethylene.
trichlorure, *nm Ch* trichloride; terchloride; **trichlorure d'arsenic,** arsenious chloride.
trichobranchie, *nf Crust* trichobranchia.
trichocyste, *nm Histol* trichocyst.
trichogène, *Ent* **1.** *a* trichogenic, trichogenous. **2.** *nm* trichogen.
trichogyne, *nf Bot* trichogyne.
trichoïde, *a Biol* trichoid.
tricholithe, *nm Biol* tricholyth.
trichome, *nm Bot* trichome.
trichophylle, *a Bot* trichophyllous.
trichose, *nf Z* trichosis.
trichospore, *nf Paly Z* trichospore.
trichotome, *a Bot* trichotomous.
trichotomie, *nf Biol* trichotomy.
trichroïque, *a Biol* trichroic.
trichroïsme, *nm Ph* trichroism.
trichroïte, *a Ph* trichroic.
trichrome, *a Biol* trichromatic.
tricinate, *nm Ch* styphnate.
triclades, *nmpl Plath* Tricladida *pl.*
triclinique, *a Ch* triclinic.
triconodon(te), *nm Paleont* triconodon(t).
tricoptères, *nmpl Ent* Tricoptera *pl.*
tricoque, *a Bot* tricoccous (fruit).
tricosane, *nf Ch* tricosane.
tricrésol, *nm Ch* tricresol.
tricrote, *a Biol Z* tricrotic.
tricuspide, tricuspidien, -ienne, *a Anat Z* tricuspid.
tricyclène, *nm Ch* tricyclene.
tricyclique, *a Ch* tricyclic.
tridactyle, *a Z* tridactyl(ous).
tridenté, *a Biol* tridentate, tridental.
tridermique, *a Biol* tridermic; *Biol Embry* triploblastic.
tridymite, *nf Miner* tridymite.
triester, *nm Ch* triester.
triéthyl-, *pref Ch* triethyl-.
trifacial, -iaux, *a Z* **nerf trifacial,** trifacial nerve.
trifide, *a Bot Z* trifid, three-cleft.
triflore, *a Bot* triflorous, three-flowered.
trifolié, *a Bot* trifoliate, three-leaved.
trifoliolé, *a Bot* trifoliolate.
triforme, *a Bot* trimorphic.
trifovéolé, *a Bot* trifoveolate.
trifurcation, *nf Biol* trifurcation.
trifurqué, *a Biol* trifurcate; *Bot* trichotomous.
trigame, *a Bot* trigamous.
trigéminal, -aux, *a Biol* trifacial; trigeminal.
trigéminé, *a Biol* trigeminous; *Med* **pouls trigéminé,** trifacial pulse.
trigemme, *a Bot* bearing three buds, three-budded.
triglycéride, *nm Ch* triglyceride.
trigone 1. *a Biol* trigonal. **2.** *nm Histol* trigona; *Z* trigone, trigonium; **trigone olfactif,** olfactory trigone.
trigonide, *nf Ch* trigonid.
trigyne, *a Bot* trigynous; **plante trigyne,** trigyn.
trihybride, *nm Biol* trihybrid.
trihydrate, *nm Ch* trihydrate.
trihydrique, *a Ch* trihydric.
trihydrol, *nm Ch* trihydrol.
triiodure, *nm Ch* triiodide.
trijumeau, -jumelle, *pl* **-eaux, -elles,** *a Z* trigeminal; **nerf trijumeau,** trifacial nerve.
trilinéaire, *a Ch Mth* trilinear.
trilobé, *a Bot etc* trilobate.
trilobites, *nmpl Paleont* Trilobita *pl.*
triloculaire, *a Bot etc* trilocular.
trimellique, trimellitique, *a Ch* trimellitic.
trimère 1. *a Z* trimerous (tarsus, coleopter, plant, etc); trimeran; *Ch* trimeric. **2.** *nm Ent* trimeran; *Ch* trimer.
trimériser, *vi Ch* to trimerize.
trimérite, *nf Miner* trimerite.
trimésique, *a Ch* trimesic (acid).
triméthylamine, *nf Ch* trimethylamine.
triméthylbenzène, *nm Ch* trimethylbenzene.
triméthylbutane, *nm Ch* triptane.
triméthylcarbinol, *nm Ch* trimethylcarbinol.
triméthylène, *nm Ch* trimethylene.
triméthylpyridine, *nf Ch* trimethylpyridine.

trimoléculaire, *a Ch* termolecular, trimolecular.
trimorphe, *a Ch* trimorphic; *Ch Biol* trimorphous.
trimorphisme, *nm Ch Biol* trimorphism.
trimyristine, *nf Ch* trimyristin.
trinervé, *a Bot* trinervate.
trinitré, *Ch* **1.** *a* trinitrated, trinitro-. **2.** *nm* trinitrate, trinitro-compound.
trinitrine, *nf Ch* trinitrin.
trinitrobenzène, *nm Ch* trinitrobenzene.
trinitrocrésol, *nm Ch* trinitrocresol.
trinitrophénol, *nm Ch* trinitrophenol.
trinitrorésorcinate, *nm Ch* styphnate.
trinitrorésorcine, *nf,* **trinitrorésorcinol,** *nm Ch* styphnic acid.
trinitrotoluène, *nm Ch* trinitrotoluene; trotyl.
triode, *nf Ch* triode.
triol, *nm Ch* triol.
trioléine, *nf Ch* triolein.
triongulin, *nm Ent* triungulin.
triose, *nf Ch* triose.
trioxonitrique, *a Ch* **acide trioxonitrique,** nitric acid.
trioxyde, *nm Ch* trioxide; teroxide.
trioxyméthylène, *nm Ch* trioxymethylene, trioxane.
trioxynaphtaline, *nf Ch* trihydroxynaphthalene.
tripalmitine, *nf Ch* tripalmitin.
triparanol, *nm Ch* triparanol.
tripenné, *a Bot* tripinnate.
tripeptide, *nm BioCh* tripeptide.
tripétale, tripétalé, *a Bot* tripetalous.
triphane, *nm Miner* triphane, spodumene.
triphasique, *a Ch* triphasic.
triphénol, *nm Ch* triphenol.
triphényl-, *pref Ch* triphenyl-.
triphénylméthane, *nm Ch* triphenylmethane.
triphile, *a Ch* triphilic.
triphyline, triphylite, *nf Miner* triphyline, triphylite.
triphylle, *a Bot* triphyllous.
triple, *a* triple; *Ch* **sel triple,** triple salt; **triple point,** triple point (of water).
triplinervé, *a Bot* triplinerved, triplenerved.
triplite, *nf Miner* triplite.
triplodermique, *a Biol Embry* triploblastic.
triploïde, *a & nm Biol* triploid.
triploïdie, *nf Biol* triploidy.
tripoli, *nm Geol* tripoli (stone); **tripoli siliceux,** infusorial earth; **tripoli anglais,** rottenstone.
triprosope, *nm Biol* triprosopus.
triptane, *nm Ch* triptane.
tripton, *nm Oc* tripton.
triptycène, *nm Ch* triptycene.
triquère, *a Bot etc* triquetrous (stembone).
triradié, *a Paly* triradiate.
trisaccharide, *nm Ch* trisaccharide.
trisannuel, -elle, *a Bot* triennial (plant).
trisépale, *a Bot* trisepalous.
trismique, *a Biol* trismic.
trisnitrate, *nm Ch* trisnitrate.
trisodique, *a Ch* trisodium.
trisomie, *nf Biol* trisomy.
trisomique, *a Biol* trisomic; **organisme trisomique,** trisomic.
trisperme, *a Bot* trispermous, threeseeded.
tristéarine, *nf Ch* tristearin.
tristique, *a Bot* tristichous.
trisubstitué, *a Ch* trisubstituted.
trisulce, *a Biol* trisulcate.
trisulfure, *nm Ch* trisulfide.
tritane, *nm Ch* tritane.
tritanope, *nm Biol* tritanope.
triterné, *a Bot* triternate.
triterpène, *nm Ch* **triterpène pentacyclique,** pentacyclic triterpene.
trithonique, *a Ch* trithionic.
triticale, *nm Bot* triticale.
triticine, *nf Ch* triticin.
tritium, *nm Ch* (*symbol* T) tritium.
tritomite, *nf Miner* tritomite.
tritoxyde, *nm Ch* tritoxide.
trituberculé, *a Anat Z* tritubercular, trituberculate; **dent trituberculée,** trigonodont.
trituration, *nf Ch* trituration, grinding.
triturer, *vtr Ch* to triturate, grind, rub down, reduce to powder.

trityle, *nm Ch* trityl.
trivalence, *nf Ch* trivalence, trivalency; tervalence.
trivalent 1. *a* trivalent; *Ch* tervalent; *Biol* triple. **2.** *nm Biol* trivalent.
trivalve, *a Z* trivalvular, trivalve; *Bot* **fruit trivalve,** three-valved fruit.
trochanter, *nm Anat Z* trochanter; *Anat* **le grand trochanter,** the great trochanter, trochanter major; **le petit trochanter,** the lesser trochanter, trochanter minor.
trochantérien, -ienne, *a Anat Ent* trochanterian.
trochantin, *nm Ent* trochantin.
trochet, *nm Bot* cluster (of fruit, flowers).
trochléaire, *a Biol* trochlear.
trochléateur, *nm Anat* trochlearis.
trochléen, -enne, *a Biol* trochlear, pulley-shaped.
trochoïde, *a Z* trochoid.
trochophore, *nf Z* trochophore.
trochosphère, *nf Z* trochosphere (larva); trochophore.
trochus, *nm Z* trochus.
troctolite, *nf Miner* troctolite.
trœgérite, *nf Miner* troegerite, trögerite.
troglobie, *nm Biol* troglobiont.
trognon, *nm* core (of apple, etc).
trogon, *nm Orn* trogone.
troïlite, *nf Miner* troilite.
trompe, *nf* (*a*) *Z* proboscis (of animal, insect); trunk (of elephant); haustellum, probe (of insect); (*b*) *Anat Z* tube; **trompe d'Eustache,** Eustachian tube, (oto)salpinx; **trompe de Fallope,** Fallopian tube, salpinx; *Ch* **trompe à vide,** filter pump.
tronc, *nm* (*a*) trunk (of tree, of body); *Bot* bole, body, stem, stock (of tree); (*b*) *Anat* truncus, trunk, main stem (of artery, etc); **tronc nerveux ventral,** ventral nervous cord.
tronqué, *a Bot Ent* premorse; truncate(d).
tropane, *nm Ch* tropane.
tropate, *nm Ch* tropate.
trope, *a Biol* tropic.
trophallaxie, *nf Z* trophallaxis.
trophamnios, *nm Ent* trophamnion.
trophées, *nmpl Z* Trophi *pl.*
trophobionte, *Z* **1.** *a* trophobiont, trophobiotic. **2.** *nm* trophobiont.
trophoblaste, *nm Biol* trophoblast.
trophocyte, *nm Biol* trophocyte.
trophonucléus, *nm Biol* trophonucleus.
trophophylle, *nf Bot* trophophyll.
trophoplasma, *nm Biol* trophoplasm.
trophosperme, *nm Bot* trophosperm, placenta.
trophotaxie, *nf Biol* trophotaxis.
trophotrope, *a Biol* trophotropic.
trophotropisme, *nm Biol* trophotropism.
trophozoïte, *nm Prot* trophozoite.
tropical, -aux, *a* tropical (plant, temperature, etc); *Biol* tropicopolitan.
tropidine, *nf Ch* tropidine.
tropisme, *nm Biol* tropism; taxis.
tropitrabique, *a Anat* tropitrabic (cranium).
tropocollagène, *nm BioCh* tropocollagen.
tropophile, *a Bot* tropophilous.
tropophyte, *nf Bot* tropophyte.
troque, *nm Z* trochus.
trou, *nm Biol Anat Z* foramen; **trou borgne,** foramen caecum; **trou occipital,** foramen magnum; **trou ovale,** foramen ovale; **trou grand rond,** foramen rotundum; **trou de Monro,** foramen of Monro.
Trouton, *Prn Ch* **règle de Trouton,** Trouton's law.
truffe, *nm Fung* truffle.
truxilline, *nf Ch* truxilline.
truxillique, *a Ch* truxillic.
trypanosome, *nm Parasitol Prot* trypanosome.
trypanotolérant, *a Parasitol* trypanotolerant.
trypsine, *nf BioCh* trypsin.
trypsinogène, *nf BioCh* trypsinogen.
trypsogène, *nm Biol* trypsogen.
tryptamine, *nf Ch* tryptamin(e).
trypticase, *nm BioCh* trypticase.
tryptique, *a Ch* tryptic.
tryptophane, *nm Ch* tryptophan.
tsunami, *nm Geol* tsunami.
tube, *nm* (*a*) *Anat* tube, duct; **tube digestif,** digestive tract, alimentary canal; **tube bronchique,** bronchial tube; **tube capillaire,** capillary tube; *Anat Z* **tube urinifère,** tubule of kidney, uriniferous tubule;

tubes droits, tubuli recti (of kidney); **tubes contournés,** tubuli contorti; **tubes de Malpighi,** Malpighian tubules, vessels; *Echin* **tubes de Cuvier,** Cuvierian organs (of sea cucumber); (*b*) *Bot* tube (of corolla, calyx); *Ch Ph* **tube de verre gradué,** graduated glass tube; **tube pour dosage, tube doseur,** measuring tube; **tube à essai(s),** test tube; **tube capillaire,** capillary tube; **tube à entonnoir,** funnel tube; **tube siphonal,** siphon tube; **tube de Torricelli,** Torricellian tube; **tube d'affluence,** filling tube; **tube abducteur,** leading tube; **tube de viscosité,** viscosity tube; **tube collecteur,** yoke; **tube en Y,** Y tube; (*c*) *Ch Ph* pellet.

tubéracé, *a Bot* tuberaceous.

tubercule, *nm Bot* tuber; *Bot etc* tubercle; **à tubercules,** tubercular; *Biol* tuberculous; **tubercules de Montgomery,** Montgomery's glands; **tubercules quadrijumeaux,** optic lobes.

tuberculé, *a Biol* tuberculate(d); tuberculous.

tuberculeux, -euse, *a Bot* tubercular; *Biol Miner* tuberculous; **racine tuberculeuse,** tubercular root.

tuberculide, *nf Biol* tuberculid.

tuberculifère, *a Biol* tuberculiferous.

tuberculiforme, *a Fung* tuberculiform.

tuberculine, *nf Biol* tuberculin; tuberculum.

tuberculinique, *a Biol* tuberculinic.

tuberculisation, *nf Biol* tuberculization.

tuberculosé, *a Biol* tuberculotic; tuberculous.

tubéreux, -euse, *Bot* **1.** *a* tuberose; tuberous; **racine tubéreuse,** tuber; **à racines tubéreuses,** tuberous-rooted. **2.** *nf* **tubéreuse,** tuberose.

tubérine, *nf Ch* tuberin.

tubérisation, *nf Bot* tuberization.

tubérisé, *a Bot* tuberous.

tubéroïde, *a Biol* tuberoid.

tubérosité, *nf Anat* tuberosity; *Biol* tuber.

tubicole, *a Biol Z* tubicolous; **annélide, etc, tubicole,** tubemaker.

tubicorne, *a Z* tubicorn.

tubifère, *a* tubiferous.

tubiflore, *a Bot* tubiflorous.

tubiforme, *a Biol* tubular.

tubipare, *a Z* tubiparous (ganglion).

tubipore, *nm Coel* tubipore.

tubo-ovarien, -ienne, *pl* **tubo-ovariens, -iennes,** *a Z* tubo-ovarian.

tubulaire, *a Biol* tubular.

tubule, *nm Anat Z* tubule; tubulus; *Biol* **tubule distal,** terminal tubule.

tubulé, *a Biol* tubular, tubulate; **fleur tubulée,** tubular flower; **corolle tubulée,** tubular corolla; *Ch* **cornue tubulée,** tubulated retort.

tubuleux, -euse, *a Bot Anat Z* tubulous; *Biol* tubular; **corolle tubuleuse,** tubular corolla.

tubulidentés, *nmpl Z* Tubulidentata *pl.*

tubuliflore, *a Bot* tubuliflorous.

tuf, *nm Geol* (*a*) bedrock; **tuf volcanique,** tuff; **pierre de tuf,** tuffstone; (*b*) tufa, tophus; **tuf calcaire,** calcareous tufa, calc-tufa, calc-tuff; chalky subsoil.

tufacé, *a Geol* tufaceous, tuffaceous, tophaceous.

tufeau, *nm Miner* = **tuffeau.**

tufeux, -euse, *a Geol* **couche, pierre, tufeuse,** tuff deposit, rock.

tuffeau, *nm Miner* calcareous tufa, calc-tufa, calc-tuff; micaceous chalk.

tufier, -ière, *a Geol* tufaceous.

tumescence, *nf Biol Physiol* tumescence.

tumescent, *a Physiol* tumescent.

tumeur, *nf Z* tumour; neoplasm; **tumeur sanguine,** h(a)emocoel(e); *Cancer* **tumeur fibroplastique,** sarcoma.

tumoral, -aux, *a Biol* tumoral.

tungstate, *nm Ch* tungstate.

tungstène, *nm Ch* tungsten.

tungsténite, *nf Miner* tungstenite.

tungstique, *a Ch* tungstic.

tungstite, *nf Miner* tungstite, tungstic ochre; wolfram ochre.

tungstosilicate, *nm Ch* tungstosilicate.

tuniciers, *nmpl Z* Tunicata *pl*; Urochorda(ta) *pl.*

tunique, *nf Anat Z Histol* tunic, tunica; coat, envelope, membrane (of an organ); coat (of bulb); skin (of seed); **tunique albuginée,** tunica albuginea.

tuniqué, *a Biol* tunicate(d).

tunnel, *nm Ch Ph* **effet du tunnel,** tunnel effect.
turbellariés, *nmpl Biol* Turbellaria *pl.*
turbidimètre, *nm Ch* turbidimeter.
turbidimétrie, *nf Ch* turbidimetry.
turbidite, *nf Geol* turbidite.
turbidité, *nf Ch* turbidity.
turbiné, *a Z* turbinal, turbinate(d), turbiniform; whorled.
turbiniforme, turbinoïde, *a Z* turbiniform, turbinated.
turgescence, *nf Biol* turgidity; *Bot* turgescence; turgor; *Ch Ph* **turgescence des gels,** swelling of gels; **turgescence d'un colloïde,** swelling of a colloid.
turgescent, *a Bot* turgescent.
turgide, *a Biol* turgid.
turgidité, *nf Biol* **perte de la turgidité,** wilting.
turion, *nm Bot* turion.
turmérol, *nm Biol* turmerol.
turquoise, *nf Miner* turquoise; **turquoise de la vieille roche,** true oriental turquoise; **turquoise osseuse, occidentale,** fossil turquoise; odontolite.
turriculé, *a Z* turriculate(d).
tussigène, *a Physiol* throat-irritant.
tuyau, -aux, *nm Z* scape (of feather).
tylopodes, *nmpl Z* Tylopoda *pl.*
tylose, tylosis, *nm Z* tylosis.
tympan, *nm Anat Z* eardrum; *Z* tympanum.
tympanique, *a* tympanous; *Z* tympanic.
Tyndall, *Prn Ch Ph* **effet de Tyndall,** Tyndall effect.
typhlosolis, *nm Z* typhlosole.
typhoïde, *a Bac* **fièvre typhoïde,** typhoid, enteric, fever.
typique, *a Biol Bot Z* typical; **forme typique,** wild type.
typothériens, *nmpl Paleont* Typotheria *pl.*
tyramine, *nf BioCh* tyramine.
tyrolite, *nf Miner* tyrolite.
tyrosamine, *nf Ch* tyrosamine.
tyrosinase, *nf BioCh* tyrosinase.
tyrosine, *nf Ch* tyrosine.
Tyson, *Prn Z* **glandes de Tyson,** Tyson's glands.
tysonite, *nf Miner* tysonite.

U

U, *symbol of* uranium.
U, *usual symbol of* internal energy.
u, *symbol of* velocity.
ubichinone, *nf*, **ubiquinone**, *nf Ch BioCh* ubiquinone.
uintahite, *nf Miner* uinta(h)ite.
ulcération, *nf Tox* ulceration.
ulcéreux, -euse, *a Biol* vomicose.
ulexine, *nf Ch* ulexine.
ulexite, *nf Miner* ulexite.
uliginaire, uligineux, -euse, *a Bot etc* uliginous.
ulmacé, *a Bot* ulmaceous (plant).
ulman(n)ite, *nf Miner* ulmannite.
ulmine, *nf Ch* ulmin.
ulmique, *a Ch* (*a*) ulmic, ulmous (acid); (*b*) humic (acid).
ulnaire, *Anat Z* **1.** *a* ulnar; **os ulnaire,** ulnare. **2.** *nm* ulnare.
ulotriche, ulotrique, *a Algae Z* ulotrichous.
ultime, *a* ultimate.
ultimobranchial, -iaux, *a Z* **corps ultimobranchial,** ultimobranchial body.
ultrabasite, *nf Miner* ultrabasite.
ultracentrifugation, *nf Ch* ultracentrifugation.
ultracentrifugeur, *nm*, **ultracentrifugeuse**, *nf Ch* ultracentrifuge (60,000 rev/min).
ultra-chimique, *a Ch* ultrachemical.
ultrachromatographie, *nf Ch* ultrachromatography.
ultra-court, *a Ph* **ondes ultra-courtes,** ultrashort waves.
ultrafiltration, *nf Ch* ultrafiltration.
ultrafiltratum, *nm Ch* ultrafiltrate.
ultrafiltre, *nm Ch* ultrafilter.
ultragerme, *nm Biol* ultravirus.
ultramarine, *nf Miner* lapis lazuli, ultramarine.
ultramicro-analyse, *nf Ch* ultratrace analysis.
ultramicroscope, *nm* ultramicroscope.
ultramicroscopie, *nf* ultramicroscopy.
ultramicroscopique, *a* ultramicroscopic; *Biol* ultravisible.
ultramicrotome, *nm Biol* ultramicrotome.
ultra-rapide, *a Ch* **réaction ultra-rapide,** ultrarapid reaction.
ultrason, *nm Ph* ultrasound; *pl* ultrasonic waves; **science des ultrasons,** ultrasonics.
ultrasonique, *a Ph* ultrasonic.
ultrasonore, *a Ph* ultrasonic, supersonic; super-audible; **fréquences ultrasonores,** ultrasonic frequencies.
ultrastructural, -aux, *a Biol* ultrastructural.
ultrastructure, *nf Biol* ultrastructure.
ultravide, *nm Ph* very high vacuum, ultra-high vacuum.
ultra-violet, *Ph* **1.** *a* ultraviolet; **rayons ultra-violets,** ultraviolet rays. **2.** *nm* ultraviolet.
ultravirus, *nm Bac* ultravirus.
ululation, *nf Biol* ululation.
umangite, *nf Miner* umangite.
umboné, *a Biol* umbonate(d).
umbrellaire, *a Coel* **surface umbrellaire,** umbrellar surface.
unciforme, *a Biol Anat Z* unciform, unc(in)ate, uncinal, hooklike; **éminence unciforme,** uncate gyrus, uncate convolution; **os unciforme,** hamate bone; **apophyse unciforme,** unciform process.
unciné, *a Biol* unc(in)ate, uncinal.
uncinule, *nf Z* uncinus.
uncinulé, *a Anat Biol Z* unciform, unc(in)ate, uncinal, hamate, hooklike.
uncus, *nm Z* **uncus de l'hippocampe,** uncus; uncinal, uncinate, convolution.

undécane, *nm Ch* undecane.
undécanoïque, *nm Ch* undecanoic acid.
undécylénique, *a Ch* **acide undécylénique,** undecylenic acid.
ungémachite, *nf Miner* ungemachite.
unguéal, -aux, *a Anat Z* ungu(in)al.
unguifère, *a Biol* unguiferous; unguiferate; clawed.
unguiforme, *a Anat Z* unguinal.
unguinal, -aux, *a Anat Z* ungal.
unguis, *nm Anat Z* unguis, lachrymal bone.
uniangulaire, *a Bot* uniangulate.
uniarticulé, *a Z* uniarticulate.
uniaxe, uniaxial, -iaux, *a Ch Cryst* uniaxial.
unicapsulaire, *a Bot* unicapsular.
unicaule, *a Bot* uniaxial.
unicellulaire, *a Biol* unicellular, monocellular; monocelled.
unicorne, unicornis, *a Z* unicornous.
unicuspidé, *a Z* unicuspid.
unidactyle, *a Z* unidactylous.
unidirectionnel, -elle, *a Ph etc* unidirectional.
uniflore, *a Bot* unifloral, uniflorous.
unifolié, *a & nm Bot* unifoliate.
uniformité, *nf Biol* uniformity.
unijugué, *a Bot* unijugate.
unilabié, *a Bot* unilabiate.
unilatéral, -aux, *a Bot* unilateral; secund; *Bot Anat* **test unilatéral,** single tail test.
unilatéralement, *adv Bot* secundly.
unilobé, *a Biol* unilobar, unilobate.
uniloculaire, *a Bot* unilocular, uniloculate (ovary); *Biol* unicameral.
uniloculárité, *nf Bot* unilocularity.
unimembraneux, -euse, *a Bot* unistratose.
unimoléculaire, *a Ch Ph* unimolecular; **mono-couche unimoléculaire,** unimolecular film; **réaction unimoléculaire,** unimolecular reaction; **une comparaison des réactions unimoléculaires et bimoléculaires,** a comparison of unimolecular and bimolecular reactions.
uninervé, uninervié, *a Bot* (*of leaf*) uninervate, uninerved; unicostate.
unioculé, *a Z etc* uniocular.
uniovulaire, *a Biol* uniovular.
uniovulé, *a Biol* uniovular, uniovulate.
unipare, *a Biol* uniparous.
unipétale, *a Bot* unipetalous.
unipolaire, *a Biol* homopolar; **cellule unipolaire,** unipolar cell.
s'unir, *vpr Ch* (*of atoms*) to unite.
uniradiculaire, *a Bot Anat* single-rooted; uniradical.
unirameux, -euse, *a Z* uniramous.
uniréfringent, *a Ph* monorefringent (crystal, etc).
unisérié, *a Biol* uniserial, uniseriate (fibre, etc).
unisexualité, *nf Biol Bot* unisexuality.
unisexué, unisexuel, -elle, *a Biol Bot* unisexual, unisexed; **fleur unisexuée,** imperfect flower.
unité, *nf* unit (of length, weight, etc); **unité de capacité, de volume,** unit of capacity, of volume; **unité de surface,** unit of area, unit area, unit of surface; *Ph* **unité physique,** physical unit; **unités SI,** SI units; **unités CGS,** CGS units; **unité de masse,** unit of mass; **unité de chaleur, unité thermique,** unit of heat, thermal unit; **unité (britannique) de chaleur,** British thermal unit = 252 kilocalories = 1055 joules; *AtomPh* **unité atomique,** atomic unit; **unité de rayonnement,** radiation unit; **l'espèce est l'unité du genre,** the species is the unit of the genus; *Biol* **caractère unité,** unit character.
univalence, *nf Ch* univalence, univalency, monovalency, monovalence.
univalent, *a Ch* univalent, monovalent, monadic.
univalve 1. *a Bot Z* univalve; *Biol* univalved; *Bot* univalvular. **2.** *nm Bot Z* univalve; *pl Moll* Univalvia *pl.*
univers, *nm* **l'univers,** the cosmos.
univitellin, *a Biol* univitelline; monovular, monozygotic, monozygous; **jumeaux univitellins,** identical twins.
univoltin, *a Z* univoltine.
upwelling, *nm Oc* upwelling.
uracile, *nm Ch* uracil.
uraminé, *a Ch* uramido.
uranate, *nm Ch* uranate.
urane, *nm Ch* uranium oxide.
uraneux, -euse, *a Ch* uranous.
uranide, *nm Ch* uranide.

uranine, *nf Miner* uranine.
uraninite, *nf Miner* uraninite.
uranique, *a Ch* uranic.
uranite, *nf Miner* uranite.
uranium, *nm* (*symbol* U) *Ch* uranium; **uranium enrichi,** enriched uranium; **hexafluorure d'uranium,** uranium hexafluoride; *Miner* **oxyde d'uranium,** yellowcake.
uranocircite, *nf Miner* uranocircite.
uranophane, *nf Miner* uranophane.
uranopilite, *nf Miner* uranopilite.
uranosphérite, *nf Miner* uranosph(a)erite.
uranospinite, *nf Miner* uranospinite.
uranothallite, *nf Miner* uranothallite.
uranothorite, *nf Miner* uranothorite.
uranotile, *nf Miner* uranotil(e).
uranyle, *nm Ch* uranyl.
urao, *nm Miner* urao.
urate, *nm Ch Biol* urate; **urate de lithine,** lithium urate.
urazol, *nm Ch* urazole.
urcéiforme, *a Z* urceiform, urceolate.
urcéole, *nm Z* urceolus.
urcéolé, *a Bot Z* urceiform, urceolate, ascidiform, pitcher-shaped.
uréase, *nf BioCh* urease; *Biol* urase.
urédinales, *nfpl Bot* Uredines *pl*; *Fung* Uredinales *pl*, Uredineae *pl*.
urédinées, *nfpl Bot* Uredines.
urédo, *nm Bot* uredo; uredostage, *NAm* uredinial stage.
urédospore, *nf Bot* uredospore, uredogonidium; *Fung* uredospore.
urée, *nf Ch* urea.
uréide, *nm Ch* ureid(e).
uréido-acides, *nmpl Ch* ureido-acids.
uréine, *nf Biol* urein.
uréique, *a Ch* ureal, ureic.
urémide, *nf Biol* uremide.
urémie, *nf Physiol* ur(a)emia.
urémique, *a Biol* ur(a)emic.
uréogène, *a Biol* uregenetic.
uréomètre, *nm Ch* ureometer.
uréotélique, *a Biol* ureotelic.
urétéral, -aux, *a Anat Z* ureteral.
urétère, *nm Anat Z* ureter.
uréthane, *nm Ch* urethan(e).
urétral, -aux, *a Anat Z* urethral.
urètre, *nm Anat Z* urethra.
uricase, *nf BioCh* uricase.
uricolytique, *a Biol Ch* uricolytic.
uricotèle, *a Biol* uricotelic.
uridine, *nf Ch* uridin(e).
urinaire, *a Anat Z* urinary; **les voies urinaires,** the urinary system; **méat urinaire,** urinary meatus; *Ch* **acides aromatiques urinaires,** urinary aromatic acids.
urine, *nf* urine.
uriner, *vi Z* to void urine, to urinate.
urinifère, *a Anat* uriniferous.
urinipare, *a Z* uriniparous.
urique, *a Ch* uric; **acide urique,** uric acid, triketopurine, trioxypurine.
urite, *nm Z* urite, uromere.
urne, *nf Bot* urn.
urnoïde, *a Bot* urnoid.
urobiline, *nf Physiol* urobilin.
urobilinogène, *nm Ch* urobilinogen.
urocardiaque, *a Crust* urocardiac; **apophyse urocardiaque,** urocardiac ossicle.
urochrome, *nm Physiol* urochrome.
urocordés, *nmpl Z* Urochorda(ta) *pl*.
urodæum, *nm Orn* urodaeum.
urodèle 1. *a Amph Z* urodelous. **2.** *nm Amph* urodele, tailed amphibian; *pl* Urodela *pl*.
urodéum, *nm Orn* urodaeum.
urogénital, -aux, *a Anat Physiol Z* ur(in)ogenital.
urolithe, *nm Physiol* urolith.
uromère, *nm Z* uromere, urite.
uromètre, *nm Physiol* urinometer.
uronique, *a Ch* **acide uronique,** uronic acid.
uropode, *nm Z* uropod.
uropoïétique, *a Physiol* uropoietic.
uroptérine, *nf Ch* uropterin.
uropyge, *nm,* **uropygium,** *nm Z* uropygium.
uropygial, -iaux, *a Z* uropygial; **glande uropygiale,** uropygial gland.
uropygien, -ienne, *a Z* **glande uropygienne,** oil gland (on bird), preen gland, uropygial gland.
urosome, *nm Arthrop Z* urosome.
urosthénique, *a Z* urosthenic.
urostyle, *nm Z* urostyle.
urotoxique, *a Tox* urotoxic.
urotropine, *nf Ch* urotropin(e); hexamethylenetetramine.

uroxanique, *a Ch* uroxanic.
ursin, *a Z* ursine.
urticacé, *a Bot* urticaceous.
urticant, *a Biol* urticating.
urticarien, -ienne, *a Biol* urticarial.
ustilaginales, *nfpl Fung* smut fungi, brand fungi.
ustospore, *nf Paly* ustospore.
usure, *nf* wear; *Geol* abrasion; erosion, detrition.
utérin, *a Anat Z* uterine; **trompe utérine,** uterine tube.
utérospore, *nf Paly* uterospore.
utérus, *nm Anat Z* uterus, womb; **utérus double,** dimetria.
utilisation, *nf Ch Ph* utilization.
utriculaire, *a Anat Z* utricular.
utricule, *nm* utricle, utriculus; *Anat Z* **utricule prostatique,** Weber's pouch.
utriculé, utriculeux, -euse, *a Bot* utricular.
utriforme, *a Z* utriform.
uva, *nm Bot* uva.
uvéal, -aux, *a Anat Z* uveal.
uvée, *nf Anat Z* uvea.
uviforme, *a Biol* uviform.
uvitique, *a Ch* uvitic.
uvulaire, *a Anat* uvular.
uvule, *nf Anat* uvula; staphyle.

V

V¹, (*a*) *Ch symbol of* vanadium; (*b*) *El symbol of* volt.
V², *usual symbol of* (i) potential energy, (ii) electric potential, (iii) potential difference.
v, *one of the symbols for* velocity.
vaalite, *nf Miner* vaalite.
vaccin, *nm Bac Biol* vaccine.
vaccination, *nf Bac* vaccination, inoculation.
vacciner, *vtr Bac* to vaccinate.
vaccinide, *nf Biol* vaccinid.
vacciniforme, *a Biol* vacciniform.
vacciniine, *nf Ch* vacciniin.
vacuolaire, *a Biol* vacuolate(d).
vacuole, *nf Biol* vacuole; *Bot* **vacuole protophytique,** pustule.
vacuolisation, *nf Biol* vacuol(iz)ation.
vacuolisé, *a Biol* vacuolate(d).
vacuoliser, *vi Biol* to vacuolate.
vacuome, *nm Biol* vacuome.
vacuomètre, *nm Ph* vacuometer.
vacuum, *nm Ph* vacuum; **vacuum à chemise de vide,** jacketed vacuum; **vacuum gas-oil,** vacuum gas oil.
vagin, *nm Anat* vagina.
vaginal, -aux, *a Anat etc* vaginal; *Biol* **frottis vaginal,** vaginal smear.
vaginant, *a* (*of membrane, etc*) vaginal.
vaginé, *a Biol* vaginate; *Anat etc* sheathed.
vaginifère, *a Z* vaginiferous.
vaginiforme, *a Biol* vaginiform; vaginate.
vaginocèle, *nf Biol* vaginocele.
vaginule, *nf Bot* vaginula, vaginule.
vagotinine, *nf Biol* vagotonin.
vague, *a Anat Z* vagal; **nerf vague,** vagal (nerve).
vaisseau, -eaux, *nm Anat Bot Z* vessel, canal, duct; vas; **vaisseau sanguin,** blood vessel; **vaisseaux placentaires,** placental vessels; **petit vaisseau,** *Bot* twig, *Biol* vasculum; *Bot* **vaisseaux primaires,** medullary sheath; **vaisseaux ligneux,** woody vessels.
valence, *nf Ch Ph* valence, valency; atomicity; **électron de valence,** valence electron; **valence positive,** positive valency; **liaison de valence,** valence link, valence bond; **couche de valence,** valence shell; **direction spatiale de liaisons de la valence,** spatial direction of valency bonds.
valentiel, -ielle, *a Ch Ph* **électron valentiel,** valency electron.
valentinite, *nf Miner* valentinite.
valéraldéhyde, *nm Ch* valeraldehyde.
valéramide, *nm Ch* valeramide.
valérate, *nm Ch* valerate.
valérique, *a Ch* valeric (acid).
valéryle, *nm Ch* valeryl.
valérylène, *nm Ch* valerylene.
valeur, *nf Ch* reading.
valine, *nf BioCh* valine.
vallécule, *nf Bot* vallecula.
valléculé, *a Bot* vallecular, valleculate.
vallée, *nf* valley; **vallée glaciaire,** glacial valley; **vallée noyée, enfoncée,** drowned valley.
Valsalva, *Prn Anat* **sinus de Valsalva,** sinus of Valsalva.
valvaire, *a Bot Z* valval, valvar, valvate; **déhiscence valvaire,** valvate dehiscence.
valve, *nf Bot Z Ph* valve; *Biol* hiatus; **à valve(s),** valved; *Z* **sans valve,** valveless; *Moll* **coquille à deux valves,** two-valved shell; **mollusque à valves inégales,** inequivalve(d) mollusc; *Bot* **fruit à trois valves,** three-valved fruit; *Ph* **valve oscillatoire,** valve oscillator.
valvé, *a Bot etc* valvate, valval, valvar.
valviforme, *a Biol* valve-shaped, valviform.

valvulaire, *a Biol* valvulate, valvular; *Bot Z etc* valvar, valval, valvate.
valvule, *nf* (*a*) *Biol* valvule; (*b*) *Anat Z* valve, valvula, valvule (of heart, etc); **valvule aortique, mitrale, tricuspide, semilunaire,** aortic, mitral, tricuspid, semilunar, valve; **valvule de Thébésius,** coronary valve; **valvule de Vieussens,** valve of Vieussens (of cerebellum); **valvules rectales,** Houston's folds; **valvules conniventes,** valvulae conniventes; *Ich* **valvule du cervelet,** valvula cerebelli.
valvulé, *a Biol* valvulate, valvular.
van, *nm Ent* vannus.
vanadate, *nm Ch* vanadate; **vanadate d'ammoniaque,** ammonium vanadate.
vanadeux, -euse, *a Ch* vanadous.
vanadifère, *a Ch Miner* vanadiferous, vanadium-bearing (ore).
vanadinite, *nf Miner* vanadinite.
vanadique, *a Ch* vanadic (acid); **anhydride vanadique,** vanadium pentoxide.
vanadite, *nm Ch* vanadite.
vanadium, *nm Ch* (*symbol* V) vanadium; **acier au vanadium,** vanadium steel.
vanadyle, *nm Ch* vanadyl.
Van der Waals, *Prn Ch Ph* **équation de Van der Waals,** Van der Waals' equation.
vanilline, *nf Ch* vanillin.
vannal, *a Ent* **champ vannal,** vannus.
vanne, *nf Ch* **vanne à aiguille,** needle valve.
Van't Hoff, *Prn Ch* **isotherme de Van't Hoff,** Van't Hoff's isotherm; **isochore de Van't Hoff,** Van't Hoff's isochore; **loi de Van't Hoff pour la pression osmotique,** Van't Hoff's law for osmotic pressure; **boîte de réaction de Van't Hoff,** reaction box of Van't Hoff.
vanthoffite, *nf Miner* vanthoffite.
vapeur, *nf* (*a*) *Ch* fume; **vapeurs de soufre,** sulfur fumes; (*b*) *Ph etc* vapour; **vapeur d'eau,** water, aqueous, vapour; **vapeur d'éther, d'alcool,** ether vapour, alcoholic vapour; **vapeur d'iode,** vapour of iodine; **chambre à vapeur,** steam chest; *Ch* **densité de vapeur,** vapour density; **pression de la vapeur,** vapour pressure; **courbes de la pression de la vapeur,** vapour pressure curves; **formule de la pression de la vapeur,** vapour pressure formula; **pression de la vapeur des gouttelettes,** vapour pressure of droplets; **dépression de la pression de la vapeur,** lowering of vapour pressure; **équilibre entre la vapeur et le solide,** vapour-solid equilibrium.
vaporeux, -euse, *a Ch* vaporous.
vaporimètre, *nm Ch* vaporimeter.
vaporisateur 1. *nm Ch* vaporizer, sprayer. **2.** *a* **pouvoir vaporisateur,** evaporative power (of a fuel, etc).
vaporisation, *nf Ch Ph* vaporization; evaporation; **point de vaporisation,** evaporation point, vaporization point; **chaleur de vaporisation,** heat of vaporization.
vaporiser, *vtr Ch* to vaporize, volatilize (liquid).
se vaporiser, *vpr Ch* to become vaporized, to vaporize; to evaporate.
varec(h), *nm Bot* wrack, seaweed, varec(h), kelp.
variabilité, *nf Biol* variability.
variable, *nf Mth* variable; *Ch* variate; **variables de l'état,** variables of state.
variamine, *nf Ch* variamine.
variance, *nf Ch* variance; **rapport des variances,** variance ratio test.
variant, *nm Biol* variant.
variation, *nf* (*a*) *Biol etc* variation; **variation des espèces,** variation of species; divergence from type; **variation discontinue,** discontinuous variation; **méthode de la variation,** variation method; **présenter une variation,** to vary; (*b*) *Ph etc* variance (of temperature, volume, etc); **variation aléatoire, erratique,** random variation.
varice, *nf Conch* varix; **formation, système, de varices,** varication.
variétal, -aux, *a Biol* varietal.
variété, *nf Biol* variety (of flower, etc); strain (of seed, etc); **nom de variété,** varietal name.
variolite, *nf Miner* variolite.
variqueux, -euse, *a Biol* variceal, varicose; *Z etc* varicated; **coquille variqueuse,** varicated shell.
variscite, *nf Miner* variscite, utahlite.
vas, *pl* **vasa,** *nm Anat* vas, *pl* vasa; **vas aberrans,** vas aberrans.
vasculaire, vasculeux, -euse, *a*

Biol etc vascular (tissue, cryptogam, plant, system, vessels, etc).

vascularisation, *nf Biol Physiol* vascularization, vasculature.

vascularisé, *a Biol Physiol* vascularized.

vascularité, *nf Physiol* vascularity.

vasculose, *nf Bot Ch* vasculose.

vase[1], *nm Ch* (*receptacle*) vessel; **vase clos,** retort; *Ph* **vases communicants,** communicating vessels; **vase gradué,** graduated vessel.

vase[2], *nf* mud, silt, slime, ooze, sludge; **vase diatoméenne, à diatomées,** diatom ooze.

vaseline, *nf Ch* **vaseline industrielle,** petrolatum (jelly), petroleum jelly.

vasiforme, *a Z Bot etc* vasiform.

vaso-constricteur, -trice, *a & nm Anat Physiol* vasoconstrictor; *pl vaso-constricteurs, -trices.*

vaso-constriction, *nf Physiol* vasoconstriction.

vaso-dilatateur, -trice, *a & nm Physiol* vasodilator; *pl vaso-dilatateurs, -trices.*

vaso-dilatation, *nf Physiol* vasodilatation.

vaso-dilatine, *nf Physiol* vasodilatin.

vaso-dilation, *nf Physiol* vasodilation.

vaso-moteur, -trice, *Physiol Z* **1.** *a* vasomotor; pressor; **nerfs vaso-moteurs,** pressor nerves. **2.** *nm* vasomotor; *pl vaso-moteurs, -trices.*

vasopressine, *nf Ch* vasopressin; *BioCh* pitressin.

vatérite, *nf Miner* vaterite.

vecteur, *nm Ph etc* vector; **vecteur de Poynting** (*symbol S*), Poynting vector.

vectogramme, *nm Med* vector diagram.

végétal, -aux 1. *a* vegetable; vegetal; **le règne végétal,** the vegetable kingdom; **la vie végétale,** plant, vegetable, life; **terre végétale,** vegetable soil; **huiles végétales,** vegetable oils; **zone végétale,** floral zone. **2.** *nm Bot* plant; vegetal.

végétalien, -ienne, *n Biol* vegan.

végétalité, *nf* **la végétalité,** vegetable life.

végétatif, -ive, *a Bot* vegetative; **reproduction végétative,** vegetative reproduction; **filament végétatif,** vegetative filament; *Biol* **pôle végétatif,** vegetal pole; **cellule végétative,** vegetative cell.

végétation, *nf* vegetation.

végéter, *vi* (*of plant*) to vegetate.

végéto-animal, *pl* **végéto-animaux, -ales,** *a* vegeto-animal.

végéto-minéral, *pl* **végéto-minéraux, -ales,** *a* vegeto-mineral.

végéto-sulfurique, *pl* **vegeto-sulfuriques,** *a* vegeto-sulfuric.

véhicule, *nm Ch* vehicle, medium (for mixing chemical substance, etc); *Ph* **l'air est le véhicule du son,** air is the medium, the vehicle, of sound.

veine, *nf* (*a*) *Anat Z Biol* vein; vena; **veine porte,** portal vein; **veine satellite,** satellite; **à veines,** veined; *Histol* **veine vorticineuse,** vortex vein; (*b*) *Bot* vein (of leaf); (*c*) *Geol* lode.

veiné, *a* (*a*) veined; **bois veiné,** veined wood; (*b*) *Paly* venate.

veineux, -euse, *a* (*a*) veined; (*of leaf, wood*) veiny; *Z* **plexus veineux,** veniplex; (*b*) *Physiol* venous (system, blood).

veinule, *nf Anat Bot Z* venule; *Bot* **veinule récurrente,** recurrent veinlet.

veinure, *nf coll* veining.

vélaire, *a Z* velar.

vélamen, *nm Bot* velamen.

vélamenteux, -euse, *a Biol* veliform; *Bot* velaminous.

véliforme, *a Biol* veliform.

véligère, *Z* **1.** *a* veligerous. **2.** *nf* veliger.

vélocité, *nf Ch Ph* velocity.

velouté 1. *a Biol* velveted. **2.** *nm Z* velvet.

velouteux, -euse, *a Biol* velutinous.

velu 1. *a Biol* crinite; *Bot* villous, shaggy (leaf, etc); pubescent; *Z* hirsute; **peau velue du bois de cerf,** velvet of a stag's horns. **2.** *nm* villosity (of plant, etc).

vénéneux, -euse, *a Biol Tox* poisonous, venenous (plant, food, chemical); (*of plant*) venomous.

vénénifère, *a Biol* veneniferous, poison-bearing (glands, etc).

vénénifique, vénénipare, *a Z* venenific, poison-producing (glands, etc).

venimeux, -euse, *a Biol Tox* venomous (animal); poisonous (bite, animal, *esp* snake).

venin, *nm Biol Z* venom; poison (of adder, etc); **glande à venin,** poison gland.
ventousaire, *a Biol* **organe ventousaire,** suctorial organ.
ventouse, *nf Z* sucker, sucking disc (of leech, octopus, etc); **ventouse postérieure,** acetabulum (of leech).
ventral, -aux 1. *a Anat Z Bot etc* ventral; *Bot* adaxial; *Z* **poche ventrale,** ventral pouch, marsupium; **nageoires ventrales,** ventral fins; **tronc nerveux ventral,** ventral nervous cord. **2.** *nf Z* **ventrale**, ventral fin.
ventre, *nm Z Bot* venter (of bivalve shell, of archegonium); *Z* paunch; *Ph* ventral segment (of wave).
ventriculaire, *a Anat* ventricular.
ventricule, *nm Anat Z* ventriculus, ventricle (of heart, brain); **ventricule latéral (du cerveau),** paracoele; **quatrième ventricule (du cerveau),** rhomboid body, fossa, sinus; **troisième ventricule,** third ventricle.
ventru, *a Biol* ventricose.
venturimètre, *nm Biol* venturimeter.
ver, *nm Z* worm; vermis; **ver intestinal,** helminth; **ver de terre,** lumbricus; **petit ver,** vermicule.
vératramine, *nf Ch* veratramine.
vératrine, *nf Ch etc* veratrine; cevadine.
vératrique, *a Ch* veratric.
vératrol(e), *nm Ch* veratrol.
verbénacé, *Bot* **1.** *a* verbenaceous. **2.** *nfpl* **verbénacées,** Verbenaceae *pl.*
verdoyant, *a Bot* vir(id)escent.
verge, *nf Z* penis; verge (of invertebrate); *Biol* **en verge,** virgate.
vergeture, *nf Biol* stria.
vermicide 1. *a Biol* vermicidal. **2.** *nm Ch Ent* vermicide.
vermiculaire, *a Anat* vermicular; **appendice vermiculaire,** vermiform appendix.
vermiculé, *a Biol* vermiculate(d).
vermiculite, *nf Miner* vermiculite.
vermiforme, *a Anat Z* vermiform, vermicular; helminthoid; **éminences vermiformes du cervelet,** vermiform processes of the brain; **appendice vermiforme,** vermiform appendix.
vermifuge 1. *a Med* vermifugal. **2.** *nm Ch Parasitol* vermifuge.
vermilingue, *Z* **1.** *a* vermilingu(i)al. **2.** *nmpl* Vermilingu(i)a *pl.*
vermillon, *nm Miner* **vermillon naturel,** cinnabar.
vermineux, -euse, *a Biol* verminal, verminous.
vermis, *nm Anat* vermis (of cerebellum).
vermisseau, -eaux, *nm Z* vermicule.
vermivore, *a Z* vermivorous.
vernaculaire, *a Z* vernacular.
vernal, -aux, *a Bot* vernal.
vernaline, *nf Bot* vernalin.
vernation, *nf Bot* vernation, prefoliation, phyllotaxis, phyllotaxy.
verni, *a Bot* varnished.
vernis, *nm Ch* varnish.
vernissé, *a Bot* (*of leaf*) nitid(ous).
vernix, *nm Physiol* **vernix caseosa,** smegma embryonum.
véronal, *nm Ch* veronal.
verre, *nm* (*a*) glass; **verre à réaction,** reaction glass; **verre chevé, verre de montre,** watch glass; **verre de cobalt,** cobalt glass; **verre dépoli,** ground glass; **électrode de verre,** glass electrode; *Ph* **verre objectif,** object glass; **verre de plomb,** lead glass, flint glass; **verre des volcans, verre volcanique,** obsidian, volcanic glass; (*b*) (*container*) glass; **verre gradué,** graduated measure, measuring glass.
verrue, *nf Bot Z* verruca; *Z* wart.
verruqueux, -euse, *a Bot Z* verrucose, verrucous; warted.
versatile, *a Biol* versatile; *Bot* **anthère versatile,** versatile anther.
versatilité, *nf Biol* versatility (of organ, limb, etc).
versène, *nm Ch* versene.
verser, *vtr* to pour.
versicolore, *a Biol* versicoloured.
versiforme, *a Bot* versiform.
vert 1. *a* green; **plantes vertes, arbres verts,** evergreens; **glandes vertes,** green glands; *Miner* **cendre verte,** malachite; **roche verte,** greenstone. **2.** *nm Ch Miner* green; **vert minéral,** mineral green; **vert de terre,** verditer; **vert antique,** verd antique, ophicalcite, ophiolite; **vert de cuivre, de montagne,** malachite.
vert-de-gris, *nm Ch* verdigris.
vertébral, -aux, *a Anat Z* vertebral;

spinal, spondylous; **colonne vertébrale,** vertebral, spinal, column; spine.

vertèbre, *nf Anat Z* vertebra; neuromere; osteocomma, osteomere; spondyl(us).

vertébré 1. *a Z* vertebrate(d), backboned, spined (animal). **2.** *nm* vertebrate; *pl* Vertebrata *pl.*

vertex, *nm Anat Z* vertex.

vertical, -aux, *a* vertical; *Ph* **polarisation verticale,** vertical polarization.

verticalement, *adv* vertically; *Ph* **onde polarisée verticalement,** vertically polarized wave.

verticille, *nm Bot* verticil; whorl, whirl.

verticillé, *a Bot* verticillate; whorled.

vertique, *a Pedol* vertic.

vertison, *nm Pedol* vertison.

verumontanum, *nm Anat Z* verumontanum.

verveine, *nf Ch* **essence de verveine,** vervein, verbena, oil.

vésanique, *a Biol* vesanic.

vésical, -aux, *a Anat* vesical; **cancer vésical,** bladder cancer; **cellules vésicales,** bladder cells.

vésico-utérin, *pl* **vésico-utérins, -ines,** *a Biol* vesico-uterine.

vésiculaire, *a Anat Z* vesicular.

vésicule, *nf Anat Z* vesicle; vesicula; sac; bladder; cyst; *Bot* air cell; vesica; *Anat* **vésicule biliaire,** gall bladder; **vésicule du fiel,** bile cyst; **groupe de vésicules,** cluster of vesicles; **vésicule aérienne,** *Ich* air bladder; sound; vesica natatoria; *Coel* air cell (of siphonophore); *Z* **vésicule à venin,** poison bag; *Biol* **vésicule germinative,** blastocyte; **vésicule séminale,** glandula seminalis.

vésiculé, *a Paly* vesiculate(d).

vésiculeux, -euse, *a Bot Z* vesiculate(d); *Bot* vesiculose, vesiculous.

vésiculiforme, *a Biol* vesiculiform.

vespéral, -aux, *a Biol* vesperal.

vessie, *nf* (*a*) *Anat Z* bladder; (*b*) *Anat Z* vesica; *Ich* **vessie natatoire,** swim bladder; vesica natatoria.

vestibulaire, *a Anat Z* vestibular; *Histol* **membrane vestibulaire de Reisner,** vestibular membrane of cochlear duct.

vestibule, *nm Paly Z* vestibule (of the ear).

vestige, *nm Biol* vestige.

vestiture, *nf Biol* vestiture.

vésuvianite, *nf,* **vésuvienne,** *nf Miner* vesuvianite, idocrase.

vésuvine, *nf Ch* vesuvine.

veszélyite, *nf Miner* veszelyite.

vétérinaire, *Vet* **1.** *a* veterinary; **médecine vétérinaire,** veterinary medicine. **2.** *nm & f* veterinary surgeon.

vexillaire, *a Bot* vexillar.

vexille, *nm Z* vane, vexillum (of feather).

vexillé, *a Bot* vexillate.

vexillum, *nm Z* = **vexille.**

viabilité, *nf Biol* viability.

viable, *a Biol* viable; **non viable,** nonviable.

vibraculaire, *nm Z* vibracularium.

vibratile, *a Biol* (*of cilium*) vibratile.

vibration, *nf* vibration; *Ph* **vibration des atomes,** atomic vibration; **vibration irrégulière,** erratic vibration; **énergie de vibration,** vibrational energy; **quanta de l'énergie de vibration,** vibrational energy quanta; **spectre de vibration,** vibrational spectrum; **fréquence de vibration,** vibrational frequency; **états de vibration,** vibrational states.

vibratoire, *a Ph etc* vibratory, vibrational; undulatory.

vibrer, *vi Ph* to vibrate.

vibrion, *nm Bac* spirobacterium.

vibrisse, *nf Anat Z* vibrissa; *Z* rictal bristle.

vibrographe, *nm Ph* vibrograph.

vibromètre, *nm Ph* vibrometer.

vibroscope, *nm Ph* vibroscope.

vibrosismique, *a Petroch* vibroseismic.

vibrotaxie, *nf Physiol* vibrotaxis.

vicariant, *a* vicariant; *Biol* vicarious.

vicariation, *nf Biol* vicariation.

vicilline, *nf Biol* vicilin.

vicinal, -aux, *a Ch* vicinal.

vide 1. *nm Ch* void; *Ph* vacuum; **vide absolu, parfait,** absolute vacuum; **vide élevé, poussé,** high, hard, vacuum; **vide très poussé, ultrapoussé,** very high, ultrahigh, vacuum; **vide imparfait, partiel,** low, partial, vacuum; **vide spatial, interplanétaire,** space vacuum; **faire le vide dans un récipient,** to produce, create, a vacuum in a vessel; **filtre à vide,** vacuum filter; **distillation sous vide,** vacuum distillation, distilling; **filtration par le vide,** vacuum filtration; **pompe à vide,** vacuum pump; **ballon à vide,** vacuum flask; **graisse à vide,** vacuum grease; **flash à vide,** vacuum flash; **gazole sous vide,** vacuum gas oil. **2.** *a Ch* void.

vidien, -ienne, *a Anat* **nerf vidien,** vidian nerve.

vie, *nf Biol* life; **vie animale,** animal life; **vie embryonnaire,** embryonic life; **durée moyenne probable de la vie,** expectation of life.

villeux, -euse, *a Biol* villose, villous.

villiaumite, *nf Miner* villiaumite.

villiforme, *a Biol* villiform.

villosité, *nf Anat Z etc* villosity; villus (of small intestine, chorion); **villosités placentaires,** uterine villi.

villus, *nm Anat Z* villus.

Vincq d'Azyr, *Prn Anat* **sillon circonférentiel de Vincq d'Azyr,** Vincq d'Azyr's band.

vineux, -euse, *a Orn* wine-coloured.

vinique, *a Ch* vinic (alcohol, ether, etc).

vinylacétylène, *nm Ch* vinylacetylene.

vinylation, *nf Ch* vinylation.

vinylbenzène, *nm Ch* vinylbenzene; styrene.

vinyle, *nm Ch* vinyl; **acétate, chlorure, de vinyle,** vinyl acetate, chloride.

vinylique, *a Ch* **alcool vinylique,** vinyl alcohol; **résines vinyliques,** vinyl resins.

vinylite, *nf Ch* vinylite.

vinylogue, *Ch* **1.** *a* vinylogous. **2.** *nm* vinylog.

vinylpyridine, *nf Ch* vinylpyridine.

violane, *nf Miner* violan(e).

violet, -ette, *a Ph* **rayons violets,** violet rays.

violurique, *a Ch* violuric.

viomycine, *nf BioCh* viomycin.

viral, -aux, *a Bac Biol* viral.

virescence, *nf Bot* virescence.

virescent, *a Bot* viridescent.

vireux, -euse, *a Biol Tox* poisonous, virose (plant, etc).

virginipare, *a Z* virginoparous (insect).

viridine, *nf Ch* viridine.

viridite, *nf Miner* viridite.

viriel, *nm Ph* virial.

viril, *a Z* virile.

virilisation, *nf Biol* virilescence.

virocide, *a Biol* viricidal.

virogène, *a Genet* virogen.

viroïde, *a & nm Microbiol* viroid.

virologie, *nf* virology.

virologique, *a* virological.

virosome, *nm Microbiol* virosome.

virus, *nm Bac Biol* virus; **virus filtrant,** ultravirus; **maladie à virus,** viral disease.

viscéral, -aux, *a Anat Z* visceral; **arc viscéral,** visceral arch; **bosse viscérale,** visceral hump, visceral mass.

viscère, *nm Anat Z* viscus; *pl* viscera *pl.*

viscérocrâne, *nm Z* splanchnocranium.

viscérotrope, *a Vet Med* viscerotropic.

viscine, *nf Ch* viscin.

viscomètre, *nm Ph* viscometer.

viscométrie, *nf Ch Ph* viscometry.

viscométrique, *a Ph* viscometric.

viscose, *nf Ch* viscose.

viscosimètre, *nm Ph* visco(si)meter.

viscosimétrie, *nf Ph* viscosimetry.

viscosimétrique, *a Ph* viscosimetric.

viscosité, *nf* viscosity; *Genet* stickiness; *Ch* **viscosité relative,** relative viscosity; **coefficient de viscosité,** coefficient of viscosity; **indexe de viscosité,** viscosity index; **viscosité et tension superficielle,** viscosity and surface tension; **viscosité des électrolytes,** viscosity of electrolytes; **tube de viscosité,** viscosity tube; **viscosité élevée,** vicidity.

viscostatique, *a Ch* viscostatic.

visibilité, *nf* visibility; *Ph* **courbe de visibilité (des ondes lumineuses),** visibility curve (of light rays).

vision, *nf Physiol* vision; **vision binoculaire,** binocular vision; **double vision,** double vision.

visqueux, -euse, *a Ch Ph* viscous; viscid; mucilaginous, slimy (secretion, etc).

visuel, -elle, *a Anat Physiol* visual; **angle visuel,** visual angle; **champ visuel,** visual field, field of vision.

vital, -aux, *a* vital; **cycle vital,** life cycle; **partie vitale,** vital organ; *Biol* **coloration vitale des cellules,** vital staining of cells.

vitalisme, *nm Biol* vitalism.

vitaliste, *a Biol* vitalistic (theory, etc).

vitalité, *nf Physiol* vitality.
vitamine, *nf BioCh Ch* vitamin; **vitamine B_1,** thiamin(e); **vitamine B_2,** riboflavin.
vitaminique, *a BioCh* **carence vitaminique,** vitamin deficiency.
vitaminogène, *a Biol* vitaminogenic.
vitaminoïde, *a Biol* vitaminoid.
vitellarium, *nm Biol Z* vitellarium.
vitellifère, *a Biol Z* vitelline.
vitellin 1. *a Biol* vitellary; *Biol Z* vitelline; **sac vitellin,** yolk sac; **membrane vitelline (de l'œuf),** yolk membrane, zona pellucida, vitelline membrane (of egg); **canal vitellin,** vitelline duct; **cellule vitelline,** yolk cell, vitelligenous cell. **2.** *nf Ch* **vitelline,** vitellin.
vitellogène, *a Biol Z Embry* **glande vitellogène,** yolk gland, vitellogen(e); vitellarium; vitelline gland.
vitellogénèse, *nf Biol* vitellogenesis.
vitellus, *nm Biol Z* vitellus, yolk; **vitellus formatif,** formative yolk; **vitellus nutritif,** nutritive yolk, food yolk.
vitesse, *nf Ch Ph* velocity; rate; *Ph* **vitesse retardée,** retardation; **vitesse (de propagation) de l'onde,** wave velocity.
vitré, *a Anat Z* **corps vitré (de l'œil),** vitreum, vitreous body (of eye); **humeur vitrée (de l'œil),** vitreous humous (of eye).
vitreux, -euse, *a Ch Geol etc* vitreous; **état vitreux,** vitreous state.
vitrification, *nf Ch* vitrification.
vitrinite, *nf Miner* vitrinite.
vitriol, *nm Ch* **(huile de) vitriol,** (oil of) vitriol; sulfuric acid; **vitriol bleu,** blue, copper, vitriol; bluestone; copper sulfate; **vitriol vert,** green vitriol, ferrous sulfate, copperas; **vitriol blanc,** white vitriol, zinc sulfate.
vitriolique, *a Ch* **acide vitriolique,** sulfuric acid.
vitrite, *nf Miner* vitrite.
vittigère, *a Biol* vittate.
vitulaire, *a* vitular(y).
vivace, *a* long-lived; *Biol* hardy; robust; *Bot* perennial; **plante vivace,** perennial.
vivant, *a* living; **êtres vivants,** living creatures.
vivarium, *nm Biol* vivarium.
vivianite, *nf Miner* vivianite.
vivier, *nm Biol* vivarium.
vivifiant, *a* life-giving.
vivipare, *a Bot Z* viviparous; *Z* zoogonous; **génération vivipare,** zoogonia.
viviparement, *adv Bot Z* viviparously.
viviparisme, *nm Biol* viviparism, vivipary, viviparousness.
viviparité, *nf Biol* viviparity, vivipary, viviparousness; *Z* zoogony.
vivisecteur, *nm Biol* vivisectionist.
vivisection, *nf Biol* vivisection.
vivres, *nmpl* subsistence.
vocal, -aux, *a Anat Physiol* vocal; **cordes vocales,** vocal cords; **l'appareil vocal,** the vocal organs.
vogésite, *nf Miner* vogesite.
voglite, *nf Miner* voglite.
voie, *nf (a) Anat Z* passage, duct, canal; **les voies aériennes, aérifères,** the air passages; **les voies urinaires,** the urinary passages, system; **les voies digestives, respiratoires,** the digestive, respiratory, tract(s); **les voies biliaires,** the bile ducts; **par voie nasale,** pernasal; **par voie buccale,** peroral; *(b) Ch* process, method, way; **voie sèche, humide,** dry, wet, process; **essai par la voie sèche,** dry test; **essai par voie humide,** wet assay.
voile, *nm (a) Bot* veil; velamen (of orchid root); **voile général,** universal veil; *(b) Anat Biol* velum; *Anat* **voile du palais,** velum, soft palate; *Biol* **voile universel,** teleblem.
voilé, *a Paly* velate.
voix, *nf Physiol (a)* voice; the vocal organs; *(b)* tone; *Z* **voix rauque,** trachyphonia.
vol, *nm* **vol de sauterelles,** swarm of locusts.
volant, *a Biol* volant.
volatil, *a Ch etc* volatile; **huile volatile,** volatile oil; **substance volatile,** volatile.
volatilisable, *a Ch* volatilizable.
volatilisation, *nf Ch* volatilization, evaporation (of an acid).
volatilisé, *a Ch* volatilized.
volatiliser, *vtr Ch* to volatilize (a liquid).
se volatiliser, *vpr Ch (of acid)* to volatilize, evaporate.
volatilité, *nf Ch* volatility.
volcan, *nm* volcano.
volcanique, *a* volcanic.

volontaire, *a Physiol* **nerf, muscle, volontaire,** voluntary nerve, muscle.
volt, *nm* (*symbol* V) *ElMeas* volt.
voltaïque, *a El Ch* voltaic (cell, current, arc).
voltaïte, *nf Miner* voltaite.
voltamètre, *nm Ch* voltameter.
voltampère, *nm Ph* volt-ampere; watt.
voltampère-heure, *nm Ph* volt-ampere hour; *pl voltampères-heures.*
voltigeant, *a* (*of insect, etc*) volitant.
voltinisme, *nm Z* voltinism.
voltmètre, *nm Ch Ph* voltmeter.
voltzine, *nf Miner* voltzine.
voltzite, *nf Miner* voltzite.
volume, *nm* (*a*) *Ch Ph* volume; **densités à volume égal,** densities for equal volumes; **volume atomique, moléculaire, nucléaire,** atomic, molecular, nuclear, volume; **méthode du volume,** volume method; **volume de rétention absolue,** net retention volume; (*b*) *Meas* cubic capacity; **mesures de volume,** cubic measures.
voluménomètre, *nm Ph* volumenometer.
volumètre, *nm Ph* volu(mo)meter.
volumétrique, *a Ch Ph* volumetric; **analyse volumétrique,** volumetric analysis; **appareil volumétrique,** volumetric apparatus.
volumétriquement, *adv Ch Ph* volumetrically.
volumineux, -euse, *a* voluminous.
volumique, *a Ph* (*of mass*) voluminal.
volute, *nf Z* volute; whorl, whirl; *Biol* **à volutes,** volute(d).
voluté, *a Biol* volute(d).
volutine, *nf Biol* metachromatin; *Ch* volutin.
volva, *nf,* **volve,** *nf Bot* volva.
volvé, *a Bot* volvate.
volvulé, *a* volvulate.
vomer, *nm Anat Z* vomer.
vomérien, -ienne, *a Anat Z* vomerine.
vomicine, *nf Ch* vomicine.
vomique, *nf Ch* vomica.
vomissement, *nm Physiol* vomiting.
vomitif, -ive, *a Physiol* vomitive, vomitory.
Von Weimarn, *Prn Ch* **théorie de Von Weimarn de l'état colloïdal,** Von Weimarn's theory (of the colloidal state).
vorace, *a Z* ravenous.
vortex, *nm Ph* vortex ring; *Ch* pile vortex, vortex beater; *Z* whorl, whirl (of shell); **vortex des fibres du cœur,** vortex of the heart.
vorticineux, -euse, *a Histol* **veine vorticineuse,** vortex vein.
voûte, *nf Anat* **voûte (du palais),** roof (of palate).
voyager, *vi* (*of birds*) to migrate.
voyageur, -euse, *a* **oiseau voyageur,** migratory bird.
vrbaïte, *nf Miner* vrbaite.
vrille, *nf Bot* tendril, clasper, cirrus; **en forme de vrille,** pampiniform.
vrillé, *a Bot* with tendrils, tendrilled, claspered.
vrillifère, *a Bot* with tendrils.
vue, *nf Physiol* vision; sight.
vulcanisation, *nf Ch* vulcanization.
vulcanite, *nf Ch* vulcanite; ebonite.
vulnéraire, *a* vulnerary; *Z* vulnerable.
vulnérant, *a* vulnerant.
vulpinite, *nf Miner* vulpinite.
vulvaire, *a Anat* vulval, vulvar.
vulve, *nf Anat Z* vulva; pudendum.
vulvo-utérin, *pl* **vulvo-utérins, -ines,** *a Z* vulvo-uterine.
vulvo-vaginal, *pl* **vulvo-vaginaux, -ales,** *a Z* vulvo-vaginal.

W

W, (*a*) *symbol of* (i) watt, (ii) tungsten, (iii) wolfram; (*b*) *Biol* **chromosome W,** W chromosome.
W, *usual symbol for* (i) weight, (ii) work.
wacke, *nm Geol* wacke.
wad, *nm Miner* wad, bog manganese, asbolan, asbolite, earthy cobalt.
wagnérite, *nf Miner* wagnerite.
Walden, *Prn Ch* **inversion de Walden,** Walden inversion.
wallérien, -ienne, *a Histol Physiol* **dégénérescence wallérienne,** Wallerian degeneration.
wallérite, *nf Miner* wallerite.
walpurgine, *nf Miner* walpurgite.
walthérite, *nf Miner* waltherite.
wapplérite, *nf Miner* wapplerite.
wardite, *nf Miner* wardite.
warfarine, *nf Ch* warfarin.
warwickite, *nf Miner* warwickite.
watt, *nm Ph* (*symbol* W) watt; **watts par bougie,** watts per candle.
wattage, *nm Ch* wattage.
watté, *a Ph* **courant watté,** watt current.
watt-heure, *nm Ph* watt-hour; *pl watt-heures.*
wattmètre, *nm Ch Ph* wattmeter.
wavellite, *nf Miner* wavellite.
Wb, *symbol of* weber.
Weber[1], *Prn Z* **glandes de Weber (de la langue),** Weber's glands; *Physiol* **épreuve de Weber,** Weber's test; *Ich* **osselets de Weber,** Weberian ossicles.
weber[2], *nm Ph* (*symbol* Wb) weber.
webstérite, *nf Miner* websterite.
Wegscheider, *Ph Ch* **analyse de Wegscheider pour les réactions secondaires,** Wegscheider's test (for side reactions).
wehrlite, *nf Miner* wehrlite.
weinschenkite, *nf Miner* weinschenkite.
wellsite, *nf Miner* wellsite.
wernérite, *nf Miner* wernerite.
Weston, *Prn Ch* **cellule de Weston,** Weston cell.
Wharton, *Prn Anat Z* **canal de Wharton,** Wharton's duct; *Histol* **gelée de Wharton,** Wharton's jelly.
Wheatstone, *Prn Ch Ph* **pont de Wheatstone,** Wheatstone bridge.
whewellite, *nf Miner* whewellite.
white-spirit, *nm Ch* white spirit, petroleum spirit.
whitneyite, *nf Miner* whitneyite.
Wiedmann, *Prn Ch* **loi de Wiedmann et de Franz,** Wiedmann-Franz law.
Wien, *Prn Ch* **règle de Wien,** Wien's law.
Wiesmann, *Prn Genet Physiol* **théorie des déterminants de Wiesmann,** Wiesmann's theory of determinants.
willémite, *nf Miner* willemite.
williamsite, *nf Miner* williamsite.
Willis, *Prn Anat* **hexagone artériel de Willis,** Willis' circle.
willyamite, *nf Miner* willyamite.
Wilson, *Prn Nut* **maladie de Wilson,** Wilson's disease.
Winslow, *Prn Anat* **hiatus de Winslow,** Winslow foramen.
wintérisation, *nf Ch* winterization.
withamite, *nf Miner* withamite.
withérite, *nf Miner* witherite.
wittichénite, *nf,* **wittichite,** *nf Miner* wittichenite.
wœlhérite, *nf Miner* wöhlerite.
wolfachite, *nf Miner* wolfachite.
Wolff, *Prn Anat Z Embry* **corps de Wolff,** Wolffian body; **canal de Wolff,** Wolffian duct; **canalicules de Wolff,** Wolffian tubules.
wolfram, *nm Miner* (*symbol* W) wolfram, wolframium; *Ch* tungsten.
wolframine, *nf Miner* wolframine.
wolframite, *nf Miner* wolframite.

wolframocre, *nm Miner* wolfram ochre.
wolfsbergite, *nf Miner* wolfsbergite, chalcostibite.
wollastonite, *nf Miner* wollastonite, tabular spar.
Wood, *Prn Ph* **filtre de Wood,** Wood's filter.
wootz, *nm Metall* wootz.
wormien, -ienne, *a Anat Z* **os wormien,** Wormian bone (of cranium).
worthite, *nf Miner* worthite.
wulfénite, *nf Miner* wulfenite, yellow lead (ore).
wurtzite, *nf Miner* wurtzite.

X

X, *nm Biol* **corps X,** X-bodies; **chromosome X,** X chromosome; **génération X,** X generation; *Ph* **rayons X,** X-rays; **rayons X pénétrants,** deep X-rays; **rayons X et la structure cristalline,** X-ray and crystal structure; **spectres des rayons X,** X-ray spectra.

***X*,** *symbol of* reactance.

x, *Mth symbol of* (i) the unknown or one of several unknowns, (ii) the first coordinate in a three-dimensional space.

xalostocite, *nf Miner* xalostocite.

xanchromatique, *a Biol* xanchromatic.

xantharsénite, *nm Miner* xantharsenite; *Ch* xanthoarsenite.

xanthate, *nm Ch* xanthate.

xanthéine, *nf Ch* xanthein.

xanthène, *nm Ch* xanthene.

xanthine, *nf Ch* xanthine.

xanthineoxydase, *nf BioCh* xanthine oxidase.

xanthinine, *nf Ch* xanthinine.

xanthique, *a Ch Bot* xanthic.

xanthocarpe, *a Bot* xanthocarpous.

xanthochroïte, *nf Miner* xanthochroite.

xanthochromique, *a Ch* xanthochromic.

xanthoconite, *nf Miner* xanthoconite.

xanthocréatine, *nf Ch* xanthocreatinine.

xanthodermique, *a Z* xanthodermic.

xanthogénate, *nm Ch* xanthogenate.

xanthogène, *nm Biol Z* xanthogen; *Ch* xanthein.

xanthogénique, *a Ch* xanthogenic.

xanthomateux, -euse, *a Biol* xanthomatous.

xanthone, *nf Ch* xanthone.

xanthophylle, *nf Ch Bot* xanthophyll.

xanthophyllite, *nf Miner* xanthophyllite.

xanthoprotéique, *a Ch* xanthoproteic; **réaction xanthoprotéique,** xanthoprotein reaction.

xanthorrhée, *nf Ch* **résine de xanthorrhée,** xanthorrh(o)ea.

xanthosidérite, *nf Miner* xanthosiderite.

xanthosine, *nf Ch* xanthosine.

xanthosporé, *a Paly* xanthosporate.

xanthotoxine, *nf Ch* xanthotoxin.

xanthoxyléine, *nf Biol* xanthoxylein.

xanthoxyline, *nf Ch* xanthoxylin.

xanthydrol, *nm Ch* xanthydrol.

xanthyle, *nm Ch* xanthyl.

Xe, *symbol of* xenon.

xénarthres, *nmpl Z* Xenarthra *pl.*

xénie, *nf Bot* xenia.

xénoblaste, *nm Petroch* xenoblast.

xénoblastique, *a Petroch* xenoblastic.

xénocristal, -aux, *nm Miner* xenocryst.

xénogame, *a Bot* xenogamous.

xénogamie, *nf Bot* xenogamy.

xénogène, *a Biol* xenogenous.

xénogénèse, *nf Biol* xenogenesis.

xénolite, *nf Miner* xenolite, xenolith.

xénologie, *nf Biol* xenology.

xénomorphe, *Petroch* **1.** *a* xenomorphic. **2.** *nm* xenomorph.

xénon, *nm Ch* (*symbol* Xe) xenon.

xénoparasitisme, *nm Biol* xenoparasitism.

xénoplastique, *a Biol* xenoplastic.

xénopus, *nm Bot* Xenopus.

xénothermique, *a* xenothermal.

xénotime, *nm Miner* xenotime.

xényle, *nm Ch* xenyl.

xéranthème, *nm Bot* xeranthemum.

xéroconidiospore, *nf Paly* xeroconidiospore.

xérogel, *nm Ch* xerogel.

xéromorphe, *a Bot* xeromorphic, xeromorphous.

xérophile, *a Bot* xerophilous.
xérophobe, *a Bot* xerophobous.
xérophyte, *Bot* **1.** *a* xeric, xerophytic. **2.** *nm* xerophyte.
xérophytique, *a Bot* xerophytic, xeric.
xérose, *nf* xerosis.
xérosère, *nf Bot* xerosere.
xérospore, *nf Paly* xerospore.
xérothermique, *a* xerothermic.
xiphisternum, *nm Anat Z* xiphisternum, xiphoid process.
xiphoïde, *a Anat Z* xiphoid.
xiphosures, *nmpl Arthrop* Xiphosura *pl.*
xonotlite, *nf Miner* xonotlite.
xylane, *nm Bot* xylan.
xylanthite, *nf Ch* xylanthite.
xylème, *nm Bot* xylem; **bois xylème,** wood.
xylène, *nm Ch* xylene, lachrymator.
xylènethiol, *nm Ch* xylenethiol.
xylénol, *nm Ch* xylenol.
xylidine, *nm Ch* xylidine.
xylique, *a Bot Ch* xylic.
xylite, *nf,* **xylitol,** *nm Ch* xylitol.
xylocarpe, *Bot* **1.** *a* xylocarpous. **2.** *nm* xylocarp.
xylochrome, *nm Bot* xylochrome.
xylogénique, *a Bot* xylogenous.
xyloïde, *a Miner* **opale xyloïde,** xylopal.
xylol, *nm Ch* xylol.
xylonite, *nf,* **xylonithe,** *nf Miner* xylonite.
xylophage, *a Z* xylophagous.
xylorétinite, *nf Miner* xyloretinite.
xylose, *nm Ch* xylose.
xyloside, *nm Ch* xyloside.
xylotile, *nf Miner* xylotile.
xylotome, *a Z* xylotomous.
xylyle, *nm Ch* xylyl.
xylylène, *nm Ch* xylylene.

Y

Y[1], *nm Biol* **chromosome Y,** Y chromosome; *Ch Ph* **tube en Y,** Y tube.

Y[2], *symbol of* yttrium.

y, *Mth symbol of* (i) an unknown, (ii) the second coordinate in a three-dimensional space.

yamaskite, *nf Petroch* yamaskite.

Yb, *symbol of* ytterbium.

yénite, *nf Miner* yenite.

yentnite, *nf Petroch* yentnite.

yerkish, *nm Z* yerkish.

ylem, *nm Biol Miner* ylem.

yodérite, *nf Miner* yoderite.

yogoïte, *nf Petroch* yogoite.

yprésien, *nm Geol* Ypresian stage.

ytterbine, *nf Ch* ytterbia, ytterbium oxide.

ytterbium, *nm Ch* (*symbol* Yb) ytterbium.

yttria, *nf Ch Miner* yttria.

yttrialite, *nf Miner* yttrialite.

yttrifère, *a Miner* yttriferous.

yttrine, *nf Ch Miner* yttria.

yttrique, *a Ch* yttric; **le groupe yttrique,** the yttrium group.

yttrium, *nm Ch* (*symbol* Y) yttrium.

yttrocalcite, *nf Miner* yttrocalcite.

yttrocérite, *nf Ch* yttrocerite.

yttrocolumbite, *nf Miner* yttrocolumbite.

yttrocrasite, *nf Miner* yttrocrasite.

yttrofluorite, *nf Miner* yttrofluorite.

yttrotantalite, *nf Miner* yttrotantalite.

yttrotitanite, *nf Miner* yttrotitanite.

Z

Z, *nm Biol* **chromosome Z,** Z chromosome.
***Z*,** (*a*) *symbol of* atomic number; (*b*) *usual symbol of* impedance.
***z*,** *Mth symbol of* (i) an unknown, (ii) the third coordinate in a three-dimensional space.
zaratite, *nf Miner* zaratite.
zéatine, *nf BioCh* zeatin.
zéaxanthène, *nm,* **zéaxanthine,** *nf Ch* zeaxanthin.
zéazite, *nf Miner* zeazite.
zébrâne, *nm Z* zebrass.
zébré, *a Z etc* striped.
zébrure, *nf Z etc* stripe.
Zeeman, *Prn Ch Ph* **effet de Zeeman,** Zeeman effect.
zéine, *nf Ch* zein.
zéolite, *nf,* **zéolithe,** *nm Miner* zeolite.
zéolit(h)ique, *a Miner* zeolitic.
zéolitisation, *nf Geol* zeolitization.
zéoscope, *nm Ph* zeoscope, ebullioscope.
zéro, *nm Ch Ph* zero (of various scales); **zéro absolu,** absolute zero; **point zéro,** zero point; **énergie du point zéro,** zero-point energy; **oscillations du point zéro,** zero-point oscillations; **réaction de l'ordre zéro,** zero-order reaction; **réglage à zéro,** zero adjustment; **état zéro de l'entropie,** zero entropy state; **remettre à zéro,** to zeroize; **le thermomètre est à zéro,** the thermometer is at zero (centigrade), at freezing point; *Biol* **groupe zéro,** O (blood) group; **zéro physiologique,** physiological zero.
zérotage, *nm Ch Ph* determination of zero point.
zérovalent, *nm Bot* zerovalent.
zeugopode, *nm Z* zeugopodium.
zeunérite, *nf Miner* zeunerite.
zietrisikite, *nf Ch* zietrisikite.
zigotène, *a Biol* **stade zigotène,** zigotene.
zinc, *nm Ch Com* (*symbol* Zn) zinc, zincum; spetter; *Miner* **zinc brut,** crude zinc; **sulfure de zinc,** zinc sulfide; **oxyde de zinc,** zinc oxide.
zincage, *nm Tchn* zincking; *Ch* zincing.
zinc-alcoyle, *nm Ch* zinc alkyl; *pl zincs-alcoyles.*
zincaluminite, *nf Miner* zincaluminite.
zincate, *nm Ch* zincate.
zinc-éthyle, *nm Ch* zinc diethyl.
zincide, *a Ch* zinc-like, zincoid; *nmpl* **zincides,** zinc and its compounds.
zincifère, *a Miner* zinciferous, zin(c)kiferous, zinc-bearing; *Ch* zinc(k)y.
zincique, *a Ch* zincic.
zincite, *nf Miner* zincite, red zinc ore, red oxide of zinc.
zinckénite, *nf Miner* zinckenite.
zinc-méthyle, *nm Ch* zinc dimethyl.
zincon, *nm Ch* zincon.
zincosite, *nf Miner* zincosite.
zingage, *nm Tchn* = **zincage.**
zingibérène, *nm Ch* zingiberene.
zingueux, -euse, *a Ch* zincous, zinc(k)y.
zinkosite, *nf Miner* zinkosite.
zinnwaldite, *nf Miner* zinnwaldite.
ziphiinés, *nmpl Z* Ziphiinae *pl.*
zippéite, *nf Miner* zippeite.
zircon, *nm Miner* zircon.
zirconate, *nm Ch* zirconate.
zircone, *nf Ch* zircone, zircon(i)a.
zirconifluorure, *nm Ch* zirconifluoride.
zirconique, *a Ch* zirconic.
zirconite, *nf Miner* zirconite.
zirconium, *nm Ch* (*symbol* Zr) zirconium.
zirconyle, *nm Ch* zirconyl.
zirkélite, *nf Miner* zirkelite.
zirklérite, *nf Miner* zirklerite.
zittavite, *nf Miner* zittavite.
Zn, *symbol of* zinc.
zobténite, *nf Petroch* zobtenite.

zoé, *nf Crust* zo(a)ea larva.
zoécie, *nf Z* zooecium.
zoïde, *nm Bot* zoid.
zoïdophile, *a Bot* animal-pollinated.
zoïque, *a Biol Z* zoic.
zoïsite, *nf Miner* zoisite.
zoïsme, *nm Z* zoism.
zona, *nm Z* perizona, zoster.
zonal, -aux, *a Biol Pedol* zonal; *Miner* **axe zonal,** zone axis.
zonalité, *nf,* **zonation,** *nf Geol* banding.
zone, *nf* (*a*) zone; *Miner* **zones de l'onyx, du cristal,** zones, bands, of onyx, of crystal; *Geog* **zone glaciale, tempérée, torride,** frigid, temperate, torrid, zone; *Geol* **zone de fracture,** zone of fracture; **zone de plissement,** zone of folds; (*b*) *Biol* zona; **zone d'élongation,** region of elongation.
zoné, *a Bot Z Miner* zoned, zonate; *Geol* banded; **structure zonée,** zonary banding.
zonule, *nf Anat Z* zonule; **zonule de Zinn,** Zinn zonule.
zoobiologie, *nf* zoobiology.
zoobiologique, *a* zoobiological.
zoobiotique, *a & nm Biol* zoobiotic.
zooblaste, *nm Biol Z* zooblast.
zoochimie, *nf* zoochemistry.
zoochimique, *a* zoochemical.
zoochlorelle, *nf Bot* zoochlorella.
zoochore, *a & nf Bot* **(plante) zoochore,** zoochore.
zoochoré, *a Bot* zoochoric.
zoocyste, *nf Z* zoocyst.
zooérythrine, *nf Orn* zooerythrin.
zooflagellé, *nm Z* zooflagellate; *pl Prot* Zoomastigina *pl.*
zoofulvine, *nf Orn* zoofulvin.
zoogamète, *nm Z* zoogamete.
zoogamie, *nf Z* zoogamy.
zoogène, *a Geol* zoogenic; *Petroch* **roche zoogène,** zoogenic rock.
zoogénie, *nf Z* zoogeny.
zoogénique, *a Geol Z* zoogenic.
zoogéographe, *nm & f* zoogeographer; faunist.
zoogéographie, *nf* zoogeography.
zooglée, *nf Biol* zoogl(o)ea.
zoogonie, *nf Z* zoogony, zoogonia.
zoographie, *nf* zoography; descriptive zoology.
zoographique, *a* zoographic(al).
zooïde, *a & nm Z Miner* zooid.
zooïque, *a Biol Z* zoic.
zoolique, *a* zoolic.
zoolit(h)e, *nm Geol Miner* zoolith(e).
zoolit(h)ique, *a* zoolithic.
zoologie, *nf* zoology.
zoologique, *a* zoological.
zoomélanine, *nf Orn* zoomelanin.
zoométrie, *nf Z* zoometry.
zoomorphe, *a Biol* zoomorphic.
zoomorphie, *nf Biol* zoomorphy.
zoomorphique, *a Biol* zoomorphic.
zoomorphisme, *nm Biol* zoomorphism.
zoomorphose, *nf Bot* zoomorphosis.
zoonite, *nm Z* zoonite.
zoonomie, *nf Biol* zoonomy.
zoonose, *nf Biol* zoonosis.
zoonosologie, *nf Z* zoonosology.
zooparasite, *nm* zooparasite.
zoophage, *a* zoophagic, zoophagous.
zoophagie, *nf Z* zoophagy.
zoophile, *a Z* zoophilic, zoophilous; **moustique zoophile,** zoophile.
zoophilie, *nf Z* zoophilism.
zoophyte, *nm Biol* zoophyte, phytozoon.
zoophytoïde, *a Z* zoophytoid.
zoophytologie, *nf Z* zoophytography, zoophytology.
zooplancton, *nm Biol* zooplankton.
zoosperme, *nm Biol Physiol* zoosperm, spermatozoon.
zoosporange, *nm Bot* zoosporange, zoosporangium.
zoospore, *nf Bac* simblospore; *Biol* zoospore, swarm cell, swarm spore, swarmer; *Paly Z* trichospore.
zoosporé, *a Biol* zoosporic, zoosporous.
zoostérol, *nm Ch* zoosterol.
zootaxie, *nf* zootaxy.
zootaxique, *a* zootaxic.
zootechnie, *nf Z* zootechny.
zootique, *a* zootic.
zootomie, *nf Z* zootomy.
zootrophique, *a Z* zootrophic.
zooxanthine, *nf Ch* zooxanthine.
zoraptères, *nmpl Z* Zoraptera *pl.*
zoster, *nm Z* **herpès zoster,** zoster.
Zr, *symbol of* zirconium.

zunyite, *nf Miner* zunyite.
zwilite, *nf Miner* zwilite.
zygadite, *nf Miner* zygadite.
zygantrum, *nm Rept* zygosphene.
zygapophyse, *nf Z* zygapophysis.
zygène, *nf Ent* zygen.
zygobranche, *a Z* zygobranchiate.
zygodactyle, *Z* **1.** *a* zygodactyl(e), zygodactylous. **2.** *nm* zygodactyl(e); **zygodactyles**, Zygodactylae *pl*, Zygodactyli *pl*.
zygogénétique, *a Biol* zygogenetic.
zygoma, *nm Anat Z* zygoma.
zygomatique, *a Anat* zygomatic; *Biol* jugal.
zygomorphe, *a Bot* zygomorphic, zygomorphous.
zygomorphie, *nf Bot* zygomorphy, zygomorphism.
zygophore, *nm Bot* zygophore.
zygophyllacé, *a Bot* zygophyllaceous.
zygophylle, *nf Bot* zygophyll.
zygose, *nf Biol* zygosis, conjugation.
zygosome, *nm Biol* mixochromosome.
zygospore, *nm Bot* zygospore.
zygotactisme, *nm Biol* zygotaxis.
zygote, *nm Biol* zygote.
zygotène, *nm Cytol* zygotene.
zygotique, *a Biol* zygotic.
zylonite, *nf Miner* zylonite.
zymase, *nf BioCh* zymase, enzyme.
zymine, *nf Ch* zymin.
zymique, *a Ch* zymic.
zymogène **1.** *a BioCh* zymogenic. **2.** *nm BioCh* zymogen.
zymohydrolyse, *nf Ch* zymohydrolysis; hydrolysis by fermentation.
zymologie, *nf Ch* zymology.
zymoplastine, *nf BioCh* thrombokinase, thromboplastin.
zymoscope, *nm Ph* zymoscope.
zymose, *nf Ch* zymosis.
zymotique, *a Ch* zymotic.